Der **Onlineservice InfoClick**
bietet unter www.vogel-buchverlag.de
nach Codeeingabe zusätzliche
Informationen und Aktualisierungen
zu diesem Buch.

InfoClick

In 3 Schritten zum Onlineservice

1. Einfach www.vogel-buchverlag.de aufrufen.
2. Auf das Logo **InfoClick** klicken.
3. Den unten stehenden Zugangscode und eine E-Mail-Adresse eingeben.

Ihr persönlicher Zugang zum Onlineservice ⇨ 319808860003

Anton Herner / Hans-Jürgen Riehl
Elektrik, Elektronik

DER SICHERE WEG ZUR MEISTERPRÜFUNG
IM KFZ-TECHNIKER-HANDWERK

Anton Herner / Hans-Jürgen Riehl

Elektrik, Elektronik

3., überarbeitete und erweiterte Auflage

Vogel Buchverlag

Technische Akademie des Kfz-Gewerbes (TAK)

Hans-Jürgen Riehl, Jahrgang 1952, ist seit Abschluss seines Studiums für das Lehramt an berufsbildenden Schulen an der TH Aachen als Lehrer an der Städtischen Hans-Sachs-Kollegschule in Oberhausen mit Schwerpunkt Kfz-Elektrik/-Elektronik tätig; außerdem Berater im Bereich der Lehrmittelentwicklung sowie Konzeption und Realisierung von innerbetrieblichen Weiterbildungsmaßnahmen bei Kfz-Zulieferbetrieben.

Anton Herner, Jahrgang 1960, begann nach dem Abitur, einer kaufmännischen und technischen Ausbildung sowie Studium seine berufliche Tätigkeit bei der Bayerischen Motoren Werke AG im Kundendienst Ausland. Als Serviceberater Export war er einige Jahre in mehreren Ländern eingesetzt. Danach folgten Jahre, in denen er in verschiedenen Trainingsbereichen in unterschiedlichen Funktionen tätig war und damit u.a. auch verantwortlich für die Erstellung von Schulungsunterlagen.
Seit mehreren Jahren arbeitet er im Vertrieb in unterschiedlichen Funktionen.

Projektkoordination/Projektmanagement:
Dipl.-Ing. Karl Damschen und Dipl.-Ing. Ingo Meyer (ZDK)

Weitere Informationen:
www.vogel.buchverlag.de

978-3-8343-3198-4
3. Auflage. 2011

Printed in Germany

Umschlaggrafik: Buena la Vista AG, Würzburg

Geleitwort

Seit 1. Januar 2001 ist die neue Meisterverordnung für das Kraftfahrzeugtechniker-Handwerk in Kraft. Aufgrund der sich ständig ändernden technischen und wirtschaftlichen Entwicklungen in der Kraftfahrzeugbranche sowie einer Änderung der Handwerksordnung am 1. April 1998 (Zusammenlegung Kraftfahrzeugmechaniker-Handwerk und Kraftfahrzeugelektriker-Handwerk zum Kraftfahrzeugtechniker-Handwerk) und der Umgestaltung von Verordnungen für Meisterprüfungen im Handwerk vom Bundesministerium für Wirtschaft und Technologie (Meisterprüfungsberufsbild und Prüfungsanforderungen) ist eine neue Meisterverordnung für den Teil I (Fachpraxis) und Teil II (Fachtheorie) im Kraftfahrzeugtechniker-Handwerk entstanden. Damit ist eine geeignete Grundlage zur Vereinheitlichung der Anforderungen zu den Meisterprüfungen und Vorbereitungslehrgängen bundesweit gegeben.
Der Zentralverband des Deutschen Kraftfahrzeuggewerbes (ZDK) hat auf Basis dieser neuen Meisterverordnungen einen bundeseinheitlichen Rahmenlehrplan zur Vorbereitung auf die Teile I und II der Meisterprüfung im Kraftfahrzeugtechniker-Handwerk entwickelt und mit Wirkung ab 1. Juli 2001 empfohlen. Dieser Rahmenlehrplan unterteilt das Gesamtgebiet der praktischen und theoretischen Vorbereitung zur Meisterprüfung aufgrund der Wahlmöglichkeit im Teil I in Schulungsschwerpunkte «Fahrzeugsysteme» und «Karosserieinstandsetzung», wobei den beiden Handlungsfeldern und den drei Prüfungsfächern «Kraftfahrzeuginstandhaltungs- und Kraftfahrzeugtechnik», «Auftragsabwicklung» sowie «Betriebsführung und Betriebsorganisation» jeweils unterschiedliche Zeitrichtwerte zugeordnet sind. Damit erhält die Meisterverordnung im Kraftfahrzeugtechniker-Handwerk eine ähnliche inhaltliche Ergänzung, wie das bei den Ausbildungsverordnungen von vorneherein der Fall ist.
Während in der Ausbildung zum Kraftfahrzeugmechaniker und Kraftfahrzeugelektriker als bundeseinheitlich unterstützendes Lehrmaterialprogramm das Ausbildungsjournal *autofachmann* zur Verfügung steht, war ein entsprechend flankierendes Konzept bisher im Rahmen der Meistervorbereitung nicht vorhanden. Wir begrüßen daher, dass der Vogel Buchverlag zusammen mit der Technischen Akademie des Kraftfahrzeuggewerbes (TAK) die Lehrmaterialreihe *Der sichere Weg zur Meisterprüfung im Kfz-Techniker-Handwerk* herausgegeben hat. Diese Lehrmaterialreihe orientiert sich in Bezug auf Struktur und Inhalt genau am ZDK-Rahmenlehrplan – sie stellt sozusagen inhaltlich das Spiegelbild des Rahmenlehrplans dar.

Der im Rahmen dieser Reihe hier vorliegende Band *Elektrik, Elektronik* führt von den Grundlagen der Elektrotechnik und Elektronik bis zu deren Anwendung in den elektrischen und elektronischen Systemen des Kraftfahrzeugs: von der Stromversorgung und Beleuchtung bis hin zum Motormanagement und der Sicherheits- und Komfortelektronik. Dieser Band dient in erster Linie der Vorbereitung auf die Meisterprüfung und gibt gleichzeitig denjenigen eine umfassende Übersicht, die an einer gezielten Fortbildung interessiert sind.
Wir danken dem Verlag, dass er bereit war, mit über 20 Autoren die vorliegende Lehrmaterialreihe zu erstellen. Wir sind sicher, dass dieses in seiner Art im Kfz-Gewerbe einmalige Gesamtwerk den Adressaten den gewünschten Lernerfolg bringt.

Bonn im September 2010

Robert Rademacher
Präsident

Wilhelm Hülsdonk
Bundesinnungsmeister

Vorwort

Die rasant fortschreitende Entwicklung auf dem Gebiet der Elektronik und Mikroelektronik hat in den letzten Jahren und Jahrzehnten zu einem sprunghaften Anstieg der Anzahl elektronischer Bauteile im Kraftfahrzeug geführt. Im Verbund mit der Hydraulik und der Pneumatik hat die Elektronik das ganze Kraftfahrzeug durchdrungen. Die einzelnen Elektronikbauteile und die gesamten elektronischen Systeme werden immer kompakter, preisgünstiger und gleichzeitig immer noch leistungsfähiger. Daraus ergeben sich ständig neue Möglichkeiten in der Anwendung der Elektronik im Kraftfahrzeug, bzw. bereits bestehende Funktionsumfänge können ständig erweitert werden.

Diese Entwicklung hat zwangsläufig auch starke Auswirkungen auf die Fachwerkstätten des Kfz-Handwerks. Die Routinearbeiten nehmen ab, und die dafür erforderlichen Fertigkeiten verlieren an Bedeutung. Es wird immer wichtiger, sich die benötigten Informationen über elektronische Medien zu beschaffen, die Funktion der komplexen Systeme zu verstehen und schließlich durch zielgerichtete Mess- und Prüfarbeiten die richtige Diagnose zu stellen. In diesem Rahmen muss sich noch ein weiterer Wandel vollziehen: vom Denken und Verstehen einzelner Systeme hin zum vernetzten Denken und Verstehen von Systemzusammenhängen. Natürlich ist es weiterhin wie schon bisher wichtig, die Funktion und die Details der einzelnen Systeme zu kennen und zu verstehen; gleichzeitig muss man aber auch die Verbindungen und Verknüpfungen zu den übrigen Systemen kennen und verstehen.

Der vorliegende Band beschäftigt sich mit den Grundlagen der Kfz-Elektrik/-Elektronik, der Digitaltechnik und der Steuerungs- und Regelungstechnik. Soweit möglich, geschieht die Erklärung anhand von praktischen Anwendungen. Die Kenntnisse der Grundlagen sind absolut unverzichtbare Voraussetzungen zum Verständnis der im weiteren Verlauf beschriebenen elektronischen Systeme. Diese Systeme werden in ihrem Aufbau, ihrer Entwicklung und in ihrer Funktion sowie deren Prüfmöglichkeiten als Einzelsysteme umfangreich dargestellt. Damit sollen möglichst viele verschiedene Variationsmöglichkeiten der verschiedenen Hersteller abgedeckt werden. Gleichzeitig erleichtert die intensive Betrachtung der Ein- und Ausgangssignale das Verständnis der Notwendigkeit und der Inhalte des Datenaustausches bei heutigen vernetzten Systemen. Vielfach werden bei modernen Kraftfahrzeugen heute verschiedene Systeme in einem Steuergerät zusammengefasst oder auch durch die Bildung von so genannten

Funktionsblöcken lokale Bündelungen von verschiedenen Funktionen erreicht. Damit verliert zum Teil das Einzelsystem als solches seine Zuordnung und wird auf verschiedene Steuergeräte und Funktionsblöcke aufgeteilt. Nichtsdestotrotz ist es gerade dabei wichtig, die ursprüngliche Funktion, die Ein- und Ausgänge und das Zusammenwirken mit anderen Systemen zu verstehen. In der Praxis ist es deshalb unerlässlich, diese und andere Details aus den Unterlagen des jeweiligen Herstellers genau zu kennen und zu beachten. Dies gilt natürlich auch für den Datenaustausch untereinander durch mögliche Bussysteme, auf die aktuell und umfangreich eingegangen wird.
Die Beschreibung der K- und KE-Jetronic bei den Benzineinspritzsystemen bleibt auch weiterhin Bestandteil dieses Bandes, obwohl diese kontinuierlichen Einspritzsysteme schon lange nicht mehr verbaut werden und es auch immer weniger Fahrzeuge mit diesen Einspritzsystemen gibt, die noch repariert werden müssen. Aber wegen ihrer grundsätzlichen Bedeutung für die Ausbildung und der Vollständigkeit wegen war dies der Wunsch vieler Ausbildungsstätten.
In diesem Zusammenhang möchten wir uns für alle Rückmeldungen und Anregungen bedanken.
Unser Dank gilt auch allen Herstellern, die uns mit zahlreichen Unterlagen und Bildmaterial versorgt haben. Ohne deren Unterstützung wäre es uns nicht möglich gewesen, das umfangreiche Thema «Elektronik im Kraftfahrzeug» in seiner ganzen Breite von den Grundlagen über die Systeme bis zur Vernetzung zu beschreiben.

Mettmann — Hans-Jürgen Riehl
Saaldorf — Anton Herner

Inhaltsverzeichnis

1 Elektrische Grundgrößen

1.1 Atomaufbau

Das Wesen der Elektrizität ist aus dem Aufbau der Atome zu erklären. Ein Atom ist ein unvorstellbar kleines Masseteilchen. Es besteht aus einem Atomkern, um den eine bestimmte Anzahl Elektronen kreisen. Der Atomkern ist positiv geladen. Die Elektronen sind negativ geladen (Bild 1.1).
Teilchen mit einer elektrischen Ladung üben aufeinander Kräfte aus. Bekannt ist dieses Verhalten vom Magnetismus.

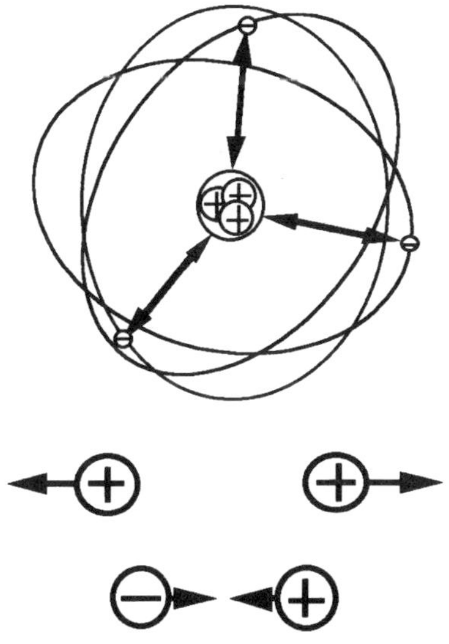

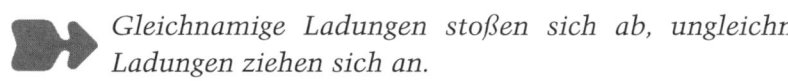

Bild 1.1
Kräfte zwischen elektrisch geladenen Teilchen

Gleichnamige Ladungen stoßen sich ab, ungleichnamige Ladungen ziehen sich an.

Bei einem vollständigen Atom hat der Atomkern genauso viele positive Ladungen, wie Elektronen um ihn kreisen. Ein vollständiges Atom ist darum elektrisch neutral.

Stört man dieses Gleichgewicht, dann wirken nach außen elektrische Ladungen. Die Atome der verschiedenen Elemente unterscheiden sich in der Zahl ihrer Ladungsträger. So besitzt das leichteste Atom, das Wasserstoffatom, lediglich eine positive Ladung im Kern und ein Elektron auf der Schale. Beim Kupferatom sind es 29 positive Ladungen im Kern und 29 Elektronen, die mit unterschiedlichem Abstand um den Atomkern kreisen. Auf die Elektronen der äußeren Bahn wirkt die Anziehungskraft nicht so stark wie auf die Elektronen der inneren Bahn, da sie weiter vom Kern entfernt sind. Diese relativ leichte Bindung der äußeren Elektronen begründet einen großen Teil des Wesens der Elektrizität. Ein metallischer Leiter besteht aus fest miteinander verbundenen Atomen, wobei die Elektronen der äußersten Schale nicht um einen Atomkern kreisen, sondern als «freie» Elektronen im Metallgitter umher schwirren (Bild 1.2).

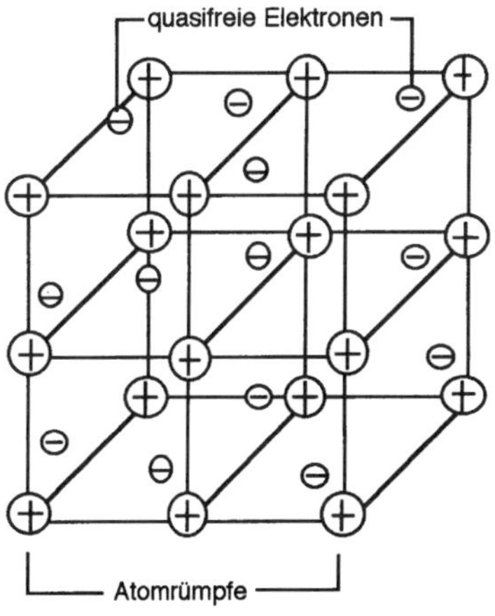

Bild 1.2
Aufbau metallischer Leiter

1.2 Spannung

Eine Spannungsquelle ist dadurch gekennzeichnet, dass sich an ihren Polen unterschiedliche Ladungen befinden.
Am Minuspol herrscht Elektronenüberschuss, am Pluspol herrscht Elektronenmangel (Bild 1.3a). Elektrische Spannung entsteht durch

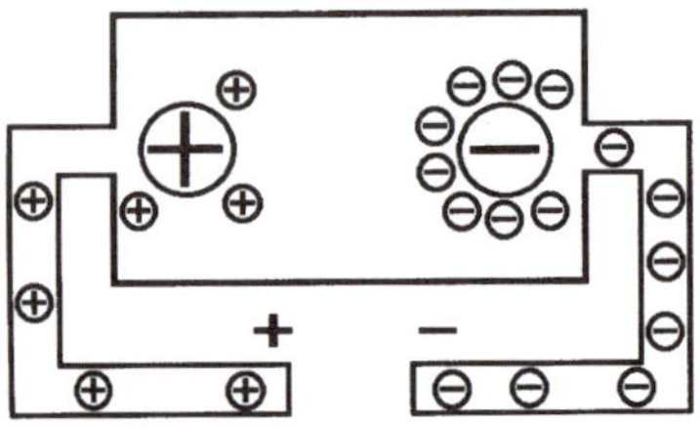

a)

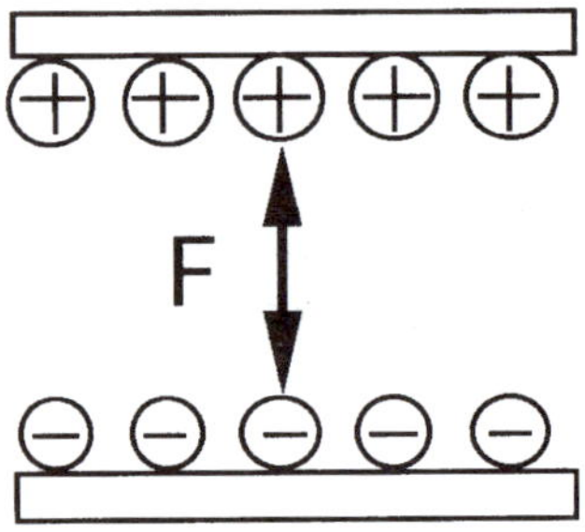

b)

Bild 1.3

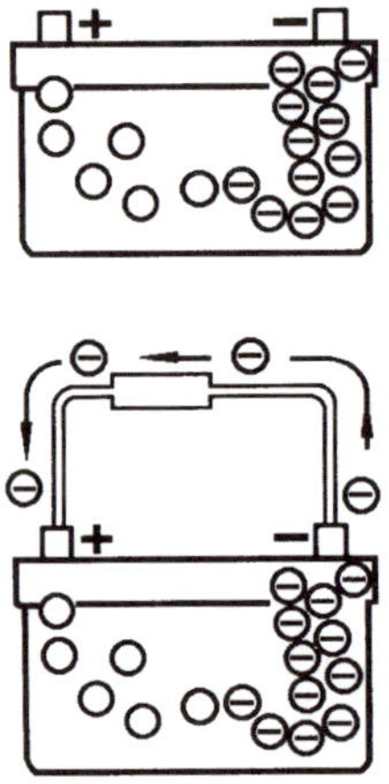

Bild 1.4

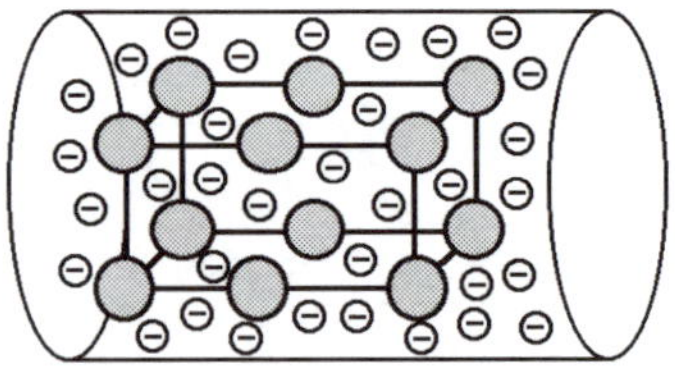

Bild 1.5
a) Werkstoff mit kleinem Widerstand, viele freie Elektronen; guter Leiter

Ladungstrennung. Die unterschiedlichen Ladungen haben das Bestreben, sich auszugleichen (Bild 1.3b).

Elektrische Spannung ist das Ausgleichsbestreben der Ladungen. Gleichspannung DC

Physikalische Größe: Spannung
Formelzeichen: *U*
Einheit: Volt
Einheitenkurzzeichen: V

1.3 Strom

Wird der Stromkreis geschlossen, bewegen sich die Elektronen aufgrund der elektrischen Spannung vom Minuspol zum Pluspol durch den Leiter (Bild 1.4).

Strom fließt nur in einem geschlossenen Stromkreis.
Die Elektronen bewegen sich in einem geschlossenen Stromkreis vom Minuspol zum Pluspol (physikalische Stromrichtung).
Es gilt aber die Festlegung: Der elektrische Strom fließt von Plus nach Minus (technische Stromrichtung)!

Physikalische Größe: Stromstärke
Formelzeichen: *I*
Einheit: Ampere
Einheitenkurzzeichen: A

1.4 Widerstand

Werkstoffe mit vielen «freien» Elektronen sind gute Leiter. Sie setzen den Elektronen bei ihrer Bewegung nur wenig Widerstand entgegen. Werkstoffe mit wenigen «freien» Elektronen sind schlechte Leiter: Sie setzen den Elektronen einen großen Widerstand entgegen (Bild 1.5).

Elektrischer Widerstand ist die Behinderung der Elektronenwanderung durch den Gitteraufbau des Leiters.
Jeder Leiter und damit jeder Verbraucher setzt dem Strom einen Widerstand entgegen. Durch die Verwendung gut leitender Werkstoffe lässt sich der Widerstand der Zuleitungen klein halten.

Physikalische Größe: Widerstand
Formelzeichen: R
Einheit: Ohm
Einheitenkurzzeichen: Ω

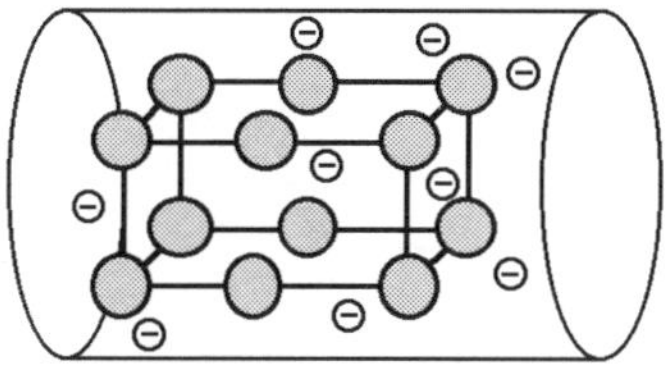

b) Werkstoff mit großem Widerstand, wenig freie Elektronen; schlechter Leiter

1.5 Möglichkeiten der Spannungserzeugung

Die Änderung eines magnetischen Feldes erzeugt in einem Leiter eine Spannung. Diese Art der Spannungserzeugung nennt man **Induktion** (Bild 1.6).

Beispiele
Generator, induktive OT-Geber, Zündspule.

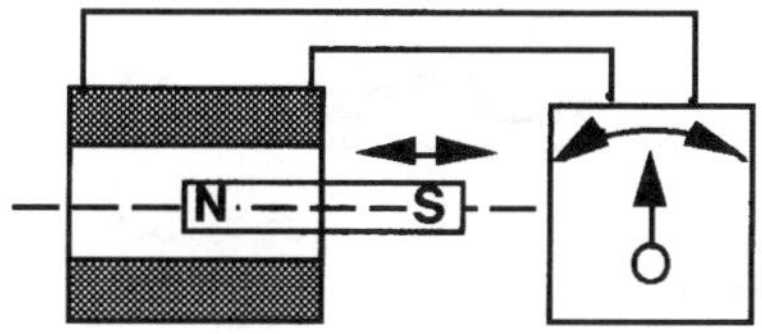

Bild 1.6

Taucht man zwei verschiedene Metalle in einen Elektrolyten (Bild 1.7), so entsteht durch **chemische Umsetzung** eine Spannung.

Beispiele
Bleiakkumulator, Batterie.

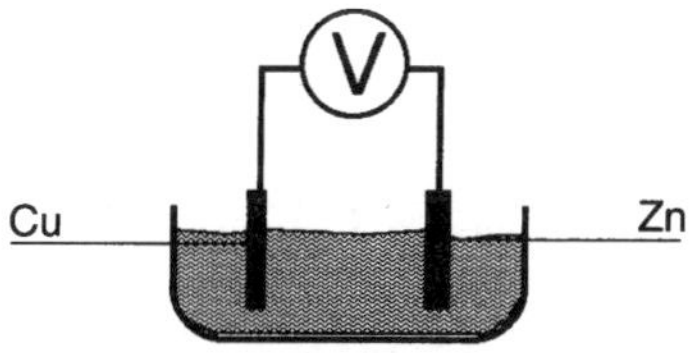

Bild 1.7

Erwärmt man die Verbindungsstelle zweier verschiedener Metalle (Bild 1.8), so entsteht eine **Thermospannung.**

Beispiel
Temperaturfühler für Öltemperatur.

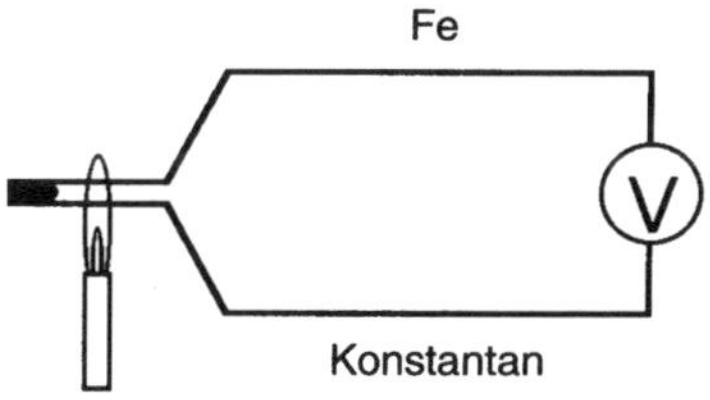

Bild 1.8

Fällt Licht auf eine Selenzelle (Bild 1.9), so entsteht eine **Fotospannung.**

Beispiel
Spannungsquelle für Taschenrechner.

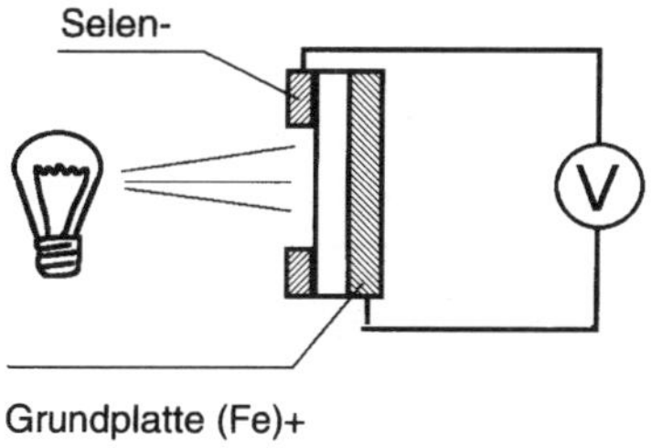

Bild 1.9

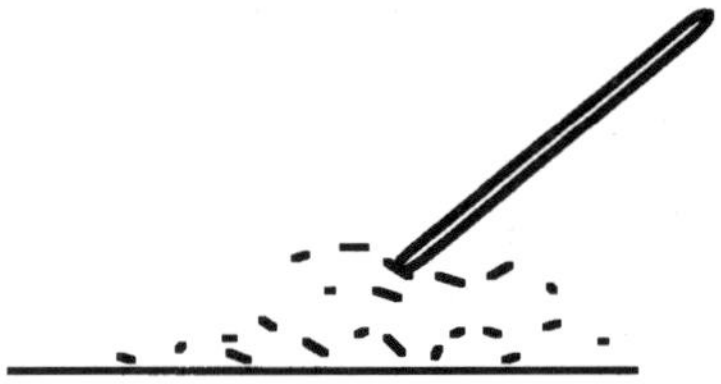

Bild 1.10

Werden Isolierstoffe (Kunststoff, Glas) mit Fell bzw. Leder gerieben, so entsteht eine **statische Aufladung** (Bild 1.10).

Beispiele
Teppich, Kamm.

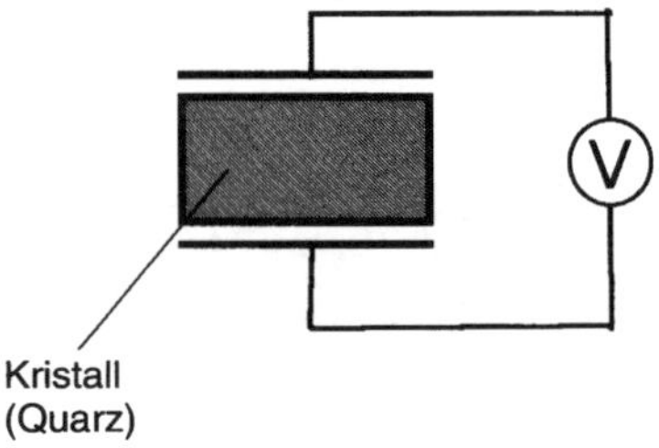

Bild 1.11

Verschiedene Kristalle bilden bei Druck- oder Zugbeanspruchung eine elektrische Spannung, die **Piezospannung** (Bild 1.11).

Beispiele
Klopfsensor, Saugrohrdruckfühler.

1.6 Wirkungen des elektrischen Stroms

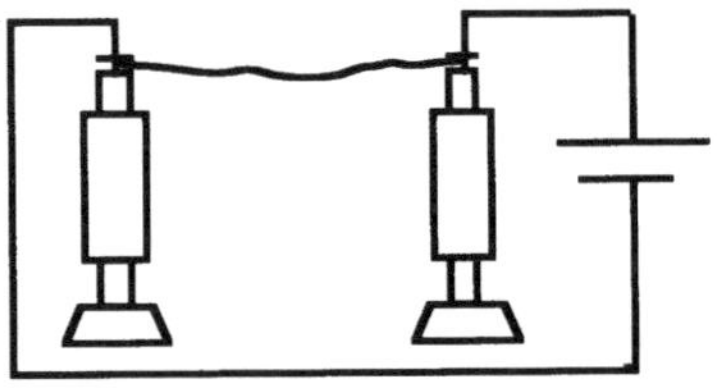

Bild 1.12

Wärmewirkung (Bild 1.12)
Durch Reibung der Elektronen im Leiter entsteht Wärme.

Beispiele
Heizbare Heckscheibe, Vorwärmeinrichtung am Ansaugrohr, Zigarettenanzünder.

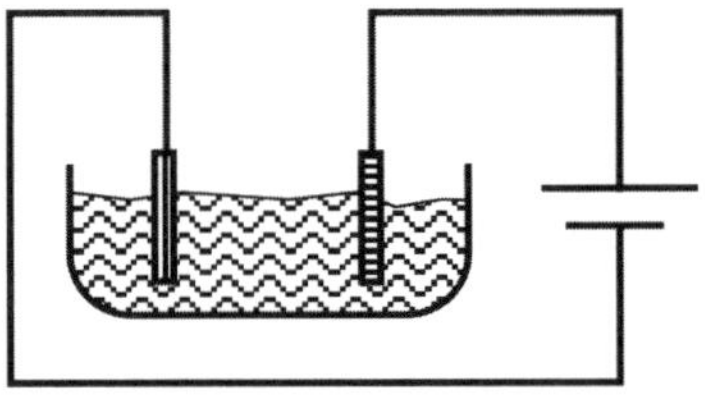

Bild 1.13

Chemische Wirkung (Bild 1.13)
Fließt Strom durch eine elektrisch leitende Flüssigkeit (Elektrolyt), so wird diese zersetzt.

Beispiele
Verkupfern, Verchromen, Al-Gewinnung.

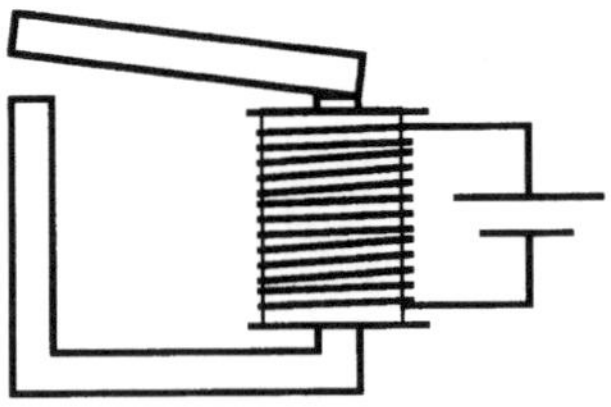

Bild 1.14

Magnetische Wirkung (Bild 1.14)
Jeder stromdurchflossene Leiter ist von einem Magnetfeld umgeben.

Beispiele
Relais, Magnet, Elektromotor.

Lichteinwirkung (Bild 1.15)
Prallen Elektronen auf Gasteilchen, so leuchten diese auf.

Beispiele
Zündfunke an der Zündkerze, Neonröhren.

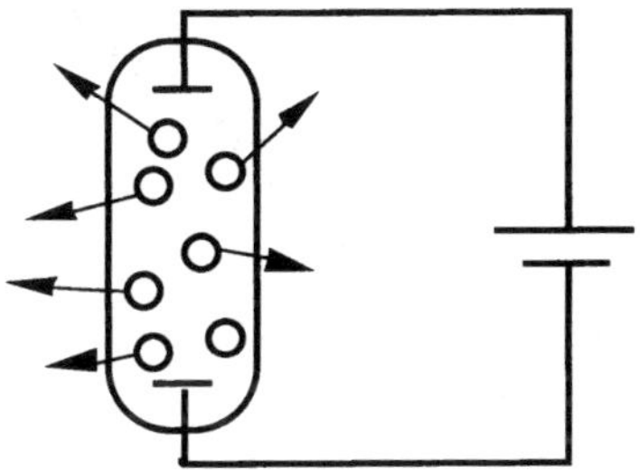

Bild 1.15

Physiologische Wirkung (Bild 1.16)
Fließt Strom durch Lebewesen, so werden Nerven und Muskeln des Körpers beeinflusst.

Beispiele
Elektronische Zündsysteme, Herzschrittmacher.

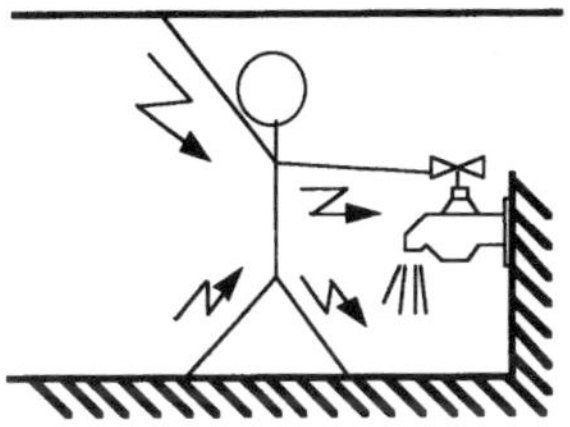

Bild 1.16

1.7 Sicherheitsbestimmungen

1.7.1 Wirkungen des elektrischen Stroms auf den Menschen

Tabelle 1.1

Stromstärke bei		**Physiologische Reaktion des Menschen**	
Wechselstrom	Gleichstrom	Sichtbare Merkmale	Klinische Merkmale
bis 25 mA	bis 80 mA	Muskelkontraktionen in den Fingern; Loslassen des Kontaktes noch möglich bei 9 bis 15 mA	Vorübergehende Blutdrucksteigerung ohne Einfluss auf Herzrhythmus und Erregungsleitung
25 bis 80 mA	80 bis 300 mA	noch eben ertragbare Stromstärke, keine Bewusstlosigkeit	vorübergehender Herzstillstand, vorübergehende Blutdrucksteigerung
über 80 mA	über 300 mA	Herz- und Atemstillstand, Tod, wenn Stromdurchgang länger als 0,3 s	Herzkammerflimmern
über 3 mA (bei Hochspannung)		Verbrennungen Verkochungen	

In einem Stromkreis, der über einen menschlichen Körper geschlossen ist, wird die Stromstärke durch die Spannung, den Körperwiderstand und die Übergangswiderstände bestimmt.
Das Vorhandensein von Übergangswiderständen ist zufällig. Man kann sich nicht darauf verlassen.
Ab 50 V Wechselspannung wird es für den Menschen gefährlich.

220 V Wechselspannung bringen im menschlichen Körper einen tödlichen Strom zum Fließen.
Kurzschlüsse können auch bei kleineren Spannungen als 50 V Wechselspannung folgenschwer sein.

1.7.2 Erste Hilfe bei Stromunfällen

Bei Unfällen durch den elektrischen Strom kommt es vor allem auf sofortige Hilfe an.

Zuallererst: Strom abschalten.
Falls dies nicht möglich ist: den Verletzten von den unter Spannung stehenden Teilen trennen, dabei niemals direkt anfassen.
Dann: Bei Atemstillstand dem Verletzten sofort Sauerstoff durch Atemspende zuführen. Nach der ersten Atemspende immer die Herz-Kreislauf-Funktion durch Tasten des Pulses an der Halsschlagader überprüfen. Bei Kreislaufstillstand sofortige Herzdruckmassage im Wechsel mit Atemspende durchführen. Herz-Lungen-Wiederbelebung nicht unterbrechen. Arzt oder Rettungswagen durch Dritte herbeirufen lassen.

1.8 Spannungsarten

Die Bewegung der Elektronen kann sich nach Größe und Richtung ändern. Man unterscheidet daher verschiedene Spannungsarten.

Gleichspannung
Die Elektronen fließen stets mit gleicher Stärke in gleicher Richtung (Bild 1.17).

Bezeichnung
– bzw. DC (**D**irect **C**urrent)

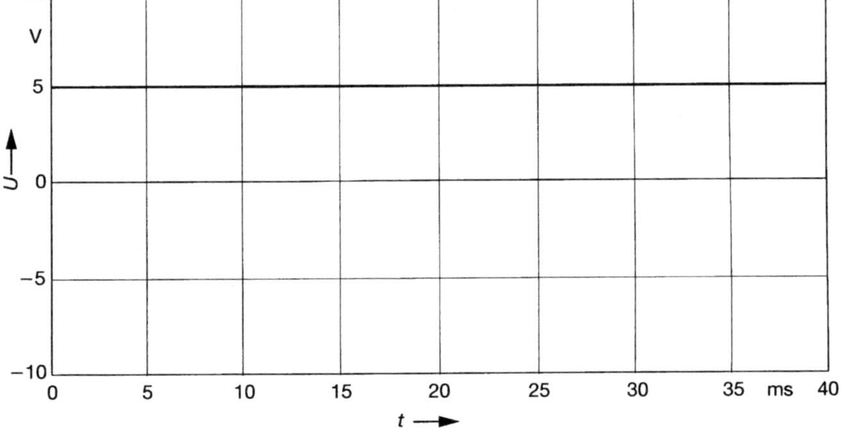

Bild 1.17
Gleichspannung

Wechselspannung
Die Elektronen ändern mehrfach ihre Richtung und die Stromstärke in der betrachteten Zeit (Bilder 1.18 und 1.19).

Bezeichnung
— bzw. AC (**A**lternating **C**urrent)

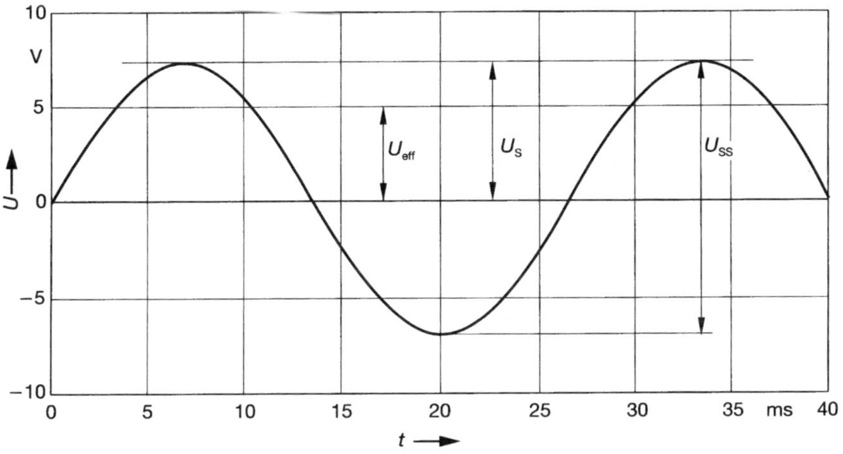

Bild 1.18
Sinusförmiger Wechselstrom

Charakteristische Größen einer sinusförmigen Wechselspannung:

U_s Scheitelspannung
U_{ss} Spitze-Spitze-Spannung
U_{eff} Effektivspannung

$U_{ss} = 2 \times U_s$
$U_{eff} = 0{,}707 \times U_s$

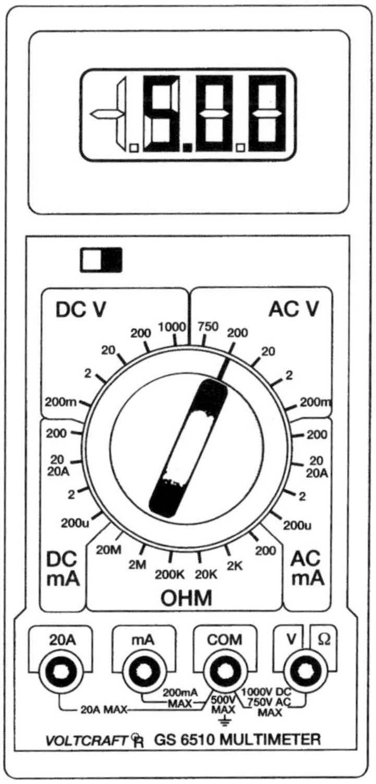

Bild 1.19
Multimeteranzeige

Beispiel
Die in Bild 1.18 dargestellte Wechselspannung mit einer Scheitelspannung $U_s \approx 7$ V ergibt auf einem Multimeter im Wechselspannungsbereich die Anzeige: 5 V (Bild 1.19).

~~Mischspannung~~ Gleichspannung mit hoher Restwelligkeit
Durch Überlagerung (Mischung) von Gleich- und Wechselspannungen können Mischspannungen entstehen, bei denen sich nur die Spannungshöhe, nicht aber die Richtung ändert (Bild 1.20).

Bezeichnung
⎓ bzw. DC

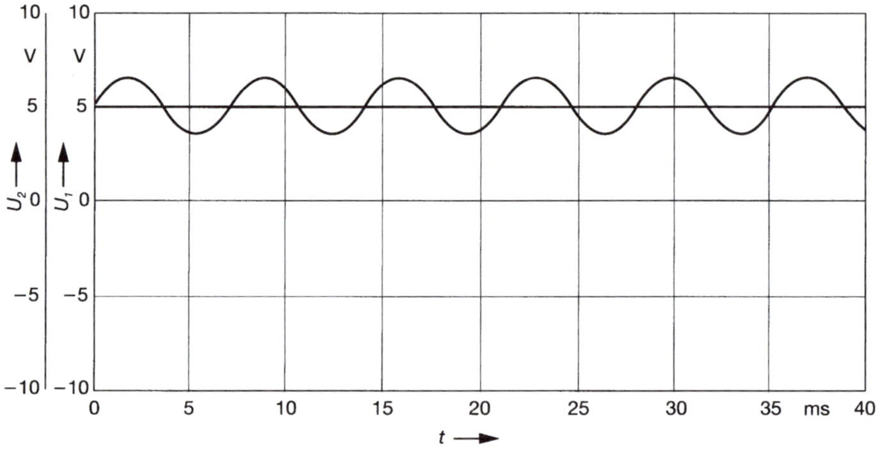

Bild 1.20
Mischspannung

2 Schaltpläne

2.1 Bauteile und Aufbau eines Stromkreises

Die Bilder 2.1 bis 2.5 zeigen Komponenten im Fahrzeug, die in Stromkreisen zusammengefasst sind.

- ❑ Autobatterie bzw. Generator ⇒ Spannungsquelle
- ❑ Lüftermotor bzw. Fahrlicht ⇒ Verbraucher
- ❑ Verbindungskabel ⇒ Hin- und Rückleitung

Bild 2.1
Fahrzeugbatterie

Die Spannungsquelle, der «Schalter», der Verbraucher sowie die Hin- und Rückleitung bilden einen Stromkreis. Die Verbraucher arbeiten nur dann, wenn dieser Stromkreis an keiner Stelle unterbrochen ist.

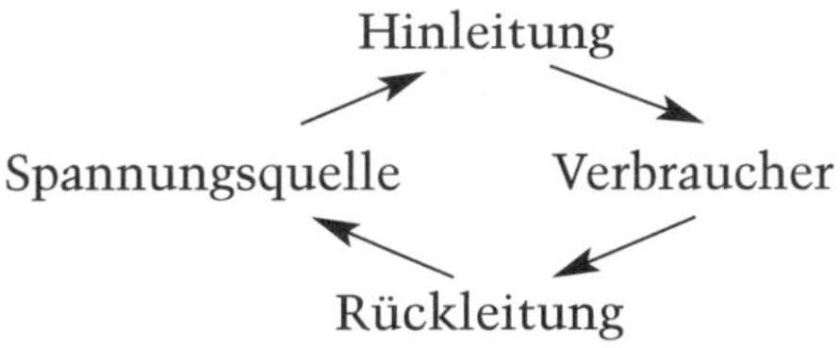

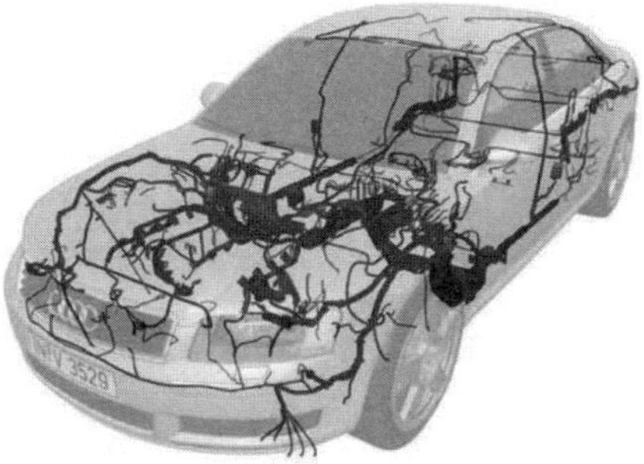

Bild 2.2
Kabelbaum

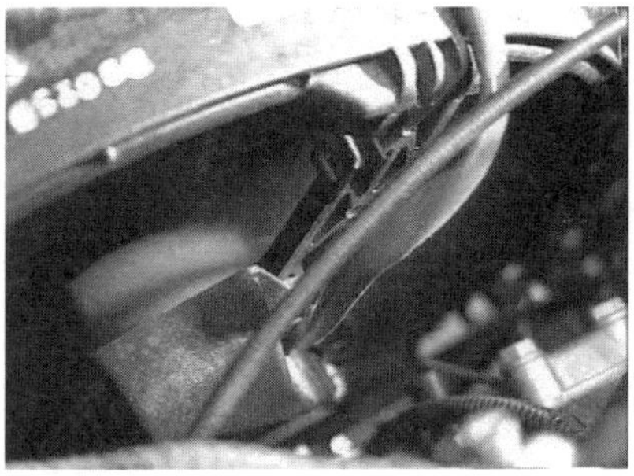

Bild 2.3
Lüftermotor für Kühlmittel

Bild 2.4
Generator

Bild 2.5
Fahrlichtleuchten

Ein- und Zweileitungssysteme (Bilder 2.6 bis 2.10)
In den meisten Kraftfahrzeugen erfolgt die Rückleitung des Stroms über die metallene Karosserie. Das heißt, ein Anschlusspunkt der Glühlampe ist über ein Kabel mit der Karosserie verbunden. Die Karosserie wiederum ist über ein Kupferband mit dem Minuspol der Batterie verbunden. Da man – scheinbar – mit nur einer Leitung auskommt (die Rückleitung erfolgt ja über die Karosserie), spricht man

von einer **Einleitungsanlage**. Sind sowohl Hin- und Rückleitung als einzelnes Kabel ausgeführt, spricht man von einer **Zweileitungsanlage**. Erfolgt die Rückleitung über die Karosserie, spricht man von einer Einleitungsanlage.

Bild 2.6
Masseanschluss an die Karosserie

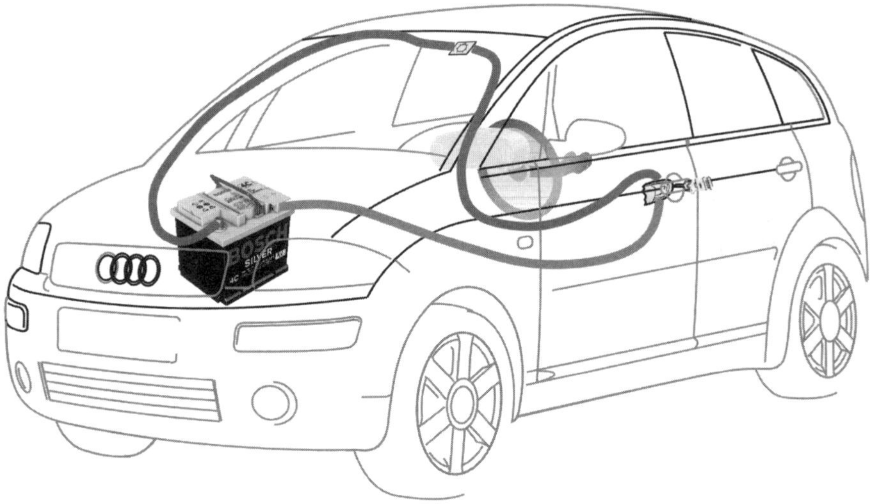

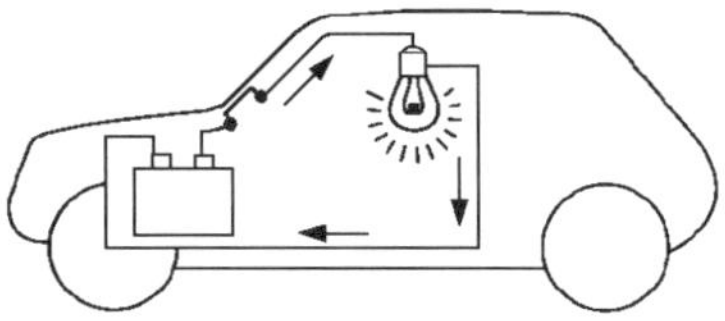

Bild 2.8
Zweileitungssystem

Bild 2.7
Zweileitungssystem

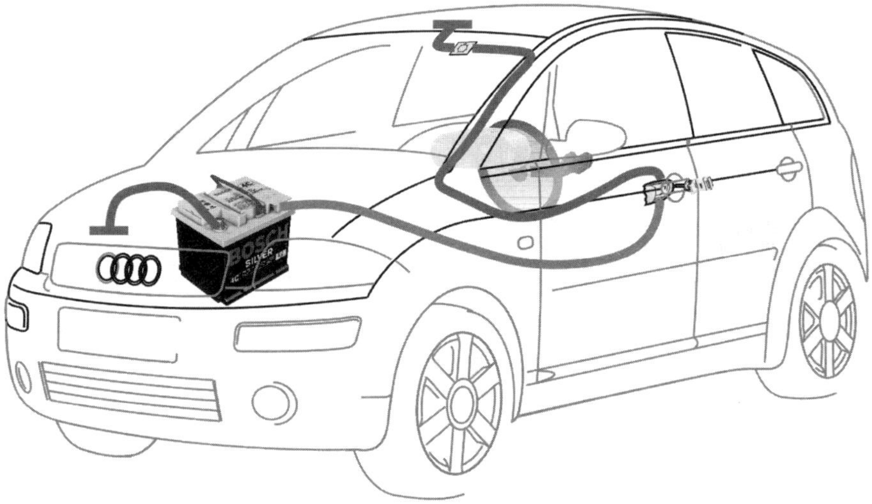

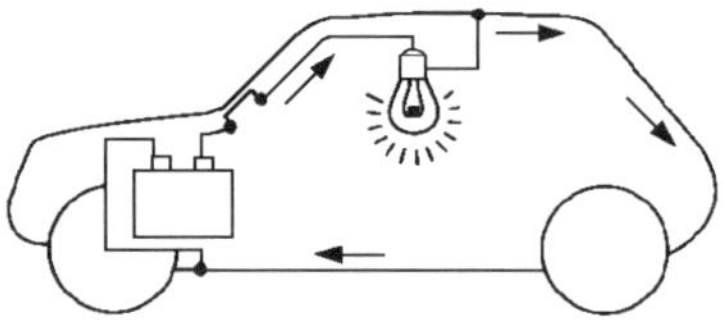

Bild 2.10
Einleitungsanlage

Bild 2.9
Einleitungssystem

Wichtige Schaltzeichen der Kfz-Elektrik/Elektronik

	Elektrische Leitung, der Draht
	Zwei Leitungen kreuzen sich im Schaltbild, haben aber keine elektrische Verbindung.
	Leitungsabzweigung mit elektrischer Verbindung, z.B. geschraubt, gelötet oder gequetscht.
	Steckverbindung mit Stecker (unten) und Buchse (oben)
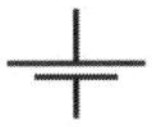	Batterie bzw. Akkumulator. Der lange Strich kennzeichnet den Plus- und der kurze den Minuspol.
	Wandler (Netzgerät), der Wechselspannung zu Gleichspannung umformt
	Sicherung
	Schalter, Schließer Nach der Betätigung wird der Stromkreis geschlossen. ⇒ Schließer
	Schalter, Öffner Nach der Betätigung wird der Stromkreis geöffnet. ⇒ Öffner
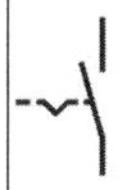	Schalter, Schließer Nach der Betätigung bleibt der Schaltzustand erhalten. ⇒ Raster
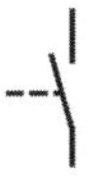	Schalter, Schließer Nach der Betätigung bleibt der Schaltzustand nicht erhalten. ⇒ Taster
	Schalter, Schließer Durch den Pfeil wird gezeigt, dass der Schalter in betätigtem Zustand gezeichnet ist.
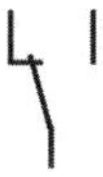	Schalter, Wechsler Der Schalter wechselt zwischen zwei Kontakten.

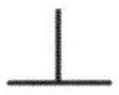	Masseanschluss, z.B. Fahrzeugmasse
	Glühlampe
	Messgerät: Spannungsmesser
	Messgerät: Strommesser
	Messgerät: Widerstandsmesser
	Gleichstrommotor, z.B. Wischermotor oder Gebläsemotor der Innenraumbelüftung
	Horn, Hupe
	Widerstand
	Potentiometer
	Fotowiderstand: Sein Widerstandswert ändert sich in Abhängigkeit von der Lichtstärke
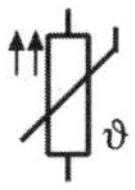	Temperaturabhängiger Widerstand (PTC) Der Widerstandswert steigt mit steigender Temperatur
	Temeraturabhängiger Widerstand (NTC) Der Widerstandswert fällt mit steigender Temperatur
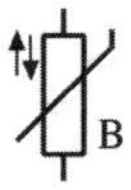	Feldplatte Vom Magnetfeld abhängiger Widerstandswert.

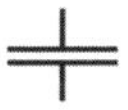	Kondensator
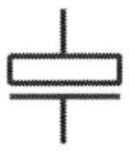	Gepolter Kondensator (Elektrolytkondensator) mit Angabe der Polarität
 alt neu	Induktivität mit Eisenkern (Magnetspule), z.B. ein Induktivgeber
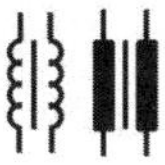 alt neu	Transformator mit Eisenkern, z.B. die Zündspule
	Relais, allgemein
	Diode
	Zenerdiode
	Leuchtdiode (LED)
	Fotodiode Der Stromfluss ändert sich in Abhängigkeit von der Helligkeit
	Fotoelement(Solarzelle) Das Element liefert bei Lichteinfall eine Spannung.
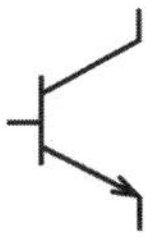	Transistor Ein Halbleiterbaustein, der elektrische Signale schalten oder verstärken kann.
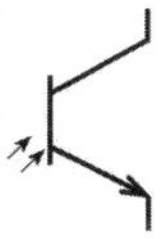	Fototransistor Die Lichtstärke sorgt für eine Verstärkung der Spannung.

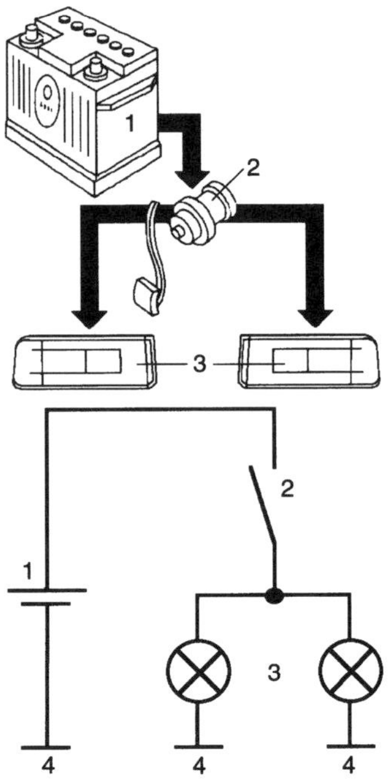

Bild 2.11
Darstellung des prinzipiellen Stromverlaufs einer Bremslichtschaltung in bildlicher Darstellung und als Schaltplan

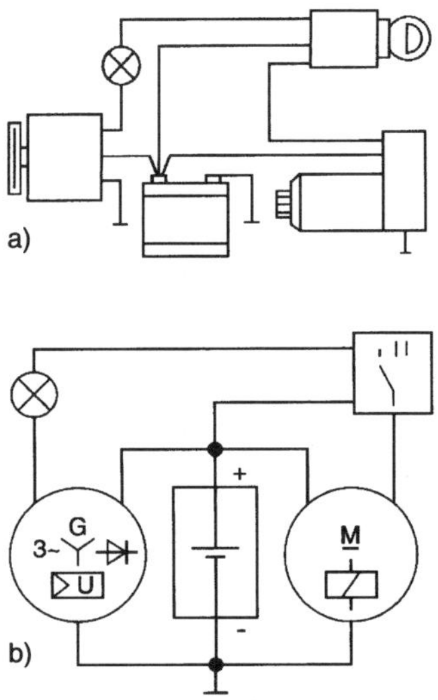

Bild 2.12
a) Anschlussplan in bildlicher Darstellung
b) Anschlussplan mit Schaltzeichen

2.2 Schaltzeichen

Aufgrund der Vielzahl von Stromkreisen im Automobil (Bremslichtkreis, Fahrlichtkreis, Innenraumbeleuchtung usw.) kann man die einzelnen Bauteile nicht mehr bildlich darstellen, sondern man verwendet genormte Symbole. Diese Symbole werden Schaltzeichen genannt. Nehmen wir zum Beispiel die bildliche Darstellung des Stromverlaufs von der Batterie über den Bremslichtschalter zu den Bremsleuchten und sehen, wie daraus der entsprechende Schaltplan entsteht (Bild 2.11).

1 Aus der Batterie ist die symbolische Darstellung mit dem entsprechenden Schaltzeichen geworden.
2 Von dort führt die Leitung zum Bremslichtschalter, der als Schalter in der Stellung AUS dargestellt ist.
3 Über eine Leitungsabzweigung geht es zu den beiden Bremsleuchten, die durch das Glühlampensymbol dargestellt werden.
4 Das Zeichen Masseanschluss am Ende der Leitung im Schaltplan bedeutet: Hier liegt im konkreten Fall ein Anschluss von der Glühlampe bzw. der Batterie über einen Massepunkt an der Karosserie, die für die Rückleitung sorgt. Eine direkte Rückleitung zur Batterie besteht nicht. Der Stromkreis schließt sich über die Karosserie und ein Kupferband, das die Karosserie mit der anderen Seite der Batterie verbindet.

Die Schaltzeichen sind genormte Symbole für elektrische Bauteile. Sie dienen dazu, den Zusammenhang zwischen den einzelnen elektrischen Bauteilen im Kraftfahrzeug übersichtlich darzustellen. Sie erfüllen damit die gleiche Aufgabe in der Elektrik wie die technische Zeichnung im Maschinenbau.

2.3 Schaltpläne

Bei der Vielzahl der vorhandenen Systeme muss sich der Kfz-Techniker die benötigten Informationen zur Problemlösung aus den Unterlagen der Hersteller beschaffen. Schaltpläne sind dabei die Hauptinformationsquelle zum Erkennen der Wirkzusammenhänge der eingebauten Bauteile.
Der **Gesamtschaltplan** stellt sämtliche Stromkreise des Fahrzeugs dar. Bevorzugt werden von den meisten Herstellern **Teilschaltpläne,** die einen abgegrenzten Bereich, z.B. nur die Zündung oder nur die Beleuchtung, behandeln. Sie enthalten dann auch nur die Informationen, die für diesen Bereich wichtig sind. So zeigt Bild 2.12 den Teilschaltplan der Spannungserzeugung im Bordnetz mit Hilfe der Batterie und des Generators sowie den Starter.

Bei den Schaltplänen unterscheidet man zwischen dem Anschlussplan, dem Stromlaufplan in aufgelöster und dem Stromlaufplan in zusammenhängender Darstellung.

2.3.1 Anschlussplan

Aus dem Anschlussplan (Bild 2.12) sind die Anschlussklemmen einer elektrischen Einrichtung und die Leitungsverbindungen sichtbar. Dieser Plan dient als Unterlage für den Anschluss bzw. Austausch von elektrischen Bauteilen.

2.3.2 Stromlaufplan

Der Stromlaufplan (Bild 2.13) ist die ausführliche Darstellung einer Schaltung mit allen Einzelheiten und daher die von den Herstellern am meisten verwendete Darstellungsart.

Stromlaufplan in aufgelöster Darstellung
Die Schaltung wird nach Stromwegen (von + nach –) aufgelöst. Dabei werden die Schaltelemente getrennt – ohne Rücksicht auf ihre Lage im Fahrzeug – angeordnet. Die Stromwege sollen gradlinig und kreuzungsfrei verlaufen.

Stromlaufplan in zusammenhängender Darstellung
Die Einzelteile einer Schaltung, das Leitungsnetz und die Innenschaltung der Geräte werden am ausführlichsten dargestellt. Der Leitungsverlauf soll übersichtlich sein, auf die räumliche Lage der Geräte braucht keine Rücksicht genommen zu werden.

2.4 Kennzeichnung elektrischer Geräte

Die Kennbuchstaben (z.B. S) kennzeichnen eindeutig Geräte, die in einem Schaltplan aufgeführt sind. Die nachfolgende Zahl dient der laufenden Nummerierung aller vorkommenden Bauteile mit gleichen Kennbuchstaben.

2.5 Klemmenbezeichnung

Neben den Kennbuchstaben für die Geräteart sehen Sie im Schaltplanausschnitt noch weitere Bezeichnungen an den Bauteilen. Wenn Sie zum Beispiel das Bauteil S2 (Zündstartschalter) betrachten, erkennen Sie neben den Leitungen, die von dem Bauteil wegführen, die Klemmenbezeichnungen 30, 15 und 50.

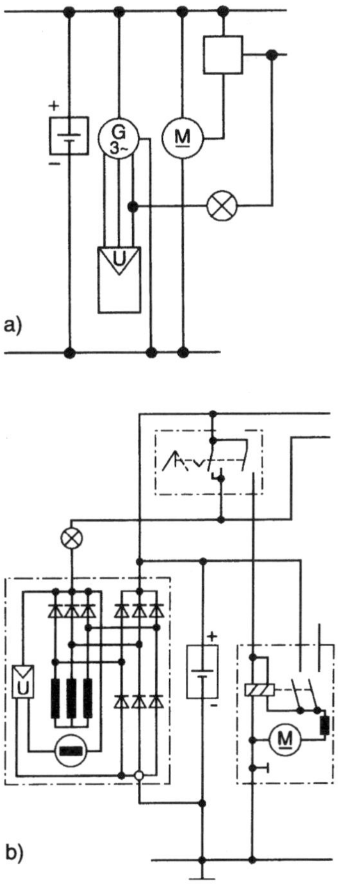

Bild 2.13
Stromlaufplan in aufgelöster (a) und in zusammenhängender Darstellung (b)

Die genormten Klemmenbezeichnungen wurden eingeführt, damit beim Anklemmen von Leitungen Verwechslungen vermieden werden.

An Anschlüssen, wo eine Verwechslung keine Folgen hat, kann man auf Klemmenbezeichnungen verzichten. In den Fahrzeugen sind die einzelnen Leitungen zu «Kabelbäumen» zusammengefasst und mit einem Isolierschlauch umgeben. Da man so den Kabelverlauf nicht mehr nachvollziehen kann, dient die Anschlussklemme am Bauteil mit der entsprechenden Klemmenbezeichnung der Funktionskontrolle. Man misst z.B. die Spannung an der Klemme und vergleicht den Wert mit den Vorgaben des Herstellers. Die Vorgabe des Herstellers ist der **Sollwert,** d.h., dieser Wert soll bei der Messung erreicht werden. Der am Bauteil tatsächlich gemessene Wert ist der **Istwert.** Weicht der Istwert (= gemessener Wert) vom Sollwert (= Vorgabe durch den Hersteller) ab, dann liegt ein Fehler vor.
Obwohl die Schaltpläne von verschiedenen Herstellern stammen, so ist doch der prinzipielle Aufbau gleich – und alle Pläne liegen nicht mehr in gedruckter Form vor, sondern sind digital abgespeichert und bieten neben der reinen Darstellung je nach Hersteller weitere interaktive Möglichkeiten.
Durch Anklicken einer Komponente erhält man einen Hyperlink zur Ansicht der Komponente, man bekommt die Lage der Komponenten angegeben, evtl. ist auch eine Ansicht des Anschlusssteckers abgebildet.
Einbauorte von Bauteilen werden fast durchgehend von 3D-Bildern unter Verwendung von Hyperlinks gefunden.
Rasterbilder, Bestandteil älterer Schaltplanunterlagen, sind in neueren Anwendungen nicht mehr vorhanden.

Golf/Bora

Stromlaufplan

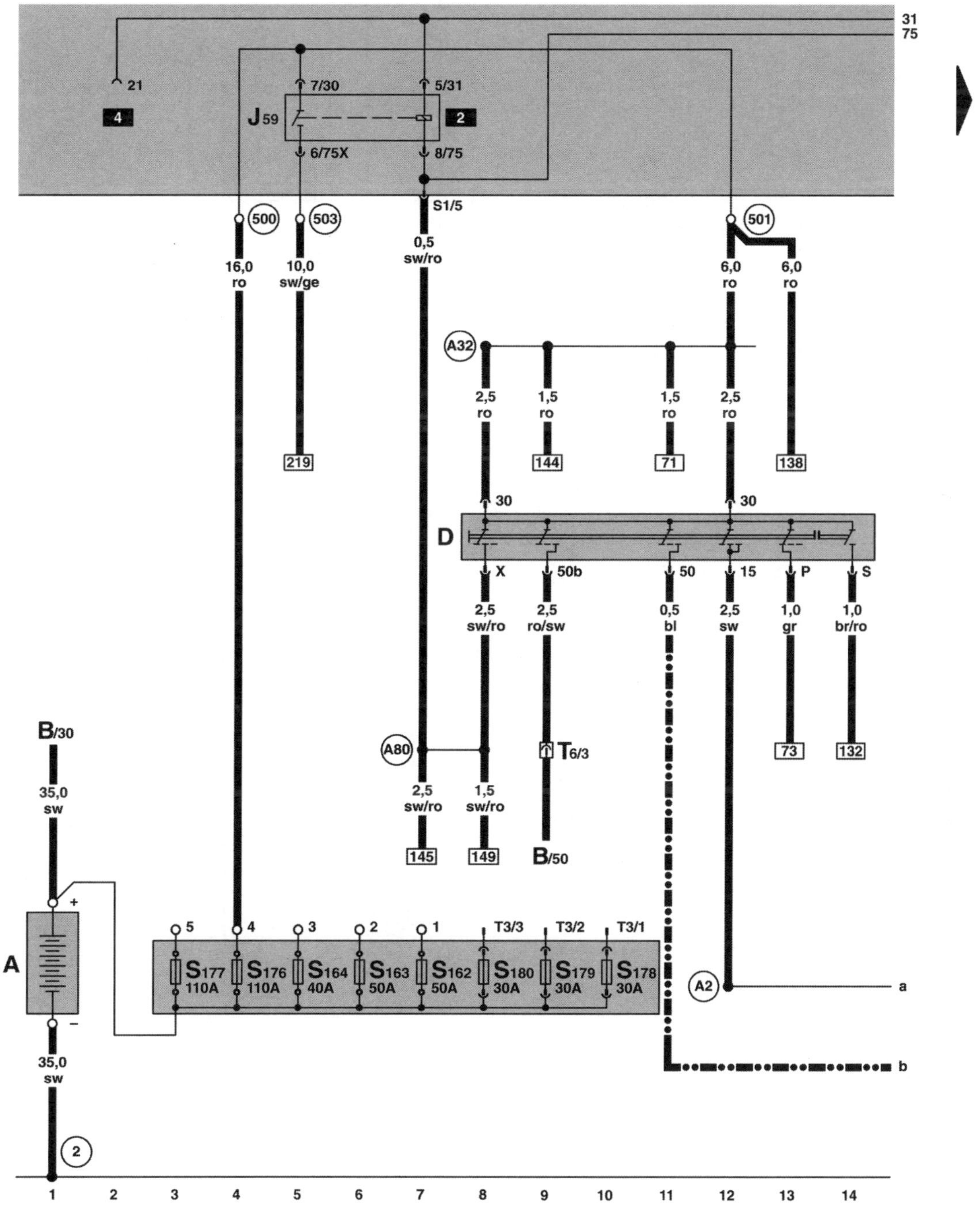

Bild 2.14
Schaltplanausschnitt VW

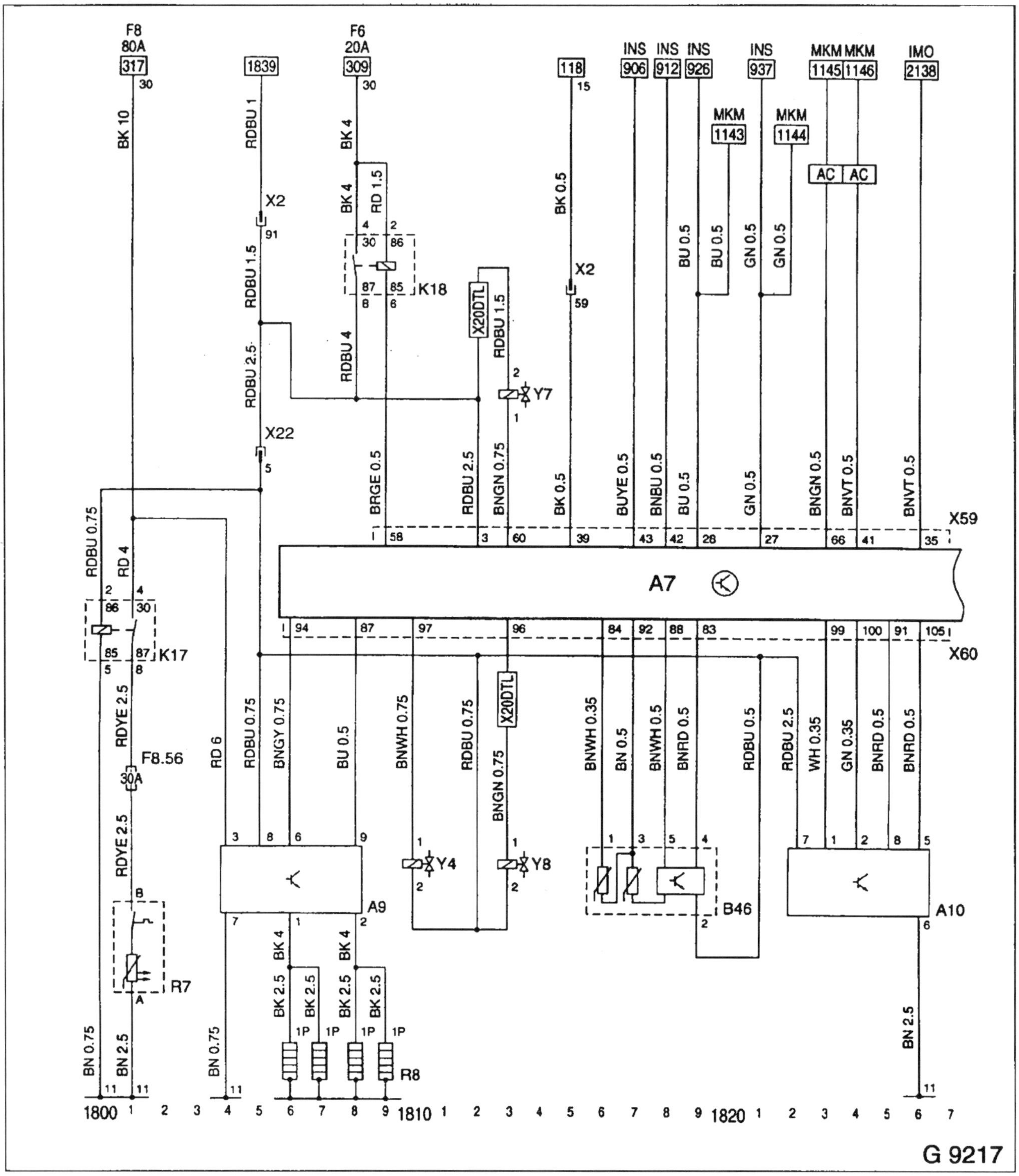

Bild 2.15
Schaltplanausschnitt Opel

32-11-001, Signalhorn, Doppelhupe

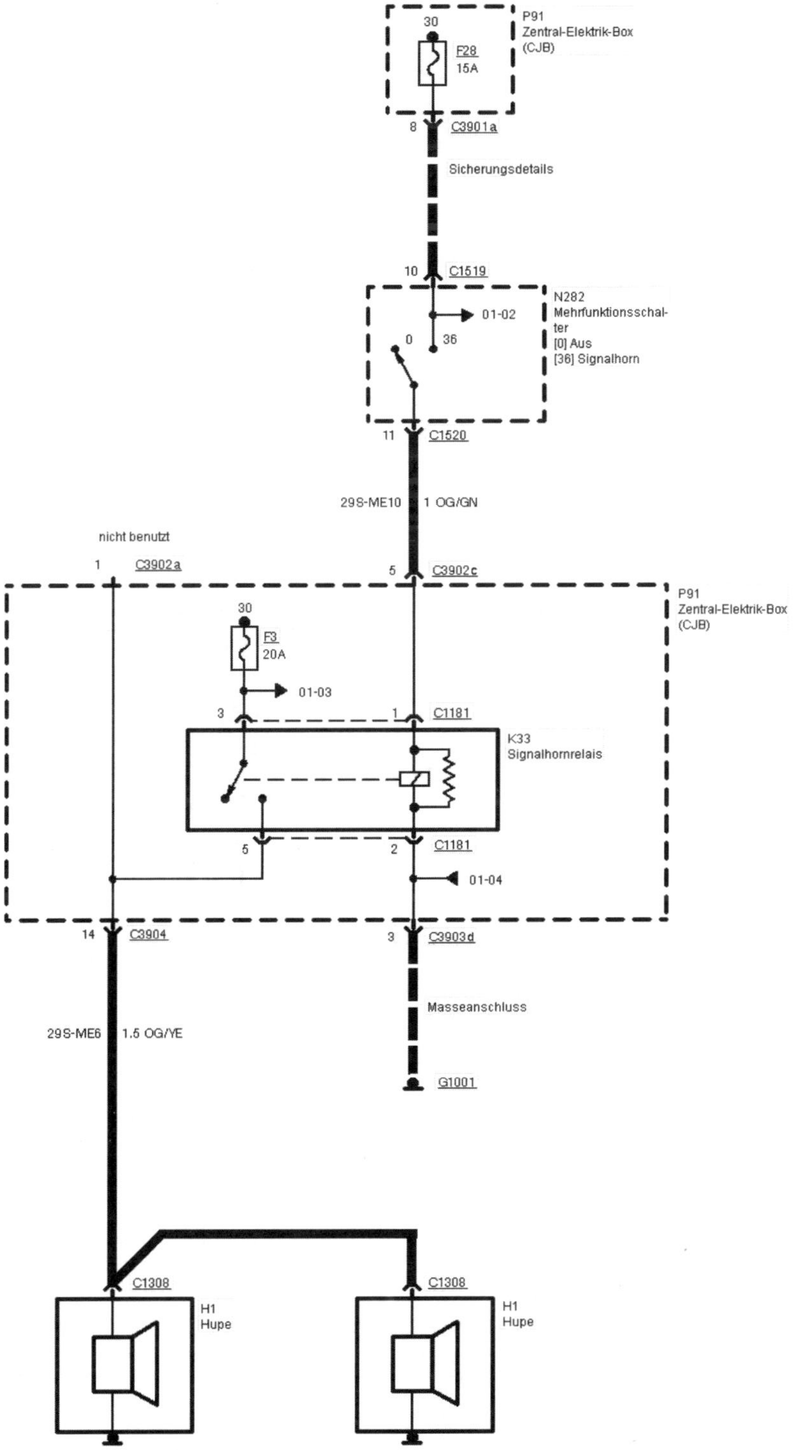

Bild 2.16
Schaltplanausschnitt Ford

2.6 Schaltpläne

2.6.1 Beispiel VW

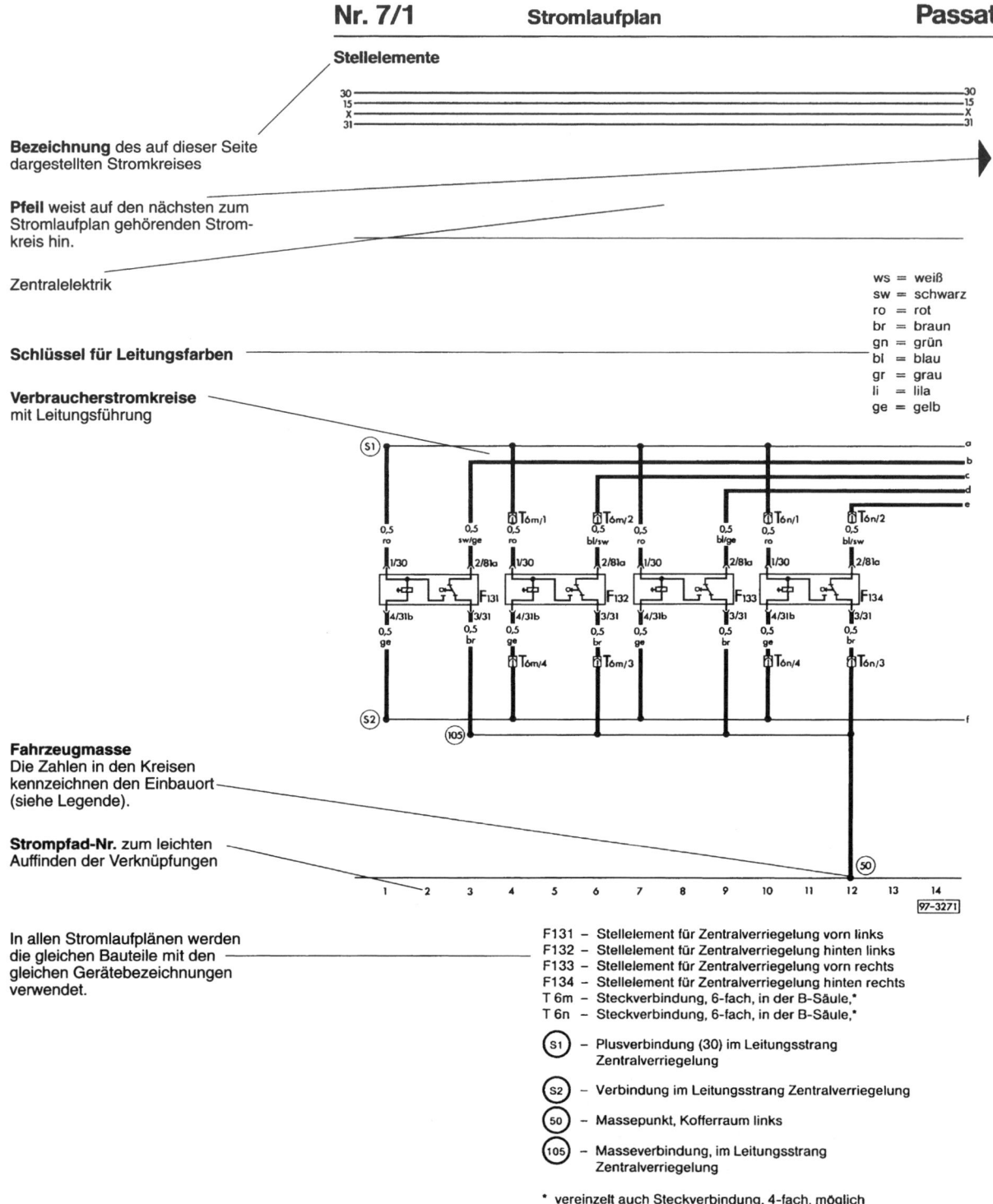

Aufbau (Bild 2.17)

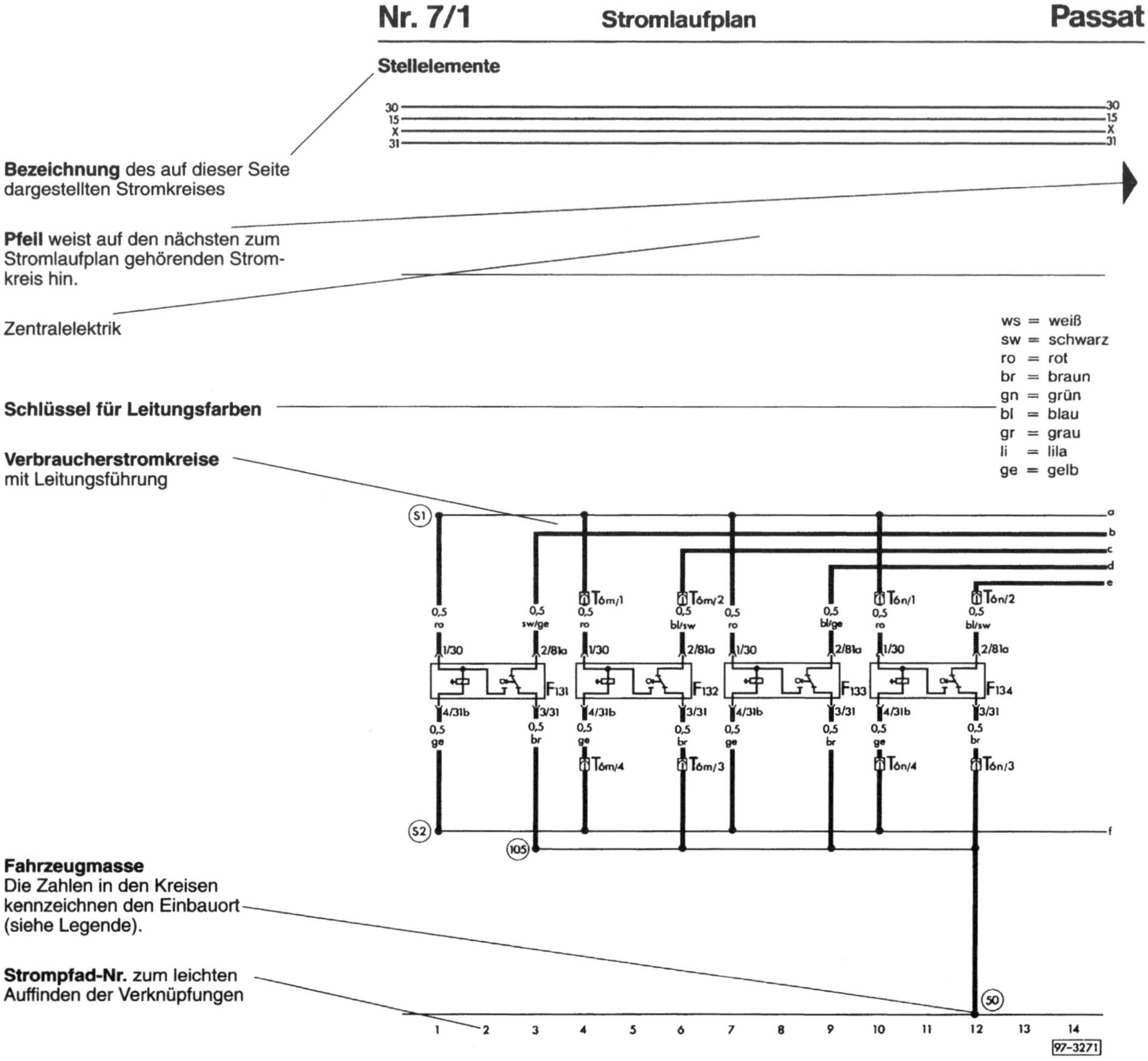

In allen Stromlaufplänen werden die gleichen Bauteile mit den gleichen Gerätebezeichnungen verwendet.

F131 – Stellelement für Zentralverriegelung vorn links
F132 – Stellelement für Zentralverriegelung hinten links
F133 – Stellelement für Zentralverriegelung vorn rechts
F134 – Stellelement für Zentralverriegelung hinten rechts
T 6m – Steckverbindung, 6-fach, in der B-Säule,*
T 6n – Steckverbindung, 6-fach, in der B-Säule,*

(S1) – Plusverbindung (30) im Leitungsstrang Zentralverriegelung

(S2) – Verbindung im Leitungsstrang Zentralverriegelung

(50) – Massepunkt, Kofferraum links

(105) – Masseverbindung, im Leitungsstrang Zentralverriegelung

* vereinzelt auch Steckverbindung, 4-fach, möglich

Ausgabe 01.89
000.5104.07.00

Lesen von Stromlaufplänen (Bild 2.18)

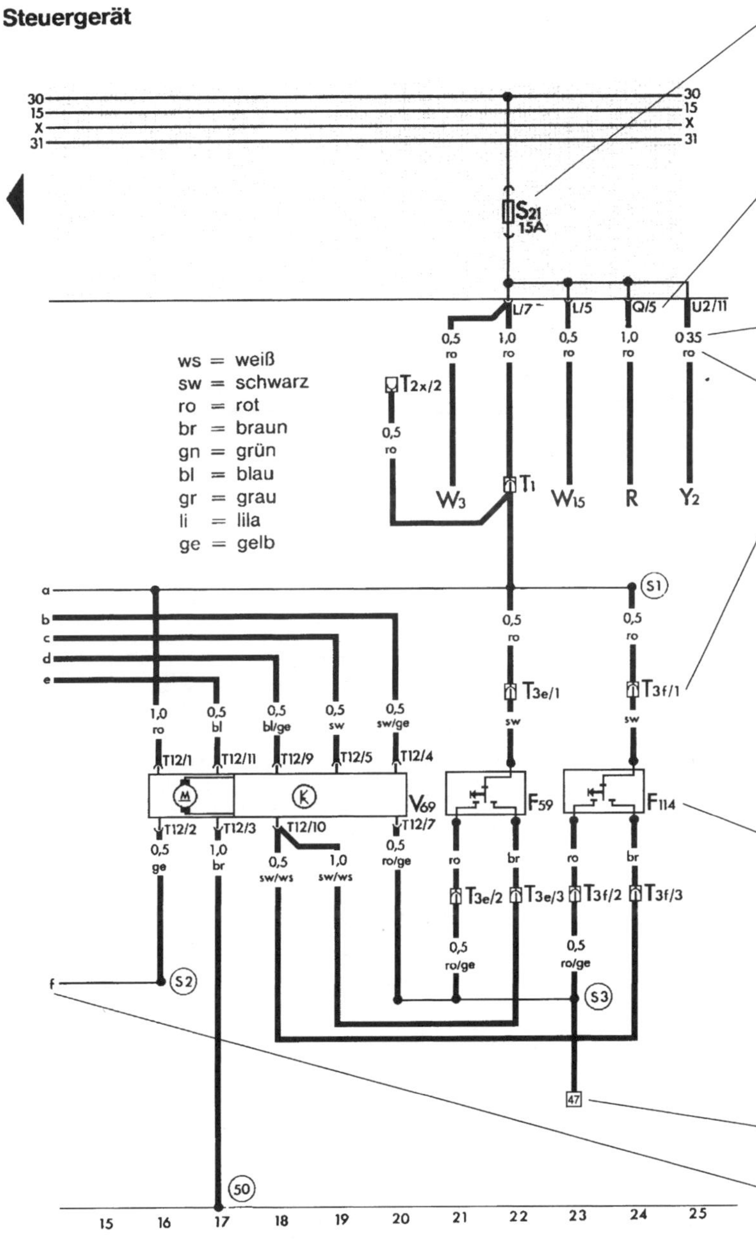

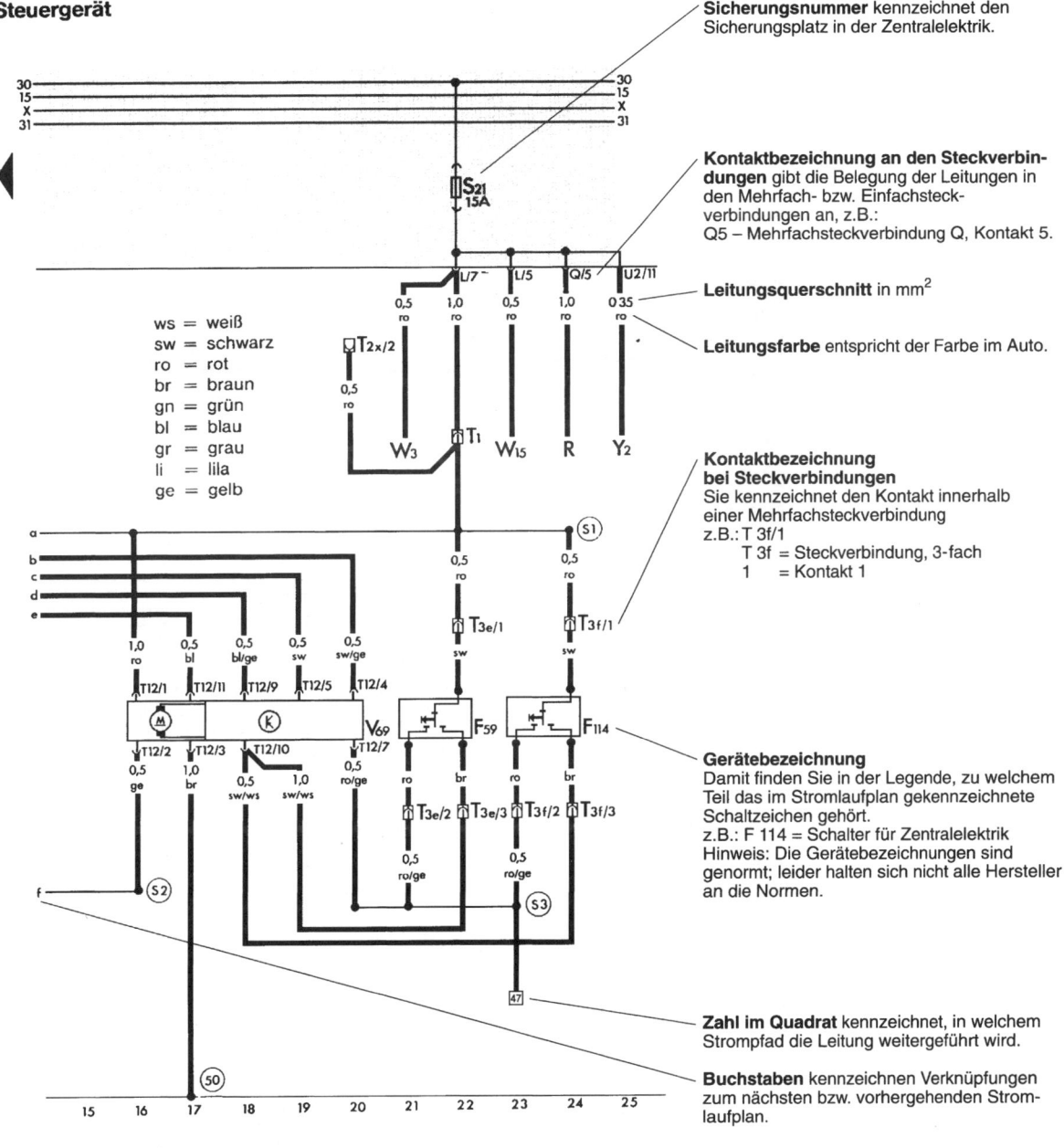

Sicherungsnummer kennzeichnet den Sicherungsplatz in der Zentralelektrik.

Kontaktbezeichnung an den Steckverbindungen gibt die Belegung der Leitungen in den Mehrfach- bzw. Einfachsteckverbindungen an, z.B.:
Q5 – Mehrfachsteckverbindung Q, Kontakt 5.

Leitungsquerschnitt in mm²

Leitungsfarbe entspricht der Farbe im Auto.

Kontaktbezeichnung bei Steckverbindungen
Sie kennzeichnet den Kontakt innerhalb einer Mehrfachsteckverbindung
z.B.: T 3f/1
T 3f = Steckverbindung, 3-fach
1 = Kontakt 1

Gerätebezeichnung
Damit finden Sie in der Legende, zu welchem Teil das im Stromlaufplan gekennzeichnete Schaltzeichen gehört.
z.B.: F 114 = Schalter für Zentralelektrik
Hinweis: Die Gerätebezeichnungen sind genormt; leider halten sich nicht alle Hersteller an die Normen.

Zahl im Quadrat kennzeichnet, in welchem Strompfad die Leitung weitergeführt wird.

Buchstaben kennzeichnen Verknüpfungen zum nächsten bzw. vorhergehenden Stromlaufplan.

F 59 – Schalter für Zentralverriegelung
F114 – Schalter für Zentralverriegelung
R – Anschluss für Radio
T 1 – Steckverbindung, 1-fach, hinter der Relaisplatte
T 1t – Steckverbindung, 1-fach, unter dem Fondsitz mitte
T 2x – Steckverbindung, 2-fach, unter der Schalthebelhülle
T 3e – Steckverbindung, 3-fach, in der Fahrertür
T 3f – Steckverbindung, 3-fach, in der Beifahrertür
T 12 – Steckverbindung, 12-fach
V 69 – Pumpe mit Steuergerät für Zentralverriegelung
W 3 – Kofferraumleuchte
W 15 – Innenleuchte mit Ausschaltverzögerung
Y 2 – Digitaluhr

2.6.2 Beispiel Ford

Der Einsatz der Herstellerunterlagen erleichtert die Fehlersuche und erlaubt eine systematische Vorgehensweise. Leider hat jeder Hersteller andere Darstellungsformen seiner Stromlaufpläne, so dass nur das prinzipielle Wissen um den Aufbau von Schaltplänen weiterhilft.

Nach der Auswahl des gewünschten Fahrzeugtyps (Bild 2.19) und des Modelljahres gelangt man zum gesuchten Fahrzeug.

Bild 2.19
Auswahl des Fahrzeugs

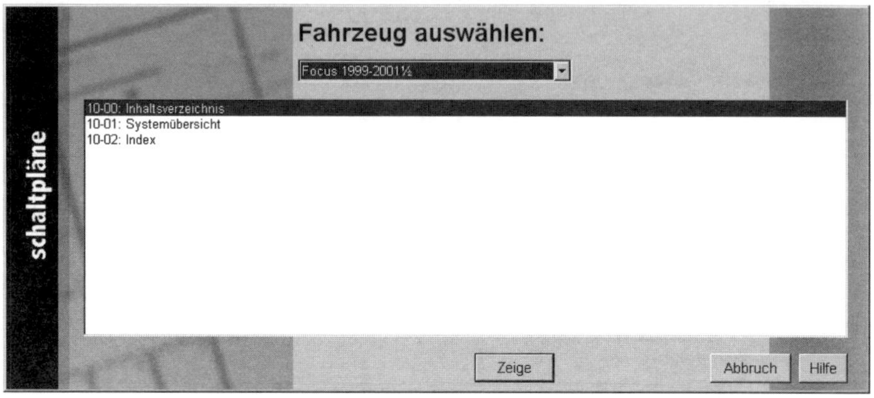

Eine Liste mit drei Abschnitten wird eingeblendet: Inhaltsverzeichnis, Systemübersicht und Bauteilverzeichnis. Im Folgenden wird der Abschnitt «Inhaltsverzeichnis» gewählt (Bild 2.20).

Bild 2.20
Verwenden des Inhalts-verzeichnisses

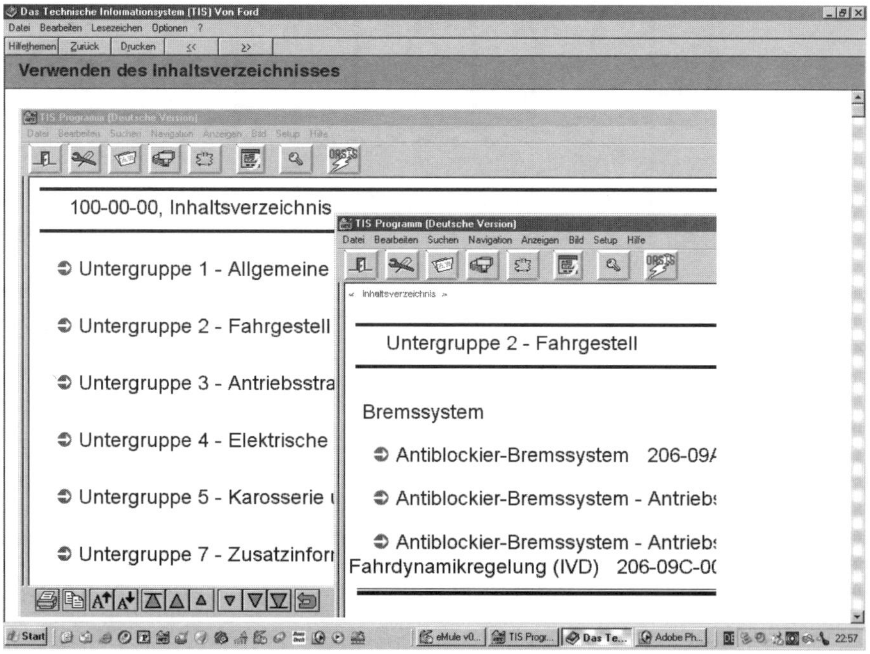

Durch Klicken auf eine dynamische Verknüpfung (hier: Untergruppe 2 – Fahrgestell) erscheint das gewünschte Dokument mit dem Inhaltsverzeichnis auf dem Bildschirm.

Durch erneutes Klicken erscheint der gewählte Schaltplan (Bild 2.21). Innerhalb des Schaltplans können weitere Verknüpfungen verfügbar sein.

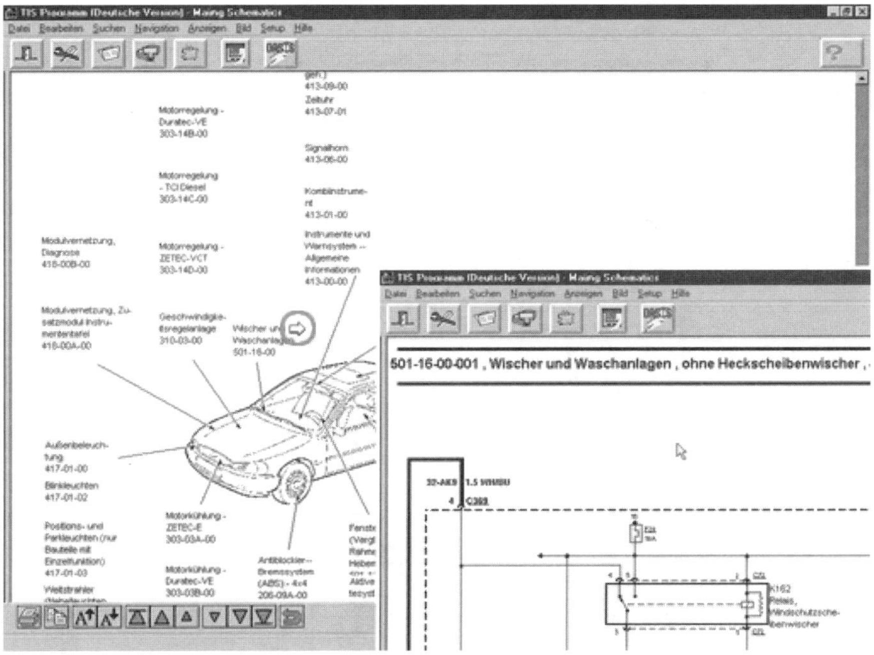

Bild 2.21
Auswahl des gewünschten Schaltplans

Die Systemübersicht zeigt die Gesamtansicht eines Fahrzeugs, die von verknüpftem Text umgeben ist, d.h., der Text beschreibt, was angezeigt wird.
Durch Klicken auf eine dynamische Verknüpfung erscheint der gewählte Schaltplan, in dem weitere Verknüpfungen verfügbar sein können.

Stromlaufplan (Bilder 2.22 bis 2.24)
In jedem Kapitel wird der vollständige Stromlaufplan eines bestimmten elektrischen bzw. elektronischen Systems dargestellt. Dazugehörige Komponenten sind nur aufgezeigt, wenn sie den Stromlauf beeinflussen.

- **Aufbau**
  Die Schaltpläne sind in mehrere Kapitel aufgeteilt. Jedes Kapitel ist mit einer Überschrift versehen; es werden hier die Komponenten aufgezeigt, die in einem bestimmten System oder Unter-System zusammenwirken.
- **Anschlussklemme**
  Bezeichnung der Klemmenbezeichnung
- **Stromfluss**
  Im Allgemeinen beginnt jedes System mit der Sicherung, dem Zündschalter usw., d.h. mit der Stromquelle.
  Der Stromlauf wird also auf jeder Seite von der Stromquelle (auf der Seite oben) zur Masse (auf der Seite unten) aufgezeigt.
- **Schaltstellungen**
  Sämtliche Schalter, Sensoren, Relais werden auf den Schaltplänen in Ruhestellung gezeigt (so als wäre Zündung AUS).
- **Pfeil**
  Pfeil zeigt Stromflussrichtung und weist auf die Fortsetzung des Strompfades hin.
- **Lötverbinder**
  Lötverbinder mit großem Umfang können teilweise dargestellt werden. Ein Seitenhinweis und eine imaginäre Linie weisen auf die vollständige Darstellung des Lötpunktes hin. Der Lötverbinder ist mit dem Zusatz «teilweise» gekennzeichnet.
- **Kabelquerschnitt**
  Kabelquerschnitt in mm²

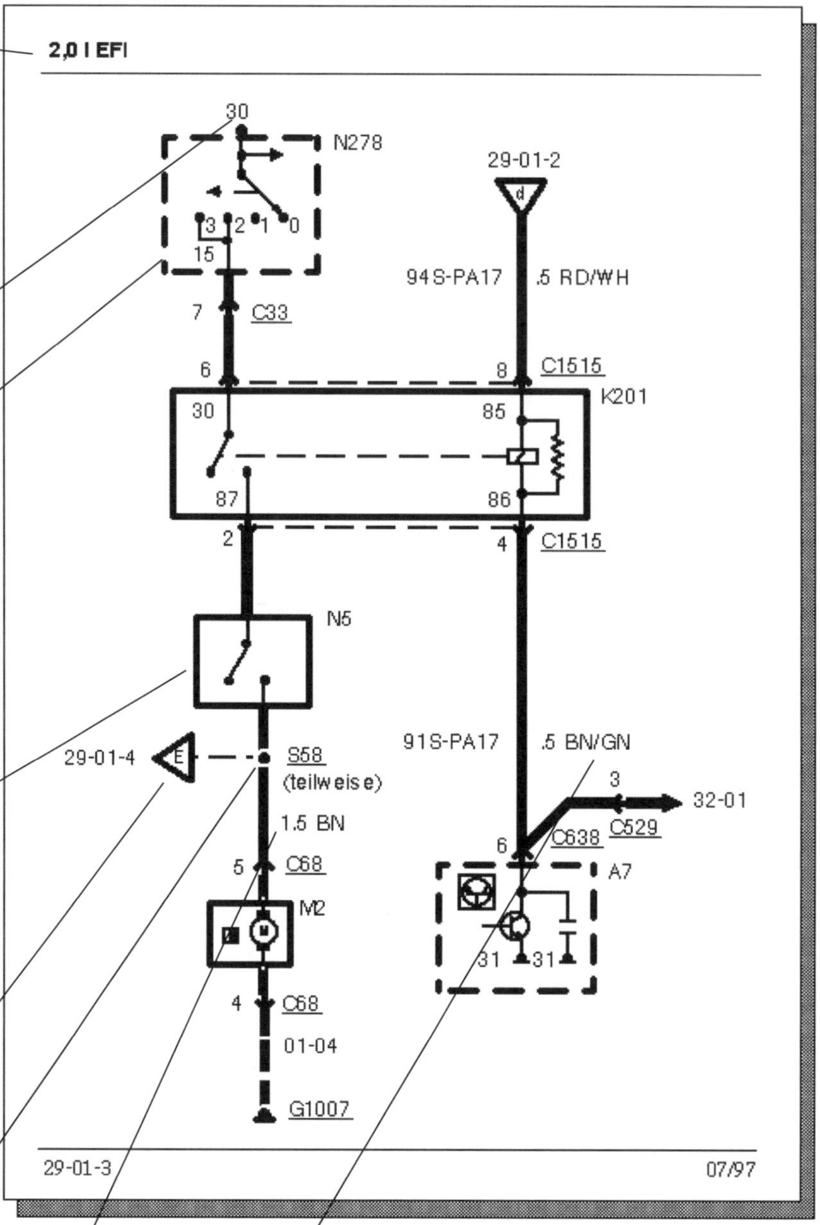

Bild 2.22
Schaltplanausschnitt

- **Leitungsfarben**
  Die erste Angabe zeigt die Grundfarbe, die zweite Angabe die Kennung.
  Beispiel: BN/GN
  Grundfarbe: BN = Braun
  Kennfarbe: GN = Grün
  Eine Übersicht über die Leitungsfarben finden Sie in der Tabelle Bild 2.23.

Leitungsfarben	
BK	Schwarz
BN	Braun
BU	Blau
GN	Grün
GY	Grau
LG	Hellgrün
OG	Orange

Leitungsfarben	
PK	Pink
RD	Rot
SR	Silber
VT	Violett
WH	Weiß
YE	Gelb
NA	Natur

Bild 2.23
Kabelfarben

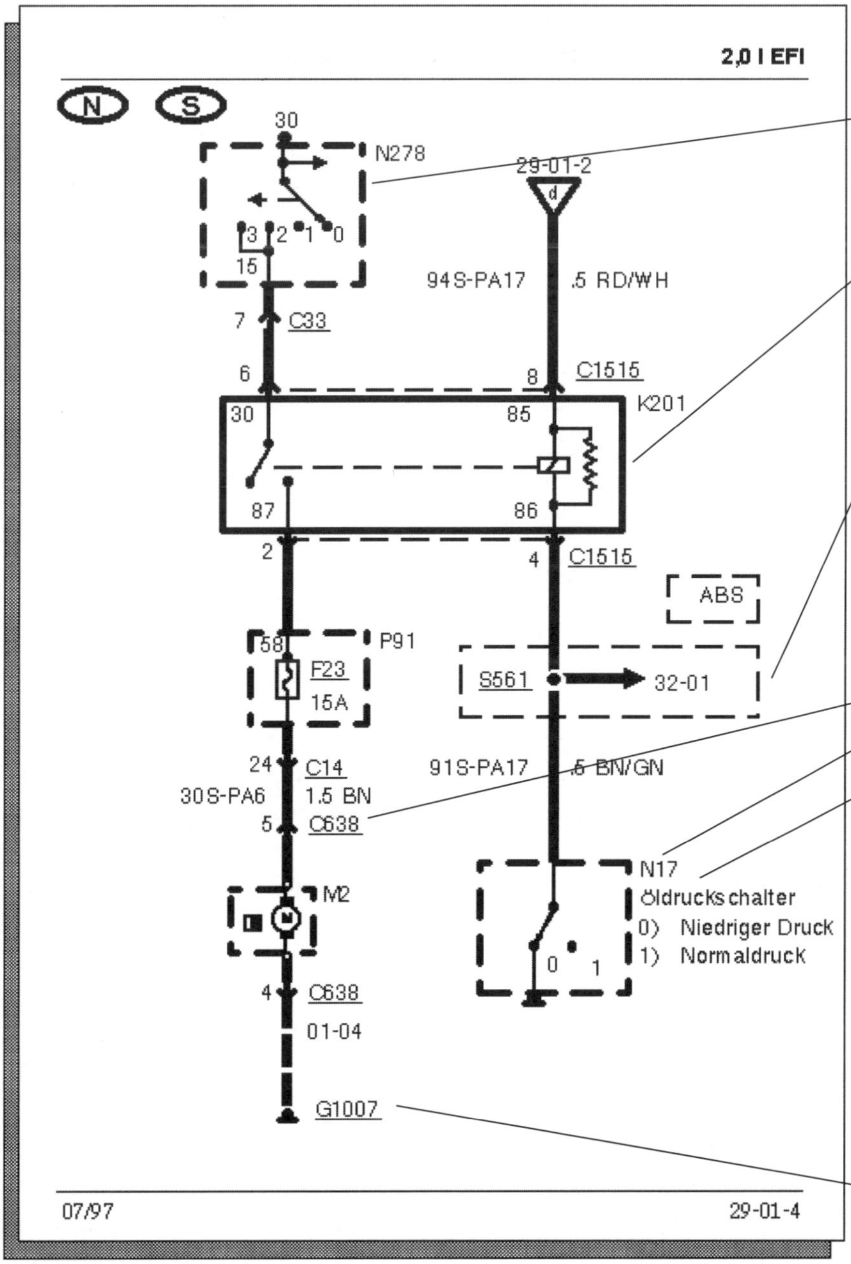

Bild 2.24
Schaltplanausschnitt

- **Untertitel**
  Der Untertitel enthält z.B. einen Hinweis darauf, dass die betreffende Seite nur für ein bestimmtes Modell (z.B. Norwegen, Schweden) gültig ist, oder erklärt, welche Kapitel-Funktionen, z.B. Stromverteilung, auf der Seite aufgezeigt werden.
- **Rahmen**
  Ein dicker gestrichelter Rahmen bedeutet, dass nur ein Teil eines Bauteils abgebildet ist.
  Ein durchgezogener Rahmen bedeutet, dass das gesamte Bauteil abgebildet ist.
  Ein dünner gestrichelter Rahmen bedeutet, dass der betreffende Teil des Stromkreises/Systems nur für ein bestimmtes Fahrzeugmodell, ein bestimmtes Land oder eine bestimmte Ausführung gültig ist. Diese Angaben befinden sich gleich neben dem Rahmen.
- **Bauteilsteckernummer**
- **Bauteilnummer**
- **Bauteilnamen und Anmerkungen**
  Die Namen der Komponenten stehen immer auf der rechten Seite der Komponenten. Anmerkungen, beispielsweise über Schalterstellungen oder Betriebsbedingungen, stehen unter dem Namen. Dies gilt auch für weitere Anmerkungen oder zusätzliche Erklärungen.
- **Masseanschluss**
  Nummerierter Masseanschluss, der im Lageverzeichnis der Bauteile wieder auftaucht.

Die Leitungsverbindungen zwischen den einzelnen Komponenten werden genauso aufgezeigt, wie sie im Fahrzeug angeordnet sind. Komponenten und Leitungen werden jedoch nicht maßstabgerecht dargestellt.
So erscheint z.B. ein 1 m langes Kabel genauso wie eines, das nur wenige cm lang ist. Außerdem werden, zum besseren Verständnis der Fahrzeugelektrik/-elektronik, die Leitungen innerhalb einer komplexen Komponente vereinfacht dargestellt.

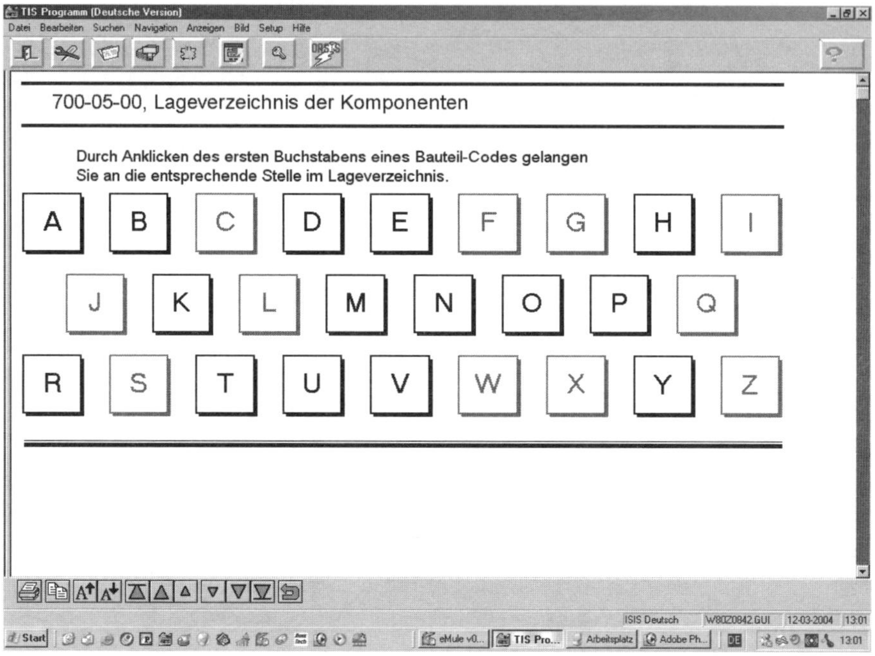

Bild 2.25
Lageverzeichnis der Komponenten nach Buchstaben

Details der Schaltplankomponenten (Bilder 2.26 bis 2.29)
Um die Verwendung und die Lage eines bestimmten Bauteils anzuzeigen, klicken Sie im Lageverzeichnis auf den ersten Buchstaben dieses Bauteils z.B. A!
Das Bauteilverzeichnis wird angezeigt, beginnend mit dem von ihnen gewählten Buchstaben.
Klicken Sie auf eine dynamische Verknüpfung, um das Bauteil anzuzeigen.
Der Schaltplan wird angezeigt, der das gewählte Bauteil erhält.
Durch Klicken auf die Steuergerätekennung (A7) wird die Lage des Steuergerätes im Fahrzeug eingeblendet. Dabei zeigen die Koordinaten (hier F2) nicht auf die Lage, sondern auf die Benennung des Bauteils. Die Lage ergibt sich durch die Bezugslinie.
Um Detailansichten von Bauteilen, Steckern, Massepunkten, Kabelverbindungen, Strom- und Masseverteilungen zu erhalten z. B.

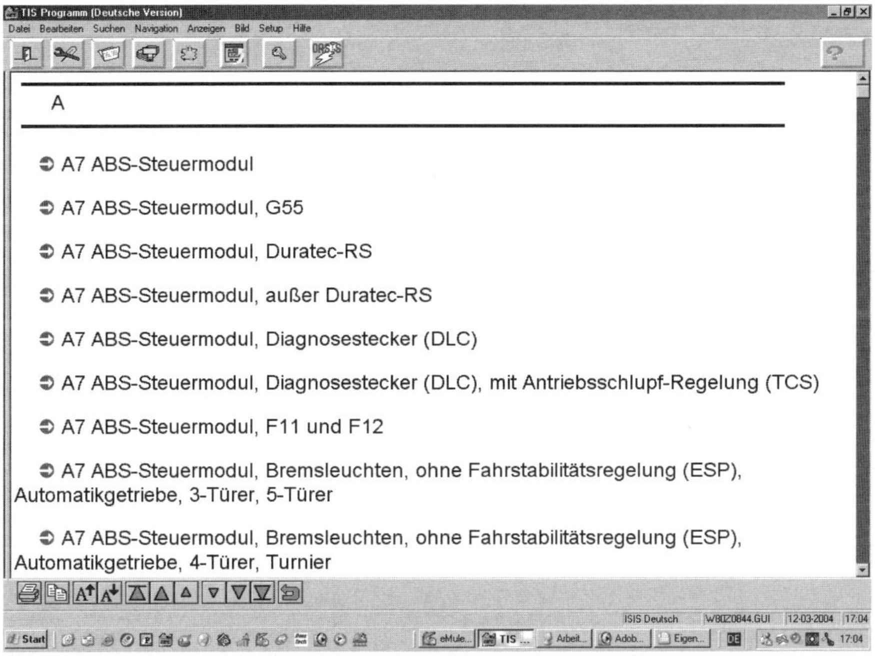

Bild 2.26
Lageverzeichnis der Komponenten; Auflistung

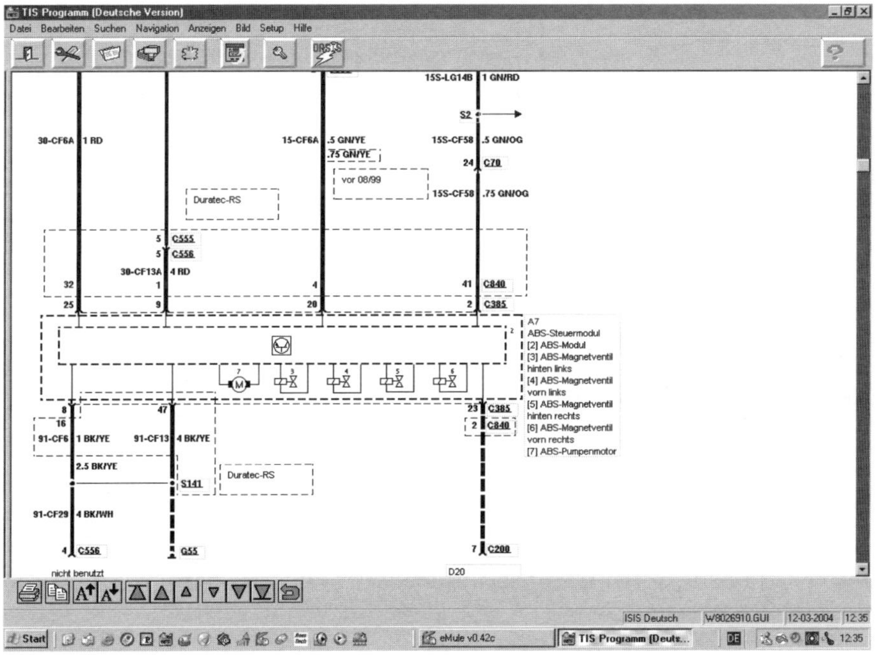

Bild 2.27
Schaltplan mit den Komponenten

die Steckerbelegung des ABS-Steuergerätes, zieht man den Cursor auf die Bauteilbezeichnung im Schaltplan und klickt, wenn der Cursor seine Form ändert.

Beispiel Stecker C385 des ABS-Steuergerätes A7

Bild 2.28
Steckerbelegung

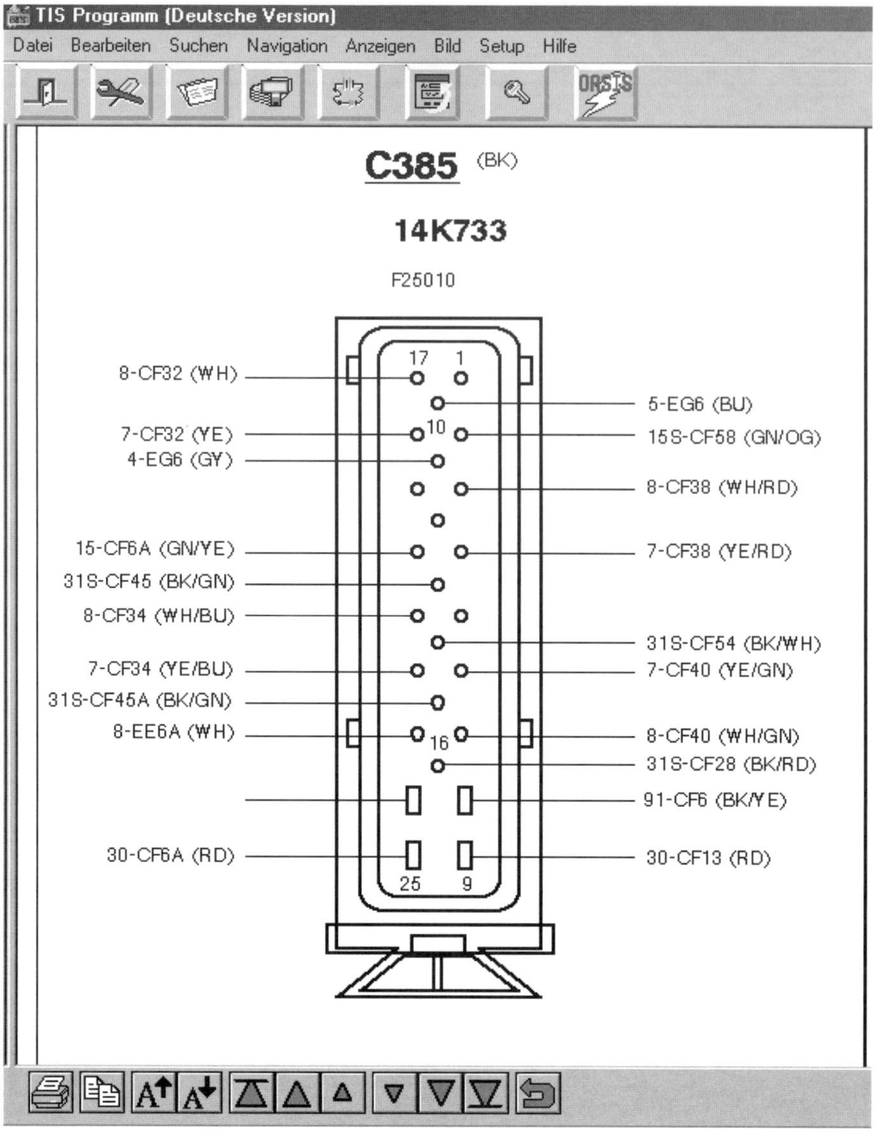

Moderne digitale Schaltplanunterlagen bieten neben der reinen Information durch dynamische Verknüpfungen das leichte Navigieren durch alle benötigten Informationen.

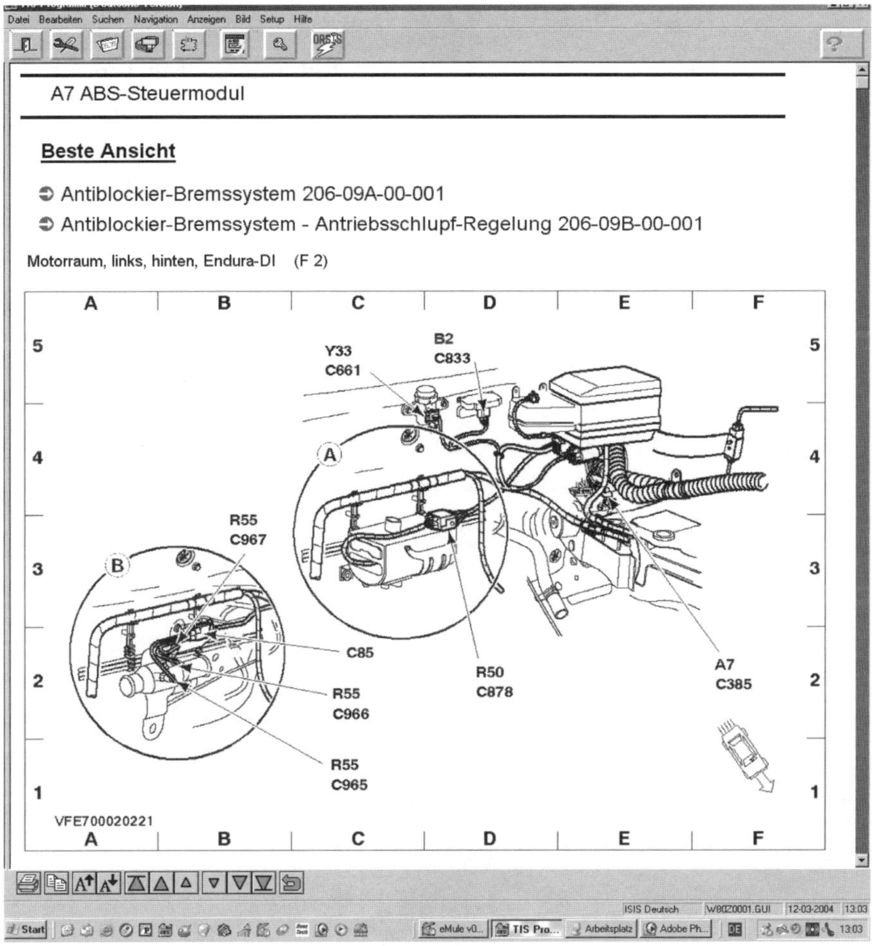

Bild 2.29
Lage des Bauteils im Fahrzeug

2.7 Lage von Komponenten im Kraftfahrzeug

Um die Vielzahl von Bauteilen, Steckverbindungen, Massepunkten usw., die in modernen Fahrzeugen verbaut sind, überhaupt darstellen zu können, hat man ein Koordinatensystem entwickelt, mit dem man deren Position eindeutig zuordnen konnte (Bilder.2.30a und b).
Am Beispiel des Opel Omega ist einmal exemplarisch die Position des linken Außenspiegels dargestellt (Bild 2.30b).
Die betroffenen Rasterfelder, in denen sich der Außenspiegel befindet, sind grau hinterlegt.
Entsprechend der Reihenfolge im Alphabet wird zunächst die seitliche Lage in der Draufsicht (A...F), die Position auf der Längsachse (1...7) und zuletzt die Höhe in der Seitenansicht (G...K) angegeben. Somit ergibt sich die Position des linken Außenspiegels mit A3J.

Bild 2.30a
Lage der Steuergeräte bei der Mercedes-C-Klasse

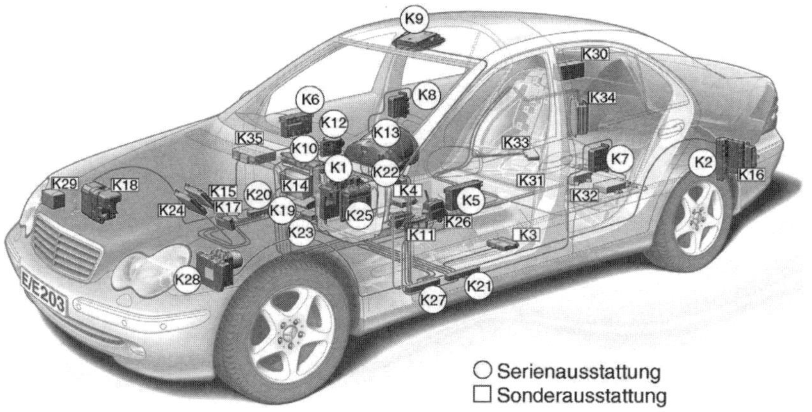

Bild 2.30b
Koordinatensystem Opel Omega

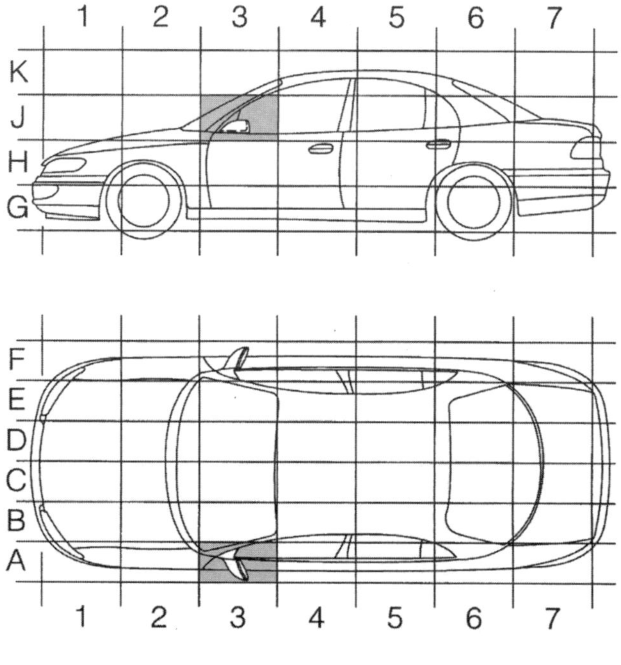

3 Messwerterfassung mit dem Multimeter

Die Größen Spannung, Strom und Widerstand müssen im Rahmen einer Fehlersuche mit Hilfe der Prüfanleitung des Herstellers ermittelt, d.h. gemessen werden (Bild 3.1). Als Messgerät dient dazu üblicherweise ein Multimeter oder Vielfach-Messgerät. Diese Geräte erlauben es, durch Umschalten der Messbereiche Strom-, Spannungs- und Widerstandswerte zu ermitteln.

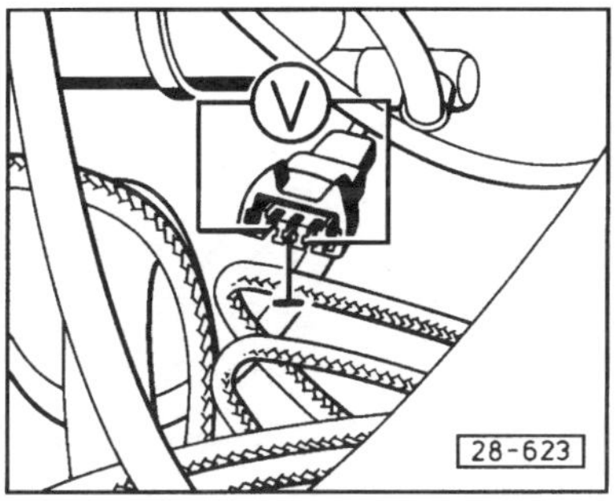

Bild 3.1
Ausschnitt aus einer V.A.G-Prüfanleitung

- ❑ Stecker am Hallgeber (Zündverteiler) abziehen, dazu Drahtsicherung drücken.
- ❑ Multimeter an die äußeren Kontakte des Steckers vom Hallgeber (Zündverteiler) anschließen.
- ❑ Zündung einschalten. Sollwert: mind. 5 V
- ❑ Zündung ausschalten.

3.1 Multimeterarten

Digital bedeutet: ziffernmäßig, stufenweise, sprungweise.
Bei einem **Digital-Multimeter** (Bild 3.2) wird der Messwert sofort als Zahlenwert dargestellt. Die Anzeige erfolgt stets in Stufen, da die letzte Zahl immer nur um eine Ziffer springen kann.

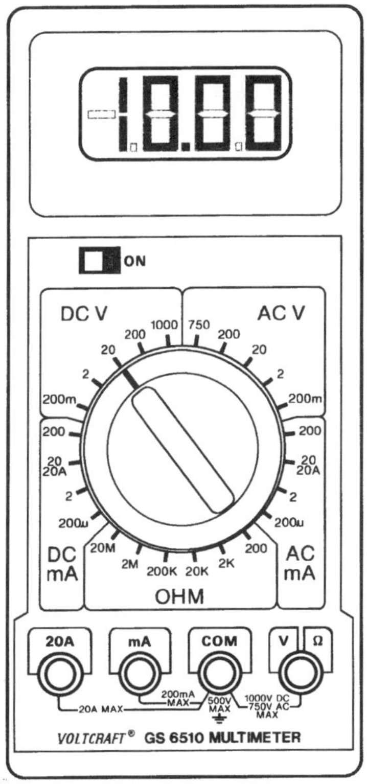

Bild 3.2
Digital-Multimeter

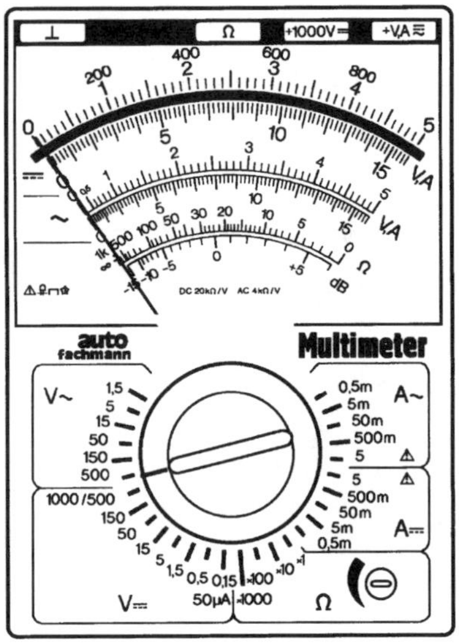

Bild 3.3
Analog-Multimeter

Analog bedeutet: gleichartig, stetig, stufenlos.

Bei einem **Analog-Multimeter** (Bild 3.3) wird der Messwert durch den Ausschlag des Zeigers dargestellt. Die Anzeige erfolgt dabei stufenlos, d.h. ohne Unterbrechung.

Bei Messungen im Zusammenhang mit der Lambda-Regelung moderner Kraftfahrzeuge sind analoge Messgeräte günstiger, da man Spannungsschwankungen besser erkennen kann. Aufgrund der leichteren Ablesbarkeit werden für die meisten Messungen am Kraftfahrzeug digitale Multimeter verwendet. In letzter Zeit haben sich kombinierte Digital-Analog-Geräte durchgesetzt, die neben dem digitalen Zahlenwert auch die Tendenz bzw. die Änderungsrichtung in Balkenform anzeigen. Man spricht dann von einer «Quasi-Analoganzeige».

Führen Sie nur solche Messungen durch, die in den Prüfanleitungen der Hersteller ausdrücklich angegeben sind. Unsachgemäße Messungen können elektronische Bauteile zerstören und Menschenleben gefährden.

3.2 Bezeichnungen am Analog-Multimeter

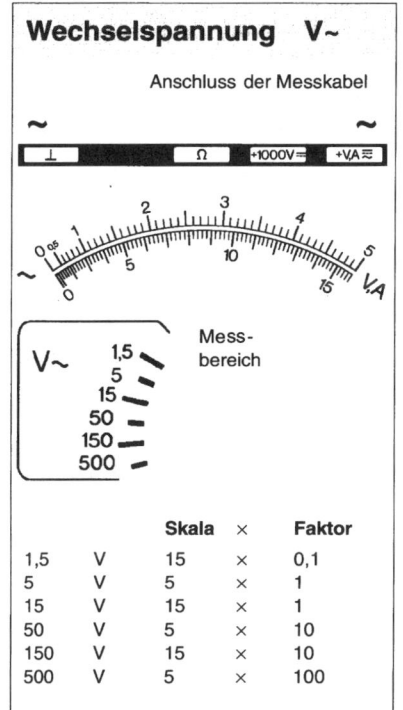

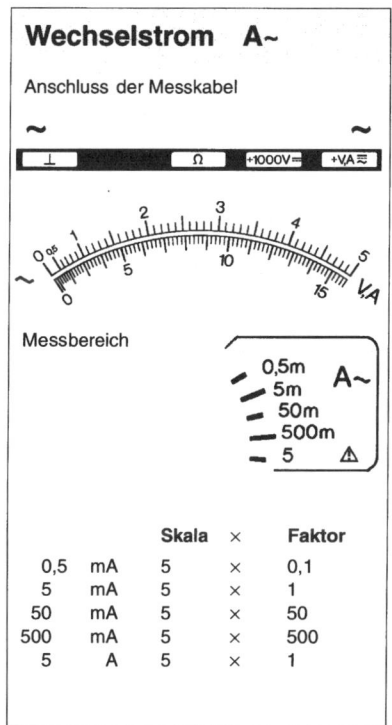

Wechselspannung V~

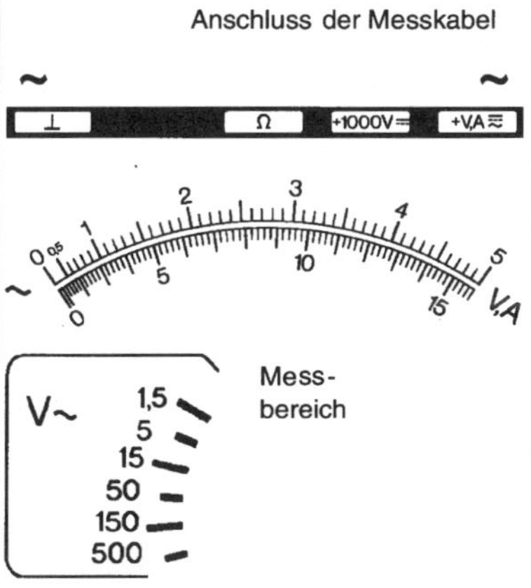

		Skala	×	Faktor
1,5	V	15	×	0,1
5	V	5	×	1
15	V	15	×	1
50	V	5	×	10
150	V	15	×	10
500	V	5	×	100

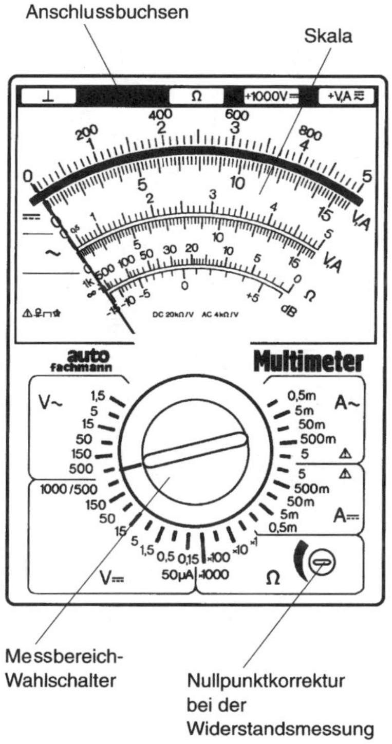

Wechselstrom A~

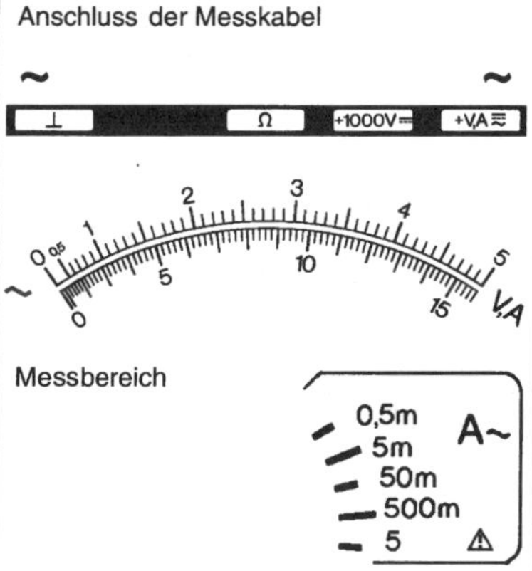

		Skala	×	Faktor
0,5	mA	5	×	0,1
5	mA	5	×	1
50	mA	5	×	50
500	mA	5	×	500
5	A	5	×	1

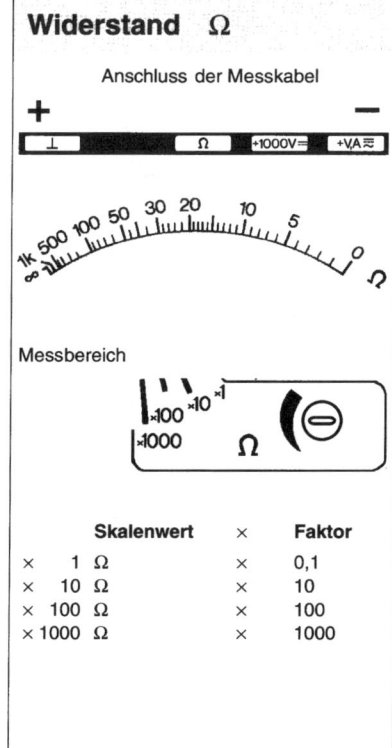

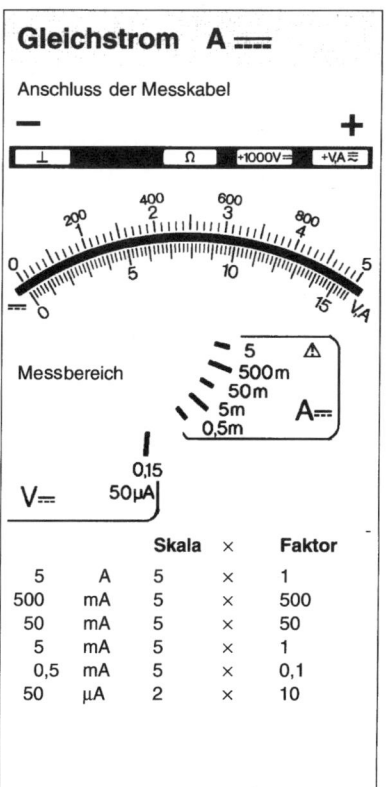

Gleichspannung V ⎓

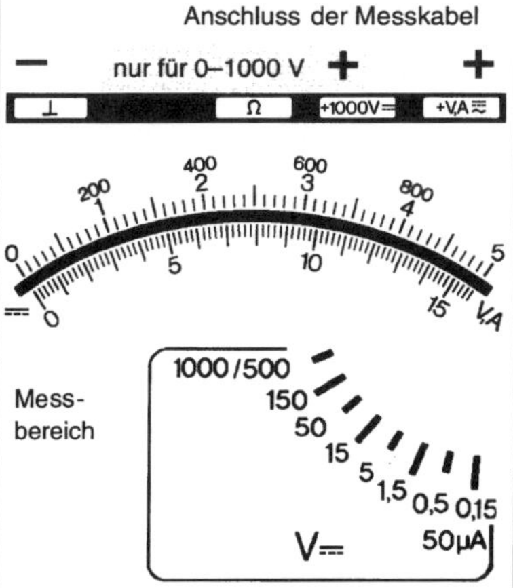

		Skala	×	Faktor
1000	V	1000		
Anschlussbuchse beachten!				
500	V	5	×	100
150	V	15	×	10
50	V	5	×	10
15	V	15	×	1
5	V	5	×	1
1,5	V	15	×	0,1
0,5	V	5	×	0,1
0,15	V	15	×	0,01

Widerstand Ω

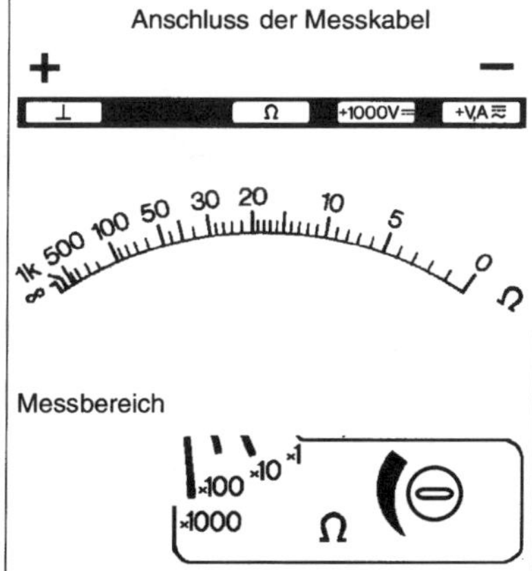

	Skalenwert	×	Faktor
×	1 Ω	×	0,1
×	10 Ω	×	10
×	100 Ω	×	100
×	1000 Ω	×	1000

Gleichstrom A ⎓

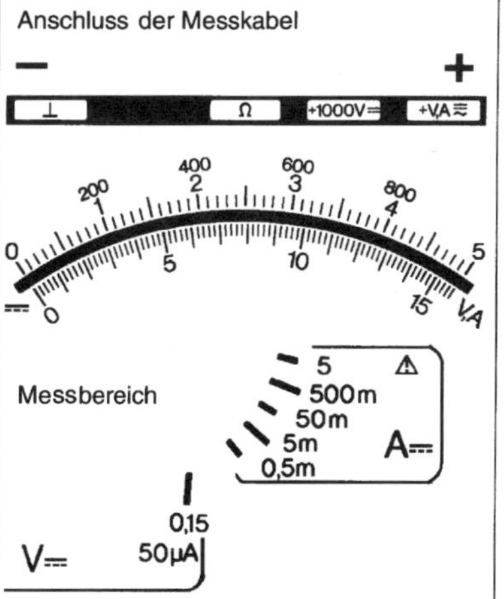

		Skala	×	Faktor
5	A	5	×	1
500	mA	5	×	500
50	mA	5	×	50
5	mA	5	×	1
0,5	mA	5	×	0,1
50	µA	2	×	10

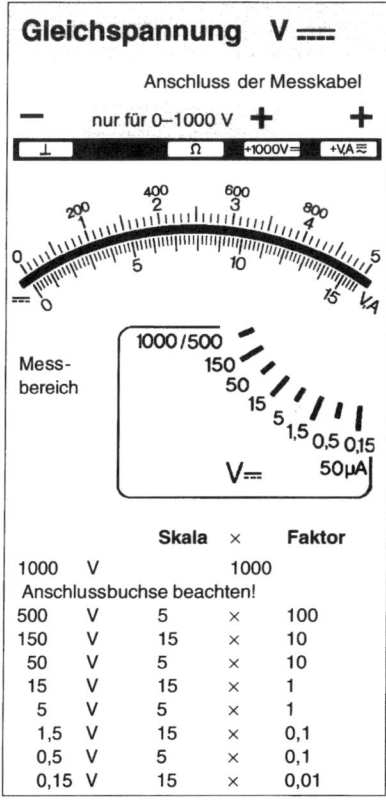

Bild 3.4 Bezeichnungen am Analog-Multimeter

3.3 Bezeichnungen am Digital-Multimeter

Bild 3.5
Bezeichnungen am Digital-Multimeter

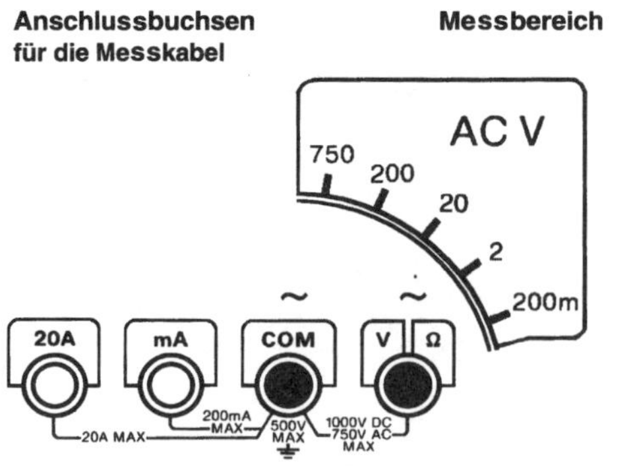

Wechselspannung ACV
(**A**lternating **C**urrent **V**oltage)

Messbereich	Anzeige bis	
750	750	V
200	199,9	V
20	19,99	V
2	1,999	V
200 m	199,9	mV

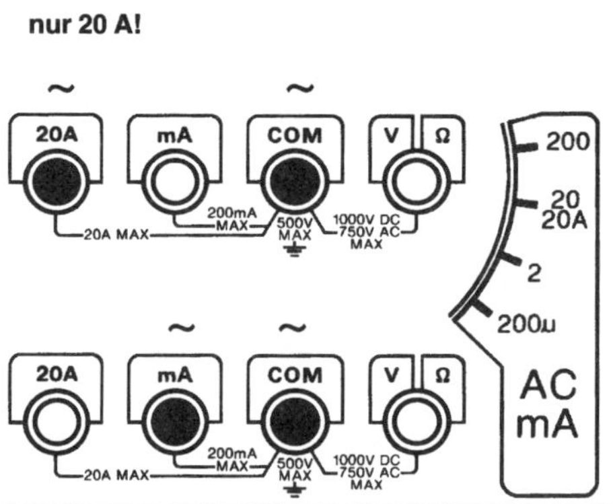

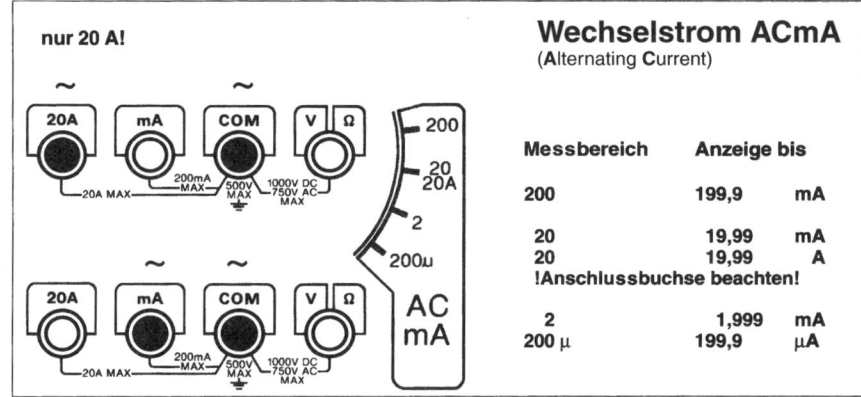

Wechselstrom ACmA
(**A**lternating **C**urrent)

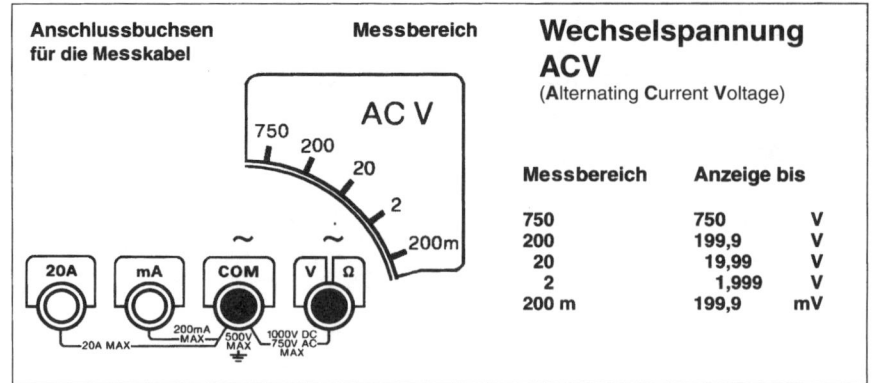

Messbereich	Anzeige bis	
200	199,9	mA
20	19,99	mA
20	19,99	A
!Anschlussbuchse beachten!		
2	1,999	mA
200 µ	199,9	µA

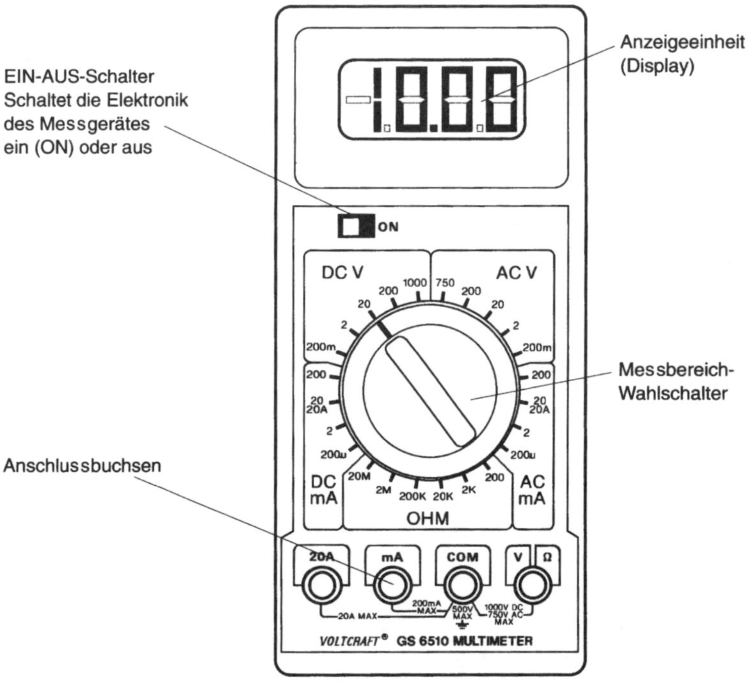

Bild 3.6
Bezeichnungen am Digital-Multimeter

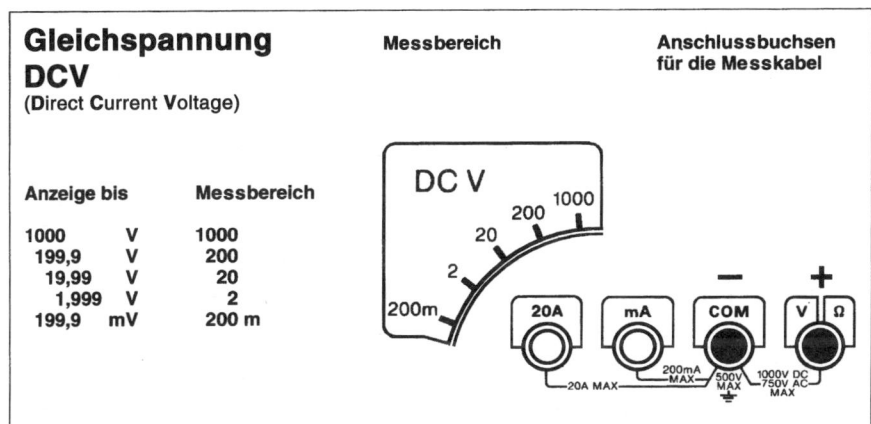

Gleichspannung DCV
(Direct Current Voltage)

Messbereich | **Anschlussbuchsen für die Messkabel**

Anzeige bis		Messbereich
1000	V	1000
199,9	V	200
19,99	V	20
1,999	V	2
199,9	mV	200 m

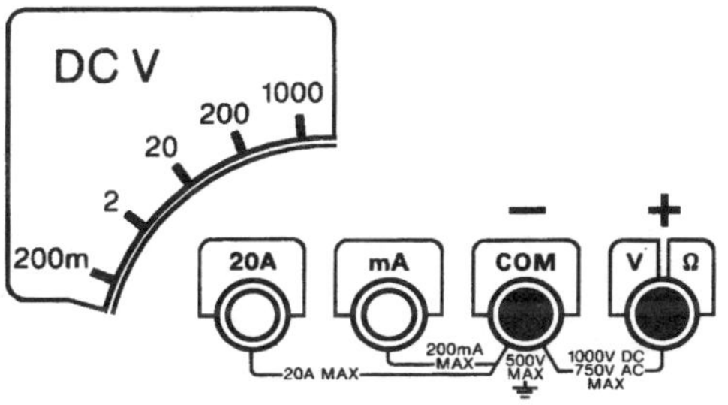

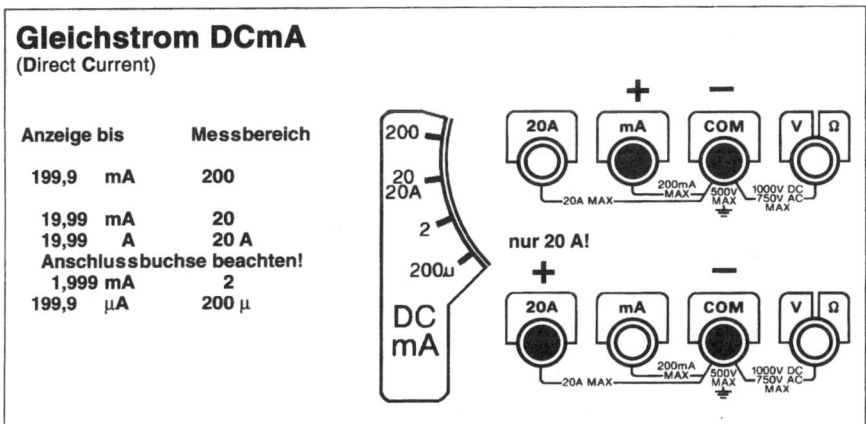

Gleichstrom DCmA
(Direct Current)

Anzeige bis		Messbereich
199,9	mA	200
19,99	mA	20
19,99	A	20 A
Anschlussbuchse beachten!		
1,999	mA	2
199,9	µA	200 µ

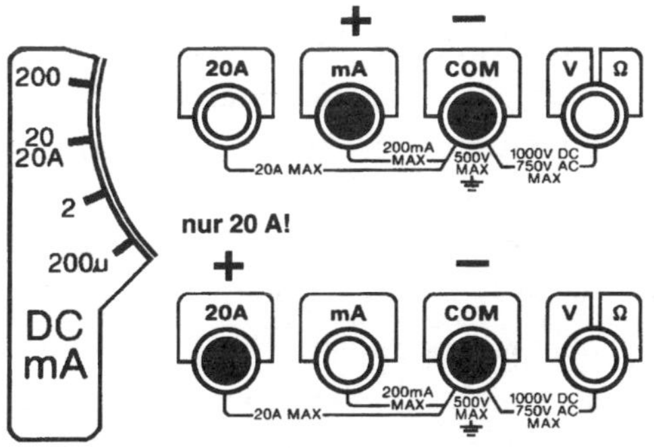

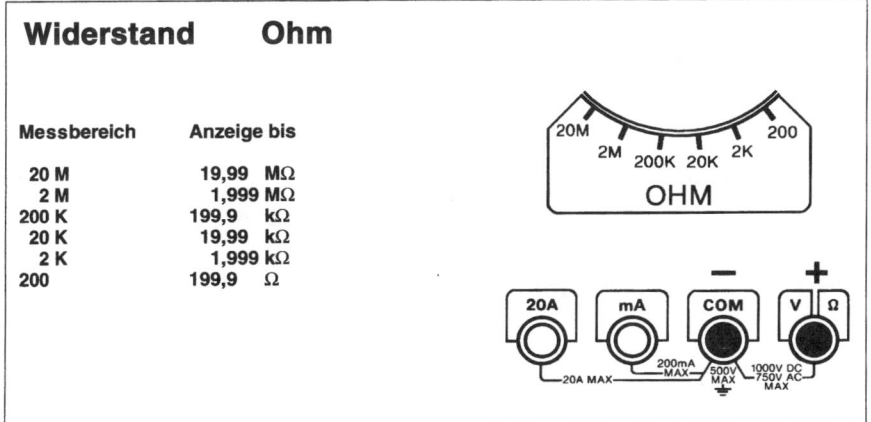

Widerstand Ohm

Messbereich	Anzeige bis
20 M	19,99 MΩ
2 M	1,999 MΩ
200 K	199,9 kΩ
20 K	19,99 kΩ
2 K	1,999 kΩ
200	199,9 Ω

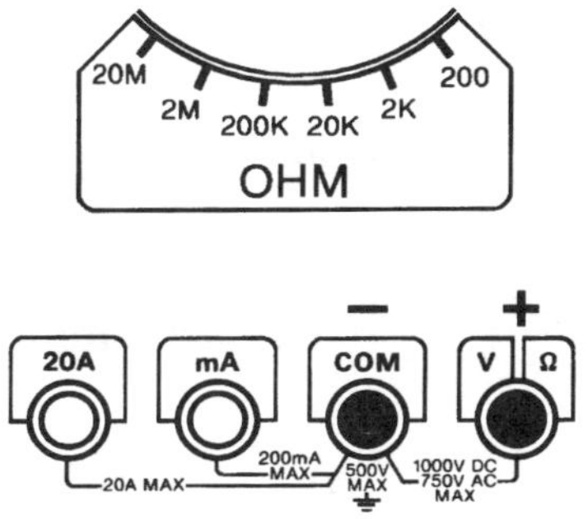

Allgemeine Regeln für den Umgang mit dem Multimeter

1. Für jede Messung das geeignete Messgerät verwenden. An den auf der Skala angebrachten Bezeichnungen und Sinnbildern erkennt man, für welche Messungen das Gerät vorgesehen ist. So kann man z.B. mit dem Digital-Multimeter keine Anlasserströme messen.
2. Vermeiden Sie harte Stöße und Erschütterungen.
3. Vor dem Anschluss des Messgeräts den Messbereichsschalter auf die gewünschte Messart (Spannung, Strom oder Widerstand) einstellen.
4. Werden unbekannte Werte ermittelt, immer zuerst den höchsten Messbereich einstellen, messen und dann auf einen niederen Messbereich zurückschalten.
5. Messen Sie immer im kleinstmöglichen Messbereich, in dem das Messergebnis noch ablesbar ist.
6. Die Prüfkabel immer zuerst an das Messgerät, dann erst an das Messobjekt anschließen.
7. Beachten Sie beim Messen von Gleichspannungen und Gleichströmen immer die richtige Polung. Der Minuspol kommt immer an die Buchse COM.
8. Beachten Sie bei Analog-Messgeräten die richtige Gebrauchslage.
9. Bei Widerstandsmessungen darf das Bauteil nicht unter Spannung stehen. Deshalb das Bauteil vorher abklemmen.
10. Vor dem Ablegen des Messgeräts den Messbereichsschalter in den höchsten Wechselspannungsbereich schalten.

Führen Sie nie Messungen an der Netzspannung, z.B. Steckdose, Lichtschalter oder elektrische Maschinen im Haus bzw. in der Werkstatt, durch. Versuchen Sie keine Messungen im Hochspannungskreis der Zündanlagen. Diese Messungen können für Sie lebensgefährlich sein.

3.4 Toleranzangaben bei Multimetern

3.4.1 Analoge Multimeter

Bei analogen Multimetern wird der Messfehler prozentual angegeben. Dieser Wert (z.B. ± 1,5%) bezieht sich auf den Endausschlag des jeweiligen Messbereichs.

Beispiel
Angenommen, das Messgerät steht im Messbereich 15 V, so beträgt der Messfehler ±1,5% von 15 V = ±0,225 V – unabhängig von der tatsächlich gemessenen Spannung.

Wie groß ist im 15-V-Bereich der relative Fehler in % bei einer gemessenen Spannung von 12 V?
Ergebnis: Der relative Fehler beträgt 1,88%.

Wie groß ist im 15-V-Bereich der relative Fehler in % bei einer gemessenen Spannung von 1 V?
Ergebnis: Der relative Fehler beträgt 22,5%.

Bei Analog-Multimetern sollte daher der Messbereich so gewählt werden, dass sich die Anzeige im letzten Drittel der Skala befindet.

3.4.2 Digitale Multimeter

Bei digitalen Multimetern gibt es zwei Toleranzangaben. Ein typisches Beispiel ist die Angabe 0,25% ± 1 Digit. Hier ist die prozentuale Angabe (±0,25%) nicht auf den Endbereich, sondern auf den tatsächlich angezeigten Messwert bezogen. Zum prozentualen Fehler kommt noch der so genannte Digitfehler hinzu. Er bezeichnet die zusätzliche Abweichung in Digits, die die letzte Stelle des angezeigten Wertes nach oben oder unten einnehmen darf.

Beispiel
Bei einem eingeschalteten Bereich von 20 V und einer Anzeige von 12 V darf die zulässige Abweichung in unserem Beispiel ±30 mV (0,25% von 12 V) betragen. Bei einem $3^1/_2$-stelligen Multimeter bedeutet dies eine Anzeige zwischen 11,97 V und 12,03 V. Rechnet man den Digitfehler – in unserem Beispiel ± 1 Digit – dazu, ergibt sich eine mögliche Anzeige zwischen 11,96 V und 12,04 V. Der prozentuale Gesamtfehler beträgt dann für diesen Messwert ±0,33%.
Misst man im selben Bereich eine Spannung von 1 V, kann der prozentuale Fehler von 0,25% vernachlässigt werden, da er nur ±2,5 mV beträgt und in der Anzeige nicht mehr erscheint. Dagegen wiegt hier der Digitfehler schwerer, da dadurch eine Anzeige zwischen 1,01 V und 0,99 V möglich ist. Dies entspricht einer Abweichung von 1%.

Auch bei Digital-Multimetern soll der Anzeigebereich so gewählt werden, dass die Anzeige möglichst im letzten Teil des Messbereichs erfolgt.

3.5 Fehlersuche mit Hilfe der Spannungsmessung

Problem

Bei einem Kundenfahrzeug ist das linke Fahrlicht ausgefallen (Bild 3.7).

Bild 3.7
Fahrzeug mit defekter Beleuchtung

Sicherung und Glühlampe wurden überprüft und sind in Ordnung.

Messen Sie mit dem Digital-Multimeter die Spannung an der Batterie (Bild 3.8).

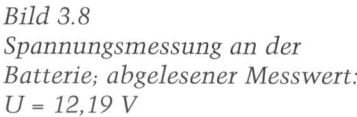

Bild 3.8
Spannungsmessung an der Batterie; abgelesener Messwert: U = 12,19 V

Beachten Sie dabei:

- ❑ Um Spannungen zu messen, wird das Multimeter als Spannungsmesser verwendet und parallel zum Messort (hier: Batterie) angeschlossen.
- ❑ Vor dem Anschließen ist zuerst ein geeigneter Messbereich zu wählen! Da die Fahrzeugbatterie ca. 12 V Gleichspannung abgibt, stellen Sie den Messbereichsschalter auf DCV bzw. v.
- ❑ Messkabel zuerst am Messgerät anschließen: schwarzes Kabel – Buchse COM, rotes Kabel – Buchse V.
- ❑ Messgerät einschalten.
- ❑ Messkabel am Messort (Batterie) anschließen. Achten Sie auf polrichtigen Anschluss! Schwarzes Kabel (COM) – Minuspol der Batterie, rotes Kabel (V) – Pluspol der Batterie.
- ❑ Messwert auf dem Display ablesen.

Der Spannungspfeil *U* neben dem Symbol des Spannungsmessers im Schaltplan zeigt immer von dem Anschlusspunkt des Spannungsmessers, der näher am Pluspol liegt, zu dem Anschlusspunkt, der näher am Minuspol liegt (Bild 3.9).

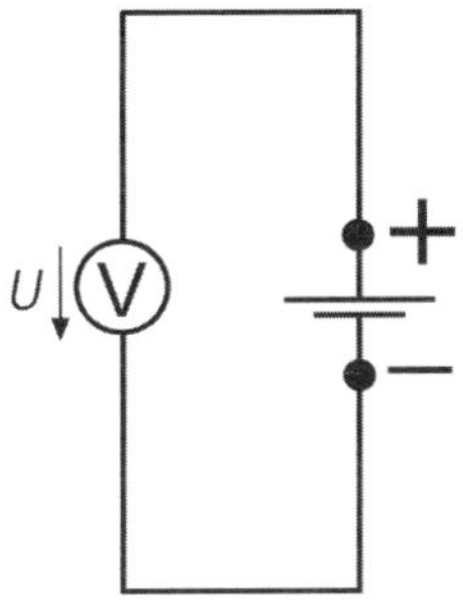

Bild 3.9
Schaltplan der Spannungsmessung an der Batterie

Spannungsmessung an den beiden Anschlusspunkten der Glühlampe (Bild 3.10)

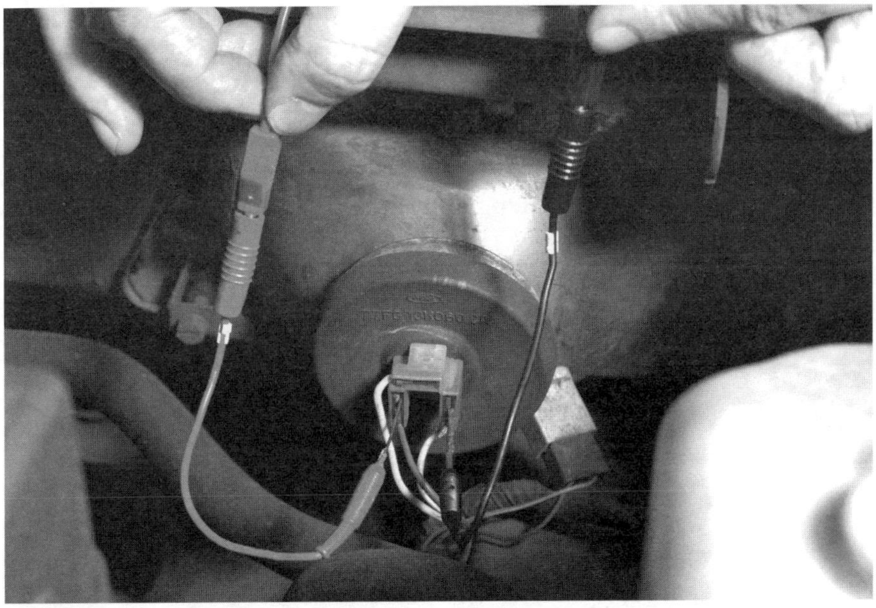

Bild 3.10
Spannungsmessung zwischen den beiden Anschlussleitungen der Glühlampe

Auswertung

Da die gemessene Spannung den Wert ca. 0 V hat, ist die Verbindung zwischen den Anschlusspunkten der Glühlampe und den Anschlusspunkten der Batterie unterbrochen (Bild 3.11).

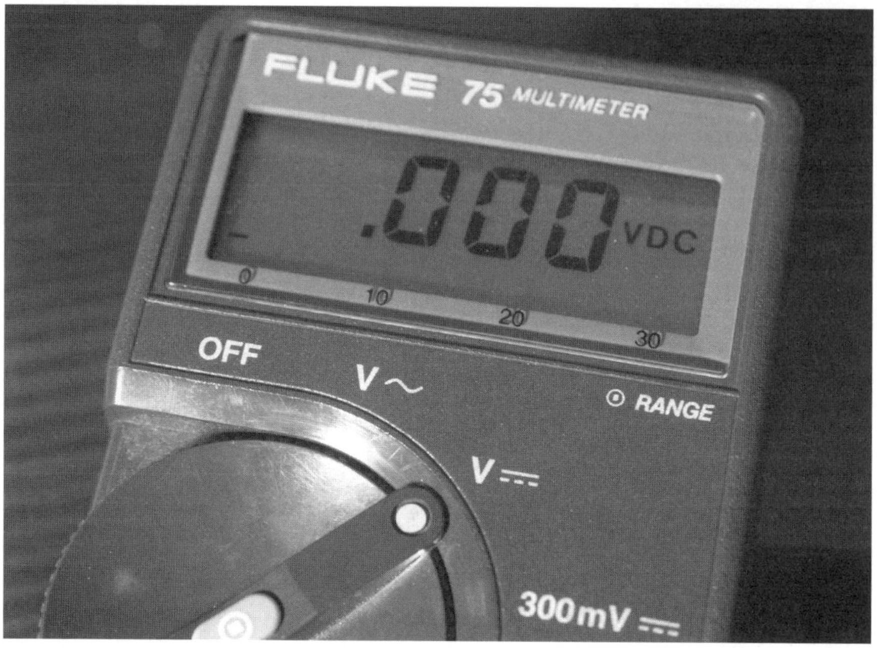

Bild 3.11 rechts
Abgelesener Messwert:
U = 0,001 V

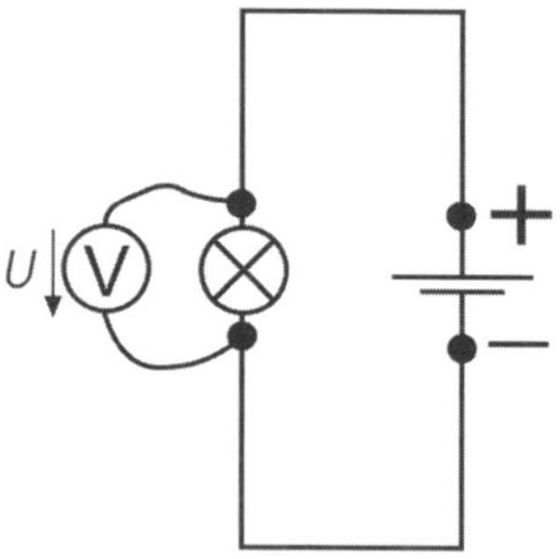

Bild 3.12
Schaltplan der Spannungsmessung an der Glühlampe

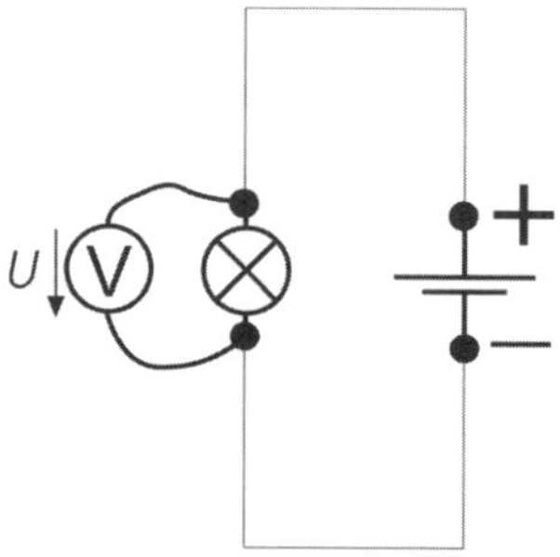

Bild 3.13
Im Bereich der dünn gezeichneten Leitungen muss eine Unterbrechung sein.

Wenn es sich um ein bewegliches Messgerät (hier: Multimeter) handelt, das nicht fest mit dem Fahrzeug verbunden ist, dürfen die Verbindungsleitungen als Freihand-Linien gezogen werden (Bilder 3.12 und 3.13).

Spannungsmessung zwischen dem Plus-Anschluss der Glühlampe und Batterie-Minus (Bilder 3.14 bis 3.16)

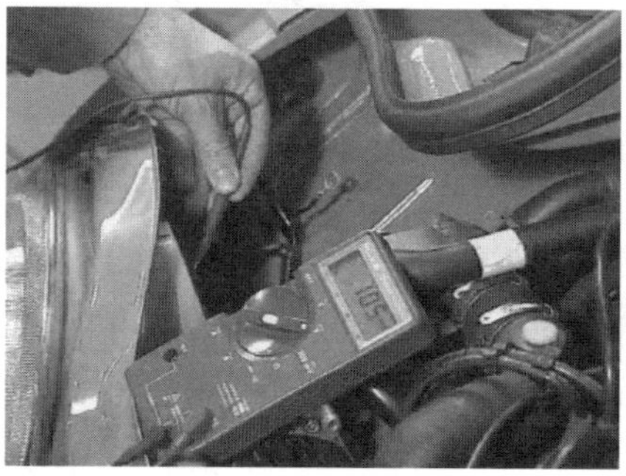

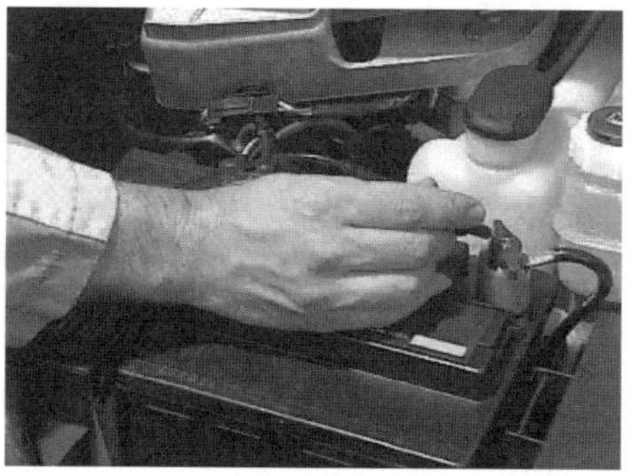

Bilder 3.14 und 3.15
Spannungsmessung zwischen dem Plus-Anschluss der Glühlampe und Batterie-Minus

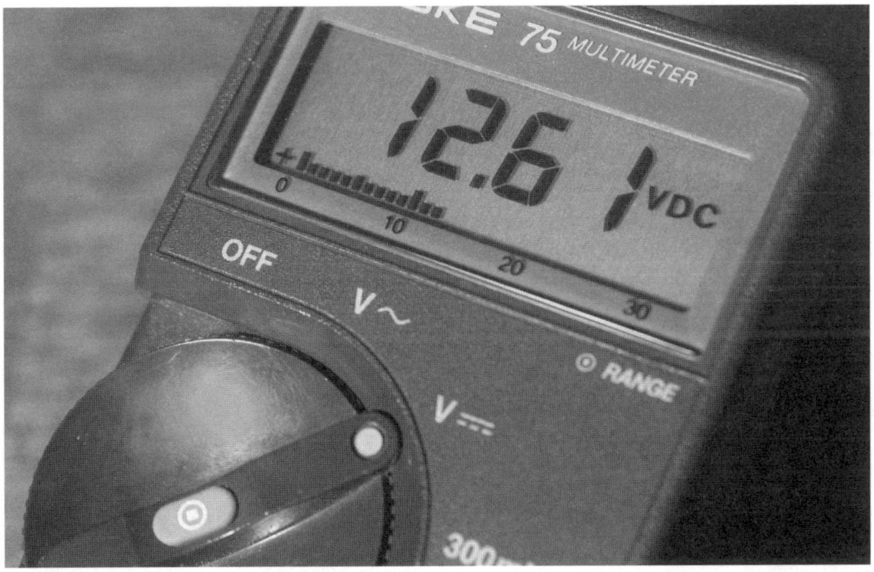

Bild 3.16
Abgelesener Messwert:
U = 12,61 V

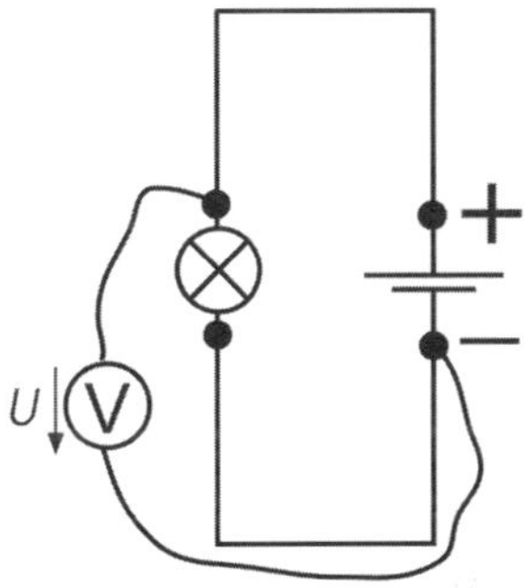

Bild 3.17
Schaltplan der Spannungsmessung zwischen dem Plus-Anschluss der Glühlampe und Batterie-Minus

Auswertung
Da die gemessene Spannung den gleichen Wert wie die Batteriespannung hat, ist die Verbindung zwischen Batterie-Plus und dem Plus-Anschluss der Glühlampe in Ordnung (Bild 3.17).

Ergebnis der Fehlersuche
Die Unterbrechung muss auf der Minusseite, also der Verbindung zwischen Batterie-Minus (Karosserie) und dem Minus-Anschluss der Glühlampe, liegen (Bild 3.18).

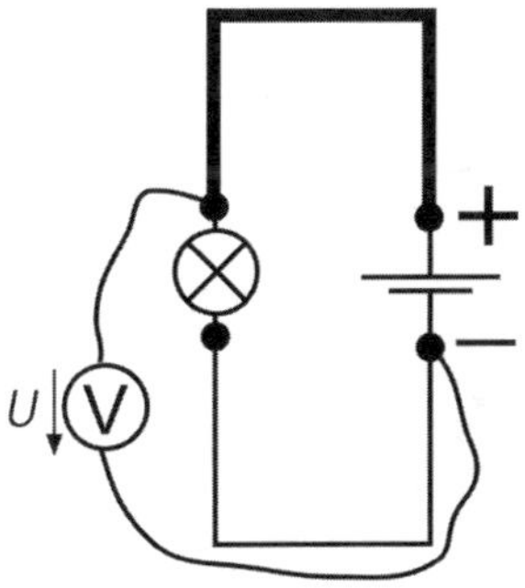

Bild 3.18
Keine Unterbrechung im Bereich der dick gezeichneten Leitungen

Prinzip einer einfachen Diagnose und Fehlersuche mit Hilfe der Spannungsmessung

Fehlersymptom
Lampe H1 leuchtet nicht.

Voraussetzung
Batteriespannung in Ordnung
Sicherung F1 in Ordnung
Glühlampe H1 in Ordnung
Schalter S1 betätigt

Einstellung am Multimeter
Gleichspannung V DC
Spannungsbereich 20 V

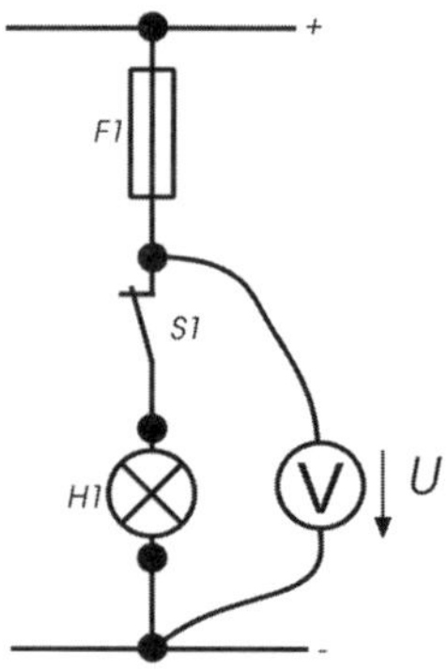

Bild 3.19

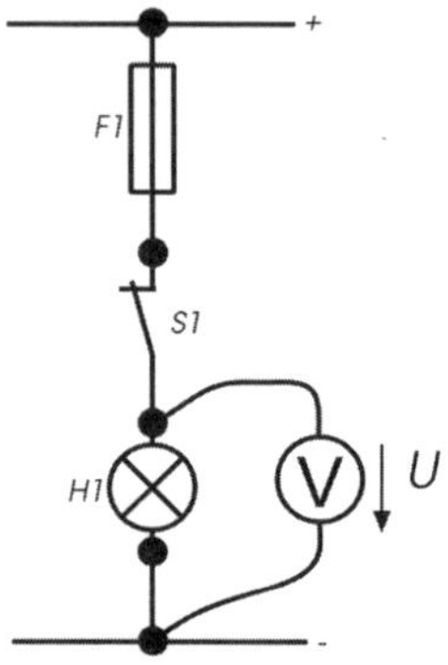

Bild 3.20

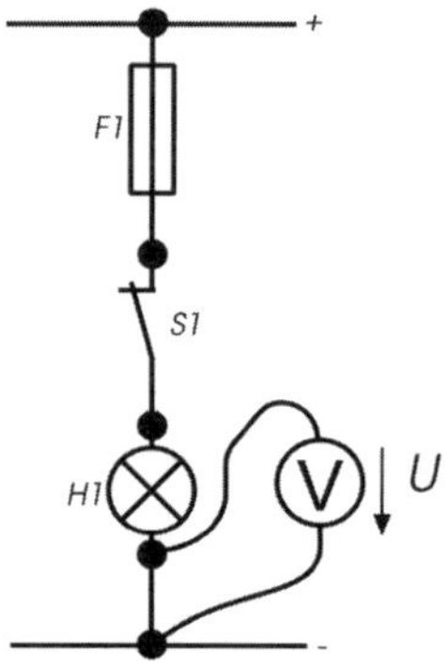

Bild 3.21

1. Messung (Bild 3.19)
Spannung zwischen Karosserie-Masse und Eingang Schalter S1
Anzeige: $U > 11{,}5$ V
Schaltung bis zu diesem Messpunkt in Ordnung
Anzeige: $U \approx 0$ V
Leitungsunterbrechung zwischen Sicherung und Eingang Schalter

2. Messung (Bild 3.20)
Spannung zwischen Karosserie-Masse und Eingang Glühlampe H1
Anzeige: $U > 11{,}5$ V
Schaltung bis zu diesem Messpunkt in Ordnung
Anzeige: $U \approx 0$ V
Leitungsunterbrechung zwischen Eingang Schalter und Eingang Glühlampe, z.B. defekter Schalter oder defekte Leitungsverbindung zwischen Schalterausgang und Glühlampen-Eingang

3. Messung (Bild 3.21)
Spannung zwischen Karosserie-Masse und Massenanschluss der Glühlampe
Anzeige: $U > 11{,}5$ V
Leitungsunterbrechung zwischen Karosserie-Masse und Massenanschluss der Glühlampe

Probleme bei der Spannungsmessung

- ❑ Vertauschte Messanschlüsse an der Glühlampe (Bild 3.22)
  Bei falscher Polung erscheint bei dem Digital-Multimeter ein Minuszeichen vor dem Messwert. Der Messwert selber bleibt gleich.
- ❑ Zu großer Messbereich (Bild 3.23)
  Je größer der eingestellte Messbereich, desto ungenauer wird das Ergebnis der Stellen nach dem Komma!
- ❑ Zu kleiner Messbereich (Bild 3.24)
  Die Anzeige einer 1 ohne nachfolgende Stellen besagt bei einem Digital-Multimeter, dass der eingestellte Messbereich zu klein ist.

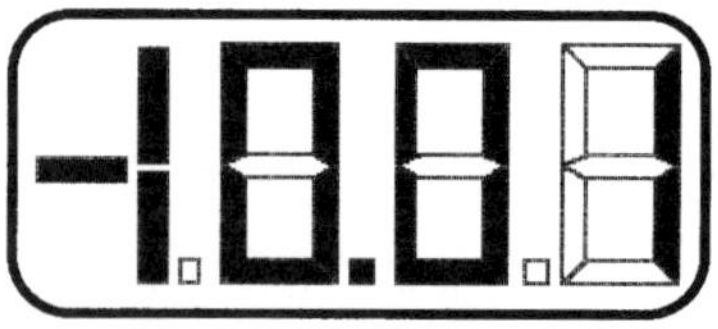

Bild 3.22
Messwert bei falscher Polung

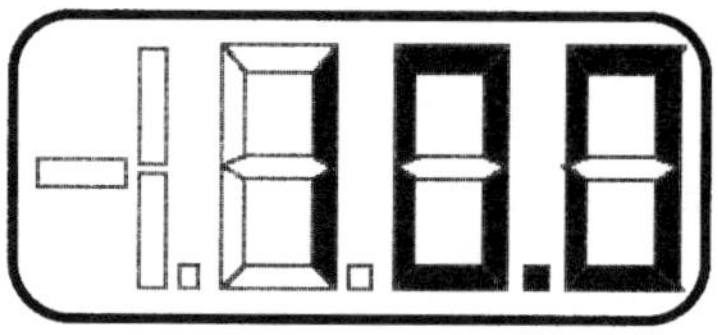

Bild 3.23
Messwert in zu großem Messbereich

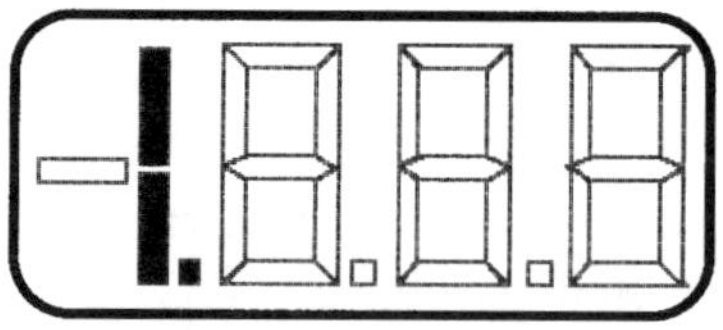

Bild 3.24
Messwert in zu kleinem Messbereich

3.6 Fehlersuche mit Hilfe der Strommessung

Problem

Ein Kunde reklamiert Startschwierigkeiten nach längeren Standphasen des Fahrzeugs.
Auch der Austausch der Starterbatterie konnte den Mangel nicht beheben. Eventuell ist eine Kriechstromentladung durch einen so genannten «heimlichen Verbraucher» vorhanden, der bei einer Sichtprüfung nicht festgestellt werden konnte.
Beachten Sie dabei:

- ❑ Um die Stromstärke zu messen, wird das Multimeter als Strommesser (Amperemeter) verwendet und in den Stromkreis – in Reihe – geschaltet (Bild 3.25). Der Stromkreis muss dazu aufgetrennt werden.
- ❑ Vor dem Anschließen ist ein geeigneter Messbereich zu wählen. Im Zweifelsfall ist stets der größtmögliche Messbereich der zu messenden Stromart (Gleich- oder Wechselstrom) einzuschalten.

Manche Messgeräte sind im Strommessbereich nicht abgesichert. Eine Überlastung führt zur Zerstörung des Gerätes. Überlegen Sie daher vorher, ob die zu erwartende Stromstärke den größten Messbereich übersteigt.

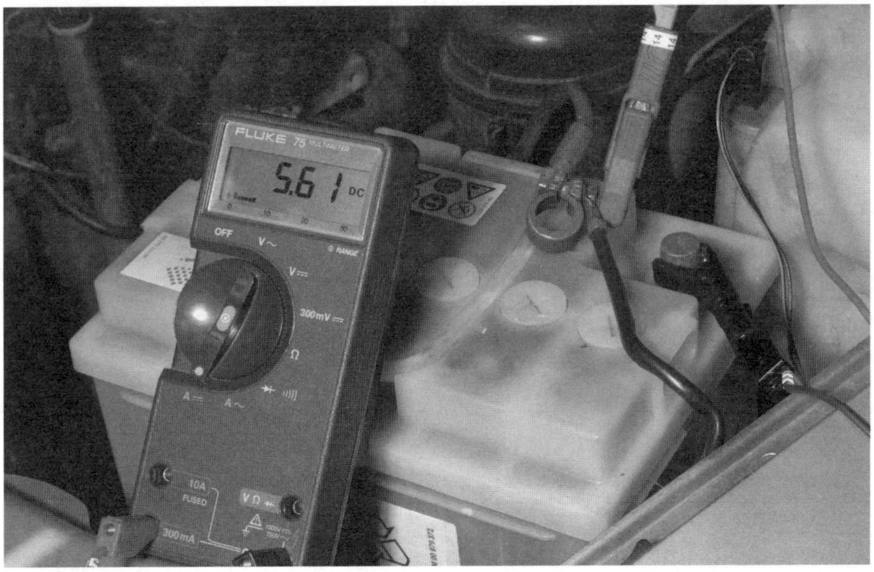

Bild 3.25
Einsatz eines Multimeters zur Strommessung

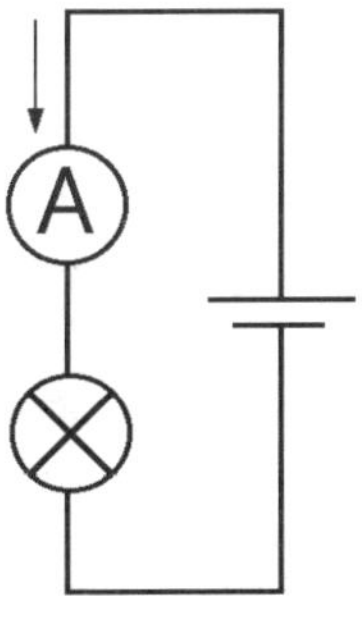

Bild 3.26
Schaltplan der Strommessung

Schaltplan

Prinzipieller Anschluss eines Strommessers, z.B. Messung des Stroms durch die Lampe (Bild 3.26)
Der Strompfeil *I* zeigt von + nach – und ist neben die Leitungsführung gezeichnet.

Kriechstromentladung

Im Kfz-Bereich handelt es sich bei einer Kriechstromentladung um eine elektrische Last, durch die bei ausgeschalteter Zündung der Batterie Strom entzogen wird. Bestimmte Ausrüstungen, wie z.B. die Steuergeräte der verbauten Einrichtungen oder der Radiospeicher, haben auch in ausgeschaltetem Zustand eine kontinuierliche Stromaufnahme. Die Empfehlungen der Hersteller für die höchstzulässige Kriechstromentladung liegen bei ca. 30 mA.
Typischerweise liegt der Wert heute im Bereich 7...15 mA, auch wenn er sich bei manchen Fahrzeugen dem Maximalwert nähert.
Unter normalen Umständen geben diese Entladungen keinen Anlass zur Beanstandung, da die Batterie bei jedem Fahrzyklus wieder aufgeladen wird. Bei längerer Nichtbenutzung kann aber auch hierdurch eine Batterie so weit entladen werden, dass ein Motorstart nicht mehr möglich ist, z.B. bei Neufahrzeugen auf Halde oder bei Gebrauchtwagen, die lange im Verkaufsbereich stehen.
Überstarke Kriechstromentladungen können sich einstellen, wenn die Leuchte im Kofferraum oder im Handschuhfach unerkannt weiterbrennt. Oder ein elektronisches Bauteil ist schadhaft, und es fließt mehr als der zulässige Strom. In diesem Fall spricht man von einem «heimlichen Verbraucher». Je nach Stärke des Stroms kann auch eine intakte Batterie über Nacht leer sein. Eine genaue Fehlereingrenzung ist also unumgänglich.

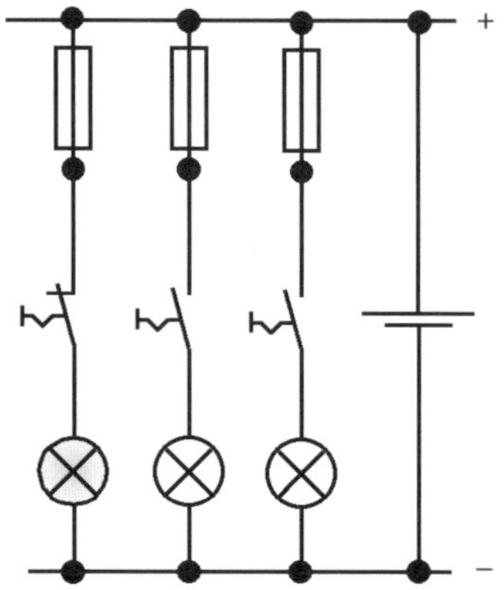

Bild 3.27
Im Stromkreis F3-E3 ist ein «heimlicher Verbraucher», da der Schalter dauerhaft geschlossen ist. Die Batterie entlädt sich über Nacht.

Prinzip der Fehlersuche (Bild 3.27)
Die einzelnen Teilstromkreise in einem Fahrzeug, hier dargestellt durch die drei Verbraucher E1, E2 und E3, sind durch entsprechende Sicherungen, hier F1, F2 und F3, abgesichert. Ist nun ein Verbraucher, hier: E3, dauerhaft als «heimlicher Verbraucher» zugeschaltet, so wird der Strom bei stehendem Fahrzeug der Batterie G entnommen. Sie entlädt sich; das Fahrzeug springt nicht mehr an.
Zur Einkreisung des Fehlers wird ein Strommesser zwischen den Minuspol der Batterie und dem abgeklemmten Masseanschluss geschaltet.
Nach und nach werden die einzelnen Sicherungen gezogen, dabei der Strommesser beobachtet und die Sicherungen anschließend wieder eingesetzt. Sinkt bei einer gezogenen Sicherung der Stromfluss, so ist in diesem Stromkreis der Fehler zu suchen (Bild 3.28).

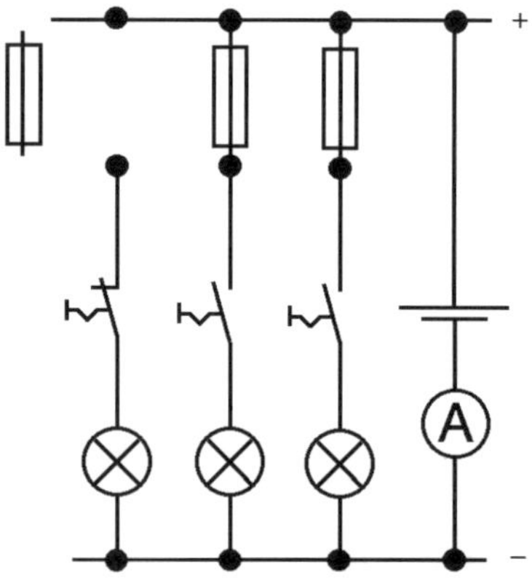

Bild 3.28
Durch Messung der Stromstärke am Minuspol der Batterie wird bei gezogener Sicherung F3 der schadhafte Stromkreis ermittelt.

Durchführung der Strommessung

Die Messung wird am Minuspol der Batterie durchgeführt, da nur der Minuspol bei angeschlossenen Pluspol gefahrlos abgeklemmt werden kann.

Stellen Sie sicher, bevor Sie die Batterie abklemmen, dass Sie die entsprechenden Informationen haben, die für eine Inbetriebnahme des Fahrzeugs nach dem Abklemmen der Batterie wichtig sind, z.B. den Radiocode oder das Testgerät, um den Fehlerspeicher zurückzusetzen! Evtl. müssen einige Steuergeräte neu programmiert werden, z.B. Fensterheber.
Beim Anschließen muss die (technische) Stromrichtung beachtet werden.

Rotes Kabel: Pluspol bzw. Stromeingang in das Messgerät – kommt an das Massekabel
Schwarzes Kabel (COM): Minuspol bzw. Stromausgang aus dem Messgerät – kommt an den Massepol der Batterie

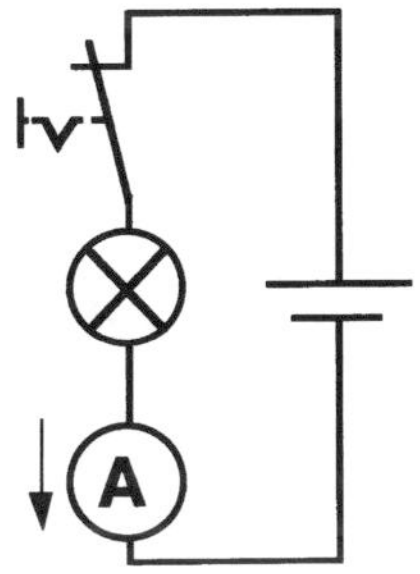

Bild 3.29
Schaltplan: Strommessung nach der Glühlampe

Probleme bei der Strommessung

- ❑ Strommessung vor oder hinter einem Verbraucher (Bild 3.29)
  Die Stromstärke (= Anzahl der fließenden Elektronen) ist an jeder Stelle des Stromkreises gleich groß!
- ❑ Kein Stromfluss durch den Verbraucher
  Die Sicherung im Multimeter ist defekt.
  Um eine Zerstörung des Messgeräts durch zu hohen Stromfluss zu verhindern, sind die Messbereiche bis ca. 2 A mit einer Sicherung abgesichert (Bild 3.30). Wenn in diesen Bereichen der Stromfluss unterbrochen ist, sollten Sie zunächst in den ungesicherten höheren Bereich (falls vorhanden) wechseln (Bild 3.31). Fließt jetzt Strom durch den Verbraucher, dann ist die Sicherung im Multimeter defekt.

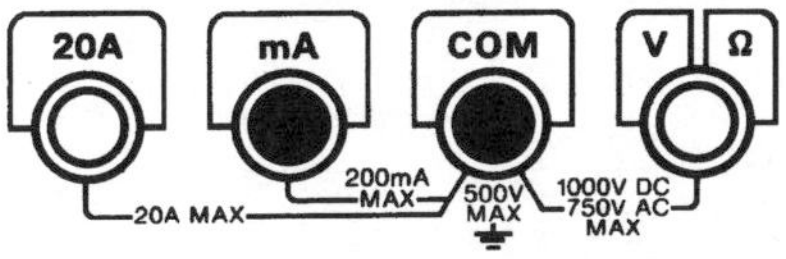

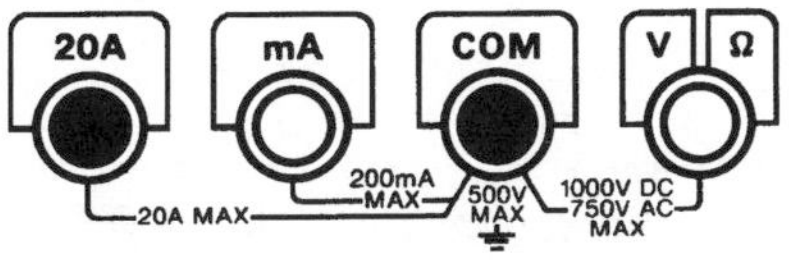

Bild 3.30 (links)
Gesicherter Strommessbereich

Bild 3.31 (rechts)
Ungesicherter Strommessbereich

- ❑ Einfluss des Messgeräte-EIN/AUS-Schalters
  Der Schalter des Messgeräts unterbricht nicht den Stromkreis, sondern schaltet nur die Mess- und Anzeigeelektronik des Messgeräts ein und aus. Bauteile und das Messgerät können zerstört werden, auch wenn das Messgerät (vermeintlich) gar nicht eingeschaltet ist.

3.7 Fehlersuche mit Hilfe der Widerstandsmessung

Problem

Bei einem Kundenfahrzeug funktioniert die Innenbeleuchtung beim Öffnen der Fahrertür nicht mehr (Bild 3.32).

Sicherung und Glühlampe sind in Ordnung, da die Innenbeleuchtung beim Öffnen der rechten Tür funktioniert.

Bild 3.32
Fahrzeug mit defekter Innenbeleuchtung

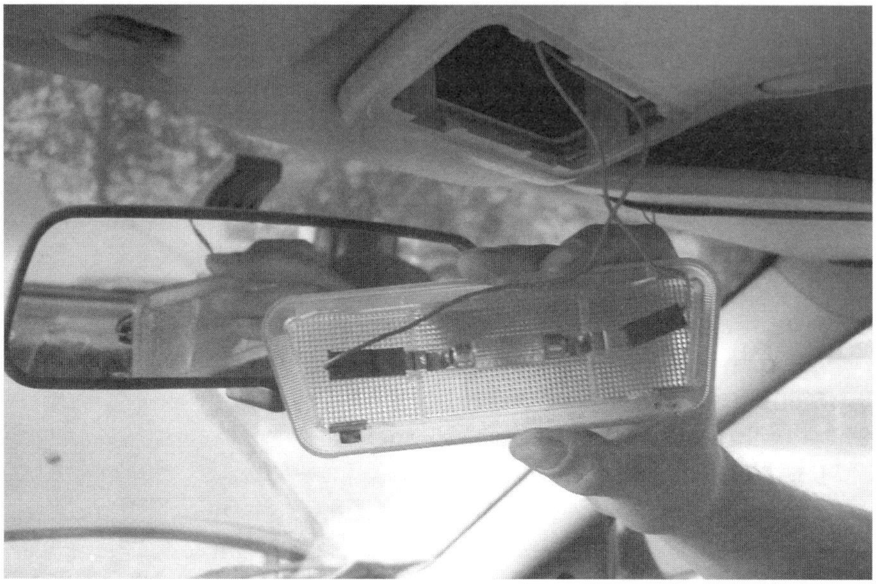

Beachten Sie dabei:

- ❑ Um Widerstände zu messen, wird das Multimeter als Widerstandsmesser verwendet (Bild 3.33).

Bild 3.33
Einsatz eines Multimeters zur Widerstandsmessung

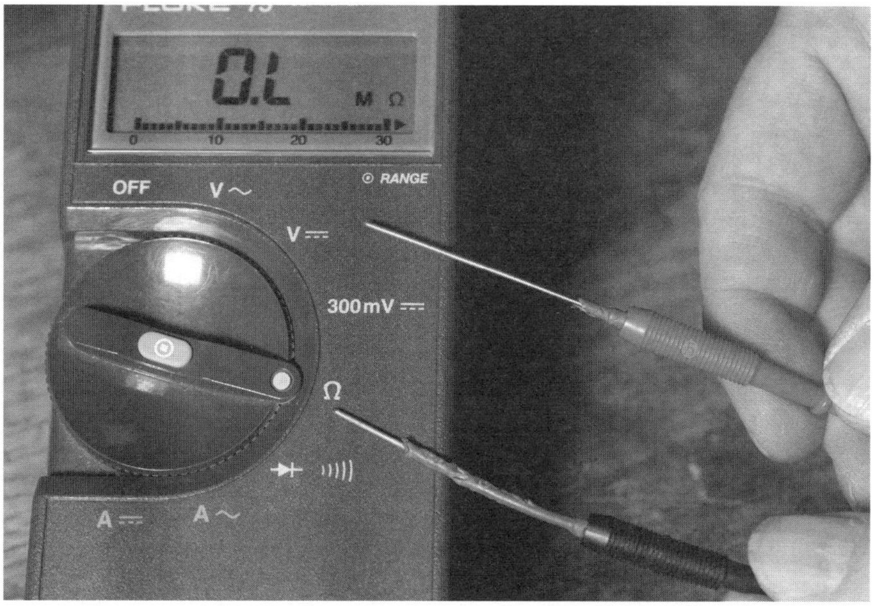

- ❑ Multimeter in Schaltstellung Ω «Ohmmeter» bringen.
- ❑ Stromkreis spannungsfrei schalten.
- ❑ Bauteil möglichst aus dem Stromkreis herauslösen.
- ❑ Prüfspritzen an die Messpunkte anlegen.
- ❑ Widerstandsmessungen zügig durchführen, um eine unnötige Entladung der Batterie des Messgerätes zu vermeiden (Bild 3.34).

Bild 3.34
Messbereich: Widerstandsmessung

Das zu messende Bauteil muss spannungsfrei sein. Die Nichtbeachtung führt zur Zerstörung des Messgerätes. Spannungsquellen sind daher vorher abzuklemmen.
Eine Widerstandsmessung darf nie bei angeschlossenem weiteren Bauteilen durchgeführt werden, da dann stets der Gesamtwiderstand der Schaltung gemessen wird und nicht der Widerstand des gesuchten Bauteils.

Aufbau der Innenlichtschaltung

Den prinzipiellen Stromverlauf einer Innenlichtschaltung zeigt der Schaltplan in Bild 3.35.

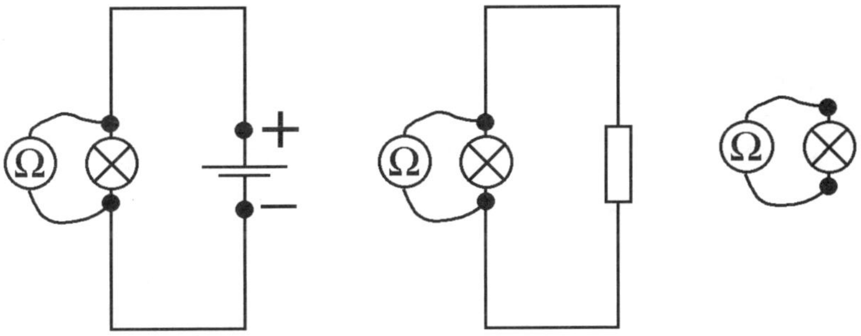

Bild 3.35
Schaltplan und Widerstandsmessung an einer Glühlampe
Aufbau der Innenlichtschaltung
G Spannungsquelle
F1 Sicherung der Innenleuchte
E1 Innenleuchte
S1 Umschalter an der Innenleuchte
0 Innenleuchte immer aus
1 Innenleuchte wird beim Öffnen der Fahrer- bzw. Beifahrertür eingeschaltet
2 Innenleuchte immer an
S2 Türkontaktschalter Fahrertür
S3 Türkontaktschalter Beifahrertür

Die Schalterstellung in Schaltplänen wird üblicherweise so gezeichnet, wie sie sich bei abgestelltem und abgeschlossen Fahrzeug ergeben!

Somit sind die Türkontaktschalter S2 und S3 offen, da die Türen geschlossen sind (Bild 3.36).
Bei Schaltern ist die Art der Betätigung im Schaltbild erkennbar (a bis f Handantrieb).
Nach der Betätigung rastet der Umschalter S1 ein und behält seine Stellung so lange bei, bis er wieder ausgeschaltet wird.
Der Türkontaktschalter S2 bzw. S3 ist nur so lange geschlossen, wie die Tür geöffnet ist.

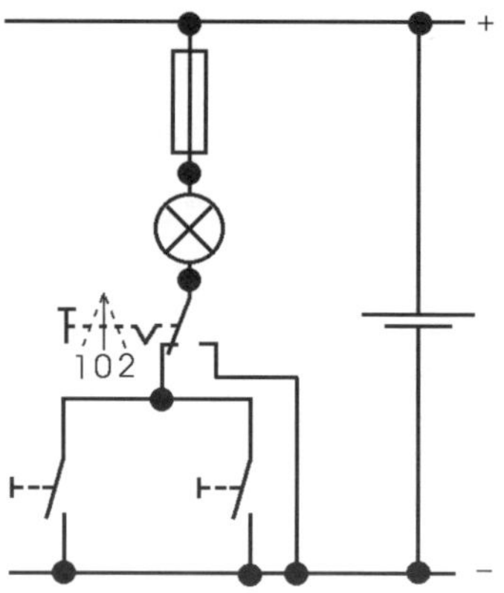

Bild 3.36
Schaltplan einer einfachen Innenlichtschaltung
a allgemein
b durch Drücken
c durch Ziehen
d durch Drehen
e durch Kippen
f mit Schlüssel
g Fußantrieb
h hydraulisch

Schalter, die nach der Betätigung ihre Stellung beibehalten, nennt man Rastschalter.

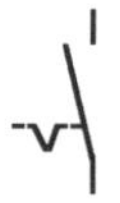

Schalter, die nach der Betätigung selbstständig in die Ausgangsstellung zurückgehen, nennt man Tastschalter.

Durchführung der Widerstandsmessung (Bilder 3.37 bis 3.40)
Die Glühlampe ist herausgenommen. Damit ist die Messstrecke spannungsfrei!
Die Beifahrertür ist geöffnet, somit sollte S2 geschlossen sein!

Ergebnis der Fehlersuche
Es muss eine Unterbrechung zwischen dem Verzweigungspunkt von S2 und S3 und Masse von S2 vorliegen (breite Leitungen im Schaltplan Bild 3.38 links).
Sehr wahrscheinlich ist der Türkontaktschalter defekt und muss ausgewechselt werden.

Bild 3.37
Messpunkte für die Widerstandsmessung zwischen der Masseseite der Glühlampe (rechts) und einem Massepunkt in der Bordsteckdose des Zigarettenanzünders (links)

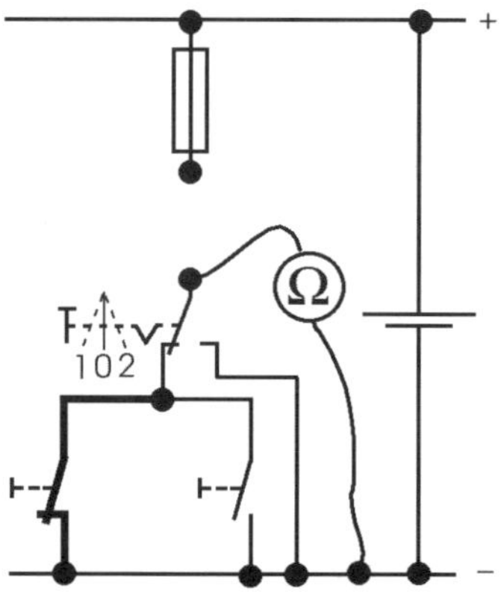

Bild 3.38
Messpunkte im Schaltplan der Innenleuchte

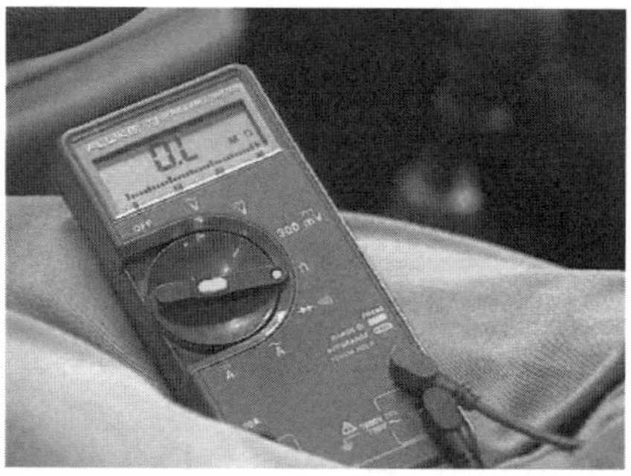

Bild 3.39
Anzeige auf dem Display des Multimeters

Bild 3.40
Türkontaktschalter

Prinzip einer einfachen Diagnose und Fehlersuche mit Hilfe der Widerstandsmessung

Fehlersymptom
Lampe H1 leuchtet nicht.

Voraussetzung
Batteriespannung in Ordnung
Sicherung F1 in Ordnung
Glühlampe H1 in Ordnung
Schalter S1 betätigt
Die Sicherung F1 muss gezogen sein, damit kein Strom durch die zu messende Leitung fließen kann!

Einstellung am Multimeter
Ω (Widerstandsmessung)
kleinster Messbereich

1. Messung (Bild 3.41)
Widerstand zwischen Karosserie-Masse und Eingang Schalter S1
Anzeige: R < 2 Ω
Leitungsunterbrechung bzw. Kontaktschwierigkeiten zwischen Ausgang Sicherung und Eingang Schalter
Anzeige: R > 2 Ω
Leitungsunterbrechung bzw. Kontaktschwierigkeiten zwischen Eingang Schalter und Masse

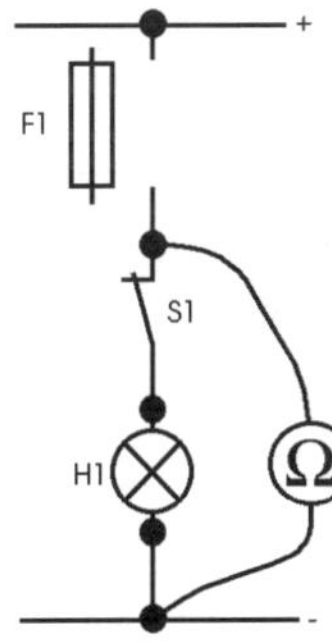

Bild 3.41

2. Messung (Bild 3.42)
Widerstand zwischen Karosserie-Masse und Eingang Glühlampe H1
Anzeige: R < 2 Ω
Leitungsunterbrechung zwischen Eingang Schalter und Eingang Glühlampe, z.B. defekter Schalter oder defekte Leitungsverbindung zwischen Schalterausgang und Glühlampen-Eingang
Anzeige: R > 2 Ω
Leitungsunterbrechung bzw. Kontaktschwierigkeiten zwischen Eingang Glühlampe und Masse

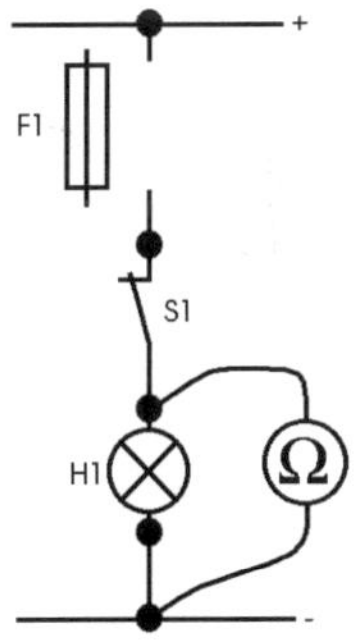

Bild 3.42

3. Messung (Bild 3.43)
Widerstand zwischen Karosserie-Masse und Masseanschluss der Glühlampe
Anzeige: R > 2 Ω
Leitungsunterbrechung zwischen Karosserie-Masse und Masseanschluss der Glühlampe

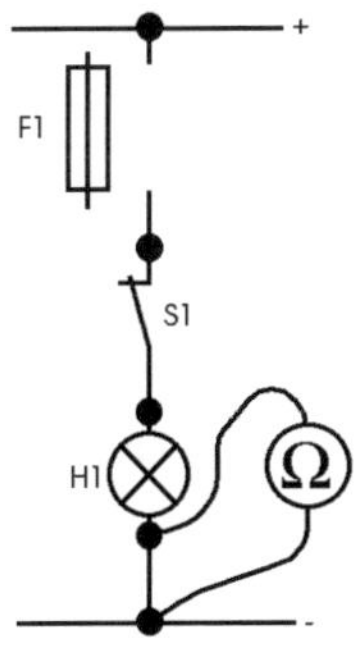

Bild 3.43

Probleme bei der Widerstandsmessung

- ❑ Einfluss der Polung der Anschlusskabel auf den Widerstandswert
  Bei ungepolten Bauteilen (Lampen, Widerstände, Spulen, Leitungen) spielt die Polarität bei der Messung keine Rolle.
  Bei gepolten Bauteilen (Dioden, Transistoren usw.) muss auf die Polarität der Anschlusskabel geachtet werden. Eine Widerstandsmessung an Dioden usw. ist nicht sinnvoll und dient nur der Funktions- bzw. Polaritätsprüfung.
- ❑ Der Messwert ist größer als der eingestellte Messbereich
  Schalten Sie so lange in den nächsthöheren Messbereich, bis Sie eine Anzeige des Messwertes sehen (Bild 3.44).
  Erfolgt diese Anzeige im 20-MΩ-Bereich, dann ist der Messkreis an einer Stelle unterbrochen bzw. das Bauteil defekt.
- ❑ Der Messwert ist bedeutend kleiner als der eingestellte Messbereich
  Schalten Sie so lange in den nächstkleineren Messbereich, bis Sie eine Anzeige des Messwertes sehen (Bild 3.45). Erfolgt diese Anzeige im 200-Ω-Bereich, dann ist der Messkreis kurzgeschlossen oder der Widerstandswert beträgt 0 Ω.

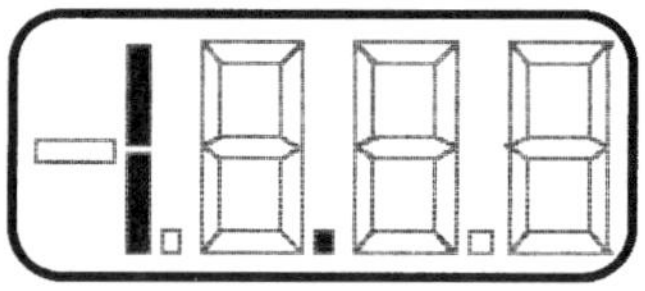

Bild 3.44
Messwert zu groß

Bild 3.45
Messwert zu klein

3.8 Übersicht: Spannungs-, Strom- und Widerstandsmessung

Spannungsmessung im Kfz

Beispiele
Batteriespannung
Anlasserspannung
Generatorspannung
Lampenspannung
usw.

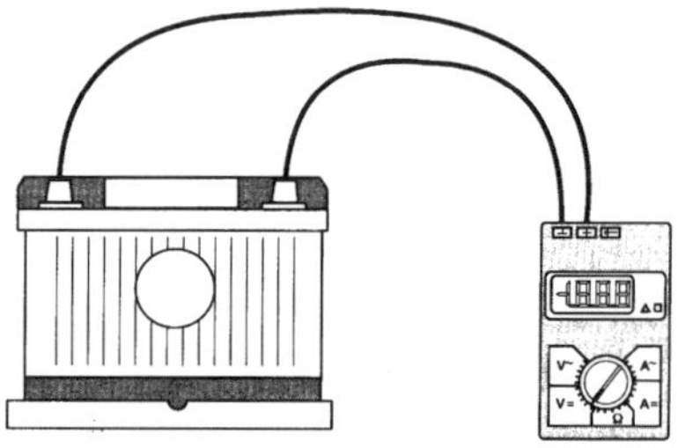

Bild 3.46a
Spannungsmessung im Kfz

Spannungsmesser werden **parallel** zum Messobjekt geschaltet.

Strommessung im Kfz

Beispiele
Lampenstrom
Entladestrom der Batterie
Prüfströme bei der Fehlersuche
usw.

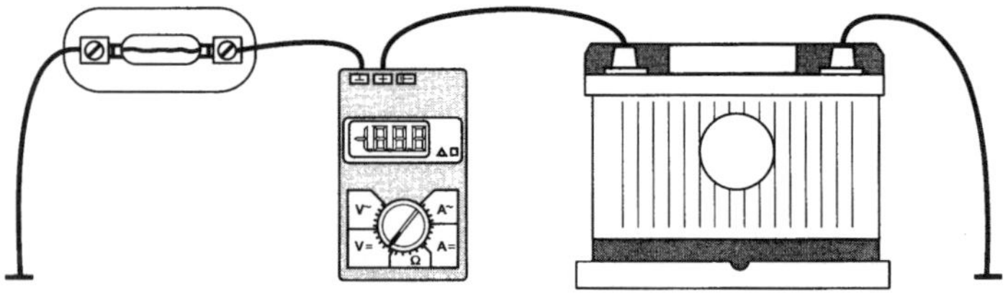

Bild 3.46b
Strommessung im Kfz

Strommesser werden **in Reihe** zum Messobjekt geschaltet.

Widerstandsmessung im Kfz

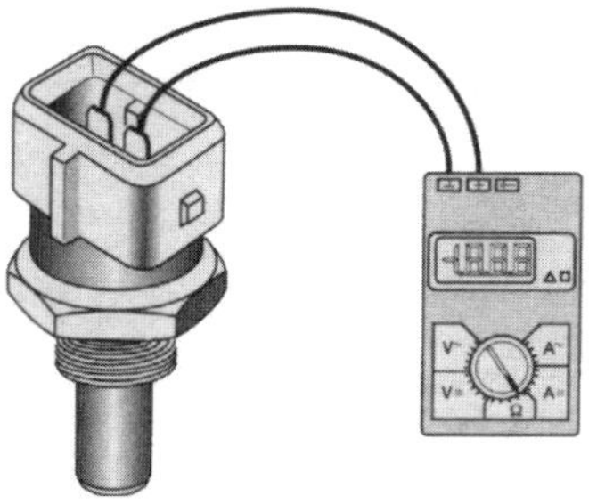

Bild 3.46c
Widerstandsmessung im Kfz

Beispiele
Durchgangsprüfungen
Einspritzventile
Zündspulen
Temperaturfühler
usw.

Widerstandsmesser werden **parallel zum abgeklemmten Messobjekt** geschaltet.

3.9 Arbeiten mit Fehlersuchprogrammen

3.9.1 Fehlersuche VW

Problem
Ein Kunde reklamiert bei der Werkstatt, dass sich der Anlasser seines Fahrzeugs nicht dreht.
Das zum Fahrzeug gehörende Fehlersuchprogramm gibt eine Reihenfolge vor, in der die Messungen und Prüfungen durchzuführen sind (Bild 3.47).

Schaltplanausschnitt VW
Im zugehörigen Schaltplanausschnitt lässt sich der Stromverlauf von der Batterie zur Klemme 50 des Starters nachvollziehen.

Batterie A
⇓
Sicherung S176
⇓
Zündstartschalter D (Klemme 30)
⇓
Zündstartschalter D (Klemme 50b)
⇓
Anlasser B (Klemme 50)
Die eingezeichneten Multimeter entsprechen in den Farben den Prüfschritten des Fehlersuchprogramms (Bild 3.48).

Die Systematik des Fehlersuchprogramms lässt sich auf eine einfache Struktur zusammenfassen:

Bild 3.47
Fehlersuchprogramm VW

Golf Fehlersuchprogramm **Nr. 2/1**

Anlasser dreht sich nicht

Prüfvoraussetzungen:

- ☐ Batterie geladen
- ☐ Leitungsanschlüsse am Magnetschalter und die Massebänder zwischen Motor, Aufbau und Batterie müssen festsitzen und dürfen nicht oxidiert sein.

Zur Fehlersuche werden benötigt:

- ☐ Handmultimeter V.A.G 15426 A, Digitalmultimeter V.A.G 1715 oder Digitalmultimeter V.A.G 1315 A
- ☐ Messhilfsmittelset V.A.G 1594 A
- ☐ Gültiger Stromlaufplan

1 - Klemme 30, von der Batterie
2 - Klemme 50, vom Zündanlassschalter
3 - Klemme 15a
4 - Anschluss für Feldwicklung

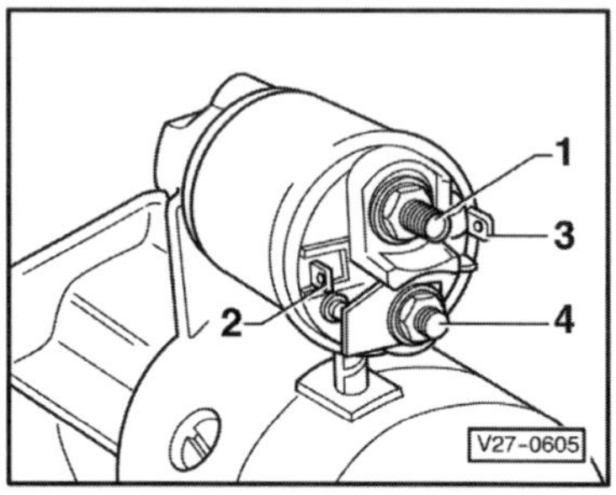
1
2
3
4
V27-0605

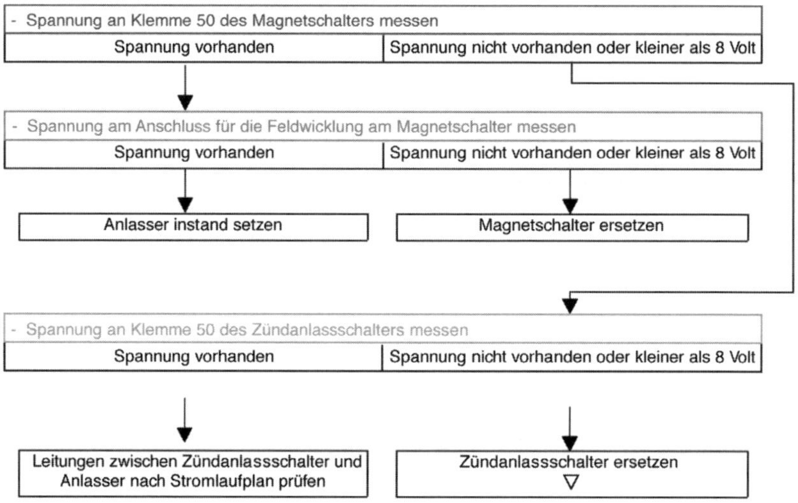
- Spannung an Klemme 50 des Magnetschalters messen
Spannung vorhanden
Spannung nicht vorhanden oder kleiner als 8 Volt
- Spannung am Anschluss für die Feldwicklung am Magnetschalter messen
Spannung vorhanden
Spannung nicht vorhanden oder kleiner als 8 Volt
Anlasser instand setzen
Magnetschalter ersetzen
- Spannung an Klemme 50 des Zündanlassschalters messen
Spannung vorhanden
Spannung nicht vorhanden oder kleiner als 8 Volt
Leitungen zwischen Zündanlassschalter und Anlasser nach Stromlaufplan prüfen
Zündanlassschalter ersetzen
▽

1. Schritt
Überprüfung der Spannungsquelle (Batterie)
⇓
Überprüfung der Masseverbindung

2. Schritt
Überprüfung der Steuerspannung für das Relais
⇓
Klemme 50 am Magnetschalter

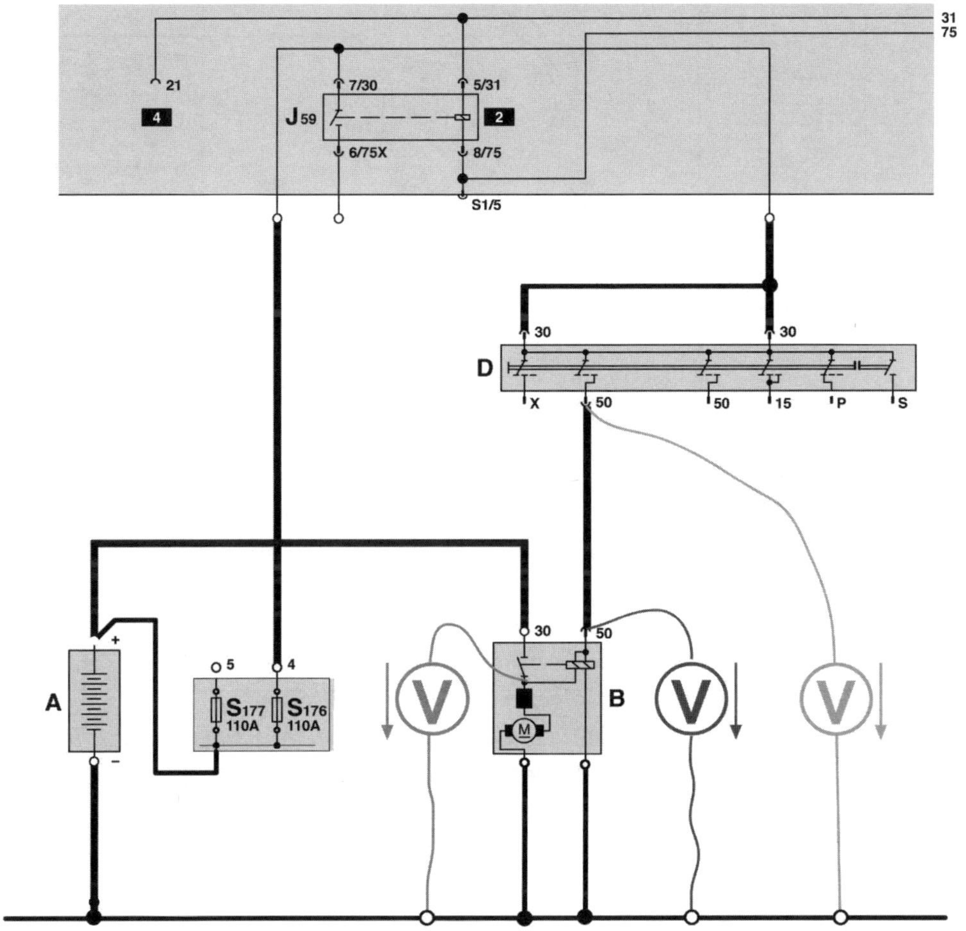

Bild 3.48
Schaltplan mit eingezeichneten Multimetern

3. Schritt
Überprüfung des Laststromkreises am Relais
⇓
Ausgang Magnetschalter ist Eingang Feldwicklung

4. Schritt
Überprüfung der Spannung am Zündstartschalter
⇓
Ausgang Klemme 50 am Zündstartschalter

Der Anschluss der Feldwicklung ist im Schaltplan nicht als Anschlusspunkt herausgeführt. Das Fehlersuchprogramm bietet aber eine Zeichnung, wo der Messpunkt am Bauteil zu erkennen ist (Bild 3.49).

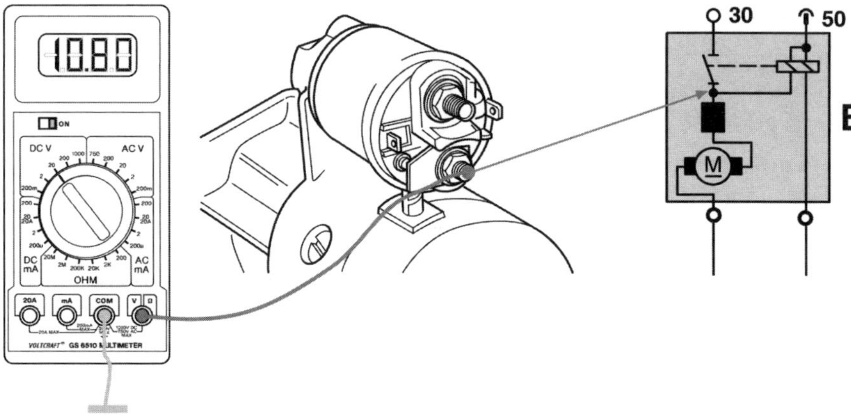

Bild 3.49
Zusammenhang zwischen Schaltplan, Bauteil und Spannungsmesser bei der Messung der Spannung an der Feldwicklung

Die Abbildung verdeutlicht den Zusammenhang zwischen Schaltplan, Bauteil und Messgerät zur Ermittlung der Spannung an der Feldwicklung des Anlassers.

Die Fehlersuche besteht im Prinzip aus Spannungsmessungen mit nachfolgender Ja-Nein-Entscheidung.
Ausgehend von der Messung der Spannung am zu prüfenden Bauteil wird schrittweise die Fehlerstelle eingegrenzt.

3.9.2 Fehlersuche Ford

Gleiches Problem
Ein Kunde reklamiert bei der Werkstatt, dass sich der Anlasser seines Fahrzeugs nicht dreht.
Der Fehlersuchplan (Bild 3.50) erlaubt eine akustische Abgrenzung der Vorgehensweise – je nachdem, ob man das Anlasserrelais K22 klicken hört oder nicht.
Im folgenden Beispiel geht man davon aus, dass das Klicken des Relais zu hören ist.
Im zugehörigen Schaltplanausschnitt (Bild 3.51) lässt sich der Stromverlauf von der Batterie zur Klemme 50 des Starters nachvollziehen.

Batterie O1
⇓
Sicherung E8
⇓
Zündstartschalter N278 (Klemme 30)
⇓
Zündstartschalter N278 (Klemme 50)
⇓

Bild 3.50
Ausschnitte aus den interaktiven Seiten des Fehlersuchprogramms

Anlasssystem

SYSTEMPRÜFUNG A: MOTOR DREHT NICHT DURCH, RELAIS KLICKT

A1 BATTERIE PRÜFEN

1 Batterie mit FDS2000 prüfen. Für zusätzliche Informationen siehe «Untergruppe 414-00».

- **Ist Batterie i. O.?**

→ **Ja**

Weiter mit «A2».

→ **Nein**

Batterie ERNEUERN. Systemfunktion PRÜFEN.

A2 ANLASSERRELAIS PRÜFEN

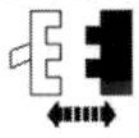

1 ***Anlasserrelais***

2 ISO Mini-Relaisprüfung durchführen. Weitere Informationen siehe Schaltpläne.

- **Ist das Relais i. O.?**

→ **Ja**

Weiter mit «A3».

→ **Nein**

Anlasserrelais ERNEUERN. Systemfunktion PRÜFEN.

A3 SPANNUNG AN ANLASSERSTROMKREIS 50-BB17 (GY/OG) PRÜFEN

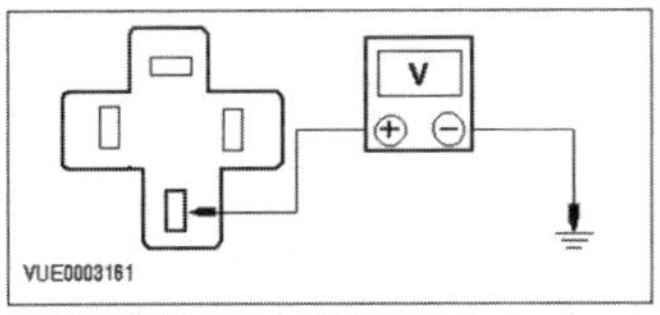

Spannung messen zwischen Anlasserrelais Pin 3, Kabelstrang und Masse.

- **Ist die Spannung größer als 10 Volt?**

→ **Ja**

Weiter mit <<A4>>

→ **Nein**

Stromkreis 50-BB17 (GY/OG) INSTAND SETZEN. Systemfunktion prüfen

A4 STROMKREIS 50-BB12 (GY) AUF DURCHGANG PRÜFEN

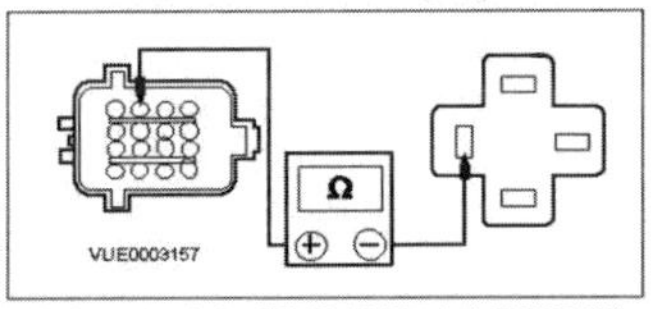

Widerstand messen zwischen C80, Pin 12, Stromkreis 50-BB12 (GY) und Anlasserrelais, Pin 5 prüfen.

- **Liegt der Widerstand unter 5 Ohm?**

→ **Ja**

Weiter mit «A5».

→ **Nein**

A5 STROMVERSORGUNG - ANLASSER PRÜFEN

1 ***Anlasserrelais***

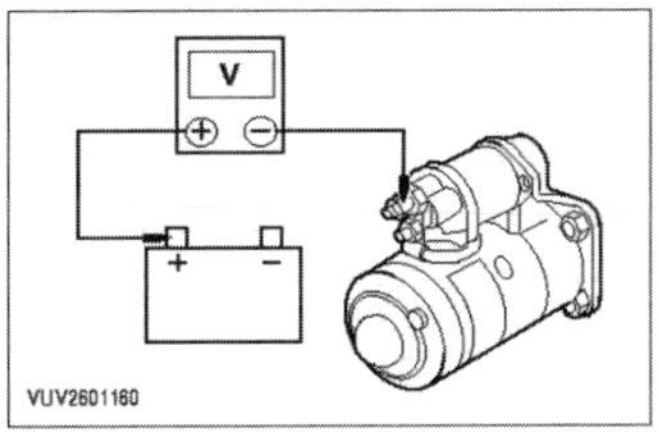

2

Zündschlüssel auf Position III stellen und Spannung messen zwischen Anlasser, Klemme 30, bauteilseitig und Batterie-Pluspol.

- **Liegt die Spannung unter 0,5 Volt?**

→ **Ja**

Bei Automatikgetriebe Weiter mit «A6».

Stromkreis INSTAND SETZEN 50-BB12 (GY). Systemfunktion PRÜFEN.

→ **Nein**

Anschlüsse - Batterie-Pluspol REINIGEN und FESTZIEHEN. Systemfunktion PRÜFEN. Ist die Beanstandung weiterhin vorhanden, neues Pluskabel - Batterie EINBAUEN.

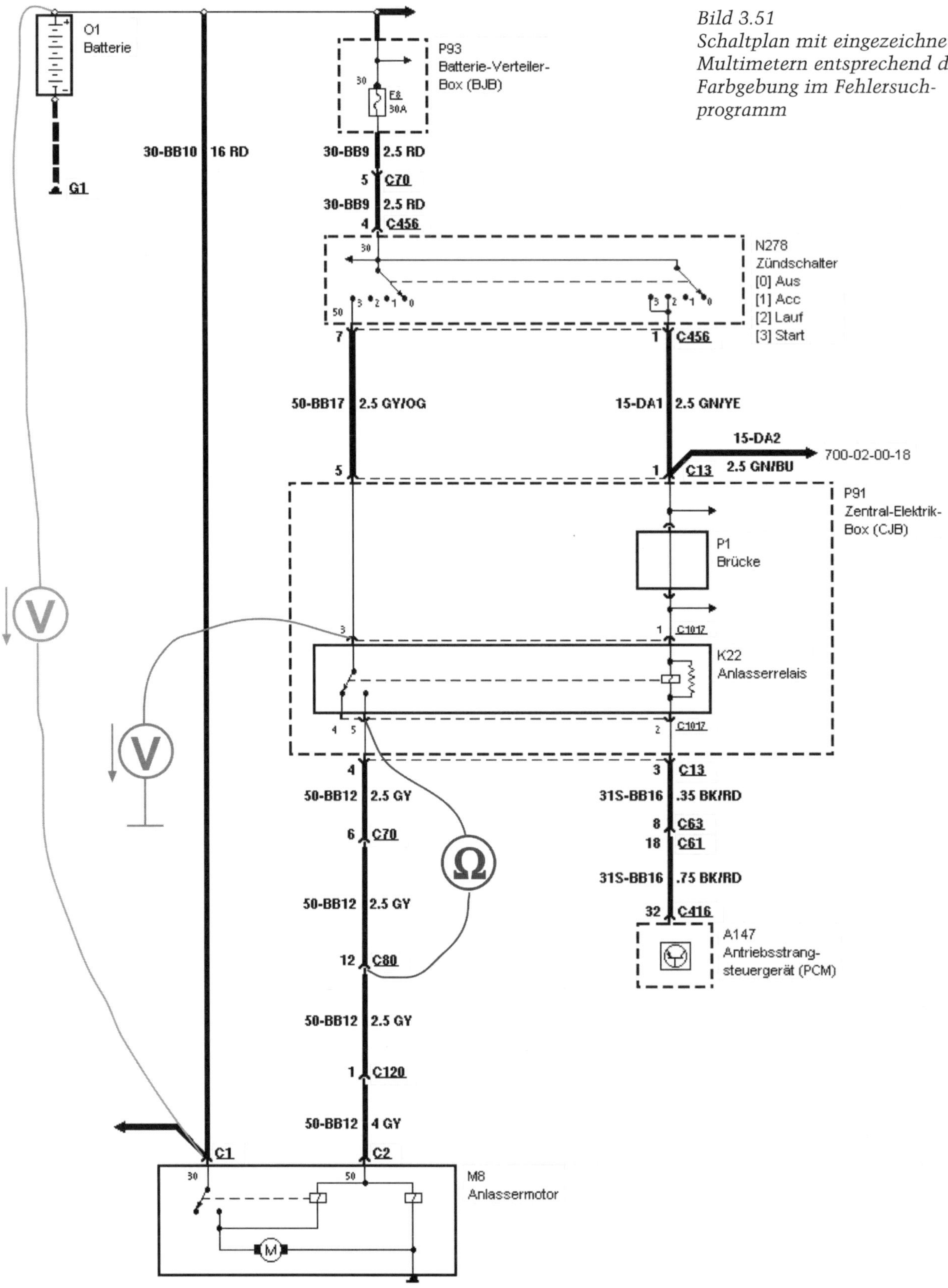

Bild 3.51
Schaltplan mit eingezeichneten Multimetern entsprechend der Farbgebung im Fehlersuchprogramm

Anlasserrelais K22 (Pin 3)
⇓
Anlasserrelais K22 (Pin 5)
⇓
Anlasser M8 (Klemme 50)

Die Systematik des Fehlersuchprogramms lässt sich nachfolgend zusammenfassen:

1. Schritt; allgemein und A1
Überprüfung der Masseverbindung (Sichtprüfung)
Überprüfung der Spannungsquelle (Batterie)

2. Schritt A2
Erneute Überprüfung des Anlasserrelais K22, obwohl akustisch i.O.

3. Schritt A3
Überprüfung der Leitungsverbindung zwischen Zündschalter und Eingang Laststromkreis Relais

4. Schritt A4
Überprüfung der Leitungsverbindung zwischen Ausgang Laststromkreis Relais und Steckverbindung C80 (Pin 12)

5. Schritt A5
Messung des Spannungsverlustes auf der Plus-Leitung zwischen Batterie und Anlasser
Das Anlasserrelais wird bei eingeschalteter Zündung vom Antriebsstrang-Steuergerät (PCM) an Masse geschaltet, wenn die Wegfahrsperre, die im Steuergerät integriert ist, eine Freigabe erlaubt. Wenn man das Relais klicken hört, ist die Freigabe durch die Wegfahrsperre erfolgt; eine Suche in diesem Bereich erübrigt sich somit.

Auch bei diesem Fehlersuchprogramm sind es Messungen der elektrischen Grundgrößen Spannung und Widerstand, die in nachfolgenden Ja-Nein-Entscheidungen die weitere Vorgehensweise festlegen.

Die Struktur ist aber nicht sofort zugänglich und spiegelt eine marken- oder typspezifische Vorgehensweise wider.

4 Elektrische Grundlagen

4.1 Ohm'sches Gesetz

Mit einem Multimeter ermittelt man die Spannung am Widerstand, den Stromfluss durch den Widerstand und den Widerstandswert des angegebenen Widerstandes.

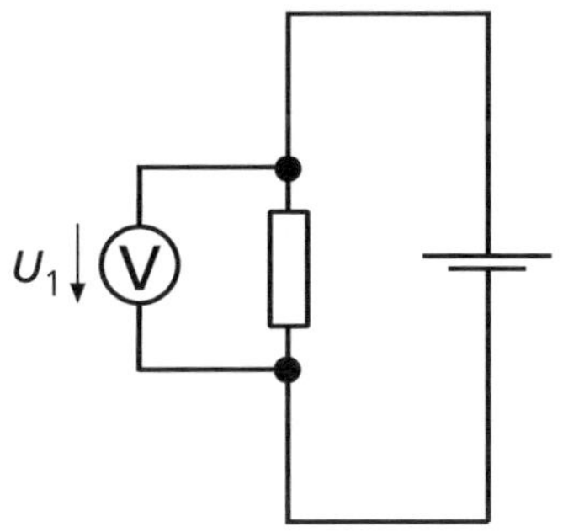

Bild 4.1
Schaltplan: Spannung U_1 am Widerstand R_1

Hinweis
Der Index 1, 2 oder 3 neben dem Formelzeichen, z.B. U_1, R2, I_3, dient der Unterscheidung bzw. Zuordnung. So gehört zum Widerstand R1 die Spannung U_1 und zum Widerstand R2 die Spannung U_2.

Messbeispiel

U_1 = 10,02 V I_1 = 4,57 mA R_1 = 2,17 kΩ

Umrechnung der Messwerte in die Grundeinheiten Volt, Ampere und Ohm:

U_1 = 10,02 V I_1 = 0,00457 A R_1 = 2170 Ω

Auswertung
Der Quotient aus der Spannung U und der Stromstärke I entspricht dem Wert des Widerstandes R.

$$\frac{U_1}{I_1} = \frac{10{,}02\text{V}}{0{,}00457\text{A}} = 2193\,\Omega$$

Abweichungen sind durch Anzeigeungenauigkeiten, durch Bauteiltoleranzen und durch das Einschalten des Messgeräts in den Stromkreis bedingt.

Der Quotient aus der am Widerstand anliegenden Spannung U und des durch den Widerstand fließenden Stroms I ist der elektrische Widerstand R.

$$R = \frac{U}{I}$$

Spannung U in V (Volt) (Bild 4.1)

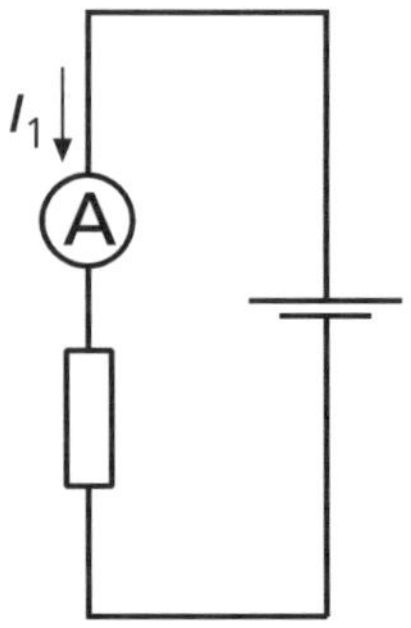

Bild 4.2
Schaltplan: Strom I_1 durch den Widerstand R_1

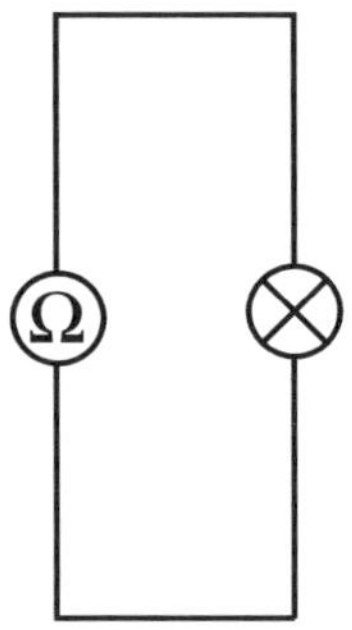

Bild 4.3
Schaltplan: Widerstandswert R des Widerstandes

Strom I in A (Ampere) (Bild 4.2)
Widerstand R in Ω (Ohm) (Bild 4.3)

Diesen Zusammenhang zwischen U, I und R nennt man das Ohm'sche Gesetz.

Wenn eine der drei Größen U, I oder R konstant bleiben soll, dann ergeben sich aufgrund des Ohm'schen Gesetzes folgende Zusammenhänge:

$$U = \text{konstant: } U = R \cdot I$$

Je größer der Widerstand, desto kleiner ist die Stromstärke.

$$I = \text{konstant: } I = \frac{U}{R}$$

Je größer der Widerstand, desto größer ist die Spannung.

$$R = \text{konstant: } R = \frac{U}{I}$$

Je größer die Spannung, desto größer ist die Stromstärke.
Mit dem Wort **Widerstand** werden in der Elektrik zwei verschiedene Sachverhalte beschrieben. Widerstand heißt sowohl das Bauteil als auch die elektrische Größe R.

4.2 Spannungsverlust

4.2.1 Spannungen im geschlossenen Stromkreis

In elektrischen Stromkreisen des Kfz sind die Verbraucher (Lampen, Anlasser, Hupe usw.) durch elektrische Leiter (Kabel, Schalter) mit der Spannungsquelle (Batterie, Generator) verbunden. Dabei stellen die Widerstände der Leitungen, der Sicherungen usw. eine unerwünschte Strombehinderung dar. Die Bewegung der Elektronen im Innern eines Leiters wird durch Reibung und das Zusammenstoßen mit anderen Atomen gehemmt.
Fließt durch diese Widerstände ein Strom, dann muß nach dem Ohm'schen Gesetz auch ein Spannungsfall auftreten. Dieser Spannungsfall wird als **Spannungsverlust** bezeichnet.
Zur genauen Untersuchung des Spannungsfalls und somit des Spannungsverlustes betrachten wir einen Lampenstromkreis (Bilder 4.4

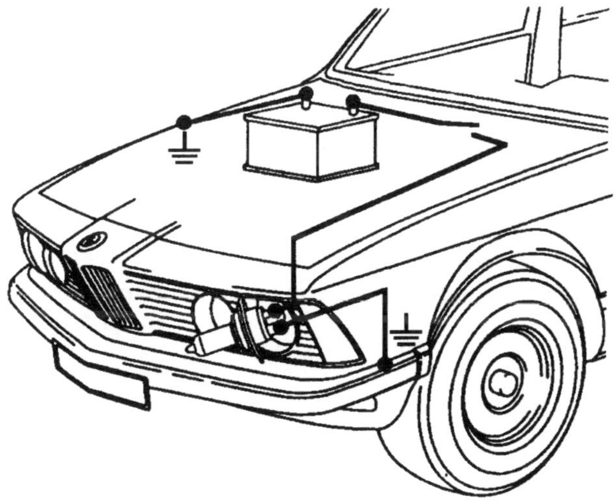

Bild 4.4
Lampenstromkreis im Kfz

und 4.5), bestehend aus Spannungsquelle (Batterie), Schalter, Hinleitung, Verbraucher (Glühlampe) und der Rückleitung über die Karosserie.

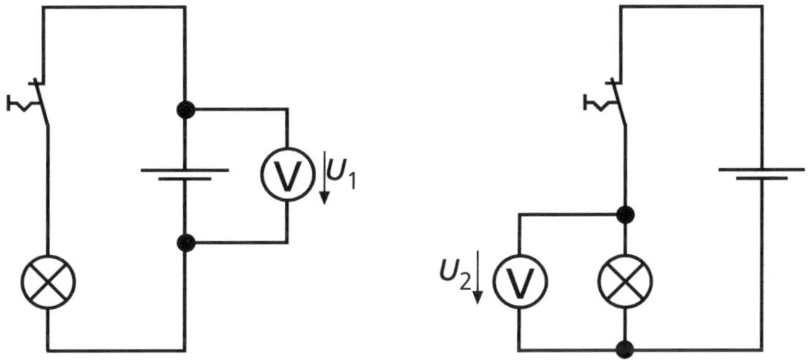

Bild 4.5
Schaltplan: Batteriespannung U_1 und Spannung U_2 am Verbraucher

Im geschlossenen Stromkreis ist die Verbraucherspannung um den Spannungsfall an dem Schalter und auf der Leitung kleiner als die Batteriespannung.

4.2.2 Spannungen im geöffneten Stromkreis (Bild 4.6)

Im offenen Stromkreis liegt am Schalter stets die volle Batteriespannung. Da kein Strom fließt, machen sich auch die Widerstände (Leitung, Glühlampe usw.) nicht bemerkbar.

Merksatz: Wo kein Strom, da kein Ohm.
Damit die Verbraucherspannung z.B. der Schlussleuchten nicht zu niedrige Werte erreicht und somit die Lichtleistung der Glühlampen zu gering wird, sind die Spannungsverluste für Kraftfahrzeugleitungen auf einen Maximalwert begrenzt.

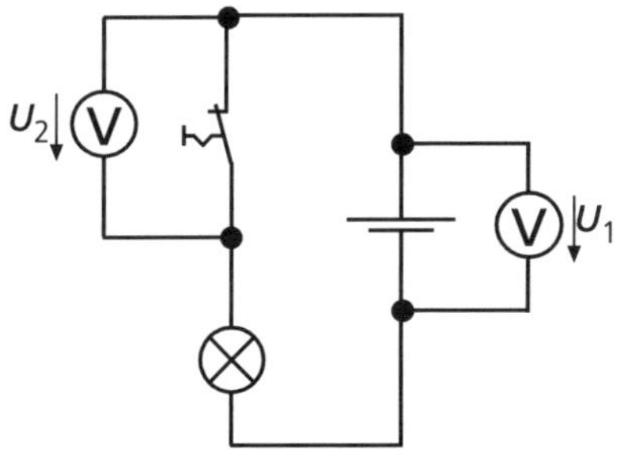

Bild 4.6
Schaltplan: Messung der Batteriespannung U_1 und der Spannung U_2 über dem geöffneten Schalter

Durch Übergangswiderstände an Kontakten und Verbindungen, durch verschmutzte Batteriepole oder lose Masseverbindungen können ungeplante Erhöhungen der Spannungsfälle auftreten.

Zulässiger Spannungsverlust bei 12 V Nennspannung nach DIN 72 551

Leitung Batterie – Starter im Einschaltaugenblick		0,5 V
Leitung Generator – Batterie (bei Nennleistung)		0,4 V
übrige Leitungen (Licht) usw.	< 15 W (Hin- und Rückleitung)	0,6 V
	> 15 W (Hin- und Rückleitung)	0,9 V

4.3 Elektrische Leistung

Die drei Größen Strom, Spannung und Widerstand sind durch das **Ohm'sche Gesetz** miteinander verknüpft. Dabei müssen sich die Elektronen (Strom I) durch den Verbraucher (Widerstand R) «drängen» und dabei etwas leisten – sei es, elektrische Energie in Wärme umzusetzen wie bei einer Heizung oder in Licht wie bei einer D1-Glühlampe (D1 = Gasentladungslampe) oder in mechanische Energie wie beim Elektromotor. Je mehr Elektronen (Strom) daran beteiligt sind oder je größer der Druck (Spannung) ist, desto mehr wird geleistet.
Somit ist die elektrische Leistung P einfach das Produkt aus Spannung U und Stromstärke I.

Leistung = Spannung · Stromstärke
$P = U \cdot I$
Die Leistung hat das Formelzeichen P, die Einheit der Leistung ist W (Watt).

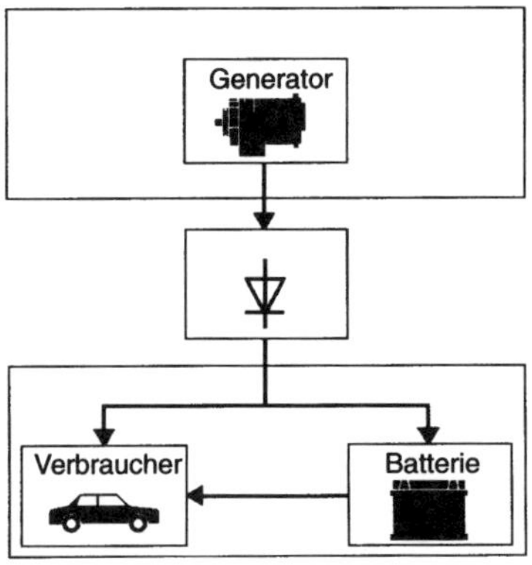

Bild 4.7
Generatorleistung, Batteriekapazität und Leistungsbedarf der Verbraucher müssen optimal aufeinander abgestimmt sein.

Beispiel (Bild 4.7)
Fließt in einem Kraftfahrzeug aus dem 12-V-Bordnetz ein Strom von 5 A durch den Fernlichtfaden einer H4-Lampe, so nimmt die Lampe eine Leistung von 60 W auf. Je mehr Leistung ein Verbraucher fordert, desto stärker ist die Belastung des Bordnetzes. Steht der Motor und wird das Bordnetz nicht vom Generator versorgt, so entleert sich die Batterie entsprechend der Leistungsaufnahme der Verbraucher und der Einschaltdauer. Hat man vergessen das Fahrlicht auszuschalten, kann bei der hohen Leistungsaufnahme der Scheinwerferleuchten sehr schnell die Batterie entladen sein.
Die Leistung von Verbrennungsmotoren wurde früher in Pferdestärken (PS) gemessen. International genormt ist auch hier seit einigen Jahren das Kilowatt als Einheit.

Dabei ist:

1 kW = 1,359 PS,
1 PS = 0,736 kW = 736 W.

Ein 60-PS-Motor ist heute ein 44-kW-Motor. 60 PS · 0,736 = 44,15 kW. Dies gilt als 44 kW, weil man bei Motoren immer auf volle kW auf- bzw. abrundet.

4.3.1 Einfluss eines zusätzlichen Verbrauchers auf den Spannungsfall in den Zuleitungen (Bild 4.8)

Häufig werden Zusatzscheinwerfer, z.B. Fernlichtscheinwerfer, angebaut und einfach an die vorhandenen Leitungen des serienmäßigen Fernlichts mit angeschlossen.
Der Spannungsfall auf der gleichen Leitung wird größer, wenn zusätzliche Verbraucher angeschlossen werden.
Dadurch fällt am Verbraucher – z.B. bei einer Glühlampe – die Lichtleistung stark ab, da nun in der Leitung ein starker **Spannungsverlust** auftritt. Gleichzeitig werden die Leitungen überlastet und erwärmen sich.
Beim Anschließen zusätzlicher Verbraucher sollte man stets neue, möglichst kurze Leitungen mit ausreichendem Querschnitt verwenden.

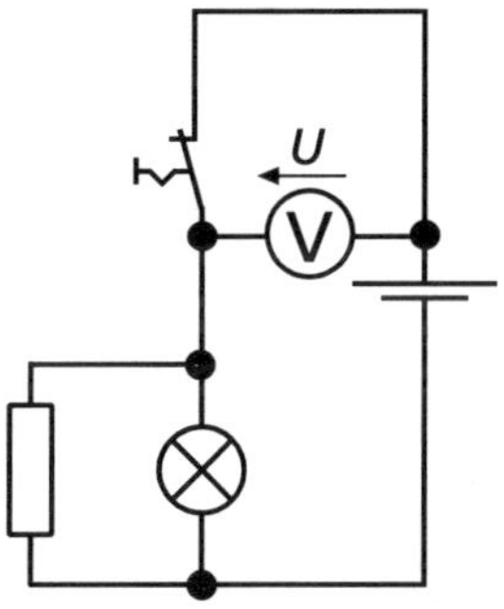

Bild 4.8
Schaltplan: Spannungsfall U bei einem parallelgeschalteten zusätzlichen Verbraucher (Widerstand)

Da die meisten Leitungen im Kraftfahrzeug aus Kupfer sind und deren Länge meistens vorgegeben ist, lässt sich eine Verringerung des Spannungsverlustes nur über die Wahl des Querschnitts erreichen (Tabelle 4.1).

Kupferleitungen	
Nennquerschnitt in mm²	**Zulässiger Dauerstrom in A**
0,5	11
0,75	15
1,5	24
2,5	32
4,0	42
10	73
16	98

Tabelle 4.1
Zulässige Belastung von Kupferleitungen

4.4 Spezifischer Widerstand eines Leiters

Bild 4.9
Die Elektronen müssen einen längeren Weg zurücklegen.

Einfluss der Leiterlänge (Bild 4.9)

Leiterlänge

kürzer $l = 1$ m länger

Querschnitt gleich

Je länger der Leiter, desto größer ist der Widerstand.

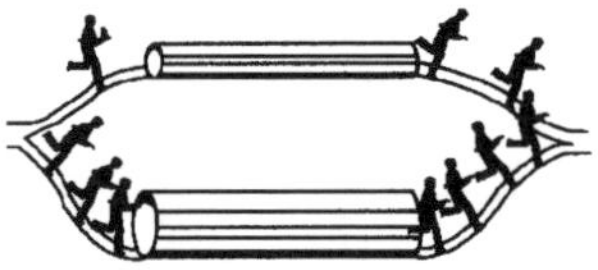

Bild 4.10
Die Elektronen gehen lieber durch die große Öffnung.

Einfluss des Leiterquerschnitts A (Bild 4.10)

Querschnitt

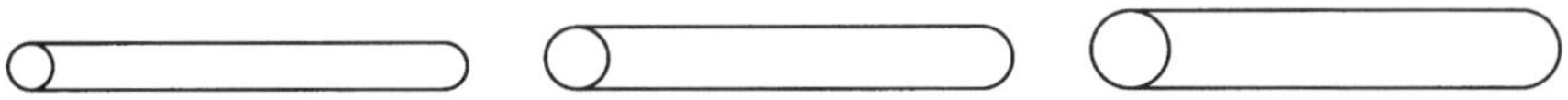

dünner $l = 1$ m dicker

Je größer der Querschnitt, desto kleiner der Widerstand.

Bild 4.11
Manche Werkstoffe sind für die Elektronen hohe Hürden.

Einfluss des Leiterwerkstoffs (Bild 4.11)

Leiterwerkstoff

Nickel Kupfer Silber

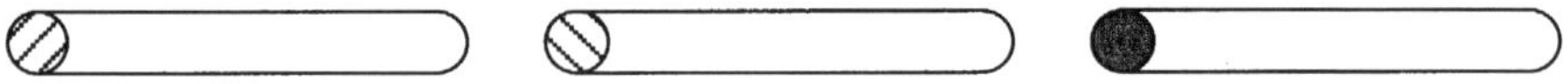

$l = 1$ m

Es gibt gute und schlechte Leiter.

Der Widerstand eines Leiterwerkstoffs von 1 m Länge mit dem Querschnitt von 1 mm^2 bei 20 °C wird als **spezifischer Widerstand** ρ bezeichnet.

Mit der Leiterlänge l, dem Leiterquerschnitt A und dem spezifischen Widerstand als Materialkonstante ergibt sich folgende Formel für den Widerstand eines Leiters:

$$R = \frac{\rho \cdot l}{A}$$

R Leiterwiderstand Ω

ρ Spez. Widerstand Ω mm^2/m

l Leiterlänge m

A Leiterquerschnitt mm^2

Tabelle 4.2
Spezifischer Widerstand verschiedener Metalle

Leiterwerkstoff	Spezifischer Widerstand in $\Omega \cdot mm^2/m$
Silber	0,016
Kupfer	0,0178
Aluminium	0,029
Eisen	0,10

4.5 Reihen- und Parallelschaltung

4.5.1 Reihenschaltung (Bild 4.12)

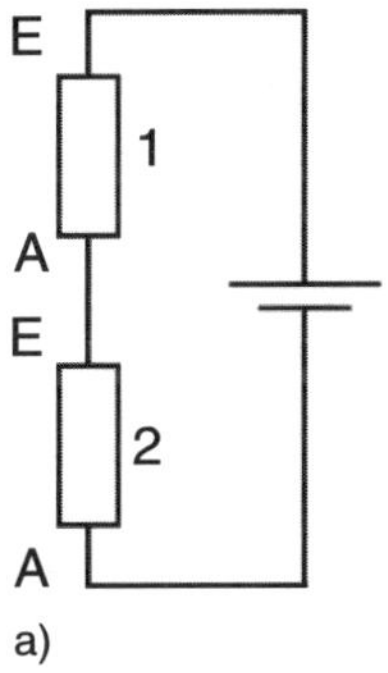

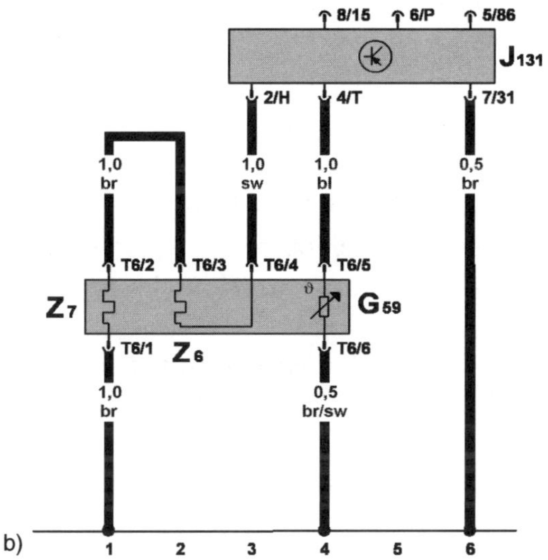

Bild 4.12a
Prinzip der Reihenschaltung: Der Ausgang A des 1. Verbrauchers ist mit dem Eingang E des 2. Verbrauchers verbunden.
Z7 Heizung der Fahrerlehne
Z6 Heizung des Fahrersitzfläche
G59 Temperaturfühler Sitz
J131 Steuergerät Sitzheizung

Bild 4.12b
Schaltplan der Fahrersitzheizung

Problem
Warum fließt bei defekter Sitzflächenheizung kein Strom mehr durch die Heizung der Fahrerlehne?

Lösung
Beide Verbraucher sind in Reihe geschaltet.

Beispiele für Reihenschaltungen im Kraftfahrzeug
Regelbare Instrumentenbeleuchtung, mehrstufige Heizungsgebläse, Zündspule mit Vorwiderständen, Entstörwiderstände, ältere Diesel-Vorglühanlagen.

Bei der Reihenschaltung kann sich der Strom an keiner Stelle im Stromkreis verzweigen. Eine Unterbrechung an einer Stelle unterbricht den gesamten Stromfluss.

Spannung (Bild 4.13)
In der Reihenschaltung liegt an jedem Verbraucher ein Teil der Gesamtspannung. Am größeren Widerstand liegt auch die größere Spannung.

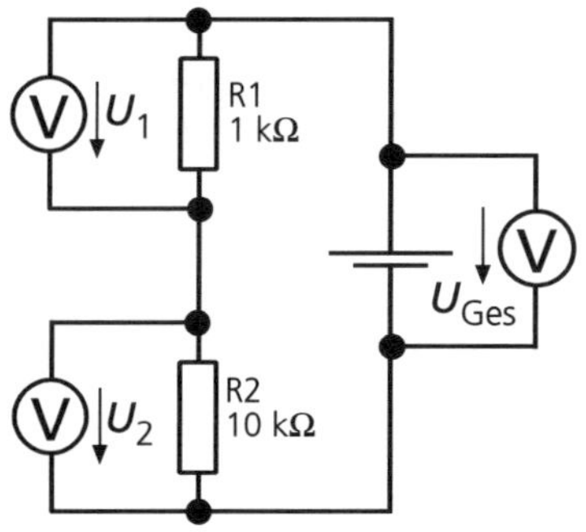

Bild 4.13
Schaltplan: Spannungen an der Reihenschaltung

In der Reihenschaltung ergibt die Summe der Teilspannungen die Gesamtspannung.

$$U_{Ges} = U_1 + U_2$$

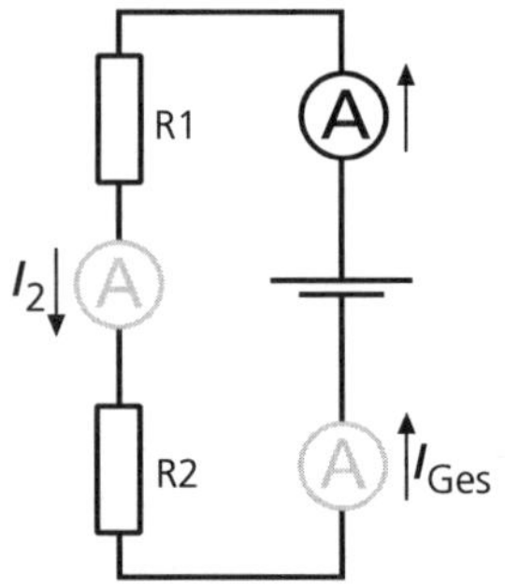

Bild 4.14 Schaltplan: Ströme in der Reihenschaltung

Strom (Bild 4.14)
In der Reihenschaltung ist der Strom an allen Stellen gleich groß. Das Kennzeichen der Reihenschaltung ist die Stromgleichheit.

In der Reihenschaltung ist an jeder Stelle die Stromstärke gleich.

$$I_{Ges} = I_1 = I_2$$

Widerstand (Bild 4.15)
Der Gesamtwiderstand R_{Ges} ist größer als die Einzelwiderstände R_1 oder R_2. Die Summe aus R_1 und R_2 ergibt den Gesamtwiderstand R_{Ges}.

In der Reihenschaltung ist der Gesamtwiderstand gleich der Summe der Teilwiderstände.

$$R_{Ges} = R_1 + R_2$$

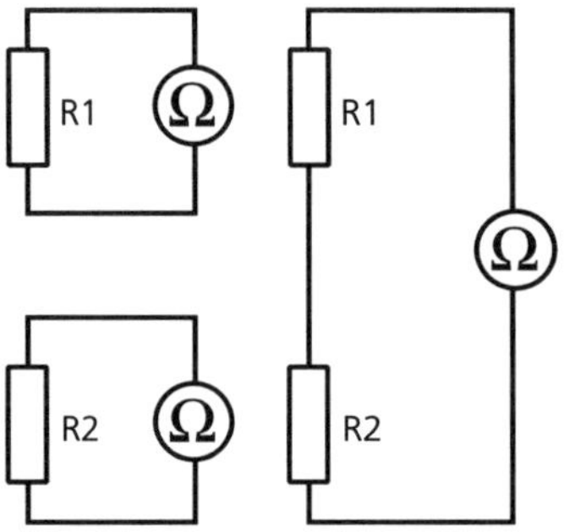

Bild 4.15 Schaltplan: Messung der Einzelwiderstände und des Gesamtwiderstandes

4.5.2 Parallelschaltung (Bild 4.16)

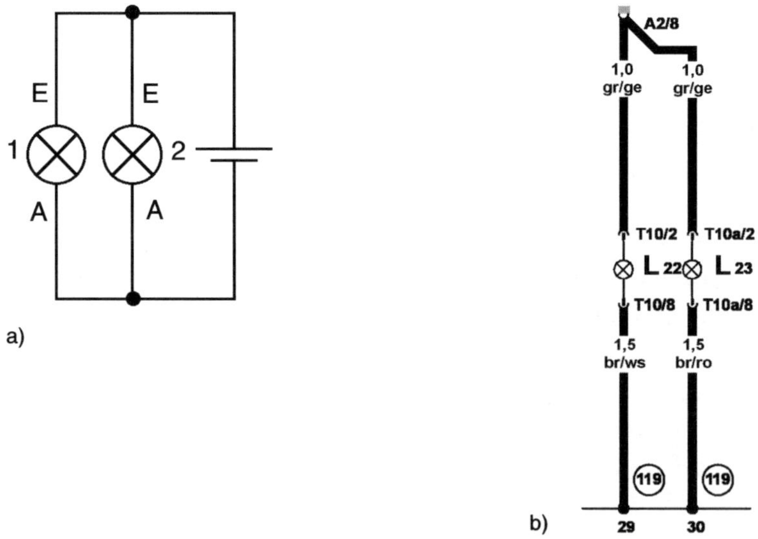

Bild 4.16a Prinzip der Parallelschaltung: Alle Eingänge E und alle Ausgänge A sind mit je einem Pol der Spannungsquelle verbunden.
L22 Nebelscheinwerfer links
L23 Nebelscheinwerfer rechts

Bild 4.16b Schaltung der Nebelscheinwerfer

Problem

Warum leuchten bei Ausfall einer Glühlampe im Kfz, z.B. eines Rücklichts, trotzdem noch alle anderen Leuchten?

Lösung

Die Glühlampen im Kfz sind mit der Spannungsquelle parallelgeschaltet.

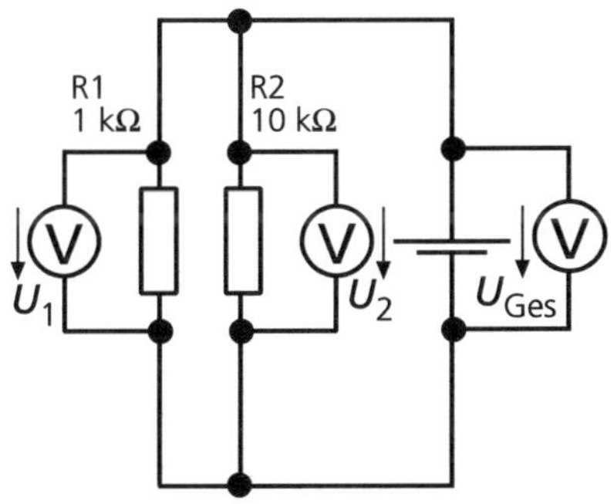

Bild 4.17
Schaltplan: Spannungen an der Parallelschaltung

Beispiele für Parallelschaltungen im Kraftfahrzeug

Sämtliche Beleuchtungseinrichtungen, Drähte der heizbaren Heckscheibe, Glühkerzen moderner Vorglühanlagen mit Glühstiftkerzen.

Bei der Parallelschaltung verzweigt sich der Strom auf die einzelnen Verbraucher. Der Ausfall eines Verbrauchers hat keinen Einfluss auf die Funktionsfähigkeit der anderen Verbraucher.

Spannung

Die Spannungen U_1 und U_2 sind gleich der Gesamtspannung U_{Ges} (Bild 4.17). Das Kennzeichen der Parallelschaltung ist die Spannungsgleichheit.

An jedem Widerstand liegt die Gesamtspannung an.

$$U_{Ges} = U_1 = U_2$$

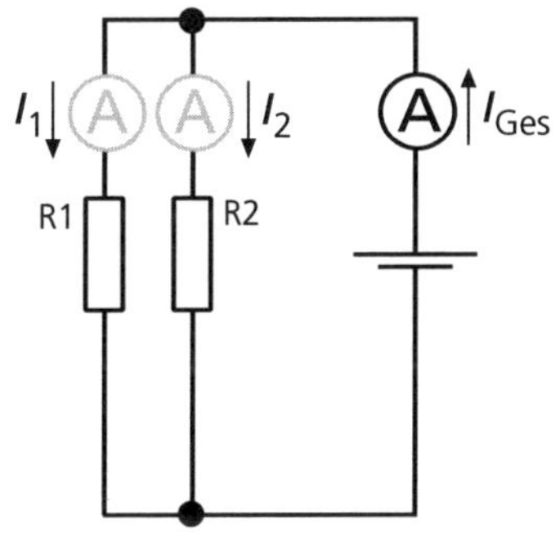

Bild 4.18
Schaltplan: Ströme in der Parallelschaltung

Strom

Der Strom in den Zuleitungen verzweigt sich auf die einzelnen Verbraucher. Man nennt die Ströme durch die einzelnen Verbraucher Teilströme. Durch den kleineren Widerstand fließt der größere Strom. Die Teilströme I_1 und I_2 ergeben den Gesamtstrom I_{Ges} (Bild 4.18).

Die Summe der Teilströme ergibt den Gesamtstrom.

$$I_{Ges} = I_1 + I_2$$

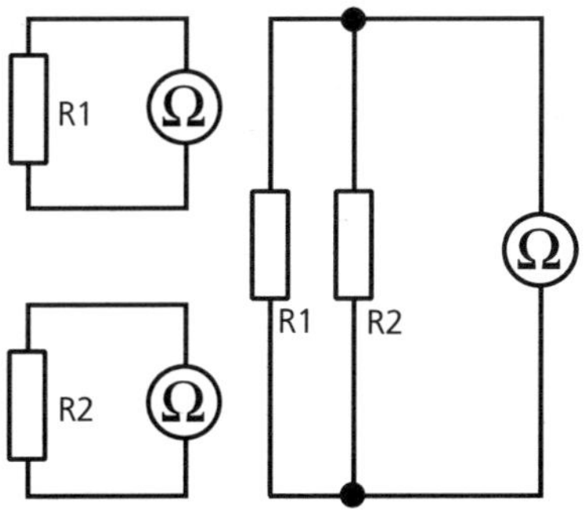

Bild 4.19
Schaltplan: Messung der Einzelwiderstände und des Gesamtwiderstandes

Widerstand

Der Gesamtwiderstand R_{Ges} ist kleiner als die Einzelwiderstände R_1 oder R_2 (Bild 4.19).

Der Gesamtwiderstand ist stets kleiner als der kleinste Einzelwiderstand.

$$\frac{1}{R_{Ges}} = \frac{1}{R_1} + \frac{1}{R_2} \qquad R_{Ges} = \frac{R_1 \cdot R_2}{R_1 + R_2}$$

4.5.3 Übersicht

Tabelle 4.3

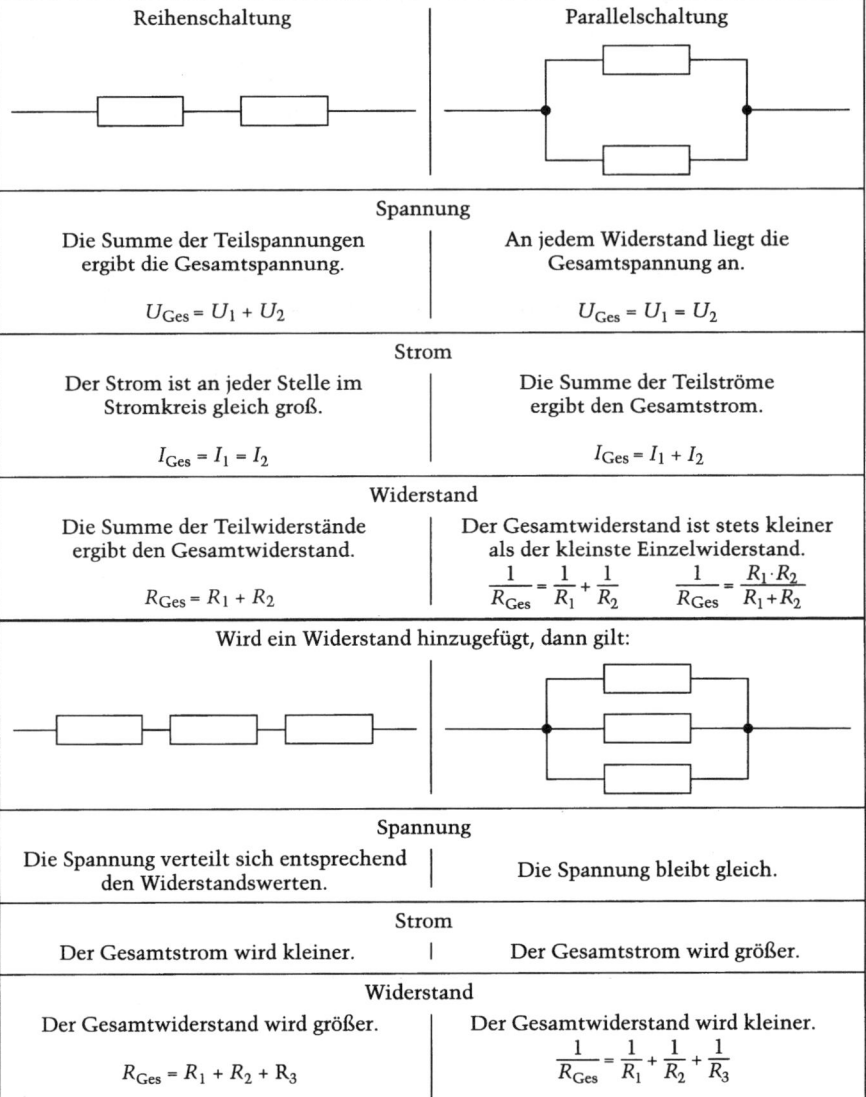

Reihenschaltung	Parallelschaltung
	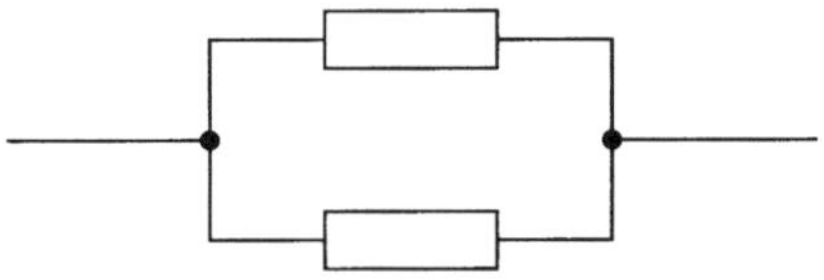
Spannung	
Die Summe der Teilspannungen ergibt die Gesamtspannung.	An jedem Widerstand liegt die Gesamtspannung an.
$U_{Ges} = U_1 + U_2$	$U_{Ges} = U_1 = U_2$
Strom	
Der Strom ist an jeder Stelle im Stromkreis gleich groß.	Die Summe der Teilströme ergibt den Gesamtstrom.
$I_{Ges} = I_1 = I_2$	$I_{Ges} = I_1 + I_2$
Widerstand	
Die Summe der Teilwiderstände ergibt den Gesamtwiderstand.	Der Gesamtwiderstand ist stets kleiner als der kleinste Einzelwiderstand.
$R_{Ges} = R_1 + R_2$	$\frac{1}{R_{Ges}} = \frac{1}{R_1} + \frac{1}{R_2}$ $\quad \frac{1}{R_{Ges}} = \frac{R_1 \cdot R_2}{R_1 + R_2}$
Wird ein Widerstand hinzugefügt, dann gilt:	
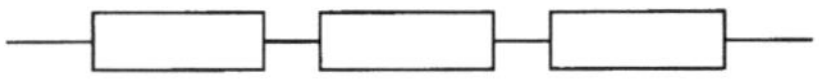	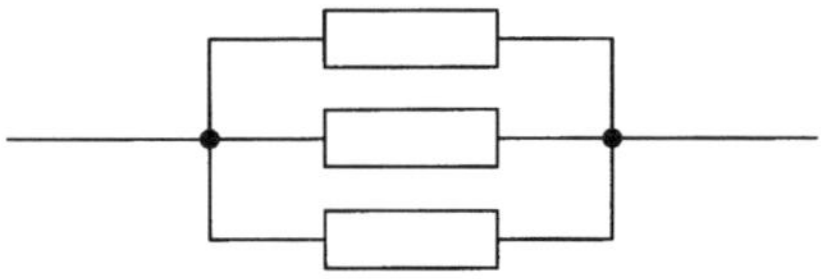
Spannung	
Die Spannung verteilt sich entsprechend den Widerstandswerten.	Die Spannung bleibt gleich.
Strom	
Der Gesamtstrom wird kleiner.	Der Gesamtstrom wird größer.
Widerstand	
Der Gesamtwiderstand wird größer.	Der Gesamtwiderstand wird kleiner.
$R_{Ges} = R_1 + R_2 + R_3$	$\frac{1}{R_{Ges}} = \frac{1}{R_1} + \frac{1}{R_2} + \frac{1}{R_3}$

4.6 Gemischte Schaltungen

Problem
Fast immer gibt es im Kraftfahrzeug Schaltungen, die weder reine Reihen- noch reine Parallelschaltungen darstellen. Die wirklichen Verhältnisse sind eine Mischung aus beiden Schaltungsarten. Man nennt solche Schaltungen daher **gemischte Schaltungen.**

Beispiel
Stromkreis der Bremsleuchten eines Pkw.

4.6.1 Erweiterte Reihenschaltung (Bild 4.20)

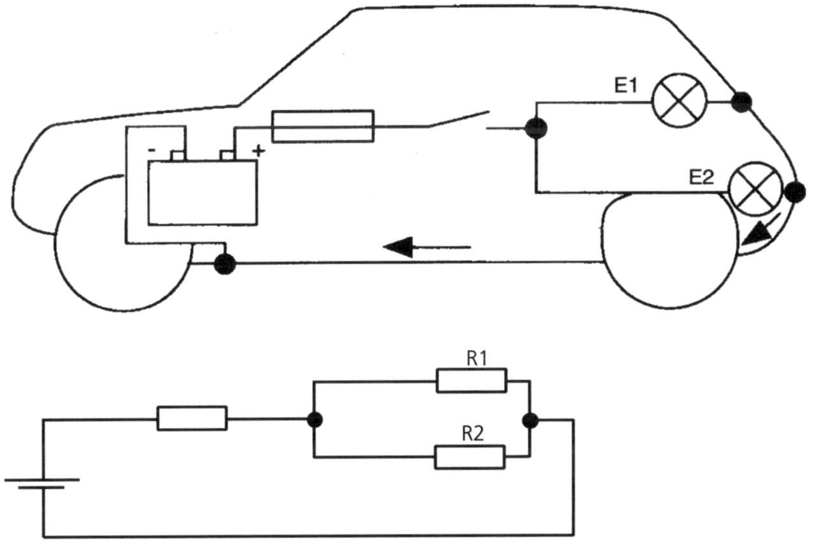

Bild 4.20
Erweiterte Reihenschaltung in bildlicher Darstellung und mit Widerständen

Die Stromversorgung bei der Bremslichtschaltung erfolgt von der Batterie über die Sicherung und den Bremslichtschalter über eine Hauptleitung bis zum Kofferraum, wo dann die Verzweigung zur linken und rechten Bremslichtleuchte erfolgt. Die Rückleitung erfolgt über die Fahrzeugmasse.
Schalter, Sicherung und Hinleitung bis zur Verzweigung stellen einen Widerstand dar, der mit den beiden parallelgeschalteten Bremsleuchten in Reihe geschaltet ist.
Man nennt diese Schaltung **erweiterte Reihenschaltung.**

Ermittlung des Gesamtwiderstandes
Bei der erweiterten Reihenschaltung können zunächst parallelgeschaltete Widerstände zu einem so genannten Ersatzwiderstand zusammengefasst werden (Bild 4.21).

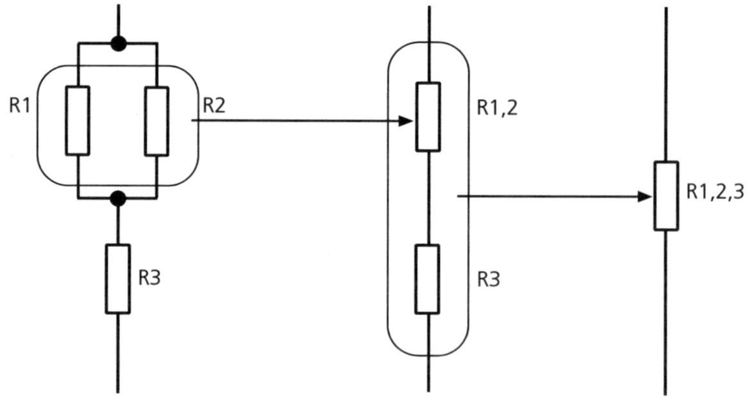

Bild 4.21
Bestimmung des Gesamtwiderstandes einer erweiterten Reihenschaltung

Die Schaltung wird zu einer Reihenschaltung vereinfacht.

Beispiel
$R_1 = 470\ \Omega$
$R_2 = 1\ k\Omega$
$R_3 = 2{,}2\ k\Omega$

1. Schritt
Berechnung des Ersatzwiderstandes $R_{1,2}$ für die beiden parallelgeschalteten Widerstände R1 und R2.

$$R_{1,2} = \frac{470 \cdot 1000}{470 + 1000} \approx 320\Omega$$

Widerstände mit gleicher Spannung sind parallelgeschaltet.

$$R_{1,2} = \frac{R_1 \cdot R_2}{R_1 + R_2}$$

2. Schritt
Berechnung des Gesamtwiderstandes $R_{1,2,3}$ aus der Reihenschaltung von R1,2 und R3.

$$R_{1,2,3} = 320 + 2200 = 2520\ \Omega$$

Widerstände mit gleichem Strom sind in Reihe geschaltet.
R1,2,3 = R1, R2 + R3

4.6.2 Erweiterte Parallelschaltung

Tritt an einer Bremslichtleuchte, z.B. durch Korrosion in der Lampenfassung, ein so genannter Übergangswiderstand R auf, so liegt bei diesem Leitungsstrang ein zusätzlicher Widerstand in Reihe, der bei der anderen Schlussleuchte nicht vorhanden ist.
Der Übergangswiderstand R liegt mit der Leuchte E2 in Reihe, beide sind aber parallel zu der anderen Leuchte E1 geschaltet. Man nennt diese Schaltung **erweiterte Parallelschaltung** (Bild 4.22).

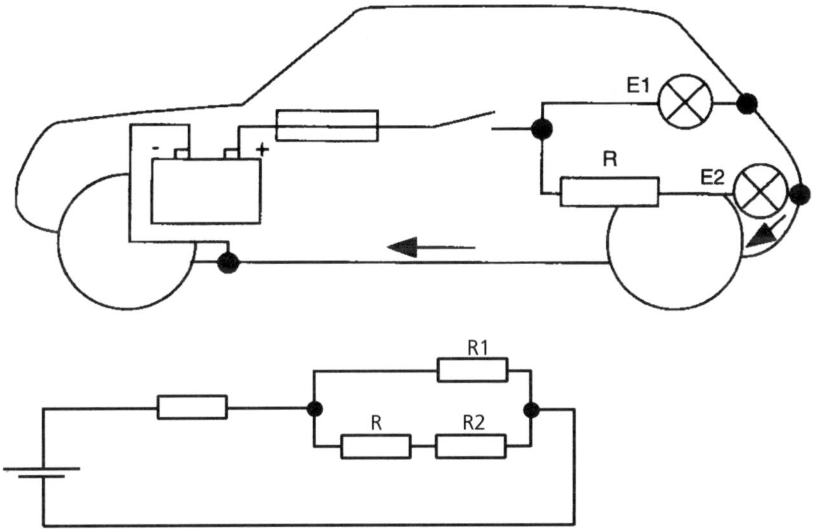

Bild 4.22
Erweiterte Parallelschaltung in bildlicher Darstellung und mit Widerständen

Bei der erweiterten Parallelschaltung können zunächst in Reihe geschaltete Widerstände als Ersatzwiderstand zusammengefasst werden.
Die Schaltung wird zu einer Parallelschaltung vereinfacht.

Beispiel
$R_1 = 470\ \Omega$
$R_2 = 1\ \text{k}\Omega$
$R_3 = 2{,}2\ \text{k}\Omega$

1. Schritt
Berechnung des Ersatzwiderstandes $R_{1,2}$ für die beiden in Reihe geschalteten Widerstände R1 und R2.

$$R_{1,2} = 470 + 1000 = 1470\ \Omega$$

Widerstände mit gleichem Strom sind in Reihe geschaltet.
R1,2 = R1 + R2

2. Schritt
Berechnung des Gesamtwiderstandes $R_{1,2,3}$ aus der Parallelschaltung von R1, R2 und R3 (Bild 4.23).

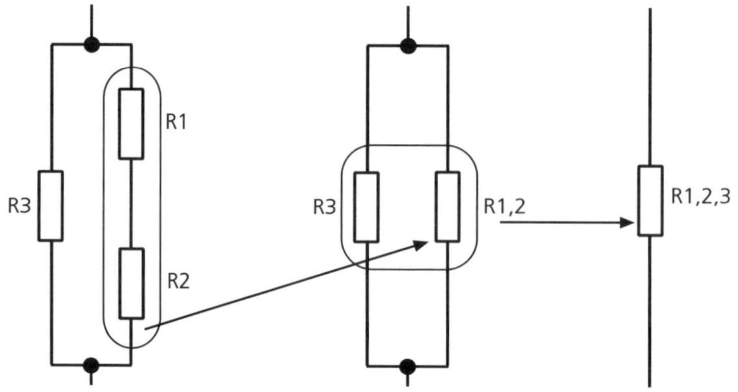

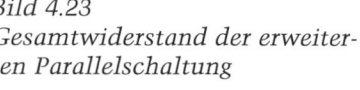

Bild 4.23
Gesamtwiderstand der erweiterten Parallelschaltung

$$R_{1,2,3} = \frac{1470 \cdot 2200}{1470 + 2200} \approx 881\Omega$$

Widerstände mit gleicher Spannung sind parallelgeschaltet.

$$R_{1,2,3} = \frac{R_{1,2} \cdot R_3}{R_{1,2} + R_3}$$

4.7 Spannungsteiler, Potentiometer

Ein Potentiometer ist ein veränderbarer Spannungsteiler, d.h., durch Drehen an der Achse können verschiedene Widerstandsverhältnisse eingestellt werden.

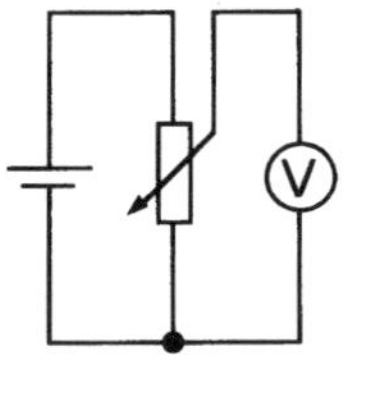

Bild 4.24
Schaltplan: Potentiometer ohne Belastung

4.7.1 Unbelasteter Spannungsteiler (Bilder 4.24 und 4.25)

Durch Verdrehen der (roten) Potentiometerachse lässt sich die Spannung U stufenlos zwischen 0 V und der Batteriespannung $U_{(B)}$ verändern.

In unbelastetem Zustand ist das Potentiometer eine Reihenschaltung von zwei Widerständen R1 und R2, deren Gesamtwiderstand immer gleich bleibt.

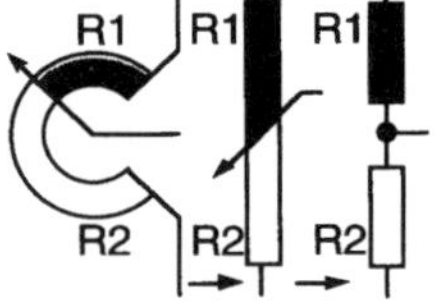

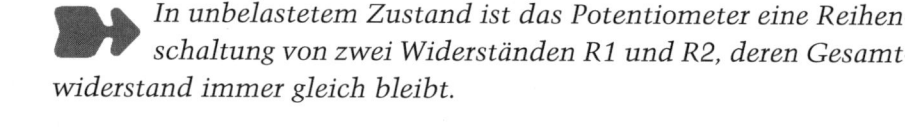

Bild 4.25
Unbelasteter Spannungsteiler als Reihenschaltung von zwei Widerständen

4.7.2 Belasteter Spannungsteiler (Bild 4.26 und 4.27)

Durch die Belastung ist die Teilspannung bei gleicher Stellung des Potentiometers kleiner als in unbelastetem Zustand. Durch das Anschließen eines Lastwiderstandes R3 wurde aus der ursprünglichen Reihenschaltung zweier Widerstände eine gemischte Schaltung von 3 Widerständen. Der Widerstandswert des Ersatzwiderstandes R2,3 ist durch die Parallelschaltung kleiner als der Wert von R2. Somit wird die abgegriffene Spannung *U* kleiner, da R1 gleich geblieben ist.

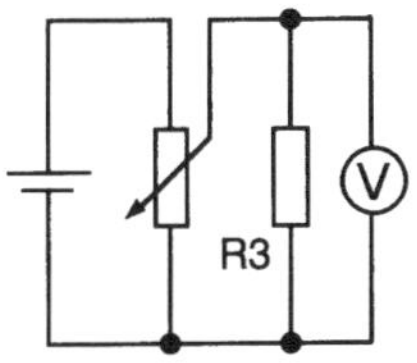

Bild 4.26
Schaltplan: Potentiometer mit Belastung

Durch einen Spannungsteiler oder Potentiometer lassen sich je nach Einstellung verschiedene Spannungen abgreifen. Um ein starkes Absinken der Spannung am Spannungsteiler zu vermeiden, soll der Belastungswiderstand (Verbraucherwiderstand) nicht zu klein sein.

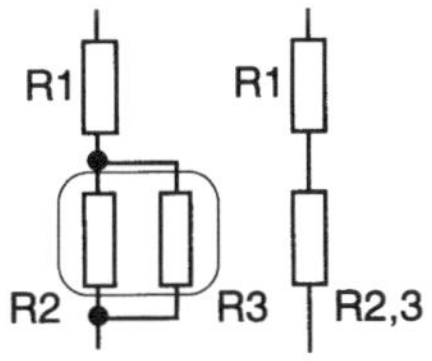

Bild 4.27
Belasteter Spannungsteiler als gemischte Schaltung

Beispiele für Spannungsteiler im Kfz zeigen die Bilder 4.28 und 4.29.

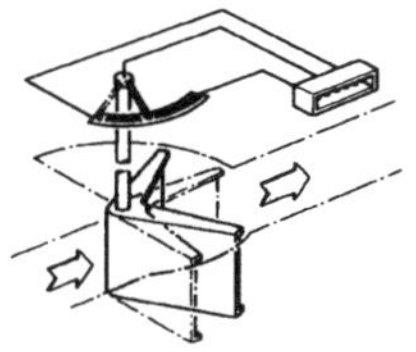

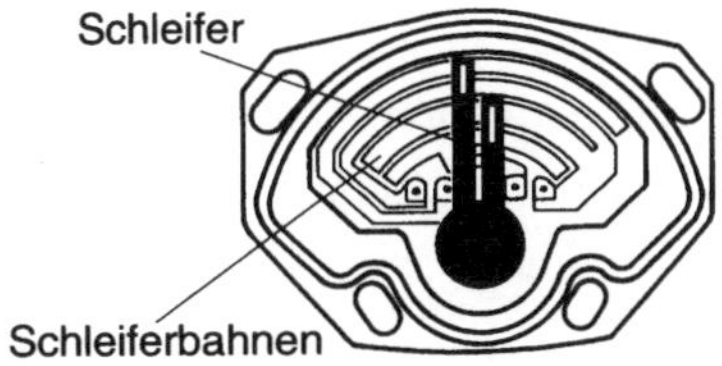

Bild 4.28 (links
Prinzip eines Luftmengenmessers

Bild 4.29 (rechts)
Lasterfassung über Drosselklappenpotentiometer bei der Mono-Jetronic/Motronic

4.8 Temperaturabhängige Widerstände

4.8.1 PTC-Widerstände

Fahrzeuge mit geregeltem Katalysator benötigen eine Lambda-Sonde, die im Auspuffrohr sitzt und dem Steuergerät Informationen über die Gemischzusammensetzung liefert. Damit diese Sonde einwandfrei arbeiten kann, muss sie eine Mindesttemperatur von ca. 250 °C haben. Aus diesem Grund sind manche Lambda-Sonden mit einer Heizung versehen, besonders dann, wenn die Sonde weit weg vom Motor im Abgasstrom angebracht ist. Das Heizelement der Lambda-Sonde zeigt also ähnliches Verhalten wie eine Glühlampe. Erklärlich ist dieses Verhalten durch den Metallcharakter des Glühlampenfadens bzw. der Heizwendel bei der Sondenheizung. Dabei spielt es keine Rolle, ob die Erwärmung durch den fließenden Strom (Eigenerwärmung) oder durch äußere Erwärmung (Fremderwährung) erfolgt. So wird zum Beispiel die Heizung der Lambda-Sonde entweder durch den fließenden elektrischen Strom oder durch die heißen Abgase erwärmt (Bild 4.30).

Bild 4.30
Sitz der beheizten Lambda-Sonden im Auspuffkrümmer eines FSI-Motors

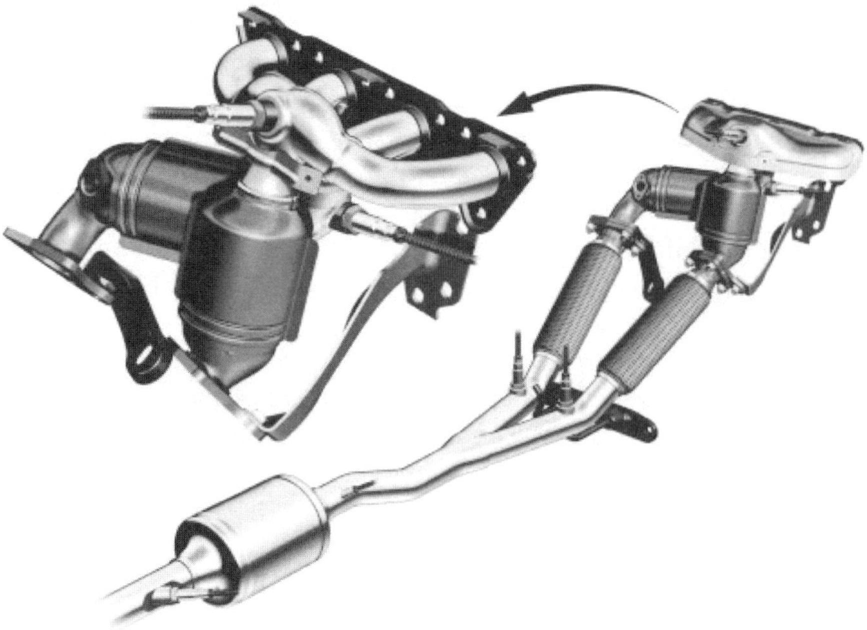

Anwendungen im Kraftfahrzeug:
Heizelemente der Gemischvorwärmung, Kaltstartautomatik, beheizte Außenspiegel, heizbare Heckscheibe, Sitzheizung usw.
Die Abkürzung PTC bedeutet: **P**ositiver **T**emperatur-**C**oeffizient.
Für einen PTC-Widerstand (Bilder 4.31 und 4.32) gilt:

Bild 4.31 (links)
Erklärung des Schaltzeichens

Bild 4.32 (rechts)
Prinzipieller Verlauf der Kennlinie eines PTC-Widerstandes

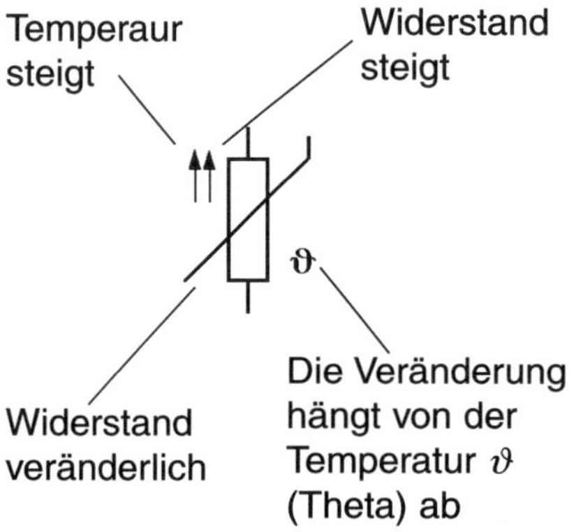

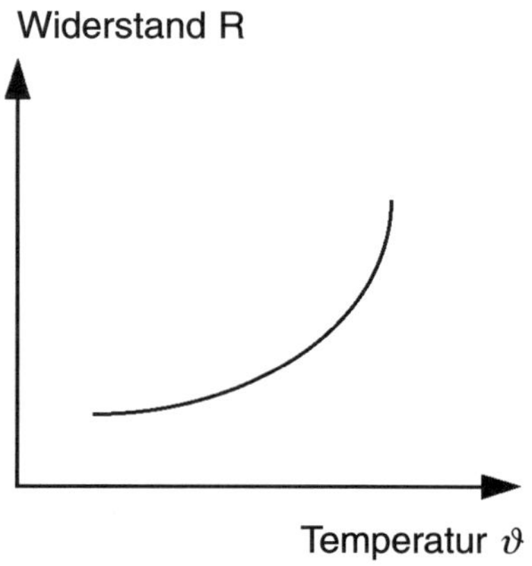

Je höher die Temperatur, desto größer ist der Widerstand.
Je niedriger die Temperatur, desto kleiner ist der Widerstand.

Widerstände, die in kaltem Zustand besser leiten als in warmem Zustand, nennt man **Kaltleiter**.

Beispiel für PTC-Widerstände am Fahrzeug: Zusatzheizelement (Bilder 4.33 und 4.34)

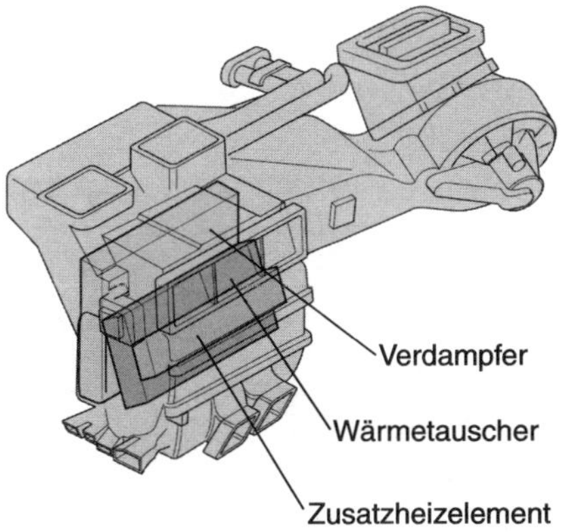

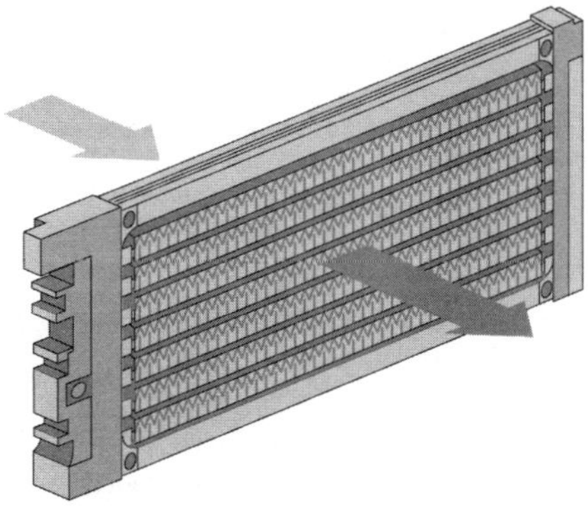

Bild 4.33 (links)
Lage des Zusatzelements

Bild 4.34 (rechts)
Zusatzheizer im Luftstrom

Bei aktuellen Dieselmotoren ist der Wirkungsgrad so gut, dass sie nur noch eine geringe Abwärme haben.
Das Zusatzheizelement sorgt zusätzlich zum Wärmetauscher für eine rasche Erwärmung des Innenraums. Es ist im Luftstrom nach dem Verdampfer und dem Wärmetauscher angeordnet.
Das Zusatzheizelement besteht aus keramischen Kaltleiter-Widerständen und Lamellen.
Wird das Zusatzheizelement zugeschaltet, fließt durch die Widerstände ein Strom, der die Lamellen aufheizt. Die Lamellen geben die Wärme dann an den Luftstrom ab. Da bei zunehmender Temperatur der Widerstand größer wird, verringert sich der Stromfluss. Eine Überhitzung wird dadurch verhindert.

4.8.2 NTC-Widerstände

Zur Erfassung von Temperaturen werden heute überwiegend NTC-Widerstände eingesetzt. Das prinzipielle Widerstandsverhalten kann im Rahmen der Fehlersuche und Bauteilüberprüfung kontrolliert werden.
In Bild 4.35 ist der entsprechende Ausschnitt aus einer Original-Prüfanleitung abgebildet. Durch die Prüfung wird der Widerstandswert des Fühlers in Abhängigkeit von der Temperatur ermittelt. Zwischenwerte können aus dem Diagramm ermittelt werden (Bilder 4.36 und 4.37).

Ergebnis
Je höher die Temperatur, desto kleiner ist der Widerstand.
Dieses Verhalten lässt sich nicht mehr mit der Elektronenleitung begründen, wie sie in metallischen Leitern vorkommt. NTC-

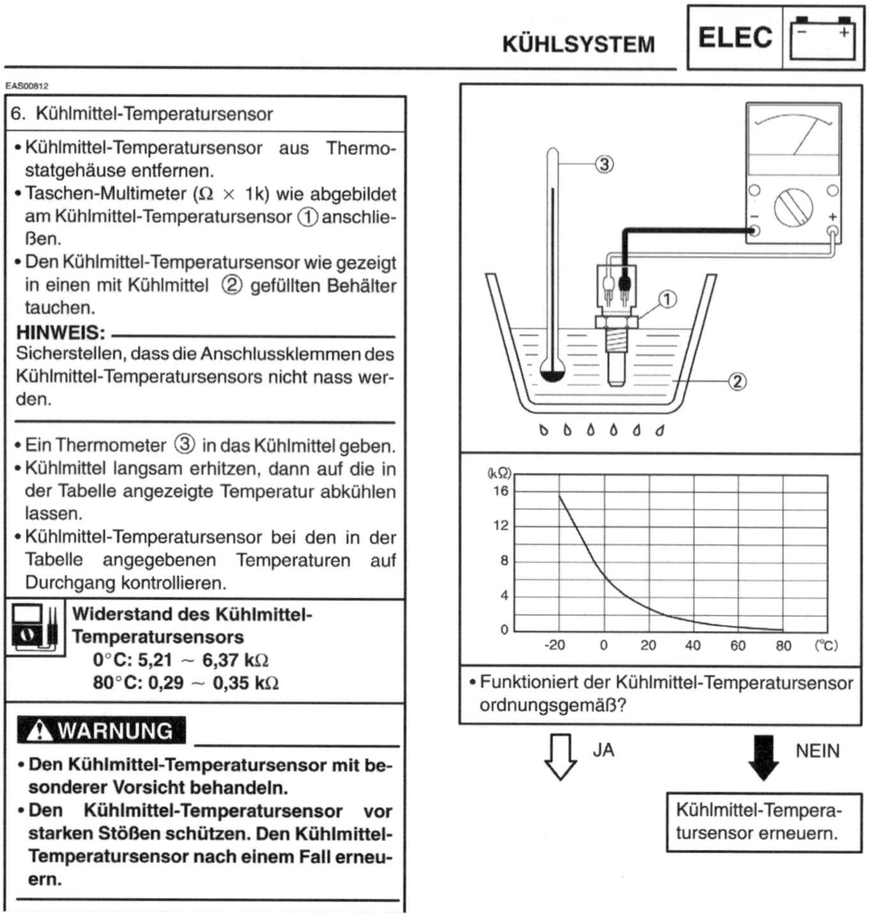
KÜHLSYSTEM ELEC

EAS00812

6. Kühlmittel-Temperatursensor

- Kühlmittel-Temperatursensor aus Thermostatgehäuse entfernen.
- Taschen-Multimeter (Ω × 1k) wie abgebildet am Kühlmittel-Temperatursensor ① anschließen.
- Den Kühlmittel-Temperatursensor wie gezeigt in einen mit Kühlmittel ② gefüllten Behälter tauchen.

HINWEIS:
Sicherstellen, dass die Anschlussklemmen des Kühlmittel-Temperatursensors nicht nass werden.

- Ein Thermometer ③ in das Kühlmittel geben.
- Kühlmittel langsam erhitzen, dann auf die in der Tabelle angezeigte Temperatur abkühlen lassen.
- Kühlmittel-Temperatursensor bei den in der Tabelle angegebenen Temperaturen auf Durchgang kontrollieren.

Widerstand des Kühlmittel-Temperatursensors
0°C: 5,21 ~ 6,37 kΩ
80°C: 0,29 ~ 0,35 kΩ

WARNUNG
- **Den Kühlmittel-Temperatursensor mit besonderer Vorsicht behandeln.**
- **Den Kühlmittel-Temperatursensor vor starken Stößen schützen. Den Kühlmittel-Temperatursensor nach einem Fall erneuern.**

- Funktioniert der Kühlmittel-Temperatursensor ordnungsgemäß?

JA | NEIN

Kühlmittel-Temperatursensor erneuern.

Bild 4.35
Ausschnitte aus dem Reparaturhandbuch

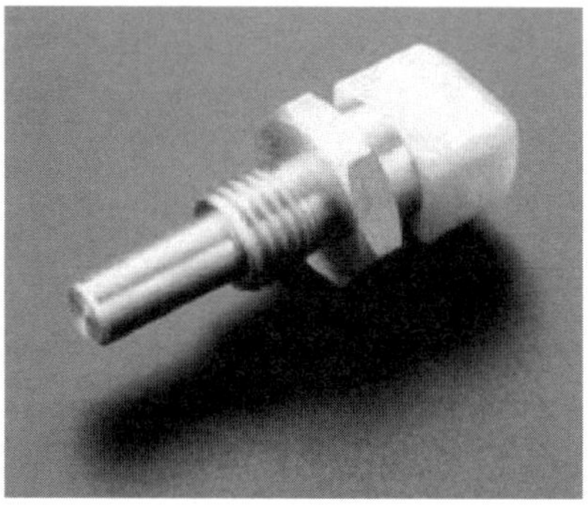

Bild 4.36
Abbildung eines Temperaturfühlers

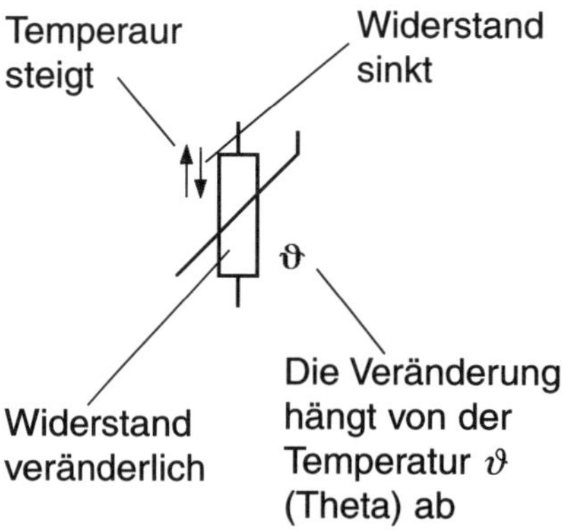

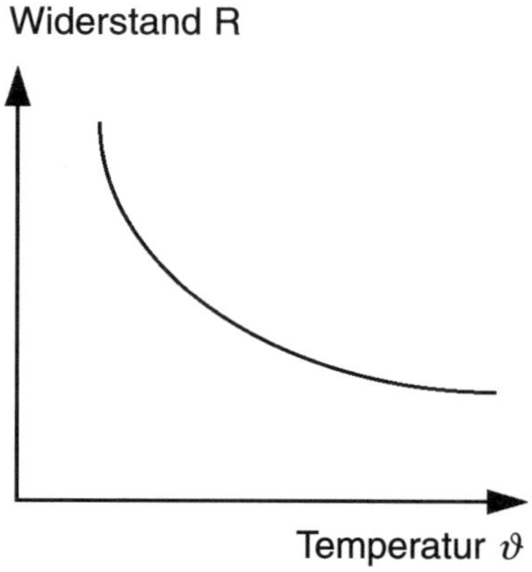

Bild 4.37a (links)
Erklärung des Schaltzeichens

Bild 4.37b (rechts)
Prinzipieller Verlauf der Kennlinie eines NTC-Widerstandes

Widerstände bestehen aus Halbleitermaterial, das, wie der Name schon sagt, zwischen den Leitern und den Nichtleitern angesiedelt ist. Der NTC-Widerstand hat somit Eigenschaften, die wir später bei den bekannten Halbleiterelementen (Dioden, Transistoren) wieder antreffen werden.

Anwendungen im Kraftfahrzeug
Geber für Kühlmitteltemperatur, Lufttemperatur, Öltemperatur, Außen- und Innentemperatur usw.
Bei einigen älteren Fahrzeugen waren zur Erfassung der Kühlmitteltemperatur auch PTC-Widerstände verbaut.
Die Abkürzung NTC bedeutet: **N**egativer **T**emperatur-**C**oeffizient.
Für einen NTC-Widerstand gilt:

Je höher die Temperatur, desto kleiner ist der Widerstand.
Je niedriger die Temperatur, desto größer ist der Widerstand.

Widerstände, die in heißem Zustand besser leiten als in kaltem Zustand, nennt man Heißleiter.

4.9 Kondensator

4.9.1 Kondensator als Ladungsspeicher

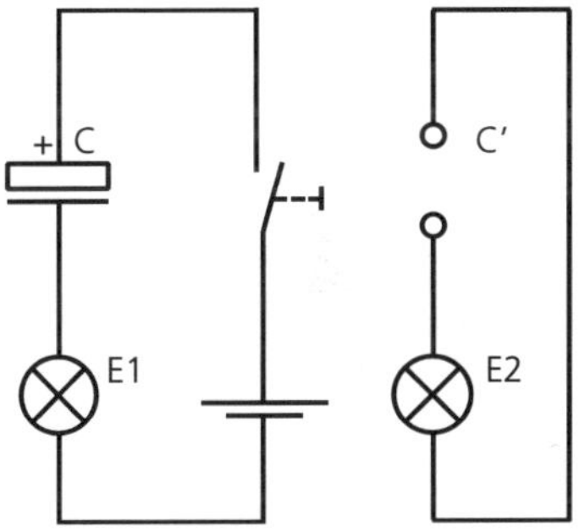

Bild 4.38
Schaltplan: Der Kondensator wird geladen.

Problem
Ein Kondensator wird über eine Glühlampe mit einer Spannungsquelle verbunden. Nach dem Schließen des Stromkreises leuchtet die Glühlampe E1 kurz auf. Der Kondensator wird aus der linken Schaltung entnommen und in die Position C´ der rechten Schaltung gebracht (Bild 4.38).
In der Schaltung, bestehend aus Kondensator und Glühlampe, leuchtet die Glühlampe E2 ebenfalls kurz auf.

Lösung
Im Augenblick des Einschaltens (linke Schaltung) muss kurzzeitig ein Strom fließen, da die Lampe E1 aufleuchtet. Das Gleiche gilt für die rechte Schaltung, wo der Stromkreis nur aus dem Kondensator und der Glühlampe E2 besteht (Bild 4.39). Der Versuch zeigt:

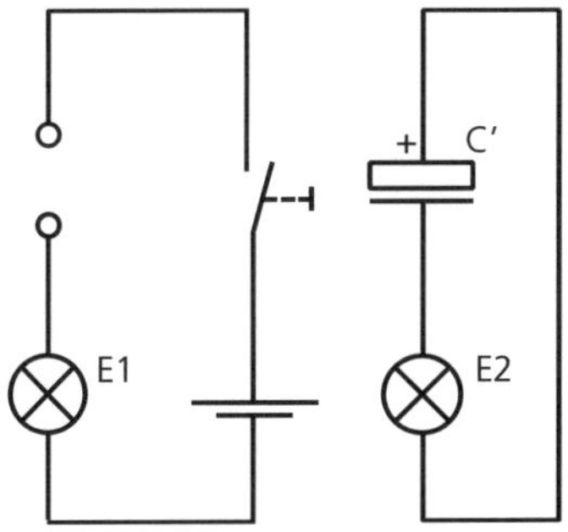

Bild 4.39
Schaltplan: Der Kondensator wird entladen.

Ein Kondensator kann elektrische Energie speichern.

4.9.2 Stromrichtung

Bauen Sie mit den Bauteilen der Elektronikbox den Versuch entsprechend dem Schaltplan (Bild 4.40) auf. Als Verbraucher ist ein Widerstand von 10 kΩ eingeschaltet.
Bei der Betätigung des Schiebeschalters S1 ist die **Polarität** der Anzeige auf dem Multimeter kurze Zeit **positiv,** d.h., es fließt Strom vom Pluspol der Spannungsquelle zum mit einem + gekennzeichneten Pol des Kondensators.

Bild 4.40
Schaltplan mit eingezeichnetem Stromverlauf
a) Laden des Kondensators
b) Entladen des Kondensators

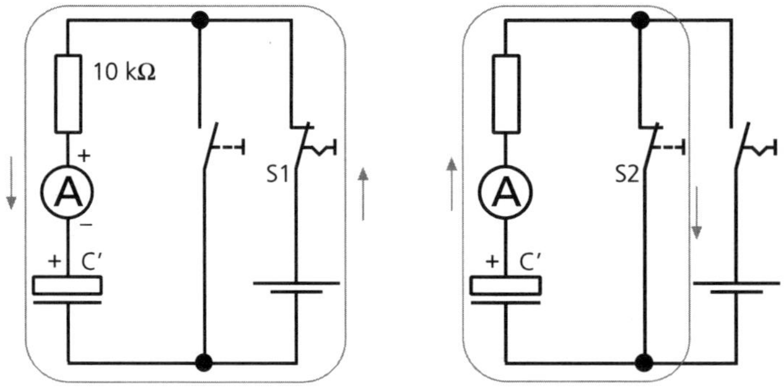

Nach dem Öffnen des Schalters S1 und dem Drücken auf den Taster S2 ist die Anzeige kurze Zeit **negativ,** d.h., es fließt ein Strom von dem mit einem + gekennzeichneten Pol des Kondensators.

4.9.3 Aufbau

Im Prinzip besteht ein Kondensator aus zwei voneinander isolierten Platten (Bild 4.41). Die Kapazität (Fassungsvermögen) hängt von der Plattenfläche und nicht von der Plattendicke ab. Um auf möglichst kleinem Raum eine große Plattenoberfläche unterzubringen, rollt man zwei Metallfolien, zwischen die als Isolator eine Papierschicht eingebracht ist, zu einem Wickelpaket zusammen (Bild 4.42).

Bild 4.41 (links)
Prinzip eines Kondensators

Bild 4.42 (rechts)
Technische Ausführung

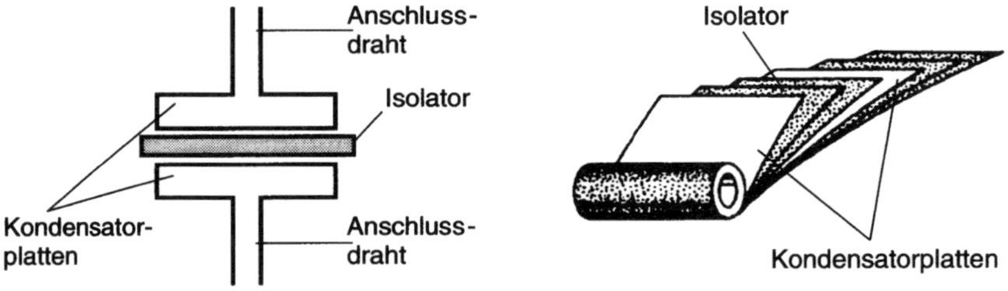

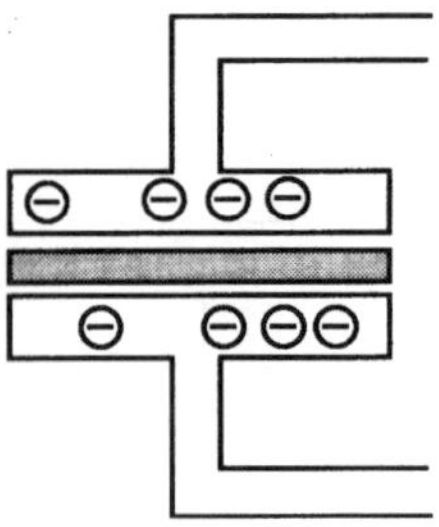

Bild 4.43
Schema: Ungeladener Kondensator

4.9.4 Funktionsweise

Ungeladener Kondensator (Bild 4.43)
Die Platten sind neutral. Es befinden sich auf jeder Platte gleich viele negative Ladungsträger (Elektronen).

Aufladevorgang (Bild 4.44)
Der positive Pol der Spannungsquelle entnimmt der oberen Platte die Elektronen. Der negative Pol der Spannungsquelle drückt die gleiche Menge Elektronen auf die untere Platte. Im geladenen Zustand ist die Spannung am Kondensator gleich der Spannung an der Spannungs-

quelle. Es fließt jetzt kein Strom mehr. Der Kondensator wirkt wie ein Isolator.

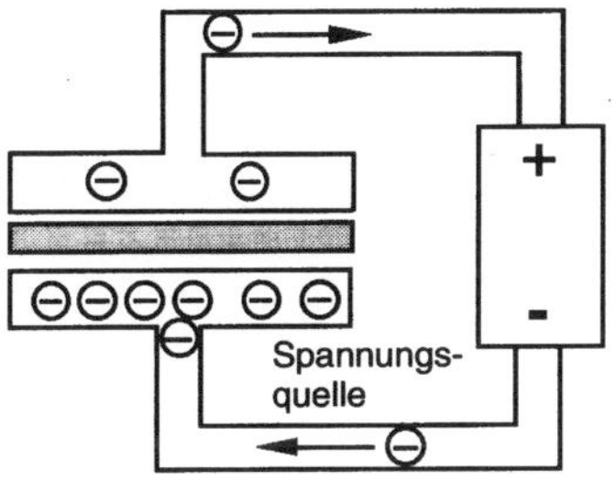

Bild 4.44
Schema: Aufladevorgang

Entladevorgang
Werden die beiden geladenen Platten über einen Widerstand verbunden, dann können sich die Ladungen wieder ausgleichen. Die Spannung des Kondensators sinkt auf null.

Der Kondensator ist ein Ladungsspeicher.
Das Vermögen eines Kondensators, Ladungen zu speichern, bezeichnet man als Kapazität.

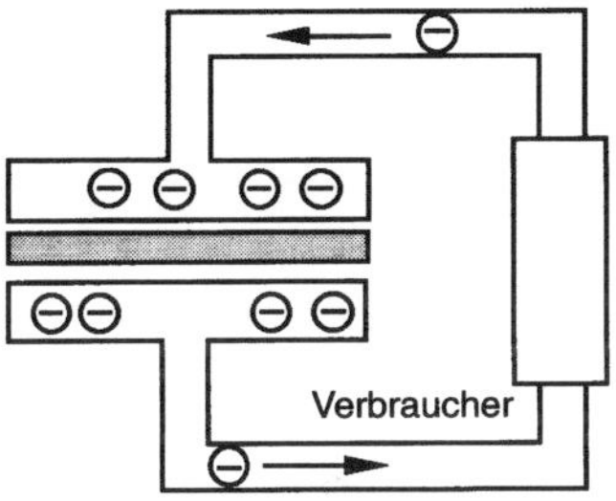

Bild 4.45
Schema: Entladevorgang

Elektrische Größe: Kapazität
Formelzeichen: *C*
Einheit: Farad
Einheitenkurzzeichen: F

Bei einem Elektrolyt-Kondensator wird eine der Plattenflächen von einer elektrisch leitenden Flüssigkeit (Elektrolyt) gebildet. Der Isolator ist die Oxidschicht der anderen Plattenfläche. Um eine Zerstörung zu vermeiden, muss auf die richtige Polarität geachtet werden.

4.9.5 Lade- und Entladevorgang (Bild 4.46)

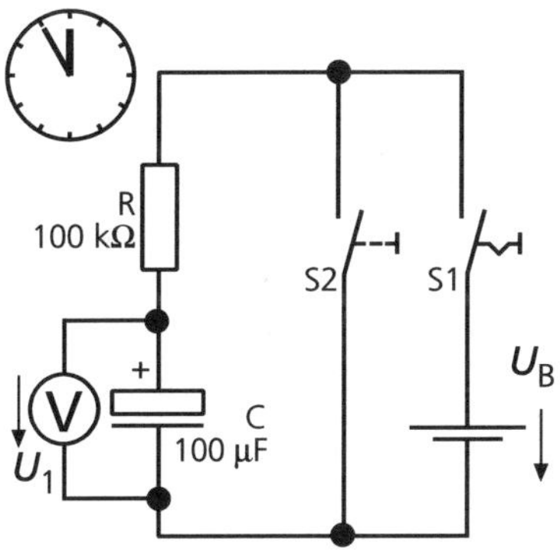

Bild 4.46 Schaltplan: Lade- und Entladevorgang am Kondensator

Ladevorgang
S1 in Stellung EIN.
Die Spannung steigt zunächst schnell an, der Anstieg wird dann aber immer langsamer (Bild 4.47). Es dauert ca. 70 s, bis der Kondensator nicht mehr weiter aufgeladen wird.

Entladevorgang (Bild 4.48)
Schalter S1 in Stellung AUS.
Taster S2 in Stellung EIN.

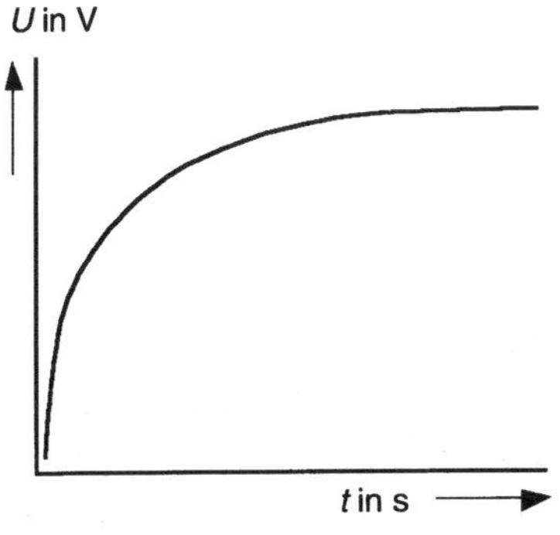

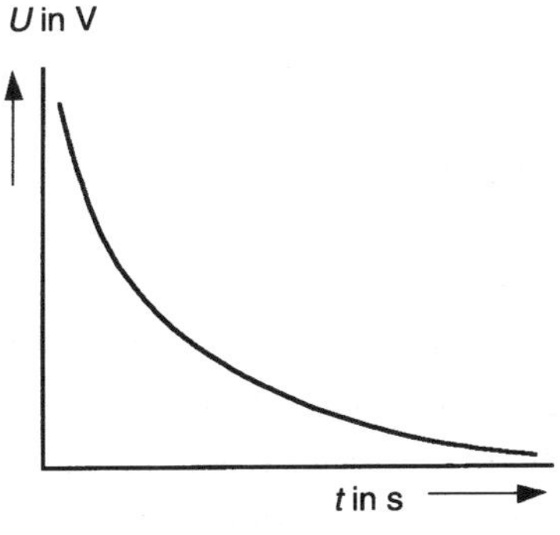

Bild 4.47 (links)
Diagramm: Prinzipieller Verlauf der Ladekurve

Bild 4.48 (rechts)
Diagramm: Prinzipieller Verlauf der Entladekurve

Die Spannung fällt zunächst rasch, der Fall wird dann immer langsamer. Es dauert wiederum ca. 70 s, bis der Kondensator entladen ist.

Wird ein Kondensator C über einen Widerstand R aufgeladen, so steigt die Spannung U_C am Kondensator zunächst sehr schnell, dann immer langsamer.
Beim Entladen sinkt die Spannung zuerst sehr schnell und dann immer langsamer.

Einfluss von *R* und *C* auf die Ladezeit

Die Größe des Ladewiderstandes und die Kapazität des Kondensators beeinflussen die Ladezeit.
Die Aufladung eines Kondensators dauert umso länger, je größer der Ladewiderstand R und je größer die Kapazität C ist.

Kondensator als Ladungsspeicher im Kfz
Bei Fahrzeugen, die aus Gewichts- bzw. Platzgründen die Batterie im Kofferraum haben, kann es zu Spannungseinbrüchen im Bordnetz durch das Zuschalten von Verbrauchern kommen. Diese Störungen kann man durch Pufferkondensatoren mit hoher Kapazität (Bild 4.49) beseitigen.

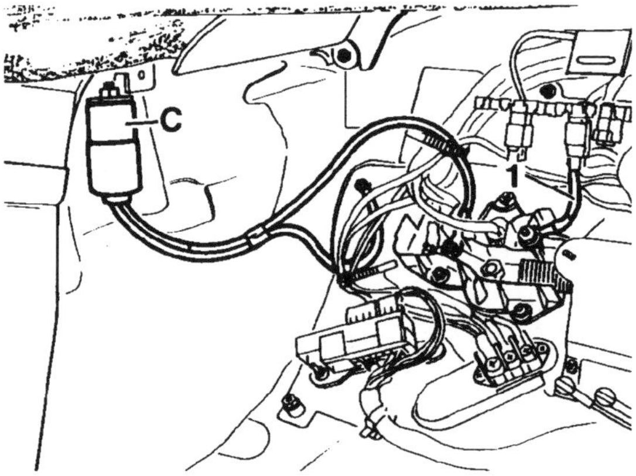

Bild 4.49
Entstör- und Pufferkondensator C (4700 µF) im Fußraum vorn rechts bei einem Mercedes W 140

4.9.6 Kondensator im Wechselstromkreis

Ein Kondensator in Reihe mit einer Glühlampe wird an eine Wechselspannung angelegt. Beobachtung: Die Glühlampe leuchtet ständig!

Erklärung
Durch die wechselnde Polarität der Wechselspannungsquelle wird der Kondensator nicht nur geladen und entladen, sondern «umgeladen».

Unter Umladen versteht man nicht nur das Auf- und Entladen des Kondensators. Der Kondensator wird mit dem Wechsel der Polarität an der Spannungsquelle mit umgekehrter Polarität entladen und mit dieser Polarität auch wieder aufgeladen (Bild 4.50). Durch die ständig wechselnde Polarität fließt deshalb Wechselstrom durch die Glühlampe und hält den Glühdraht am Leuchten.

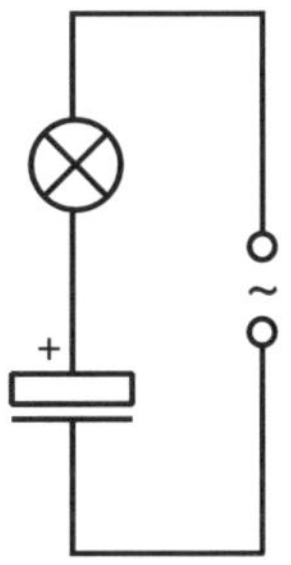

Bild 4.50
Schaltplan: Wechselstromwiderstand eines Kondensators

Der Kondensator stellt für Wechselstrom keinen unendlich großen Widerstand dar. Je größer die Frequenz der Wechselspannung, desto geringer ist der Widerstand.

4.9.7 Kondensator als Entstörmittel im Kfz

Im Kraftfahrzeug können durch Funken der Zündanlage, Funken an Kohlebürsten im Scheibenwischermotor, Lichtmaschine usw. im Bordnetz Spannungen entstehen, die der normalen Gleichspannung des Bordnetzes überlagert sind. Diese Spannungen sind Wechselspannungen hoher Frequenz, die früher nur den Radioempfang, heute aber die Steuergeräte bzw. die Telefonanlagen in modernen Fahrzeugen beeinträchtigen können. In solchen Fällen lassen sich die Störungen nur noch durch Entstörkondensatoren (Bilder 4.51 und 4.52) beseitigen.

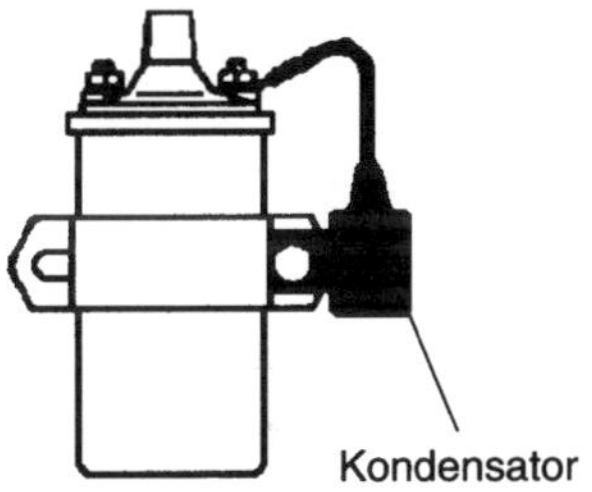

Bild 4.51
Entstörkondensator an der Spulenzündung

Arbeitsweise eines Entstörkondensators
Die Glühlampe E1 stellt einen Verbraucher im Bordnetz, z.B. das Autoradio, dar. Der Kondensator C ist als Entstörkondensator geschaltet. E2 dient zur Anzeige des Stromflusses durch den Kondensator.

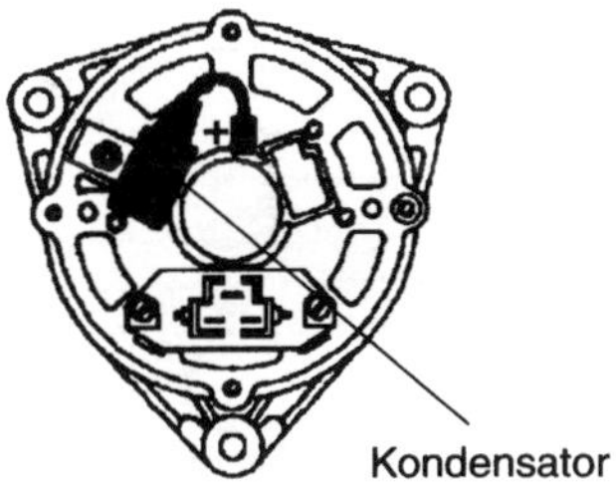

Bild 4.52
Entstörkondensator am Drehstromgenerator

Es liegt nur eine Gleichspannung an (Bild 4.53 links)
Glühlampe E1 leuchtet, Glühlampe E2 leuchtet nicht, da der Kondensator, wenn er einmal aufgeladen ist, für Gleichstrom einen unendlich großen Widerstand darstellt.

Es liegen eine Gleichspannung und eine (störende) Wechselspannung an (Bild 4.53 rechts)
Glühlampe E1 leuchtet, aber auch Glühlampe E2 leuchtet, allerdings schwächer als E1. Der Kondensator stellt für den Wechselstrom keinen unendlich großen Widerstand dar und leitet somit im Kfz die störende Wechselspannung gegen Masse.

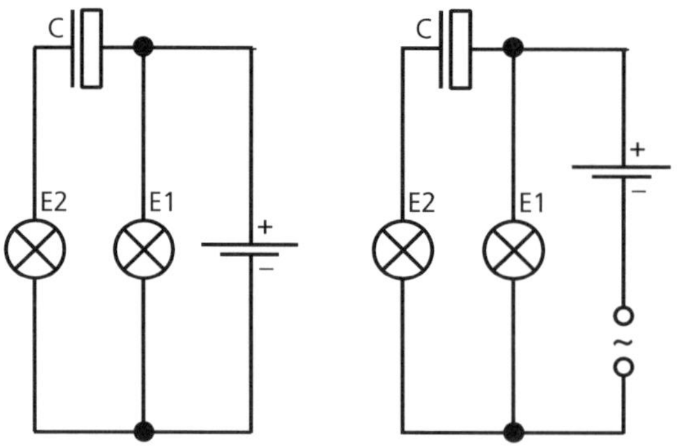

Bild 4.53
Schaltplan: links Gleichspannung, rechts Gleich- und Wechselspannung (Mischspannung)

4.10 Induktivität

4.10.1 Magnetismus

In allen Fahrzeugen befinden sich ein Anlasser, ein Generator, eine Vielzahl anderer Motoren, Relais und bei Ottomotoren auch eine Zündspule.
Um die Funktion all dieser Bauteile zu verstehen, müssen wir uns zunächst mit dem Grundprinzip beschäftigen, dem alle diese Bauteile folgen: die **magnetische Induktion**.

Dauermagnete
Hängt man einen Stabmagneten frei auf, z.B. in einem Kompass, so richtet er sich nach dem Magnetfeld der Erde aus. Ein Pol wird nach dem Nordpol, der andere nach dem Südpol der Erde zeigen (Bild 4.54).
Der nach Norden zeigenden Pol eines Magneten wird als Nordpol und der nach Süden zeigende Pol als Südpol bezeichnet.
Vom Nordpol verlaufen außerhalb des Magneten so genannte Kraftlinien zum Südpol und bilden ein Magnetfeld.
Man kann sich jeden Magneten aus einer Vielzahl so genannter «Elementarmagnete» zusammengesetzt denken. Im Eisen sind die Elementarmagnete normalerweise vollkommen ungeordnet, weshalb sich die magnetische Wirkung nach außen aufhebt.
Beim Magnetisieren richten sich die im Eisen vorhandenen Elementarmagnete aus. Materialien, die leicht zu magnetisieren sind, deren Magnetismus jedoch ebenfalls leicht verschwindet, werden als «Weicheisen» bezeichnet, so z.B. die Blechpakete im Eisenkern einer Zündspule.

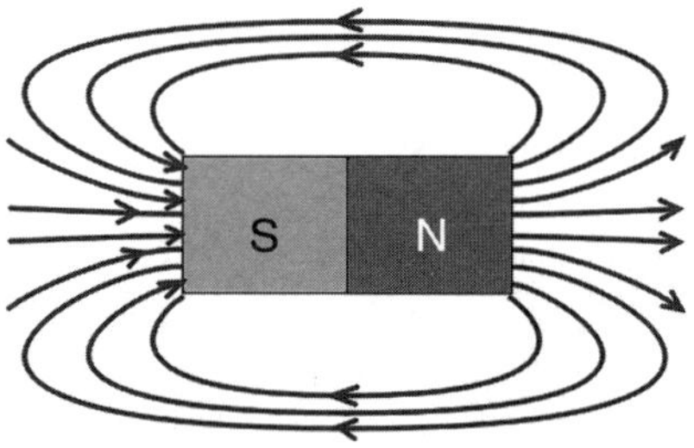

Bild 4.54
Magnetfeld eines Dauermagneten

Unmagnetisches Eisen
❑ ungeordnete Elementarmagnete

Magnetisches Eisen
❑ geordnete Elementarmagnete

Jeder Magnet hat zwei unterschiedliche Pole, den Nordpol (N) und den Südpol (S).

Ungleiche Pole ziehen sich an; gleiche Pole stoßen sich ab.

Das Magnetfeld wirkt durch Stoffe wie Holz, Papier, Glas und Kunststoffe hindurch.
Hinter einer Blechabdeckung ist das Feld sehr schwach, d.h., ein Metallgehäuse schirmt das Magnetfeld ab (Bild 4.55).

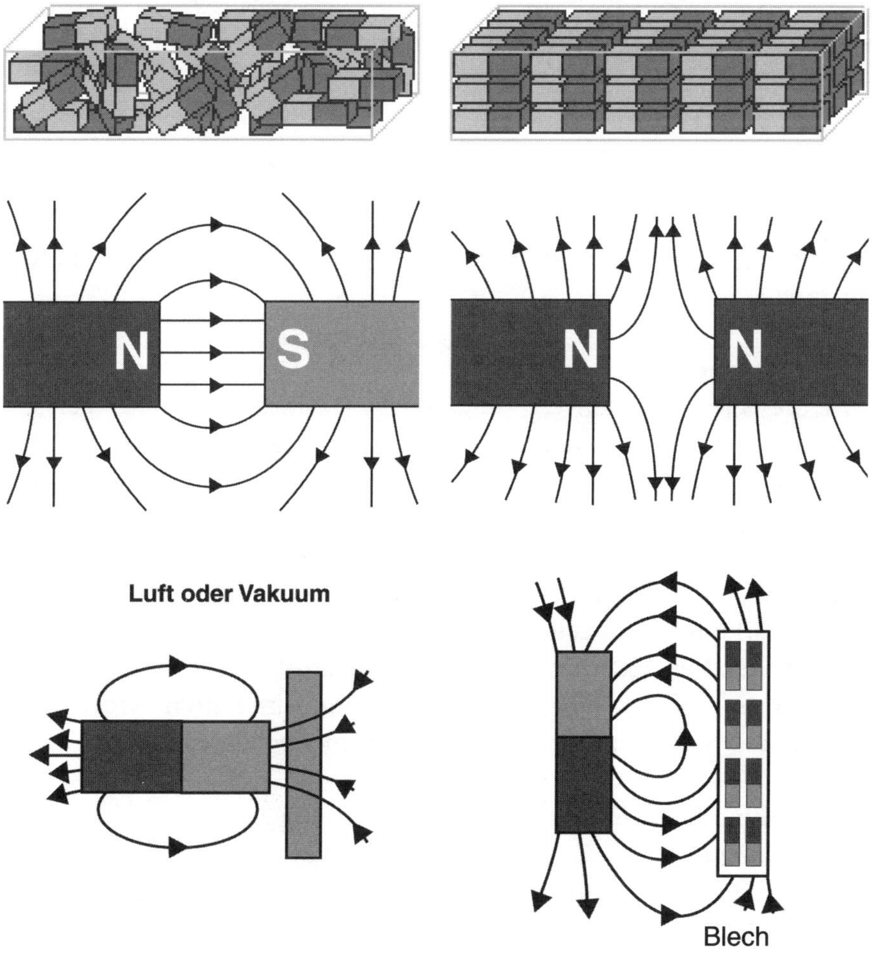

Bild 4.55
Aufbau und Wirkung eines Dauermagneten

Die Erde als Magnet
Unsere Erde ist ein großer Magnet. Eine frei bewegliche Magnetnadel, z.B. in einem Kompass, richtet sich entsprechend dem Verlauf der Feldlinien aus. Die magnetischen Pole der Erde fallen mit den geogra-

fischen Polen nicht zusammen, beide Polarten sind aber doch so nahe beisammen, dass man sich mit dem Kompass relativ einfach auf der Erdoberfläche orientieren kann. Der magnetische Südpol befindet sich dabei in der Nähe des geografischen Nordpols (Bild 4.56).

Bild 4.56
Ausrichtung einer Kompassnadel im Magnetfeld der Erde

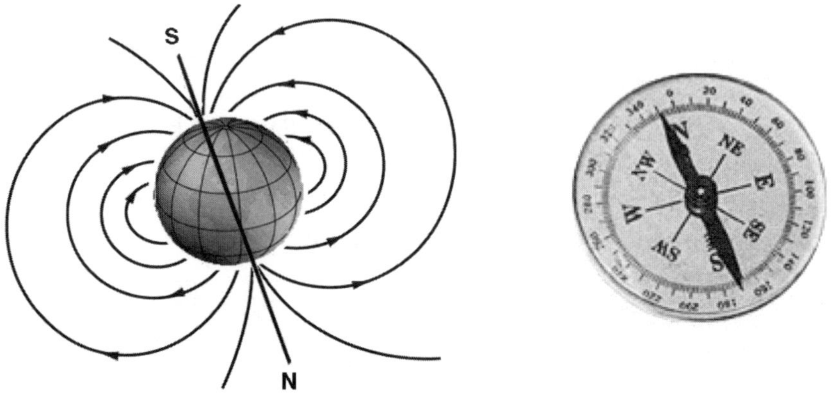

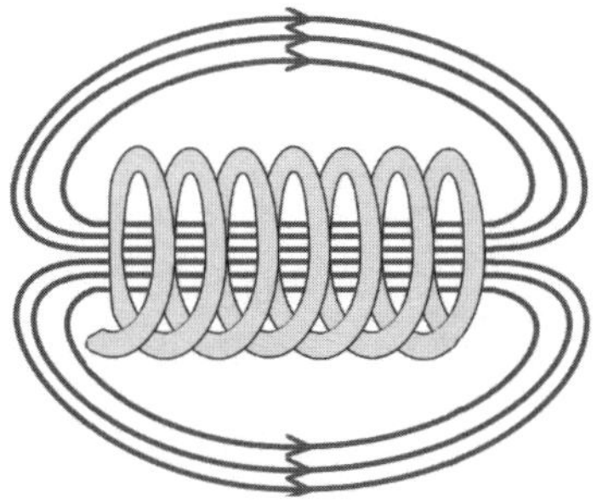

Bild 4.57
Magnetfeld einer Spule

Ein Magnet ist ein Körper, der Eisen, Nickel und Kobalt anzieht. Man unterscheidet ***Dauermagnete*** *und* ***Elektromagnete****.*

Elektromagnete

Wie Sie bereits bei den Wirkungen des elektrischen Stromes gelesen haben, ist jeder stromdurchflossene Leiter von einem Magnetfeld umgeben. Die Richtung der magnetische Feldlinien hängt von der Stromrichtung ab.

Wickelt man einen Leiter in mehreren Windungen auf, so erhält man eine Spule. Die Stärke des Magnetfeldes erhöht sich mit steigender Stromstärke bzw. steigender Windungszahl. Ein Kern begünstigt den Verlauf der Magnetlinien und verstärkt damit das Magnetfeld (Bild 4.57). Damit der Magnetismus nach dem Abschalten wieder verschwindet, muss der Eisenkern weichmagnetisch sein.

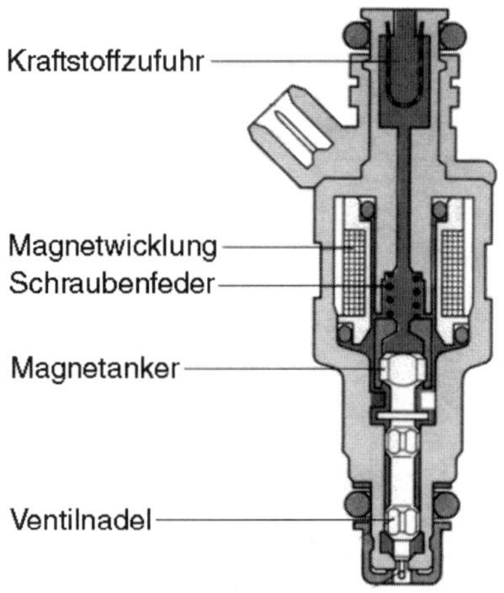

Bild 4.58
Elektromagnetisches Einspritzventil

Anwendungsbeispiele

Elektromagnetisches Einspritzventil (Bild 4.58)

Moderne Fahrzeuge sind mit einem elektronischen Einspritzsystem ausgerüstet. Die Kraftstoffzumessung erfolgt dabei durch elektromagnetische Einspritzventile.

Die Einspritzventile werden durch elektrische Impulse vom Steuergerät geöffnet und geschlossen. Das Einspritzventil besteht aus einem Ventilkörper und der Düsennadel mit aufgesetztem Magnetanker. Bei stromloser Magnetwicklung wird die Düsennadel durch eine Schraubenfeder auf ihren Dichtsitz am Ventilauslass gedrückt. Wird der Magnet erregt, so wird die Düsennadel um etwa 0,1 mm vom Sitz abgehoben, und der Kraftstoff kann durch einen Ringspalt austreten.

Lautsprecher

Ein Lautsprecher wandelt elektrische Signale erst in mechanische und dann in akustische Signale um. Auf einen stromdurchflossenen Leiter wirkt in einem Magnetfeld, das senkrecht zu ihm steht, eine Kraft. Auf diesem Prinzip der Umwandlung von elektrischer in magnetische und dann mechanische Energie beruht die Funktionsweise eines elektrodynamischen Lautsprechers (Bilder 4.59 und 4.60).

Bild 4.59
Soundsystem BMW R1200 CL

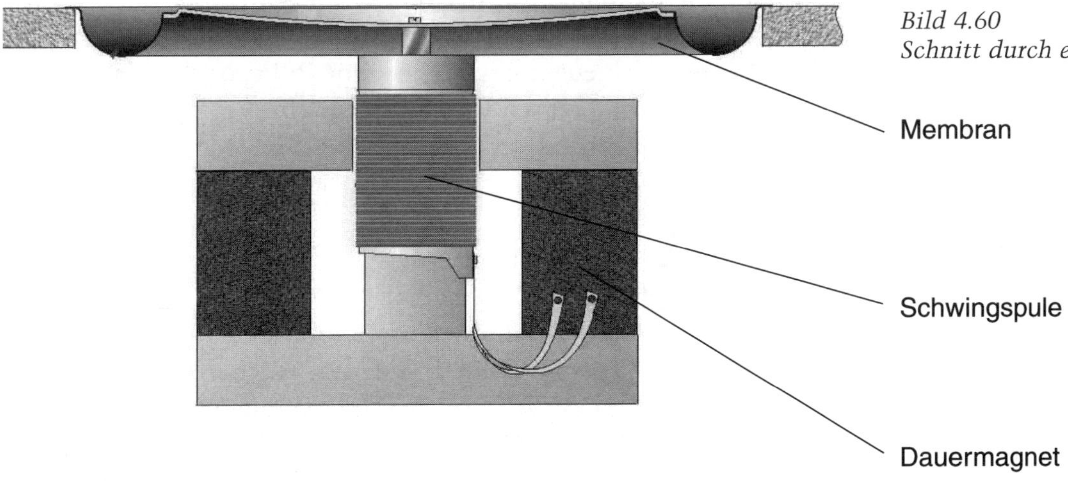

Bild 4.60
Schnitt durch einen Lautsprecher

An einer beweglich gelagerten Schwingspule wird der Strom vom Verstärkerausgang angelegt. Das entstehende Magnetfeld übt auf das Magnetfeld des Permanentmagneten eine Kraft aus. Da die Spule beweglich gelagert ist, wird sie beschleunigt; über die Membran wird die Luft in Schwingungen versetzt und so werden akustische Signale erzeugt.

4.10.2 Magnetische Induktion

4.10.2.1 Induktion der Bewegung (Bild 4.61)

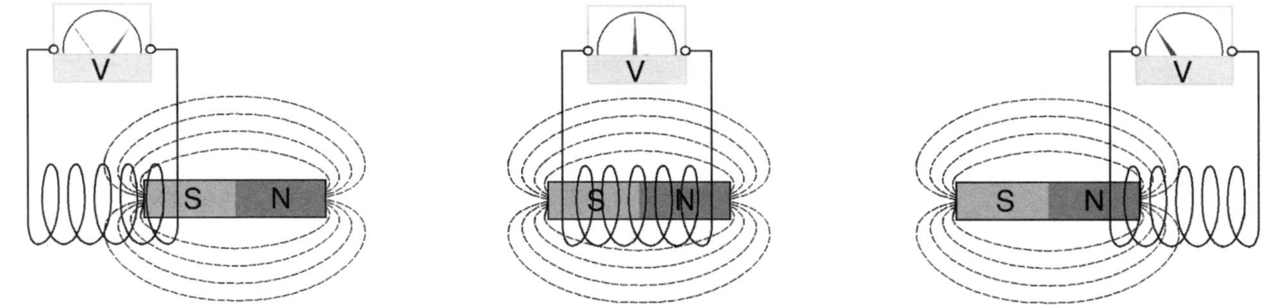

Bild 4.61
Schematische Darstellung: Bewegung eines Magneten in einer Spule

Die Bewegung eines Magnetfeldes induziert (= erzeugt) in einem Leiter bzw. in einer Spule eine Induktionsspannung. Die Richtung der Spannung hängt von der Bewegungsrichtung des Magnetfeldes ab. Die Höhe der erzeugten Spannung hängt ab von

- ❑ der Stärke des Magnetfeldes,
- ❑ der Anzahl der Spulenwindungen,
- ❑ der zeitlichen Veränderung der Magnetfeldstärke.

Für die Spannungserzeugung spielt es keine Rolle, ob der Elektromagnet oder die Spule bewegt wird. Es muss nur eine Bewegungsänderung vorliegen. Der Vorgang ist umkehrbar, d.h., ein Stromfluss durch die Spule erzeugt eine Kraftwirkung auf den Magneten und somit eine Bewegung.

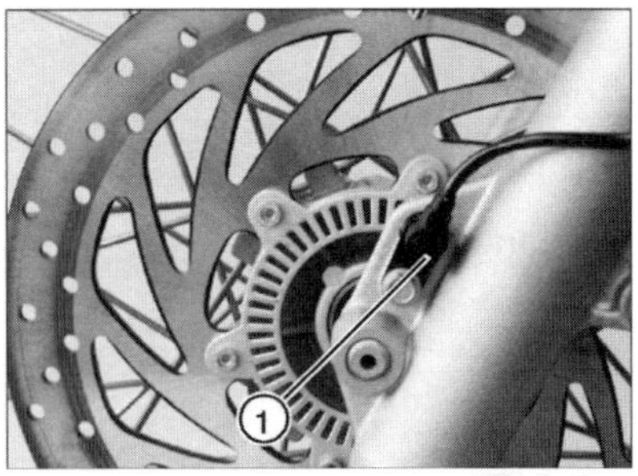

Bild 4.62
Lage des ABS-Drehzahlfühlers (1) am Vorderrad eines Motorrades

Drehzahlfühler (Bild 4.62)
Die am Impulsgeber vorbeilaufenden Zähne ändern den Luftspalt zum Impulsgeber. Der sich dadurch ändernde magnetische Fluss induziert im Impulsgeber eine Wechselspannung mit der Frequenz der vorbeilaufenden Zähne. Die Höhe der abgegebenen Spannung hängt ebenfalls von der Drehgeschwindigkeit des Rades ab, so dass sich bei niedrigen Fahrgeschwindigkeiten eine sehr kleine Signalspannung ergibt (Bilder 4.63 und 4.64).

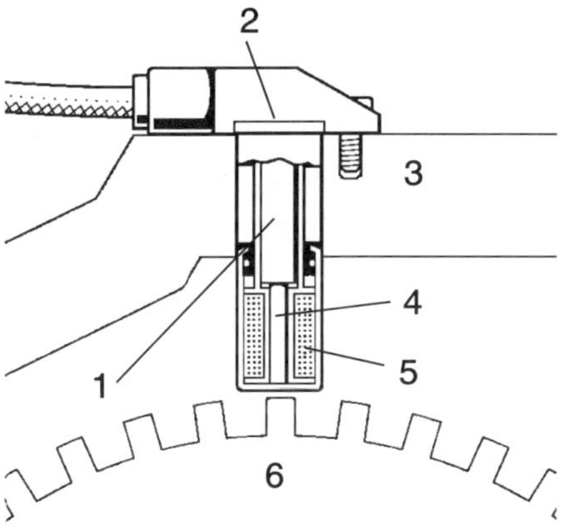

Bild 4.63 (links)
Schnittdarstellung eines induktiven Drehzahlfühlers
1 Dauermagnet
2 Gehäuse
3 Motorgehäuse
4 Weicheisenkern
5 Wicklung
6 Geberrad

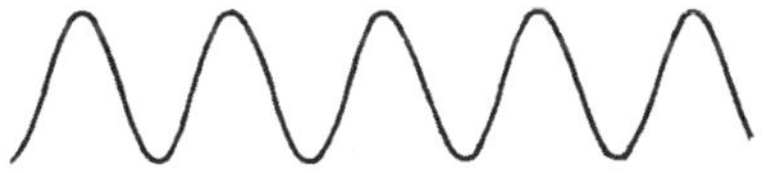

Bild 4.64
Spannungssignal eines induktiven Drehzahlfühlers

4.10.2.2 Induktion der Ruhe

Da nur die Änderung des Magnetfeldes in einer Spule eine Spannungsinduktion bewirkt, müsste auch das Aus- und Einschalten des Spulenstroms der untere Spule in der oberen eine Induktion bewirken.
Dies ist das Prinzip eines Transformators. Die Wicklung, deren Magnetfeld durch z.B. Ein- und Ausschalten geändert wird, heißt **Primärwicklung** (Eingangswicklung), und die Wicklung, in der die Spannung induziert wird, heißt **Sekundärwicklung** (Bild 4.65).

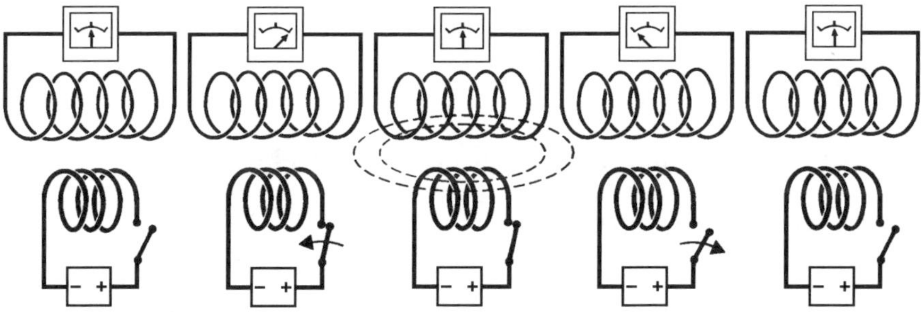

Bild 4.65
Schematische Darstellung: Erzeugung einer Induktionsspannung durch Aus- und Einschalten eines Elektromagneten

Transformator (Bild 4.66)

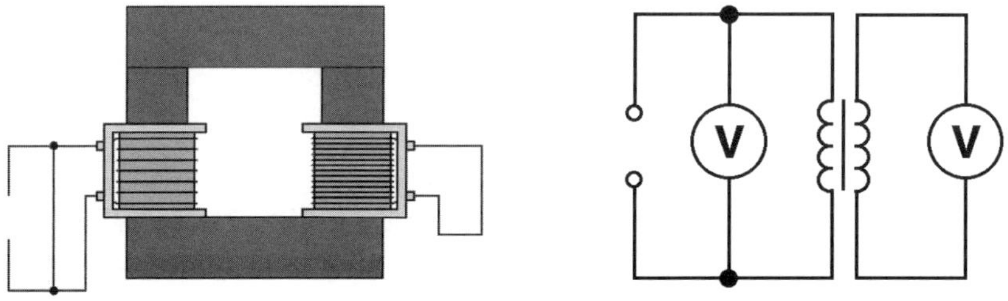

Bild 4.66
Prinzip und Schaltplan: Spannungsübersetzung eines Transformators

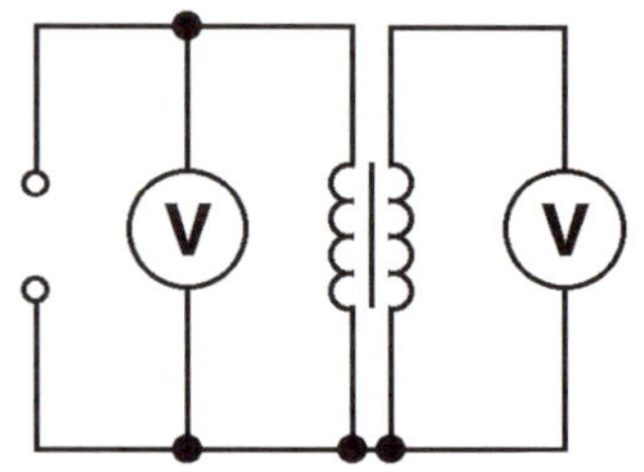

Bild 4.67
Zwei Spulen sind direkt miteinander verbunden. Die Verbindung hat keinen Einfluss auf die Spannungsübersetzung.

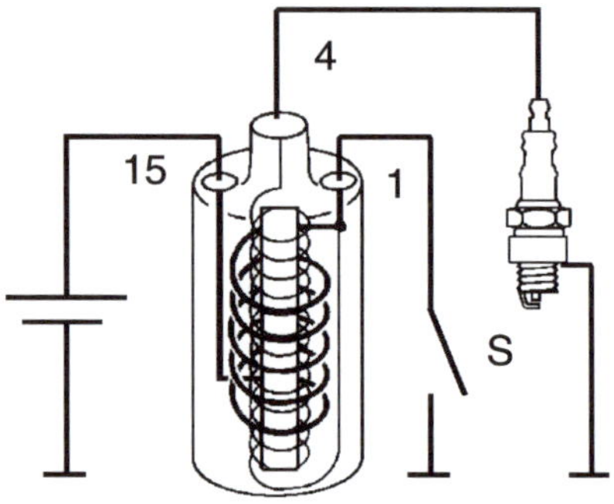

Bild 4.68
Schematische Darstellung: Zündspule

Einschaltinduktion
oder
Induktivblind-
widerstand

Man kann auch zwei Spulen direkt miteinander verbinden (Bild 4.67). Diese Art des Transformators nennt man «Sparschaltung». Sie wird häufig bei Zündspulen angewendet.
In der Zündspule wird dieses Transformatorprinzip angewendet, um aus der 6- oder 12-V-Motorradspannung die benötigte Hochspannung von ca. 20 000 V für die Zündung zu erreichen. Bei einer Zündspule sind als Primärwicklung (Kl. 1 und Kl. 15) ca. 200 bis 300 Windungen aus dickem Draht um einen Weicheisenkern über die Sekundärwicklung (Kl. 1 und Kl. 4) von ca. 20 000 Windungen aus dünnem Draht gewickelt.
An der Kl. 1 sind ein Ende der Primär- und der Sekundärwicklung zusammengeschaltet (Bild 4.68).
Der Schalter S ist der Unterbrecherkontakt bzw. ein Transistor bei neuen Systemen.
Bei einem Transformator verhalten sich die Spannungen wie die Windungszahlen.
Die induzierte (Sekundär-)Spannung hängt ab

- ❑ von der Primärstromstärke,
- ❑ vom Kernmaterial,
- ❑ von dem Verhältnis der Windungszahlen,
- ❑ von der Schnelligkeit des Auf- und Abbaus des Magnetfeldes.

4.10.3 Spule

4.10.3.1 Selbstinduktion beim Einschalten einer Spule

Direkt nach dem Einschalten leuchtet nur E1. Nach kurzer Zeit leuchtet auch E2 (Bild 4.69).

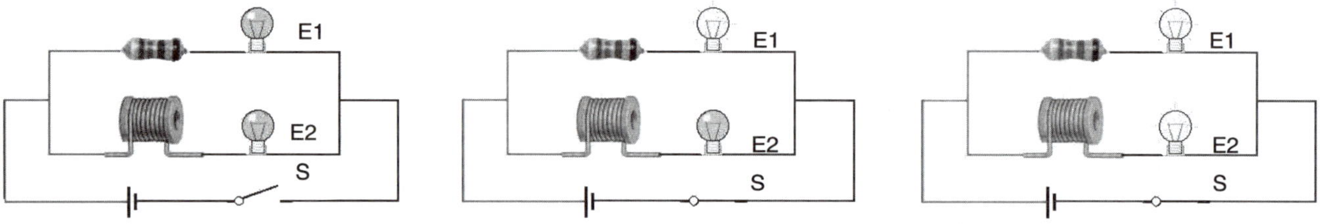

Bild 4.69
Schaltplan: Selbstinduktion einer Spule beim Einschalten

Wird der Stromkreis durch den Schalter S geschlossen, so kann man beobachten, wie Lampe E2 etwas später aufleuchtet als die Lampe E1. Die Spule verzögert den Stromfluss zur Lampe E2.
Beim Einschalten des Stroms baut sich in der Spule ein Magnetfeld auf. Diese Magnetfeldänderung bewirkt eine Induktionsspannung, die der angelegten Spannung entgegengesetzt gerichtet ist.

Die **Lenz'sche Regel** besagt:
Der in einer Spule induzierte Strom erzeugt selbst einen magnetischen Fluss, der so gerichtet ist, dass er der Änderung des ursprünglichen Flusses entgegenwirkt.

Beim Anlegen einer Spannung an eine Spule wird in der Spule eine Selbstinduktionsspannung erzeugt, die der angelegten Spannung entgegenwirkt und somit nur einen langsamen Stromanstieg zulässt.
Merksatz: Induktivitäten den Strom verspäten!

Anwendungen im Kraftfahrzeug

Zündung

Um den Aufbau eines ausreichend starken Magnetfeldes in der Zündspule zu gewährleisten, muss die Zündspule genügend lange vom Strom durchflossen werden, da die Selbstinduktion ja einen sofortigen vollen Stromfluss verhindert. Die Dauer dieses Stromflusses wird durch den Schließabschnitt (früher: Schließwinkel) bestimmt (Bilder 4.70 und 4.71).

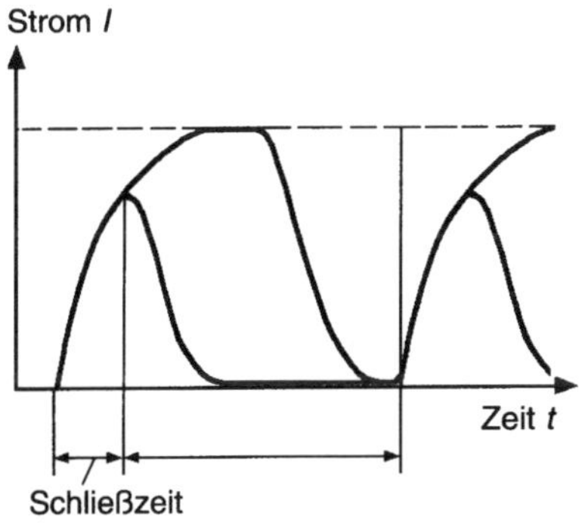

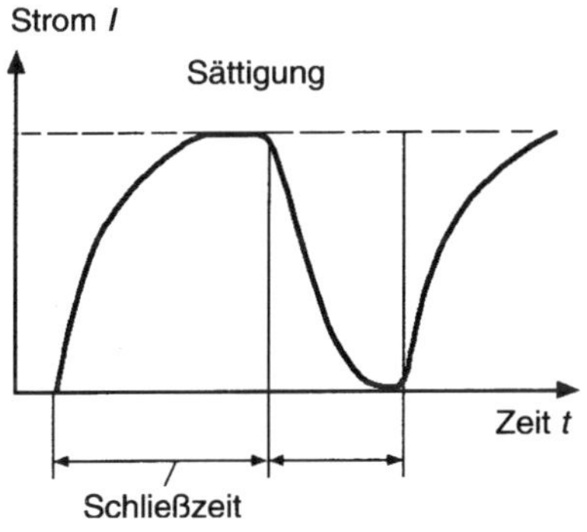

Bild 4.70 (links)
Ist der Schließabschnitt zu klein, so erreicht der Strom nicht mehr seinen Sättigungswert. Die Zündenergie reicht nicht mehr aus. Es kommt zu Zündaussetzern.

Bild 4.71 (rechts)
Spulenstrom bei korrektem Schließabschnitt. Der Schließabschnitt muss so groß sein, dass der Strom seine Sättigung erreichen kann. Die Zündspule hat dann die maximale Energie gespeichert.

Bei gleicher Drehzahl gilt:
großer Schließabschnitt = lange Schließzeit,
kleiner Schließabschnitt = kurze Schließzeit.

Generatorregelung

Der Generator wird durch periodisches Aus- und Einschalten der Erregerwicklung so geregelt, dass die abgegebene Spannung – unabhängig von der Belastung oder der Drehzahl – immer gleich bleibt (Bild 4.72). Früher wurde diese Regelung mit mechanisch arbeitenden Reglerkontakten realisiert. Dies war nur durch den Einfluss der Selbstinduktion möglich. Diese bewirkt, dass der Erregerstrom bei sich schließenden Kontakten nicht sofort seine volle Höhe erreicht,

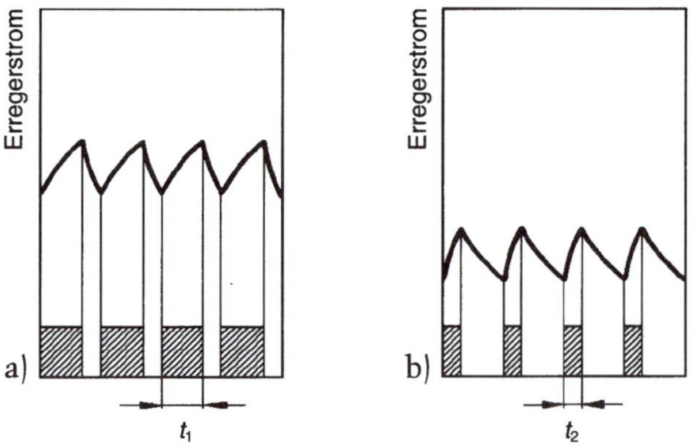

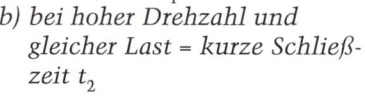

Bild 4.72
Erregerstrom
a) bei niedriger Drehzahl = lange Schließzeit t_1
b) bei hoher Drehzahl und gleicher Last = kurze Schließzeit t_2

sondern langsam ansteigt, was eine Steuerung mit mechanischen Mitteln erlaubte.

4.10.3.2 Selbstinduktion beim Ausschalten einer Spule

Eine Spule wird an eine Gleichspannungsquelle angeschlossen. Parallel zu der Spule sind zwei Glühlampen geschaltet (Bild 4.73).
Der Schalter S wird geschlossen und wieder geöffnet. Beim Öffnen des Schalters leuchten die Glühlampen kurzzeitig heller (Bild 4.74). Es muss also beim Ausschaltvorgang eine höhere Spannung vorhanden sein als bei geschlossenem Schalter. Beim Ausschalten des Stroms wird das Magnetfeld rasch abgebaut. Diese Magnetfeldänderung bewirkt ebenfalls eine Induktionsspannung, die so gerichtet ist, dass der Strom in der Spule in gleiche Richtung weiterfließt. Da auch nach dem Abschalten der äußeren Spannungsquelle die Glühlampen weiterleuchteten, muss die Energie in der Spule gespeichert gewesen sein.

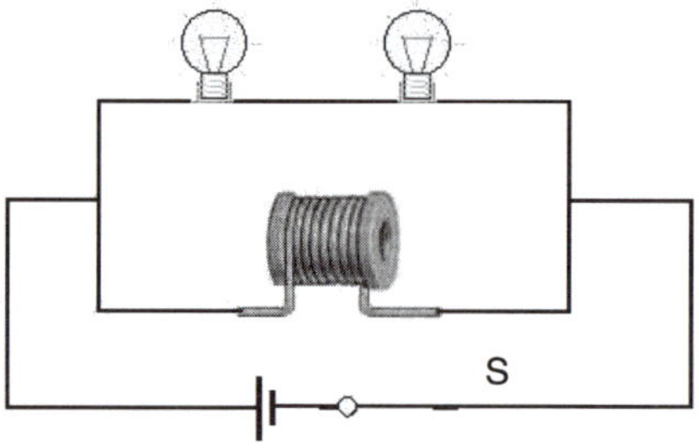

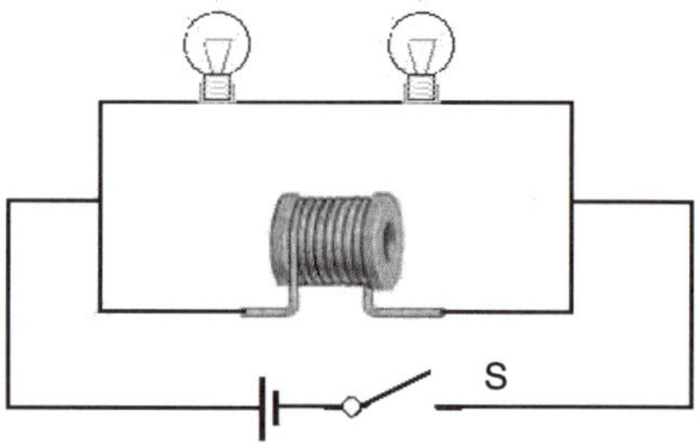

Bild 4.73 (links)
Parallelschaltung von Spule und Glühlampen bei geschlossenem Schalter S

Bild 4.74 (rechts)
Selbstinduktion einer Spule beim Öffnen des Schalters S. Die Glühlampen leuchten kurzfristig heller.

Abschaltinduktivität

Bei Abschalten des Stroms entsteht in einer Spule eine hohe Selbstinduktionsspannung. Die induzierte Spannung ist umso höher, je schneller das Magnetfeld zusammenbricht.
Die Spule speichert elektrische Energie in ihrem Magnetfeld.

Anwendungen im Kraftfahrzeug

Spannungsspitzen (*ungewollte Induktion,* Bild 4.75)

Alle Bauteile im Kraftfahrzeug, die aus «Spulen» bestehen, z.B. Relais, Elektromotoren, Generatoren und die Zündspule, erzeugen beim Abschalten jedes Mal hohe Induktionsspannungen im Bordnetz, die zur Zerstörung von elektronischen Bauteilen führen können. Bei besonders empfindlichen Bauteilen hat man spezielle Überspannungsschutzeinrichtungen eingebaut, so z.B. bei Antiblockiersystemen und einigen Einspritzanlagen.

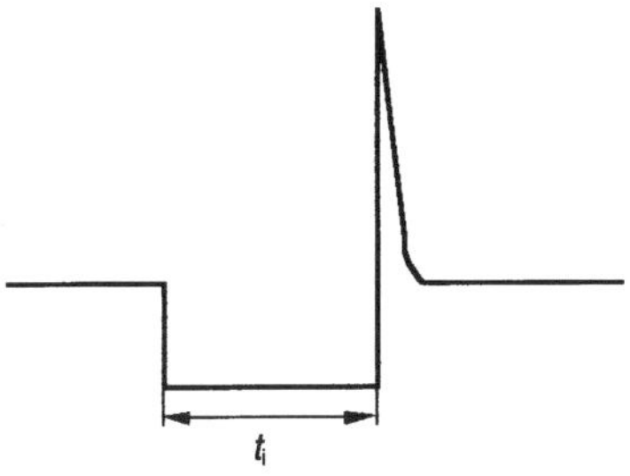

Bild 4.75
Ungewollte Induktionsspannung eines Einspritzventils im Abschaltaugenblick; t_1 = Einspritzzeit

Erzeugung der Zündspannung (*gewollte Induktion,* Bild 4.76)

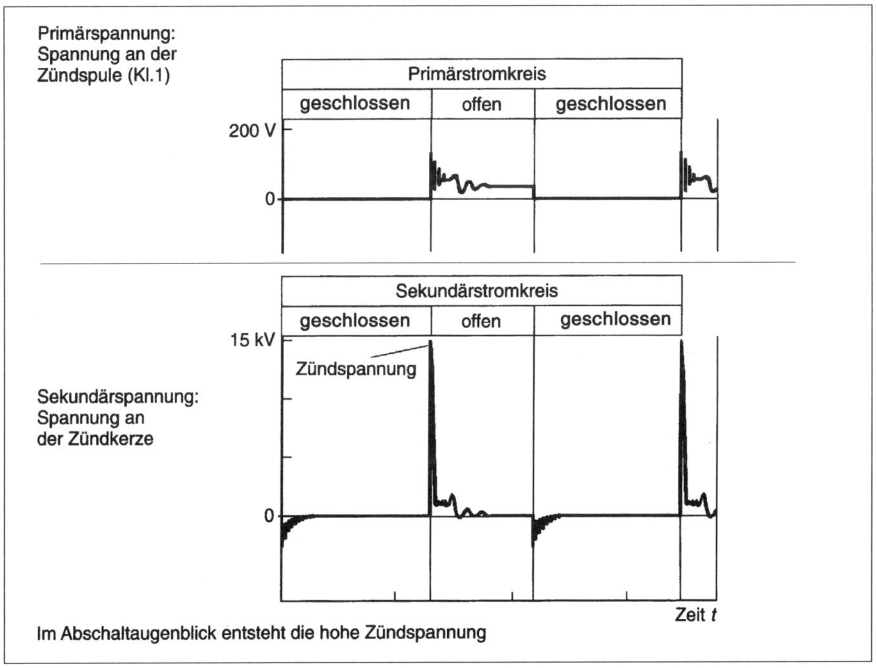

Bild 4.76
Gewollte Induktionsspannung im Abschaltaugenblick des Zündspulenstroms

4.10.4 Motor- und Generatorprinzip

4.10.4.1 Motorprinzip (Bild 4.77)

Jedes Mal, wenn ein starker Strom durch den Leiter fließt, wird dieser – je nach Richtung des Stroms und des Magnetfeldes – in das homogene Magnetfeld hineingezogen oder aus diesem herausgedrängt.

Im resultierenden Feld einer Leiterschleife entstehen erneut Ablenkkräfte. Sie bewirken eine Drehung der Leiterschleife um 180°. Die Drehrichtung hängt von der Stromrichtung in der Leiterschleife und von der Richtung des Magnetfeldes ab.

Um eine fortlaufende Drehung der Spule zu erreichen, muss der Strom in der Leiterschleife ständig umgepolt werden. Diese Aufgabe

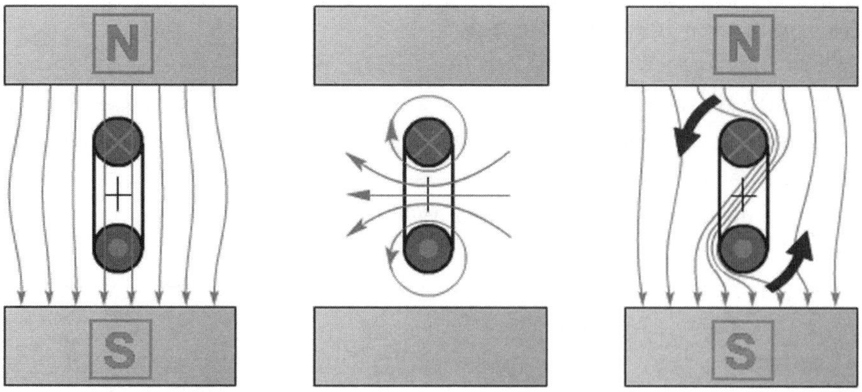

Bild 4.77
Motorprinzip

übernimmt der Kommutator (Bild 4.78). Spule und Kommutator drehen sich miteinander. Der Strom wird durch zwei feststehende Kohlebürsten zugeführt. Hat die Spule durch den Drehschwung ihren größten Ausschlag etwas überschritten, ändert der Kommutator die Stromrichtung (Kommutator = Stromwender). Die Spule dreht sich weiter.

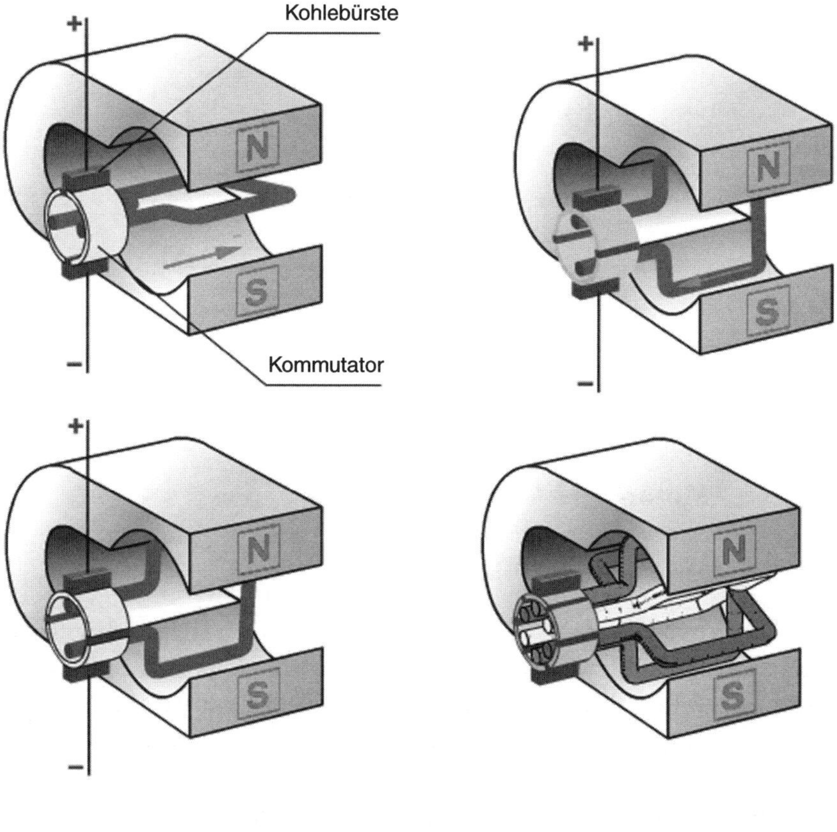

Bild 4.78
Aufbau und Arbeitsweise des Kommutators

Der Kommutator besteht in seiner einfachsten Ausführung aus zwei voneinander isolierten Kupferhalbringen, die mit dem Spulenanfang bzw. -ende verbunden sind.

Drehen sich statt einer Leiterschleife drei Leiterschleifen im Magnetfeld, ergeben die Einzeldrehmomente ein wesentlich höheres und gleichförmigeres Gesamtdrehmoment. Verstärkt man zusätzlich das magnetische Feld um jede Leiterschleife, so wird die Drehbewegung deutlich beschleunigt.
Motorprinzip: Umwandlung von elektrischer Energie in mechanische Energie (Beispiel Anlasser, Bild 4.79).

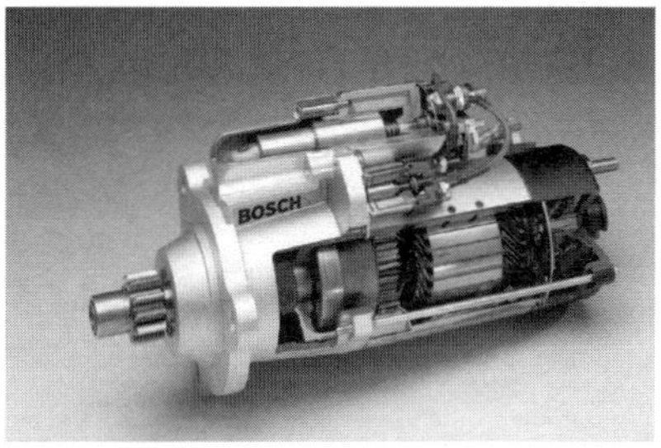

Bild 4.79
Anlasser als Beispiel für das Motorprinzip

Kleiner Leiterstrom – geringe Leistung; hohe Drehzahl – großer Leiterstrom; hohe Leistung – niedrige Drehzahl.

4.10.4.2 Generatorprinzip (Bild 4.80)

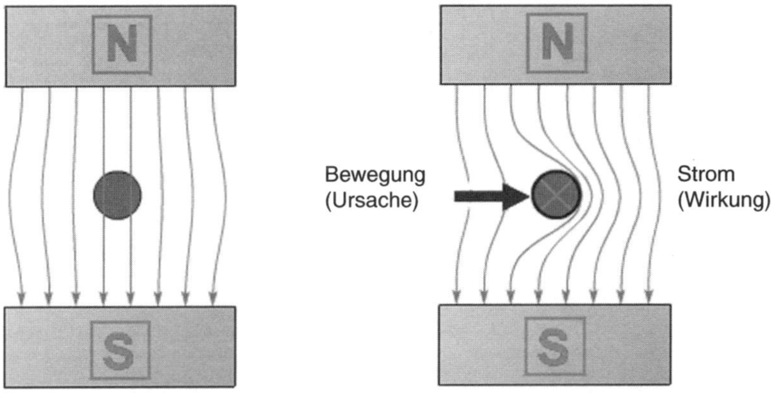

Bild 4.80
Generatorprinzip

Bewegt man einen geraden Leiter quer zu seiner Längsrichtung und auch quer zur Richtung des Magnetfeldes, so wird während der Dauer dieser Bewegung an seinen Enden eine Spannung induziert. Dabei spielt es keine Rolle, ob das Magnetfeld oder der Leiter bewegt wird. Es kommt nur auf die Relativbewegung an.
Der Generator nutzt das gleiche physikalische Grundprinzip einer Leiterschleife im magnetischen Feld (Bild 4.81).
Durch die Drehung der Schleife wird eine Spannung induziert, das heißt mechanische Energie in elektrische umgewandelt.
Je nach Lage der Schleife zu den Magneten ändert sich die messbare Spannung. Bei horizontaler Stellung der Leiterschleife ist die Spannung gleich null. Sie erreicht bei vertikaler Stellung das Maximum und fällt dann wieder ab. Es kommt zu einer periodischen Spannungsänderung, die als Sinusschwingung dargestellt werden kann.
Der Induktionsstrom wächst mit

- steigender Drehzahl,
- stärkerem Magnetfeld,
- steigender Wicklungszahl.

Bild 4.81
Aufbau und Arbeitsweise eines Generators

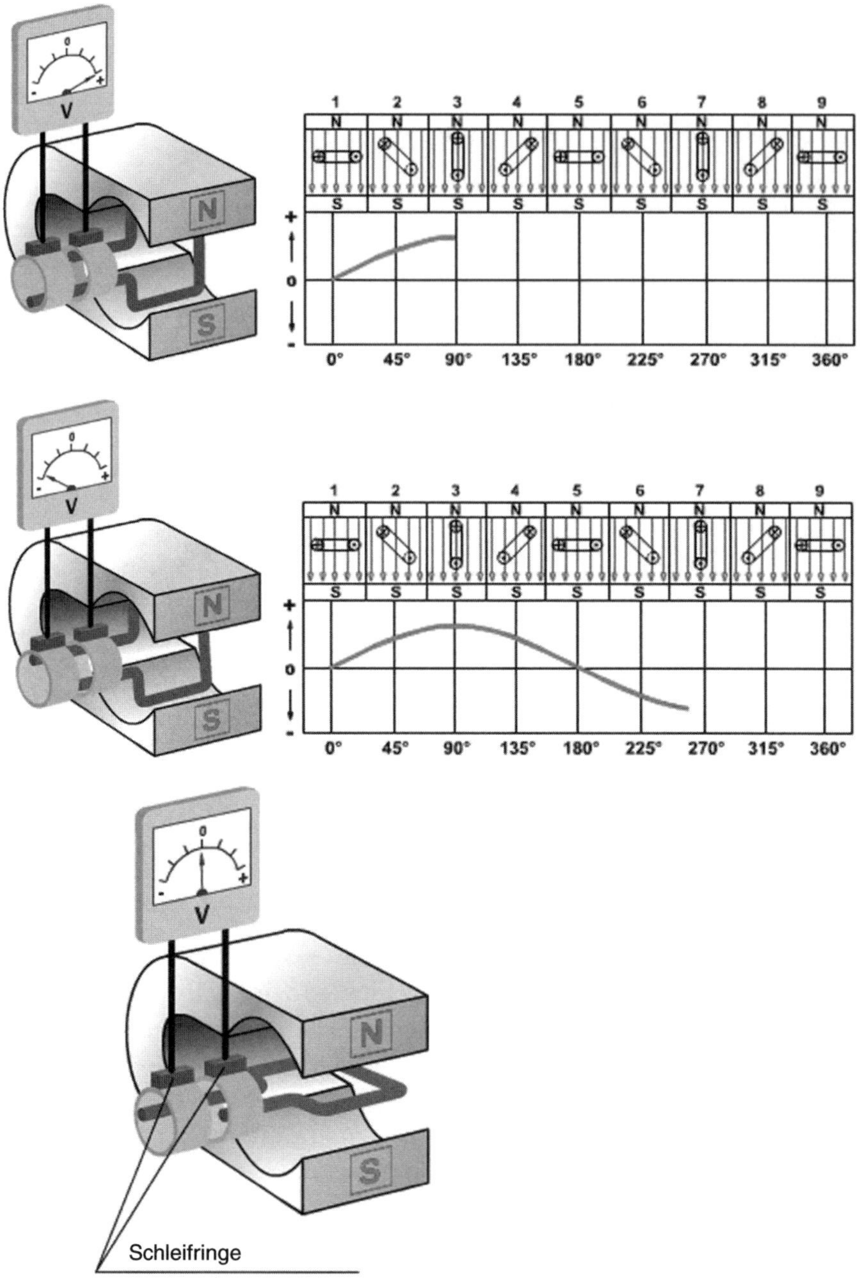

Generatorprinzip: Umwandlung von mechanischer Energie in elektrische Energie.

Mit zunehmender Belastung (großer Ankerstrom) vergrößert sich die Induktion, so dass aufgrund der Lenz'schen Regel ein Drehmoment in der Gegenrichtung wirksam wird, es muss also mehr Kraft aufgewendet werden.

Drehstromgenerator (Bilder 4.82 und 4.83)

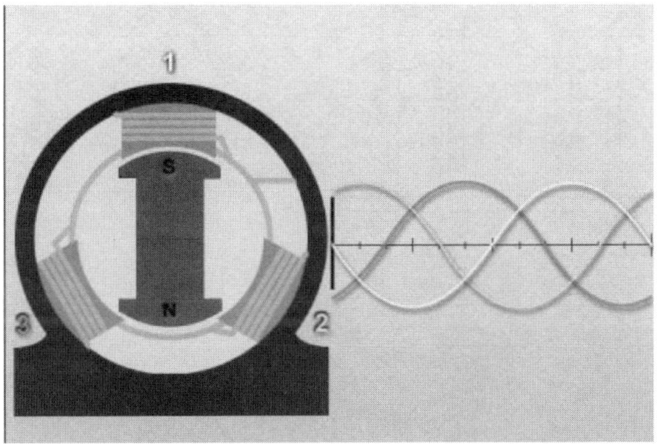

Bild 4.82
Prinzip des Drehstromgenerators und Spannungsverlauf

Bild 4.83
Drehstromgenerator als Beispiel für das Generatorprinzip

Ein Drehstromgenerator ist im Prinzip eine Kombination von drei Wechselstromgeneratoren und erzeugt nicht nur einen Wechselstrom, sondern drei Wechselströme zugleich.
Der Elektromagnet bewegt sich an drei um 120 Grad räumlich versetzten Spulen vorbei, so dass bei einer Umdrehung auch um 120 Grad zeitlich versetzte Spannungen oder Phasen entstehen. Den abgenommenen dreiphasigen Wechselstrom bezeichnet man als Drehstrom. Da zum Laden der Batterie aber Gleichstrom benötigt wird, muss der Drehstrom anschließend gleichgerichtet werden.
Bei modernen Motorrad-Lichtmachinen, den so genannten feldgeregelten Drehstromgeneratoren, wird der Dauermagnet durch einen Elektromagneten, den Klauenpolläufer, ersetzt. Dadurch kann das Magnetfeld in seiner Stärke verändert werden und somit die abgegebene Generatorspannung geregelt werden.

4.10.5 Relais

Warum werden bei steigendem Anteil der Elektronik immer noch mechanisch arbeitende Relais eingesetzt? Man könnte doch vermuten, dass die Möglichkeiten der modernen Elektronik den Einsatz von Relais überflüssig erscheinen lassen. Das Gegenteil ist der Fall: Mit dem Einbau elektronisch gesteuerter Komponenten steigt auch die Anzahl der benötigten Relais.

4.10.5.1 Arbeitsweise

Am Beispiel einer Lampenschaltung wollen wir uns die prinzipielle Arbeitsweise verdeutlichen (Bild 4.84).

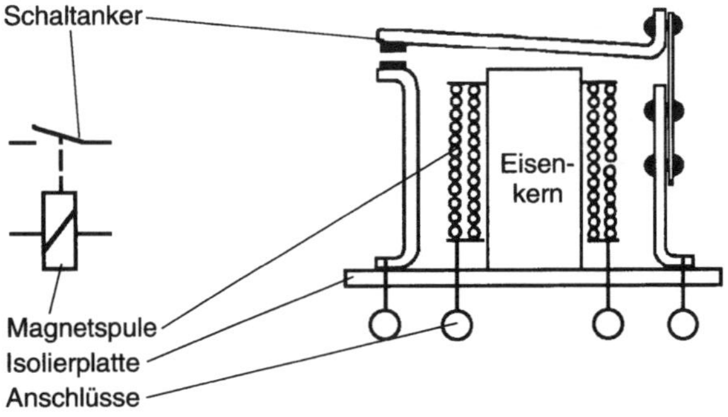

Bild 4.84
Schaltzeichen und schematische Darstellung eines Relais

a) Licht nicht eingeschaltet: Laststromkreis offen (Bild 4.85)

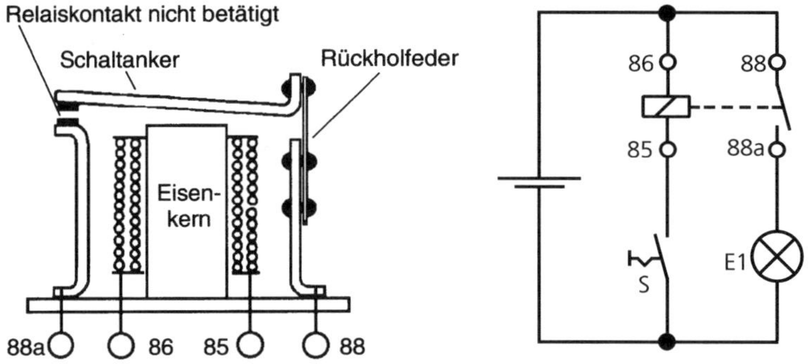

Bild 4.85
Darstellung und Schaltplan: Relais unbetätigt

Wenn die Magnetspule nicht durch den Steuerstrom erregt wird (Lichtschalter S offen), hält die Rückholfeder den Arbeitskontakt geöffnet. Der Laststromkreis ist offen, die Glühlampe E1 leuchtet nicht.
b) Licht wird eingeschaltet: Laststromkreis geschlossen (Bild 4.86)

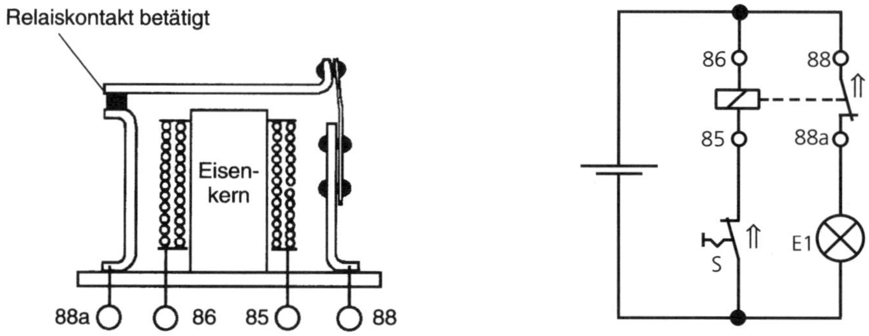

Bild 4.86
Darstellung und Schaltplan: Relais betätigt

Durch den geschalteten Steuerstrom (Lichtschalter S geschlossen) wird die Magnetspule erregt. Der Schaltanker wird angezogen, der Arbeitskontakt geschlossen. Somit ist auch der Laststromkreis geschlossen, die Glühlampe E1 leuchtet.

Ein Relais, das bei Betätigung durch den Steuerstrom den Laststromkreis schließen soll, nennt man Schließer.

Um die Anschlusspunkte an den Steckerstiften unterscheiden zu können, sind die Relais mit Klemmenbezeichnungen versehen.
Steuerstromkreis: 85 und 86, Laststromkreis 88 und 88a.
Neben dem bereits beschriebenen Relais, das als Schließer arbeitet, gibt es auch Relais, die als **Öffner** arbeiten, d.h. bei Betätigung durch einen Steuerstrom den Laststromkreis öffnen (Bild 4.87). Universell einsetzbar ist das **Wechsler-Relais,** das beide Relaisarten vereinigt und so viele Schaltungsmöglichkeiten erlaubt (Bild 4.88).

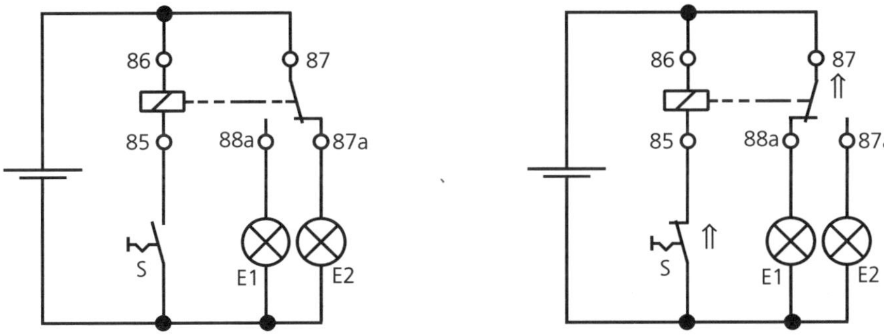

Bild 4.87
Schaltplan: Wechsler unbetätigt und betätigt

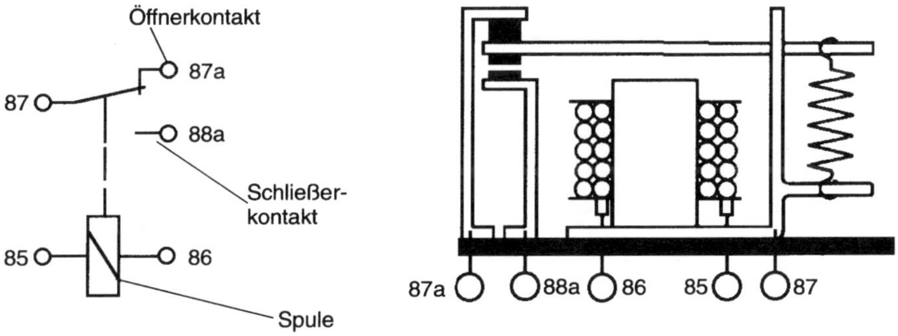

Bild 4.88
Darstellung, Schaltplan und Schemazeichnung eines Relais als Wechsler

Welchen Vorteil bieten also Relais?
Ein Relais ist ein Schalter, der durch einen Elektromagneten betätigt wird. Ein kleiner **Steuerstrom** durch die Magnetspule bewirkt, dass der Schaltanker angezogen wird, der dann einen Schaltkontakt schließt. Dadurch wird der **Laststromkreis** geschaltet. So fließt zum Beispiel beim Einschalten des Fahrlichts nur der kleine Steuerstrom durch den Lichtschalter, während der hohe (Last-)Strom für die H4-Lampen durch das Relais geschaltet wird.

Ein kleiner Steuerstrom schaltet einen großen Laststrom.

Welchen Vorteil bringt der Einsatz eines Relais im Kraftfahrzeug?

- Realisierung kleiner Kabelquerschnitte und schwacher Schalter, da z.B. der Lichtschalter nur den kleinen Steuerstrom verkraften muss;
- Minimierung von Gewicht und Kosten, da die Leitungen mit großem Querschnitt im Laststromkreis kurz gehalten werden können, weil sie nicht über den Schalter geführt werden müssen;
- Reduzierung von Leitungs- und Kontaktwiderständen im Laststromkreis;
- problemloses Einschalten von Verbrauchern mit hoher Anfangsstrombelastung (Starter, Glühlampen).

Klemmenbezeichnungen am Relais nach DIN 72 552

Tabelle 4.4

Klemmen-bezeichnung	**Bedeutung der Klemmen-bezeichnung**	**Alte Klemmen-bezeichnung**
85	Steuerstromkreis(–) Wicklungsende der Spule	85
86	Steuerstromkreis(+) Wicklungsanfang der Spule	86
87	Eingangsklemme Laststromkreis bei Öffner und Wechsler	30/51
87a	Ausgangsklemme Laststromkreis Öffnerseite	87a
88	Eingangsklemme Laststromkreis bei Schließer	30/51
88a	Ausgangsklemme Laststromkreis Schließerseite	87

4.10.5.2 Bauarten

Man unterscheidet prinzipiell zwei Relaisbauarten:

1. Relais mit Spule für kleinen (geringen) Strom.
   Man sagt dazu auch Relais mit Spannungsspule.

Merkmale:

- viele Spulenwindungen aus dünnem Draht,
- hoher Widerstand der Steuerspule,
- geringer Stromfluss im Steuerstromkreis.

Anwendung: die bekannten Schaltrelais.

2. Relais mit Spule für großen Strom
   Man sagt dazu auch Relais mit Stromspule.

Merkmale:
- ❑ wenig Spulenwindungen aus dickem Draht,
- ❑ geringer Widerstand der Spule,
- ❑ großer Stromfluss im Steuerstromkreis.

Anwendung: Reedrelais, z.B. zur Lampenüberwachung.

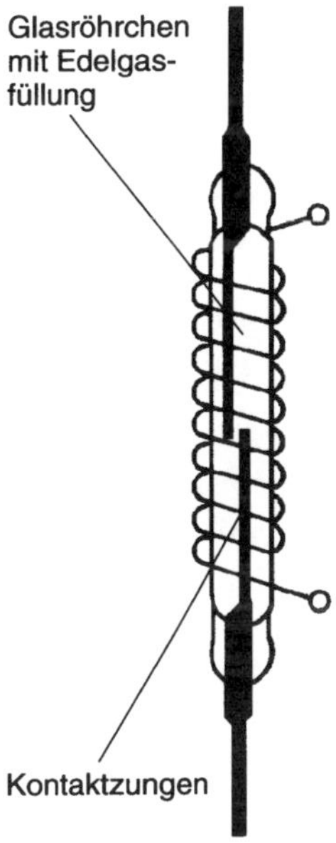

Bild 4.89
Schema eines Reedrelais, mit umwickelter Stromspule

4.10.5.3 Prinzipieller Aufbau eines Reedrelais

Ein Reedrelais besteht aus einem Glasröhrchen, in das zwei Kontaktzungen gasdicht eingeschmolzen sind. Um das Glasröhrchen ist z.B. eine Spule aus wenigen Windungen dicken Drahtes gewickelt (Bild 4.89). Kommt der Reedkontakt in den Bereich eines magnetischen Feldes, z.B. einer stromdurchflossenen Spule oder eines Dauermagneten, so versuchen sich die Feldlinien zu verkürzen und schließen dabei die Kontaktzungen. Wird der Stromkreis unterbrochen bzw. der Dauermagnet entfernt, bricht das Magnetfeld zusammen, und die Federwirkung der Kontakte öffnet die Kontaktzungen. Das Röhrchen ist mit einem Schutzgas (Edelgas) gefüllt. Dadurch wird eine längere Lebensdauer der Kontakte erreicht.

4.10.5.4 Beispiele für den Einsatz von Reedrelais im Kfz

Betätigung durch einen Dauermagneten – Füllstandsüberwachung
In modernen Kraftfahrzeugen wird der Füllstand z.B. der Bremsflüssigkeit, des Kühlmittels, des Ölstands, der Reinigungsflüssigkeit der Scheibenwaschanlage usw. überwacht (Bild 4.90). Auf der Flüs-

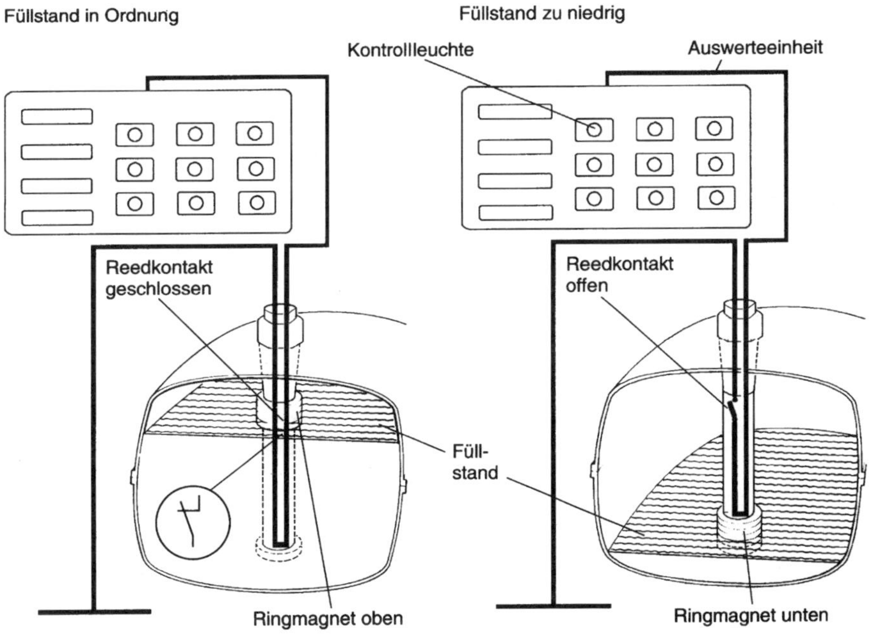

Bild 4.90
Schemazeichnung: Füllstandsüberwachung

sigkeitsoberfläche schwimmt ein kleiner Ringmagnet an einem Schwimmkörper. Solange der Flüssigkeitsstand ausreichend hoch ist, wird der Reedkontakt von dem Magnetfeld des Ringmagneten geschlossen. Sinkt der Flüssigkeitsstand, so sinkt auch der Ringmagnet: Das magnetische Feld kann den Reedkontakt nicht mehr schließen (Bild 4.91). In der Auswerteeinheit führt das Öffnen des Kontaktes zu einer Anzeige für den Fahrer.

Bild 4.91
Funktion eines Schwimmerschalters mit Reedkontakt

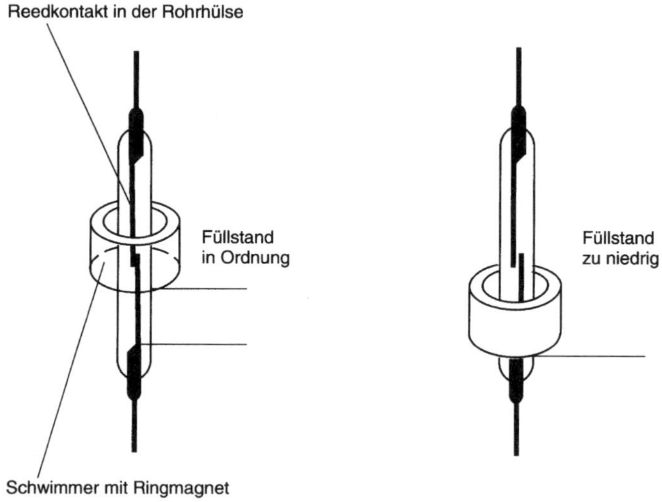

Betätigung durch das Magnetfeld einer stromdurchflossenen Spule – Glühlampenüberwachung (Bild 4.92)

Bild 4.92
Schemazeichnung: Lampenstromüberwachung

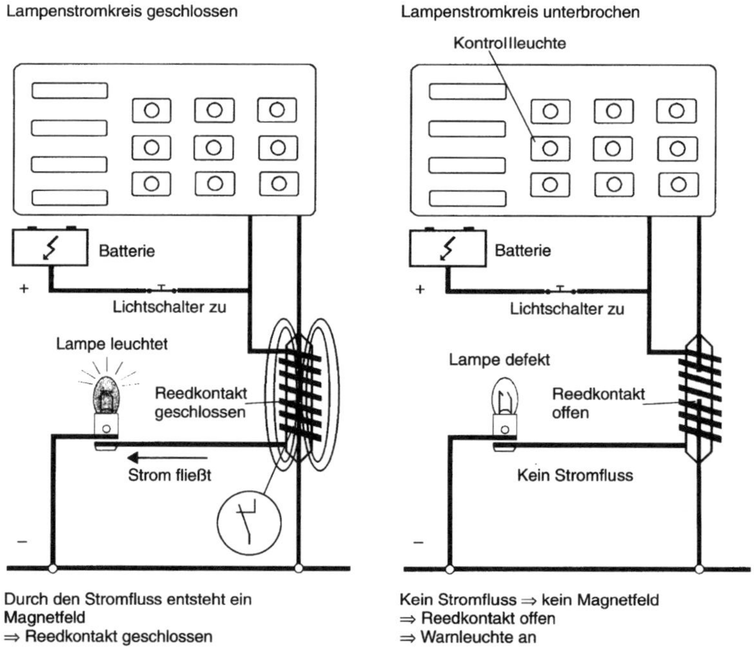

4.10.5.5 Fehlersuche in einer Relaisschaltung

Problem:
Ein Fahrzeug mit Dieselmotor springt schlecht an.
Es handelt sich um ein System, das nicht von der Eigendiagnose überwacht wird.

Prinzip der Fehlersuche
Einfache Steuergeräte (hier das Vorglührelais) können nicht direkt überprüft werden, da sie meistens von einem Gehäuse fest umschlossen sind; sie werden als «Black box» betrachtet.

1. Schritt
Man überprüft die Bauteile, die die Eingangssignale liefern: die Sensoren.

2. Schritt
Man überprüft die Bauteile, die vom Steuergerät angesteuert werden: die Aktuatoren.

3. Schritt
Funktioniert das Gesamtsystem nicht, sind aber die Sensoren und die Aktuatoren in Ordnung, dann muss die Verarbeitung, das Steuergerät, defekt sein.

Mit Hilfe einer Plausibilitätsprüfung wird entschieden, ob ein Steuergerät defekt ist oder nicht.

Die Sensoren und die Aktuatoren sind somit die Bauteile, die bei der Überprüfung von besonderem Interesse sind.
Die Kenntnis der Funktion und der Arbeitsweise sind Voraussetzung für eine sichere Fehlersuche in modernen Systemen.
Im konkreten Beispiel der Vorglüheinrichtung (Bild 4.93) ordnet man folgende Bauteile der Eingabe und der Ausgabe zu (Bild 4.94).

- Eingabe: G27, Kl. 15, (Kl. 50)
- Ausgabe: (K29), Q2

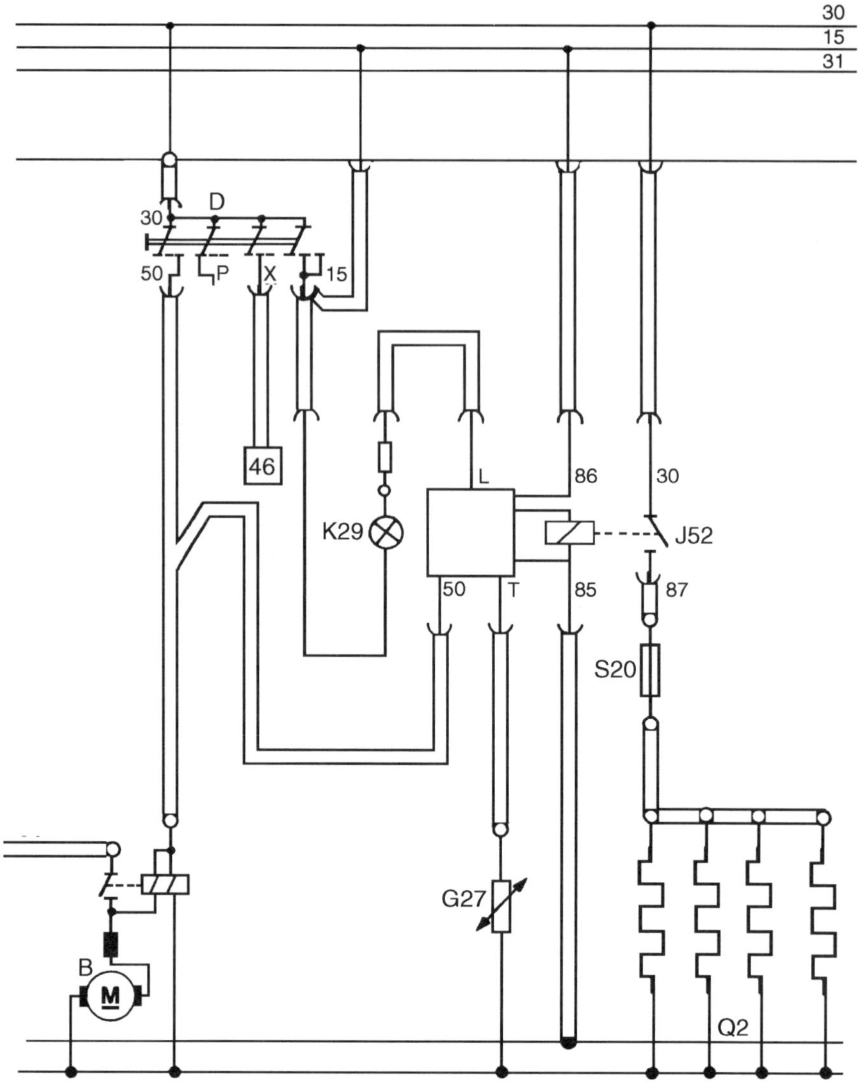

Bild 4.93
Schaltplan einer Vorglühanlage. Die Darstellung der Schaltzeichen und die Kennbuchstaben entsprechen nicht der gültigen Norm und sind herstellerspezifisch.
J52 Glühzeit-Steuergerät
G27 Temperaturfühler
D Zündstartschalter
S20 Sicherung
K29 Vorglüh-Kontrollleuchte
Q2 Glühkerzen

1. Schritt
Es wird ermittelt, ob an den Glühkerzen Spannung anliegt.
Da die Glühkerzen parallel geschaltet sind, wird zunächst die Spannung für alle Glühkerzen am Ende der Verteilerschiene ermittelt.

Prüfvoraussetzung:
- ❑ Leitung am Geber für Motortemperatur abgezogen (Erklärung siehe letzte Seite),
- ❑ Zündung eingeschaltet.

2. Schritt
Falls Spannung anliegt, wird der Defekt einzelner Glühkerzen mit Hilfe einer Durchgangsprüfung ermittelt.

Bild 4.94
Fehlersuchplan

VORGLÜHANLAGE ÜBERPRÜFEN

Hinweis:
Prüfvoraussetzung: Batterie i.O.

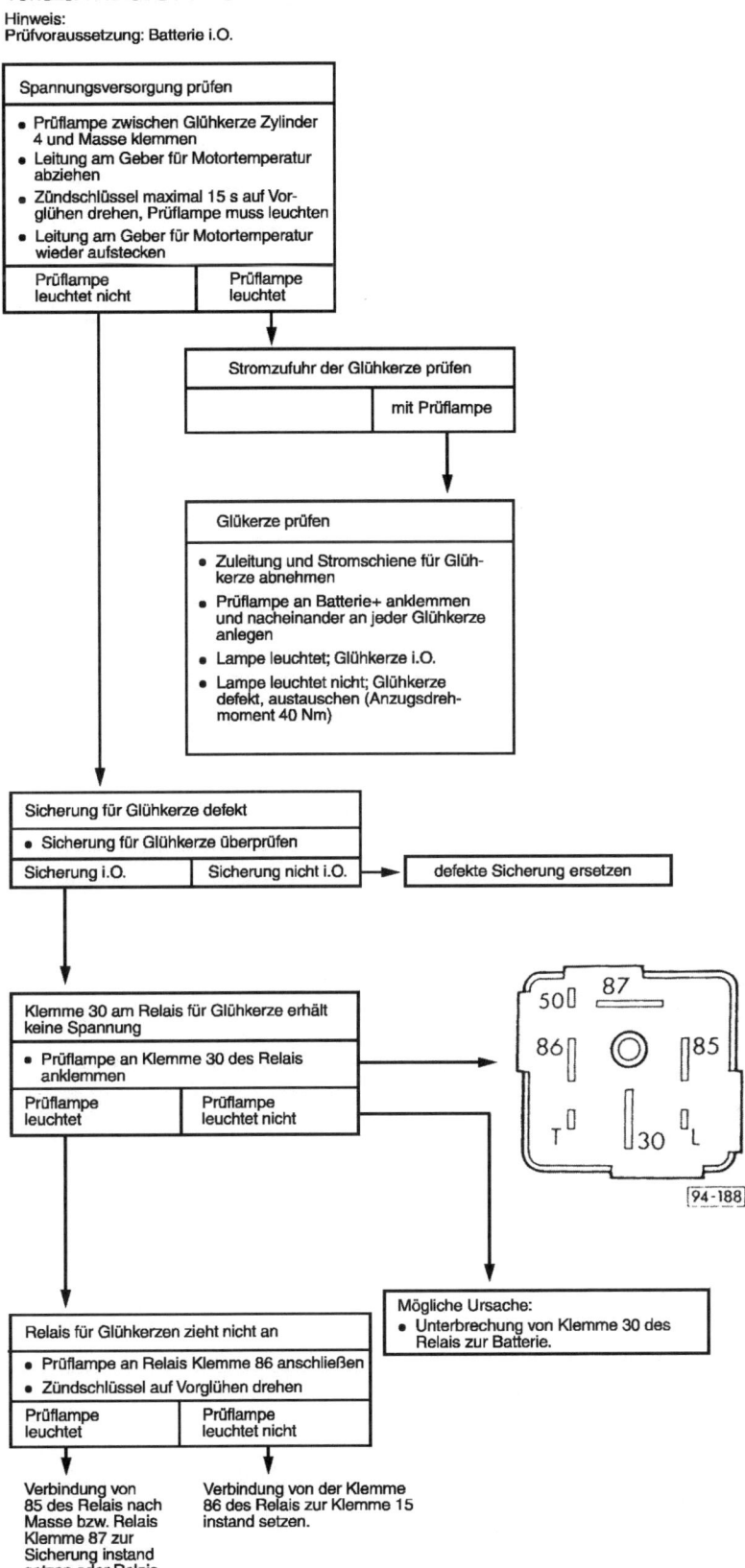

Spannungsversorgung prüfen

- Prüflampe zwischen Glühkerze Zylinder 4 und Masse klemmen
- Leitung am Geber für Motortemperatur abziehen
- Zündschlüssel maximal 15 s auf Vorglühen drehen, Prüflampe muss leuchten
- Leitung am Geber für Motortemperatur wieder aufstecken

Prüflampe leuchtet nicht	Prüflampe leuchtet

Prüflampe leuchtet →

Stromzufuhr der Glühkerze prüfen

	mit Prüflampe

→

Glükerze prüfen

- Zuleitung und Stromschiene für Glühkerze abnehmen
- Prüflampe an Batterie+ anklemmen und nacheinander an jeder Glühkerze anlegen
- Lampe leuchtet; Glühkerze i.O.
- Lampe leuchtet nicht; Glühkerze defekt, austauschen (Anzugsdrehmoment 40 Nm)

Prüflampe leuchtet nicht →

Sicherung für Glühkerze defekt

- Sicherung für Glühkerze überprüfen

Sicherung i.O.	Sicherung nicht i.O.

Sicherung nicht i.O. → defekte Sicherung ersetzen

Sicherung i.O. →

Klemme 30 am Relais für Glühkerze erhält keine Spannung

- Prüflampe an Klemme 30 des Relais anklemmen

Prüflampe leuchtet	Prüflampe leuchtet nicht

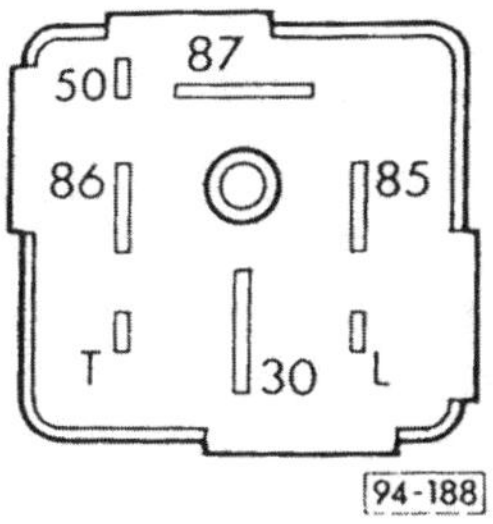

Prüflampe leuchtet nicht →

Mögliche Ursache:
- Unterbrechung von Klemme 30 des Relais zur Batterie.

Prüflampe leuchtet →

Relais für Glühkerzen zieht nicht an

- Prüflampe an Relais Klemme 86 anschließen
- Zündschlüssel auf Vorglühen drehen

Prüflampe leuchtet	Prüflampe leuchtet nicht

Prüflampe leuchtet → Verbindung von 85 des Relais nach Masse bzw. Relais Klemme 87 zur Sicherung instand setzen oder Relais ersetzen.

Prüflampe leuchtet nicht → Verbindung von der Klemme 86 des Relais zur Klemme 15 instand setzen.

3. Schritt
Falls an den Glühkerzen keine Spannung anliegt, wird die Sicherung optisch überprüft.

4. Schritt
Ist die Sicherung in Ordnung, wird die Spannungsversorgung des Relais (Kl. 30) überprüft.

5. Schritt
Ist Spannungsversorgung des Relais (Kl. 30) in Ordnung, muss die Ansteuerung von Kl. 86 über Kl. 15 überprüft werden.

6. Schritt
Überprüfung der Masseverbindung (Kl. 85) bzw. der Verbindungsleitung Kl. 87 zur Sicherung.

Darstellung der Messpunkte für die Überprüfung (Bild 4.95)
1 Spannung an der Verteilerschiene gegen Masse
Prüfvoraussetzung:
- ❑ Leitung am Geber für Motortemperatur abgezogen,
- ❑ Zündung eingeschaltet

2 Überprüfung einzelner Glühkerzen auf Durchgang
Prüfvoraussetzung:
- ❑ Spannung an der Verteilerschiene bei Schritt 1,
- ❑ Verteilerschiene abgenommen.

3 Sichtprüfung der Sicherung
Prüfvoraussetzung:
- ❑ keine Spannung an der Verteilerschiene bei Schritt 1.

4 Spannungsversorgung Relais Kl. 30 (Eingang Laststromkreis)
Prüfvoraussetzung:
- ❑ Sicherung in Ordnung,
- ❑ keine Spannung an der Verteilerschiene bei Schritt 1.

5 Ansteuerung Kl. 86 (Eingang Steuerstromkreis)
Prüfvoraussetzung:
- ❑ Spannung an Kl. 30 in Ordnung,
- ❑ Zündung «Ein».

6 Ansteuerung Kl. 85 (Ausgang Steuerstromkreis)
Prüfvoraussetzung:
- ❑ Spannung an Kl. 86 in Ordnung.

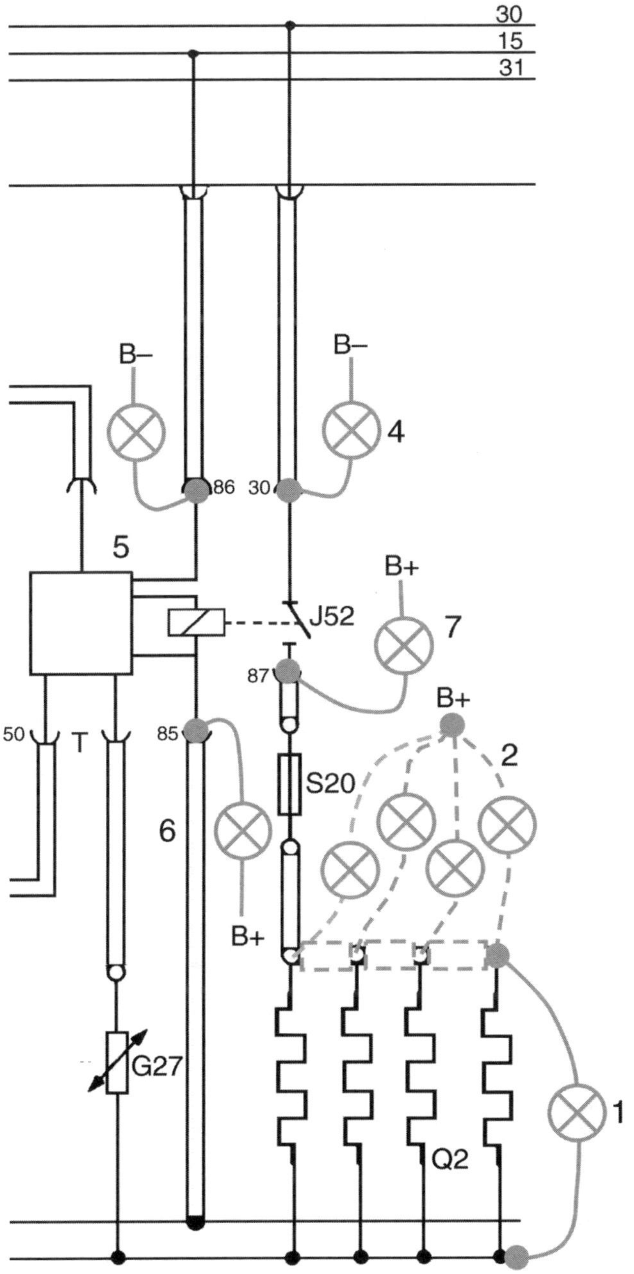

Bild 4.95
Schaltplan mit eingezeichneten Messgeräten nach Vorgabe des Fehlersuchplans

7 Spannung an Kl. 87 (Ausgang Laststromkreis)
Prüfvoraussetzung:

- ❑ Temperaturfühler abgezogen,
- ❑ Zündung «Ein».

Für die Überprüfung wird eine Prüflampe mit Faden-Glühlampe und keine LED-Prüflampe eingesetzt.

Die Aussagen sind nur qualitativ, da mit einer Prüflampe keine exakten Spannungs- bzw. Stromwerte ermittelt werden können.
Klemme 50 als Eingangssignal wird hier nicht geprüft, da dieses Signal nicht für die Vorglühung, sondern nur für die Glühung während des Startvorgangs verantwortlich ist.

Durch Messungen an den Ein- und Ausgängen des Relais wird der Fehler eingegrenzt. Sind alle Eingangsgrößen in Ordnung und ist auf der Ausgangsseite bei den angesteuerten Bauteilen kein Fehler zu finden, so muss das Relais defekt sein.

5 Grundschaltungen der Elektronik

5.1 Diode

Problem

Der Drehstromgenerator im Kraftfahrzeug liefert Wechselstrom. Zum Laden der Batterie und zum Betrieb des Bordnetzes wird aber Gleichstrom benötigt.

Lösung

Durch den Einsatz von Dioden lässt sich der Wechselstrom in Gleichstrom umwandeln.

5.1.1 Diode als elektrisches Ventil (Bild 5.1)

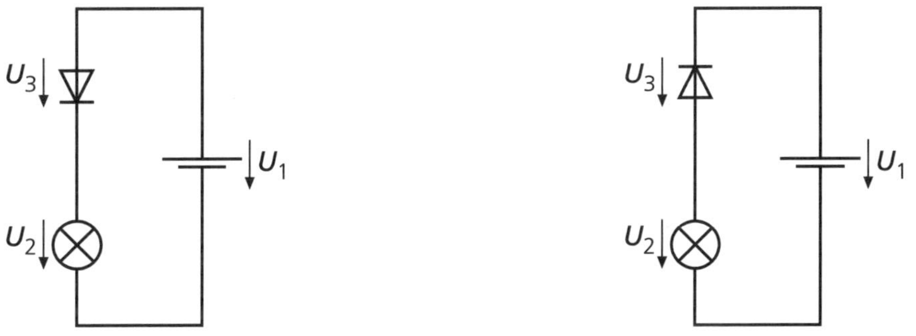

a) Die Lampe leuchtet
U_3 = 0,77 V

b) Die Lampe leuchtet nicht

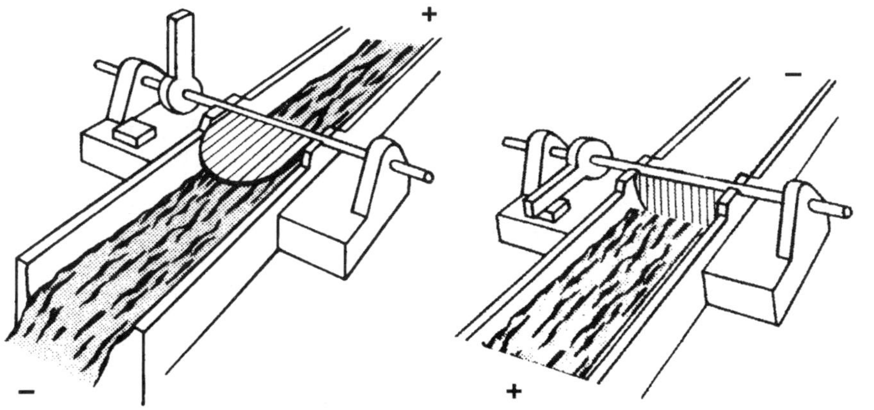

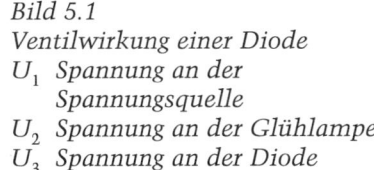

Bild 5.1
Ventilwirkung einer Diode
U_1 Spannung an der Spannungsquelle
U_2 Spannung an der Glühlampe
U_3 Spannung an der Diode

Bei Dioden gibt es für den elektrischen Strom eine Durchlass- und eine Sperrrichtung. Zeigt der Diodenpfeil des Schaltsymbols in die technische Stromrichtung (Bild 5.1a), dann ist die Diode in Durchlassrichtung geschaltet. In Durchlassrichtung fällt an der Diode eine Spannung von ca. 0,7 V, die so genannte Schwellenspannung, ab.

Allgemein gilt:

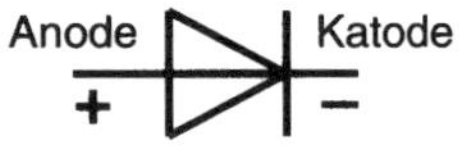

- ❑ Der Strom in Durchlassrichtung darf den zulässigen Höchststrom nicht überschreiten.
- ❑ In Sperrrichtung darf die Spannung nicht unzulässig groß werden.
- ❑ Zu hohe Temperaturen führen zur Zerstörung der Halbleiter.

5.1.2 Diodenprüfung

Mit Hilfe eines Multimeters kann man die Widerstandswerte einer Silizium-Diode in Durchlass- und Sperrrichtung in verschiedenen Messbereichen bestimmen (Bilder 5.2 und 5.3).

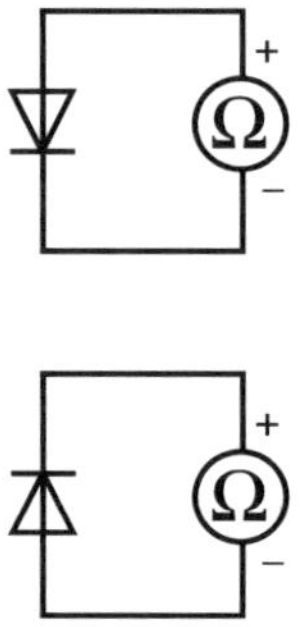

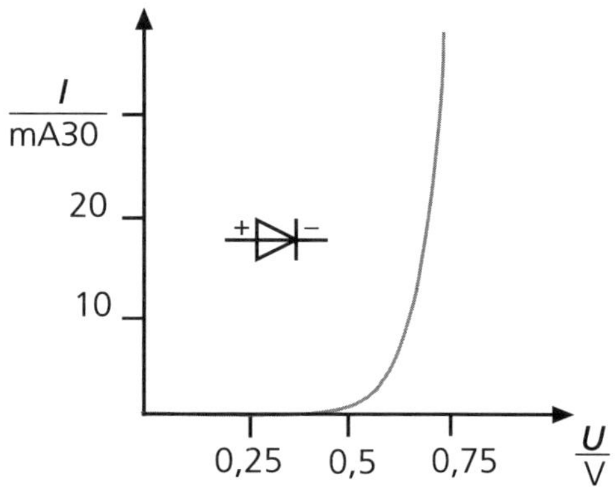

Bild 5.2 (links)
Diodenprüfung in Durchlassrichtung (oben) und Sperrrichtung (unten)

Bild 5.3 (rechts)
Kennlinie einer Si-Diode in Durchlassrichtung

Hinweis
Bei manchen Vielfach-Messgeräten ist die Polarität der Anschlussbuchsen bei der Widerstandsmessung vertauscht.

Wie lassen sich die extrem unterschiedlichen Messwerte aus Tabelle 5.1 erklären?

Tabelle 5.1
Widerstandsmessung

Durchlassrichtung	**Messbereich**	**Sperrrichtung**
1,75 MΩ	20 MΩ	–
0,35 MΩ	2 MΩ	–
64 kΩ	200 kΩ	–
11,45 kΩ	20 kΩ	–
1,7 kΩ	2 kΩ	–

Die Kennlinie der Diode gibt die Begründung. Beim Umschalten in einen anderen Messbereich ändert sich der (Innen-)Widerstand des Messgerätes. Es fließen somit auch unterschiedliche Messströme. Aufgrund des Kennlinienknicks ändert sich die Spannung nicht in gleichem Maße wie der Messstrom. Es werden unterschiedliche Widerstände ermittelt.

Die Widerstandsmessung ist keine exakte Prüfmöglichkeit für Dioden. Besser sind Messgeräte mit Diodenprüfeinrichtung, die mit einem konstanten Messstrom, z.B. 1 mA, arbeiten.

5.1.3 Anwendungen der Diode – Gleichrichtung von Wechselströmen

Nachteile der Einweggleichrichtung (Bild 5.4)

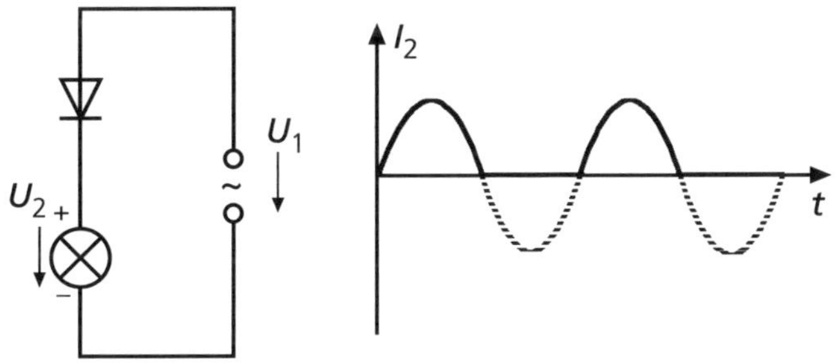

Bild 5.4
Einweggleichrichtung

- ❑ Es wird nur eine Halbwelle ausgenutzt.
- ❑ Große Restwelligkeit des Gleichstroms.

Anwendung im Kfz
Klemme W an der Drehstromlichtmaschine zum Anschluss eines Drehzahlmessers bei Dieselmotoren.

Vorteil der Zweiweggleichrichtung (Bild 5.5)

- ❑ Beide Halbwellen werden gleichgerichtet.

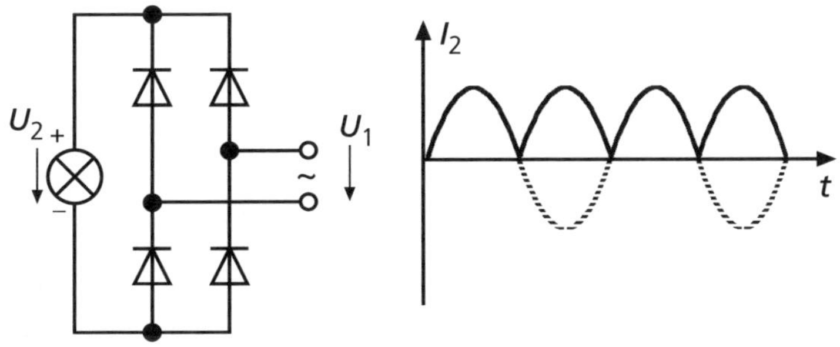

Bild 5.5
Zweiweggleichrichtung

Anwendung im Kfz
Gleichrichtung des Drehstroms im Drehstromgenerator bei 3 um 120° versetzten Wechselströmen.

5.1.4 Brückenschaltung zur Drehstromgleichrichtung

Bei Drehstromgeneratoren wird der erzeugte Wechselstrom in einer eingebauten, mit sechs Dioden bestückten Brückenschaltung gleichgerichtet (Bild 5.6). Bei dieser Brückenschaltung mit sechs Dioden handelt es sich um eine Zweiweg- oder Vollweggleichrichtung.

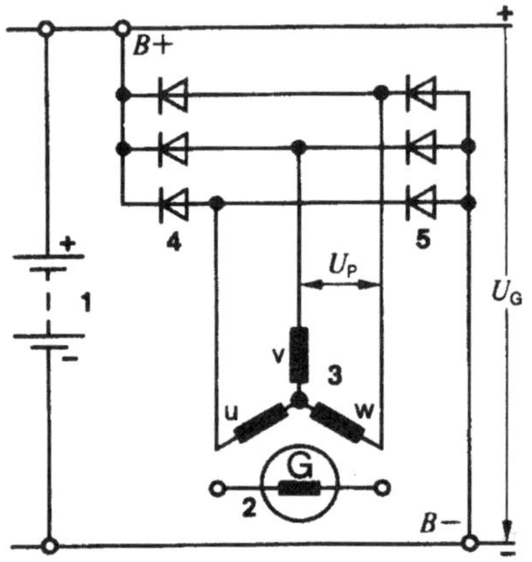

Bild 5.6
Brückenschaltung beim Drehstromgenerator

Bauteile:
1 Batterie
2 Erregerwicklung
3 Ständerwicklung
4 Plusdioden
5 Minusdioden

Die positiven Halbwellen werden von den **Plusdioden**, die negativen Halbwellen von den **Minusdioden** gleichgerichtet.
Die Vollweggleichrichtung (Bild 5.7) bewirkt schließlich die Addition der positiven und negativen Hüllkurven dieser Halbwellen (Bild 5.7b) zu einer gleichgerichteten, leicht gewellten Generatorspannung (Bild 5.7c).
Auch der Gleichstrom, den der Generator dann bei elektrischer Belastung über die Klemmen B+ und B– an das Bordnetz abgibt, ist nicht ideal «glatt», sondern leicht gewellt. Diese Schwankungen werden durch die parallel zum Generator liegende Batterie und – sofern im Bordnetz vorhanden – durch Kondensatoren weiter geglättet. Der Erregerstrom, der die Pole des Erregerfeldes zu magnetisieren hat, wird vor der Zuleitung zum Läufer ebenfalls in Vollwegschaltung gleichgerichtet. Das geschieht mit Hilfe der drei Minusdioden an der Klemme B- und dreier weiterer Dioden an der Klemme D+, der so genannten Erregerdioden (Bild 5.8).

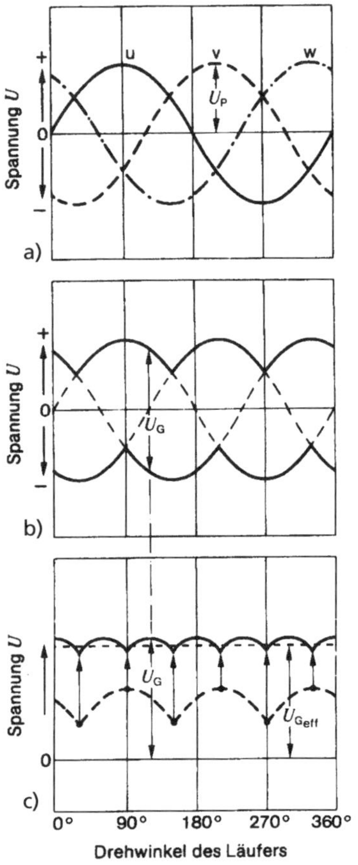

U_P = Phasenspannung
U_G = Generatorspannung

Bild 5.7
a) Dreiphasen-Wechselspannung **ohne Gleichrichtung**
b) Dreiphasiger Wechselstrom mit **Vollweggleichrichtung**
c) Vollweggleichrichtung

Die Stromkreise des Drehstromgenerators
Bei Drehstromgeneratoren gibt es folgende drei Stromkreise:

- ❑ den Vorerregerstromkreis (Fremderregung durch Batteriestrom),
- ❑ den Erregerstromkreis (Selbsterzeugung),
- ❑ den Generator- oder Hauptstromkreis.

Vorerregerstromkreis (Bild 5.9)
Schaltet man den Zünd- bzw. Fahrtschalter (4) ein, dann fließt ein Batteriestrom (I_B) über die Generatorkontrollleuchte (3) zur Erregerwicklung (d) des Läufers und von da an über den Regler (2) an Masse. Auf diese Weise erregt der Batteriestrom den Generator vor. Die Gründe dafür sind, dass

- ❑ der vorhandene Restmagnetismus im Eisenkern der Erregerwicklung nicht ausreicht, schon bei niedriger Drehzahl eine Selbsterregung zum Aufbau eines Magnetfeldes auszulösen,
- ❑ im Erregerkreis zwei Dioden pro Phase hintereinander geschaltet sind und die Selbsterregung erst einsetzen kann, nachdem der Generator den Spannungsfall von 2 · 0,7 V = 1,4 V überwunden hat. Dies macht der Vorerregerkreis.

Erregerstromkreis (Bild 5.10)
Der Erregerstromkreis hat die Aufgabe, während der gesamten Betriebszeit in der Erregerwicklung des rotierenden Läufers ein Magnetfeld zu erzeugen und damit in der Drehstromwicklung des Ständers die gewünschte Spannung zu erzeugen. Dazu wird ein Teilstrom der Phasenwicklungen durch die drei Erregerdioden gleichgerichtet und als Erregerstrom über die Kohlebürsten und Schleifringe der Erregerwicklung und dem Regler (Klemme DF) zugeführt. Die weitere Verbindung führt schließlich über die Klemme D– und die Minusdiode zur Drehstromwicklung zurück.

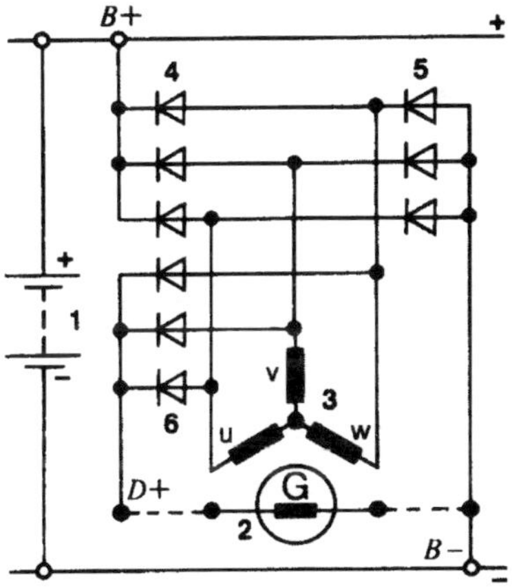

Bild 5.8
Abzweigung und Gleichrichtung des Erregerstroms

1 Batterie
2 Erregerwicklung
3 Ständerwicklung
4 Plusdioden
5 Minusdioden
6 Erregerdioden

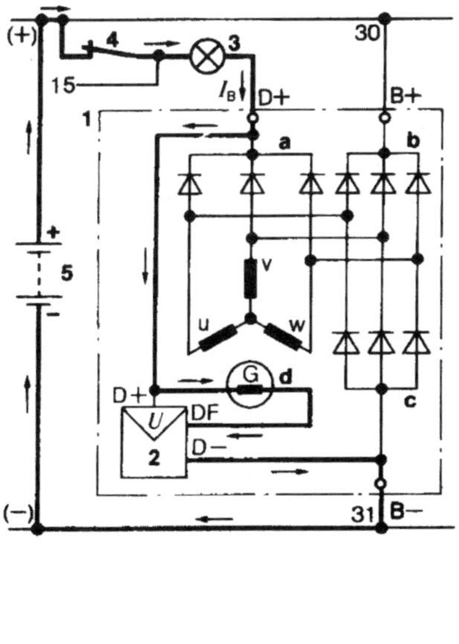

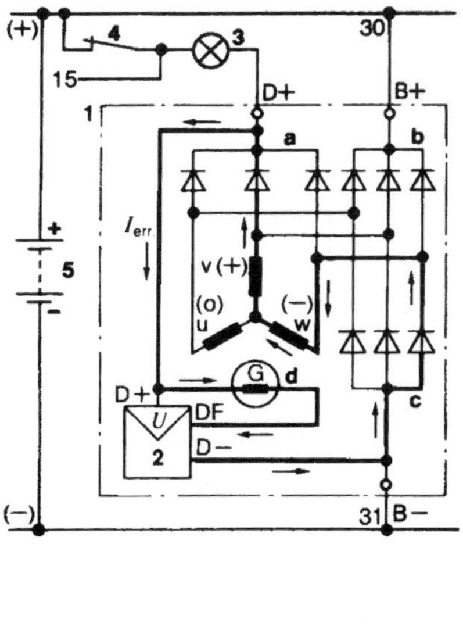

Bild 5.9 (links)
Vorerregerstromkreis

Bild 5.10 (rechts)
Erregerstromkreis

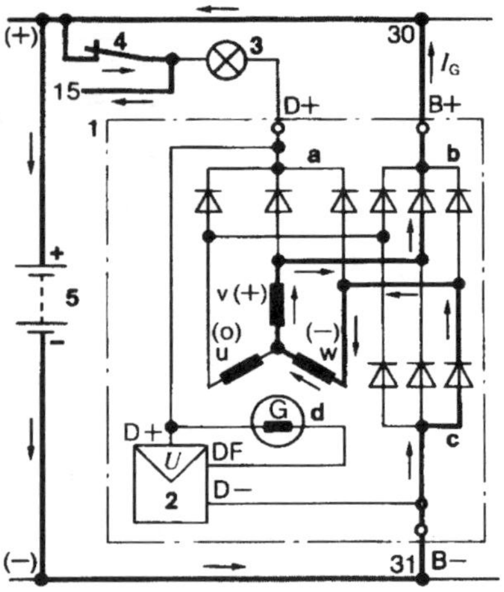

Bild 5.11
Generatorstromkreis

Generatorstromkreis (Bild 5.11)
Der in den drei Phasen des Drehstromgenerators induzierte Wechselstrom muss durch die mit Leistungsdioden bestückte Brückenschaltung gleichgerichtet und dann an Batterie und Verbraucher geleitet werden, d.h., der Generatorstrom teilt sich in Verbraucher- und Batteriestrom auf. Damit Strom vom Generator zur Batterie fließt, muss die Generatorspannung höher als die Batteriespannung sein.

5.1.5 Diode zur Entkopplung von Stromkreisen

In Bild 5.12 befindet sich im Relaisgehäuse K5 eine Diode. Dieses Relais hat die Aufgabe, die Nebelscheinwerfer E17 und E18 zu schalten.
Die Diode verhindert ein Schalten des Relais, wenn bei ausgeschalteter Hauptbeleuchtung zufällig der Nebellichtschalter eingeschaltet ist und die Lichthupe betätigt wird. Der Stromweg ohne Diode führt von Klemme 56a (Fernlicht) zur Klemme 85 des Relais, dann durch die Relaisspule und Klemme 86 zum geschlossenen Nebellichtschalter, vom Nebellichtschalter über die Glühlampenfäden des Standlichts an Masse.
Ein Stromfluss in diese Richtung wird durch die Diode verhindert.

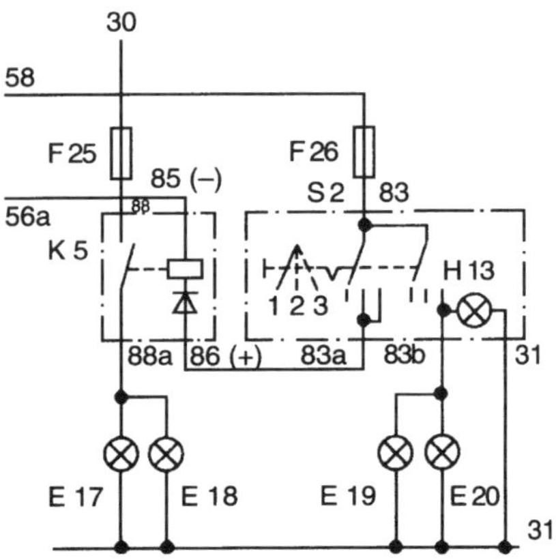

Bild 5.12
Schaltplanausschnitt: Nebelscheinwerfer mit Nebelschlussleuchte

5.1.6 Diode zur Unterdrückung von Induktionsspannungen

Um in Fahrzeugen die Induktionsspannungen zu unterdrücken, die beim Abschalten eines Relais entstehen (Bild 5.13), gibt es Relais, die mit einer so genannten Lösch- oder Freilaufdiode versehen sind (Bild 5.14).
Bei der Montage solcher Relais muss unbedingt auf die Polarität des Steuerstromkreises geachtet werden.

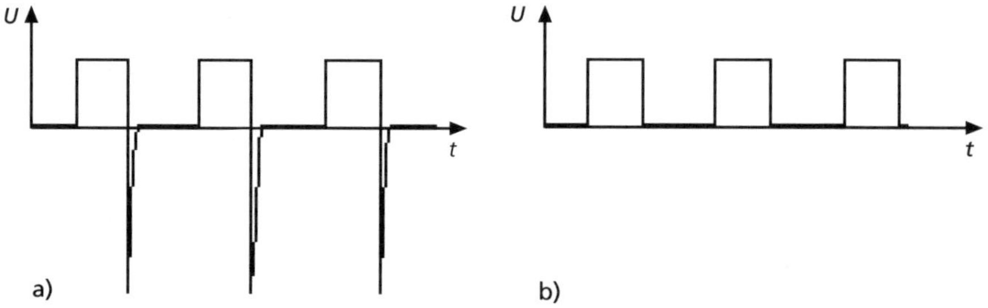

Bild 5.13
Induktionsspannungen beim Abschalten eines Relais
a) Relais ohne Löschdiode
b) Relais mit Löschdiode

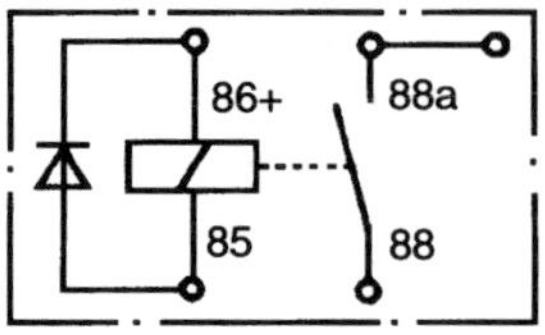

Bild 5.14
Schaltzeichen: Relais mit Löschdiode

5.1.7 Kennzeichnung von Dioden

Die Kennzeichnung auf dem Gehäuse markiert den Anschluss, der in Durchlassrichtung am Minuspol der Spannungsquelle anliegt. Er entspricht dem senkrechten Strich im Schaltzeichen der Diode (Bild 5.15).

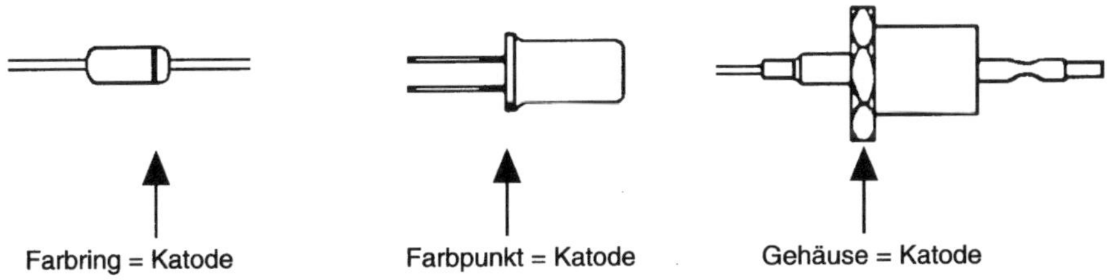

Bild 5.15
Kennzeichnung von Dioden

5.2 Zenerdiode

Problem
Bei einem Ausfall des Reglers, durch die Primärspannungen beim Ein- und Ausschalten der Zündspule und durch das Abschalten von Induktivitäten, z.B. durch Wackelkontakte, entstehen im Bordnetz **Spannungsspitzen.** Diese können elektronische Baugruppen (z.B. Steuergeräte) und Bauelemente (z.B. Transistoren) zerstören.

Lösung
Man verwendet zum Schutz einer Baugruppe (z.B. Steuergerät der KE-Jetronic, Bosch-ABS) ein **Überspannungsschutzrelais**. Man benötigt also ein Bauteil, das bei einer bestimmten Spannung, z.B. 18 V, einen Schaltvorgang auslöst.

5.2.1 Eigenschaften (Bild 5.16)

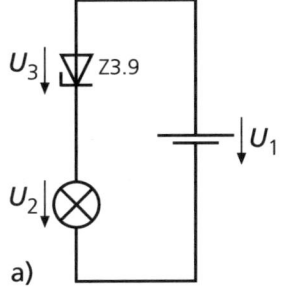

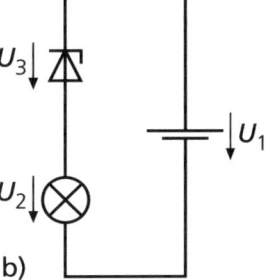

Bild 5.16
a) Die Lampe leuchtet hell
U_1 12,00 V, U_2 11,30 V, U_3 0,70 V
b) Die Lampe leuchtet schwach
U_1 12,00 V, U_2 8,10 V, U_3 3,90 V

U_1 Spannung an der Spannungsquelle
U_2 Spannung an der Glühlampe
U_3 Spannung an der Diode

In Durchlassrichtung verhält sich eine Zenerdiode wie eine normale Si-Diode. In Sperrrichtung sperrt sie den Strom bis zu einer so genannten Durchbruchspannung.

Die Zahl 3,9 auf der Z-Diode (Abkürzung für den Namen Zener) bedeutet: Durchbruchspannung 3,9 V.
Die Z-Diode wird normalerweise in Sperrrichtung betrieben.

5.2.2 **Z-Diode im Überspannungsschutzrelais** (Bild 5.17)

Tritt Überspannung auf, so wird die Z-Diode leitend, und die Sicherung brennt durch. Dadurch erhält das Steuergerät keine Spannung mehr und ist somit gegen Überspannung geschützt.

Klemmenbezeichnungen:
30 Eingang B+
87 Spannungsversorgung des angeschlossenen Steuergeräts
15 Klemme 15
31 Masse B–

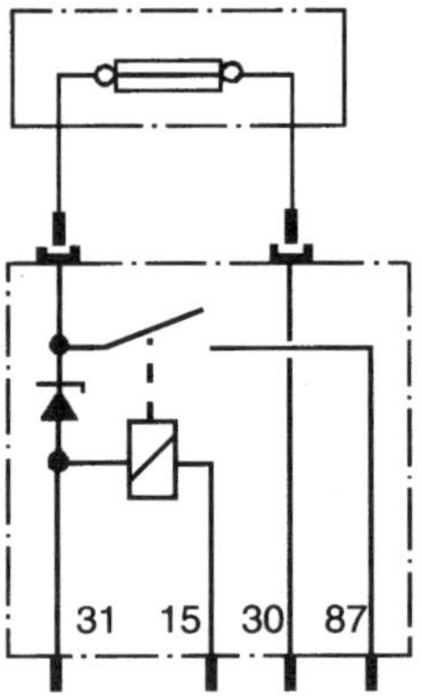

Bild 5.17
Schaltplan: Überspannungs-Schutzrelais

Klemmenbezeichnungen:
30 Eingang B+
87 Spannungsversorgung des angeschlossenen Steuergeräts
15 Klemme 15
31 Masse B–

5.2.3 **Z-Diode als Gleichrichterdiode im Drehstromgenerator** (Bild 5.18)

Aufgaben der Z-Dioden

- in Durchlassrichtung:
  Gleichrichtung der Wechselspannung;
- in Sperrrichtung:
  Schutz des Reglers und des Bordnetzes vor Überspannungen.

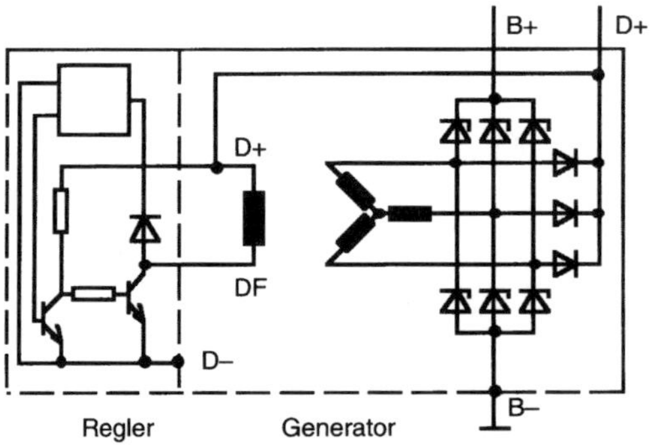

Bild 5.18
Schaltbild eines Drehstromgenerators mit integriertem Regler

5.3 **Leuchtdiode (LED)**

Problem

In Bild 5.19 ist ein Ausschnitt aus der Prüfanleitung für ein Schaltgerät der Zündung zu sehen. Ausdrücklich wird der Gebrauch einer «normalen» Prüflampe verboten und mit der zu hohen Stromaufnahme dieser Lampe begründet, die dann zu einer Zerstörung elektronischer Bauteile führt.

Lösung

Der zur Messung vorgeschriebene Spannungsprüfer ist eine Leuchtdioden-Prüflampe. Die Stromaufnahme ist so gering, dass keine elektronischen Bauteile zerstört werden können. Durch die Verwendung von zwei Leuchtdioden kann gleichzeitig noch die Spannungsart (Gleichspannung/Wechselspannung) und bei Gleichspannung die Polarität der Messstellen angezeigt werden.

C - Hall-Geber prüfen

- VEZ-Steuergerät i.O.

- Stecker vom TSZ-H-Schaltgerät abziehen, dazu Drahtsicherung drücken.

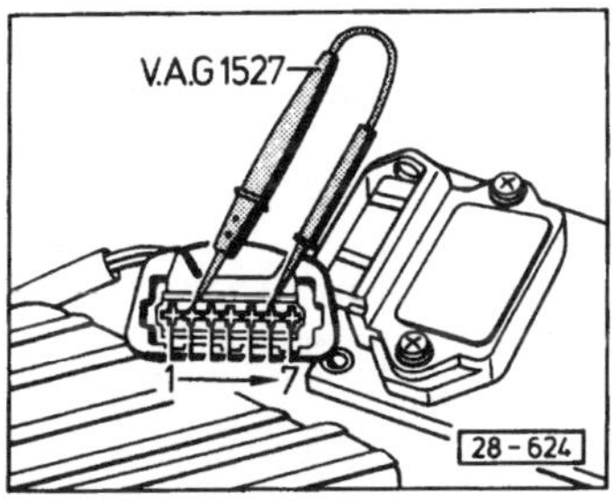

- Spannungsprüfer V.A.G 1527 an den Kontakten 2 und 6 am Stecker anschliessen.

Achtung!

Keine "normale" Prüflampe mit Glühlampe verwenden. Die hohe Stromaufnahme dieser Prüflampen kann zur Zerstörung elektronischer Bauelemente führen.

Bild 5.19
Ausschnitt aus einer Prüfanleitung für ein Zündschaltgerät eines VW Golf

5.3.1 Eigenschaften

Die Leuchtdiode leuchtet (Bild 5.20a):	Die Leuchtdiode leuchtet nicht (Bild 5.20b):
$U_1 = 9{,}87$ V	$U_1 = 10{,}18$ V
$U_2 = 1{,}67$ V	$U_2 = 10{,}18$ V
$I = 17{,}5$ mA	$I = 0$ mA

*Eine Leuchtdiode, Abk. LED (**L**ight-**E**mitting-**D**iode), verhält sich wie eine normale Halbleiterdiode.*
Die Durchlassspannung beträgt ca. 1,6 bis 4 V, der Durchlassstrom nur ca. 4 bis 20 mA. Die Werte hängen von der Farbe der Diode ab.
Die Leuchtdiode darf niemals ohne Vorwiderstand betrieben werden!

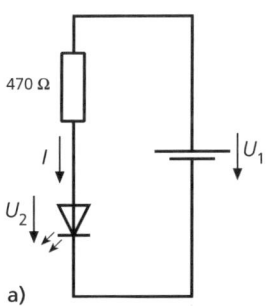

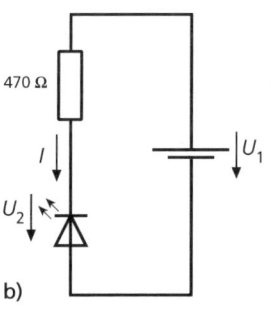

Bild 5.20
a) Durchlassrichtung
b) Sperrrichtung
U_1 Spannung an der Spannungsquelle
U_2 Spannung an der Leuchtdiode
I Strom durch die Leuchtdiode

5.3.2 Aufbau (Bild 5.21)

Im Gegensatz zu normalen Dioden werden Leuchtdioden nicht aus Silizium oder Germanium hergestellt, da diese Stoffe mehr Wärme als Licht abstrahlen. An ihrer Stelle verwendet man Halbleiterverbindungen wie z.B. Galliumarsenid (GaAs). Durch Wahl eines entsprechenden Dotierungsmaterials entstehen unterschiedliche Farbemissionen, z.B.

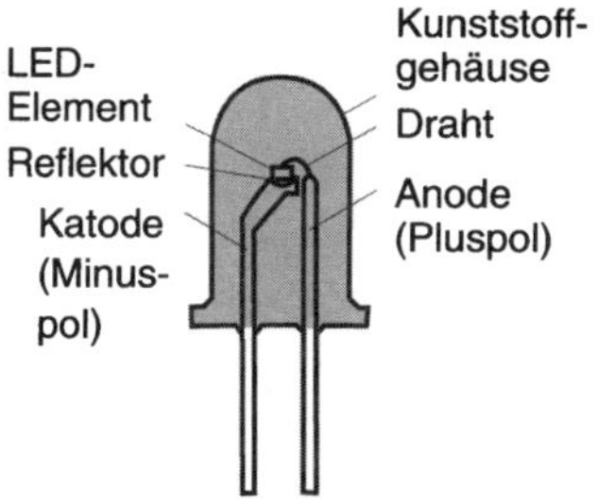

Bild 5.21
Aufbau einer LED

GaP = Gallium-Phosphor,
GaN = Gallium-Nitrit,
GaAsP = Gallium-Arsen-Phosphor.

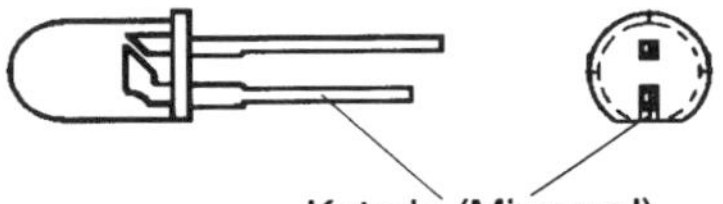

Bild 5.22
Polarität einer LED

Elektrisch verhält sich die LED wie eine normale Gleichrichterdiode, da auch hier der Strom nur in eine Richtung fließen kann.
Die abgeflachte Seite am Gehäuse bzw. der kurze Anschluss kennzeichnet die Katode (Minuspol, Bild 5.22).

Eine LED darf niemals ohne Vorwiderstand betrieben werden. Dieser Widerstand begrenzt den Strom durch die Leuchtdiode. Der Widerstand richtet sich nach der vorhandenen Betriebsspannung.

Berechnung des Vorwiderstandes

$$R = \frac{U_B - U_{LED}}{I_{LED}}$$

R	gesuchter Vorwiderstand
U_B	Betriebsspannung
U_{LED}	Durchlassspannung
I_{LED}	Durchlassstrom max. 20 mA

rote LED	ca. 1,6 V
orange LED	ca. 2,2 V
grüne LED	ca. 2,7 V
gelbe LED	ca. 2,4 V
blaue LED	ca. 4 V

Farben und Bauform der Leuchtdioden (Bilder 5.23 und 5.24)

Vorteile der LED

- niedrige Betriebsspannung,
- niedriger Strom,
- praktisch trägheitslos,
- Gleichrichterwirkung,
- kein Einschaltstromstoß,
- kleine Abmessungen,
- keine Fassung erforderlich,
- stoß- und vibrationsfest,
- großer Sichtwinkel,
- lange Lebensdauer,

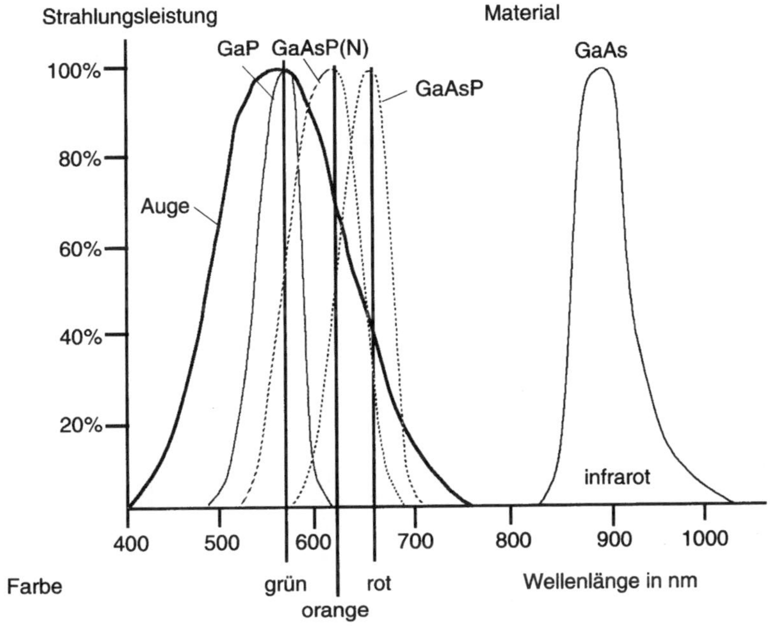

Bild 5.23
Farben von LED

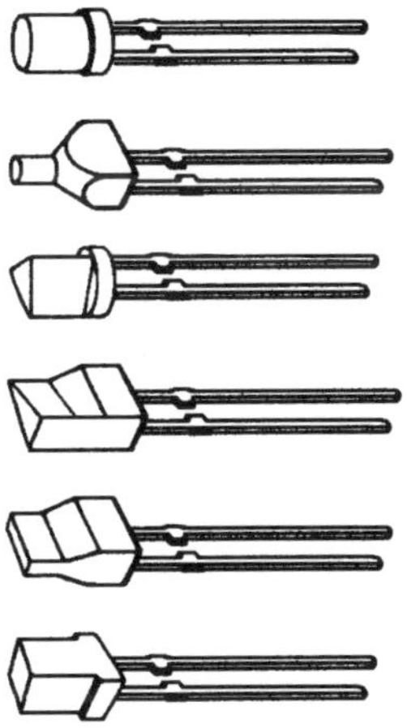

Bild 5.24
Verschiedene Bauformen von LEDs

- ❑ verschiedene Farben,
- ❑ präzise Lichtlenkung ohne zusätzlichen Reflektor durch definierte Abstrahlwinkel,
- ❑ keine IR-Strahlung (Wärme),
- ❑ billig,
- ❑ leichter Aufbau von Ziffernanzeigen.

Nachteile der LED

- ❑ Es ist eine große Zahl von LEDs nötig, um die Leuchtstärke konventioneller Leuchtmittel zu erreichen,
- ❑ hoher Energiebedarf bei der Fertigung (Umweltbilanz),
- ❑ Notwendigkeit von Vorschaltgeräten (Widerstände).

5.3.3 Anwendungsbeispiele

Prüflampe mit LED

Der Prüfstrom der LED-Prüflampe ist so klein, dass elektronische Bauteile nicht zerstört werden. Die LED-Prüflampe ist normalerweise mit zwei Leuchtdioden ausgestattet. Dadurch können

- ❑ die Spannungsart (Gleich- oder Wechselspannung) und
- ❑ bei Gleichspannung die Polarität der Spannung festgestellt werden (Bild 5.25).

Bild 5.25
Anzeige der Spannungsart und der Polarität bei einer LED-Prüflampe

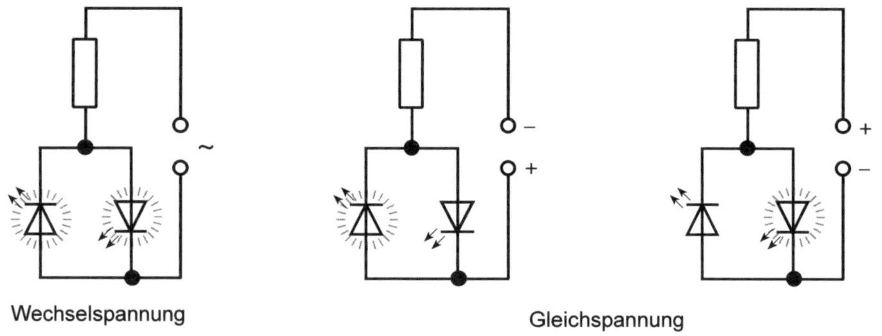

Stand- und Tagfahrlichtleuchten (Bilder 5.26 und 5.27)

Bild 5.26 (links)
LEDs in Stand- und Tagfahrlichtleuchten

Bild 5.27 (rechts)
Auswahl von LED-Bauformen

Rückleuchten am Audi A3 (Bild 5.28)

Bild 5.28
Rückleuchten Audi A3
1 Signal für Schlusslicht
2 Signal für Bremslicht
3 bidirektionale Leitung vom Zentralsteuergerät für Komfortsysteme

Die Schlussleuchteneinheiten sind teilweise in Diodentechnik aufgebaut (Blink-, Schluss- und Bremsleuchten). Zur Ansteuerung ist jeweils ein Mikroprozessor integriert. Die Dioden sind in einer Matrix angeordnet. Bei Ausfall einer Diode leuchten die anderen Dioden weiter (Bild 5.29).

Der Mikroprozessor steuert, ob die roten LEDs als Schlussleuchte (ca. 10% Helligkeit) oder als Bremsleuchte (ca. 97% Helligkeit) arbeiten. Er vereinfacht die Verkabelung, und es können diverse Notlauf-

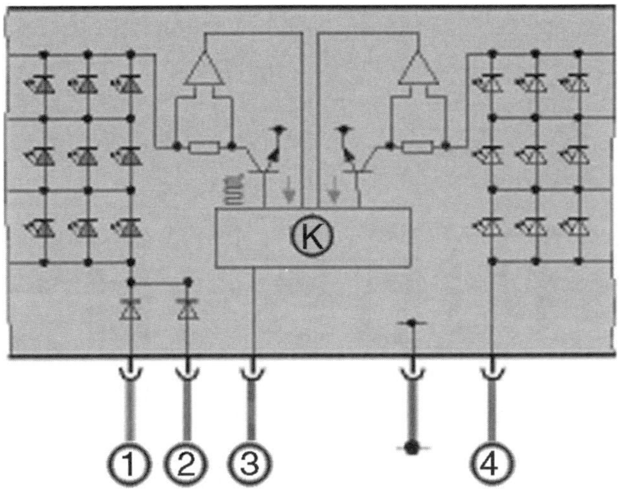

1 Signal für Schlusslicht
2 Signal für Bremslicht
3 bidirektionale Leitung vom Zentralsteuergerät für Komfortsysteme
4 Signal für Blinkleuchte

Bild 5.29
Ansteuerung der LED

Bild 5.30
Bremsleuchten BMW 745i

funktionen realisiert werden. Ein Totalausfall oder Fehlerfunktionen des internen Transistors werden vom Mikroprozessor erkannt.
Er sendet eine Fehlermeldung an das Zentralsteuergerät für Komfortsystem.
Die Blink-Leuchtdioden werden wie die Schlusslicht-Leuchtdioden angesteuert.
Die Helligkeitssteuerung des LED-Bremslichtes in Abhängigkeit von der Bremsverzögerung ist in Bild 5.30 zu sehen. Im Bild oben: leichte Anbremsung, unten: Vollbremsung.

7-Segment-Anzeigen (Bilder 5.31 und 5.32)

Bild 5.31
Display mit vier LED-7-Segment-Anzeigen

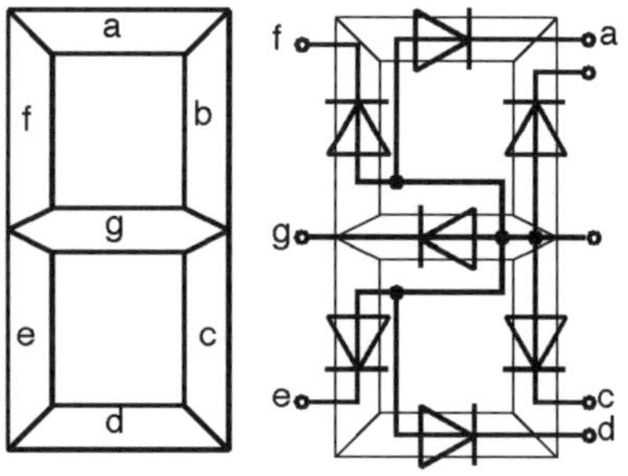

Bild 5.32
Darstellung der Innenschaltung einer 7-Segment-LED-Anzeige

Mit Hilfe von Leuchtdioden ist es leicht möglich, Zahlen, Ziffern und Symbole darzustellen. In LED-7-Segment-Anzeigen sind 7 Leuchtdioden in Balkenform zusammengefügt. Damit lassen sich alle Zahlen von 0 bis 9 darstellen (Bild 5.33). Durch Aneinanderreihung mehrerer Elemente kann man Zahlenfolgen darstellen.

Bild 5.33
Darstellung der Zahlen 0 bis 9 auf einer 7-Segment-Anzeige

5.4 Fotodioden

Zur Realisierung eines komplexen Infotainment-Systems (Bild 5.34) ist die optische Datenübertragung sinnvoll, denn mit den bisher verwendeten CAN-Datenbussystemen können Daten nicht schnell genug und damit nicht in der entsprechenden Menge übertragen werden. Die beteiligten Steuergeräte sind über einen Lichtwellenleiter (Bild 5.35) verbunden. Die digitalen Signale werden in mit Hilfe einer Leuchtdiode in Lichtimpulse umgewandelt und in einen Lichtwellenleiter geschickt. Auf der anderen Seite setzt eine Fotodiode die Lichtimpulse wieder in elektrische Signale um.

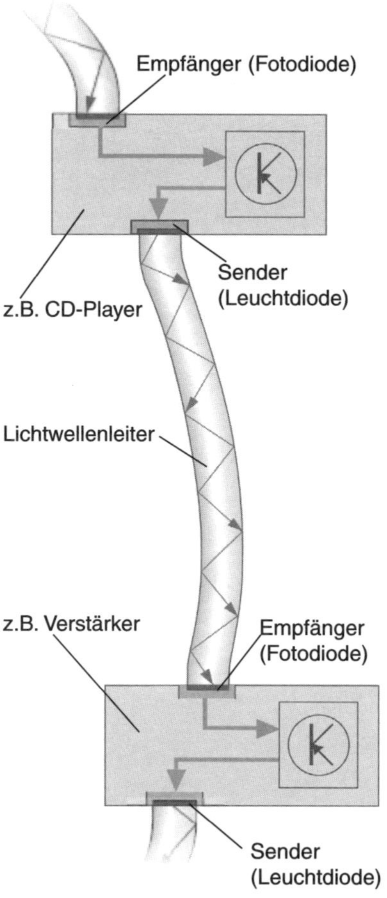

Bild 5.35
Prinzip Lichtwellenleiter

Bild 5.34
Mögliche Infotainment-Systeme im Kraftfahrzeug

5.4.1 Eigenschaften einer Fotodiode (Bild 5.36)

*Je mehr Licht auf die Fotodiode trifft, umso höher wird der Strom, der durch die Fotodiode fließt. Diesen Vorgang nennt man den **inneren fotoelektrischen Effekt**.*

Die Fotodiode wird in Sperrrichtung in Reihe mit einem Widerstand geschaltet. Steigt der Strom durch die Fotodiode aufgrund höherer Lichteinstrahlung, erhöht sich der Spannungsabfall am Widerstand (Bild 5.37). Somit ist die Umwandlung des Lichtsignals in ein Spannungssignal erfolgt.

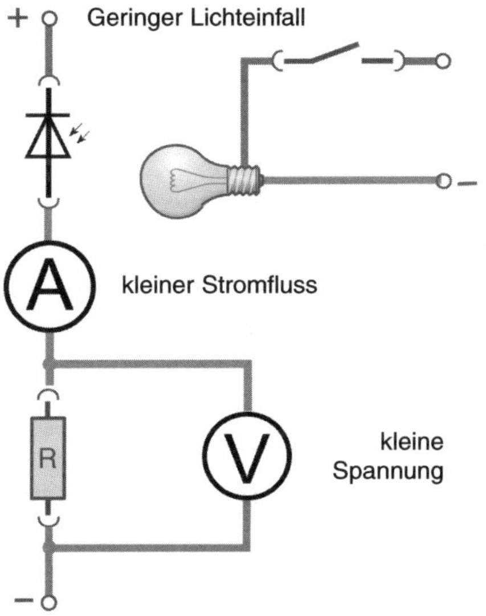

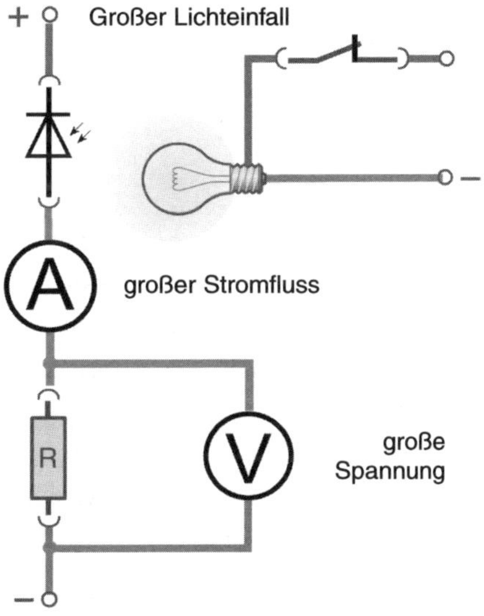

Bild 5.36 (links) Fotodiode bei geringem Lichteinfall

Bild 5.37 (rechts) Fotodiode bei starkem Lichteinfall

5.4.2 Anwendungsbeispiele für Fotodioden

5.4.2.1 Regen-Licht-Sensor

Der Regen-Licht-Sensor (Bild 5.38) wird hinter dem Innenspiegel im Wischbereich der Scheibenwischer installiert. Der Fahrer profitiert dabei von einer jederzeit optimal auf die Niederschlagsmenge abgestimmten Wischgeschwindigkeit. Gleichzeitig kann er das Einschalten des Fahrlichtes, beispielsweise in der Dämmerung oder bei Tunneldurchfahrten, nicht mehr vergessen.

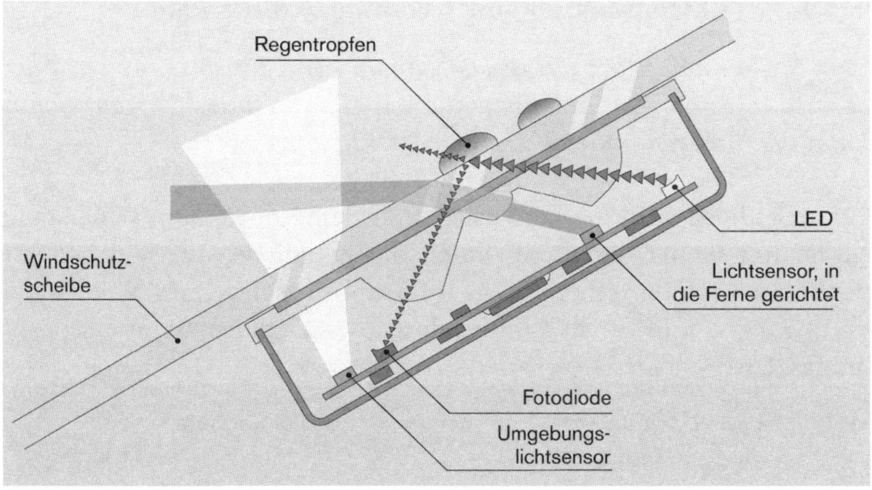

Bild 5.38
Bauteile des Regen-Licht-Sensors

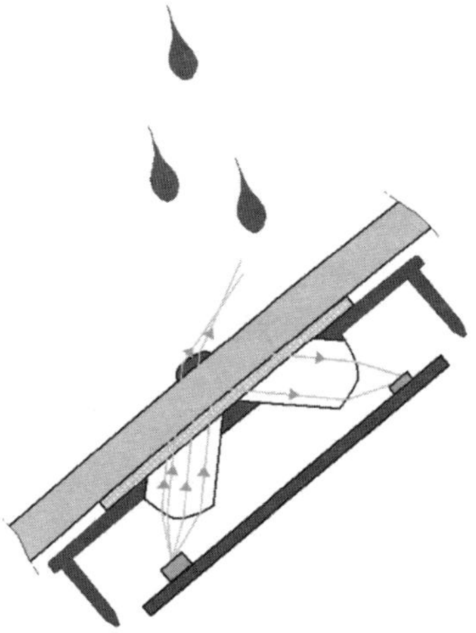

Bild 5.39
Prinzip des Regensensors

Funktion des Regensensors

Der Regensensor (Bild 5.39) registriert Wassertropfen auf der Windschutzscheibe durch ein optoelektronisches Verfahren. Dazu geben Sendedioden ein Infrarotlicht ab, das durch die Windschutzscheibe geleitet und an der äußeren Scheibenoberfläche reflektiert wird. Weitere Dioden empfangen das reflektierte Licht. Bei einer trockenen Scheibenoberfläche erreicht das Infrarotlicht die Empfangsdioden nahezu mit voller Stärke (Totalreflexion). Bei Regen dagegen wird es durch die Wassertropfen ausgekoppelt und gelangt nur noch teilweise dorthin. Die Steuerungselektronik erkennt anhand dieser Signaldifferenz, dass sich Wassertropfen auf der Windschutzscheibe befinden, und steuert die Wischanlage. Da diese Messungen permanent innerhalb des Wischbereiches vorgenommen werden, erkennt die Sensorik die Stärke des Niederschlags. Dementsprechend steuert sie Einzelwisch-Vorgänge ebenso wie Wisch-Intervalle mit optimalen Intervall-Zyklen und das Dauerwischen mit unterschiedlichen Geschwindigkeiten.

Funktion des Lichtsensors

Der Lichtsensor (Bilder 5.40 und 5.41) verfügt über zwei voneinander unabhängige Sensoren zur Erfassung des Umgebungslichtes und der Vorfeldbeleuchtung. Der Umgebungslichtsensor misst die allgemeine Lichtintensität. Dazu erfasst er das Licht in einem möglichst großen Winkel, ohne die Einfallrichtung zu berücksichtigen. Der Sensor für die Vorfeldbeleuchtung misst dagegen die Lichtintensität in einem kleinen Winkel ausschließlich direkt vor dem Fahrzeug. Ein spezieller Algorithmus erkennt anhand der Daten dieser beiden Sensoren sowie unter Einbeziehung weiterer Daten aus der Fahrzeugelektronik die unterschiedlichen Lichtverhältnisse (Tag, Nacht, Dämmerung

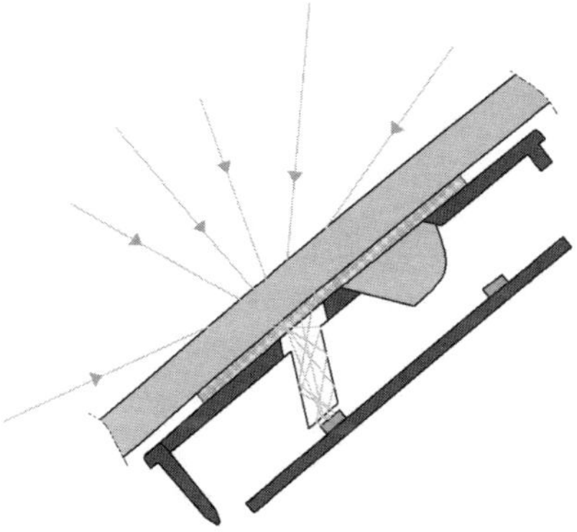

Bild 5.40
Prinzip des Sensors zur Erfassung des Umgebungslichtes

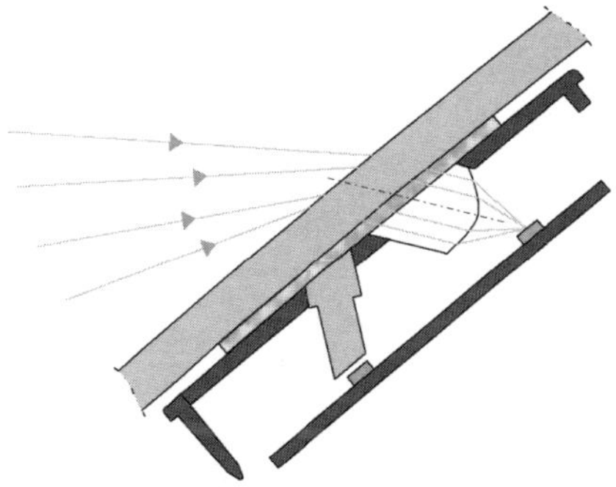

Bild 5.41
Prinzip des Sensors zur Erfassung der Vorfeldbeleuchtung

oder Tunnel- bzw. Brückendurchfahrten) und schaltet entsprechend das Fahrlicht ein oder aus.

5.4.2.2 Sensor für Sonneneinstrahlung (Bilder 5.42 und 5.43)

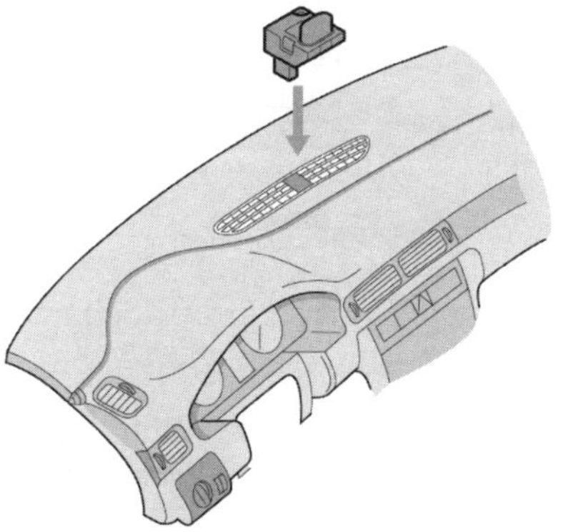

Bild 5.42 (links)
Position des Sonnensensors in der Armaturentafel

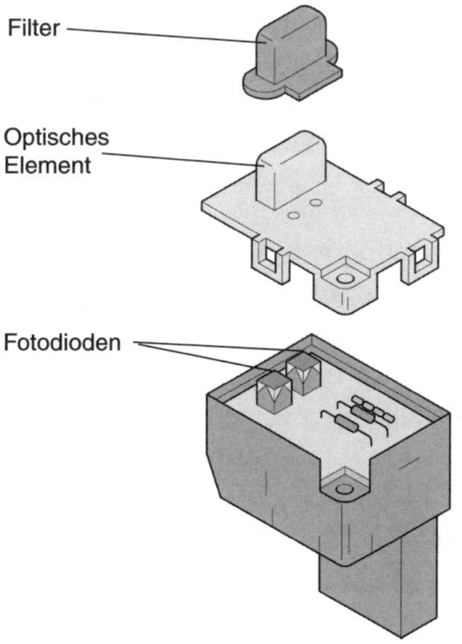

Bild 5.43 (rechts)
Komponenten des Sonnensensors in der Armaturentafel

Durch den Fotosensor für Sonneneinstrahlung wird die Temperaturregelung der Klimaanlage beeinflusst. Er erfasst die direkte Sonneneinstrahlung der Fahrzeuginsassen von vorn und getrennt voneinander für die linke und rechte Fahrzeugseite. Je nach Richtung der einfallenden Sonnenstrahlung wird die stärker vom Sonnenlicht beaufschlagte Fahrzeugseite mehr abgekühlt. Das Sonnenlicht fällt durch einen Filter und ein optisches Element auf zwei Fotodioden. Der Filter schützt das optische Element vor UV-Strahlung.

Das optische Element bewirkt, dass bei schräg einfallendem Licht ein hoher Anteil des Sonnenlichtes auf die Fotodioden gelenkt wird.

Sonneneinstrahlung von der Seite

Bei Sonneneinstrahlung von links oder rechts kommt es für den Fahrer oder den Beifahrer zu unterschiedlichem Wärmeempfinden. Fällt das Sonnenlicht z.B. stärker in den linken Fahrgastraum, wird ein hoher Anteil des Sonnenlichtes auf die linke Fotodiode gelenkt. Aufgrund des Steges im optischen Element fällt ein geringer Anteil des Sonnenlichtes auf die rechte Diode. Dadurch wird die Kühlleistung für den linken Fahrgastraum erhöht.

Sonneneinstrahlung von vorne (Bild 5.44)

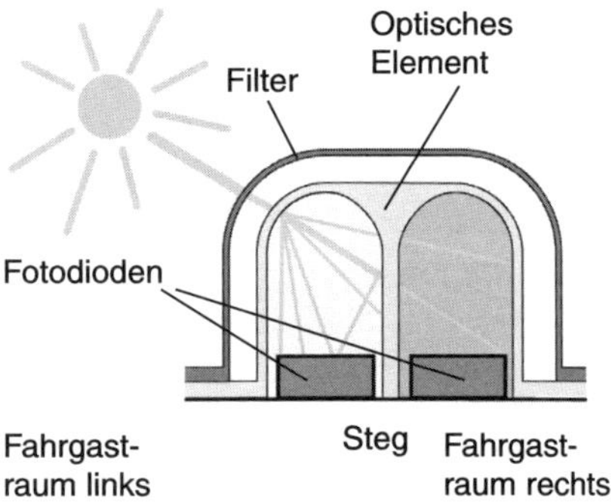

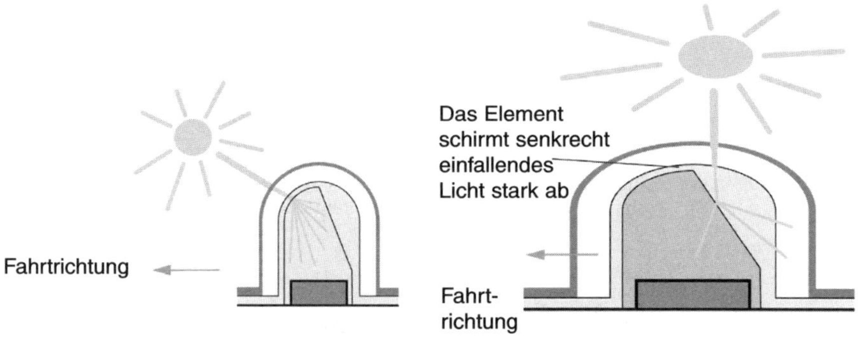

Bild 5.44
Arbeitsweise des Sensors für Sonneneinstrahlung

Sonneneinstrahlung von vorne erhöht das Wärmeempfinden von Fahrer und Beifahrer. Das optische Element lenkt einen hohen Anteil der Sonneneinstrahlung gleichmäßig auf die Fotodioden. Die Kühlleistung wird auf der Fahrer- und Beifahrerseite gleichmäßig erhöht.

Senkrechte Sonneneinstrahlung wird durch das Fahrzeugdach abgeschirmt. Das optische Element lenkt weniger Licht auf die Fotodioden. Die Kühlleistung kann gesenkt werden, da Fahrer- und Beifahrer nicht direkt der Sonneneinstrahlung ausgesetzt werden.

5.4.2.3 Automatisch abblendbarer Innenspiegel (Bild 5.45)

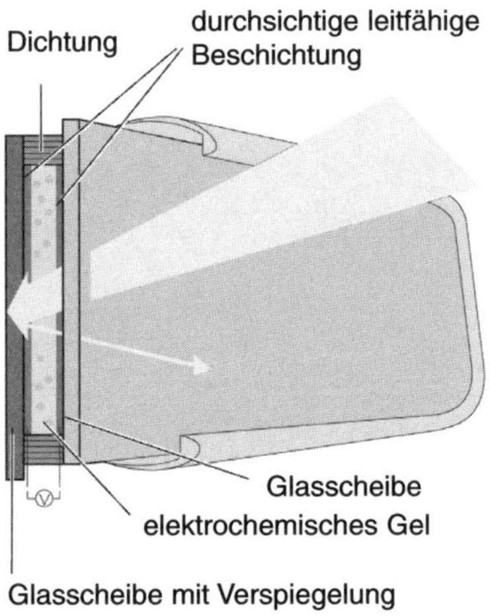

Bild 5.45
Aufbau des automatisch abblendbaren Innenspiegels

Der Innenspiegel besteht aus einer Steuerelektronik und dem Spiegelelement. Die Steuerelektronik befindet sich im Spiegelgehäuse und beinhaltet je einen nach vorn und nach hinten gerichteten Fotosensor. Das Spiegelelement trägt zwischen dem Spiegelglas und einer klaren Glasscheibe ein elektrochemisches Gel. Das Gel ist von zwei durchsichtigen leitfähigen Schichten umgeben. Je nach der an diesen Schichten anliegenden Spannung verändert das Gel seine Lichtdurchlässigkeit.

Die Elektronik erkennt über die Fotosensoren, dass der Fahrer von hinten geblendet wird. Der Lichteinfall auf der nach hinten gerichteten Seite des Spiegels ist dabei erheblich höher. Dementsprechend wird eine Spannung an die leitfähigen Schichten angelegt, und das Gel verringert seine Lichtdurchlässigkeit.

5.4.2.4 **Berührungslose Temperaturmessung** (Bild 5.46)

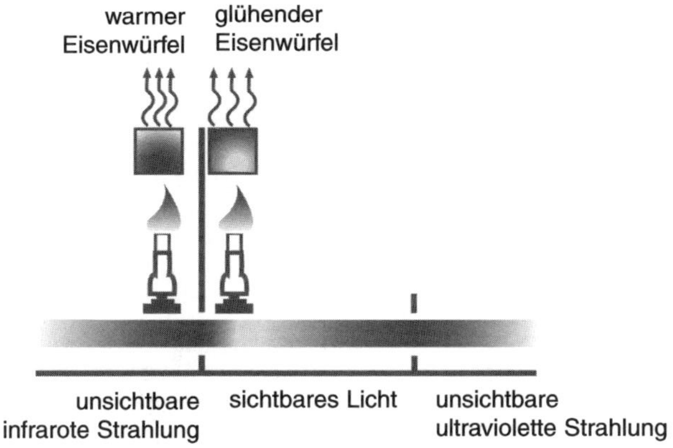

Bild 5.46
Physikalische Grundlage der kontaktlosen Temperaturmessung

Besonders bei tiefen Außentemperaturen wird das obere Drittel der Frontscheibe sehr kalt und neigt daher zum Beschlagen.
Um diesen Bereich zu erfassen, ist bei sehr hochpreisigen Fahrzeugen, z.B. dem Phaeton, unter anderem ein Geber für die Scheibentemperatur im Fuß des Rückspiegels verbaut.
Für die Regelung der automatischen Defrostfunktion werden drei Messwerte erfasst:

- Luftfeuchtigkeit,
- zugehörige Temperatur am Geber und
- Scheibentemperatur.

Die Scheibentemperatur wird dabei berührungslos gemessen.
Jeder Körper tauscht mit seiner Umgebung Wärme in Form von elektromagnetischer Strahlung aus. Diese elektromagnetische Strahlung kann die Wärmestrahlung im Infrarotbereich, das für uns sichtbare Licht oder auch ultraviolette Anteile umfassen. Diese drei Bereiche sind allerdings nur ein sehr kleiner Teil des gesamten elektromagnetischen Spektrums. Die Aufnahme von Strahlung wird **Absorption** genannt, die Abgabe **Emission**.
Ein Stück Eisen kann z.B. infrarote Wärmestrahlung aufnehmen. Es wird warm, was bedeutet, dass das Eisen auch wieder infrarote Strahlung abgibt. Erwärmt man das Eisenstück weiter, fängt es an zu glühen. Es sendet nun neben der infraroten auch elektromagnetische

Strahlung im Bereich des sichtbaren Lichtes aus. Je nachdem, welche Temperatur der Körper selbst hat, kann sich die Zusammensetzung der abgegebenen Strahlung ändern. Ändert sich die Temperatur des Körpers, so ändert sich z.B. der Infrarotanteil der abgegebenen Strahlung.

Durch die Messung der abgegebenen infraroten Strahlung kann also berührungslos die Temperatur des Körpers bestimmt werden.

Wenn sich die Temperatur der Frontscheibe ändert, verändert sich auch der Infrarotanteil der von der Scheibe abgegebenen Wärmestrahlung. Dies wird vom Sensor erfasst und von der Sensorelektronik in ein Spannungssignal umgewandelt.

Arbeitsweise

Die Messung bei kalter Frontscheibe ist in Bild 5.47 dargestellt, die Messung bei warmer Frontscheibe in Bild 5.48.

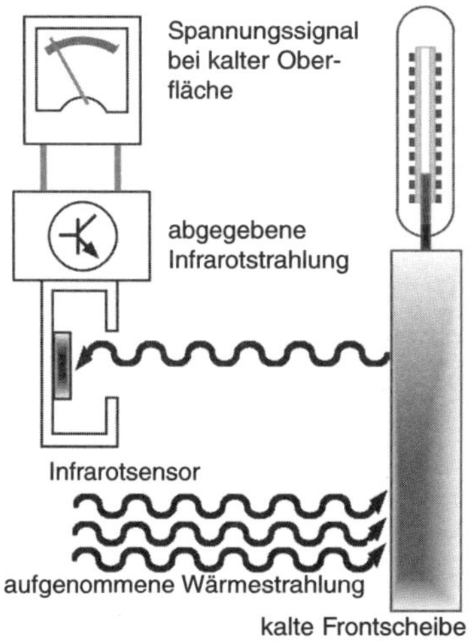

Bild 5.47 (links)
Infrarotstrahlung bei kalter Scheibe

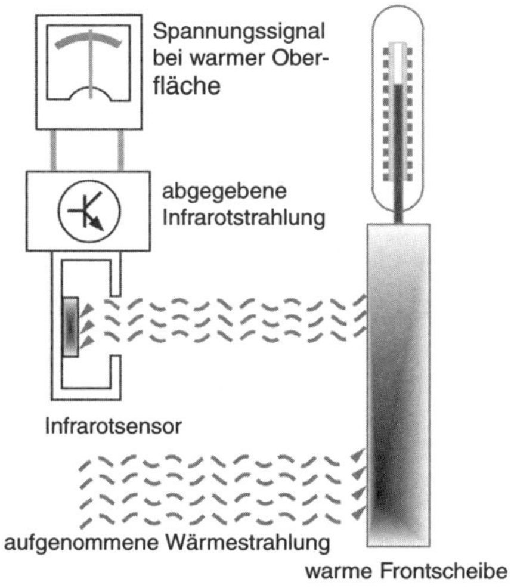

Bild 5.48 (rechts)
Infrarotstrahlung bei warmer Scheibe

5.5 Transistor

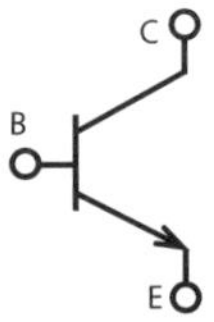

Bild 5.49
Schaltzeichen eines Transistors

Ein Transistor besitzt 3 Anschlüsse. Sie heißen Kollektor (C), Basis (B) und Emitter (E) (Bild 5.49).

Schalter offen (Bild 5.50)

Die Basis-Emitter-Spannung U_{BE} ist kleiner als 0,7 V.

Die Kollektor-Emitter-Strecke ist nicht leitend. Der Transistor sperrt.

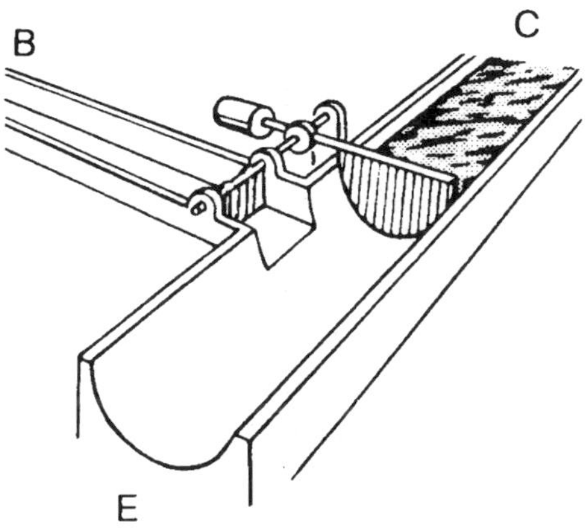

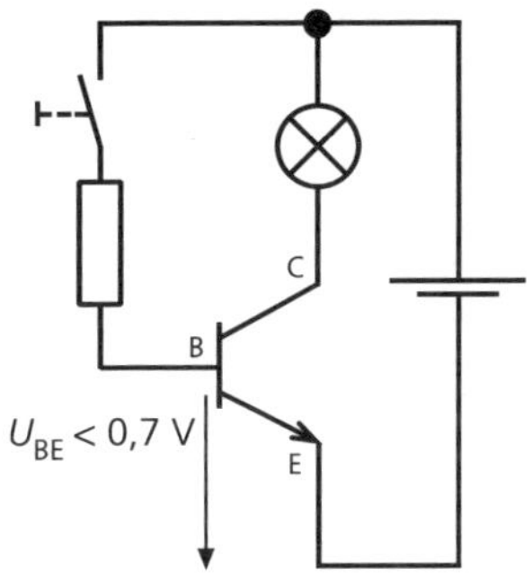

Bild 5.50
Modellhafte Darstellung und Schaltbild: Transistor als offener Schalter

Schalter geschlossen (Bild 5.51)
Die Basis-Emitter-Spannung U_{BE} ist größer als 0,7 V.
Die Kollektor-Emitter-Strecke ist leitend. Der Transistor ist durchgeschaltet.

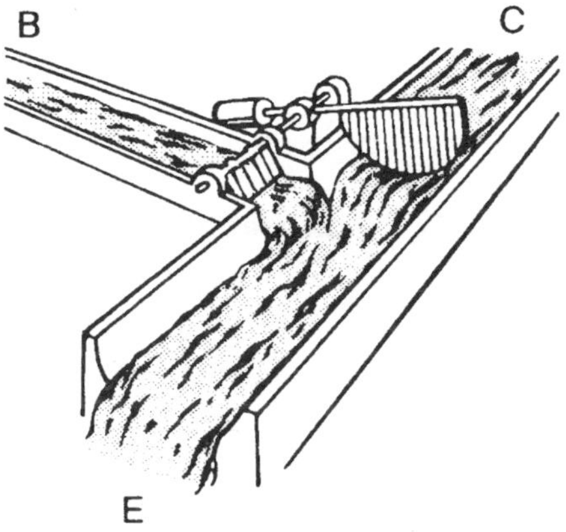

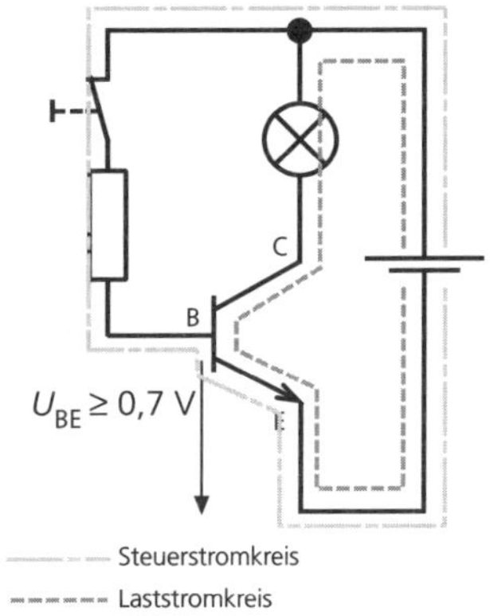

Bild 5.51
Modellhafte Darstellung und Schaltbild: Transistor als geschlossener Schalter

Ein kleiner Basisstrom schaltet einen großen Kollektor-Emitter-Strom.

5.5.1 Transistor als steuerbares Bauelement

Ermittlung der minimalen Basis-Emitter-Spannung (Bild 5.52)
U_{BE} Spannung zwischen Basis und Emitter
$U_{BE} \approx 0{,}7$ V

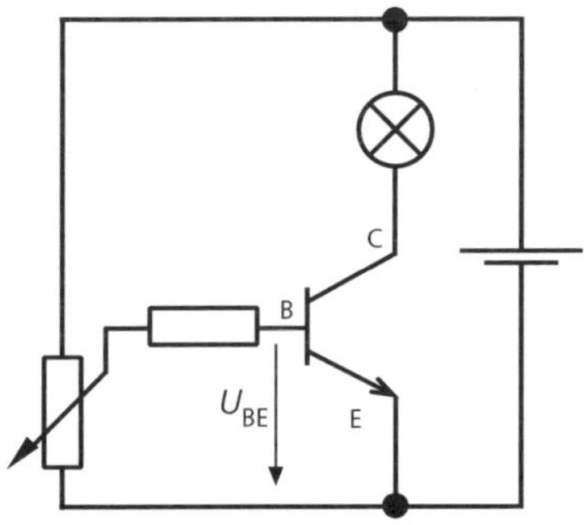

Bild 5.52
Notwendige Basis-Emitter-Spannung zum Durchschalten des Transistors

Bei welcher Spannung zwischen Basis und Emitter U_{BE} des Transistors geht die Kollektor-Emitter-Strecke des Transistors in den leitenden Zustand über, so dass die Glühlampe leuchtet?

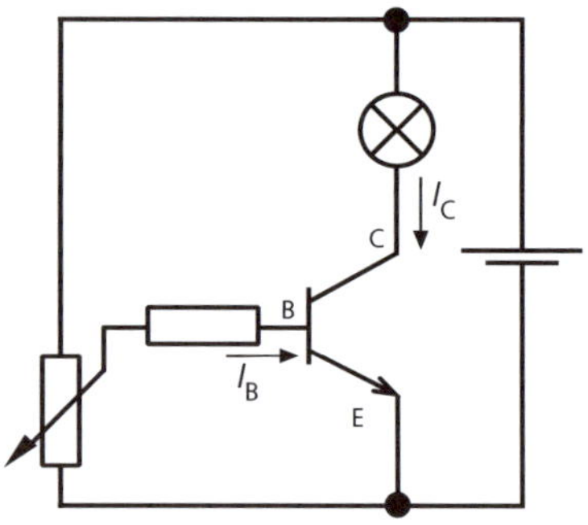

Bild 5.53
Ermittlung der Stromverstärkung B eines Transistors

Es ist eine Basis-Emitter-Spannung U_{BE} von ca. +0,7 V nötig, damit der Transistor durchschaltet, d.h. die Kollektor-Emitter-Strecke leitend wird.

Verhältnis von Kollektorstrom zu Basisstrom

I_B Basisstrom
I_C Kollektorstrom
I_B 0,25 mA
I_C 80 mA

Die Stromverstärkung B gibt an, um wievielmal der Kollektorstrom größer ist als der Basisstrom (Bild 5.53).

$$B = \frac{I_C}{I_B} = \frac{80\ \text{mA}}{0{,}25\ \text{mA}} = 320$$

Ein kleiner Basisstrom steuert einen großen Kollektorstrom.

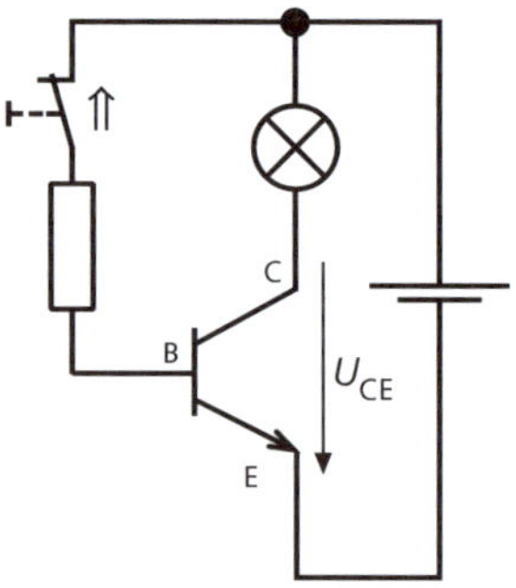

Bild 5.54
Spannungsfall am durchgeschalteten Transistor

Spannungsfall am durchgeschalteten Transistor (Bild 5.54)

U_{CE} Spannung zwischen Kollektor und Emitter
$U_{CE} \approx 0{,}29$ V

Bei einem idealen Schalter müsste dieser Spannungsfall 0 V sein, da der Transistor durchgeschaltet, d.h. die Kollektor-Emitter-Strecke leitend ist.

Am Transistor fällt in durchgeschaltetem Zustand an der Kollektor-Emitter-Strecke eine Spannung ab.
Diese Spannung führt zu einer Erwärmung des Transistors.

Bild 5.55 (links)
Relais als Schalter

Bild 5.56 (rechts)
Transistor als Schalter

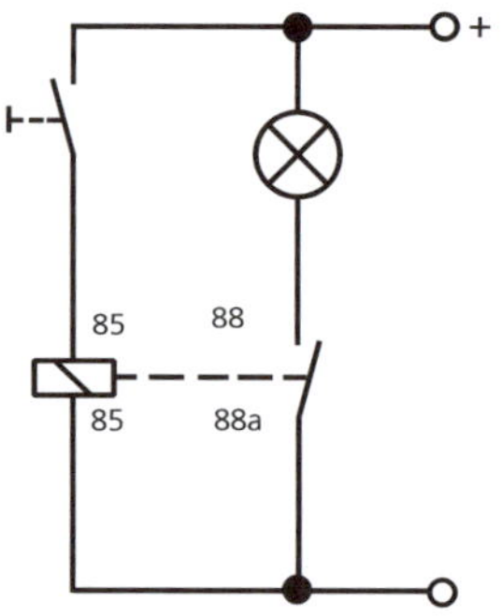

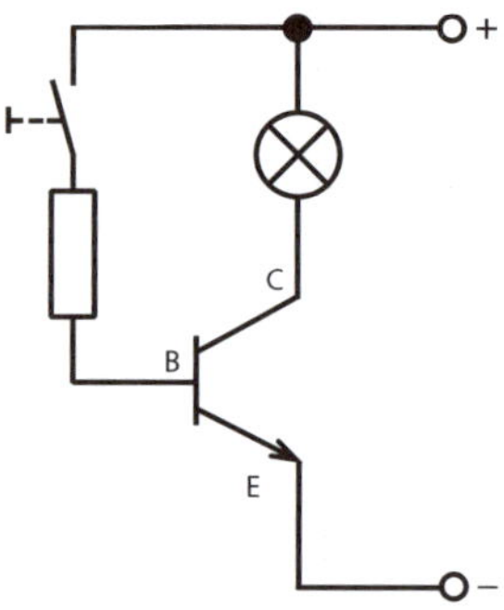

PNP = Schaltet auf der positiven Seite vom Verbraucher
braucht an der Basis ein -Minuspotenial

5.5.2 Vergleich: Relais – Transistor

Tabelle 5.2

Vorteile	
Relais ❑ Unempfindlich gegen kurze Überströme, daher ideal zum Schalten von Glühlampen aufgrund des hohen Einschaltstroms (PTC-Verhalten) der Glühlampen ❑ sehr geringer Spannungsfall am geschlossenen Arbeitskontrakt. Daher kaum Verluste und eine geringe Erwärmung, ❑ relativ temperaturunempfindlich	**Transistor** ❑ Nahezu verschleißfrei ❑ Es sind nur kleine Steuerströme nötig ❑ Es sind hohe Schaltfrequenzen möglich, z.B. bei der Transistorzündung ❑ vibrationsfest
Nachteile	
❑ Nur geringe Schaltfrequenzen realisierbar Verschleiß der Kontakte ❑ Beim Abschalten des Relais entstehen Induktionsspannungen in der Spule	❑ Temeraturempfindlich ❑ empfindlich gegen Überspannungen ❑ empfindlich gegen Stromspitzen. ❑ Der Spannungsfall am durchgeschalteten Transistor führt zu einer Wärmeentwicklung (Notwendigkeit einer Kühlung).

Steuer- und Laststromkreis (Bilder 5.57 und 5.58)

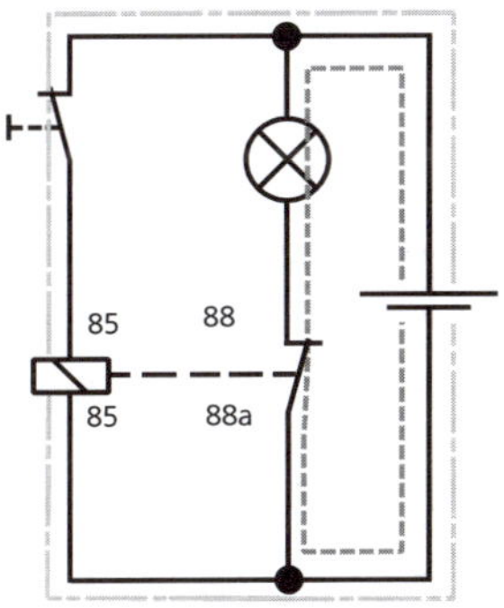

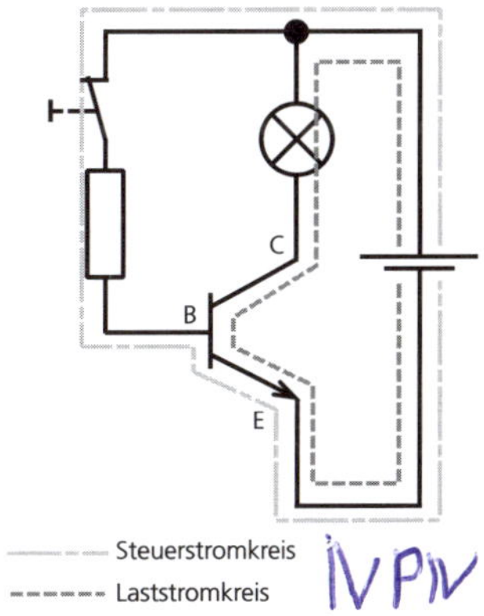

Bild 5.57 (links)
Steuer- und Laststromkreis eines Relais

Bild 5.58 (rechts)
Steuer- und Laststromkreis eines Transistors

NPN

NPN=schaltet auf der negativen Seite von Verbraucher

Ein kleiner Strom im Steuerstromkreis steuert einen großen Strom im Laststromkreis.

braucht an der Basis ein Pluspotential

5.5.3 Transistor als Verstärker

Bei der Klopfregelung von Ottomotoren werden die Klopfsignale von einem Sensor erfasst und an das Steuergerät zur Auswertung weitergeleitet (Bilder 5.59 und 5.60). Der Klopfsensor, ein Piezoelement, liefert bei Normalbetrieb nur ganz schwache Signale, die in dem Steuergerät durch Verstärkerschaltungen aufbereitet werden müssen. Zur Verstärkung solch schwacher Signale kann man Transistoren einsetzen.

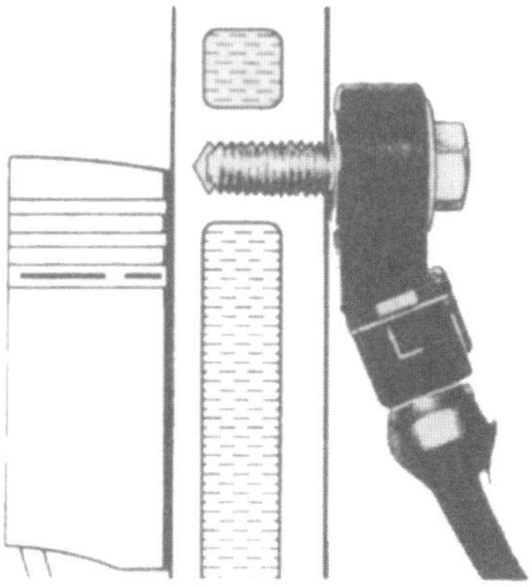

Bild 5.59
Anbringung des Klopfsensors am Motorblock

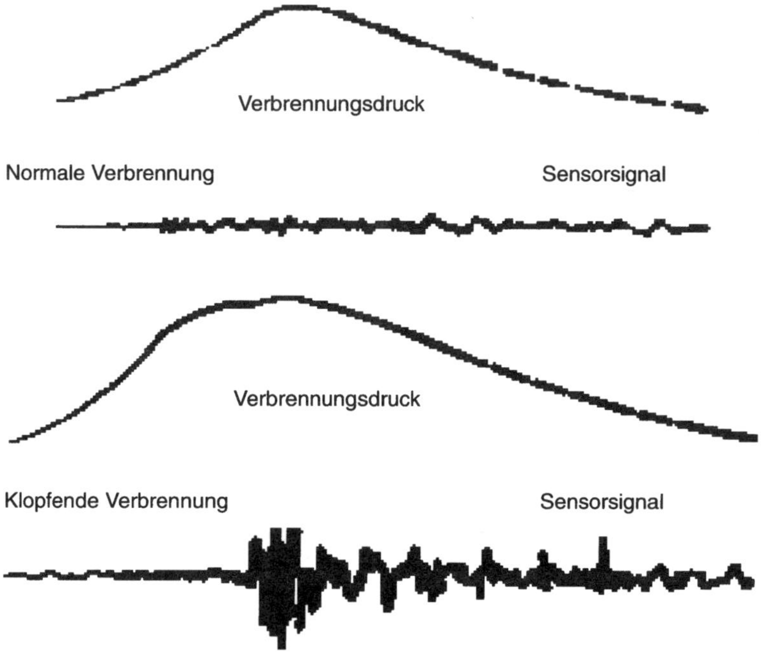

Bild 5.60
Klopfsensor und Klopfsensorsignale

Ein Verstärker benötigt 2 Eingangs- und 2 Ausgangsanschlüsse (Bild 5.61). Benutzt man einen Transistor als Verstärkerelement, muss man einen der 3 Anschlüsse für den Ein- und Ausgang des Verstärkers gemeinsam verwenden.
Aus dem gemeinsamen Anschlusspunkt ergibt sich die Bezeichnung der Schaltung: Die am häufigsten eingesetzten Schaltungen im Kfz-Bereich sind die Emitterschaltung und eine Form der Kollektorschaltung, der Emitterfolger (Bild 5.62).

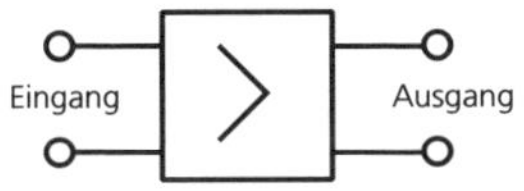

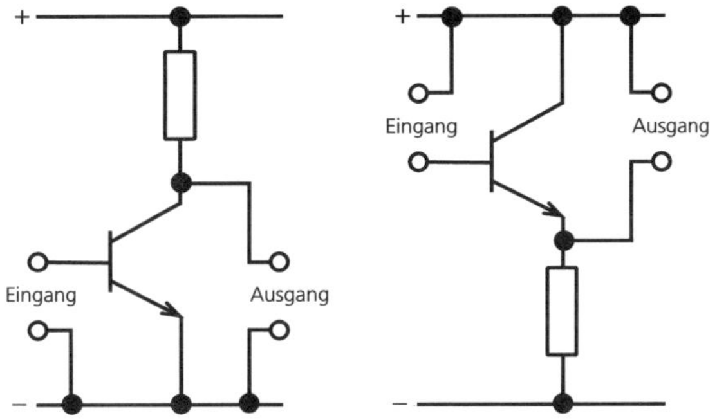

Bild 5.61 (links)
Schaltbild eines Verstärkers

Bild 5.62 (rechts)
Darstellung der zwei wichtigsten Transistorschaltungen

5.5.4 Tastverhältnis

Problem
Ein Verbraucher, z.B. eine Glühlampe, soll nicht mit der vollen Leistung betrieben werden.

Lösung
a) In Reihe mit der Glühlampe wird ein Vorwiderstand geschaltet (Bild 5.63b).
Nachteil: Die nicht benötigte Spannung fällt am Vorwiderstand ab. Die entstehende Verlustleistung muss als Wärme an die Umgebung abgeführt werden.
Anwendung: Stufenschaltung des Lüftungsgebläses z.B. bei Mercedes oder Opel.
b) Mit Hilfe eines elektronischen Schalters (Bild 5.63a) wird die Glühlampe so schnell ein- und ausgeschaltet, dass das menschliche Auge die Schaltvorgänge nicht wahrnehmen kann.
Vorteil: Es entsteht keine Verlustleistung.
Anwendung: Leerlaufdrehzahlsteller, Tankentlüftungsventil usw.

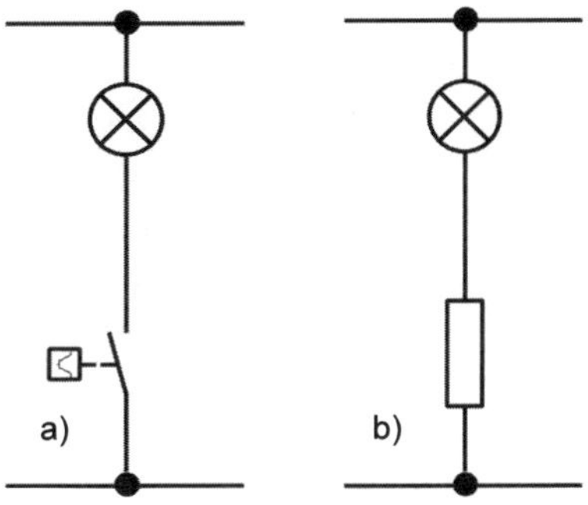

Bild 5.63
Möglichkeiten der Leistungssteuerung

Das Verhältnis von Einschaltdauer der Verbraucherspannung U_V zur Periodendauer T wird als Tastverhältnis bezeichnet (Bilder 5.64 und 5.65).

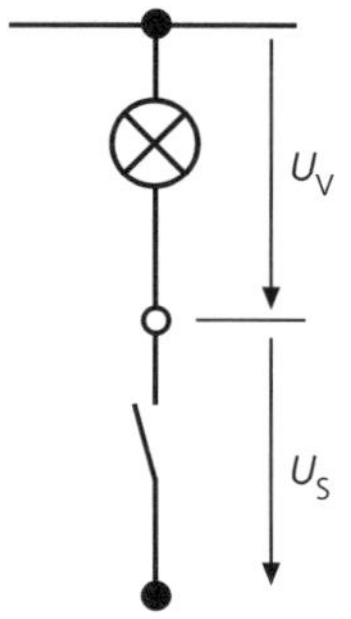

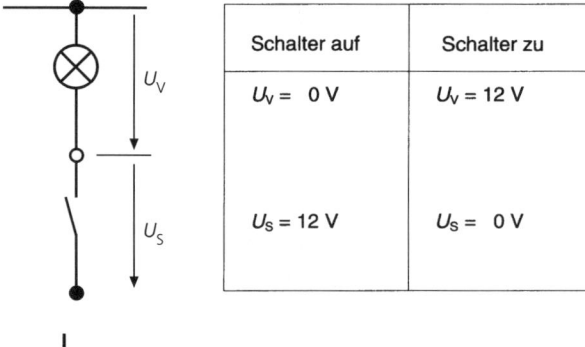

Schalter auf	Schalter zu
U_V = 0 V	U_V = 12 V
U_S = 12 V	U_S = 0 V

Bild 5.64
Tastverhältnis

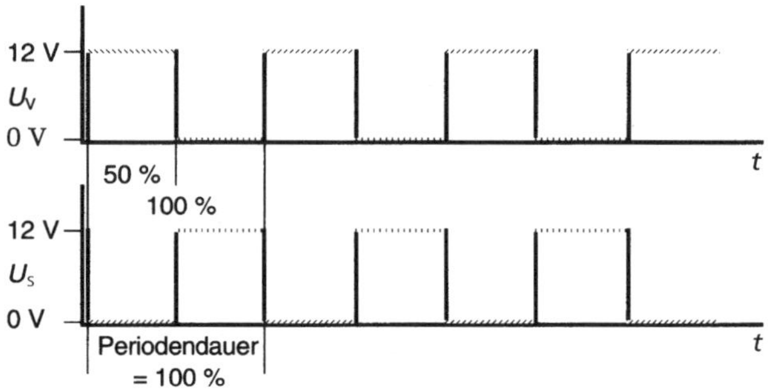

Bild 5.65
Zusammenhang zwischen Schalter- und Verbraucherspannung

Beispiel für eine Helligkeitsregelung über die Veränderung des Tastverhältnisses (Bild 5.66)

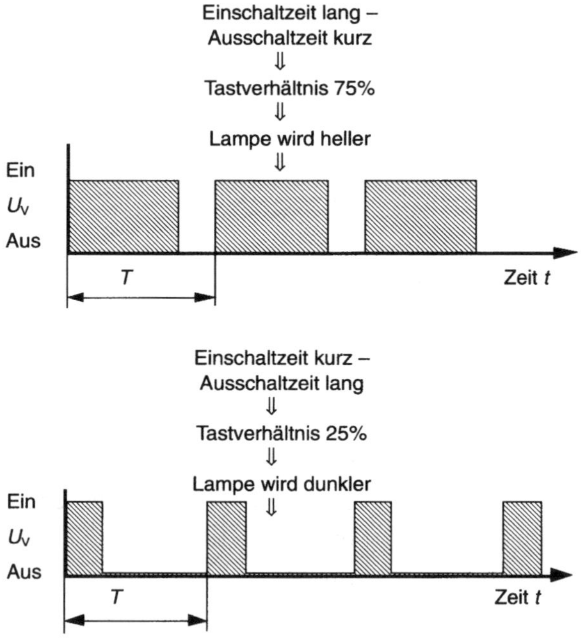

Bild 5.66
Beispiel für eine Helligkeitssteuerung durch Veränderung des Tastverhältnisses

Die Ein- und Ausschaltvorgänge erfolgen so schnell, dass sie mit dem Auge nicht wahrgenommen werden können.
Bei Kfz-Schaltungen sind Frequenzen von 100 Hz üblich. Dies entspricht einer Periodendauer von 0,01 s.

6 Systemanalyse und Signalflusspläne

Bei einem modernen Fahrzeug kann durch die Verknüpfung der Systeme der Fehler in einem Bereich liegen, der zunächst gar nicht für die Beanstandung vermutet wird. So kann z.B. die Antriebsschlupf-Regelung die abgegebene Motorleistung durch Eingriffe in Zündung, Gemischaufbereitung oder das elektronische Gaspedal reduzieren. Die Verknüpfung der Elektrotechnik und Elektronik mit der Kfz-Technik ist durch die Entwicklung der Mikroelektronik immer schneller vorangetrieben worden. Vergleiche mit den herkömmlichen, mechanischen Systemen haben ergeben, dass durch den Einsatz geschlossener Regelkreise mit elektrischen und elektropneumatischen bzw. elektrohydraulischen Stellern verbesserte und völlig neue Regelfunktionen ausgeführt werden können.
Die Kopplung der verschiedenen elektronischen Systeme hat mittlerweile zu so großen Kabellängen und zu einer Vielzahl von Steckverbindungen im Fahrzeug geführt, dass dadurch wieder neue Störquellen entstanden sind. Führende Automobilhersteller haben deshalb neue Konzeptionen zum Datenaustausch zwischen den einzelnen Komponenten entwickelt. Gleichzeitig werden an den Kfz-Techniker immer höhere Anforderungen gestellt, die immer abstrakter, also schwerer vorstellbar werden. Das Fahrzeug als Summe von Einzelkomponenten vorwiegend mechanischer Ausprägung muss einer Vorstellung des **Systems Kraftfahrzeug** weichen.

6.1 Wirkungsbezogene Analyse

Erschwerend für die Kfz-Werkstätten ist die Verknüpfung der Systeme untereinander. Sie lässt sich für den Mechaniker nicht mehr durch konkrete Schaltungen darstellen. Notwendig ist eine Zusammenfassung von Einzelfunktionen zu Blöcken. Die Funktion wird dabei nur noch sinnbildlich dargestellt. Das Zusammenwirken der Elemente des Systems wird sinnbildlich dargestellt, indem die Einzelblöcke entsprechend der vorgegebenen Wirkzusammenhänge verbunden werden. Durch diese Vorgehensweise können auch umfangreiche Systeme analysiert und übersichtlich dargestellt werden.

Bei einer wirkungsbezogenen Analyse werden anstelle konkreter Schaltungen Funktionssymbole bzw. Beschreibungen in Blöcke eingefügt, die den Signalfluss besser verdeutlichen.

Zwischen den einzelnen Blöcken tritt ein Signalfluss in Form von Ein- und Ausgangssignalen auf. Im Block selber findet eine Verarbeitung dieser Signale statt. Somit lässt sich im einfachsten Fall eine Systemanalyse auf drei Funktionsblöcke reduzieren (Bild 6.1). Üblicherweise liefern Sensoren, also Messfühler, die Eingabesignale. Die Verarbeitung erfolgt in einem Steuergerät, die Ausgabe auf Aktuatoren oder Stellglieder.

Bild 6.1
Prinzip der Signalverarbeitung

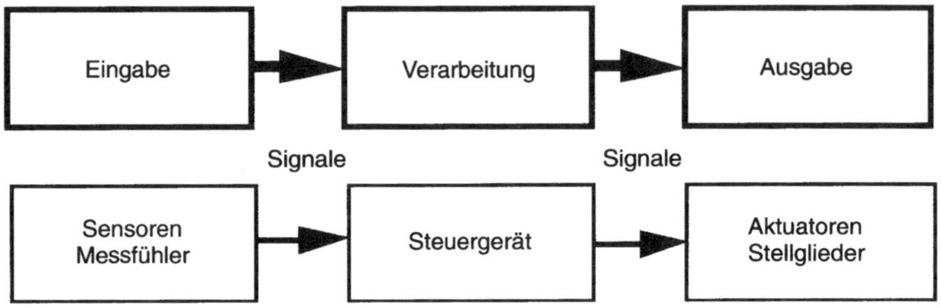

6.2 System Kraftfahrzeug

Das Beispiel in Bild 6.2 zeigt, dass für die erforderlichen Prüf- und Messarbeiten der Zugriff auf die Signalleitungen, die so genannten Schnittstellen zwischen den Blöcken, sowie das Wissen um die Bau-

Bild 6.2
Mögliche Informationswege bei einem modernen Kraftfahrzeug

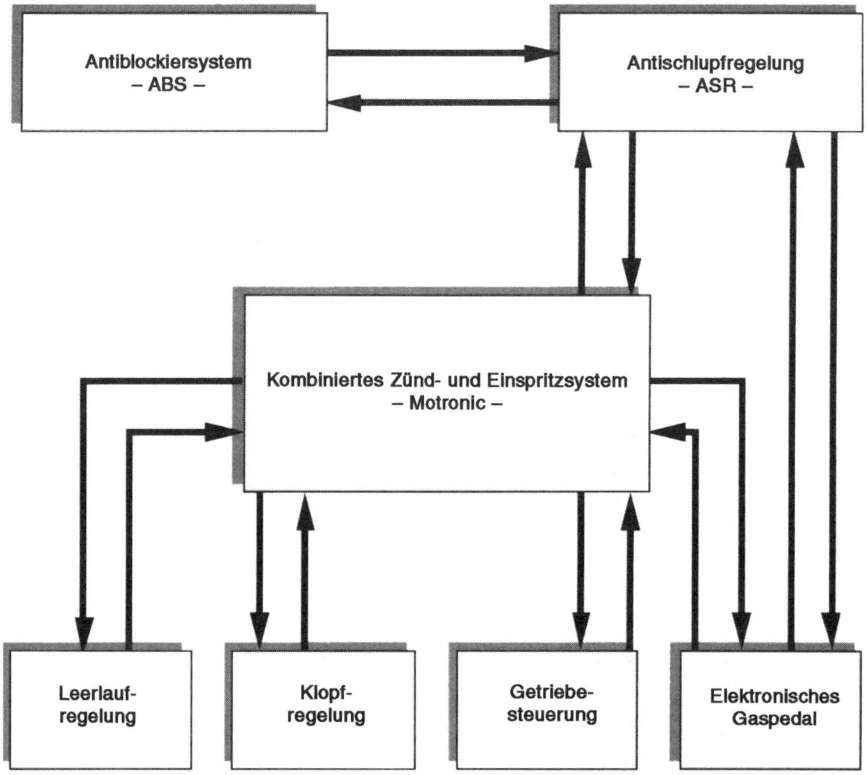

teile der Ein- und Ausgabeglieder erforderlich sind. Genaue Kenntnisse über den Aufbau des Verarbeitungsgliedes (Steuergerät) ist nicht nötig. Die Fehlersuche erfolgt aufgrund einer logischen Vorgehensweise: Sind alle Eingangsinformationen (= Sensorsignale) in Ordnung und erfolgt die Ansteuerung der Stellglieder nicht korrekt, dann liegt ein Fehler in der Verarbeitung vor. Unterstützt wird diese Fehlersuche bei modernen Systemen durch eine Eigendiagnose der Steuergeräte, die evtl. Fehler in dem System erkennt und dem Mechaniker mitteilt.

6.3 Signalflussplan

Betrachtet man die **technische Einrichtung** z.B. der Gemischaufbereitung, so benutzt man oft die bildliche Darstellung der Bauteile. Bei der Beschreibung ihrer **Wirkungsweise** und somit bei der **Überprüfung** beschreibt man allein die Zuordnung der zu berücksichtigenden Signale (Bild 6.3).

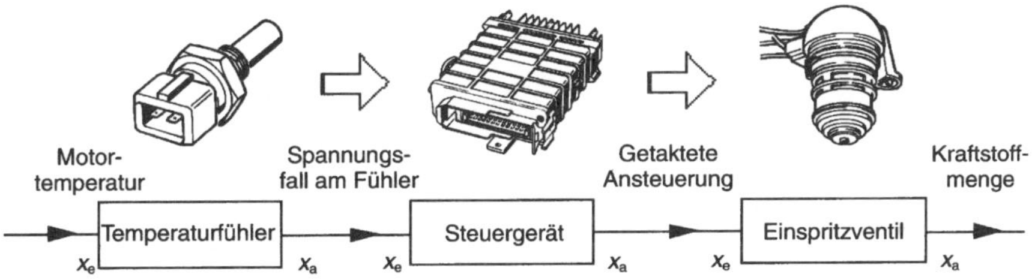

Bild 6.3
Darstellung des Signalflusses. Bei einer Gemischaufbereitung soll nur der Einfluss der Motortemperatur auf die Einspritzmenge betrachtet werden.

Der Signalflussplan ist eine sinnbildliche Darstellung der wirkungsmäßigen Zusammenhänge zwischen den Signalen in einem System. Die Zusammenhänge werden durch Rechtecke in Form von Blockschaltbildern dargestellt.

Ein **Signal** ist die Darstellung von Informationen durch den Wert einer physikalischen Größe, z.B. Spannung oder Druck, Zug usw. Die Signale werden durch mit Pfeilspitzen versehene Linien dargestellt. Jedem Glied wird mindestens ein **Eingangssignal** x_e zugeführt und mindestens ein **Ausgangssignal** x_a entnommen. Die Wirkungslinien für die Ein- und Ausgangssignale werden vorwiegend an den Schmalseiten des Rechtecks angesetzt.

Grundformen von Signalflussplänen

Beispiel 1 (Bild 6.4)

Das Drehzahlsignal x_1 wirkt auf zwei verschiedene Systeme:

1. Einspritzsystem,
2. Drehzahlmesser.

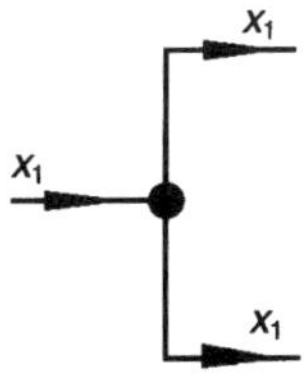

Bild 6.4

Bei der **Verzweigungsstelle** schaltet sich die Wirkungslinie auf mehrere Wirkungslinien auf, die alle das gleiche Signal führen.

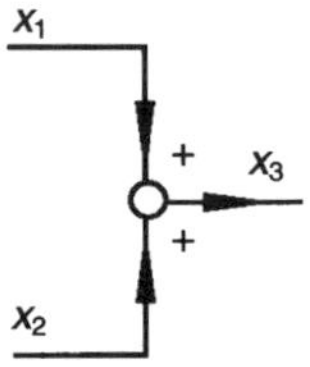

Bild 6.5

Beispiel 2 (Bild 6.5)
Der Zündzeitpunkt x_3 besteht aus der Addition zweier Einzelsignale:

x_1: Fliehkraftverstellung,
x_2 Unterdruckverstellung.

Bei der **Additionsstelle,** bei der anstelle eines Rechtecks ein Kreis gezeichnet werden kann, addieren sich die Eingangssignale bzw. werden subtrahiert.
Reihenschaltung (Bild 6.6a) und **Parallelschaltung** (Bild 6.6b) sind offene Schaltungen. Der Signalfluss erfolgt nur in eine Richtung. Das Ausgangssignal wirkt nicht auf den Eingang zurück.
Kreisschaltungen (Bild 6.6c) sind geschlossene Schaltungen. Das Ausgangssignal wird auf den Eingang zurückgeführt.

Bild 6.6
a) Reihenschaltung

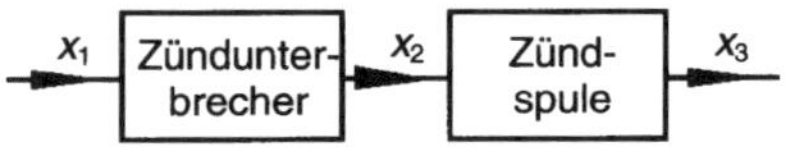

b) Parallelschaltung

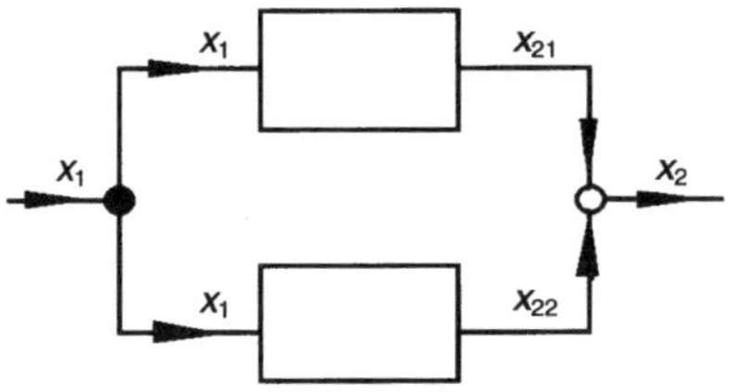

c) Kreisschaltung

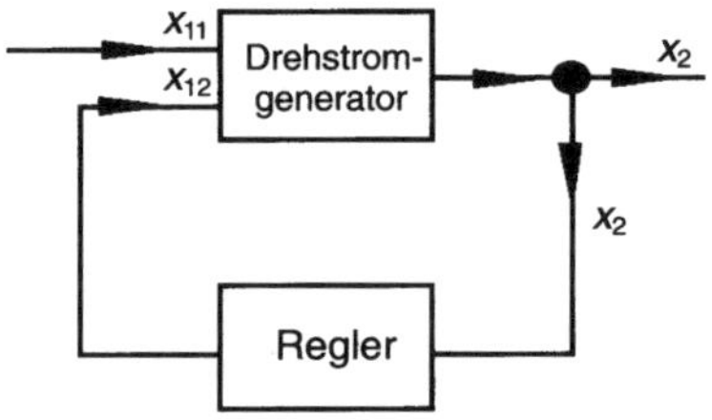

7 Grundlagen der Digitaltechnik

7.1 Unterscheidung: analog – digital

Bei **analogen** Darstellungen kann die Ausgangsgröße entsprechend der Eingangsgröße praktisch jeden Wert zwischen Null und einer durch die Schaltung bedingten Maximalgröße annehmen. Der Eingangswert verursacht einen entsprechenden Ausgangswert. Die Ausgangsgröße kann analog der Eingangsgröße kontinuierlich zu- oder abnehmen (Bild 7.1).
Analog bedeutet: stetig, stufenlos.

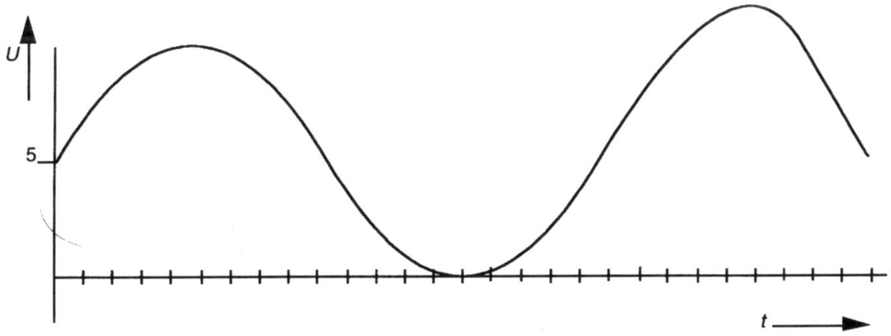

Bild 7.1
Analoges Signal

Beispiel Analog-Multimeter (Bild 7.2)
Bei einem Analog-Multimeter wird der Messwert durch den Ausschlag des Zeigers dargestellt. Die Anzeige erfolgt stufenlos.
Bei **digitalen** Schaltungen kann die Information nur zwei Werte annehmen, nämlich EIN oder AUS, Strom vorhanden oder nicht, 0 oder 1, hohes (H, high) oder niedriges (L, low) Potential, Strich oder kein Strich, Vertiefung oder keine Vertiefung, lichtdurchlässig oder nicht lichtdurchlässig. Zwischenwerte gibt es nicht! Die Anzeige erfolgt schrittweise.
Da digitale Schaltungen jedoch nur zwei Schaltzustände kennen, können alle Informationen (z.B. Spannungswerte) nur durch Folgen von Schaltzuständen (Spannungswechseln), also Impulsen, übertragen werden, die durch Impulsdiagramme darstellbar sind (Bild 7.3).
Digital bedeutet: ziffernmäßig, stufenweise, sprungweise.

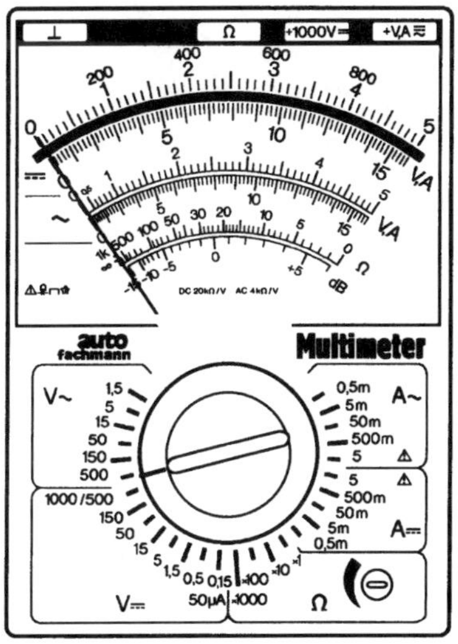

Bild 7.2
Analog-Multimeter

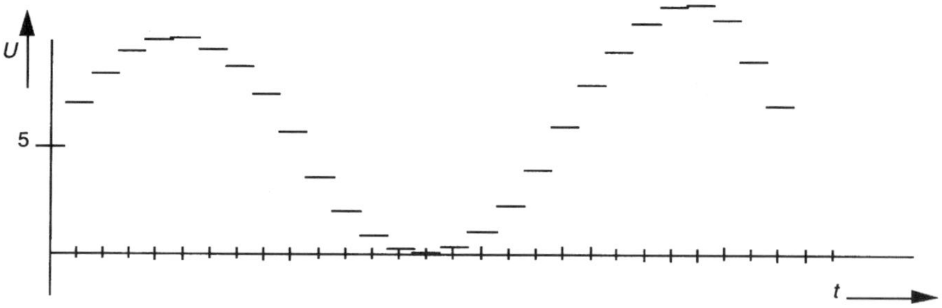

Bild 7.3
Digitales Signal

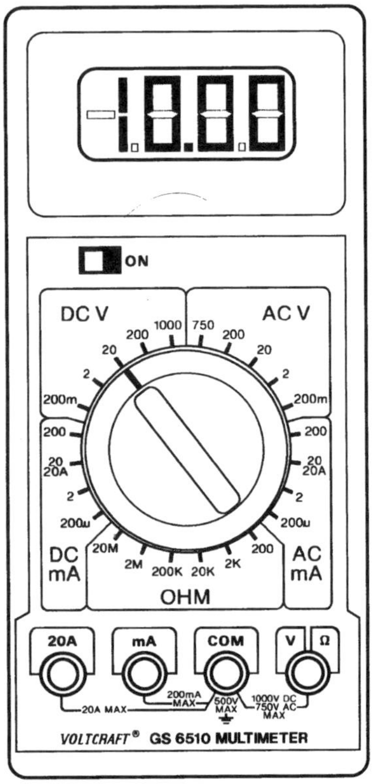

Bild 7.4
Digital-Multimeter

Beispiel Digital-Multimeter (Bild 7.4)

Bei einem Digital-Multimeter wird der Messwert sofort als Zahlenwert dargestellt. Die Anzeige erfolgt stets in Stufen, da jede Ziffer immer nur um eine Stelle springen kann.

Sollen allerdings – anders als bei dem Digital-Multimeter – nur die Ziffern 0 und 1 dargestellt werden, benötigt man ein Bauteil, das nur zwei Schaltzustände einnehmen kann (Bild 7.5).

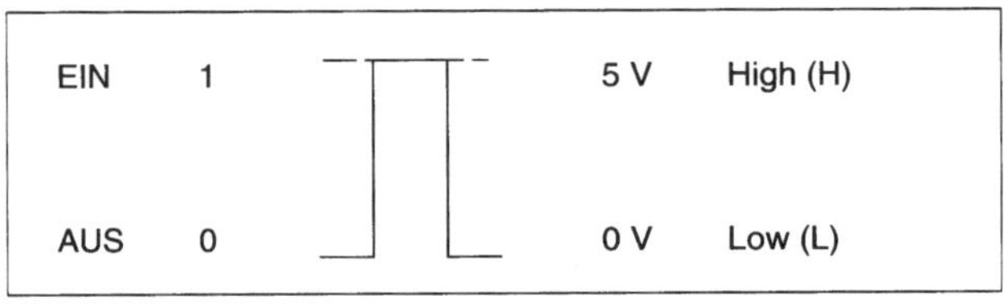

Bild 7.5
Darstellung der Schaltpositionen eines Schalters mit anderen Benennungen

Im einfachsten Fall ist dies ein Schalter mit zwei Positionen. Elektrisch ergibt sich so ein Impuls, der nur aus zwei Zuständen besteht. Eine Information, die nur aus den beiden Zuständen EIN und AUS gebildet werden kann, wird **Bi**nary Digi**t** oder kurz Bit genannt. Ein Bit besteht aus den Zuständen EIN (High) und AUS (Low).

7.2 Prinzip der analogen Übertragung

Der ABS-Drehzahlfühler erzeugt eine sinusförmige Wechselspannung, deren Frequenz und Amplitude von der Drehzahl des Rades abhängen. Dieses Wechselspannungssignal wird über eine Leitung übertragen (Bild 7.6). Im Steuergerät wird dann das analoge Signal in ein digitales Signal umgewandelt, da der Mikroprozessor im Steuergerät nur digitale Informationen verarbeiten kann.

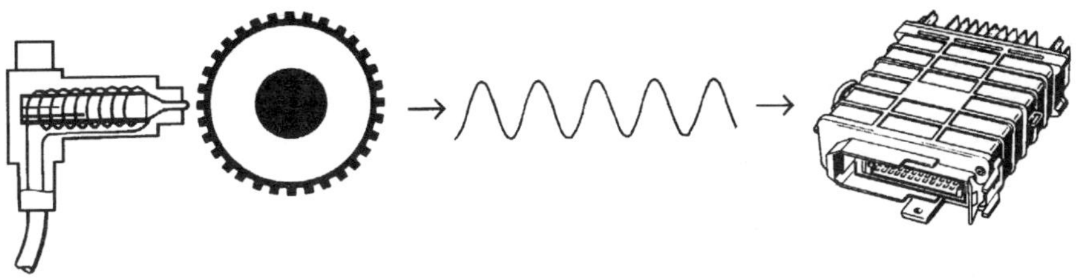

Bild 7.6
Analoge Übertragung des ABS-Fühlersignals zum ABS-Steuergerät

7.2.1 Problem der analogen Übertragung

Selbst bei kurzen Entfernungen können Störungen auftreten, die die korrekte Weitergabe des Signals stark beeinflussen. So kann z.B. die gegenseitige Beeinflussung der parallel in geringem Abstand verlegten Leitungen im Kraftfahrzeug das Signal stark verändern.
Bei der Weitergabe des analogen Signals an andere Steuergeräte kann das Signal soweit verfälscht werden, dass es nicht mehr verstanden werden kann. Trotz komplizierter Filtersysteme bzw. abgeschirmter Leitungen ist eine Wiederherstellung des gesendeten Signals nur in gewissen Grenzen möglich. Es treten Fehler auf (Bild 7.7).
Eine Lösung bietet die **digitale Übertragung.**
Das ABS-Steuergerät wandelt jede Information des Drehzahlfühlers in eine Impulsfolge um. Dabei wird nur zwischen den Zuständen «Spannung hoch» und «Spannung niedrig» unterschieden. Auch wenn bei der Weitergabe im Kraftfahrzeug eine gesendete Impulsfolge verfälscht empfangen wurde, kann bei der digitalen Übertragung mit großer Sicherheit das Signal wiedergewonnen, man sagt «regeneriert», werden (Bild 7.8).

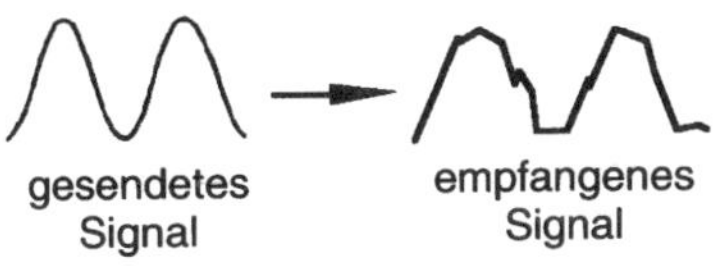

Bild 7.7
Übertragungsverluste bei analoger Übertragung

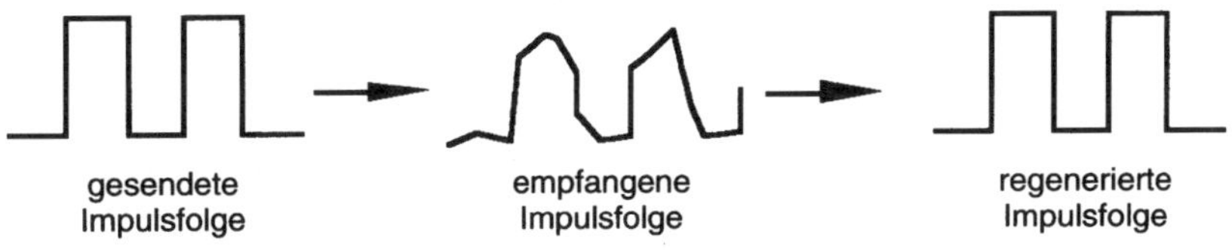

Bild 7.8
Regenerierung einer verfälschten digitalen Impulsfolge

7.2.2 Beispiel für eine analoge Übertragung

Elektrische Sitzverstellung mit Memory und Spannungscodierung (DB, Typ 140)
Die Sitzverstellung erfolgt mittels eines Schalters in der Fahrertür (Bild 7.9). Durch Drücken auf die Symbole des Sitzes können die einzelnen Verstellmotoren gesteuert werden. Um nicht für jeden Stellmotor ein bzw. zwei Kabel durch den Türholm verlegen zu müssen, werden die Informationen durch eine Spannungscodierung weitergegeben. Die Spannungscodierung ermöglicht es, dass unter-

Bild 7.9 Schalter für die Sitzverstellung
G Speicherplätze zum Abrufen abgespeicherter Sitzpositionen
F Memory-Taste. Sie dient zum Abspeichern der Sitzpositionen

schiedliche Schaltfunktionen eines Schalters in Form von unterschiedlichen Spannungswerten über nur eine Leitung weitergegeben werden können. Jeder Verstellfunktion ist ein bestimmter Widerstand zugeordnet, der beim Betätigen in Reihe mit den Schalterkontakten geschaltet wird. Aus dem daraus entstehenden Spannungswert erkennt das Steuergerät, welche Sitzverstellung gewünscht wird, und steuert den entsprechenden Stellmotor an.

Vorteil der Spannungscodierung als analoge Übertragung: geringer Aufwand auf der Geberseite, da man einfache mechanische Schalter verwenden kann.

Nachteil: Zur sicheren Übertragung muss ein eindeutiger Spannungswert übermittelt werden. Um Störeinflüsse auszugleichen, muss deshalb der Abstand von einem Spannungswert zum nächsten ausreichend groß sein. Dadurch ist die Anzahl der Schaltinformationen pro Leitung begrenzt.

In dem nachfolgend angegebenen Beispiel werden maximal 5 verschiedene Schaltpositionen über eine Leitung codiert.

Für 16 verschiedene Schaltpositionen werden immerhin noch 4 Signal- und eine Versorgungsleitung eingesetzt (Bild 7.10).

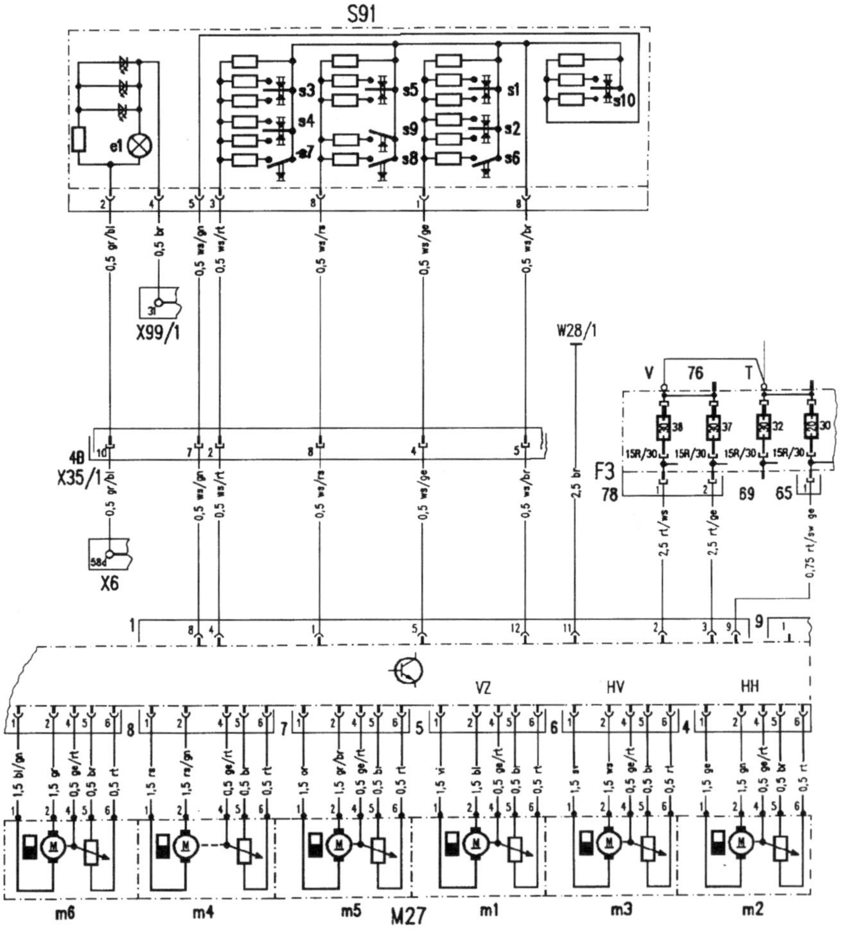

Bild 7.10
Schaltplanausschnitt der elektrischen Sitzverstellung (DB, Typ 140)

F3 *Sicherungsdose*
M27 *Motorengruppe Sitzverstellung vorne links*
m1 *Sitz vor/zurück*
m2 *Sitzhöhe hinten*
m3 *Sitzhöhe vorn*
m4 *Kopfstütze hoch/tief*
m5 *Rückenlehne*
m6 *Sitzkissentiefe*

S91 *Schalter Sitzverstellung*
e1 *Suchbeleuchtung*
s1 *Sitz vor/zurück*
s2 *Sitzhöhe hinten*
s3 *Sitzhöhe vorn*
s4 *Kopfstütze hoch/tief*
s5 *Rückenlehne*
s6 *Speicherplatz 1*
s7 *Speicherplatz 2*
s8 *Speicherplatz 3*
s9 *Memory*
s10 *Sitzkissentiefe vor/zurück*

X6 *Leitungsverbindung Kl. 58d*
X35/1 *Türtrennstelle*

7.3 Schaltlogik mit Hilfe digitaler Grundschaltungen

Die vereinfachte Darstellung der Kfz-Innenbeleuchtung (Bild 7.11) dient als Einstieg in die digitale Schaltlogik. Die Vereinfachung besteht darin, dass die Innenleuchte nur von zwei Türkontaktschaltern betätigt werden kann. Es fehlt also der Innenraumschalter.

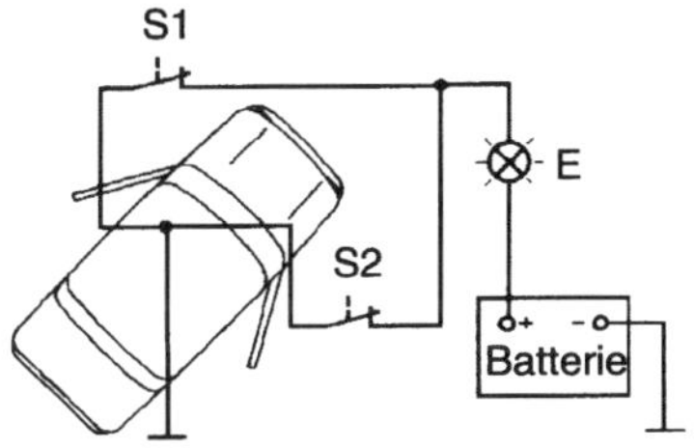

Bild 7.11
Vereinfachte Innenlichtschaltung eines Pkw

Schaltbedingung

Die Innenbeleuchtung eines Pkw soll eingeschaltet werden, wenn die Fahrer- oder Beifahrertür geöffnet wird.
Das Verhalten dieser Schaltung lässt sich auf verschiedene Weise beschreiben:

a) die logische Aussage
Logische Aussagen haben immer den gleichen Satzaufbau: Wenn a (und/oder b) zutrifft, dann erfolgt c (nicht).
Hier: Wenn S1 oder S2 (oder beide) betätigt sind, dann leuchtet E.
Diese logische Abhängigkeit nennt man **ODER-Verknüpfung.**

b) die logische Schaltung
Die ODER-Verknüpfung wird in Bild 7.12 durch die Parallelschaltung realisiert.

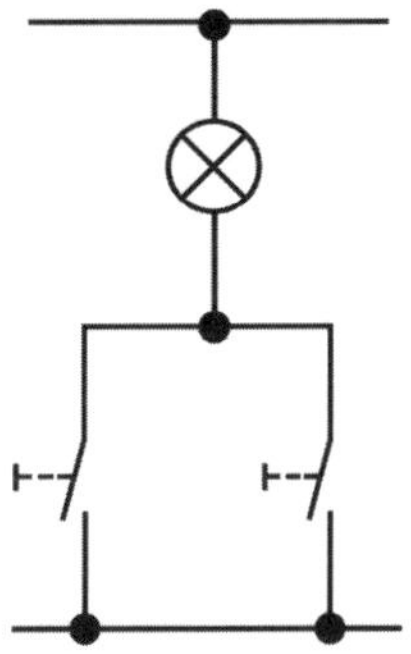

Bild 7.12
ODER-Verknüpfung mit Schaltern

c) die logische Gleichung
Der Nachteil aller bisherigen Formen der Beschreibung des Schaltverhaltens liegt in der mehr oder minder umfangreichen Darstellung des Problems. Durch formalisierte Darstellung erhält man eine mathematische Beschreibung des Problems.

$$E = S1 \vee S2$$

v bedeutet ODER

d) mit Hilfe einer Funktions- bzw. Wahrheitstabelle
In der Funktionstabelle werden die Ausgangszustände in Abhängigkeit von den Eingängen dargestellt (Tabelle 7.1).

Tabelle 7.1

Eingangszustände		**Ausgangszustand**
Türkontakt S1	Türkontakt S2	Lampe E
0	0	0
0	1	1
1	0	1
1	1	1

Es gilt:

Schalter S1 und S2

Schalter zu	1-Signal
Schalter auf	0-Signal

Lampe E

Lampe leuchtet	1-Signal
Lampe leuchtet nicht	0 Signal

e) durch einen (Programm-)Ablaufplan

Der Ablaufplan zeigt in grafischer Darstellung die logische Reihenfolge der einzelnen Bearbeitungsschritte (Bild 7.13). Die im Ablaufplan benutzten Symbole sind genormt (Tabelle 7.2).

Tabelle 7.2

Sinnbild	**Bedeutung**
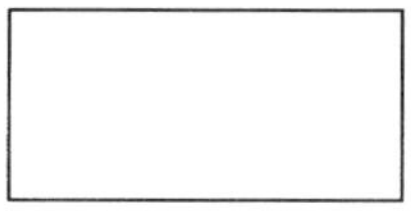	Allgemeine Verarbeitung (auch Ein- und Ausgabe)
	Grenzstelle (z.B. Programmende)
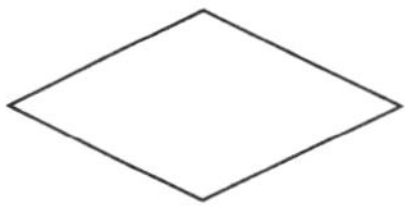	Verzweigung
———	Verbindungslinie
○	Verbindungsstelle
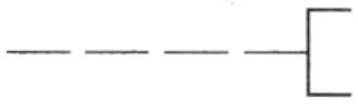	Bemerkung (kann an jedes andere Sinnbild angefügt werden)

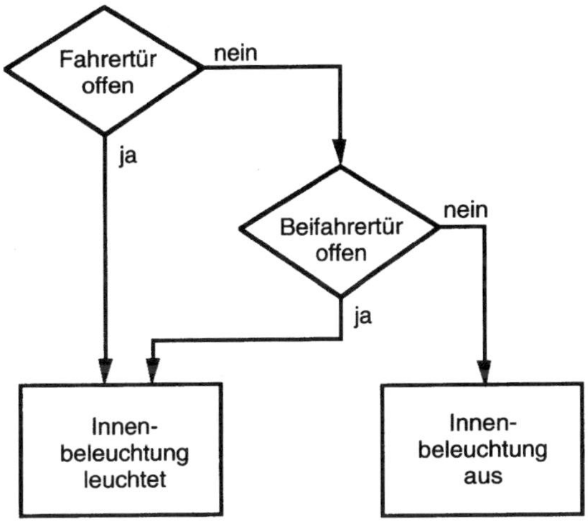

Bild 7.13
Ablaufplan

f) Das Zeitablaufdiagramm

Das Zeitablaufdiagramm macht besonders gut die Verhältnisse deutlich, die sich bei einer zeitlichen Veränderung der Schaltzustände ergeben (Bild 7.14). Im Zeitablaufdiagramm wird der Wert jeder Variablen (S1, S2 und E) in Abhängigkeit von der Zeit grafisch dargestellt. Dabei wird die zeitliche Folge von links nach rechts gelesen. Am Rand stehen die Ziffern 0 und 1, so dass die Zuordnung ohne weiteres zu erkennen ist.

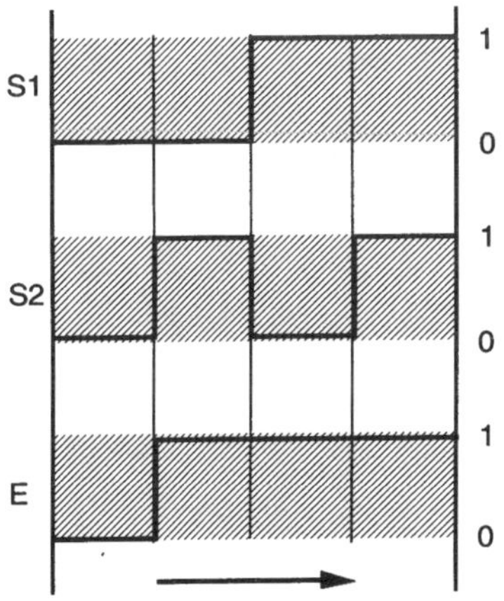

Bild 7.14
Zeitablaufdiagramm

g) die Schaltsymbole

Logische Schaltungen lassen sich nicht nur auf elektrischem und elektronischem Wege realisieren, sondern sie können auch sinnvoll durch andere Technologien wie Pneumatik und Hydraulik aufgebaut werden. Die logischen Gesetzmäßigkeiten ändern sich dadurch nicht. Aus diesem Grund hat man Schaltsymbole festgelegt, die die jeweilige Verknüpfungsart beschreiben und unabhängig von der Art des Aufbaus eingesetzt werden können.

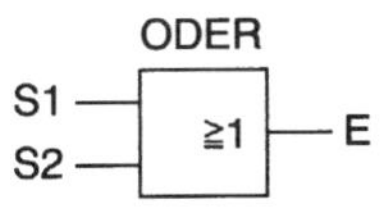

7.4 Überblick: Logische Grundfunktionen (Tabelle 7.3)

Tabelle 7.3

Verknüpfung	Schaltung	Beschreibung Logiksymbol	Funktions-tabelle
UND-Funktion Der Ausgang einer UND-Funktion führt dann ein 1-Signal, wenn alle Eingänge ein 1-Signal führen.	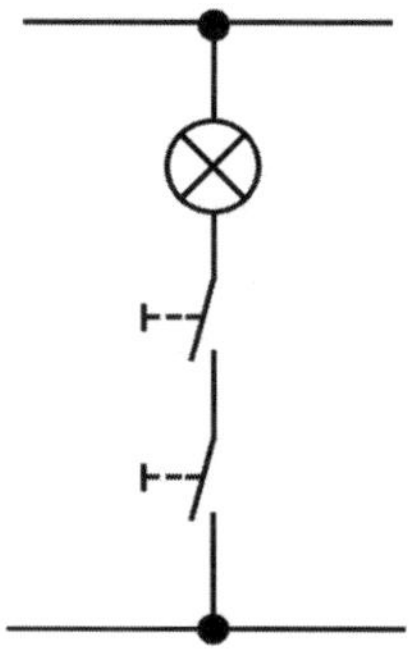	Die Lampe E ist nur dann eingeschaltet, wenn alle in Reihe geschalteten Kontakte S1 und S2 gleichzeitig geschlossen sind. 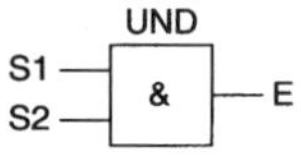	S1 | S2 | E 0 | 0 | 0 0 | 1 | 0 1 | 0 | 0 1 | 1 | 1
ODER-Funktion Am Ausgang einer ODER-Funktion liegt nur dann ein 1-Signal, wenn mindestens ein Eingang ein 1-Signal führt.	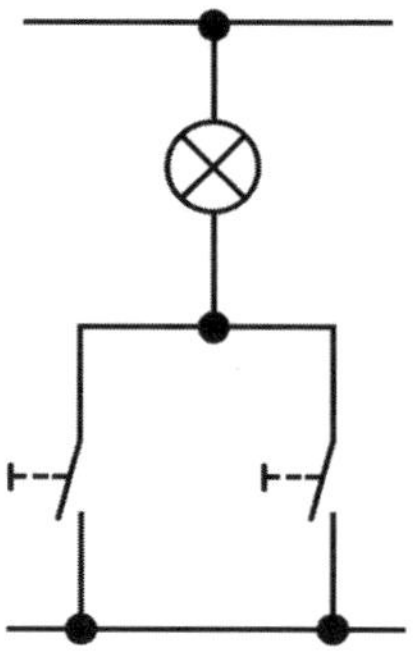	Die Lampe E ist nur dann eingeschaltet, wenn mindestens einer der beiden parallelgeschalteten Kontakte S1 oder S2 oder beide Kontakte geschlossen sind. 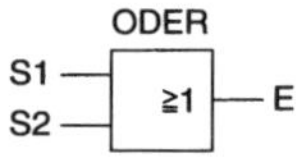	S1 | S2 | E 0 | 0 | 0 0 | 1 | 1 1 | 0 | 1 1 | 1 | 1
NICHT-Funktion Am Ausgang einer NICHT-Funktion liegt dann ein 1-Signal an, wenn der Eingang ein 0-Signal führt.	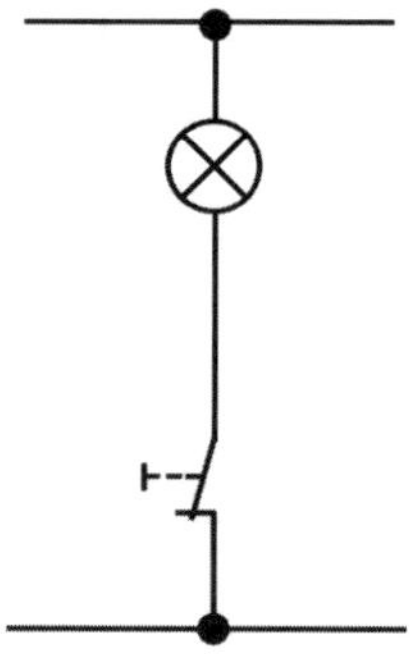	Die NICHT-Funktion ist mit einem Öffnerkontakt vergleichbar. Die Lampe E ist dann eingeschaltet, wenn der Kontakt S nicht betätigt wird. 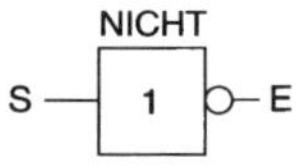	S1 | E 0 | 1 1 | 0

7.5 Logikbausteine als Verarbeitungsglieder

Die digitalen Verknüpfungen werden in der Praxis in so genannten Logikbausteinen ausgeführt. Diese Bausteine bieten die Möglichkeit der hohen Miniaturisierung, großer Schaltgeschwindigkeiten und geringer Leistungsaufnahme. Im Standard-Logikbaustein (Bild 7.15) werden 4 separate ODER-Verknüpfungen zu einer Baueinheit zusammengefasst.
Schaltkreise in TTL-Technik benötigen eine stabilisierte Betriebsspannung von +5 V. Die von diesem Baustein ausgehenden Signale sind zum direkten Ansteuern von Stellgliedern zu schwach. Sie müssen daher in einer Endstufe verstärkt werden.

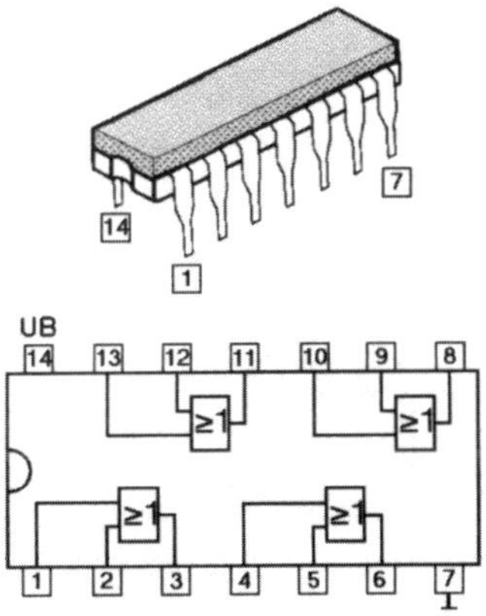

Bild 7.15
ODER-Logikbaustein mit Innenbeschaltung

7.5.1 Signalpegel

Ein Schalter hat die zwei eindeutigen Zustände:

EIN ⇒ 1-Signal
AUS ⇒ 0-Signal

Bei Schaltungen mit Logikbausteinen sind diesen Schaltzuständen Spannungen zugeordnet.

1-Signal ⇒ 5 V
0-Signal ⇒ 0 V

Elektronische Schaltungen weisen jedoch Toleranzen auf, so dass auch für die digitalen Spannungszustände Toleranzen festgelegt werden müssen.

1-Signal ⇒ 2 bis 5 V
0-Signal ⇒ 0 bis 0,8 V

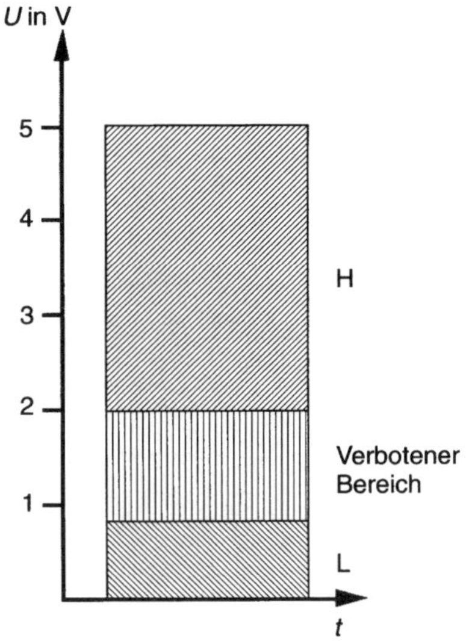

Bild 7.16
Signalpegel bei TTL-Technik

Diese Spannungen werden auch mit Pegeln gleichgesetzt (Bild 7.16).

Höhere Spannung
⇓
Hoher Pegel
⇓
H (High)

Niedere Spannung
⇓
Niedriger Pegel
⇓
L (Low)

7.5.2 Signalpegel im Kfz

Eine Digitalschaltung kann als Binärschaltung nur dann die Informationen richtig verarbeiten, wenn sie in Form der bekannten binären Spannungswerte vorliegen (Bild 7.17). Deshalb müssen die Informationen, die ein digitales Steuergerät verarbeiten soll, mit Hilfe entsprechender Signaleingabe-Einrichtungen systemgerecht verarbeitet werden. Am Beispiel des Leerlaufschalters, dessen Information in neueren Steuergeräten z.B. für die Schubabschaltung benötigt wird, soll dies dargestellt werden.

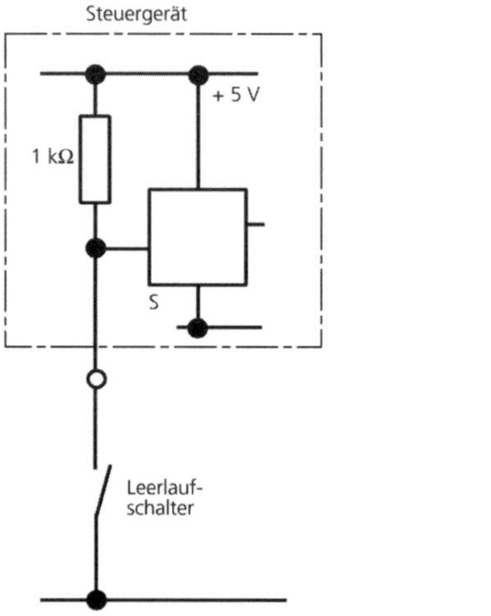

Bild 7.17
Prinzip der Innenschaltung im Steuergerät zur eindeutigen Darstellung binärer Signalpegel

Leerlaufschalter offen: Der Signaleingang S liegt an 1 (5 V).
Leerlaufschalter geschlossen: Der Signaleingang S liegt an 0 (0 V).

Unbeschaltete (offene) Eingänge verhalten sich so, als wenn sie mit 1 beschaltet sind.

In Prüfanleitungen findet man entsprechende Angaben für den offenen bzw. geschlossenen Leerlaufkontakt.

7.6 Logische Verknüpfungen

7.6.1 UND-Verknüpfung

Problem
Die Hauptbeleuchtung eines Fahrzeugs soll sich nur einschalten lassen, wenn der Zündstartschalter in Stellung «Zündung EIN» und der Hauptlichtschalter in Stellung «EIN» sind (Bilder 7.18 bis 7.20).

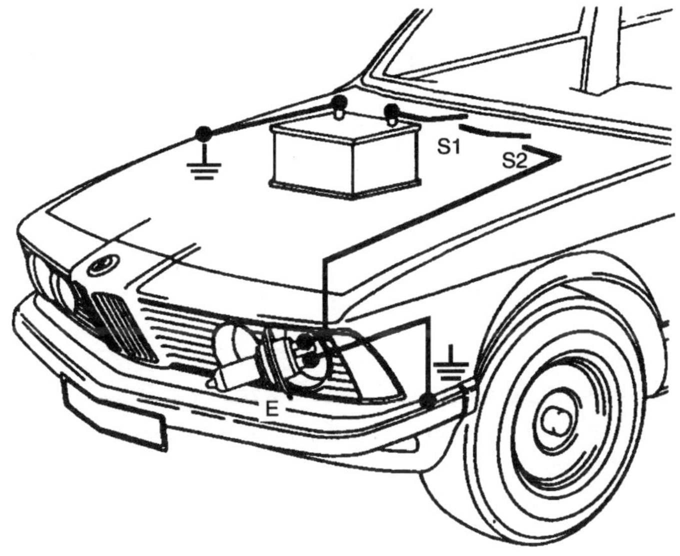

Bild 7.18
Schemazeichnung der Hauptlichtschaltung eines Pkw
Schalter S1 Zündstartschalter
Schalter S2 Lichtschalter
E Lampe der Hauptbeleuchtung

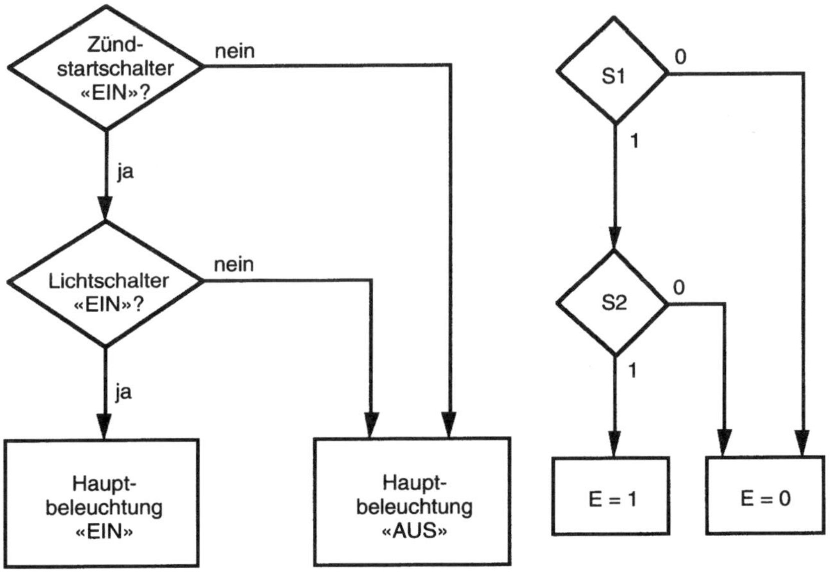

Bild 7.19
Ablaufplan

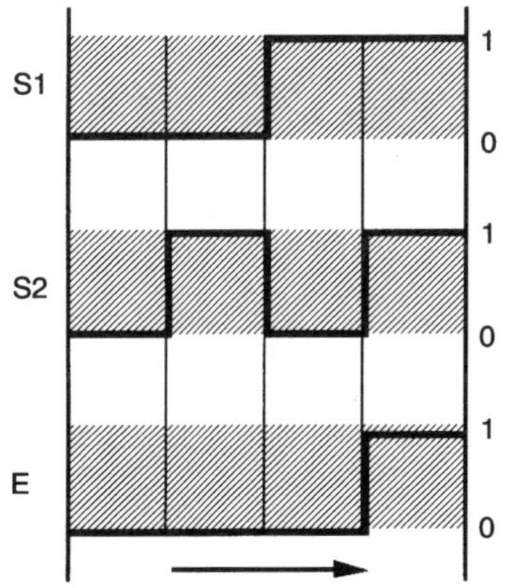

Bild 7.20
Zeitablaufdiagramm

Der Ausgang einer UND-Verknüpfung führt dann ein 1-Signal, wenn alle Eingänge ein 1-Signal führen.

S1	S2	E
0	0	0
0	1	0
1	0	0
1	1	1

Tabelle 7.4

In modernen Fahrzeugen wird der Strom der Hauptbeleuchtung nicht über die Schalter geleitet, sondern über Relais bzw. über einen Bordcomputer geschaltet. Dieser übernimmt auch die Funktion der Lampenüberwachung und meldet den Ausfall einer Glühlampe (Bild 7.21).

Bild 7.21
Signalfluss als Blockdiagramm

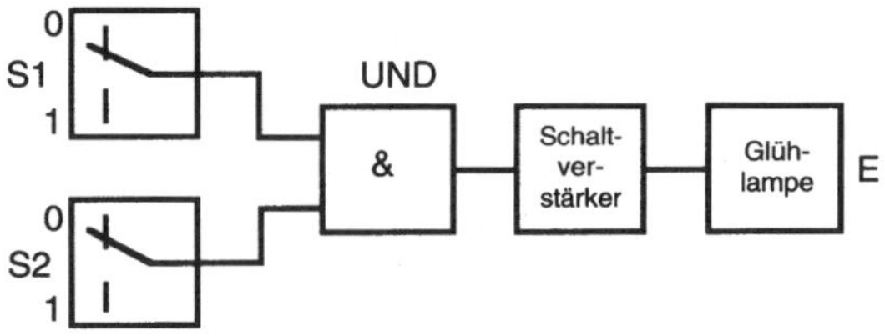

Schaltzeichen

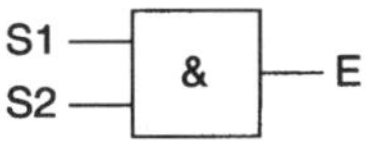

7.6.2 ODER-Verknüpfung

Problem

Die Innenbeleuchtung eines Fahrzeugs soll sich nur einschalten lassen, wenn die Fahrer- oder die Beifahrertür oder beide Türen geöffnet sind (Bilder 7.22 bis 7.24).

Der Ausgang einer ODER-Verknüpfung führt dann ein 1-Signal, wenn mindestens ein Eingang ein 1-Signal führt.

Bild 7.22
Schemazeichnung der Innenlichtschaltung eines Pkw
Schalter S1 Türkontaktschalter links
Schalter S2 Türkontaktschalter rechts
E Lampe der Innenbeleuchtung

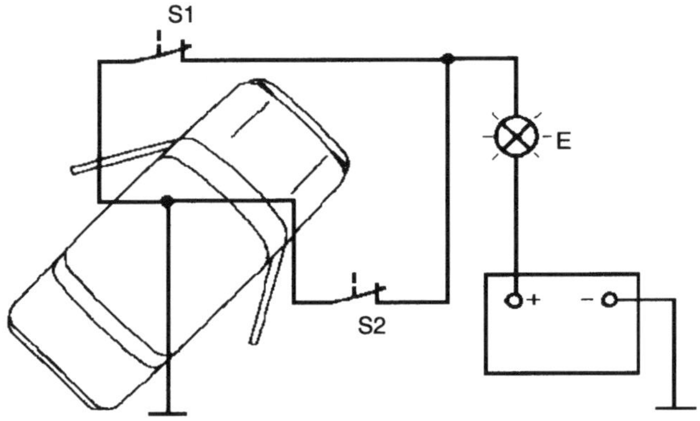

Bild 7.23
Ablaufplan

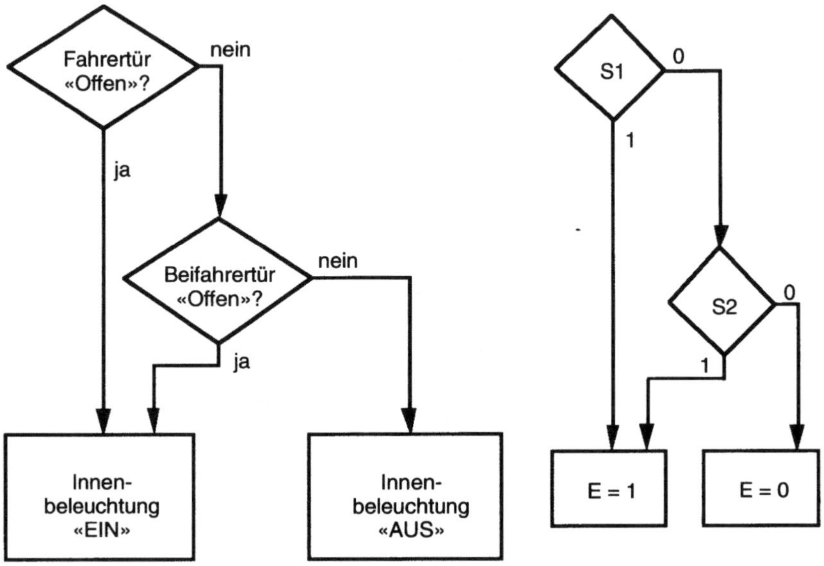

S1	S2	E
0	0	0
0	1	1
1	0	1
1	1	1

Tabelle 7.5

In modernen Fahrzeugen schalten die Türkontakte nicht direkt den Strom der Innenleuchte, sondern geben die Signalinformation an ein elektronisches Schaltgerät, das z.B. auch die Innenlichtverzögerung bestimmt. Gleichzeitig können die Signale der Türkontaktschalter an die Alarmanlage weitergeleitet werden (Bild 7.25).

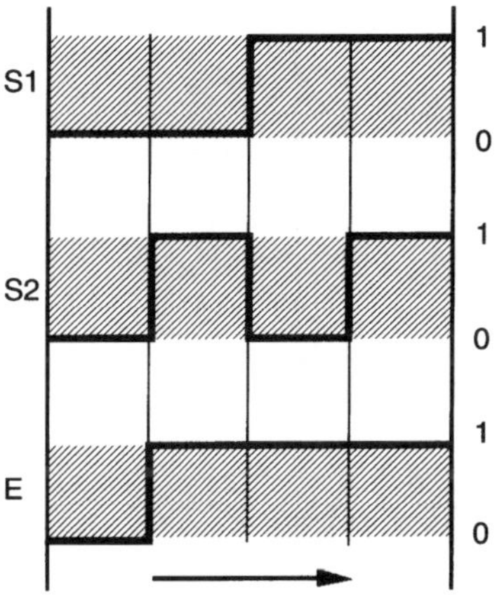

Bild 7.24
Zeitablaufdiagramm

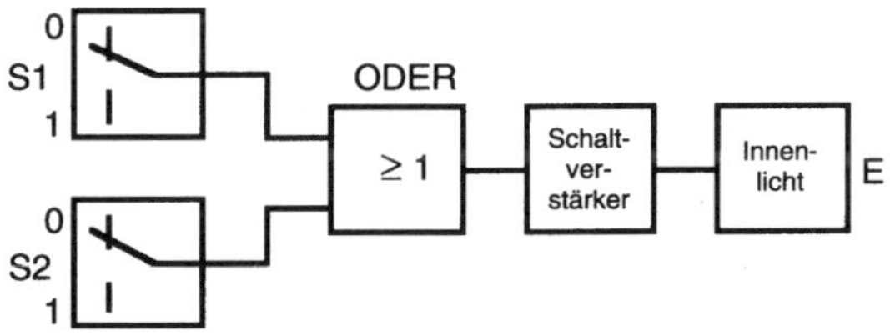

Bild 7.25
Signalfluss als Block-diagramm

Schaltzeichen

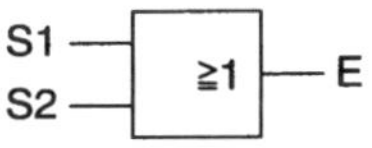

7.6.3 NICHT-Verknüpfung

Problem

Der Füllstand der Reinigungsflüssigkeit der Waschanlage soll überwacht werden. Dazu schwimmt auf der Flüssigkeit ein kleiner Ringmagnet an einem Schwimmkörper. Solange die Flüssigkeit ausreichend hoch steht, wird der Reedkontakt von dem Ringmagneten geschlossen. Sinkt der Flüssigkeitsstand, so sinkt auch der Ringmagnet, und der Reedkontakt öffnet. In der Auswerteinheit führt das Öffnen des Kontaktes zu einer Anzeige für den Fahrer (Bild 7.26 bis 7.29).

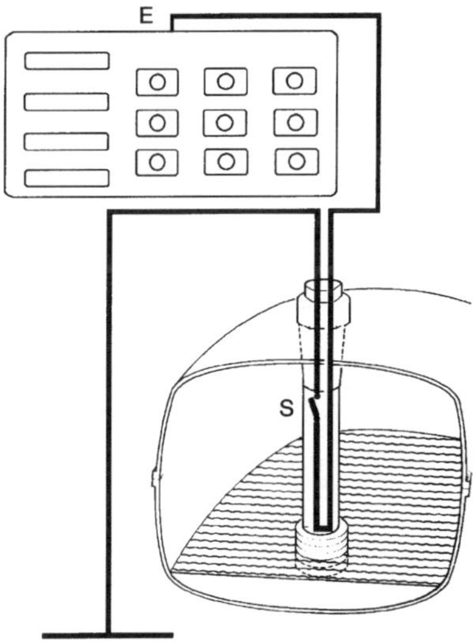

Bild 7.26
Schemazeichnung einer Füllstandsüberwachung
S Schalter, Reedkontakt
E Warnleuchte in der Check-Control

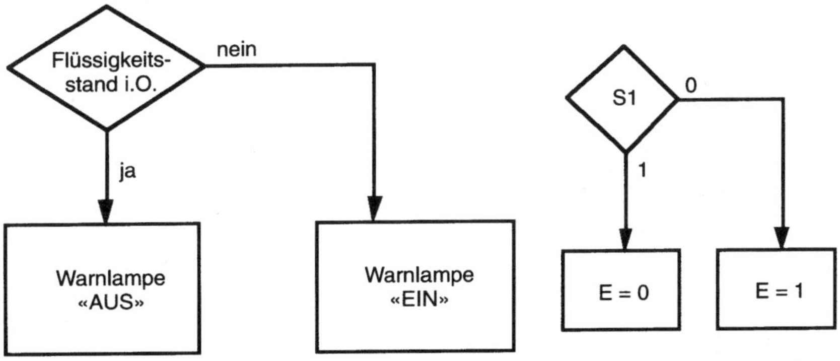

Bild 7.27
Ablaufplan

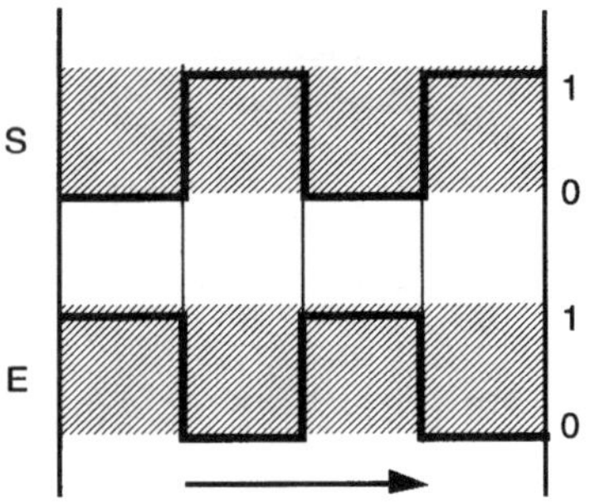

Bild 7.28
Zeitablaufdiagramm

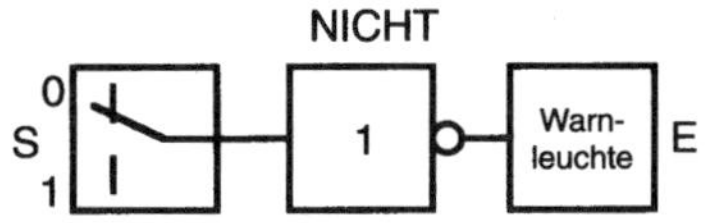

Bild 7.29
Signalfluss als Blockdiagramm

Schaltzeichen

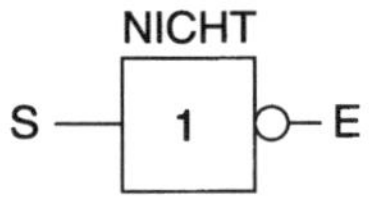

S1	E
0	1
1	0

Tabelle 7.6

Der Ausgang einer NICHT-Verknüpfung führt dann ein 1-Signal, wenn der Eingang ein 0-Signal führt.

7.6.4 Übersicht

Die bisher besprochenen logischen Elemente sind die Grundbausteine aller digitalen Schaltungen. Alle digitalen Systeme sind mit den drei Elementen UND, ODER und NICHT aufgebaut.

7.6.5 Gebräuchliche Abkürzungen (Tabelle 7.7)

Durch Kombination dieser Grundelemente lassen sich Elemente mit speziellen Eigenschaften herleiten.

Tabelle 7.7

deutsch	englisch	engl. Abkürzung
UND	AND	AND
ODER	OR	OR
NICHT	NOT	NOT
UND NICHT	NOT AND	NAND
ODER NICHT	NOT OR	NOR
EXKLUSIV ODER	EXCLUSIVE OR	XOR

Beispiel
Eine UND-Verknüpfung mit nachgeschalteter NICHT-Verknüpfung

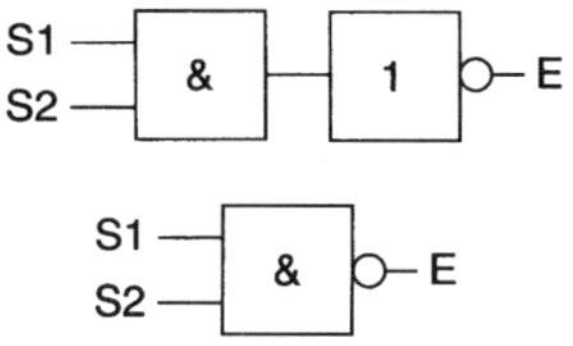

S1	S2	E
0	0	1
0	1	1
1	0	1
1	1	0

Tabelle 7.8

ergibt eine UND-NICHT-Verknüpfung (Tabelle 7.8).

7.6.6 **Gebräuchliche Schaltzeichen** (Tabelle 7.9)

Tabelle 7.9

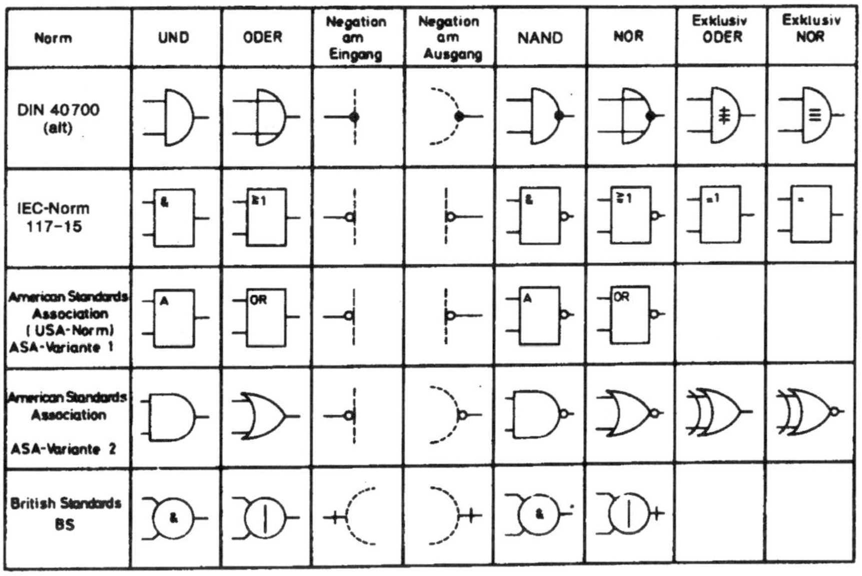
Norm
UND
ODER
Negation am Eingang
Negation am Ausgang
NAND
NOR
Exklusiv ODER
Exklusiv NOR
DIN 40700 (alt)
IEC-Norm 117-15
American Standards Association (USA-Norm) ASA-Variante 1
American Standards Association ASA-Variante 2
British Standards BS

7.6.7 Beispiel

Problem

Die BMW-Service-Intervall-Anzeige (Bild 7.30) muss über einen längeren Zeitraum Informationen über die Starthäufigkeit, die zurückgelegten Kilometer usw. speichern. Dazu werden Bauelemente benötigt, die Informationen speichern können. Hat die Werkstatt die Inspektion durchgeführt, dann müssen die gespeicherten Werte durch den Mechaniker wieder gelöscht, der Speicher muss also zurückgesetzt werden.

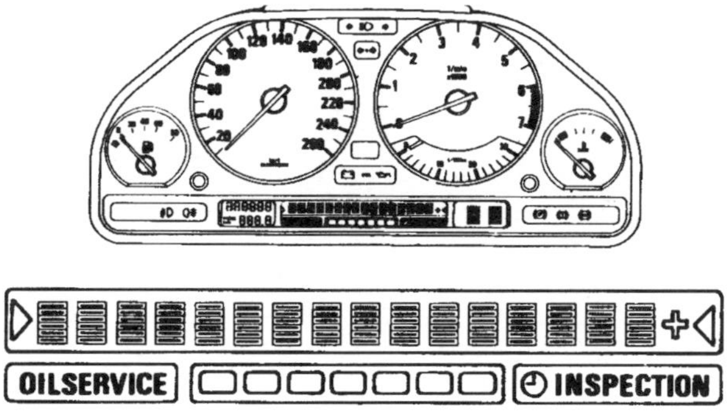

Lösung

Außer Verknüpfungen braucht man in der Digitaltechnik auch Elemente, die ihren Zustand beibehalten, auch wenn die Bedingung, die zu diesem Zustand geführt hat, nicht mehr vorliegt (Bild 7.31).

Bild 7.31
Zusammenschaltung zweier NAND-Verknüpfungen zur RS-Kippstufe

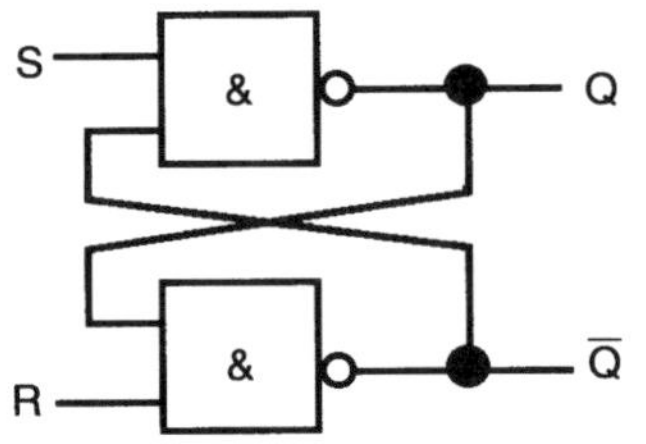

Ausgangsbedingung:

$$Q = 1, \text{ damit } \overline{Q} = 0$$

Kein Schalter betätigt:

$$S = 1, R = 1 \text{ (Bild 7.32)}$$

Die Spannungswerte sind in Klammern angegeben.
S_R kurzgeschlossen, S_S offen:

$$Q = 0, \overline{Q} = 1 \text{ (Bild 7.33)}$$

Bild 7.32 (links)
RS-Kippglied in gesetztem Zustand

Bild 7.33 (rechts)
RS-Kippglied in rückgesetztem Zustand

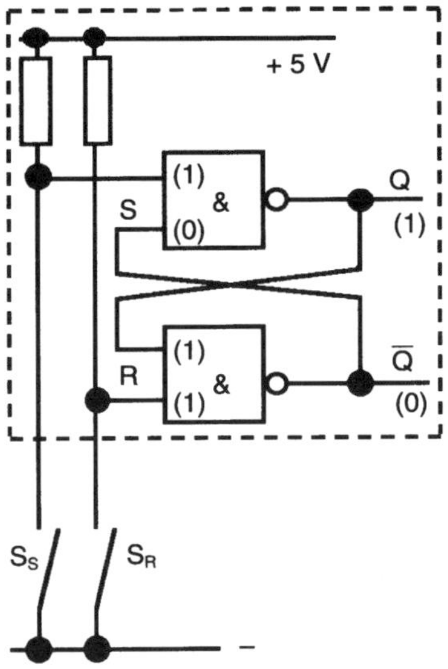

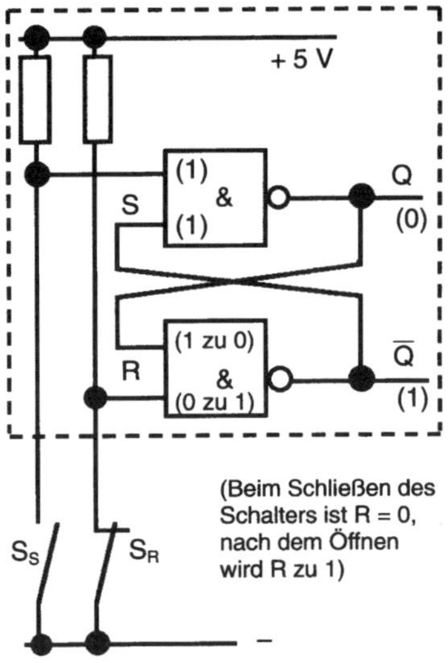

Am unteren NAND liegt die Kombination 1 (oben) und 0 (unten) an den Eingängen. Der Ausgang $\overline{Q}$ des unteren NAND muss den Wert 1 annehmen.
Am oberen NAND liegen deshalb beide Eingänge an 1, so dass der Ausgang Q auf 0 gehen muss. Die Kippschaltung wurde rückgesetzt, da wir den Befehl mit dem Schalter S_R über den R-Eingang gegeben haben (R = Rücksetzen).

Ähnliches macht der Kfz-Mechaniker in der Werkstatt mit dem Rücksteller für die Service-Intervall-Anzeige.
S_S geschlossen, S_R offen:

$$Q = 1, \overline{Q} = 0$$

Die RS-Kippschaltung hat zwei stabile Zustände und wird deshalb auch als bistabil bezeichnet. Die Kippschaltung kann von dem einen in den anderen Zustand überführt werden, indem ein entsprechender Befehl (kurzzeitiges Anlegen von 0-Potential) an den entsprechenden Eingang gegeben wird. Die Kippschaltung führt diesen Befehl aus und verbleibt in dem neuen Zustand. Die bistabile Kippstufe kann sich also «merken», dass an einem Eingang ein Übergang von 1 auf 0 erfolgte.
Solch ein Übergang ist die kleinste Informationseinheit; sie wird als bit (binary digit, binäre Stelle) bezeichnet.
Die bistabile Kippstufe kann 1 bit speichern.

Schaltzeichen für ein RS-Kippglied

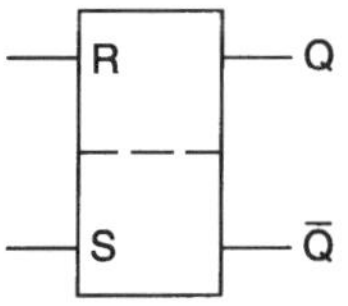

7.7 Weitere Grundschaltungen

ODER NICHT (NOR)

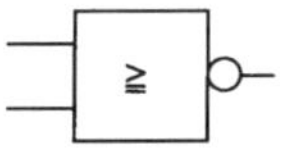

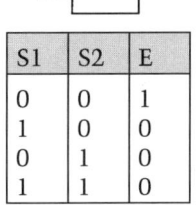

S1	S2	E
0	0	1
1	0	0
0	1	0
1	1	0

Tabelle 7.10

UND NICHT (NAND)

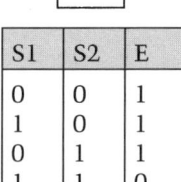

S1	S2	E
0	0	1
1	0	1
0	1	1
1	1	0

Tabelle 7.11

EXCLUSIV ODER (XOR)

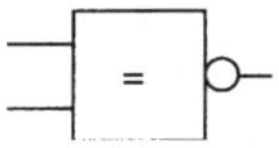

S1	S2	E
0	0	1
0	1	1
1	0	1
1	1	0

Tabelle 7.12

ODER NICHT (NOR)
Der Ausgang ist dann 1, wenn alle Eingangsgrößen gleichzeitig den Wert 0 haben (Tabelle 7.10).

UND NICHT (NAND)
Der Ausgang ist dann 1, wenn nicht alle Eingangsgrößen den Wert 1 haben (Tabelle 7.11).

EXCLUSIV ODER (XOR)
Der Ausgang ist dann 1, wenn nur an einem Eingang der Wert 1 anliegt (Tabelle 7.12).

7.8 Duales Zahlensystem

Problem

Wieso sind den vier Leuchten der Fehlercode-Ausgabe bei Honda so extrem unterschiedliche Zahlenwerte zugeordnet (Bild 7.34)?

Bild 7.34
Ausschnitt aus der Anleitung zur Fehlercode-Auslese bei Honda
[Quelle: Autodata: Einspritzhandbuch 1989/90, Seite 750]

HONDA CIVIC und CRX (12-Ventiler)

Fehlercode-Ausgabe

Der Fehlercode wird am Steuergerät über eine Gruppe von vier numerierten Leuchtdioden ausgegeben (Abb. 1), und zwar entweder durch das Aufleuchten einer Leuchtdiode (mit der dem Fehlercode entsprechenden Nummer) oder mehrerer Leuchtdioden, deren Nummern dann zu

Abb. 1 Fehlercode-Werte für Leuchtdioden-Anzeige

addieren sind. Beispiel: Brennen die beiden mittleren Leuchtdioden (4 und 2), so heißt der Fehlercode 6.

Lösung

Duales Zahlensystem oder Binärsystem

Das Zahlensystem, in dem wir gewöhnlich rechnen, ist das Dezimalsystem. Es kennt die zehn Ziffern von 0 bis 9 und hat als Grundzahl (oder auch Basis) die Zahl 10.

Ein Beispiel soll dies verdeutlichen:

1 8 5

Einer	5 × **1**	=	5
Zehner	8 × **10**	=	80
Hunderter	1 × **100**	=	100
	Summe		185

In diesen Einzelbestandteilen (Hundertern, Zehnern und Einern) sind aber Potenzen von 10 enthalten, und ausführlich hingeschrieben würde die Zahl so aussehen:

1 8 5

Einer	$5 \times \mathbf{10^0}$	=	5
Zehner	$8 \times \mathbf{10^1}$	=	80
Hunderter	$1 \times \mathbf{10^2}$	=	100
	Summe		185

In dieser Schreibweise wird die Beziehung der Dezimalzahl zur Zahl 10 besonders deutlich.
Im täglichen Leben lassen wir jedoch die Zehnerpotenzen weg, und übrig bleiben die Zahlen 1, 8 und 5.
Anzumerken bleibt, dass hier die «arabische» Schreibweise die Ziffernfolge bestimmt, die von rechts nach links geschrieben wird. So stehen von rechts nach links: Einer, Zehner usw.
Im **dualen Zahlensystem** ist die Basis die 2. Während beim Dezimalsystem jede Stelle einer Zahl mit einer Potenz von 10 bewertet wird, erfolgt beim Dualsystem die Bewertung mit der Potenz von 2. Die Stellen werden dann von **rechts nach links** wie in Tabelle 7.13 dargestellt bewertet.

2^7	2^6	2^5	2^4	2^3	2^2	2^1	2^0
⇓	⇓	⇓	⇓	⇓	⇓	⇓	⇓
128	64	32	16	8	4	2	1

Tabelle 7.13
Potenzen der Zahl 2

Umwandlung Dual- in Dezimalzahl
Wie wird die Dualzahl 10111001 in eine Dezimalzahl umgewandelt?

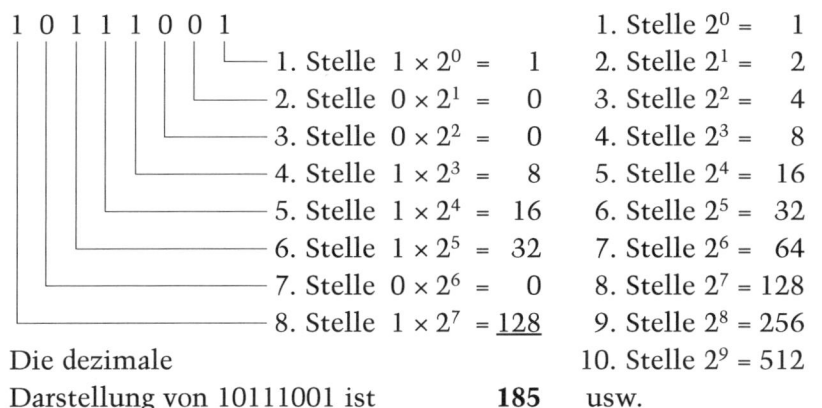

1 0 1 1 1 0 0 1

1. Stelle	1×2^0	=	1		1. Stelle	2^0	=	1
2. Stelle	0×2^1	=	0		2. Stelle	2^1	=	2
3. Stelle	0×2^2	=	0		3. Stelle	2^2	=	4
4. Stelle	1×2^3	=	8		4. Stelle	2^3	=	8
5. Stelle	1×2^4	=	16		5. Stelle	2^4	=	16
6. Stelle	1×2^5	=	32		6. Stelle	2^5	=	32
7. Stelle	0×2^6	=	0		7. Stelle	2^6	=	64
8. Stelle	1×2^7	=	128		8. Stelle	2^7	=	128
					9. Stelle	2^8	=	256
Die dezimale					10. Stelle	2^9	=	512
Darstellung von 10111001 ist			**185**		usw.			

Umwandlung Dezimal- in Dualzahl

Wie wird die Dezimalzahl 185 in eine Dualzahl umgewandelt?

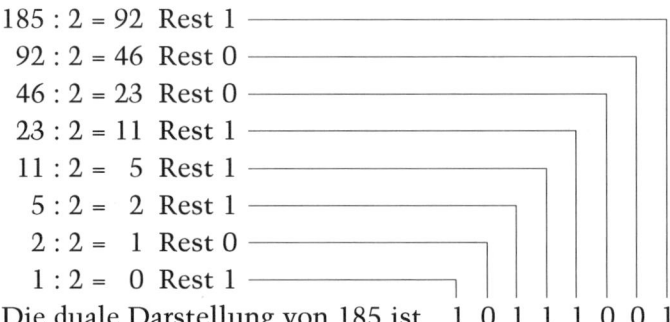

185 : 2 = 92 Rest 1
92 : 2 = 46 Rest 0
46 : 2 = 23 Rest 0
23 : 2 = 11 Rest 1
11 : 2 = 5 Rest 1
5 : 2 = 2 Rest 1
2 : 2 = 1 Rest 0
1 : 2 = 0 Rest 1
Die duale Darstellung von 185 ist 1 0 1 1 1 0 0 1

Die Umwandlung der Zahlen des einen Systems in Zahlen des anderen Systems stellt sich in der Digitaltechnik sehr häufig (Beispiel: Honda-Fehlercode).

8 Datenaustausch im Kfz

Problem

Bei den heute im Kraftfahrzeug eingesetzten elektronischen Systemen handelt es sich meistens um Einzelsysteme, z.B. Zündung, Gemischaufbereitung, Antiblockiersystem, automatisches Getriebe usw.
Das bedeutet, jedes Steuergerät hat seine eigenen Sensoren (Temperatur, Geschwindigkeit, Druck usw.), mit deren Informationen das entsprechende System gesteuert oder geregelt wird (Bild 8.1).

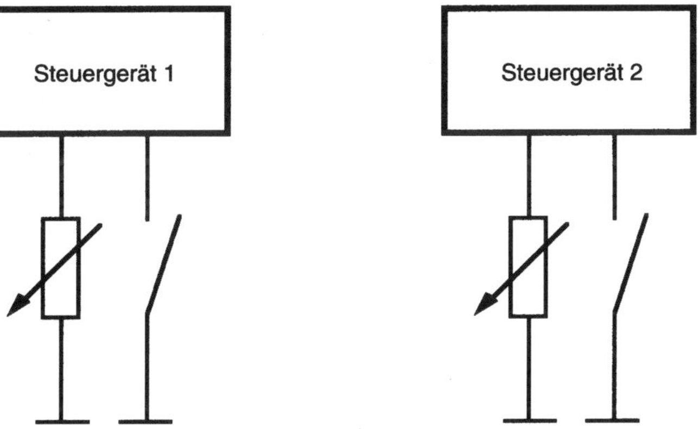

Bild 8.1
Prinzip: Einzelsysteme

Lösung

Ein zweites Steuergerät könnte die gleiche Information, z.B. die Motortemperatur, auch zur Verarbeitung benötigen. Man kann also den entsprechenden Sensor auch mit Steuergerät 2 verbinden. Nachteil: Es muss eine zweite Leitung verlegt werden (Bild 8.2).

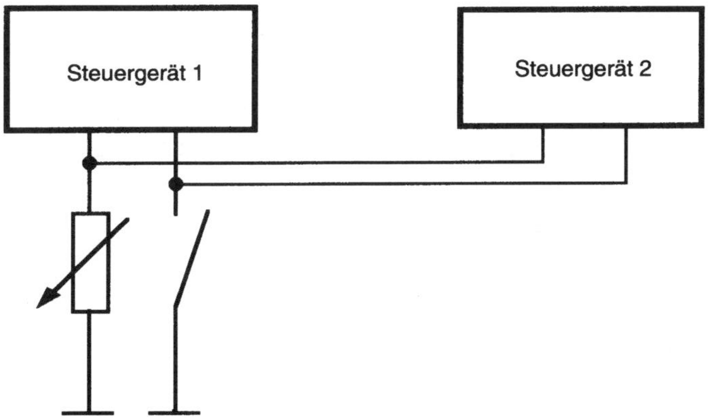

Bild 8.2
Einzelsysteme mit gemeinsamer Nutzung von Sensorsignalen

Benötigt nun ein Steuergerät noch weitere Informationen von einem anderen Steuergerät, so muss für jede zusätzliche Information eine zusätzliche Leitung gelegt werden (Bild 8.3). Bei der Übermittlung der Vielzahl von Informationen über Kabel sind Grenzen gesetzt. So befinden sich in einem Fahrzeug der Golf-Klasse bereits ca. 500 Kontaktpaare, das sind ca. 900 Kontaktteile sowie Steckgehäuse, Tüllen, Dichtungen usw. Durch die Autotür der Oberklasse fädeln sich fast 50 Drähte. Die Gesamtlänge des Kabelbaums erreicht knapp 3 km, die Hälfte davon dient der Informationsübertragung zwischen den Steuergeräten.

Bild 8.3
Einzelsysteme mit Datenaustausch

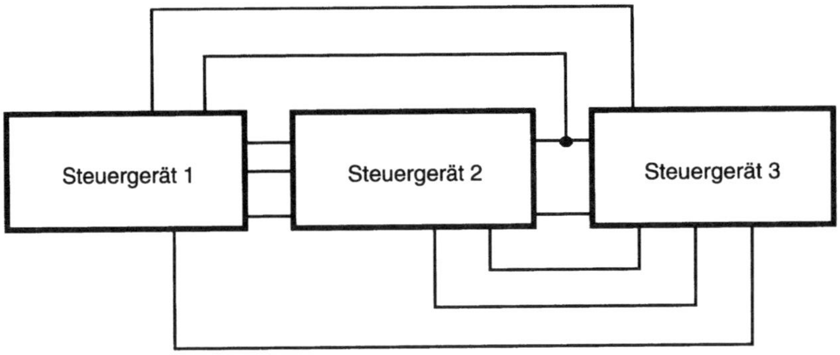

8.1 **Beispiel** (Bild 8.4)

Der **Drehzahlfühler** des ABS-Systems liefert ein Wechselspannungssignal, dessen Frequenz proportional zur Raddrehzahl und somit zur Fahrgeschwindigkeit ist.

Im **Steuergerät** ABS wird aus den Informationen aller Drehzahlfühler die Referenzgeschwindigkeit gebildet. Bei entsprechenden Abweichungen der Vorderräder bzw. der Hinterachse wird das Antiblockiersystem wirksam.

Gleichzeitig liefert das ABS-Steuergerät als Ausgabe eine Rechteckspannung mit der gleichen Frequenz wie die Eingangs-Wechselspannung.

Bis zu einer bestimmten Geschwindigkeit wird – beim Durchdrehen der Hinterräder – als Anfahrhilfe das **a**utomatische **S**perr**d**ifferential ASD eingeschaltet.

Antriebsschlupf-Regelung ASR

Ein Durchdrehen bei höheren Geschwindigkeiten wird durch ein elektronisches Fahrpedal verhindert. Das heißt, die Drosselklappe wird – unabhängig von der Stellung des Fahrpedals – durch die Elektronik beeinflusst.

Im **Kombi-Instrument** steuert das Signal den elektronischen Tachometer und den Wegstreckenzähler an. Das Ausgangssignal ist im Verhältnis 4:1 unterteilt. Das **Autoradio** kann mit einer GALA, einer

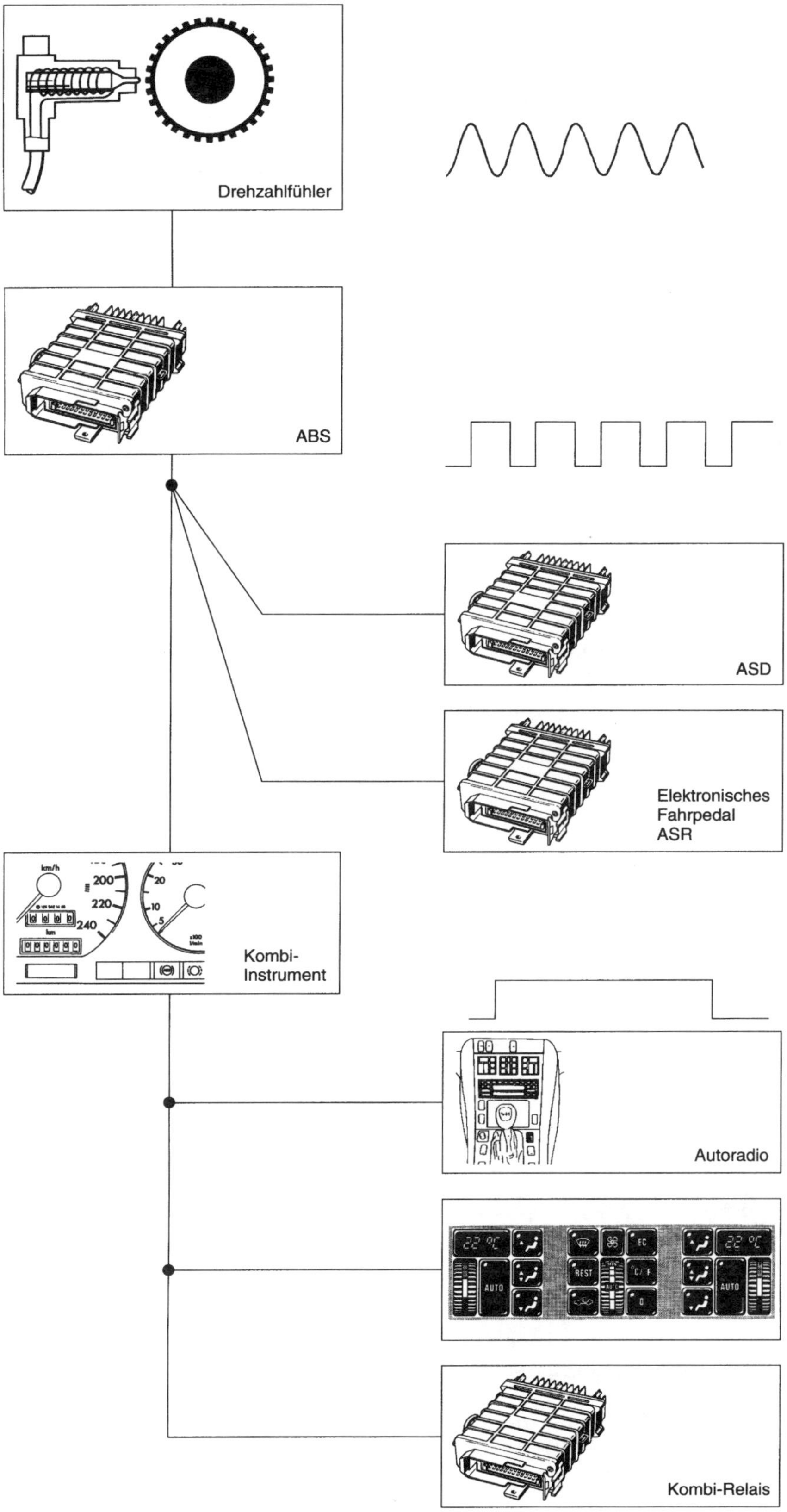

Bild 8.4
Geschwindigkeitssignalverlauf des Drehzahlgebers, vorne links, DB, Typ 140

geschwindigkeitsabhängigen Lautstärkeanpassung, ausgestattet sein. Mit zunehmender Fahrgeschwindigkeit wird das Radio lauter.
Ist das Fahrzeug mit einer Klimatisierungsautomatik versehen, wird der Gebläsemotor in Abhängigkeit von der Fahrgeschwindigkeit schneller oder langsamer gestellt, um immer eine gleichmäßige Durchlüftung des Fahrgastraumes zu haben.
Bei einer Geschwindigkeit unter ca. 20 km/h wird der Wischer automatisch auf die nächstkleinere Stufe zurückgeschaltet.

8.2 Informationsverarbeitung im Steuergerät

Am Beispiel des Steuergerätes für die Gemischaufbereitung einer Monotronic soll das Grundprinzip der Informationsverarbeitung dargestellt werden (Bild 8.5). Ein 35- bzw. 55-poliger Stecker verbindet das Steuergerät mit der Peripherie. Auf den Leiterplatten befinden sich folgende Hauptelemente:

- ❑ Mikroprozessor (CPU),
- ❑ Analog-Digital-Umsetzer (A/D),
- ❑ Impulsformer (IF),
- ❑ ROM,
- ❑ RAM.

Bild 8.5
Blockschaltbild des Steuergerätes

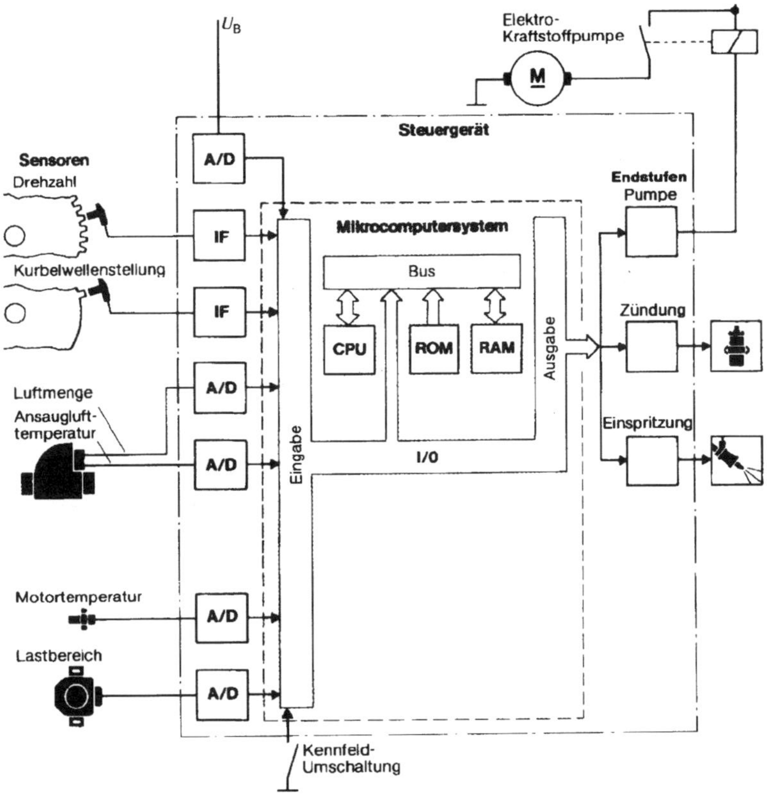

ROM (Programmspeicher)
Im ROM (**R**ead **O**nly **M**emory = programmierbarer, nicht löschbarer Programmspeicher) sind die vom Hersteller entwickelten Programmdaten gespeichert, die Fahrzeugdaten, Berechnungsformeln, Kennfelder, Diagramme usw. enthalten.

RAM (Betriebsdatenspeicher)
Im RAM (**R**andom **A**cces **M**emory = löschbarer Betriebsspeicher) werden laufend Betriebsdaten erfasst und mit dem festen Programm im ROM verarbeitet.

Verarbeitung
Der Mikroprozessor (CPU = **C**ontrol **P**rocessor **U**nit = Zentraleinheit) holt sich aus dem Programmspeicher (ROM) Befehle und führt sie aus.

Aufgaben
- die aufbereiteten Zustandsgrößen (IST-Werte) im Betriebsdatenspeicher (RAM) zu laden,
- in Abhängigkeit von diesen Werten die Betriebszustände zu identifizieren,
- aus dem Programmspeicher (ROM) die Kennfeldwerte für die Betriebszustände zu übernehmen,
- Messwerte und Kennfeldwerte über die im Programmspeicher abgelegten Rechenvorschriften zu verknüpfen,
- aus Zwischenwerten und Messwerten Stellsignale zu berechnen,
- die Stellsignale an die Ein-/Ausgabe-Bausteine (**I/O** = **In**/**Out**) weiterzugeben.

Ausgangssignale
Die von der Zentraleinheit (CPU) ausgegebenen Signale sind zum Ansteuern der Stellglieder zu schwach. Sie werden daher in Endstufen verstärkt.

Beispiele für Stellglieder, die von Leistungsendstufen angesteuert werden
- Einspritzventile,
- Zündspule,
- Tankentlüftungsventil,
- Leerlaufsteller,
- Kraftstoffpumpe.

8.3 Analog-Digital-Umsetzer

Beim Erfassen der Eingangssignale im Kraftfahrzeug erhält man die Messgröße der Sensoren meist in analoger Form als Spannungswert. Zur Weiterverarbeitung im Steuergerät sind die Messgrößen in eine digitale Form, also in die Zahlenwerte 1 und 0, umzusetzen. Eine Möglichkeit der Umwandlung bzw. der Codierung stellt der Stufenumsetzer dar (Bild 8.6).

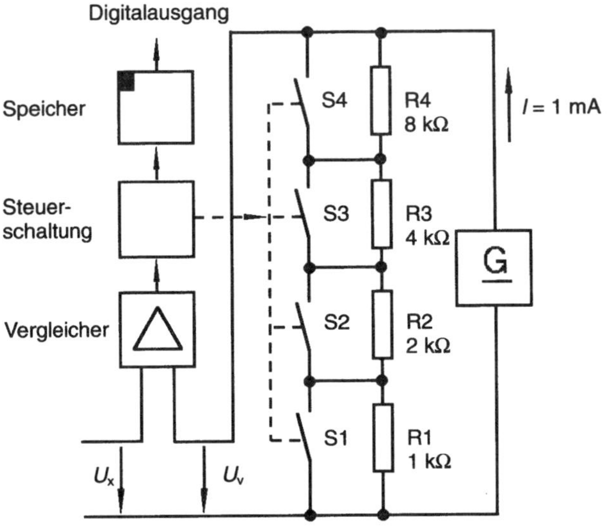

Bild 8.6
Analog-Digital-Umsetzung durch einen Stufenumsetzer
Eingangsgröße: Analoge Spannung $U_x = 6$ V
Ausgangsgröße: Digitalwert 0110

Beispiel für einen 4-bit-Analog-Digital-Umsetzer (Bild 8.7)
Eine Steuerschaltung öffnet nacheinander die elektronischen Schalter S4 bis S1. Dadurch ergibt sich an der Widerstandskette eine Vergleichsspannung U_v. Der «Vergleicher» vergleicht die beiden Span-

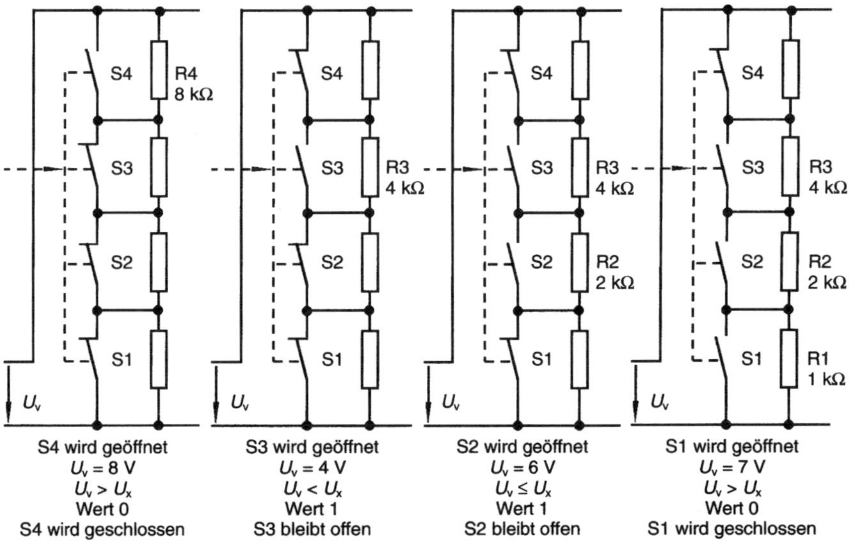

Bild 8.7
Beispiel für einen 4-bit-Analog-Digital-Umsetzer

nungen U_x und U_v. Ist der Wert U_v größer als der Wert U_x, dann wird im Speicher an der entsprechenden Speicherstelle der Wert «0» abgelegt und der Schalter wieder geschlossen. Ist der Wert U_v kleiner oder gleich der Spannung U_x, wird im Speicher der Wert «1» abgelegt, und der Schalter bleibt geöffnet. Hat die Steuerschaltung alle vier Schalter betätigt, so ist im Speicher der digitale Wert der analogen Spannung festgehalten. Die hierfür eingesetzten Baugruppen heißen Analog-Digital-Umsetzer (A/D-Umsetzer).

Codieren bedeutet das Verschlüsseln von Zeichen, Buchstaben oder allgemein von Informationen.

Schaltzeichen

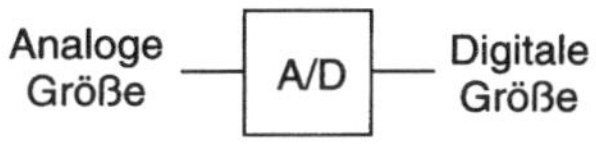

8.4 Steckverbindungen als Schwachstellen des Systems (Bild 8.8)

In einer VW-Untersuchung wurden die Ausfallraten elektronischer Systeme im Kraftfahrzeug untersucht. Die rein elektronischen Bauteile wie Transistoren, integrierte Schaltkreise, Steuergerät usw. fallen am wenigsten aus.

Der weitaus größte Fehleranteil mit 60% entfällt auf die Verbindungstechnik, bestehend aus Steckkontakten, Steckergehäusen usw. Als Hauptgrund gibt VW die Handarbeit bei der Herstellung der Leitungsstränge und damit die menschliche Unzulänglichkeit an.

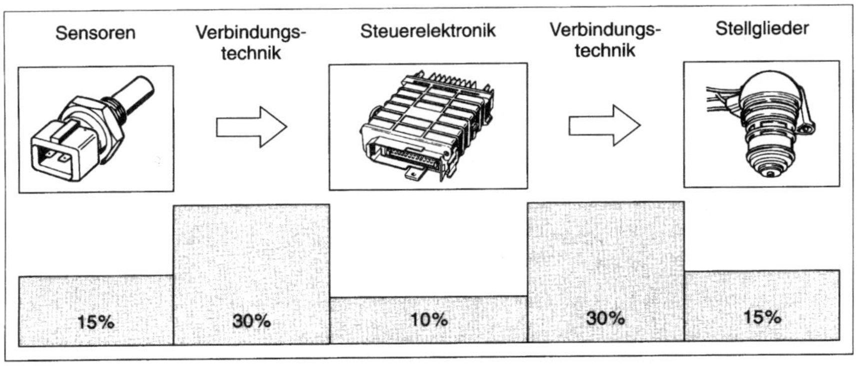

Bild 8.8
Einfluss der Komponenten, die für den Ausfall elektrischer bzw. elektronischer Systeme verantwortlich sind

8.5 Datenaustausch über Datenbus

Mit dem Datenbus werden neue Wege beschritten. Die Steuergeräte sind mit einem Informationskanal verbunden. Über diesen können die Steuergeräte miteinander Daten austauschen.
Dadurch können zusätzliche Sensoren sowie Kabel mit den Steckverbindungen für Ein- und Ausgänge an den Steuergeräten entfallen. Schlimmer noch als das Kabelchaos ist in modernen Fahrzeugen das Datenchaos.
Die Datenleitung dient zum Transport von elektrischen Signalen und wird als Bus bezeichnet. Der Datenbus wird verwendet, wenn verschiedene Steuergeräte die gleiche Information benötigen.

CAN – Control Area Network

CAN ist ein Datenbussystem für die Datenübertragung im Kraftfahrzeug und wurde von der Firma Bosch entwickelt.
Die CAN-Bausteine sind in den Steuergeräten integriert (Bild 8.9). Sie senden und empfangen Informationen in Form von digitalen Signalen. Anstelle der unzähligen Einzelverdrahtungen arbeiten sie mit einem einzigen doppelpoligen Kabel.

Bild 8.9
Prinzipielle Darstellung eines Datenbusses

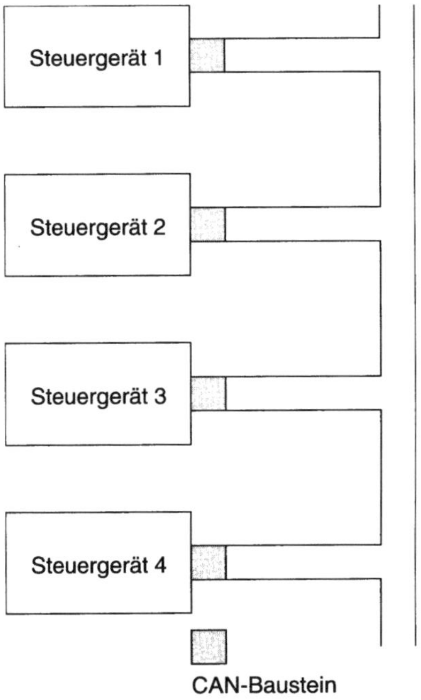

8.6 Eigendiagnose

In den heutigen Fahrzeugen wird die Diagnose aufgrund der steigenden Anzahl von elektronischen Systemen und der wachsenden Komplexität (adaptive Regelsysteme) immer schwieriger. Mit einer optimierten Diagnose kann im Werkstattbereich der ständig weiter steigende Kostenfaktor bei der Betreuung elektronischer Systeme reduziert werden, indem zuerst mit Hilfe der Eigendiagnose der Fehler eingekreist wird (Bild 8.10).

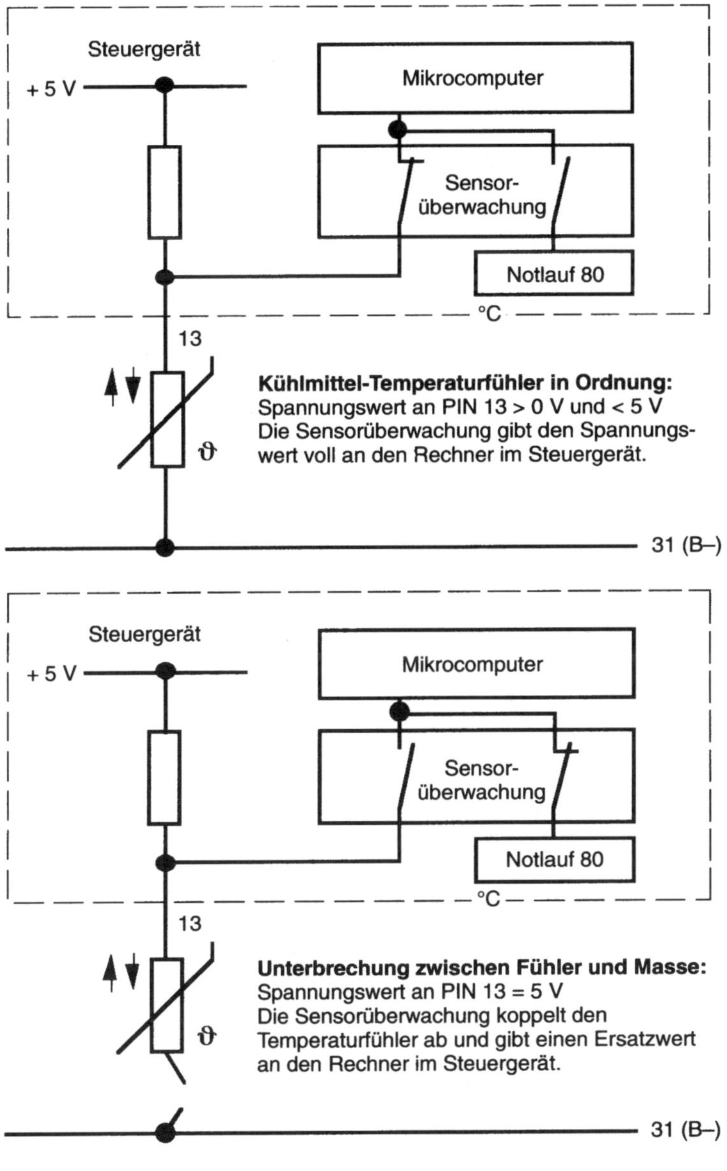

Steuergerät
+5 V
Mikrocomputer
Sensor-
überwachung
Notlauf 80
°C
13
ϑ
Kühlmittel-Temperaturfühler in Ordnung:
Spannungswert an PIN 13 > 0 V und < 5 V
Die Sensorüberwachung gibt den Spannungswert voll an den Rechner im Steuergerät.
31 (B–)
Steuergerät
+5 V
Mikrocomputer
Sensor-
überwachung
Notlauf 80
°C
13
ϑ
Unterbrechung zwischen Fühler und Masse:
Spannungswert an PIN 13 = 5 V
Die Sensorüberwachung koppelt den Temperaturfühler ab und gibt einen Ersatzwert an den Rechner im Steuergerät.
31 (B–)

Bild 8.10
Prinzipielle Arbeitsweise der Sensorüberwachung

Unter Eigendiagnose versteht man die Selbstüberwachung eines elektronischen Systems mit dem Ziel, der Werkstatt bei der Fehlersuche zu helfen.

Je nach Hersteller kann die Eigendiagnose zusätzlich:

- dem Kunden eine Störung durch das Aufleuchten einer Kontrollleuchte signalisieren,
- die aufgetretenen Fehler speichern,
- einen nur kurzfristig aufgetretenen Fehler (Wackelkontakt) nach einer bestimmten Anzahl von Neustarts wieder löschen,
- Ersatzwerte für die ausgefallenen Informationsgeber bereitstellen, so dass eine Werkstatt aus eigener Kraft erreicht werden kann (Notlauf).

Beispiel: Kabelbruch (Unterbrechung) am Temperaturfühler Kühlmittel

Der Temperaturfühler ist als NTC-Widerstand ausgeführt. Dies bedeutet:

niedrige Temperatur
⇓
hoher Widerstandswert bzw.
hohe Temperatur
⇓
niedriger Widerstandswert

Ein Kabelbruch ergibt einen unendlich großen Widerstand des Temperaturfühlers und somit eine Spannung von 5 V an Pin 13 des Steuergerätes. Diese Spannung ist nicht plausibel, der Fehler wird gespeichert und dem Fahrer durch das Aufleuchten der Motorkontrollleuchte angezeigt. Gleichzeitig wird der Wert abgekoppelt und eine Ersatzgröße, z.B. 80 °C, bereitgestellt, die eine Weiterfahrt zur Werkstatt erlaubt.

8.6.1 Überwachung eines Sensors: Geber für die Kühlmitteltemperatur

System in Ordnung (Bild 8.11)
Es liegt kein Fehler vor.
Die Eigendiagnose misst eine sinnvolle Spannung zwischen 0,1 und 4,9 V.
Fehleranzeige: kein Fehler vorhanden.

Kurzschluss nach Masse (Bild 8.12)
Es liegt ein Kurzschluss nach Masse, z.B. durch eine kurzgescheuerte Isolierung am Anschlusskabel, vor. Die Eigendiagnose misst immer 0 V (Bild 8.12).
Fehleranzeige: Spannung zu niedrig.

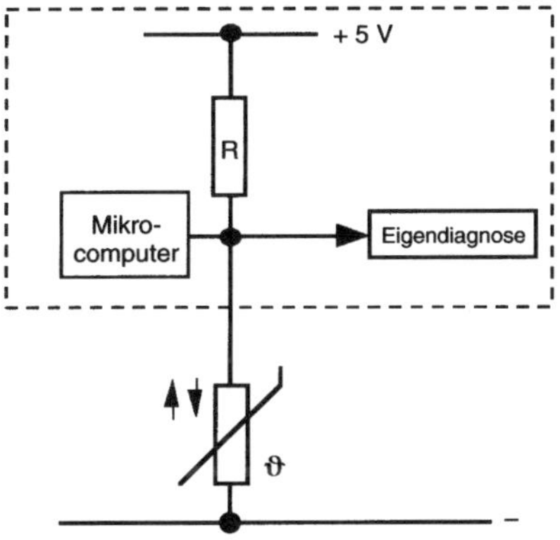

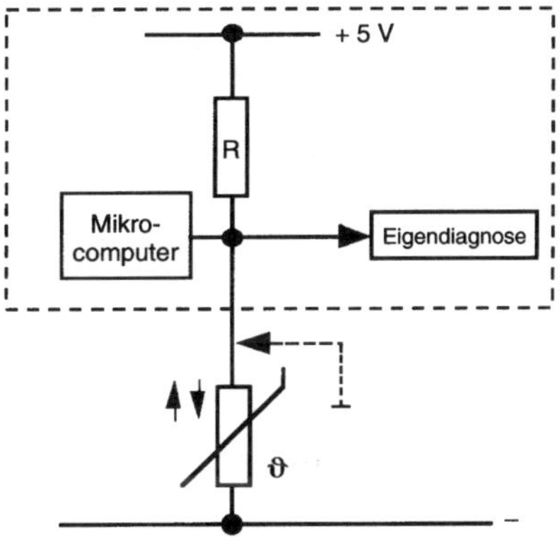

Bild 8.11 (links)
System in Ordnung

Bild 8.12 (rechts)
Kurzschluss des Sensors nach Masse

Die Fehleranzeigen sind eindeutig.

Unterbrechung
Es liegt eine Leitungsunterbrechung vor.
Die Eigendiagnose misst immer 5 V (Bild 8.13).
Fehleranzeige: Spannung zu hoch.

Kurzschluss nach Plus
Es liegt ein Kurzschluss nach Plus, z.B. im Anschlussstecker vor.
Die Eigendiagnose misst immer 5 V (Bild 8.14).
Fehleranzeige: Spannung zu hoch.

Diese beiden Fehlerarten können von der Eigendiagnose nicht unterschieden werden. Der Fehler kann nur durch eine elektrische Prüfung gefunden werden.

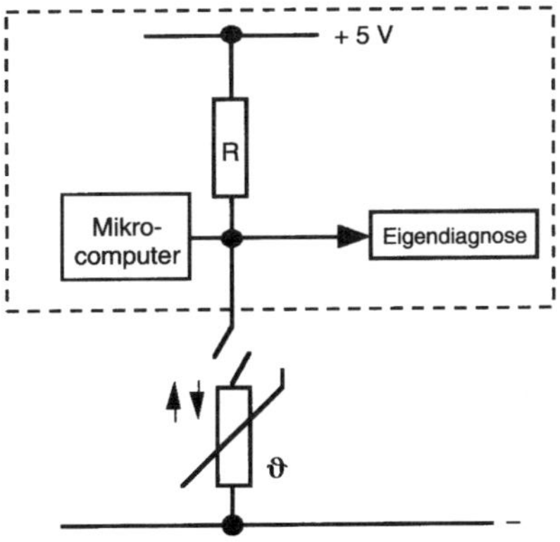

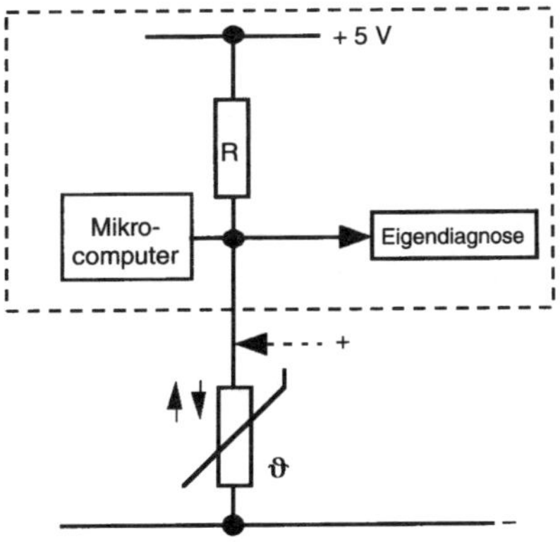

Bild 8.13 (links)
Unterbrechung des Sensors

Bild 8.14 (rechts)
Kurzschluss des Sensors nach Plus

8.6.2 Überwachung eines Stellgliedes: Leerlauffüllungsregelung

System in Ordnung
Es liegt kein Fehler vor.
Die Eigendiagnose misst je nach Ansteuerung des Magnetventils durch die Rechnereinheit plus oder minus (Bild 8.15).
Fehleranzeige: kein Fehler vorhanden.

Kurzschluss nach Plus
Es liegt ein Kurzschluss nach Plus im Kabelbaum, im Anschlussstecker oder Bauteil selber vor.
Die Eigendiagnose misst immer Plus (Bild 8.16).
Fehleranzeige: Spannung zu hoch.

Die Fehleranzeigen sind eindeutig.

Bild 8.15 (links)
System in Ordnung

Bild 8.16 (rechts)
Kurzschluss des Stellglieds nach Plus

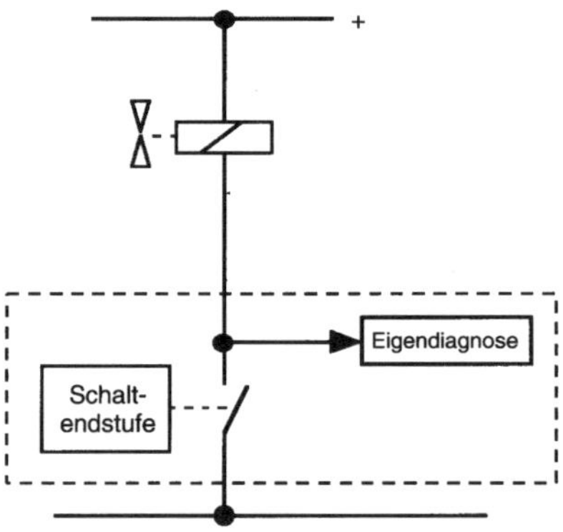

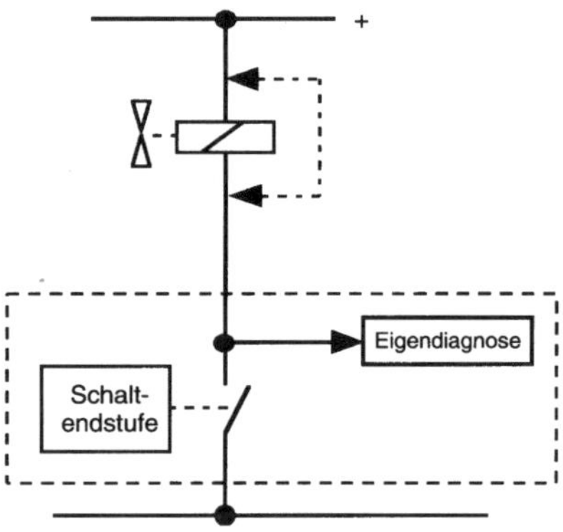

Unterbrechung
Es liegt eine Leitungsunterbrechung vor.
Die Eigendiagnose misst immer 0 V (Bild 8.17).
Fehleranzeige: Spannung zu niedrig.

Kurzschluss nach Masse
Es liegt ein Kurzschluss nach Masse, z.B. durch eine durchgescheuerte Isolierung, vor.
Die Eigendiagnose misst immer 0 V (Bild 8.18).
Fehleranzeige: Spannung zu niedrig.

Diese beiden Fehlerarten können von der Eigendiagnose nicht unterschieden werden. Der Fehler kann nur durch eine elektrische Prüfung gefunden werden.

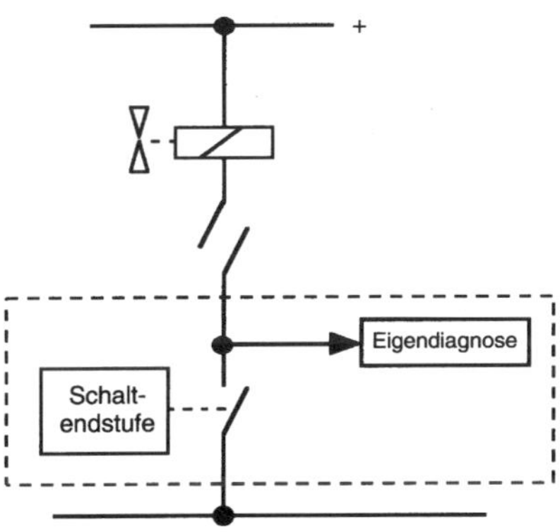

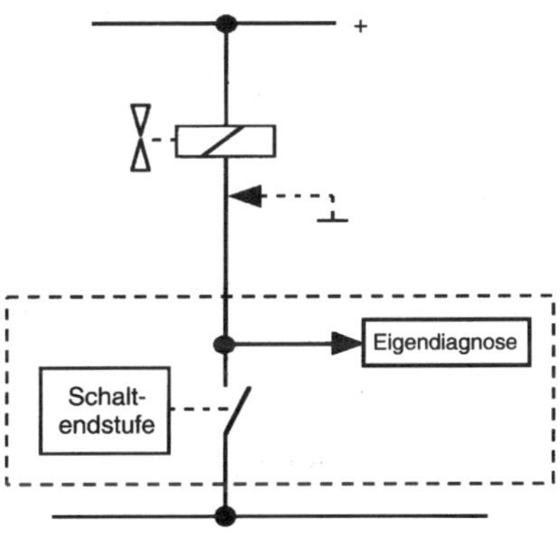

Bild 8.17 (links)
Unterbrechung des Stellglieds

Bild 8.18 (rechts)
Kurzschluss des Stellglieds nach Masse

8.7 Diagnosebus

Bereits in heutigen Oberklassefahrzeugen sind mehr als 60 Steuergeräte verbaut, die größtenteils miteinander vernetzt sind (Bild 8.19). Damit sind Wartung und Reparatur mit Schraubenschlüssel nach Altvätersitte. Mit einer optimierten Diagnose kann im Werkstattbereich der ständig weiter steigende Kostenfaktor bei der Betreuung elektronischer Systeme reduziert werden, indem zuerst mit Hilfe der Eigendiagnose der Fehler eingekreist wird.

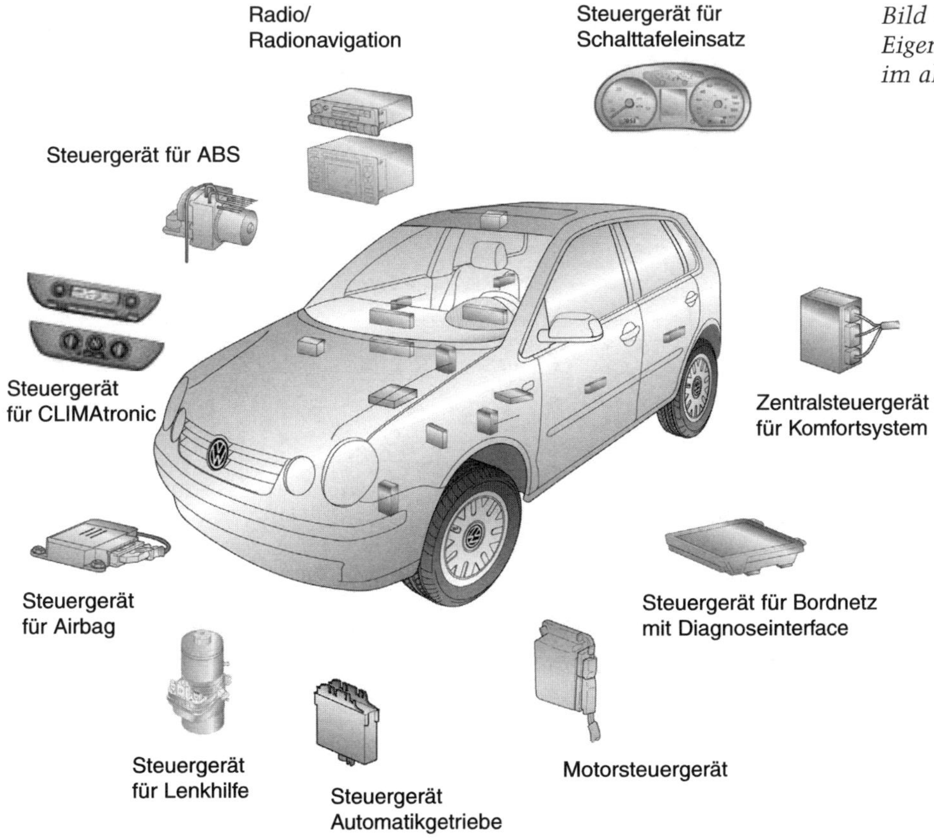

Bild 8.19
Eigendiagnosefähige Steuergeräte im aktuellen Polo

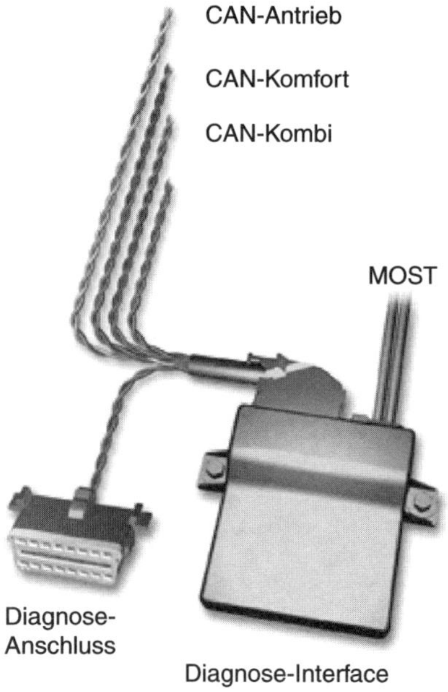

Bild 8.20
Diagnose-Interface als Schnittstellenkonverter für den Diagnoseanschluss

Die Übertragung der Steuergeräte-Diagnosedaten erfolgt mit Hilfe des jeweiligen Datenbussystems zum Diagnose-Interface für Datenbus (Gateway; Bild 8.20).
Durch die schnelle Datenübertragung über CAN und der Funktionalität des Gateways ist das Diagnosegerät in der Lage, direkt nach Anschluss an das Fahrzeug einen Überblick über die verbauten Komponenten und deren Fehlerstatus anzuzeigen.

Beispiel für die Eigendiagnose mit Hilfe des Blinkcodes bei älteren VW-Fahrzeugen (Bilder 8.21 und 8.22)
Die Diagnosestecker befinden sich z.B. im Fußraum Fahrerseite.

Gehäuseausführung der Diagnosestecker beachten!

- Diodenprüflampe V.A.G 1527 mit Prüfleitungen aus V.A.G 1594 zwischen dem belegten Kontakt des blauen Diagnosesteckers (3) und dem hinteren Kontakt des schwarzen Diagnosesteckers (1) anschließen.
- Prüfleitungen aus V.A.G 1594 am vorderen Kontakt des schwarzen und des braunen Diagnosesteckers (1 und 2) anschließen.
- Motor laufen lassen, ansonsten Motor mit Anlasser durchdrehen, ohne die Zündung anschließend auszuschalten.
- Stecker (A; Masse) für mind. 4 s mit B verbinden. Diodenprüflampe V.A.G 1527 muss leuchten, ansonsten Leitungsverbindung vom Diagnosestecker (2 und 3) zum Steuergerät und -J220 nach Stromlaufplan prüfen bzw. Anschluss der Diodenprüflampe überprüfen.

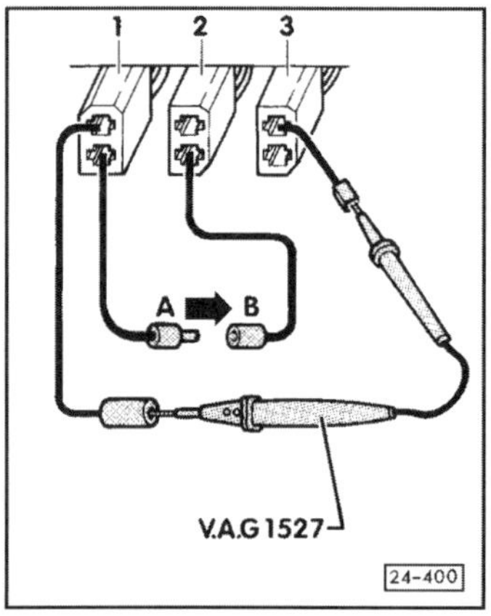

Bild 8.21
Anschlusspunkte der Eigendiagnose am Fahrzeug

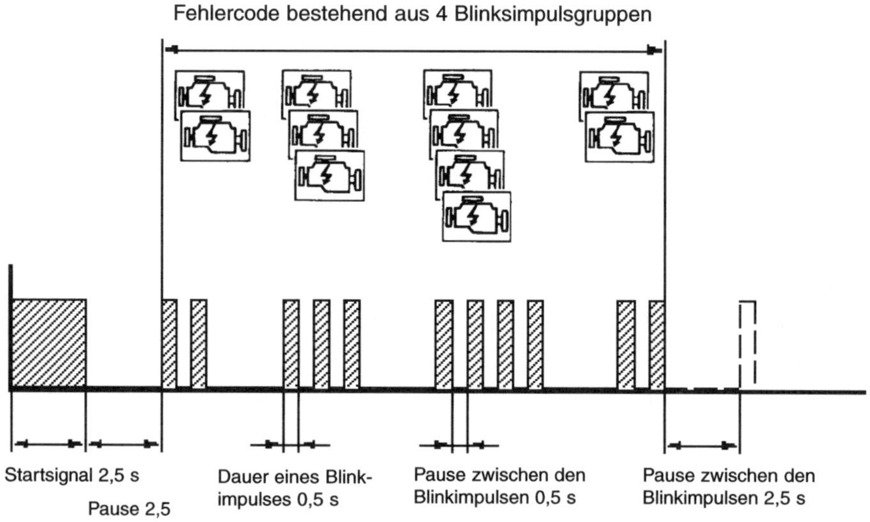

Bild 8.22
Fehlerdarstellung mit Hilfe eines Blinkcodes

- ❑ Stecker A von B trennen. Das Leuchten der Diodenprüflampe muss in Blinken übergehen.
- ❑ Blinkimpulse an V.A.G 1527 zählen und notieren.

Nach Einleitung der Fehleranzeige läuft die Ausgabe der Fehlercodes über die Fehlerlampe wie folgt ab:

Nach einem Startsignal
- Fehlerlampe 2,5 s an
  und anschließender Pause
- Fehlerlampe für 2,5 s aus

erfolgt die Übertragung der Blinkimpulse des jeweiligen Fehlercodes. Nach der Übertragung der 4. Blinkimpulsgruppe erfolgt eine Pause von ca. 2,5 s. Anschließend wird mit dem Startsignal der Fehlercode so lange wiederholt, bis die Zündung ausgeschaltet wird bzw. bis erneut der Fehlerspeicher aktiviert wird.

Beispiel
Fehlercode 2342 (Bild 8.22)

Probleme und Grenzen der Eigendiagnose mittels Blinkcode
Direkte – indirekte Fehler
Mit dem Blinkcode können nur direkte Fehler ausgelesen werden. Dies sind Fehler in den elektrischen Signalen von den Sensoren und zu den Stellgliedern. Das Erreichen von Regel- und Adaptionsgrenzen kann angezeigt werden. Da diese Fehler nicht direkt eine Fehlerquelle betreffen, werden sie auch indirekte Fehler genannt.

Prüftiefe
Moderne Steuergeräte erfassen immer mehr Sensor- und Stellgliedsignale. Anfänglich wurden nur Sensorsignale überwacht, mittlerweile werden auch Stellglieder (Einspritzventil, Kraftstoff-Pumpenrelais, Leerlauffüllungsregelung usw.) erfasst.

Aussagefähigkeit
Auch mit Hilfe der Eigendiagnose ist oftmals keine eindeutige Fehlerbeurteilung möglich. Es wird nur der Pfad angegeben, in dem der Defekt zu suchen ist. Weitere Messungen und das Studieren der Reparaturanleitungen verzögern die Fehlersuche.

Beispiel für ein aktuelles Diagnosesystem (VAS 5051)

Aufbau und Merkmal

Der Tester (Bild 8.23) ist mit einem berührungsempfindlichen Flüssigkeitskristall-Bildschirm (Touchscreen) ausgestattet.

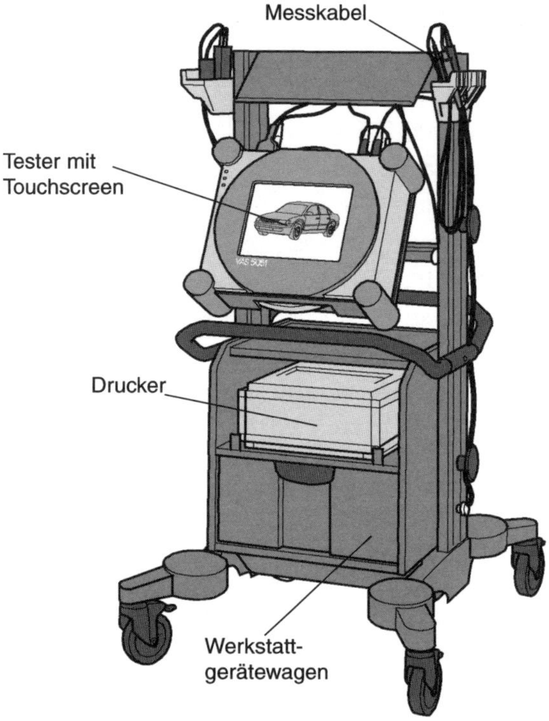

Bild 8.23
Diagnosetester VW/Audi

Auf dem Werkstattgerätewagen montiert, ist das Komplettsystem beweglich und alle für die Diagnose notwendigen Arbeitsgeräte sind in ständiger Reichweite.

Der Tester kann auch einzeln am Tragegriff transportiert werden, z.B. in den Fahrzeuginnenraum. Er ist eine Kombination aus Messgerät und Computer. Betriebssystem und Anwendungsprogramm sind intern gespeichert.

Die fahrzeugspezifischen Daten, Testprogramme und andere technische Dokumente werden über das eingebaute CD-Laufwerk von auswechselbaren CD-ROMs eingelesen und auf der Festplatte im Gerät gespeichert. Updates sind einfach per neuer CD möglich.

Das Diagnosesystem ist aufgrund der Wissensbasis in der Lage:

- über die Diagnoseverbindung zum Fahrzeug die Fehlerspeicher der Steuergeräte auszulesen und daraus automatisch einen objektiven Prüfplan zu erstellen,
- ein Fahrzeug und seine Standard- und Sonderausstattungen zu identifizieren,

- einen automatischen Systemtest von im Fahrzeug verbauten Elektroniksystemen durchzuführen,
- eine «geführte Fehlersuche» nach Prüfplan durch Auswahl von Fehlerbildern zu durchlaufen. Der Monteur erhält dabei vom Diagnosetester genaue Anweisungen, was er wo durchzuführen hat. Bedienfehler sind nahezu ausgeschlossen;
- eigenes Wissen durch direkte Auswahl von Prüfungen zu nutzen
- und Prüfpläne nach automatischer Übernahme einer Funktionsprüfung neu zu erstellen.

Die Kommunikation erfolgt dabei, wie üblich, über die Diagnoseschnittstelle des Fahrzeugs.

Pin-Belegung am Diagnosestecker (Bild 8.24)

Bild 8.24
Diagnosestecker neuerer Fahrzeuge

Pin	**Leitung**
1	Klemme 15
4	Masse
5	Masse
6	CAN-Diagnose (High)
7	K-Leitung
14	CAN-Diagnose (Low)
15	L-Leitung
16	Klemme 30

Nicht aufgeführte Pins sind zur Zeit nicht belegt.

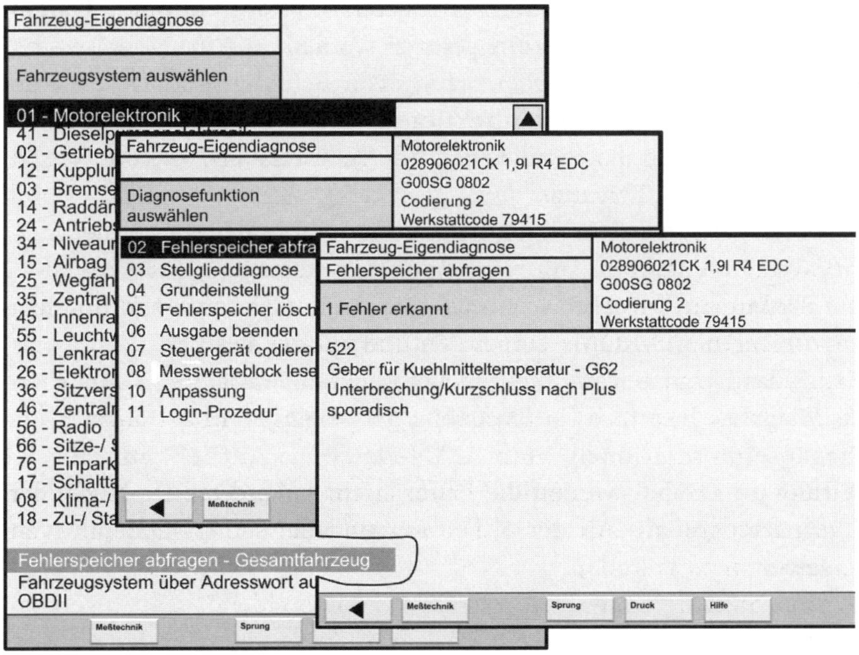

Bild 8.25
Eigendiagnose der Motorelektronik

Eigendiagnose (Bild 8.25)
Mit dem Auswahlbalken können beliebige Fahrzeugsysteme bzw. Funktionen angewählt werden.
Bei der Auswahl «Fehlerspeicher abfragen – Gesamtfahrzeug» werden alle im Fahrzeug vorhandenen Steuergeräte abgefragt und angezeigt. Nach Aufbau der Kommunikation wird die Steuergeräteidentifikation angezeigt.
In der Bildschirmmaske «Diagnosefunktion anwählen» können Sie sich die verschiedensten Funktionen, die mit dem ausgewählten Steuergerät durchgeführt werden sollen, aussuchen.
Bei «Fehlerspeicher abfragen» erscheint in der nächsten Bildschirmmaske eine Auflistung der Fehler.

Aufgabe des Diagnose-Interface
Das Diagnose-Interface setzt Diagnosedaten von CAN-Datenbus-Antrieb und CAN-Datenbus-Komfort auf die K-Leitung um und umgekehrt.
Somit können die Daten vom Fahrzeug-Diagnosetester für die Eigendiagnose genutzt werden.
Das Motorsteuergerät, das Steuergerät für automatisches Getriebe und das Zentralsteuergerät für Komfortsystem haben eine separate K-Leitung.

In der ISO 9141 wurden die Bezeichnungen K- und L-Leitungen festgelegt. Danach ist die K-Leitung die Leitung zur Übertragung von Befehlen und Daten vom Steuergerät zum Tester. Sie kann auch Befehle vom Tester zum Steuergerät übertragen (bidirektionale Datenleitung) und zur Initialisierung genutzt werden.
Die L-Leitung kann der Übertragung von Befehlen und Daten vom Tester zum Steuergerät (unidirektionale Leitung) und zur Initialisierung dienen. Bild 8.26 zeigt den Informationsverlauf vom CAN-Antrieb auf die K-Leitung.
Der Bremslichtschalter liefert aufgrund eines Fehlers in der Leitungsverbindung keine Information an das Steuergerät für ABS.
Das Steuergerät für ABS ist am CAN Antrieb angeschlossen und legt daraufhin einen Fehler in seinem Fehlerspeicher ab.
Damit das Diagnosegerät diese Diagnosedaten verarbeiten kann, setzt das Diagnose-Interface für Datenbus im Steuergerät für Bordnetz die Diagnoseinformationen vom CAN-Datenbus-Antrieb auf die K-Leitung um. Dabei werden die Daten nicht verändert, das heißt, der Informationsgehalt auf der K-Leitung und dem CAN-Datenbus ist derselbe.

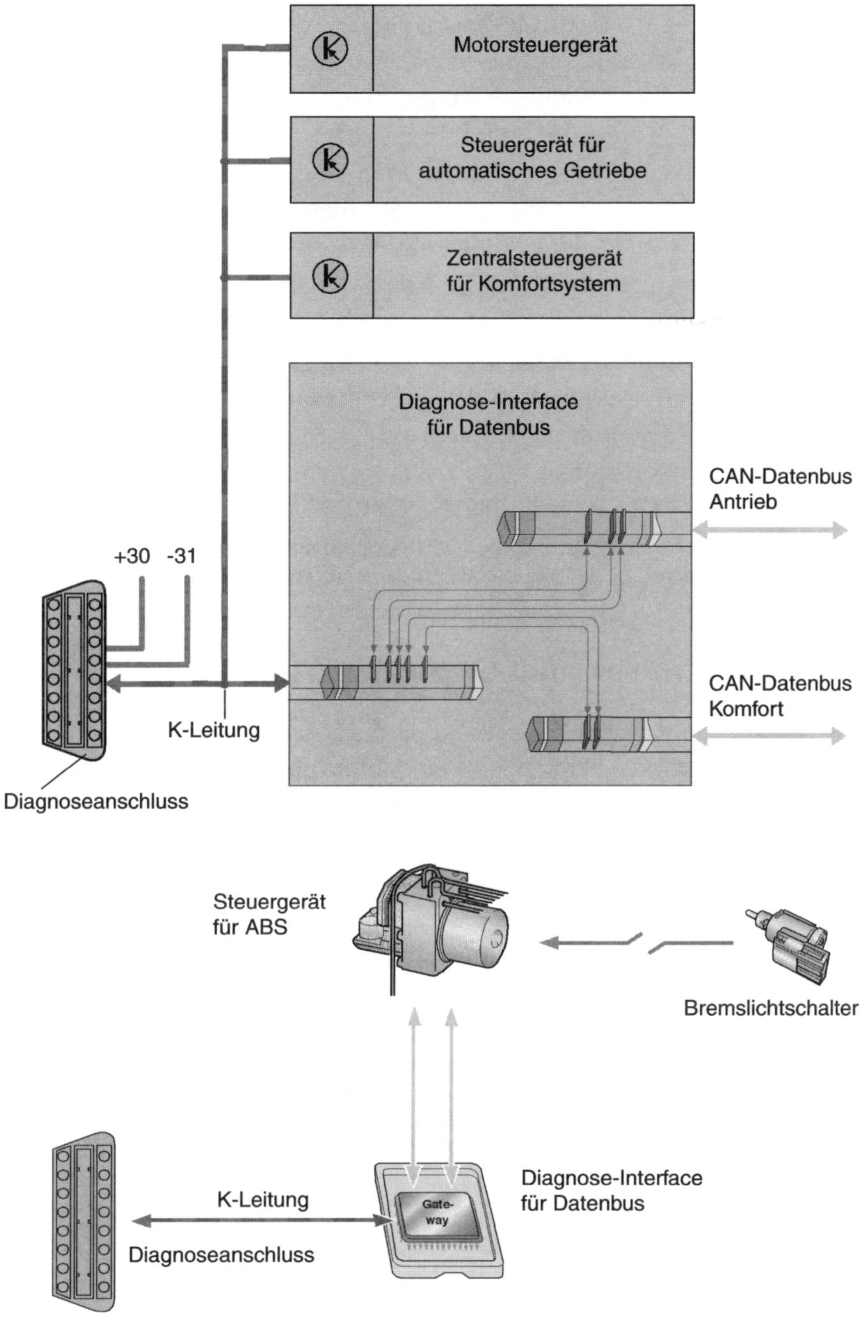

Bild 8.26
Informationsverlauf zum Diagnoseanschluss

Fazit

Trotz modernster Eigendiagnose gestaltet sich in vielen Fällen die Diagnose eines aufgetretenen Fehlers schwierig. Konnte ein abgespeicherter Fehler ausgelesen werden, müssen unter Umständen weitere Prüfungen durchgeführt werden, um sicherzustellen, dass es sich um einen Bauteildefekt und nicht um eine Beschädigung am Stecker oder Kabel handelt.

Zu beachten ist, dass ein abgespeicherter Fehler nicht direkt durch das angezeigte Bauteil verursacht werden muss, sondern auch durch ein anderes defektes Bauteil hervorgerufen werden kann. Ein klassisches Beispiel ist hier der angezeigte Fehler «Lambda-Sonde – Spannung zu niedrig», verursacht durch einen defekten Temperatursensor. Durch den defekten Temperatursensor erhält das Steuergerät ständig die Information «Motor kalt», obwohl die Betriebstemperatur erreicht ist. Das Steuergerät fettet das Gemisch weiter an, und die Lambda-Sonde bleibt aufgrund des zu fetten Gemisches ständig bei 0,1 V hängen, was vom Steuergerät natürlich als Fehler gewertet wird. Dasselbe gilt für Fehler an Stellgliedern. Ist ein Fehler im System, der nicht im Fehlerspeicher abgelegt ist, können mit einem geeigneten Diagnosegerät die Messwertblöcke ausgelesen werden. Hierbei wird ein Vergleich der Soll- und Istwerte durchgeführt. Die angezeigten Istwerte werden mit den im Diagnosegerät hinterlegten Sollwerten verglichen und können Aufschluss über fehlerhafte Werte geben.

8.8 Bordnetz und Lastmanagement

Das Bordnetz moderner Fahrzeuge ist dezentral aufgebaut (Bild 8.27). Aus diesem Grund befinden sich die Sicherungsboxen und die Relaisplätze an unterschiedlichen Orten im Fahrzeug. Diese Verteilung ermöglicht eine schnelle und genaue Fehlerdiagnose. Alle Sicherungen und Relais, die die elektrischen Komponenten im Motorraum absichern oder steuern, sind in der Elektrik-Box untergebracht. Eine Leitungsführung in den Innenraum und zurück entfällt deshalb.

Die Fehlersuche wird erleichtert, die Absicherung besser auf den Verbraucher abgestimmt und die Mehrfachbelegung von Sicherungen weitgehend vermieden.

Die Vielzahl von Komfortfunktionen und elektrischen Heizverbrauchern wie Sitzheizung, Heckscheibenheizung, Außenspiegelheizung und elektrische Zusatzheizung kann bei Fahrbetrieb zu einer Überbelastung des Generators und damit zur Entladung der Batterie führen. Dies gilt insbesondere bei extremen Kurzstrecken und Winterfahrbetrieb sowie Stop-and-go-Fahrten und hoch ausgestatteten Fahrzeugen.

Das Lastmanagement des Steuergerätes für Bordnetz (Bild 8.28) überwacht regelmäßig die Batteriespannung unter Berücksichtigung des Strombedarfs von Kurzzeitverbrauchern.

Wird ein Spannungsdefizit im Bordnetz erkannt, führt das Steuergerät für Bordnetz Maßnahmen durch, um den Fahrbetrieb aufrechtzuerhalten und die Wiederstartfähigkeit des Fahrzeugs zu gewährleisten.

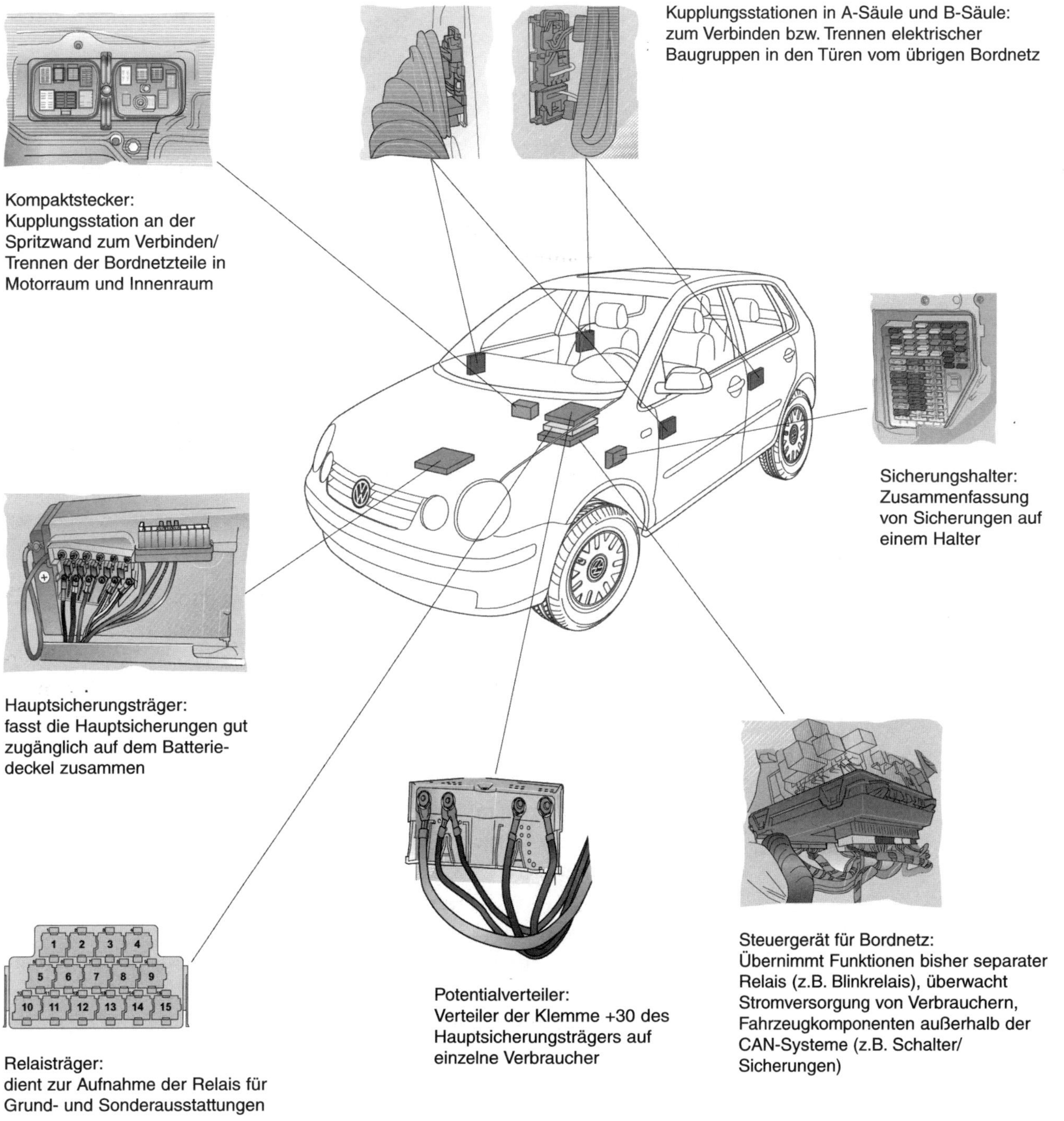
Kupplungsstationen in A-Säule und B-Säule:
zum Verbinden bzw. Trennen elektrischer
Baugruppen in den Türen vom übrigen Bordnetz
Kompaktstecker:
Kupplungsstation an der
Spritzwand zum Verbinden/
Trennen der Bordnetzteile in
Motorraum und Innenraum
Sicherungshalter:
Zusammenfassung
von Sicherungen auf
einem Halter
Hauptsicherungsträger:
fasst die Hauptsicherungen gut
zugänglich auf dem Batterie-
deckel zusammen
1 2 3 4
5 6 7 8 9
10 11 12 13 14 15
Potentialverteiler:
Verteiler der Klemme +30 des
Hauptsicherungsträgers auf
einzelne Verbraucher
Steuergerät für Bordnetz:
Übernimmt Funktionen bisher separater
Relais (z.B. Blinkrelais), überwacht
Stromversorgung von Verbrauchern,
Fahrzeugkomponenten außerhalb der
CAN-Systeme (z.B. Schalter/
Sicherungen)
Relaisträger:
dient zur Aufnahme der Relais für
Grund- und Sonderausstattungen

Bild 8.27
Einbauorte wichtiger Bordnetzkomponenten

Bild 8.28
Am Lastmanagement beteiligte Verbraucher

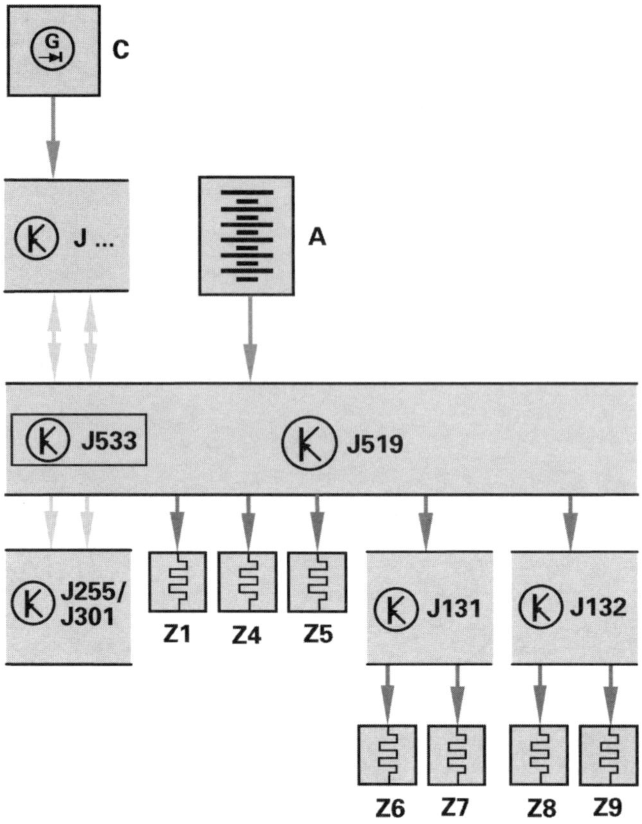

Elektrische Schaltung

A	Batterie
C	Drehstromgenerator
J...	Motorsteuergerät
J131	Steuergerät für beheizbaren Fahrersitz
J132	Steuergerät für beheizbaren Beifahrersitz
J255	Steuergerät für CLIMAtronic
J301	Steuergerät für Klimaanlage
J519	Steuergerät für Bordnetz
J533	Diagnose-Interface für Datenbus
Z1	beheizbare Heckscheibe
Z4	beheizbarer Außenspiegel, Fahrerseite
Z5	beheizbarer Außenspiegel, Beifahrerseite
Z6	beheizbarer Fahrersitz
Z7	beheizbare Fahrerlehne
Z8	beheizbarer Beifahrersitz
Z9	beheizbare Beifahrerlehne

Innenlichtsteuerung (Bild 8.29)
Befinden sich die Schalter der Innenleuchten vorn und hinten in der Position Türkontaktstellung, wird durch das Steuergerät für Bordnetz gewährleistet, dass

- ❑ beim Abstellen des Fahrzeugs mit geöffneten Türen die Innenleuchten nach 10 Minuten abgeschaltet werden und dadurch eine unnötige Belastung der Batterie vermieden wird;
- ❑ die Innenleuchten für 30 Sekunden eingeschaltet werden, wenn das Fahrzeug entriegelt oder der Zündschlüssel abgezogen wird. Durch Verriegeln des Fahrzeugs oder durch Einschalten der Zündung werden die Innenleuchten sofort ausgeschaltet;
- ❑ die Innenleuchten im Crashfall eingeschaltet werden.

Bild 8.29
Innenleuchte vorn

Eine weitere Aufgabe der Innenlichtsteuerung ist, manuell eingeschaltete Leuchten (Innenleuchten und Leseleuchten vorn und hinten, Kofferraumleuchte, Handschuhfachleuchte und Make-up-Spiegel) nach Ausschalten der Zündung nach einer Zeit von ca. 30 Minuten abzuschalten. Diese Funktion dient ebenfalls zum Schutz der Batteriekapazität.

Blinkersteuerung (Bild 8.30)
Wird der Blinkerschalter einmal kurzzeitig angetippt, wird das Richtungsblinken für drei Blinkzyklen aktiviert. Bei erneutem Antippen wird das Richtungsblinken um drei weitere Blinkzyklen verlängert. Diese Funktion wird als **Autobahnblinken** bezeichnet.

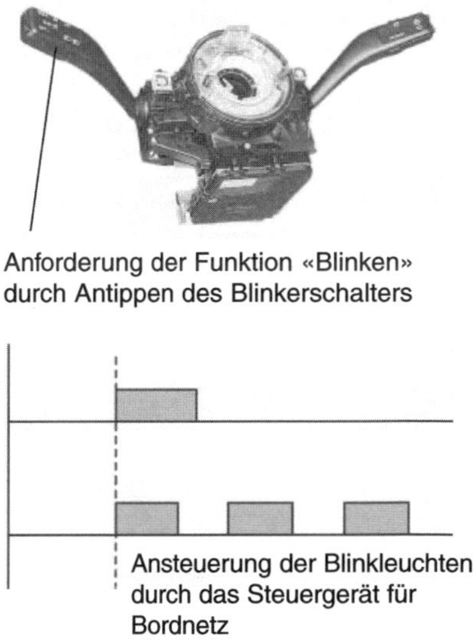

Bild 8.30
Blinkersteuerung

Beispiel für eine Ab- und Anschaltreihenfolge (VW Polo) (Bild 8.31)
Das elektrische Lastmanagement sorgt dafür, dass immer genügend elektrische Energie zum Starten in der Batterie vorhanden ist. Zu diesem Zweck werden elektrische Komfortverbraucher abgeschaltet. Die technische Sicherheit bleibt erhalten.
Unterschreitet die Bordnetzspannung 12,7 V, wird die Leerlaufdrehzahl angehoben.
Sinkt die Spannung unter 12,2 V, schaltet das Steuergerät für Bordnetz zusätzlich die folgenden Verbraucher ab:

- ❑ Leerlaufdrehzahl,
- ❑ Heckscheibenheizung,
- ❑ Sitzheizung,
- ❑ Außenspiegelheizung;
- ❑ die Klima-Kompressorleistung wird reduziert.

Unterscheidet die Bordnetzspannung 12,7 V, wird die Leerlaufdrehzahl angehoben. Sinkt die Spannung unter 12,2 V, schaltet das Steuergerät für Bordnetz zusätzlich die folgenden Verbraucher ab:		Wird die Sollspannung wieder erreicht, trifft das Steuergerät für Bordnetz folgende Maßnahmen:
1 ↓ Anheben der Leerlaufdrehzahl		Absenken der Leerlaufdrehzahl ↑ 5
2 ↓ Abschalten der Heckscheibenheizung	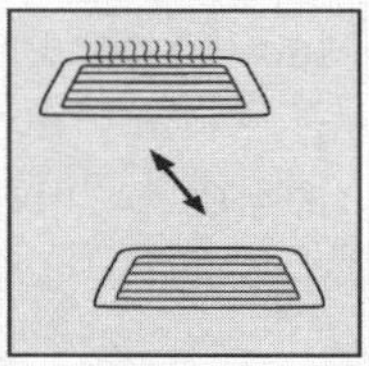	Zuschalten der Heckscheibenheizung ↑ 4
3 ↓ Abschalten der Sitheizung	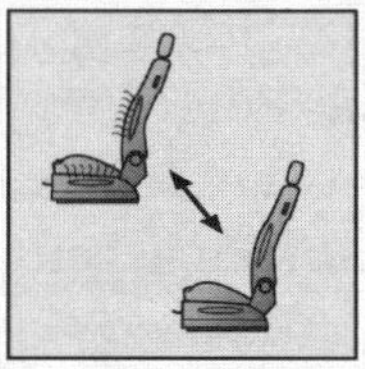	Zuschalten der Sitzheizung ↑ 3
4 ↓ Abschalten der Außenspiegelheizung	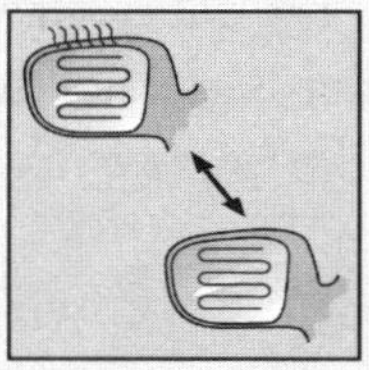	Zuschalten der Außenspiegelheizung ↑ 2
5 ↓ Reduzieren der Klimakompressorleistung	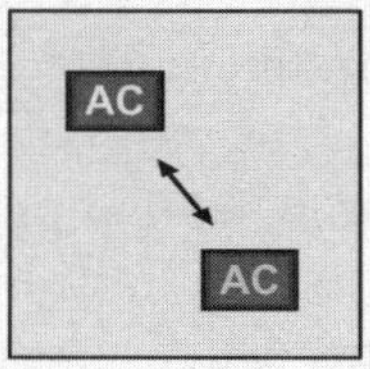	Steigern der Klimakompressorleistung ↑ 1

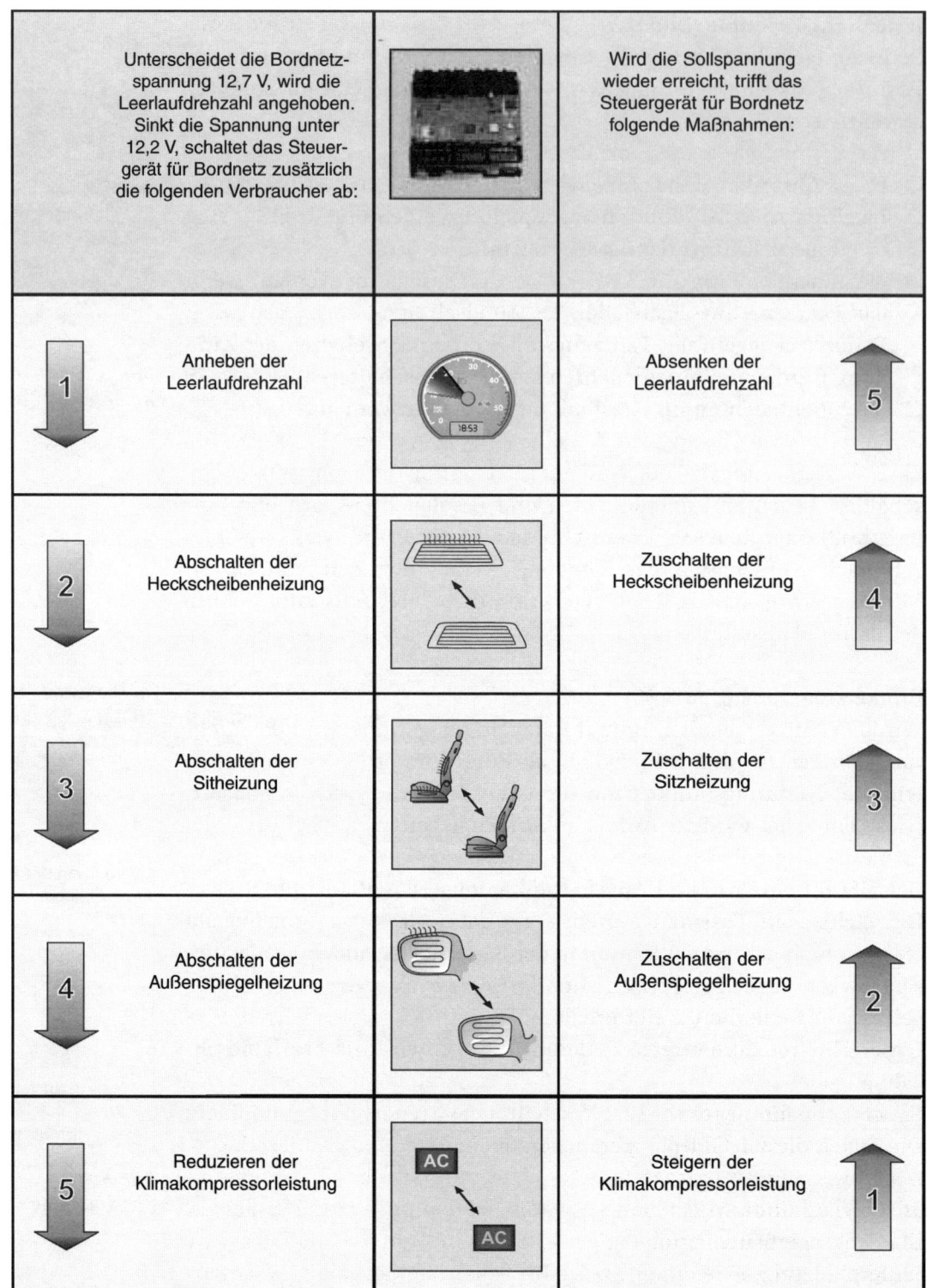

Bild 8.31
Ab- und Anschaltreihenfolge beim Einsetzen des Lastmanage-

Wird die Sollspannung wieder erreicht, trifft das Steuergerät für Bordnetz folgende Maßnahmen:

- ❑ Absenken der Leerlaufdrehzahl,
- ❑ Zuschalten der Heckscheibenheizung,
- ❑ Zuschalten der Sitzheizung,
- ❑ Zuschalten der Außenspiegelheizung,
- ❑ Steigern der Klimakompressorleistung.

Außenlichtsteuerung (Bild 8.32)

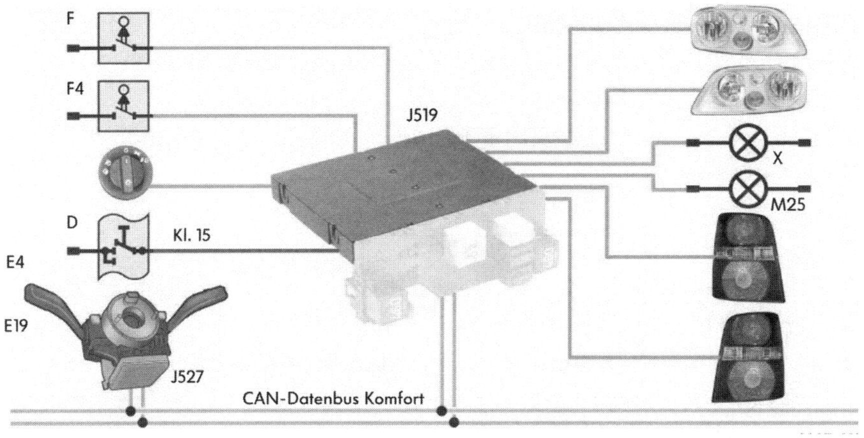

Bild 8.32
Steuergerät für Bordnetz J527 als Zentrale der Lichtsteuerung
D Zündanlassschalter Klemme 15
E1 Lichtschalter
E4 Schalter für Handabblendung und Lichthupe
E19 Schalter für Parklicht
F Bremslichtschalter
F4 Schalter für Rückfahrleuchten
J519 Steuergerät für Bordnetz
J527 Steuergerät für Lenksäulenelektronik
M25 Lampe für hochgesetztes Bremslicht
X Kennzeichenleuchte

Das Steuergerät für Bordnetz wertet die Signale des Lichtschalters direkt aus. Die Informationen über das Einschalten des Blinkers, des Fernlichtes und die Betätigung der Lichthupe werden über das Steuergerät J527 und den CAN-Datenbus Komfort gesendet.
Die Lichtschalter senden nur noch Spannungsimpulse zum Steuergerät. Somit laufen weder Steuerströme für Relais noch Lastströme, z.B. für das Standlicht, über die Schalter. In den Stromkreisen für Beleuchtung gibt es keine Sicherungen mehr. Bei entsprechendem Fehler schaltet das Steuergerät den betroffenen Stromkreis ab.

Glühlampenüberwachung
Die Funktion der Glühlampen wird ständig überwacht. Diese Überwachung findet im ausgeschalteten Zustand (Kaltüberwachung) und im eingeschalteten Zustand (Warmüberwachung) statt. Bei beiden Überwachungsarten erfolgt nach erkanntem Fehler ein Eintrag im Fehlerspeicher sowie eine Anzeige im Schalttafeleinsatz. Eine erneuerte Glühlampe wird durch die Überwachung erkannt, der Fehler gelöscht und die Anzeige abgeschaltet.

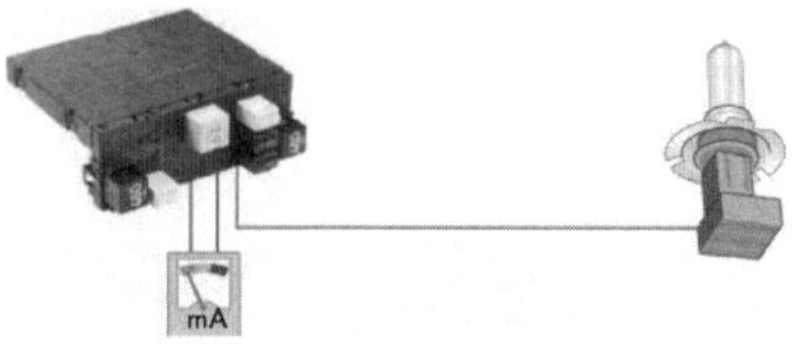

Bild 8.33 a
Kaltüberwachung der Glühlampe

Kaltüberwachung (Bild 8.33 a)
Die einzelnen Glühlampen werden nach dem Einschalten der Zündung viermal 500 ms geringfügig bestromt; durch den Stromwert kann das Steuergerät für Bordnetz eine defekte Glühlampe erkennen.

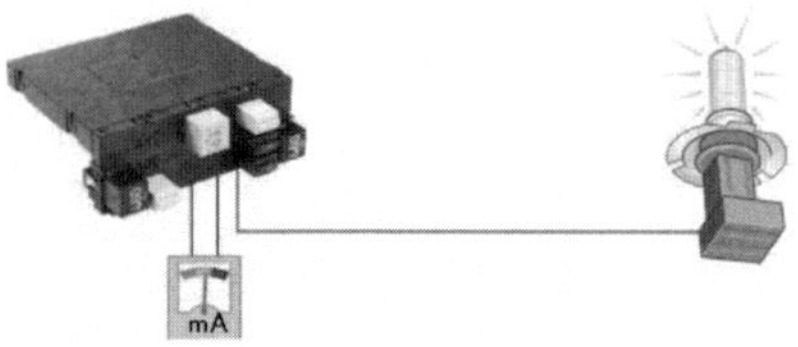

Bild 8.33 b
Warmüberwachung der Glühlampe

Warmüberwachung (Bild 8.33 b)
Die Ansteuerung der einzelnen Glühlampen erfolgt durch Halbleiter-Bausteine, die sich im Steuergerät für Bordnetz befinden. Sie erkennen, ob eine Überlast, ein Kurzschluss oder eine Unterbrechung vorliegt.

Zusatzfunktionen der Glühlampen
Verschiedene Glühlampen werden gedimmt angesteuert und übernehmen Zusatzfunktionen.
Wird ihre eigentliche Funktion benötigt, hat diese Vorrang.

Beispiele
- ❑ Abblendlicht links und rechts
- ❑ gedimmtes Einschalten als Tagesfahrlicht links und rechts
- ❑ Nebelschlussleuchte links und rechts
- ❑ länderspezifisch gedimmtes Einschalten als Schlusslicht hinten links und rechts ca.12%
- ❑ Bremslicht hinten links und rechts
- ❑ gedimmtes Einschalten als Schlusslicht hinten links und rechts ca. 18%
- ❑ gedimmte Ansteuerung der Bremsleuchten als Schlusslicht (Bild 8.34)
- ❑ Ansteuerung der Bremsleuchten beim Bremsen

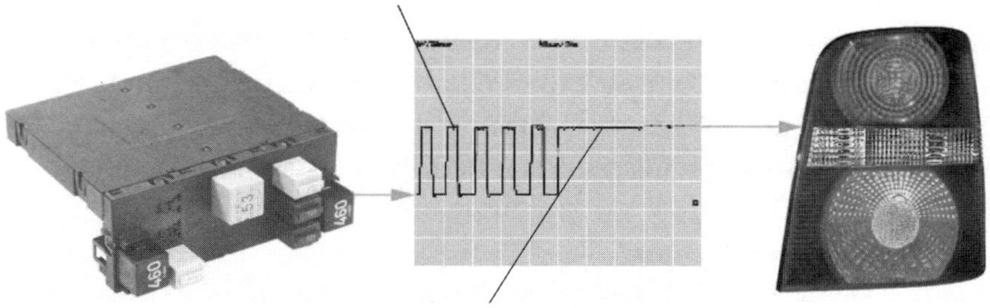

Bild 8.34
Zusatzfunktion: Bremslicht als Schlusslicht

9 Steuern und Regeln

9.1 Unterscheidung: Steuern – Regeln

9.1.1 Steuerkette (Bild 9.1)

Durch die Betätigung des Fahrpedals wird die Stellung der Drosselklappe verändert und dadurch die Motordrehzahl beeinflusst. Dieser Zusammenhang kann in einer Steuerkette dargestellt werden. Kommt das Fahrzeug an eine Steigung, dann sinkt – bei gleicher Stellung der Drosselklappe – die Drehzahl des Motors. Wenn der Fahrer nicht eingreift, fällt die Fahrgeschwindigkeit. Ein Sinken der Drehzahl hat keine Auswirkungen auf die Stellung des Gaspedals. Die Steuerkette ist «offen», d.h., es erfolgt keine Rückmeldung über die Größe des Ausgangssignals. Das Ergebnis des Stellens oder der Steuerung wird nicht kontrolliert.

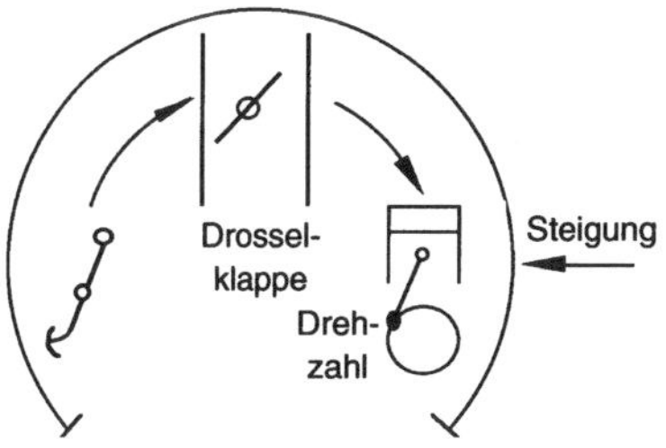

Bild 9.1
Steuerkette

9.1.2 Regelkreis (Bild 9.2)

Will man eine bestimmte Drehzahl (Geschwindigkeit) beibehalten, so muss beim Einwirken von Störgrößen, z.B. Bergauffahrt, durch eine weitere Öffnung der Drosselklappe ausgeglichen werden. Dies geschieht, wenn der Fahrer eines Pkw seine tatsächliche Geschwindigkeit am Tacho abliest, den Unterschied zur gewünschten Geschwindigkeit bildet und entsprechend Gas gibt, um eine Abweichung auszugleichen. Der Mensch bildet hier die «Rückführung» vom Streckenausgang zum Eingang und betätigt sich als Regler, der die Drehzahl beeinflusst. Wegen der Rückführung ist nunmehr die Steuerkette ein geschlossener Regelkreis. Da die Rückführung durch den Menschen jedoch nicht automatisch erfolgt, handelt es sich um «Regeln mit unselbsttätiger Rückführung». Aufgabe der Regelungstechnik ist es, die unselbsttätige Rückführung – den Menschen – möglichst aus dem Regelkreis zu entfernen und durch eine automatische Regelung, z.B. in Form eines Tempomats, zu ersetzen.

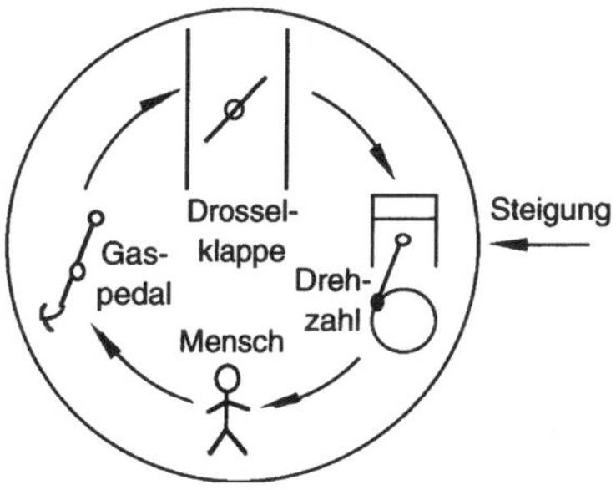

Bild 9.2
Regelkreis

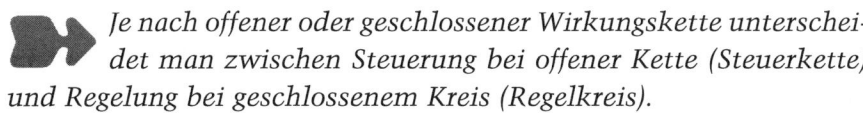

Je nach offener oder geschlossener Wirkungskette unterscheidet man zwischen Steuerung bei offener Kette (Steuerkette) und Regelung bei geschlossenem Kreis (Regelkreis).

9.2 Steuern

9.2.1 Definition: Steuerung

Das Steuern ist ein Vorgang in einem System, bei dem Ausgangsgrößen durch Eingangsgrößen beeinflusst werden.

Eine Rückwirkung oder Rückmeldung auf die Steuereinrichtung gibt es nicht. Man spricht deshalb auch von einem offenen Wirkungsweg als Merkmal jeder Steuerung.

9.2.2 Glieder der Steuerkette

Bei der Analyse von Steuereinrichtungen ersetzt man die bildliche Darstellung durch Funktionsblöcke. Diese Funktionsblöcke sind die charakteristischen Bestandteile jeder Steuerung (Bild 9.3).

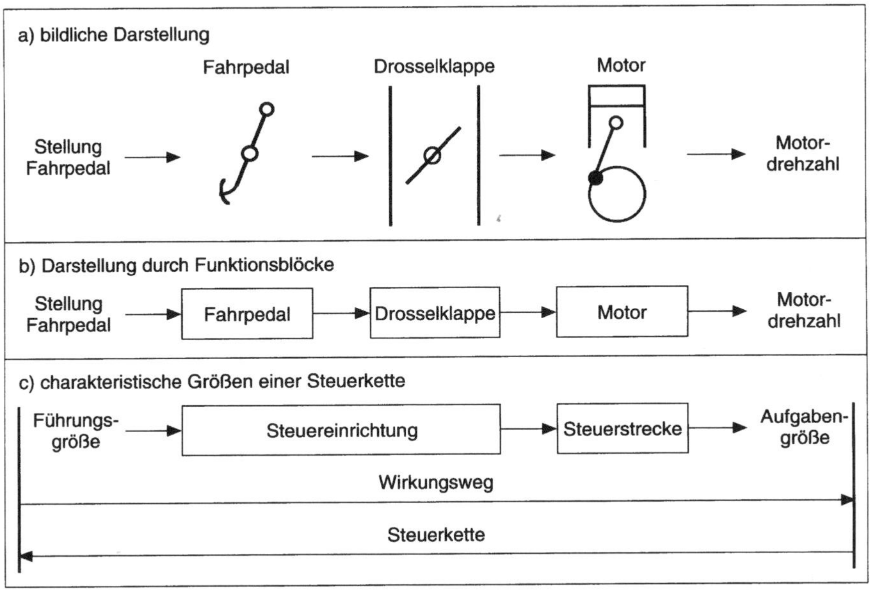

Bild 9.3
Drehzahlsteuerung eines Ottomotors
a) bildliche Darstellung
b) Darstellung durch Funktionsblöcke
c) charakteristische Größen einer Steuerkette

Bei einem Steuerungsvorgang werden die Ausgangsgrößen durch die Eingangsgrößen in Form eines offenen Wirkungsweges beeinflusst.

9.2.3 Ein- und Ausgabegrößen der Steuerkette

In der Praxis faßt man das Fahrpedal und die Drosselklappe zu der Steuereinrichtung zusammen, so dass man als Merkmal der Steuerkette formulieren kann:

Die offene Steuerkette enthält stets eine ***Steuereinrichtung*** *und eine* ***Steuerstrecke.***

Im Rahmen der Systemanalyse kommt bei den Signalflussplänen den Signalen, also den Ein- und Ausgangsgrößen der Glieder, eine besondere Bedeutung zu, da sie an den Schnittstellen zwischen den Gliedern auftreten und somit die benötigten Informationen – den Signalfluss – darstellen. Man hat aus diesem Grund die Ein- und Ausgangsgrößen der Glieder einer Steuer- bzw. Regeleinrichtung genormt.
Besondere Bedeutung bei Steuer- und Regelvorgängen haben die Störgrößen z, die auf das System wirken und bei der Steuerung nicht berücksichtigt werden. Die wichtigsten Begriffe der Steuerungstechnik sind in Tabelle 9.1 dargestellt, ihre Anwendung am Beispiel der Drehzahlsteuerung (Bild 9.4).

Steuereinrichtung	Eingangsgröße Ausgangsgröße	Führungsgröße w (= Sollwert) Stellgröße y
Steuerstrecke	Eingangsgröße Ausgangsgröße	Stellgröße y Störgröße z Aufgabengröße x_a (= Istwert)
Steuereinrichtung	beeinflusst das Stellglied, damit dieses die Stellung erzeugt	
Steuerstrecke	Ende des Wirkungsweges	
Wirkungsweg	Weg, auf dem sich der Steuervorgang vollzieht	
Steuerkette	Zusammenschaltung der genannten Glieder	

Tabelle 9.1
Die wichtigsten Begriffe der Steuerungstechnik

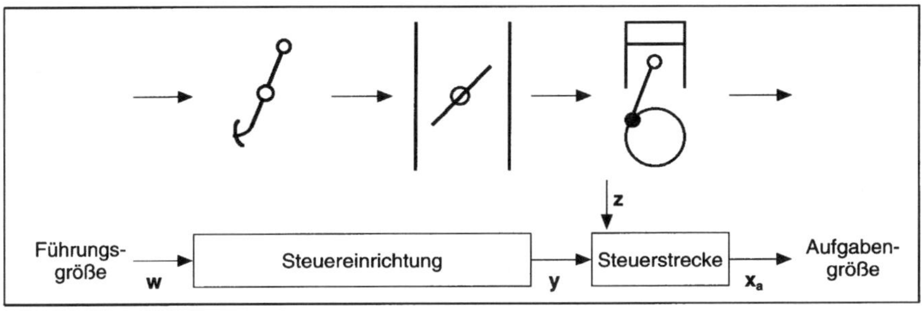

Bild 9.4
Führungsgröße w: Fahrerwunsch nach bestimmter Drehzahl (Geschwindigkeit), d.h. eine bestimmte Stellung des Gaspedals
Stellgröße y: Öffnungsquerschnitt der Drosselklappe, d.h. ein bestimmter Volumenstrom Luft bzw. Kraftstoff-Luft-Gemisch
Aufgabengröße x_a: Drehzahl (Fahrgeschwindigkeit)
Störgrößen z: Gegenwind, Bergauf- oder Bergabfahrt usw.

9.2.4 Steuerungsarten (Unterscheidungsart: Signaldarstellung)

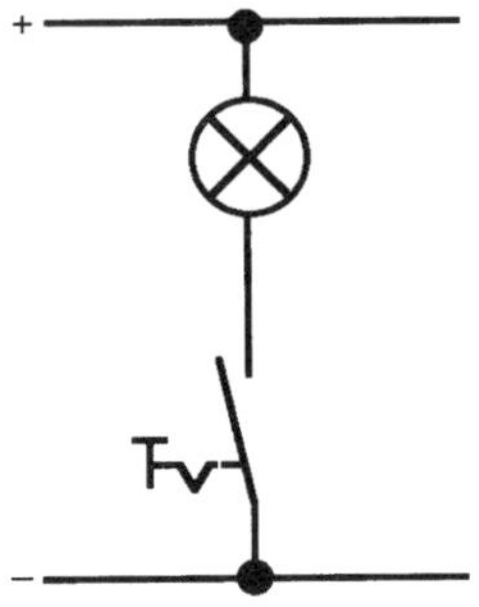

Bild 9.5

Binäre Steuerungen (Bild 9.5)
In den binären Steuerungen werden binäre (zweiwertige) Signale verknüpft und auch als binäres Signal ausgegeben.

Beispiele

- ❑ mechanische binäre Steuerungen: mechanische Schalter
  z.B. Bremslichtschalter, Leerlaufschalter, Unterbrecherkontakt der Spulenzündung;
- ❑ elektronische binäre Steuerungen: Transistor als Schalter
  z.B. Transistorspulenzündung, Alarmanlage, alle Schaltungen der Digitaltechnik.

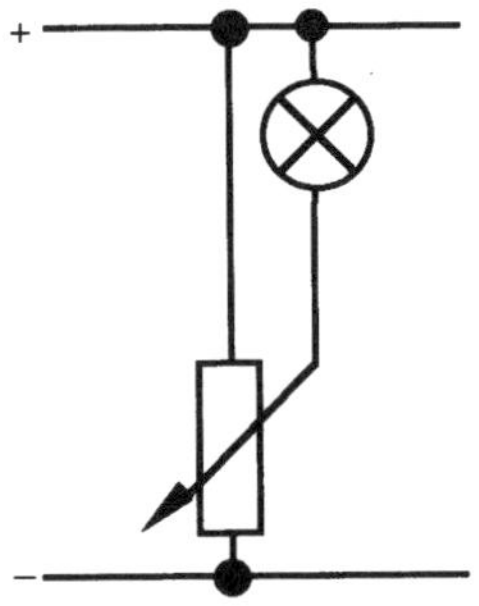

Bild 9.6

Analoge Steuerungen (Bild 9.6)
Bei der analogen Steuerung erfolgt die Veränderung der Stellgröße analog zur Änderung der Führungsgröße.

Beispiele

- ❑ mechanische analoge Steuerungen
  z.B. Leistungssteuerung des Ottomotors mit dem Fahrpedal, Motorsteuerung, Bremsen;
- ❑ elektronische analoge Steuerungen
  z.B. stufenlose Gebläsesteuerung, Lautstärkeneinstellung am Radio, Schließwinkelsteuerung.

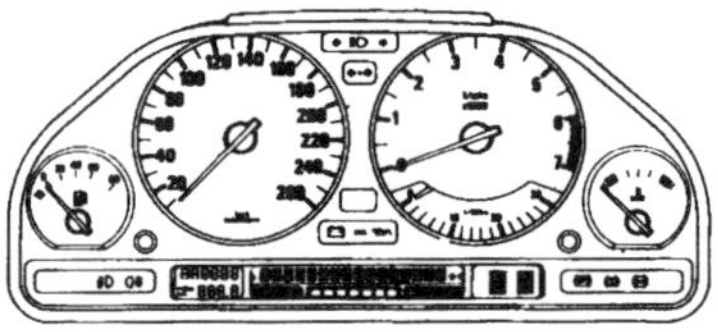

Bild 9.7

Digitale Steuerungen (Bild 9.7)
In digitalen Steuerungen erfolgt die Verarbeitung in Form von binären Signalen, die in einem Mikroprozessor verarbeitet und in Form von digitalen Systemen ausgegeben werden.

Beispiele

- ❑ elektronische digitale Steuerungen
  z.B. Service-Intervall-Anzeige, kennfeldgesteuerte Zündung, Check-Control, Abspeicherung von Fehlercodes, Ruhestromabschaltung der Zündung.

9.2.5 Binäre Steuerungen

Stufenverstellbares Innenraumgebläse (Bild 9.8)
Bei der stufenweisen Verstellung des Innenraumgebläses übernimmt der Schalter zwei Funktionen. Er bestimmt durch den Schaltvorgang die Gebläsestufe; gleichzeitig übernimmt das Bauteil auch die Funktion des Stellgliedes, da es den Strom durch den Gebläsemotor schalten muss.

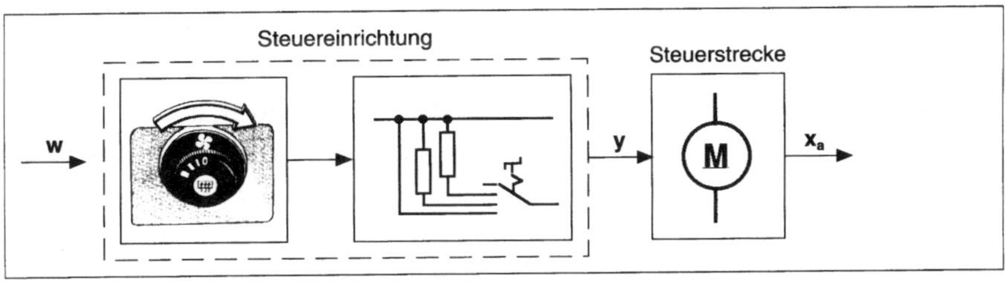

Bild 9.8
Beispiel für binäre Steuerung: stufenverstellbares Innenraumgebläse
Führungsgröße w: Fahrerwunsch der Gebläseeinstellung
Stellgröße y: Strom durch den Gebläsemotor
Aufgabengröße x_a: gefördertes Luftvolumen

Kühlmitteltemperatur-Warnanzeige (Bild 9.9)
Neben einer Anzeige der Kühlmitteltemperatur ist in vielen Fahrzeugen eine zusätzliche Warnleuchte, die dem Fahrer eine unzulässige Erhitzung der Kühlflüssigkeit signalisieren soll. Dazu wird die Information durch einen Kühlmittel-Temperaturfühler einer Auswertelektronik zugeleitet, die bei einer fest vorgegebenen Temperatur eine Signalleuchte, meist in Form eines genormten Symbols, anschaltet.

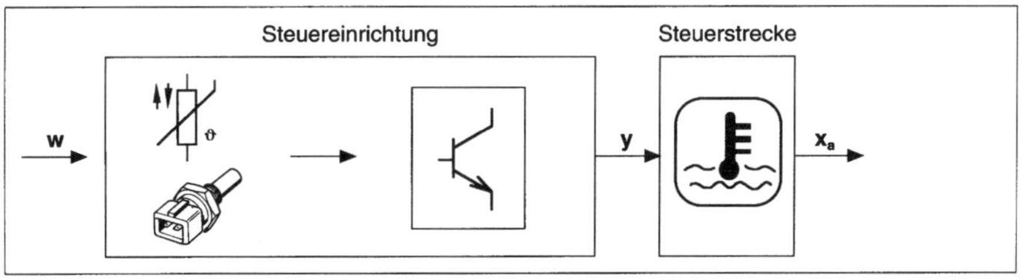

Bild 9.9
Beispiel für binäre Steuerung: Kühlmitteltemperatur-Warnanzeige
Führungsgröße w: Temperatur des Kühlmittels
Stellgröße y: Strom durch die Leuchte
Aufgabengröße x_a: Signalleuchte EIN/AUS

9.2.6 Analoge Steuerungen

Motorsteuerung (Bild 9.10)
Durch die Motorsteuerung wird der Ein- und Austritt des Kraftstoff-Luft-Gemisches gesteuert. Dies geschieht durch Ventile, die von der Nockenwelle nach festen Steuerzeiten geöffnet und durch Federn wieder geschlossen werden. Einige moderne Motoren haben die Möglichkeit, die Steuerzeiten während des Betriebes zu verändern und so den Erfordernissen anzupassen.

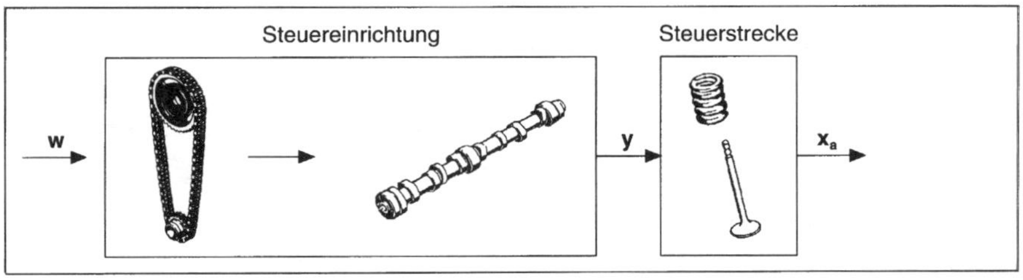

Bild 9.10
Beispiel für analoge Steuerung: Motorsteuerung
Führungsgröße w: Stellung der Kurbelwelle
Stellgröße y: Nockenhub
Aufgabengröße x_a: Gaswechsel

Helligkeitssteuerung der Instrumentenbeleuchtung (Bild 9.11)
Bei der Helligkeitssteuerung der Instrumentenbeleuchtung wird der Lampenstrom mit der Hand über einen Stellwiderstand eingestellt. Rasch wechselnde Lichtverhältnisse im Fahrgastraum, z.B. durch die Straßenbeleuchtung, können zu einer Ablenkung des Fahrers führen, wenn er ständig die Helligkeit nachregelt. Ein Fortschritt bietet ein lichtabhängiger Sensor, der die Beleuchtungsstärke im Fahrgastraum erfasst und die Beleuchtungsstärke der Instrumentenbeleuchtung den Lichtverhältnissen anpasst.

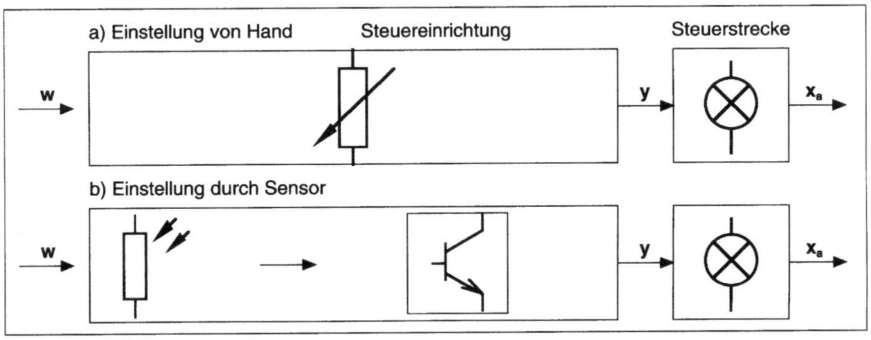

Bild 9.11
Beispiel für analoge Steuerung: veränderbare Helligkeit der Instrumentenbeleuchtung
Führungsgröße w:
a) Helligkeitseinstellung,
b) Beleuchtung des Sensors
Stellgröße y: Stromstärke der Glühlampen
Aufgabengröße x_a: Helligkeit der Instrumentenbeleuchtung

9.2.7 Digitale Steuerungen

Geschwindigkeitsabhängige Lautstärkenanpassung (Bild 9.12)
Mit zunehmender Fahrgeschwindigkeit steigt auch der Geräuschpegel im Fahrzeug. Bei konventionellen Autoradios muss die Lautstärke des Radios deshalb von Hand angepasst werden. Bei den komfortableren Autoradios steuert die GALA (= **g**eschwindigkeits**a**bhängige **L**autstärke**a**npasseung) die Lautstärke entsprechend der Fahrgeschwindigkeit automatisch nach.

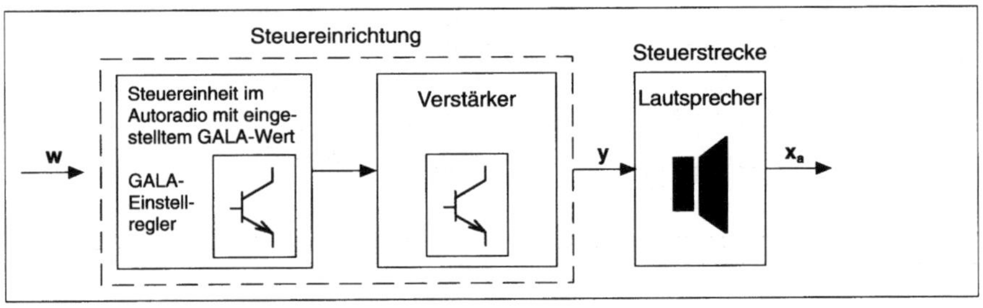

Bild 9.12
Beispiel für digitale Steuerung: geschwindigkeitsabhängige Lautstärkeanpassung
Führungsgröße w: Frequenz des Geschwindigkeitsgebers
Stellgröße y: Stromstärke durch den Lautsprecher
Aufgabengröße x_a: Lautstärke

Kennfeldgesteuerte Zündung (Bild 9.13)

Ein Mikrocomputer berechnet den Zündzeitpunkt zwischen zwei Zündvorgängen aus den Hauptinformationen Drehzahl und Last. Dabei werden Drehzahl und Kurbelwinkelstellung direkt an der Kurbelwelle abgegriffen. Die Lastinformation wird über einen Drucksensor bzw. über die Lasterfassung der Gemischaufbereitung ermittelt. Durch die Möglichkeit des digital gespeicherten Zündkennfeldes kann der Zündzeitpunkt für jeden Betriebspunkt optimal eingestellt werden, ohne die Zündverstellung in anderen Bereichen zu beeinflussen.

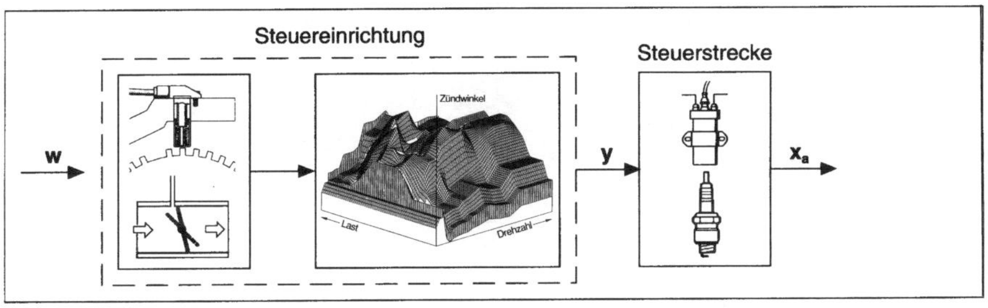

Bild 9.13
Beispiel für digitale Steuerung: kennfeldgesteuerte Zündung
Führungsgröße w: Fahrgeschwindigkeit bzw. Motordrehzahl und Lastinformation
Stellgröße y: Primärstrom
Aufgabengröße x_a: Zündfunken

9.2.8 Steuerungsarten (Unterscheidungsart: Signalverarbeitung)

Verknüpfungssteuerung: mechanische Zündzeitpunktverstellung (Bild 9.14)

Die Eingangssignale werden so verknüpft, dass die geforderten Ausgangssignale entstehen.

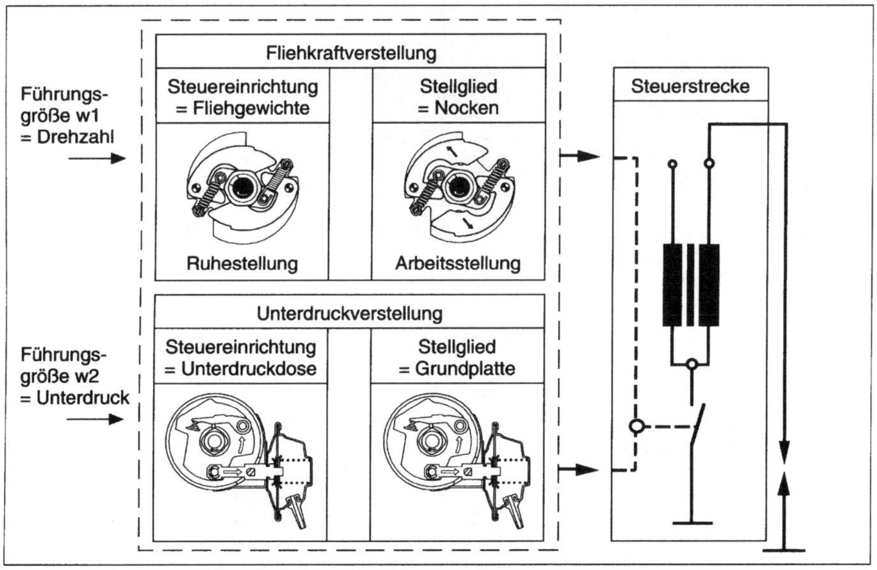

Bild 9.14
Verknüpfungssteuerung: mechanische Zündzeitpunktverstellung

Die Drehzahl- bzw. Fliehkraftverstellung und die Unterdruck- bzw. Lastverstellung sind mechanisch so miteinander verknüpft, dass sich beide Verstellungen addieren.

Ablaufsteuerung: Kaltstartsteuerung bei der Motronic (Bild 9.15)
Die Steuerungsvorgänge werden schrittweise bzw. nacheinander ausgelöst.
Bei bis zu 5 Kurbelwellenumdrehungen erfolgt eine von der Kühlmitteltemperatur, aber nicht von der Last abhängige Grundeinspritzmenge, die bezogen auf die normale Einspritzmenge überdosiert ist.

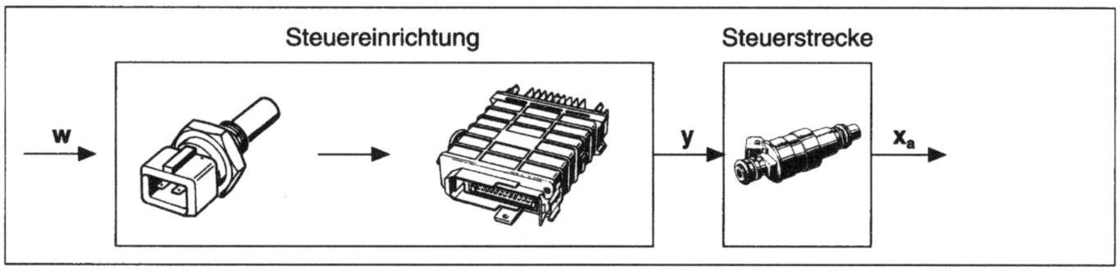

Bild 9.15
Ablaufsteuerung: Kaltstartsteuerung Motronic

9.3 Regeln

9.3.1 Der Mensch als Regler in einem Regelkreis (Bild 9.16)

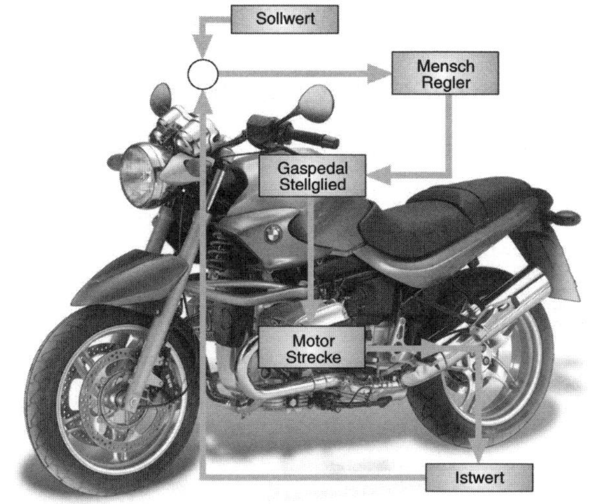

Bild 9.16
Der Mensch als Regler

Soll die Geschwindigkeit eines Kraftfahrzeugs auf einer bestimmten Höhe, dem Sollwert der Regelgröße, konstant gehalten werden, dann muss der Fahrer die Geschwindigkeit auf dem Tachometer, den Istwert, beobachten.
Im Gehirn werden zwei Größen verglichen: der Sollwert der Regelgröße (= gewünschte Geschwindigkeit) und der Istwert der Regelgröße (= tatsächliche Geschwindigkeit).

Sind beide Größen gleich, so braucht der Mensch nicht in den Regelprozeß einzugreifen. Fällt jedoch z.B. bei Bergauffahrt die Geschwindigkeit ab, dann ist der Istwert der Regelgröße kleiner als der Sollwert. Entsprechend der Regeldifferenz veranlasst das Gehirn die Betätigung des Gaspedals. Durch das Stellglied wird die zugeführte Gemischmenge für den Motor (= Regelstrecke) geändert (Bild 9.17). Die Motordrehzahl erhöht sich, bis der Sollwert (= gewünschte Geschwindigkeit) wieder erreicht ist.
Solange Störgrößen (Gegenwind, Steigungen, Fahrbahnveränderungen usw.) einwirken, muss dieser Vorgang wiederholt werden.
Selbstverständlich kann nur im Rahmen des Regelbereiches des Fahrzeugs «nachgeregelt» werden. Ist z.B. die Steigung zu groß, kann die gewünschte Geschwindigkeit nicht mehr eingehalten werden. Es bleibt eine dauernde Regelabweichung.

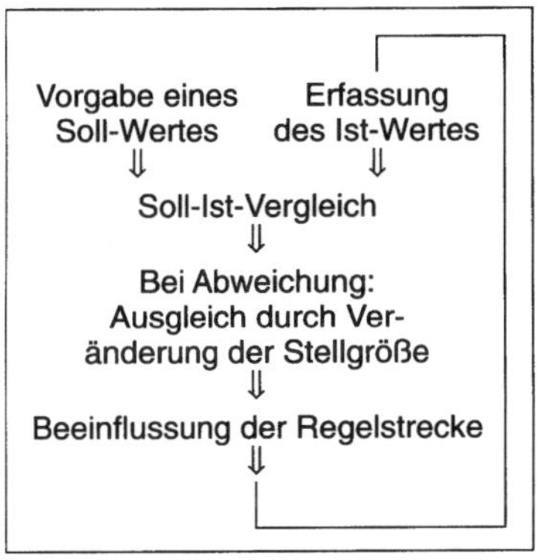

Bild 9.17
Prinzip der Regelung

9.3.2 Definition: Regelung

Regeln ist ein Vorgang, bei dem man die zu regelnde Größe, die Regelgröße, fortlaufend erfasst und mit einer anderen Größe, der Führungsgröße, vergleicht.

Regeln mit unselbsttätiger Rückführung
Der Mensch als Regler der Fahrgeschwindigkeit bzw. Drehzahl ist in Bild 9.18 dargestellt.

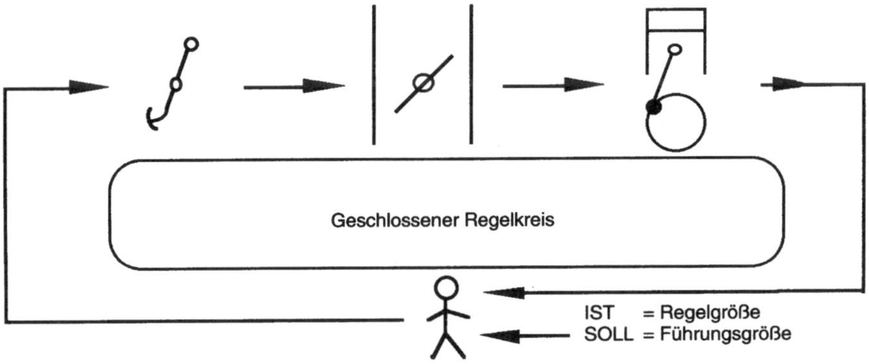

Bild 9.18
Da die Rückführung durch den Menschen nicht automatisch erfolgt, handelt es sich um Regeln mit unselbsttätiger Rückführung.

Eine Regelung beruht auf dem ständigen Soll-/Istwert-Vergleich der Regelgröße in einem geschlossenen Regelkreis.

Automatische Regelung
Tempomat: Eine einmal vorgegebene Geschwindigkeit wird eingehalten (Bild 9.19).

Bild 9.19
Aufgabe der Regelungstechnik ist es, die unselbsttätige Rückführung – den Menschen – möglichst aus dem Regelkreis zu entfernen und durch eine automatische Regelung zu ersetzen

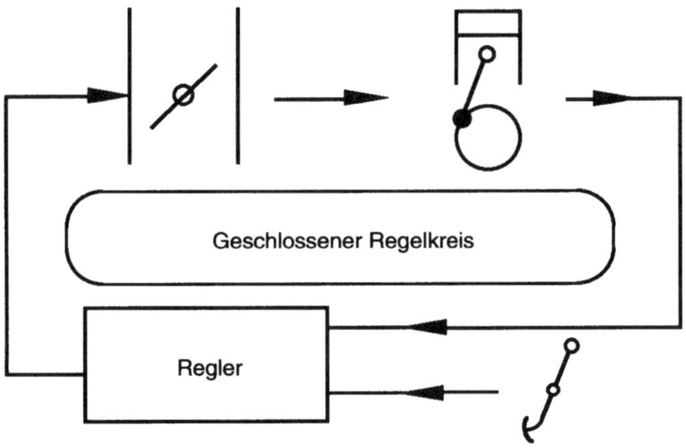

Prinzipieller Ablauf des Regelvorgangs

Der Istwert muss erfasst werden	⇒	Messen
		⇓
Der Istwert muss mit dem Sollwert verglichen werden	⇒	Vergleichen
		⇓
Abweichungen zwischen Soll- und Istwert müssen beseitigt werden	⇒	Ausgleichen

9.3.3 Blockdarstellung des Regelkreises

Wie bei der Steuerungstechnik benutzt man Blockschaltbilder, um Regelkreise übersichtlich darstellen zu können.
Am Beispiel des Tempomats soll der Übergang von der bauteilorientierten Darstellung (Bild 9.20) hin zu den allgemein gültigen Darstellungen gezeigt werden.

Bild 9.20

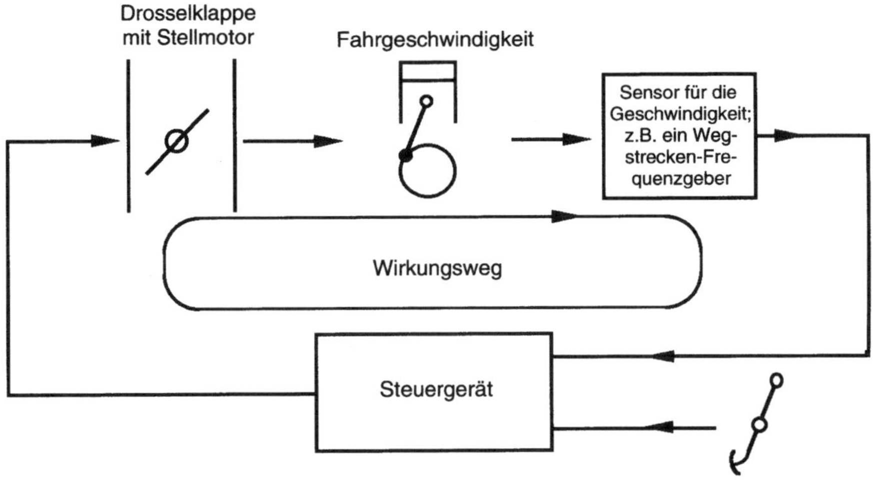

9.3.4 Bestandteile der Regeleinrichtung (Bild 9.21)

Regler

- ❑ Messeinrichtung
  Sie erfasst evtl. über einen Sensor ständig den Istwert der Regelgröße.
- ❑ Sollwerteinstellung
  Einstellung des Sollwertes der Regelgröße. Diese Einstellung kann einen festen Wert haben (Drehstromgenerator, Lambda-Regelung) oder aber einen einstellbaren Wert (Leuchtweitenregelung).
- ❑ Vergleicher
  Führt den Soll-Ist-Vergleich durch und steuert evtl. über einen Verstärker das Stellglied an.

Sensor

Beim Soll-Ist-Vergleich kann nur die Differenz von zwei gleichartigen physikalischen Größen gebildet werden. Daher wird oftmals ein Sensor benötigt.

Stellglied

Das Stellglied formt das Ausgangssignal des Reglers in die benötigte Größe um.

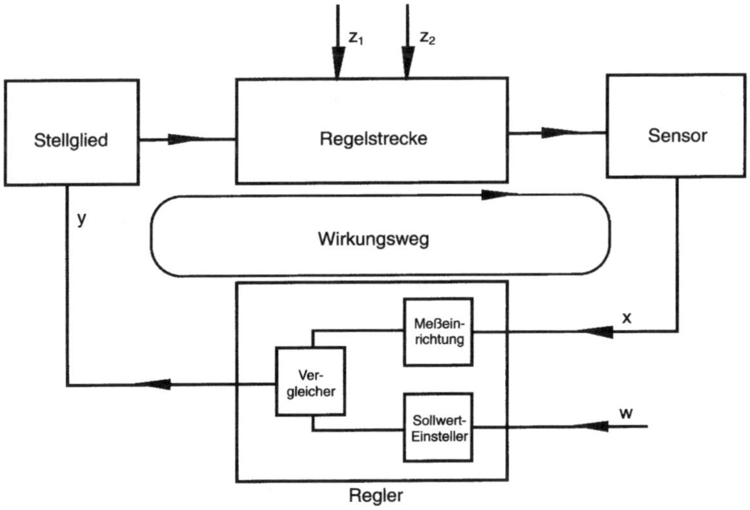

Bild 9.21

9.3.5 Größen der Regelungstechnik (Bild 9.22)

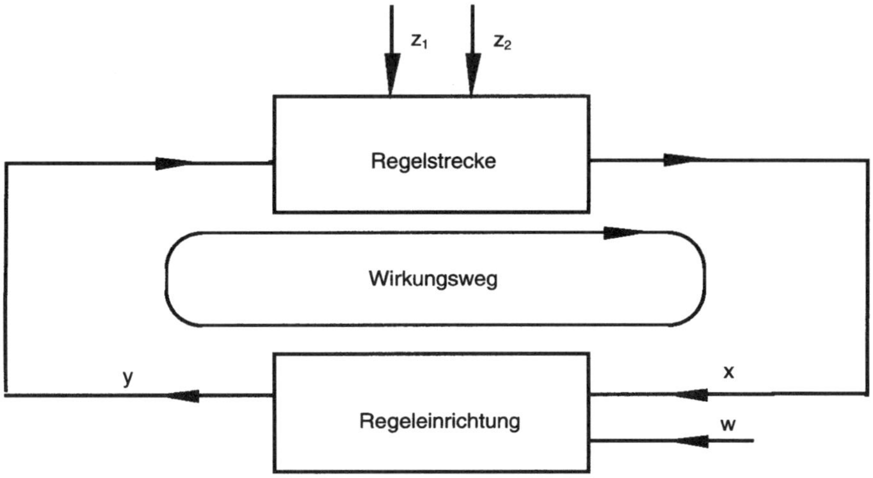

Bild 9.22
Regelgröße x = Istwert
Führungsgröße w = Sollwert
Regeldifferenz e = x-w
Stellgröße y
Störgröße z

9.3.6 Einteilung der Regler (Bilder 9.23 und 9.24)

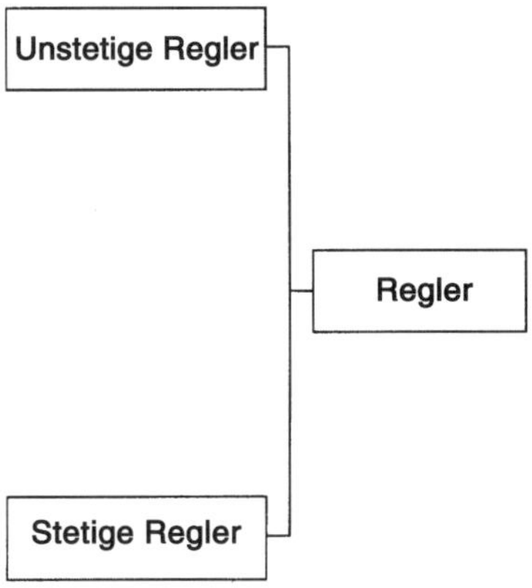

Bild 9.23

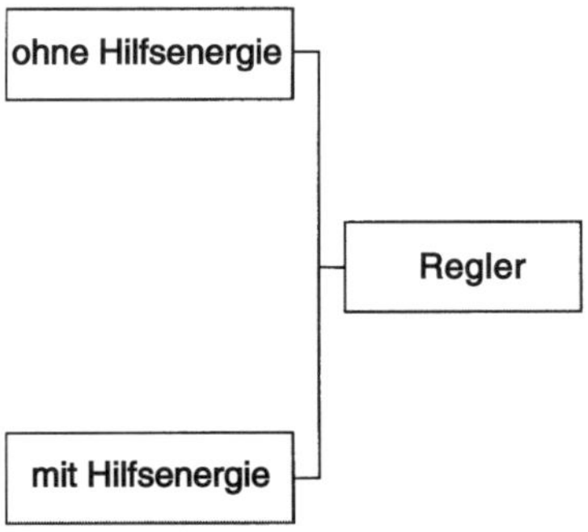

Bild 9.24

Bei unstetigen Regeleinrichtungen hat die Stellgröße nur zwei oder drei feste Werte. Eine Zweipunktregelung hat zwei feste Werte, eine Dreipunkteinrichtung drei.
Änderungen der Regeldifferenz müssen nicht auch eine Änderung der Stellgröße zur Folge haben.

Beispiele
Elektrischer Kühlerlüfter, Generator-Regler.

Bei stetigen Regeleinrichtungen kann die Stellgröße y innerhalb des Stellbereichs jeden Wert annehmen. Im Gegensatz zu den unstetigen Regeleinrichtungen hat bei den stetigen Regeleinrichtungen jede Änderung der Regeldifferenz e auch eine Änderung der Stellgröße y zur Folge.

Beispiele
Klimatisierungsautomatik, Thermostat zur Regelung der Kühlmitteltemperatur.

Bei einigen Reglern reicht die vom Vergleicher angebotene Energie aus, um das Stellglied unmittelbar zu betätigen. Solche Regeleinrichtungen werden als Regler ohne Hilfsenergie bezeichnet.

Beispiel
Bimetallschalter als Schalter für den elektrischen Kühlerlüfter.

Ist dagegen die zur Verfügung stehende Energie für eine direkte Betätigung des Stellgliedes zu gering, so spricht man von einem Regler mit Hilfsenergie. In diesem Fall ist dann zwischen Vergleicher und Stellglied noch ein Verstärker geschaltet.

Beispiel
Lambda-Regelung der Gemischaufbereitung.

9.3.7 Übergangsverhalten

Die Reaktion eines Reglers auf Regelabweichungen wird mit Übergangsverhalten des Reglers bezeichnet.

Mit Übergangsverhalten bezeichnet man den Verlauf der Stellgröße des Reglers in der Zeit nach dem Auftreten einer Regelabweichung.

Beispiel
Lambda-Regelung.
Die Sondenspannung (= Regelgröße x) liefert eine sprunghafte Spannungsänderung entsprechend der sich ändernden Gemischzusammensetzung. Dadurch ändert sich auch die Regelabweichung e sprunghaft, da als Führungsgröße w eine feste Referenzspannung (ca. 0,5 V) vorgegeben ist. Die Einspritzzeit (= Stellgröße y) ändert sich dagegen nicht sprunghaft, sondern sie wird gleichmäßig verlängert bzw. verkürzt, solange die Regelabweichung besteht. Das Übergangsverhalten der Lambda-Regelung ist somit dadurch beschrieben, dass der sprunghaften Änderung des Eingangssignals (= Regelabweichung e) eine langsame stetige Änderung des Ausgangssignals (= Stellgröße y) folgt.

9.3.8 Stromregelung (Bilder 9.25 bis 9.27)

Weil in dem Primärstromkreis moderner Zündsysteme keine Vorwiderstände mehr vorhanden sind, muss die Endstufe – im Unterschied zu älteren Zündanlagen – zusätzlich noch die Aufgabe der Strombegrenzung übernehmen. Dadurch können Zündspulen mit niederohmiger Primärwicklung verwendet werden.

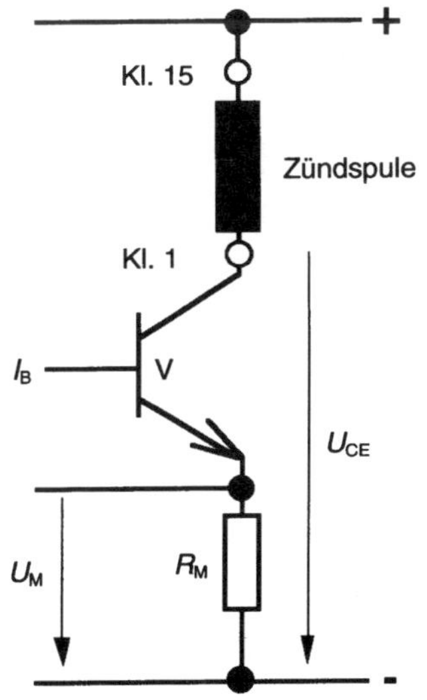

Bild 9.25
Vereinfachte Darstellung der Strombegrenzung

Funktion
Der Primärstrom-Sollwert ist durch den Abgleich im Schaltgerät vorgegeben. Die Treiberstufe schaltet mit Beginn der Schließzeit durch den Basisstrom I_B die Endstufe mit dem Schalttransistor V durch. An der Zündspule liegt die Batteriespannung abzüglich der Restspannung

Bild 9.26
Regelungstechnische Darstellung der Primärstromregelung

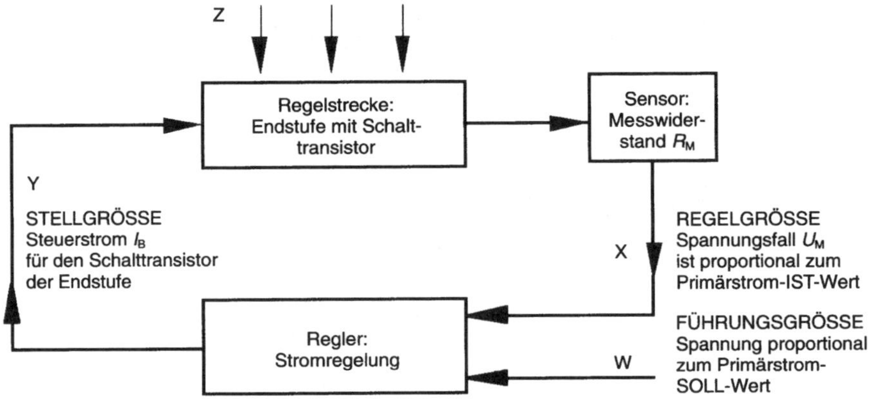

Bild 9.27
Primärspannungsverlauf einer Zündung, bei der die Stromregelung sichtbar ist

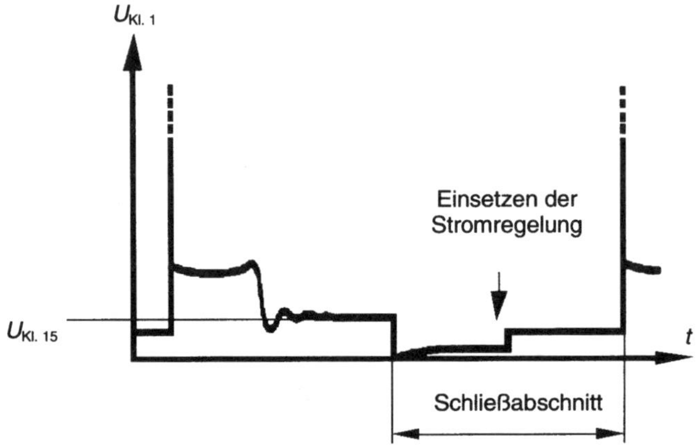

des Schalttransistors und des (kleinen) Messwiderstandes R_M. Der Spannungsfall U_M am Messwiderstand R_M ist proportional zum fließenden Primärstrom Diesen Spannungsfall erkennt die Strombegrenzung und vergleicht ihn mit dem vorgegebenen Sollwert. Erreicht der Primärstrom noch vor Ende der Schließzeit seinen zulässigen Grenzwert und damit einen bestimmten Spannungsfall am Messwiderstand R_M, so wird die Strombegrenzung wirksam. Die Endstufe wird nicht mehr voll durchgeschaltet, sondern nur noch so weit geöffnet, dass an der Zündspule gerade die Spannung ansteht, um den zulässigen Primärstrom fließen zu lassen. Die an der Endstufe fallende Spannung U_{CE} kann also verschiedene Werte annehmen. Während der Strombegrenzungszeit können 6 bis 8 V abfallen.

9.3.9 Leerlauf-Drehzahlregelung

Prinzip A

Ein Ventil, das elektrisch gesteuert wird, lässt im Leerlauf mehr oder weniger Luft an der Drosselklappe vorbei und regelt so die Leerlaufdrehzahl des Motors (Bild 9.28).

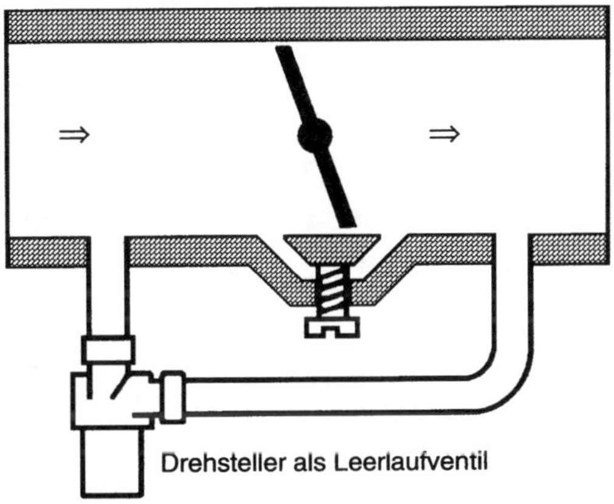

Bild 9.28
Leerlauf-Drehzahlregelung durch Umluft um die Drosselklappe

Anwendung
Bei Multi-Point-Systemen (Mehrfacheinspritzung), z.B. KE-Jetronic, Motronic usw.
Die Leerlauf-Drehzahlregelung ist üblicherweise im Steuergerät der Gemischaufbereitung integriert.

Funktion des Drehstellers
Der Leerlaufsteller ist ein elektrischer Einwicklungsdrehsteller (Stellmotor). Er besitzt eine Wicklung, die den Drehschieber in Richtung «Öffnen» dreht. Diese Wicklung arbeitet gegen eine Feder, die den Drehschieber in Richtung «Schließen» dreht. Bei einem bestimmten Tastverhältnis stellt sich eine bestimmte Winkelstellung ein und gibt dadurch einen bestimmten Öffnungsquerschnitt des Bypasses frei. Damit lässt sich die vorgegebene Leerlauf-Solldrehzahl unabhängig von Belastungszuständen einhalten.

Arbeitsweise

- ❑ Leerlaufdrehzahl < Solldrehzahl (Bild 9.29a)
  Dem Steuergerät wird gemeldet, dass die momentane Drehzahl unter der Solldrehzahl liegt.

⇓

- ❑ Tastverhältnis zur Ansteuerung der Wicklung wird größer.

⇓

Anker dreht nach rechts

- ❑ Leerlaufdrehzahl > Solldrehzahl (Bild 9.29b)
  Nach Abschalten eines Verbrauchers steigt die Leerlaufdrehzahl über die Solldrehzahl.

⇓

- ❑ Tastverhältnis zur Ansteuerung der Wicklung wird kleiner.

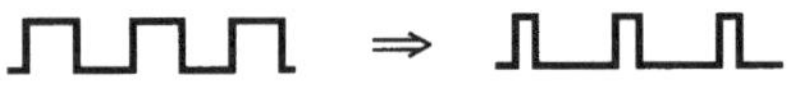

⇓

Anker dreht nach links

Bild 9.29

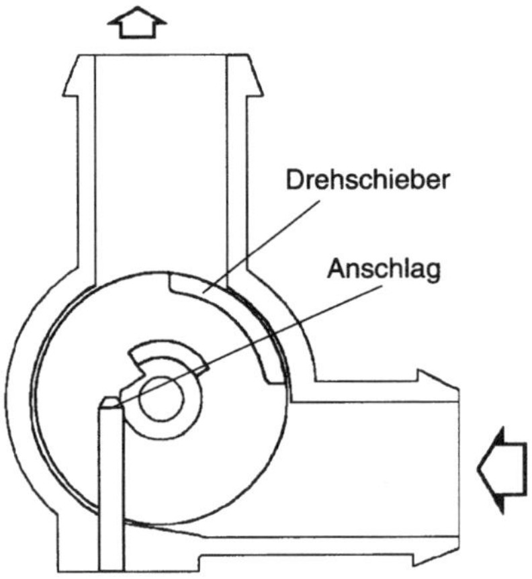

⇓

Luftdurchsatz wird größer

⇓

a) Leerlaufdrehzahl steigt

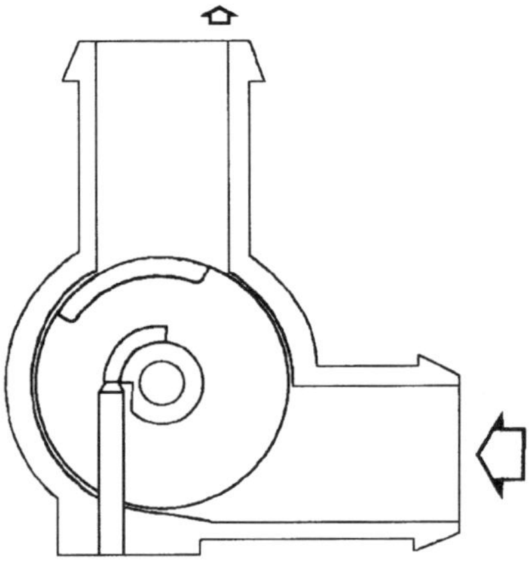

⇓

Luftdurchsatz wird kleiner

⇓

b) Leerlaufdrehzahl sinkt

Prinzip B

Die Leerlaufdrehzahl wird durch ein Verstellen der Drosselklappe bewirkt. Diese Verstellung wird mit Hilfe eines Drosselklappenstellmotors (Bild 9.30) durchgeführt, der vom Steuergerät angesteuert wird. Das Drosselklappenpotentiometer erfasst dann die neue Stellung der Drosselklappe und liefert eine Rückmeldung an das Steuergerät. So kann exakt die gewünschte Drehzahl angefahren werden (Bild 9.31).

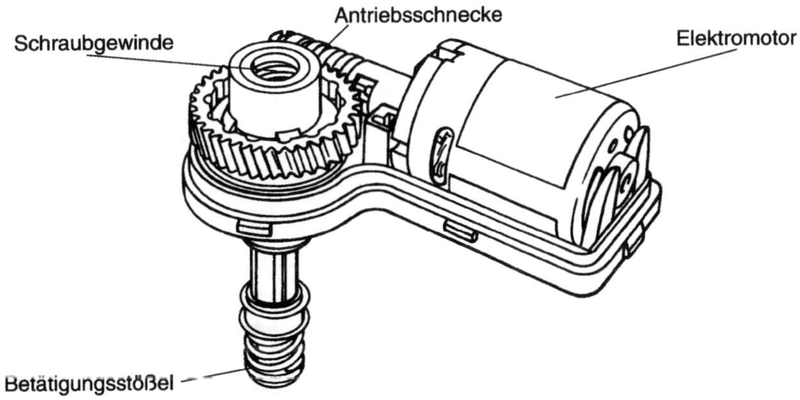

Bild 9.30
Schnitt des Drosselklappenstellmotors

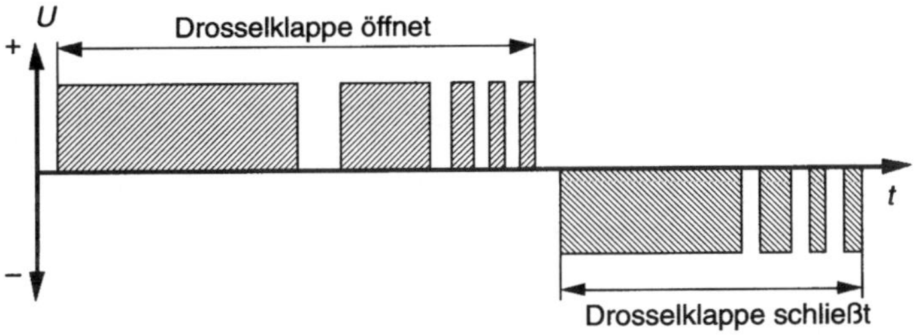

Bild 9.31
Taktung des Drosselklappenstellers

Anwendung
Bei Single-Point-Systemen (Zentraleinspritzung), z.B. Mono-Jetronic.

Ansteuerung
Der Drosselklappensteller wird mit einer getakteten Spannung je nach erforderlichem Verstellwinkel von 100 ms bis zur Dauerspannung betrieben. Eine Umkehr der Bewegungsrichtung wird durch eine Änderung der Ansteuerungspolarität erreicht.

Arbeitsweise
- ❑ Leerlaufdrehzahl < Solldrehzahl (Bild 9.32a)
- ❑ Leerlaufdrehzahl > Solldrehzahl (Bild 9.32b)

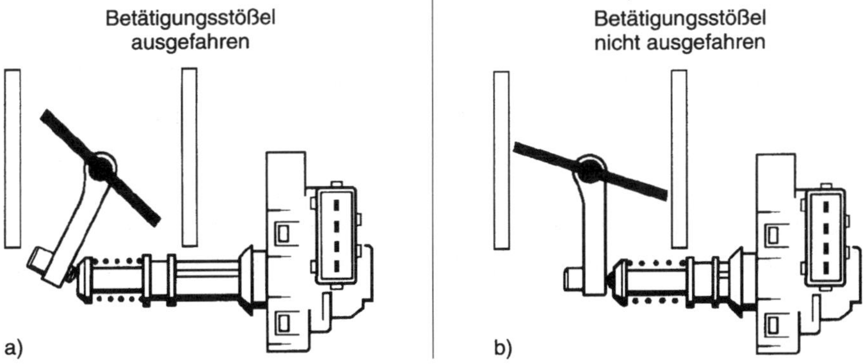

Bild 9.32

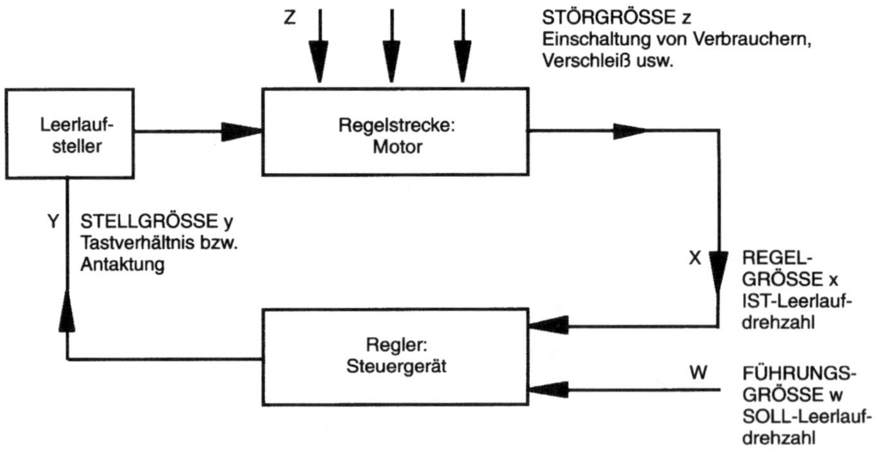

Bild 9.33
Regelungstechnische Darstellung der Leerlauf-Drehzahlregelung

9.3.10 Tankentlüftungssystem

Aufgabe des Tankentlüftungssystems (Bilder 9.34 und 9.35) ist es, keine Kraftstoffdämpfe ins Freie gelangen zu lassen. Kraftstoffdämpfe entstehen im Tank durch Erwärmung des Kraftstoffs oder durch abnehmenden Umgebungsdruck (Höhe). Die im Tank verdunstenden Kraftstoffbestandteile werden in einem Aktivkohlebehälter zwischengespeichert und dosiert dem Motor zur Verbrennung zugeführt.

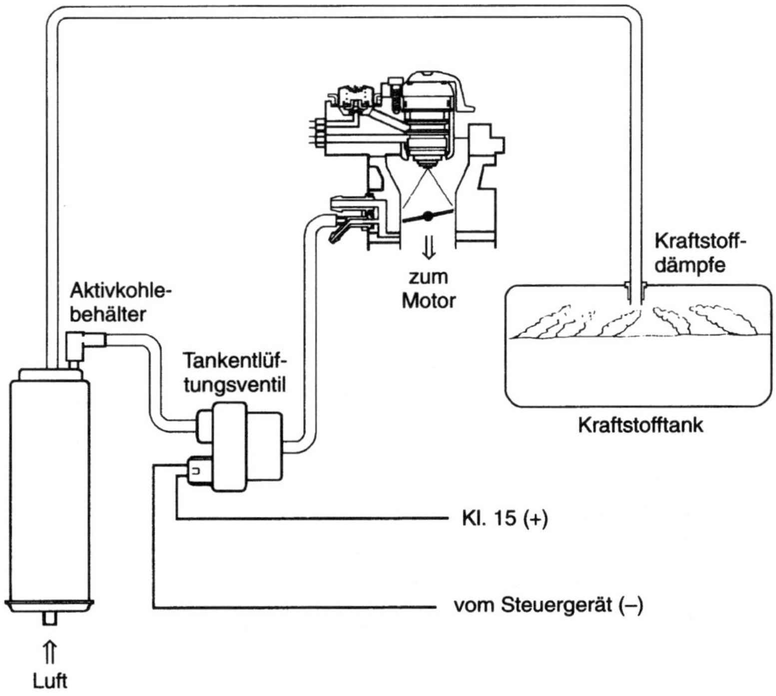

Bild 9.34
Aufbau des Tankentlüftungs-systems

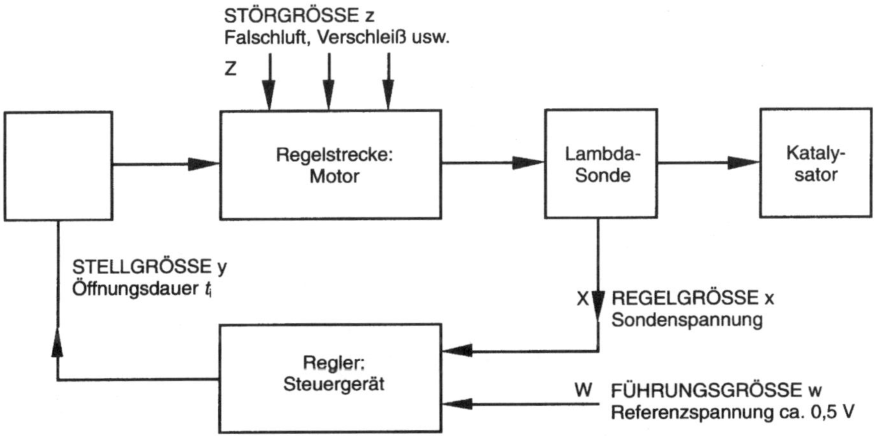

Bild 9.35
Regelungstechnische Darstellung des Tankentlüftungssystems

Arbeitsweise
Die Kraftstoffdämpfe werden über eine Leitung vom Aktivkohlebehälter aufgenommen und gespeichert. Im Fahrbetrieb wird Luft durch den Aktivkohlebehälter angesaugt und mit aufgefangenem Kraftstoffdampf angereichert. Über das Tankentlüftungsventil wird je nach Tastverhältnis in Verbindung mit der Lambda-Regelung die Kraftstoff-Dampfmenge dem Motor zur Verbrennung zugeteilt.

Adaption der Tankentlüftung
Die Kraftstoffmenge für die Verbrennung wird aus Einspritzmenge und Tankentlüftungsmenge zusammengesetzt und von der Lambda-Sonde überwacht. Ein Überfetten des Gemisches trotz hoher Spülrate des Aktivkohlebehälters wird so vermieden.

9.4 Adaptive Regelsysteme

Auslegung der Regeleinrichtung
Betrachtet man die dynamischen Vorgänge im Motor, so ist leicht vorstellbar, dass sich eine Vielzahl der Größen einzeln oder gesamt ändern (Bild 9.36). So ist zum Beispiel die Laufzeit der Gase vom Ort der Gemischzusammensetzung vor den Einspritzventilen bis zum Ort der Erfassung der Zusammensetzung durch die Lambda-Sonde sehr stark drehzahlabhängig.
Je höher die Drehzahl, desto kürzer ist die Laufzeit des Gases zwischen Gemischbilder und Lambda-Sonde. Entsprechende Regelparameter sind so ausgelegt, dass sie über die gesamten Arbeitsbereiche die Drehzahlabhängigkeit erfassen und berücksichtigen.

Problem
Unvorhersehbare Änderungen des Systems, z.B. Falschluft, normaler Verschleiß usw. können dazu führen, dass diese Fehler von dem

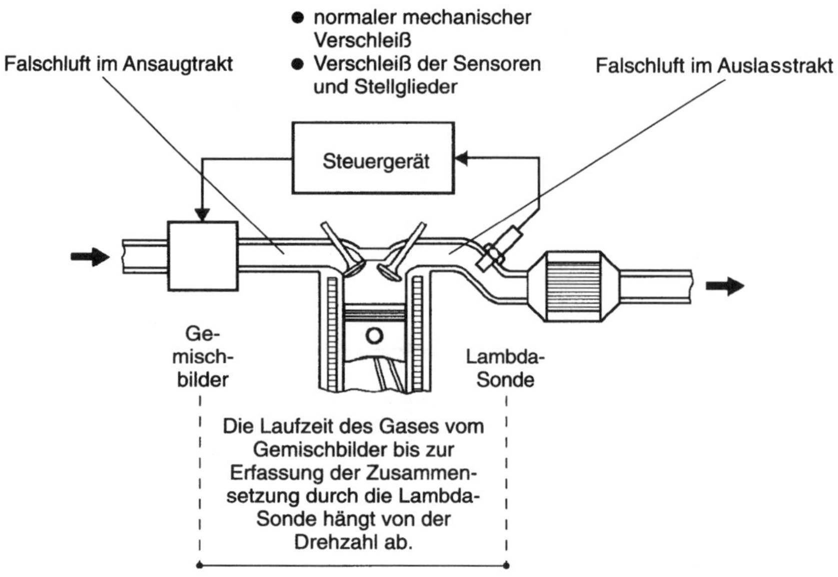

Bild 9.36
Vorhersehbare und nicht vorhersehbare Änderungen

Arbeitsbereich der Lambda-Regelung nicht mehr ausgeglichen werden können.

Folge
Die für höchste Konvertierung einzuhaltende Bedingung: Betrieb des Motors mit dem stöchiometrischen Gemisch nahe $\lambda = 1$ kann nicht eingehalten werden.

Lösung
Ein Regelsystem, das unvorhersehbare Parameteränderungen erfasst und berücksichtigen kann. Man braucht eine Art «lernende Regelung» bzw. adaptive Regelsysteme.

Unter Adaption versteht man die selbsttätige Optimierung des Systems, bei dem von einer Grundeinstellung ausgehend unvorhersehbare Änderungen im System erfasst und ausgeglichen werden.

9.4.1 Adaption am Beispiel der Lambda-Regelung

Das Steuergerät regelt die Gemischzusammensetzung über die Einspritzmenge in Abhängigkeit des Restsauerstoffgehaltes (Lambda-Sonde) im Abgas. Hierzu sind Vorsteuerwerte im Steuergerät abgespeichert. Diese Vorsteuerwerte berücksichtigen z.B. die Drehzahlabhängigkeit des Gemischdurchsatzes und passen daher die Regelfrequenz der Drehzahl an. Wenn z.B. die Lambda-Sonde aufgrund einer geringen Falschluft im Ansaugtrakt ein zu mageres Gemisch meldet, fettet die Lambda-Regelung über die Einspritzventile das Gemisch an. Ist das Gemisch bei Erreichen der Regelgrenze noch zu mager, «lernt» das System neue Werte zum Abmagern des Gemisches hinzu. Der Vorsteuerwert (Einspritzzeit bzw. Stellerstrom) wird verändert, im Steuergerät abgespeichert und steht bei Motorstart wieder zur Verfügung. Mit diesen «gelernten» Werten ist das System wieder in der Lage, eine Regelung durchzuführen (Bild 9.37).

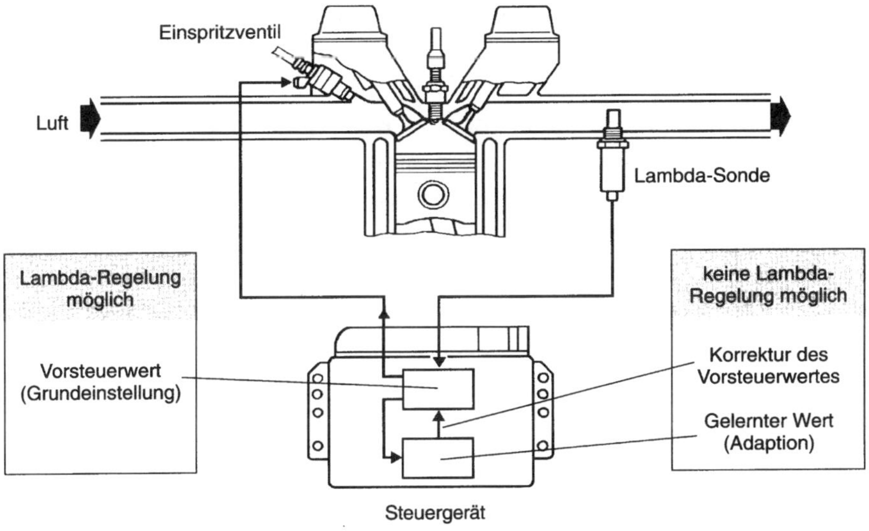

Bild 9.37
Prinzipielle Arbeitsweise der adaptiven Lambda-Regelung

Beispiel für eine Adaption bei zu magerem Gemisch (Bild 9.38).

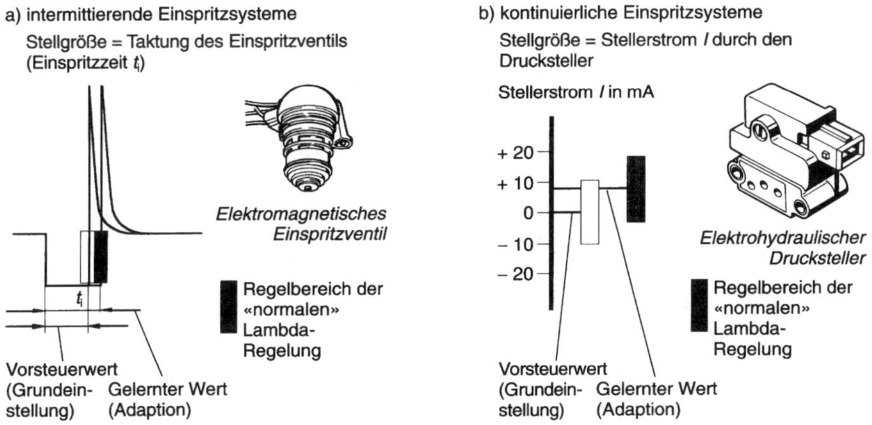

Bild 9.38
a) intermittierende Einspritzsysteme Stellgröße = Taktung des Einspritzventils (Einspritzzeit t_i)
b) kontinuierliche Einspritzsysteme Stellgröße = Stellerstrom I durch den Drucksteller

9.4.2 Diagnoseprobleme durch die Adaption

Problem

Durch die Adaption kann es passieren, dass auftretende Fehler überdeckt, d.h. adaptiert werden. So macht sich der komplette Ausfall eines Zylinders nicht mehr als Drehzahlfall im Leerlauf bemerkbar, da durch die Leerlauffüllungsregelung die Drehzahl im Rahmen der Adaptionsgrenzen konstant gehalten wird. Andere Fehler, wie abgenutzte Einspritzventile, Kompressionsverlust der Zylinder, Verstopfungen des Kraftstoffsystems usw. werden ebenfalls durch adaptive Regelsysteme ausgeglichen.

Die bisherigen Methoden der Fehlererkennung basierten auf der Vorgabe statischer Vergleichswerte wie Spannung, Tastverhältnis (Schließwinkel), Zündwinkel, Einspritzzeit usw. Dynamische Vorgänge oder schwer messbare interne Motorveränderungen, z.B. Verschleiß oder Undichtigkeiten, können mit dieser Methode nicht sicher erkannt werden, zumal sie durch die Adaption zunächst nicht zu Komforteinbußen im Fahrbetrieb führen. Erst wenn wesentlich größere Schäden auftreten, z.B. Ausfall eines Sensors, wird das Regelverhalten so nachteilig beeinflusst, dass eine werkstattmäßige Fehlersuche relativ leicht ist, da das System auf eine Art Notlaufbetrieb umschaltet.

Lösung

Die fortschreitende Entwicklung auf dem Gebiet der Elektronik bietet die Möglichkeit, dass das Steuergerät, das die Adaption durchführt, diese Anpassungen über eine Schnittstelle dem Werkstattpersonal mitteilt.

Die Adaptionsschritte können deshalb zur eindeutigen und rechtzeitigen Fehlererkennung herangezogen werden.

Beispiele für adaptive Regelsysteme im Kraftfahrzeug

- ❑ Lambda-Regelung
  Kompensiert Toleranzen in Kraftstoffsystem, Motronic und Motor und passt sich an veränderte Bedingungen an.
- ❑ Leerlaufstabilisierung
  Korrigiert den Arbeitspunkt des Leerlaufstabilisierungsventils unter Berücksichtigung von Umgebungs- und Betriebsbedingungen.
- ❑ Tankentlüftung
  Verhindert ein Überfetten des Gemisches trotz hoher Spülrate des Aktivkohlebehälters.
- ❑ Klopfregelung
  Passt das Zündkennfeld den motorspezifischen Gegebenheiten bzw. der Kraftstoffqualität an, so dass die Möglichkeit einer klopfenden Verbrennung minimiert wird.

10 Werkstattoszilloskop

Das in manchen Motortestern eingebaute Oszilloskop ermöglicht dem Mechaniker, fast alle im Kfz vorkommenden Signale auf einem Bildschirm sichtbar zu machen. Dadurch wird eine schnelle Diagnose möglich bzw. bei schnellen Signalen überhaupt erst durchführbar.

Einsatzmöglichkeiten des Oszilloskops:

- ❑ **Zündungsbereich**
  – Fehlerbilder im Primär- und Sekundärzündkreis bei Zündanlagen mit und ohne Hochspannungsverteiler;
- ❑ **Generatortest**
  – Fehlerbilder und Arbeitsweise des Reglers;
- ❑ **Sondersignale**
  – Signale von Sensoren (Gebern) und Aktuatoren (Stellgliedern);
- ❑ **Motormechanik**
  – Anlasserströme, Motorrundlauf, Fehlerbilder der Diesel-Einspritzanlage.

Dabei tritt gerade der Bereich der Fehlersuche bei den Sondersignalen und der Motormechanik immer stärker in den Vordergrund, da es bei den zugebauten Motoren kaum noch möglich ist, kostengünstig z.B. einen mechanischen Kompressionstest durchzuführen, da die Vor- und Nacharbeitszeiten zum Ausschrauben der Zündkerzen in keinem Verhältnis zur eigentlichen Prüfdauer und zur Prüfaussage stehen. Kompressionsunterschiede der Zylinder lassen sich mit einer Kompressionsmessung über den Anlasserstrom während des Startvorganges bzw. über einen Motorrundlauftest bei laufendem Motor viel kostengünstiger ermitteln.

10.1 Analoge und digitale Signaldarstellung

Bei einem Analogskop (Bild 10.1) wird das Bild kontinuierlich auf dem Bildschirm geschrieben. Damit fallen die extrem kurzfristigen Pausen zum Abtasten und Abbilden des Messsignals weg. Die Anziehungskraft ist nicht so stark wie auf die Elektronen der inneren Bahn, da sie weiter vom Kern entfernt sind. Diese relativ leichte Bindung der äußeren Elektronen begründet einen großen Teil des Wesens der Elektrizität.

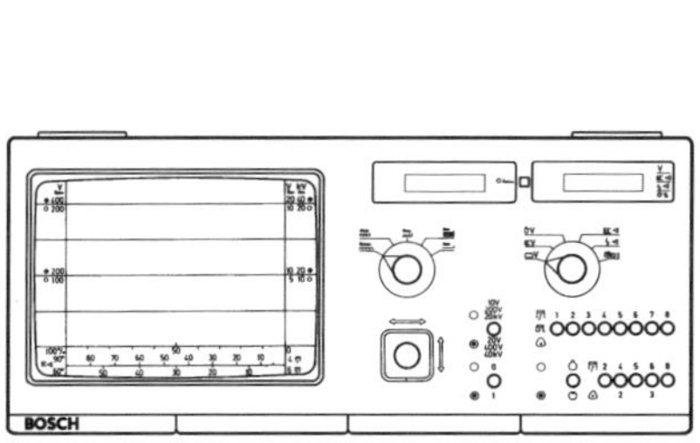

Bild 10.1
Analoger Motortester

Ein Digitalskop (Bild 10.2) tastet das Messsignal zu bestimmten Zeiten ab und stellt es dann auf dem Bildschirm dar. Dieser auf den

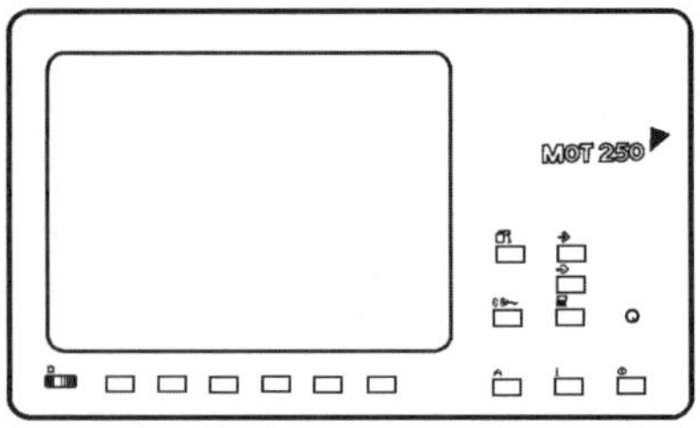

Bild 10.2
Digitaler Motortester

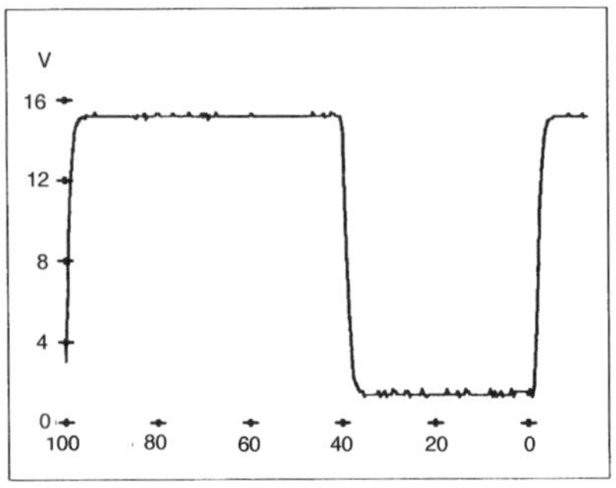

Bild 10.3
Rechtecksignal auf einem Oszilloskop mit DC-Ankopplung

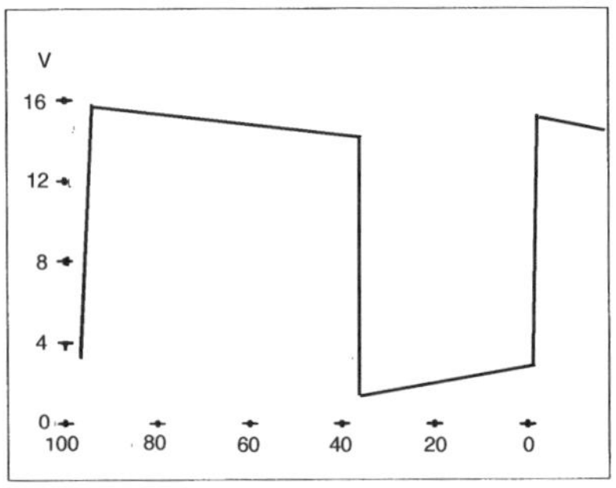

Bild 10.4
AC-Ankopplung

ersten Blick als Nachteil erscheinende Umstand wird dadurch wieder wettgemacht, dass einmal abgetastete Bilder gespeichert und sogar ausgedruckt werden können. Somit können Fehler festgestellt werden, die auf dem Analogskop nicht erkannt werden, weil sie nur zeitweise auftreten oder zu kurz sind.

10.2 DC-/AC-Kopplung

Eine unterschiedliche Darstellung des Messsignals ist möglich, wenn statt des gleichspannungsgekoppelten Messeingangs (DC) das Oszilloskop über einen wechselspannungsgekoppelten Eingang (AC) gemessen wird (Bilder 10.3 und 10.4). Bei der AC-Ankopplung wird der Gleichspannungsanteil herausgefiltert, um nur den (interessanten) Wechselspannungsanteil, z.B. die Oberwelligkeit der Ladespannung, über der gesamten Bildschirmhöhe zu betrachten.
Leider führt diese Ankopplung dazu, dass reine Gleichspannungssignale verzerrt dargestellt werden.

Die DC-Ankopplung stellt den Wechsel- und Gleichspannungsanteil eines Signals dar.
Vorteil: Exakte Signaldarstellung
Nachteil: Schlechte Auflösung eines überlagerten Wechselspannungsanteils

Die AC-Ankopplung filtert den Gleichspannungsanteil heraus.
Vorteil: Hohe Auflösung des Wechselspannungsanteils
Nachteil: Falsche Darstellung von Rechtecksignalen

10.3 Y-Achse

Zur Bezeichnung der senkrechten Y-Achse werden oft die Begriffe «vertikale Achse» oder «Spannungsachse» verwendet. Auf dieser Achse wird die Größe der Spannungsskala festgelegt. Die richtige Auswahl der Spannungsskala (Bilder 10.5 und 10.6) entscheidet darüber, in welcher Größe das Messsignal auf dem Bildschirm dargestellt wird.

Der Spannungsmessbereich muss so gewählt werden, dass ein Größtmögliches des Signals auf dem Bildschirm erscheint.

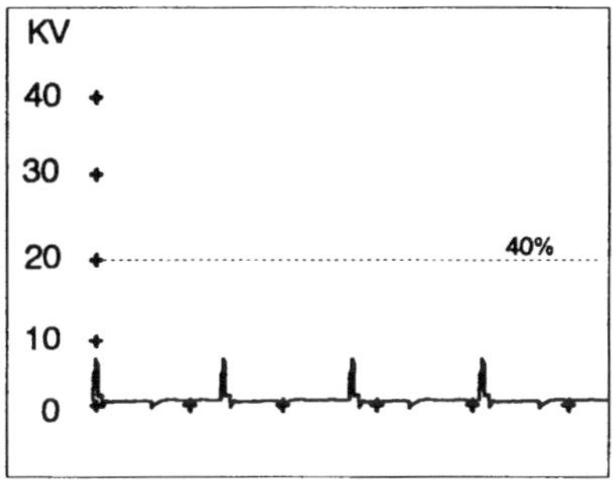

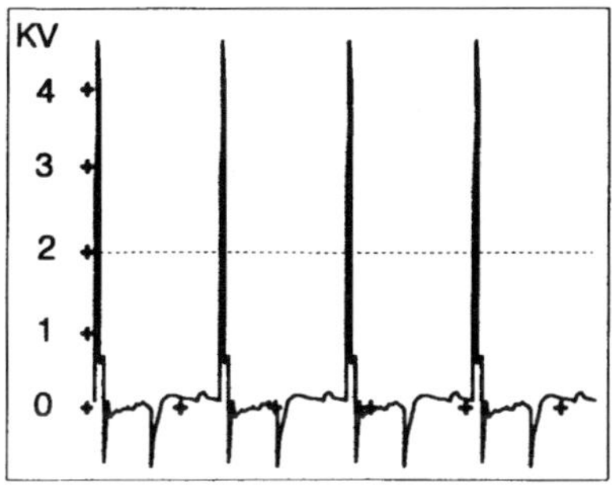

Bild 10.5 (links)
Spannungsmessbereich zu groß gewählt: Das Signal erscheint zu klein auf dem Bildschirm.

Bild 10.6 (rechts)
Spannungsmessbereich richtig gewählt: Das Signal erscheint in maximaler Größe auf dem Bildschirm.

10.4 X-Achse

a) Zeitabhängige Darstellung
Zur Bezeichnung der waagerechten X-Achse werden oft die Begriffe «waagerechte Achse», «Zeitachse» oder «Zeitbasis» verwendet. Auf dieser Achse wird die Größe der Zeitskala festgelegt. Die richtige Auswahl der Zeitachse entscheidet darüber, in welcher Breite das Messsignal abgebildet wird (Bilder 10.7 bis 10.9).

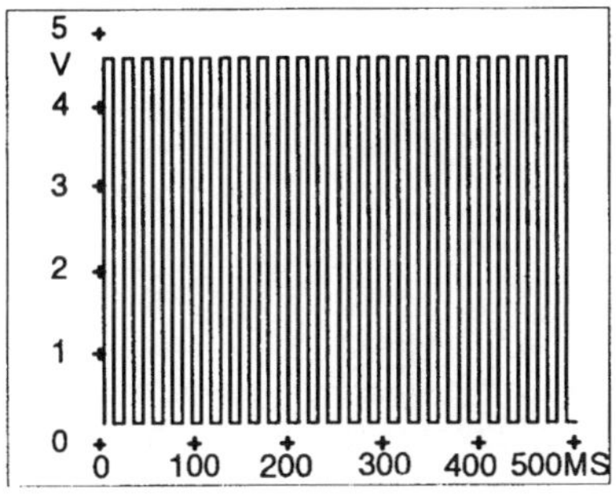

Bild 10.7
Zeitbasis zu groß gewählt: Eine genaue Betrachtung des Signals ist nicht möglich.

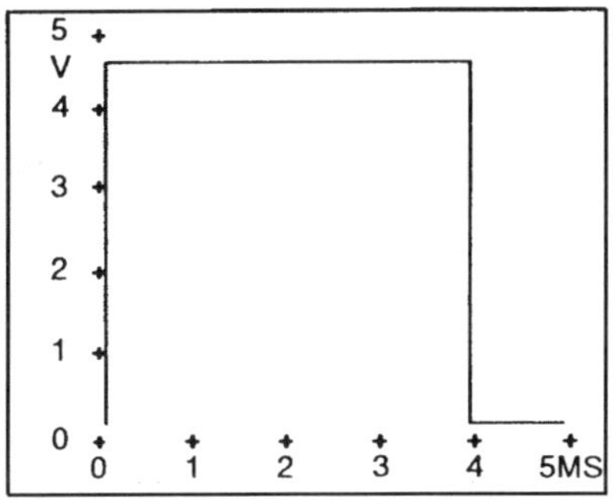

Bild 10.8
Zeitbasis zu klein gewählt: Wichtige Details des Messsignals könnten verloren gehen.

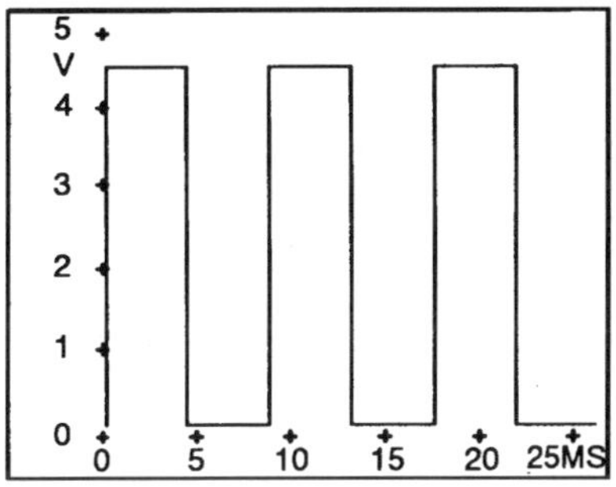

Bild 10.9
Zeitbasis richtig gewählt: Durch die richtige Zeitwahl erfolgt eine praxisgerechte Darstellung des Signals auf dem Bildschirm.

Die Zeitbasis muss so gewählt werden, dass die gesamte Information des Signals sichtbar ist

b) 100%-Darstellung
Bei vielen Anwendungen, z.B. das Messen des Tastverhältnisses, ist es die einfachste Lösung, mit der 100%-Skala zu arbeiten. Dabei wird immer eine Periode des Messsignals komplett dargestellt (Bild 10.10).

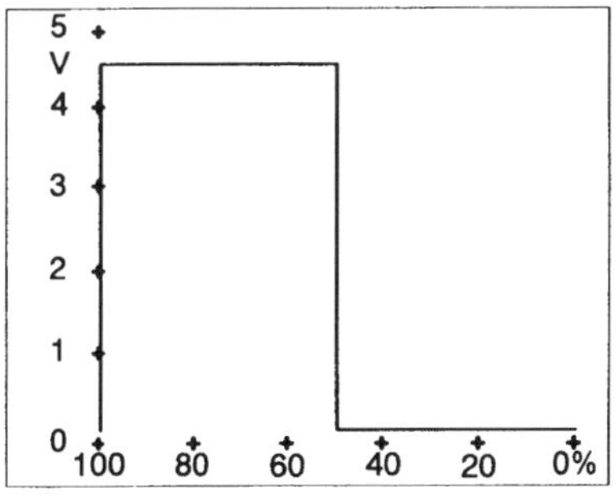

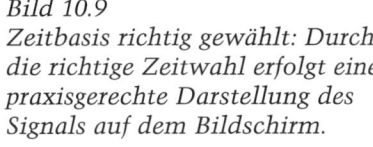

Bild 10.10
Darstellung 100%: Bei dieser Darstellung wird immer eine Periode komplett auf dem Bildschirm dargestellt.

Hinweis
Bei älteren Testern ist die Anzahl der dargestellten Perioden von der eingestellten Zylinderzahl abhängig. Will man nur eine Periode darstellen, muss die Darstellung 1-Zylinder gewählt werden.

10.5 Trigger

10.5.1 Triggerpegel

Der Triggerpegel bestimmte die Spannungsschwelle, ab der das Bild auf dem Bildschirm aufgezeichnet wird.
Dadurch ist es möglich, ein für das Auge des Beobachters stehendes Bild zu erhalten. Liegt die Größe des Messsignals immer unter oder über dem Spannungswert für den Triggerpegel, ist es nicht möglich, ein stehendes Bild zu erhalten (Bilder 10.11 bis 10.14).

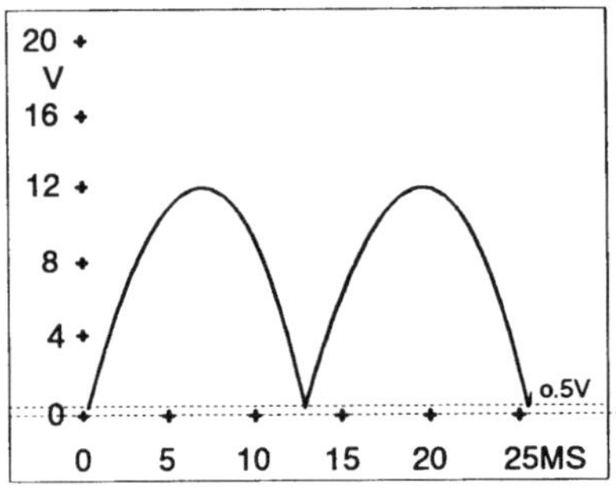

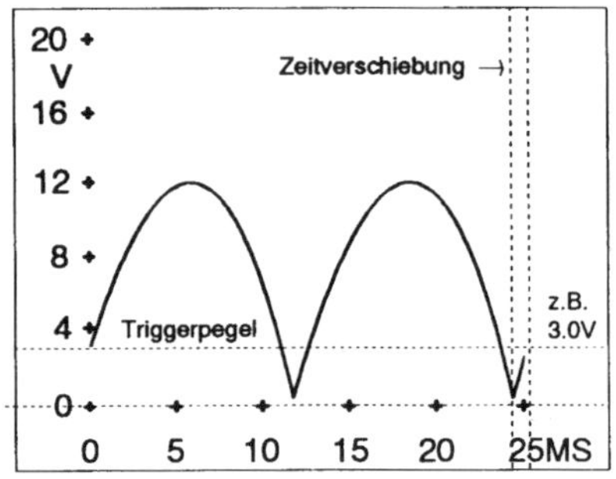

Bild 10.11 (links)
Triggerpegel richtig gewählt: Das Signal erscheint von Anfang an auf dem Bildschirm.

Bild 10.12 (rechts)
Triggerpegel zu groß gewählt: Der Beginn des Bildes wird auf dem Bildschirm verschoben.

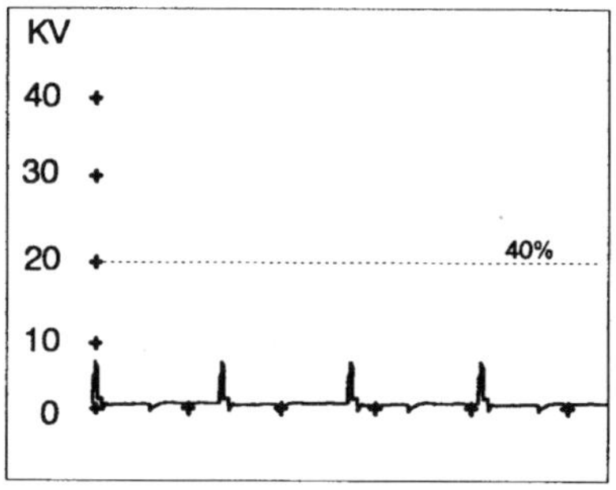

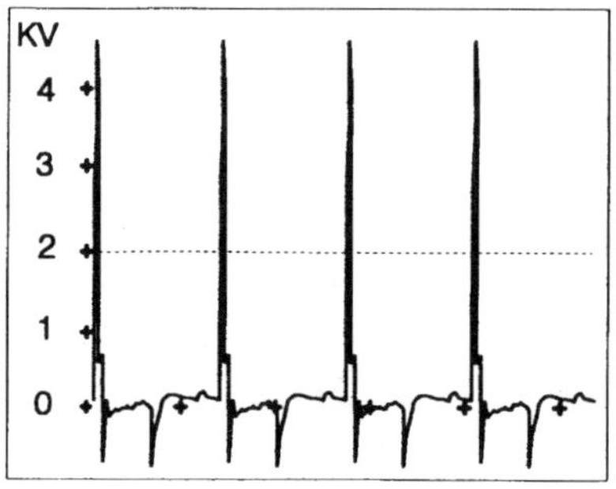

Bild 10.13 (links)
Messsignal ist kleiner als Triggerpegel: Das Signal läuft auf dem Bildschirm.

Bild 10.14 (rechts)
Messsignal ist größer als Triggerpegel: Das Signal steht auf dem Bildschirm.

Der Triggerpegel muss so gewählt werden, dass das Messsignal den Triggerpegel durchläuft.

Bei modernen Testern ist der Triggerpegel frei wählbar.
Bei einigen (älteren) Testern ist der Triggerpegel auf 40% der eingestellten Spannungsskala festgelegt (z.B. SUN MEA 1500), bzw. das

Signal kann nur über den Impuls von der Klemme 1 getriggert werden (z.B. Bosch MOT 201, MOT 400).
Dadurch kann es schwierig werden, Signale, die nicht proportional zur Motordrehzahl sind, als stehende Bilder darzustellen.

10.5.2 Triggerflanke

Zum Triggern des Signals kann entweder die ansteigende (positive, +) oder die abfallende (negative, –) Flanke des Messsignals benutzt werden. Die richtige Wahl der Triggerflanke bestimmt den Beginn des Messsignals auf dem Bildschirm. Diese Auswahl ist nützlich, wenn man mit der 100%-Skala arbeitet, denn dann liegt der Nullpunkt auf der rechten Bildschirmseite. Man möchte das Bild mit dem Low-Level beginnend rechtsbündig auf dem Bildschirm haben, um z.B. das Tastverhältnis ablesen zu können (Bilder 10.15 bis 10.16).

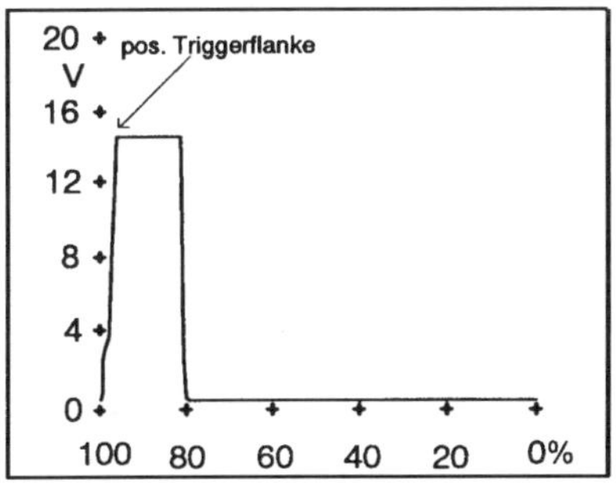

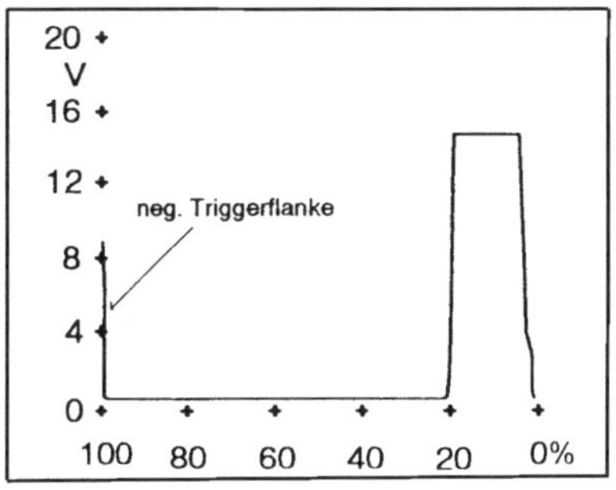

Bild 10.15
Messsignal ist auf positiver Triggerflanke: Gute Ablesbarkeit des Tastverhältnisses

Bild 10.16
Messsignal ist auf negativer Triggerflanke: Schlechte Ablesbarkeit des Tastverhältnisses

Die Zeitskala beginnt auf dem Bildschirm linksbündig. Deshalb möchte man das Bild mit dem Low-Level beginnend linksbündig auf dem Bildschirm haben (Bild 10.17). Dazu triggert man auf die negative Flanke.

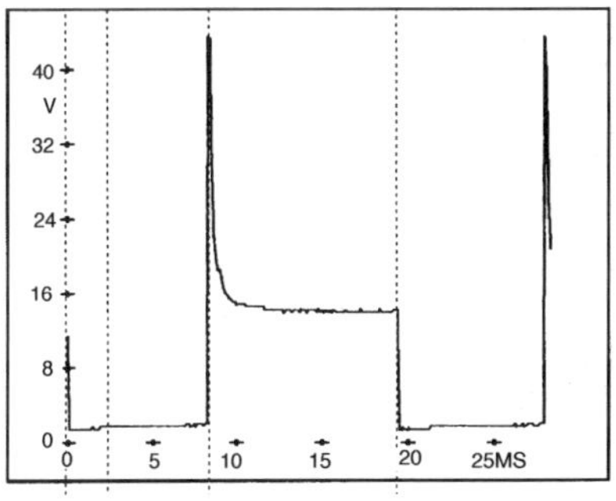

Bild 10.17
Messsignal ist auf negativer Triggerflanke: Gute Ablesbarkeit des Schaltzeit (hier: Einspritzzeit)

Bei der 100%-Darstellung triggert man auf die positive Flanke, bei der zeitabhängigen Darstellung triggert man auf die negative Flanke.

10.6 Darstellung typischer Sensorsignale

Sensorsignale sind in den Bildern 10.18 bis 10.20 dargestellt.
In den Bildern 10.21 bis 10.24 sind **Stellgliedsignale** zu sehen.

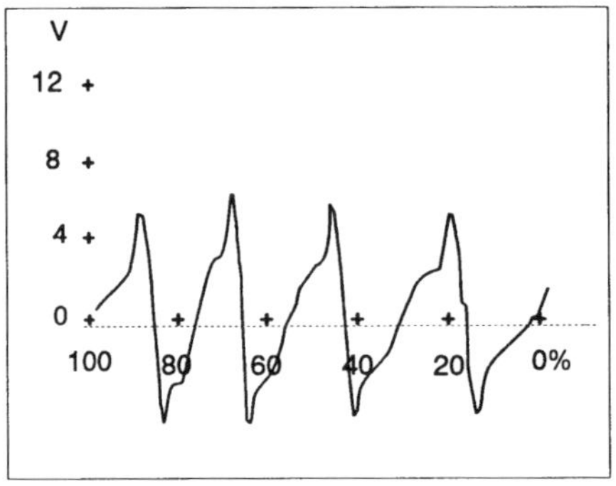

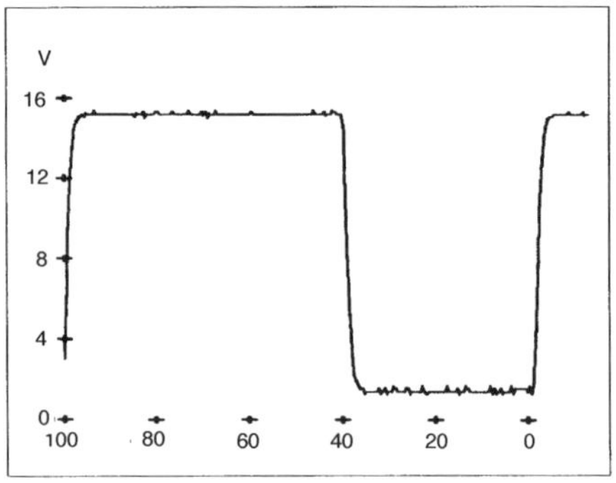

Bild 10.18 (links)
Induktionsgeber im Zündverteiler

Bild 10.19 (rechts)
Hallgebersignal eines Zündverteilers

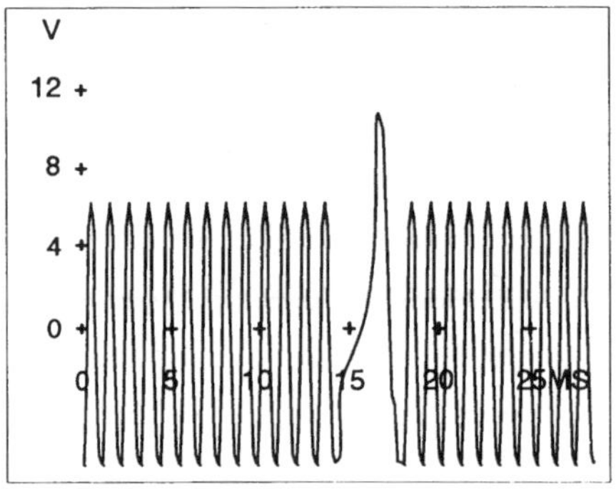

Bild 10.20
Drehzahl- und Bezugsmarkengeber

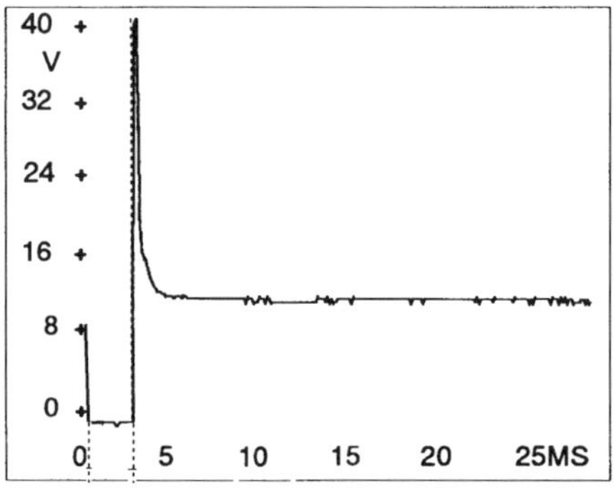

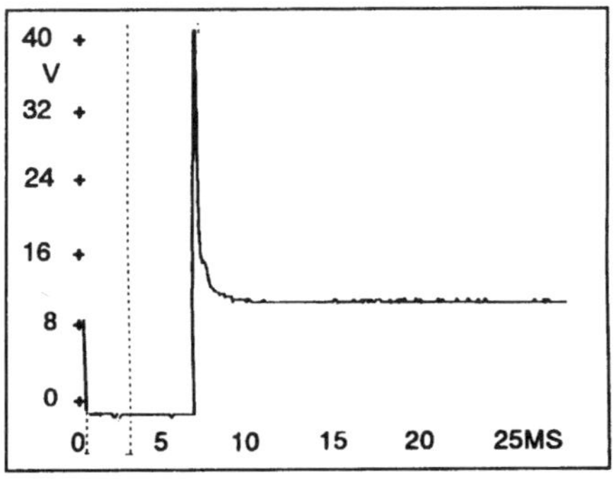

Bild 10.21 (links)
Öffnungsdauer des Einspritzventils; Mehrpunkteinspritzung. Die Einspritzzeit t_i (Ventil geöffnet) vergrößert sich bei Belastung; Motor im Leerlauf

Bild 10.22 (rechts)
Motor belastet

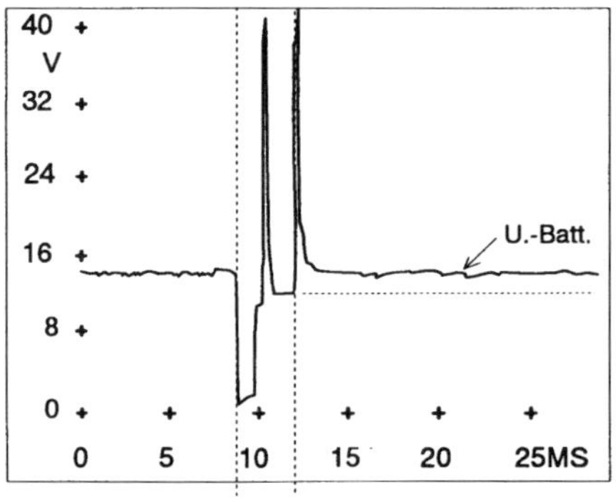

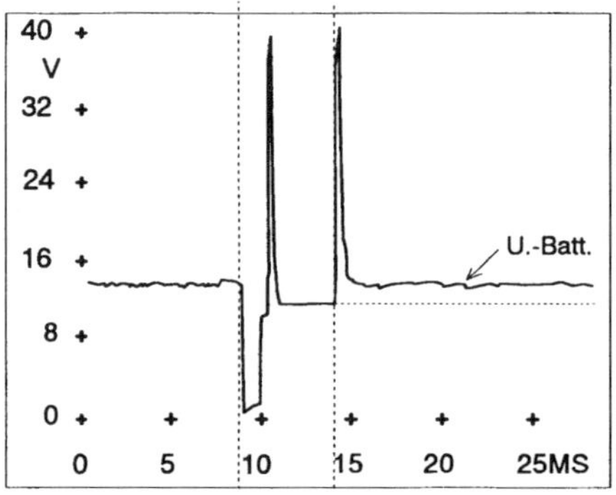

Bild 10.23 (links)
Öffnungsdauer des Einspritzventils; Zentraleinspritzung. Die Einspritzzeit t_i (Ventil geöffnet) vergrößert sich bei Belastung; Motor im Leerlauf

Bild 10.24 (rechts)
Motor belastet

10.7 Generatortest

10.7.1 Oberwelligkeit

Zusätzlich zur allgemein üblichen Messung der Generatorspannung und des Generatorstromes sind moderne Motortester in der Lage, die Ladespannung entweder in einem speziellen Generatortest-Programm oder mit dem Scopebild im Sondersignaleingang darzustellen. Dadurch ist es möglich, Fehler im Bereich der Leistungs- und Erregerdioden im eingebauten Zustand festzustellen. Der Ausbau des Generators und der Einsatz spezieller Generator-Prüfstände sind nicht mehr nötig.

Die **Phasenspannung** (Bild 10.27) ist die Spannung, die im Generator von den 3 um 120° versetzten Wicklungen erzeugt wird. Diese Wechselspannung wird durch die 6 Gleichrichterdioden in eine fast gleichförmige Generatorspannung gleichgerichtet. Dabei bleibt allerdings ein kleiner Wechselspannungsanteil, die so genannte Oberwelligkeit, übrig.

Das bedeutet, die tatsächliche **Generatorspannung** U_G (Bild 10.28) ist abweichend von der Bordspannung $U_{G\,eff}$.

Es gilt der Zusammenhang:

Oberwelligkeit $U_{G\,eff} \cdot 0{,}04$

Beispiel

Bordspannung $U_{G\,eff} = 14$ V

Oberwelligkeit = 14 V · 0,04 = 0,56 V

Diese Oberwelligkeit ist größer, wenn eine Diode unterbrochen bzw. kurzgeschlossen ist.

Daher wird diese Oberwelligkeit zur Fehlersuche eingesetzt.

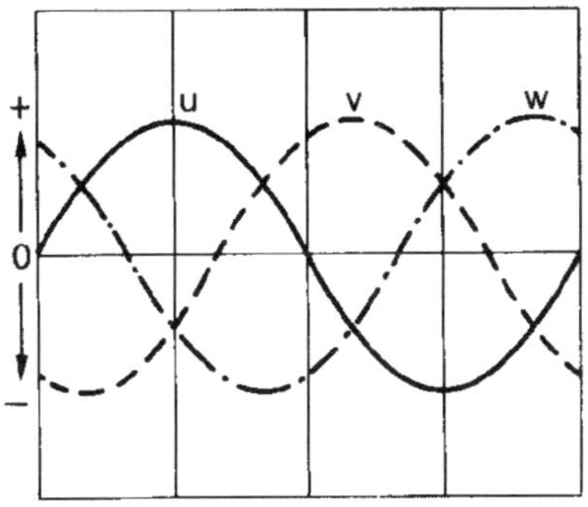

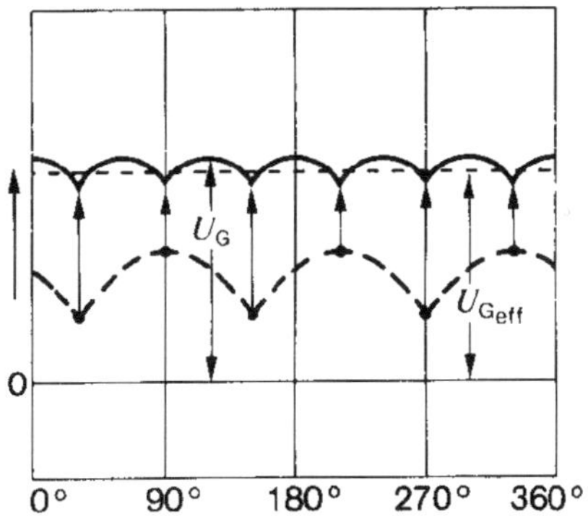

Bild 10.27 (links)
Wechselspannung der Generatorspulen = Phasenspannung

Bild 10.28 (rechts)
Gleichgerichtete Spannung = Generatorspannung bei einem Drehstromgenerator

10.7.2 Auswirkungen der Ankopplung auf die Darstellung

Das normale Generator-Oszilloskopbild im Sondereingang (DC-Ankopplung) ist in Bild 10.29 dargestellt.
Der Gleichspannungsanteil ist deutlich zu sehen, dafür ist die geringe Oberwelligkeit, der so genannte Wechselspannungsanteil, nicht zu erkennen.

Vorteil:
Die Darstellung kann auch bei Fahrzeugen mit Dieselmotor eingesetzt werden.
Das Bild wurde an D+ aufgenommen.
Das normale Generator-Oszilloskopbild im Generatortest (AC-Ankopplung) ist in Bild 10.30 dargestellt.
Der Gleichspannungsanteil ist nicht zu sehen, dafür ist die geringe Oberwelligkeit deutlich zu erkennen.

Problem:
Manche Tester können diese Darstellungsart nur bei Ottomotoren einsetzen, da sie Signale von der Zündung benötigen.
Das Bild wurde an B+ aufgenommen.

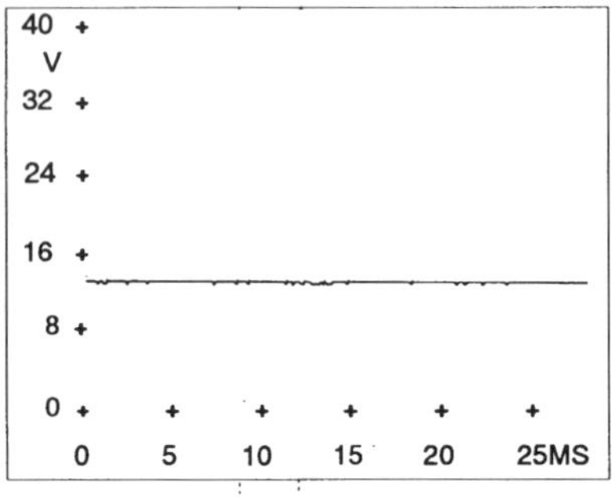

Bild 10.29
Generator-Oszilloskopbild im Sondereingang (DC-Ankopplung)

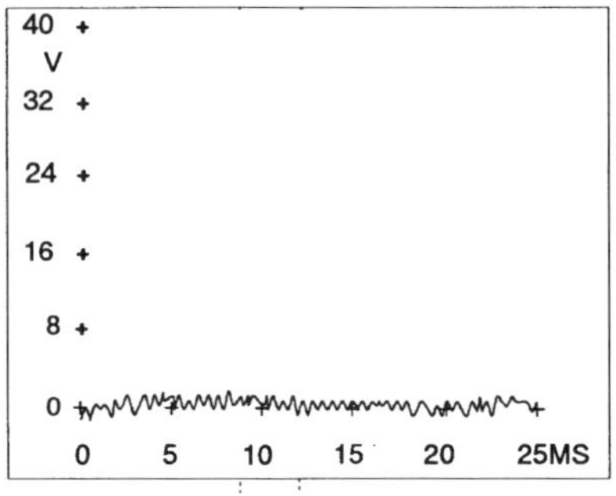

Bild 10.30
Generator-Oszilloskopbild im Generatortest (AC-Ankopplung)

10.7.3 Fehlerbeispiele im Generatortest

- ❑ Unterbrechung einer Minusdiode (Bilder 10.31 und 10.32)

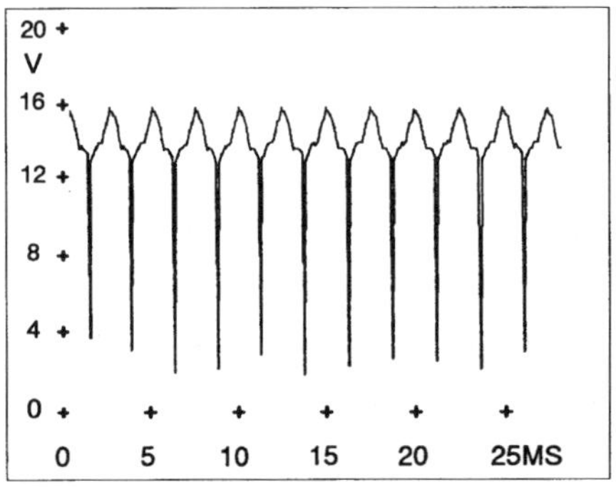

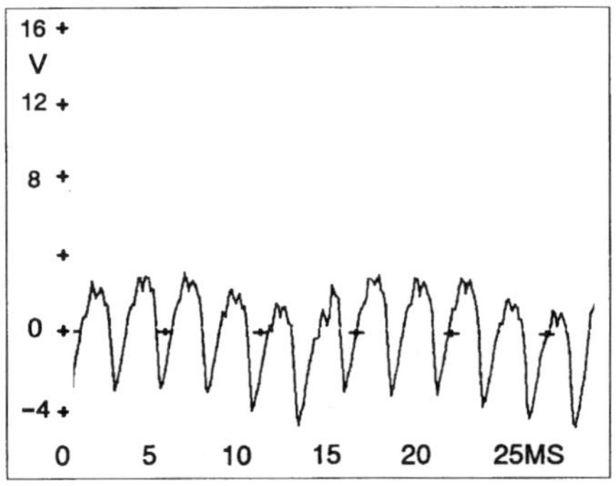

Bild 10.31 (links)
Unterbrechung einer Minusdiode

Bild 10.32 (rechts)

❑ Unterbrechung einer Erregerdiode (Bilder 10.33 und 10.34)

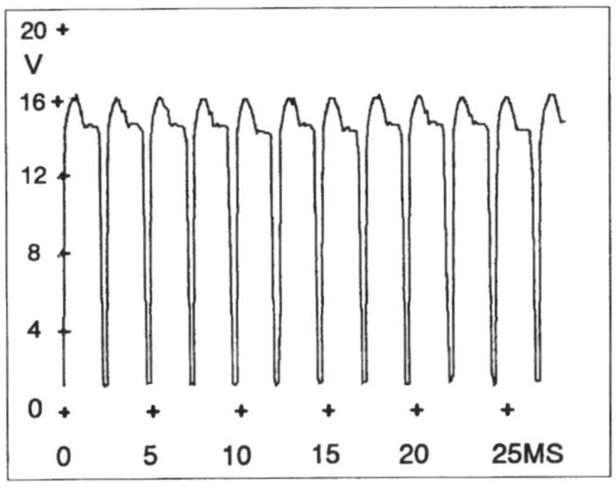

Bild 10.33 (links)
Unterbrechung einer Erregerdiode

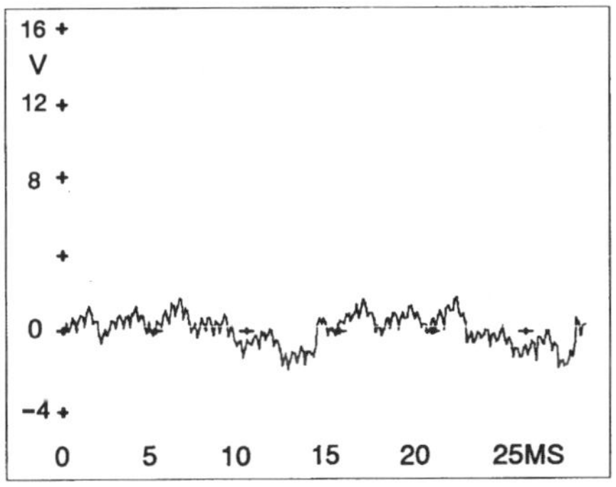

Bild 10.34 (rechts)

❑ Unterbrechung einer Plusdiode (Bilder 10.35 und 10.36)

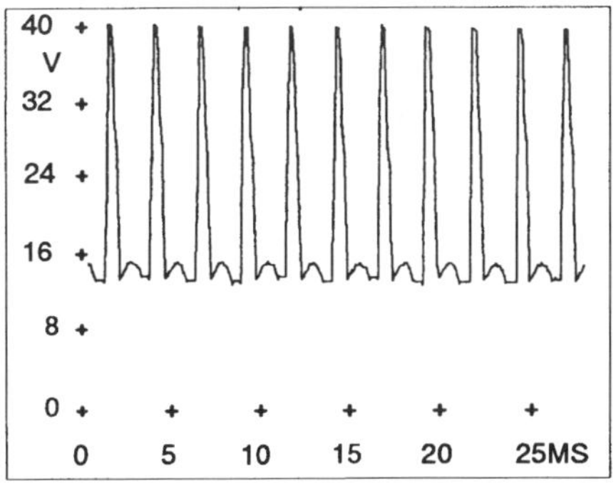

Bild 10.35 (links)
Unterbrechung einer Plusdiode

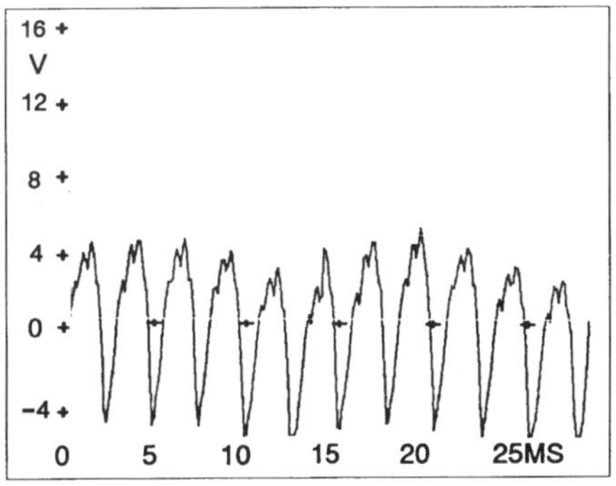

Bild 10.36 (rechts)

Die Bilder auf der linken Seite sind mit Hilfe des Sondersignaleinganges des Motortesters (DC-Ankopplung) erfasst. Es erscheint das gesamte Spannungssignal. Messpunkt ist D+.
Die Bilder auf der rechten Seite sind mit Hilfe des Generatortestes des Motortesters (AC-Ankopplung) erfasst. Der Eingang ist AC-gekoppelt, deshalb ist die Spannungsskala auf das reine Wechselspannungssignal ausgelegt. Messpunkt ist B+.

11 Datenbussysteme

11.1 Entwicklung der elektronischen Systeme

Der Einzug der Elektronik im Kraftfahrzeug begann in nennenswertem Umfang in den 70er-Jahren des vergangenen Jahrhunderts mit der elektronisch gesteuerten Zündung. Diese war zu Beginn noch selbstständig und unabhängig von anderen Systemen (= autark) und nur für eine eng umgrenzte Aufgabe zuständig (Zündauslösung der kontaktlos gesteuerten Zündung).
Doch das ständige Bemühen der Kraftfahrzeughersteller, die Fahrsicherheit, den Komfort der Fahrzeuge sowie das Leistungsvermögen bei gleichzeitiger Verbesserung der Wirtschaftlichkeit und Umweltverträglichkeit noch weiter zu erhöhen, führte in der Folge zu einer Vielzahl von neuen Entwicklungen. Damit verbunden war ein rasch anwachsender Anteil der Elektronik im Kraftfahrzeug, der auch heute noch zunimmt.
Bereits die auf die elektronisch gesteuerte Zündung unmittelbar folgenden Entwicklungen – wie z.B. ABS, die elektronische Einspritzung und die elektrohydraulische Automatikgetriebesteuerung – tauschten Informationen untereinander aus. Mehrere Systeme nutzten verschiedene Informationen gemeinsam bzw. mussten von einem elektronischen System einem anderen zur Verfügung gestellt werden, z.B. TD-Signal von der Zündung für die L-Jetronic.
Der nächste Schritt war, dass sich sogar mehrere Systeme gegenseitig beeinflussten, z.B. Zündwinkelrücknahme durch das Motorsteuergerät während einer Antriebsschlupf-Regelung oder eines Schaltvorganges des Automatikgetriebes bzw. zusätzliches Schaltverbot während der Antriebsschlupf-Regelung usw. Jedes Signal/Information in jeder Richtung benötigte eine eigene Leitung, und das bedeutete bereits zu diesem Zeitpunkt einen hohen Verkabelungsaufwand (Bild 11.1).

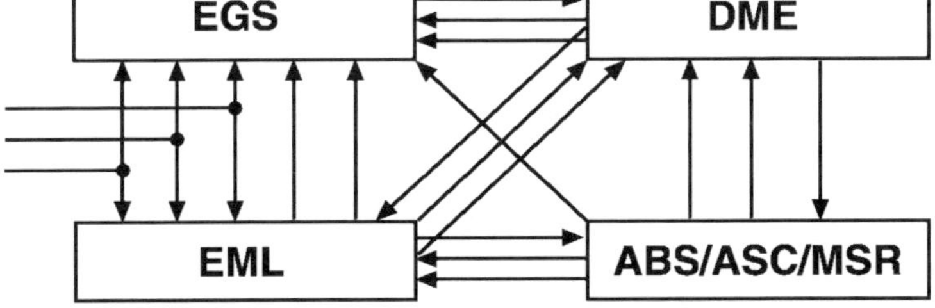

Bild 11.1
Konventionelle Steuergerätekoppelung
EGS = Elektronische Getriebesteuerung
DME = Digitale Motorelektronik
EML = Elektronische Motorleistungsregelung
ABS/ASC/MSR = Anti-Blockier-System / Antriebsschlupf-Regelung / Motorschleppmoment-Regelung

Die Notwendigkeit der Vernetzung und gegenseitigen Einflussnahme bzw. Informationsverarbeitung trifft neben den Systemen der Antriebssteuerung auch auf die Systeme der Sicherheits- und Komfortelektronik zu sowie heute in verstärktem Maße auch auf die Fahrerinformationssysteme. Viele elektronische Systeme wären heute auch ohne einen umfangreichen Datenaustausch untereinander kaum möglich bzw. könnten den heute gewünschten Funktionsumfang nicht bieten.

11.2 Notwendigkeit von Bussystemen

Die Vernetzung der Systeme führte aber, wie bereits erwähnt, zu einem extrem hohen Verkabelungsaufwand. Und gerade dieser führte in der Folge zu erheblichen Problemen. Die Ausfallursachen der verschiedenen elektrischen/elektronischen Komponenten waren in der Vergangenheit mit über 50% durch die Leitungsstränge verursacht (vgl. Bild 8.8).
Handelte es sich bei einem Leitungsfehler außerdem evtl. um einen nur sporadisch und unter bestimmten Umständen (Temperatur/Vibrationen) auftretenden Fehler, war dieser oft schwer einzukreisen und aufwendig zu beheben.
Zur weiteren besseren Verdeutlichung der Verkabelungsproblematik nachfolgend einige Beispiele.

- In einem Fahrzeug der gehobenen Klasse mit voller Ausstattung können heute bereits deutlich über 60 verschiedene Steuergeräte verbaut sein mit Hunderten dazu gehörenden Komponenten (Schalter, Sensoren, Elektromotoren usw.).
- Die Anzahl der elektrischen/elektronischen Teile in einem Fahrzeug kann über 10 000 liegen.
- Tausende einzelne verbaute Leitungen können sich in der Gesamtlänge auf 3 bis 5 km Kabellänge summieren, die in einem Fahrzeug von etwa 4 bis 5 m Länge untergebracht werden müssen (= ca. 500- bis 1000-fache Fahrzeuglänge).
- Die dazu gehörenden Steckverbindungen verteilen sich auf 3000 bis 5000 Pins.
- Allein in die Fahrertür könnten bis zu 50 Leitungen geführt sein, z.B. für Mikroschalter, Spiegelverstellschalter, -motoren, Spiegelbeheizung, elektrische Fensterheber, Einklemmschutz, Zentralverriegelung, Diebstahl-Warnanlage usw.

Ein weiterer Problempunkt des wachsenden Elektronikanteils und der Systemvernetzung war und ist, dass für die Steuergeräte und elektrischen/elektronischen Komponenten in der im Prinzip elektronikfeindlichen Umgebung «Fahrzeug» ein geeigneter Platz gefunden werden muss, an dem Feuchtigkeit, extreme Temperaturschwankungen und Vibrationen bzw. Stöße vermieden werden. Dies darf außerdem zu keiner Beeinträchtigung der zur Verfügung stehenden Platzverhältnisse im Innenraum führen. Zusammen mit den Leitungen muss auch auf Störeinstrahlungen und Störabstrahlungen (= **e**lektro**m**agnetische **V**erträglichkeit, EMV) Rücksicht genommen werden. Die Kosten und das zusätzliche Gewicht sind zudem zu beachten.

Die Systeme müssen natürlich außerdem zuverlässig funktionieren, und bei evtl. auftretenden Störungen sollten diese einfach zu diagnostizieren und zu beheben sein.

Aus der dargestellten Problematik ergaben sich für die weiteren Entwicklungen und den Einsatz der elektronischen Systeme zwei Hauptansatzpunkte. Die Steuergeräte und Komponenten mussten kleiner und soweit möglich Funktionen zusammengelegt werden. Dies ergab sich überwiegend aus den Fortschritten in der Halbleitertechnik. Zum zweiten musste der Verdrahtungsaufwand reduziert werden.

Dies war nur über die in der Datenverarbeitung bereits bekannten und benutzten Systeme zur Verbindung/Vernetzung mehrerer Rechner möglich, den so genannten Bussystemen. Als Bus bezeichnet man in der Datenverarbeitung Verbindungsleitungen innerhalb eines Rechners bzw. zwischen mehreren Rechnern, auf denen Impulse/Informationen übertragen werden. Die in der Datenverarbeitung verwendeten Kommunikationssysteme (Bus) waren aber aufgrund anderer Leistungsanforderungen und z.T. zu hoher Kosten nicht direkt auf die Kraftfahrzeugelektronik übertragbar.

So begann bereits 1983 Bosch mit der Entwicklung eines Datenbussystems. Das erste Fahrzeug mit einem Datenbussystem kam 1989 auf den Markt. Es handelte sich um ein Bussystem der Karosserieelektronik mit Sternstruktur. Der erste CAN-Bus ging 1991 als Antriebsstrangvernetzung in einem Fahrzeug in Serie. In der Folge setzte sich der CAN-Bus immer mehr durch und wird heute auch in Fahrzeugen der kleinen Klasse angewendet. Der nächste Schritt war die Anwendung der optischen Datenübertragung durch die Lichtwellenleitertechnik im Jahr 2001. Kurz darauf (2002) folgte die funkgesteuerte Datenübertragung mit Bluetooth.

Mittlerweile haben sich (auch nach einigen Fehlentwicklungen) im Wesentlichen fünf verschiedene Bussysteme, die sich in der Anwendung befinden, durchgesetzt. Im weiteren Verlauf werden diese noch genauer beschrieben. Allgemein ergeben sich durch die Vernetzung von elektronischen Systemen mit einem oder mehreren Datenbussen folgende Vorteile:

- ❑ Verringerung der Kabel und Leitungen und damit
  - Gewichtsreduzierung,
  - Erhöhung der Ausfallsicherheit durch weniger Stecker und Verbindungspunkte (z.B. Lötstellen),
  - Vereinfachung in der konstruktiven Verlegung, bei der Montage und auch in der Diagnose,
  - Kostenreduzierung,
  - Verringerung der EMV-Problematik;
- ❑ neue Möglichkeiten des Systemverbundes durch
  - bessere Ausschöpfung des möglichen Funktionspotentials,
  - gegenseitig verbundene Regelstrategien der verschiedenen Systeme,
  - mehrfache Nutzung von Sensoren und damit entweder Entfall von Sensoren oder gegenseitige Überwachung,
  - flexiblen Einsatz von Änderungen, evtl. nur Verwendung neuer Software (neue Programme bzw. Programmstände) ohne Hardware-Änderungen (keine neuen Leitungen oder Steuergeräte-Anpassungen, da Art, Umfang und Richtung der Daten flexibel),
  - Entfall von Kleinsteuergeräten und Integration in bestehende Systeme;
- ❑ Verbesserung der Diagnosemöglichkeiten durch
  - gegenseitige Überwachung der Systeme,
  - höhere Systemintegration,
  - Fehlererkennung bei Störungen in der Datenverarbeitung;
- ❑ komplexe Anwendungen/Systeme (z.B. adaptive Fahrgeschwindigkeitsregelung) werden dadurch erst möglich;
- ❑ Entlastung der Rechnerkapazitäten, da keine doppelte Umwandlung analoger Signale in digitale Signale und wieder zurück durchzuführen ist. Der Datenaustausch über Bussysteme erfolgt digital.

11.3 Grundlagen

Die Bussysteme im Kraftfahrzeug bilden ein Netzwerk für die Verbindung der verschiedenen Steuergeräte und elektronischen Komponenten (Bild 11.2).

Aufgrund verschiedener Herstellerentwicklungen, aber auch aufgrund der verschiedenen Anforderungen an den Datenaustausch in den elektronischen Systemen im Kraftfahrzeug entstanden jedoch unterschiedliche Bussysteme. Die Anforderungen an einen Bus unterscheiden sich in den Datenmengen, die zu übertragen sind, in der Schnelligkeit der Übertragung, welche Prioritäten von Daten oder Steuergeräten einzuhalten sind und in den Maßnahmen, die für die Datensicherheit und Fehlererkennung zu ergreifen sind.

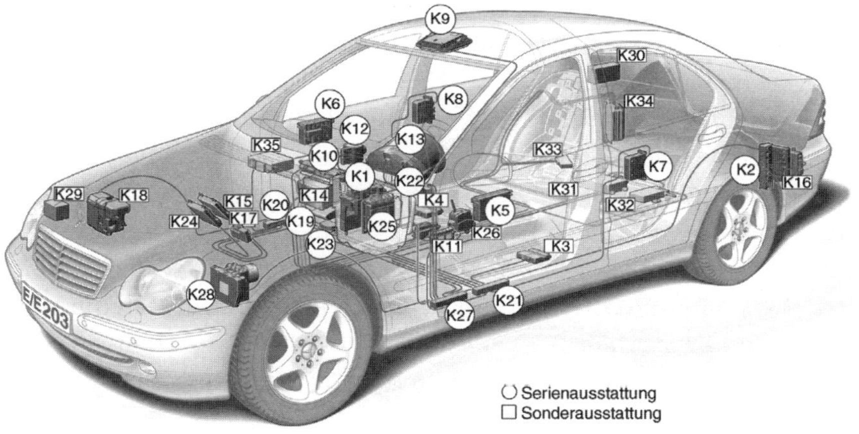

Bild 11.2
Bordnetz eines Fahrzeuges mit unterschiedlichen Bussystemen

Die höchsten Anforderungen stellen sich hierbei für ein Bussystem zwischen den Steuergeräten des Antriebsstranges und der Sicherheitselektronik, die geringsten für die Karosserie- und Komfortelektronik. Die Einteilung der verschiedenen Bussysteme erfolgt meist nach der Busstruktur (Topologie), der Übertragungsgeschwindigkeit und dem Übertragungsmedium (Kupferdrahtleitungen, Lichtwellenleiter, Funk).

11.3.1 Busstrukturen

Bei den Busstrukturen unterscheidet man prinzipiell die **Stern-**, **Ring-** und **lineare Struktur** (Bild 11.3). Kombinationen daraus werden auch als **Baumstruktur** bezeichnet.

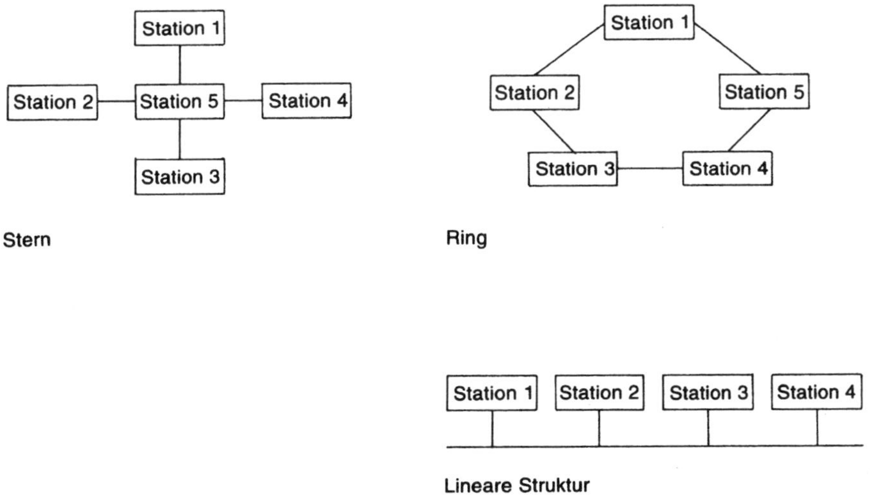

Bild 11.3
Prinzipielle Busstrukturen

Bei der **Sternstruktur** sind mehrere Teilnehmer sternförmig oder strahlenförmig über eigene Leitungen mit einer Zentrale verbunden.

Ein typisches Anwendungsgebiet der Sternstruktur ist zwischen Steuergeräten und Modulen der Karosserie-/Komfortelektronik bzw. von Steuergeräten zu Stellgliedern. Die Zentraleinheit wird auch als Netzknoten oder Master bezeichnet, weil sie die übergeordnete Steuereinheit ist, die alle angeschlossenen Einheiten koordiniert. Die angeschlossenen Einheiten bezeichnet man auch als Satelliten oder Slaves (*slave* = engl. Sklave). Die Zentraleinheit ist bei einer Sternstruktur gewöhnlich stark belastet. Durch die geringen Datenmengen und die geringen Anforderungen an die Datensicherheit und die Übertragungsgeschwindigkeit bei den Systemen der Karosserie-/Komfortelektronik stellt dies aber keinen Nachteil dar. Bei einem Ausfall der Zentraleinheit sind in der Regel keine Datenübertragungen mehr möglich.

Eine Ausnahme bildet die Verwendung der Sternstruktur bei einem elektronischen Rückhaltesystem, bei dem es auf eine schnelle Reaktion ohne Einhaltung von Sendeprioritäten ankommt. Bei der Sternstruktur werden die angeschlossenen Einheiten von der Zentraleinheit direkt adressiert – im Gegensatz zur linearen Struktur, bei der durch eine entsprechende Programmierung/Priorisierung sichergestellt werden muss, dass nicht zwei oder mehrere Stationen gleichzeitig eine oder mehrere Informationen senden können, sondern immer nur eine Station.

Bei der **linearen Struktur** – auch als **Linien**- oder **Reihenleitung** bezeichnet – werden alle Stationen (auch Knoten genannt) in einer einfachen Reihung mit Stichleitungen an eine Hauptleitung angeschlossen. Bei dieser Busstruktur ist eine große Anzahl von Teilnehmern möglich. Die angeschlossenen Steuergeräte übertragen ihre Daten auf das Bussystem, ohne ein anderes angeschlossenes Steuergerät direkt zu adressieren. Die übertragenen Daten werden jedoch «adressiert», d.h., als erstes wird gesendet, um welche Art und welchen Inhalt der Botschaft es sich handelt. Man bezeichnet dies auch als das sog. nachrichtenorientierte Übertragungsverfahren. Alle Steuergeräte sind gleichberechtigt, und weil jedes Steuergerät eine wichtige Botschaft mit Priorität senden kann, spricht man auch von dem Multi-Master-System. Da die Botschaften auch von allen angeschossenen Steuergeräten gleichzeitig empfangen werden können, sind diese aufgrund der Art und des Inhaltes der Botschaften in der Lage zu entscheiden, ob sie die Daten benötigen und in den Arbeitsspeicher übernehmen und weiterverarbeiten oder ignorieren (Bild 11.4).

Die Überprüfung des Bussystems und der übertragenen Daten auf Funktionsstörungen oder fehlerhafte Übertragungen geschieht jedoch durch alle angeschlossenen Steuergeräte. Fällt ein Steuergerät aus, können alle anderen Steuergeräte fast normal weiterarbeiten. Ledig-

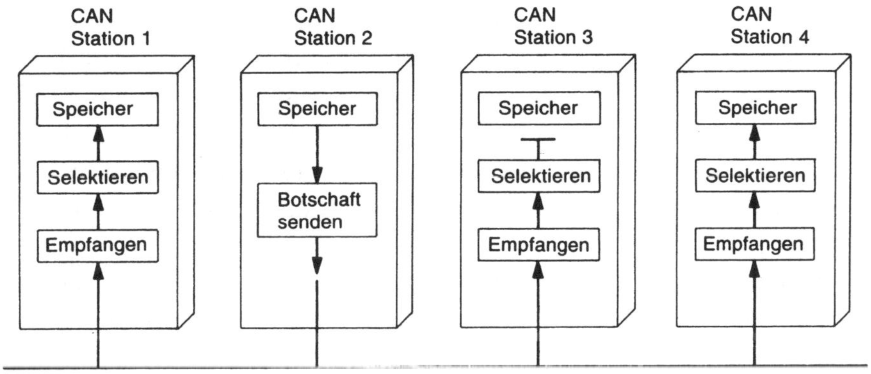

Bild 11.4
Akzeptanzprüfung

lich die von dem ausgefallenen Steuergerät zur Verfügung gestellten Daten fehlen.

Das **Ringnetz** oder auch die **Ringleitung** stellt eine Busstruktur dar, bei der alle Teilnehmer ringförmig verbunden sind und eine ausgesandte Nachricht vom Sender nach deren Durchlauf wieder empfangen werden kann. Die Ringleitung wird in der Datenverarbeitung bei höchsten Anforderungen an die Datensicherheit und die Übertragungsgeschwindigkeit verwendet.

Im Kfz-Bereich wird die Ringleitung mit Lichtwellenleitern wegen der hohen Datenübertragungsrate bei den Multimedia-Anwendungen (Audio, Telefon, Navigation, Video) eingesetzt. Wenn eine Leitung unterbrochen wird oder ein Steuergerät ausfällt, ist das ganze Verbundnetz stillgelegt.

11.3.2 Grundlagen der digitalen Datenübertragung

In der elektronischen Datenverarbeitung basieren alle Berechnungen auf dem Dualsystem (*duo* = lat. zwei), synonym auch als Binärsystem (bini = lat. je zwei, beide) bezeichnet. In allen Rechnern können die elektronischen oder optischen Schaltelemente jeweils immer nur zwei physikalische Zustände einnehmen, d.h. Spannung–keine Spannung, geladen–ungeladen, magnetisiert–unmagnetisiert, hell–dunkel, (Schalter) geschlossen–offen. Es müssen also alle Eingaben, Daten usw. auf zwei Zustände, auf 1 und 0, umcodiert werden, um damit die Rechenoperationen/Verarbeitungen ausführen zu können (vgl. Kapitel 7 und 8).

Damit ist die kleinste Informations- und Speichereinheit in der elektronischen Datenverarbeitung die Ziffer 0 oder 1. Dies wird als ein **Bit** bezeichnet (Bit = Abkürzung/Kunstwort für «*binary digit*»). Mit mehreren Bits erhöht sich natürlich die Anzahl der Codiermöglichkeiten.

In der Regel baut die elektronische Datenverarbeitung in den Rechnern mindestens auf die 8-Bit-Struktur auf. Das ist die kleinste adressierbare Speichereinheit und wird als Byte bezeichnet. Ein **Byte** (= angloamerikanisches Kunstwort) besteht aus 8 Datenbits und einem Prüfbit. Mittlerweile verwendet man ein Vielfaches davon, und sogar bei den Steuergeräten im Kraftfahrzeug werden häufig 32-Bit-Rechner eingesetzt.
Die nächstgrößere Bezeichnung nach Bit und Byte ist das Kilobyte, das 1024 bzw. 2^{10} Bytes entspricht. 1024 Kilobytes sind ein Megabyte und 1024 Megabyte sind ein Gigabyte.
Die über Bits und Bytes codierten Informationen müssen nun von einem Steuergerät zu einem anderen Steuergerät über so genannte **Schnittstellen** übertragen werden. Die Datenübertragung erfolgt dabei digital und seriell, d.h. in einer Reihe (Serie) nacheinander. Die im Computerbereich übliche parallele Datenübertragung, bei der z.B. ein Byte gleichzeitig parallel über mindestens 8 Leitungen (für jedes Bit eine) übertragen wird, findet im Kraftfahrzeugbereich bis dato keine Anwendung.
Wie viele Bits pro Sekunde bzw. Informationseinheiten pro Sekunde übertragen werden, bezeichnet die Übertragungsgeschwindigkeit in bps, kbit/s, Mbit/s bzw. die Schrittgeschwindigkeit in kBd, MBd (Baud, abgekürzt Bd, benannt nach JEAN BAUDOT, 1845–1903, französischer Fernmeldeingenieur). Die Übertragungsgeschwindigkeit und die Baudrate sind bei den im Kraftfahrzeug eingesetzten Bussystemen identisch, da die Datenübertragung seriell erfolgt. Bei einer parallelen Datenübertragung im Computerbereich über z.B. 8 Leitungen kann die Datenübertragungsrate bis zur achtfachen Baudrate betragen, weil pro Schritt bis zu acht Bits auf den acht Leitungen gleichzeitig übertragen werden können.
Die Übertragungsgeschwindigkeiten der verschiedenen Bussysteme im Kfz-Bereich beginnen bei 9600 bps, die zum Teil für die Karosserie-/Komfortelektronik und für die Diagnose eingesetzt werden. Häufiger wird jedoch für die Karosserie- und Komfortelektronik der CAN-B-Bus mit ca. 125 kbit/s angewendet. Bis zu 1 Mbit/s Übertragungsgeschwindigkeit verwendet man für den Datenaustausch in der Antriebselektronik, da hier eine echtzeitfähige Datenübertragung und Verarbeitung erforderlich ist. Unter **Echtzeitverarbeitung** (*real-time processing*) versteht man das Zusammenfallen von Ereignis, Erfassung, Eingabe und Verarbeitung zu jedem Zeitpunkt. Zwischen zwei Zündimpulsen liegen z.B. nur wenige ms. Ein echtzeitfähiges Bussystem muss daher die für die Zündzeitpunkt-Berechnung notwendigen Daten in noch kürzerer Zeit übertragen, damit diese Daten bereits in der Berechnung des folgenden Zündimpulses berücksichtigt werden können.

Das schnellste zur Zeit verbaute Bussystem ist der so genannte **MOST-Bus** für die Multimedia-Anwendungen mit einer Übertragungsgeschwindigkeit bis zu 22,5 Mbit/s.
Bei der Verwendung verschiedener Bussysteme in einem Fahrzeug mit verschiedenen Übertragungsgeschwindigkeiten und evtl. auch verschiedenen Übertragungsmedien muss zwischen diesen ebenfalls ein Datenaustausch möglich sein. Dazu benötigt man ein so genanntes **Gateway**. Als Gateway bezeichnet man einen Rechner, der Daten aus einem Netz in die Form eines anderen Netzes umsetzen kann.

11.4 CAN-Bus

Der CAN-Bus ist mittlerweile das am häufigsten eingesetzte Bussystem. CAN steht für **C**ontroller **A**rea **N**etwork (*controller* = engl. Aufseher, Kontrolleur; im Computerbereich: die Steuerung/ Regelung; *area* = engl. Gebiet, begrenzte Fläche; *network* = engl. Netzwerk). Der CAN-Bus hat eine lineare Struktur mit Kupferleitungen, arbeitet nach dem Multi-Master Prinzip und wird mit drei verschiedenen Übertragungsgeschwindigkeiten eingesetzt: der CAN A bis ca. 10 kbit/s für die Diagnose und selten für die Karosserie- und Komfortelektronik. Die CAN-A-Leitungen werden manchmal auch als K- und L-Leitungen bezeichnet. Der CAN B mit einer Datenrate bis zu 125 kbit/s wird überwiegend für die Komfort- und Karosserieelektronik verwendet. Er wird auch als **Low Speed CAN** bezeichnet, und seine Standards sind in der ISO-Norm 11 519-2 fixiert. Mit dem **High Speed CAN** (CAN C, ISO 11 898) mit einer Übertragungsrate bis zu 1 Mbit/s werden die Steuergeräte der Antriebselektronik miteinander vernetzt.
An einem CAN-Bussystem können bis zu 35 Steuergeräte mit einem Datenaustausch von ca. 2500 Signalen in 250 CAN-Botschaften beteiligt sein.

11.4.1 Signalaufprägung

Die Datenübertragung der verschiedenen Bits und Bytes über den CAN-Bus erfolgt durch High- und Low-Signale (hohe, niedrige Spannung), die in sehr schneller Abfolge übertragen werden. Dazu sind die an den CAN-Bus angeschlossenen Steuergeräte über eine Stichleitung, auch Leitungsabzweig genannt, mit der eigentlichen Busleitung verbunden (Bild 11.5).
Über den **Transceiver** (Kunstwort aus: *transmittere* = lat. hinüberschicken, übersenden; *to receive* = engl. in Empfang nehmen, annehmen) werden die Daten empfangen oder gesendet. Außerdem sorgt der Transceiver dafür, dass die vorgeschriebene Spannung auf der Bus-

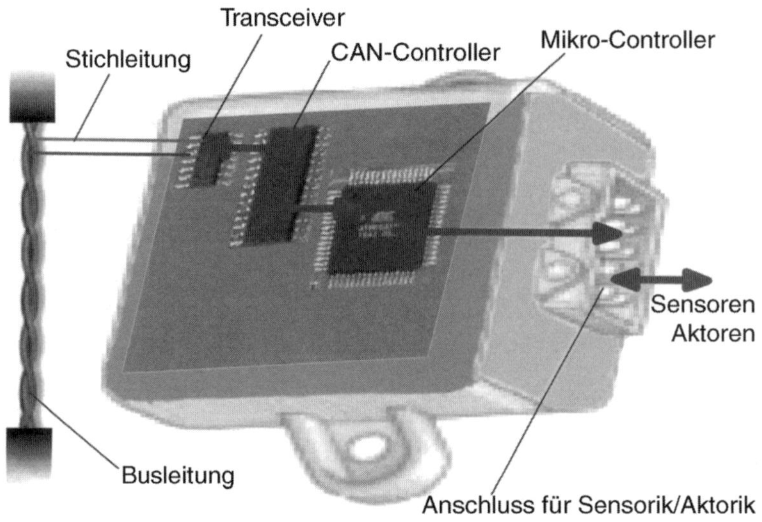

Bild 11.5
Bauelemente von CAN-Stationen

leitung eingehalten wird und schützt das System vor Überspannungen. Der CAN-Controller überwacht die Datenübertragung, indem er die Einhaltung des CAN-Protokolls kontrolliert, Fehler erkennt und entsprechend reagiert. Die Akzeptanzprüfung der gesendeten Daten wird ebenfalls durch den CAN-Controller durchgeführt, und nur die für das Steuergerät relevanten Daten werden an den Rechner (Mikrocontroller) weitergeleitet und dort verarbeitet.

Sollen Daten auf den Bus übertragen werden, stellt diese der Rechner dem CAN-Controller zur Verfügung, und über den Transceiver werden sie auf den Bus gesetzt.

Die Signalaufprägung auf den Bus kann am besten mit der in Bild 11.6 gezeigten Prinzipschaltung der Transmitterausgänge dargestellt werden.

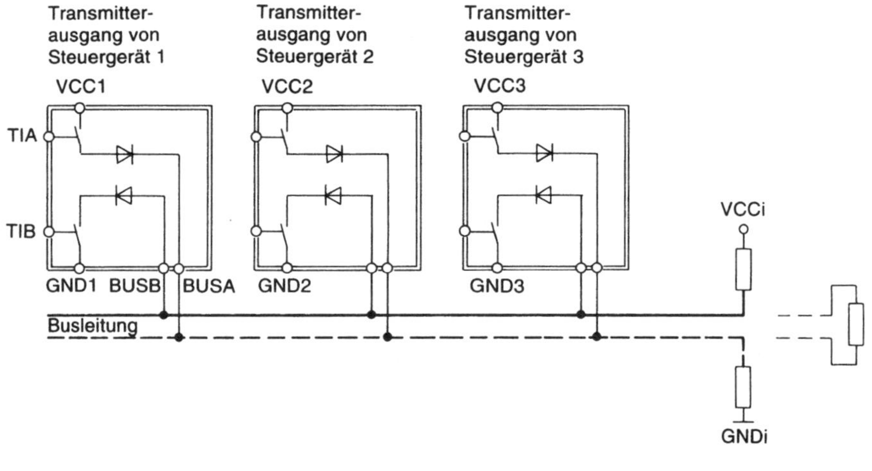

Bild 11.6
Prinzipschaltung der Transmitterausgänge und des Busanschlusses

Die Transmitterausgänge der Steuergeräte sind in der Prinzipdarstellung als Schalter mit einer in Reihe geschalteten Diode gezeichnet. Die Schalter sind im Ruhezustand geöffnet. Die Spannung zwischen den Signalleitungen ist abhängig vom Busabschluss. Die Signalaufprägung, d.h. Übertragung der Daten, erfolgt nun durch schnelles Öffnen und Schließen eines Schalterpaares. Dadurch wird die Signalleitung mit der höheren Spannung gegen Masse gezogen, und der anderen Signalleitung wird eine gleich große, entgegengesetzte Spannung aufgeprägt. Somit werden auf die ganze Busleitung die High- und Low-Signale gesetzt. Da dies in beide Richtungen geschieht und für die Busteilnehmer dies sowohl zum Empfangen als auch Senden dient, spricht man von einer **bidirektionalen** (= zwei Richtungen) **Datenübertragung**.

Das Beispiel zeigt die Signalaufprägung auf eine Zweidrahtleitung mit den beiden möglichen unterschiedlichen Busabschlüssen. Beim **High Speed CAN** hat der Busabschluss an beiden Enden immer einen 120-Ohm-Widerstand als so genannte Abschlussimpedanz (*impedire* = lat. umwickeln, festhalten, aufhalten). Dadurch wird eine Verfälschung der gesendeten Daten verhindert, da die gesendeten Daten von den Leitungsabschlüssen nicht als «Echo» zurückkommen, sondern von den Abschlusswiderständen absorbiert werden. Der **Low Speed CAN** hat an seinen Leitungsenden meistens auch eine Abschlussimpedanz. Es gibt aber auch Anwendungen ohne diese.

Beim CAN-Bus mit Abschlussimpedanz hat eine Signalleitung im Ruhezustand eine Spannung von 5 Volt, die andere Signalleitung annähernd 0 Volt. Der Bus befindet sich im rezessiven (*recedere* = lat. zurückweichen, sich zurückziehen) Zustand. Im geschalteten Zustand geht der Pegel von 5 Volt auf 1 Volt zurück und auf der anderen Signalleitung von annähernd 0 Volt auf 4 Volt. Der Bus wechselt in den dominanten (*dominare* = lat. herrschen, überdecken) Zustand. Die Signalleitung, die im Ruhezustand einen Pegel von annähernd 0 Volt und im geschalteten Zustand auf einen Pegel von 4 Volt hochgezogen wird, bezeichnet man auch als **CAN-High**. Die andere Signalleitung, die von 5 Volt im Ruhezustand auf 1 Volt im geschalteten Zustand nach unten gezogen wird, bezeichnet man als **CAN-Low**.

Bild 11.7 zeigt eine mit dem Oszilloskop gemessene Datenübertragung auf dem CAN-Bus mit den verschiedenen Signalen auf CAN-High und CAN-Low.

Die hier am Beispiel einer Zweidrahtleitung erläuterte Signalaufprägung ist bei einer Eindrahtleitung praktisch gleich. Die Signalaufprägung geschieht dann eben nur auf einer Leitung und mit jeweils einem «Schalter». Abhängig vom Leitungsabschluss kann bei verschiedenen Ausführungen der Zweidrahtleitungsbusse auch bei einer Leitungsunterbrechung bzw. bei einem Kurzschluss auf einer Leitung

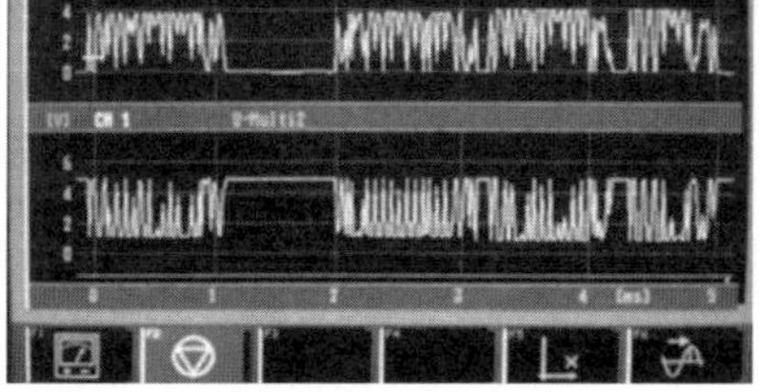

Bild 11.7
CAN-Oszillogramm

die Signalaufprägung auf der noch intakten Leitung erfolgen, ohne Einschränkungen bei der Datenübertragung hinnehmen zu müssen. Die Störempfindlichkeit und Störausstrahlung nehmen dabei aber zu. Neben der Datensicherheit ist dies auch ein Grund für die zweite Leitung.

Durch die sehr schnelle Abfolge der aus High- und Low-Signalen bestehenden übertragenen Daten wird durch jede Pegeländerung (Spannungsveränderung) eine Störausstrahlung – einem Sender vergleichbar – erzeugt. Außerdem wird durch den damit verbundenen Stromfluss ein magnetisches Feld aufgebaut. Um die Störausstrahlung zu verringern, ordnet man deshalb einer Signalleitung eine zweite Signalleitung zu, die eine entgegengesetzte Stromflussrichtung und entgegengesetzte Pegeländerungen besitzt. Von den in Bild 11.8 gezeigten theoretischen Möglichkeiten der verschiedenen Signalpegel zur Kompensation der elektrischen Feldkomponente sind jedoch durch die fehlende negative Bordnetzspannung im Kraftfahrzeug die Signalverläufe a, b nicht möglich.

Bild 11.8
Kompensation der elektrischen Feldkomponente durch verschiedene Signalpegel

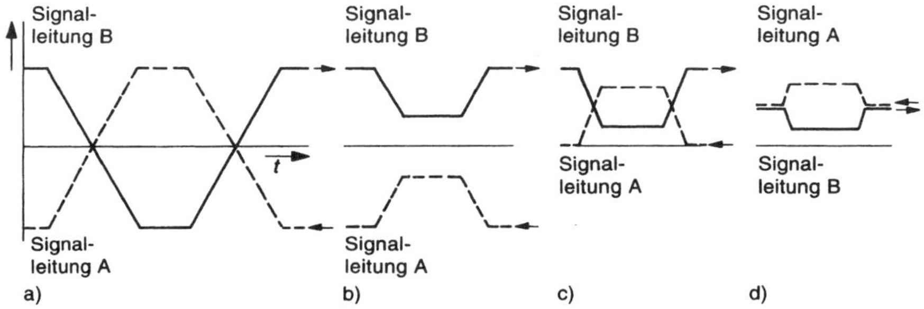

Die Signalverläufe c, d bewirken aber das gleiche Ergebnis, da sich nicht die Summen der Spannungspotentiale aufheben müssen, sondern nur die Summen der Spannungsänderung (vgl. Bild 11.7). Als weitere Maßnahme zur Verringerung der Störein- und -ausstrahlung sind die Leitungen häufig verdrillt (vgl. Bild 11.5). Eine dritte Leitung als Leitungsabschirmung ist ebenfalls möglich.

Die verschiedenen Bussysteme können also mit einer, zwei oder mit drei Leitungen ausgestattet sein. Bei hohen Übertragungsgeschwindigkeiten und hohen Anforderungen an die Datensicherheit ergänzt man deshalb die Daten-/Signalleitung um eine Kompensationsleitung und einen Leitungsschirm. Bei Bussystemen zur Datenübertragung in der Komfortelektronik (niedrige Übertragungsgeschwindigkeit, geringe Anforderungen an Datensicherheit) und besonders beim Diagnosebus wird häufig nur eine Leitung verwendet.

11.4.2 Kommunikationsablauf

Da beim CAN-Bus alle Stationen gleichberechtigt sind und alle senden und empfangen können, müssen bei der Datenübertragung bestimmte Regeln eingehalten werden. Diese sind im CAN-Protokoll festgehalten. Damit also alle Steuergeräte die übertragenen Daten und deren Zuordnung erkennen, aber auch zur Busüberwachung und -steuerung, haben die gesendeten Daten stets ein bestimmtes, festgelegtes Botschaftsformat bzw. einen bestimmten Datenrahmen. Der Datenrahmen (**Data frame**) des CAN-Busses (Bild 11.9) besteht aus

- ❑ Startsignal (Start of frame),
- ❑ Zuordnungsfeld (Arbitration field),
- ❑ Kontrollfeld (Control field),
- ❑ Datenfeld (Data field),
- ❑ Rahmensicherungsfeld (CRC field),
- ❑ Bestätigungsfeld (Ack field),
- ❑ Endsignal (End of frame).

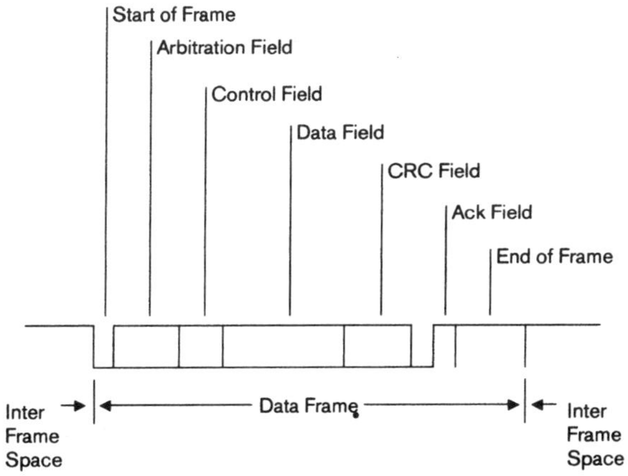

Bild 11.9
Botschaftsformat des CAN-Datenprotokolls

Der **Start of frame** (1 Bit) wird am Anfang einer Datenübertragung durch ein dominantes Bit gesetzt, wodurch alle verbundenen Steuergeräte synchronisiert werden. Das stellt den Beginn des Datentelegramms dar.

Das **Arbitration field** (11 Bit) (*arbitration* = engl. Schiedsspruch, Entscheidung) setzt sich aus dem so genannten Identifier und einem Kontrollbit zusammen. Durch den **Identifier** (*to identify* = engl. ausweisen, erkennen) erfolgt die Zuordnung der Botschaft, z.B. Zündwinkel, Drosselklappenstellung, Drehzahl, Außentemperatur usw. Außerdem dient der Identifier zur Überprüfung der Sendeberechtigung. Dadurch, dass jede Station am Bus auch senden kann und es keine Kontroll- oder Zentraleinheit gibt, sondern der CAN-Bus mit der linearen Busstruktur nach dem «Multi-Master-Prinzip» mehrerer gleichberechtigter Stationen arbeitet, muss eine Sendereihenfolge nach der Wichtigkeit der Daten festgelegt werden. Dies geschieht durch den Aufbau des Identifiers. Je mehr dominante Bits der Identifier besitzt, desto höher ist seine Priorität. Dominante Bits überschreiben rezessive Bits. Während der Übertragung des Identifiers überprüft die sendende Station laufend, ob sie noch senden darf oder ob eine Station mit höherer Priorität sendet (Bild 11.10).

Bild 11.10
Beispiel für die Sendepriorisierung durch den Identifier

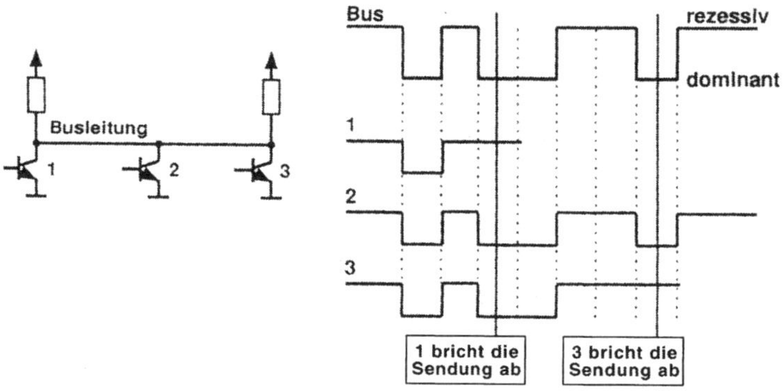

Wenn eine Station mit höherer Priorität (mehr dominante Bits im Identifier) sendet, bricht die Station mit der niederen Priorität die Übertragung ab und versucht es nach dem Empfang der höherwertigen Botschaft erneut. Somit bleibt am Ende des Identifiers immer nur eine Station übrig, die ihre Botschaft übertragen darf.

Aufgrund des Kontrollbits erkennen die verschiedenen Stationen die Art der Botschaft, ob ein Data frame (Datenrahmen) von einem Sender gesendet wird oder ein Empfänger durch einen Remote frame (*remote* = engl. entfernt, mittelbar, indirekt) Daten von einem Sender abruft.

Im **Control field** (6 Bit) sind die Größe des folgenden Datenfeldes (in Byte) und die Anzahl der enthaltenen Informationen abgelegt. Somit können alle Stationen, die diese Nachricht empfangen, überprüfen, ob sie alle Informationen empfangen haben.

Im **Data field** (bis zu 64 Bit) wird die eigentliche Information übertragen. Die Länge des Datenfeldes kann zwischen 0 und 8 Byte betragen. Als *Beispiel* kann man sich dazu die Übertragung des Drosselklappenwinkels näher betrachten. Die Übertragung des Drosselklappenwinkels geschieht im 8-Bit-Format, und damit können $2^8 = 256$ verschiedene Drosselklappenwinkel dargestellt werden:

00000000 = Drosselklappe geschlossen
00000001 = Drosselklappe 0,4 Grad geöffnet
00000010 = Drosselklappe 0,8 Grad geöffnet
00000011 = Drosselklappe 1,2 Grad geöffnet
00000100 = Drosselklappe 1,6 Grad geöffnet
usw. bis
11111111 = Drosselklappe vollständig geöffnet.

Ein weiteres Beispiel zeigt, wie der Status der Zentralverriegelung übertragen wird:

00000000 = Tür offen
00000001 = Türschloss verriegelt
00000010 = Türschloss gesichert
00000100 = Schlüsselschalter für Öffnen aktiv
00001000 = Schlüsselschalter für Schließen aktiv
00010000 = Innentaster für «ZV auf» aktiv
00100000 = Innentaster für «ZV zu» aktiv
01000000 = Ein Fehler ist aufgetreten

Das **CRC field** (16 Bit) (*cyclic redundancy check* = engl. zyklisches Kontrollverfahren) wird zur Erkennung von Störungen während der Übertragung verwendet. Es enthält ein so genanntes Rahmensicherungswort mit festem Format, das von allen Stationen überprüft wird.
Im **Ack field** (2 Bit) (*acknowledge* = engl. anerkennen, bestätigen) wird durch ein Signal (dominantes Bit) der fehlerfreie Empfang der Botschaft durch alle Empfänger bestätigt. Ohne dieses dominante Bit erkennt die sendende Station sofort, dass bei der Übertragung ein Fehler passiert ist, und versucht die Datenübertragung zu wiederholen.
Der **End of frame** bezeichnet das Ende der Botschaft und besteht aus sieben rezessiven Bits.
Weitere drei rezessive Bits bilden den Rahmen-Zwischenraum (**Inter Frame Space**) zwischen den einzelnen Botschaften, d.h. bis die nächste Datenübertragung wieder starten kann, mit dem Start of frame.
Die Länge des **Data frame** beträgt maximal 130 Bits, wodurch keine lange Wartezeit für die nächste Übertragung einer Botschaft entsteht. Fehlerhafte Übertragungen von Botschaften werden durch mehrere businterne Kontrolleinrichtungen sicher erkannt.
Ein **Error frame** (*error frame* = engl. Fehler (Daten)rahmen) wird gesendet, wenn mindestens ein Steuergerät eine fehlerhafte Datenübertragung festgestellt hat. Er besteht aus 6 dominanten Bits, die jede Übertragung überlagern und somit eindeutig von allen erkannt werden.

Der **Overload frame** (*overload* = engl. Überlastung) kann durch ein Steuergerät gesetzt werden, wenn es die gerade gesendeten Daten noch nicht verarbeiten konnte. Damit wird eine neue Datenübertragung um die Dauer des Overload frames verzögert.
Schließlich können durch den **Remote frame** (*remote* = engl. mittelbar, indirekt) von einem Steuergerät auch Daten abgefragt werden, die es zur Berechnung benötigt, die aber schon länger nicht mehr gesendet wurden.

11.4.3 Diagnose

Da beim CAN-Bus alle Steuergeräte miteinander verbunden sind, empfängt und kontrolliert dadurch jedes Steuergerät die gesamten Datenübertragungen. Somit wird ein defektes Steuergerät oder eine fehlerhafte Kommunikation in der Regel erkannt und im Fehlerspeicher mindestens eines Steuergerätes abgelegt.
Grundsätzlich kann man drei mögliche Fehlerursachen unterscheiden:

- Fehler in der Software/Kommunikation,
- Defekte in den Übertragungsleitungen,
- Defekte, die durch einzelne Steuergeräte verursacht werden.

Fehler bei der Datenübertragung werden durch mehrere businterne Kontrolleinrichtungen und das Busprotokoll normalerweise vermieden bzw. sicher erkannt und im Fehlerspeicher abgelegt. Bei herstellerseitigen Softwarefehlern muss eine neue Fahrzeugprogrammierung durchgeführt werden.

Zur genauen Überprüfung und Aufzeichnung der Datenübertragungen gibt es auch sog. CAN-Analyser, die in das bestehende CAN-Bussystem eingebunden werden. Der CAN-Analyser und die entsprechenden Auswertungen werden durch die Technikabteilungen der Hersteller zur Verfügung gestellt.

Folgende Defekte/Fehler in den Übertragungsleitungen, die auch in einer ISO-Fehlertabelle gelistet sind, können auftreten:

- Fehler 1: Unterbrechung CAN-Low (Bild 11.11)
- Fehler 2: Unterbrechung CAN-High (Bild 11.12)
- Fehler 3: Kurzschluss CAN-Low gegen Batterie Plus (Bild 11.13)
- Fehler 4: Kurzschluss CAN-High gegen Masse (Bild 11.14)
- Fehler 5: Kurzschluss CAN-Low gegen Masse (Bild 11.15)
- Fehler 6: Kurzschluss CAN-High gegen Batterie Plus (Bild 11.16)
- Fehler 7: Kurzschluss zwischen CAN-High und CAN-Low (Bild 11.17)

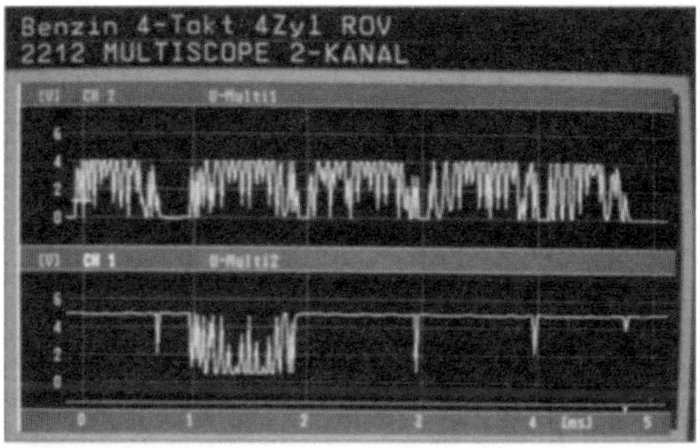

Bild 11.11

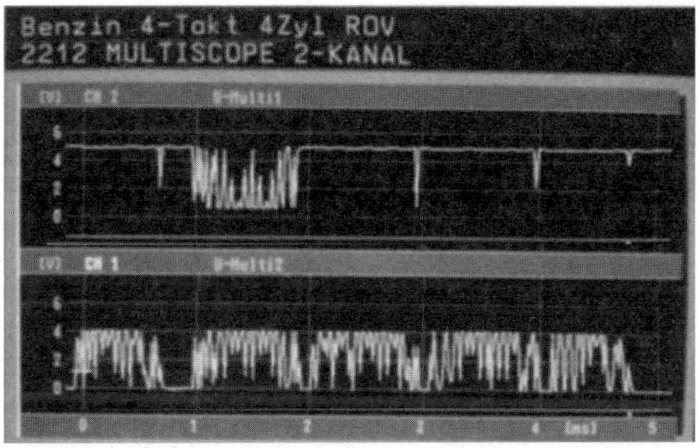

Bild 11.12

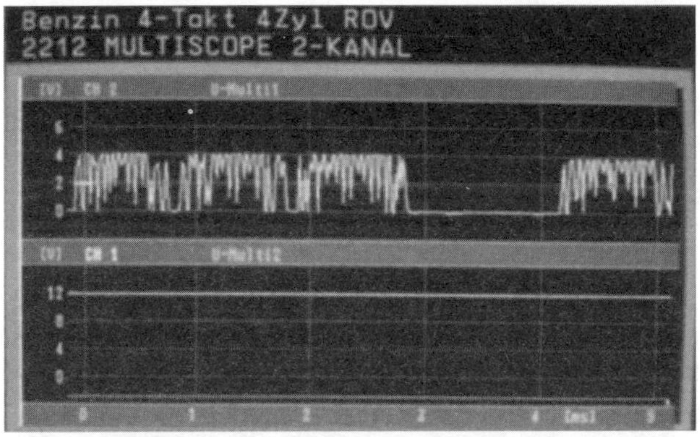

Bild 11.13

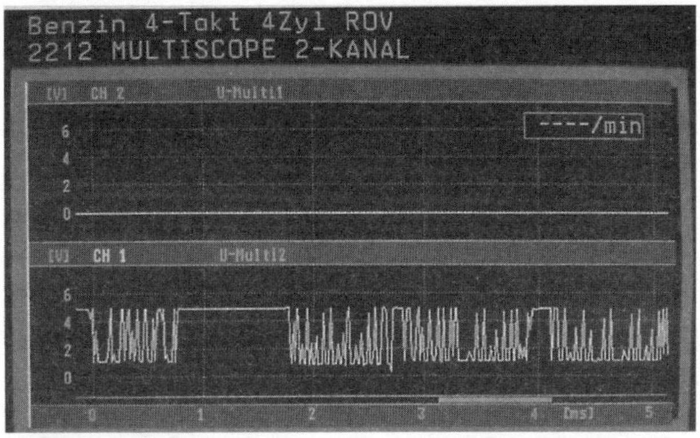

Bild 11.14

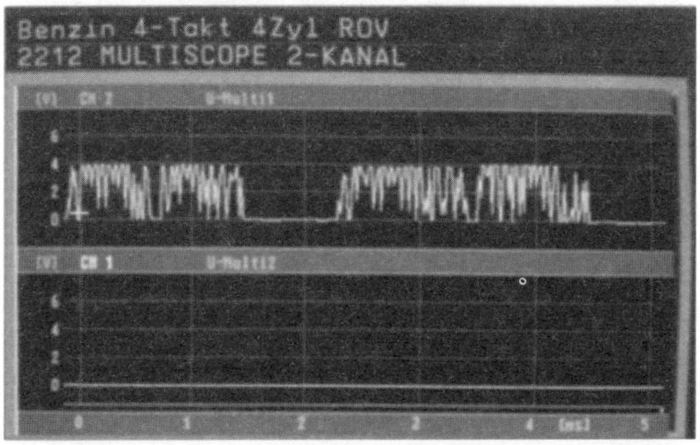

Bild 11.15

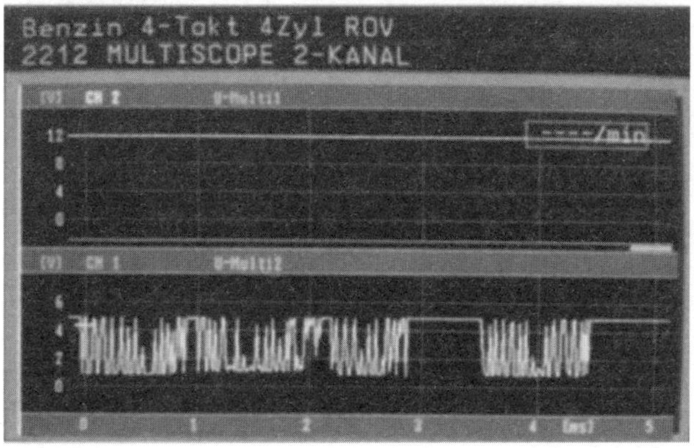

Bild 11.16

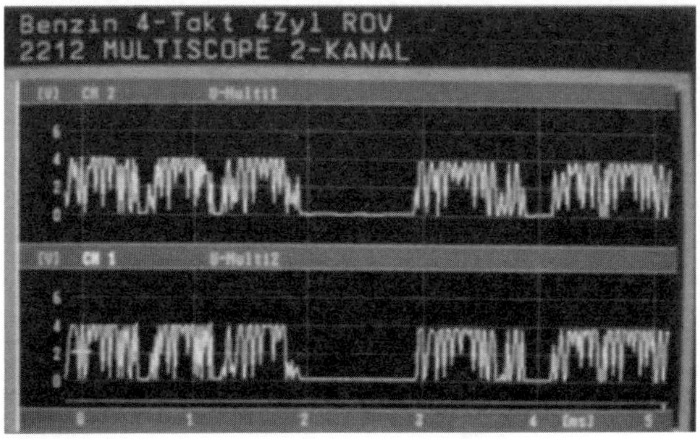

Bild 11.17

- ❑ Fehler 8: Fehlender Abschlusswiderstand
- ❑ Fehler 9: CAN-High- und CAN-Low-Leitungen vertauscht

Mit Hilfe eines Oszilloskops, dem Busstrukturplan des Fahrzeuges und indem man die vernetzten Steuergeräte nacheinander absteckt, kann der Fehler sicher eingegrenzt werden.

Verwenden Sie am besten einen herstellerspezifischen Prüfadapter (Bild 11.18) zum festen Anschluss der Oszilloskopleitungen. Datenübertragungsleitungen auf keinen Fall anstechen. Oszilloskop so einstellen, dass CAN-High und -Low übereinander angezeigt werden können.

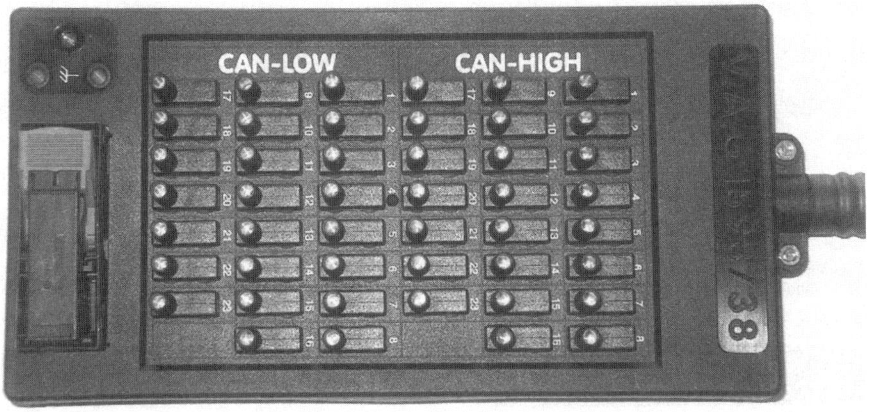

Bild 11.18
Prüfadapter

Einzelne defekte Steuergeräte können entweder komplett defekt sein, dann sind auch die Funktionen des Steuergerätes nicht mehr vorhanden, oder sie stören die Kommunikation im Systemverbund. Wenn ein Steuergerät die Datenübertragungen ständig stört, wird dies durch die CAN-Software erkannt, und das entsprechende Steuergerät stellt nach festgelegten Stufen seine Kommunikation schließlich ein. Beides wird durch die Diagnosesoftware bei einer Fehlerspeicherabfrage erkannt.

Bild 11.19 zeigt beispielhaft das Bildschirmbild eines Diagnosetesters, wenn ein einzelnes Steuergerät defekt ist und auf eine Diagnoseabfrage nicht antwortet. Alle Steuergeräte aus einer Fahrgestellnummern-spezifischen Soll-Konfiguration werden dabei abgefragt und die Steuergeräte, die antworten, damit verglichen. Daraus ergibt sich die Ist-Konfiguration.

Eine weitere Möglichkeit der Diagnose bildet die sog. CAN-Timeout-Datenbasis (*timeout* = engl. Auszeit), bei der alle Kommunikationsabläufe ausgewertet werden.

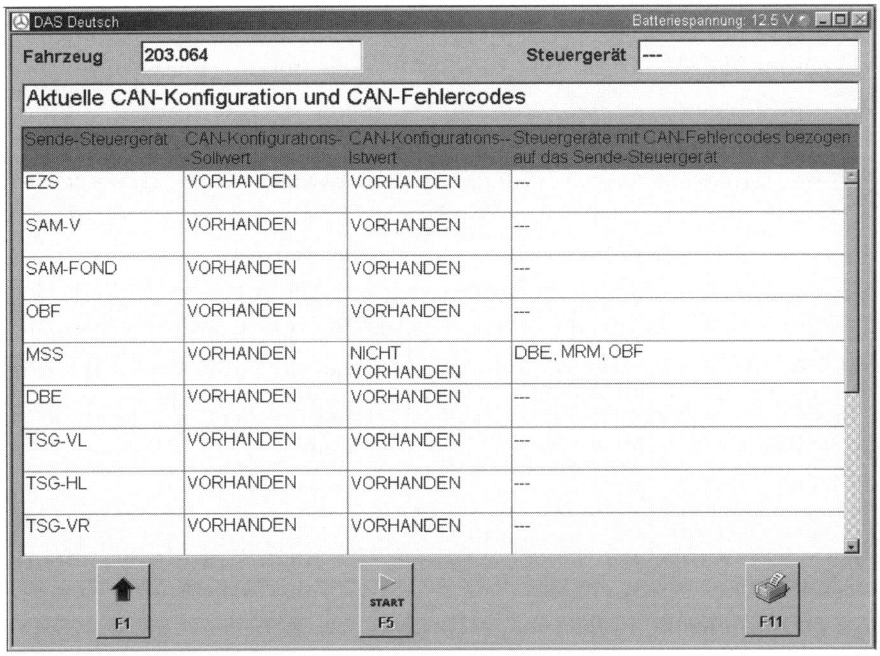
DAS Deutsch
Batteriespannung: 12.5 V
Fahrzeug
203.064
Steuergerät

Aktuelle CAN-Konfiguration und CAN-Fehlercodes
Sende-Steuergerät
CAN-Konfigurations--Sollwert
CAN-Konfigurations--Istwert
Steuergeräte mit CAN-Fehlercodes bezogen auf das Sende-Steuergerät
EZS | VORHANDEN | VORHANDEN | ---
SAM-V | VORHANDEN | VORHANDEN | ---
SAM-FOND | VORHANDEN | VORHANDEN | ---
OBF | VORHANDEN | VORHANDEN | ---
MSS | VORHANDEN | NICHT VORHANDEN | DBE, MRM, OBF
DBE | VORHANDEN | VORHANDEN | ---
TSG-VL | VORHANDEN | VORHANDEN | ---
TSG-HL | VORHANDEN | VORHANDEN | ---
TSG-VR | VORHANDEN | VORHANDEN | ---
F1
START
F5
F11

Bild 11.19
CAN-Soll-Ist-Konfiguration

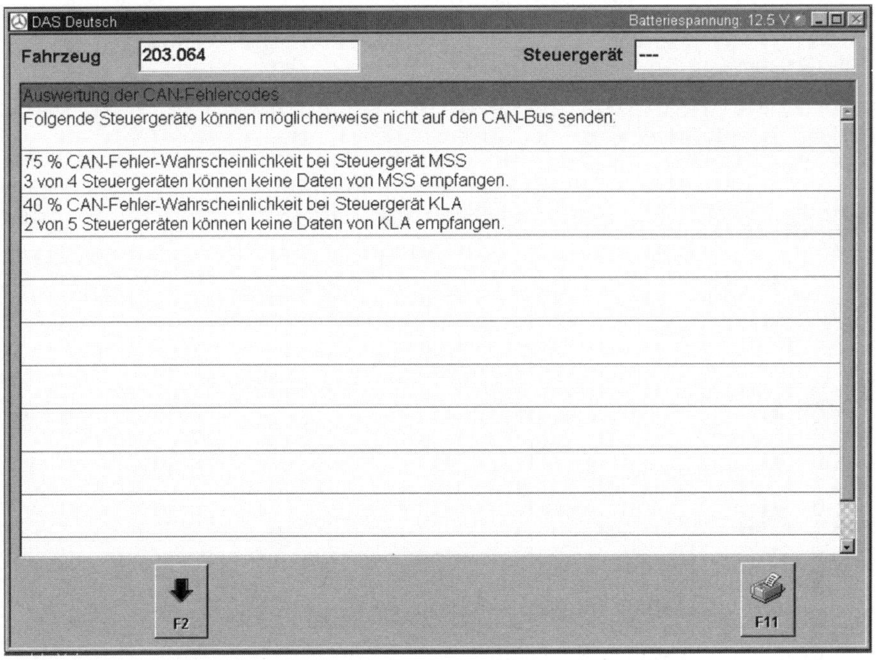
DAS Deutsch
Batteriespannung: 12.5 V
Fahrzeug
203.064
Steuergerät

Auswertung der CAN-Fehlercodes
Folgende Steuergeräte können möglicherweise nicht auf den CAN-Bus senden:
75 % CAN-Fehler-Wahrscheinlichkeit bei Steuergerät MSS
3 von 4 Steuergeräten können keine Daten von MSS empfangen.
40 % CAN-Fehler-Wahrscheinlichkeit bei Steuergerät KLA
2 von 5 Steuergeräten können keine Daten von KLA empfangen.
F2
F11

Bild 11.20
Auswertung CAN-Fehlercodes (timeout)

Daraus wird dann die Wahrscheinlichkeit errechnet, mit der die Steuergeräte nicht mehr auf dem CAN-Bus senden (Bild 11.20). Dies gibt aber lediglich eine Fehlerwahrscheinlichkeit an, die durch weitere Diagnosen abgesichert werden muss.

Die Ursache für ein nicht mehr sendendes Steuergerät kann auch eine unterbrochene Leitung oder ein Steckerfehler sein. Senden mehrere Steuergeräte nicht mehr, kann man den Fehler even-

tuell über die dargestellten Verbindungen im Busstrukturplan eingrenzen. Vergleichen Sie dabei auch die Anordnung und Verbindungen der Steuergeräte im Busstrukturplan mit den "echten" Gegebenheiten im Kraftfahrzeug, dann werden Sie die Fehlerursache häufig finden.

Eine weitere mögliche Fehlerursache eines einzelnen Steuergerätes sind Buswecker, die zur Batterieentladung führen.
Einige Steuergeräte, speziell der Sicherheits- und Komfortelektronik, müssen auch bei ausgeschalteter Zündung und verriegeltem Fahrzeug in einer Art Stand-by / Bereitschaft (*stand-by* = engl.: bereit stehen) gehalten werden, damit man z.B. das Fahrzeug mit der Fernbedienung öffnen kann.
Damit dabei kein zu hoher Ruhestrom verbraucht wird, werden die Steuergeräte in den Sleep-Modus (*sleep mode* = engl.: Schlafmodus) versetzt. Dies geschieht über spezielle CAN-Bus-Botschaften in einer festgelegten Reihenfolge und bestimmten zeitlichen Abständen. Beim Eintreten bestimmter Signale, z.B. Türkontakt oder Funksignal, werden die Steuergeräte am CAN-Bus über Wake-up-Signale (*wake-up* = engl.: aufwachen) wieder eingeschaltet.
Bild 11.21 zeigt einen Stromverlauf im Fehlerfall, d.h. durch einen zyklischen Buswecker.

Derjenige Verursacher, der das «Einschlafen» der Steuergeräte am entsprechenden CAN-Bus verhindert, kann auch durch einzelnes (nacheinander) Abstecken der Steuergeräte gefunden werden.

Bild 11.21
Stromverlauf durch zyklischen Buswecker

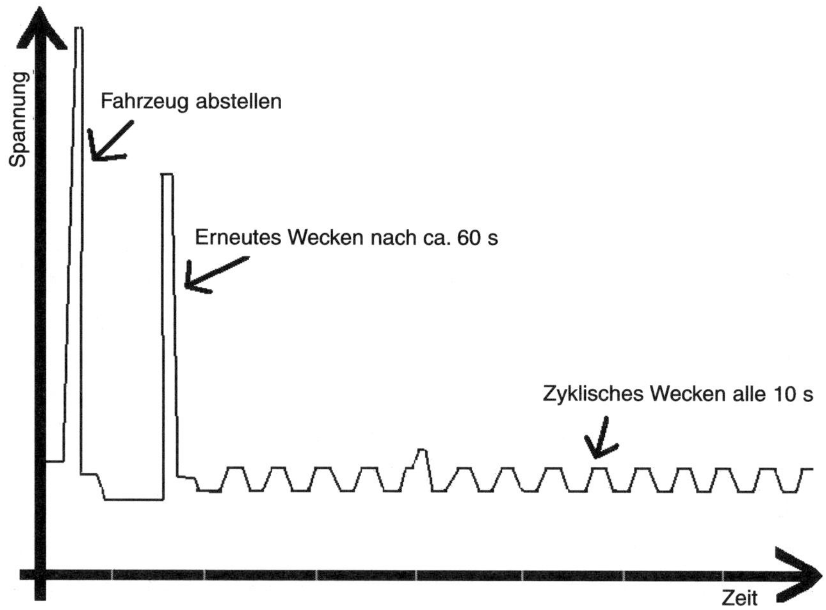

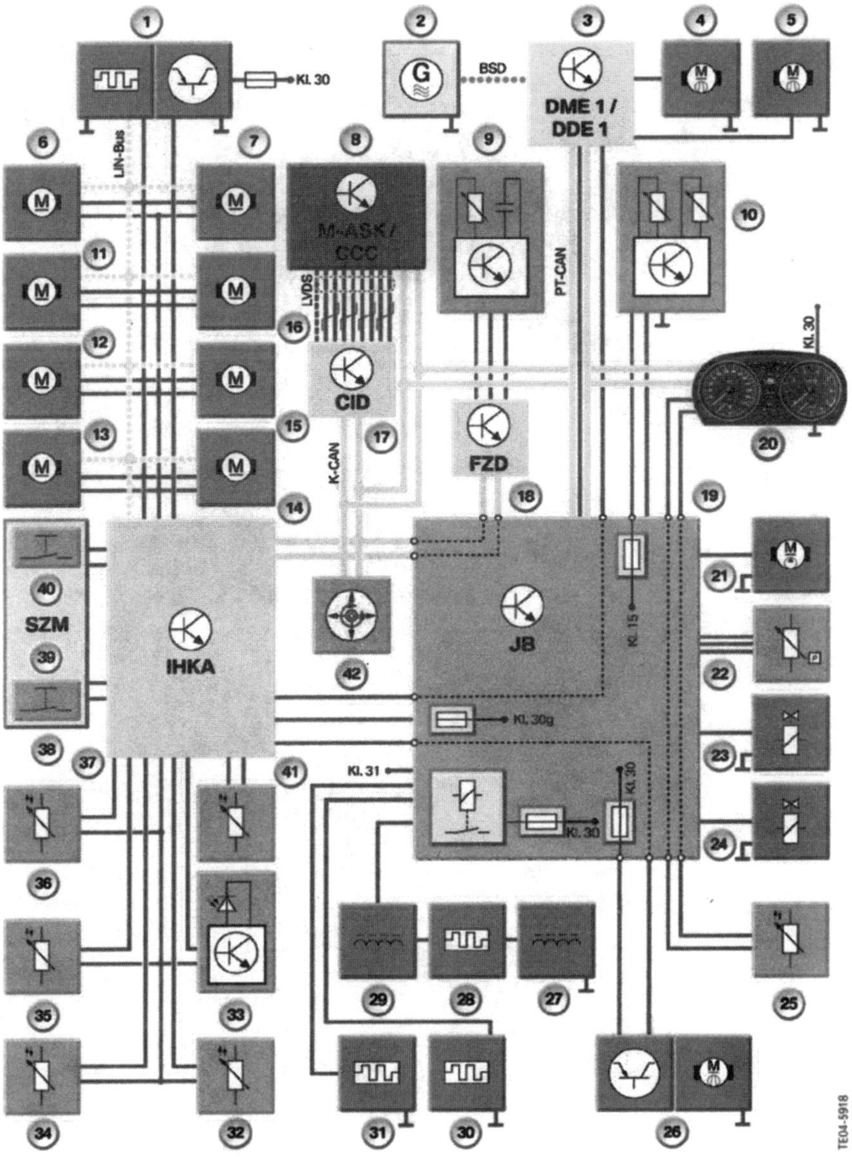

Bild 11.22
Systemschaltplan einer Heiz- und Klimaautomatik

1 *Elektrischer Zuheizer (PTC-Element)*
2 *Generator*
3 *Digitale Motor-Elektronik/ Digitale Diesel-Elektronik (DME 1/DDE 1)*
4 *Luftklappensteuerung*
5 *EC-Lüfter*
6 *Defrostklappenmotor*
7 *Frischluft-/Umluftklappenmotor*
8 *Multi-Audiosystem-Controller (M-ASK)/Car Communication Computer (CCC)*
9 *Beschlagsensor*
10 *AUC Sensor*
11 *Belüftungsklappenmotor*
12 *Fußraumklappenmotor*
13 *Schichtungsmotor Front*
14 *Schichtungsmotor Fond*
15 *Mischklappenmotor rechts*
16 *Mischklappenmotor links*
17 *Central Information Display (CID)*
18 *Funktionszentrum Dach (FZD)*
19 *Junction Box (JB)*
20 *Instrumentenkombination*
21 *Zusatzwasserpumpe (ZWP)*
22 *Drucksensor*
23 *Wasserventil*
24 *Klimakompressorventil*
25 *Außentemperatursensor*
26 *Gebläse*
27 *Sperrkreis*
28 *Heckscheibenheizung*
29 *Sperrkreis*
30 *Sitzheizung rechts*
31 *Sitzheizung links*
32 *Temperatursensor Fond*
33 *Solarsensor (1 Kanal)*
34 *Temperatursensor Schichtung*
35 *Belüftungstemperatursensor*
36 *Verdampfertemperatursensor*
37 *IHKA Integrierte Heiz-Klima-Automatik*
38 *Schaltzentrum Mittelkonsole (SZM)*
39 *Taster Sitzheizung rechts*
40 *Taster Sitzheizung links*
41 *Fußraumtemperatursensor*
42 *Controller (CON)*

11.5 LIN-Bus

Eine preiswerte Alternative für eng abgegrenzte Anwendungen in der Komfort- und Karosserieelektronik stellt der LIN-Bus dar (***L****ocal* ***I****nterconnect* ***N****etwork* = engl. örtliches, miteinander verbundenes Netzwerk). Der LIN-Bus arbeitet immer nach dem Master-und-slave-Prinzip, d.h., ein Steuergerät der Komfort- oder Karosserieelektronik (master) steuert ein untergeordnetes Steuergerät, Stellmotoren usw. oder empfängt Daten von Sensoren auf dem LIN-Bus.

Der LIN-Bus ist ein Eindraht-Bussystem mit einer Datenübertragungsrate bis 20 kbit/s und mit bis zu max. 16 Busteilnehmern. Die Bilder 11.22 und 11.23 a, b zeigen zwei klassische Anwendungsbei-

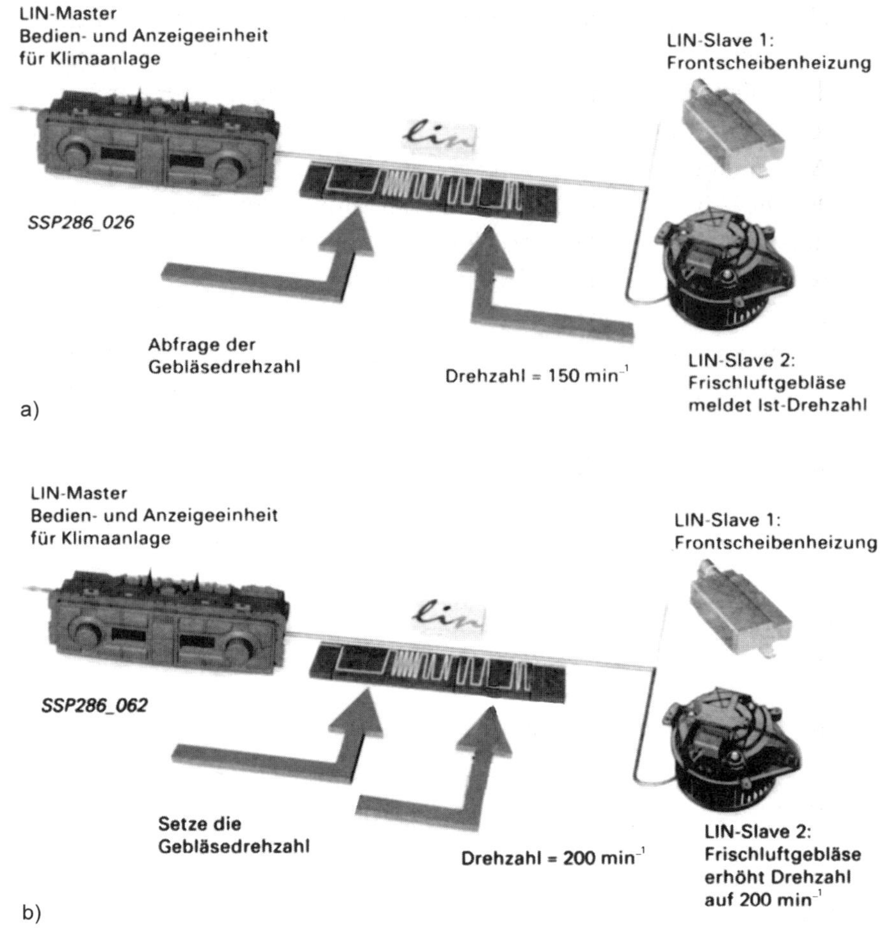

Bild 11.23
Kommunikationsablauf für Gebläsedrehzahländerung

spiele, anhand derer auch der Kommunikationsablauf dargestellt ist. Der LIN-Bus wurde sehr häufig im Zusammenhang mit der Klimaregelung im Kraftfahrzeug angewendet und findet mittlerweile aber auch andere Anwendungen in der Komfort- und Karosserie-elektronik (vgl. auch Bilder 11.32 und 11.33).

Im Gegensatz zum CAN-Bus besitzt beim LIN-Bus jeder Slave eine Adresse, d.h., in Bild 11.22 hat jeder Stellmotor eine bestimmte programmierte und nicht veränderbare Adresse. Wie beim CAN-Bus hört auch beim LIN-Bus jeder Teilnehmer die Datenübertragung mit, akzeptiert und antwortet auf die Daten aber nur, wenn die eigene Adresse erkannt wurde und bei der Datenübertragung kein Fehler aufgetreten ist.

Zur Erklärung des detaillierten Kommunikationsablaufes dienen die Bilder 11.23 a und b. Das Master-Steuergerät sendet nach einer Synchronisationspause, wodurch alle Steuergeräte auf den gleichen «Takt» gebracht werden, einen so genannten **Header** (*header* = engl. Binder). Der Header beginnt mit der Synchronisationsbegrenzung und

besteht aus einem weiteren Synchronisationsfeld und dem Identifier-Feld, in dem die Adressierung enthalten ist. Anschließend an den Header folgt das **Response-Feld** (*response* = engl. Antwort). Das Response-Feld kann aus der Antwort eines Slaves bestehen oder aus der Anweisung des Masters an einen Slave. In Bild 11.23 a ist der Header die Abfrage der Gebläsedrehzahl durch den Master, und das Response-Feld ist die Antwort des Slaves. In Bild 11.23 b sendet der Master den Header und das Response-Feld an den Slave.
Fehler in der Datenübertragung und Systemausfälle bzw. Defekte einzelner Slaves und Leitungen werden im Fehlerspeicher der Mastereinheit abgelegt und können mit einem Diagnosetester abgerufen werden. Konkret bedeutet dies:
Wenn von der Mastereinheit über einen bestimmten Zeitraum kein Signal von einem Slave empfangen wird, d.h. keine Kommunikation zwischen Master und Slave möglich ist, kann die Ursache sein:

- eine Unterbrechung oder auch ein Kurzschluss in der Datenleitung zwischen Master und Slave,
- eine defekte oder unzureichende Spannungsversorgung,
- ein Ausfall (Defekt) des Slaves
- oder (bei einem Ersatz) falsche Varianten des Slaves oder der Mastereinheit.

Wenn das Signal bzw. die Datenübertragung zwischen Master und Slave unplausibel ist, kann die Ursache auch sein:

- ein Softwareproblem durch falsche Varianten (bei einem Ersatz) oder neue unvollständige Programmierung des Slaves oder der Mastereinheit,
- eine Störung durch elektromagnetische Einflüsse (z.B. durch Störsender oder eine falsche Leitungsverlegung)
- oder Widerstandsänderungen auf der Datenleitung (speziell an den Steckern) durch Feuchtigkeit, Kontaktkorrosion oder sonstige Verschmutzungen.

Fällt das System komplett aus und kann keine Fehlerspeicherabfrage durchgeführt werden, dann ist der Fehler häufig im Umfeld des Master-Steuergerätes zu suchen.
Natürlich kann auch die Datenübertragung des LIN-Busses analog des CAN-Busses auf dem Oszilloskop (vgl. Bild 11.7) sichtbar gemacht bzw. überprüft werden. Die Menge der Datenübertragungen ist jedoch vergleichsweise gering und muss evtl. durch eine Eingabe, Veränderung (z.B. Änderung der Gebläsedrehzahl) hervorgerufen werden.

11.6 Optische Datenbussysteme

Steigende Anforderungen an die Übertragungsgeschwindigkeit und die zu übertragenden Datenmengen führten zur Entwicklung optischer Datenbussysteme. Das am häufigsten eingesetzte optische Datenbussystem ist der so genannte MOST-Bus im Infotainment-Bereich (Infotainment = Kunstwort aus *Information* und *entertainment* = engl. Unterhaltung). Bei dem MOST-Bus (***M**edia **O**riented **S**ystems **T**ransport* = engl. medienorientierter Systemtransport) handelt es sich um eine Ringstruktur mit einer Datenübertragungsrate bis zu 22,5 Mbit/s. Gewissermaßen ein Vorläufer des MOST-Busses ist das D2Boptical, das jedoch noch mit einer Baudrate von 5,65 MBd auskommt. Aber auch bei einem elektronischen Rückhaltesystem in Sternstruktur mit einer Übertragungsrate von 10 Mbit/s wird ein optisches Datenbussystem eingesetzt. Allen gemeinsam ist die Datenübertragung über Lichtwellenleiter, die eine höhere Datenübertragungsgeschwindigkeit ermöglichen und dabei keine elektromagnetischen Störungen einerseits verursachen und andererseits aufnehmen. Durch die Verwendung von Lichtwellenleitern wird auch Gewicht eingespart (geringerer Verkabelungsaufwand), und damit lassen sich auch Kosten reduzieren, die aber andererseits durch die schwierigere Handhabung wieder egalisiert werden.

11.6.1 Signalübertragung über Lichtwellenleiter

Die Verbindung der verschiedenen Steuergeräte geschieht über Kunststoff-Lichtwellenleiter, in denen die digitalen Informationen durch eine Abfolge von Lichtimpulsen übertragen werden. Die Lichtimpulse werden durch eine **Leuchtdiode** im Steuergerät erzeugt und durch den angeschlossenen Lichtwellenleiter geschickt/gesendet. Es handelt sich dabei um rotes Licht mit einer Wellenlänge von 650

Bild 11.24
MOST-Steuergerät

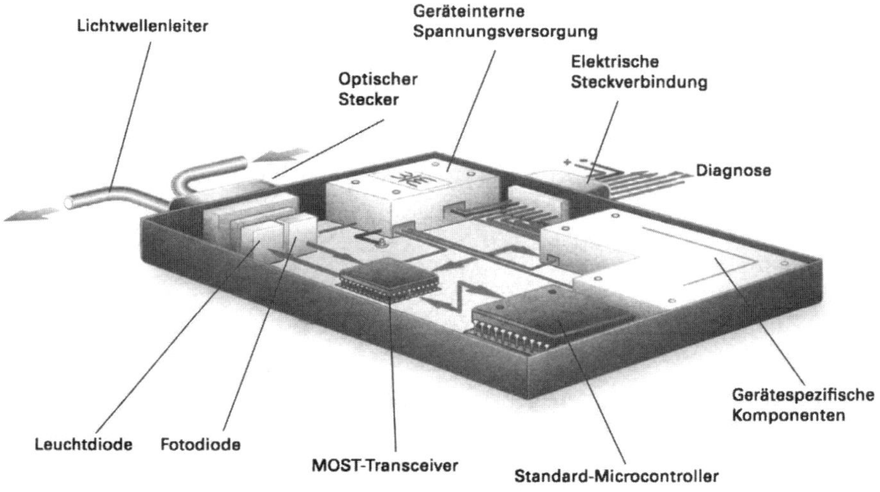

nm (Nanometer = 10^{-12} m = Milliardstel Meter; zum Vergleich: Das menschliche Auge sieht Lichtwellen im Spektralbereich zwischen 400 nm und 760 nm). Der Empfang der Daten/Lichtimpulse erfolgt durch eine **Fotodiode** (Bild 11.24).

Die Datenaufbereitung und Kontrolle erfolgen im weiteren Verlauf wieder über den Transceiver und den Controller.

Die Lichtwellenleiter bestehen aus einem so genannten Kern (Polymetylmethacrylat), dem eigentlichen Lichtwellenleiter, einer optisch transparenten Beschichtung (Fluorpolymer) und einer schwarzen Reflektorschicht (Polyamid), an der die Lichtstrahlen reflektiert werden, wenn sie im flachen Winkel auf diese treffen. An der Außenseite haben die Lichtwellenleiter noch eine farbige Ummantelung, die zusätzlich noch vor mechanischen Beschädigungen schützen soll und gleichzeitig auch als Temperaturschutz dient.

Im Umgang mit Lichtwellenleitern müssen einige Vorsichtsmaßnahmen eingehalten werden. Die Lichtwellenleiter dürfen nicht zu stark gebogen werden, Biegeradius minimal 25 mm. Es könnte sonst der Kern brechen, die Reflexionsschicht einreißen oder der Reflexionswinkel zu steil werden. Um dies zu vermeiden, kann man einen Knickschutz verwenden. Außerdem dürfen die Lichtwellenleiter keinen thermischen und chemischen Belastungen – wie Löten, Kleben, Schweißen usw. – ausgesetzt werden. Ebenso dürfen sie keinen mechanischen Belastungen – wie Verdrillen, Quetschen, Daraufstellen von Gegenständen usw. – ausgesetzt werden. Zum Schutz der empfindlichen Stirnflächen müssen bei Montagearbeiten die Steckverbindungen mit einer Schutzkappe versehen werden.

Die Steckverbindungen bzw. die Stirnflächen spielen – wie bei den elektrischen Verbindungen – auch bei den Lichtwellenleitern eine

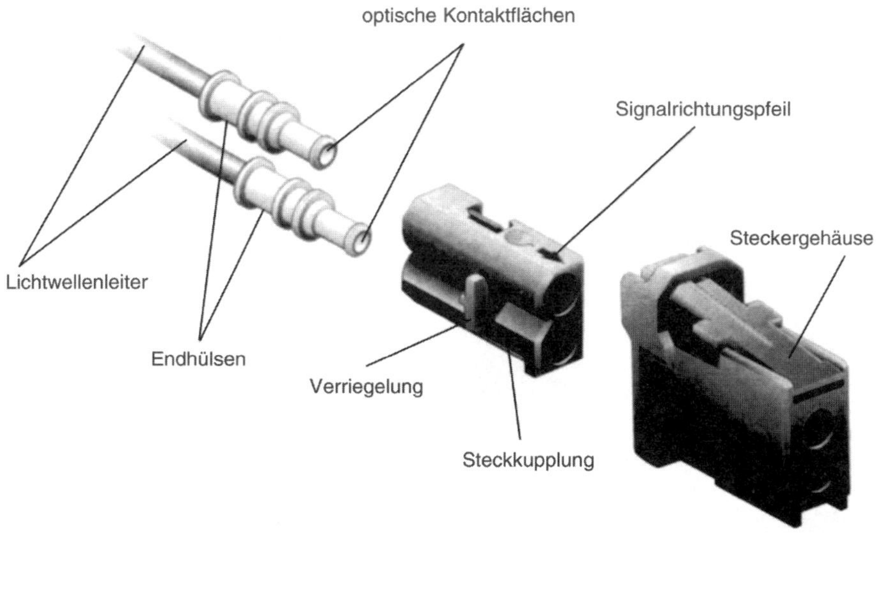

Bild 11.25
Steckverbindung eines Lichtwellenleiters im Detail

besondere Rolle. Deshalb verwendet man spezielle Steckverbindungen (Bild 11.25), um die Lichtverluste, die auch als **Dämpfung** bezeichnet werden, beim Übergang zu minimieren. Außerdem müssen die Stirnflächen bei der Montage absolut sauber, glatt und senkrecht sein, damit keine zu großen optischen Verluste auftreten. Zusätzlich ist immer auf den richtigen Sitz und die richtige Verriegelung der Stecker zu achten (Bild 11.26).

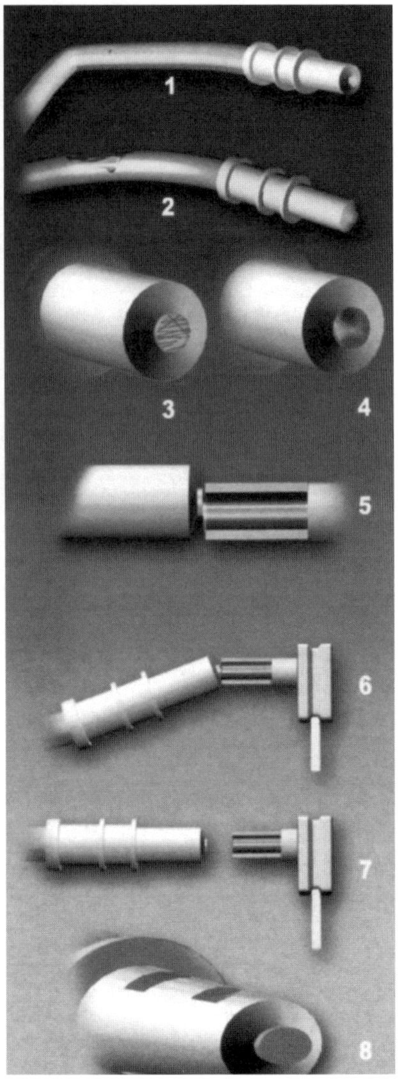

Bild 11.26 (oben)
Ursachen für erhöhte optische Dämpfung
1 LWL geknickt, zu kleiner Biegeradius
2 Mantel/Reflexionsschicht beschädigt
3 zerkratzte Stirnfläche
4 verschmutzte Stirnfläche
5 Stirnflächen versetzt
6 schräg
7 mit Lücke
8 LWL gequetscht

11.6.2 MOST-Bus

Der MOST-Bus verbindet die Steuergeräte des Infotainment-Bereiches mit Lichtwellenleitern in einer Ringstruktur. Es werden dabei sowohl die Steuerdaten als auch die eigentlichen Audiosignale (z.B. Musik vom CD-Wechsler, Sprache beim Telefonieren) übertragen. Über den MOST-Bus können folgende Steuergeräte/Funktionen miteinander verknüpft sein:

- Radio mit Kassette, CD, MP-3 oder MD,
- CD-Wechsler,
- Telefon mit Freisprecheinrichtung,
- Sprachsteuerung, Sprachbediensystem,
- Navigation mit dynamischer Routenführung,
- TV-DVD-Betrieb,
- Internet-Zugang und Telematikdienste.

Die Daten können mit einer Taktfrequenz von 44,1 kHz übertragen werden, mit der auch die digitalen Video- und Audiogeräte arbeiten, wodurch eine synchrone Übertragung ohne Zwischenspeicherung in Echtzeit möglich ist. Beim MOST-Bus wird auch ein nachrichtenorientiertes Übertragungsverfahren (vgl. CAN-Bus) angewendet, so dass alle Busteilnehmer gleichzeitig «mithören». Jedoch gibt es im

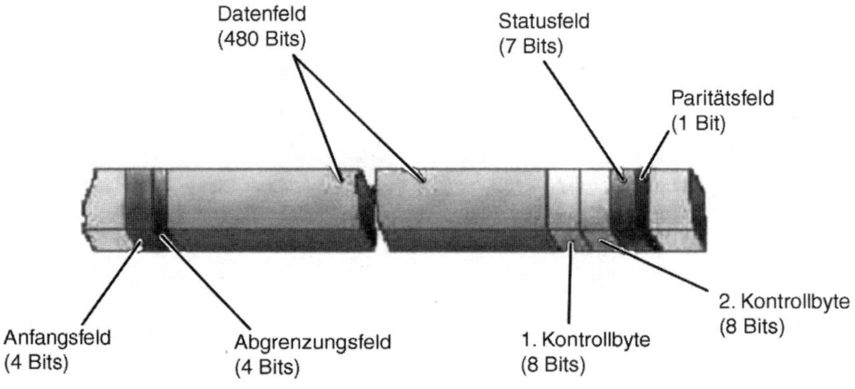

Bild 11.27 (links)
Botschaftsformat beim MOST-Bus

Unterschied zum CAN-Bus immer ein Mastersteuergerät, das die Steuerung der verschiedenen Funktionen koordiniert. Dies ist häufig die zentrale Bedien- und Anzeigeeinheit.
Auch beim MOST-Bus gibt es ein festes Botschaftsformat bzw. einen bestimmten Datenrahmen, der eingehalten werden muss (Bild 11.27):

- Anfangsfeld: Beginn des Frames (4 Bits),
- Abgrenzungsfeld: Trennung Anfangs- und Datenfeld (4 Bits),
- Datenfeld: enthält die eigentlichen Daten (bis 60 Bytes, d.h. das 7,5-fache des CAN-Busses),
- Kontrollbytes: für Adresse des Senders und Empfängers sowie einfache Steuerbefehle (2 × 8 Bits),
- Statusfeld: zusätzliche Statusinformationen für Empfänger (7 Bits),
- Paritätsfeld: für Prüfbit und damit Erkennung unvollständiger, fehlerhafter Frames.

11.6.3 Diagnose MOST-Bus

Beim MOST-Bus kann aufgrund seiner Ringstruktur der Ausfall eines Steuergerätes, eines Lichtwellenleiters oder eines Steckers zum Totalausfall des gesamten Systems führen bzw. zu einer erheblich gestörten Funktion. Da jedoch alle Steuergeräte einen Fehlerspeicher besitzen und das Master-Steuergerät in der Regel auch mit anderen Bussystemen (z.B. CAN-Bus) verbunden ist und meist auch als Gateway fungiert, kann in den meisten Fällen der Fehler über den Fehlerspeicher lokalisiert werden.
Ursachen können wie immer die Spannungsversorgung, ein steuergeräteinterner Fehler, Transceiverfehler, Abschaltung durch Überhitzung oder auch Programmfehler eines Sende- bzw. Empfangssteuergerätes sein. Außerdem kann natürlich die Ursache auch – wie bereits erwähnt – die Unterbrechung eines Lichtwellenleiters zwischen zwei Steuergeräten sein. Die Unterbrechung kann darüber hinaus noch zahlreiche andere Ursachen (Bruch, Steckkontakte usw.) haben. Wichtig ist es dabei jedoch, zuerst den Fehler einzugrenzen, d.h. zwischen welchen beiden Steuergeräten die Unterbrechung vorhanden ist. Eine zusätzliche Verbindung aller Steuergeräte mit einem Diagnosebussystem, wie in Bild 11.28 gezeigt, erleichtert ebenfalls die Eingrenzung der Bruchstelle, da wieder testergeführt eine Diagnose und ein Fehlerspeichereintrag möglich sind.
Eine weitere Möglichkeit ist die so genannte **Ringbruchdiagnose**. Dabei muss zuerst die Spannungsversorgung aller Steuergeräte, die mit dem MOST-Bus verbunden sind, unterbrochen werden. Nach dem Wiederherstellen der Spannungsversorgung senden alle Steuergeräte

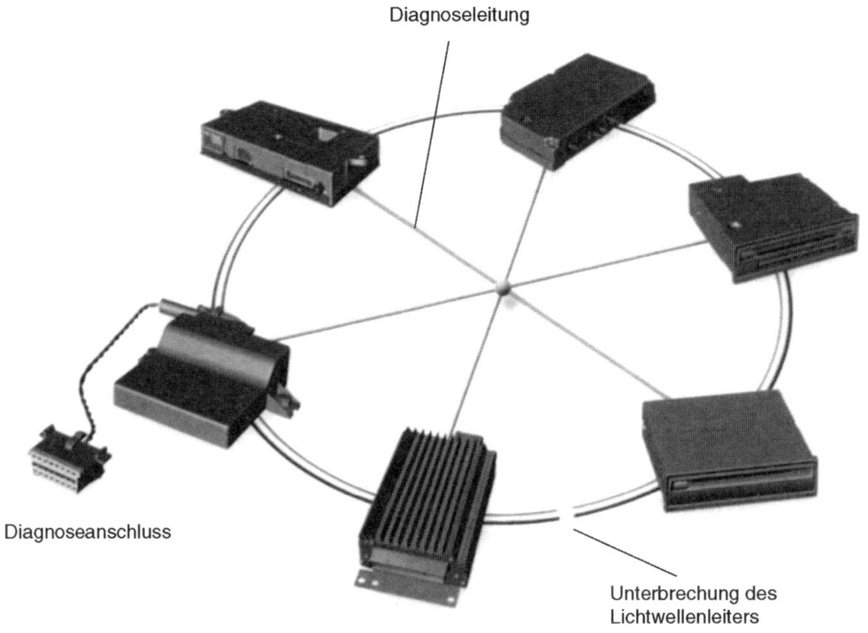

Bild 11.28
MOST-Verbund mit Diagnoseleitung

einen Lichtimpuls zum nächsten Steuergerät. Das Steuergerät, das keinen Lichtimpuls empfängt, trägt dies im Fehlerspeicher ein. Der Fehler muss somit in der Verbindung von diesem Steuergerät zum vorhergehenden sein. Eine Diagnose ohne Tester und herstellerspezifische Diagnoseunterlagen ist bei diesen Systemen kaum noch möglich und beschränkt sich auf optische Sichtkontrollen und evtl. eine Fehlersuche nach dem Ausschlussverfahren. Durch einen Lichtwellenleiterkoppler kann man die Ein- und Ausgangslichtwellenleitungen von einem Steuergerät koppeln (kurzschließen) und somit das Steuergerät überbrücken. Die speziellen Funktionen, die in dem entsprechenden Steuergerät hinterlegt sind, stehen dabei dem Gesamtsystem dann zwar nicht zur Verfügung, aber der übrige Datenaustausch und die Funktionen bleiben erhalten. So kann man ein defektes Steuergerät herausfiltern. Das Mastersteuergerät zu überbrücken macht jedoch keinen Sinn, da dann das ganze System im Verbund nicht mehr funktioniert.

11.6.4 Byteflight

Byteflight (*flight* = engl. Flug) ist ein optisches Datenbussystem für sicherheitsrelevante Anwendungen mit einer Datenübertragungsrate bis zu 10 Mbit/s. Es wird für passive Sicherheitssysteme mit ausgelagerten Steuergeräten verwendet, die in einer Sternstruktur vernetzt sind. Das Besondere an Byteflight ist, dass die Datenübertragung sowohl zeitgesteuert als auch ereignisgesteuert sein kann – im

Gegensatz zu den anderen Datenbussystemen, die nur ereignisgesteuert Daten übertragen, d.h. nur dann, wenn ein Steuergerät sendet oder Daten anfordert. Der Buszugriff ist zufallsgesteuert und wird durch die Priorisierung der Nachrichten gesteuert.

Beim Byteflight-Bussystem dienen als Basis für die Datenübertragung regelmäßige Synchronisierungspulse, die alle 250 Mikrosekunden von dem so genannten SYNC-Master erzeugt werden. Der SYNC-Master ist in der Regel die Zentraleinheit. Nach dem Synchronisierungspuls starten alle Teilnehmer so genannte Slotzähler (*slot* = engl. Schlitz, Spalte) von 0 bis 255. Die Nachrichten sind ebenfalls durch Identifier von 1 bis 255 codiert und somit auch priorisiert. Erreichen nun die Slotzähler einen Identifierwert, für den es eine Sendeanforderung gibt, dann wird an dieser Stelle die entsprechende Nachricht übertragen. Anschließend zählen die Slotzähler wieder weiter. Bild 11.29 zeigt den zeitlichen Ablauf.

Die Slots für die Datenübertragung sind so groß, wie es die Nachricht erfordert. Die Slots ohne Datenübertragung sind nur sehr kurz. Es wird also ohne Nachricht «schnell weitergezählt». Die niedrigen Identifierwerte sind für hochpriorisierte Nachrichten (z.B. Sensordaten), hohe Identifierwerte für niederpriorisierte Nachrichten, wie Statusmeldungen, Diagnosemitteilungen usw. vorgesehen. Es ist festgelegt, dass ein Identifier nur von einem Steuergerät benutzt werden darf und auch nur einmal pro Zyklus gesendet werden darf. Damit ist die geordnete Datenübertragung festgelegt, und es kann zu keinen Überschneidungen kommen. Da dieser Datenbus für ein passives

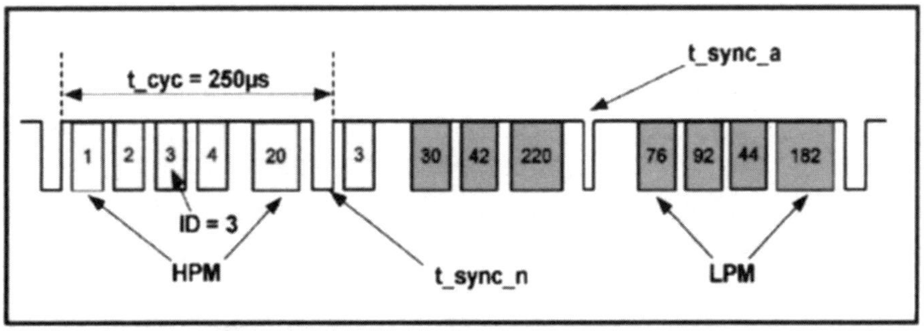

Index	Bezeichnung
ID	Identifier
HPM	High Priority Message
LPM	Low Priority Message
t_cyc	Cycle Time
t_sync_n	Synchronisationspuls Normal
t_sync_a	Synchronisationspuls Alarm

Bild 11.29
Zeitgesteuerte, priorisierte Datenübertragung Byteflight

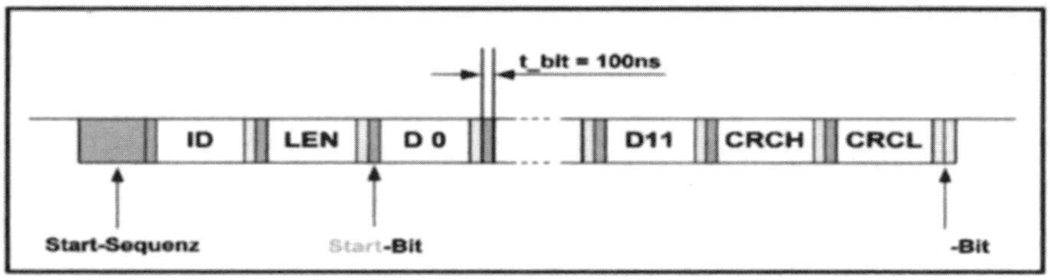

Bild 11.30
Byteflight-Datentelegramm

Index	Bezeichnung
ID	Identifier
LEN	Länge
D 0	Daten Byte 0
D 11	Daten Byte 11
CRCH CRCL	Cyclic Redundancy Check High Cyclic Redundancy Check Low

Sicherheitssystem verwendet wird, muss auch eine ereignisgesteuerte Datenübertragung möglich sein. Dafür wird der Synchronisierungspuls zeitlich halbiert. Damit ist das Datenbussystem im Alarmzustand. Aber auch im Alarmzustand läuft die Datenübertragung in der oben beschriebenen Reihenfolge.

Der Aufbau der Nachrichten ist in Bild 11.30 grafisch dargestellt.

Die Nachricht beginnt immer mit einer 6-Bit-Startsequenz. Anschließend folgt der Identifier, der, wie bereits erwähnt, die Priorität der Nachricht bestimmt. Danach wird die Länge der Nachricht, also die Anzahl der Datenbytes, die maximal 12 betragen kann, übertragen. Jedes Datenbyte wird durch ein Start- und Stoppbit von dem nächsten Datenbyte abgetrennt. Nach der Übertragung der eigentlichen Nachricht folgen noch zwei CRC-Bytes (**C**yclic **R**edundancy **C**heck). Mit zwei Stoppbits wird die Übertragung des Datentelegramms beendet.

Die zeitliche Länge eines Datentelegramms beträgt zwischen 4,6 und 16 Mikrosekunden, abhängig von der Anzahl der übertragenen Datenbytes.

Bei Fehlern in der Datenübertragung werden soweit möglich die Daten nach dem nächsten Synchronisierungspuls wiederholt. Außerdem erfolgt eine Ablage im Fehlerspeicher. Bei dauerhaften Störungen wird der Fahrer durch eine Fehlermeldung informiert.

11.7 Bluetooth

Die jüngste Entwicklung in der Systemvernetzung ist die Bluetooth-Technologie. Es handelt sich dabei um ein Kurzstrecken-Funksystem, also ein drahtloses Datenbussystem, das sowohl in der Computertechnik als auch im Mobilfunkbereich eingesetzt wird und diese über die Bluetooth-Schnittstelle zusammenführt. (Genau wie ein berühmter Wikinger, der Norwegen und Dänemark zusammenführte und wegen seines blauen Zahnes nur «bluetooth» genannt wurde. Er stand Pate bei der Namensgebung für dieses ursprünglich von der Fa. Ericsson entwickelte System, weil es die unterschiedlichen Informations-, Datenverarbeitungs- und Mobilfunkgeräte zusammenführt.) Mittlerweile sind über 2000 Mitgliedsfirmen zusammengeschlossen in der «Bluetooth **S**pecial **I**nterest **G**roup» (SIG), die an der Standardisierung und Produktentwicklung des Nahbereichs-Kommunikationssystems arbeiten.

Die Bluetooth-Technologie nutzt das international lizenzfreie ISM-Band (**I**ndustry, **S**cientific, **M**edicine) im 2,45-GHz-Frequenzbereich mit einer Sendeleistung von 1 mW und hat eine Reichweite von ca. 10 m. Es benötigt nur eine kleine kurze Antenne, und es können bis zu 1 Mbit/s übertragen werden. Das System besteht immer aus einem Master, der die Verbindungen aufbaut und die Sendereihenfolge festlegt. Jedes Gerät besitzt eine Adresse, und die Datenübertragung geschieht adressbezogen. Dazu muss bei der erstmaligen Inbetriebnahme eines neuen Teilnehmers die Verbindung aufgebaut und die Adresse angegeben werden, d.h., die Geräte müssen verbunden werden. Dies wird auch als **Bonding** (*to bond* = engl. fesseln, gefangen nehmen) oder **Kopplung** bezeichnet. Die genaue Vorgehensweise ist in den jeweiligen Bedienungsanleitungen beschrieben und muss genau eingehalten werden. Prinzipiell sucht sich der Master erst alle Geräte innerhalb der Reichweite, und der Nutzer muss diese bestätigen. Im Gegensatz zur möglichen Bluetooth-Vernetzung in Bild 11.31 ist in

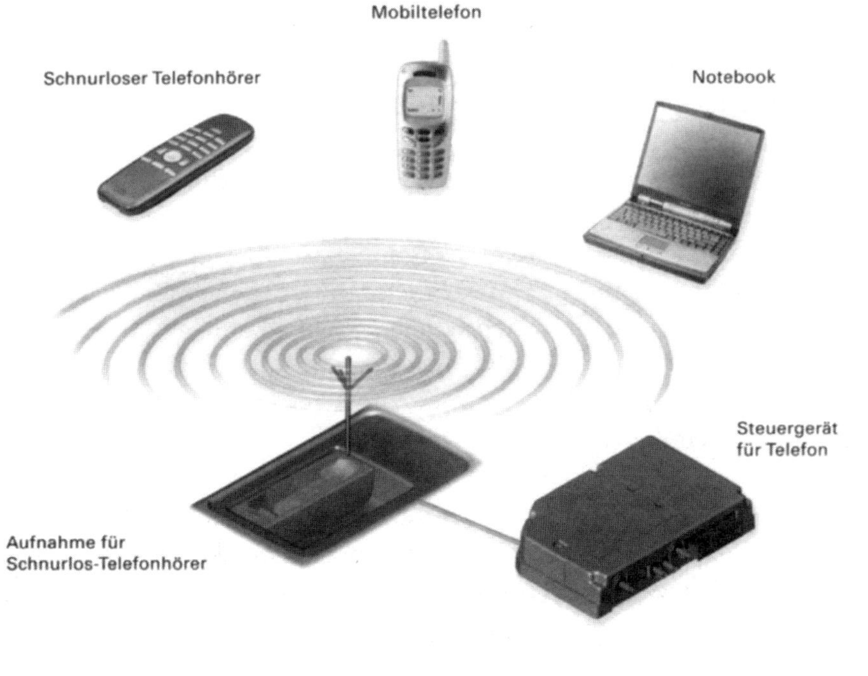

Bild 11.31
Bluetooth-Vernetzung

der Praxis zur Zeit meist nur der schnurlose Telefonhörer eines Festeinbaus oder das Mobiltelefon (Handy) gekoppelt.

Eventuell sind Bluetooth-fähige Geräte mit der Bluetooth-Schnittstelle im Fahrzeug nicht kompatibel oder es sind zum Teil nicht alle Funktionen möglich, da es unterschiedliche Bluetooth-Standards und innerhalb der Standards auch noch unterschiedliche so genannte Profile gibt. Deshalb sind in diesem Zusammenhang immer die aktuellsten fahrzeugbezogenen Unterlagen der Hersteller zu beachten. In der Nähe der Bluetooth-Antenne sollten sich auch keine leitenden oder abschirmenden Gegenstände befinden, da dies die Übertragung stören könnte. Auch hier sind die fahrzeugbezogenen Unterlagen der Hersteller über den Verbauort der Antenne wichtig.

11.8 FlexRay

Das aktuellste Datenbussystem im Kraftfahrzeug ist der FlexRay (*flex* = engl. beugen, biegen; aber auch die Bezeichnung für ein (Anschluss-, Verlängerungs-) Kabel; *ray* = engl. Strahlen, Strahlen aussenden).
Der FlexRay ist eine gemeinsame Entwicklung des FlexRay-Konsortiums, das ursprünglich von vier Firmen (BMW, Daimler, Motorola, Philips) gegründet wurde und dem sich mittlerweile bereits mehr als 50 Partnerfirmen angeschlossen haben.
Die Anforderungen an die FlexRay-Entwicklung waren:

- eine hohe Datenübertragungsrate,
- eine echtzeitfähige Datenübertragung,
- eine anpassungsfähige Auslegung der Topologie (Stern-, Linienstruktur und Mischformen daraus sind möglich) und
- eine zuverlässige Datenübertragung mit hoher Ausfallsicherheit.

Der FlexRay arbeitet, ähnlich dem Byteflight, mit festen Zeitschlitzen, die den Botschaften zugewiesen sind und sich in regelmäßigen, festgelegten Zyklen wiederholen. Somit ist eine kollisionsfreie und priorisierte Datenübertragung mit vorhersagbaren Zeitpunkten für die Nachrichtenübermittlung möglich. Im Detail (Bild 11.32) besteht jeder Zyklus aus einem statischen und einem dynamischen Teil und der Network Idle Time sowie optional einem als Symbol Window bezeichneten Teil.
Der FlexRay ist im Leerlauf (Ruhezustand), wenn auf beiden Signalleitungen 2,5 Volt anliegen. Die Signale werden durch eine Spannungspegeländerung auf 1,5 Volt bzw. auf 3,5 Volt auf der zweiten Leitung übertragen (vgl. auch Bild 11.8 d).

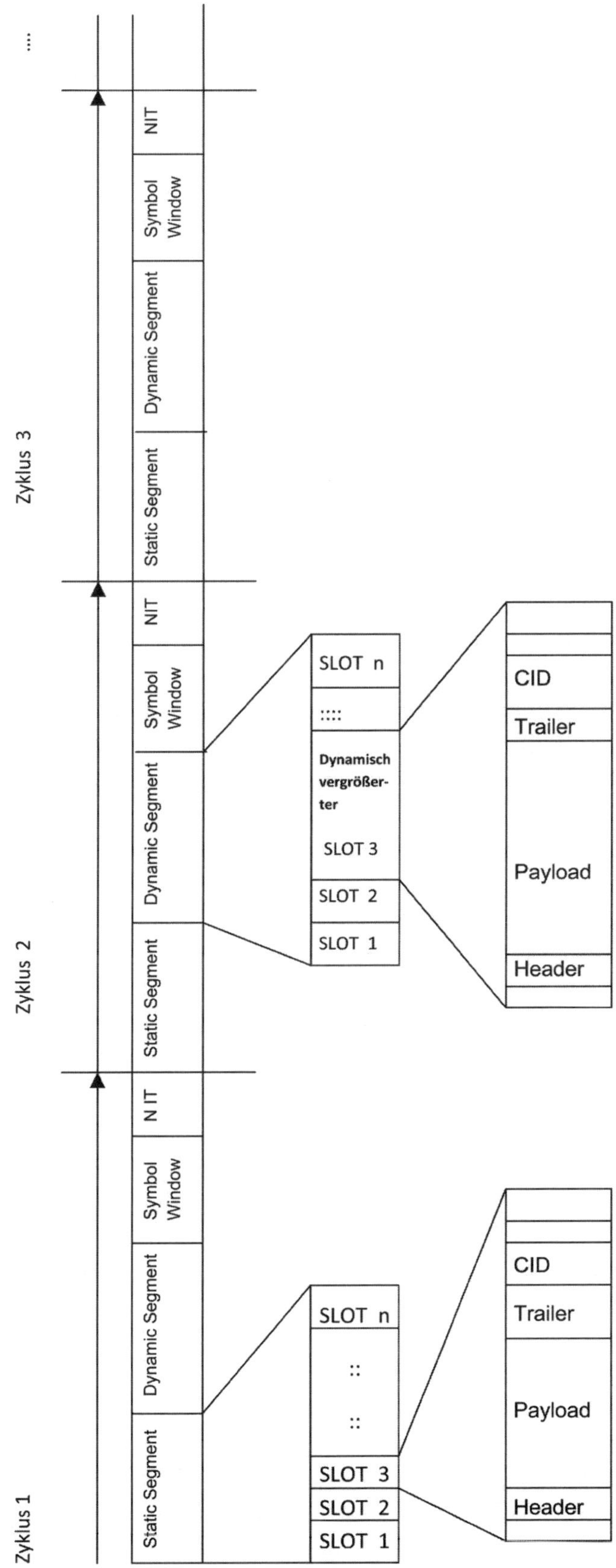

Bild 11.32
Kommunikationszyklus

Im «**Static Segment**» sind jedem Steuergerät mindestens ein oder auch mehrere genau festgelegte Slots (Zeitspalten) zugeordnet, in denen es senden darf. Alle statischen Zeitspalten haben die gleiche Länge, und die darin gesendeten Nachrichten sind immer gleich lang. Jede Nachricht beginnt mit der Nummer des Slots. Damit ist genau vorgesehen, wann welche Nachricht übertragen werden kann. Es kann keine wichtige Nachricht übergangen werden.
Das «**Dynamic Segment**» besteht ebenfalls aus einer Vielzahl von Zeitspalten. Die Zeitspalten, in denen keine Nachricht übertragen wird, sind jedoch deutlich kürzer als im statischen Teil. Nur wenn eine Nachricht gesendet wird, wird der Slot auf die Länge der Nachricht ausgedehnt. Jede Nachricht beginnt auch im dynamischen Segment mit der Nummer des Slots. Durch die genaue Zuteilung der Slots wird auch im dynamischen Segment dadurch die Priorisierung der Nachrichten festgelegt.
In der **NIT** (***n**etwork **i**dle **t**ime* = engl. Netzwerk Leerlauf Zeit) findet keine Datenübertragung statt. Die Zeit wird immer zur Synchronisation der Steuergeräte genutzt, d.h., in jedem Zyklus findet eine Synchronisation statt.
Das «**Symbol Window**» wird für eine netzwerkinterne Kommunikation vorgehalten. Es wird häufig weggelassen.
Das FlexRay-Protokoll ist so flexibel konzipiert, dass

- sowohl eine rein statische als auch eine rein dynamische Kommunikation möglich ist,
- unterschiedliche Datenübertragungsraten möglich sind und sogar
- unterschiedliche Datenübertragungen auf den zwei Datenleitungen möglich wären.

Da die genauen Details immer der Hersteller festlegen kann, sind für eine Fehlersuche immer die hersteller- und fahrzeugspezifischen Unterlagen zu verwenden.

11.9 Beispiele für Vernetzung über Datenbussysteme

Im Folgenden sind zwei Beispiele von Vernetzungen über Datenbussysteme von zwei verschiedenen Fahrzeugen aufgeführt – dargestellt mit der entsprechenden Bustopologie – und im Weiteren einige Beispiele von Signalen/Botschaften, die über die Datenbussysteme ausgetauscht werden.
Bild 11.33 zeigt die Bustopologie des Golf V. Das zentrale Element der gesamten Busarchitektur ist das Gateway-Steuergerät, das alle Bussysteme koppelt und den übergreifenden Datenaustausch steuert.

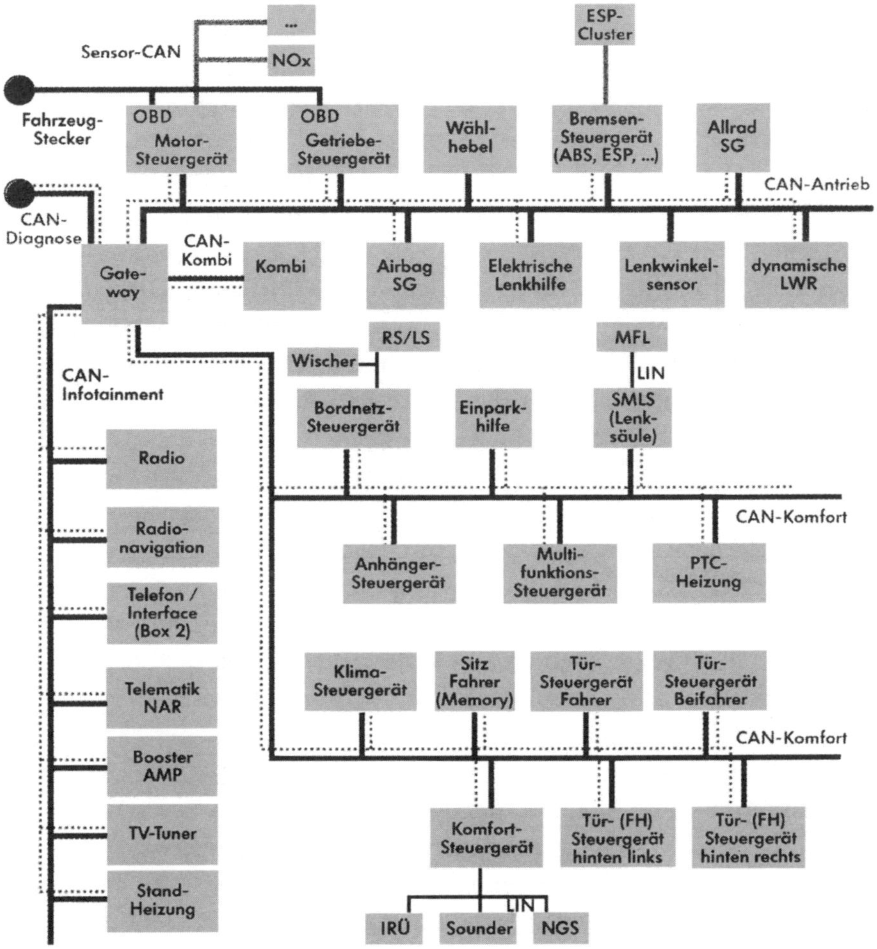

Bild 11.33
Bustopologie Golf V

Der **CAN-Antrieb** ist ein Hochgeschwindigkeitsbus und verbindet klassisch das Motor-, das Getriebe- und das Bremsensteuergerät. Außerdem sind das Allradsteuergerät, die Wählhebelsignale, die elektrische Lenkhilfe und die dynamische Leuchtweitenregulierung sowie der Lenkwinkelsensor und das Airbag-Steuergerät an den CAN-Antrieb angeschlossen.

Beim **CAN-Komfort** handelt es sich um einen Niedergeschwindigkeitsbus, der die ganzen Karosserie- und Komfortsysteme miteinander verbindet. Als Subsysteme sind das **M**ulti**f**unktions**l**enkrad (MFL) mit dem **S**chalter**m**odul **L**enk**s**äule (SMLS), der Scheibenwischer und der **R**egen-/**L**icht**s**ensor (RS/LS) mit dem Bordnetzsteuergerät und die Innenraumüberwachung (IRÜ), die Akustikwarnung der Diebstahl-Warnanlage (Sounder) und der Neigungssensor (NGS) mit dem Komfortsteuergerät über LIN-Bussysteme verbunden.

Die ganze Unterhaltungs- und Informationselektronik sowie die Steuerung der Standheizung sind über den CAN-Infotainment vernetzt.

Über den **CAN-Kombi** werden alle Informationen über das Gateway zum Kombi und damit zur Anzeige übertragen.
Der Diagnose-Anschluss ist durch den **CAN-Diagnose** mit dem Gateway verbunden und damit mit allen Steuergeräten vernetzt.
Die Bustopologie des Audi A6 (Bild 11.34) ist der Bustopologie des Golf V in Bild 11.33 sehr ähnlich – mit einem zentralen Gateway, dem Antriebsstrang CAN-Bus und einem CAN-Bus für die Karosserie- und Komfortelektronik mit Subsystemen über LIN-Busse. Die adaptive Abstandsregelung (ACC) ist über einen Hochgeschwindigkeits-CAN direkt mit dem zentralen Gateway verbunden, ebenso wie das Kombi. Die Unterhaltungs- und Informationselektronik, die so genannte Infotainment-Elektronik, wird jedoch über einen MOST-Bus mit dem Gateway vernetzt. Hervorzuheben ist noch der Diagnoseanschluss, der über einen Hochgeschwindigkeits-CAN angebunden ist und dadurch die Datenübertragungszeiten bei der Diagnose, aber auch bei Programmierungen erheblich verringert.
Nach den Beispielen der unterschiedlichen Bustopologien sollen nun im Folgenden einige auch beispielhaft ausgewählte Botschaften den Datenaustausch in ihrer Komplexität nochmals verdeutlichen.

Geschwindigkeit

Die Daten für das Geschwindigkeitssignal werden vom Bremsensteuergerät (ABS, ESP, ...) auf den Antriebsstrangbus gesetzt und von diesem direkt vom Motorsteuergerät, dem Getriebesteuergerät, der adaptiven Fahrgeschwindigkeitsregelung und der Aktivlenkung oder auch der elektrischen Lenkhilfe genutzt. Gleichzeitig werden die

Bild 11.34
Bustopologie Audi A6

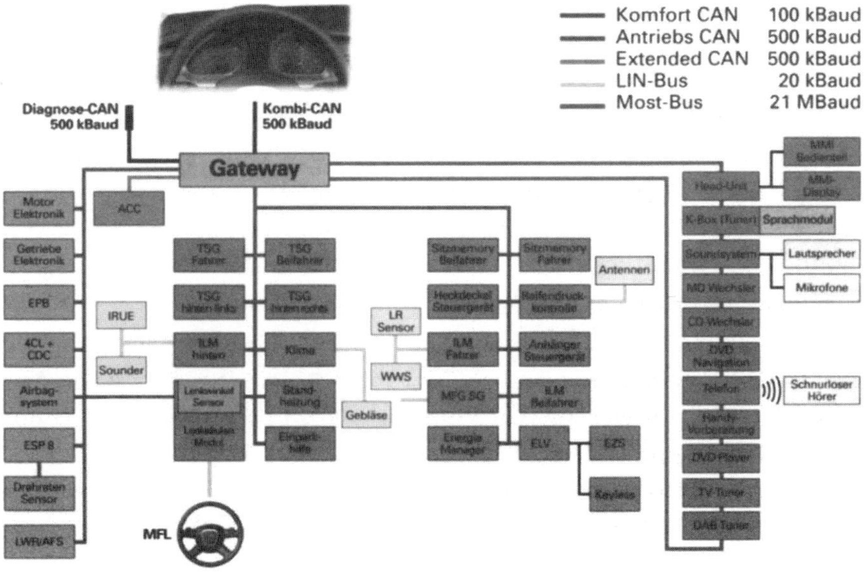

Daten des Geschwindigkeitssignals aber auch über das Gateway auf den Karosserie- und Komfortbus gesetzt und von der Klimaautomatik, der Einparkhilfe usw. genutzt. Das Gateway setzt das Geschwindigkeitssignal auch auf den Infotainmentbus z.B. für die geschwindigkeitsabhängige Lautstärkenanhebung, das Navigationssystem usw. und natürlich auf das Kombiinstrument zur Anzeige der Geschwindigkeit, des Wegstreckenzählers und weiteren Berechnungen.

Motordrehzahl
Die Motordrehzahl wird vom Motorsteuergerät über den Antriebsstrangbus der Getriebesteuerung, der elektrischen Lenkhilfe, dem Bremsensteuergerät usw. zur Verfügung gestellt und verarbeitet. Das Motordrehzahlsignal wird aber auch wieder über das Gateway auf den Karosserie- und Komfortbus übertragen, da einige stromintensive Komfortfunktionen z.B. erst eingeschaltet werden können, wenn der Motor läuft oder auch die Klimaautomatik bei der Kompressorregelung die Motordrehzahl berücksichtigt. Natürlich muss die Motordrehzahl auch wieder auf das Kombi übertragen werden.

Motortemperatur
Die Motortemperatur – vom Motorsteuergerät auf den Antriebsstrangbus gebracht – beeinflusst bei der Getriebesteuerung eine spezielle Warmlaufcharakteristik, aber auch die Kompressorsteuerung der Klimaautomatik und evtl. auch die Abschaltung des Kompressors bei zu heißem Motor. Auf das Kombi wird die Motortemperatur ebenfalls übertragen.

Neben der Betrachtung der Signale, wer sie auf welchen Bus setzt, wer sie überträgt und wer sie verarbeitet und welchen Einfluss sie auf bestimmte Funktionen haben, kann man auch die Steuergeräte beobachten und überlegen, von wem und über welchen Weg die Steuergeräte die Signale bekommen.
Konkret werden im Folgenden bei zwei Systemen beispielhaft die Signale aufgelistet, die über die verschiedenen Bussysteme ausgetauscht werden.

Automatische Getriebesteuerung

- ❑ Das Geschwindigkeitssignal (vom Bremsensteuergerät auf den Bus gesetzt) ist ein wesentliches Eingangssignal für die Festlegung der Schaltkennlinien.
- ❑ Die Motordrehzahl (vom Motorsteuergerät) ist ein weiteres wesentliches Eingangssignal für die Festlegung der Schaltkennlinien.

- Die Motortemperatur (vom Motorsteuergerät) beeinflusst nach einem Kaltstart die Schaltkennlinien für eine schnellere Motor- und Katalysatorerwärmung.
- Der Drosselklappenwinkel (vom Motorsteuergerät) und die Veränderung des Drosselklappenwinkels sind weitere Signale, die die Auswahl der entsprechenden Schaltkennlinien ebenfalls beeinflussen.
- Die Querbeschleunigungsinformation (vom Fahrdynamiksteuergerät) löst bei Überschreiten bestimmter Grenzen Schaltverbote aus.
- Das Bremssignal (vom Fahrdynamiksteuergerät) verhindert Hochschaltungen.
- Die Außentemperatur (von der Klimaautomatik) beeinflusst ebenfalls die Schaltkennlinien.

Motorsteuerung

- Das Geschwindigkeitssignal (vom Bremsensteuergerät auf den Bus gesetzt) ist auch hier ein wichtiges Eingangssignal für die Zünd- und Einspritzsteuerung,
- die Drehmomentreduzierung (von der Getriebesteuerung) bei einem Schaltvorgang,
- die Drehmomentreduzierung (von der Fahrstabilitätsregelung) bei einer Regelung,
- die Anforderung, die Drehzahl zu erhöhen (von der Fahrstabilitätsregelung) bei einer Motorschleppmomentregelung,
- das Kompressorlastmoment (von der Klimasteuerung) zur Anpassung der Motordrehzahl und Einspritzmenge bei eingeschaltetem Klimakompressor.

Eine derartige Liste für die verschiedensten Systeme zu erstellen bzw. die Systeme in dieser Weise zu betrachten, kann bei einer Fehlersuche ein wertvolles Hilfsmittel sein.
Die verschiedenen Botschaften/Signale, die übertragen werden, sind aber für jedes Fahrzeug unterschiedlich – abhängig von den Funktionen, die verwirklicht sind. Die Unterlagen der Hersteller sind im konkreten Fall immer wichtig.
Zusammenfassend kann man sagen, dass es bei einer schwierigen Fehlersuche, wenn der Diagnosetester keine ausreichenden Hinweise gibt, von großer Bedeutung sein kann, die Bustopologie, die verschiedenen Signale, deren Übertragungswege und deren Auswirkungen auf die Funktion zu kennen und dadurch die Fehlerursache eingrenzen zu können.

Die in den folgenden Kapiteln beschriebenen Systeme werden jedoch zum besseren Verständnis überwiegend als Einzelsysteme dargestellt mit allen Funktionen und Ein- und Ausgangssignalen im Detail.

11.10 Programmieren, Codieren, Personalisieren, Individualisieren

Zur Reparatur nach einer Fehlersuche, einer Nach- oder Umrüstung, einem Steuergerätetausch oder bei einem Softwarefehler kann auch das Aufspielen einer neuen/geänderten Software notwendig sein. Das Fahrzeug oder einzelne Steuergeräte müssen also neu programmiert oder codiert werden.

Programmieren. Hierbei wird über einen Diagnosecomputer/-tester ein neues Programm bzw. ein neuer Datenstand in ein Steuergerät übertragen. Bei der Programmierung unterscheidet man die Einkanal- und die Mehrkanalprogrammierung.

Bei der Einkanalprogrammierung, z.B. über die OBD-Steckdose oder den fahrzeugindividuellen Diagnosestecker, werden alle Daten über einen Anschluss übertragen. Bei der Mehrkanalprogrammierung werden zusätzlich über z.B. eine MOST-Verbindung die Daten in das Fahrzeug übermittelt. Dabei unterscheidet man die sequentielle und die parallele Mehrkanalverbindung (Bilder 11.35 und 11.36).

Bei der sequentiellen Mehrkanalverbindung werden die Daten hintereinander fortlaufend übertragen, aber abwechselnd zwischen den Kanälen. Bei der parallelen Mehrkanalverbindung erfolgt die Datenübertragung gleichzeitig über beide Kanäle. Dies bringt eine erhebliche Reduzierung der Programmierzeit.

Codieren bedeutet, dass bestimmte bereits geladene Kennfelder oder Kennlinien, Länderausführungen, Fahrzeugausstattungen usw. aktiviert werden.

Bild 11.35
Anschlüsse im Fahrzeug für eine parallele Mehrkanalprogrammierung
1 Anschluss OBD-Steckdose
2 Anschluss MOST-Direktzugang

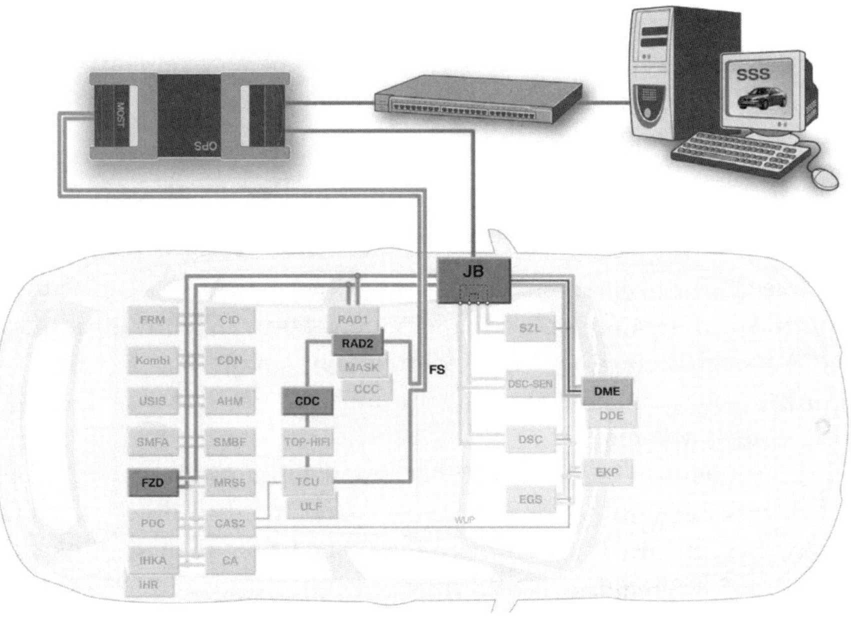

Bild 11.36
Datenfluss im Fahrzeug bei der parallelen Mehrkanalprogrammierung

Alle Steuergeräte eines Fahrzeuges müssen einen kompatiblen Software- und Codierdatenstand besitzen, da sonst einzelne oder alle Funktionen gestört sein könnten.

Personalisieren bzw. **Individualisieren.** Es werden kundenindividuelle Einstellungen (z.B. Tippblinken, Tagfahrlicht, Verriegelungseinstellungen usw.) an elektronischen Systemen gespeichert. Sofern dies nicht direkt über die Fahrzeugbedienung vorgenommen werden kann, geschieht dies ebenfalls über einen Diagnosecomputer/-tester.

Bei vielen Fahrzeugen bzw. auch nur einzelnen Steuergeräten im Fahrzeug kann die Anzahl der möglichen Programmierungen, aber auch Codierungen begrenzt sein. Deshalb sollten Sie bei diesen Fahrzeugen eine neue Programmierung/Codierung nur nach genauer Prüfung vornehmen.

Voraussetzungen, Vorarbeiten und Dinge, die man beachten muss beim Programmieren, Codieren und Personalisieren

- ❑ Das Fahrzeug muss fehlerfrei sein, d.h., vor jeder Programmierung muss erst eine Fehlerspeicherabfrage und evtl. notwendige Reparatur durchgeführt werden.
- ❑ Das Fahrzeug muss eine ausreichende Batteriespannung (>13 Volt) besitzen. Deshalb immer gleichzeitig ein geeignetes Batterieladegerät anschließen. Dazu gibt es in der Regel von den Kraftfahrzeugherstellern genaue Vorschriften. Grundsätzlich

muss das Ladegerät aber eine hohe Leistung, eine geringe Oberwelligkeit und eine Diode gegen Spannungsspitzen beim An- und Abklemmen haben.

- Der Motor und die Zündung müssen ausgeschaltet sein.
- Die Feststellbremse muss angezogen werden bzw. bei elektromechanischen/-hydraulischen Systemen müssen diese aktiviert werden.
- Im Getriebe darf kein Gang eingelegt sein, d.h. mechanische, sequentielle und Doppelkupplungsgetriebe in Neutralstellung; Automatikgetriebe in Stellung P.
- Alle elektrischen Verbraucher müssen ausgeschaltet werden. Dabei ist speziell auch auf automatische Steuerungen wie Regensensor, Wisch-Wasch-Funktionen, Fahrlichtsteuerungen usw. zu achten.
- Während einer Programmierung darf keine Änderung des Fahrzeugzustandes erfolgen z.B. durch Öffnen/Schließen einer Tür, einen Klemmenwechsel oder Einschalten eines Verbrauchers. Dies führt in der Regel zu einem Programmierabbruch, wodurch die Programmierung im geringsten Fall nochmals gestartet werden muss. Es kann dadurch aber auch ein Steuergerätetausch notwendig werden.
- Neue Programm- oder Codierdatenstände können auch zu Funktions- oder Bedienungsänderungen führen, die der Kunde wahrnimmt. Der Kunde muss darüber vor dem Beginn der Programmierung/Codierung/Individualisierung informiert werden.
- Kundenspezifische Einstellungen oder Daten (z.B. beim Telefon und bei der Navigation) können verloren gehen. Adaptionen werden in der Regel ebenfalls gelöscht.
- Eine feste Verbindung zwischen Programmiersystem und Fahrzeug über Kabel ist bei einer Programmierung/Codierung einer Funkverbindung vorzuziehen.

Ablauf einer Programmierung. Nach den Vorarbeiten und Anschließen des Diagnose- bzw. Programmiersystems erfolgt grundsätzlich zuerst eine Identifizierung der Fahrzeugdetails und der verbauten Steuergeräte (Bild 11.37). Dazu gehören im Allgemeinen der genaue Fahrzeugtyp, die Motorisierung, die Fahrgestellnummer, die verbauten Steuergeräte (Soll/Ist) und deren Softwarestand.
Erst dann kann man in die Details einsteigen und die notwendigen Arbeiten auswählen. In unserem Beispiel bedeutet das einen Maßnahmenplan zu erstellen. Unser gewähltes Test- und Programmiersystem hilft dabei dem Anwender, indem es erst eine Auswahlliste möglicher Arbeiten (Umrüstungen, Nachrüstungen,

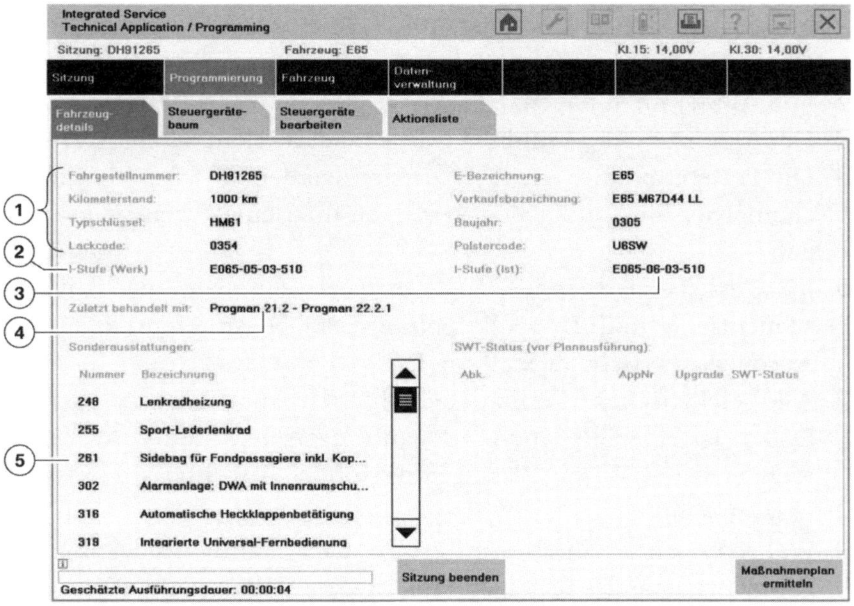

Bild 11.37
Fahrzeug- und Steuergerätedaten auslesen
1 Fahrzeugdaten
2 Programmstand, mit dem das Fahrzeug das Werk verlassen hat
3 Aktueller Programmstand des Fahrzeugs
4 Version und System, mit dem das Fahrzeug zuletzt programmiert wurde
5 Liste aller im Fahrzeug verbauten Sonderausstattungen

Steuergerätetausch, Software-Update usw.) zur Verfügung stellt und anschließend anzeigt, bei welchen Steuergeräten welche Aktionen notwendig sind (Bild 11.38). Danach kann noch, falls notwendig, korrigierend eingegriffen werden. Anschließend wird die Abarbeitung des Maßnahmenplanes gestartet, und die notwendigen Programmier- und Codierarbeiten werden in einem Prozessschritt durchgeführt.
Am Bildschirm wird dabei der Programmierfortschritt gezeigt. Nach jedem einzelnen Steuergerät erfolgt eine Rückmeldung, ob die Programmierung/Codierung erfolgreich war (Bild 11.39). Nach dem Abschluss der Arbeiten wird ein Abschlussbericht ausgegeben (Bild 11.40).

Den Abschlussbericht sollten Sie möglichst abspeichern oder ausdrucken und in der Fahrzeugakte ablegen.

Abschließende Servicearbeiten nach einer Programmierung/Codierung. Nach einer Fahrzeugprogrammierung/-codierung müssen in der Regel verschiedene Funktionen neu initialisiert oder adaptiert werden, z.B.:

- Endstellungen der Fensterheber und des Schiebedaches,
- Nullabgleich des Lenkwinkelsensors,
- Kalibrierung verschiedener Neigungssensoren,
- kundenspezifische Einstellungen vornehmen,
- abschließende längere Probefahrt zum Erlernen neuer Adaptionswerte.

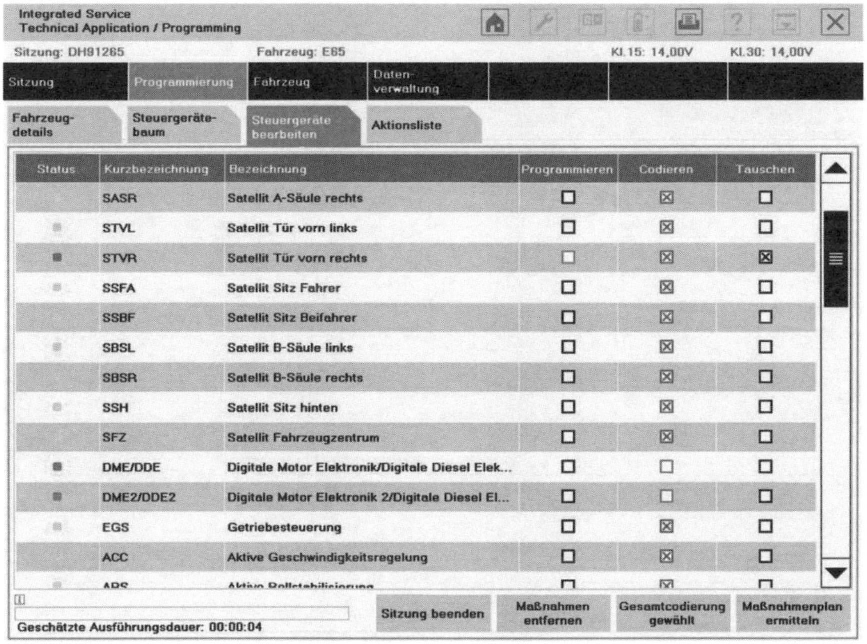

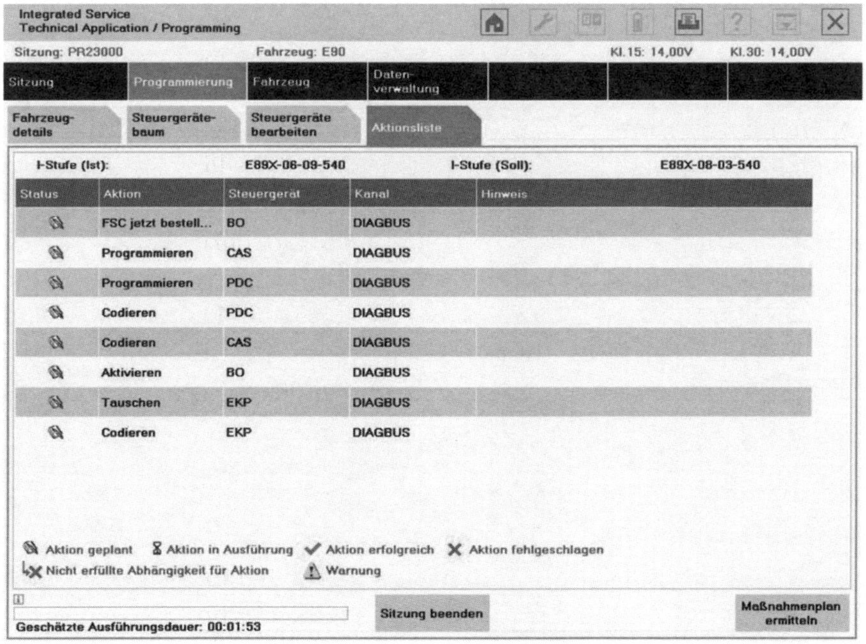

Bild 11.38
Anzeige des Maßnahmenplanes

Bild 11.39
Grafische Anzeige der laufenden Programmierung

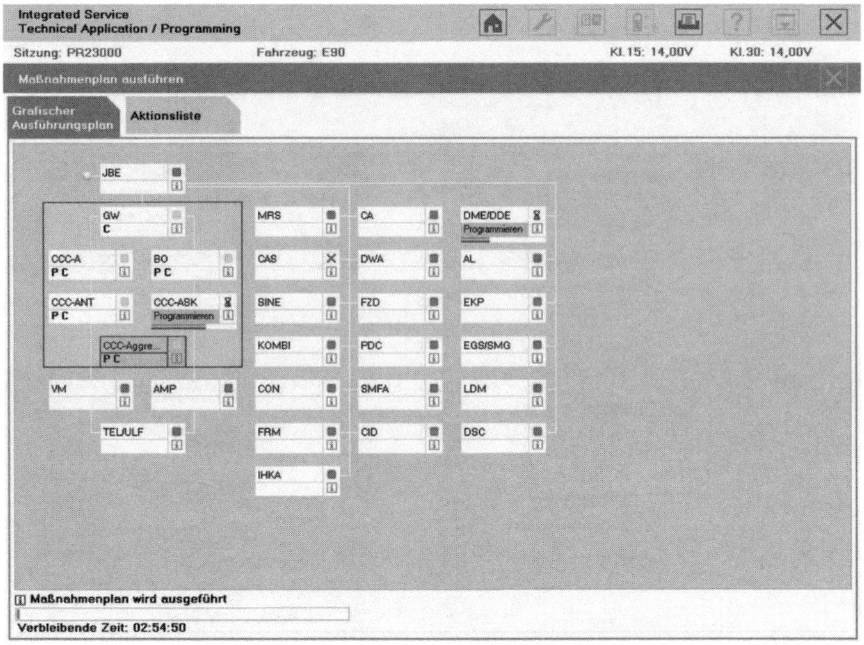

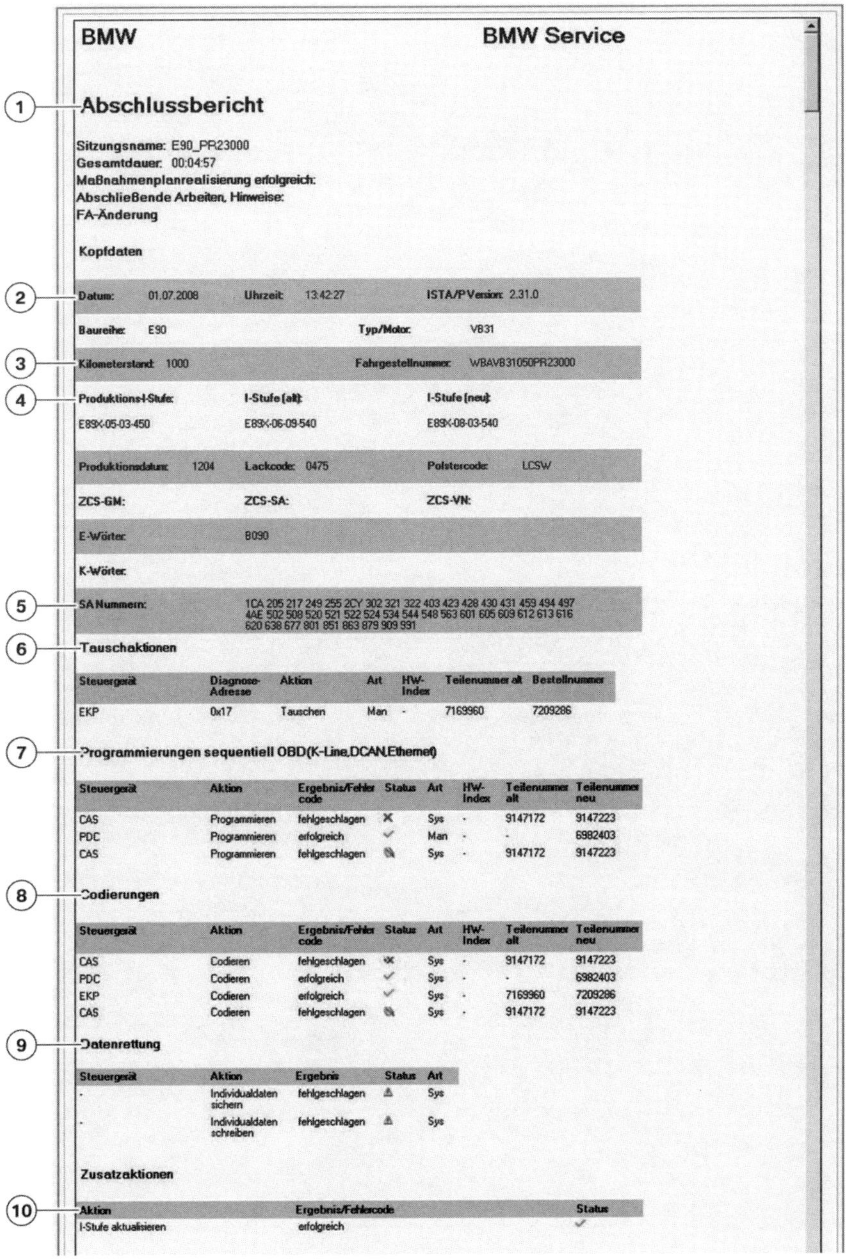

BMW — BMW Service

Abschlussbericht

Sitzungsname: E90_PR23000
Gesamtdauer: 00:04:57
Maßnahmenplanrealisierung erfolgreich:
Abschließende Arbeiten, Hinweise:
FA-Änderung

Kopfdaten

Datum:	01.07.2008	**Uhrzeit:**	13:42:27	**ISTA/P Version:**	2.31.0
Baureihe:	E90			**Typ/Motor:**	VB31
Kilometerstand:	1000			**Fahrgestellnummer:**	WBAVB31050PR23000
Produktions-I-Stufe:		**I-Stufe (alt):**		**I-Stufe (neu):**	
E89X-05-03-450		E89X-06-09-540		E89X-08-03-540	
Produktionsdatum:	1204	**Lackcode:**	0475	**Polstercode:**	LCSW
ZCS-GM:		**ZCS-SA:**		**ZCS-VN:**	
E-Wörter:		8090			
K-Wörter:					
SA Nummern:		1CA 205 217 249 255 2CY 302 321 322 403 423 428 430 431 459 494 497 4AE 502 508 520 521 522 524 534 544 548 563 601 605 609 612 613 616 620 638 677 801 851 863 879 909 991			

Tauschaktionen

Steuergerät	Diagnose-Adresse	Aktion	Art	HW-Index	Teilenummer alt	Bestellnummer
EKP	0x17	Tauschen	Man	-	7169960	7209286

Programmierungen sequentiell OBD(K-Line,DCAN,Ethernet)

Steuergerät	Aktion	Ergebnis/Fehlercode	Status	Art	HW-Index	Teilenummer alt	Teilenummer neu
CAS	Programmieren	fehlgeschlagen	✕	Sys	-	9147172	9147223
PDC	Programmieren	erfolgreich	✓	Man	-	-	6982403
CAS	Programmieren	fehlgeschlagen		Sys	-	9147172	9147223

Codierungen

Steuergerät	Aktion	Ergebnis/Fehlercode	Status	Art	HW-Index	Teilenummer alt	Teilenummer neu
CAS	Codieren	fehlgeschlagen	✕	Sys	-	9147172	9147223
PDC	Codieren	erfolgreich	✓	Sys	-	-	6982403
EKP	Codieren	erfolgreich	✓	Sys	-	7169960	7209286
CAS	Codieren	fehlgeschlagen		Sys	-	9147172	9147223

Datenrettung

Steuergerät	Aktion	Ergebnis	Status	Art
-	Individualdaten sichern	fehlgeschlagen	⚠	Sys
-	Individualdaten schreiben	fehlgeschlagen	⚠	Sys

Zusatzaktionen

Aktion	Ergebnis/Fehlercode	Status
I-Stufe aktualisieren	erfolgreich	✓

Bild 11.40
Abschlussbericht
1 Abschlussbericht
2 Aktuelle Programmierdaten Datum, Uhrzeit, ISTAQ/P-Version
3 Fahrzeugdaten Kilometerstand und Fahrgestellnummer
4 I-Stufen Werk, Letzte, Aktuelle
5 SA-Nummern
6 Tauschaktionen
7 Programmierungen und Ergebnis erfolgreich/fehlgeschlagen
8 Codierungen mit Ergebnis erfolgreich/fehlgeschlagen
9 Datenrettung mit Ergebnis erfolgreich/fehlgeschlagen
10 Zusatzaktionen, z.B. ob die Aktualisierung der I-Stufen erfolgreich war oder fehlgeschlagen ist

12 Zündsysteme

12.1 Kontaktlos gesteuerte Zündung

12.1.1 Vorteile

Die Aufgabe der Zündung ist es, einen **Zündfunken** in **ausreichender Stärke** und zum jeweils **richtigen Zeitpunkt** für die Entzündung des Kraftstoff-Luft-Gemisches zur Verfügung zu stellen (vgl. Band «Ottomotor»). Je genauer dies gelingt, desto besser sind die Leistungsausbeute sowie die Effizienz des Motors. Das heißt, der Motor ist damit sparsam und wirtschaftlich bei möglichst geringem Schadstoffausstoß.

In den letzten Jahren und Jahrzehnten wurden diese Zielsetzungen immer wichtiger. Die kontaktgesteuerte Zündung konnte den an sie gestellten Anforderungen nicht länger standhalten. Die maximal übertragbare Zündenergie ließ sich nicht steigern, obwohl dies für immer magerer und schneller laufende Motoren mit höherer Kompression notwendig wurde.

Durch den permanenten Verschleiß an den Kontakten war außerdem eine exakte Einhaltung des vorgegebenen Zündzeitpunktes nicht möglich. Dies führte zu Zündaussetzern, verbunden mit erhöhtem Kraftstoffverbrauch, und somit zu einer Erhöhung des Schadstoffausstoßes.

Durch die Elektronik gelang es, die Auslösung der Zündung kontaktlos und damit verschleißfrei und wartungsarm zu steuern. Hiermit kann der vorgegebene Zündzeitpunkt beinahe über die gesamte Lebensdauer exakt eingehalten werden.

Im ersten Schritt erreichte man dies durch eine induktive Steuerung (Transistorspulenzündung mit induktiver Auslösung = TSZ-i) bzw. durch eine Auslösung durch Hallgeber (TSZ-h). (Signalentstehung und -auslösung werden in den folgenden Abschnitten beschrieben.)

Da diese beiden Systeme nicht zu aufwendig und relativ preisgünstig sind, werden sie heute noch für kleinere Motoren eingesetzt.

Die wesentlichen Vorteile einer kontaktlos gesteuerten Zündung:

- verschleißfrei und wartungsfrei,
- konstanter Zündzeitpunkt,
- keine Kontaktpreller und damit höhere Drehzahlen möglich,

- ❑ Schließwinkelsteuerung und Primärstrombegrenzung (durch niedrigohmige Zündspulen schnellerer Magnetfeldaufbau und mehr Zündenergie bei hohen Drehzahlen),
- ❑ höhere Zündspannung,
- ❑ Ruhestromabschaltung.

12.1.2 Aufbau und Funktion

Anhand von Bild 12.1 wird die Funktion kurz erläutert:

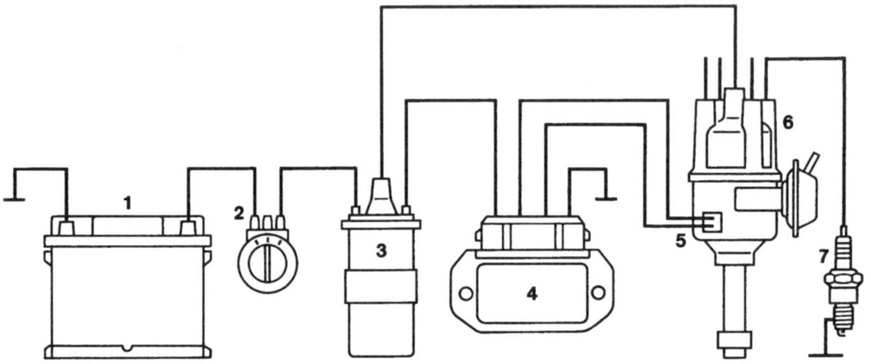

Bild 12.1
Komponenten einer Transistorzündanlage
1 Batterie
2 Zündstartschalter
3 Zündspule
4 Schaltgerät
5 Geber
6 Zündverteiler
7 Zündkerze(n)

Nach dem Einschalten der Zündung (2) steht an Klemme 15 der Zündspule (3) die Batteriespannung an. Durch die Primärwicklung fließt Strom, sobald durch das Schaltgerät (4) die Klemme 1 der Zündspule mit Masse verbunden wird. Die Unterbrechung des Primärstroms wird durch ein elektronisches Signal (5) ausgelöst und induziert in der Sekundärwicklung die Zündspannung.
Die Zündspannung wird durch die Klemme 4 der Zündspule über den Zündverteiler dem jeweiligen Zylinder bzw. der Zündkerze zugeleitet.
Das Schaltgerät erkennt über die elektronischen Signale (= Gebersignale) die Drehzahl und steuert dementsprechend den Schließwinkel (Schließzeit) und den Primärstrom. Dazu benötigt es auch die Batteriespannung über Klemme 15. Entsprechend der Drehzahl und der Batteriespannung wird der Schließwinkel (bzw. die Stromflusszeit) so gesteuert, dass kurz vor der Auslösung des Zündfunkens der benötigte Soll-Primärstrom erreicht wird, d.h., bei höherer Drehzahl vergrößert sich der Schließwinkel ebenso wie bei niedrigerer Batteriespannung.
Bei eingeschalteter Zündung und stehendem Motor (kein Gebersignal) wird nach kurzer Zeit (i.d.R. eine Sekunde) der Primärstrom elektronisch abgeschaltet. Sobald das Steuergerät ein Gebersignal erhält (z.B. beim Starten), ist es wieder betriebsbereit.

Zur Anpassung des Zündzeitpunktes an verschiedene Lastzustände bzw. Drehzahlen erfolgt die Verstellung analog der kontaktgesteuerten Zündanlagen mechanisch über Unterdruckdose(n) sowie Fliehgewichten. Damit wird das Gebersignal (und damit der Zündzeitpunkt) entsprechend nach früh oder auch nach spät (Leerlauf, Schiebebetrieb) verstellt (Bild 12.2).

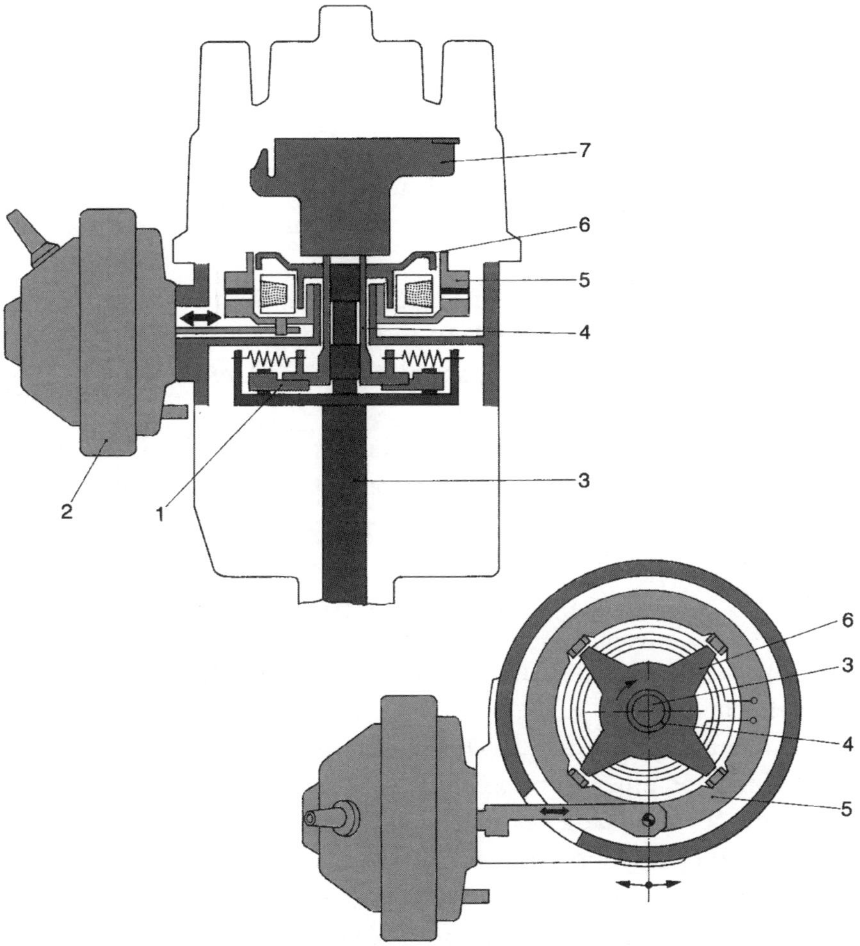

Bild 12.2
Schema des Zusammenwirkens von Unterdruck- und Fliehkraftverstellung bei Zündsteuerung durch den Induktionsgeber
1 Fliehkraftversteller
2 Unterdruckversteller mit Unterdruckdose
3 Zündverteilerwelle
4 Hohlwelle
5 Polscheibe
6 Impulsgeberrad
7 Verteilerläufer

12.1.3 Induktive Signalauslösung bei der Transistorspulenzündung

Durch die Drehung des Impulsgeberrades (Rotor) wird durch die Magnetfeldänderung die in Bild 12.3b gezeigte Wechselspannung in der Induktionswicklung (Stator) erzeugt. Dabei steigt die Spannung bei Annäherung der Rotorzacken an die Statorzacken. Die positive Halbwelle der Spannung hat ihren höchsten Wert, wenn der Abstand zwischen Stator- und Rotorzacken am geringsten ist. Vergrößert sich der Abstand wieder, wechselt der Magnetfluss schlagartig seine

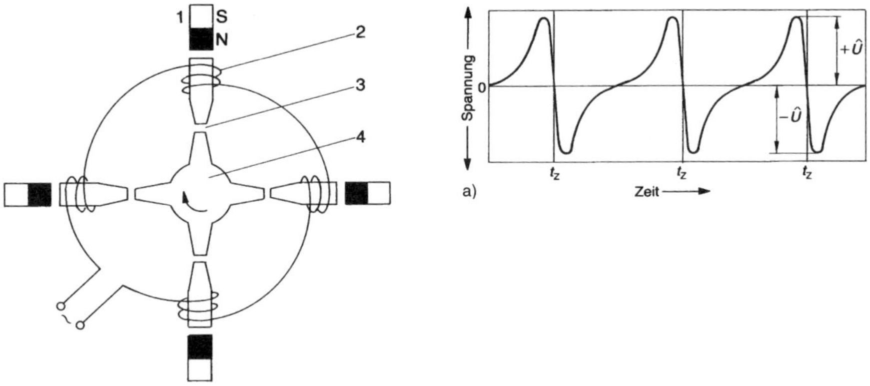

Bild 12.3
Zündimpulsgeber nach dem Induktionsprinzip
a) Funktionsschema
1 Dauermagnet
2 Induktionswicklung mit Kern
3 veränderlicher Luftspalt
4 Impulsgeberrad
b) Zeitlicher Verlauf der vom Zündimpulsgeber erzeugten Wechselspannung
t_z = Zündzeitpunkt

Schaltzeichen

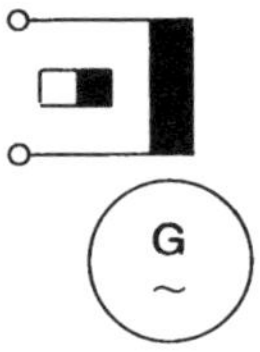

Richtung, und die Spannung wird negativ. In diesem Zeitpunkt (t_z) wird die Zündung ausgelöst durch die Primärstromunterbrechung durch das Schaltgerät.

Die Anzahl der Rotor- und Statorzacken entspricht meist der Zylinderzahl. Der Rotor dreht sich dann mit halber Kurbelwellendrehzahl.

Die Scheitelspannung (± U) beträgt bei niedrigen Drehzahlen ca. 0,5 V, bei hoher Drehzahl bis ca. 100 V.

Die Kontrolle des Zündzeitpunktes kann nur bei laufendem Motor erfolgen, da ohne Drehung des Rotors keine Magnetfeldänderung stattfindet und damit kein Signal erzeugt wird.

12.1.4 Signalauslösung durch Hallgeber

Eine zweite Möglichkeit, die Zündung kontaktlos auszulösen, bietet der Hallgeber.

Die Zündauslösung durch den Hallgeber wurde häufig auch bei einer Umrüstung von einer Unterbrecher- auf eine kontaktlose Zündanlage verwendet, da der Hallgeber statt des Unterbrechers auf die bewegliche Trägerplatte montiert werden konnte. Dadurch konnte der ursprüngliche Zündverteiler weiter verwendet werden.

Bei der Signalauslösung durch einen Hallgeber greift man auf den Hall-Effekt (nach seinem Entdecker Hall benannt) zurück (Bild 12.4). Dabei werden in einem stromdurchflossenen Leiter die Elektronen durch ein von außen einwirkendes Magnetfeld senkrecht zur Stromrichtung und senkrecht zur Magnetfeldrichtung abgelenkt. Bei speziellen Halbleitern ist dieser Hall-Effekt besonders stark wirksam. Ein im Hallgeber integrierter Schaltkreis (integrated circuit, IC) verstärkt das Signal nochmals (Bild 12.5).

Durch eine rotierende Blende mit Fenstern wirken die Magnetfeldlinien periodisch auf den Hallgeber. Ist zwischen den magnetischen Leitstücken die Blende offen (so genannte Fenster), wird die Hallspannung erzeugt. Befindet sich im Luftspalt zwischen den magnetischen

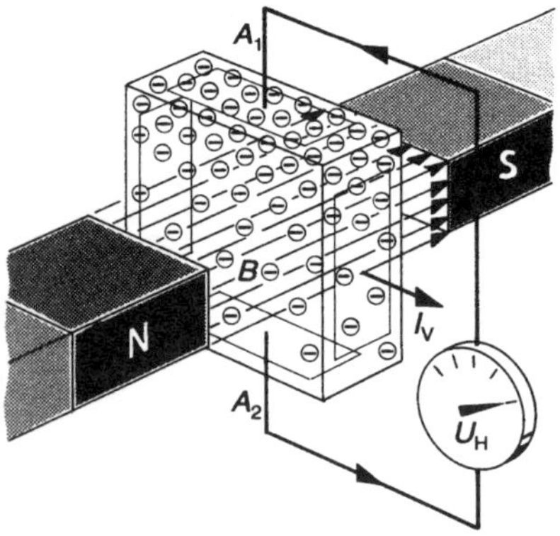

Bild 12.4
Hall-Effekt
A_1, A_2 Anschlüsse Hallschicht
U_H Hallspannung
B Magnetfeld(flussdichte)
I_v konstanter Versorgungsstrom

Leitstücken die geschlossene Blende, so können die Magnetfeldlinien auf den Hallgeber nicht einwirken, und die Spannung ist nahe Null. (Geringe Streufelder können nicht völlig unterdrückt werden.) Durch den Verlauf der Hallspannung hat man nun wieder ein eindeutiges Signal für die Auslösung der Zündung (Bild 12.6).
Die Anzahl der Fenster entspricht auch hier meist der Zylinderzahl, und die Blende dreht sich gemeinsam mit dem Verteilerläufer mit halber Kurbelwellendrehzahl. Für die Zündverstellung wird die Platte, auf der der Hallgeber befestigt ist, entsprechend dem bereits bekannten Prinzip mechanisch verstellt. Die Auslösung der Zündung erfolgt beim Einschalten des Hallgebers (t_z), d.h. sobald ein Fenster die Wirkung der Magnetfeldlinien auf den Hallgeber zulässt. Die Einstellung der Zündung kann hier bei stehendem Motor vorgenommen werden (Herstellerangaben beachten!).

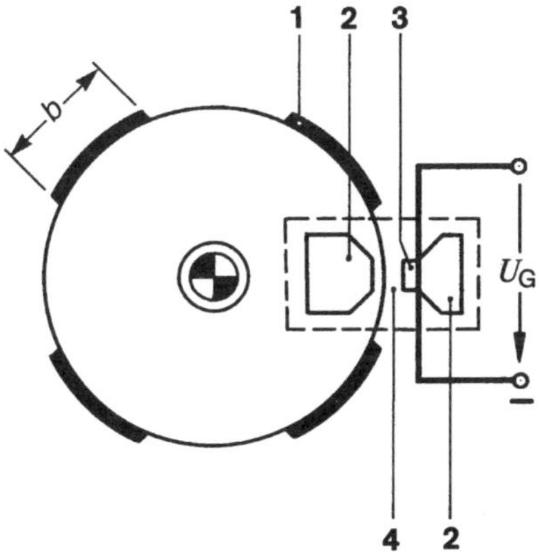

Bild 12.5
Prinzip
1 Blende mit Breite b
2 weichmagnetische Leitstücke
3 Hall-IC
4 Luftspalt

12.1.5 Fehlersuche an kontaktlos gesteuerten Zündanlagen

Bei einer Fehlersuche an der kontaktlos gesteuerten Zündanlage beachten:

Die heutigen Zündsysteme arbeiten mit sehr hohen Leistungen, so dass bei Berührung von spannungsführenden Teilen Lebensgefahr bestehen kann – sowohl auf der Primär- als auch auf der Sekundärseite. Deshalb ist bei Arbeiten an der Zündanlage die Zündung auszuschalten bzw. die Spannungsversorgung zu unterbrechen!

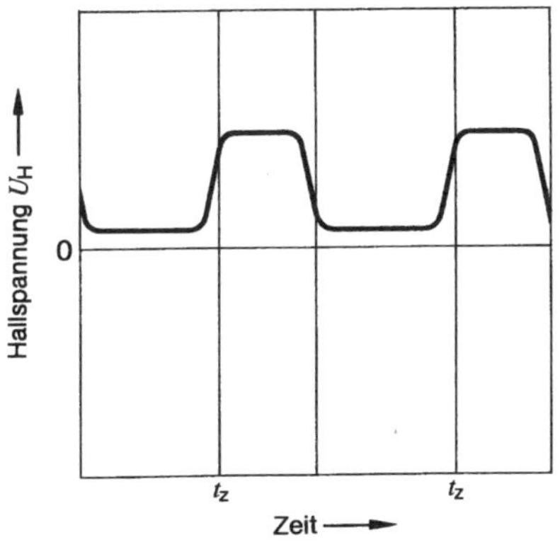

Bild 12.6
Verlauf der Hallspannung

Bevor man mit der Fehlersuche beginnt, sei nochmals an die Aufgaben der Zündung erinnert (Zündfunke – ausreichende Stärke – richtiger Zeitpunkt).
Als erstes heißt es sicherzustellen, dass ein Zündfunke vorhanden ist. Die schnellste Prüfung ist, eine neue Zündkerze an das Zündkabel anzuschließen (die Zündkerze muss mit der Motormasse verbunden sein) und kurz zu starten. Eine Sichtprobe bestätigt den Zündfunken. Ist kein Zündfunke vorhanden, überprüft man durch eine Sichtkontrolle das Zündsystem auf Beschädigungen wie Risse oder Scheuerstellen sowie die Steckkontakte auf Korrosion oder Feuchtigkeit und auf festen Sitz.
Zeigen sich dadurch keine offensichtlichen Fehler, verfolgt man die Entstehung des Zündfunkens zurück, d.h. von der Zündkerze über den Zündkerzenstecker und die Zündleitung zum Stecker am Verteiler, vom Verteiler die Hochspannungsleitung zur Zündspule und von der Zündspule zum Steuergerät. Ebenso überprüft man alle Eingänge am Steuergerät.

In dieser Reihenfolge des Vorgehens bei der Fehlersuche werden nun im Folgenden die einzelnen Prüfschritte mit den Überprüfungsmöglichkeiten dargestellt (Bild 12.7).
In dem Zusammenhang ist es bedeutend, ob nur an einer Zündkerze kein Zündfunke vorhanden ist oder an allen. Ist nur an einer Zündkerze kein Zündfunke vorhanden, kann sich der Fehler nur im Bereich zwischen der Zündkerze des jeweiligen Zylinders und dem Verteiler befinden. Ist an allen Zündkerzen kein Zündfunke vorhanden, so ist es sehr wahrscheinlich, dass generell keine Auslösung der Zündung erfolgt und der Fehler sich im Bereich zwischen dem Verteiler und dem Steuergerät bzw. der Eingänge am Steuergerät befindet.
Im erstgenannten Fall überprüft man die Zündleitung vom Verteiler zu der Zündkerze. Eine einfache Widerstandsprüfung zeigt den Durchgang der Leitung auf. Der Widerstand des Zündkerzensteckers und des Verteilersteckers addieren sich. Bei einer Zündleitung mit Vorfunkenstrecke ist eine Überprüfung auf diese Art nicht möglich. Man kann dann nur mit einer Induktionszange, die man über die Zündleitung klemmt, prüfen, ob die Zündspannung über die Leitung übertragen wird. Ansonsten ist die Funktion durch probeweises Tauschen der entsprechenden Zündleitung zu überprüfen.
Ist die Zündleitung in Ordnung, überprüft man als Nächstes den Verteiler und die Verteilerkappe. Stellen Sie dabei durch eine Sichtkontrolle sicher, dass die Kontakte nicht abgebrannt sind und die Verteilerkappe keine Risse oder sonstigen Beschädigungen aufweist.
Ist generell kein Zündfunke vorhanden, kontrolliert man den Verteilerläufer auf dieselbe Art (Sichtkontrolle, Widerstandsmessung); ebenso ist beim Hochspannungskabel vom Verteiler zur Zündspule zu verfahren.
Die nächste Widerstandsmessung bezieht sich auf die Zündspule. Dabei misst man den Widerstand zwischen Klemme 1 und Klemme 15 für den Primärkreis. Die Sekundärseite der Zündspule wird zwischen Klemme 4 und Klemme 1 gemessen. Bei beiden Messungen sind die Sollwerte der Hersteller zu beachten. Es kann vorkommen, dass sich Unterbrechungen in der Primär- bzw. Sekundärwicklung der Zündspule erst bei höheren Temperaturen zeigen und damit Zündaussetzer bei hohen Motor- bzw. Außentemperaturen verursachen.

Für die Widerstandsmessungen an der Zündspule müssen sämtliche Kontakte abgeklemmt sein.

Außerdem überprüft man an der Zündspule die Spannungsversorgung durch die Klemme 15. Dabei sollte annähernd die Batteriespannung vorhanden sein (minus Spannungsabfall am Vorwiderstand). An der Klemme 1 kann des Weiteren der Schließwinkel bzw. das Tastver-

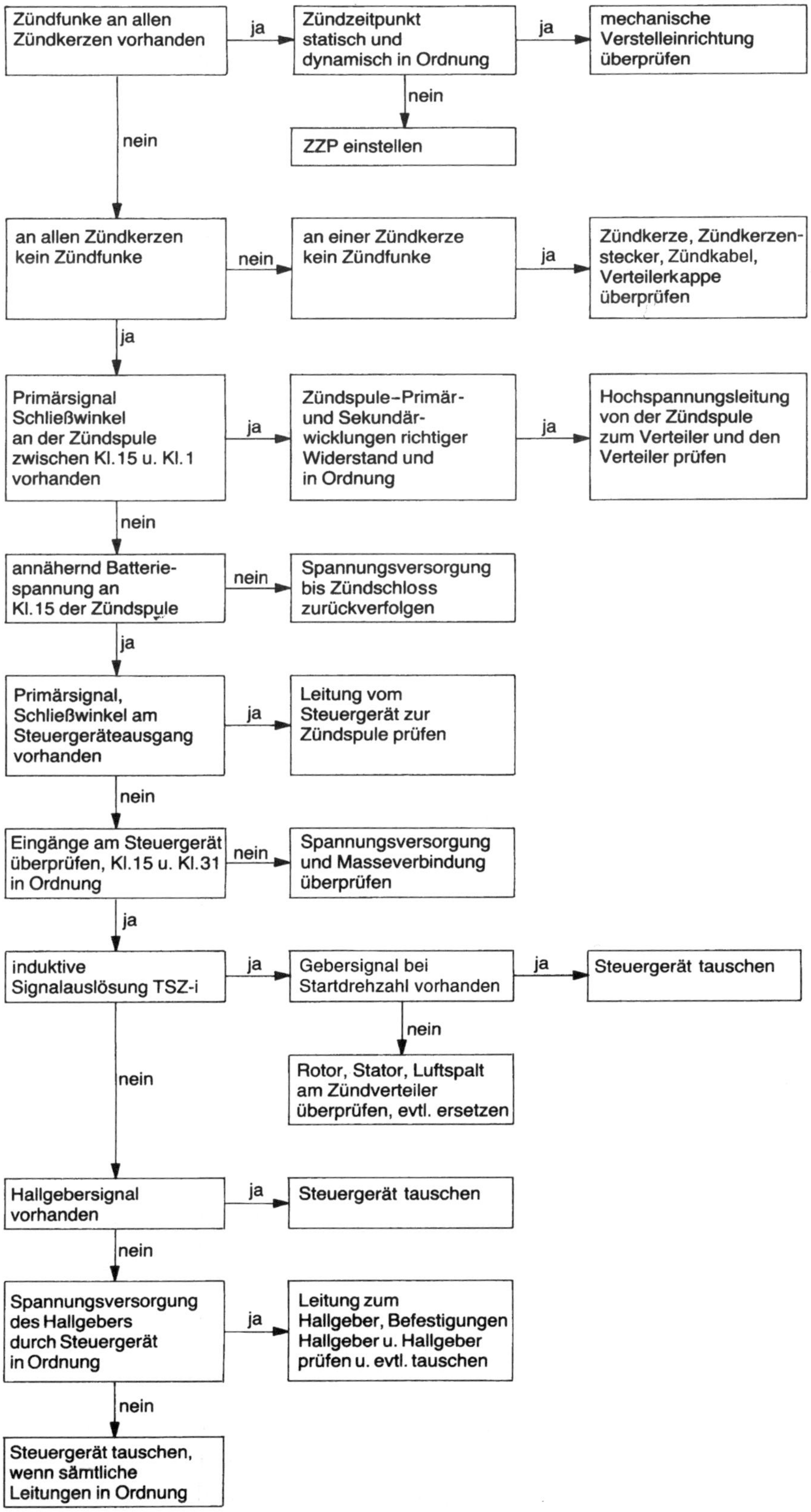

Bild 12.7
Fehlersuchbaum

hältnis geprüft werden. Bei der Schließwinkelregelung durch das Steuergerät ergibt sich bei Leerlauf-Drehzahl meist ein Schließwinkel zwischen 5% und 15%, der bei zunehmender Drehzahl ansteigt. Bei älteren Fahrzeugen ohne Schließwinkelregelung, jedoch mit kontaktloser TSZ, ergibt sich ein konstanter Wert.
Ist die Zündspule in Ordnung, jedoch an Klemme 15 keine Spannung vorhanden, ist die Leitung bis zum Zündschloss zurückzuverfolgen und die Fehlerursache zu beheben.
Erfolgt bei Startdrehzahl keine Schließwinkelregelung bzw. ist kein Tastverhältnis messbar bei jedoch vorhandener Spannungsversorgung durch die Klemme 15, ist zu überprüfen, ob am Steuergerät das entsprechende Ausgangssignal vorhanden ist.
Ist das ebenfalls nicht der Fall, sind sämtliche Eingänge am Steuergerät zu überprüfen. Hierbei muss als Erstes sichergestellt werden, dass das Steuergerät mit Spannung versorgt wird, d.h. auch hier wieder Eingangssignal Klemme 15. An Klemme 31 muss eine gute Masseverbindung vorhanden sein. Ist Beides vorhanden, überprüft man nun den Eingang der Zündauslösung. Dabei unterscheidet man, wie oben bereits erwähnt, die induktive Auslösung bzw. die Auslösung durch Hallgeber.
Bei der induktiven Auslösung kann an Klemme 7 mit einem Oszilloskop das Signal von der induktiven Auslösung überprüft werden. Sollten Sie kein Oszilloskop zur Verfügung haben, so können Sie auch eine Wechselspannung messen. Beachten Sie jedoch hierbei, dass die gemessene Wechselspannung zwischen 0,5 V und 100 V liegen kann – je nach Drehzahl.
Bei der Zündauslösung durch Hallgeber überprüft man an der entsprechenden Klemme das Hallgeber-Signal durch eine Tastverhältnismessung. Je nach Hersteller kann das Tastverhältnis bei Startdrehzahl zwischen ca. 10% und 30% betragen. Ist kein Signal des Hallgebers vorhanden, wird die Spannungsversorgung des Hallgebers überprüft.
Prüfen Sie außerdem die Leitungen auf Durchgang im abgeklemmten Zustand.

Der Hallgeber kann durch eine Widerstandsmessung zerstört werden!

Nach der Überprüfung der elektrischen Funktionsfähigkeit gilt es im zweiten Teil der Aufgabe sicherzustellen, dass der Zündfunke zum richtigen Zeitpunkt vorhanden ist.
Die Zündzeitpunkt-Kontrolle kann sowohl statisch, d.h. in ruhendem Zustand, als auch dynamisch bei höheren Drehzahlen geprüft werden. Hierzu ist auch die Kontrolle der mechanischen Verstelleinrichtun-

gen notwendig, da bei diesen durch Verschleiß die korrekte Funktion beeinträchtigt sein kann.
Die drehzahlabhängige Fliehkraftverstellung wird mit der Stroboskoplampe bzw. dem Motortester und langsamem Erhöhen der Drehzahl geprüft. In einem vom Hersteller festgelegten Drehzahlbereich muss sich der Zündzeitpunkt um einen ebenfalls festgelegten Wert nach früh verstellen. Die Unterdruckleitungen sind vorher abzuziehen.
Die unterdruckabhängige Zündzeitpunktverstellung nach früh bzw. auch nach spät kann sehr einfach durch Abziehen und Aufstecken des jeweiligen Unterdruckschlauches und gleichzeitiger Beobachtung der Verschiebung des Zündzeitpunktes mittels einer Stroboskoplampe oder eines Motortesters geprüft werden. Die Spät-Verstellung wird im Leerlauf, die Früh-Verstellung bei 2000 bis 3000 min^{-1} wirksam. Jedoch sind auch hier die genauen Werte und Überprüfungen herstellerabhängig.
Die Ursachen für eine nicht ausreichende Funktion der drehzahlabhängigen Verstelleinrichtungen können eine ausgeschlagene Zündverteilerwelle, korrodierte Fliehgewichte oder erlahmte Federn sein.
Die lastabhängigen, mechanisch-pneumatischen Verstelleinrichtungen können durch eine defekte Unterdruckdose (schwergängig, undicht), mechanische Beschädigungen, undichte Unterdruckschläuche, aber auch durch eine falsch eingestellte Drosselklappe (dadurch andere Unterdruckverhältnisse) in ihrer Funktion beeinträchtigt werden.

12.2 Elektronische Zündung

Bei der kontaktlos gesteuerten Transistorzündung kann der Zündzeitpunkt über die Lebensdauer relativ exakt eingehalten werden. Durch die mechanische Verstellung ist man jedoch an enge Grenzen und lineare Verstellkurven gebunden. Der Abstand zum optimalen Zündzeitpunkt bei bestimmten Lastzuständen und Drehzahlen ist z.T. sehr groß, um bei ungünstigen Betriebspunkten des Motors einen ausreichenden Abstand zur Klopfgrenze zu haben.
Die Lösung dafür war die elektronische Zündung, die für jeden Betriebspunkt einen optimalen Zündzeitpunkt besitzt, ohne durch benachbarte Betriebspunkte gebunden zu sein.
Das Zündkennfeld (Bild 12.8) wird durch Versuche in der Motorentwicklung ermittelt und im Steuergerät fest programmiert. Je genauer der Betriebszustand des Motors durch Sensoren erfasst wird, desto exakter kann der jeweils optimale Zündzeitpunkt eingehalten werden.
Die elektronische Zündung ist oftmals mit anderen Systemen, z.B. einer Einspritzanlage, gekoppelt bzw. wie in der Motronic in einem

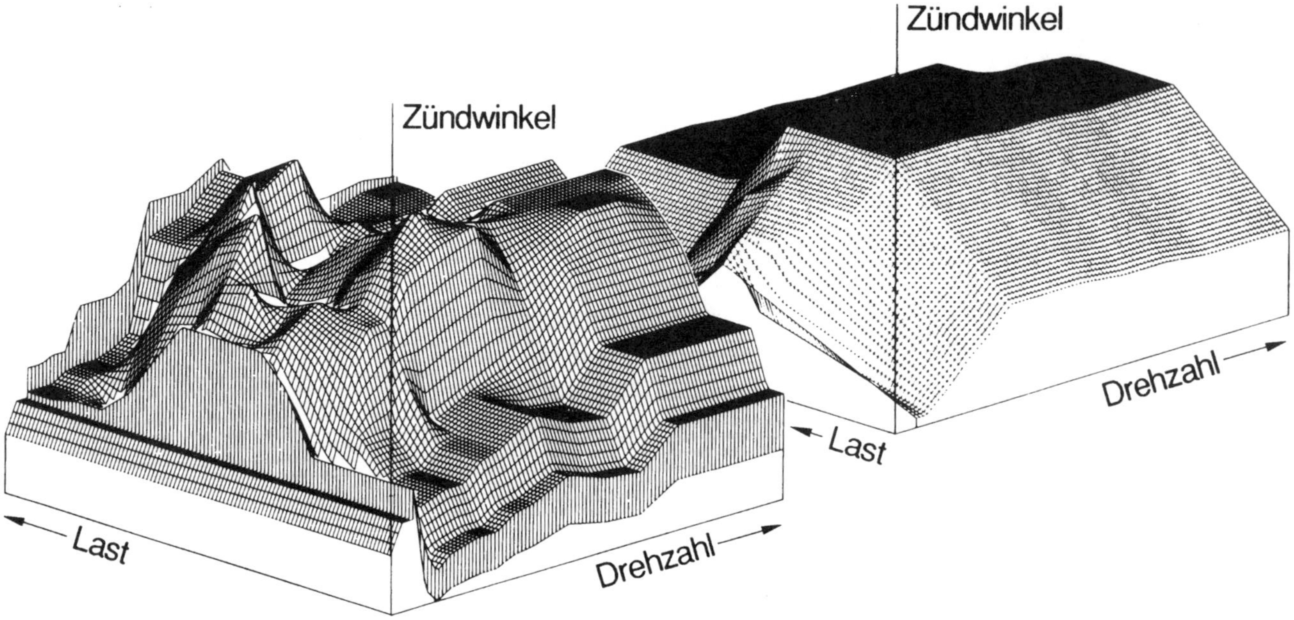

Bild 12.8
Optimiertes elektronisches Zündkennfeld (links) im Vergleich zum Zündkennfeld eines mechanischen Verstellsystems (rechts)

Steuergerät zusammengefasst. Sehr häufig ist diese mit einem Fehlerspeicher und Ersatzwerten (bei Ausfall von Eingangssignalen) ausgestattet.
Die Schließzeitregelung, Primärstrombegrenzung und Ruhestromabschaltung sind hier selbstverständlich im Steuergerät integriert.

12.2.1 Funktionsschema mit Ein- und Ausgängen am Steuergerät

Zur Erfassung des Betriebszustandes des Motors benötigt die Elektronik im Steuergerät die in Tabelle 12.1 dargestellten Eingangsinformationen.

Tabelle 12.1
Funktionsschema «Elektronische Zündung»

Notwendige Eingangssignale	**Verarbeitung**			**Ausgangssignale**
Drehzahl und Bezugsmarke	→	STEUERGERÄT	→	td-Signal (für Drehzahlmesser, Kombiinstr., Einspritzanl.)
Motorlast	→			
Motortemperatur	→			
Zündung Kl. 15	→			
Masse Kl. 31	→		→	Primärsignal für Zündspule
Zusätzlich mögliche Eingangssignale				
Ansauglufttemperatur	→			
Drosselklappenschalter	→			
Codierstecker	→			
Klopfsensor(en)	→			
Batteriespannung Kl. 30	→			
Schaltsignal bei Automatik-Getriebe	→			

12.2.2 Die wichtigsten Eingangssignale für die Zündzeitpunkt(ZZP)-Berechnung

Drehzahl und Bezugsmarke (Stellung der Kurbelwelle) sind die wichtigsten Informationen für das Steuergerät. Die Erfassung kann induktiv (TSZ-i) oder durch einen Hallgeber (TSZ-h, s. Abschnitt 12.1.1) erfolgen.
Der entsprechende Sensor kann im Verteiler integriert sein. Es gibt aber auch die Möglichkeit der induktiven Drehzahl- und Bezugsmarken-Erfassung durch induktive Stabsensoren. Dabei kann durch die Zähne des Schwungrades die Drehzahl und durch einen zusätzlichen Geber eine Bezugsmarke ebenfalls am Schwungrad erfasst werden.
Eine weitere Möglichkeit bietet eine Zahnscheibe am Schwingungsdämpfer mit einer Lücke (ein Zahn fehlt). Dabei werden durch einen Stabsensor sowohl die Drehzahl als auch die Bezugsmarke (Lücke) erfasst (Bild 12.9) und im Steuergerät ausgewertet. Die Signale werden mit dem Oszilloskop (Bild 12.10) geprüft. Bei einem Ausfall dieser Eingangssignale kann keine Berechnung des Zündzeitpunktes stattfinden. Hierfür kann es auch keine im Steuergerät gespeicherten oder programmierten Ersatzwerte geben.
Die **Motorlast** ist das zweite Hauptkriterium für das Steuergerät zur Berechnung des Zündzeitpunktes. Durch einen Schlauch kann der Saugrohrdruck (relativer Unterdruck) auf einen Drucksensor im Steuergerät wirken und so die entsprechende Motorlast berechnet werden. Für eine korrekte Funktion ist es sehr wichtig, dass der Schlauch zwischen Saugrohr und Steuergerät nicht undicht, an keiner Stelle geknickt oder anderweitig beschädigt ist.
Ist das entsprechende Fahrzeug mit einer elektronischen Einspritzanlage ausgerüstet, erhält das Zündsteuergerät von dieser die Lastinformation über ein Rechtecksignal (ti-Signal). Es wird über das Tastverhältnis geprüft.
Die Information der Motorlast kann auch über ein Potentiometer an der Drosselklappe erfolgen (Bild 12.11). Die veränderten Widerstandswerte erkennt das Steuergerät durch einen entsprechenden Spannungsabfall am Potentiometer.
Erhält das Steuergerät keine Motorlastinformation, ist nur ein eingeschränkter Notlauf möglich, da aus Motorschutzgründen das Zündkennfeld auf einen späteren Zündzeitpunkt zurückgeht.
Die **Motortemperatur** wird durch einen vom Kühlmittel umspülten NTC-Sensor ermittelt (Bild 12.12). Sie geht als Korrekturfaktor in die Berechnung des Zündzeitpunktes im Steuergerät mit ein.
Der NTC wird durch eine Widerstandsmessung geprüft. Beachten Sie dabei, ob ein oder zwei NTCs im Sensorgehäuse verbaut sind (Bild 12.13).

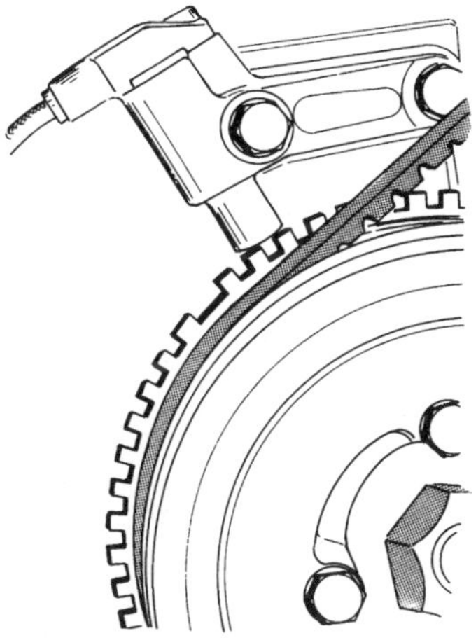

Bild 12.9
Zahnscheibe (auf der Kurbelwelle) mit Induktionsgeber

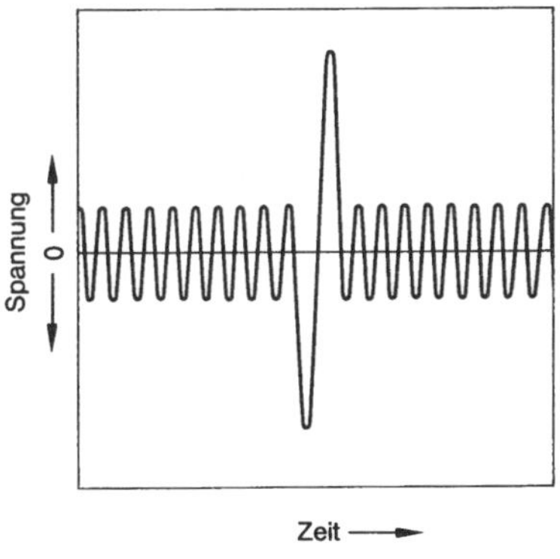

Bild 12.10
Verlauf der Induktionsspannung

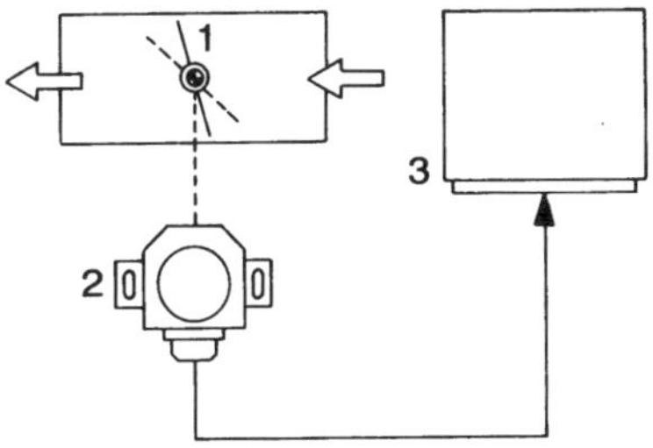

Bild 12.11
Drosselklappenpotentiometer
1 Drosselklappe
2 Drosselklappenpotentiometer
3 Steuergerät

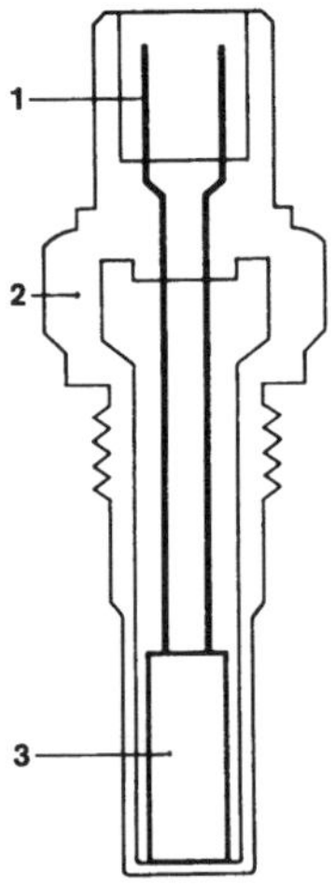

Bild 12.12
Temperaturfühler
1 elektrischer Anschluss
2 Gehäuse
3 NTC-Widerstand

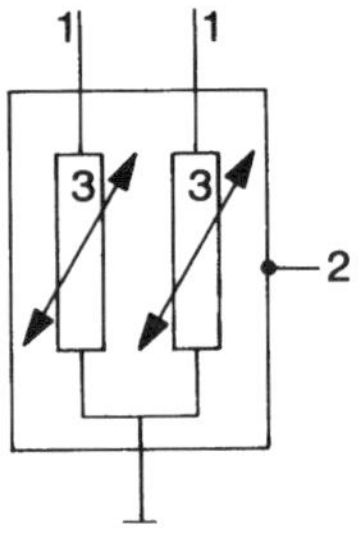

Bild 12.13
Temperaturfühler mit zwei NTCs
1 elektrischer Anschluss
2 Gehäuse
3 NTC-Widerstand

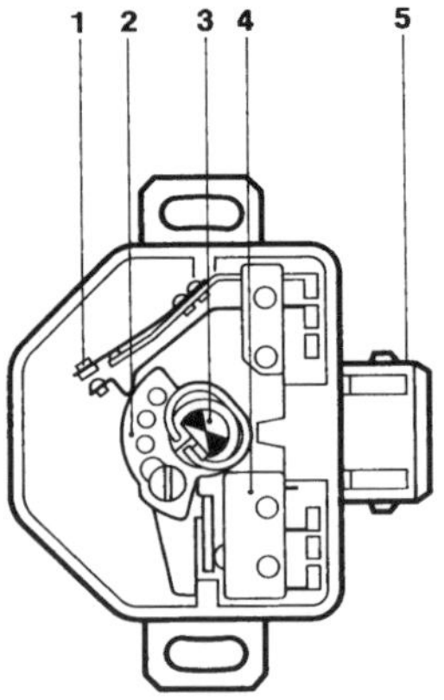

Bild 12.14
Drosselklappenschalter
1 Volllastkontakt
2 Schaltkulisse
3 Drosselklappenwelle
4 Leerlaufkontakt
5 elektrischer Anschluss

Erhält das Steuergerät keine Motortemperatur-Information, wird ein Ersatzwert (Betriebstemperatur, ca. 80 bis 110 °C) zur Berechnung herangezogen und ein späterer Zündzeitpunkt gewählt (Motorschutz, aber Leistungseinbuße).
Durch die **Zündung ein** (Klemme 15) erhält das Steuergerät die Versorgungsspannung und schaltet auf Betriebsbereitschaft.
Je nach Höhe der Spannung korrigiert das Steuergerät die Schließzeit (Schließwinkel), um auch bei ungünstigen Spannungsverhältnissen einen ausreichenden Magnetfeldaufbau in der Primärwicklung zu gewährleisten. Ohne ausreichende Spannungsversorgung kann das Steuergerät natürlich nicht arbeiten.
Ebenso muss eine gute **Masse**verbindung vorhanden sein.

12.2.3 Zusätzlich mögliche Eingangssignale

Die oben genannten Signale sind für die elektronische Zündung notwendige Eingangssignale. Die im Folgenden dargestellten zusätzlichen (eine oder mehrere) Eingangsinformationen können zur weiteren Optimierung der ZZP-Berechnung vorhanden sein.
Die **Batteriespannung** (Klemme 30) muss permanent anliegen, wenn das Steuergerät einen Fehlerspeicher besitzt.

Bei einem Ausfall der Batteriespannung (z.B. Abziehen des Steckers) verliert das Steuergerät die gespeicherten Fehler. Deshalb ist vor Beginn der Fehlersuche unbedingt der Fehlerspeicher auszulesen.

Über die **Ansauglufttemperatur** nimmt das Steuergerät nochmals eine Feinkorrektur des Zündwinkels vor. Das Signal liefert ein im Ansaugsystem verbauter NTC (selten: PTC). Der Ersatzwert beträgt meist zwischen 20 und 40 °C. Zur Überprüfung des NTCs wird ebenfalls eine Widerstandsmessung durchgeführt. Die Werte sind meist identisch mit den Werten des NTCs für das Kühlmittel (20 °C ≙ 2,5 kΩ ± 10%).
Durch den **Drosselklappenschalter** (Bild 12.14) werden bei geschlossenem Leerlaufkontakt bzw. geschlossenem Volllastkontakt im Steuergerät eigene Leerlauf- bzw. Volllastkennlinien ausgewählt. (Ist für die Motorlastkennung ein Drosselklappenpotentiometer verbaut, erübrigt sich der Drosselklappenschalter.)
Durch eine Widerstandsmessung und Betätigen der Drosselklappe werden die entsprechenden Schaltkontakte (LL, VL) auf ihre Funktion geprüft.

Der Leerlaufkontakt muss kurz bevor die Drosselklappe ganz geschlossen ist bereits schalten, ansonsten ist er über Langlöcher entsprechend einzustellen.
Falsche oder fehlende Signale vom Drosselklappenschalter bewirken einen unrunden, z.T. sägenden Leerlauf.
Über den **Codierstecker** (Bild 12.15) können im Steuergerät diverse Zündkennfelder – entsprechend der verfügbaren Kraftstoffqualität – abgerufen werden.
Zur Überprüfung misst man die verschiedenen Widerstände je nach Schalterstellung und vergleicht sie mit den Sollwertangaben des Herstellers. Bei einem fehlenden Codierstecker-Signal oder falscher Auswahl durch den Benutzer wählt das Steuergerät evtl. ein nicht passendes Zündkennfeld. Dies kann eine erhebliche Leistungseinbuße des Motors (bei Spätverstellung) oder einen Motorschaden (bei Frühverstellung) bedeuten.

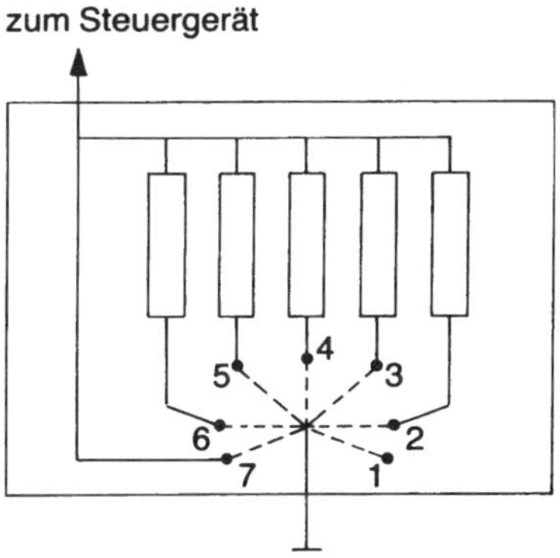

Bild 12.15
Codierstecker

Die bessere Lösung, um auf verschiedene Kraftstoffqualitäten eingehen zu können, ist die Verwendung von Klopfsensoren. Der am Motorblock angeschraubte **Klopfsensor** registriert bereits das leichteste Klopfen bei einer Verbrennung und veranlaßt das Zündsteuergerät, den Zündwinkel entsprechend zurückzunehmen (z.B. in 3°-Schritten). Erkennt das Steuergerät keine klopfende Verbrennung mehr, wird das ursprünglich ermittelte Zündkennfeld in kleinen Schritten (z.B. 0,5°) wieder angefahren.
Die Rücknahme des Zündzeitpunktes kann für alle Zylinder, aber auch nur für einen betroffenen Zylinder geschehen (zylinderselektiv). Es können ein oder mehrere Klopfsensoren (Bild 12.16) verbaut sein.

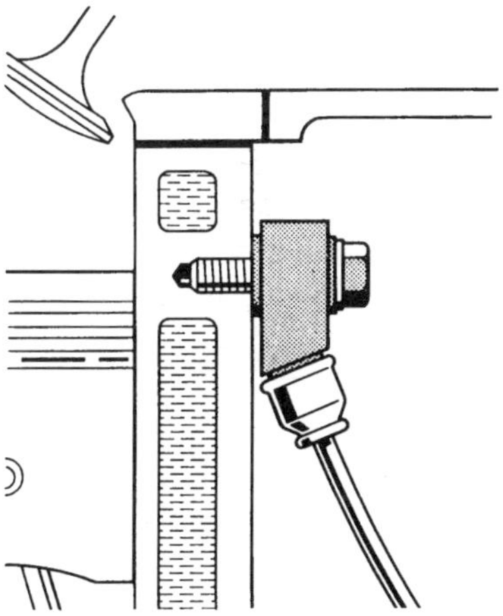

Bild 12.16
Klopfsensor als breitbandiger Beschleunigungsaufnehmer mit einer Eigenfrequenz von über 25 kHz

Durch die Klopfregelung kann die Auslegung des Zündkennfeldes bis an die Klopfgrenze herangeführt werden, ohne einen Sicherheitsabstand einhalten zu müssen. Dies steigert die Effizienz in der Kraftstoffausnutzung und erhöht die Sicherheit vor Klopfschäden – auch bei ungünstigsten Bedingungen.
Da das Signal der Piezokeramik des Klopfsensors in einem sehr hohen Frequenzbereich liegt, ist die Leitung geschirmt. Jeder Klopfsensor wird vom Steuergerät ständig auf seine Funktion überwacht und bei einem Ausfall bzw. einer Störung im Fehlerspeicher eingetragen sowie das Zündkennfeld zurückgenommen.

Eine aussagefähige Überprüfung eines Klopfsensors durch verschiedene Messungen ist nicht möglich. Lediglich die Stecker sind auf gute Kontaktierung zu überprüfen. Bei mehreren verbauten Klopfsensoren ist es wichtig, die Stecker nicht zu vertauschen.

Auf eine weitere Beeinflussung des Kennfeldes wird noch hingewiesen: Ein **Schaltsignal** bei Fahrzeugen mit **elektronisch geregeltem**

Automatikgetriebe veranlasst das Steuergerät, während eines Schaltvorganges die Zündung zurückzunehmen, um so einen weicheren Schaltvorgang zu gewährleisten.

12.2.4 Ausgangssignale und Hinweise zur Fehlersuche

Erhält das Steuergerät die vorgesehenen Eingangsinformationen (je nach Ausführung), wird ausgangsseitig die Klemme 1 der Zündspule so gesteuert, dass zu den jeweils vorgesehenen Zeitpunkten der Zündfunke in ausreichender Stärke vorhanden ist. Der Verteiler übernimmt hier größtenteils nur noch die Funktion der Hochspannungsverteilung auf den jeweiligen Zylinder. Sehr häufig ist er deshalb direkt am vorderen Ende einer Nockenwelle befestigt, die direkt den Verteilerläufer antreibt.
Das ebenfalls aus dem Steuergerät kommende td-Signal dient als Drehzahlinformation für verschiedene weitere Steuergeräte und Instrumente. Es ist ein Rechtecksignal und wird über das Tastverhältnis gemessen.
Bei einer Fehlersuche beginnt man auch hier mit der Zündkerze und verfolgt die Ursache zurück bis zum Steuergerät (analog TSZ-i, -h). Dort misst man das Signal für die Klemme 1 der Zündspule über Tastverhältnis bzw. Schließwinkel. Ist kein Signal vorhanden, müssen alle Eingangssignale überprüft werden. Sind alle Eingangssignale vorhanden und liegen sie innerhalb festgelegter Toleranzen, wird das Steuergerät getauscht.

Immer erst Fehler auf Eingangs- bzw. Ausgangsseite beheben, um die Zerstörung eines Steuergerätes durch «Probetauschen» zu vermeiden!

Bei einem eigendiagnosefähigen Steuergerät wird – bevor man mit der eigentlichen Fehlersuche beginnt – der Fehlerspeicher ausgelesen.

12.3 Vollelektronische Zündung

12.3.1 Aufbau und Vorteile der ruhenden Hochspannungsverteilung

Die vollelektronische Zündung baut auf der elektronischen Zündung auf. Eingangsseitig benötigt sie die gleichen Signale. Auf der Ausgangsseite entfällt der Hochspannungsverteiler. Jeder Zylinder wird direkt über eine eigene Zündspule bedient (Bild 12.17).

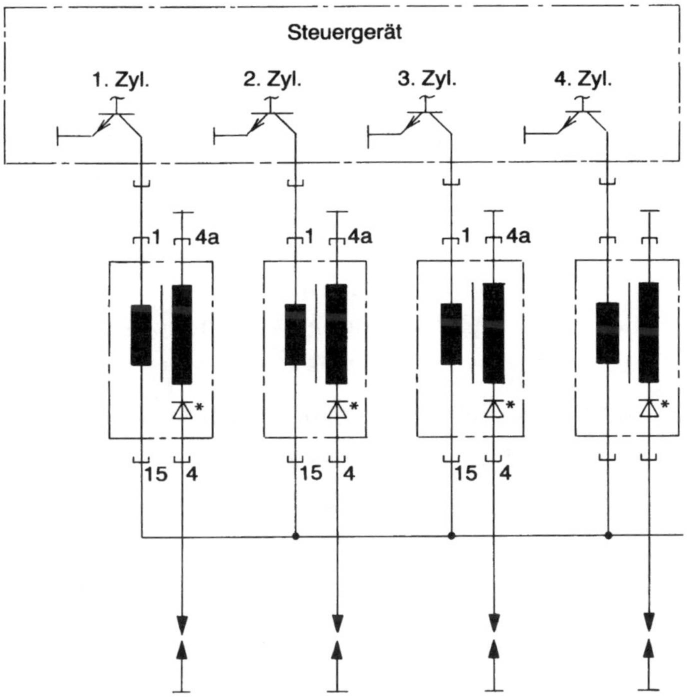

Bild 12.17
Ruhende Hochspannungsverteilung über Einzelfunken-Zündspulen

Dazu benötigt das Steuergerät jedoch eine zusätzliche Eingangsinformation (Bild 12.18), den Nockenwellengeber. Über einen Stabsensor (seltener Hall-Geber) erkennt das Steuergerät die Zylinderzuordnung und steuert entsprechend der Zündreihenfolge jede Zündspule einzeln an.

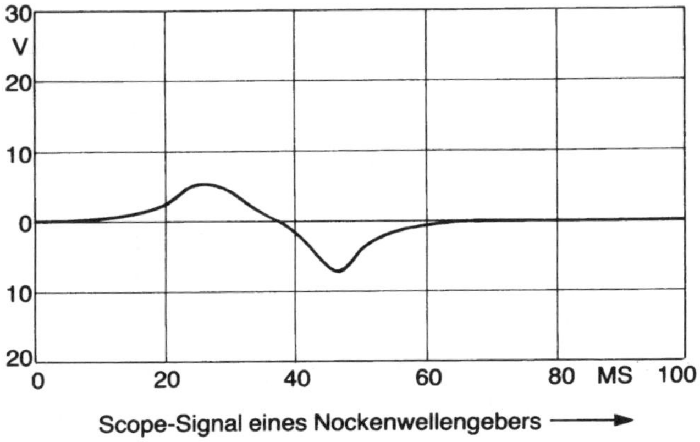

Bild 12.18
Scope-Signal eines Nockenwellengebers

Die ruhende Hochspannungsverteilung der vollelektronischen Zündung hat durch den Entfall des Hochspannungsverteilers keine rotierenden Teile mehr.

Das bedeutet:

- keine Einschränkung der maximal möglichen Zündverstellung (durch Entfall der Funkenstrecke im Verteiler),
- kein Verschleiß durch Funkenstrecken im Verteiler,
- weniger Hochspannungsverbindungen,
- wesentlich kleinere elektromagnetische Störquellen (keine offenen Funkenstrecken mehr),
- noch höhere Zündleistung möglich.

12.3.2 Ruhende Hochspannungsverteilung über Doppelfunkenspulen

Eine kostengünstigere Alternative bei Motoren mit gerader Zylinderzahl ist die ruhende Hochspannungsverteilung durch Doppelfunken-Zündspulen (Bild 12.19), bei der zwei Zündfunken gleichzeitig ausgelöst werden.

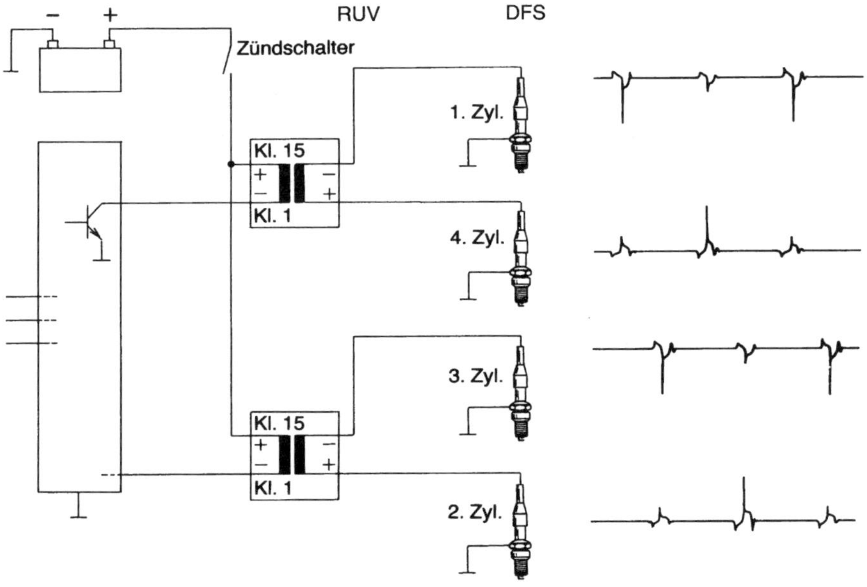

Bild 12.19
Ruhende Hochspannungsverteilung durch Doppelfunken-Zündspulen

Dabei ist an einem Zylinder der Zündfunke Arbeitsfunke, und am zweiten Zylinder ist es ein Leerfunke (bzw. Stützfunke), der in die Ventilüberschneidung hinein zündet. 360° später ist es dann umgekehrt.

Da hierbei keine Zylinderzuordnung durch einen Nockenwellensensor notwendig ist, kann dieser entfallen. Zudem ist der Steuergeräte-Aufbau einfacher (keine Zylinderzuordnung, weniger Endstufen).

Bei verschiedenen Herstellern sind mehrere Doppelfunkenspulen zu einem Bauteil zusammengefügt (Bild 12.20).

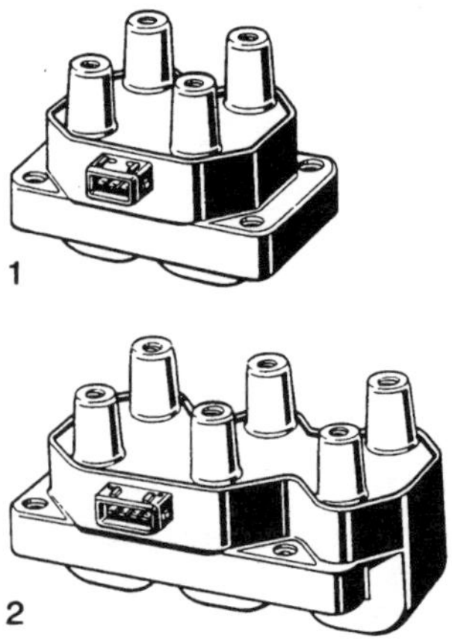

Bild 12.20
Weitere Zündspulen für ruhende Verteilung (RUV)
1 2x Doppelfunkenspule (2x DFS)
2 3x Doppelfunkenspule (3x DFS)

12.3.3 Zündstromrückmeldung bei der ruhenden Hochspannungsverteilung

Bei Einzelfunkenspulen für jeden Zylinder kann durch einen Shunt-Widerstand in der gemeinsamen Masseleitung der Sekundärwicklungen der Zündspulen das Steuergerät die Funktion der Zündauslösung für jede Zündspule nicht nur primär-, sondern auch sekundärseitig überwachen (Bild 12.21). Anhand des Spannungsverlaufs ist eine eindeutige Aussage möglich, ob der Zündfunke an der Zündkerze übergesprungen ist.

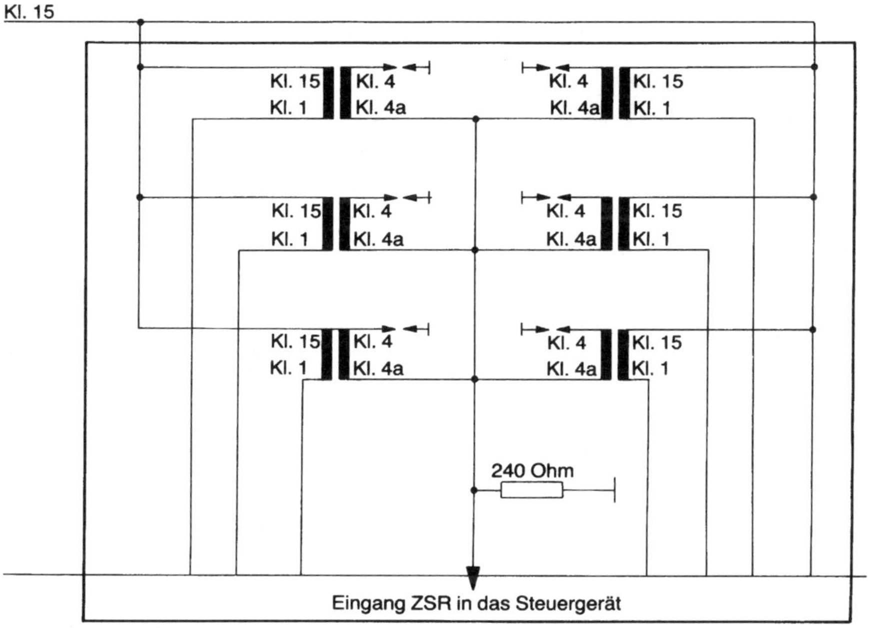

Bild 12.21
Zündkreisüberwachung durch Zündstromrückmeldung (ZSR)

Eventuelle Fehlfunktionen werden im Fehlerspeicher abgelegt. Ist dieses System mit einer modernen elektronischen Einspritzanlage kombiniert, kann das Steuergerät für diesen Zylinder die Einspritzung abschalten.

12.3.4 Hinweise zur Fehlersuche

Bei einer Fehlersuche müssen an jeder Zündspule mit dem Oszilloskop und entsprechenden Adaptern das Primär- und das Sekundärbild geprüft werden. Eine Widerstandsmessung auf der Sekundärseite der Zündspule ist häufig wegen einer zur Unterdrückung des Schließfunkens eingebauten Sperrdiode nicht möglich. Beachten Sie die charakteristischen Oszillogramme in den Bildern 12.22a und b.
Bei der Prüfung einer DFS und EFS mit Zündstromrückmeldung besteht keine Verbindung des Primär- und Sekundärkreises, d.h., der

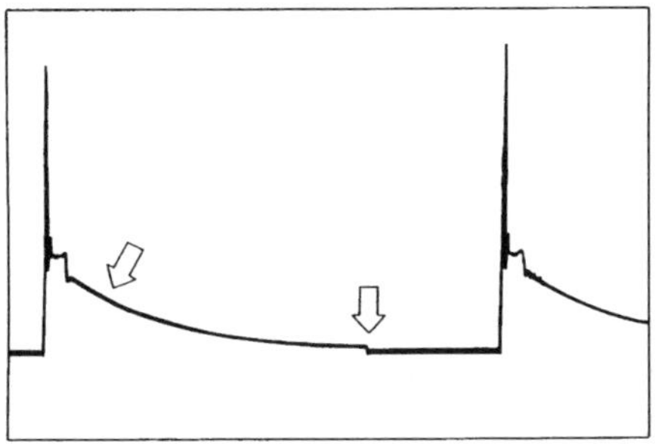

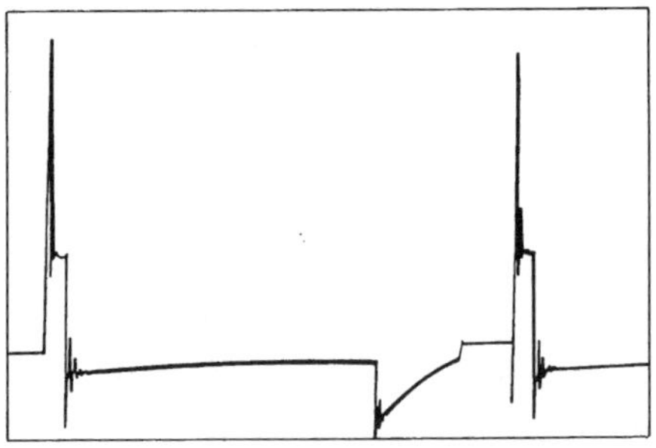

Bild 12.22a (links)
Oszillogramm einer RUV-Zündanlage mit Einzelfunkenspule (EFS) mit Hochspannungsdioden zur Schließfunken-Unterdrückung

Bild 12.22b (rechts)
Normal-Oszillogramm einer RUV-Zündanlage mit Einzelfunkenspule (EFS)

Sekundärwiderstand ist zwischen 4 und 4a oder 4a und 4b zu messen. Verfügt das System über einen Fehlerspeicher und eine Zündstromrückmeldung, so gibt das Steuergerät über einen Diagnose-Computer den Fehlerpfad eindeutig an. Ansonsten müssen alle Eingangssignale gemessen (s. Abschnitt 12.2) sowie die Ausgänge zu den einzelnen Zündspulen auf ihre Funktion geprüft werden.

13 Einspritzsysteme

Die Aufgabe von Gemischaufbereitungssystemen besteht darin, das benötigte Kraftstoff-Luft-Gemisch möglichst exakt, den veränderlichen Betriebszuständen des Motors angepasst, zur Verfügung zu stellen.
Die gestiegenen Anforderungen an Fahrkomfort, Wirtschaftlichkeit und eine Reduzierung der Schadstoffemissionen konnte der Vergaser nicht mehr erfüllen. Bei Vergaseranlagen ergaben sich durch Entmischungsvorgänge und Kraftstoffkondensierung (an den Saugrohrwänden) unterschiedliche Gemischzusammensetzungen für die verschiedenen Zylinder. Um auch für den am schlechtesten versorgten Zylinder ein genügend fettes Gemisch zu haben, wurde das gesamte Gemisch entsprechend höher angereichert.
Durch die Kraftstoffeinspritzung unmittelbar vor das Einlassventil konnte man jedem Zylinder exakt den gleichen Kraftstoff entsprechend der angesaugten Luft zuteilen. Zudem konnten die Ansaugwege strömungsgünstiger ausgelegt werden, ohne auf oben erwähnte «Effekte» Rücksicht zu nehmen. Damit erreichte man eine bessere Zylinderfüllung und eine gleichmäßigere Luftverteilung auf die einzelnen Zylinder (höheres Drehmoment, effizientere Ausnutzung des Kraftstoffs, geringere Schadstoffwerte).
Die Einspritzanlagen für Ottomotoren beschränkten sich im Wesentlichen auf zwei Systeme mit einer Vielzahl von Varianten; die kontinuierlich einspritzenden, z.B. K-, KE-Jetronic, und die intermittierend einspritzenden, z.B. L-, LE-, LH-Jetronic, die sich durchgesetzt hat.
Die ursprünglich von der Firma Bosch stammenden Bezeichnungen sind mittlerweile in den allgemeinen Sprachgebrauch übergegangen und werden daher im weiteren Verlauf ohne Anführungszeichen verwendet.

13.1 Kontinuierliche Einspritzung (K-Jetronic)

13.1.1 Funktionsbeschreibung und Systemübersicht (Bild 13.1)

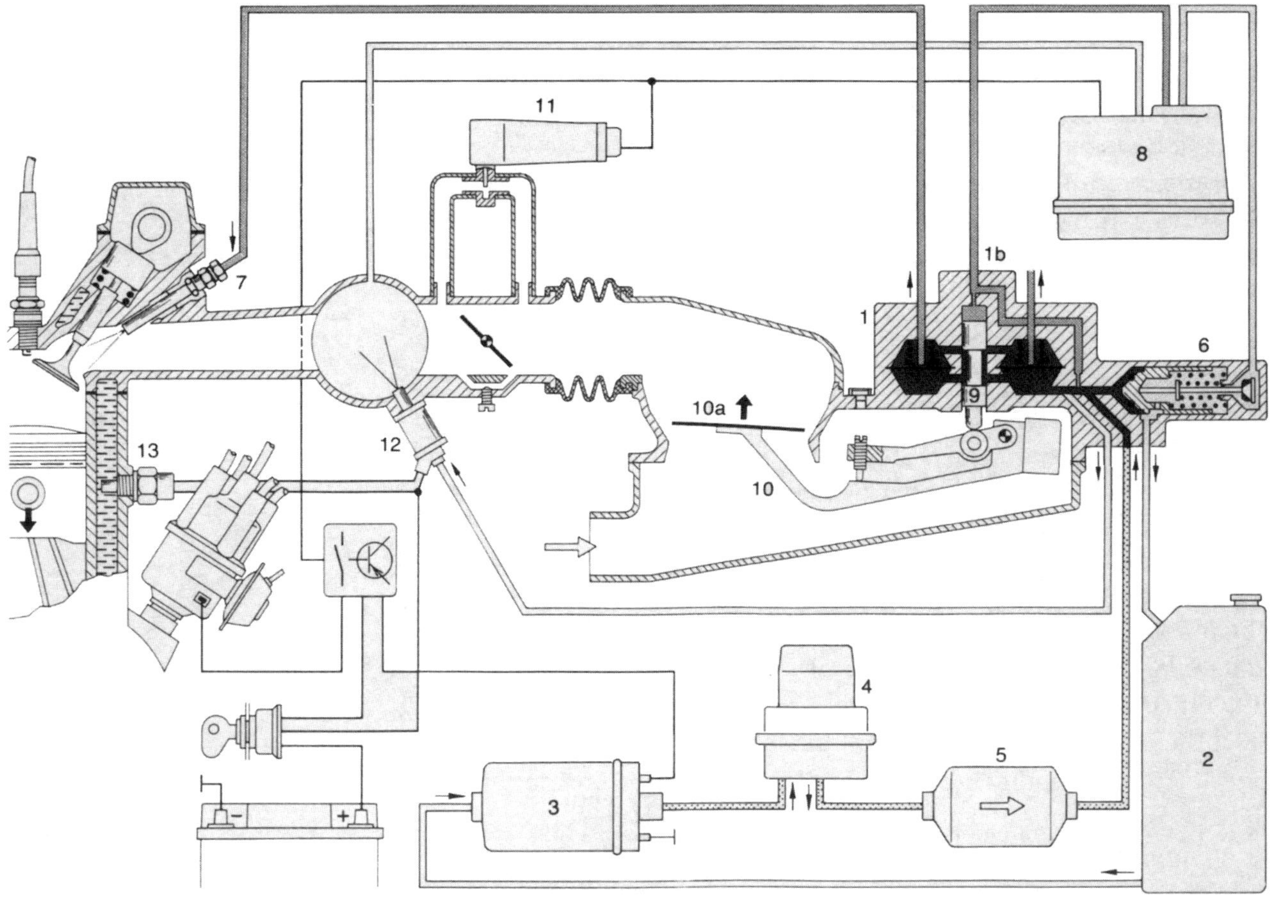

Bild 13.1
Schema der K-Jetronic, Teil Kraftstoffversorgung
1 Gemischregler
1b Kraftstoffmengenteiler
2 Kraftstoffbehälter
3 Elektrokraftstoffpumpe
4 Kraftstoffspeicher
5 Kraftstofffilter
6 Druckregler
7 Einspritzventile
8 Warmlaufregler
9 Steuerkolben
10 Luftmengenmesser
10a Stauscheibe
11 Zusatzluftschieber
12 Kaltstartventil
13 Thermozeitschalter

Die Elektrokraftstoffpumpe (3) fördert aus dem Tank (2) über den Kraftstoffspeicher (4) und durch das Kraftstofffilter (5) den Kraftstoff in den Gemischregler (1). Der Druckregler (6) hält den Systemdruck konstant bei ca. 5 bar. Der zuviel geförderte Kraftstoff kann durch die Rücklaufleitung zurück zum Tank. Durch den Warmlaufregler (8) wird entsprechend der Motortemperatur der Steuerdruck, der auf den Steuerkolben (9) wirkt, variiert. Der Auslenkung der Stauscheibe (10a) des Luftmengenmessers (10) durch die angesaugte Luftmenge wirkt der Steuerdruck entgegen. Dadurch wird die Kraftstoffmenge, die der Steuerkolben im Kraftstoffmengenteiler (1b) zu den einzelnen Einspritzventilen (7) durchlässt, in der Warmlaufphase zusätzlich gesteuert. Bei betriebswarmem Motor ist der Steuerdruck konstant (ca. 3,7 bar) und damit die eingespritzte Kraftstoffmenge direkt proportional

zur angesaugten Luftmenge (durch die Auslenkung der Stauscheibe, die den Steuerkolben über das Hebelsystem betätigt).
Durch den Zusatzluftschieber (11) wird dem Motor beim Kaltstart eine zusätzliche Luftmenge zur Leerlauferhöhung (an der Drosselklappe vorbei) zugeführt.
Das Kaltstartventil (12) spritzt während der Startphase zeitlich begrenzt zusätzlichen Kraftstoff in das Ansaugsystem zur Starterleichterung und zum Ausgleich von Kondensationsverlusten. Gesteuert wird es durch den elektrisch beheizten Thermozeitschalter (13).

13.1.2 Bauteile und ihre Funktionsweisen

Die **Kraftstoffpumpe** (Bild 13.2) ist eine Rollenzellenpumpe, die von einem Elektromotor angetrieben wird. Sie fördert mehr Kraftstoff als der Motor benötigt. Dadurch kann bei allen Betriebsbedingungen der Druck im Kraftstoffsystem konstant gehalten werden. Die Förderleistung beträgt mindestens ca. 0,75 l/min.

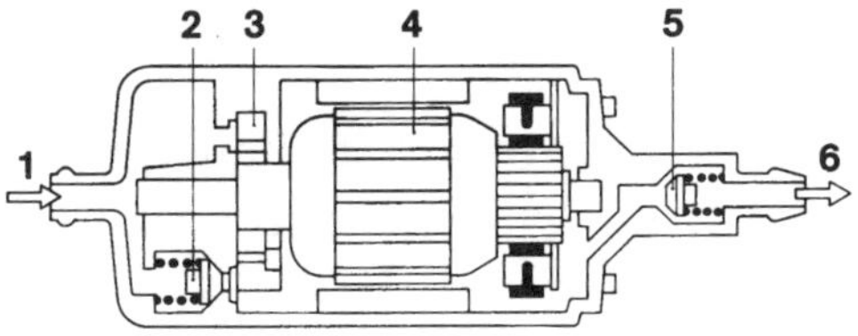

Bild 13.2
Elektrokraftstoffpumpe
1 Saugseite
2 Überdruckventil
3 Rollenzellenpumpe
4 Motoranker
5 Rückschlagventil
6 Druckseite

Die Kraftstoffpumpe wird nur während des Startens bzw. bei laufendem Motor durch ein Steuerrelais mit Spannung versorgt. Ohne Signal der Klemme 1 unterbricht das Steuerrelais aus Sicherheitsgründen (z.B. Unfall) die Stromversorgung.
Zur Geräuschreduzierung wurde die Elektrokraftstoffpumpe häufig im Tank eingebaut. Eine Explosionsgefahr durch den Kraftstoff in der Pumpe bzw. im Tank besteht nicht, da kein zündfähiges Gemisch vorhanden ist.
Die Kraftstoffpumpe wird auch bei der L-Jetronic (und deren Varianten) bzw. Motronic verwendet. Bei ungünstigen Einbauverhältnissen des Kraftstofftanks kann eine Vorförderpumpe notwendig sein.
Der **Kraftstoffspeicher** (Bild 13.3) vor dem Filter vermindert das Fördergeräusch der Kraftstoffpumpe und die von ihr verursachten Druckschwankungen. Bei stehendem Motor hält der Kraftstoffspeicher den Druck im Kraftstoffsystem aufrecht.

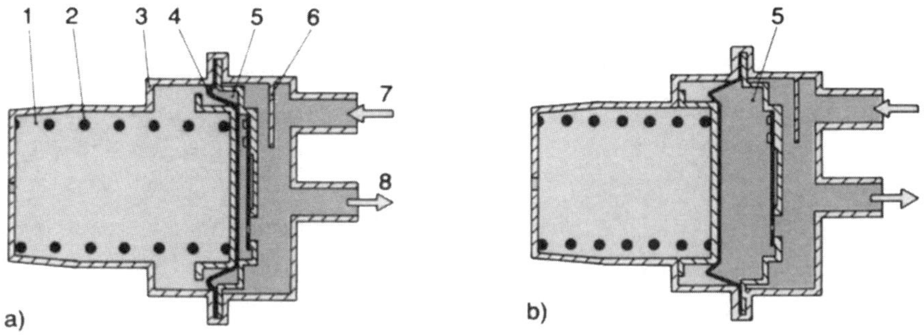

Bild 13.3
Kraftstoffspeicher
a) leer
b) gefüllt
1 Federkammer
2 Feder
3 Anschlag
4 Membran
5 Speichervolumen
6 Umlenkblech
7 Kraftstoffzufluss
8 Kraftstoffabfluss

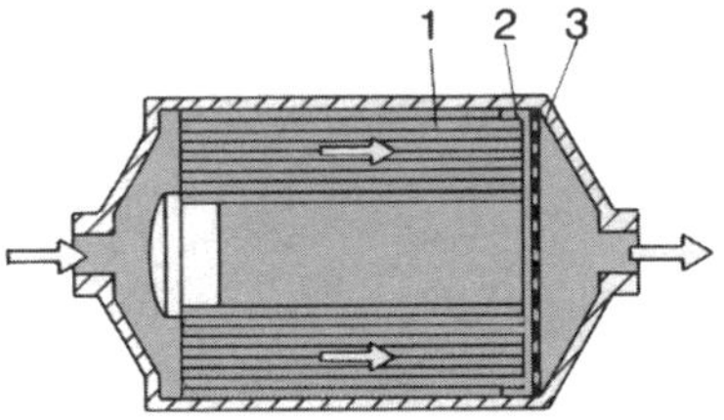

Bild 13.4
Kraftstofffilter
1 Papierfilter
2 Sieb
3 Stützplatte

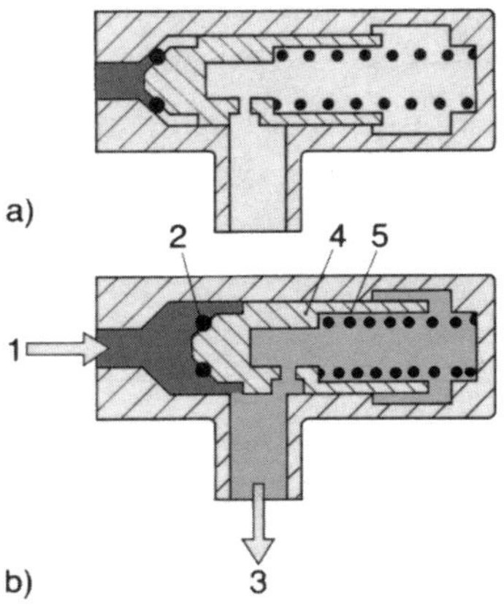

Bild 13.5
Systemdruckregler am Mengenteiler
a) in Ruhestellung
b) in Arbeitsstellung
1 Zulauf Systemdruck
2 Dichtung
3 Rücklauf zum Kraftstoffbehälter
4 Kolben
5 Regelfeder

Das **Kraftstofffilter** (Bild 13.4) schützt die empfindlichen Bauteile des Einspritzsystems vor Verschmutzungen. Es wird in regelmäßigen Abständen gewechselt. Dabei ist der Pfeil (Durchflussrichtung) auf dem Filtergehäuse unbedingt zu beachten.

Ein verschmutztes, defektes oder falsch montiertes Kraftstofffilter kann zu Leistungseinbußen (zu geringe Kraftstoffmenge) führen.

Der **Systemdruckregler** (Bild 13.5) im Gehäuse des Kraftstoffmengenteilers regelt durch die Regelfeder den Systemdruck bei laufendem Motor auf ca. 5 bar. Der zu viel geförderte Kraftstoff fließt zurück zum Kraftstofftank. Bei stehendem Motor geht der Druck unter den Öffnungsdruck der Einspritzventile zurück.

Ein falscher Systemdruck durch Undichtigkeiten, Verschmutzungen oder zu geringe Förderleistung der Kraftstoffpumpe beeinflusst die Gemischzusammensetzung erheblich und damit das Laufverhalten des Motors. Bei größeren Abweichungen lässt sich der Motor nicht mehr starten. Durch eine Messung mit einem Druckmanometer wird der Systemdruck überprüft.

Die **Einspritzventile** (Bild 13.6) spritzen den Kraftstoff kontinuierlich (K-Jetronic) in die Ansaugrohre vor das Einlaßventil des jeweiligen Zylinders. Sie öffnen bei ca. 3 bis 4 bar. Durch das Schwingen (Druckpulsationen) der Ventilnadel («Schnarren») wird der Kraftstoff fein zerstäubt.

Sinkt der Systemdruck unter den Öffnungsdruck der Einspritzventile (nach dem Abstellen des Motors oder durch unzureichende Kraftstoffversorgung), müssen diese dicht abschließen. Es darf kein Kraftstoff nachtropfen (Druckprüfung und Sichtkontrolle).

Im **Gemischregler** wird der Kraftstoff entsprechend der Auslenkung der Stauscheibe des Luftmengenmessers (angesaugte Luftmenge) durch den Steuerkolben im Kraftstoffmengenteiler den Einspritzventilen zugeteilt (Bild 13.7).

Die vom Motor angesaugte Luftmenge hebt die Stauscheibe entsprechend dem freizugebenden Öffnungsquerschnitt im Lufttrichter an. Über ein Hebelsystem wirkt die Stauscheibe des Luftmengenmessers auf den Steuerkolben (Bild 13.8). Eine Korrekturmöglichkeit besteht über die Gemischeinstellschraube. Der durch den Warmlaufregler in

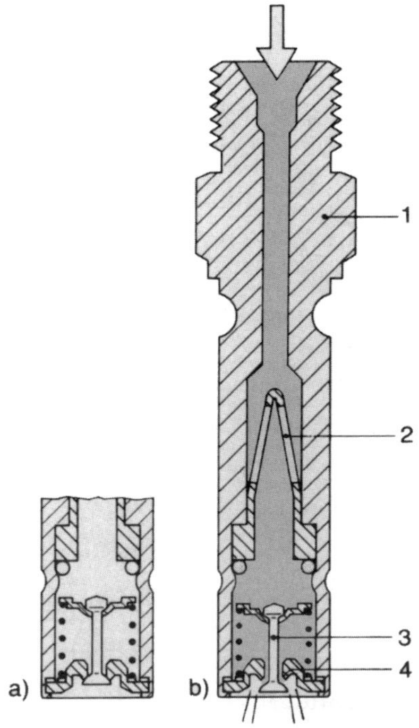

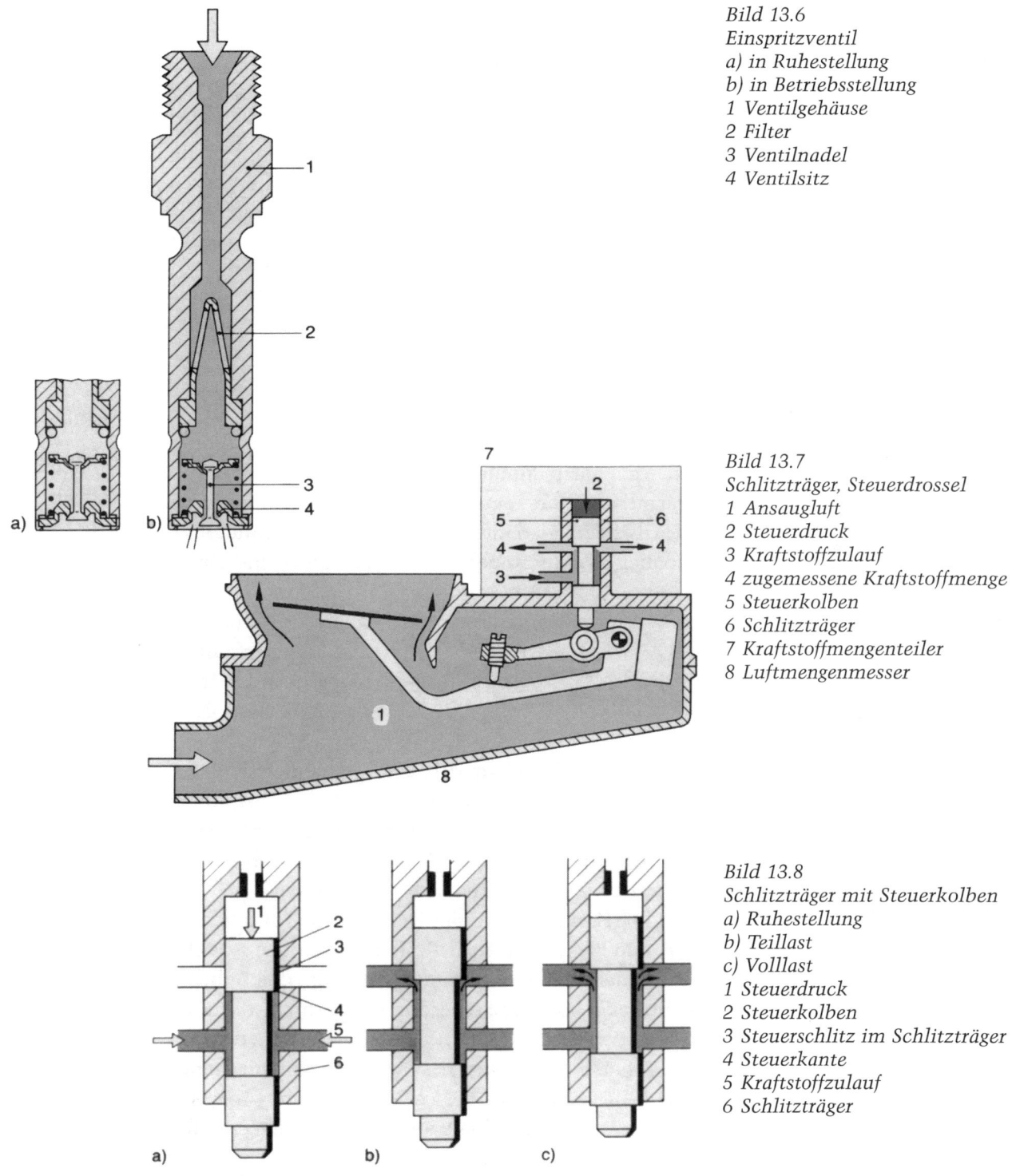

Bild 13.6
Einspritzventil
a) in Ruhestellung
b) in Betriebsstellung
1 Ventilgehäuse
2 Filter
3 Ventilnadel
4 Ventilsitz

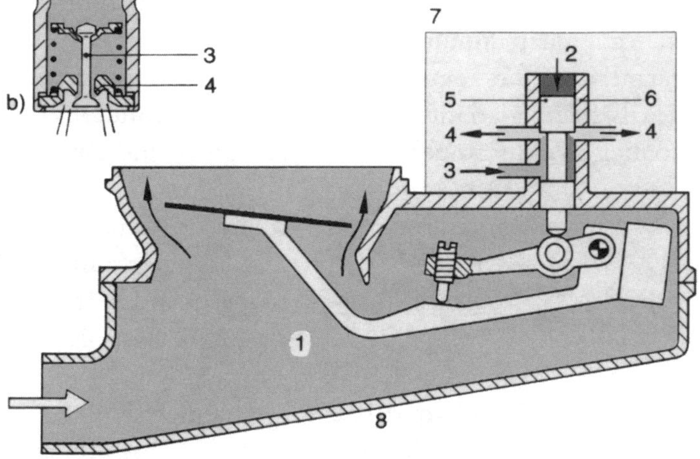

Bild 13.7
Schlitzträger, Steuerdrossel
1 Ansaugluft
2 Steuerdruck
3 Kraftstoffzulauf
4 zugemessene Kraftstoffmenge
5 Steuerkolben
6 Schlitzträger
7 Kraftstoffmengenteiler
8 Luftmengenmesser

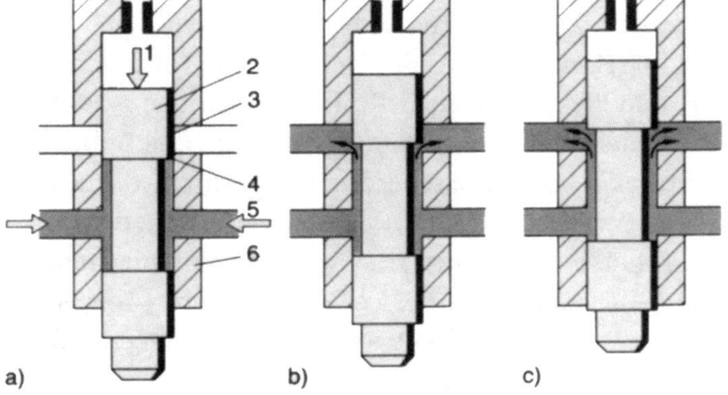

Bild 13.8
Schlitzträger mit Steuerkolben
a) Ruhestellung
b) Teillast
c) Volllast
1 Steuerdruck
2 Steuerkolben
3 Steuerschlitz im Schlitzträger
4 Steuerkante
5 Kraftstoffzulauf
6 Schlitzträger

Abhängigkeit von der Motortemperatur geregelte Steuerdruck wirkt dieser Kraft entgegen.

Je mehr der Steuerkolben ausgelenkt wird (entsprechend der ange-

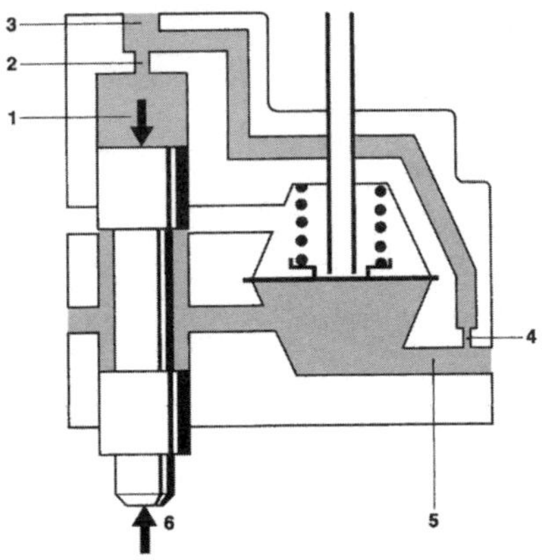

Bild 13.9
Systemdruck und Steuerdruck
1 Wirkung des Steuerdrucks (hydraulische Kraft)
2 Dämpfungsdrossel
3 Leitung zum Warmlaufregler
4 Entkoppeldrossel
5 Systemdruck (Förderdruck)
6 Wirkung der Luftkraft

saugten Luftmenge), desto mehr Kraftstoff wird den Einspritzventilen zugeteilt.
Der Steuerdruck regelt damit die Gemischzusammensetzung. Er wird durch die Entkoppeldrossel (4) vom Systemdruck abgezweigt (Bild 13.9). Bei kaltem Motor beträgt der Steuerdruck ca. 0,5 bar. Dadurch wird der angesaugten Luftmenge durch den Steuerkolben eine geringere Kraft entgegengesetzt und mehr Kraftstoff eingespritzt (Warmlaufanreicherung). Der Steuerdruck steigt mit zunehmender Motorerwärmung an und reduziert dadurch die Anreicherung. Bei betriebswarmem Motor beträgt der Steuerdruck ca. 3,7 bar.
Die Dämpfungsdrossel (2) verhindert ein zu starkes Schwingen der Stauscheibe durch die Ansaugluftpulsation. Sie lässt jedoch beim schnellen Öffnen der Drosselklappe ein kurzes Überschwingen der Stauklappe zu. Dadurch erhöht sich kurzzeitig die eingespritzte Kraftstoffmenge (Beschleunigungsanreicherung).
Bei stehendem Motor verhindert ein Absperrventil im Rücklauf des Warmlaufreglers den Druckverlust im Steuerdruckkreis. Dieses Ventil ist im Systemdruckregler integriert (Bilder 13.10a und b).
Mögliche Fehler können sich hier durch Undichtigkeiten (Leitungs-

Bild 13.10
Systemdruckregler mit Aufstoßventil im Steuerdruckkreis
a) in Ruhestellung
b) in Arbeitsstellung
1 Zulauf Systemdruck
2 Rücklauf (zum Kraftstoffbehälter)
3 Kolben des Systemdruckreglers
4 Aufstoßventil
5 Zulauf Steuerdruck (vom Warmlaufregler)

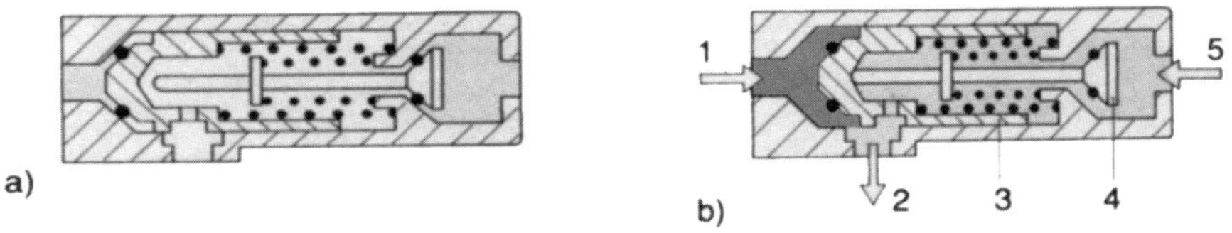

anschlüsse, Absperrventil) oder durch einen defekten Warmlaufregler ergeben.
Der am Motor befestigte **Warmlaufregler** (Bild 13.11) wird durch die Motorwärme sowie zusätzlich elektrisch beheizt.
Im kalten Zustand drückt die Bimetallfeder auf die Ventilfeder (Bild 13.11a). Dadurch wird die Federkraft auf die Ventilmembran verringert und diese lässt mehr Kraftstoff über den Rücklauf zurückfließen. Mit zunehmender Erwärmung verringert sich die Gegenkraft auf die Ventilfeder, bis der Steuerdruck nur durch die Kraft der Ventilfeder geregelt wird (Bild 13.11b). Durch die Verringerung des Absteuerquerschnitts der Ventilmembran stellt sich der Steuerdruck (3,7 bar) ein. Angepaßt an die Erfordernisse des Motors wird die Zeit für die Kaltstartanreicherung durch die Auslegung der elektrischen Beheizung festgelegt.

Bei Startschwierigkeiten (kalt/heiß) sowie unrundem Motorlauf sind der Steuerdruck mit einem Druckmanometer sowie dessen Veränderung mit steigender Motortemperatur zu prüfen.

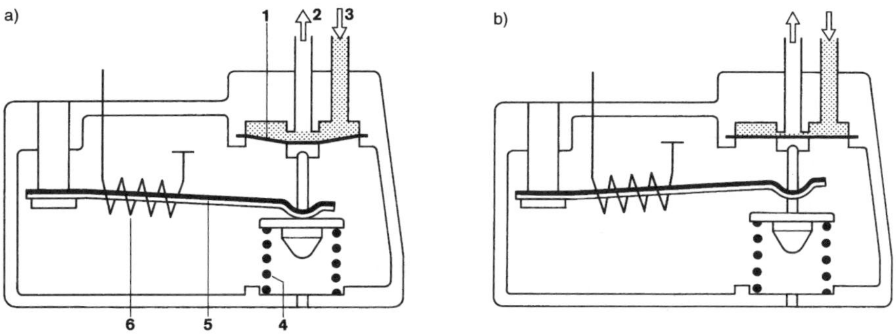

Bild 13.11
Warmlaufregler
a) bei kaltem Motor
b) bei betriebswarmem Motor
1 Ventilmembran
2 Rücklauf
3 Steuerdruck (vom Gemischregler)
4 Ventilfeder
5 Bimetall
6 elektrische Heizung

Zusätzlich gibt es Warmlaufregler, die den Steuerdruck auch abhängig vom Saugrohrunterdruck regeln (Bilder 13.12a und b).
Durch einen starken Saugrohrunterdruck (Leerlauf/Teillast) wird die Membran (10) bis an den oberen Anschlag (8) gezogen. Die innere Ventilfeder drückt dadurch stärker auf die Ventilmembran (= Verringerung des Absteuerquerschnitts), und der Steuerdruck steigt. Dies bewirkt eine Reduzierung der eingespritzten Kraftstoffmenge. Bei Volllast (geringer Saugrohrunterdruck) ist die Membran (10) am unteren Anschlag (11), und der Steuerdruck wird abgesenkt (Volllastanreicherung). Diese Variante unterstützt die Lastanpassung (zusätzlich zur Lufttrichterform) bei Motoren, die im unteren Lastbereich sehr mager betrieben werden.

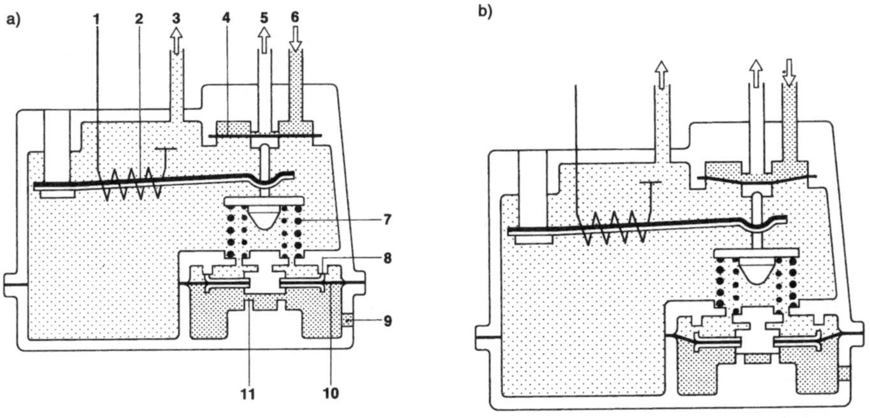

Bild 13.12 Warmlaufregler (Steuerdruckregler) mit Volllastmembran
a) bei Leerlauf und Teillast
1 elektrische Heizung
2 Bimetall
3 Unterdruckanschluss (vom Saugrohr)
4 Ventilmembran
5 Rücklauf zum Kraftstoffbehälter
6 Steuerdruck (vom Mengenteiler)
7 Ventilfedern
8 oberer Anschlag
9 Entlüftung
10 Membran
11 unterer Anschlag
b) bei Volllast

Fehlfunktionen können durch einen undichten Saugrohranschluss auftreten, der zu prüfen ist, wenn im Leerlauf oder bei Teillast der Motor zu fett läuft.

Die **Differenzdruckventile** im Kraftstoffmengenteiler (Bilder 13.13 und 13.14) halten an den Steuerdrosseln einen konstanten Druckabfall von 0,1 bar – unabhängig von der durchfließenden Kraftstoffmenge. Dieser Differenzdruck wird durch die Kraft der Ventilfeder (6)

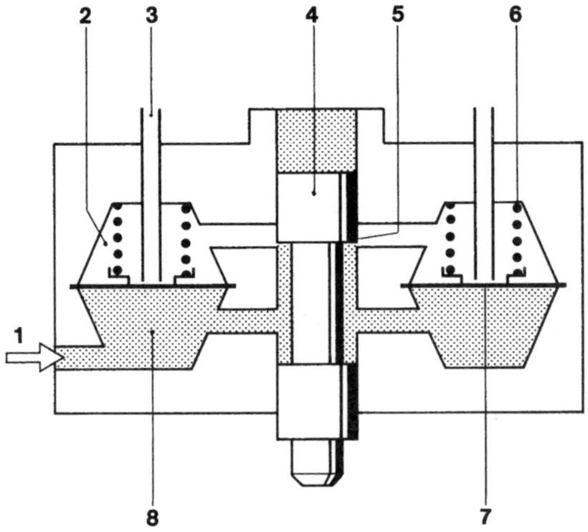

Bild 13.13
Kraftstoffmengenteiler mit Differenzdruckventilen
1 Kraftstoffzulauf (Systemdruck)
2 Oberkammer des Differenzdruckventils
3 Leitung zum Einspritzventil (Einspritzdruck)
4 Steuerkolben
5 Steuerkante und Steuerdrossel
6 Ventilfeder
7 Ventilmembran
8 Unterkammer des Differenzdruckventils

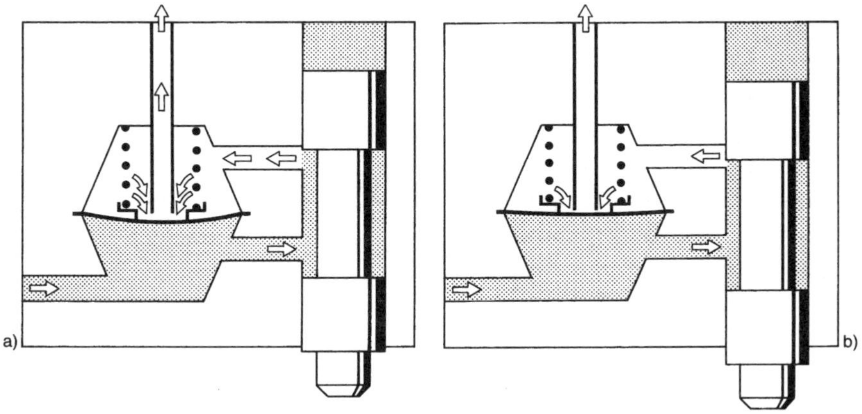

Bild 13.14
Differenzdruckventil
a) Stellung bei großer Einspritzmenge
b) Stellung bei kleiner Einspritzmenge

und die Ventilmembran (7) erzeugt. Durch den konstanten Druckabfall erreicht man eine hohe Regelgenauigkeit in der Menge des einzuspritzenden Kraftstoffs.
Die Unterkammern der Differenzdruckventile sind durch eine Ringleitung miteinander verbunden und stehen unter Systemdruck. Die Oberkammern sind nur mit dem jeweiligen Einspritzventil verbunden.

13.1.3 Zusätzliche elektrisch gesteuerte Bauteile

Beim Kaltstart wird durch ein **Kaltstartventil** (Bild 13.15) zusätzlicher Kraftstoff in das Sammelsaugrohr eingespritzt, um die Kondensationsverluste auszugleichen und das Anspringen des Motors zu erleichtern. Das Kaltstartventil erhält seinen Kraftstoff vom Gemischregler. Wird die Magnetwicklung (4) im Kaltstartventil mit Strom durchflossen, so hebt das entstehende Magnetfeld das Ventil (3) ab, und der unter Systemdruck stehende Kraftstoff wird über die Dralldüse (5) eingespritzt.

Im stromlosen Zustand schließt das Ventil durch die Federkraft dicht ab (Sichtkontrolle!).

Die Ansteuerung erfolgt durch den **Thermozeitschalter** (Bild 13.16), der am Motor befestigt ist.

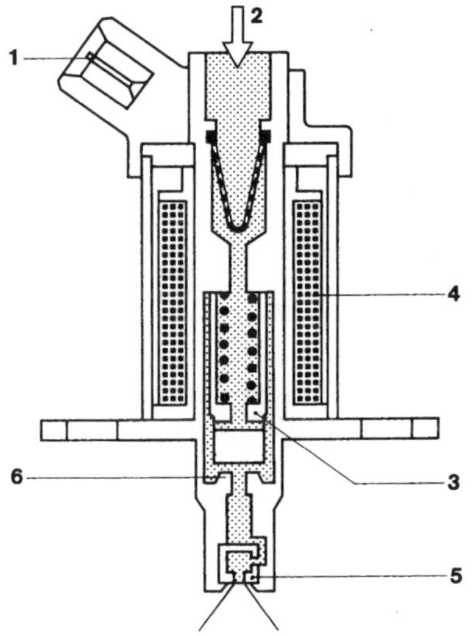

Bild 13.15
Kaltstartventil, betätigt
1 elektrischer Anschluss
2 Kraftstoffzufluss mit Filtersieb
3 Ventil (Magnetanker)
4 Magnetwicklung
5 Dralldüse
6 Ventilsitz

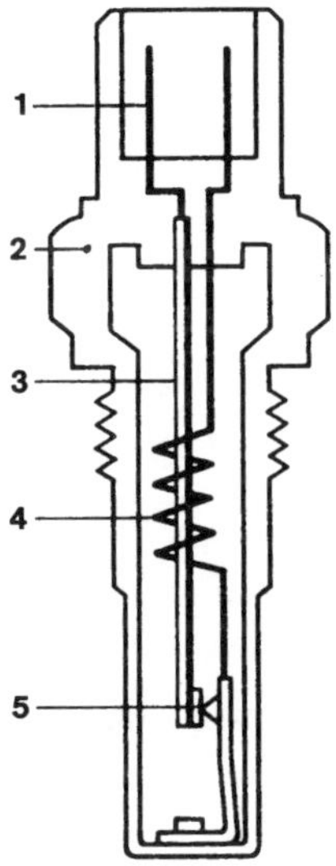

Bild 13.16
Thermozeitschalter
1 elektrischer Anschluss
2 Gewindebolzen
3 Bimetall
4 Heizwicklung
5 Schaltkontakt

Bei kaltem Motor ist der Schaltkontakt geschlossen. Beim Starten wird die Heizwicklung mit Strom durchflossen, und die Bimetallfeder öffnet den Schaltkontakt. Somit wird beim Kaltstart die Ansteuerung des Kaltstartventils zeitlich begrenzt. Bei warmem Motor bleibt der Schaltkontakt offen (keine Startanreicherung).

Durch den **Zusatzluftschieber** (Bild 13.17) wird beim Kaltstart und in der Warmlaufphase die Leerlauf-Luftmenge (und damit auch die Kraftstoffmenge) zum Ausgleich der höheren Reibmomente erhöht.

Der Zusatzluftschieber ist so am Motor angebracht, dass er dessen Wärme aufnimmt. Außerdem wird er elektrisch beheizt. Im warmen Zustand wird der Luftkanal durch den Blendenschieber (1) verschlossen.

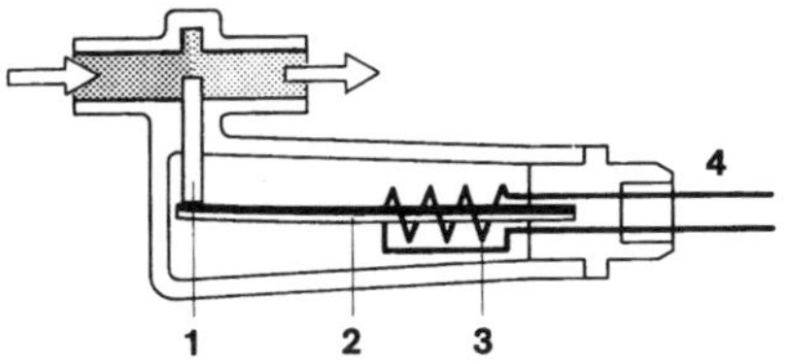

Bild 13.17
Zusatzluftschieber
1 Blendenschieber
2 Bimetall
3 elektrische Heizung
4 elektrischer Anschluss

13.1.4 **Elektrische Schaltung** (Bild 13.18)

Beim Starten werden durch den Zündstartschalter (1) das Kaltstartventil (2) und der Thermozeitschalter (3) über Klemme 50 mit Spannung versorgt. Das Kaltstartventil kann so lange Kraftstoff einspritzen, wie die Klemme 50 anliegt und die Masseversorgung durch den Thermozeitschalter besteht.

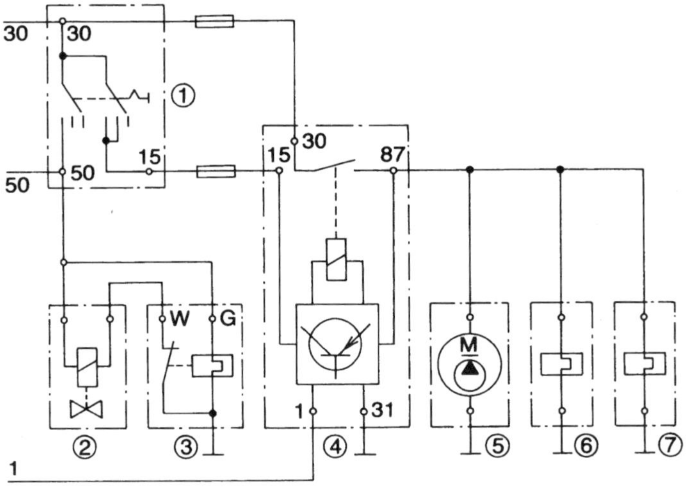

Bild 13.18
Schaltung im Ruhezustand
1 Zündstartschalter
2 Kaltstartventil
3 Thermozeitschalter
4 Steuerrelais
5 Elektrokraftstoffpumpe
6 Warmlaufregler
7 Zusatzluftschieber

Ist der Schaltkontakt (W) durch die elektrische Beheizung oder die Motorwärme geöffnet, besteht keine Masseverbindung, und das Kaltstartventil bleibt geschlossen.
Das Steuerrelais (4) wird durch die Klemme 15 (Zündung) mit Spannung versorgt und liegt an Masse (Klemme 31).
Es schließt den Arbeitsstromkreis (Klemme 30 auf Klemme 87), sobald es über die Klemme 1 Zündimpulse erhält. Erst dann werden die Elektrokraftstoffpumpe (5) und die Beheizung des Warmlaufreglers und des Zusatzluftschiebers mit Spannung versorgt.
Somit wird sichergestellt, dass bei einem plötzlichen Stillstand des Motors (z.B. Unfall) trotz eingeschalteter Zündung durch die Elektrokraftstoffpumpe kein Kraftstoff gefördert wird bzw. keine Beheizung trotz stehendem, kaltem Motor erfolgt.

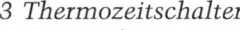

Für eine Überprüfung der Funktionsfähigkeit der elektrischen Bauteile in der Werkstatt ist der Motor zu starten, oder nach dem Abziehen des Steuerrelais sind die Kontakte 30 und 87 mit einer Sicherung zu überbrücken (z.B. für die Messung der Förderleistung der elektrischen Kraftstoffpumpe).

13.1.5 K-Jetronic mit Lambda-Regelung

Bei Fahrzeugen mit Dreiwege-Katalysator muss das Gemisch auf λ = 1 geregelt werden, um eine möglichst hohe Konvertierungsrate zu erreichen.

Dies geschieht durch ein Steuergerät, das das Signal der Lambda-Sonde auswertet und entsprechend die Gemischbildung beeinflusst (Aufbau der Lambda-Sonde, Erklärung der Lambda-Regelung siehe Abschnitt 13.5).

Bei der K-Jetronic mit Lambda-Regelung (Bild 13.19) wird dazu der Druck in den Unterkammern der Differenzdruckventile verändert. Sie sind deshalb durch eine Festdrossel vom Systemdruck entkoppelt. Durch ein Taktventil (3) wird der Druck in den Unterkammern entsprechend variiert. Das Taktventil (Öffnen, Schließen) wird durch das Steuergerät angesteuert. Stromlos ist es geschlossen, und in den Unterkammern herrscht dann Systemdruck.

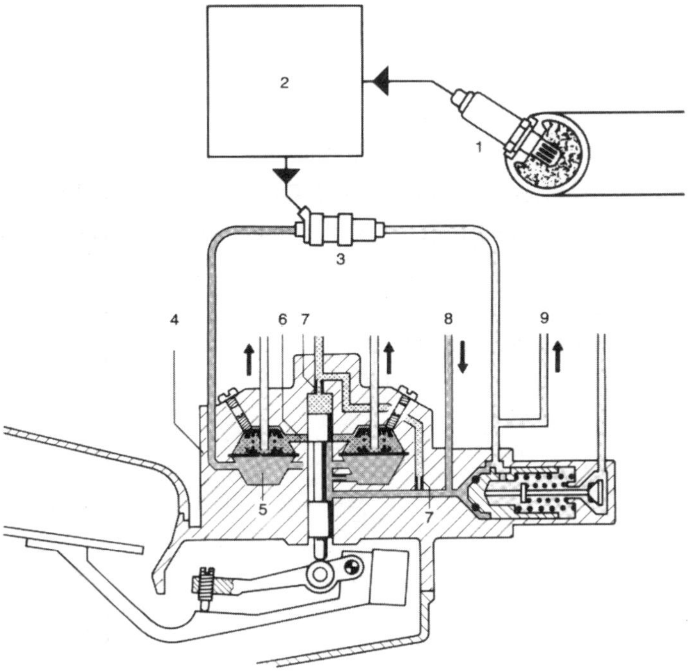

Bild 13.19
Zusätzliche Bauteile für Lambda-Regelung
1 Lambda-Sonde
2 Lambda-Regler
3 Taktventil (variable Drossel)
4 Kraftstoffmengenteiler
5 Unterkammern der Differenzdruckventil
6 Steuerschlitze
7 Entkoppeldrossel (Festdrossel)
8 Kraftstoffzulauf
9 Kraftstoffrücklauf

13.2 KE-Jetronic

In der Grundfunktion baut die KE-Jetronic (Bild 13.20) auf der K-Jetronic auf. Die Feinsteuerung der Einspritzmenge erfolgt jedoch – den verschiedenen Betriebszuständen angepasst – durch ein elektronisches Steuergerät. Dieses verarbeitet verschiedene Eingangssignale und steuert auf der Ausgangsseite einen elektrohydraulischen Druck-

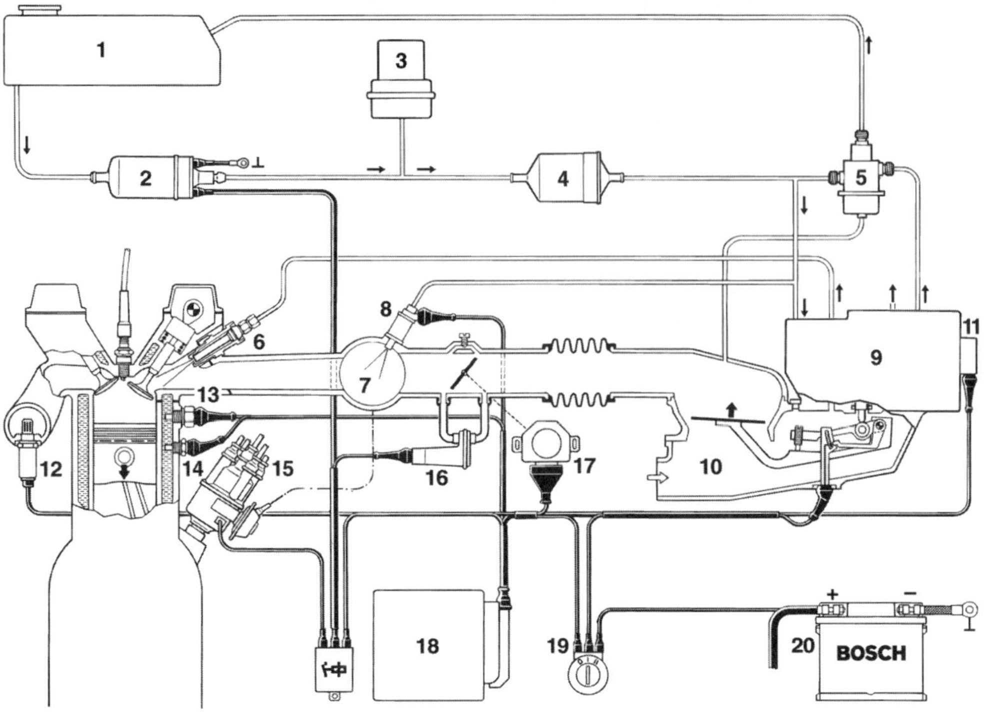

Bild 13.20
KE-Jetronic-Systemübersicht
1 Kraftstoffbehälter
2 Elektrokraftstoffpumpe
3 Kraftstoffspeicher
4 Kraftstofffilter
5 Systemdruckregler
6 Einspritzventil
7 Sammelsaugrohr
8 Kaltstartventil
9 Kraftstoffmengenteiler
10 Luftmengenmesser
11 elektrohydraulischer Drucksteller
12 Lambda-Sonde
13 Thermozeitschalter
14 Motortemperaturfühler
15 Zündverteiler
16 Zusatzluftschieber
17 Drosselklappenschalter
18 elektronisches Steuergerät
19 Zündstartschalter
20 Batterie

steller an. Dieser verändert die Druckdifferenz im Kraftstoffmengenteiler zwischen den Unterkammern der Differenzdruckventile und dem Systemdruck. Die Veränderung der mechanisch vorgegebenen Einspritzmenge erfolgt also bei der KE-Jetronic durch die Steuerung des Unterkammerdruckes – im Gegensatz zur Veränderung des Steuerdruckes bei der K-Jetronic.

13.2.1 Unterschiede im Grundsystem gegenüber der K-Jetronic

Die Kalt- bzw. Warmlaufanreicherung wird durch das Steuergerät mittels des elektrohydraulischen Druckstellers gesteuert. Somit konnte der Warmlaufregler entfallen, und deshalb gibt es keinen Steuerdruck mehr. Der Steuerkolben wird hier mit Systemdruck beaufschlagt.
Der Systemdruckregler ist nicht mehr im Kraftstoffmengenteiler integriert, sondern ein eigenes Bauteil (Bild 13.21).
Der Systemdruck ist bei der KE-Jetronic höher als bei der K-Jetronic und muss auch hier unbedingt exakt eingehalten werden.

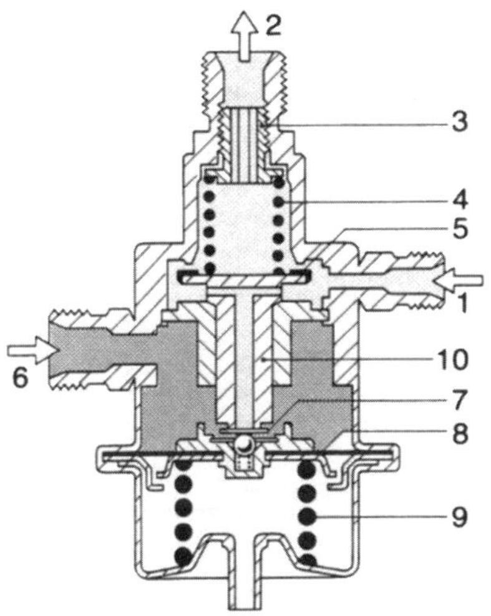

Bild 13.21
Kraftstoff-Systemdruckregler
1 Rücklauf vom Mengenteiler
2 zum Tank
3 Einstellschraube
4 Gegenfeder
5 Dichtung
6 Zulauf
7 Ventilteller
8 Membran
9 Regelfeder
10 Ventilkörper

13.2.2 Eingangssignale und deren Bedeutung für die elektronische Steuerung (Bild 13.22)

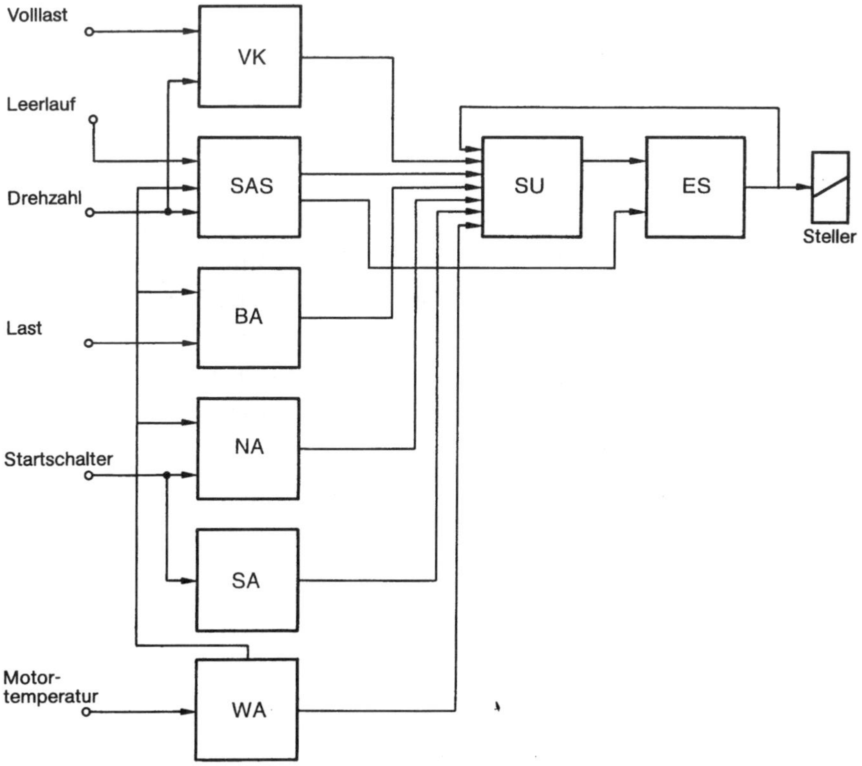

Bild 13.22
Blockschaltbild eines KE-Jetronic-Steuergerätes in Analogtechnik. Die Korrektursignale aus den verschiedenen Blöcken werden im Summierer zusammengefasst, in der Endstufe verstärkt und dem elektrohydraulischen Drucksteller zugeleitet.
VK Volllastkorrektur
SAS Schubabschaltung
BA Beschleunigungsanreicherung
NA Nachstartanhebung
SA Startanhebung
WA Warmlaufanreicherung
SU Summierer
ES Endstufe

Ein mit der Drosselklappe verbundener **Drosselklappenschalter** (Bild 13.23) hat einen Leerlauf- und einen Volllastkontakt. Bei weit geöffneter Drosselklappe schließt der Volllastkontakt, und das Steuergerät erhält ein Spannungssignal. Bei höheren Drehzahlen wird dadurch eine Volllastanreicherung ausgelöst.

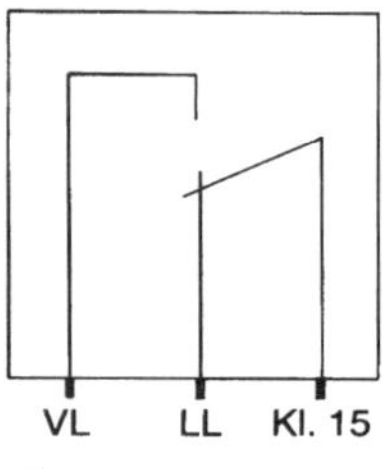

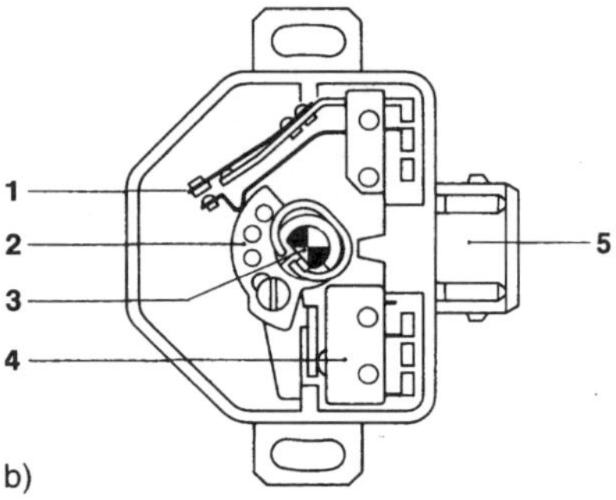

Bild 13.23
Drosselklappenschalter
a) Schaltzeichnung
b) Gesamtansicht
1 Volllastkontakt
2 Schaltkulisse
3 Drosselklappenwelle
4 Leerlaufkontakt
5 elektrischer Anschluss

Ist bei höheren Drehzahlen hingegen der Leerlaufkontakt geschlossen (= geschlossene Drosselklappe), wird die Schubabschaltung aktiviert. Bis zu einer programmierten Drehzahl erfolgt im Schiebebetrieb keine Einspritzung. Dies trägt zur Kraftstoffeinsparung und Verminderung der Abgase bei.

Die Funktion des Drosselklappenschalters wird durch eine Widerstandsmessung überprüft und kann durch Langlöcher eingestellt werden. Der Leerlaufkontakt muss bei geschlossener Drosselklappe sicher geschlossen sein.

Das **Drehzahlsignal** erhält das KE-Jetronic-Steuergerät vom Zündsteuergerät. (Bei einigen Herstellern wird es auch zur Drehzahlbegrenzung durch die KE-Jetronic verwendet.) Es kann über eine Tastverhältnis- bzw. Schließwinkelmessung überprüft werden.
Die Lasterfassung erfolgt mit einem **Potentiometer** an der Stauscheibe des Luftmengenmessers.
Durch den sich verändernden Spannungsabfall (durch die Widerstandsänderung) erkennt das Steuergerät die Stellung der Stauscheibe und deren Auslenkung (Bild 13.24).
Abhängig von der Veränderung der Stauscheibenposition und der Zeit, in der sie stattfindet, erfolgt eine definierte Beschleunigungsanreicherung.
Das Potentiometer (Bild 13.25) wird mit einer Widerstandsmessung (oder Spannungsabfallmessung) überprüft. Mit der Auslenkung der Stauscheibe muss sich der Widerstand (oder Spannungsabfall) kontinuierlich verändern.

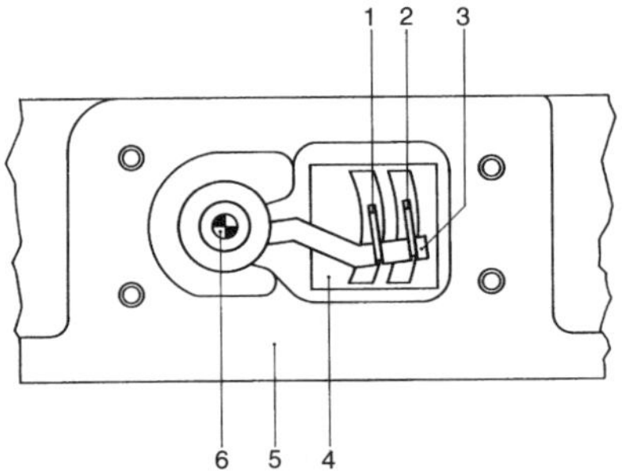

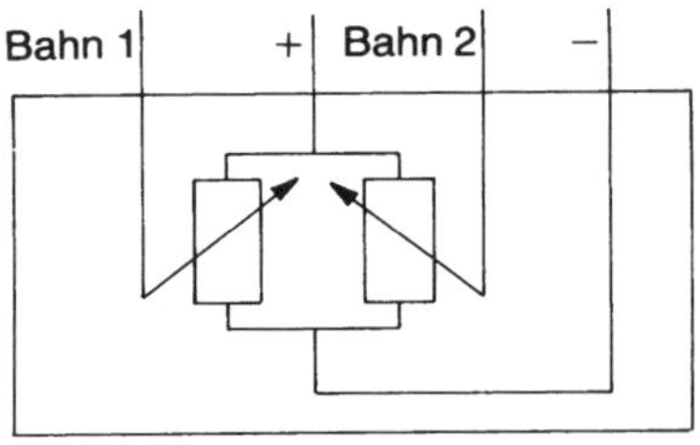

Bild 13.24 (links)
Potentiometer zur Ermittlung der Stauscheibenstellung
1 Abgriffbürste
2 Hauptbürste
3 Schleiferhebel
4 Potentiometerplatte (aus der Bildebene gerückt)
5 Gehäuse des Luftmengenmessers
6 Luftmengenmesserachse

Bild 13.25 (rechts)
Potentiometer (Schaltzeichnung)

Durch die **Klemme 50** erkennt das Steuergerät den Startvorgang und gibt für ca. 1,5 s einen Maximalstrom an den elektrohydraulischen Drucksteller zur Startanhebung. Anschließend wird die Nachstartanhebung in Abhängigkeit von der Motortemperatur (Warmlaufanreicherung) gesteuert.
Die **Motortemperatur** wird durch einen NTC ermittelt und beeinflusst auch die Beschleunigungsanreicherung sowie die Funktion der Schubabschaltung.
Ist das Fahrzeug mit einem geregelten Dreiwege-Katalysator ausgestattet, wird durch das Signal der **Lambda-Sonde** der errechnete Steuerstrom für den elektrohydraulischen Drucksteller nochmals einer Korrektur unterzogen.

Das Steuergerät wird mit Spannung versorgt. Dies ist bei einer notwendigen Fehlersuche als erstes zu überprüfen sowie sämtliche Masseverbindungen.

Zusätzlich können herstellerspezifisch weitere Eingangssignale verarbeitet werden. Sie sind für die Grundfunktion aber nicht bedeutend.

13.2.3 Beeinflussung der Einspritzmenge durch den elektrohydraulischen Drucksteller

Der elektrohydraulische Drucksteller (Bild 13.26) verändert den Druck in den miteinander verbundenen Unterkammern der Differenzdruckventile. Dies bedeutet eine Veränderung der Druckdifferenz zwischen den Unterkammern und dem Systemdruck. Den Stellstrom hierfür liefert das Steuergerät.

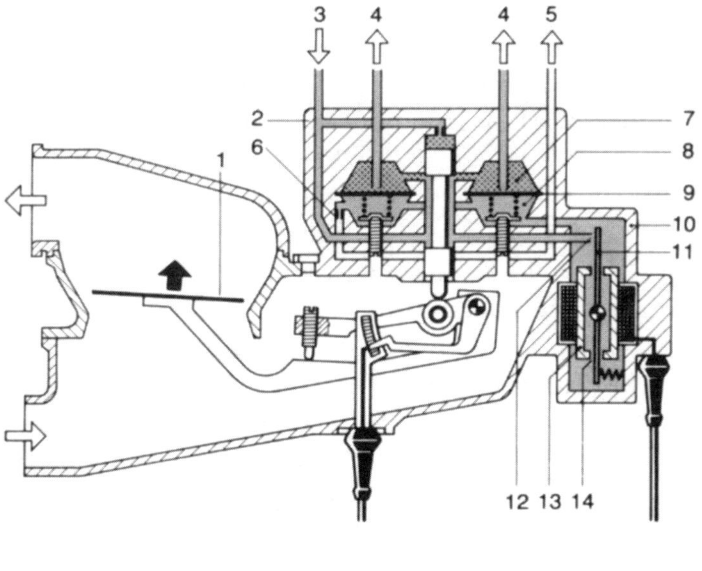

Bild 13.26
Elektrohydraulischer Drucksteller am Mengenteiler. Durch die vom Steuergerät erzielte Beeinflussung der Prallplatte (11) lässt sich der Kraftstoffdruck in den Oberkammern der Differenzdruckventile beeinflussen und somit die zugeteilte Kraftstoffmenge. Auf diese Weise sind Anpassungs- und Korrekturfunktionen möglich.
1 Stauklappe
2 Mengenteiler
3 Kraftstoffzufluss (Systemdruck)
4 Kraftstoff zu den Einspritzventilen
5 Kraftstoff-Rücklaufleitung zum Druckregler
6 Festdrossel
7 Oberkammer
8 Unterkammer
9 Membran
10 Drucksteller
11 Prallplatte
12 Düse
13 Magnetpol
14 Luftspalt

Bei einem Stromfluss durch die Wicklungen am Magnetpol (13) bewirkt das Magnetfeld, dass die Membranplatte aus federelastischem Werkstoff (Prallplatte, 11) gegen die Düse (12) gedrückt wird. Dadurch verringert sich der Druck in den Unterkammern, und die mechanisch vorgegebene Grundeinspritzmenge vergrößert sich. Bei maximalem Stromfluß ist die Einspritzmengenkorrektur am höchsten. Bei einem Ausfall des Stellstroms (z.B. Defekt im Steuergerät) wird die Prallplatte durch einen Dauermagneten in einer definierten Stellung gehalten und ermöglicht so die mechanisch vorgegebene Einspritzmenge ohne Korrektur.

Der vom Steuergerät vorgegebene Stellstrom wird mit einem Multimeter gemessen. Bei eventuellen Abweichungen sind sämtliche Eingänge am Steuergerät zu überprüfen.

13.3 Intermittierende Einspritzung (L-Jetronic)

13.3.1 Allgemeine Funktionsbeschreibung (Bild 13.27)

Die L-Jetronic und ihre Varianten (LU-, LE-, LH-Jetronic) spritzen die vom Motor benötigte Kraftstoffmenge intermittierend durch elektrisch angesteuerte Einspritzventile in die Ansaugrohre vor die Einlassventile. Die Ansteuerung erfolgt durch ein Steuergerät. Zur Berechnung der Einspritzzeit (Einspritzmenge) erfasst das Steuergerät durch verschiedene Eingangssignale den Betriebszustand des Motors. Hauptsteuergröße ist die angesaugte **L**uft (**L**-Jetronic).

Die Elektrokraftstoffpumpe (2) fördert den Kraftstoff aus dem Tank (1) durch das Filter (3) in das Verteilerrohr. Der Druckregler (5) hält den Kraftstoffdruck konstant in Abhängigkeit vom Saugrohrdruck. Der zu viel geförderte Kraftstoff fließt zurück zum Tank. Werden die Einspritzventile (9) durch elektrische Impulse vom Steuergerät (7) geöffnet, wird aufgrund des Kraftstoffdruckes der Kraftstoff in die Ansaugrohre gespritzt. Die Menge des eingespritzten Kraftstoffs ist abhängig von der Öffnungszeit der Einspritzventile, d.h. durch die vom Steuergerät ausgehende Impulsdauer bestimmt.

Die Drehzahl, die angesaugte Luftmenge, die Motortemperatur, die Ansauglufttemperatur und die Signale vom Drosselklappenschalter dienen dem Steuergerät zur Berechnung der Einspritzmenge.

Das Kaltstartventil (11) spritzt beim Kaltstart in Abhängigkeit vom Thermozeitschalter (14) kurzzeitig Kraftstoff zur Startanreicherung ein (analog K-, KE-Jetronic). Bei modernen Anlagen wird dies durch das Steuergerät und die Einspritzventile übernommen (= Entfall Kaltstartventil und Thermozeitschalter). Die Drehzahlanhebung

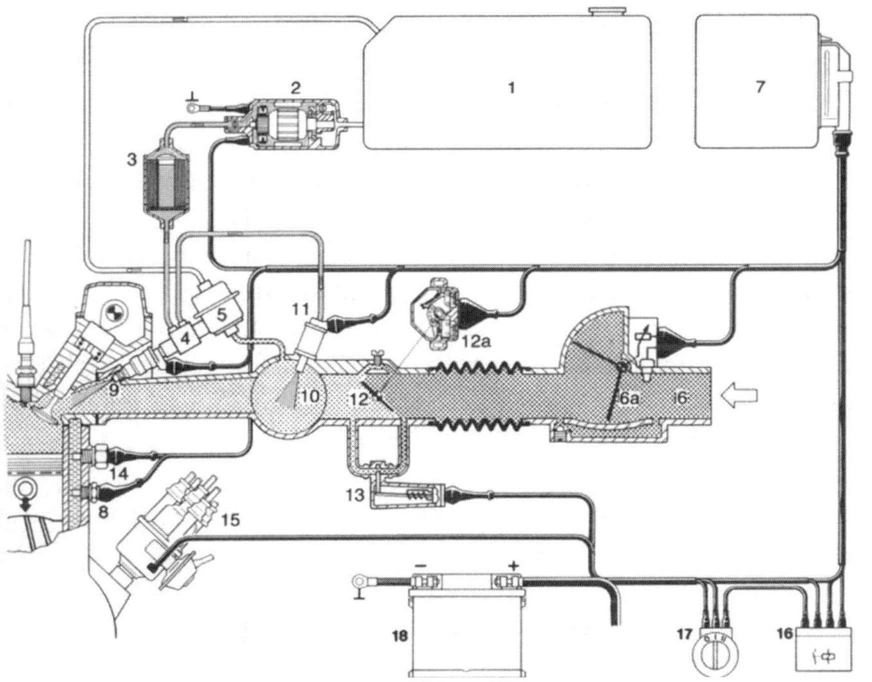

Bild 13.27
Druckverhältnisse und Komponenten der L-Jetronic
1 Kraftstoffbehälter
2 Elektrokraftstoffpumpe
3 Feinfilter
4 Verteilerrohr
5 Druckregler
6 Luftmengenmesser mit Stauklappe (6a)
7 Steuergerät
8 Temperaturfühler
9 Einspritzventil
10 Sammelsaugrohr
11 Kaltstartventil
12 Drosselklappe mit Drosselklappenschalter (12a)
13 Zusatzluftschieber
14 Thermozeitschalter
15 Zündverteiler
16 Relaiskombination
17 Zündstartschalter
18 Batterie

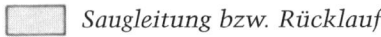

Systemdruck
Saugleitung bzw. Rücklauf
atmosphärischer Druck
Druck im Saugrohr

durch den Zusatzluftschieber erfolgt analog der K-/KE-Jetronic. Heute wird dazu häufig ein Leerlaufsteller verwendet, über den auch der Leerlauf stabilisiert und geregelt werden kann.

13.3.2 Bauteile und ihre Funktionen

Kraftstoffsystem (Bild 13.28)

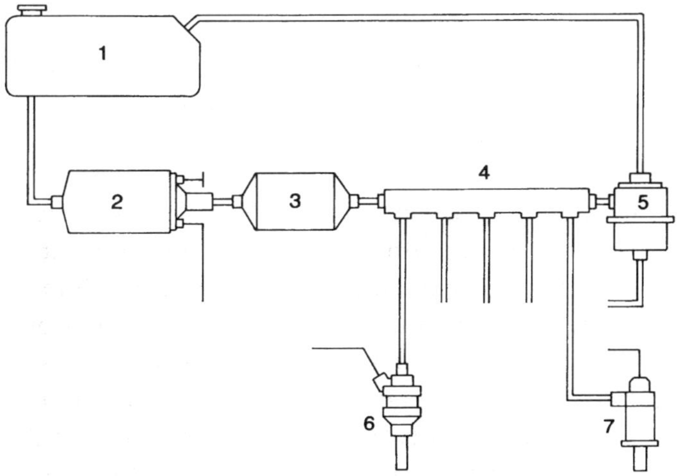

Bild 13.28
Blockschema des Kraftstoffsystems
1 Kraftstoffbehälter
2 Kraftstoffpumpe
3 Kraftstofffilter
4 Verteilerrohr
5 Druckregler
6 Einspritzventil
7 Kaltstartventil

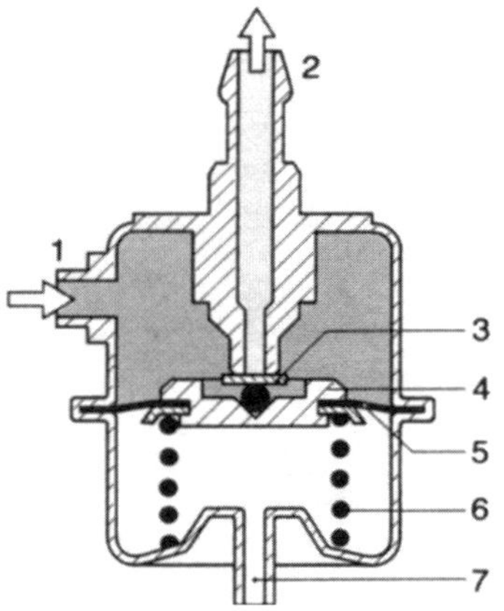

Bild 13.29
Druckregler
1 Kraftstoffanschluss
2 Rücklaufanschluss
3 Ventilplatte
4 Ventilträger
5 Membran
6 Druckfeder
7 Saugrohranschluss

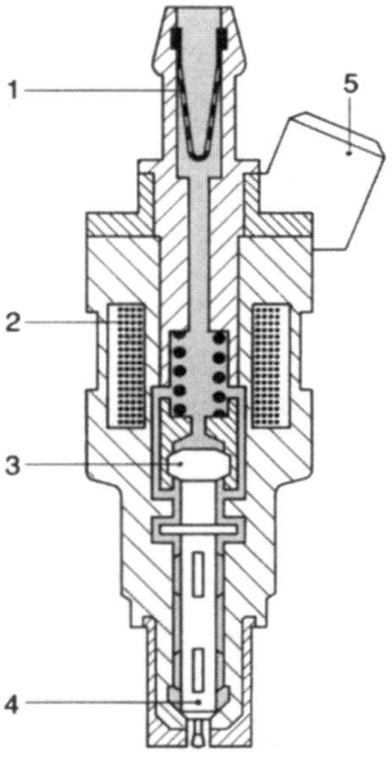

Bild 13.30
Einspritzventil
1 Filter
2 Magnetwicklung
3 Magnetanker
4 Düsennadel
5 elektrischer Anschluss

Die **Elektrokraftstoffpumpe** und das **Kraftstofffilter** sind in Aufbau und Funktion meist gleich denen der K-Jetronic (Abschnitt 13.1.2). Die Förderleistung wird am Rücklauf des Druckreglers (Bild 13.29) gemessen. Die Sicherheitsschaltung der Kraftstoffpumpe wird durch Pumpenkontakt im Luftmengenmesser, Steuerrelais oder durch das L-Jetronic-Steuergerät direkt geschaltet.

Das **Verteilerrohr** mit dem daran befestigten Druckregler bietet eine Speicherfunktion, um Druckschwankungen durch und an den Einspritzventilen zu verhindern. Außerdem werden die Einspritzventile daran meist direkt befestigt. Der Druckregler hält den Kraftstoffdruck konstant bei 2,5 oder 3 bar (herstellerbedingt) in Abhängigkeit vom Saugrohrdruck.

Der Gummischlauch zum Saugrohranschluss darf nicht beschädigt, undicht oder geknickt sein. Nur so kann sichergestellt werden, dass der Druckunterschied zwischen dem Kraftstoffdruck und dem Saugrohrdruck abhängig von der Motorlast gleich bleibt (= immer gleicher Druckabfall vom Einspritzventil zum Saugrohr).

Der Kraftstoffdruck wird am Verteilerrohr vor dem Druckregler und meist mit abgezogenem Unterdruckanschluss (Gummischlauch) gemessen. Beim Aufstecken des Saugrohranschlusses muss im Leerlauf durch den Unterdruck im Saugrohr der absolute Druck um ca. 0,3 bis 0,6 bar absinken.

Der Aufbau der **Einspritzventile** (Bild 13.30) entspricht im Wesentlichen dem des Kaltstartventils.

Wird die Magnetwicklung (2) mit Strom beaufschlagt, zieht das Magnetfeld den Magnetanker (3) mit der Düsennadel (4) entgegen der Schraubenfeder nach oben. Damit gelangt der unter Druck stehende Kraftstoff in das Ansaugrohr. Die Form des Düsennadelsitzes bestimmt zusammen mit der Düsennadel das Spritzbild. Im stromlosen Zustand muss die Schraubenfeder das Einspritzventil dicht verschließen.

Tropfende oder undichte Einspritzventile führen durch die Gemischüberfettung zu Startschwierigkeiten. Außerdem kann durch Ablagerungen an der Düsennadel bzw. am Düsennadelsitz («Verkoken») die eingespritzte Kraftstoffmenge reduziert bzw. das Spritzbild verändert werden. Dies führt zu einem schlechten Warmlauf- und Übergangsverhalten. Fahrzeuge mit überwiegendem Kurzstreckenbetrieb oder mit längeren Standzeiten sind davon häufig betroffen.

Einspritzventile können durch entsprechende Kraftstoffzusätze (Katalysatorverträglichkeit beachten!) oder im ausgebauten Zustand im Ultraschallbad gereinigt werden (keine mechanische Reinigung!).

Die Ansteuerung der Einspritzventile geschieht meist durch ein Massesignal aus dem Steuergerät. Über Klemme 15 bzw. über das Steuerrelais werden die Einspritzventile mit Batterie-Plus versorgt. In seltenen Fällen (ältere Fahrzeuge) sind die Einspritzventile permanent mit Masse verbunden, und das Steuergerät gibt ein Plus-Signal aus. Das entsprechende Einspritzsignal vom Steuergerät kann für alle Einspritzventile gleichzeitig, in zwei Gruppen oder für jedes Einspritzventil extra ausgegeben werden (Abschnitt 13.3.3).

Das Einspritzsignal (ti-Signal) kann über Tastverhältnis gemessen werden. Auch eine Überprüfung mit dem Oszilloskop ist möglich. Die Spannungsversorgung wird mit einer Spannungsmessung überprüft.

Werden Einspritzventile aus- oder eingebaut, ist darauf zu achten, dass keiner der Dichtungsringe beschädigt wird.

Lasterfassung durch den Luftmengenmesser
Bei der (Grundvariante der) L-Jetronic erfolgt die Messung der Ansaugluftmenge durch einen Luftmengenmesser (Bild 13.31). Dieser befindet sich zwischen Drosselklappe und Luftfilter, wo die Ansaugluftpulsation bereits gering ist.

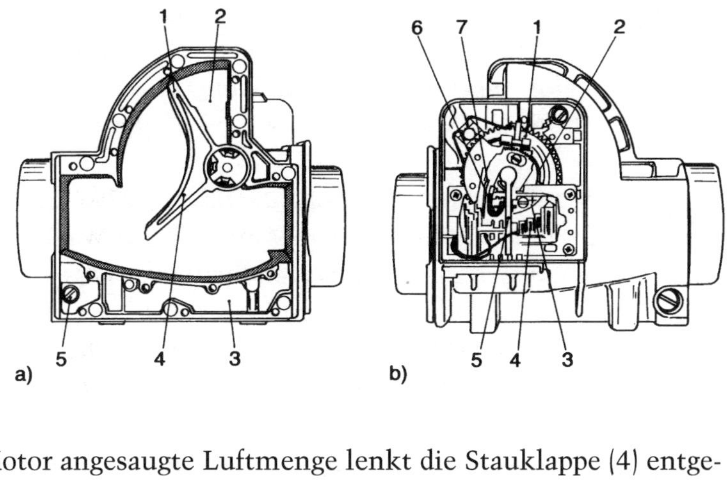

Bild 13.31
Luftmengenmesser
a) Luftseite
1 Kompensationsklappe
2 Dämpfungsvolumen
3 Bypass
4 Stauklappe
5 Leerlaufgemisch-Einstellschraube (Bypass)
b) Anschlussseite
1 Zahnkranz für die Federvorspannung
2 Rückholfeder
3 Schleiferbahn
4 Keramikplatte mit Widerständen und Leitungszügen
5 Schleiferabgriff
6 Schleifer
7 Pumpenkontakt

Die vom Motor angesaugte Luftmenge lenkt die Stauklappe (4) entgegen der Kraft einer Feder aus. Ein mit der Stauklappe verbundener Schleiferkontakt verändert an einem Potentiometer (Schleiferbahn) den Widerstand. Durch die Veränderung des Widerstandes und damit

verbunden einer Änderung des Spannungsabfalls erkennt das Steuergerät die Stellung der Stauklappe und damit die angesaugte Luftmenge.
Die Kompensationsklappe (1) verhindert in Zusammenhang mit dem Dämpfungsvolumen (2) ein zu starkes Schwingen der Stauklappe durch die Ansaugluftpulsation bzw. bei plötzlichen Laständerungen.

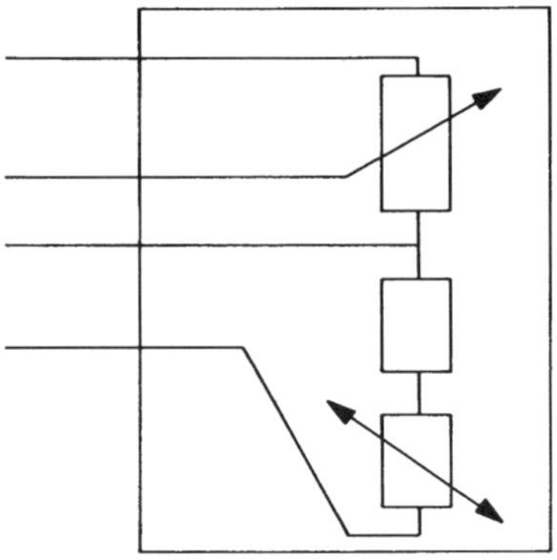

Bild 13.32
Schaltzeichnung Luftmengenmesser

Durch die Leerlaufgemisch-Einstellschraube (5) wird die Luftmenge korrigiert, die an der Stauklappe ohne Messung vorbeigeleitet wird. Damit wird der CO-Gehalt im Leerlauf verändert. Bei Fahrzeugen mit Lambda-Regelung entfällt sie meist.

Für eine exakt dosierte Einspritzmenge muss die Luftmenge um die Ansauglufttemperatur korrigiert werden. Damit errechnet das Steuergerät die angesaugte Luftmasse. Der Temperaturfühler für die Ansaugluft ist ein NTC (selten PTC) und häufig im Luftmengenmesser integriert (Bild 13.32).
Die Sicherheitsschaltung der Elektrokraftstoffpumpe wurde bei L-Jetronic-Systemen häufig über einen Pumpenkontakt im Luftmengenmesser realisiert (Bild 13.33). Sobald die Stauklappe ausgelenkt wird, schließt sich der Pumpenkontakt. Bei stehendem Motor ist der Kontakt offen und die Spannungsversorgung der Elektrokraftstoffpumpe trotz eingeschalteter Zündung unterbrochen. Die Sicherheitsschaltung wurde aber z.T. auch ähnlich wie bei den K-Jetronic-Systemen – durch ein Sicherheitsrelais geschaltet. Heute ist diese Funktion häufig im Steuergerät integriert über eine Drehzahlerkennung (durch das td-Signal).

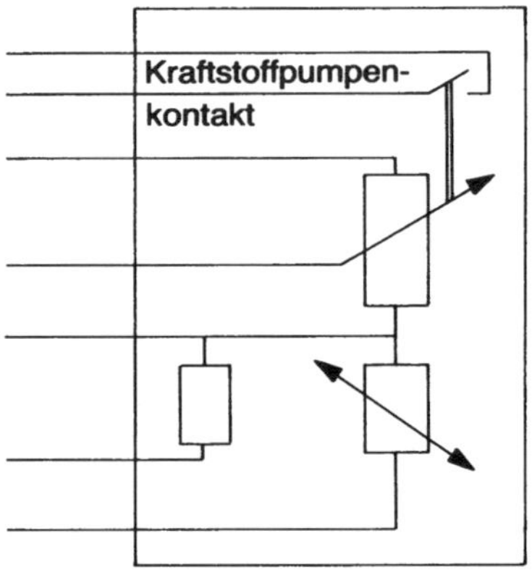

Bild 13.33
Schaltzeichnung Luftmengenmesser mit Kraftstoffpumpenkontakt

Die Überprüfung des Luftmengenmessers umfasst die drei oben beschriebenen Funktionen. Der Pumpenkontakt wird durch eine einfache Widerstandsmessung überprüft. Er schließt bei leichtem Öffnen der Stauklappe aus der Ruhelage heraus.

Der Ansaugluft-Temperaturfühler (NTC) wird ebenfalls durch eine Widerstandsmessung überprüft. Bei Temperaturänderung muss sich auch der Widerstandswert entsprechend verändern. Beachten Sie, ob Sie nur den Widerstand des NTCs oder auch den Vorwiderstand mitmessen. (Vergleichen Sie die zwei links gezeigten verschiedenen Ausführungen.)

Die Funktion des Potentiometers und des Schleiferkontaktes muss überprüft werden, wenn Aussetzer bei bestimmten Lastzuständen auftreten.

Als Erstes wird dabei die Potentiometerbahn als Ganzes durch eine Widerstandsmessung auf Unterbrechung oder Kurzschluss geprüft. Der Abgriff des Schleiferkontaktes wird mit einer Spannungsverlustmessung überprüft. Eine Widerstandsmessung ist hier zu ungenau. Beim langsamen Öffnen der Stauklappe von Hand ergibt sich der in Bild 13.34 dargestellte Spannungsverlauf.

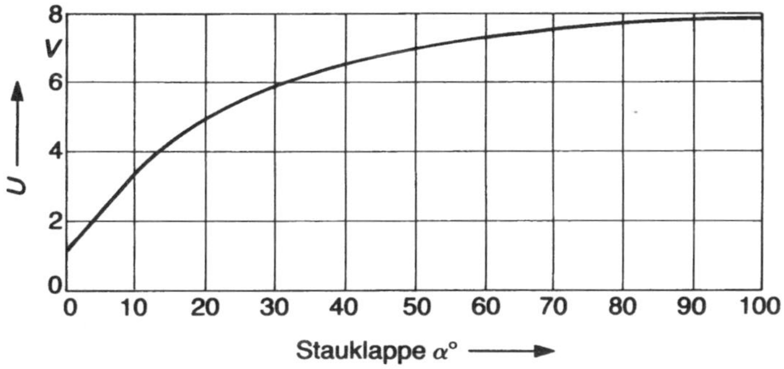

Bild 13.34
Schleiferspannung

Dabei muss natürlich, wie auch am Eingang zum NTC, Batteriespannung anliegen.

Die genaueste Überprüfungsmöglichkeit der Potentiometerbahn und des Schleiferkontaktes erreicht man bei ausgebautem Luftmengenmesser, indem man eine vorgegebene Frequenz (günstig ca. 500 bis 800 Hz) am Potentiometereingang anschließt und diese am Ausgang des Schleiferkontaktes (Pin 7) abnimmt und auf einem Oszilloskop sichtbar macht. Beim langsamen Öffnen der Stauklappe verändert sich die Größe des Oszilloskop-Bildes kontinuierlich. Eventuelle Sprünge oder Ausfälle des Bildes weisen auf eine Unterbrechung bzw. Beschädigung der Schleiferbahn bzw. des Schleiferkontaktes hin.

Bei einer Fehlersuche ist es neben der Funktionsüberprüfung des Luftmengenmessers sehr wichtig, dass durch Undichtigkeiten keine Falschluft in das Ansaugsystem gelangen kann. Die Luft würde ohne Messung und Berücksichtigung bei der Einspritzzeit-Berechnung zu einem zu mageren Gemisch führen. Besonders bei unrundem Leerlauf und zu geringem Leerlauf-CO-Wert ist die Dichtheit des Motors und Ansaugsystems zu überprüfen.

Bei zu hohem und nicht mehr korrigierbarem Leerlauf-CO-Wert kann neben mechanischen Ursachen im Motor oder zu hohem Kraftstoffdruck auch eine erlahmte Feder der Stauklappen-

vorspannung die Ursache sein. Von einer Öffnung des Luftmengenmessers und Erhöhung der Federvorspannung wird abgeraten, da sich dies auf den gesamten Lastbereich auswirkt.

Lasterfassung durch Messung der Luftmasse

Auch bei den Einspritzsystemen versucht man mechanische Bauteile durch verschleißfreie, elektronische Bauteile zu ersetzen. So entstand aus der L-Jetronic mit Lufmengenmesser die LH-Jetronic mit einem **Hitzdraht-Luftmassenmesser** (Bild 13.35). (Die übrigen Funktionen

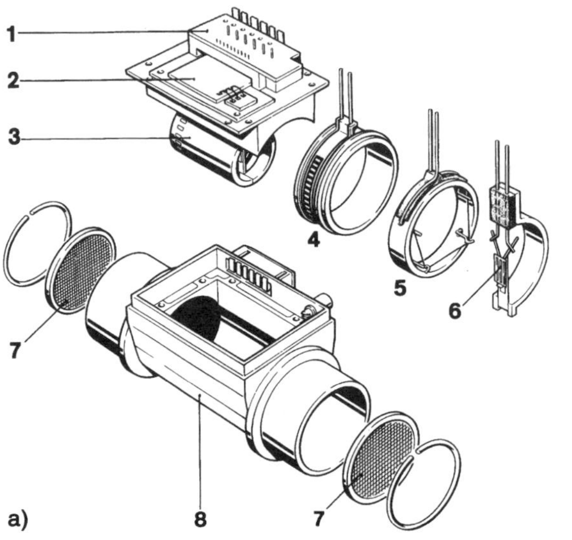

Bild 13.35
Hitzdraht-Luftmassenmesser
a) Aufbau
1 Leiterplatte
2 Hybridschaltung. Sie enthält neben den Widerständen der Brückenschaltung noch die Regelschaltung für das Konstanthalten der Temperatur und die Reinigungs- (Freibrenn-)Schaltung
3 Innenrohr
4 Präzisionsmesswiderstand
5 Hitzdrahtelement
6 Temperaturkompensationswiderstand
7 Schutzgitter
8 Gehäuse

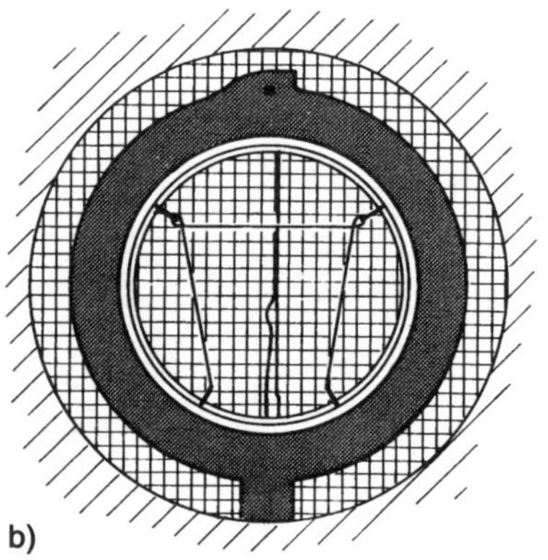

b) Gesamtansicht. Im Innern des Messrohres ist der 70 µm dünne Platindraht aufgespannt.

sind analog L-Jetronic.) Dabei strömt die angesaugte Luft an einem beheizten Draht (Hitzdraht) vorbei. Entsprechend der Masse der vorbeiströmenden Ansaugluft muss der Draht beheizt werden, um eine konstante «Übertemperatur» zu halten. Die Temperatur des Hitzdrahtes liegt um einen immer konstanten Wert (meist ca. 130 bis 150 °C) über der Ansauglufttemperatur. Deshalb spricht man dabei von einer konstanten Übertemperatur. Der dazu benötigte Heizstrom dient als Lastinformation.

Verschmutzungen und Ablagerungen auf dem Hitzdraht würden das Messergebnis verfälschen. Deshalb wird nach dem Abstellen des Motors der Hitzdraht auf eine erhöhte Temperatur gebracht (Freibrennen).

Zusätzlich kann – vorwiegend bei nicht lambda-geregelten Systemen – das Leerlaufluft-Kraftstoff-Gemisch durch ein Potentiometer eingestellt werden.

Der Hitzdraht setzt dem Ansaugluftstrom nur sehr geringen Strömungswiderstand entgegen und wirkt sich deshalb auch positiv auf den Wirkungsgrad des Motors aus.
Eine Weiterentwicklung des Hitzdraht-Luftmassenmessers ist der **Heißfilm-Luftmassenmesser** (Bild 13.36a).

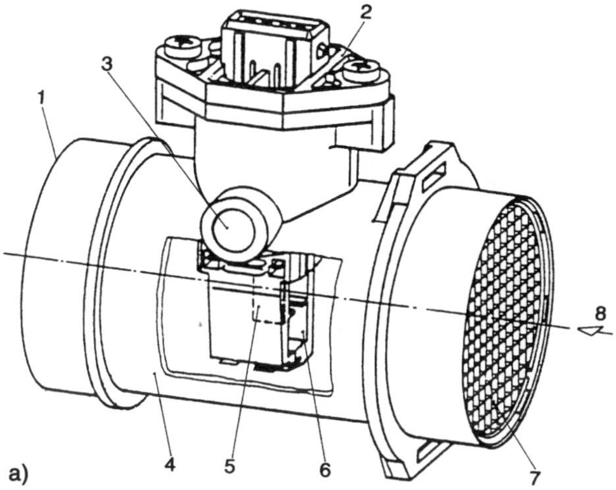

Bild 13.36
Heißfilm-Luftmassenmesser
a) Gesamtansicht
1 Berührungsschutzgitter
2 Steckteil
3 Auge für Laserabgleich (Fertigung)
4 Anschlussgehäuse
5 Heißfilmsensor
6 Messkanal
7 Strömungsgitter
8 Lufteintritt

Der Heißfilmsensor (5) wird auf eine konstante Übertemperatur von 180 °C zur angesaugten Luft geregelt. Ein Freibrennen ist durch die hohe Übertemperatur (Selbstreinigung) nicht mehr nötig. Zudem ist der Heißfilmsensor sehr schüttelfest und unempfindlich gegen elektromagnetische Einstrahlung.
Durch die Brückenschaltung (Bild 13.36b) wird die Übertemperatur konstant gehalten. Beim Abkühlen des Heizelementes sinkt der Widerstand, was zu einem höheren Stromfluss und damit wieder stärkere Beheizung zur Folge hat. Der benötigte Heizstrom dient dem Steuergerät als Lastinformation (direkt abhängig von der Masse der angesaugten Luft).

Weitere Eingangssignale zur Erfassung des Betriebszustandes
Der **Kühlmittel-Temperaturfühler** (NTC) übermittelt dem Steuergerät die Motortemperatur. Bei kaltem Motor wird entsprechend abgelegter Kennlinien im Steuergerät das Gemisch angereichert. Die Höhe der Anreicherung und die Temperaturgrenze sind bei den verschiedenen Herstellern unterschiedlich.
Bei einem Ausfall des Signals wird häufig mit einem Ersatzwert im Steuergerät gearbeitet. Dabei kann es zu Kaltstartschwierigkeiten und unrundem Warmlauf kommen, da der Ersatzwert meist nahe an der Betriebstemperatur gewählt wird.
Ohne Ersatzwert und Ausfall des Signals erfolgt bei Kurzschluss (geringer Widerstand, entspricht dem Wert bei heißem Motor) keine

b) Anschluss und Auswertung
Steckerbelegung:
Luftmassenmesser
Pin Typ
4 Ausgangssignal
2 Bezugsmasse
3 Versorgung
1 Masse
Steuergerät
Pin Typ
68 Eingang
69 Eingang

b)

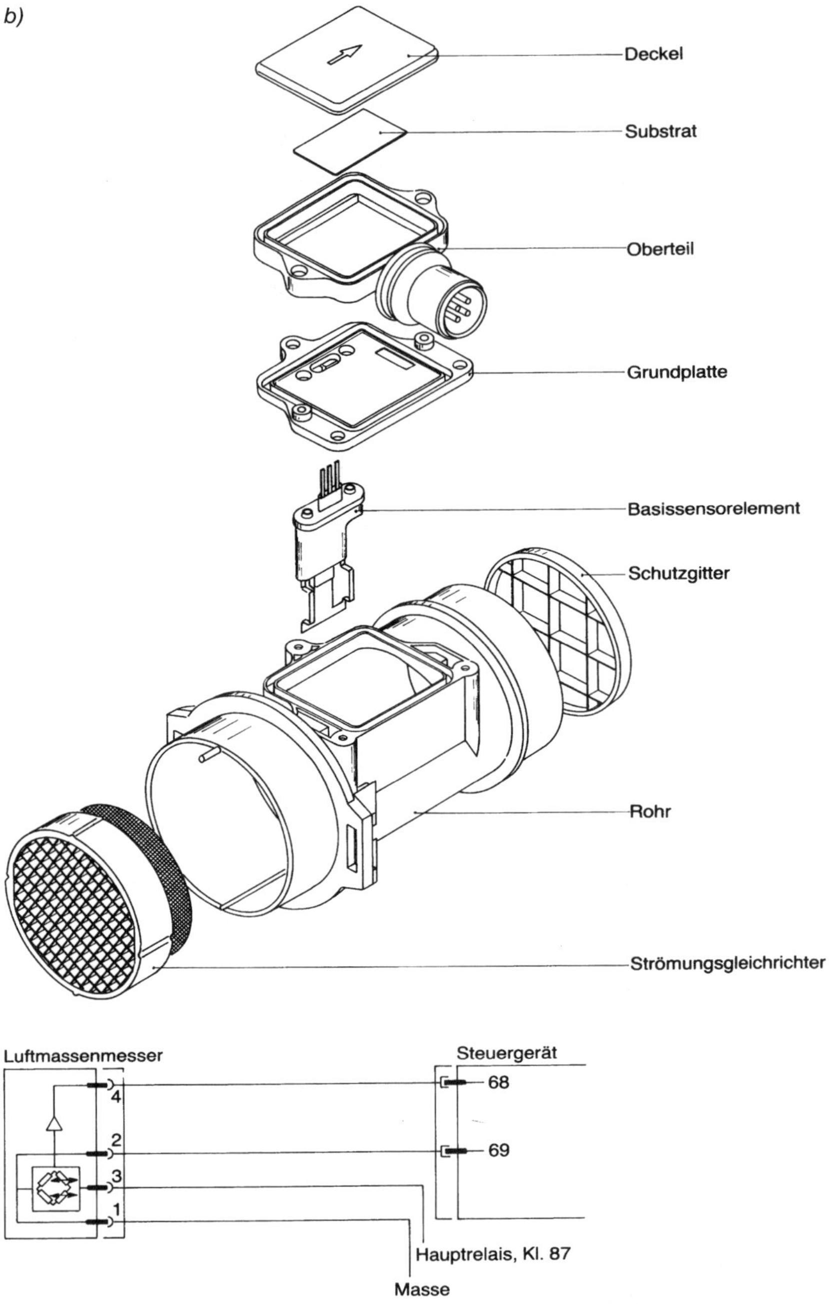

Anreicherung, bei einer Unterbrechung (unendlich hoher Widerstand, d.h. extrem kalter Motor) eine ständige, extrem hohe Anreicherung.
Ein weiteres Signal zur Feinkorrektur der Einspritzmenge liefert der **Drosselklappenschalter**. Bei geschlossenem Leerlaufkontakt wird ein eigenes Leerlaufprogramm ausgewählt. Bei höheren Drehzahlen und geschlossenem Leerlaufkontakt ist dadurch die Schubabschaltung aktiv.

Durch den Volllastkontakt wird ebenfalls drehzahlabhängig das Gemisch angereichert.

Funktion und richtige Einstellung des Drosselklappenschalters sind bei jeder Fehlersuche zu prüfen.

Werden an die Funktionssicherheit und Genauigkeit der Einspritzsteuerung höchste Ansprüche durch den Hersteller gestellt, wird der Drosselklappenschalter häufig durch ein **Drosselklappenpotentiometer** ersetzt. Dadurch erkennt das Steuergerät jede Drosselklappenposition und kann somit selbst bei einem Ausfall der Lastinformation (durch Luftmengenmesser usw.) einen eingeschränkten Notlauf sicherstellen. Bei voller Funktionsfähigkeit sichert es durch die Voreilung der Drosselklappe vor der Ansaugluftänderung eine noch genauer dosierte Einspritzsteuerung (v.a. Beschleunigungsanreicherung).
Das wichtigste Signal für die L-Jetronic ist jedoch das **Klemme-1-(td)Signal**, das das Steuergerät von der Zündspule oder direkt vom Zündsteuergerät erhält. Es dient zusammen mit der Lastinformation zur Berechnung der Einspritzmenge und natürlich entsprechend der Drehzahl der Einspritzzeit. Ohne td-Signal erfolgt keine Einspritzung. Das td-Signal wird mit Schließwinkel (Abschnitt 12.2) bzw. Tastverhältnis gemessen.
Das **Sicherheits- oder Steuerrelais** (Bild 13.37) stellt die Spannungsversorgung des Steuergerätes, der Einspritzventile, des Zusatzluftschiebers, des Drosselklappenschalters und des Luftmengenmessers mit Batterie-Plus bei eingeschalteter Zündung sicher. Ist die Kraftstoffpumpenversorgung darin integriert, muss auch das Signal der Klemme 1 mit eingehen. Ohne Klemme-1-Signal ist die Spannungsversorgung unterbrochen.
Die **Spannungsversorgung** des Steuergerätes kann außer durch das Steuerrelais auch direkt mit Batterie-Plus erfolgen bzw. über Klemme 15. Ist das System mit einem Fehlerspeicher bestückt, muss permanent Batterie-Plus anliegen.
Das Spannungssignal nutzt das Steuergerät auch für die Anpassung der Einspritzzeit in Abhängigkeit von der Höhe der Bordnetzspannung. Die Spannungskompensation ist notwendig, um die Anzugszeit der Einspritzventile (Ansprechverzögerung) mit zu berücksichtigen und die berechnete Einspritzmenge durch z.B. eine niedrige Batteriespannung nicht zu verfälschen.

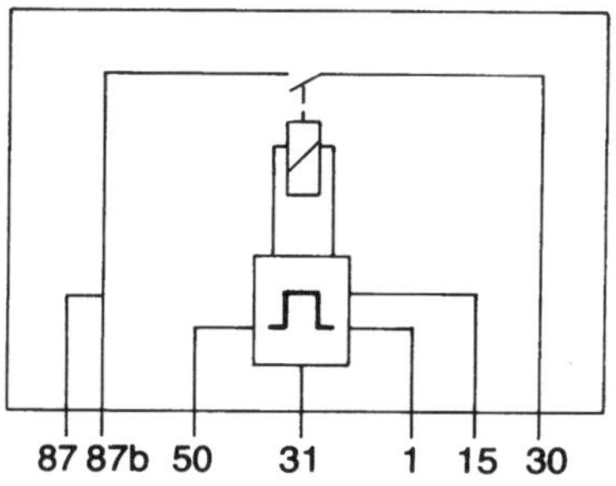

Bild 13.37
Steuerrelais

Auch die Masse sollte immer überprüft werden.

Zu erwähnen sind noch zwei Eingangssignale, die speziell am Anfang der L-Jetronic notwendig waren. Über **Klemme 50** erhielt das Steuergerät die Startinformation und veranlasste entsprechende Startanhebungs- und Nachstartprogramme. Bei den aktuellen Steuergeräten wird der Startzustand über die Drehzahl erkannt.
Das Eingangssignal **Höhengeber** kam von einer Barometer-Druckdose mit Potentiometer. Es diente dem Steuergerät bei der Luftmengenmessung zum Abgleich und zur Berechnung der Luftmasse. Der Höhengeber kann auch direkt im Steuergerät verbaut sein. Bei Systemen mit Luftmassenmessung oder auch Lambda-Regelung ist dieser Korrekturwert nicht mehr erforderlich.
Bei heutigen Fahrzeugen mit geregeltem Dreiwege-Katalysator geht natürlich auch das **Signal** der **Lambda-Sonde** ins Steuergerät mit ein (siehe Abschnitt 13.5).

13.3.3 Steuergerätefunktionen

Mit den vorher beschriebenen Eingangssignalen kann das Steuergerät den Betriebs- und Lastzustand des Motors erkennen und die benötigte Einspritzmenge bzw. die Öffnungszeit der Einspritzventile berechnen. Die Ansteuerung der Einspritzventile erfolgt durch Masseimpulse (= ti-Signal). In der Anfangsphase bzw. bei einfacheren L-Jetronic-Systemen werden alle Einspritzventile gleichzeitig angesteuert. Sie spritzen dann bei jeder Kurbelwellenumdrehung jeweils die halbe Menge ein. Die nächste Entwicklungsstufe war die Gruppenbildung von Einspritzventilen (sequentielle Einspritzung). Sie spritzen in einer Gruppe gleichzeitig bei jeder zweiten Kurbelwellenumdrehung die volle Menge ein. Im Wechsel dazu spritzt die zweite Gruppe ein. Die Gruppenbildung erfolgt durch in der Zündreihenfolge benachbarte Zylinder.
Bei beiden oben genannten Verfahren kann es vorkommen, dass die Einspritzung auf ein offenes Einlassventil trifft. Dabei sind die gewollte Gemischvorlagerung und feine Vermischung nicht vollkommen gewährleistet. Die Ideallösung ist die vollsequentielle Einspritzung, wobei jedes Einspritzventil entsprechend der Zündreihenfolge einzeln zum jeweils richtigen Zeitpunkt angesteuert wird. Dadurch wird sichergestellt, dass der Einspritzvorgang beendet ist, bevor das jeweilige Einlassventil öffnet.
Das Steuergerät benötigt dazu die jeweilige Anzahl von Endstufen und ein Nockenwellengeber-Signal bzw. eine Zylindererkennung. Die vollsequentielle Einspritzung ist meist nur bei kombinierten Zünd- und Einspritzsystemen (z.B. Motronic) verwirklicht. Die Einspritzvarianten sind in Bild 13.38 vergleichend dargestellt.

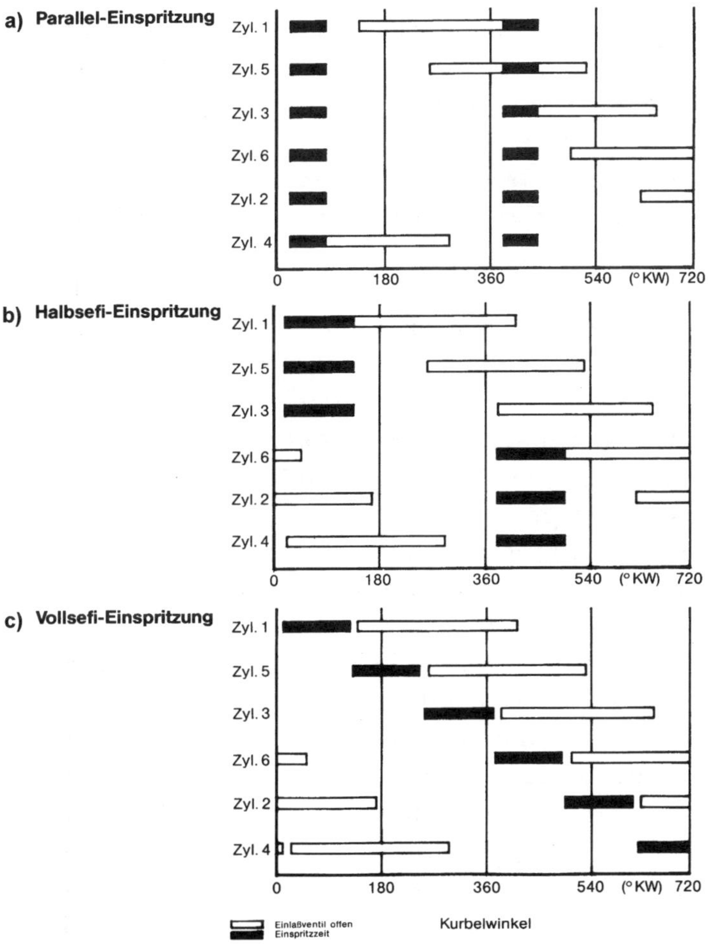

Bild 13.38
Einspritzvarianten im Vergleich
a) Parallel-Einspritzung
b) Halbsefi-Einspritzung
c) Vollsefi-Einspritzung
(sefi = sequential fuel injection)

Neben diesem grundsätzlichen Aufbau gibt es im Steuergerät einige Funktionen, die herstellerindividuell programmiert sind.

Beim Kaltstart wird zum Ausgleich der Kondensationsverluste entweder durch das Kaltstartventil und/oder durch eine im Steuergerät programmierte **Kaltstartsteuerung** durch die Einspritzventile das Gemisch angereichert. Die programmierte Kaltstartsteuerung wird bei der Starterkennung und in Abhängigkeit von der Kühlmitteltemperatur aktiviert. Im Anschluss an die Startsteuerung erfolgt die zeit- und temperaturabhängige **Nachstartanhebung** (Bild 13.39).

Die Motortemperatur wird häufig auch bei der Funktion **Schubabschaltung** zur Feinsteuerung herangezogen, d.h., bei kaltem Motor erfolgt keine Schubabschaltung oder erst bei höheren Drehzahlschwellen.

Für die programmierte Funktion **Beschleunigungsanreicherung** (abhängig von der Änderung des Lastsignals in einer bestimmten Zeit) spielt die Motortemperatur für die Höhe der Anreicherung ebenfalls eine große Rolle.

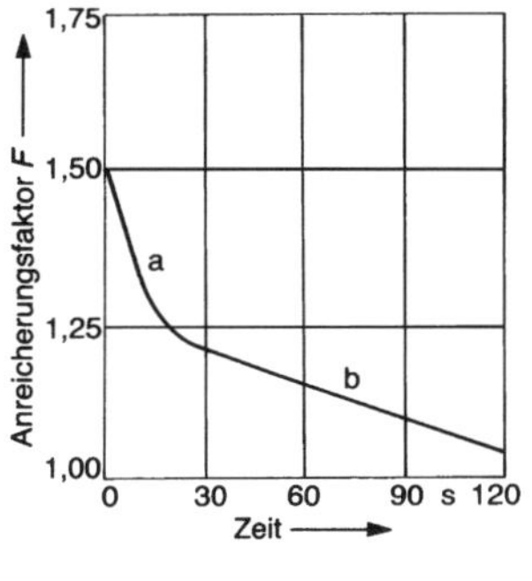

Bild 13.39
Verlauf der Warmlaufanreicherung.
Anreicherungsfaktor als Funktion der Zeit
a überwiegend zeitabhängiger Anteil
b motortemperaturabhängiger Anteil

Ein fehlendes Motortemperatur-Signal würde beim Beschleunigen mit kaltem Motor ein Übergangsruckeln («Verschlucken») hervorrufen.

Die **Lambda-Regelung** ist ebenfalls von der Motortemperatur abhängig. Sie setzt erst bei einer bestimmten Temperaturschwelle (nicht nur Katalysatortemperatur) mit der Regelung ein.

Durch eine zu frühe Lambda-Regelung würde der kalte Motor unrund laufen bzw. absterben.

Die Begrenzung der max. **Motordrehzahl** durch Ausblenden der Einspritzung ist bei Fahrzeugen mit Katalysator ebenfalls im Steuergerät programmiert.
Weitere programmierte Funktionen im Steuergerät sind ein eigenes Leerlaufprogramm sowie drehzahl- und motortemperaturabhängige **Volllastanreicherung.**
Das Leerlaufprogramm kann auch eine **Leerlaufregelung** enthalten, wenn statt des Zusatzluftschiebers ein Leerlaufsteller verbaut ist. Somit kann der Leerlauf, allen Betriebszuständen angepasst, exakt geregelt werden.

13.3.4 Gesamtübersicht mit Schaltplan

Mit dem Schaltplan in Bild 13.40 werden an einer einfachen L-Jetronic-Anlage ohne Lambda-Regelung kurz die Signale und Überprüfungsmöglichkeiten gezeigt/wiederholt.
Pin 1: Signale Klemme 1 (auch am Steuerrelais); Schließwinkel- oder Tastverhältnismessung
Pin 2: Batteriespannung bei geschlossenem Leerlaufkontakt und aktiviertem Steuerrelais; Spannungsmessung
Pin 3: analog Pin 2, jedoch bei geschlossenem Volllastkontakt
Pin 4: Batteriespannung beim Starten über Klemme 50; Spannungsmessung
Pin 5: Masse; Widerstandsmessung
Pin 7: Spannungssignal vom Schleiferkontakt, je nach Stauklappenöffnung zwischen ca. 1 bis 10 V. Voraussetzung: Batteriespannung an Pin 9 vom Luftmengenmesser; Spannungsmessung
Pin 8: Spannungssignal vom NTC im Luftmengenmesser (temperaturabhängig) zwischen 8 bis 10 V; Spannungsmessung
Pin 9: Spannungsversorgung mit Batteriespannung durch das Steuerrelais; Spannungsmessung

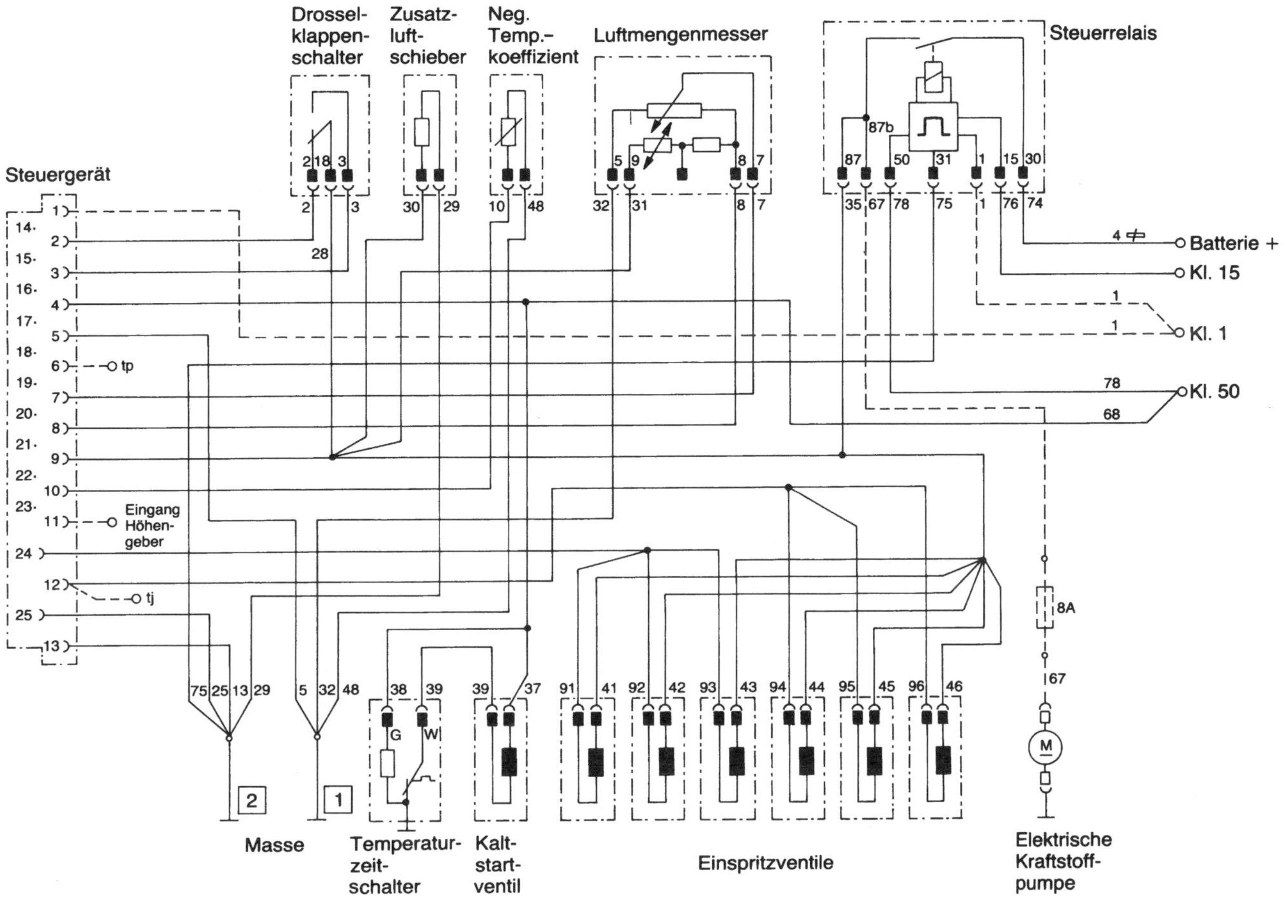

Bild 13.40
Elektrischer Schaltplan

Pin 10: Spannungsausgang vom Steuergerät für NTC; Widerstandsmessung bei abgezogenem Steuergerätestecker zwischen Pin 10 und Masse (2,5 kΩ ± 10% bei 20 °C)

Pins 12, 24: ti-Signal für Einspritzventile; Tastverhältnismessung gegen Batterie-Plus, lastabhängig von ca. 3% LL bis 99,9% VL

Pins 13, 25: Masse; Widerstandsmessung

Pins 6, 11, 14 bis 23: nicht belegt

13.4 Mono-Jetronic

Die Mono-Jetronic (Bild 13.41) ist ein kompaktes, einfaches Einspritzsystem für kleinere Motoren. Die Einspritzung erfolgt zentral über nur ein Einspritzventil, das in einem kompakten Einspritzaggregat über der Drosselklappe sitzt. Bei jedem Zündimpuls wird durch das Steuergerät die Einspritzung (intermittierend) ausgelöst. Die Grundfunktionen sind ähnlich der L-Jetronic.

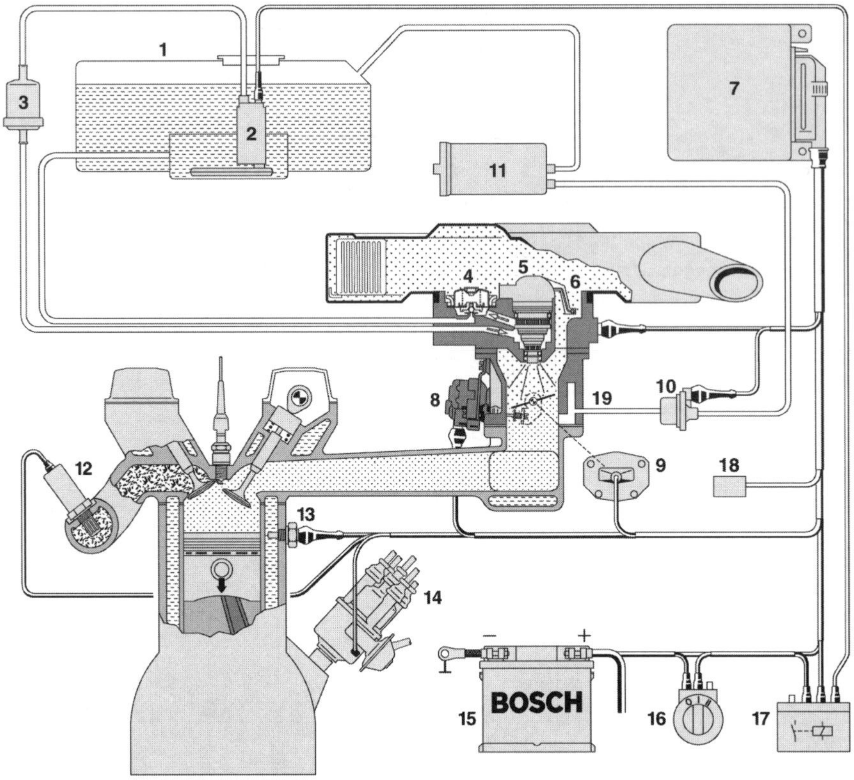

Bild 13.41
Mono-Jetronic-Systemübersicht
1 *Kraftstoffbehälter*
2 *Elektrokraftstoffpumpe*
3 *Kraftstofffilter*
4 *Systemdruckregler (1 bar)*
5 *Einspritzventil*
6 *Lufttemperaturfühler*
7 *Steuergerät*
8 *Thermosteller*
9 *Drosselklappenpotentiometer*
10 *Regenerierventil*
11 *Aktivkohlebehälter*
12 *Lambda-Sonde*
13 *Motortemperaturfühler*
14 *Zündverteiler*
15 *Batterie*
16 *Zündstartschalter*
17 *Relais*

13.4.1 Kraftstoffsystem

Bei der Mono-Jetronic wird häufig eine nach dem Strömungsprinzip arbeitende Elektrokraftstoffpumpe verbaut, selten eine Verdrängungspumpe (Rollenzellenpumpe).
Durch den geringen Kraftstoffverbrauch bei kleineren Motoren und den niedrigeren Systemdruck (ca. 1 bar) werden an die Förderleistung geringere Anforderungen gestellt. Der Einbau ist sehr häufig im Tank direkt in Baueinheit mit einem Hebelgeber (Bild 13.42).
Der Kraftstoff wird durch die Drehung des Laufrades (2) und den Schaufelkranz der Seitenkanalpumpe (3) angesaugt. Durch Kanäle im Ansaugdeckel und Pumpengehäuse gelangt der Kraftstoff zur Peripheralpumpe (4), die ihn wieder durch einen Schaufelkranz weiterbefördert.
Die Pumpenleistung ist stark von der Drehzahl und damit von der Bordnetzspannung abhängig. Die Förderleistung wird ebenfalls am Rücklauf gemessen.
Nach der Kraftstoffpumpe passiert der Kraftstoff das Kraftstofffilter und umspült anschließend das Einspritzventil (Bild 13.43). Der zu viel geförderte Kraftstoff kann durch den Druckregler zurück zum Tank entweichen. Der Druckregler hält den Kraftstoffdruck konstant bei

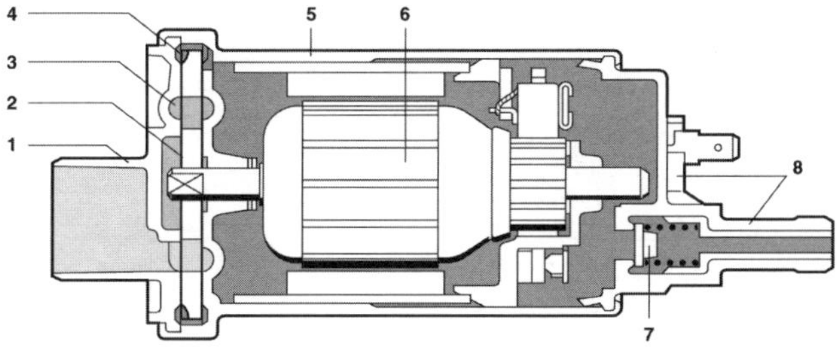

Bild 13.42
Zweistufige Elektrokraftstoffpumpe für Tankeinbau mit Seitenkanalpumpe (Vorstufe) und Peripheralpumpe (Hauptstufe)
1 Ansaugdeckel mit Sauganschluss
2 Laufrad
3 Seitenkanalpumpe
4 Peripheralpumpe
5 Pumpengehäuse
6 Anker
7 Rückschlagventil
8 Anschlussdeckel mit Druckanschluss

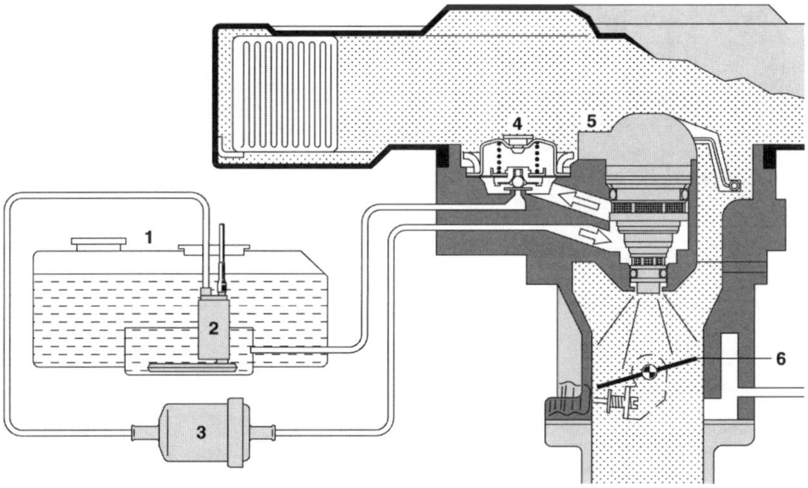

Bild 13.43
Kraftstoffversorgung der Mono-Jetronic
1 Kraftstoffbehälter
2 Elektrokraftstoffpumpe
3 Kraftstofffilter
4 Druckregler
5 Einspritzventil
6 Drosselklappe

ca. 1 bar (100 kPa) Überdruck zum Umgebungsdruck. Das Einspritzventil spritzt den Kraftstoff kegelförmig vor den Drosselklappenspalt. Der Einbauort wurde so gewählt, dass durch die dort herrschende Strömungsgeschwindigkeit der Ansaugluft eine gute Vermischung mit dem Kraftstoff gewährleistet ist.

Die verschiedenen Einspritzventile (Bilder 13.44 und 13.45) entsprechen in ihrer Funktion den herkömmlichen Einspritzventilen. Eine stromdurchflossene Magnetwicklung (Spule) hebt durch die Kraft des Magnetfeldes einen Magnetanker mit der Ventilnadel (bzw. Ventilkugel) an und spritzt den unter Druck stehenden Kraftstoff in das Ansaugsystem. Die Feder verschließt das Einspritzventil im stromlosen Zustand. Durch den geringeren Systemdruck (weniger Federkraft) ist eine geringere Kraft des Magnetfeldes notwendig; damit verringert sich die Anzugszeit des Ventils. Dies ist für die schnelle Abfolge der Einspritzimpulse (bei jeder Zündung) unbedingt notwendig.

Die Gestaltung des Einspritzventils und des sich daraus ergebenden Einspritzstrahls ist von der Konstruktion der Sauganlage und Motorgröße abhängig.

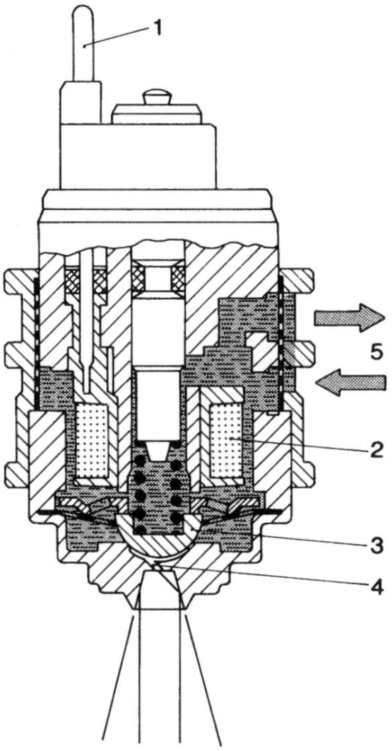

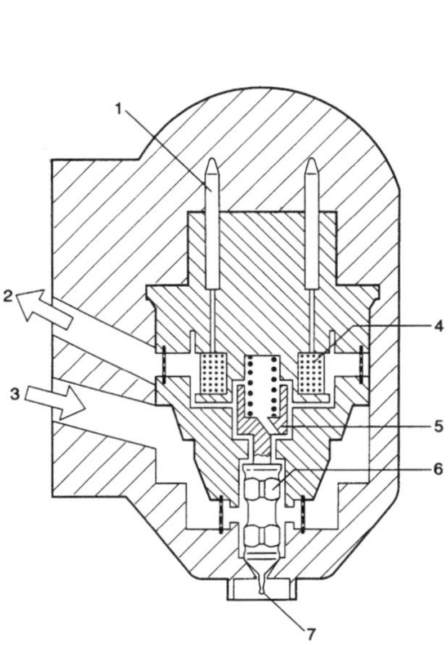

Bild 13.44 (links)
Niederdruck-Einspritzventil
1 elektrischer Anschluss
2 Spule
3 Ventilkugel
4 schräg verlaufende Bohrungen
5 Kraftstoffzulauf und -ablauf

Bild 13.45 (rechts)
Einspritzventil
1 elektrischer Anschluss
2 Kraftstoffrücklauf
3 Kraftstoffzulauf
4 Magnetwicklung
5 Magnetanker
6 Ventilnadel
7 Spritzzapfen

13.4.2 Eingangssignale zur Erfassung des Betriebszustandes

Der wesentliche Unterschied zu den vorher beschriebenen Einspritzanlagen besteht bei der Mono-Jetronic darin, dass die angesaugte Luftmenge (-masse) nicht gemessen wird, sondern aufgrund des Drosselklappenwinkels (α) und der Drehzahl (α/n) berechnet wird (α/n-Steuerung). Bei einer bestimmten Drosselklappenöffnung und einer bestimmten Drehzahl kann nur eine bestimmte Luftmenge angesaugt werden. Das dazu gehörige Kennfeld wird durch Versuche auf dem Motorenprüfstand ermittelt und im Steuergerät programmiert. Die entsprechenden Eingangssignale erhält das Steuergerät durch das Klemme-1-Signal (Drehzahl n) und das Drosselklappenpotentiometer (Drosselklappenwinkel α).

Das **Klemme-1-Signal** (td-Signal) erhält das Mono-Jetronic-Steuergerät vom Zündsteuergerät (bzw. bei der Mono-Motronic steuergeräteintern). Das Signal kann über Schließwinkel bzw. Tastverhältnis gemessen werden. Ohne Drehzahlsignal erfolgt keine Einspritzung.

Den **Drosselklappenwinkel** erkennt das Steuergerät an den Widerstandsänderungen am **Drosselklappenpotentiometer** (Bild 13.46).

Das Drosselklappenpotentiometer enthält zwei Widerstandsbahnen mit unterschiedlicher Charakteristik: eine für den unteren Lastbereich (Öffnungswinkel 0 bis 24°), wo sich bei geringen Öffnungswinkelunterschieden starke Veränderungen in der angesaugten Luftmenge ergeben. Die zweite Bahn ist für den oberen Lastbereich

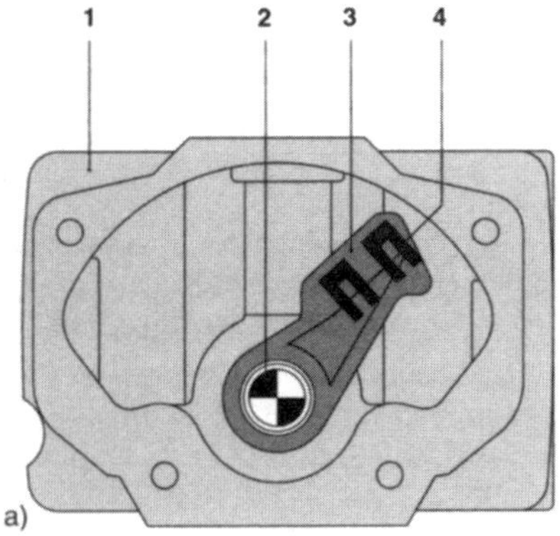

Bild 13.46
Drosselklappenpotentiometer
a) Gehäuse mit Schleifer
1 Unterteil des Einspritzaggregats
2 Drosselklappenwelle
3 Schleiferarm
4 Schleifer

(Öffnungswinkel 18 bis 90°). Leerlauf und Volllast werden durch das Steuergerät bei bestimmten Öffnungswinkeln erkannt.
Die verschiedenen Bahnen können durch Widerstandsmessungen überprüft werden. Beim Öffnen der Drosselklappe müssen sich die Widerstandswerte kontinuierlich verändern. Wichtig ist dabei auch, dass eine gute Kontaktierung besteht und keine Feuchtigkeit bzw. Korrosion vorhanden ist.

Das Potentiometer soll in seiner Lage zur Drosselklappe nicht verändert werden. Bei einem evtl. notwendigen Austausch sind die herstellerspezifischen Einstellangaben exakt zu beachten.

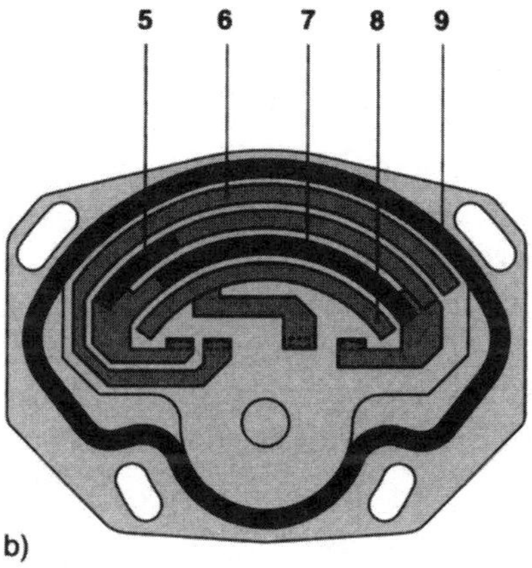

Bild 13.46
b) Gehäusedeckel mit Potentiometerbahnen
5 Widerstandsbahn 1
6 Kollektorbahn 1
7 Widerstandsbahn 2
8 Kollektorbahn 2
9 Rundschnur-Dichtung

Beim Ausfall des Drosselklappenpotentiometers ordnet das Steuergerät verschiedenen Drehzahlen feste Einspritzzeiten zu und gewährleistet so einen eingeschränkten Notlaufbetrieb.
Die Erfassung der **Motortemperatur** erfolgt auch hier durch einen NTC.
Die **Ansauglufttemperatur** wird ebenfalls durch einen NTC ermittelt, der im Einspritzaggregat am Einspritzventil angebracht ist (Bild 13.47).
Die **Batteriespannung** (über Klemme 15) wird bei diesem System nicht nur zur Versorgung des Steuergerätes verwendet, sondern deren Höhe beeinflusst auch hier die Berechnung der Einspritzzeit.
Die **Masse**verbindung muss ebenfalls in Ordnung sein.
Eine permanente Versorgung mit **Batterie-Plus** ist für den Fehlerspeicher vorhanden.
Durch das **Signal der Lambda-Sonde** wird die Berechnung der Einspritzzeit korrigiert und nachgeregelt (vgl. Abschnitt 13.5).
Ist eine Leerlauf-Drehzahlregelung durch einen Drosselklappenansteller (anstelle eines Thermostellers) verbaut, können zusätzliche, verschiedene Schaltsignale (z.B. Klimaanlage, Automatikgetriebe) dem Steuergerät zur Leerlauf-Drehzahlstabilisierung mitgeteilt werden (s. folgenden Abschnitt).

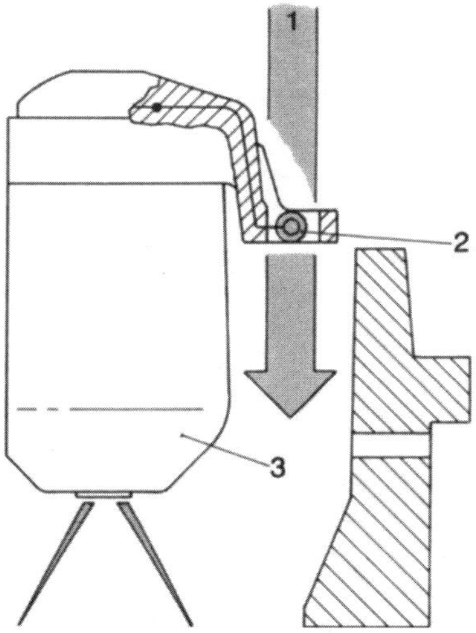

Bild 13.47
Ansaugluft-Temperaturfühler
1 Ansaugluft
2 NTC-Widerstand
3 Einspritzventil

13.4.3 Steuergerätefunktionen und Ausgangssignale

Das wichtigste Ausgangssignal ist der Masseimpuls für das Einspritzventil, der mit Tastverhältnis gemessen wird. Die berechnete Einspritzzeit ergibt sich aus den Eingangssignalen und programmierten Funktionen wie Startanreicherung, Nachstart- und Warmlaufanreicherung, Leerlaufprogramm, Volllastanreicherung, Schubabschaltung und Drehzahlbegrenzung (analog den sonstigen Einspritzsystemen). Auch die Gemischanpassung durch die Ansaug-

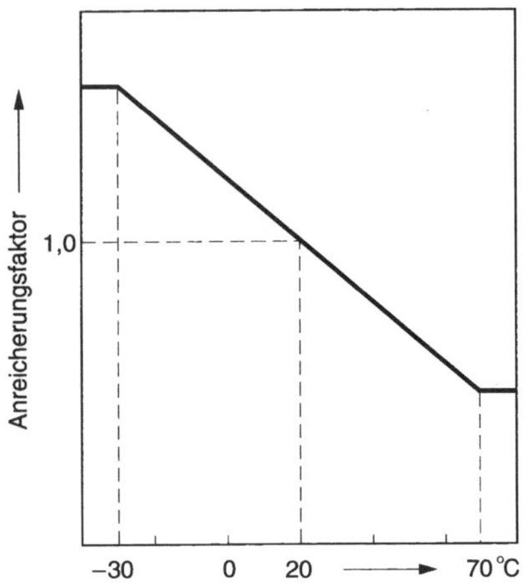

Bild 13.48
Anreicherungsfaktor in Abhängigkeit von der Ansauglufttemperatur

lufttemperatur entspricht in ihrer Funktion den anderen Einspritzsystemen. Deren Einfluss soll Bild 13.48 nochmals verdeutlichen.
Die Ansauglufttemperatur und die Motortemperatur müssen neben den herkömmlichen Funktionen speziell im Übergangsverhalten bei Laständerungen durch Programme im Steuergerät berücksichtigt werden. Durch die Zentraleinspritzung vor die Drosselklappe baut sich beim Beschleunigen ein Wandfilm an den Saugrohrwänden auf, der sich beim Schließen der Drosselklappe wieder abbaut (Bild 13.49).

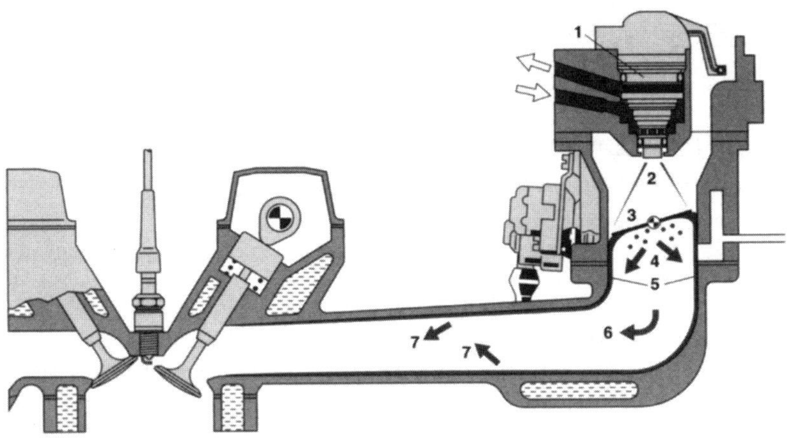

Bild 13.49
Kraftstoffniederschlag bei kaltem Motor
1 Einspritzventil
2 zugemessener Kraftstoff
3 Drosselklappe
4 Kraftstoffniederschlag
5 Wandfilm am Saugrohr (überhöht dargestellt)
6 durchströmender Kraftstoffdampf
7 Verdampfung aus Wandfilm

Dieser Wandfilm-Aufbau/-Abbau ist neben der Temperatur auch von der Drehzahl sowie der Größe und Geschwindigkeit der Änderung des Drosselklappenwinkels abhängig.
Die Laständerung wird durch die Änderung des Drosselklappenpotentiometer-Widerstandes erkannt und im Steuergerät dadurch das entsprechende Programm ausgelöst, um die oben beschriebene «Problematik» zu kompensieren. Eine weitere Besonderheit in der Steuergerätefunktion ist die Spannungskompensation – nicht nur für die Funktion des Einspritzventils, sondern auch für die Förderleistung der Kraftstoffpumpe. Bei niedriger Bordnetzspannung und dadurch geringerer Förderleistung der Strömungspumpe (durch geringere Drehzahl) wird die berechnete Einspritzzeit nochmals verlängert, um den geringeren Kraftstoffdruck auszugleichen.
Die Notwendigkeit dieses Programms (d.h., dass eine Strömungspumpe verbaut ist) erkennt das Steuergerät durch eine entsprechende Pinbelegung.
Die Ansteuerung der Elektrokraftstoffpumpe (Sicherheitsschaltung) erfolgt über ein Relais durch das Steuergerät.

Ist anstelle des Thermostellers ein Drosselklappenansteller (Bild 13.50) verbaut, wird dieser vom Steuergerät für die Leerlaufregelung angesteuert.
Durch das Signal des Leerlaufkontaktes (5) und der Drehzahl wird die Leerlaufregelung ausgelöst. Der Elektromotor (1) ist über zwei Leitungen mit dem Steuergerät verbunden, das die Stromrichtung und damit die Drehrichtung des Elektromotors vorgibt. Durch die Leerlaufregelung kann die Leerlauf-Drehzahl reduziert werden. Sie wird nur falls erforderlich (beim Kaltstart oder bei laufendem Klimakompressor) erhöht. Zusätzlich bietet der Drosselklappenansteller die Möglichkeit, im Schiebebetrieb und bei aktiver Schubabschaltung die Drosselklappe leicht zu öffnen und dadurch den Unterdruck im Motor zu reduzieren. Durch die Leerlauf-Drehzahlregelung werden auch verschleiß- und alterungsbedingte Abweichungen ausgeglichen. Was die Leerlauf-Drehzahlregelung bei der Leerlauf-Drehzahl auszugleichen vermag, kann durch die Lambda-Regelung bei der Gemischzusammensetzung über den gesamten Bereich ausgeglichen bzw. angeglichen (= adaptiert) werden (s. folgenden Abschnitt).

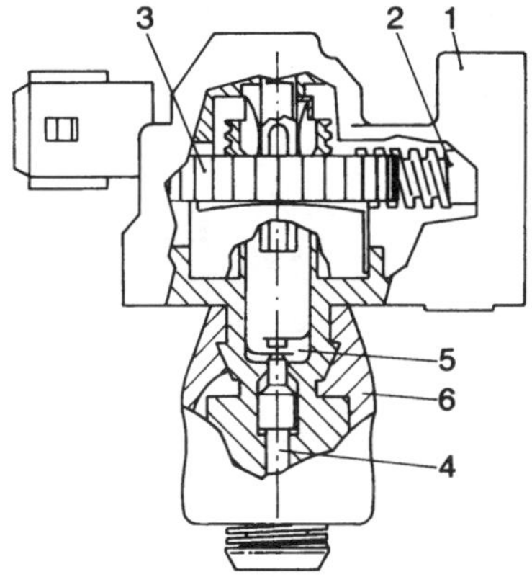

Bild 13.50
Drosselklappenansteller
1 Motorgehäuse mit Elektromotor
2 Schnecke
3 Schneckenrad
4 Stellwelle
5 Leerlaufkontakt
6 Gummirollbalg

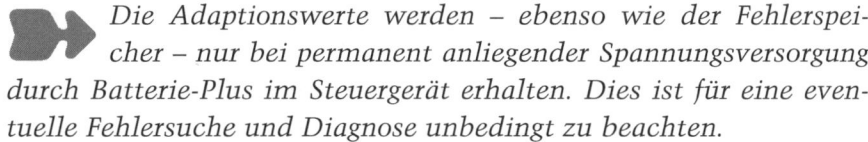

Die Adaptionswerte werden – ebenso wie der Fehlerspeicher – nur bei permanent anliegender Spannungsversorgung durch Batterie-Plus im Steuergerät erhalten. Dies ist für eine eventuelle Fehlersuche und Diagnose unbedingt zu beachten.

13.5 Lambda-Regelung

Die gestiegenen gesetzlichen Anforderungen machten in den 1980er-Jahren die Einführung des geregelten Dreiwege-Katalysators notwendig. Damit die Abgasentgiftung bzw. die chemischen Reaktionen durch den Katalysator möglichst wirkungsvoll stattfinden können, muss die Gemischzusammensetzung sich in engen Grenzen bewegen (Bild 13.51), im so genannten Katalysatorfenster (vgl. Band «Ottomotor»).
Für die Einhaltung der Gemischzusammensetzung innerhalb des Katalysatorfensters ist die Steuerung der Einspritzmenge nicht exakt genug. Hier werden keine Veränderungen des Motors durch Verschleiß bzw. Bauteiltoleranzen berücksichtigt. Deshalb ist es erforderlich, die tatsächliche Abgaszusammensetzung nach der Verbrennung zu messen und entsprechend den gemessenen Abweichungen die Einspritzmenge bzw. das Gemisch nachzuregeln.
Die Zusammensetzung der Abgase wird durch die Lambda-Sonde gemessen. Durch das Signal der Lambda-Sonde kann das Steuergerät

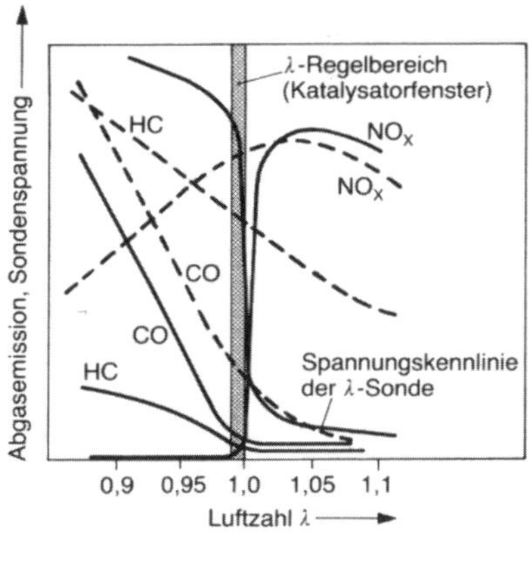

Bild 13.51
Regelbereich der Lambda-Sonde und Verringerung des Schadstoffanteils im Abgas
--- Emission ohne katalytische Nachbehandlung
— Emission mit katalytischer Nachbehandlung

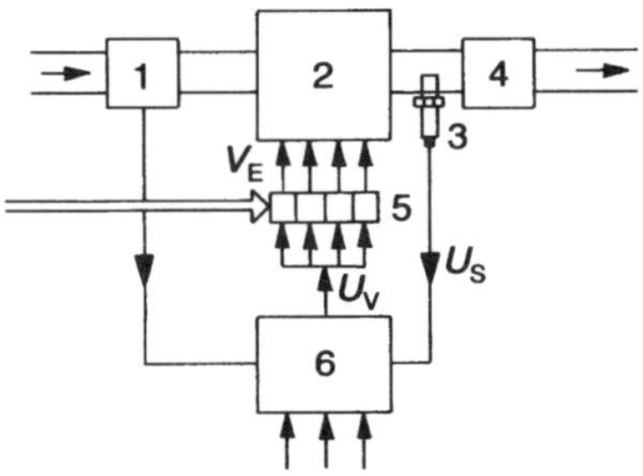

Bild 13.52
Funktionsschema Lambda-Regelung
1 Luftmengenmesser
2 Motor
3 Lambda-Sonde
4 Katalysator
5 Einspritzventile
6 Steuergerät mit Regler
U_S *Sondenspannung*
U_V *Ventilsteuerspannung*
V_E *Einspritzmenge*

die Einspritzmenge und damit das Gemisch entsprechend verändern. Da es sich hierbei um einen geschlossenen Regelkreis handelt, spricht man von einer Regelung (Bild 13.52).
Die Bezeichnung der Lambda-Sonde stammt von dem griechischen Buchstaben Lambda (λ), der in der Technik für das Verhältnis zwischen theoretischem Luftbedarf und tatsächlich zugeführter Luftmasse verwendet wird.

$$\lambda = \frac{\text{zugeführte Luftmasse}}{\text{theoretischer Luftbedarf}}$$

Tatsächlich misst die Lambda-Sonde den Restsauerstoffgehalt im Abgas.
Entsprechen sich der theoretische Luftbedarf und die zugeführte Luftmasse ($\lambda = 1$), findet eine exakte Verbrennung mit den in der Summe geringsten Schadstoffemissionen statt. Ist die zugeführte Luftmasse geringer ($\lambda < 1$), ist das Gemisch zu fett, bei Luftüberschuss ($\lambda > 1$) zu mager. (Bei dem Lambda-Verhältnis wird oft die Bezeichnung Luftmenge verwendet; richtig ist jedoch Luftmasse.)
Das Steuergerät regelt durch den Lambda-Integrator die berechnete Einspritzzeit nach. Bei zu fettem Gemisch wird die Einspritzzeit verkürzt (Abmagern), bei zu magerem verlängert (Anfetten). Dieser Regelprozess findet permanent statt und pendelt ca. ± 1% um $\lambda = 1$.
Für diese Regelung gibt es jedoch einige Ausnahmen, so genannte **Regelverbote,** um das Laufverhalten des Motors nicht negativ zu beeinflussen: in der **Start- und Warmlauf**phase, bei **Beschleunigung** und **Schubabschaltung** und meist auch im **Volllast**betrieb.
Bei einem Ausfall des Lambda-Sonden-Signals schaltet das Steuergerät auf Steuerung.

13.5.1 Gemischadaption

Bei modernen Einspritzsystemen wird das Signal der Lambda-Sonde auch dazu verwendet, um die Grundsteuerung der Einspritzmenge entsprechend den tatsächlichen Motorgegebenheiten anzupassen (= adaptieren).
Muss die Einspritzmenge in einem bestimmten Bereich ständig nachgeregelt werden, erkennt dies das Steuergerät und berücksichtigt das bei der weiteren Berechnung der Einspritzzeit. Dadurch wird die absolute Höhe der notwendigen Korrektur durch den Lambda-Integrator geringer. Den Adaptionswert legt das Steuergerät im Arbeitsspeicher ab.
Bei der Gemischanpassung (Adaption) unterscheidet man die additive und die multiplikative Adaption. Bei der additiven Adaption wird zur

berechneten Einspritzmenge eine konstante Abweichung hinzugezählt (addiert). Dies ist häufig der Fall, wenn z.B. durch einen Leckluftfehler das Gemisch zu mager ist. Die angesaugte Leckluftmenge ist immer gleich groß, unabhängig von der Drehzahl und Motorlast. Deshalb muss permanent zur Einspritzmenge ein gewisser Korrekturwert addiert werden. Dies wirkt sich besonders bei niedrigen Drehzahlen und im unteren Teillastbereich aus.
Die multiplikative Adaption wird bei Fehlern, die drehzahl- oder lastabhängig sind, angewendet. Dabei wird die berechnete Grundeinspritzzeit mit einem Korrekturwert multipliziert. Dies kann z.B. der Fall sein, wenn der Kraftstoffdruck zu hoch ist.
Die additive bzw. multiplikative Adaption kann sowohl einen positiven als auch negativen Korrekturwert bedeuten. Hohe Adaptionswerte weisen auf mechanischen Verschleiß bzw. Veränderungen am Motor hin. (Dieser Zusammenhang kann bei der Fehlersuche hilfreich sein.)
Für die Adaption gelten ebenso wie für die eigentliche Lambda-Regelung programmierte Grenzwerte.

Bei einem Ausfall des Lambda-Sonden-Signals werden für die Gemischsteuerung die Adaptionswerte vom Steuergerät berücksichtigt. Diese sind häufig in einem «flüchtigen» Speicher abgelegt, d.h., bei einer Unterbrechung der Spannungsversorgung verliert das Steuergerät die Adaptionswerte. Dadurch kann es im anschließenden Fahrbetrieb zu unrundem Motorlauf usw. kommen, bis durch die Lambda-Sonden-Signale die Adaptionswerte neu gelernt wurden.

13.5.2 Aufbau und Funktion der Lambda-Sonde

Die Lambda-Sonde besteht aus einem Keramikelement aus Zirkoniumdioxid (ZnO_2), das mit einer dünnen gasdurchlässigen Platinschicht überzogen ist. Auf der dem Abgas zugewandten Seite ist sie außerdem noch mit einer porösen, keramischen Schutzschicht versehen. Ein darüber angebrachtes Schutzrohr mit Schlitzen verhindert mechanische Beschädigungen (Bild 13.53).
Zirkoniumdioxid wirkt bei einer unterschiedlichen Sauerstoffkonzentration und höheren Temperaturen (> 300 °C) wie ein galvanisches Element und erzeugt eine Spannung.
Das bereits vermischte Abgas aus allen Zylindern strömt an der in das Abgasrohr eingeschraubten Lambda-Sonde vorbei. Der Restsauerstoff im Abgas und der Sauerstoff der Umgebungsluft, der sich im Inneren der Sonde befindet, erzeugen durch die unterschiedliche Sauerstoffkonzentration (Sauerstoffpartialdruck) auf der Sondenkeramik eine

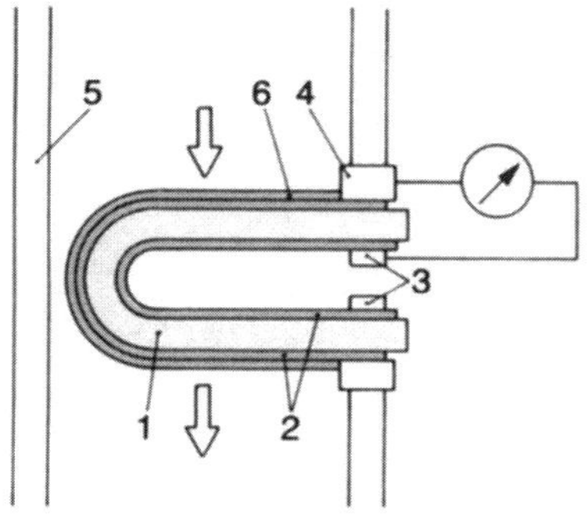

Bild 13.53
Anordnung der Lambda-Sonde im Abgasrohr (schematisch)
1 Sondenkeramik
2 Elektroden
3 Kontakt
4 Gehäusekontaktierung
5 Abgasrohr
6 keramische Schutzschicht (porös)

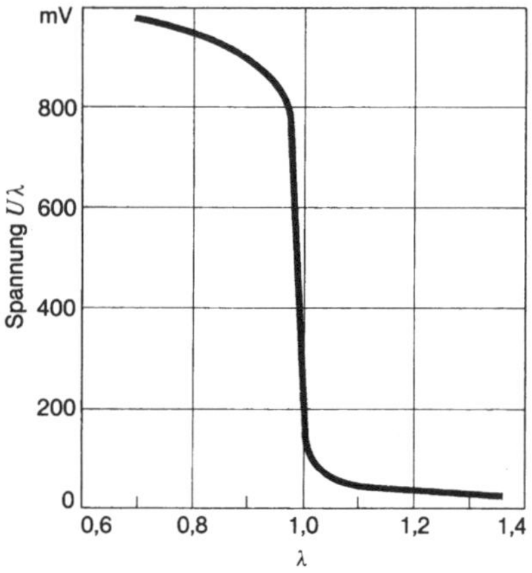

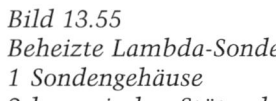

Bild 13.54
Spannungskennlinie der Lambda-Sonde für 600 °C Arbeitstemperatur

Spannung, die über einen Kontakt und eine geschirmte Leitung dem Steuergerät zugeführt wird.
Die Sonde ist so ausgelegt, dass sie bei $\lambda = 1$ einen Spannungssprung macht (Bild 13.54).
Die von der Lambda-Sonde abgegebene Spannung beträgt bei $\lambda = 1$ ca. 450 mV, bei fettem Gemisch ca. 800 mV und bei magerem Gemisch ca. 100 mV.
Da die Gemischzusammensetzung bei normaler Funktion stets um $\lambda = 1$ pendelt, schwankt die Spannung permanent im o.g. Bereich. Die optimale Betriebstemperatur der Sonde liegt bei ca. 600 °C.
Da diese Temperatur nicht immer durch den richtigen Einbauort und unter allen Betriebsbedingungen erreicht bzw. eingehalten werden kann, wird häufig eine beheizte Lambda-Sonde (Bild 13.55) eingesetzt. Durch die Beheizung der Lambda-Sonde wird die Betriebstemperatur schneller erreicht (d.h. frühere Gemischregelung möglich) und genauer eingehalten (d.h. genauere Messung und exaktere Regelung möglich). Zudem kann der Einbauort weiter weg vom Motor gewählt und damit eine Überhitzung vermieden werden.

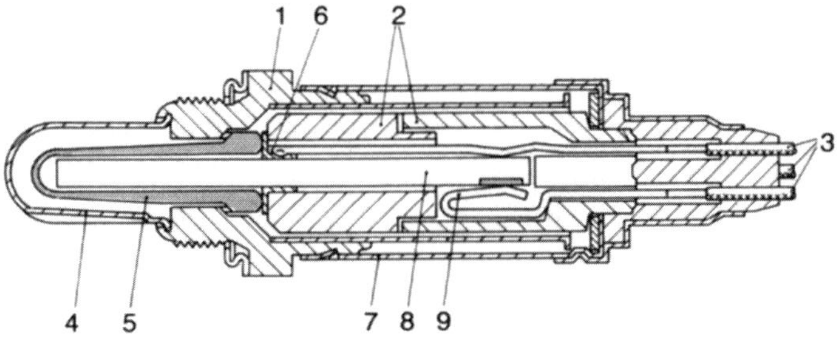

Bild 13.55
Beheizte Lambda-Sonde
1 Sondengehäuse
2 keramisches Stützrohr
3 Anschlusskabel
4 Schutzrohr mit Schlitzen
5 aktive Sondenkeramik
6 Kontaktteil
7 Schutzhülse
8 Heizelement
9 Klemmanschlüsse für Heizelement

Die Funktion der Lambda-Sonde kann durch ein Lambda-Prüfgerät, aber auch durch eine Spannungsprüfung getestet werden. Eine ständig wechselnde Spannung bei laufendem Motor zeigt hinreichend genau die Funktion an. Dabei ist zu beachten, dass das Steuergerät eine permanente Gleichspannung von ca. 475 mV als Teil einer Auswerteschaltung im Steuergerät zur genaueren Regelung ausgibt. Deshalb ist bei einer einfachen Spannungsprüfung die Lambda-Sonde vom Steuergerät zu trennen.
(Voraussetzung: Motor, Lambda-Sonde und Katalysator müssen auf Betriebstemperatur sein.)

Die Abschirmung der Signalleitung ist auf Beschädigungen und eine gute Masseverbindung zu überprüfen. Auch die Lambda-Sonde selbst benötigt eine ausreichende Masseversorgung – entweder durch eine eigene Leitung oder durch das Abgasrohr. Besonders bei Fahrzeugen mit höherer Laufleistung muss hierauf geachtet werden.

Bei der beheizten Lambda-Sonde überprüft man zusätzlich das Heizelement durch eine Widerstandsmessung sowie die Beheizung durch eine Strommessung. Die Stromversorgung für die Sondenheizung wird meist über ein Relais geschaltet.

Durch eine Sichtprobe muss sichergestellt sein, dass die Umgebungsluft in die Lambda-Sonde eintreten kann, d.h. die «Atmungsöffnungen» nicht verstopft oder z.B. durch Unterbodenschutz verklebt werden. Es darf jedoch kein Spritzwasser eindringen können.

Die Sondenkeramik darf nicht mit Ablagerungen überzogen sein. Solche «Vergiftungen» können durch verbleites Benzin (bei einer nicht bleibeständigen Sonde), bei übermäßigem Verbrauch von Öl oder Kühlflüssigkeit usw. verursacht werden.

13.5.3 Titandioxid-Lambda-Sonde

Funktion und Aufbau sind im Wesentlichen gleich der Zirkoniumdioxid-Sonde. Der Unterschied besteht lediglich darin, dass das verwendete Titandioxid als Sondenkeramik auf unterschiedliche Sauerstoffkonzentrationen nicht als galvanisches Element reagiert, d.h. keine Spannung erzeugt, sondern seinen Widerstand sprunghaft verändert (Bild 13.56).
Das Steuergerät gibt bei dieser Sonde eine Spannung aus und erkennt durch den Spannungsabfall die Abgaszusammensetzung. Zusätzlich erkennt das Steuergerät durch den Spannungsabfall auch die Sondentemperatur und regelt entsprechend die Sondenheizung durch eine Stromtaktung (Bild 13.57).

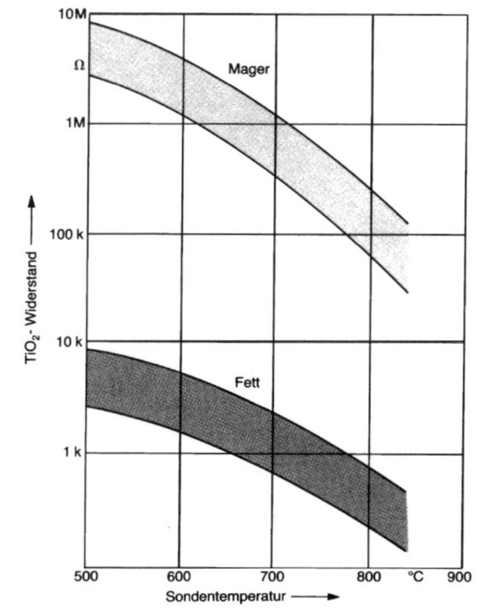

Bild 13.56
Widerstand der TiO_2-Lambda-Sonde

Die Sonde kann durch eine Widerstandsmessung überprüft werden. Ebenso können durch einen Fehlerspeicher im Einspritzsteuergerät und eine Diagnoseschnittstelle zu einem Tester – wie bei der Zirkoniumdioxid-Lambda-Sonde – eventuelle Fehlfunktionen ausgelesen werden. Ansonsten sind die gleichen Bedingungen zu beachten, z.B. Bleivergiftung, Spritzwasser usw.

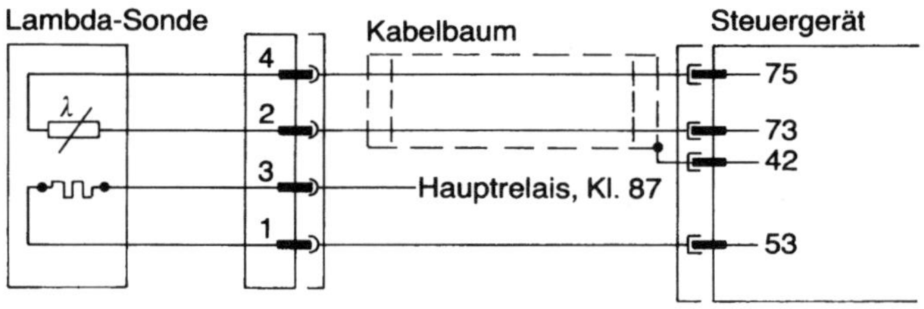

Bild 13.57
Anschluss, Auswertung und Ansteuerung der Lambda-Sonde
Steckerbelegung:
Lambda-Sonde
Pin Typ
4 Sensor-Signal
2 Sensor-Versorgung
3 Versorgungsleitung
1 Steuerleitung Heizung – Schirm
Steuergerät
Pin Typ
75 Eingang
73 Ausgang
53 Ausgang
42 Schirm

13.5.4 Planarsonde

Die Planarsonde (Bild 13.58) ist eine Weiterentwicklung der Spannungssprungsonde und hat das gleiche Funktionsprinzip. Anstatt der festen Sondenkeramik besteht sie jedoch aus mehreren aufeinander aufgetragenen flachen Schichten, in denen die Elektroden, die Isolationsschichten und Heizelemente integriert sind. Die Planarsonde hat aufgrund der kompakten Bauweise ein geringeres Gewicht und benötigt weniger Heizleistung, da die Sonde schneller die Betriebstemperatur erreicht. Außerdem ist sie auch in der Herstellung preisgünstiger, so dass sie sich mittlerweile auf breiter Basis durchgesetzt hat.

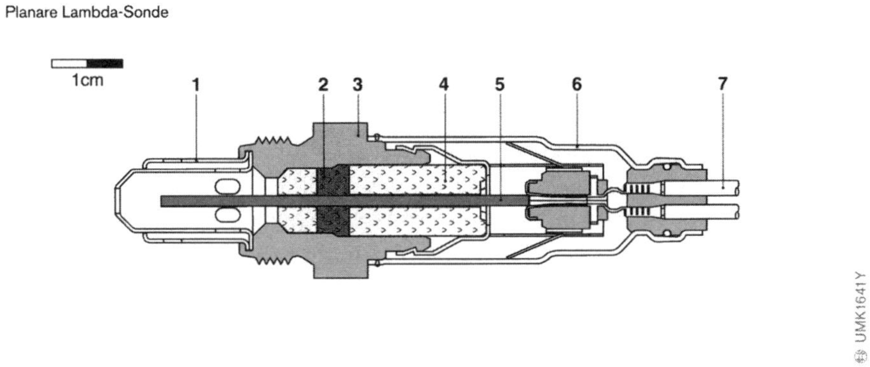

Bild 13.58
Schnittzeichnung einer planaren Lambda-Sonde
1 Schutzrohr
2 keramisches Dichtpaket
3 Sondengehäuse
4 keramisches Stützrohr
5 planare Messzelle
6 Schutzhülse
7 Anschlusskabel

13.5.5 Planare Breitband-Lambda-Sonde

Für die Benzin-Direkteinspritzung und dem dabei möglichen Magerbetrieb, sowie der Einführung der On-Board-Diagnose und der dafür geforderten Funktionsüberwachung des Katalysators, sowie für den Einsatz bei den Dieselmotoren benötigte man eine Lambda-Sonde die die Sauerstoffkonzentration im Abgas in einem größeren Bereich messen konnte. Dies führte zur Entwicklung der planaren Breitband-Lambda-Sonde (Bild 13.59), die den Restsauerstoff in einem Bereich zwischen $\lambda = 0{,}7$ und $\lambda = 4$ stufenlos messen kann. Die planare Breitbandsonde besteht dazu im Prinzip aus zwei Teilen. Einer Messzelle, die aus einer Spannungssprungsonde besteht und einer so genannten **Sauerstoff-Pumpzelle**.

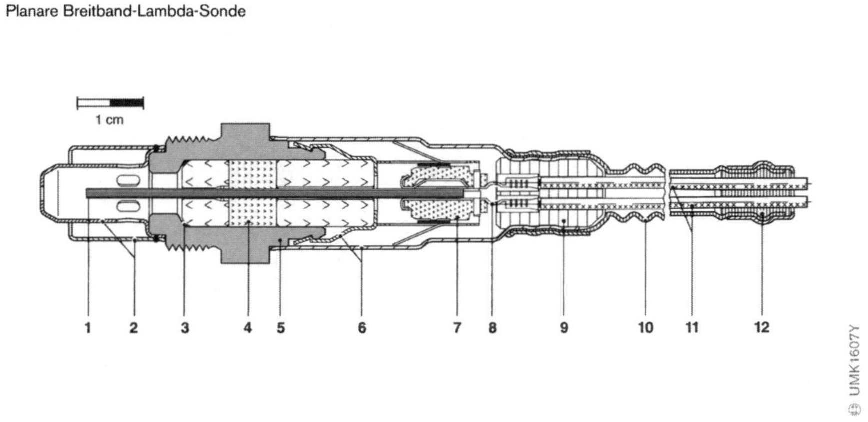

Bild 13.59
Schnittzeichnung einer planaren Breitband-Lambda-Sonde
1 Messzelle (Kombination aus Nernst-Zelle und Sauerstoff-Pumpzelle)
2 Doppelschutzrohr
3 Dichtring
4 Dichtpaket
5 Sondengehäuse
6 Schutzhülse
7 Kontakthalter
8 Kontaktclip
9 PTFE-Hülle (Teflon)
10 PTFE-Formschlauch
11 fünf Anschlussleitungen
12 Dichtung

Die Sauerstoff-Pumpzelle ist mit der Messzelle über einen Diffusionsspalt verbunden, durch den Sauerstoffionen hinein- bzw. herausgepumpt werden kann. Dies ist abhängig von der über Platinelektroden an der Sauerstoff-Pumpzelle angelegten Spannung. Die Spannung wird nun so geregelt, dass sich in der Messzelle $\lambda = 1$ ergibt. Dabei ist der für den Konzentrationsausgleich benötigte Strom proportional zur Sauerstoffkonzentration im Abgas und damit ein Messkriterium für diese. Die planare Breitbandsonde besitzt je nach Hersteller 5 bzw. 6 Anschlüsse, für das Messsignal, die Heizung und den Pumpstrom. Die Funktionen der Sonde werden, wie bei allen Sonden, durch die Motorelektronik überwacht und bei Fehlfunktionen erfolgt ein Fehlerspeichereintrag und das Aufleuchten einer Warnlampe (siehe Abschnitt 14.5 E-OBD).

13.6 Elektronisch geregelte Dieseleinspritzsysteme

13.6.1 Allgemeine Beschreibung mit Systemübersicht

Die elektronische Regelung der Einspritzmenge und des Einspritzbeginns wirkt sich auch beim Dieselmotor positiv auf den Verbrauch, das Laufverhalten und die Abgase aus.
Durch ein Steuergerät werden die Umfeld- und Motorbetriebsbedingungen erfasst, ausgewertet und durch entsprechende Stellsignale die Einspritzmenge sowie der Einspritzbeginn an der Einspritzpumpe eingestellt und bei Bedarf nachgeregelt.
Somit können für jeden Betriebspunkt des Motors die Einspritzmenge und der Spritzbeginn exakt angepasst werden, ohne auf Verstellkurven mechanischer Regler Rücksicht nehmen zu müssen.
Bei den elektronisch geregelten Dieseleinspritzpumpen können deshalb der mechanische Fliehkraftregler, der ladedruckabhängige Volllastanschlag, der temperaturabhängige Startmengenanschlag, der

fliehkraftabhängige Spritzversteller und der Kaltstartbeschleuniger entfallen. Diese und noch weitere Funktionen, wie z.B. die Laufruheregelung und aktive Ruckeldämpfung, werden durch das Steuergerät geregelt.
Tabelle 13.1 stellt eine Systemübersicht mit den Ein- und Ausgängen am Steuergerät dar.

Tabelle 13.1 Systemübersicht «Dieseleinspritzung»

Eingangssignale	Verarbeitung	Ausgangssignale
Pedalweggeber (Fahrpedalstellung) Drehzahlgeber Spritzbeginnfühler (Lade-/Atmosphären-) Luftdruckfühler Temperaturfühler – Kühlmittel Temperaturfühler – Luft Temperaturfühler – Kraftstoff Regelschieberpositionsgeber bzw. Regelstangenweggeber Geschwindigkeit Wasserstandssonde Klimaanlage Diebstahl-Warnanlage Bremsschalter Kupplungsschalter Fahrgeschwindigkeitsregler (Bedienteil) Spannungsversorgung über Klemmen 15 und 30 Masse	STEUERGERÄT	Mengenstellwerk der Einspritzpumpe Spritzbeginnverstellung elektrisches Abschaltventil Abgasrückführventil Ladedruck-Regelventil Glühzeitsteuerung td-Signal Kraftstoffverbrauchs-Signal Klimakompressor-Abschaltung
	⇑ ⇓ Diagnose	

13.6.2 Eingangssignale im Detail und ihr Einfluss auf die Funktion

Der **Pedalweggeber** (Bild 13.60) übermittelt dem Steuergerät die Stellung des Fahrpedals. Es gibt keine mechanische Verbindung zwischen Fahrpedal und Einspritzpumpe.
Der Pedalweggeber besteht aus einem Drehpotentiometer, das beim Betätigen des Fahrpedals über einen Schleifkontakt den Widerstand ändert. Durch den entsprechenden Spannungsabfall erkennt das Steuergerät die Stellung des Fahrpedals.

Im Pedalweggeber befinden sich zwei Rückstellfedern. Bei einem eventuellen Austausch sind die Einstellmaße des Herstellers für den Pedalweggeber exakt zu beachten. Überprüft werden kann der Pedalweggeber über eine Widerstandsmessung; genauer ist jedoch eine Messung des Spannungsabfalls.

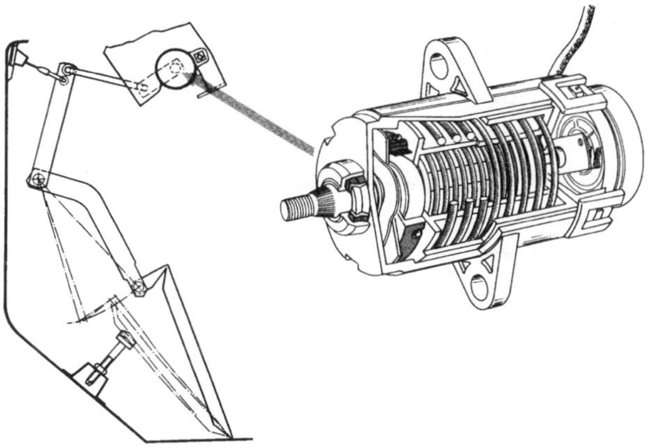

Bild 13.60
Fahrpedal mit Pedalweggeber

Bei einem Ausfall des Pedalweggeber-Signals wird die Einspritzpumpe so angesteuert, dass sich eine Drehzahl zwischen ca. 1200 bis 1500 min^{-1} ergibt. Damit ist eine ausreichende Notlaufeigenschaft sichergestellt.

Die **Drehzahl** des Motors erhält das Steuergerät über einen Induktivsensor und berechnet daraus zusammen mit dem Signal des Pedalweggebers die Grundeinspritzmenge. Ein Feinabgleich der Kraftstoffmenge erfolgt über die verschiedenen Temperaturfühler (Kühlmittel, Ansaugluft, Kraftstoff) und den Luftdruckfühler.

Das Drehzahlsignal wird auch zur Drehzahlbegrenzung und zur Leerlauf-Drehzahlregelung verwendet. Durch das Drehzahlsignal kann das Steuergerät zusätzlich Drehungleichförmigkeiten und Ruckeln des Motors erkennen und durch phasenrichtiges Verstellen der Kraftstoffmenge dämpfen.

Das Drehzahlsignal kann über Wechselspannung gemessen oder auf dem Oszilloskop sichtbar gemacht werden. Bei einem Ausfall des Drehzahlgeber-Signals kann das Steuergerät die Signale des Spritzbeginnfühlers zur Drehzahlerkennung verwenden (Notlauf).

Der **Spritzbeginnfühler** oder **Nadelbewegungsfühler** (Bild 13.61) gibt dem Steuergerät beim Einspritzbeginn ein Signal. Das Steuergerät vergleicht dies mit gespeicherten Kennfeldern – abhängig von der Kraftstoffmenge, der Drehzahl, der Kühlmitteltemperatur und des Luftdruckes – und regelt den Einspritzbeginn an der Einspritzpumpe nach, bis der tatsächliche Einspritzbeginn mit den gespeicherten Werten übereinstimmt.

Bei einem Ausfall des Spritzbeginnfühlers erfolgt keine Spritzbeginnregelung. Dies führt zu einer Drehmomentreduzierung und u.U. einer stark «nagelnden» Verbrennung. Das Signal des Nadelbewegungsfühlers wird über Tastverhältnis gemessen.

Durch das Signal des **Luftdruckfühlers** erfolgt eine Feinabstimmung der Einspritzmenge und des Einspritzbeginns.

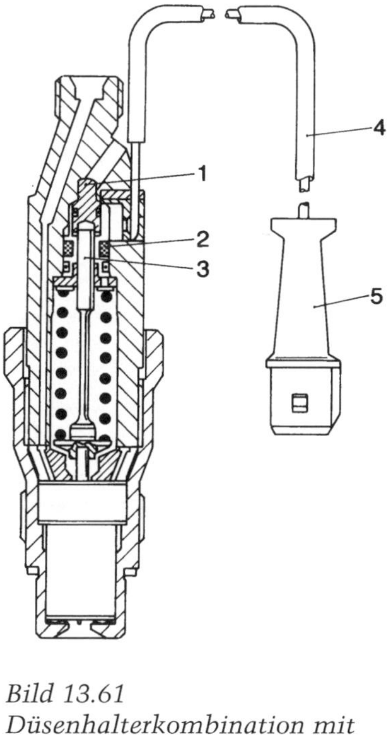

Bild 13.61
Düsenhalterkombination mit Nadelbewegungsfühler (NBF)
1 Einstellbolzen
2 Geberspule
3 Druckbolzen
4 Kabel
5 Stecker

Der Luftdruckfühler bei Turbomotoren in Funktion eines Ladedruckfühlers ermöglicht zusätzlich durch das Steuergerät eine Ladedruckregelung durch Ansteuern eines Ladedruckregelventils. Ohne Ladedrucksignal ist keine Ladedruckregelung möglich. Dies bedeutet eine Drehmomentreduzierung.
Auch bei Saugdieselmotoren bewirkt der Ausfall des (Atmosphären-) Luftdruckfühlers eine geringfügige Drehmomentreduzierung, da auf einen Ersatzwert zurückgegriffen wird, der einem geringeren Luftdruck entspricht.
Damit wird sowohl beim Saug- als auch beim Turbodieselmotor ein «Schwarzrauchen» verhindert.
Der Luftdruckfühler (Barometerdose mit Potentiometer) kann durch eine Widerstandsmessung überprüft werden.
Die **Kühlmittel-, Luft- und Kraftstofftemperatur** werden durch NTC-Temperaturfühler erfasst und tragen zur Feinsteuerung der Einspritzmenge und des Einspritzbeginns bei.
Sie werden durch Widerstandsmessungen überprüft. Bei Ausfall eines Signals werden Ersatzwerte herangezogen, wodurch sich ein schlechteres Ansprechverhalten und ein reduziertes Drehmoment ergeben.
Die fehlende Kühlmitteltemperatur führt zudem zu einem erhöhten Leerlauf, evtl. «Startrauchen» und einer Nichtansteuerung des Abgasrückführventils. Die Funktion der Abgasrückführung wird auch bei einem fehlenden bzw. nicht korrigierten Lufttemperatursignal nicht ausgeführt.
Der **Regelschieberpositionsgeber** (Verteilereinspritzpumpe) bzw. der **Regelstangenweggeber** (Reiheneinspritzpumpe) melden dem Steuergerät durch einen entsprechenden Spannungsabfall an einem Potentiometer bzw. durch einen induktiven Regelweggeber die eingestellte Kraftstoffmenge.
Auf diese Weise regelt das Steuergerät das Mengenstellwerk der Einspritzpumpe so lange nach, bis eingestellte und berechnete Kraftstoffmenge übereinstimmen.
Ohne Positions- und Weggebersignal und somit ohne Rückmeldung wird das Mengenstellwerk stromlos geschaltet (= Nullförderung), und der Motor bleibt stehen. Es gibt keine Ersatzwerte bzw. keine Notlauffunktion.
Eine Überprüfung des Regelschieberpositionsgebers bzw. des Regelstangenweggebers durch eine Widerstandsmessung oder dergleichen ist wenig sinnvoll, da ohne Ansteuerung des Mengenstellwerks die verschiedenen Regelschieberpositionen bzw. der Regelstangenweg nicht geprüft werden können. Hier ist nur durch das Auslesen des Fehlerspeichers eine Diagnose möglich.

Das **Geschwindigkeitssignal** löst im Steuergerät eine Anhebung der Leerlauf-Drehzahl aus. Dadurch wird ein starkes Ruckeln bei langsamer Geschwindigkeit und niedriger Drehzahl vermieden.
Ist im Steuergerät die Funktion einer Fahrgeschwindigkeitsregelung (vgl. Kapitel 18) integriert, wird das Geschwindigkeitssignal auch dafür verwendet.
Das Geschwindigkeitssignal kann je nach verwendeter Signalart über Tastverhältnis (bei einem Rechtecksignal) bzw. Wechselspannung gemessen werden.
Eine Frequenzmessung kann sowohl bei einem Rechtecksignal als auch bei einer Wechselspannung erfolgen.
Eine **Wasserstandssonde** im Kraftstofffilter wird bei zu hohem Wasserstand elektrisch leitend, wodurch das Steuergerät eine Warnlampe im Kombiinstrument ansteuert. Meist wird diese Warnung jedoch nicht über das Steuergerät, sondern direkt geschaltet.
Durch ein **Spannungssignal** von der **Klimaanlage** wird die Leerlauf-Drehzahl erhöht. Außerdem ist die Klimakompressor-Abschaltung durch das Steuergerät möglich (vgl. Kapitel 18).
Ein **Spannungssignal** von der «geschärften» **Diebstahl-Warnanlage** verhindert das Einspritzen des Kraftstoffs und damit ein Anspringen des Motors.
Das Signal des **Bremslichtschalters** (Plus) bzw. eines **Bremstestschalters** (Masse) unterbindet bei höheren Drehzahlen die Kraftstoffeinspritzung (Sicherheitsschaltung). Bei einer im Steuergerät integrierten Fahrgeschwindigkeitsregelung wird durch den Bremsschalter die Fahrgeschwindigkeitsregelung bei Betätigen der Bremse ausgeschaltet, ebenso wie beim Betätigen der Kupplung durch den **Kupplungsschalter.**
Das Setzen, Ausschalten und Wiederaufrufen einer Geschwindigkeit im Rahmen der Fahrgeschwindigkeitsregelung erfolgen über die Eingangssignale von einem Bedienteil/Lenkstockhebel (vgl. Kapitel 18).
Nicht zu vergessen bei den Eingangssignalen ist eine ausreichende **Spannungsversorgung** des Steuergerätes über die Klemmen 15 und 30. Die **Masseverbindungen** müssen ebenfalls in Ordnung sein.

13.6.3 Ansteuerung der verschiedenen Einspritzpumpen und sonstige Ausgangssignale

Die Ansteuerung der Einspritzpumpe, und hier speziell das Mengenstellwerk und die Spritzbeginnverstellung, ist die wichtigste Aufgabe des Steuergerätes, da dadurch sämtliche Betriebszustände und Leistungsdaten des Motors, wie z.B. Leerlauf, Laufverhalten, Drehmoment usw., beeinflusst werden.

Im Wesentlichen unterscheidet man zwei Arten von Einspritzpumpen:

- ❑ die Verteilereinspritzpumpe (Bild 13.62) – überwiegend im Pkw-Bereich verwendet – und
- ❑ die Reiheneinspritzpumpe (Bild 13.63); sie findet vorwiegend im Nutzfahrzeugbereich Verwendung.

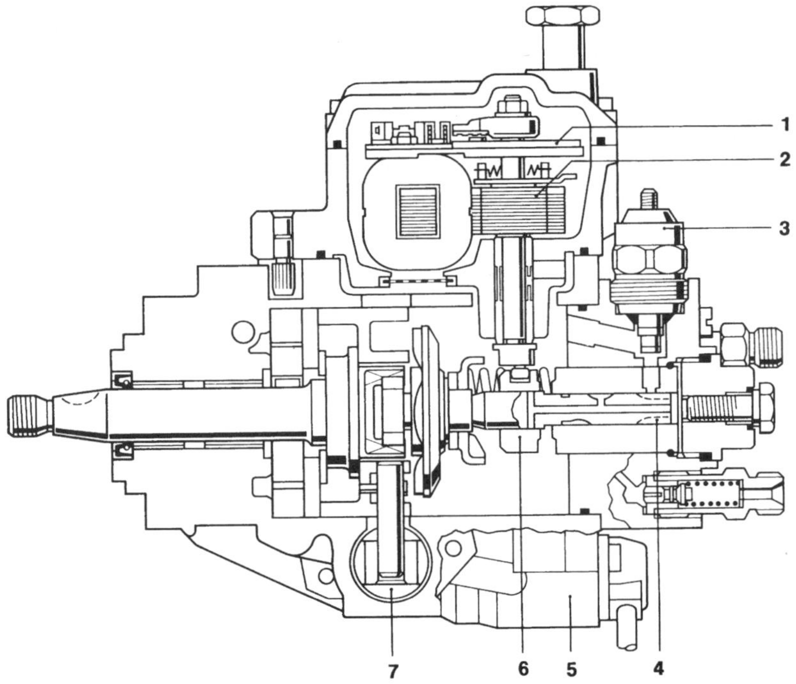

Bild 13.62
Verteilereinspritzpumpe mit elektronischem Regler
1 Regelschieberweggeber
2 Stellwerk für Einspritzmenge
3 elektromagnetisches Abstellventil (ELAB)
4 Förderkolben
5 Magnetventil für Spritzbeginn
6 Regelschieber
7 Spritzversteller

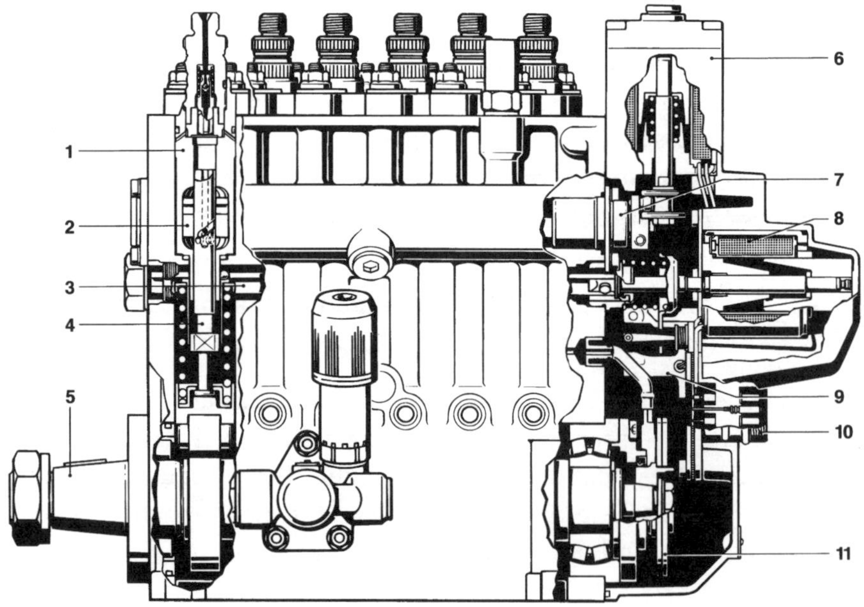

Bild 13.63
Hubschieber-Reiheneinspritzpumpe
1 Pumpenzylinder
2 Hubschieber
3 Regelstange
4 Pumpenkolben
5 Nockenwelle
6 Förderbeginn-Stellmagnet
7 Hubschieber-Verstellwelle
8 Regelweg-Stellmagnet
9 induktiver Regelstangenweggeber
10 Stecker
11 induktiver Drehzahlgeber

Im Folgenden werden nur die elektrischen/elektronischen Funktionen beschrieben.
Bei der Verteilereinspritzpumpe wird das elektromagnetische Dreheisen-Stellwerk für die Einspritzmenge (2) vom Steuergerät mit einem Stellstrom versorgt. Die daraus resultierende Drehbewegung wird über einen Exzenter auf den Regelschieber (6) übertragen. Durch den Regelschieber wird der Förderhub der Einspritzpumpe und damit die Kraftstoffmenge vorgegeben, die von Nullförderung bis Maximalmenge stufenlos eingestellt werden kann. Die Drehung des Elektromagneten entgegen einer Feder ist vom Stellstrom abhängig, der direkt durch das Steuergerät pulsweitenmoduliert ausgegeben wird. Ohne Stellstrom wird durch die Federkraft der Elektromagnet und mit ihm der Regelschieber auf Nullförderung eingestellt.
Durch den Regelschieberweggeber (1) wird die Position des Regelschiebers durch das Steuergerät ständig überwacht und bei Abweichungen zwischen der Soll- und Ist-Position nachgeregelt.
Der Stellstrom vom Steuergerät für die Kraftstoffmenge wird mit Tastverhältnis gemessen.
Der **Einspritzbeginn** wird bei der Verteilereinspritzpumpe durch einen mit Kraftstoffdruck beaufschlagten Kolben (7), der den Rollenring verdreht, verstellt. Der Einspritzbeginn wird über die Kraftstoffdruckmodulation durch ein Magnetventil (5) gesteuert. Abweichungen vom Soll- und Ist-Einspritzbeginn werden über das Signal des Nadelbewegungsfühlers vom Steuergerät erkannt und durch ein verändertes Antakten des Magnetventils nachgeregelt. Dies kann über eine Messung des Tastverhältnisses geprüft werden.
Aus Sicherheitsgründen ist an der Einspritzpumpe noch ein **elektromagnetisches Abstellventil** (3) vorhanden. Es wird durch das Steuergerät im Betrieb mit Strom versorgt, wodurch es anzieht. Stromlos verschließt es den Kraftstoffzulauf. Die Stromversorgung wird mit einer Spannungsmessung überprüft. Ohne Spannungsversorgung stirbt der Motor ab.
Die **Regelung** der **Einspritzmenge** und des **Einspritzbeginns** erfolgt bei der **Reiheneinspritzpumpe** sehr ähnlich (Bild 13.63).
Die **Kraftstoffmenge** wird über die Regelstange (3), die wiederum die Pumpenkolben (4) verstellt, verändert. Die Regelstange wird durch einen Stellmagnet (8) bewegt. Der Erregerstrom für den Regelweg-Stellmagnet wird durch das Steuergerät vorgegeben. Der Ist-Regelstangenweg wird durch das Signal des Regelstangenweggebers (9) im Steuergerät erfaßt und bei Abweichungen des Ist- und Soll-Regelstangenweges durch die Veränderung des Erregerstroms nachgeregelt. Der Erregerstrom kann mit einer Spannungsmessung überprüft werden. Bei einem stromlosen Stellmagneten wird die Regelstange aus

Sicherheitsgründen durch eine Feder zurückgedrückt (= Nullförderung).

Der **Einspritzbeginn** wird durch den Förderbeginn-Stellmagnet (6) über die Hubschieber-Verstellwelle (7) und die Hubschieber (2) verändert. Der Erregerstrom für den Förderbeginn-Stellmagnet wird ebenfalls durch das Steuergerät geregelt. Die Rückmeldung über den Ist-Einspritzbeginn kommt wieder vom Nadelbewegungsfühler.

Der Erregerstrom wird mit einer Spannungsmessung überprüft. Stromlos ist der Einspritzbeginn maximal spät, was eine Drehmomentreduzierung bedeutet.

Bei der **Abgasrückführung** (Bild 13.64) wird durch eine Verringerung der Verbrennungstemperatur der Anteil der Stickoxide im Abgas reduziert. Dies erreicht man, indem ein Teil des Abgases wieder der Ansaugluft zugeführt wird. Das Abgasrückführventil wird durch den von der Vakuumpumpe erzeugten Unterdruck geöffnet. Dies geschieht, wenn das vom Steuergerät über Masse geschaltete Magnetventil offen ist. Stromlos, d.h. ohne Massesignal aus dem Steuergerät, ist das Magnetventil geschlossen. Die Abgasrückführung ist abhängig von der Motordrehzahl, der Kühlmitteltemperatur, dem Pedalweggeber, dem Luftdruck und der Einspritzmenge.

Bild 13.64
Abgasrückführung

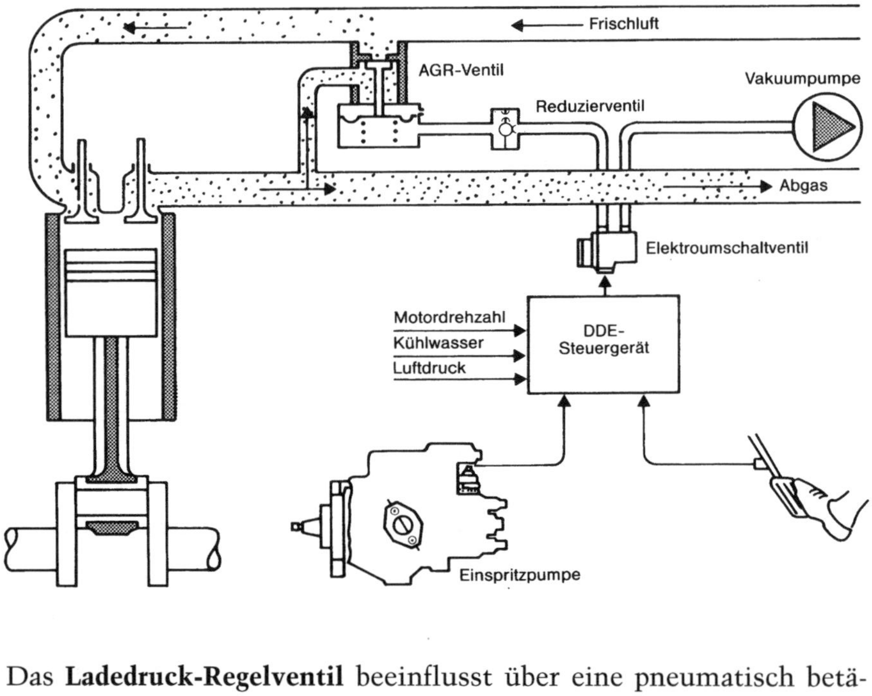

Das **Ladedruck-Regelventil** beeinflusst über eine pneumatisch betätigte Bypass-Klappe den Abgasstrom, der den Turbolader antreibt (Bild 13.65).

Die Bypass-Klappe wird durch den von der Vakuumpumpe erzeugten Unterdruck betätigt. Das Ladedruckventil (2; hier elektropneumati-

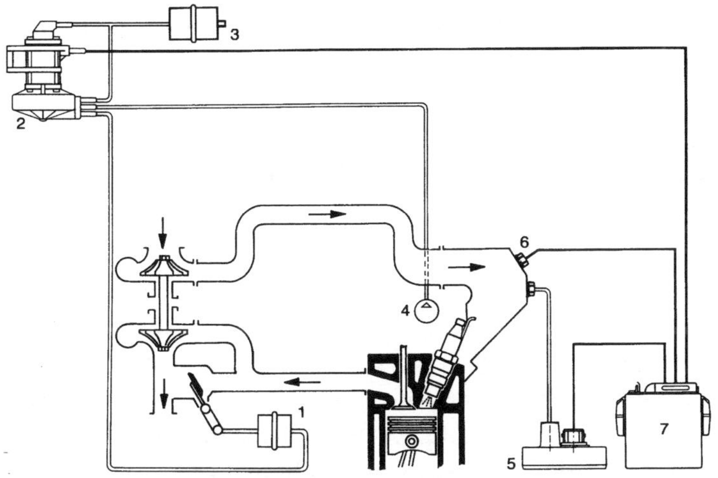

Bild 13.65
Ladedruckregelung
1 Bypass-Klappensteller
2 elektropneumatischer Druckwandler
3 Luftfilter für Druckwandler und Atmosphärenbelüftung
4 Vakuumpumpe
5 Ladedruckfühler
6 Ladeluft-Temperaturfühler
7 Steuergerät

scher Druckwandler) moduliert entsprechend den Unterdruck, so dass sich der gewünschte Ladedruck einstellt. Die Ansteuerung des Ladedruck-Regelventils erfolgt durch das Steuergerät in Abhängigkeit vom Ist-Ladedruck (Signal vom Ladedruckfühler) und der Lufttemperatur. Stromlos ist es geschlossen und dadurch die Bypass-Klappe voll geöffnet (= starker Drehmomentverlust).

Überprüft wird die Ansteuerung sowohl des Ladedruck-Regelventils als auch des Magnetventils für die Abgasrückführung durch eine Spannungsmessung.

Die **Glühzeitsteuerung** (Bild 13.66) für die Glühkerzen kann ebenfalls durch das Steuergerät erfolgen, indem es ein Massesignal an das Glühkerzenrelais gibt. Dadurch wird der Laststrom auf die Glühkerzen geschaltet.

Über einen Diagnoseausgang werden die Glühkerzen in ihrer Funktion überwacht.

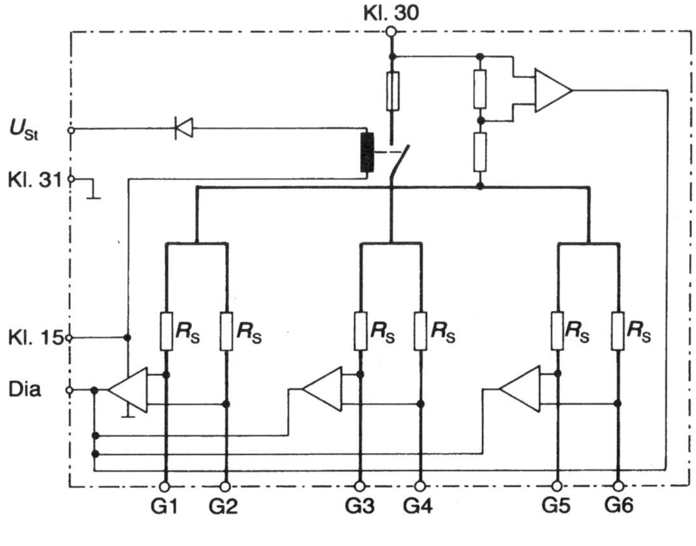

Bild 13.66
Glühzeitsteuerung

Das **td-Signal** aus dem Steuergerät wird als Rechtecksignal (Tastverhältnismessung) für andere Steuergeräte (oder z.B. für den Drehzahlmesser) zur Verfügung gestellt.
Dies trifft auch für das **Kraftstoffverbrauchs-Signal** zu (z.B. für Kraftstoffverbrauchs-Anzeige, Bordcomputer usw.).

13.6.4 Diesel-Direkteinspritzung

In den vergangenen Jahren hat sich auch im Pkw-Bereich die Diesel-Direkteinspritzung durchgesetzt. Mittlerweile setzt beinahe jeder Fahrzeughersteller auf diese Technik, um den Verbrauch der Diesel-Pkw nochmals zu reduzieren und gleichzeitig die Leistungsabgabe zu erhöhen. Um die dieselspezifischen Eigenheiten, die gerade bei der Direkteinspritzung besonders ausgeprägt sind, wie Geräusche (Nageln) und Laufruhe (Drehungleichförmigkeit, Ruckeln) zu verbessern, müssen die Steuerung der Einspritzmenge und des Einspritzbeginns sowie der Zylinderabgleich weiter verfeinert und der Einspritzdruck erhöht werden. Dies erreichte man z.T. durch die weitere Überarbeitung der Reihen- und Verteilereinspritzpumpen, aber auch durch neue Systeme, die im Folgenden beschrieben werden. Die Anforderungen an die Erfassung der Betriebszustände (Eingangssignale), die Verarbeitung im Steuergerät und die Ansteuerung der verschiedenen Einspritzpumpen/-systeme sowie die sonstigen Ausgangssignale haben sich kaum geändert. Eine Beschreibung erfolgt nur bei größeren Abweichungen.

13.6.4.1 Radialkolben-Verteilereinspritzpumpe

Die Radialkolben-Verteilereinspritzpumpe (Bild 13.67) besteht aus einer Flügelzellen-Förderpumpe mit Druckregelventil und Überströmdrosselventil zur Vorförderung des Kraftstoffes und Erzeugung eines Speicherraumdruckes (ca. 20 bar) für die Radialkolben-Hochdruckpumpe, die den für die Einspritzung notwendigen hohen Druck (bis ca. 1600 bar) aufbaut.
Mit der Hochdruckpumpe dreht sich eine Verteilerwelle, die den Kraftstoff auf den jeweiligen Zylinder verteilt. Das Hochdruckmagnetventil ist für die Kraftstoffmenge zuständig. Es wird von dem ebenfalls auf der Pumpe befindlichen Pumpensteuergerät mit einem variablen Taktverhältnis angesteuert, wodurch es öffnet und schließt und die Förderdauer der Hochdruckpumpe bestimmt. Dafür tastet ein Drehwinkelsensor, der auf einem mit dem Nockenring der Hochdruckpumpe synchron drehbaren Haltering befestigt ist, die Zähne eines mit der Antriebswelle verbundenen Geberrades (Inkrementenrad) ab, das entsprechend der Zylinderzahl Zahnlücken hat. Durch

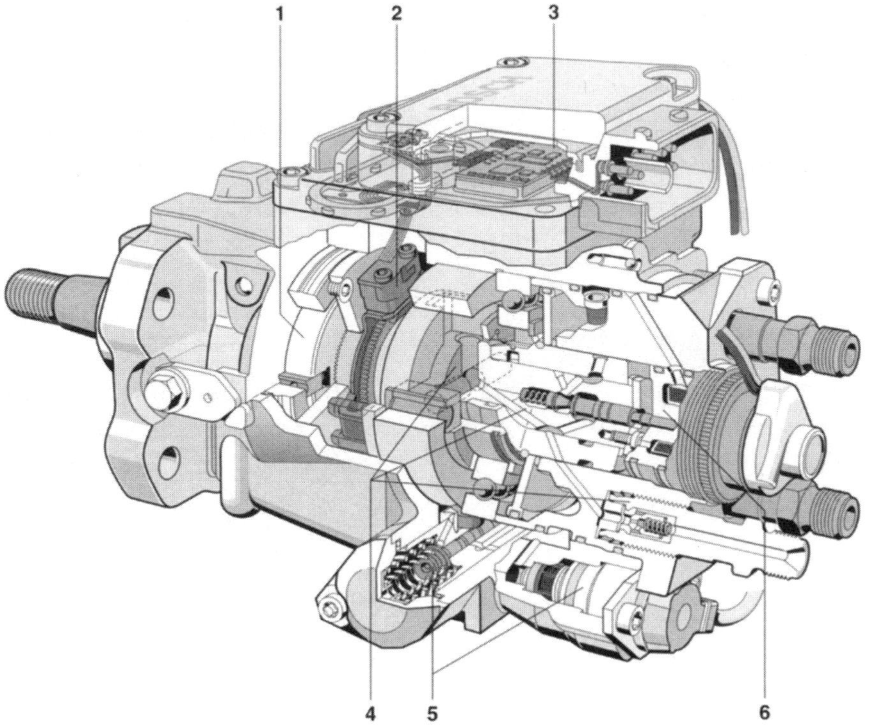

Bild 13.67
Komponenten der Radialkolben-Verteilereinspritzpumpe
1 Flügelzellen-Förderpumpe mit Druckregelventil
2 Drehwinkelsensor
3 Pumpensteuergerät
4 Radialkolben-Hochdruckpumpe mit Verteilerwelle und Auslassventil (Druckventil)
5 Spritzversteller und Spritzversteller-Magnetventil (Taktventil)
6 Hochdruckmagnetventil

die Signale des Drehwinkelsensors wird sowohl die momentane Winkelposition als auch die Drehzahl der Einspritzpumpe erfasst sowie die aktuelle Verstellposition des Spritzverstellers durch den Vergleich mit den Signalen des Kurbelwellensensors.

Der Spritzversteller wird durch ein Spritzversteller-Magnetventil, das vom Pumpensteuergerät angesteuert wird, positioniert und verdreht entsprechend den Nockenring der Hochdruckpumpe. Den inneren Aufbau der Radialkolben-Verteilereinspritzpumpe zeigt schematisch nochmals Bild 13.68.

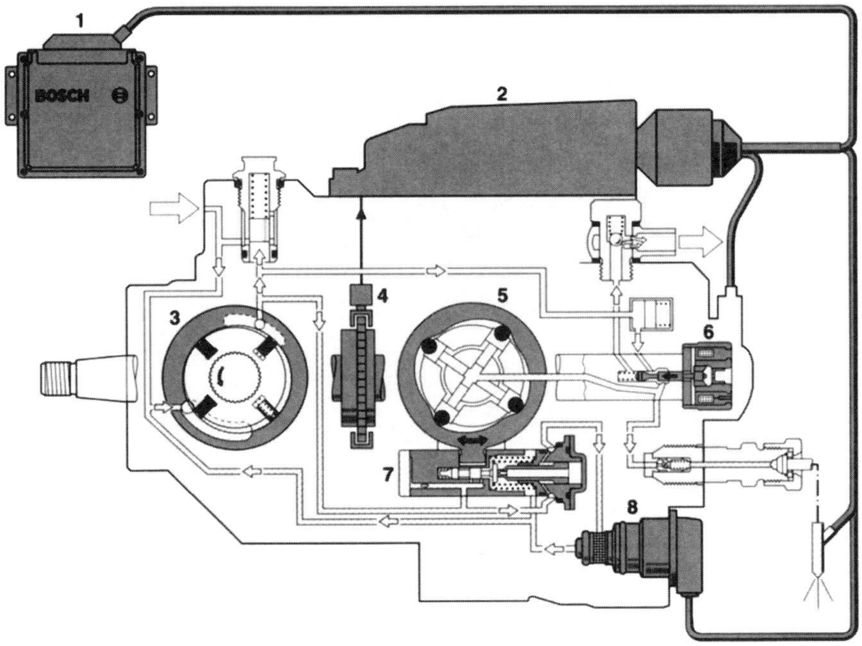

Bild 13.68
Spritzverstellung in der Radialkolben-Verteilereinspritzpumpe
Zur besseren Darstellung sind verschiedene Komponenten in ihrer Lage gedreht worden.
1 Motorsteuergerät
2 Pumpensteuergerät
3 Flügelzellen-Förderpumpe (um 90° gedreht)
4 Drehwinkelsensor
5 Nockenring (um 90° gedreht)
6 Hochdruckmagnetventil
7 Spritzversteller (um 90° gedreht)
8 Spritzversteller-Magnetventil

Für eine Spritzbeginnregelung werden die Signale eines Nadelbewegungsfühlers (vgl. Abschnitt 13.6.2) mit den Signalen des Drehwinkelsensors verglichen und der Spritzversteller eventuell entsprechend nachjustiert.
Den Zusammenhang zwischen den Signalen des Drehwinkelsensors, der Ansteuerung des Hochdruckmagnetventils, des Ventilhubs (tatsächliche Einspritzung) und dem Nockenhub zeigt Bild 13.69.

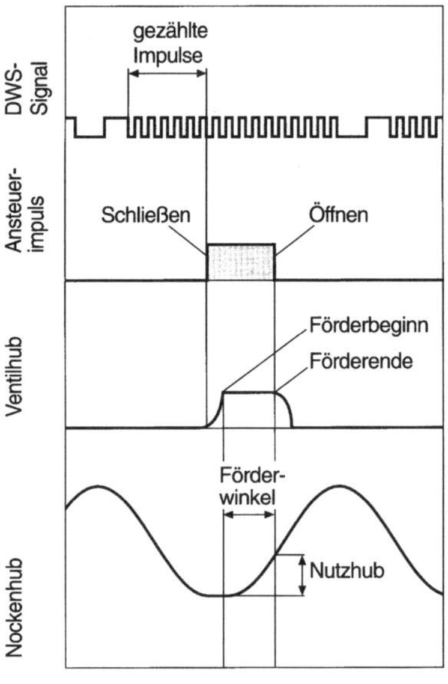

Bild 13.69
Erzeugung des Ansteuersignals für das Hochdruckmagnetventil (Beispiel)

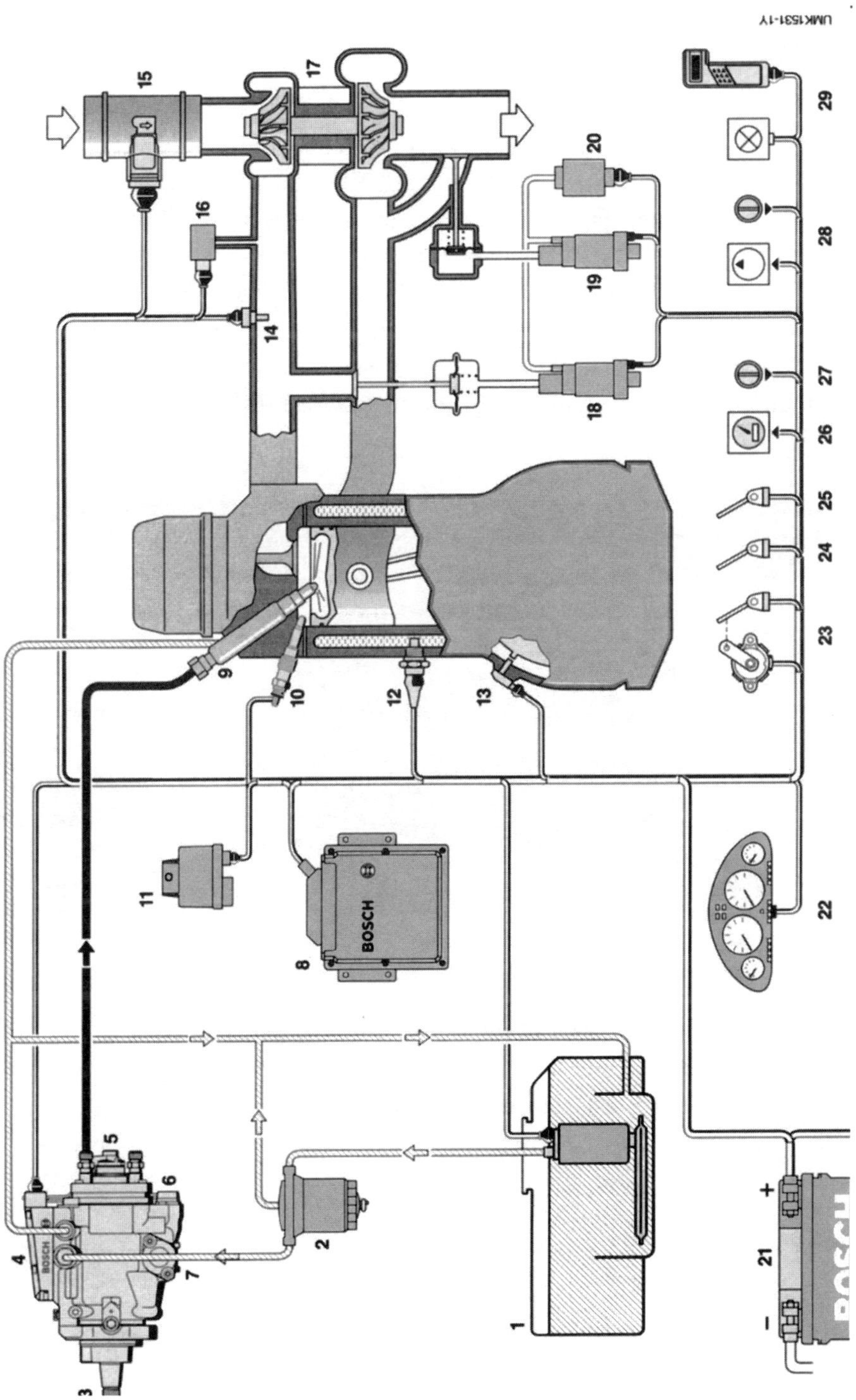

Bild 13.70
Systemübersicht einer Einspritzanlage mit Radialkolben-Verteilereinspritzpumpe VR und verschiedenen Systemkomponenten

1 *Kraftstoffbehälter*
2 *Kraftstofffilter*
3 *Einspritzpumpe*
4 *Pumpensteuergerät*
5 *Hochdruckmagnetventil*
6 *Spritzversteller-Magnetventil*
7 *Spritzversteller*
8 *Motorsteuergerät*
9 *Düsenhalterkombination mit Nadelbewegungssensor*
10 *Glühstiftkerze*
11 *Glühzeitsteuergerät*
12 *Kühlmittel-Temperatursensor*
13 *Kurbelwellen-Drehzahlsensor*
14 *Ansaugluft-Temperatursensor*
15 *Luftmassenmesser*
16 *Ladedrucksensor*
17 *Turbolader*
18 *Abgasrückführsteller*
19 *Ladedrucksteller*
20 *Unterdruckpumpe*
21 *Batterie*
22 *Instrumentenfeld mit Signalausgabe für Kraftstoffverbrauch, Drehzahl usw.*
23 *Fahrpedalsensor*
24 *Kupplungsschalter*
25 *Bremskontakte*
26 *Fahrgeschwindigkeitssensor*
27 *Bedienteil für Fahrgeschwindigkeitsregler*
28 *Klimakompressor mit Schalter*
29 *Diagnoseanzeige mit Anschluss für Diagnosegerät*

13.6.4.2 Pumpe-Düse-Einheit, Pumpe-Leitung-Düse

Eine weitere Möglichkeit der Diesel-Direkteinspritzung mit elektronischer Regelung bilden die Einzelpumpensysteme, bei denen jedem Zylinder eine eigene Einspritzpumpe mit Einspritzdüse und Magnetventil zugeordnet ist. Die als Pumpe-Düse-Einheit (PDE) und als Pumpe-Leitung-Düse (PLD) bezeichneten Einzelpumpensysteme werden im Lkw und Pkw eingesetzt. Der Antrieb der Pumpen erfolgt direkt über die Nockenwelle(n). Bei Motoren mit obenliegender Nockenwelle wird die Pumpe-Düse-Einheit verwendet, bei unten liegender Nockenwelle die Pumpe-Leitung-Düse (Bild 13.71e).

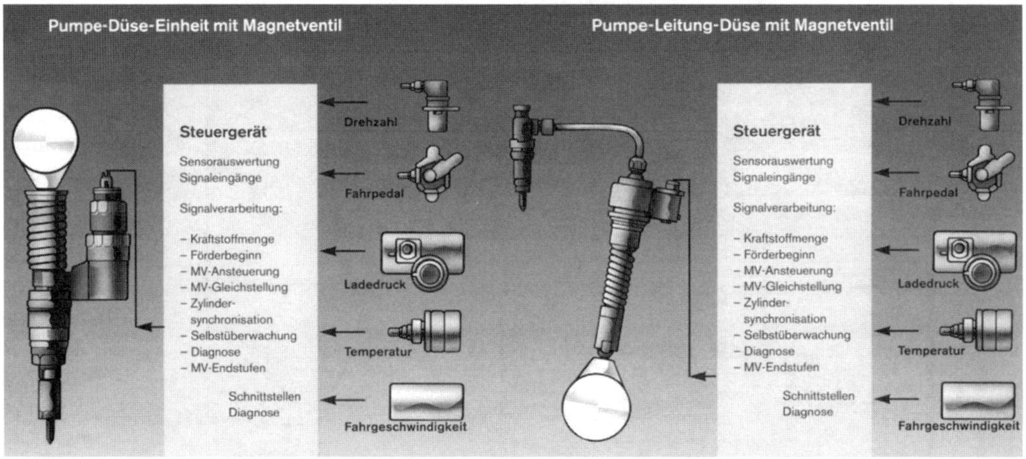

Bild 13.71
Pumpe-Düse-Einheit mit Magnetventil
Pumpe-Leitung-Düse mit Magnetventil

Das Steuergerät schaltet abhängig von den Eingangssignalen und den gespeicherten Kennfeldern ein Magnetventil in der PDE bzw. PLD. Das Magnetventil ist stromlos offen, und die Pumpe fördert in eine Überlauf-(Rücklauf-)Leitung. Wenn es mit Strom angesteuert wird, schließt es, und über die Einspritzdüse wird eingespritzt. Der Schließzeitpunkt und die Schließdauer bestimmen den Einspritzbeginn und die Einspritzmenge. Die Funktionen und Zusatzfunktionen durch das Steuergerät sind analog den anderen Systemen.

13.6.4.3 Speichereinspritzsystem – Common Rail

Das zur Zeit modernste System für die Diesel-Direkteinspritzung ist die **Common-Rail-Technik** bzw. das Speichereinspritzsystem. Dabei sind die Hochdruckerzeugung und die Einspritzung völlig entkoppelt. Der unter Druck stehende Kraftstoff wird in einem gemeinsamen (engl. *common*) Verteilerrohr, dem sog. «rail» (engl. für Schiene, Querstange) gespeichert und über daran befestigte Injektoren eingespritzt, die mit Strom angesteuert werden. Die Einspritzmenge und der Einspritzzeitpunkt können völlig frei von mechanischen Begrenzungen nur entsprechend der Erfordernisse der Betriebszustände zur Optimierung von Verbrauch, Leistung und Abgasen vom Steuergerät festgelegt werden. Das System ist beinahe vergleichbar mit einer intermittierenden Benzineinspritzung, wenn auch natürlich mit den dieselspezifischen Erfordernissen. Bild 13.72 zeigt die Systemübersicht eines V8-Pkw-Dieselmotors mit Common-Rail-Technik.

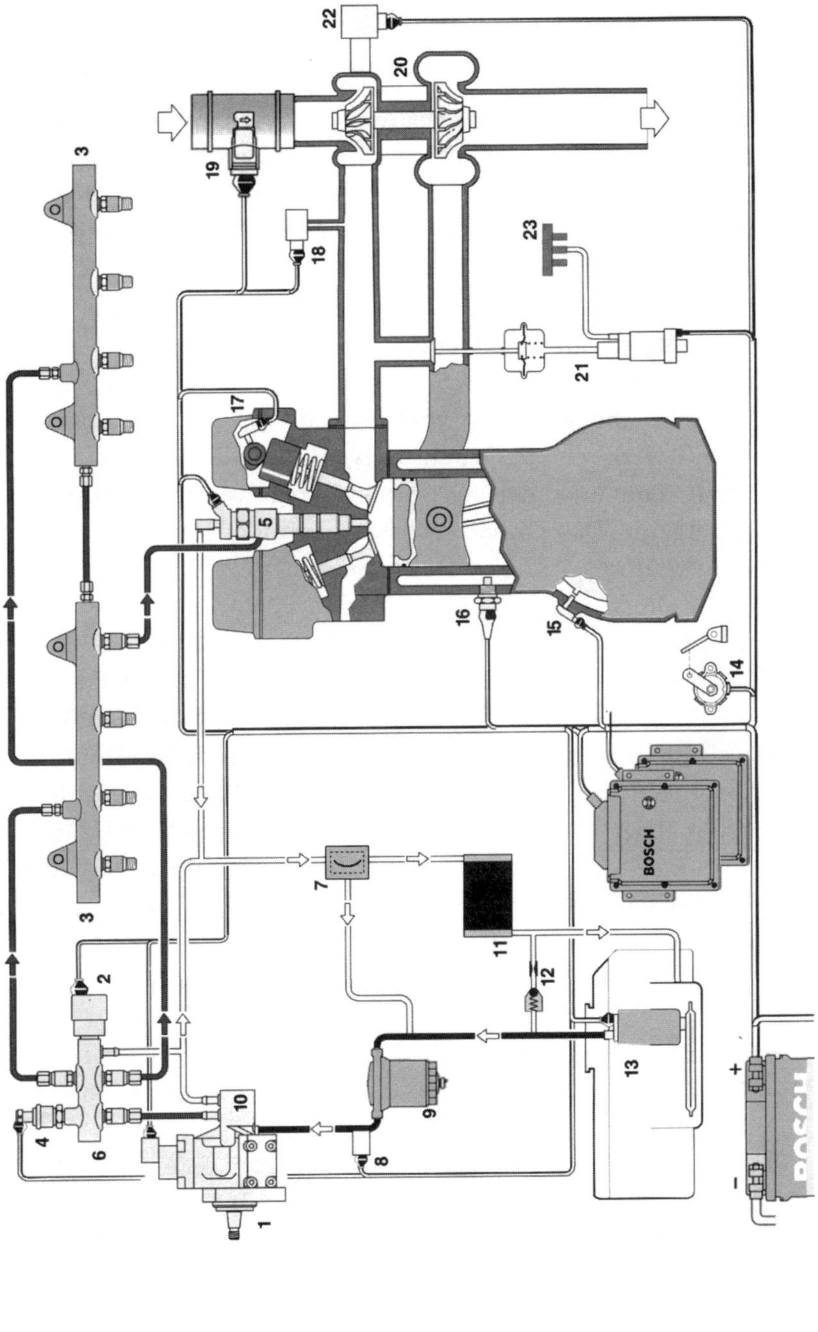

Bild 13.72
1 *Hochdruckpumpe (CP3.3)*
2 *Druckregelventil*
3 *Hochdruckspeicher (Rail)*
4 *Raildrucksensor*
5 *Injektor*
6 *Verteilerblock*
7 *Bimetall-Ventil*
8 *Vorförderdrucksensor*
9 *Kraftstofffilter*
10 *Zusatzförderpumpe*
11 *Kraftstoffkühler*
12 *Drossel mit Entlüftungsventil*
13 *Tank mit EKP*
14 *Pedalwertgeber*
15 *KW-Inkrementengeber*
16 *Kühlmittel-Temperatursensor*
17 *NW-Geber*
18 *Ladedrucksensor*
19 *HFM*
20 *Turbolader (VNT)*
21 *2x EPDW für AGR*
22 *Ansteuerung VNT*
23 *UD-Verteiler*

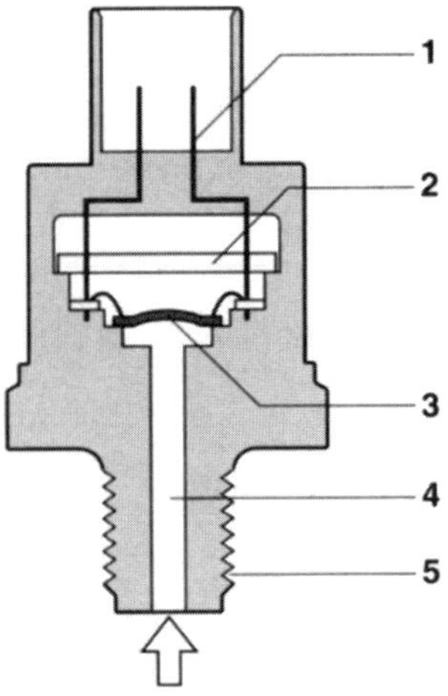

Bild 13.73
Raildrucksensor (Schema)
1 elektrische Anschlüsse
2 Auswertschaltung
3 Membran mit Sensorelement
4 Hochdruckanschluss
5 Befestigungsgewinde

Der Kraftstoff wird aus dem Tank mit einer Elektrokraftstoffpumpe durch ein Kraftstofffilter in die Hochdruckpumpe gefördert. Durch den Vorförderdrucksensor wird der Vorförderdruck überwacht und bei zu geringem Druck (= zu geringe Zulaufmenge zur Hochdruckpumpe) die Einspritzmenge reduziert bzw. der Motor abgestellt, um Schäden an der Hochdruckpumpe zu vermeiden.

Vor der Hochdruckpumpe befindet sich nochmals eine Zusatzförderpumpe, bei diesem Motor eine Zahnradpumpe, um die Hochdruckpumpe immer mit genügend Kraftstoff bereits unter höherem Druck zu versorgen. Die Hochdruckpumpe fördert nun den Kraftstoff über einen Verteilerblock in die Hochdruckspeicher (rail), an denen die Injektoren befestigt sind. Über die Injektoren wird der Kraftstoff in den Brennraum direkt eingespritzt. Der Verteilerblock in diesem Beispiel (V8-Motor) wird bei nur einem Rail nicht benötigt. Der daran befestigte Raildrucksensor, der dem Steuergerät den Druck im Rail meldet, ist dann am Rail direkt befestigt. Bild 13.73 zeigt den schematischen Aufbau des Raildrucksensors mit der Membrane, die bei Druck ihren Widerstand ändert.

Die mit 5 Volt versorgte Auswerteschaltung verstärkt die durch die Widerstandsänderung entstehende Spannungsänderung auf einen Wert zwischen 0,5 und 4,5 Volt. Durch die Signale des Raildrucksensors und abhängig vom Lastzustand des Motors wird der Druck im Rail durch ein Druckregelventil auf die notwendigen Werte eingestellt. Die Ansteuerung des Druckregelventils geschieht durch das Steuergerät. Das Druckregelventil befindet sich meistens an der Hochdruckpumpe, selten wie im Beispiel Bild 13.72 am Verteilerblock. Die Funktionsweise des Druckregelventils und der gesamten Hochdruckpumpe wird anhand von Bild 13.74 erläutert.

Der Kraftstoff wird in der Hochdruckpumpe über die Exzenternocken und das Pumpenelement mit Pumpenkolben verdichtet und über das Auslassventil zum Rail gefördert. Durch einen pulsweitenmodulierten Ansteuerstrom wird das Druckregelventil über die daraus resultierende magnetische Kraft so angesteuert, dass es zum Druckaufbau in der Pumpe und damit im Rail den Kraftstoffrücklauf über ein Kugelventil verschließt. Stromlos wird der Rücklauf nur über eine Feder, die bis 100 bar eingestellt ist, verschlossen. Bei laufendem Motor und Hochdruckpumpe und ohne Ansteuerung des Druckregelventils wird der Rücklauf durch den höheren Pumpendruck freigegeben, und somit erfolgt keine Druckerhöhung.

Die Hochdruckpumpe besitzt drei oder vier radial angeordnete Pumpenelemente. Bei geringem Kraftstoffbedarf kann durch das Steuergerät ein Pumpenelement abgeschaltet werden. Dazu wird ein Elementabschaltventil angesteuert (bestromt), wodurch das Ansaugventil öffnet. Somit erfolgt an diesem Pumpenelement keine Kraft-

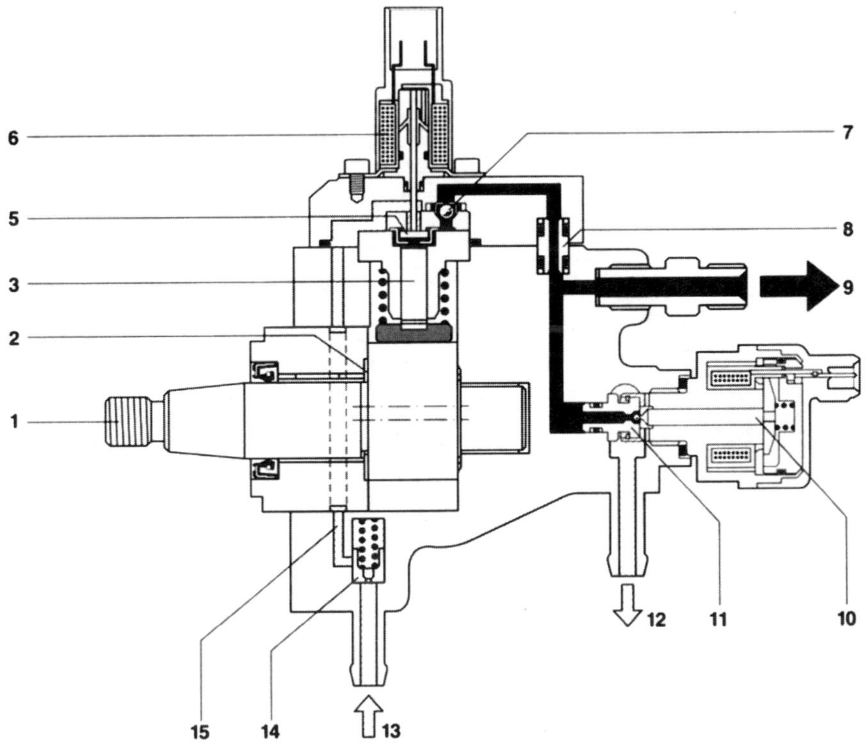

Bild 13.74
Hochdruckpumpe (Schema, Längsschnitt)
1 Antriebswelle
2 Exzenternocken
3 Pumpenelement mit Pumpenkolben
4 Elementraum
5 Ansaugventil
6 Elementabschaltventil
7 Auslassventil
8 Dichtstück
9 Hochdruckanschluss zum Rail
10 Druckregelventil
11 Kugelventil
12 Kraftstoffrücklauf
13 Kraftstoffzulauf
14 Sicherheitsventil mit Drosselbohrung
15 Niederdruckkanal zum Pumpenelement

stoffförderung und Druckaufbau. Dadurch wird der Leistungsbedarf der Hochdruckpumpe reduziert und eine unnötige Kraftstofferwärmung vermieden. Ist genügend verdichteter Kraftstoff im Rail (ca. 1350 bis 1800 bar – je nach System und Hersteller), kann die Einspritzung über die Injektoren erfolgen. Das Steuergerät schaltet dazu den sog. Anzugsstrom (ca. 20 A) auf ein 2/2-Magnetventil im Injektor. Solange dieses bestromt wird, erfolgt die Einspritzung; stromlos wird es geschlossen. Bild 13.75 zeigt den schematischen Aufbau eines Injektors im geöffneten und geschlossenen Zustand.
Die indirekte Ansteuerung der Düsennadel im Injektor erfolgt durch ein sog. hydraulisches Kraftstoffverstärkersystem, da die zum schnellen Öffnen der Düsennadel benötigten hohen Kräfte durch das Magnetventil nicht direkt erbracht werden können bzw. der ansonsten benötigte Anzugsstrom sehr hoch sein müßte. Im geschlossenen Zustand (stromlos) verschließt die Ventilkugel durch die Kraft der Ventilfeder die Ablaufdrossel. Der Druck im Rail/Injektor wirkt durch den Zulaufkanal zur Düse auf die Düsennadel und durch die Zulaufdrossel auf die Stirnfläche des Ventilsteuerkolbens. Da die Kraft auf den Ventilsteuerkolben durch die größere Fläche überwiegt, bleibt die Düsennadel geschlossen. Zum Öffnen der Düsennadel wird das Magnetventil bestromt, wodurch es anzieht und die Ventilkugel die Ablaufdrossel freigibt. Der Druck über dem Ventilsteuerkolben

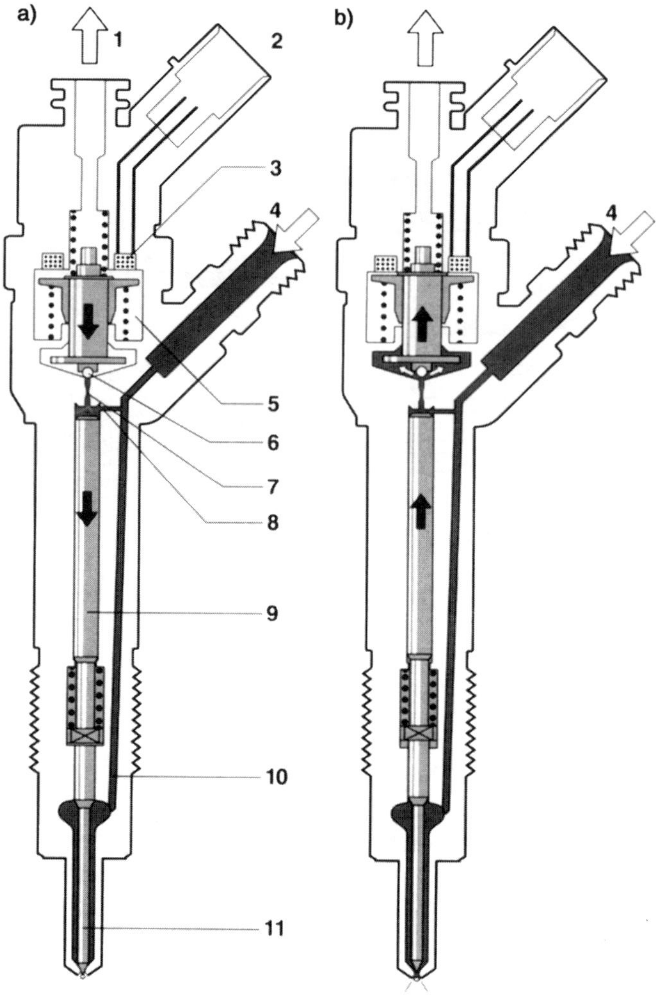

Bild 13.75
Injektor (Schema)
a) Injektor geschlossen (Ruhezustand)
b) Injektor geöffnet (Einspritzung)
1 Kraftstoffrücklauf
2 elektrischer Anschluss
3 Ansteuereinheit (2/2-Magnetventil)
4 Kraftstoffzulauf (Hochdruck) vom Rail
5 Ventilsteuerraum
6 Ventilkugel
7 Ablaufdrossel
8 Zulaufdrossel
9 Ventilsteuerkolben
10 Zulaufkanal zur Düse
11 Düsennadel

baut sich ab, und die Düsennadel wird durch den Systemdruck angehoben, womit die Einspritzung erfolgt. Zum Schließen der Düsennadel wird das Magnetventil stromlos und verschließt durch die Ventilfederkraft auf die Ventilkugel wieder die Ablaufdrossel. Damit kann sich über dem Ventilsteuerkolben der Systemdruck wieder aufbauen und die Düsennadel nach unten drücken (Ende Einspritzung).
Somit können – wie eingangs erwähnt – der Einspritzbeginn und die Einspritzmenge nur abhängig von den Betriebszuständen des Motors vom Steuergerät ohne mechanische Beschränkungen völlig frei gewählt werden. Man nutzt diese «Freiheit» auch dazu, kurz vor der eigentlichen «Haupteinspritzung» eine geringe «Voreinspritzung» vorzunehmen, um den Zündverzug der Haupteinspritzung zu verkürzen und die dieseltechnischen Verbrennungsdruckspitzen zu verringern.

Noch größere Freiheiten bei der Einspritzsteuerung als die Injektoren, die über Magnetventile angesteuert werden, bieten Piezoinjektoren (Bild 13.76).

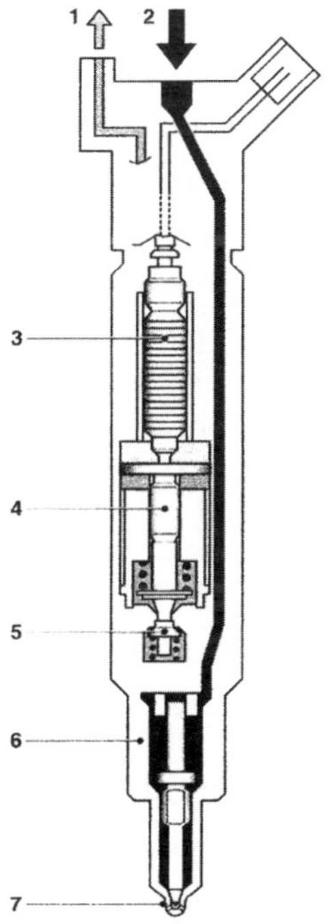

Bild 13.76
Injektor mit Piezo-Stellmodul
Bei den Injektoren mit Piezo-Stellmodul werden mehrere Piezo-Elemente übereinander gestapelt. Zur Spannungsversorgung der einzelnen Elemente dienen Metallkontaktplatten, die sich zwischen den einzelnen Elementen befinden. Da die Ansprechzeit des Piezoinjektors sehr kurz ist (ca. 150 Mikrosekunden), können bis zu fünf Teileinspritzungen je Einspritzzyklus verwirklicht werden. Außerdem kann die Längenänderung des Piezo-Stellmoduls abhängig von der angelegten Spannung (100 bis 200 Volt) gesteuert werden. Für jeden Injektor werden nach der Herstellung die Abweichungen von den Sollwerten ermittelt und als Code auf den Injektor geschrieben. Bei einem Austausch eines oder mehrerer Injektoren müssen die neuen Daten dem Steuergerät zur Kompensation der Mengen- und Schaltstreuung mitgeteilt werden.
1 Kraftstoffrücklauf
2 Hochdruckanschluss
3 Piezo-Stellmodul
4 hydraulischer Koppler (Übersetzer)
5 Servoventil (Steuerventil)
6 Düsenmodul mit Düsennadel
7 Spritzloch

Zur Erfassung der Betriebszustände des Motors verarbeitet das Steuergerät folgende Eingänge (vgl. auch Bild 13.72):

- Kurbelwellensensor für die Kolbenstellung der Zylinder und die Motordrehzahl,
- Nockenwellensensor für die Zylinderzuordnung und Ersatzdrehzahl bei Ausfall des Kurbelwellensensors,
- Temperatursensoren für Kühlmittel-, Ansaugluft- und evtl. Motorenöl- und Kraftstofftemperatur,
- Heißfilm-Luftmassenmesser für die Ansaugluftmasse, um für die Verbrennung immer einen Luftüberschuss zu erhalten,
- Ladedrucksensor zur Ansteuerung eines Bypassventils oder einer variablen Turbinengeometrie bei Abgas-Turboaufladung,
- Raildrucksensor zur permanenten Regelung des Hochdrucks,
- evtl. Vorförderdrucksensor zur Überwachung der Vorfördermenge,
- Fahrpedalsensor zur Ermittlung der Fahrpedalstellung,
- verschiedene Signale bei integriertem Fahrgeschwindigkeitsregler,
- Signale von anderen Steuergeräten, z.B. Antriebsschlupfregelung, Getriebesteuergerät, Wegfahrsicherung usw.

Aus den o.g. Eingangsparametern ermittelt das Steuergerät primär den Einspritzbeginn und die Einspritzmenge und bestromt entsprechend das Magnetventil des jeweiligen Injektors. Dabei berücksichtigt es auch verschiedene notwendige Anpassungen neben dem normalen Fahrbetrieb für den Start, die Leerlaufregelung, die Laufruheregelung, die Ruckeldämpfung, die Mengenbegrenzung und das Abstellen (keine Einspritzung). Der Druck im Rail, die Glühzeitsteuerung, der Ladedruck des Turboladers und die evtl. integrierte Fahrgeschwindigkeitsregelung sowie die kurzzeitige Klimakompressorabschaltung werden ebenfalls ausgangsseitig durch das Steuergerät vorgegeben. Das Steuergerät stellt für andere Systeme/Steuergeräte verschiedene Informationen wie z.B. Drehzahl, Verbrauch usw. zur Verfügung, die über ein Datenbussystem übertragen werden – ebenso wie die umfangreiche Eigendiagnose.

13.6.5 Maßnahmen zur Abgasreduzierung bei Dieselfahrzeugen

Ein Hauptproblem bei den Dieselmotoren sind die bei der Verbrennung entstehenden Rußpartikel und die Stickoxide. Deshalb benötigt man für die Nachbehandlung der Dieselabgase ein mittlerweile relativ aufwendiges Abgassystem. Bild 13.77 zeigt den kompletten Abgasstrang mit Oxidationskatalysator und Dieselpartikelfilter (in einem Gehäuse), den SCR-Katalysator mit der Harnstoffeinspritzung, den Nachschalldämpfern und vielen Sensoren zur Überwachung und Regelung der Funktionen.

Der **Dieselpartikelfilter (DPF)** – manchmal auch als **Rußpartikelfilter (RPF)** bezeichnet – ist ähnlich den sonstigen Katalysatoren häufig ein

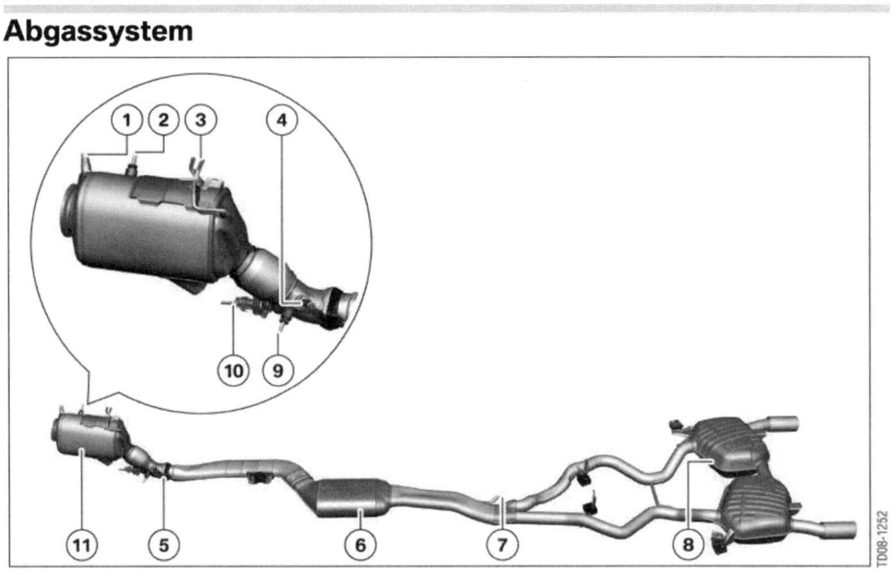

Bild 13.77
Abgassystem eines Pkw-Dieselmotors
1 Lambda-Sonde und verdeckt Abgastemperatursensor vor Oxidationskatalysator
2 Abgastemperatursensor nach Oxidationskatalysator
3 Differenzdrucksensor
4 NO_x-Sensor vor SCR-Katalysator
5 Mischer
6 SCR-Katalysator
7 NO_x-Sensor nach SCR-Katalysator
8 Nachschalldämpfer
9 Abgastemperatursensor nach Dieselpartikelfilter
10 Dosiermodul
11 Dieselpartikelfilter

poröser Keramik- bzw. Metallfilter, der vom Abgas durchströmt werden muss. Während dadurch die Rußpartikel herausgefiltert werden, setzt sich der Dieselpartikelfilter dabei jedoch langsam zu und der Abgasgegendruck steigt. Dies wird durch einen Differenzdrucksensor oder auch durch zwei Drucksensoren vor und nach dem Dieselpartikelfilter erkannt. Ab einem festdefiniertem Schwellwert wird durch das Motorsteuergerät eine Regeneration des Dieselpartikelfilters eingeleitet. Dies geschieht durch eine Verbrennung der Rußpartikel. Da die Verbrennung der Rußpartikel erst ab ca. 600 °C beginnt und die Abgastemperatur in der Regel bei niedriger Leistungsanforderung auch nur bei ca. 200 °C sein kann, muss die Abgastemperatur zur Regeneration angehoben werden. Dies wird bei aktuellen Common-Rail-Systemen durch eine sehr späte Nacheinspritzung erreicht, wodurch die Abgastemperatur steigt und im Dieselpartikelfilter die Verbrennung der Rußpartikel einleitet. Bei den ersten Systemen mit Dieselpartikelfilter wurde dies auch durch Additive erreicht, die die notwendige Verbrennungstemperatur absenkten. Ein noch höherer Ascheanfall war jedoch die negative Begleiterscheinung.

Die Regeneration wird je nach Fahrweise und Fahrzyklus durchschnittlich nach ca. 500 bis 1000 km eingeleitet und ist nach einigen Minuten abgeschlossen. Der Fahrer bemerkt dies in der Regel nicht. Bei überwiegendem Langstreckeneinsatz mit höherem Leistungseinsatz und höheren Außentemperaturen ist eine Regeneration nur selten notwendig, wohingegen es bei überwiegendem Kurzstrecken-, Stadtverkehr und kalten Außentemperaturen auch zu Problemen mit «verstopften» Dieselpartikelfiltern kommen kann, da für die Regeneration bestimmte Mindesttemperaturen, gemessen durch zwei Abgastemperatursensoren vor und nach dem Oxidationskatalysator, vorhanden sein müssen. Im Extremfall wird eine zu hohe «Beladung»/«Verstopfung» des Dieselpartikelfilters durch eine Warnlampe angezeigt. Spätestens dann sollte der Fahrer (oder auch die Werkstatt) aktiv eine entsprechende «Regenerationsfahrt» unter den entsprechenden notwendigen Bedingungen (längere Strecke, höherer Leistungseinsatz) durchführen.

Der **SCR-Katalysator** (**S**elective **C**atalytic **R**eduction, Bild 13.78) mit Harnstoffeinspritzung dient der Reduktion der Stickoxide (NO_x). Dabei wird durch ein Dosiermodul eine 32,5%ige Harnstofflösung (AdBlue) vor dem Katalysator eingespritzt, die dabei zu Ammoniak (NH_3) zerfällt und im Katalysator die Stickoxide (NO, NO_2) in ihre Bestandteile aufspaltet (chemisch: reduziert). Anschließend verbinden sich die freien Elemente zu Stickstoffmolekülen (N_2) und Wasser (H_2O).

Bild 13.78
Funktionsweise des SCR-Katalysators
1 NO_x-Sensor vor dem SCR-Katalysator
2 Dosiermodul
3 NO_x-Sensor nach dem SCR-Katalysator
4 Temperatursensor nach dem Dieselpartikelfilter

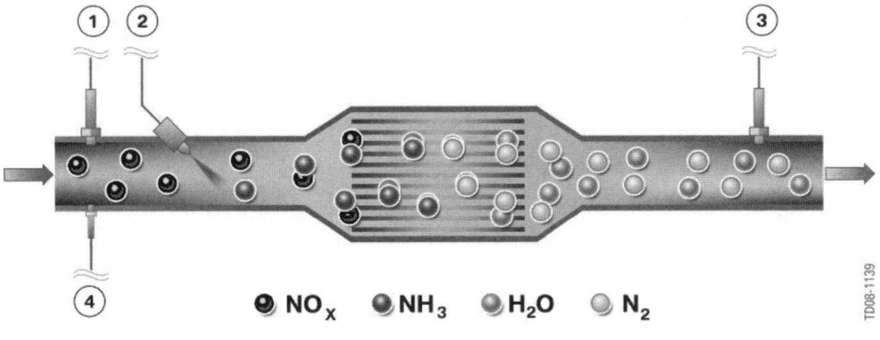

Die Menge des eingespritzten Harnstoffes wird durch die Motorsteuerung geregelt. Sie ist abhängig von der Menge des eingespritzten Kraftstoffes und dem Wert des NO_x-Sensors vor dem SCR-Katalysator. Durch einen weiteren NO_x-Sensor nach dem Katalysator wird die Funktion überprüft. Mit dem Temperatursensor nach dem Dieselpartikelfilter bzw. vor dem SCR-Katalysator wird die Abgastemperatur gemessen. Die Harnstofflösung wird erst ab 200 °C eingespritzt, da erst ab dieser Temperatur die Funktion des Katalysators gewährleistet ist.
Die Harnstofflösung wird in einem extra Behälter (ca. 20 l) gespeichert. Da die Lösung bei –11 °C gefriert, muss dies über eine Beheizung vermieden werden. Der Gesamtverbrauch beträgt ca. 0,5 bis 5% des Kraftstoffverbrauches. Die gespeicherte Menge ist bei Pkw so groß, dass sie bis zum nächsten Ölwechsel reicht. Damit kann die Werkstatt bei einem Ölwechsel zusätzlich eine neue Harnstofflösung einfüllen.

14 Kombinierte Zünd- und Einspritzsysteme und aktuelle Anforderungen

14.1 Allgemeines

Für die Berechnung des Zündzeitpunktes und der Einspritzmenge sowie des Einspritzzeitpunktes wird der Betriebszustand des Motors durch verschiedene Sensoren erfasst. Diese Erfassung des Betriebszustandes ist sowohl für das Zündsystem als auch das Einspritzsystem notwendig und geschieht durch viele gemeinsame Sensoren. Außerdem beeinflussen sich die Zündung und Einspritzung gegenseitig.
Bei der Weiterentwicklung der Systeme war es nur eine logische Konsequenz, die Funktion der Zündung und Einspritzung in einem Steuergerät zusammenzufassen. Dadurch ersparte man sich eine «doppelte» Erfassung, und der Datenaustausch sowie die Datenauswertung wurden vereinfacht.
Diese kombinierten Zünd- und Einspritzsteuerungen (bzw. bei heutigen Systemen Zünd- und Einspritzregelungen) werden häufig mit den Bosch-Bezeichnungen «Motronic» bzw. «Digitale Motorelektronik» benannt oder auch als «elektronische Motorsteuerung» bezeichnet.
Bei diesen Systemen handelt es sich um Kombinationen der elektronischen bzw. vollelektronischen Zündung mit einer elektronisch gesteuerten oder geregelten Einspritzung. Hierbei ergeben sich eine Vielzahl verschiedener Varianten, die aber immer auf die Grundsysteme der Zünd- bzw. Einspritzsysteme zurückgreifen, z.B. Mono-Motronic, KE-Motronic usw. Bei den verschiedenen Varianten der Motronic können außerdem mehrere Zusatzfunktionen für eine noch exaktere Motorsteuerung bzw. -regelung verwirklicht werden, z.B. Lambda-Regelung, Leerlaufregelung, Saugrohrumschaltung, Nockenwellenverstellung, Abgasrückführung, Ladedruckregelung usw.
Für weitere elektronische Systeme, z.B. elektronische Getriebesteuerung und Antriebsschlupf-Regelung, stellt die Motronic Betriebsdaten des Motors zur Verfügung. Durch Signale dieser Systeme können aber auch Eingriffe in die Motorsteuerung durch die Motronic vorgenommen werden, z.B. Zündwinkelrücknahme bei einem Schaltvorgang des automatischen Getriebes oder bei einer Antriebsschlupf-Regelung.
Im folgenden Abschnitt werden einige dieser Zusatzfunktionen erläutert, soweit sie bei der Zündung oder bei den Einspritzsystemen noch nicht beschrieben wurden.

14.2 Zusatzfunktionen bei den verschiedenen Varianten der elektronischen Motorsteuerung

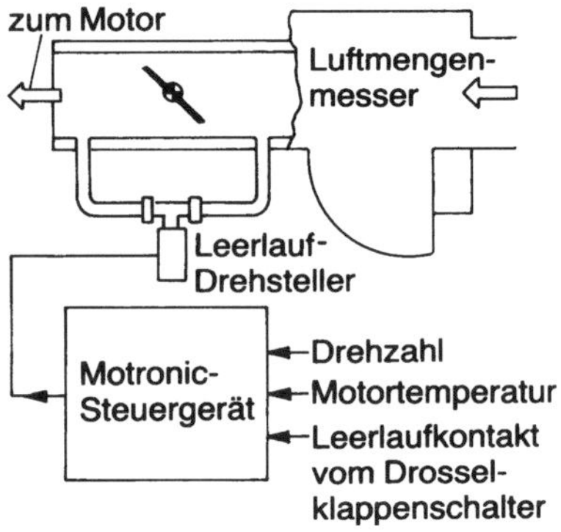

Bild 14.1
Schema der Leerlauf-Füllungsregelung

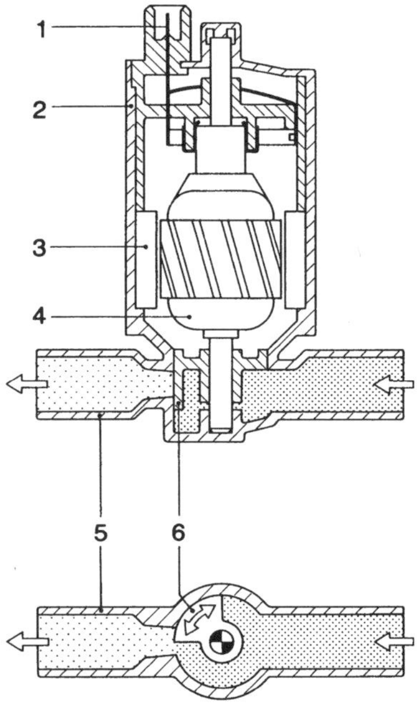

Bild 14.2
Leerlauf-Drehsteller
1 elektrischer Anschluss
2 Gehäuse
3 Dauermagnet
4 Anker
5 Luftkanal als Bypass zur Drosselklappe
6 Drehzahlschieber

Die **Leerlaufregelung** (Bild 14.1) ist fast bei jeder Variante der Motronic verwirklicht, aber auch bereits bei vielen anderen Einspritzsystemen. Durch einen Leerlauf-Drehsteller im Bypass der Drosselklappe wird die Leerlauf-Luftmenge so variiert, dass sich die gewünschte (programmierte) Leerlauf-Drehzahl einstellt.

Der Leerlauf (geschlossene Drosselklappe) wird durch einen Leerlaufkontakt vom Drosselklappenschalter oder durch einen bestimmten Widerstand des Drosselklappenpotentiometers durch das Steuergerät erkannt. Für bestimmte Motortemperaturen sind feste Leerlauf-Drehzahlen programmiert. Das Steuergerät vergleicht nun die tatsächliche Drehzahl mit der programmierten und regelt mit dem Leerlauf-Drehsteller die Drehzahl so lange nach, bis Ist- und Soll-Drehzahl übereinstimmen.

Die Leerlauf-Drehzahl kann somit sehr niedrig und damit sparsam im Verbrauch gehalten werden. Die Anhebung in der Start- und Warmlaufphase erfolgt ebenfalls nur auf das unbedingt erforderliche Maß. Auf eventuelle Verbraucher muss bei der Leerlauf(Soll-)-Drehzahl keine Rücksicht genommen werden, da durch die Regelung stärkere Motorbelastungen ausgeglichen werden.

Der Leerlauf-Drehsteller (Bild 14.2) verändert durch Steuersignale von der Motronic den Öffnungsquerschnitt im Bypass zur Drosselklappe. Dadurch bekommt der Motor im Leerlauf mehr oder weniger Ansaugluft. Da auch im Leerlauf die Luftmenge/-masse erfasst wird, bekommt der Motor auch entsprechend mehr oder weniger Kraftstoff zugeteilt. Die Zündung wird ebenfalls darauf abgestimmt.

Der Leerlauf-Drehsteller besitzt zwei Wicklungen, die vom Steuergerät abwechselnd angetaktet werden. Durch die Massenträgheit des Drehstellers stellt sich damit ein bestimmter Öffnungswinkel ein, der dem Taktverhältnis (= Tastverhältnis) entspricht.

Durch die Variation des Tastverhältnisses – zwischen ca. 20 und 80% – bestimmt das Steuergerät den Öffnungswinkel und damit die Leerlauf-Drehzahl. Bei betriebswarmem, unbelastetem Motor beträgt das Tastverhältnis ca. 25%. Damit bleiben genügend Motorreserven für Kaltstart, Motorbelastungen usw. Einfache Ausführungen des Leerlauf-Drehstellers haben nur eine Wicklung, die zweite wird durch eine Feder ersetzt. Die Funktion entspricht dem «Zweiwicklungs-Drehsteller».

Die Leerlaufregelung ist heute meist adaptiv (adaptieren = anpassen), d.h., Veränderungen durch Motorverschleiß usw. werden im Steuergerät durch neue Adaptionswerte (angepasste Werte) ausgeglichen. Die Adaptionen (Anpassungen) gehen bei der Unterbrechung der permanenten Spannungsversorgung (Abklemmen der Batterie

oder Abziehen des Steckers vom Steuergerät) verloren. Dadurch kann es zu Komforteinbußen bzw. unrundem Motorleerlauf kommen, bis die neuen Werte wieder adaptiert wurden.
Ebenfalls Standard ist heute die **Ansteuerung des Aktivkohlebehälters** durch die Motronic als Ergänzung zum Dreiwege-Katalysator mit Lambda-Regelung (s. Abschnitt 13.5).
Die im Kraftstoffbehälter entstehenden Kraftstoffdämpfe lässt man nicht mehr einfach ins Freie, sondern führt sie über einen Schlauch in einen Behälter, der mit Aktivkohle gefüllt ist. Durch die Aktivkohle wird der Kraftstoff ausgefiltert (Bild 14.3).

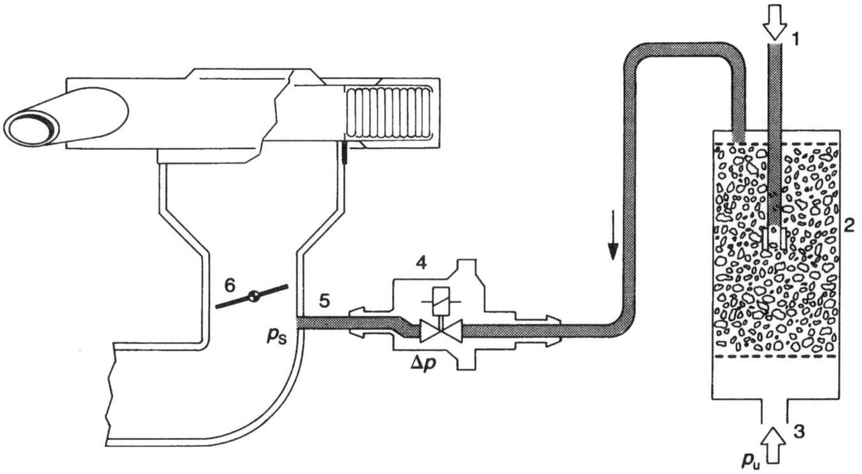

Bild 14.3
Kraftstoffverdunstungs-Rückhaltesystem
1 Leitung vom Kraftstoff- zum Aktivkohlebehälter
2 Aktivkohlebehälter
3 Frischluft
4 Regenerierventil
5 Leitung zum Saugrohr
6 Drosselklappe
p_s Saugrohrdruck
p_u Umgebungsdruck
Δp Differenz zwischen Saugrohr- und Umgebungsdruck

Damit sich die Aktivkohle wieder regenerieren kann, muss der Behälter mit Frischluft gespült werden. Dazu wird bei laufendem Motor das Taktventil zeitweise geöffnet und durch den Unterdruck im Ansaugbereich Frischluft durch den Aktivkohlebehälter gesaugt. Die durch die Aktivkohle gebundenen Kraftstoffteilchen werden dabei gelöst, angesaugt und im Motor verbrannt.
Das mit Klemme 30 verbundene Taktventil wird masseseitig durch das Einspritzsteuergerät (z.B. Motronic) versorgt. Stromlos ist es offen. Bei laufendem Motor wird es geschlossen und erst ab einer bestimmten Motortemperatur (meist ab ca. 60 °C) zeitweise (getaktet) geöffnet. Die Öffnungstakte werden durch das Steuergerät in Abhängigkeit von der Drosselklappenstellung und dem Lambda-Sonden-Signal bestimmt. Nach dem Abstellen des Motors bleibt das Taktventil noch für einige Sekunden geschlossen, um ein Nachlaufen des Motors zu vermeiden.
Die Ansteuerung des Taktventils für den Aktivkohlebehälter – oftmals vereinfacht als Tankentlüftungsventil bezeichnet – ist meist

adaptiv, d.h., die Öffnungstakte werden durch das Steuergerät veränderten Motorbetriebsbedingungen angepasst.
Neben dem Taktventil des Aktivkohlebehälters können durch die Motronic auch **weitere Magnetventile** angesteuert werden. Durch diese Magnetventile können eine **Saugrohrumschaltung**, eine **Nockenwellenverstellung**, eine **Abgasrückführung**, eine **Ladedruckregelung** bei Turbomotoren und vieles mehr verwirklicht werden. Dabei wird ein Magnetventil nach programmierten Werten, abhängig vom Betriebszustand des Motors, durch die Motronic geöffnet oder geschlossen und lässt damit den Ansaugunterdruck, den Motoröldruck usw. auf ein entsprechendes Bauteil wirken oder unterbindet es.
Die Ansteuerung dieser Magnetventile erfolgt meist im Hysterese-Modus, d.h., Ein- und Ausschaltpunkt sind verschieden, um ein mehrmaliges Ein- und Ausschalten bei einer bestimmten Drehzahl zu verhindern.
Analog kann die **Ansteuerung verschiedener Relais** ebenfalls durch die Motronic erfolgen, z.B. Klimakompressor-Relais, Lambda-Sonden-Heizungsrelais usw. Dies geschieht meist durch ein Massesignal für den Steuerstromkreis des Relais.
Eine weitere Funktion der Motronic kann die **Kommunikation (Datenaustausch) mit anderen Systemen** sein. Das ist einerseits die Weitergabe von Informationen (Daten) über den Betriebszustand des Motors, z.B. td-Signal für den Drehzahlmesser, Drosselklappen-Istwert für die Antriebsschlupf-Regelung und das Automatikgetriebe-Steuergerät usw. Bei diesen Signalen handelt es sich überwiegend um Rechtecksignale, die über das Tastverhältnis zu messen sind.
Die andere Seite der Kommunikation ist aber auch der Erhalt und die Verarbeitung von Signalen von anderen Systemen, z.B. Zündwinkeleingriff bei Schaltvorgängen, Zünd- und Einspritzausblendung bei einer Antriebsschlupf-Regelung usw. Diese Signale sind ebenfalls meist Rechtecksignale, die aber nur für kürzeste Zeit ausgegeben werden (z.B. bei einem notwendigen Eingriff). Sie sind deshalb in der Praxis kaum simulierbar und messbar. Hier können nur durch die Eigendiagnose der Steuergeräte und deren Fehlerspeicher etwaige Fehlfunktionen diagnostiziert werden.
(Heute ist der Datenaustausch über Bussysteme Standard, vgl. Kapitel 11).

14.3 Digitale Motorelektronik mit Saugrohreinspritzung

Das im Folgenden beschriebene aktuelle Motorsteuerungssystem ist ein sehr umfangreiches und soll stellvertretend für alle anderen Systeme die möglichen Funktionen und Zusammenhänge zeigen.
Das Teilsystem Zündung ist eine vollelektronische Zündung mit ruhender Hochspannungsverteilung über Einzelfunkenspulen. Das Teilsystem Einspritzung ist eine intermittierende, vollsequentielle Saugrohreinspritzung mit Luftmassenmessung.
Bild 14.4 zeigt die Systemübersicht als Grundlage für die folgende Beschreibung der Ein- und Ausgänge mit ihrer Bedeutung für die Funktion des Systems sowie die Notlaufeigenschaften bei etwaigen Ausfällen. Die Signalarten und die entsprechenden Messungen siehe Kapitel 12 und 13.
Das Steuergerät (1) der digitalen Motorelektronik steuert nach Eingang der Klemme 15 über eine Masseverbindung das DME-Hauptrelais (2) an und erhält darüber die (Arbeits-) Stromversorgung. Durch diese Sicherheitsschaltung werden bei einer Unterbrechung der Klemme 15 (z.B. Unfall) das Steuergerät und alle im weiteren Verlauf über Klemme 87 versorgten Aktoren sofort von der Stromversorgung getrennt, und der Motor bleibt stehen.
Für verschiedene Adaptionswerte und den Fehlerspeicher liegt das Steuergerät aber auch an Dauerplus Klemme 30.
Die Klemme 31 wird über insgesamt fünf Masseverbindungen vom Steuergerät für die verschiedenen Sensoren und Endstufen gewährleistet.
Die Betätigung des Kupplungsschalters (3) oder des Bremslicht- und Bremssignalschalters (4) führen zur Deaktivierung der in der Motorsteuerung integrierten Fahrgeschwindigkeitsregelung.
Über den ASC-Eingang (5) werden vom Steuergerät der Fahrstabilitätsregelung direkte Eingriffe in das Motormanagement ausgelöst. Durch die direkte Verbindung wird eine Reaktionszeitverkürzung gegenüber der Datenübermittlung über das Bussystem des Antriebsstranges erreicht.
Die Verbindung zum Fahrzeugzugangssystem (CAS, 6) ist eine Datenleitung, über die Informationen zur Wegfahrsperre ausgetauscht werden und damit u.a. auch die Startfreigabe über das Startrelais (22) erfolgt. Bei einer Unterbrechung kann der Motor nicht gestartet werden.
Das Signal des Temperatursensors (7) am Kühleraustritt dient zur Steuerung des Elektrolüfters (24) zur Kühlung des Motors.
Der Fahrpedalweggeber (8) enthält zwei Potentiometer, über die dem Steuergerät die Stellung des Fahrpedals – der Lastwunsch des Fahrers – übermittelt wird. Dies ist die Hauptsteuergröße für den Öffnungswinkel der elektrischen Drosselklappe (9). Es besteht keine mechani-

Bild 14.4
Systemübersicht

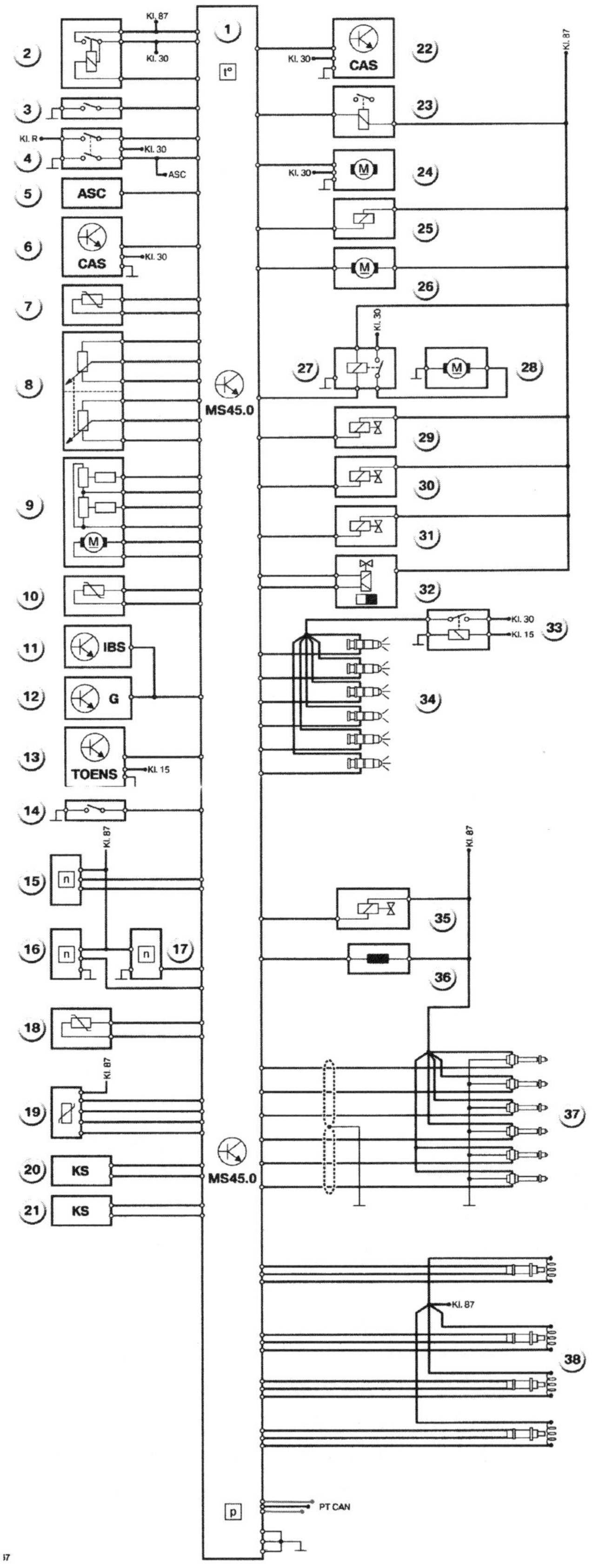

sche Verbindung zwischen Fahrpedal und Drosselklappe. Auch das Gebersignal für die Drosselklappe wird aus Sicherheitsgründen doppelt ausgegeben und die Stellung der Drosselklappe (Ist-Wert) überwacht. Bei einem Ausfall des Fahrpedalweggebers wird eine leicht erhöhte Leerlaufdrehzahl eingestellt, bei einem Ausfall der elektrischen Drosselklappe ist dies auch die unbetätigte Stellung. Es ist nur noch ein sehr eingeschränkter Notlauf möglich.

Der Öltemperatursensor (10) übermittelt dem Steuergerät die Temperatur des Motorenöls.

Der Batteriesensor (11) überträgt den Ladezustand und der Generator (12) die Ladebilanz über eine bitserielle Datenschnittstelle an das DME-Steuergerät, das über diese Leitung wieder das Energiemanagement für das gesamte Bordnetz regelt.

Mit dem thermischen Ölniveausensor (13) wird der Motorenölstand und mit dem Öldruckschalter (14) der Motorenöldruck überwacht. Liegen die Motorenöltemperatur, der Motorenölstand und der Motorenöldruck außerhalb festgelegter Toleranzen, werden motorschonende Maßnahmen (z.B. keine Volllast) durch die DME ergriffen.

Der Bezugsmarkengeber (15) liefert die Motordrehzahl und Bezugsmarke. Bei einem Ausfall werden die Signale der Nockenwellengeber (16/17) herangezogen. Das Ansprechverhalten des Motors wird dadurch verschlechtert, es stellt aber einen ausreichend guten Notlauf sicher.

Die Signale der Nockenwellengeber werden außerdem für die Zylinderzuordnung und die Rückmeldung der Stellung der variablen Nockenwellenverstellung (30/31) über Magnetventile benötigt. Bei einem Ausfall eines Nockenwellensensors erfolgt keine Nockenwellenverstellung mehr, und die Zylinderzuordnung erfolgt über den anderen Nockenwellensensor. Sollten beide ausfallen, würde wegen der fehlenden Zylinderzuordnung auf halbsequentielle Einspritzung und Zündung bei jedem OT umgeschaltet werden.

Mit dem Motortemperatursensor (18) wird die Kühlmitteltemperatur am Motor erfasst. Ist das Signal außerhalb möglicher Toleranzen bzw. fehlt es, wird auf einen programmierten Ersatzwert (ca. Betriebstemperatur) zurückgegriffen. In der Startphase wird für einige Sekunden der Wert des Ansaugluft-Temperaturfühlers herangezogen, der bei diesem System im Heißfilm-Luftmassenmesser (19) integriert ist.

Die Ansauglufttemperatur wird nur kurz während der Startphase benötigt, da dort das Signal des Luftmassenmessers aufgrund von Luftschwingungen nicht befriedigend genau ist. Bei einem Signalausfall macht sich das nur während der Startphase bemerkbar.

Das Signal des Heißfilm-Luftmassenmessers informiert die DME über die angesaugte Luftmasse. Bei einem Signalausfall wird auf α/n-Steuerung umgeschaltet, wodurch sich ein etwas schlechteres Übergangsverhalten ergibt.

Eine zusätzliche Information zur Berechnung der Gemischbildung liefert ein im Steuergerät integrierter Drucksensor, der den Druck der Umgebungsluft erfasst.

Mit den zwei Klopfsensoren (20/21), für je drei Zylinder, kann eine klopfende Verbrennung an jedem Zylinder einzeln erkannt und der Zündzeitpunkt für jeden einzelnen Zylinder (= zylinderselektive Klopfregelung) korrigiert werden. Die Leitungen der Klopfsensoren dürfen deshalb nicht vertauscht werden, da dies durch die falsche Zylinderzuordnung zu einem Motorschaden führen könnte. Die Klopfregelung ist adaptiv, da ein höherer Grundgeräuschpegel durch Verschleiß erkannt und dies nicht als klopfende Verbrennung gewertet wird.

Das Relais für die Kraftstoffpumpe (23) ist mit Klemme 87 verbunden und erhält vom Steuergerät ein Massesignal, wenn der Motor läuft.

Der Magnet für die Luftklappensteuerung (25) ist ebenfalls mit Klemme 87 verbunden und erhält vom Steuergerät ein Massesignal. Damit wird ein optimiertes Motorwärmemanagement erreicht. Stromlos (stehendes Fahrzeug, Motor aus) sind die Luftklappen über die Vorspannung einer Feder geschlossen. Durch den Fahrtwind werden sie geöffnet. Der Magnet kann sie jedoch geschlossen halten, wenn es die Motortemperatur erlaubt.

Einem optimierten Motorwärmemanagement dient auch ein elektrisch beheiztes Thermostat (36), das nach programmierten Kennlinien vom Steuergerät mit Masse angesteuert wird.

Ein Lüfter (26) für die Belüftung der Steuergeräte wird über ein Massesignal aktiviert, wenn die Temperatur im DME-Steuergerät zu hoch wird. Dafür befindet sich im Steuergerät ein Temperatursensor (t^{o}).

Das Relais (27) für die Sekundärluftpumpe (28) wird nur nach einem Kaltstart für kurze Zeit angesteuert, wodurch die Sekundärluftpumpe Frischgase in den Abgaskrümmer pumpt, um die unverbrannten Kohlenwasserstoffe im Abgas nachzuverbrennen.

Das Tankentlüftungsventil (29) wird für die Spülung des Aktivkohlebehälters mit Masse versorgt.

Für die Leerlaufregelung wird der Leerlaufsteller (32), der ebenfalls plusseitig mit Klemme 87 verbunden ist, über zwei Leitungen (Öffnungswicklung/Schließwicklung) masseseitig angesteuert.

Die Einspritzventile (34) werden über ein Relais (33) alle mit Batterieplus versorgt, sobald die Klemme 15 aktiviert ist. Angesteuert werden die einzelnen Einspritzventile jeweils über ein Massesignal vom Steuergerät.

Die Ansteuerung eines weiteren Magnetventils (35) dient bei dieser Motorsteuerung einer Saugrohrumschaltung.

Für die Zündung werden sechs einzelne so genannte Stabzündspulen, die direkt über der Zündkerze sitzen, vom Steuergerät primärseitig

über Masse angesteuert. Die Plusversorgung ist ebenfalls über Klemme 87 geschaltet. Über eine steuergeräteinterne Zündkreisüberwachung erkennt das Steuergerät die Funktionsfähigkeit der Zündanlage. Werden an einem Zylinder einige aufeinander folgende Zündungen als nicht in Ordnung erkannt, wird an dem entsprechenden Zylinder die Einspritzung zum Schutz des Katalysators vor Überhitzung bzw. Brand abgeschaltet. Der Motor arbeitet dann mit entsprechend weniger Zylindern. Dies wird dem Fahrer über eine Fehlerlampe angezeigt (vgl. Abschnitt 14.5).
Dies gilt natürlich auch für die Funktionsfähigkeit der vier Lambda-Sonden (38) und deren Beheizung, die über Klemme 87 und Masse vom Steuergerät getaktet wird. Jeweils zwei Lambda-Sonden vor dem Katalysator beeinflussen die Gemischbildung und Adaptionen, und mit zwei planaren Breitband-Lambda-Sonden wird die Funktion des Katalysators überwacht. Bei einem Ausfall einer Lambda-Sonde vor dem Katalysator wird die Funktion durch die Lambda-Sonde nach dem Katalysator übernommen.
Das Motorsteuergerät tauscht seine Daten mit anderen Steuergeräten über den CAN-Hochgeschwindigkeitsbus des Antriebsstranges (PT CAN) aus. Informationen, die dabei ausgetauscht werden, sind u.a. Motordrehzahl, -last, -temperatur, Drosselklappenwinkel, Zündwinkelrücknahme, Zünd-, Einspritzausblendung, Fahrzeuggeschwindigkeit, gewähltes Fahrprogramm, Ansteuerung des Klimakompressors, Signale der Fahrgeschwindigkeitsregelung usw. (vgl. auch Kapitel 11).
Die Diagnose erfolgt ebenfalls über das CAN-Bussystem. Es gibt keine eigene Diagnoseleitung.
Zusätzlich zu den hier erwähnten und in der Systemübersicht gezeigten Anschlüssen besitzt das Steuergerät einige weitere Anschlüsse.
Über zwei Pins erfolgt z.B. die Programmierung des Steuergerätes durch den Hersteller am Bandende; die Ansteuerung des Klimakompressorrelais ist ebenfalls über das Motorsteuergerät realisiert, und das Drehzahlsignal wird zusätzlich über eine eigene Leitung ausgegeben, die zum CARB-Diagnoseanschluss führt.

14.4 Digitale Motorelektronik für Benzin-Direkteinspritzer

Die in Bild 14.5 gezeigte Motorsteuerung bietet grundsätzlich die gleichen Funktionen wie die zuvor beschriebene: vollelektronische Zündung, intermittierende Einspritzung, Nockenwellenverstellung, Klopfsensoren, E-Gas und viele zusätzliche Schaltmöglichkeiten.
Der einzige wesentliche Unterschied besteht darin, dass der Kraftstoff unter hohem Druck direkt in den Verbrennungsraum eingespritzt wird. Analog der Diesel-Direkteinspritzung erreicht man dadurch

Bild 14.5
Systemübersicht der digitalen Motorelektronik eines Benzin-Direkteinspritzers

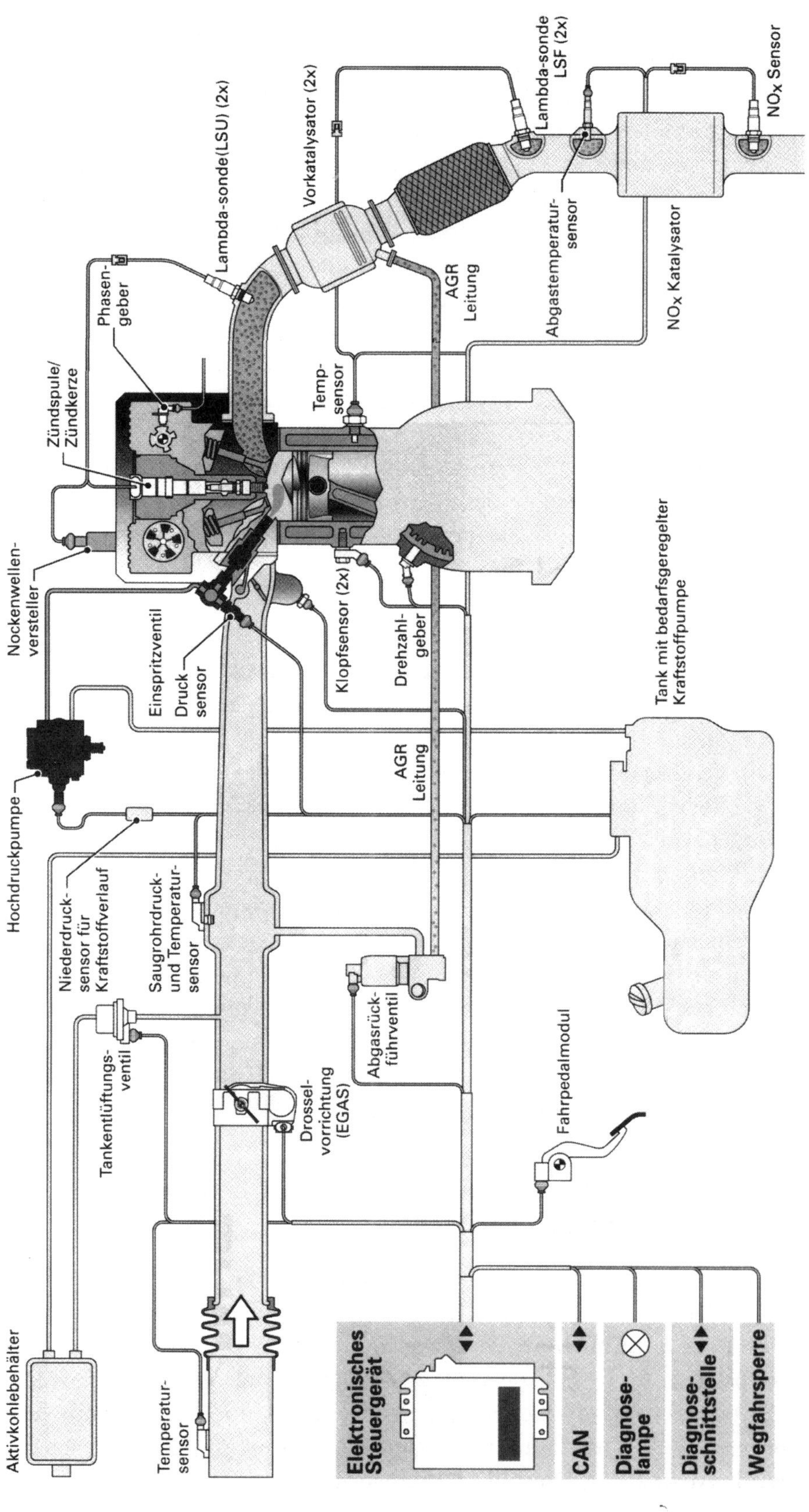

auch bei der Benzin-Direkteinspritzung eine Verringerung des Verbrauchs und/oder eine Leistungssteigerung. Auch die dafür eingesetzte Technik ist sehr ähnlich. Der über die Elektrokraftstoffpumpe geförderte Kraftstoff wird über eine Hochdruckpumpe in die Einspritzleiste, das so genannte Rail, gedrückt. Über einen Drucksensor und ein Drucksteuerventil regelt die Motorsteuerung den Druck im Rail. Je nach Lastanforderung, Drehzahl und programmierter Kennfelder wird der Druck zwischen 50 bis 120 bar eingestellt. Die Einspritzung erfolgt über Hochdruck-Einspritzventile (Bild 14.6), die die Kraftstoffmenge schneller und genauer zumessen und besser zerstäuben sowie die Richtung des Kraftstoffstrahles exakter vorgeben.

Dadurch kann als großer Vorteil der Benzin-Direkteinspritzung der Motor im unteren Drehzahl- und Lastbereich im sparsamen Schichtbetrieb bewegt werden. Dabei bildet sich nur in der Nähe der Zündkerze ein zündfähiges Gemisch. Im Gegensatz dazu befindet sich beim so genannten Homogenbetrieb im gesamten Brennraum ein zündfähiges Gemisch. Zwischen Schichtbetrieb und Homogenbetrieb gibt es viele Abstufungen; Homogen-Mager-Betrieb, Homogen-Schicht-Betrieb, Homogen-Klopfschutz-Betrieb und Schicht-Katalysator-Heizen.

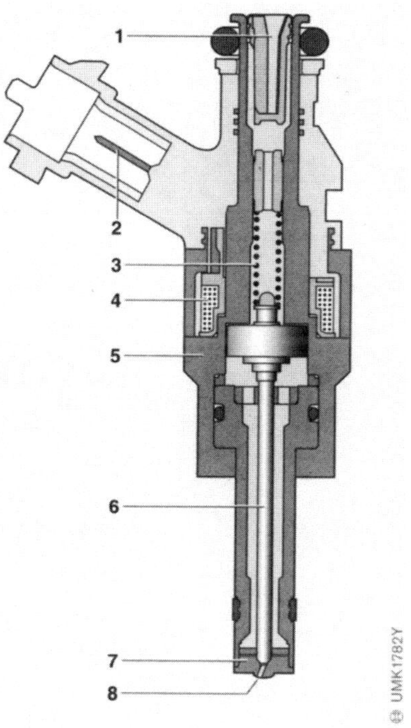

Bild 14.6
Aufbau des Hochdruck-Einspritzventils
1 Zulauf mit Feinsieb
2 elektrischer Anschluss
3 Feder
4 Spule
5 Gehäuse
6 Düsennadel mit Magnetanker
7 Ventilsitz
8 Ventilauslassbohrung

Ein besonderes Problem bei der Verbrennung ist der hohe Anfall von Stickoxiden durch das magere Gemisch. Diese werden jedoch durch die Abgasrückführung, spezielle NO_x-Speicherkatalysatoren und regelmäßigen kurzzeitigen Betrieb mit Kraftstoffüberschuss so weit wie möglich reduziert. Dazu werden die Abgaszusammensetzung und die Temperatur ständig durch die Lambda-Sonden (vor und nach Katalysator), einen Abgastemperaturfühler und einen NO_x-Sensor überwacht und die Gemischbildung entsprechend den Erfordernissen verändert.

Eine weitere Besonderheit der in Bild 14.5 gezeigten Motorsteuerung mit Benzin-Direkteinspritzung ist die Grunderfassung zur Berechnung der benötigten Einspritzmenge über einen Saugrohrdruck- und Temperatursensor. Bei dieser so genannten *p-n*-Steuerung ist kein Luftmassenmesser erforderlich.

14.5 Europäische On-Board-Diagnose (E-OBD)

Seit Mitte der 1980er-Jahre wurden die ersten diagnosefähigen Motorsteuergeräte mit Fehlerspeicher verbaut, deren Diagnoseumfang im Laufe der Jahre immer weiter gewachsen ist. Dies war die Voraussetzung, um abgasrelevante Fehler zu erkennen, abzuspeichern, anzuzeigen und über ein Diagnosetool auszugeben. Das war der Beginn der On-Board-Diagnose, die in Europa zunächst nur in den Werkstätten genutzt wurde.

Gleichzeitig wurden mit den Jahren die Abgasvorschriften immer weiter verschärft, und der Wunsch, die Einhaltung der vorgeschriebenen Werte durch die staatlichen Organe schnell überprüfen zu können, führte (nach US-amerikanischem Vorbild) zur Einführung der E-OBD.
Diese wurde mit Beginn der EU 3 für alle Neufahrzeuge mit Ottomotor, die ab dem 1.1.2000 neu typzugelassen wurden, und mit einem Jahr Nachlauf für alle neu zugelassenen Pkw ab 1.1.2001 eingeführt. Für Pkw mit Dieselmotor war der 1.1.2003 der Einführungszeitpunkt für alle neu typzugelassenen und der 1.1.2004 für alle neu zugelassenen Pkw.
Der Umfang der Funktionsüberwachung bezieht sich auf folgende abgasrelevante Systeme und Komponenten und ist in der Motorsteuerung integriert:

- Abgasrückführung (wenn vorhanden),
- Katalysator(en),
- Katalysatorheizung (wenn vorhanden),
- Kraftstoffsystem,
- Ladedruckregelung (wenn vorhanden),
- Lambda-Sonden,
- Motorsteuergerät,
- Partikelfilterüberwachung (nur Diesel, wenn vorhanden),
- Sekundärluftsystem (wenn vorhanden),
- Tankentlüftungssystem,
- Tankdeckel (unverlierbar oder überwacht),
- Verbrennungsaussetzer.

Dabei unterscheidet man Systeme, die permanent überwacht werden müssen, wie z.B. die Erkennung von Verbrennungsaussetzern, Einspritzzeiten und alle Stromkreise abgasrelevanter Bauteile und Systeme, die nur zyklisch während spezieller Betriebsbedingungen (bzw. festgelegter Fahrzyklen) überwacht werden, wie z.B. die Katalysatorfunktion oder das Sekundärluftsystem.
Wird ein abgasrelevanter Fehler festgestellt, der in mindestens zwei aufeinander folgenden (Fahr-) Zyklen auftritt, leuchtet eine gelbe Fehlfunktionsanzeige mit einem Motorsymbol auf, die so genannte MIL (= **M**alfunction **I**ndigator **L**amp). Die MIL blinkt, wenn ein Fehler auftritt, der zur Zylinderabschaltung führt, z.B. bei Verbrennungsaussetzern, solange der Fehler aktuell vorhanden ist. Bei Zündung ein leuchtet die MIL ebenfalls kurz als Glühlampenkontrollfunktion, bis der Motor läuft. Die MIL kann auch wieder erlöschen, wenn der erkannte Fehler z.B. in 3 aufeinander folgenden (Fahr-) Zyklen mit

gleichen Umfeldbedingungen nicht mehr aufgetreten ist. Der Fehler bleibt aber trotzdem gespeichert.

Die E-OBD verlangt außerdem einen genormten Diagnosestecker mit einer genormten Pinbelegung, der vom Fahrerplatz aus gut erreichbar sein muss. Zusätzlich muss sich die Datenverbindung nach Anschluss eines universellen Diagnosecomputers, dem so genannten Scantool, automatisch aufbauen und die Datenübertragung nach festgelegten Regeln erfolgen. Der Diagnosestecker wird auch als CARB-Stecker (Bild 14.7) bezeichnet, weil er dem zuerst von den kalifornischen Behörden geforderten Stecker entspricht (CARB = **C**alifornia **A**ir **R**esources **B**oard).

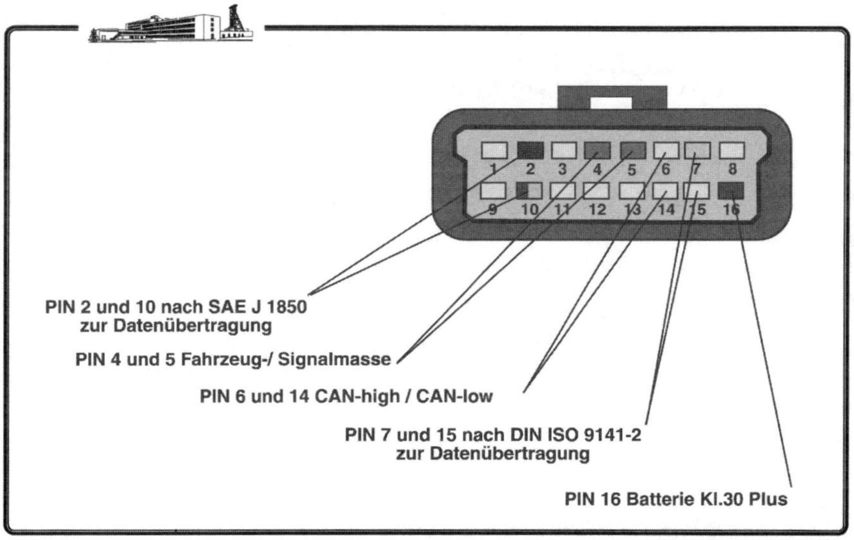

Bild 14.7
CARB-ISO-Schnittstelle

Die Fehlercodes wurden ebenfalls genormt und haben folgenden Aufbau:

z.B. P 0 2 2 0

1. Stelle: P = Powertrain (Antriebsstrang) , B = Body (Karosserie), C = Chassis (Fahrwerk)
2. Stelle: 0 = genormter Code SAE/ISO, 1 = herstellerspezifischer Code
3. Stelle: 0 = Gesamtsystem, 1 = Gemischaufbereitung, 2 = Kraftstoffsystem, 3 = Zündanlage/-aussetzer, 4 = Abgasüberwachung, 5 = Leerlauf-/Geschwindigkeitskontrolle, 6 = Ein-/Ausgangssignale Steuergerät, 7 = Getriebe
4. und 5. Stelle sind Fehlercodes mit einer fortlaufenden Nummerierung der Bauteile/Systeme

Auch die verschiedenen Programme des Diagnosetesters folgen festen Regeln und bieten folgende Funktionen:

- Auslesen der aktuellen Istwerte,
- Auslesen der Umfeldbedingungen, die beim Auftreten eines Fehlers herrschten,
- Auslesen der abgasrelevanten und bestätigten Fehlercodes,
- Löschen des Fehlerspeichers,
- Anzeigen von Messwerten und Schwellen der λ-Sonden,
- Anzeigen von Messwerten spezieller Funktionen,
- Auslesen der abgasrelevanten und noch nicht bestätigten Fehlercodes,
- verschiedene herstellerspezifische Testfunktionen,
- Auslesen von Fahrzeuginformationen.

Zur Vermeidung von Manipulationen bzw. um diese aufzudecken wurde auch der so genannte Readiness Code eingeführt. Der **Readiness Code** zeigt, ob z.B. seit dem letzten Löschen des Fehlerspeiches ein Diagnoseergebnis zu allen Einzelsystemen vorhanden ist, d.h. dass jedes System die entsprechenden Betriebsbedingungen und Fahrzyklen durchlaufen hat. Der Readiness Code besteht aus 4 Bytes mit jeweils 8 Bits, die mit 0/1 codiert sind.
0 = Test/Zyklus abgeschlossen oder nicht durchführbar/notwendig
1 = Test/Zyklus noch nicht vollständig durchgeführt/abgeschlossen
Nach einem Löschen des Fehlerspeichers bzw. bei einem Ausfall der Spannungsversorgung wird immer die 1 gesetzt.

14.6 Alternative Antriebe mit Gas

Ständig steigende Benzin- und Dieselpreise sowie die stetig wiederkehrenden CO_2-Diskussionen und die Endlichkeit fossiler Brennstoffe führen zu vielen alternativen Entwicklungen. Neben einigen technischen Möglichkeiten der Kraftstoffeinsparung, der Hybridtechnik (vgl. Kapitel 20) und Fahrzeugen mit reinem Elektroantrieb wurde auch der Antrieb mit Gas wiederentdeckt. Fahrzeuge mit Gasantrieb gibt es sowohl in der Serie ab Werk von einigen Fahrzeugherstellern als auch über Nachrüstlösungen von freien Anbietern.

14.6.1 Einführung und Begriffsdefinitionen

Dieses Kapitel soll einen Überblick über die unterschiedliche Technik und die verschiedenen Begriffe geben. Wenn man aber Fahrzeuge mit Gasantrieb warten, reparieren oder sogar ein Nachrüstsystem einbauen will, muss man die Schulungen der Fahrzeug- und/oder

Systemhersteller besuchen und die jeweils dem System zugehörigen, detaillierten Unterlagen beachten. Außerdem sind die gesetzlichen Vorgaben einzuhalten, da diese Systeme bei unsachgemäßer Handhabung eine nicht zu unterschätzende Gefahrenquelle darstellen könnten.

Erdgas

Die gebräuchlichste Abkürzung für Erdgas im Kraftfahrzeugsektor ist **CNG Compressed Natural Gas** = engl. komprimiertes, natürliches Gas), weil es in der Regel auf einen Druck bis zu 200 bar komprimiert wird. Wird das Erdgas für den Transport durch Kälte (–162 °C) verflüssigt, bezeichnet man es als LNG (**Liquified Natural Gas** = engl. verflüssigtes, natürliches Gas).

Im Zusammenhang mit Fahrzeugen mit Erdgasantrieb spricht man auch manchmal von **NGV** (**Natural Gas Vehicle** = engl. Naturgasfahrzeug).

Erdgas besteht zum überwiegenden Teil aus Methan, ist farb- und geruchlos und leichter als Luft. Abhängig vom Methananteil gibt es ein sog. Low- (80 bis 87% Methan) und High- (84 bis 99% Methan) Erdgas. High-Erdgas besitzt eine höhere Energiedichte als Low-Erdgas. Grundsätzlich entsteht bei Erdgas gegenüber der Benzin- und Dieselverbrennung eine geringere Schadstoffbelastung beim Kohlenmonoxid, unverbrannten Kohlenwasserstoffen, Stickoxiden, Rußpartikeln und Kohlendioxid. Außerdem hat Erdgas auch eine höhere Klopffestigkeit.

Autogas

Die gebräuchlichsten Abkürzungen für Autogas sind **LPG** (**Liquified Petroleum Gas** = engl. verflüssigtes Mineralölgas) und **GPL** (**gaz de pétrole liquéfié** = franz. verflüssigtes Mineralölgas). Autogas besteht aus Propan (70 bis 95%) und Butan (5 bis 30%), ist ebenfalls farb- und geruchlos und im Gegensatz zum Erdgas schwerer als Luft. Beim Autogas entstehen bei der Verbrennung im Motor gegenüber der Benzin- und Dieselverbrennung ebenfalls weniger Schadstoffe. Außerdem verfügt Autogas auch über eine höhere Klopffestigkeit.

Biogas

Biogas entsteht durch die Vergärung von Biomasse und besteht überwiegend aus Methan (45 bis 70%) und Kohlendioxid (25 bis 55%). Zur Verwendung im Kraftfahrzeug muss es durch Entfernung des Kohlendioxids auf Erdgasqualität aufbereitet werden und besitzt dann die gleichen Eigenschaften. Es wird manchmal auch als **Biomethan** oder **Bioerdgas** bezeichnet.

Wasserstoff
Wasserstoff (H_2) ist das häufigste und leichteste chemische Element. Bei seiner Verbrennung entsteht Wasser. Wasserstoff kommt auf der Erde nicht in reiner Form vor, d.h., er ist immer mit anderen Elementen gebunden. Seine Herstellung, Speicherung und Verwendung setzt hohe technischen Anforderungen voraus; deshalb kann es noch nicht kommerziell genutzt werden.

Monovalent/Bivalent
Gasfahrzeuge sind sehr oft sowohl auf Benzin- als auch auf Gasantrieb ausgelegt. Wenn beide Antriebsformen möglich sind und zwischen beiden gewechselt werden kann, spricht man von einem bivalenten Antrieb (*bi* = lat. in Zusammensetzungen für zwei, *valens* = lat.: kräftig, stark, mächtig).
Bei einem monovalenten (*mónos* = griech.: allein) Antrieb ist das Fahrzeug nur auf den Gasbetrieb ausgelegt. Es sind aber max. 15 l Benzin erlaubt. Damit erfolgt die Schadstoffeinstufung entsprechend der Emissionen im Gasbetrieb. In der Regel werden dadurch deutlich geringere Abgaswerte und damit eine günstigere steuerliche Einstufung erreicht.

GSP
Die **G**as**s**ystemeinbau**p**rüfung (GSP) ist eine einmalige Prüfung des eingebauten Systems (Details in Abschnitt 14.6.4).

GAP
Die **G**as**a**nlagen**p**rüfung (GAP) ist eine vorgeschriebene regelmäßige Überprüfung der gesamten Komponenten der Gasanlagen im Kraftfahrzeug (siehe Abschnitt 14.6.4).

14.6.2 Erdgasantrieb

Für den Antrieb mit Erdgas werden gegenüber den bekannten Systemen nur einige zusätzliche gasspezifische Bauteile benötigt. Bild 14.8 zeigt diese in einer einfachen, schematischen Übersicht.
Beginnend mit dem Erdgaseinfüllstutzen (1), der in der Regel zusammen mit dem Benzineinfüllrohr hinter der Tankklappe sitzt, wird über einen Bajonettverschluss beim Betankungsvorgang das Erdgas mit bis zu 200 bar in die Erdgastanks (2) gedrückt. Die Tankklappe ist bei Fahrzeugen mit Gasantrieb über einen Schalter abgesichert, wodurch ein versehentliches Starten und Wegfahren bei einem Tankvorgang und geöffneter Tankklappe verhindert wird. Die Tankabsperrventile (4) dienen ebenfalls der Sicherheit. Über den Gasdruckregler (6) wird der Druck des unter Hochdruck stehenden

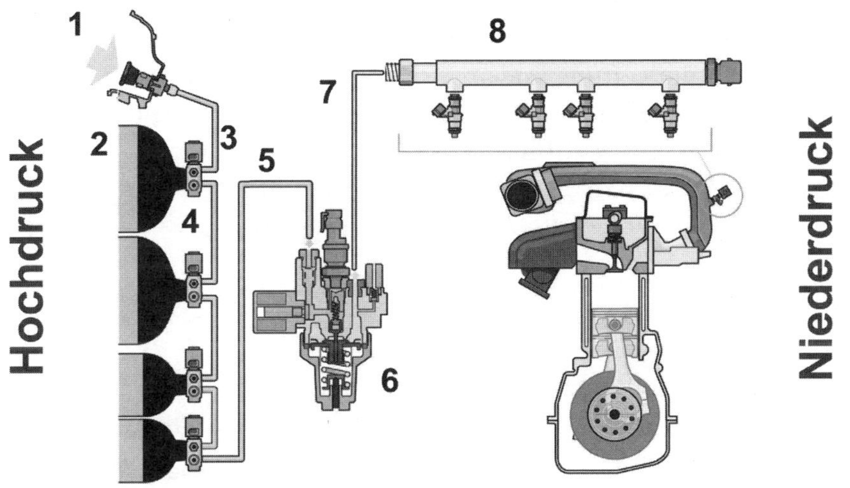

Bild 14.8
Schematische Darstellung der Erdgaskomponenten
1 Erdgaseinfüllstutzen
2 Erdgastank
3 Hochdruck-Erdgasleitung 8 mm
4 Tankabsperrventile
5 Hochdruck-Erdgasleitung 6 mm
6 Gasduckregler
7 Flexible Niederdruck-Erdgasleitung
8 Gasverteilerleiste mit den Einblasventilen

Erdgases so weit reduziert, dass über die an der Gasverteilerleiste (8) befestigten Einblasventile das Gas in die Ansaugrohre eingeblasen werden kann. Dies geschieht bei aktuellen Fahrzeugen auch zylinderselektiv und sequentiell.

Nach dem ersten Überblick folgt nun eine detailliertere Beschreibung einiger Komponenten.

An jedem Erdgastank befindet sich ein Tankabsperrventil (Bild 14.9). Jedes Tankabsperrventil hat einen Durchflussmengenbegrenzer, ein Rückschlagventil, eine Thermosicherung, ein mechanisches und ein elektromagnetisches Absperrventil. Über das elektromagnetische Absperrventil wird der Gaszufluss im Motorbetrieb gesteuert. Es ist stromlos geschlossen und die Funktion wird über die Eigendiagnose überwacht. Über das mechanische Absperrventil kann der Tank manuell geschlossen werden. Dies muss bei allen Arbeiten am Gassystem vor Beginn der Arbeiten durchgeführt werden.

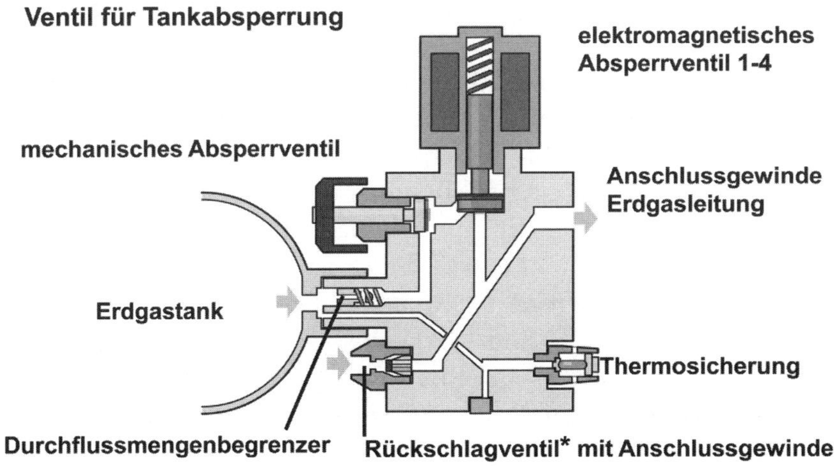

Bild 14.9
Tankabsperrventil

Der Durchflussmengenbegrenzer verschließt bei einem zu großen Druckabfall die Leitung, indem er bei einer zu hohen Druckdifferenz in den Konus gedrückt wird. Die Thermosicherung ermöglicht bei einem Brand ein definiertes Ausströmen des Gases, um eine Explosion der Gastanks zu vermeiden. Das Rückschlagventil verhindert nach dem Tanken ein Ausströmen des Gases.
Zentrales Bauteil bei einer Gasanlage ist der Gasdruckregler (Bild 14.10).

Bild 14.10
Gasdruckregler

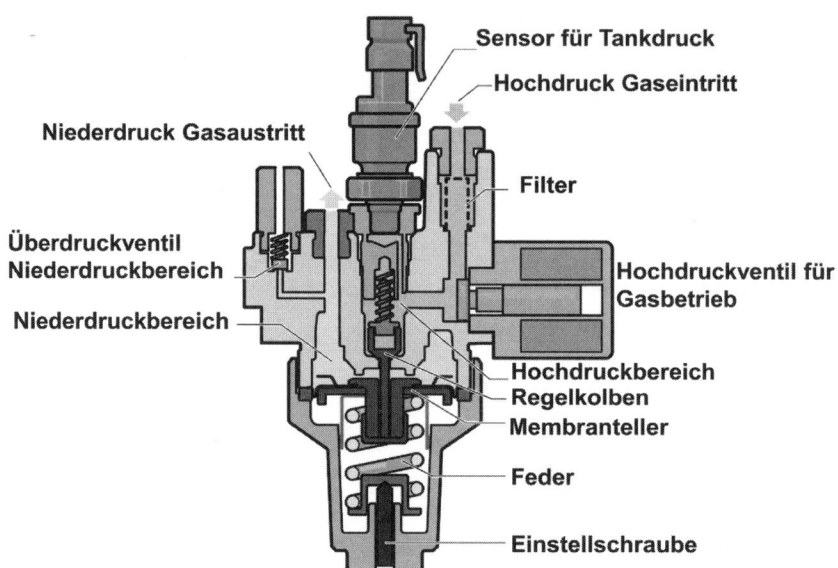

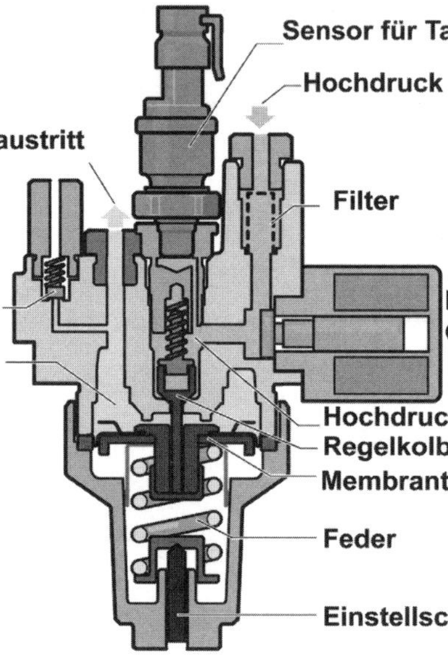

Gaseinblasventil

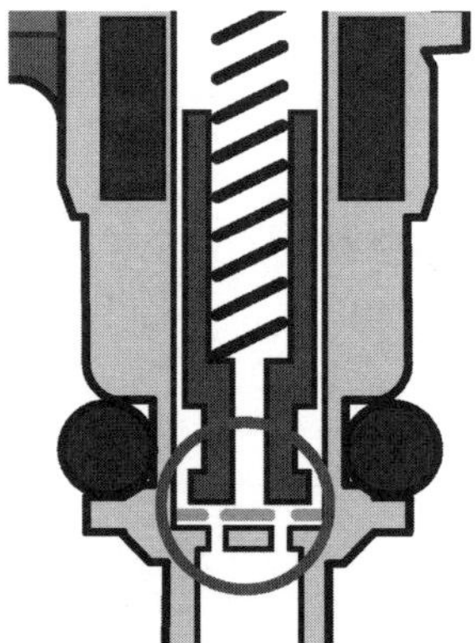

großflächiger Dichtsitz mit Elastomerdichtung

Bild 14.11
Schnittbild Gaseinblasventil

Durch ihn wird der Hochdruck aus der Tankanlage in den benötigten Niederdruck (ca. 6 bar) verringert. Das elektromagnetische Hochdruckventil wird dazu von der Motorelektronik angesteuert. Stromlos ist es geschlossen. Über den Hochdrucksensor wird der Tankdruck und damit der Füllstand der Tankanlage gemessen und überwacht. Einerseits wird der Füllstand im Kombiinstrument angezeigt und andererseits wird bei einem zu geringen Füllstand automatisch auf die andere Kraftstoffart umgeschaltet. Der Gasdruckregler ist mit dem Kühlmittelkreislauf verbunden, da die bei der Expansion des Gases (bei der Druckreduktion) entstehende Kälte sonst zum Vereisen des Gasdruckreglers führen könnte.
Über die Einblasventile (Bild 14.11), die an der Gasverteilerleiste befestigt sind, erfolgt schließlich die Gaszuteilung über die Motorelektronik. Die Funktion und der Aufbau der Gaseinblasventile sind ähnlich den Benzineinspritzventilen, lediglich die Abdichtung über den Dichtsitz und der Gasaustritt sind gasspezifisch angepasst.

Bild 14.12 zeigt den Schaltplan einer monovalenten Erdgasanlage mit p/n-Steuerung. Diese Motorelektronik steuert den Gas- und Benzin(not)betrieb gleichzeitig in einer Einheit, jedoch mit einer getrennten On-Board-Diagnose für Gas- und Benzinbetrieb. Zur Vereinfachung wurde der «bekannte Benzinteil» weggelassen. Im Folgenden sind die Unterschiede im Aufbau und in der Funktion zu einer herkömmlichen «Benzin»-Motorelektronik kurz beschrieben. Die Ansteuerung der elektromagnetischen Absperrventile an den Gastanks erfolgt über das Kraftstoffpumpenrelais. Das Signal der Lambda-Sonde wird neben der Abgasregelung auch zur Erkennung des getankten Erdgases (high/low) verwendet. Deshalb wird nach einer Erdgasbetankung immer zunächst im Benzinbetrieb gestartet und auf Gasbetrieb erst umgeschaltet, wenn die Lambda-Regelung bereits aktiviert wurde. Bei kaltem Motor (<15 °C) wird ebenfalls erst im Benzinbetrieb gestartet. Nur bei einem warmen Motor ohne vorherige Betankung wird sofort im Gasbetrieb gestartet. Eine manuelle Umschaltung der Betriebsart kann auch durch den Kraftstoffschalter erfolgen. Das Signal vom Airbag-Steuergerät schaltet das Erdgassystem bei einem Unfall mit Airbag-Auslösung sofort ab. Die Ansteuerung der Einblasventile bestimmt den Zeitpunkt und die Dauer der Gaseinblasung. Der Gasdrucksensor und der NTC Gas die-

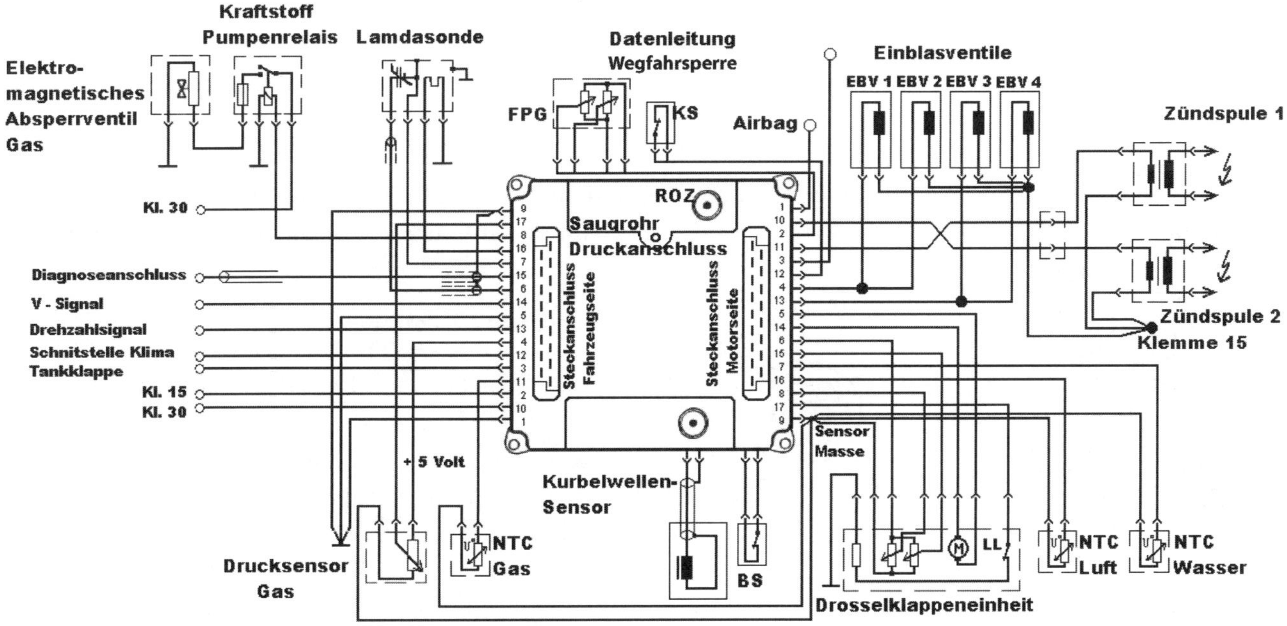

Bild 14.12
Schaltplan einer Motorelektronik mit monovalenter Erdgasanlage
FPG Fahrpedalgeber
BS Bremsschalter
KS Kraftstoffschalter
LL Leerlauf

nen zur Feinsteuerung, da sich durch Temperatur- und Druckschwankungen die Gasdichte verändert. Sie sind aber auch Teil der Sicherheitsüberwachung (s.o.).

14.6.3 Autogasanlagen und Nachrüstungen

Autogasanlagen (LPG) sind durch den niedrigeren Druck (20 bar) technisch nicht so aufwendig wie Erdgasanlagen und deshalb in der Nachrüstung wirtschaftlich günstiger. Darum wird bei einer Gasnachrüstung häufig eine Autogasanlage nachgerüstet. Es gibt von einigen Fahrzeugherstellern aber auch Modelle mit Autogasanlagen in Neufahrzeugen ab Werk.
Entsprechend dem Fahrzeug, an dem eine Autogasanlage nachgerüstet werden soll, gibt es einfache Anlagen nach dem Venturi-Prinzip, teilsequentielle und vollsequentielle Autogasanlagen.
Bei Nachrüstanlagen für ältere Fahrzeuge nach dem Venturi-Prinzip (Bild 14.13) wird in die Ansauganlage ein Gas-Ausströmring integriert, der kontinuierlich Gas ausströmen lässt, wenn mit dem Gas-Benzin-Umschalter der Gasbetrieb eingeschaltet wird.
Hier handelt es sich um ein überwiegend mechanisches System; die Gasmenge wird dabei über den Unterdruck nach der Drosselklappe mit Hilfe einer Steuerleitung durch den Druckregler gesteuert. Durch den Gas-Benzin-Umschalter wird das (stromlos geschlossene) Abschaltmagnetventil angesteuert.
Bei den aktuelleren teil- und vollsequentiellen Autogasanlagen wird die vorhandene Motorsteuerung um eine zusätzliche Gassteuereinheit ergänzt (Bild 14.14). Das von der Motorsteuerung errechnete Benzin-Einspritzsignal dient dabei als Grundinformation und wird durch die Gassteuereinheit im Gasbetrieb für die von den Gasinjek-

Bild 14.13
Autogasanlage nach dem Venturi-Prinzip

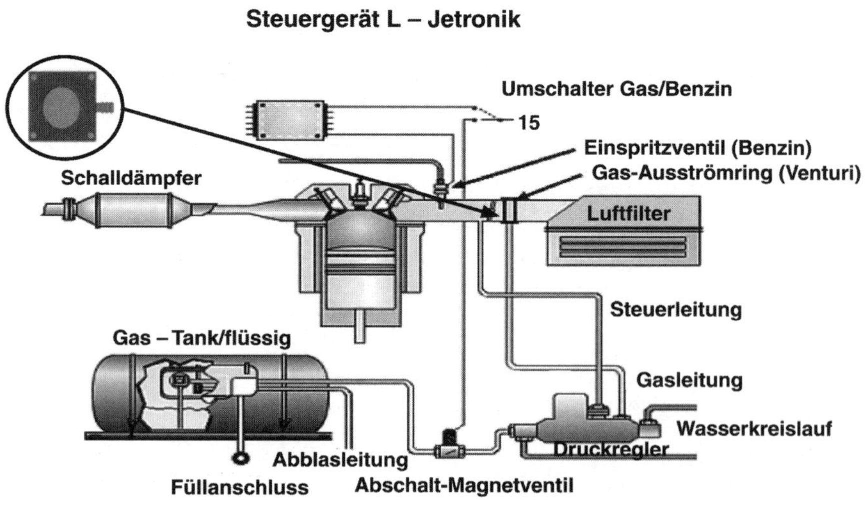

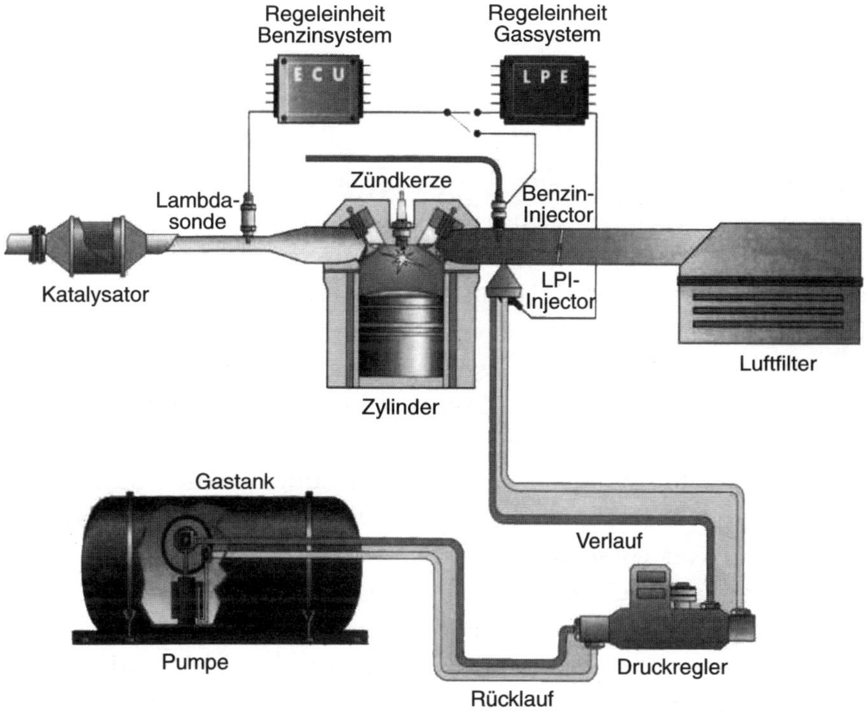

Bild 14.14
Funktionsprinzip einer sequentiellen Nachrüst-Autogasanlage

toren benötigten veränderten Steuerimpulse umgewandelt. Zusätzlich erhält die Gassteuereinheit für die Berechnung der Gaseinblaszeit das Motordrehzahlsignal, die Kühlmitteltemperatur, die Gastemperatur, das Gasdrucksignal und die Information des Gasfüllstandsensors.

Das Motordrehzahlsignal dient neben der Feinsteuerung der Gaseinblaszeit auch zur (Sicherheits-) Kontrolle des Motorlaufs. Die Kühlmitteltemperatur wird ebenfalls sowohl zur Feinsteuerung der Gaseinblaszeit als auch für den Benzin-Gas-Übergang benötigt. Die Gastemperatur dient ebenfalls zur Feinsteuerung der Gaseinblaszeit, da sich die Dichte des Gases mit der Temperatur verändert. Die Dichte des Gases ist aber auch sehr stark abhängig vom Druck des Gases, weshalb natürlich auch das Gasdrucksignal einen wesentlichen Einfluss auf die Gaseinblaszeit hat. Zusätzlich dient es auch zur Erkennung von Problemen (z.B. verstopfter Gasfilter) oder dem zu Ende gehenden Gasvorrat im Gastank. Letztere Information liefert auch der Gasfüllstandsensor zur Anzeige für den Fahrer.

Bei der Nachrüstung von Gasanlagen ist zu beachten, dass es genaue rechtliche Vorschriften für Gasanlagen gibt und diese einzuhalten sind.

14.6.4 Gesetzliche Anforderungen

Die gesetzlichen Vorschriften (ECE R 67 und ECE R 115) regeln die detaillierten Bau- und Prüfvorschriften der einzelnen Bauteile, deren Anordnung, Befestigung und Einbau bei einer Nachrüstung, die

Inhalte eines Einbauhandbuches und eines Benutzerhandbuches. Ebenso unterliegen die vorgeschriebenen gasspezifischen Überprüfungen und natürlich auch die Motordaten und Abgasemissionen den gesetzlichen Vorschriften.

Die **Motorleistung** darf sich bei Nachrüstungen im Gasbetrieb um maximal 5% gegenüber dem Benzinbetrieb verändern.

Die Grenzwerte der **Abgasemissionen** müssen sowohl im Gas- als auch im Benzinbetrieb eingehalten werden.

Das **Benutzerhandbuch** beschreibt für den Endkunden die sichere Benutzung, die besonderen Eigenschaften und notwendige Sicherheitshinweise der Gasanlage. Das sind im Detail unter anderem die Erstinbetriebnahme, das Öffnen und Schließen der Handventile, das Befüllen des Systems, die Betriebsarten und deren Wechsel, die Wartung, die Maßnahmen bei einem Defekt, die Sicherheitsanweisungen und Vorsichtsmaßnahmen.

Das **Einbauhandbuch** muss neben der genauen fahrzeugspezifischen Beschreibung und der Genehmigungsnummer des Nachrüstsystems eine detaillierte Einbauanleitung mit entsprechenden Grafiken bzw. Bildern enthalten. Dabei sind alle Bauteile in ihrer Lage, ihren Befestigungen, Abständen, Prüfvorschriften usw. detailliert beschrieben. Natürlich muss auch ein elektrischer Schaltplan mit den entsprechenden Hinweisen zum korrekten Einbau und einer Fehlersuche bei Funktionsstörungen Bestandteil des Einbauhandbuches sein. Die Beschreibungen für die Erstinbetriebnahme, Sicherheitshinweise und Wartungsarbeiten dürfen ebenfalls nicht fehlen.

Nach dem Einbau eines Gasnachrüstsystems muss eine **Gassystemeinbauprüfung (GSP)** durchgeführt und dokumentiert werden. Dabei werden sowohl der korrekte Einbau, die Funktion, die Dichtheit als auch die Übereinstimmung mit allen gesetzlichen Regelungen überprüft. Anschließend wird ein GSP-Nachweis zur Vorlage bei der Zulassungsstelle ausgestellt. Dies darf nur von geschultem und zertifiziertem Personal (analog AU) vorgenommen werden.

Dies gilt auch für die **Gasanlagenprüfung**, die in regelmäßigen Abständen (analog AU, HU) durchgeführt werden muss. Sie umfasst zuerst die Identifikation des Fahrzeuges und der Bauteile und anschließend eine Sicht-, Funktions- und Dichtheitsüberprüfung. Der Fahrzeughalter erhält darüber einen Nachweis.

15 Fahrdynamische Regel- und Steuersysteme

15.1 Anti-Blockier-System (ABS)

Bei einer Vollbremsung besteht mit normaler Bremsanlage die Gefahr, dass die Räder blockieren und das Fahrzeug schleudert. Das ABS löst dieses Problem, indem es den Bremsdruck so regelt, dass bei allen Fahrbahnbelägen das Blockieren der Räder zuverlässig verhindert wird und das Fahrzeug lenkfähig bleibt. Die Fahrstabilität muss sowohl bei trockenem, griffigem Asphalt als auch auf Glatteis und bei allen sich daraus ergebenden Kombinationen erhalten, und das Fahrzeug muss nur durch geringe Lenkbewegungen für einen «Normal-Fahrer» beherrschbar bleiben.

15.1.1 Grundsätzliche Funktionen des ABS und allgemeiner Aufbau

Bild 15.1 zeigt ein Fahrzeug mit ABS. Das Steuergerät erhält zur Regelung des Bremsvorganges Eingangsinformationen von den Raddrehzahlfühlern. Diese teilen dem Steuergerät durch eine sinusförmige Wechselspannung die Radgeschwindigkeit mit. Die Auswertelogik im Steuergerät bildet daraus eine Fahrzeug-Referenzgeschwindigkeit, auf die bei Regelvorgängen Bezug genommen wird.

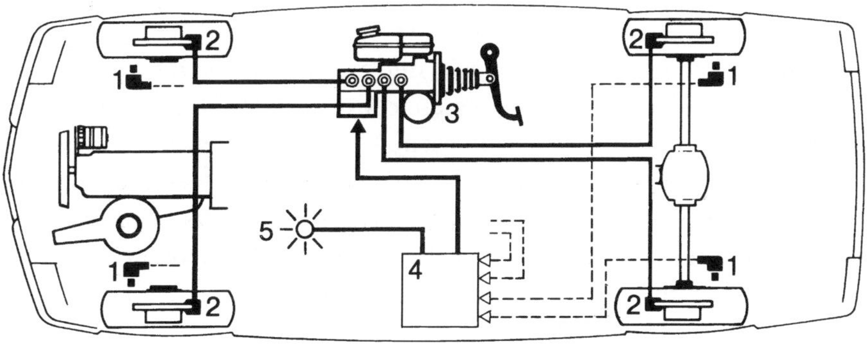

Bild 15.1
Pkw mit ABS
1 Drehzahlfühler
2 Radbremszylinder
3 Hydroaggregat mit Hauptbremszylinder
4 Steuergerät
5 Sicherheitsleuchte

Jegliche Drehzahländerungen eines oder mehrerer Räder werden wahrgenommen und bei zu starkem Absinken der Raddrehzahl innerhalb einer Zeitspanne bzw. in Bezug zur Referenzgeschwindigkeit als Blockiergefahr erkannt.

Um das Blockieren eines Rades zu verhindern, wird der Bremsdruck zum Radbremszylinder zunächst auf dem erreichten Wert gehalten und nicht gesteigert (Druck halten).
Nimmt die Drehbewegung eines Rades weiter ab, wird der Bremsdruck zurückgenommen (Druck senken), so dass das Rad weniger abgebremst wird. Dadurch wird erreicht, dass die Drehbewegungen des Rades wieder zunehmen und das Fahrzeug beherrschbar bleibt.
Sobald ein bestimmter Grenzwert erreicht ist, erkennt das Steuergerät, dass der Bremsdruck wieder erhöht werden muss, um die Radumdrehungen zu verringern (Druck steigern).
Danach beginnt die Regelung von neuem. Abhängig vom Fahrbahnbelag können 4 bis 10 Regelzyklen pro Sekunde ablaufen, bis zu einer untersten Regelschwelle von meist ca. 4 km/h.
Vom Steuergerät werden bei allen Vorgängen – Druck halten, Druck senken, Druck aufbauen – ein oder mehrere Magnetventile angesteuert, die im Hydroaggregat zu einem Bauteil zusammengefasst sind.
Je nach Hersteller gibt es grundsätzlich drei Varianten der Regelung:

a) Jeweils ein Vorderrad und das diagonal entgegengesetzte Hinterrad werden zusammen geregelt.
b) Die Vorderräder werden einzeln und die Hinterräder gemeinsam geregelt. Hier spricht man von einer Select-low-Regelung, d.h., die Regelung bezieht sich immer auf das Rad, das sich am nächsten zur Blockiergrenze befindet. Dieses System wird am häufigsten verwendet.
c) Die Regelung des Bremsdruckes für jedes einzelne Rad stellt die optimale, aber auch die teuerste Lösung dar.

(Die hydraulischen und physikalischen Grundlagen der Bremsanlage und des ABS siehe Band «Pkw-Bremsen».)
Sämtliche aktuellen ABS-Systeme sind mit einer Eigendiagnose und einem nichtflüchtigen Fehlerspeicher ausgestattet. Das Steuergerät überprüft sich und die angeschlossenen Komponenten permanent ab Zündung ein. Wird ein Fehler im ABS-System erkannt, schaltet das Steuergerät ab, und dem Fahrer wird durch eine Warnleuchte signalisiert, dass nur noch die normale Funktion der Betriebsbremsanlage ohne ABS-Regelung möglich ist.

15.1.2 Raddrehzahlfühler

Bei allen ABS-Systemen ist die Funktion der Drehzahlfühler grundsätzlich gleich. Es gibt jedoch verschiedene Arten von Drehzahlfühlern (Bild 15.2). Aber alle liefern durch die Drehung eines mit der Radnabe (manchmal auch mit dem Differential) verbundenen Impulsrades eine sinusförmige Wechselspannung. Die Frequenz der Wechselspannung ist direkt proportional zur Drehgeschwindigkeit des Rades. Die Funktion und die Signale der Drehzahlfühler werden permanent ab einer Fahrzeuggeschwindigkeit von ca. 4 bis 6 km/h durch das Steuergerät überprüft und ausgewertet.

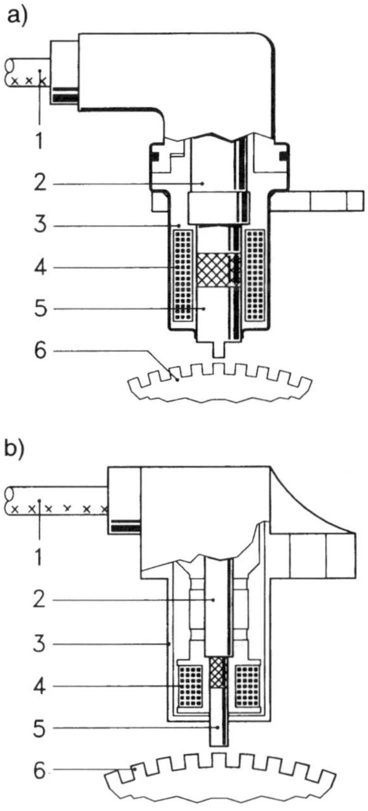

Bild 15.2
Drehzahlfühler (Schnitt)
a) Drehzahlfühler DF2 mit Meißelpolstift
b) Drehzahlfühler DF3 mit Rundpolstift
1 elektrische Leitung
2 Dauermagnet
3 Gehäuse
4 Wicklung
5 Polstift
6 Impulsrad

Die Zähne des Impulsrades verändern durch die Drehbewegung das Magnetfeld des Dauermagneten und induzieren dadurch die Wechselspannung. Diese kann mit dem Scope überprüft werden. Eine Tastverhältnismessung ist ebenfalls hinreichend genau. Die Drehzahlfühler können statisch auch durch eine Widerstandsmessung auf Unterbrechungen geprüft werden.

Im Motorradbereich werden wegen der exponierten, ungeschützten Lage Drehzahlfühler ohne Dauermagneten verwendet. Diese werden erst bei betriebsbereiter Anlage mit Strom durchflossen und bauen dadurch ein Magnetfeld auf, das dann wieder durch die Drehbewegung des Impulsrades eine sinusförmige Wechselspannung liefert. Hier muss bei einer Fehlersuche zusätzlich die Spannungsversorgung der Drehzahlfühler durch das Steuergerät kontrolliert werden.

Für alle Systeme und Arten von ABS-Anlagen und Drehzahlfühlern ist es wichtig, dass der Abstand (Luftspalt) zwischen Impulsrad und Drehzahlfühler genau dem vom Hersteller angegebenen Wert entspricht. Der Luftspalt misst in der Regel bis ca. 1 mm. Außerdem muss darauf geachtet werden, dass Impulsrad und Drehzahlfühler richtig befestigt sind und sich dadurch keine Störschwingungen aufbauen können.

Grobe Verschmutzungen, Rost und Feuchtigkeit können ebenfalls die Funktion beeinträchtigen. Dies gilt unabhängig von den verschiedenen möglichen Einbauarten (Bild 15.3).

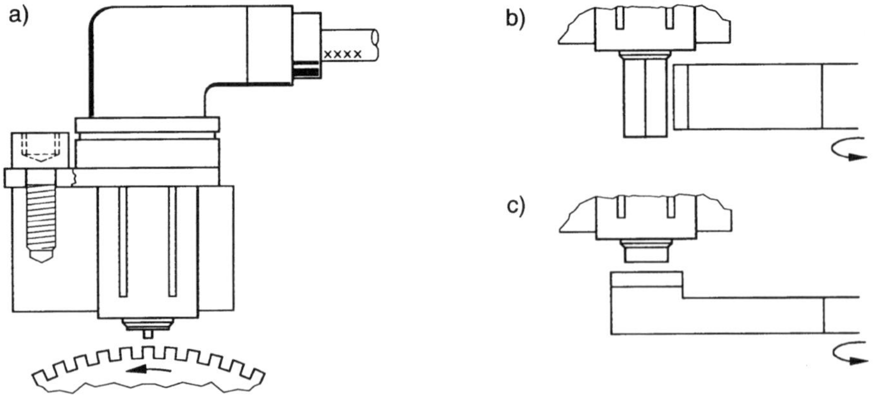

Bild 15.3
Einbauarten und Polstiftformen für Drehzahlfühler
a) Einbau radial, Abgriff radial mit Meißelpolstift
b) Einbau axial, Abgriff radial mit Rautenpolstift
c) Einbau radial, Abgriff axial mit Rundpolstift

15.1.3 Geschlossenes System mit 3/3-Magnetventilen

Das anfangs von Bosch entwickelte System regelt den Bremsdruck (Bremsdruckmodulation) durch 3/3-Magnetventile.
Die Bilder 15.4a, b und c zeigen den Regelvorgang für ein einzelnes Rad.

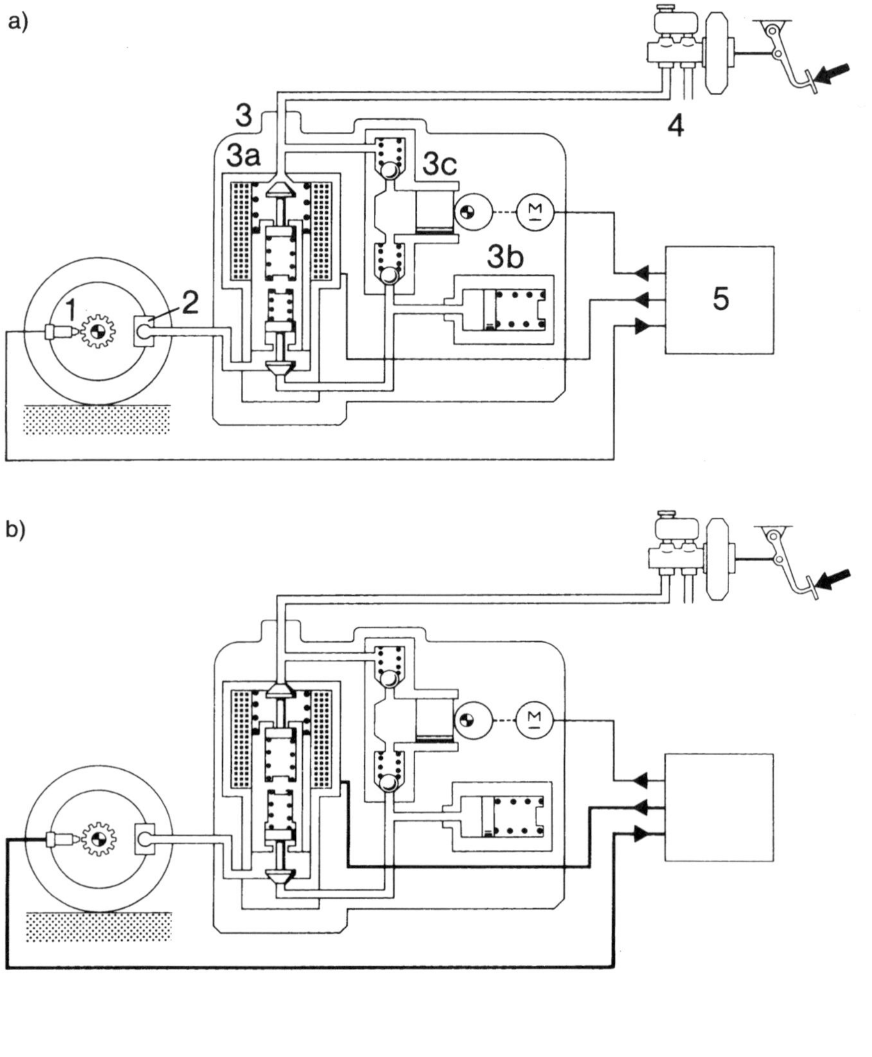

Bild 15.4
Bremsdruckmodulation
a) Druck aufbauen
b) Druck halten
c) Druck absenken
1 Drehzahlfühler
2 Radbremszylinder
3 Hydroaggregat
3a Magnetventil
3b Speicher
3c Rückförderpumpe
4 Hauptbremszylinder
5 Steuergerät

c)

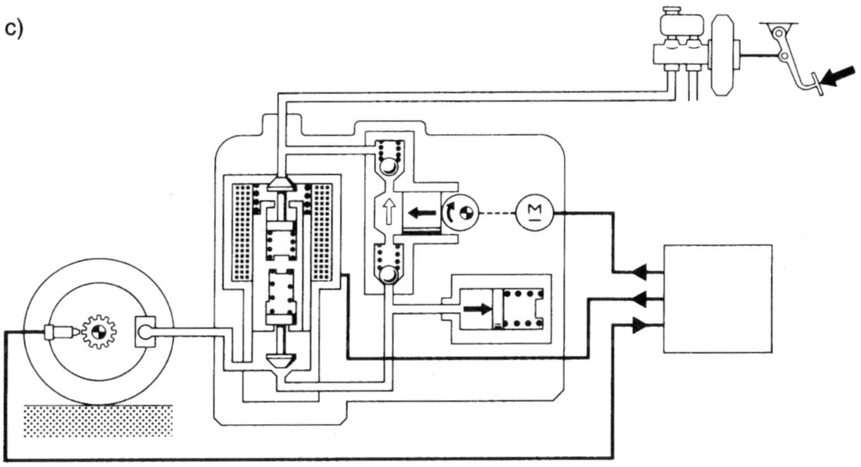

Im Ruhezustand (stromlos) lässt das Magnetventil den Druck, den der Fahrer durch die Kraft auf das Bremspedal im Hauptbremszylinder erzeugt, ungehindert auf den Radbremszylinder wirken. Dies entspricht der normalen Funktion der Bremsanlage. Der Druck baut sich auf und verzögert das Rad. Erkennt das Steuergerät über den Raddrehzahlsensor eine zu große Radverzögerung im Vergleich zur Referenzgeschwindigkeit, wird das Magnetventil zuerst mit der Hälfte des Maximalstroms beaufschlagt. Dadurch verschließt es den Zulauf vom Hauptbremszylinder, und der Druck im Radbremszylinder kann nicht weiter steigen.

Nimmt nach dieser «Druckhalten»-Phase die Raddrehzahl nicht wieder zu bzw. sinkt sie weiter, wird das Magnetventil mit dem Maximalstrom erregt. Dadurch wird der Rücklauf freigegeben, und der Druck im Radbremszylinder kann sich über den Speicher abbauen.

Das Rad wird durch die Haftreibung der Fahrbahn wieder beschleunigt. Sobald es die Referenzgeschwindigkeit beinahe erreicht hat, schaltet das Steuergerät das Magnetventil stromlos, das damit wieder in die Ausgangslage zurückgeht (d.h. Rücklauf verschlossen, ungehinderter Druckaufbau wieder möglich). Der Zyklus kann von vorne beginnen.

Damit der Bremsdruck im Hauptbremszylinder beim Regelvorgang nicht verloren geht bzw. der Druck über den Speicher sich immer abbauen kann, wird durch die Rückförderpumpe die Bremsflüssigkeit vom Speicher in den Zulauf vom Hauptbremszylinder gepumpt. Dieser Vorgang macht sich durch ein Pulsieren am Bremspedal bemerkbar. Dadurch erhält der Fahrer auch eine Rückinformation, dass das ABS regelt.

Die Regelung des Bremsdruckes durch das Steuergerät und die Magnetventile läuft so lange, bis das Fahrzeug beinahe steht oder der

Fahrer die Bremse loslässt bzw. den Bremsdruck reduziert, so dass keine Blockiergefahr des Rades mehr besteht.

Bei einem Ausfall des ABS bleiben die Magnetventile stromlos. Somit steht die normale Funktion der Bremsanlage unbeeinflusst zur Verfügung.

Sollte im unwahrscheinlichsten Fall das ABS während eines Regelvorganges durch die Eigendiagnose eine Störung bemerken, wird – soweit möglich – die Regelbremsung noch zu Ende geführt.

Bild 15.5 zeigt die Ein- und Ausgänge am Steuergerät sowie das Zusammenwirken der Bauteile mit Hilfe eines Stromlaufplans.

Beim Einschalten der Zündung (Klemme 15) schließt das Elektronik-Schutzrelais (K3) und verbindet Klemme 30 mit Klemme 87. Am Steuergerät (Pin 1) und am Steuerstromkreis (86) des Ventilrelais (K1) und Motor-Relais (K2) liegt somit Batterie-Plus an. Über die Pins 10, 20 und 34 liegt das Steuergerät permanent an Masse.

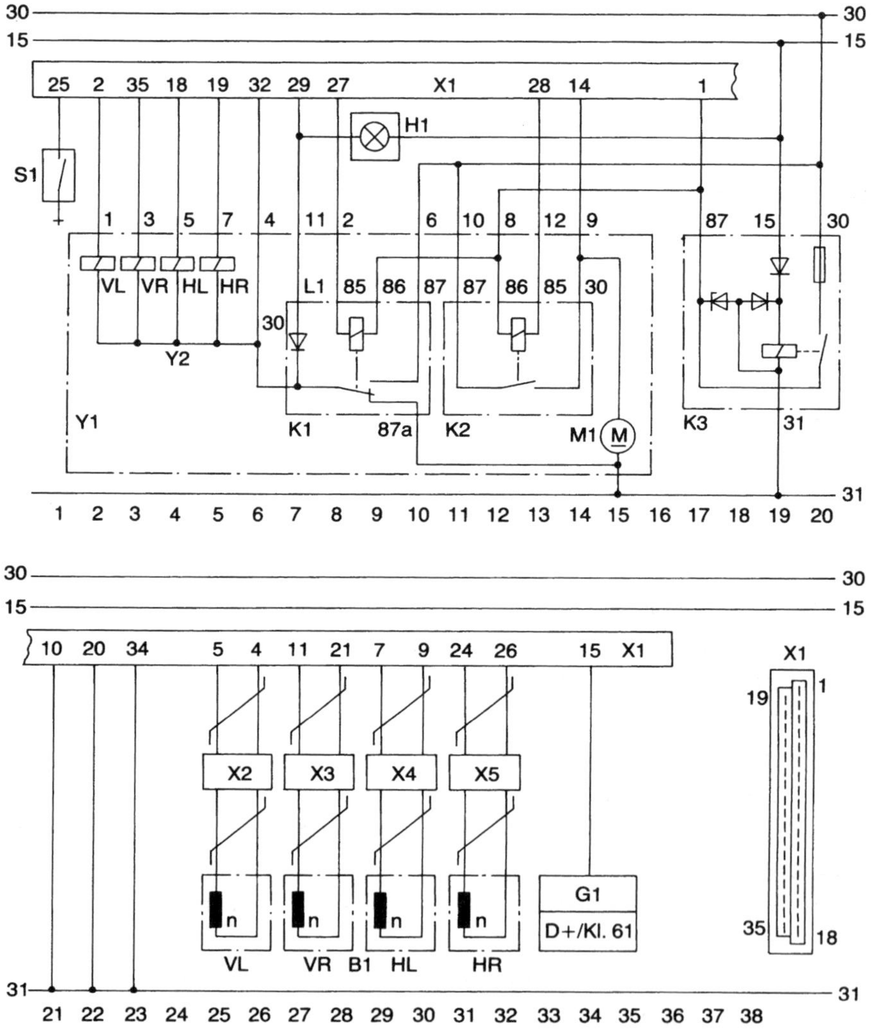

Bild 15.5
Stromlaufplan 4-Kanal-ABS 2
B1 Drehzahlfühler
G1 Generator
H1 Sicherheitsleuchte
K1 Ventilrelais
K2 Motor-Relais
K3 Elektronik-Schutzrelais
M1 Rückförderpumpe
S1 Bremslichtschalter
Y1 Hydroaggregat
Y2 Magnetventile
X1 Steckverbindung Steuergerät
X2 bis X5 Steckverbindungen der Drehzahlfühler

Durch Klemme 15 wird die ABS-Warnlampe (H1) ebenfalls mit Spannung versorgt. Diese leuchtet so lange, wie sie entweder mittels der Leitung 1 durch das Ventilrelais über Klemme 87a Masse erhält oder über Pin 29 vom Steuergerät.
Gibt das Steuergerät über Pin 27 Masse an den Anschluss 87 des Ventilrelais, zieht dieses an und verbindet über Anschluss 87 die Magnetventile mit Klemme 30. Durch Pin 32 am Steuergerät wird die Funktion des Ventilrelais überwacht.
Die Funktion der Warnlampe wird über Pin 29 durch das Steuergerät überprüft.
Über Pin 14 vom Steuergerät wird das Motor-Relais überprüft, nachdem es durch ein Massesignal von Pin 28 angesteuert wurde.
Dies geschieht, wenn bei einer ABS-Regelung die Rückförderpumpe mit Batterie-Plus versorgt wird. In diesem Fall werden auch die Magnetventile vom Steuergerät durch ein Massesignal angesteuert bzw. angetaktet.
Das alles ist abhängig von der Frequenz der Wechselspannung der Drehzahlfühler (B1).
Der Eingang vom Bremslichtschalter dient als zusätzliche Sicherheit – ebenso wie das «Motor-läuft-Signal» über die Klemme 61 des Generators. Erst bei laufendem Motor mit funktionsfähigem Generator erlischt wegen der notwendigen hohen Stromreserve bei einer ABS-Regelung die Warnlampe.

15.1.4 Offenes System mit 2/2-Magnetventilen

Ein wesentlicher Unterschied des anfangs von Teves entwickelten Anti-Blockier-Systems bestand darin, dass es sich um ein sog. offenes System handelte und für die Bremsdruckmodulation jeweils zwei 2/2-Magnetventile verwendet wurden: ein Einlassventil und ein Auslassventil (Bild 15.6).
Die Einlassventile sind stromlos offen und ermöglichen dadurch die normale Funktion der Betriebsbremsanlage. Die Auslassventile sind stromlos geschlossen und verschließen damit den Rücklauf.
Wird durch eine zu starke Radverzögerung beim Bremsen eine ABS-Regelung notwendig, wird zuerst das jeweilige Einlassventil mit Strom beaufschlagt und dadurch geschlossen. Somit kann sich der Druck im Radbremszylinder nicht weiter aufbauen.
Ist der so gehaltene Druck zu hoch, wird auch das Auslassventil angesteuert, das dann öffnet. Der Druck kann sich über den Rücklauf zum Ausgleichsbehälter des Hauptbremszylinders abbauen.
Erhöht sich die Raddrehzahl wieder, werden beide Ventile stromlos geschaltet (Einlass offen, Auslass geschlossen), und der Druck kann sich wieder aufbauen. Durch eine fein abgestimmte, getaktete

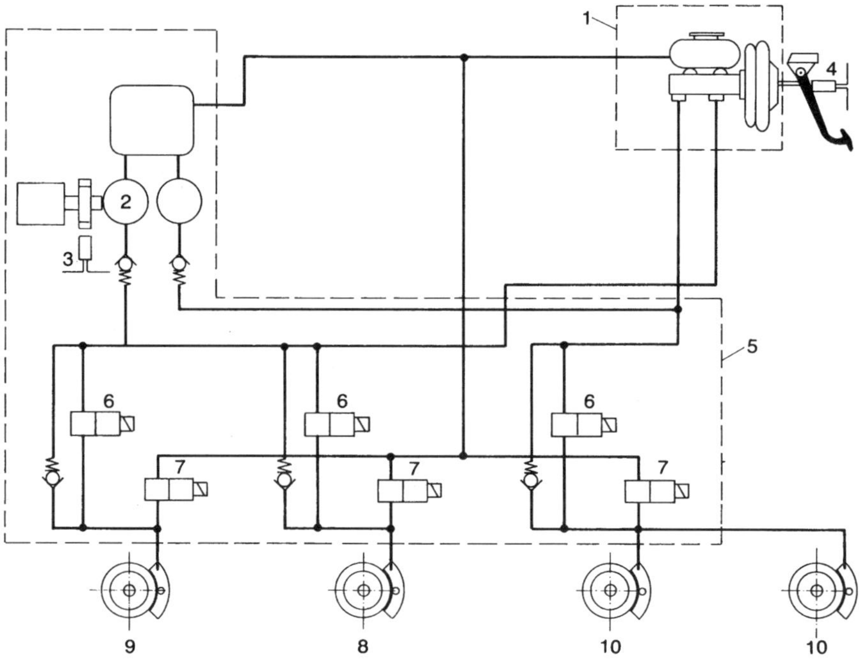

Bild 15.6
Bremsanlage, unbetätigt
1 Unterdruck-Bremsverstärker mit Tandem-Hauptbremszylinder
2 ABS-Pumpeneinheit
3 Sensor Pumpenmotor
4 Bremswegschalter
5 Mark-IV-Hydroeinheit
6 Einlassventil
7 Auslassventil
8 Bremse vorne links
9 Bremse vorne rechts
10 Bremse hinten links/rechts

Strombeaufschlagung der Ventile kann eine beinahe stufenlose Druckmodulation erfolgen.
Da beim Druckabbau die Bremsflüssigkeit zum Ausgleichsbehälter entweicht, spricht man hier von einem offenen System.
Um zu verhindern, dass bei einer längeren Regelbremsung und mehrmaligem Druckabbau das Bremspedal zu weit «durchfällt», wird durch das Steuergerät eine Hydraulikpumpe angesteuert, die die Bremsflüssigkeit vom Ausgleichsbehälter in den Hauptbremszylinder zurückfördert. Das Signal für die Ansteuerung der Pumpe liefert dem Steuergerät der Pedalwegschalter (Bild 15.7).
Abhängig vom Pedalweg verändert der Pedalwegschalter in mehreren Stufen den Widerstand. Durch einen entsprechenden Spannungsabfall erkennt das Steuergerät damit die Stellung bzw. Senkung des Bremspedals. Es kann nun die Hydraulikpumpe so lange ansteuern, bis der ursprüngliche Wert wieder erreicht ist.
Die Funktion der Pumpe ist bei diesem System sehr wichtig und wird deshalb durch einen Drehzahlsensor überwacht. Zusätzlich wird die Pumpe beim Selbsttest des ABS nach Einschalten der Zündung beim Anfahren kurz in Bewegung gesetzt.

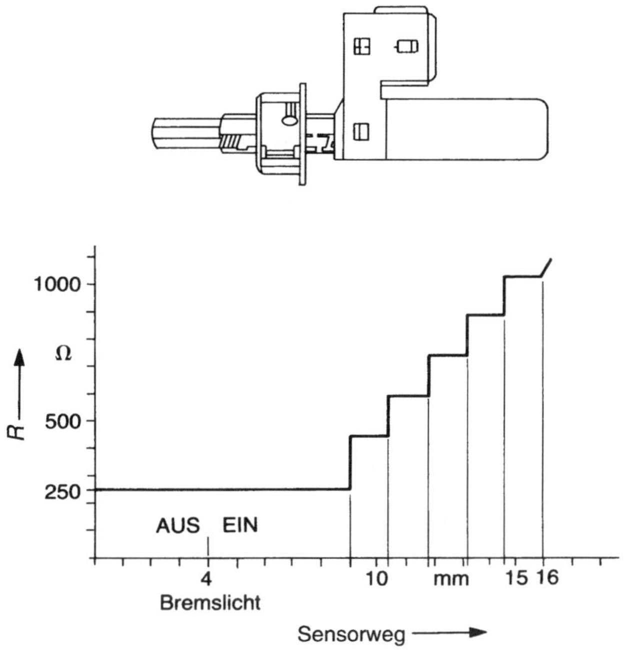

Bild 15.7
Mehrstufiger Pedalwegschalter

15.1.5 Geschlossenes System mit 2/2-Magnetventilen

Nach dem Auslauf verschiedener patentrechtlicher Schutzbestimmungen setzt sich nun bei vielen Herstellern das Anti-Blockier-System als geschlossenes System mit 2/2-Magnetventilen immer mehr durch. Es vereint die Vorteile beider zuvor beschriebenen Systeme: schnelle feinabgestimmte Bremsdruckmodulation durch je ein 2/2-Magnetventil für Ein- und Auslass an jedem Radbremszylinder und keinen Bremsflüssigkeitsverlust aus dem mit Druck beaufschlagten Teil des Hydraulikkreislaufes durch eine ABS-Regelung. Bild 15.8

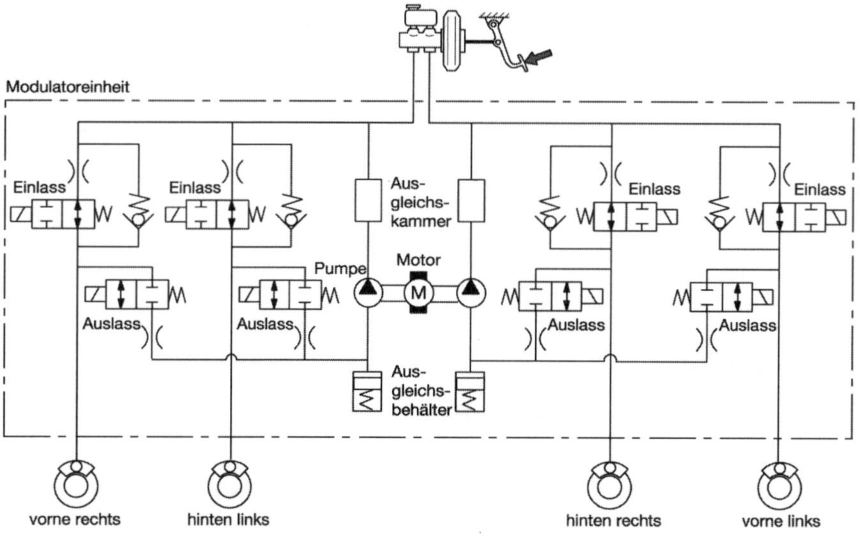

Bild 15.8
Hydraulikkreislauf

zeigt den Hydraulikkreislauf eines geschlossenen Vierkanal-Anti-Blockier-Systems in diagonaler Bremskreisaufteilung mit 2/2-Magnetventilen.
Die Ansteuerung der Magnetventile zum Druckaufbauen, Druckhalten und Druckabbauen bei einer ABS-Regelung ist gleich dem zuvor beschriebenen System.
Normallage bzw. Druck aufbauen: Alle Einlassventile stromlos offen, alle Auslassventile stromlos geschlossen. Der Druck vom Hauptbremszylinder bei der Betätigung des Bremspedals kann ungehindert auf die Radbremszylinder wirken.
Druck halten: Das Einlassventil wird geschlossen (bestromt), das Auslassventil bleibt stromlos geschlossen. Der Bremsflüssigkeitsdruck am entsprechenden Radbremszylinder wird konstant gehalten.
Druck abbauen: Das Einlassventil bleibt geschlossen (bestromt), das Auslassventil wird geöffnet (bestromt). Der Druck kann sich über das Auslassventil zum Ausgleichsbehälter reduzieren.
Die Rückförderpumpe läuft an, sobald an einem Radbremszylinder der Druck reduziert werden muss. Dadurch wird die Bremsflüssigkeit vom Ausgleichsbehälter über die Ausgleichskammer zum Hauptbremszylinder zurückgefördert. Die Pumpe wird erst wieder abgeschaltet, wenn eine Regelung nicht mehr notwendig ist.
Bei einer ABS-Regelung erfolgt eine fein dosierte Druckmodulation durch kurzes Ein- und Ausschalten der Magnetventile, der Druck wird nur geringfügig erhöht oder reduziert. Den Ablauf einer Regelung eines Radbremszylinders, wie er in Wirklichkeit ablaufen könnte, zeigt das Beispiel Bild 15.9.

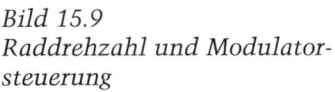

Bild 15.9
Raddrehzahl und Modulatorsteuerung

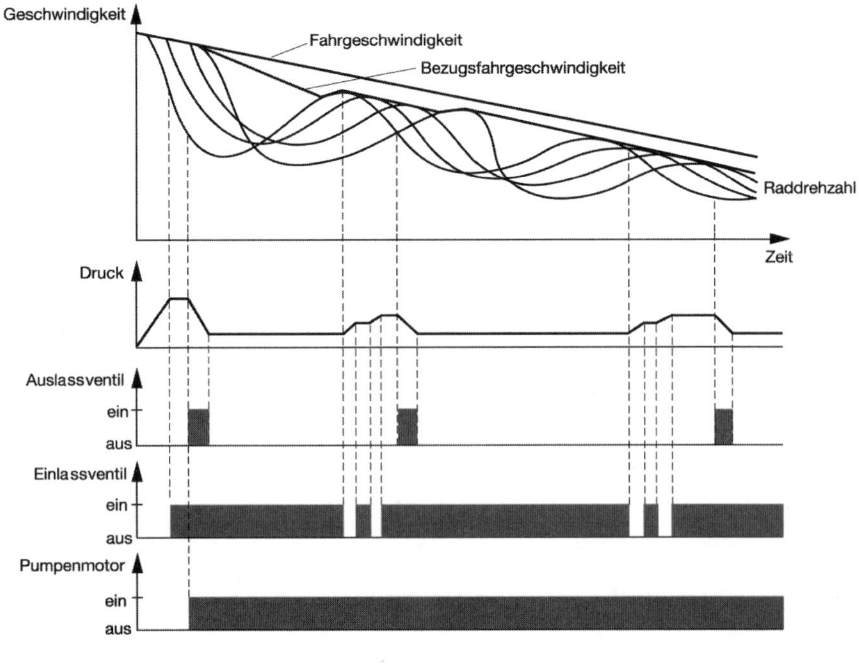

Das Einlassventil wird geschlossen (Strom ein), um den Druck zu halten und einen weiteren Druckaufbau zu verhindern, da die Raddrehzahl deutlich unter die Fahrzeuggeschwindigkeit abfällt. Da die Raddrehzahl weiter abfällt, wird das Auslassventil kurzzeitig geöffnet (Strom ein), damit der Druck geringfügig reduziert wird. Der Pumpenmotor wird eingeschaltet. Durch den geringeren Druck und die reduzierte Bremswirkung nähert sich die Raddrehzahl wieder der Fahrzeuggeschwindigkeit. Der Druck kann wieder erhöht werden; dazu wird das Einlassventil kurz geöffnet (stromlos). In dem gezeigten Beispiel wird das Einlassventil unmittelbar darauf nochmals kurz geöffnet, da der Druck noch weiter aufgebaut werden kann. Anschließend wird das Auslassventil wieder kurz geöffnet usw.
Die Möglichkeit der fein dosierten Druckmodulation nutzt man häufig auch für die Funktion einer elektronischen Bremskraftverteilung (EBV). Diese setzt ein, sobald bei leichten Bremsvorgängen der Schlupf der Hinterräder zu groß wird, und endet mit dem ABS-Regelbereich. Bild 15.10 zeigt den Arbeitsbereich der elektronischen Bremskraftverteilung.

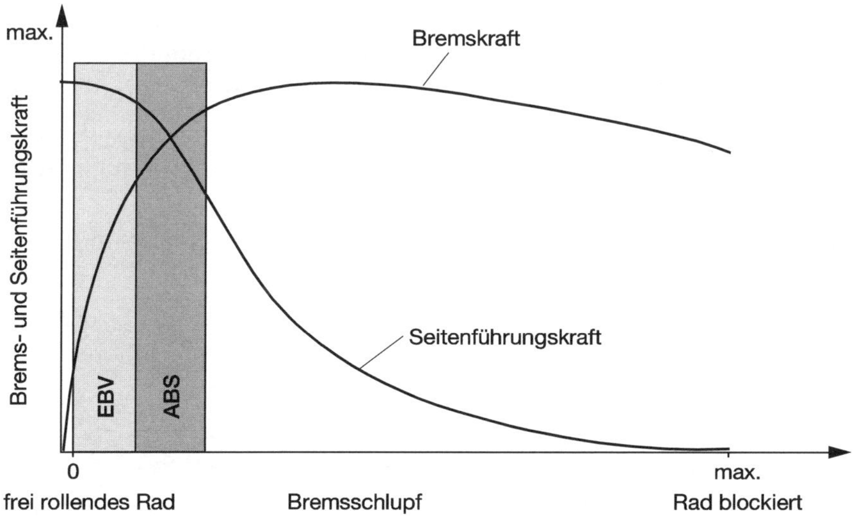

Bild 15.10
Arbeitsbereich EBV-Regelung

Durch die ABS-Elektronik kann die Bremskraftverteilung exakt auf die jeweils verschiedenen Beladungszustände des Fahrzeuges angepasst werden, um immer ein höchstmögliches Maß an Fahrstabilität zu erreichen. Eine mechanische Bremskraftverteilung oder ein Druckminderventil für die hinteren Radbremsen ist dabei nicht mehr notwendig und kann entfallen.

15.1.6 ABS beim Motorrad

Das erste Anti-Blockier-System im Motorradbereich wurde Ende der 80er-Jahre eingeführt. Dabei gab es einige zweiradspezifische Besonderheiten zu beachten. Baulich bedingt sind die Platzverhältnisse für zusätzliche Bauteile kaum gegeben, und auf das Gesamtgewicht und die Schwerpunktverteilung muss ein besonderes Augenmerk gerichtet werden. Außerdem arbeiten die Handbremse für das Vorderrad sowie die Fußbremse für das Hinterrad voneinander unabhängig. Das Blockieren eines Rades führt beim Zweirad bereits nach kürzester Zeit beim Durchschnittsfahrer zum Sturz. Deshalb gelten für die Regelung und Zuverlässigkeit höchste Ansprüche. Die Regelung erfolgt im Allgemeinen bis zur untersten Fahrzeug-Referenzgeschwindigkeit von 2,5 km/h.

In der Anfangszeit ging man deshalb für die Bremsdruckmodulation einen eigenständigen Weg. Bild 15.11 zeigt das Funktionsschema eines solchen Systems.

Bei einer ABS-Regelung wird die Elektromagnetwicklung im Druckmodulator (Bild 15.12) mit Strom beaufschlagt (bis zu 25 A), und das Magnetfeld zieht den Regelkolben entgegen der Feder zurück. Über die Umlenkrolle geht der Steuerkolben nach unten und vergrößert das Volumen für die Bremsflüssigkeit vom Radbremszylinder. Die Stahlkugel verschließt den Zulauf vom Hauptbremszylinder. Erhöht sich die Drehzahl wieder, wird die Wicklung stromlos; der Regelkolben wird von den Federn nach vorne gedrückt, und der Druck zum Radbremszylinder erhöht sich wieder.

An den Bremshebeln ist kein Pulsieren bemerkbar, da die Stahlkugel während der Regelung den Zulauf vom Hauptbremszylinder geschlossen hält. Durch die Piezokeramik wird die Funktion des Druckmodulators überwacht. Der Regelkolben drückt durch die innere Feder bei stromdurchflossener Wicklung auf die Piezokeramik, die an das Steuergerät ein Spannungssignal gibt. So wird auch beim Selbsttest der Anlage die Funktion überprüft. Der Ausfall des Systems wird durch zwei blinkende Kontrolllampen angezeigt. Das System hat eine Eigendiagnose, und gespeicherte Fehler werden mit einem Tester ausgelesen.

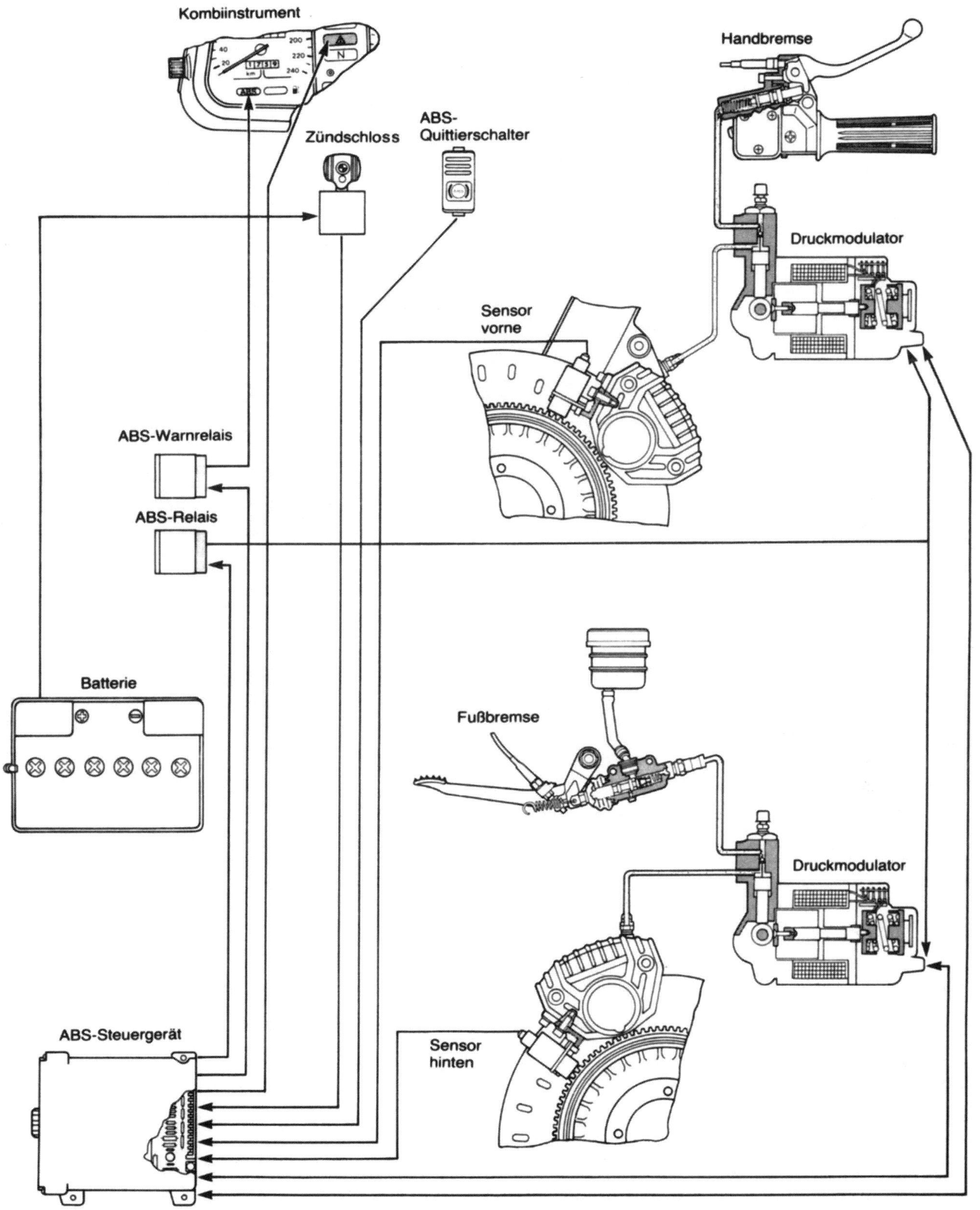

Bild 15.11 ABS-Funktionsschema

Bild 15.12
Druckmodulator
1 vom Hauptbremszylinder
2 zum Radbremszylinder
3 Steuerkolben
4 Umlenkrolle
5 Regelkolben
6 Elektromagnetwicklungen
7 Kabelanschluss
8 Piezokeramik

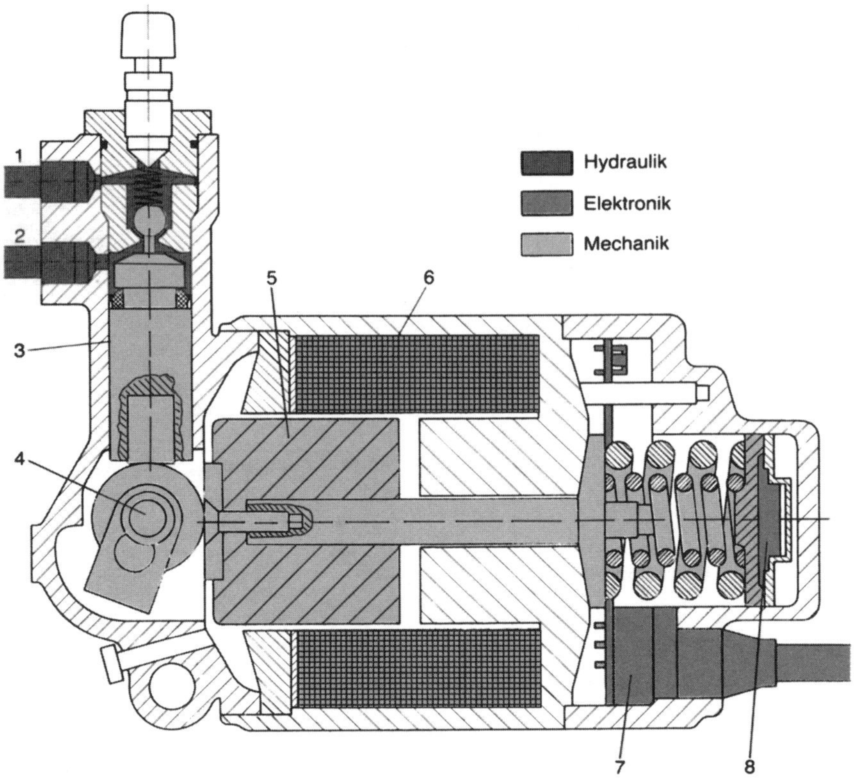

Neuere Systeme gleichen sich in Bezug auf die Bremsdruckmodulation durch 2/2-Magnetventile und einer Hydraulikeinheit den Pkw-Systemen an. Bild 15.13 zeigt einen solchen Hydraulikkreislauf mit jeweils einem Einlass- und Auslassventil pro Bremskreis. Die Regelung läuft durch Öffnen und Schließen der Ventile analog den Pkw-Systemen ab.

Auch die Erfassung und Auswertung der Raddrehzahlen und anderer Eingänge ist gleich. Lediglich die getrennten Bremskreise für Vorder- und Hinterrad sowie ein ABS-Schalter zum aktiven Abschalten des Systems sind und bleiben motorradspezifisch.

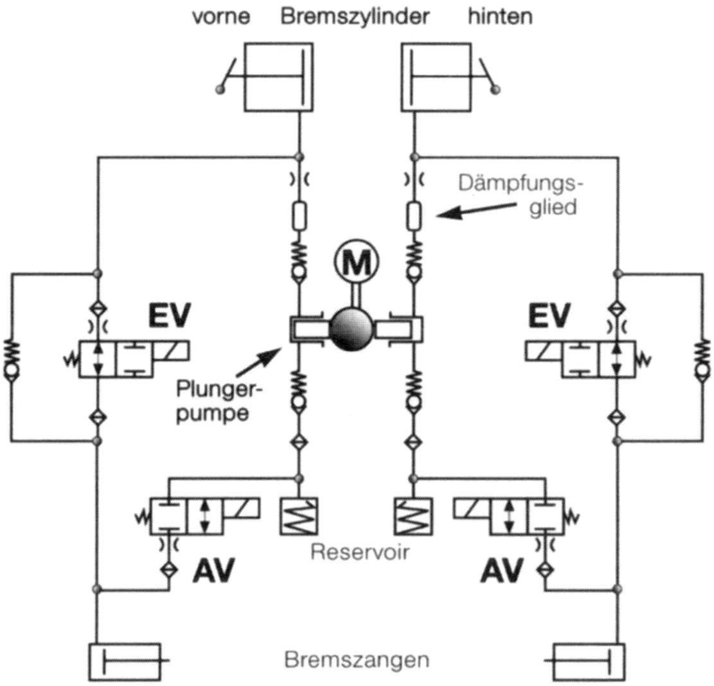

Bild 15.13
Hydraulikkreis

15.2 Antriebsschlupf-Regelungen

Eine Umkehrung des Anti-Blockier-Systems stellt die Antriebsschlupf-Regelung (ASR) dar. Sie verhindert beim Beschleunigen das Durchdrehen der Antriebsräder und somit einen Stabilitätsverlust.
Die Antriebsschlupf-Regelung greift ebenfalls auf die Raddrehzahlfühler zurück. Antriebsschlupf-Regelung und Anti-Blockier-System bilden durch viele gemeinsame Funktionen bzw. Bauteile eine Einheit und sind deshalb in einem Steuergerät untergebracht.
Das vom ABS bereits bekannte Hydroaggregat wird ebenfalls mit kleinen Modifikationen für beide Systeme verwendet, wenn es sich bei der Antriebsschlupf-Regelung um ein System mit einem Bremseneingriff handelt.
Um das Durchdrehen der Antriebsräder zu verhindern, gibt es prinzipiell drei Möglichkeiten des Eingriffs für das ASR-Steuergerät, die in der folgenden Aufzählung nach der Schnelligkeit der gewünschten Reaktion geordnet sind:

a) **Bremseneingriff,** d.h., das oder die Antriebsräder, die sich im erhöhten Schlupf befinden, werden durch die Druckbeaufschlagung der oder des entsprechenden Radbremszylinders abgebremst;
b) **Zünd- und Einspritzausblendung,** d.h., durch das Motronic-Steuergerät wird zuerst die Zündung nach spät verstellt. Reicht die dar-

aus resultierende Drehmomentreduzierung nicht aus, wird kurzzeitig die Zündung ausgeblendet und zum Schutz des Katalysators gleichzeitig die Einspritzung unterbunden;

c) **Drosselklappeneingriff,** d.h., über einen Stellmotor wird die Drosselklappe entgegen dem Fahrerwunsch geschlossen. Dies kann sowohl im Rahmen der elektronischen Motorleistungsregelung (EMS) als auch durch einen eigenen Stellmotor bzw. durch eine zweite Drosselklappe, die sich vor der eigentlichen Drosselklappe befindet, verwirklicht sein.

Je nach Hersteller und System gibt es Varianten, die alle drei Möglichkeiten der ASR bieten und diese entsprechend programmierter Regelschwellen bei Bedarf einzeln oder in Kombination aufeinander abgestimmt einsetzen. Es gibt aber auch Systeme ohne Bremseneingriff bzw. ohne Eingriff in die Zündung und Einspritzung (vgl. Bilder 15.14 und 15.15).

Häufig wird in Verbindung mit ASR auch eine Motorschleppmoment-Regelung (MSR) verbaut. Werden beim Gaswegnehmen oder Zurückschalten auf rutschigem Fahrbahnbelag die Räder durch das Motorbremsmoment zu stark abgebremst, ergibt sich ein zu hoher Bremsschlupf. Zur Erhaltung der Fahrstabilität wird durch die MSR die Gaszufuhr wieder leicht angehoben (= Drehmomenterhöhung).

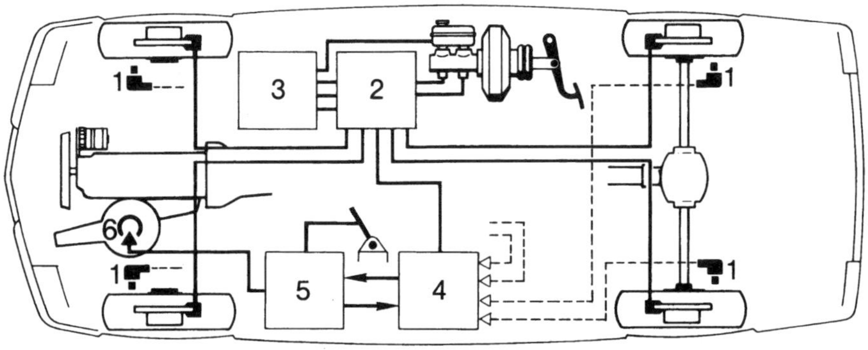

Bild 15.14
ASR mit Eingriff in Drosselklappe und Bremse
1 Drehzahlfühler
2 ABS-Hydroaggregat
3 ASR-Hydroaggregat
4 ABS/ASR-Steuergerät
5 EMS-Steuergerät
6 Drosselklappe

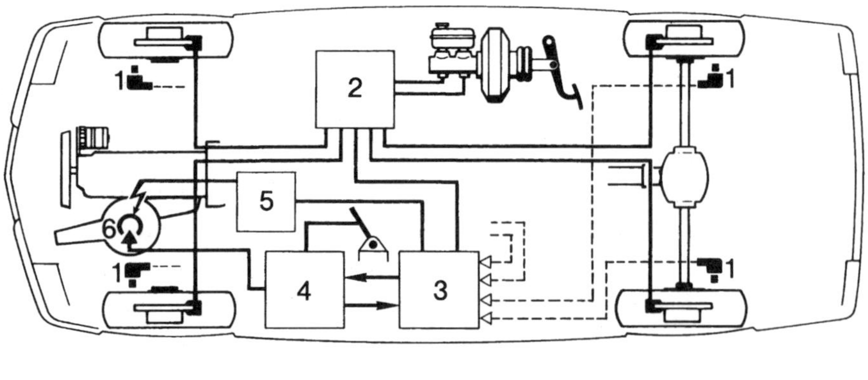

Bild 15.15
ASR mit Eingriff in Drosselklappe und Zündung/Einspritzung (Motronic)
1 Drehzahlfühler
2 ABS-Hydroaggregat
3 ABS/ASR-Steuergerät
4 EMS-Steuergerät
5 Motronic-Steuergerät
6 Drosselklappe

Dies kann durch einen Leerlaufsteller oder den Stellmotor bei der elektronischen Motorleistungsregelung geschehen. Gleichzeitig wird zur Drehmomenterhöhung der Zündwinkel durch die Motronic nach früh verstellt.

15.2.1 Antriebsschlupf-Regelung mit 3/3-Magnetventilen

Für den Bremseneingriff wurde das Hydroaggregat von Bosch um das Umschaltventil (USV), das Ladeventil (LV) und ein Druckbegrenzungsventil (DBV) erweitert (Bild 15.16). Das Umschaltventil ist ein 3/2-Magnetventil, das Druckbegrenzungsventil ein federbelastetes, mechanisches Ventil, und das Ladeventil wird hydraulisch durch den Druck im Bremssystem betätigt.

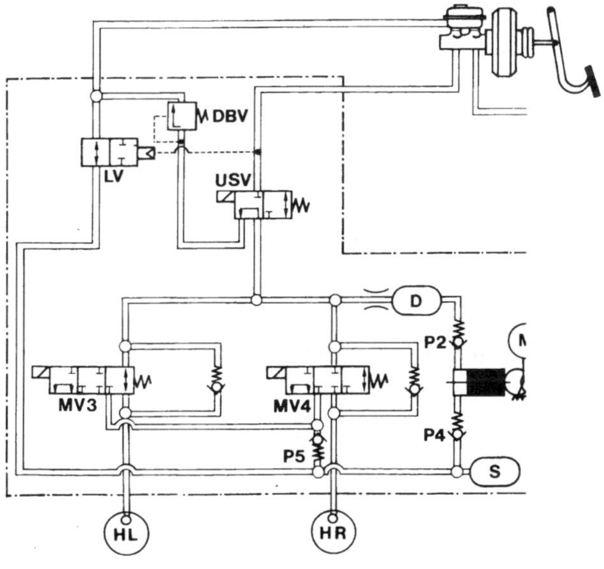

Bild 15.16
Druckaufbau
DBV Druckbegrenzungsventil
LV Ladeventil
USV Umschaltventil
MV3 Magnetventil für Radbremszylinder hinten links
MV4 Magnetventil für Radbremszylinder hinten rechts
P2, P4, P5 mechanische Überdruckventile
S Druckspeicher

Zusätzlich wurde eine Leitung vom Bremsflüssigkeits-Vorratsbehälter zum Sauganschluss der Rückförderpumpe für deren Versorgung mit Bremsflüssigkeit gelegt.

Erkennt das Steuergerät durch die Drehzahlfühler eine Drehzahländerung eines Rades, die so groß ist, dass ein Bremseneingriff notwendig ist, werden das Umschaltventil, das Magnetventil für den Radbremszylinder des nicht abzubremsenden Rades und die Rückförderpumpe angesteuert.

Das Umschaltventil verschließt damit den Rücklauf zum Hauptbremszylinder (das Druckbegrenzungsventil öffnet erst bei ca. 70 bar). Die Rückförderpumpe saugt durch die Leitung mit dem offenen Ladeventil Bremsflüssigkeit aus dem Vorratsbehälter und baut durch das stromlos offene Magnetventil am Radbremszylinder Druck auf. Deshalb wird das Magnetventil des nicht zu regelnden Rades ange-

steuert und damit verschlossen, d.h., an diesem Rad erfolgt kein Druckaufbau.
Wird das zu regelnde Rad durch den Druck im Radbremszylinder ausreichend abgebremst, wird auch dieses Magnetventil mit halbem Maximalstrom angesteuert, somit verschlossen und der Druck gehalten. Für den Druckabbau wird das Magnetventil mit dem Maximalstrom beaufschlagt, das dann den Rücklauf freigibt.
Diese Regelung erfolgt (ähnlich einer ABS-Regelung) für jedes angetriebene Rad einzeln und so lange, bis kein Rad mit zu hohem Schlupf mehr erkannt oder die Bremse betätigt wird.
Sobald das Steuergerät über den Bremslichtschalter ein Betätigen der Bremse registriert, werden alle Magnetventile stromlos geschaltet. Damit steht die normale Funktion der Betriebsbremsanlage augenblicklich wieder zur Verfügung. Der Bremseneingriff erfolgt bis zu einer Fahrzeuggeschwindigkeit von max. 80 km/h.
Das zweite Instrument der ASR ist der **Eingriff in die Zündung** durch die Motronic. Abhängig von der Motordrehzahl wurde über bis zu drei Signalleitungen dem Motronic-Steuergerät die Stärke des Eingriffs durch das ASR-Steuergerät vorgegeben. Zusätzlich wurde das Motronic-Steuergerät über eine Drosselklappenreduzierung informiert (Bild 15.17). Bei heutigen Systemen geschieht dies natürlich im Rahmen des Datenaustausches über die Bussysteme.

D M E	⇐1 ⇐2 ⇐3 td-Si- gnal⇒	A S R

Bild 15.17
Steuergerätekopplung

Die Kombination, auf welchen Leitungen Signale bzw. keine Signale übertragen werden, veranlasst das Motronic-Steuergerät, die entsprechende Maßnahme durchzuführen bzw. eigene Programmfunktionen zu unterdrücken (z.B. Schubabschaltung oder Leerlaufregelung während einer ASR-Regelung). Die Signale sind kurze Spannungssignale, die jeweils weniger als zwei Sekunden anliegen.
Für die Praxis in der Werkstatt bedeutet dies, dass man nur die entsprechenden Leitungen auf Durchgang und Isolation prüfen kann. Die Simulation einer Regelung und gleichzeitige Messung ist kaum möglich und in der Praxis auch nicht notwendig.
Der **Drosselklappeneingriff** ist die dritte Möglichkeit der ASR. Die Reaktionszeit ist dabei am längsten bzw. die Reaktion am langsamsten. Bei kleinen Drehzahlunterschieden ist dies jedoch ausreichend und stellt den komfortabelsten Eingriff dar. Für den Drosselklappeneingriff gibt es mittlerweile drei verschiedene Ausführungen.
Den Anfang bildete der Eingriff durch die elektronische Motorleistungssteuerung, EMS («elektronisches Gaspedal»). Bei diesem System besteht zwischen dem Fahrpedal und der Drosselklappe keine mechanische Verbindung. Die Stellung des Fahrpedals (Gaspedal) wird durch ein Potentiometer erfasst (vgl. Pedalweggeber in Abschnitt 13.6) und dem EMS-Steuergerät übermittelt.

Dieses steuert dann entsprechend der Vorgabe und nach programmierten Kennlinien einen Stellmotor an der Drosselklappe an. Signale vom ASR-Steuergerät zum Reduzieren bzw. Erhöhen (MSR) der Drosselklappenöffnung behandelt das EMS-Steuergerät mit Priorität. Die Rückmeldung zum ASR-Steuergerät erfolgt über die Drosselklappenvorgabe.

Die Schnittstellenübersicht in Bild 15.18 zeigt nochmals das Zusammenwirken der verschiedenen Steuergeräte einschließlich einer elektronischen Getriebesteuerung. Der Datenaustausch erfolgt heute meist über ein Datenbussystem (vgl. Kapitel 11), und die Steuerung des Drosselklappenmotors erfolgt durch das Motorsteuergerät..

Die zweite Variante des Drosselklappeneingriffs hat einen eigenen Stellmotor zum Schließen der Drosselklappe; diese ist dabei mit dem Bowdenzug des Gaspedals nur über eine Feder verbunden. Der Stellmotor kann also gegen die Kraft der Feder und gegen das durchgetretene Gaspedal die Drosselklappe schließen.

Der Stellmotor wird durch das ASR-Steuergerät über ein Relais angesteuert. Die Position der Drosselklappe wird über ein Potentiometer und die Funktion des Stellmotors über einen Sensor dem Steuergerät zurückgemeldet.

Der Fahrer bemerkt den Drosselklappeneingriff durch die höhere Kraft, die er auf das Gaspedal ausüben muss.

Will man diesen kleinen Komfortmangel auch noch beseitigen, verbaut man eine zweite Drosselklappe, die Vordrosselklappe, die sich dann vor der eigentlichen Drosselklappe befindet (Bild 15.19).

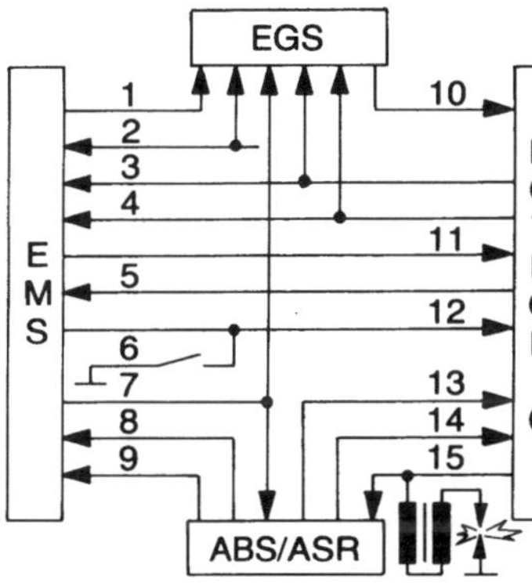

Bild 15.18
Schnittstellenübersicht EGS-Steuergerät (elektrohydraulische Getriebesteuerung), EMS-Steuergerät, ABS/ASR-Steuergerät, Motronic-Steuergerät

1 *Kickdown*
2 *Fahr-/Programmstellungen*
3 *Zündzeitpunkt*
4 *Einspritzzeit*
5 *Motortemperatur*
6 *Bremslicht-/ Fahrpedalschalter*
7 *Drosselklappenvorgabe*
8/9 *Drosselklappenreduzierung/ -erhöhung*
10 *Motoreingriff*
11 *Volllastkontakt*
12 *Leerlaufkontakt (Schubabschaltung)*
13 *Leerlaufdrehzahl-Anhebung (keine Schubabschaltung)*
14 *Zündungsausblendung*

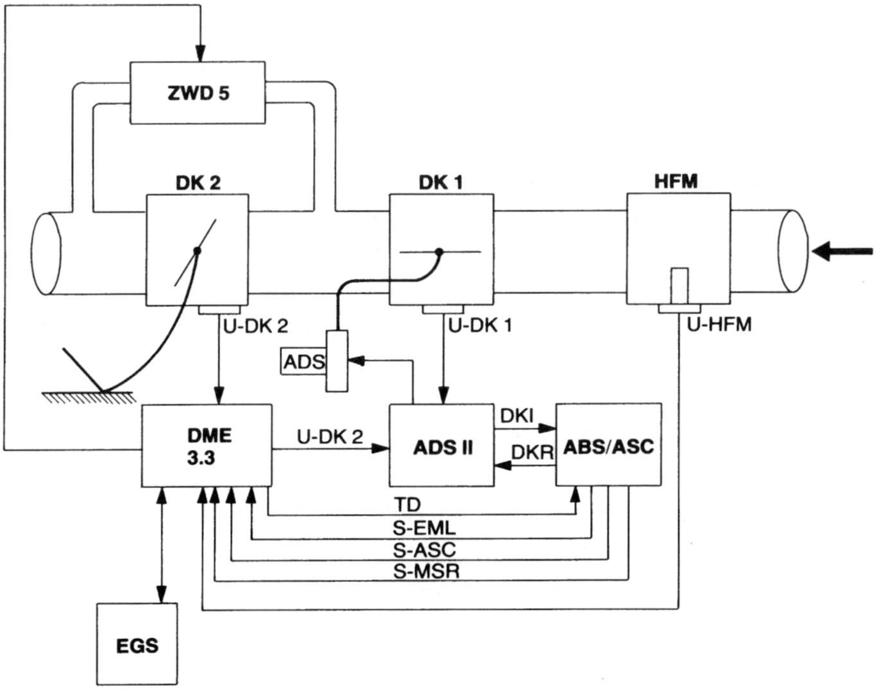

Bild 15.19
Systemverbund für Füllungseingriff

Die Vordrosselklappe (DK 1) ist im Ruhezustand federbelastet offen. Erst bei einer Regelung wird sie durch den Stellmotor (ADS) geschlossen.
Über ein Potentiometer erhält das ADS-II-Steuergerät die Rückmeldung über die Stellung der Vordrosselklappe. Durch das Motronic-Steuergerät bekommt das ADS-II-Steuergerät über ein pulsweitenmoduliertes Signal die Lagemeldung der eigentlichen Drosselklappe (DK 2). Das ADS-II-Steuergerät bildet daraus einen gemeinsamen Drosselklappen-Istwert (DKI), den es dem ASR-Steuergerät ebenfalls durch ein pulsweitenmoduliertes Signal übermittelt.
Ist der Drosselklappen-Istwert noch über der vom ASR-Steuergerät errechneten Drosselklappenvorgabe, gibt es ein Signal an das ADS-II-Steuergerät zur weiteren Drosselklappenreduzierung (DKR).
Das ADS-II-Steuergerät errechnet nun – entsprechend der Vorgabe durch das ASR-Steuergerät und der Lagemeldung der DK 2 durch das Motronic-Steuergerät – den Winkel für die Vordrosselklappe.
Durch das ADS-II-Steuergerät erhält der Stellmotor so lange ein Spannungssignal, bis die errechnete Stellung der Vordrosselklappe erreicht ist.
Wird die Lage der Drosselklappe (DK 2) verändert oder wird durch das ASR-Steuergerät eine neue Vorgabe ausgegeben, wird die DK 1 entsprechend nachgeregelt.
Die drei Signalleitungen (EML, ASC, MSR) vom ASR-Steuergerät übermitteln dem Motronic-Steuergerät die notwendigen Regelschritte (z.B. Zündwinkel reduzieren usw.), wie bereits beschrieben.
Für die Motorschleppmoment-Regelung (MSR) wird der Leerlaufsteller durch ein Signal des Motronic-Steuergerätes geöffnet. Dadurch wird gemeinsam mit einer Zündwinkel-Früh-Verstellung das Motordrehmoment erhöht.
Die CAN-Verbindung vom Motronic- zum Getriebe-Steuergerät (EGS) verhindert während einer Regelung (ASR bzw. MSR) ein ungewolltes, unkontrolliertes Schalten des Automatikgetriebes.
Entdeckt das Steuergerät durch den Selbsttest des Systems einen Fehler, schaltet es sich ab. Dem Fahrer wird dies durch das Aufleuchten der Funktionslampe angezeigt. Ist das ABS ebenfalls davon betroffen, leuchtet auch die ABS-Warnlampe.
Ein Blinken der ASR-Funktionslampe im Fahrbetrieb signalisiert einen Regelvorgang. Die Antriebsschlupf-Regelung kann bei verschiedenen Herstellern durch einen Schalter auch ausgeschaltet werden, wenn ein Durchdrehen der Antriebsräder dem Fahrer sinnvoll erscheint, z.B. auf Schnee, damit sich die Räder bis zum festen Untergrund «durchgraben» können. Eine andere Möglichkeit zur Beeinflussung der ASR durch den Fahrer bietet falls vorhanden ein Schneekettenschalter. Dadurch werden die Regelschwellen nach oben

gesetzt und ein höherer Radschlupf bei aufgelegten Schneeketten zugelassen.
Bei einem Ausfall des Systems ist eine Diagnose mit dem entsprechenden Tester des Herstellers und mit Hilfe des Fehlerspeichers sinnvoll. Die Vorgehensweise bzw. die zu überprüfenden Bauteile werden dann vorgegeben.
Die Messungen, die mit einem Multimeter möglich sind, werden im folgenden Abschnitt beschrieben.

15.2.2 Antriebsschlupf-Regelung mit 2/2-Magnetventilen (Bild 15.20)

Der größte Unterschied der Antriebsschlupf-Regelung von Teves zum Bosch-System bestand wie schon beim ABS darin, dass es sich bei der Hydraulik um ein offenes System handelte. Auch für den Hydraulikkreis der Antriebsschlupf-Regelung setzte sich mittlerweile das geschlossene System mit 2/2-Magnetventilen durch.
Bei einem Bremseneingriff wird der Druck am Radbremszylinder durch jeweils zwei 2/2-Magnetventile (1, 1a, 2, 2a) variiert.
Der Druck wird durch die Förderpumpe erzeugt und im Druckspeicher gehalten. Dem Druckspeicher vorgeschaltet ist ein eigenes 2/2-Magnetventil (5), das die Leitung zum Druckspeicher öffnet bzw. verschließt. Stromlos ist es geschlossen.
Damit der Druck nicht über den Hauptbremszylinder entweichen kann (bei geöffnetem Druckspeicher-Ladeventil und laufender Förder-

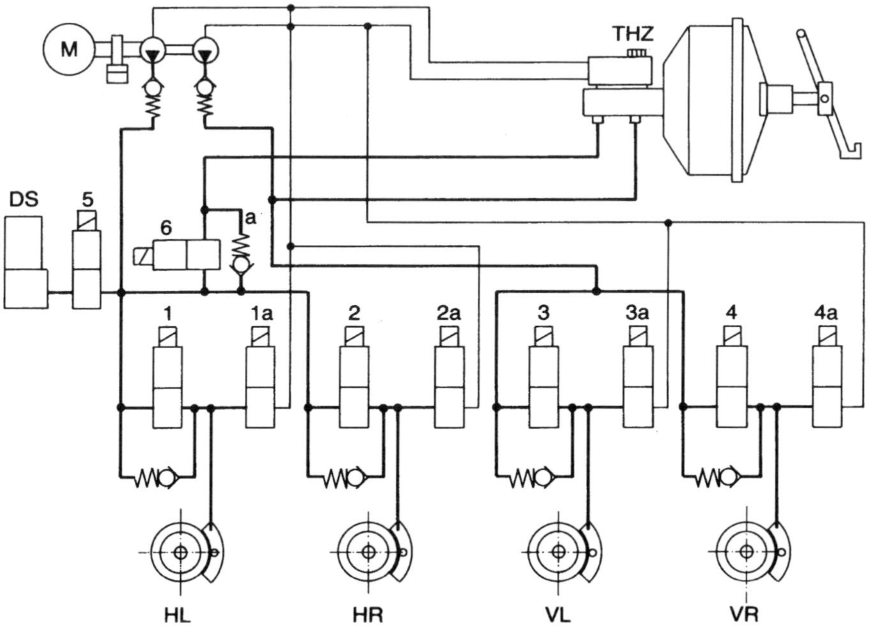

Bild 15.20
ASC+T, nicht aktiv
THZ Tandem-Hauptbremszylinder
DS Druckspeicher
Magnetventile:
1 Einlassventil Radbremszylinder hinten links
1a Auslassventil hinten links
2 Einlassventil hinten rechts
2a Auslassventil hinten rechts
3 Einlassventil vorne links
3a Auslassventil vorne links
4 Einlassventil vorne rechts
4a Auslassventil vorne rechts
5 Druckspeicher-Ladeventil vorne rechts
6 Trennventil
6a Überdruckventil

pumpe) wird das Trennventil (6) angesteuert, das damit die Verbindung zum Hauptbremszylinder verschließt (stromlos offen).
Bei einer Regelung werden aber zuerst die Ventile des nicht zu regelnden Rades mit Strom beaufschlagt. Damit schließt das Einlassventil und lässt an diesem Rad keinen Druckaufbau zu, das Auslassventil wird dabei sicherheitshalber geöffnet.
Als Nächstes wird das Trennventil angesteuert, um die Verbindung zum Hauptbremszylinder zu verschließen.
Wird nun das Druckspeicher-Ladeventil bestromt (= geöffnet), kann sich der Druck im Radbremszylinder des zu regelnden Rades ungehindert aufbauen, da hier die Magnetventile anfangs stromlos bleiben, d.h. Einlassventil offen, Auslassventil geschlossen.
Ist die Bremswirkung ausreichend, wird das Einlassventil angesteuert (geschlossen) und der Druck gehalten. Wird anschließend das Auslassventil geöffnet, baut sich der Druck ab.
Kommt es an diesem Rad erneut zu einem erhöhten Schlupf, werden beide Ventile stromlos geschaltet, und ein erneuter Druckaufbau ist möglich.
Damit der Druck im Druckspeicher bzw. bei einer Regelung nicht zu weit absinkt, öffnet ein Druckschalter im Druckspeicher. Dadurch wird die Förderpumpe angesteuert.
Das Laden des Druckspeichers kann auch außerhalb einer Regelung erfolgen. Dazu werden die Einlassventile geschlossen, die Auslassventile aus Sicherheitsgründen geöffnet, das Trennventil geschlossen und das Druckspeicherventil geöffnet.
Damit kann die Förderpumpe den Druckspeicher laden. Ist dieser Vorgang beendet, werden alle Ventile wieder stromlos, also: Druckspeicher-Ladeventil geschlossen, Trennventil geöffnet, Einlassventile geöffnet, Auslassventile geschlossen. Die normale Funktion der Betriebsbremsanlage steht augenblicklich wieder zur Verfügung.
Bei einem Bremsvorgang, den das Steuergerät durch das Signal des Bremslichtschalters sowie des Pedalwegsensors erkennt, werden deshalb als erstes alle Ventile stromlos geschaltet – unabhängig davon, ob der Druckspeicher geladen wird oder ein Bremseneingriff im Rahmen der ASR ausgeführt wurde.
Durch diese Sicherheitsschaltung ist gewährleistet, dass die normale Bremsanlage nach einer ASR-Funktion oder bei einem Ausfall des Systems ohne Verzögerung zur Verfügung steht. Der Eingriff in das Motormanagement (Zündung, Einspritzung) wird auch bei diesem System durch verschiedene Signalleitungen vom ASR-Steuergerät zum Motronic-Steuergerät ausgelöst bzw. über ein Bussystem.
Der Eingriff in die Drosselklappe erfolgt durch einen Stellmotor, der direkt vom Steuergerät mit Strom versorgt wird. Dieser zieht die Drosselklappe entgegen der Kraft einer Feder zu. Bei diesem System

ist also die Drosselklappe mit dem Bowdenzug und Gaspedal wiederum nicht starr, sondern über eine Feder verbunden.
Der Schaltplan in Bild 15.21 zeigt nochmals das Zusammenwirken der Bauteile sowie die zu messenden Signale bei einer Fehlersuche. Hier ist es ebenfalls empfehlenswert, zuerst den Fehlerspeicher mit einem Diagnosetester auszulesen und die Anweisungen der Hersteller zu beachten.

Pinbelegung am Steuergerät, Signalarten und mögliche Messungen:

Pins 1, 3, 19: Masseverbindungen, Widerstandsmessung
Pin 2: Spannungsversorgung über das Hauptrelais für den Stellmotor durch das Steuergerät
Pin 33: Spannungsversorgung über Hauptrelais für die Steuergerätversorgung
Pin 51: Spannungsversorgung Kl. 30 permanent
Pin 16: Spannungsversorgung des Hydroaggregates über das Hauptrelais; der Eingang ins Steuergerät dient als Referenzspannung.
Pin 35: Spannungsversorgung über Kl. 15
Pins 40, 54, 22, 37, 17, 18, 39, 55: Massesignal für die Ansteuerung der jeweiligen Ein-/Auslassventile der Radbremszylinder im Hydroaggregat. Die Plus-Versorgung der Ventile erfolgt über das Hauptrelais, d.h., bei betriebsbereitem System ist eine um den Widerstand der Spulen der Ventile verringerte Batteriespannung zu messen.
Pin 36: Massesignal für die Ansteuerung des Trennventils
Pin 38: Massesignal für die Ansteuerung des Druckspeicher-Ladeventils; beide Ventile werden ebenfalls über das Hauptrelais mit Plus versorgt, d.h., bei betriebsbereitem System ist eine um den Widerstand der Spulen der Ventile verringerte Batteriespannung zu messen.
Pins 48, 30, 47, 11, 46, 29, 45, 10: Eingangssignale der Raddrehzahlfühler, sinusförmige Wechselspannung, aber auch über Tastverhältnis messbar bzw. am Scope sichtbar (bei drehendem Rad)
Pins 34, 44: Ansteuerung der ABS- und ASR-Warnlampe mit einem Massesignal, solange sie leuchten, anschließend wird Batteriespannung ausgegeben.
Pin 52: Ansteuerung des Motor-Relais für die Förderpumpe durch ein Massesignal, d.h., bei nicht geschaltetem Signal und betriebsbereitem System ist die um den Widerstand der Relaisspule verringerte Batteriespannung messbar.
Pins 49, 50: Sensorsignal für die Förderpumpenüberwachung; bei laufender Pumpe kann über Tastverhältnis ein Signal gemessen bzw. am Scope sichtbar gemacht werden (Pumpe durch Ansteuerung über Motor-Relais laufen lassen).

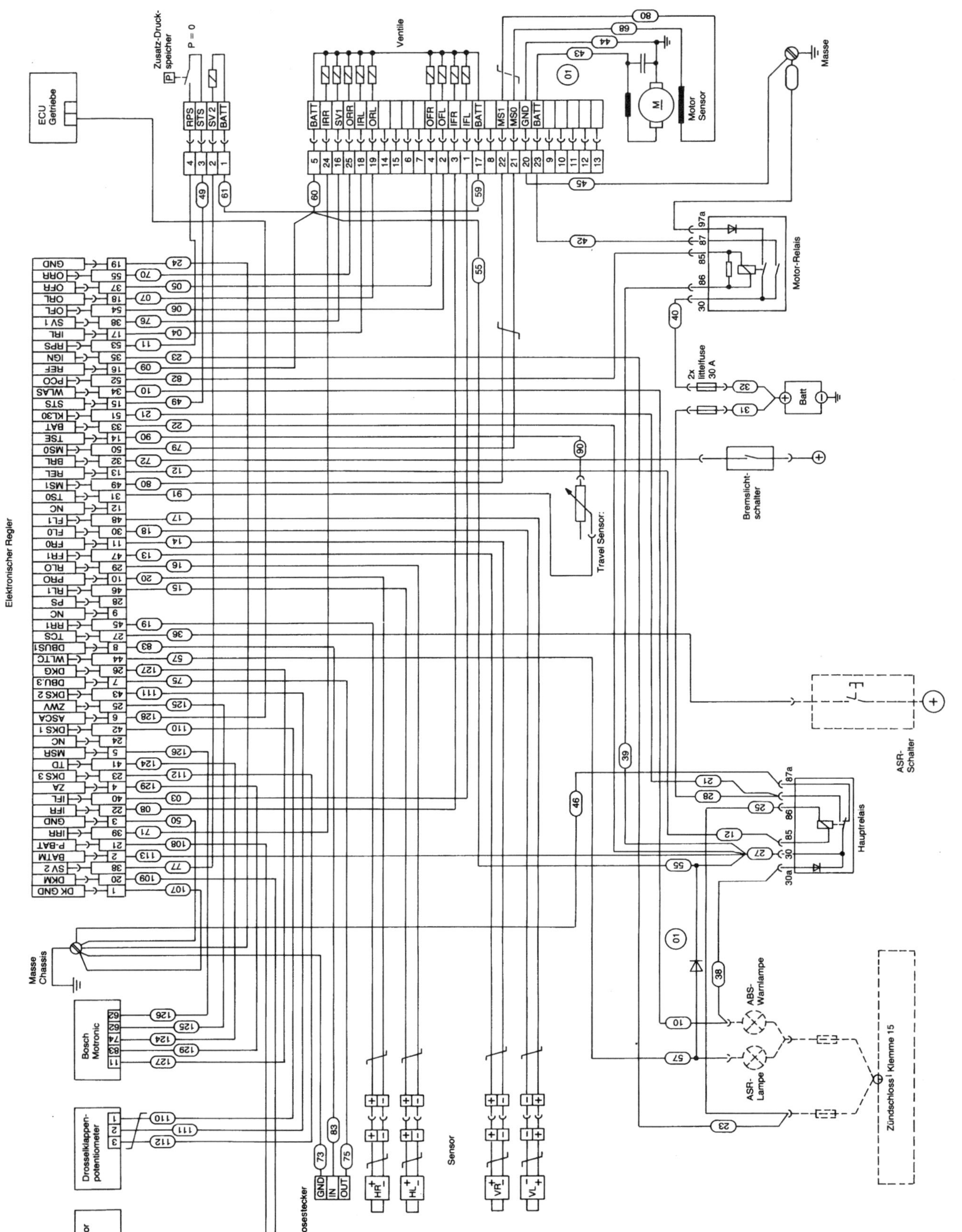

Bild 15.21
Schaltplan ASC+T

Pins 14, 31: Pedalwegsensor; Überprüfung entweder über eine Widerstandsmessung bei abgezogenem Steuergerätestecker und Betätigen des Bremspedals oder besser eine Spannungsabfallmessung bei betriebsbereitem System und Betätigen des Bremspedals
Pins 15, 53: Druckspeicherschalter, Widerstandsprüfung bei abgezogenem Steuergerätestecker; Durchgang bei geschlossenem Schalter (Druck ausreichend), unterbrochen bei geöffnetem Schalter (Druck zu gering)
Pin 32: Plus-Signal bei betätigtem Bremslichtschalter
Pin 13: Massesignal für den Steuerstromkreis des Hauptrelais
Pins 20, 21: Ansteuerung des Drosselklappen-Stellmotors; lediglich Überprüfung des Motors und der Leitungen durch Widerstandsmessung sinnvoll, da ein Spannungssignal nur bei einem Regelvorgang für einen kurzen Augenblick messbar wäre
Pins 42, 43, 23: Signal Drosselklappenpotentiometer, Widerstandsmessung der Schleiferbahn bei Betätigung der Drosselklappe bzw. Spannungsabfallmessung bei eingeschaltetem System
Pins 5, 25, 4: Ausgangssignale für Eingriffe in das Motormanagement durch die Motronic; lediglich Überprüfung der Leitungen durch Widerstandsmessung sinnvoll, da Spannungssignale nur bei einem Regelvorgang kürzer als zwei Sekunden anliegen
Pin 41: Eingang td-Signal bei laufendem Motor, Tastverhältnismessung
Pin 26: Eingangsignal über die Drosselklappenstellung vom Motronic-Steuergerät, pulsweitenmoduliertes Signal, d.h. Tastverhältnismessung
Pin 6: Ausgang für das Automatikgetriebe (Schaltverbot) bei einer Regelung; lediglich Überprüfung der Leitung sinnvoll
Pin 27: Plus-Signal bei betätigtem ASR-Schalter zum Ausschalten des Systems
Pins 7, 8: Diagnose-Anschluss

15.3 Fahrstabilitätsregelungen

15.3.1 Funktionsbeschreibung der Fahrstabilitätsregelung

Aufbauend auf das Anti-Blockier-System, das beim Bremsen die Räder vor dem Blockieren schützt, und auf die Antriebsschlupf-Regelung, die ein Durchdrehen der Räder beim Beschleunigen verhindert, sorgt die Fahrstabilitätsregelung für ein stabilisiertes Fahrverhalten bei kritischen Fahrzuständen – unabhängig davon, ob gerade die Bremse oder das Gaspedal oder keines von beiden betätigt wird. Auswertungen von Unfallstatistiken zeigen, dass ca. $^1/_6$ aller Unfälle durch ins Schleudern geratene Fahrzeuge verursacht wird, speziell wenn die Fahrbahn einen niedrigen Reibwert (bei Eis, Schnee, Regen) besitzt. Vor allem bei schnellen Ausweichmanövern, Panikreaktionen oder einem Unter- bzw. Übersteuern des Fahrzeuges und auch wechselnden Fahrbahnzuständen (Reibwerten) greift die Fahrstabilitätsregelung ein durch radindividuelles Bremsen und mit Eingriffen in die Motorsteuerung, um das Fahrzeug zu stabilisieren. Die Elektronik mit ihren Sensoren ist auch hier – wie beim ABS und der Antriebsschlupf-Regelung – besser und schneller, als jeder Fahrer es sein könnte. Während das ABS und die Antriebsschlupf-Regelung vor allem in die Längsdynamik des Fahrzeuges eingreifen, hat die Fahrstabilitätsregelung die zusätzliche Aufgabe, das Fahrzeug um seine Hochachse zu stabilisieren. Hierbei spricht man von einer **Giermomentenregelung**. Als Giermoment bezeichnet man die Drehung um die Fahrzeughochachse.

Bild 15.22 zeigt schematisch die Aufgabe und die notwendigen Sensoren der Fahrstabilitätsregelung.

Bild 15.22
ASMS-Komponenten

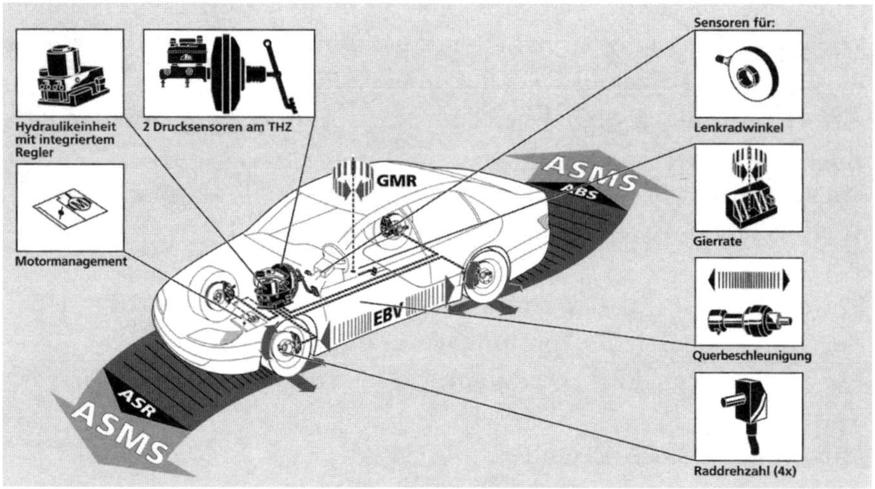

Je nach Hersteller existieren für die Fahrstabilitätsregelung einige verschiedene Bezeichnungen und entsprechende Abkürzungen (z.B. DSC = **D**ynamische **S**tabilitäts-**C**ontrol, ESP = **E**lectronic **S**tability **P**rogram, ASMS = **A**utomatisches **S**tabilitäts-**M**anagement-**S**ystem, FDR = **F**ahr-**D**ynamik-**R**egelung, VSC = **V**ehicle **S**tability **C**ontrol, VSA = **V**ehicle **S**tability **A**ssist).

Bild 15.23 zeigt durch zwei einfache Beispiele einen Regeleingriff bei einem übersteuernden und einem untersteuernden Fahrzeug.

Beim Übersteuern droht das Fahrzeugheck auszubrechen, und das Fahrzeug dreht sich in die Kurve. Deshalb werden als Gegenmaßnahme das kurvenäußere Hinterrad leicht und das kurvenäußere

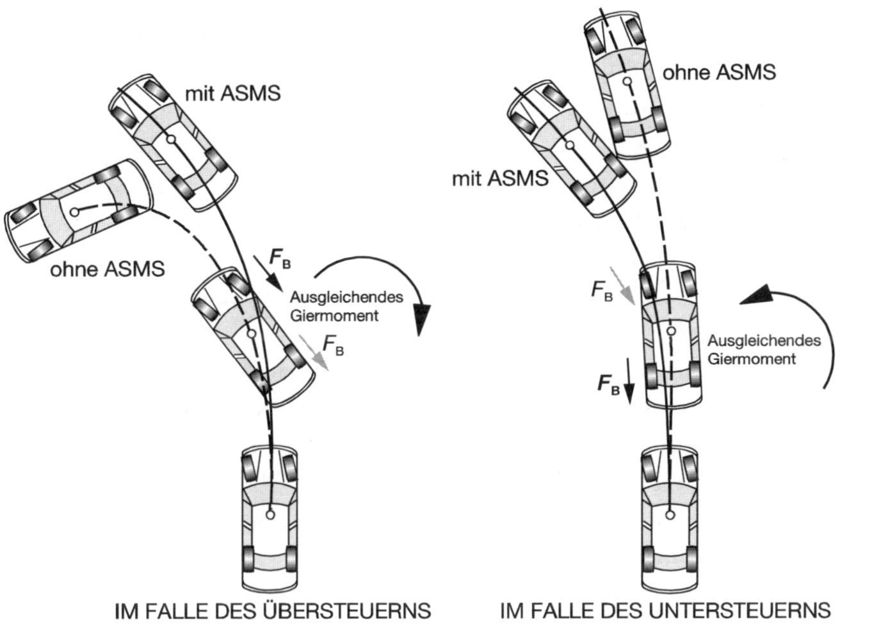

Bild 15.23
Giermomentregelung

Vorderrad stärker abgebremst, wodurch ein ausgleichendes Giermoment entgegen der Fahrzeugtendenz einsteht und es stabilisiert. Beim Untersteuern schiebt das Fahrzeug über die Vorderräder aus der Kurve. Als Gegenmaßnahme werden das kurveninnere Vorderrad leicht und das kurveninnere Hinterrad stärker abgebremst. Die Fahrstabilitätsregelung kann somit dem Fahrer, ebenso wie das ABS und die Antriebsschlupf-Regelung, in kritischen Fahrsituationen helfen bzw. vermeiden, in kritische Fahrsituationen zu kommen. Unter Umständen bemerkt der Fahrer einen Regeleingriff nur an der blinkenden Warnlampe, die auch signalisieren soll, dass das Fahrzeug sich im Grenzbereich bewegt. Die Fahrphysik bzw. physikalische Grenzen kann jedoch auch die Fahrstabilitätsregelung nicht aufheben!

Aufgrund der Eingangssignale, die später noch genauer beschrieben werden, erkennt das Steuergerät, welche Maßnahmen zur Erhaltung der Fahrstabilität ergriffen werden müssen. Es unterscheidet dabei prinzipiell nach den folgenden Betriebsarten:

- ❑ Normalbetrieb; keine Regelung notwendig, alle Magnetventile sind stromlos, und das System ist bremsbereit. Diese Betriebsart wird auch bei Störungen gewählt.
- ❑ ABS-Regelung; die entsprechenden Magnetventile in der Hydraulikeinheit der Fahrstabilitätsregelung werden für jedes Rad einzeln (4-Kanal-System) angesteuert, um ein Blockieren der Räder zu verhindern.
- ❑ Antriebsschlupf-Regelung; Ansteuerung der Hochdruck- und Rückförderpumpe sowie der entsprechenden Magnetventile in der

Hydraulikeinheit, sobald eines der angetriebenen Räder zum Durchdrehen neigt.

- ❑ Motorschleppmomentregelung; Erhöhung des Motordrehmoments, sobald ein oder mehrere Räder beim Gaswegnehmen oder Zurückschalten zu hohen Schlupf haben.
- ❑ Elektronische Bremskraftverteilung (EBV); Ansteuerung der entsprechenden Magnetventile in der Hydraulikeinheit, wenn an den Hinterrädern zu großer Schlupf erkannt wird, jedoch noch keine ABS-Regelung erforderlich ist.
- ❑ Fahrstabilitätsregelung; Ansteuerung der Hochdruck- und Rückförderpumpe sowie der erforderlichen Magnetventile in der Hydraulikeinheit zur Regelung des Bremsdruckes im erforderlichen Umfang zur Stabilisierung des Fahrzeuges, wenn durch die Eingangssignale kritische Fahrzustände erkannt werden, die die Fahrstabilität gefährden könnten.
- ❑ Fahrstabilitätsregelung ausgeschaltet; durch Betätigung eines Schalters werden die Antriebsschlupf-Regelung, Motorschleppmomentregelung sowie die Fahrstabilitätsfunktion beim Beschleunigen und «Freirollen» ausgeschaltet. In diesem Fall brennt die Warnlampe der Fahrstabilitätsregelung permanent. Die Fahrstabilitätsfunktion beim Bremsen (EBV) und ABS bleibt aktiv.

15.3.2 Ein- und Ausgangssignale

Die für die Funktion der Fahrstabilitätsregelung benötigten Eingangssignale und die daraus resultierenden Ausgangssignale zeigt Bild 15.24.

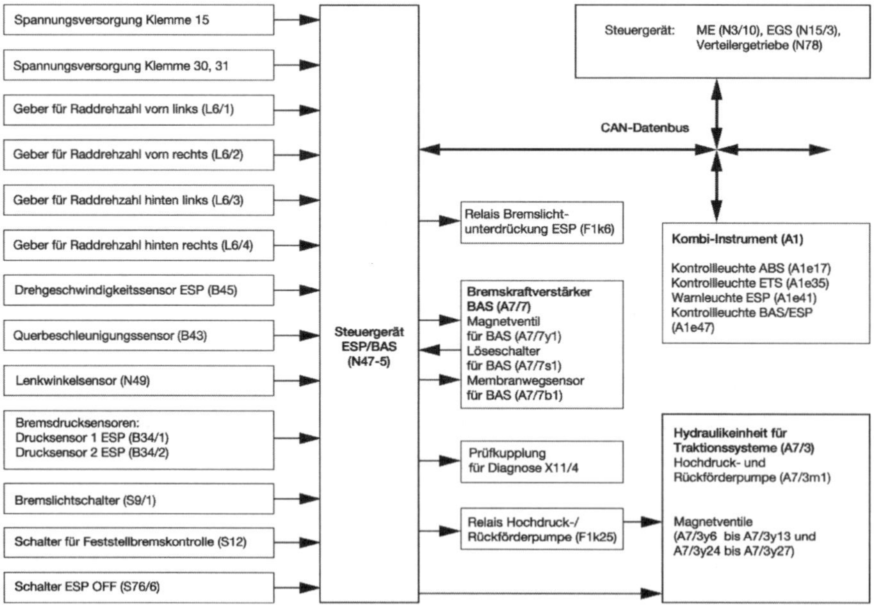

Bild 15.24
ESP-Bremsmomentregelkreis; Funktion

Die Anordnung der entsprechenden Bauteile zeigt in einem konkreten Beispiel Bild 15.25.

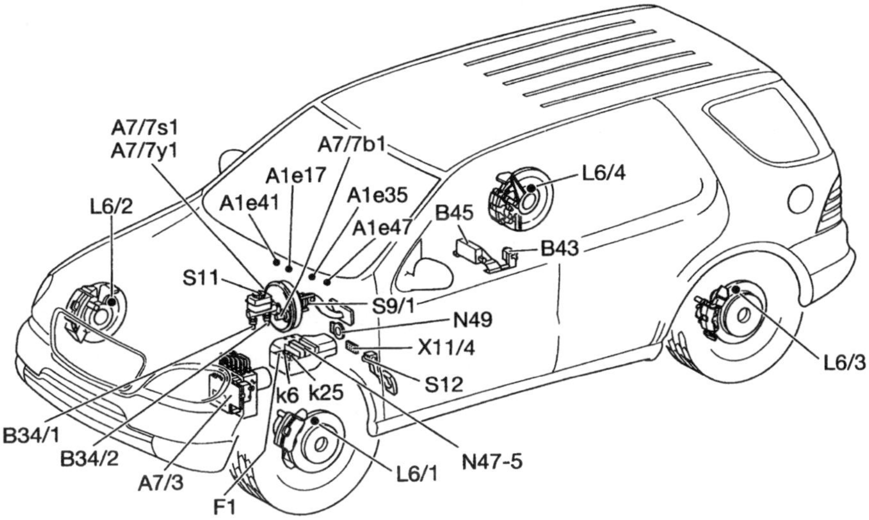

Bild 15.25 Anordnung der Bauteile
A1e17 Kontrollleuchte ABS
A1e35 Kontrollleuchte ETS
A1e41 Warnleuchte ESP
A1e47 Kontrollleuchte BAS/ESP
A7/3 Hydraulikeinheit für Traktionssysteme
A7/7b1 Membranwegsensor für BAS
A7/7s1 Löseschalter für BAS
A7/7y1 Magnetventil für BAS
B34/1 Drucksensor 1 ESP
B34/2 Drucksensor 2 ESP
B43 Querbeschleunigungssensor
B45 Drehgeschwindigkeitssensor ESP
F1 Sicherungs- und Relaismodul
F1k6 Relais Bremslichtunterdrückung ESP
F1k25 Relais Hochdruck-/Rückförderpumpe
L6/1 Geber für Raddrehzahl vorne links
L6/2 rechts
L6/3 Geber für Raddrehzahl hinten links
L6/4 Geber für Raddrehzahl hinten rechts
N47-5 Steuergerät ESP/BAS
N49 Lenkwinkelsensor
S9/1 Bremslichtschalter
S11 Schalter für Bremsflüssigkeitskontrolle
S12 Schalter für Feststellbremskontrolle
X11/4 Prüfkupplung für Diagnose

Die Ein- und Ausgangssignale werden im Folgenden detailliert beschrieben. Die Radgeschwindigkeiten liefern die vier Raddrehzahlsensoren, deren Signale ständig überprüft und verglichen werden. Daraus werden die Fahrgeschwindigkeit, die Beschleunigung und Verzögerung, der Bremsschlupf (für ABS) und der Antriebsschlupf (für ASR) sowie der Schubschlupf (für MSR) ermittelt. Die Fahrgeschwindigkeit wird über den Datenbus (CAN) auch für andere Systeme zur Verfügung gestellt.

Der Lenkeinschlagwinkel wird vom Signal des Lenkwinkelsensors berechnet, und zusammen mit den unterschiedlichen Raddrehzahlsignalen der Vorderräder wird die Fahrtrichtungsänderung erkannt und als Fahrerwunsch im Steuergerät verarbeitet. Als Lenkwinkelsensor (Bild 15.26) kann ein optischer, digitaler Sensor mit Leuchtdioden verwendet werden, die durch mehrere Blenden den Lenkwinkel in 2,5°-Schritten erfassen. Bild 15.27 zeigt schematisch den geöffneten Lenkwinkelsensor mit dem Signalmessring und den neun Leuchtdioden (a), die durch acht verschieden lang ausgebildete Blenden (b) in einem Lichtschrankenkanal durchfahren werden.

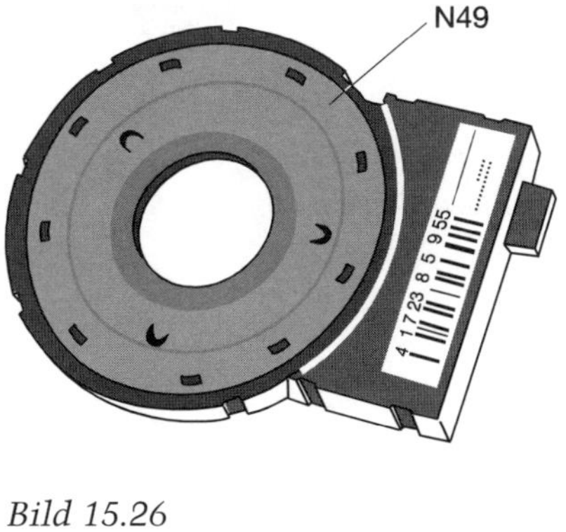

Bild 15.26 Lenkwinkelsensor

Zur Auswertung der verschiedenen Stellungen bzw. des Signalbildes (hell/dunkel) der neun Lichtschranken bei der Lenkraddrehung befinden sich zwei Mikroprozessoren auf dem Signalmessring (N49). Die Mittelstellung des Lenkrades wird durch eine definierte Stellung der Leuchtdioden und Blenden erkannt. Der Lenkwinkelsensor wird permanent über Klemme 30 mit Spannung versorgt. Beim Ersetzen des Lenkwinkelsensors oder auch einer Unterbrechung der Span-

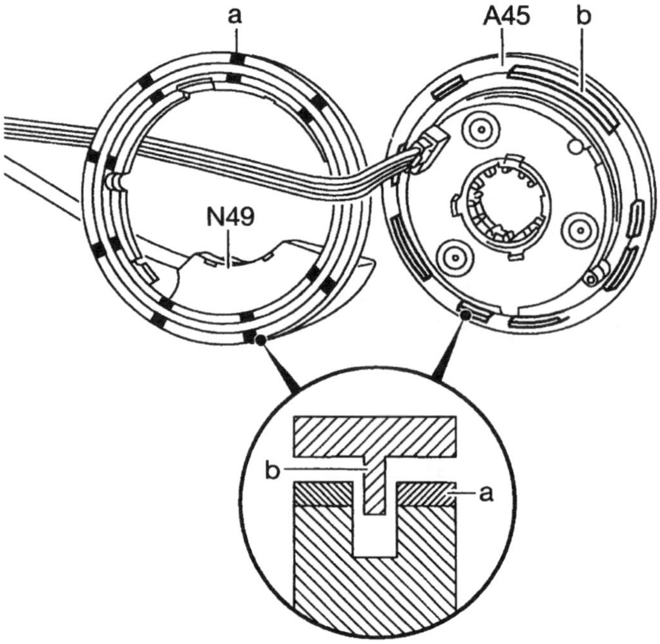

Bild 15.27
Aufbau eines Lenkwinkelsensors
A45 Kontaktspirale
N49 Lenkwinkelsensor
a Leuchtdiode Lichtschranke
b Blende

nungsversorgung muss dieser neu initialisiert werden. Dies geschieht durch Drehen des Lenkrades von Anschlag zu Anschlag oder einer Geradeausfahrt mit mehr als 20 km/h und über 50 m.

Eine andere Art eines Lenkwinkelsensors (Bild 15.28) besteht aus zwei um 90° versetzten Schleifkontakten auf einer Potentiometerbahn und einem elektronischen Baustein, der die Lenkraddrehbewegungen in digitale Datentelegramme umwandelt und über eine Datenleitung dem Steuergerät mitteilt.

Bei diesem Lenkwinkelsensor muss der Nullabgleich, wenn er ausgebaut bzw. ersetzt wird, über einen Diagnosetester und gerade gestellten Vorderrädern durchgeführt werden.

Die Querbeschleunigung wird durch einen Sensor, der nach dem Feder-Masse-Prinzip arbeitet, ermittelt. Bild 15.29 zeigt den Querbeschleunigungssensor in seinem schematischen Aufbau.

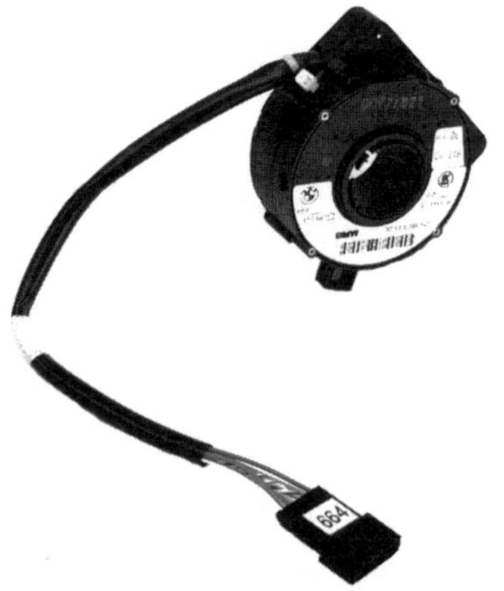

Bild 15.28
Lenkwinkelsensor

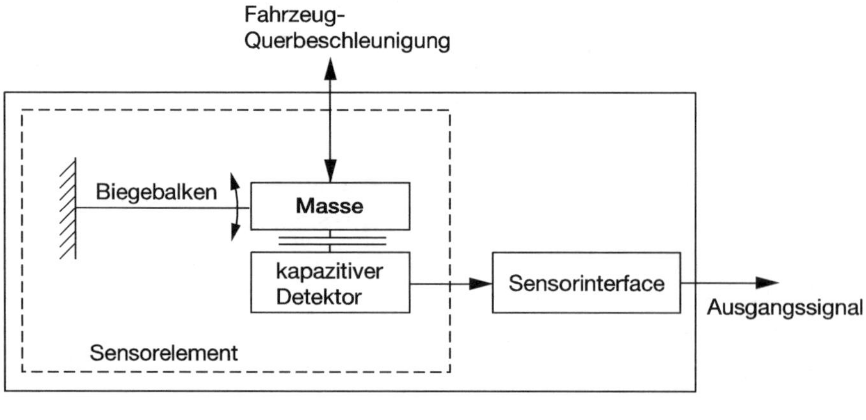

Bild 15.29
Querbeschleunigungssensor (B43)

Durch den Querbeschleunigungssensor erhält das Steuergerät die Information über die auftretenden Querkräfte bei einer Kurvenfahrt. Zusammen mit der Information über die Drehwinkelgeschwindigkeit errechnet das Steuergerät den aktuellen fahrdynamischen Zustand des Fahrzeuges. Die Drehwinkelgeschwindigkeit ist die Geschwindigkeit der Drehung des Fahrzeuges um die Hochachse, d.h. das Giermoment bzw. die Drehrate. Der Drehgeschwindigkeitssensor (Bild 15.30) arbeitet mit einer Schwingmasse, die in einer Siliziumscheibe federnd gelagert ist, und einer integrierten Auswerteelektronik.

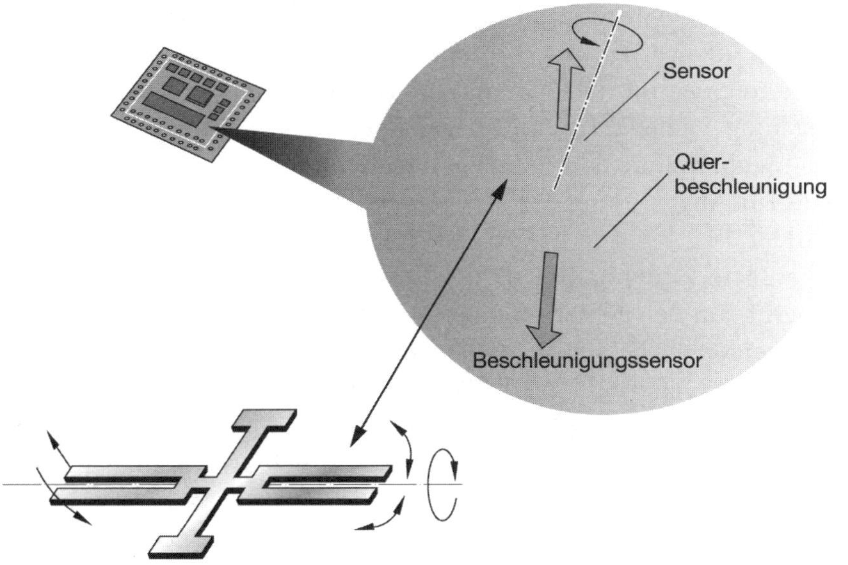

Bild 15.30
Prinzipdarstellung Drehgeschwindigkeitssensor

Der Druck in den beiden Bremskreisen wird durch zwei Drucksensoren am Hauptbremszylinder erfasst und in die Berechnung der Radbremskräfte miteinbezogen. Außerdem sind sie ein Teil der Sicherheitsschaltung zur Systemüberwachung. Zusätzlich dienen sie zusammen mit dem Signal des Bremslichtschalters dazu, ein Betätigen der Bremse sicher zu erkennen, wodurch eine Antriebsschlupf-Regelung sofort abgebrochen wird und eine Fahrstabilitätsregelung durch die veränderten Bremsdruckvorgaben sich schnell darauf einstellen muss. Das Eingangssignal für den Membranweg im Bremskraftverstärker durch den Membranwegsensor dient zur Berechnung der Pedalweggeschwindigkeit, mit der der Fahrer das Bremspedal betätigt hat. Ab einer bestimmten Pedalweggeschwindigkeit wird von einer Notbremsung ausgegangen, und die Bremsassistentfunktion wird ausgelöst. Dafür wird im Bremskraftverstärker ein Magnetventil (BAS) geschaltet, das die fahrerseitige Kammer belüftet und so die maximale Bremskraftunterstützung gewährleistet.

Bei einer Fahrstabilitätsregelung kann außerdem durch das geschaltete Magnetventil des Bremsassistenten ein Vordruck von ca. fünf bar für die Hochdruckpumpe erzeugt werden. Für diesen Fall ist auch der Ausgang zum Relais «Bremslichtunterdrückung» vorgesehen, damit bei einer Fahrstabilitätsregelung kein Bremslicht aktiviert wird, ohne dass der Fahrer die Bremse betätigt. Die Motor- und Getriebedaten über die Datenleitung (CAN) informieren das Steuergerät über das abgegebene Motormoment und den aktuellen Getriebegang (bei Automatik-Fahrzeugen), womit die auf die Antriebsräder wirkenden Antriebskräfte errechnet werden. Dies ist bei einer Fahrstabilitätsregelung für die Antriebsschlupf-Regelung wichtig bzw. daraus resultiert die Vorgabe an das Motorsteuergerät über die notwendige Veränderung des Motormoments zur Unterstützung der Fahrstabilitätsregelung. Die wichtigsten Ausgangssignale – neben den bereits im Zusammenhang mit den Eingangssignalen beschriebenen – sind die Signale zur Ansteuerung der Magnetventile in der Hydraulikeinheit. Die Bilder 15.31 a, b, c zeigen den Hydraulikkreis mit den Phasen Druckaufbau, Druckhalten, Druckabbau bei einer Regelung (Bremseneingriff) am Beispiel des Radbremszylinders hinten rechts.
Zuerst werden die beiden Umschaltmagnetventile (y24/y25) geschlossen und die Hochdruck-/Rückförderpumpe (m1) eingeschaltet sowie das Magnetventil BAS (y1) im Bremskraftverstärker (A7/7) geöffnet, wodurch an den Saugseiten der Hochdruck-/Rückförderpumpe (p1/p2) ein Vordruck von ca. fünf bar anliegt. Die selbst ansaugende Hochdruck-/Rückförderpumpe (p1) saugt über das geöffnete Ansaug-Magnetventil (y26) die unter Vordruck stehende Bremsflüssigkeit an

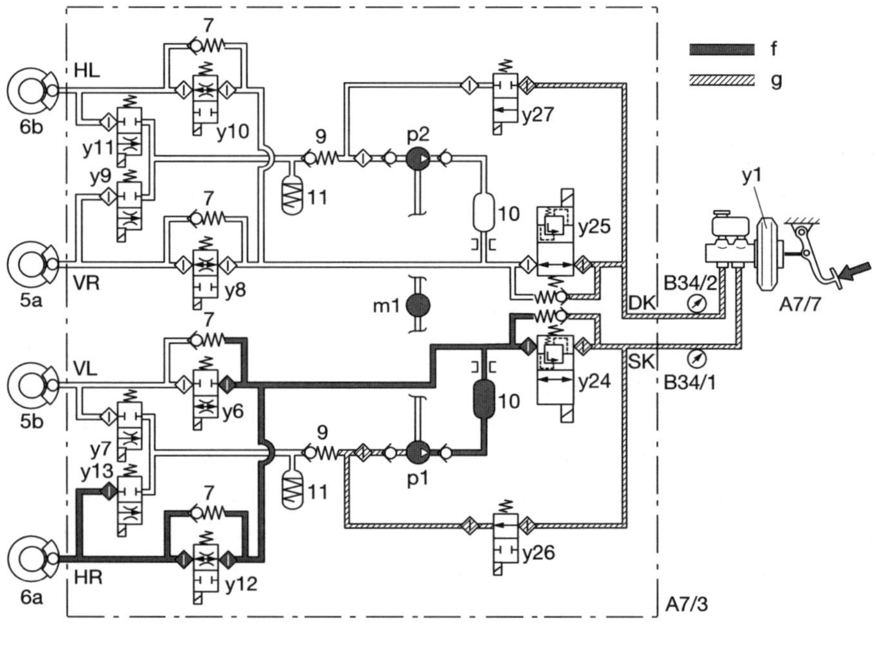

Bild 15.31a
Hydraulikkreis: Druck aufbauen
f Hochdruck
g Vordruck

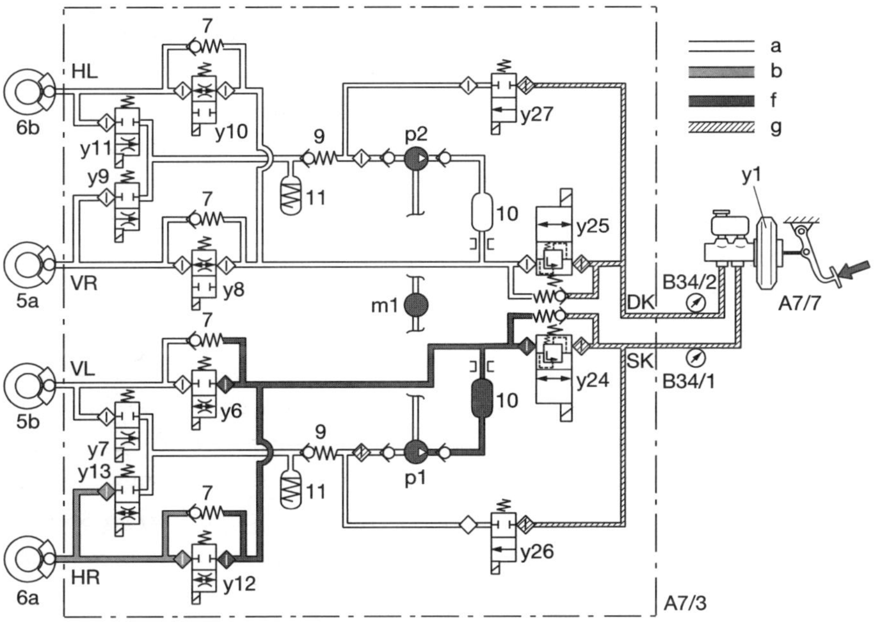

Bild 15.31b
Hydraulikkreis: Druck halten
a Saugleitung
b Bremsdruck
f Hochdruck
g Vordruck

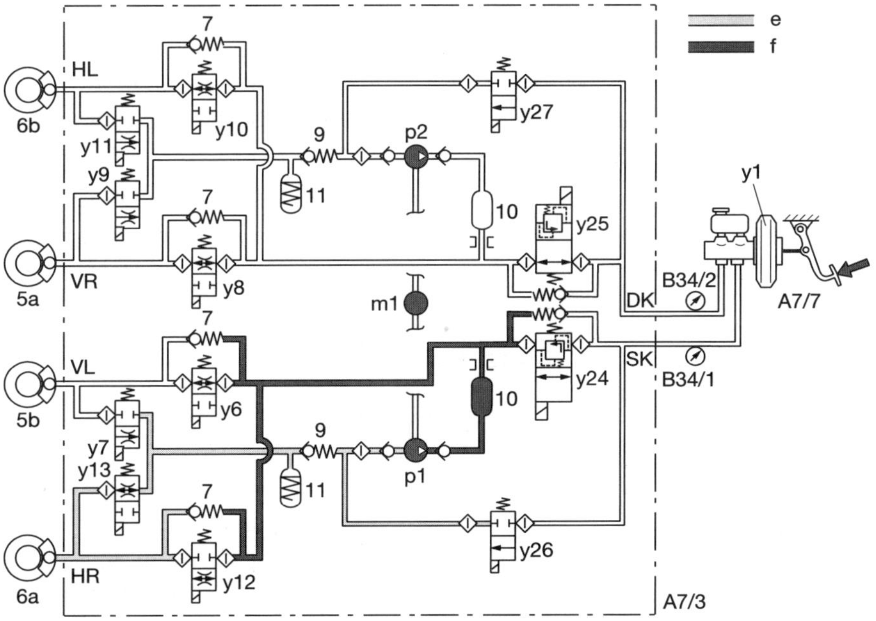

Bild 15.31c
Hydraulikkreis: Druckabbau
e Reduzierter Druck
f Hochdruck

und erzeugt den notwendigen Bremsdruck am Radbremszylinder hinten rechts (6a). Damit der Bremsdruck bei dieser diagonalen Bremskreisaufteilung nicht am Radbremszylinder vorne links (5b) wirken kann, wird das Einlassventil (y6) geschlossen. Zum Druckhalten werden das Ausgangsmagnetventil (y26) und das Einlassmagnetventil (y12) geschlossen. Der Druck im Radbremszylinder wird somit gehalten und kann nicht mehr erhöht werden.

Zum Druckabbau wird das Auslassmagnetventil (y13) geöffnet. Der Druck kann sich über die Hochdruck-/Rückförderpumpe und das im Umschaltmagnetventil (y24) integrierte Druckbegrenzungsventil abbauen. Wenn nach der Druckabbauphase kein erneuter Druckaufbau notwendig ist, d.h. die Fahrstabilitätsregelung beendet wird, werden alle Magnetventile wieder stromlos geschaltet und gehen in ihre Ruhelage zurück. Die Hochdruck-/Rückförderpumpe wird dann ebenfalls abgeschaltet, und der noch anstehende Restsystemdruck (noch ca. 150 bar) kann sich über das ganze System abbauen. Ergänzend erwähnt werden müssen bei den Ein- und Ausgangssignalen der Fahrstabilitätsregelung noch die Signale des Schalters für die Feststellbremse, das Signal des Schalters «Fahrstabilitätsregelung aus» und die Ansteuerung der Kontrollluchten. Wird die Feststellbremse aktiviert, erfolgt keine Motorschleppmomentregelung. Wird der Schalter «Fahrstabilitätsregelung aus» aktiviert, werden die Antriebsschlupf-, Motorschleppmoment- und Fahrstabilitätsreglung ausgeschaltet. Die Warnlampe wird dabei durch das Steuergerät über die Datenleitung (CAN) zum Kombi-Instrument aktiviert und brennt permanent, ebenso wie bei einem Fehler, wenn die Fahrstabilitätsregelung nicht mehr funktionsfähig ist. Auch die Signale von den Bremsbelagverschleißkontakten und die Ansteuerung der Warnlampen für elektronische Traktionssysteme und ABS werden durch das Steuergerät über die Datenleitung zum Kombi-Instrument aktiviert. Ebenso wie alle bisher beschriebenen Systeme besitzt es eine umfangreiche Eigendiagnose mit einem Fehlerspeicher, der über den Diagnosetester ausgelesen werden kann.

15.4 Geregelte Sperren

Zur Erhaltung der Fahrstabilität und Erhöhung der Traktion bietet sich neben der in Abschnitt 15.2 beschriebenen Antriebsschlupf-Regelung die Möglichkeit, die Differentialsperren elektronisch zu regeln und damit die Kraftverteilung zu beeinflussen.

Auch hier ist durch die Elektronik eine feine Abstimmung möglich, ohne auf die Nachteile der mechanischen Differentialsperren Rücksicht nehmen zu müssen. Die Sperrwirkung kann durch die elektronische Regelung je nach Erfordernis zwischen 0 und 100% variiert werden.

Bei einer Bremsung wird die Sperrwirkung sofort aufgehoben. Es ergeben sich also im Gegensatz zu mechanischen Sperren keine negativen Einflüsse auf eine ABS-Regelung, da alle vier Räder entkoppelt sind.

Die geregelten Sperren werden entweder nur beim Hinterachs-Differential oder beim Allrad auch beim Verteilergetriebe verbaut. Die Sperrwirkung kann durch ein Hydrauliksystem, das auf ein

Lamellenpaket drückt, oder durch einen starken Elektromagneten, der ebenfalls ein Lamellenpaket zusammendrückt, erreicht werden.
Da durch die elektrohydraulische Sperre größere Kräfte erzeugt werden können, wird diese stets für das Hinterachs-Differential verwendet. Für das Differential des Verteilergetriebes bei Allradfahrzeugen kann sowohl die elektrohydraulische als auch die elektromagnetische Sperre verwendet werden. Dies ist von dem zu übertragenden maximalen Drehmoment, der Achslastverteilung sowie der Momentenverteilung zwischen Vorder- und Hinterachse abhängig.
Die Regelung und Ansteuerung der Sperren übernimmt ein Steuergerät nach fest programmierten Kennfeldern und in Abhängigkeit von den Eingangssignalen. Die Erhaltung der Fahrstabilität hat hierbei eine höhere Priorität als die Erhöhung der Traktion.

15.4.1 Ein- und Ausgänge am Steuergerät

Je nach Systemvariante sind die in Tabelle 15.1 dargestellten Ein- und Ausgänge am Steuergerät möglich.

Tabelle 15.1 Systemübersicht «Geregelte Sperren»

Eingangssignale	Verarbeitung	Ausgangssignale
Raddrehzahl VL Raddrehzahl VR Raddrehzahl HL Raddrehzahl HR Drosselklappen-Istwert td-Signal Bremslichtschalter Bremstestschalter Fülldruckschalter Speicherladedruckschalter Querbeschleunigungsgeber Sperrenschalter Batterie-Plus Kl. 30 Batterie-Plus Kl. 15 Masse Kl. 31	STEUERGERÄT ⇑ ⇓ Diagnose	Funktionslampe Druckaufbauventil HA-Sperre Druckabbauventil HA-Sperre Druckaufbauventil Verteilergetriebe Druckabbauventil Verteilergetriebe oder: Ansteuerung der elektromagnetischen Sperre im Verteilergetriebe

Die **Raddrehzahl-Signale** erhält das Steuergerät vom ABS-Steuergerät. Es handelt sich dabei um bereits aufbereitete Rechtecksignale. Diese sind über das Tastverhältnis zu messen. Anhand der Raddrehzahl-Signale erkennt das Steuergerät die Fahrzeuggeschwindigkeit, eine eventuelle Kurvenfahrt sowie einen erhöhten Schlupf an einem oder mehreren Rädern. Die Referenzgeschwindigkeit errechnet das Steuergerät aus dem Signal des langsamsten Vorderrades.

Bei einem Ausfall des ABS bzw. einem Ausfall eines Raddrehzahl-Signals schaltet sich das Steuergerät für die Regelung der Sperren ab.
Durch den **Drosselklappen-Istwert,** der vom Motronic-Steuergerät als pulsweitenmoduliertes Signal geliefert wird, wird der Lastzustand bzw. Zug- oder Schiebebetrieb erkannt. Bei laufendem Motor kann dieses Signal mit der Messung des Tastverhältnisses überprüft werden.
Das ebenfalls vom Motronic-Steuergerät kommende **td-Signal** liefert die Information über die Motordrehzahl an das Steuergerät. Die Motordrehzahl und der Drosselklappen-Istwert bestimmen in Abhängigkeit von den Raddrehzahl-Signalen die Schnelligkeit des Sperreneinsatzes. Ohne Motordrehzahl erfolgt kein Sperreneinsatz. Das td-Signal wird mit dem Tastverhältnis überprüft.
Durch das **Spannungssignal des Bremslichtschalters** erkennt das Steuergerät eine Bremsenbetätigung und hebt augenblicklich die Sperrenbetätigung auf.
Dadurch sind alle vier Räder entkoppelt, und es ergeben sich keine negativen (Antriebs-) Einflüsse auf die Bremswirkung sowie eine etwaige ABS-Regelung.
Bei betätigtem Bremspedal und damit geschlossenem Bremslichtschalter ist am entsprechenden Eingang am Steuergerät annähernd Batteriespannung zu messen.
Aus Sicherheitsgründen ist meist zusätzlich ein **Bremstestschalter** verbaut. Damit wird auch bei einem Ausfall des Bremslichtschalters das Betätigen der Bremse erkannt.
Der Bremstestschalter spricht erst bei einem weiteren Weg des Bremspedals an und unterbricht beim Öffnen das Massesignal.
Eine Widerstandsprüfung und Betätigung des Bremspedals sind ausreichend für die Überprüfung der Schalterfunktion.
Die zeitliche Verzögerung beim Schließen des Bremslichtschalters und Öffnen des Bremstestschalters beim Betätigen des Bremspedals und umgekehrt beim Wiederloslassen wird durch eine Logikschaltung im Steuergerät zusätzlich überwacht.
Der **Fülldruckschalter** liefert dem Steuergerät ein Massesignal, sobald der Hydraulikdruck in der Sperre einen gewissen Wert erreicht hat (drucklos offen, Widerstandsmessung). Er dient dem Steuergerät somit zur Überwachung des Hydrauliksystems sowie für die Rückmeldung des Druckauf- bzw. -abbaus in der Sperre.
Der **Speicherladedruckschalter** gibt ein Spannungssignal an das Steuergerät und das Speicherladeventil, wenn der Druck im Hydrauliksystem absinkt und der Druckspeicher geladen werden muss. Die Zeit für das Laden des Druckspeichers wird vom Steuergerät überwacht und beim Überschreiten von programmierten Zeiten als «Leckage»

oder sonstige Funktionsstörung erkannt. Das Steuergerät schaltet dann das System ab.
Der **Querbeschleunigungsgeber** enthält je einen Beschleunigungssensor für Rechts- und Linkskurven. Durch Widerstandsänderungen im jeweiligen Sensor erkennt das Steuergerät extreme Querbeschleunigungen bei Kurvenfahrt und beeinflusst dadurch die Regelung der Sperren, um die Fahrstabilität in Extremsituationen zu erhalten.
Der Querbeschleunigungsgeber wird nur bei Sportwagen mit sehr hohen möglichen Kurvengeschwindigkeiten eingebaut.
Natürlich erhält auch bei diesem System das Steuergerät permanent **Batterie-Plus über Klemme 30, Batterie-Plus** über **Klemme 15** und die **Masse** über **Klemme 31.** Diese Standardeingänge müssen bei einer etwaigen Fehlersuche immer überprüft werden.
Durch den **Sperrenschalter** können die Sperren manuell gemeinsam geschaltet werden. Ab einer programmierten Fahrgeschwindigkeit (ca. 30 km/h) wird diese Möglichkeit aus Sicherheitsgründen vom Steuergerät abgeschaltet bzw. ignoriert.

Sämtliche Systeme für die Sperrenregelung sind mit einer Eigendiagnose und einem Fehlerspeicher im Steuergerät ausgestattet und haben deshalb eine Diagnoseschnittstelle.

Die **Funktionslampe** zeigt den Ausfall des Systems sowie eine momentane Regelung an. Je nach Hersteller wird die Regelung durch eine blinkende oder eine permanent leuchtende Funktionslampe angezeigt.
Die Ansteuerung der **Druckauf- und -abbauventile** durch das Steuergerät geschieht so, dass durch die Druckvariation im Hydrauliksystem die gewünschte Sperrenwirkung erreicht wird.
Die Funktion des Hydrauliksystems und der Ventile wird im folgenden Abschnitt ausführlicher beschrieben.
Der Aufbau und die **Ansteuerung der elektromagnetischen Sperre** schließen sich daran an.

15.4.2 Elektrohydraulische und die elektromagnetische Sperre

Für die Regelung des hydraulischen Druckes der elektrohydraulischen Sperre sind die Magnetventile in einem **Hydraulikblock** (Bild 15.32) zusammengefaßt. Das Speicherladeventil (2/2-Magnetventil) ist stromlos offen. Die von der mechanisch angetriebenen Hydraulikpumpe geförderte Flüssigkeit fließt durch das offene Speicherladeventil zum Anschluss für andere Hydrauliksysteme oder zurück zum Hydrauliktank. Sinkt der Druck im Druckspeicher (unter ca. 120 bar),

Bild 15.32
Blockschaltbild Hydraulikeinheit
P Anschluss Tandempumpe
T Anschluss Hydrauliktank
A Anschluss Niveauanlage oder Hydrauliktank
EH Anschluss EH-Sperre im Hinterachsgetriebe
SPLV Speicherladeventil
DABV Druckabbauventil
DAUFV Druckaufbauventil
SLDS Speicherladedruckschalter
FDS Fülldruckschalter
DBV Druckbegrenzungsventil

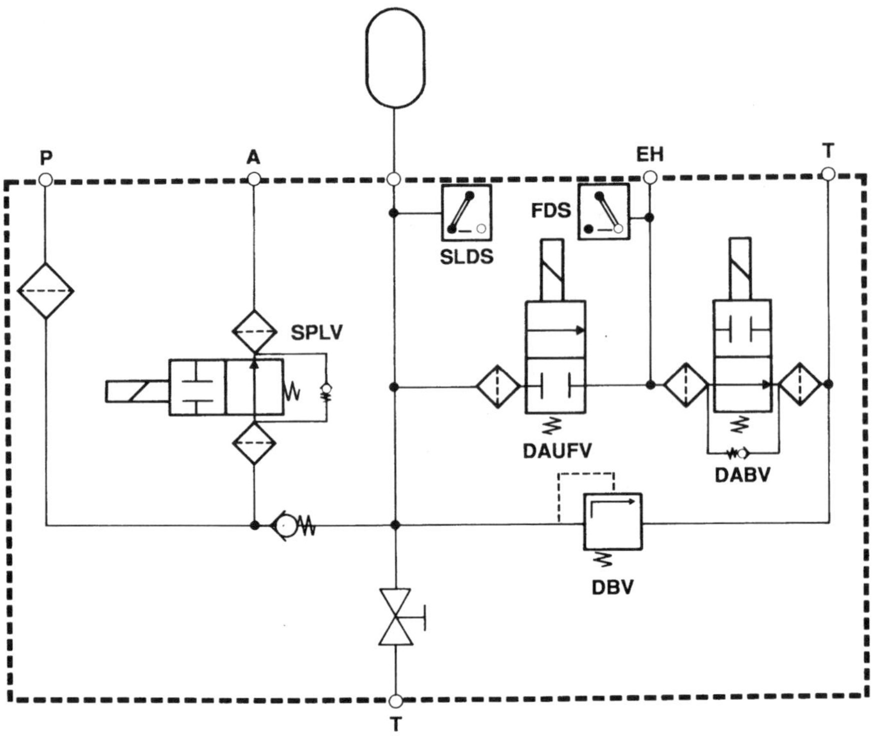

schließt der Speicherladedruckschalter und steuert das Speicherladeventil direkt an. (Eine Abzweigung der Leitung gibt parallel diese Information an das Steuergerät.)

Das Speicherladeventil schließt, und der von der Pumpe erzeugte Druck lädt den Druckspeicher. Bei genügend hohem Druck (ca. 180 bar) öffnet der Speicherladedruckschalter wieder und unterbricht die Stromversorgung zum Speicherladeventil, das dann wieder stromlos offen ist. Durch den Speicherladedruckschalter kann auch eine elektrisch angetriebene Hochdruckpumpe direkt angesteuert werden.

Die Funktion des Speicherladens dient dazu, ständig einen ausreichend hohen Speicherdruck zur Verfügung zu haben, damit eine notwendige Sperrenregelung sofort ohne Verzögerung und mit voller Sperrwirkung möglich ist.

Erkennt das Steuergerät die Notwendigkeit eines Sperreneingriffs, werden das Druckaufbau- und das Druckabbauventil mit Strom beaufschlagt. Das stromlos offene Druckabbauventil wird geschlossen, und das stromlos geschlossene Druckaufbauventil wird geöffnet. Damit kann der im Druckspeicher vorhandene Druck unmittelbar auf ein Lamellenpaket im Differentialgetriebe (Hinterachs-Differential oder Verteilergetriebe) wirken und eine Sperrung des Differentials hervorrufen.

Werden das Druckaufbau- und das Druckabbauventil wieder stromlos, baut sich der Druck ab, und die Sperrwirkung wird aufgehoben.

Der Druck kann je nach Ansteuerung der einzelnen Ventile aufgebaut, gehalten, abgebaut oder beliebig variiert werden. Somit ist eine stufenlose Sperrwirkung von 0 bis 100% möglich – je nach Anforderung.
Durch das Massesignal des geschlossenen Fülldruckschalters (über ca. 8 bar) erkennt das Steuergerät den Beginn der Sperrwirkung und der hydraulischen Funktionsfähigkeit.
Die **elektromagnetische Sperre** ist in ihrem Aufbau und in ihrer Funktionsweise sehr einfach (Bild 15.33).

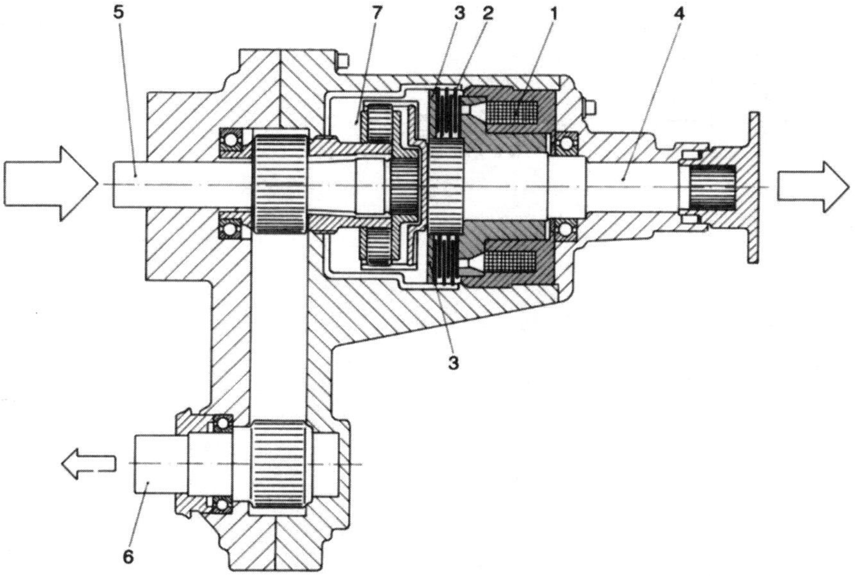

Bild 15.33
Elektromagnetische Sperre
1 Elektromagnet
2 Lamellenpaket
3 Druckscheibe
4 Abtriebswelle hinten
5 Antriebswelle
6 Abtriebswelle vorne
7 Differentialgetriebe

Der Elektromagnet wird stromdurchflossen und baut ein Magnetfeld auf. Durch dieses Magnetfeld wird die (Abschluss-) Scheibe zum Magneten hingezogen und drückt das Lamellenpaket zusammen. Durch den Druck können sich die innen- und außenverzahnten Lamellen nicht mehr gegeneinander drehen, und das Differential im Verteilergetriebe ist damit gesperrt. Die Stromversorgung (Plus und Minus) dazu kommt direkt aus dem Steuergerät. Die Stromstärke ist immer konstant, d.h. bei Stromfluss 100% Sperrwirkung. Jedoch kann die Dauer des Stromflusses individuell je nach Anforderung variiert werden. Dadurch ergibt sich über die Zeit ebenfalls eine stufenlos einstellbare Sperrwirkung von 0 bis 100%.

15.4.3 Stromlaufplan eines Allradsystems mit elektrohydraulischer und elektromagnetischer Sperre (Bild 15.34)

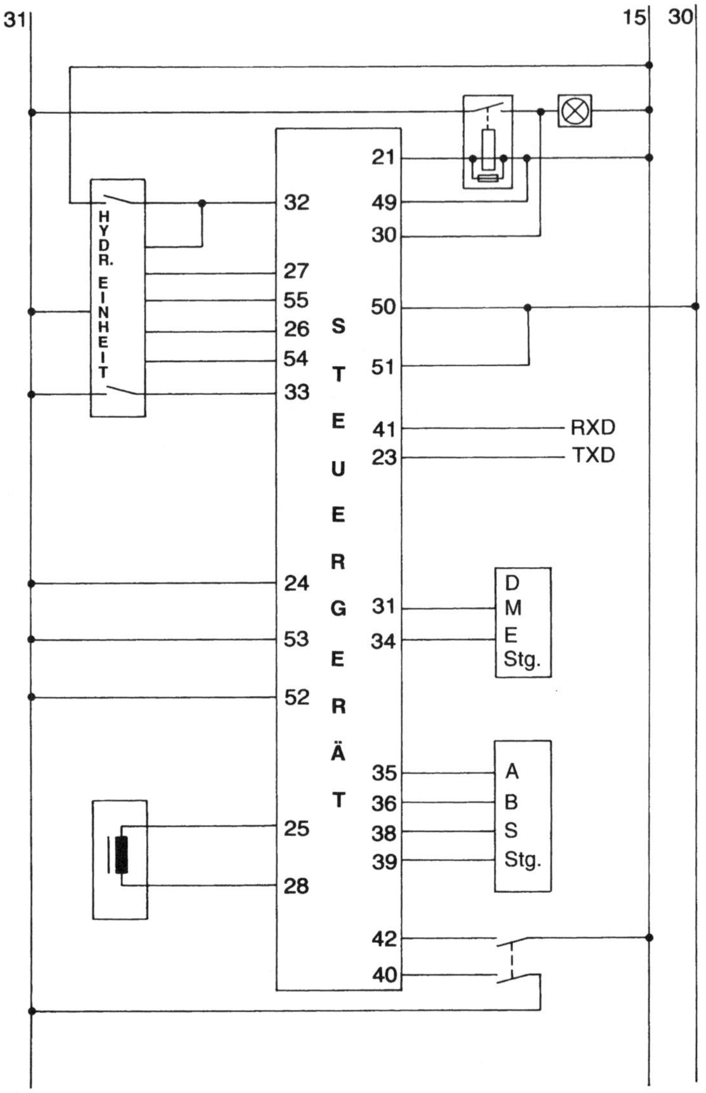

Bild 15.34
Schaltplan elektrohydraulische und elektromagnetische Sperre

Pin 34: td-Signal
Pin 31: DKi-Signal
Pins 35, 36, 38, 39: Drehzahlfühler-Signal
Pin 40: Bremstestschalter
Pin 42: Bremslichtschalter
Pin 30: Ansteuerung Funktionslampe
Pin 21: Ansteuerung Relais für Funktionslampe
Pin 49: Klemme 15
Pins 50, 51: Klemme 30 permanent

Pins 41, 23: Diagnose
Pins 25, 28: EM-Sperre
Pin 32: Speicherladedruckschalter-Rückmeldung
Pins 27, 55: Ansteuerung des Druckaufbauventils
Pins 26, 54: Ansteuerung des Druckabbauventils
Pin 33: Fülldruckschalter-Signal
Pins 24, 52, 53: Masse

15.5 Elektronische Dämpferkraftverstellung

Die konventionelle Abstimmung der Federung und Dämpfung eines Kraftfahrzeugs stellt immer einen Kompromiss zwischen noch komfortorientierter und der Fahrsicherheit genügender Dämpfung dar. Erst durch die Elektronik können durch Ansteuern von Magnetventilen mehrere Dämpferkennlinien in einem Stoßdämpfer verwirklicht werden (Bild 15.35).

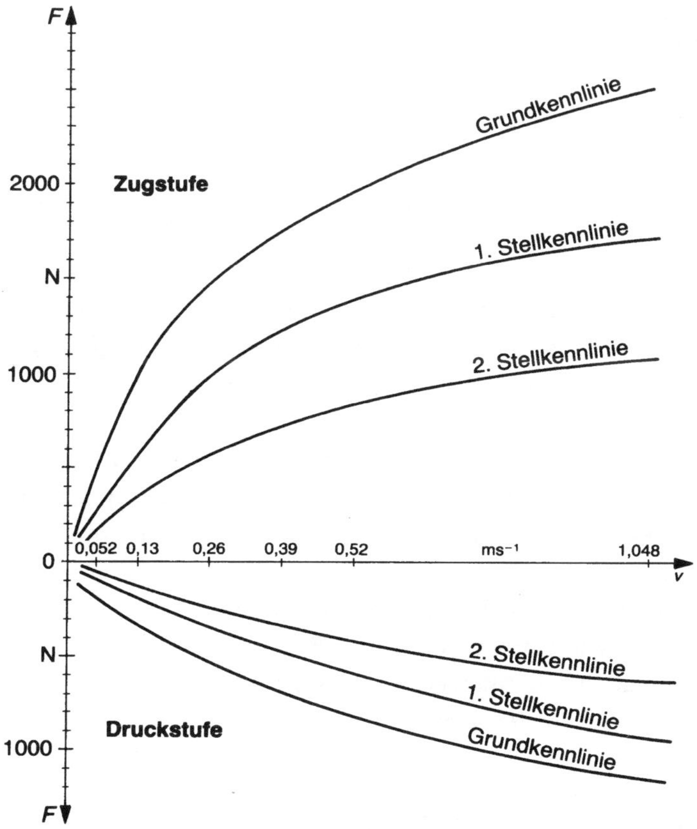

Bild 15.35
Kennlinien-Beispiel eines Dämpfers mit zwei Stellventilen

Der Fahrer hat die Möglichkeit, über einen Programmschalter zwischen maximal drei Einstellungen zu wählen (Komfort, Normal, Sport).

Ein elektronisches Steuergerät verarbeitet neben dem Fahrerwunsch noch zusätzliche Eingangssignale, die den fahrdynamischen Zustand des Fahrzeugs erfassen.
Die Magnetventile an den Dämpfern werden so angesteuert, dass der Fahrerwunsch so weit wie möglich berücksichtigt und gleichzeitig ein Höchstmaß an Fahrsicherheit gewährleistet wird.
Zur Erkennung des fahrdynamischen Zustandes eines Fahrzeugs werden die Geschwindigkeit sowie die horizontale und vertikale Beschleunigung der Karosserie erfasst. Die horizontale Beschleunigung wird über Längs- und Querbeschleunigungsgeber gemessen. Die vertikale Beschleunigung (Aufbaubeschleunigung durch Fahrbahnunebenheiten) wird sowohl an der Vorderachse als auch an der Hinterachse durch eigene Beschleunigungsaufnehmer erfasst (Tabelle 15.2).

Tabelle15.2
Systemübersicht «Dämpferkraftverstellung»

Eingangssignale	Verarbeitung	Ausgangssignale
Fahrerwunsch Geschwindigkeit Querbeschleunigung Längsbeschleunigung Vertikalbeschleunigung vorne/hinten Spannungsversorgung	STEUERGERÄT ⇑ ⇓ Diagnose	4×2-Magnetventile Störungs-/Funktionslampe bzw. Programmanzeige

Der **Fahrerwunsch** wird über einen Schalter und ein Massesignal auf einer entsprechenden Leitung dem Steuergerät angezeigt. Kein Signal – auch bei einer Leitungsunterbrechung – bedeutet meist härteste Dämpferkennlinie (Sport-Programm).
Die **Geschwindigkeit** wird durch ein Rechtecksignal mit veränderlicher Frequenz erfasst. Beim Ausfall des Geschwindigkeitssignals wird aus Sicherheitsgründen ebenfalls die härteste Dämpfereinstellung gewählt.
Die **Querbeschleunigung** (Kurvenfahrt) kann über einen Querbeschleunigungsgeber, wie bei den geregelten Sperren, erfasst werden.
Vorteilhafter ist jedoch die Auswertung des Lenkwinkels. Da er der Fahrzeugbewegung voreilt, ist somit eine schnellere Dämpferverstellung möglich, bevor sich die Karosserie neigt. Die Dämpferkraftverstellung hängt dabei von der Fahrzeuggeschwindigkeit und der Größe und Zeit der Änderung des Lenkwinkels ab. Der Lenkwinkel wird über einen Lenkwinkelsensor direkt an der Lenkung abgenommen. Bei dem Lenkwinkelsensor handelt es sich um ein Doppelpotentiometer mit zwei um 90° versetzten Schleifkontakten (Bild 15.36).

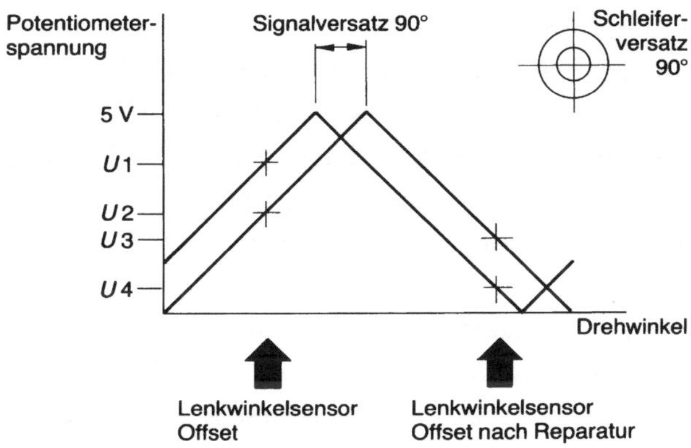

Bild 15.36 Funktionsweise des Doppelpotentiometers

Durch die Widerstandsänderung und die damit verbundene Änderung des Spannungsabfalls erkennt das Steuergerät die Lenkbewegungen. Die Überprüfung kann durch eine Widerstandsmessung erfolgen.
Beim Ausfall des Lenkwinkelsensor-Signals wird aus Sicherheitsgründen die «weichste» Dämpfungsstufe nicht mehr geschaltet, nur noch «Mittel» und «Hart». Nach dem Auswechseln des Lenkwinkelsensors wird dem Steuergerät über die Diagnoseschnittstelle die Nulllage (Lenkung geradeaus) eingegeben. Die exakte Nulllage adaptiert das Steuergerät selbständig.
Die **Längsbeschleunigung** (Bremsen, Beschleunigen) kann durch den Drosselklappenwinkel und eine Bremsdrucküberwachung erkannt werden.
Hier ist jedoch ein Beschleunigungssensor exakter, da durch ihn auch die Stärke der tatsächlichen Beschleunigung/Verzögerung erkannt werden kann.
Als Beschleunigungssensor verwendet man einen Sensor mit einer Piezokeramik und einer «trägen» Masse (Bild 15.37). Bei einer Änderung der Längsdynamik gibt der Beschleunigungssensor ein Spannungssignal an das Steuergerät, das proportional zur Beschleunigung ist.

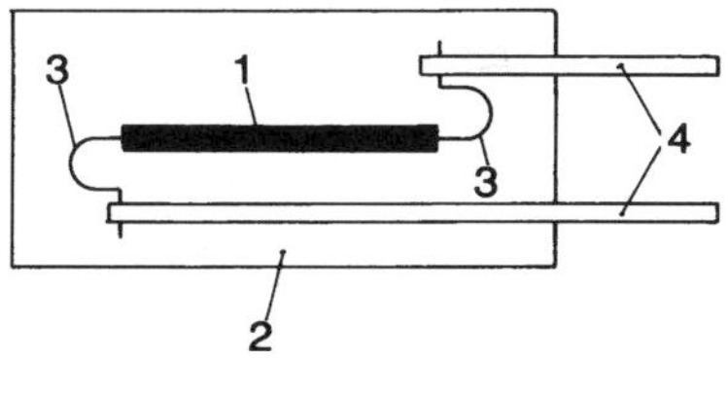

Bild 15.37 Aufbau eines Halbleiter-DMS (schematisiert)
1 Messgitter
2 Trägerfolie
3 Zwischenleiter aus Gold
4 Anschlussbänder

Ein defekter Beschleunigungssensor kann nur über die Eigendiagnose und den Fehlerspeicher des Steuergerätes erkannt werden. Das Steuergerät schaltet bei einem Signalausfall oder nicht definierten Signalen nur noch die Dämpferstufen «Mittel» und «Hart».

Das gilt auch für die baugleichen Vertikalbeschleunigungssensoren. Durch je einen über der Vorderachse und einen über der Hinterachse werden die Vertikalbeschleunigungen durch Fahrbahnunebenheiten ermittelt. Das Steuergerät erkennt daraus die Karosserieschwingungen und steuert die Dämpfer so an, dass sich die Karosserieschwin-

gungen in ihrer Frequenz und Amplitude in einem Bereich befinden, in dem keine starken Stöße auf die Insassen übertragen werden.
Die **Ansteuerung der Magnetventile** an den Stoßdämpfern (Bild 15.38) erfolgt durch einen Gleichstrom. Die Versorgung Plus/Minus wird direkt durch das Steuergerät ausgegeben. Änderungen der Magnetventilstellung erfolgen durch eine Änderung der Stromstärke. Dies kann innerhalb von nur 20 ms geschehen. Stromlos sind die Magnetventile über eine Feder mechanisch geschlossen. Dies entspricht einer «harten» Dämpferkennung bzw. der «Sport»-Stufe. Dadurch wird bei einem Systemausfall der Fahrsicherheit oberste Priorität eingeräumt.

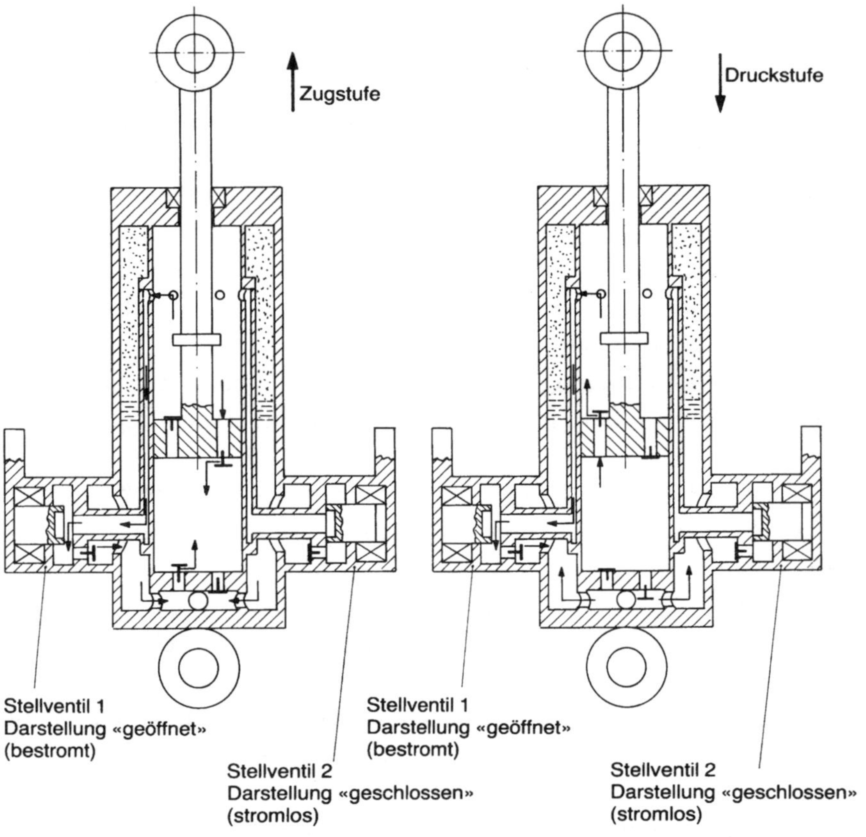

Bild 15.38
Zweirohr-Dämpfer mit zwei Stellventilen

Eine defekte Dämpferkraftverstellung wird durch eine Störungs-/Funktionslampe angezeigt. Dies kann auch durch das Erlöschen der Programmanzeigen-Beleuchtung erfolgen. Andere Systeme zeigen Störungen nur über einen Diagnosetester an.

16 Passive Sicherheitssysteme

16.1 Einführung

Trotz ständig steigender Verkehrsdichte konnte durch die permanente Weiterentwicklung der Fahrzeugtechnik ein Rückgang der bei einem Unfall getöteten bzw. schwerst verletzten Personen erreicht werden. Neben der Verbesserung der aktiven Fahrzeugsicherheit (vgl. Kapitel 15) ist dies im Wesentlichen in den vergangenen Jahren auf die Erhöhung der passiven Fahrzeugsicherheit zurückzuführen. Bei der Konstruktion der Karosseriestruktur wird das Deformationsverhalten bei einem Unfall durch **Crashtests** ständig optimiert. Nicht zuletzt durch die Möglichkeiten der Elektronik und zusätzlicher Rückhaltesysteme wird der Insassenschutz nochmals erheblich gesteigert. Zu den Rückhaltesystemen gehören neben dem Dreipunkt-Sicherheitsgurt mit Gurtstraffer mittlerweile eine Vielzahl von Airbags (engl. für «Luftsack»), die bei einem Unfall ausgelöst werden können. Der Airbag, bereits in den 50er-Jahren zum Patent angemeldet, wurde Ende der 70er-Jahre in den USA wegen der dort bestehenden Vorschriften zum Insassenschutz und fehlender Gurtanlegepflicht notwendig – zunächst als Fahrer – und dann zusätzlich als Beifahrer-Airbag. Unbestritten ist jedoch, dass sich ein angelegter Dreipunkt-Sicherheitsgurt und der Airbag optimal ergänzen und zusammen die beste Schutzwirkung erzielen. In Europa (Gurtanlegepflicht) werden aus diesem Grund die Auslöseschwellen (Stärke der Negativbeschleunigung bei einem Unfall) angepasst, d.h. erhöht. Bei einem Aufprall im unteren Geschwindigkeitsbereich übernimmt zunächst der Gurt die Rückhaltefunktion, erst bei höheren Aufprallgeschwindigkeiten werden zusätzlich ein oder mehrere Airbags gezündet. Der Airbag kann daher unter keinen Umständen das Anlegen des Sicherheitsgurtes ersetzen.

In Deutschland setzten sich Fahrer- und Beifahrer-Airbag erst ab Ende der 80er-Jahre zunächst in der gehobenen Fahrzeugklasse durch. Mitte der 90er-Jahre kam zum Fahrer- und Beifahrer-Airbag der Seitenairbag und kurz darauf der Kopfairbag. Mittlerweile kann eine Fahrzeugausstattung mit Fahrer- und Beifahrer-Airbag sowie Seitenairbags für die Frontpassagiere, kombiniert mit Gurtstraffersystemen, als Standard angesehen werden. Ein Fahrzeug der gehobenen Klasse ist heute serienmäßig mit bis zu zehn Airbags (Fahrer-, Beifahrer-Airbag für Frontaufprall, Seiten- und Kopfairbags für vorne und hinten sowie links und rechts) und Gurtstraffern für alle Gurte vorne und hinten ausgestattet, die von einem Steuergerät abgestuft und nach Notwendigkeit ausgelöst werden. Bild 16.1 zeigt die Anordnung aller Airbags.

Bild 16.1
Möglicher Ausrüstungsstand

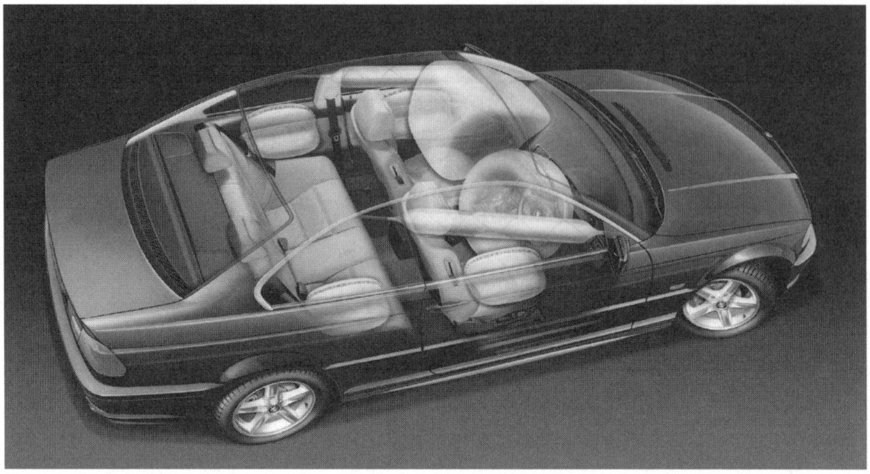
a)

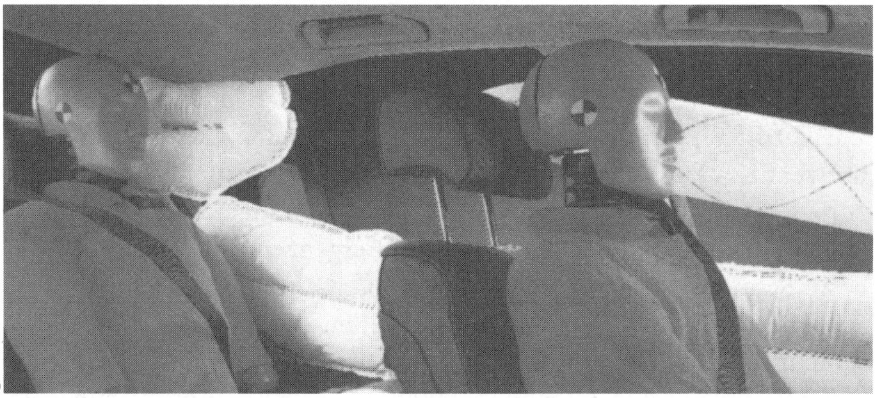
b)

16.2 Funktion und Bauteile des Fahrer- und Beifahrer-Airbags

Bei einem Unfall mit Frontaufprall können sich Fahrer und Beifahrer schwere Kopf- und Brustverletzungen zuziehen, wenn sie ungebremst gegen Lenkrad, Armaturenbrett oder sogar gegen die Windschutzscheibe geschleudert werden. Ein angelegter Sicherheitsgurt (auch mit Gurtstraffer) mindert den Aufprall, kann ihn jedoch bei höherer Geschwindigkeit nicht völlig vermeiden. Um dies zu verhindern, wird bei einem Frontaufprall innerhalb von Sekundenbruchteilen der Airbag ausgelöst, d.h. ein Luftsack sowohl vor dem Lenkrad als auch beim Beifahrer-Airbag vor dem Armaturenbrett aufgeblasen. Der zeitliche Ablauf einer Fahrerairbag-Zündung ist beispielhaft in den

Bildern 16.2 bis 16.6 dargestellt und beschrieben. Die angegebenen Zeitwerte sind fahrzeugspezifisch und weichen entsprechend der definierten Deformation der Karosseriestruktur bei anderen Fahrzeugen minimal ab.

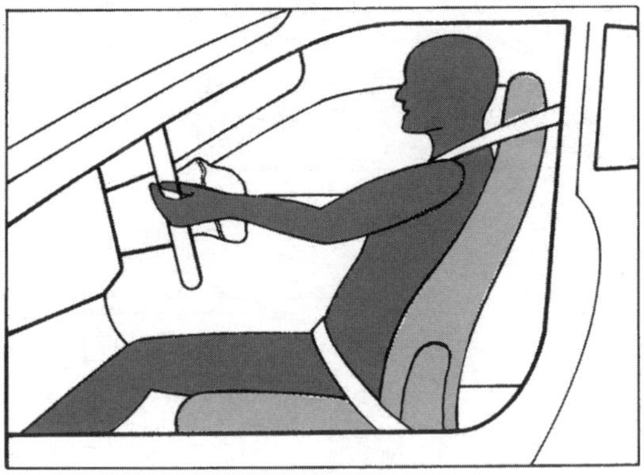

Bild 16.2
Zeitlicher Ablauf einer Airbag-Zündung (Aufprallgeschwindigkeit etwa 80 km/h) nach etwa 10 Millisekunden. Das Fahrzeug wird bereits stark verzögert, und die Auslöseschwelle ist überschritten; der Airbag wird gezündet.

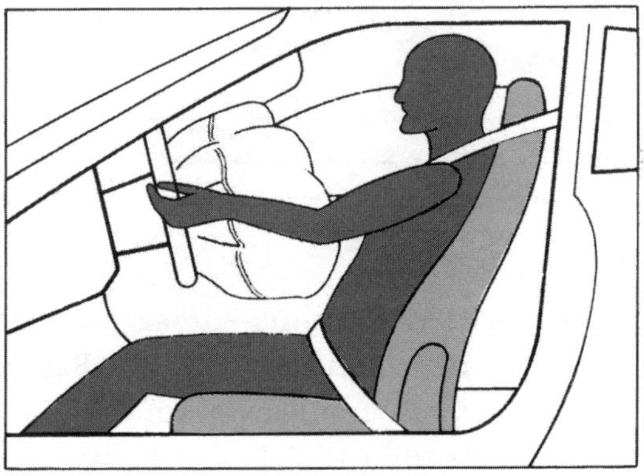

Bild 16.3
Nach etwa 20 Millisekunden. Der Airbag beginnt sich zu entfalten, der Fahrer bewegt sich nach vorne, die Deformationselemente am Vorderwagen sind bereits zum Teil verformt.

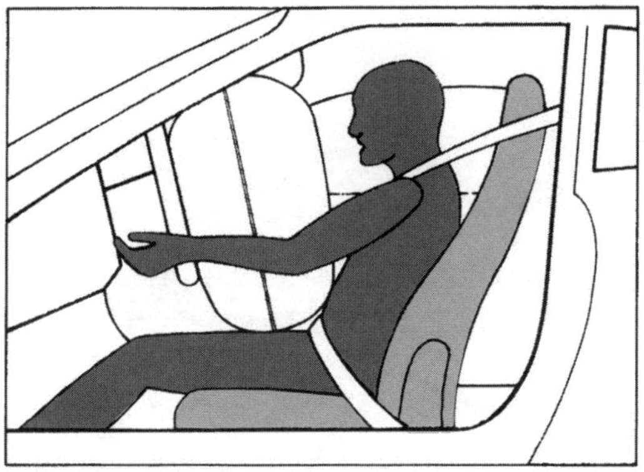

Bild 16.4
Nach etwa 30 Millisekunden. Der Airbag hat sich voll entfaltet, die Aufprallenergie wird zum Teil durch den anliegenden und sich dehnenden Sicherheitsgurt verringert.

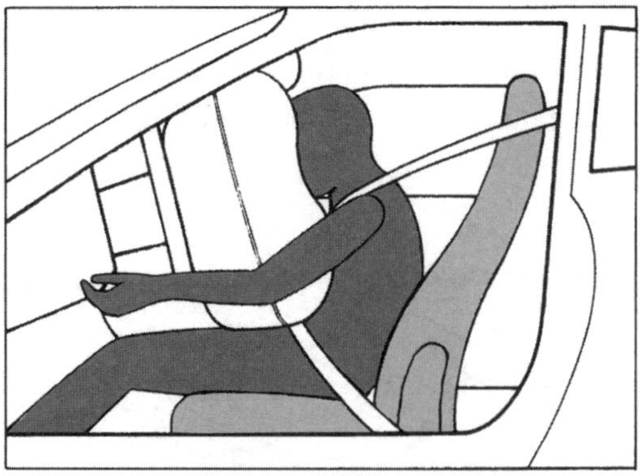

Bild 16.5
Nach etwa 80 Millisekunden. Der Fahrer taucht mit Kopf und Oberkörper in den Airbag, auf der vom Fahrer abgewandten Rückseite kann unter Belastung Gas entweichen, die Deformationszonen der Karosserie sind verformt, das Fahrzeug kommt zum Stillstand.

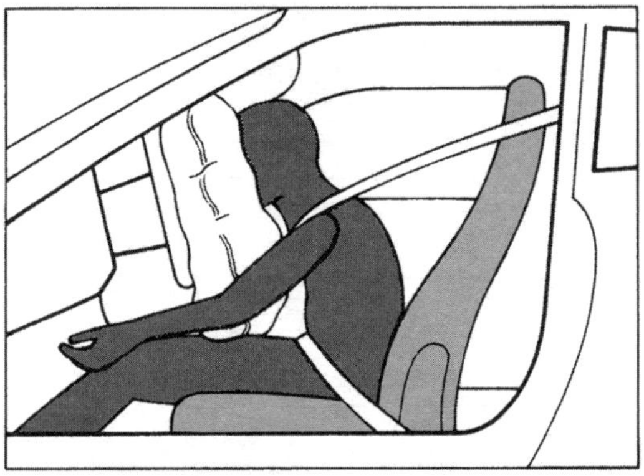

Bild 16.6
Nach etwa 120 Millisekunden. Der Airbag ist beinahe leer, der Fahrer bewegt sich in den Sitz zurück.

Auch für den Beifahrer-Airbag gelten minimal andere Zeitwerte. Jedoch werden zunächst erst die Bauteile und deren Funktion am Beispiel des Fahrerairbags erläutert. Das ursprüngliche System für den Fahrerairbag (Bild 16.7) bestand aus:

Bild 16.7
Airbag-Bauteile
1 Aufblasbarer Luftsack
2 Gasgenerator mit Zündspule
3 Steuergerät
4 Frontsensoren
5 Wickelfeder

- ❑ aufblasbarem Luftsack mit Öffnungsschlitzen,
- ❑ Gasgenerator mit Zündpille zum Aufblasen des Luftsackes,
- ❑ elektronischem Auslöse-(Steuer-)gerät mit integriertem Beschleunigungsaufnehmer (Stoßsensor), Kondensator (als Energiereserve) und einem Spannungswandler,
- ❑ Kontrolllampe zur Systemüberwachung,
- ❑ je nach Hersteller ein oder zwei Frontsensoren (zusätzliche Beschleunigungsaufnehmer bei den ersten Systemen zur Vermeidung von Fehlauslösungen, heute nicht mehr notwendig),
- ❑ einer Wickelfeder (Spiralkabel) zur sicheren Kontaktübertragung von der Lenksäule zum Lenkrad (nicht bei allen Herstellern/Fahrzeugen).

Eine mögliche Anordnung der Komponenten bei einem Fahrer- und Beifahrer-Airbag und den Bereich der Airbagauslösung bei einem Frontaufprall (bis etwa 30° seitlich zur Fahrzeuglängsachse) entnehmen Sie Bild 16.8.

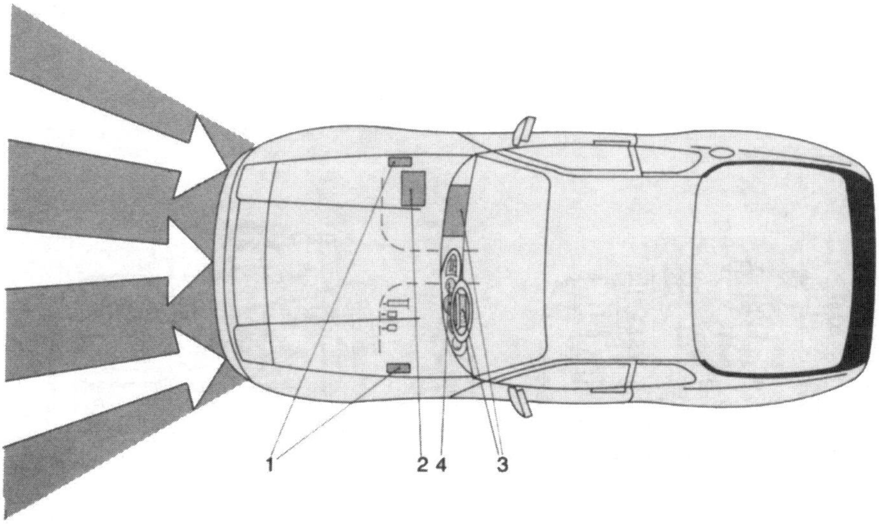

Bild 16.8
Anordnung der Airbag-Komponenten und Wirkungsbereich
1 Frontsensoren
2 Steuergerät mit Sicherheitssensor
3 Airbag-Einheiten, fahrer- und beifahrerseitig
4 Kontrollleuchte «Airbag» im Kombiinstrument

Die Funktionsfähigkeit jedes Airbagsystems wird laufend selbst überwacht und durch eine Kontrolllampe angezeigt. Nach dem Herstellen der Spannungsversorgung (ab Zündschlossstellung 1) leuchtet diese. Erlischt sie nach 4 bis 6 Sekunden, wurde durch die Überwachungselektronik im Steuergerät kein Fehler entdeckt, und das System ist funktionsbereit. Kommt es nun zu einem Unfall mit Frontaufprall, bei dem die definierte Fahrzeugverzögerung/Auslöseschwelle überschritten wird, so wird durch ein Spannungssignal eines Beschleunigungsaufnehmers im Steuergerät ein Zündstrom ausgelöst, der über eine Leitung zum Gasgenerator gelangt. Beim Fahrerairbag wird zur sicheren Kontaktierung häufig eine **Wickelfeder** (auch Spiralkabel oder Kabelrolle) anstelle eines normalen Schleifkontaktes verwendet (Bild 16.9).

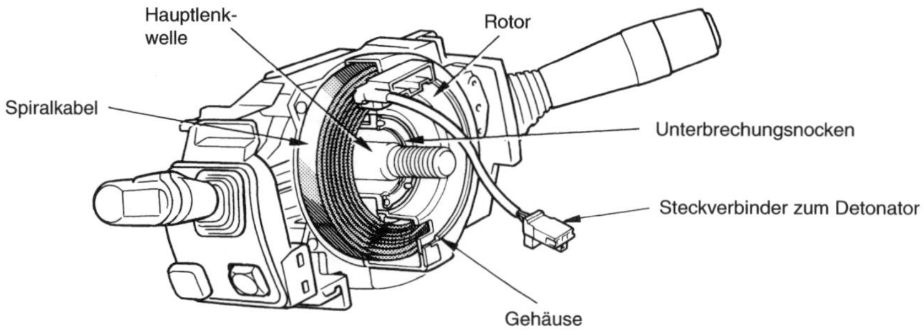

Bild 16.9
Spiralkabel

Der Zündstrom (ca. 35 V) wird durch einen Kondensator im Steuergerät – auch bei unfallbedingter Unterbrechung der Spannungsversorgung durch die Fahrzeugbatterie – bereitgestellt. Falls Frontsensoren verbaut sind, muss ebenfalls mindestens einer dieser einen zusätzlichen Kontakt schließen. Die Bilder 16.10 und 16.11 zeigen zwei verschiedene Arten von Frontsensoren.

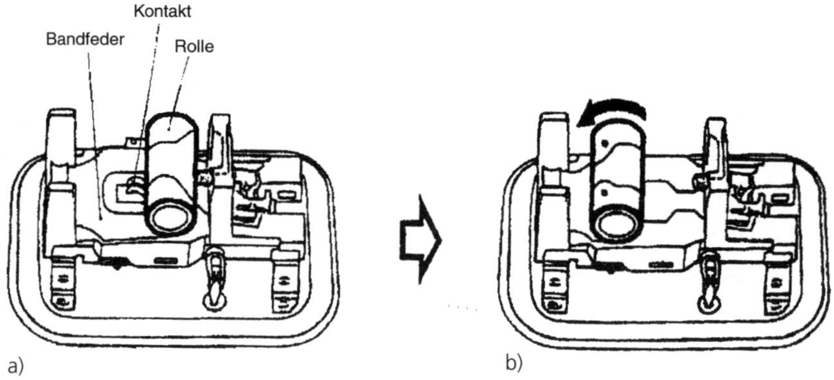

Bild 16.10
Frontsensor
a) in Ruheposition
b) mit entsprechend hoher Auslöseverzögerung

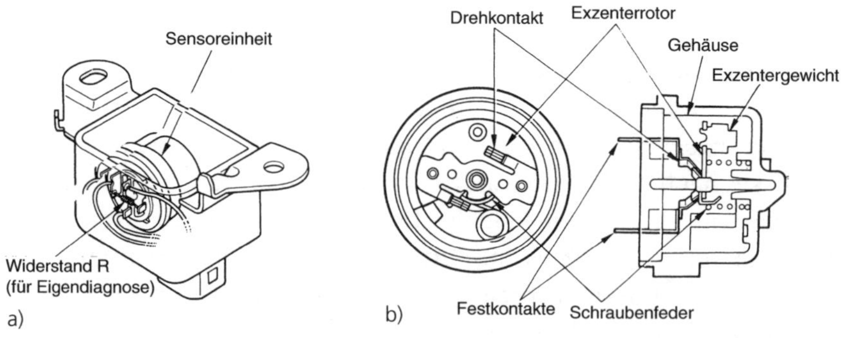

Bild 16.11
Frontsensor

Bei einem Frontsensor wird eine Rolle entgegen der Vorspannung durch eine Bandfeder über einen Kontakt bewegt (Bild 16.10), bei dem anderen wird ein Exzenterrotor mit Exzentergewicht entgegen eine Schraubenfeder verdreht, so dass die Drehkontakte und Festkontakte verbunden werden.
Der Zündstrom löst im **Gasgenerator** (Bild 16.12) mittels einer Zündpille die Entzündung des Festtreibstoffes aus. Dabei entsteht ein Gas, das den Luftsack aufbläst. Das **Treibgas** wird zuvor durch das Metallfilter gereinigt und abgekühlt.

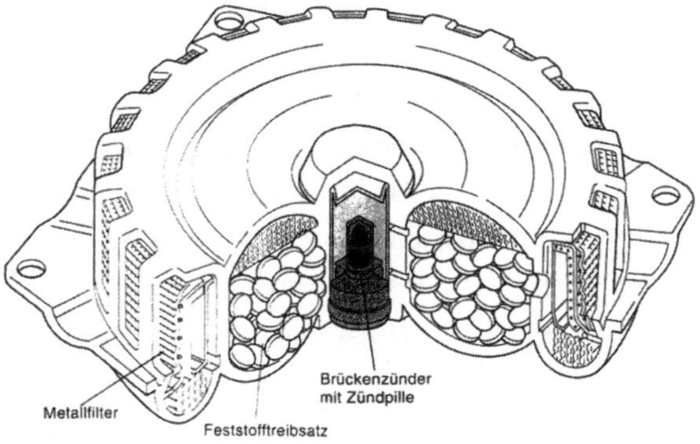

Bild 16.12
Schnittzeichnung eines (Topf-) Gasgenerators

Nach etwa 30 ms hat der Luftsack sein volles Volumen von bis zu 80 l (Fahrerairbag; je nach Hersteller) erreicht. Durch Öffnungen auf der vom Körper abgewandten Seite des Luftsackes entweicht ein Teil des Gases wieder; nach 100 bis 120 ms ist der Luftsack größtenteils wieder leer (vgl. Bild 16.6).
Der Luftsack für die Beifahrerseite fasst bis zu 150 l (je nach Hersteller) und wird deshalb zum Teil durch zwei – in kurzem Abstand (5 bis 10 ms) gezündete – Topfgasgeneratoren aufgeblasen. Häufig verwendet man für den Beifahrer-Airbag jedoch einen **Rohrgasgenerator** (Bild 16.13).
Die Funktion ist identisch mit dem Topfgasgenerator. Unterschiedlich in der Funktion ist der zum Teil ebenfalls für den Beifahrer-Airbag verwendete Kaltgasgenerator. Bei diesem (Bild 16.14) ist ein Druckgas-

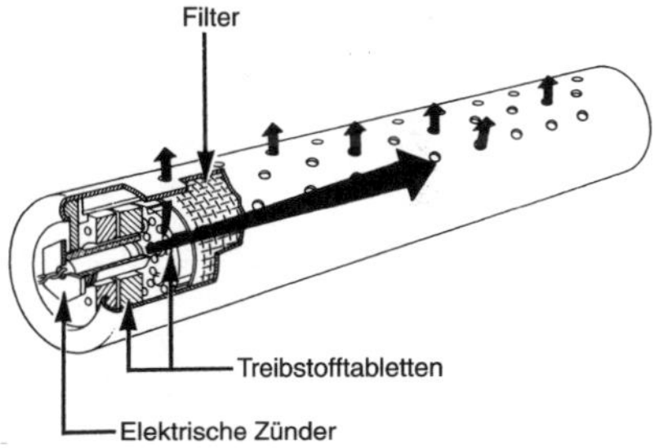

Bild 16.13
Rohrgasgenerator

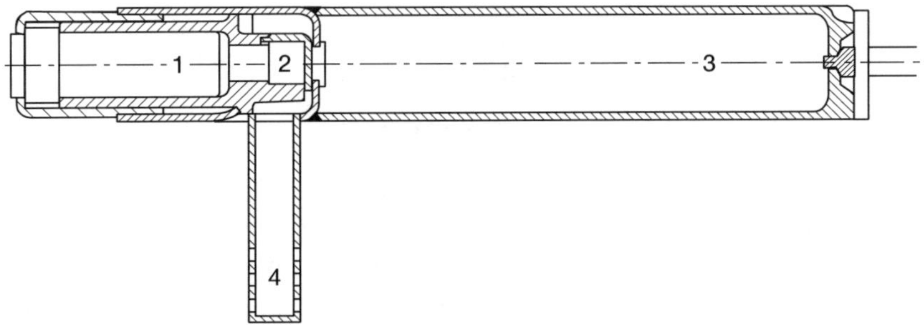

Bild 16.14
Kaltgasgenerator Beifahrer-Airbag mit Öffnungsmechanismus
1 Zündeinheit
2 Öffnungsmechanismus
3 Druckgasbehälter mit Gasfüllung (ca. 200 bar)
4 Ausströmöffnung

behälter mit Gas bis ca. 200 bar befüllt. Bei einer Auslösung wird durch die Zündeinheit der Druckgasbehälter geöffnet, und das komprimierte Gas kann über eine Ausströmöffnung den Luftsack entfalten und befüllen.

Auch beim Beifahrer-Airbag entleert sich der Luftsack – unabhängig vom verwendeten Gasgenerator/System – wieder durch Austrittsöffnungen auf der den Insassen abgewandten Seite. Der Beifahrer-Airbag wird meist gemeinsam mit dem Fahrerairbag ausgelöst. Mittlerweile gibt es bei einigen Herstellern für den Fahrer- und Beifahrer-Airbag zweistufige Gasgeneratoren, die je nach Unfallart und Unfallschwere in unterschiedlichen Zeitintervallen gezündet werden, um damit eine optimale Schutzwirkung zu erzielen. Ist die Beifahrerseite nicht besetzt, was häufig der Fall ist, ist die Auslösung umsonst und verursacht dadurch zusätzliche, unnötige Reparaturkosten. Um dies zu vermeiden, wird in einigen Fahrzeugen eine (Beifahrer-) Sitzbelegungserkennung eingebaut. Es handelt sich hierbei um eine Matte unter dem Beifahrersitzbezug, die mit Drucksensoren und einer kleinen Auswerteelektronik versehen ist (Bild 16.15).

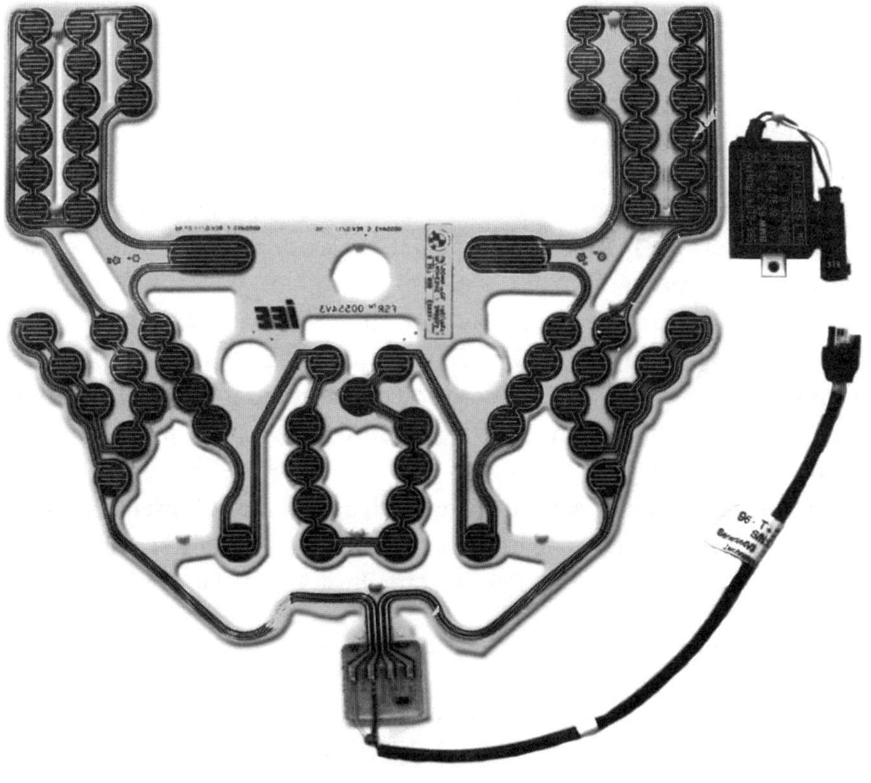

Bild 16.15
SBE-Erkennungsmatte mit Auswerteelektronik

Ab einem Gewicht von ca. 12 kg wird von der Auswerteelektronik ein Signal an das Airbag-Steuergerät gesandt und der Beifahrersitz als belegt erkannt. Ist der Beifahrersitz bei einem Unfall mit Frontairbagauslösung nicht belegt, wird nur der Fahrerairbag, nicht aber der Beifahrer-Airbag gezündet. Die Funktion der Sitzbelegungserkennung wird vom System ständig überwacht und bei Fehlern neben der Anzeige der Airbag-Warnlampe der Sitz aus Sicherheitsgründen als belegt geschaltet. Der Beifahrer-Airbag wird dann immer mit dem Fahrerairbag ausgelöst.

16.3 Systemüberwachung und Sicherheitsvorschriften

Leuchtet nach Herstellen der Spannungsversorgung die Kontrolllampe nicht auf bzw. bleibt sie permanent an oder blinkt, hat das Steuergerät durch die Überwachungselektronik einen Fehler festgestellt. Das Airbagsystem ist dann unter Umständen teilweise oder vollständig nicht funktionsbereit. In diesem Fall ist der Fehlerspeicher auszulesen, und die entsprechenden Bauteile müssen erneuert werden. Reparaturen an Bauteilen sowie am gesamten Airbagsystem sind durch die Hersteller meist nicht erlaubt.
Da es sich sowohl beim Airbag bzw. den verschiedenen Airbags als auch meist bei den Gurtstraffersystemen um pyrotechnische Gegenstände handelt, unterliegt deren Umgang, Beförderung und Lagerung dem «Gesetz über explosionsgefährliche Stoffe» (Sprengstoffgesetz). Außerdem sollte man bei Reparaturen und dergleichen auch bedenken, dass ein Fehler schwerwiegende Folgen haben, Verletzung nach sich ziehen oder schlimmstenfalls auch tödlich enden könnte.
Die nachfolgenden Hinweise wurden mit bestem Wissen und Gewissen zusammengestellt, können aber leider nicht alle Eventualitäten ausschließen. Deshalb sind grundsätzlich alle

Prüf-, Montage- und Demontagearbeiten nur von geschultem Fachpersonal mit größtmöglicher Sorgfalt durchzuführen.

- *Der erstmalige Umgang mit pyrotechnischen Gegenständen wie z.B. dem Airbag oder pyrotechnischen Gurtstraffern muss dem zuständigen Gewerbeaufsichtsamt mit Angabe einer verantwortlichen Person rechtzeitig gemeldet werden.*

- *Bei allen Arbeiten am Airbag bzw. an Gurtstraffern ist – falls vorhanden – der Sicherheitsschalter zu entfernen bzw. durch Abklemmen der Batterie die Spannungsversorgung zu unterbrechen. Dies gilt auch für Richt- und Schweißarbeiten.*

- *Nach Unterbrechung der Spannungsversorgung muss einige Minuten gewartet werden, um sicherzustellen, dass sich der (die) Zündkondensator(en) im Steuergerät vollständig entladen hat (haben).*

- *Die Rückhaltesysteme dürfen nur mit den vom Hersteller vorgeschriebenen Prüfkabeln und Testern und nur im eingebauten Zustand geprüft werden.*

- *Eine Überprüfung der Rückhaltesysteme ist je nach Herstellervorschrift in regelmäßigen Abständen durchzuführen.*

- *Beschädigte, heruntergefallene oder gebrauchte Systembauteile dürfen nicht verbaut werden (ausschließlich Neu- und Originalteile sind zu verwenden!).*

- *Defekte Systembauteile sowie die dazu gehörige Verkabelung dürfen nicht repariert werden, sondern müssen immer ausgetauscht werden.*

- *Aus Sicherheitsgründen sind bei allen pyrotechnischen Systemen viele Stecker mit einem integrierten Kurzschlusskontakt versehen, der beim Lösen des Steckers die Stromversorgung und Masseklemme kurzschließt. Häufig werden bei Steckern dieser Systeme auch verschiedene Arten von Verriegelungsmechanismen verwendet, um eine sichere Steckverbindung zu gewährleisten. Die Funktionsfähigkeit dieser Stecker muss immer sichergestellt sein; Reparaturen sind nicht erlaubt. Bild 16.16 zeigt beispielhaft einige verschiedene Stecker.*

- *An den gesamten Rückhaltesystemen dürfen keine Veränderungen vorgenommen werden, wie z.B. zusätzliche Aufkleber, Verkleidungen oder eine Veränderung der konstruktiv vorgegebenen Einbaulage.*

- *Pyrotechnische Bauteile müssen unmittelbar nach der Entnahme aus dem Lager eingebaut werden und dürfen nicht unbeaufsichtigt liegen bleiben.*

- *Die Airbag-Einheiten sind im ausgebauten Zustand grundsätzlich so abzulegen, dass sie mit der gepolsterten Seite (Prallpolster) nach oben zeigen bzw. der Gasgenerator unten liegt.*

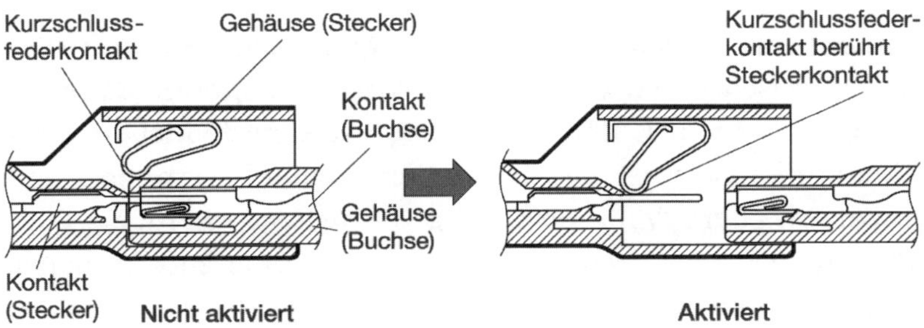

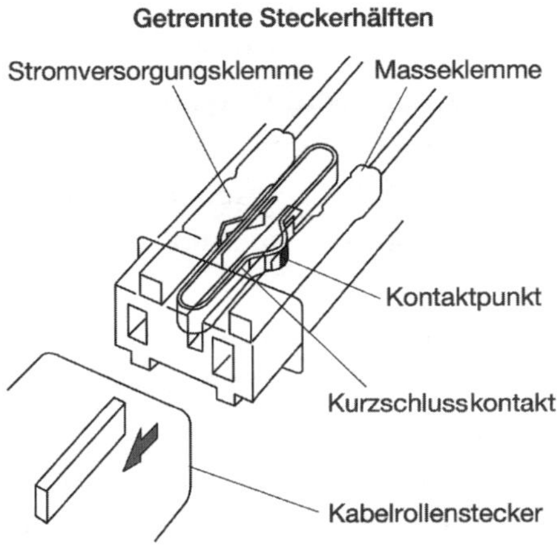

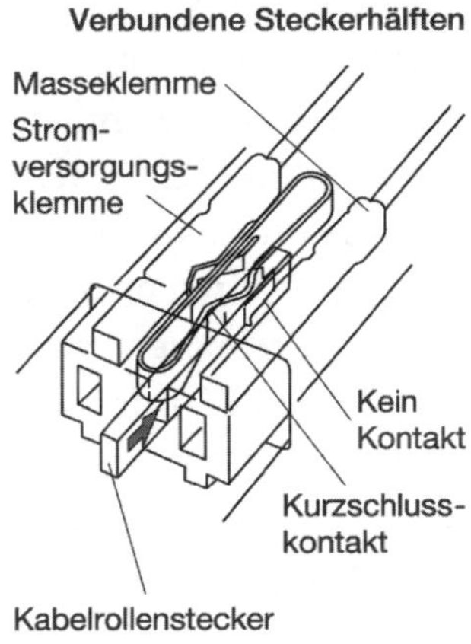

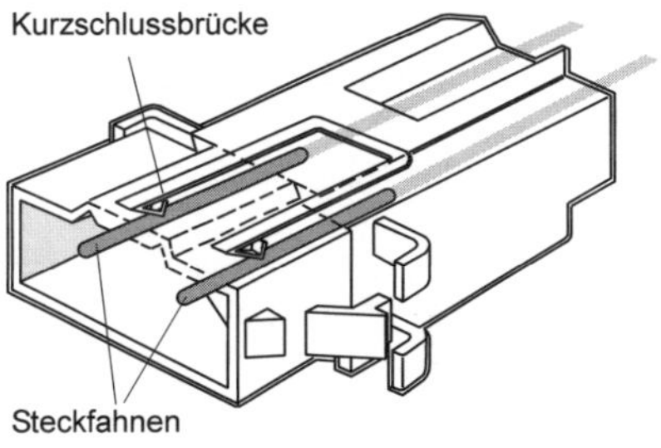

Bild 16.16

- ❑ *Systembauteile dürfen nicht mit Fett, Öl, Wasser, Reinigungsmitteln und dergleichen in Berührung kommen.*

- ❑ *Temperaturen über 100 °C (auch kurzfristig) sind unbedingt zu vermeiden.*

- ❑ *Beim Wiederherstellen der Spannungsversorgung darf sich niemand im Fahrzeug befinden.*

- ❑ *Versand und Lagerung von pyrotechnischen Gegenständen dürfen nur in der Originalverpackung erfolgen (dies gilt auch für nicht ausgelöste Airbageinheiten bzw. Gurtstraffer, die an den Hersteller zurückgesendet werden).*

- ❑ *Der Transport von pyrotechnischen Gegenständen darf nur im Kofferraum oder Laderaum eines Fahrzeuges erfolgen.*

Wurden die Rückhaltesysteme bei einem Unfall ausgelöst, kann es unter Umständen sinnvoll sein, das Steuergerät aus Beweissicherungsgründen o.Ä. auszubauen und aufzubewahren. Dies kann eventuell auch bei einem nicht ausgelösten Airbag der Fall sein.

Bei Fahrzeugen mit Beifahrer-Airbag ist darauf zu achten, dass kein Kindersitz (Babyschale) entgegen der Fahrtrichtung montiert werden darf, da dies bei einem Unfall mit Airbagauslösung tödliche Folgen haben könnte. Sofern es der Hersteller erlaubt, kann aber auf Kundenwunsch der Beifahrer-Airbag stillgelegt werden. Dies geschieht entweder bei älteren Systemen durch eine entsprechende Umprogrammierung des Steuergerätes und sicherheitshalber zusätzlich durch Trennen der Steckverbindung zum Beifahrer-Airbag. Der Wunsch des Kunden, die entsprechende Information und die ausgeführte Arbeit sollten schriftlich festgehalten und zu Ihrer Sicherheit vom Kunden unterzeichnet werden. Bei einigen Herstellern bzw. Fahrzeugen kann der Beifahrer-Airbag auch durch Drehen eines Schlosses, das mit dem Fahrzeugschlüssel bedient werden kann, deaktiviert werden. Eine entsprechende Warnlampe leuchtet dann als «Erinnerung» permanent auf.

Nach einem Unfall mit einem oder mehreren ausgelösten Airbags sind die ausgelösten Airbageinheiten mit Prallplatte/Abdeckungen und Gasgenerator(en) sowie die Frontsensoren (falls vorhanden) bzw. auch die entsprechenden Seitenairbagsensoren auszuwechseln, manchmal auch das Steuergerät (sofern die Herstellerangaben nicht noch weitreichender sind). Das Gleiche gilt für Gurtstraffer.

Vor der Verschrottung eines Fahrzeuges müssen noch nicht ausgelöste Airbags bzw. Gurtstraffer fremdgezündet werden. Dies geschieht durch ein Auslösewerkzeug (Zündkabel), sofern der jeweilige Hersteller ein solches zur Verfügung stellt und die Fremdzündung erlaubt. Ansonsten sind sämtliche pyrotechnischen Bauteile auszubauen und an den Hersteller zurückzusenden.

Bei der Fremdzündung wird das Zündkabel zum einen an die pyrotechnische Einheit (Gasgeneratoren), zum anderen an eine Batterie angeschlossen.

Die Fremdzündung verschiedener Airbageinheiten kann in fest eingebautem, originalem Zustand erfolgen, wie in Bild 16.17 dargestellt,

Bild 16.17
Airbag-Fremdzünden

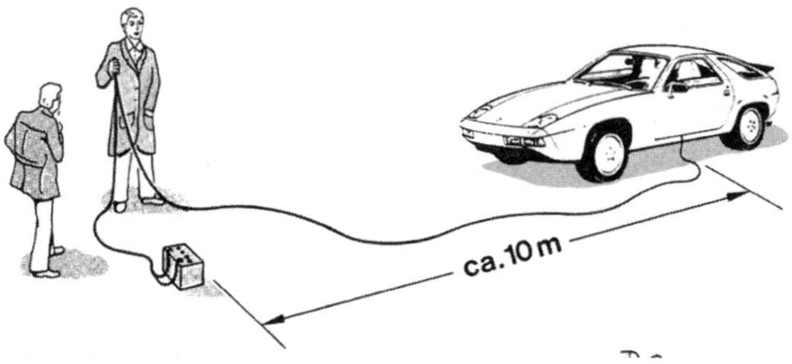

oder mittels eines vorbereiteten Reifenpaketes, wie in Bild 16.18 gezeigt und am Ende dieses Abschnittes beschrieben. Beide Male gilt, dass lose Gegenstände aus dem Ausdehnungsbereich zu entfernen sind und beim Zünden ein Sicherheitsabstand von 10 m eingehalten werden muss. (Dies gilt auch für unbeteiligte Personen.)
Das Fahrzeug bzw. der Reifensatz ist auf einen geeigneten, freien Platz zu stellen und die Schallentwicklung vorher bei evtl. betroffenen Personen anzukündigen.
Nach der Zündung muss die Airbageinheit abkühlen (unter Beobachtung); bei einem Zündversagen ist ebenfalls einige Minuten zu warten, bevor man sich dem Fahrzeug bzw. Reifenpaket nähert.
Das Reifenpaket zur Zündung von Airbageinheiten – wie in Bild 16.18 gezeigt – wird mit vier gebrauchten Reifen ohne Felgen und einem Reifen mit Felge «geschnürt». Zuerst werden jeweils zwei Reifen mit einem Draht fest (mehrmals umwickeln) zusammengebunden, wobei bei einem Reifenpaar die Felge nach außen zeigt. In einem Reifen wird nun der zu zündende Airbag ebenfalls mit einem Draht so befestigt, dass der Luftsack zur Mitte zeigt und sich frei entfalten kann. An den Anschlüssen des Gasgenerators sind zwei Kabel (mit je mehr als 10 m Länge) zu befestigen. Anschließend legt man das Reifenpaar ohne Felge nach unten, darauf den Reifen mit dem Airbag und darüber das Reifenpaar mit der Felge nach oben. Die beiden Reifenpaare werden nun so miteinander verbunden, dass der Reifen mit der Airbageinheit dadurch fixiert ist. Die Zündung/Auslösung erfolgt durch Verbinden der beiden Kabel mit den Batteriepolen.

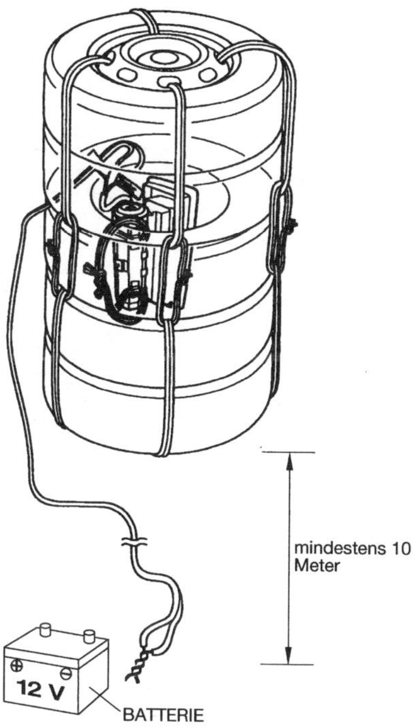

Bild 16.18
Airbag-Fremdzünden

Nach den umfangreichen Sicherheitshinweisen im folgenden eine kurze Aufzählung der möglichen Prüfschritte. Zuerst ist immer der Fehlerspeicher auszulesen. Dies geschieht bei aktuellen Systemen am besten immer mit dem entsprechenden Diagnosetester bzw. Fehlerauslesegerät. Die anfängliche Fehlerspeicherausgabe durch eine Blinkcodeanzeige wird immer seltener. Wichtig ist außerdem – wie bei jedem elektronischen System – die Überprüfung der Spannungsversorgung (Plus und Minus/Masse). Durch Widerstandsmessungen überprüft man neben den Masseverbindungen die Kontrolllampe, den Kontaktring/Wickelfeder/Spiralkabel und falls vorhanden die Frontsensoren. Außerdem sind sämtliche Steckverbindungen auf gute Kontaktierung und die Leitungen durch eine Widerstandsmessung und Sichtkontrolle zu überprüfen. Bild 16.19 zeigt ergänzend noch beispielhaft den Schaltplan eines Systems mit Fahrer- und Beifahrer-Airbag.
Beachten Sie bitte bei allen Arbeiten an Systemen mit pyrotechnischen Bauteilen die o.g. Sicherheitshinweise. Diese gelten natürlich auch für die in den folgenden Abschnitten beschriebenen Airbag- und Gurtstraffersysteme.

Bild 16.19
Schaltplan

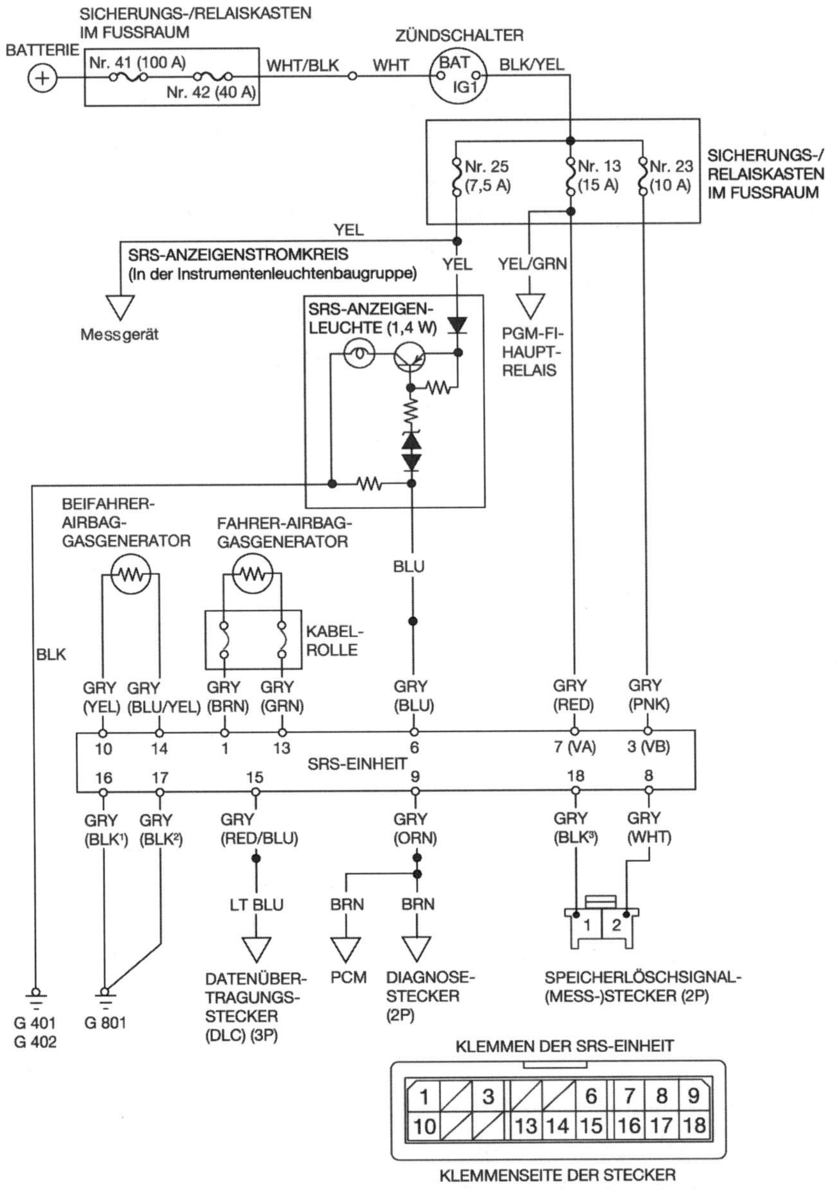

16.4 Seitenairbag

Die Seitenairbags haben ein Volumen zwischen 10 und 20 l. Sie sind in den Türen oder in den Sitzen integriert (Bilder 16.20 und 16.21). Seitenairbags sind auch im Fond möglich.

Für die Entfaltung und Füllung des Luftsackes werden je nach Hersteller Topfgasgeneratoren und Rohrgasgeneratoren als auch Kaltgasgeneratoren eingesetzt (vgl. Abschnitt 16.2). Da beim Seitenaufprall fast kein Deformationsweg zur Verfügung steht, müssen die Auslösung und Positionierung des Seitenairbags noch schneller als bei den Frontairbags ablaufen.

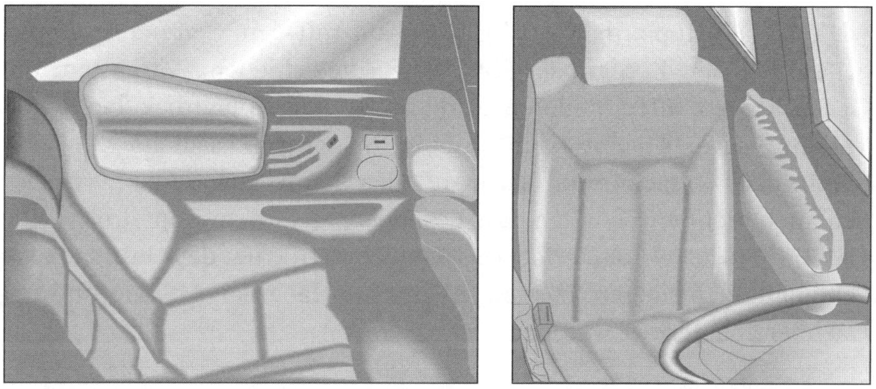

Bild 16.20
Thorax-Airbag hinten und vorne; Volumen ca. 14 l

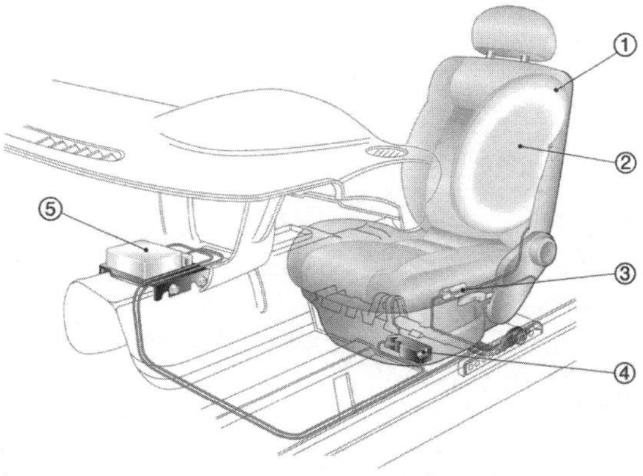

Bild 16.21
Anordnung Seitenairbag
1 Konzernsitz
2 Seitenairbag
3 Steckkupplung
4 Sensor
5 Steuergerät

Ein Seitenaufprall wird innerhalb von nur 6 ms erkannt. Nach insgesamt 20 ms ist der Airbag aufgeblasen und voll funktionsfähig. Damit der Seitenaufprall und die Notwendigkeit einer Auslösung sofort richtig ausgewertet werden, befinden sich links und rechts möglichst weit außen je ein Sensor. Diese geben dem «Hauptsteuergerät» ein entsprechendes Signal. Bei einem Austausch eines Sensors muss die Einbaulage beachtet werden (z.B. Pfeil nach außen).
Es wird immer derjenige Airbag aktiviert, der dem Anstoß zugewandt ist. Die Aufgabe des Seitenairbags ist einerseits, Verletzungen durch den Aufprall auf der Türbrüstung, Seitenscheibe usw. abzudämpfen, andererseits aber auch eine rechtzeitige Beschleunigung/Bewegung des Insassen in Stoßrichtung. Dadurch werden die auftretenden Spitzenbelastungen für den Körper verringert.

16.5 Kopfairbag/Windowbag

Bei einem Seitenaufprall sind trotz Seitenairbag die Belastungen für den Kopf und die Halswirbel sehr hoch. Um auch diese Spitzenbelastungen zu reduzieren, wurde als Ergänzung zum Seitenairbag (für den Becken-/Brustbereich) der Kopfairbag (Kopf-/Halsbereich) entwickelt. Der Kopfairbag wird gemeinsam mit dem Seitenairbag ausgelöst. Für den Kopfairbag gibt es zwei verschiedene Varianten. Im Gegensatz zu allen anderen Airbags ist der Kopfairbag bei einer Variante, dem **ITS** (Inflatable Tubular Structure), gasdicht, d.h., das durch den Gasgenerator erzeugte Gas kann aus dem Luftsack/Schlauch nicht entweichen. Das Besondere an diesem Kopfairbag (Bild 16.22) darüber hinaus ist die Gewebestruktur des Luftsackes/Schlauches. Im leeren Zustand kann er entlang der A-Säule und im Dachbereich verlegt werden.

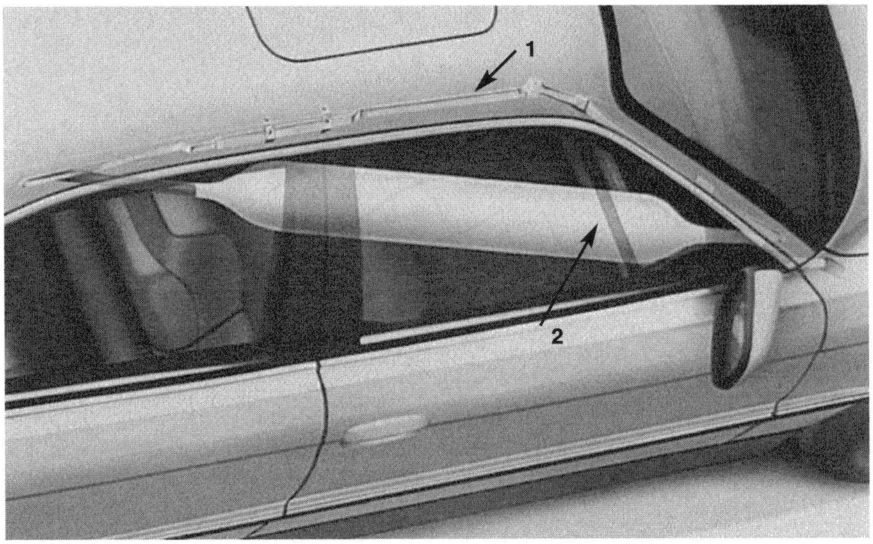

Bild 16.22
ITS
1 nicht befüllt
2 befüllt/ausgelöst

Erst wenn er befüllt und mit Druck beaufschlagt wird, vergrößert sich sein Durchmesser um ein Vielfaches, seine Länge verkürzt sich hingegen um ca. 10%. Dadurch «zieht» sich der Kopfairbag mit einer Kraft von ca. 1500 Newton in die vorgegebene Position. Sein Volumen beträgt dann 11 l.
Befestigt ist dieser Kopfairbag mit einem Ende und dem Gasgenerator im Knotenbereich der A-Säule, mit dem anderen Ende im oberen Bereich der C-Säule.
Bei Arbeiten in diesem Bereich oder Austausch des Kopfairbags ist eine sorgfältige Arbeitsausführung mit exakter Einhaltung der Befestigungs- und Fixierungspunkte sehr wichtig. Dies gilt auch für die zweite Variante eines Kopfairbags, der auch als Windowbag bezeichnet wird. Bei diesem System entfaltet sich eine Art luftbefüllter Vorhang aus der Dachrahmenverkleidung über die Seitenscheiben (Bild 16.23).

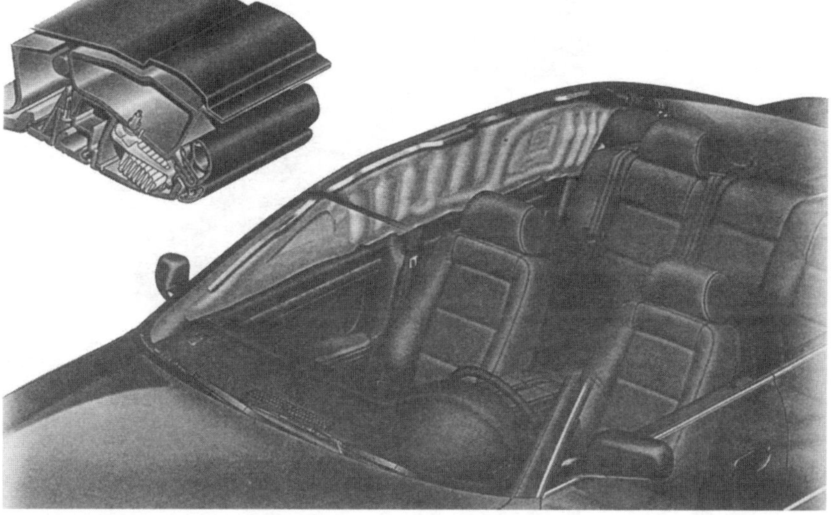

Bild 16.23
Windowbag

Der Windowbag erstreckt sich – je nach Hersteller – von der A-Säule bis zur B-Säule oder über die gesamte Fahrzeugseite. Auch der Windowbag entleert sich nach einer Aktivierung nicht sofort, sondern bleibt längere Zeit befüllt, um vor evtl. nachfolgenden Überschlägen weiterhin Schutz zu bieten.

16.6 Pyrotechnischer Gurtstraffer

Das wichtigste und originärste Rückhaltesystem ist zweifelsfrei der Sicherheitsgurt, der bei einem Unfall den angegurteten Insassen am Sitz hält und dafür sorgt, dass dieser an der Verzögerung des Fahrzeugs teilnimmt. Je früher der Insasse an der Fahrzeugverzögerung teilnimmt, desto geringer sind die auftretenden Spitzenbelastungen. Dafür wäre ein stets eng anliegender, straff gezogener Sicherheitsgurt notwendig. Da dies in der Praxis kaum der Fall ist, ergibt sich immer eine Gurtlose. Bild 16.24 verdeutlicht durch die verschiedenen Verzögerungskurven die o.g. Zusammenhänge nochmals und zeigt die Bedeutung der Verringerung/Verhinderung der Gurtlose.

Um die **Gurtlose** zu verringern, ohne den Tragekomfort im Normalbetrieb zu beeinflussen, hat man verschiedene Systeme entwickelt, den Gurt bei einem Unfall zu straffen. Dafür gibt es prinzipiell zwei Möglichkeiten. Man kann zum einen die Gurtaufrollautomatik benutzen, den Gurt einzuziehen und damit zu straffen, oder aber zum anderen das Gurtschloss zurückziehen und dadurch den Gurt straffen. Neben dem rein mechanischen Gurtschlossstrammer in Bild 16.25, der hier der Vollständigkeit wegen erwähnt wird, gibt es pyrotechnische Systeme mit mechanischer Auslösung (Bild 16.26), aber auch elektronischer Auslösung durch das Airbag-Steuergerät.

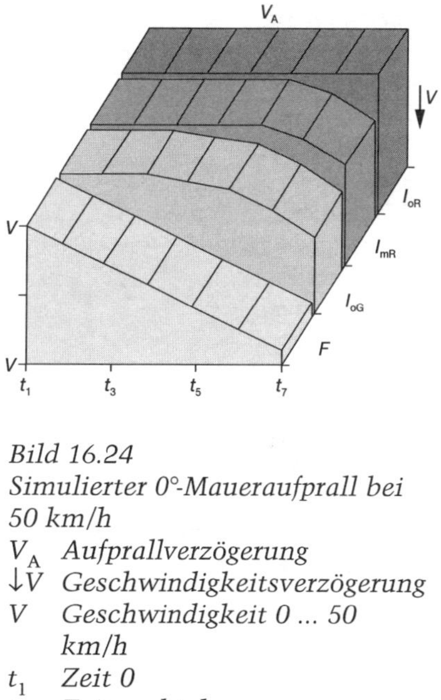

Bild 16.24
Simulierter 0°-Maueraufprall bei 50 km/h

V_A	*Aufprallverzögerung*
$\downarrow V$	*Geschwindigkeitsverzögerung*
V	*Geschwindigkeit 0 ... 50 km/h*
t_1	*Zeit 0*
t_3	*Zeitpunkt der Insassenverzögerung I_{oG}*
t_5	*Zeitpunkt der Insassenverzögerung I_{mR}*
t_7	*Zeitpunkt zum Ende der Verzögerung*
F	*Verzögerung des Fahrzeuges*
I_{oG}	*Verzögerung Insasse ohne Gurtlose*
I_{mR}	*Verzögerung Insasse mit Gurtlose*
I_{oR}	*Verzögerung Insasse ohne Rückhaltesystem*

Bild 16.25
Mechanischer Gurtschlossstrammer
Zustand scharf; Funktion: Bei einem Frontalaufprall aktiviert der mechanische Aufprallsensor das System. Eine vorgespannte Feder zieht das Gurtschloss um ca. 55 mm zurück. Schulter und Beckengurt werden gestrafft.
1 Gurtschloss
2 Verbauort Sensorfeder
3 Verbauort Sensormasse
4 Verbauort Untersetzungshebel
5 Verriegelungskulisse mit Rastnasen
6 Bowdenzug
7 Verriegelungseinheit
8 Strammfeder
a Sicherungs-Bowdenzug

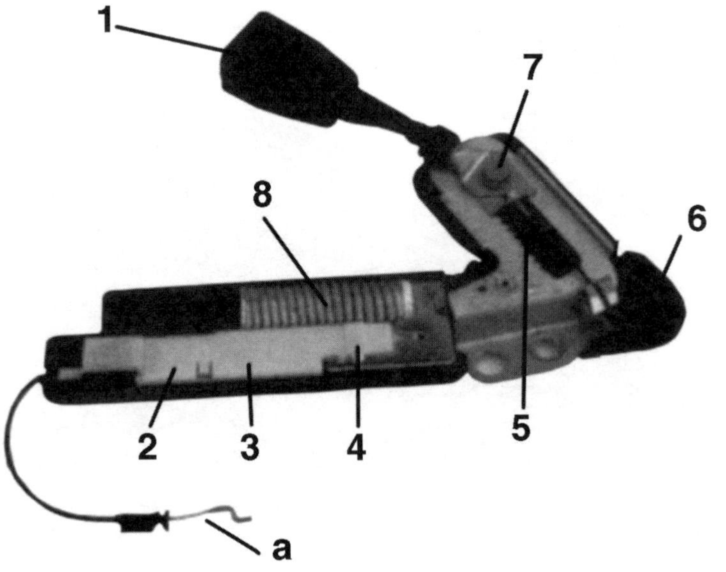
1
7
8
6
2
3
4
5
a

Bild 16.26
Straffeinheit des VW-Gurtstraffsystems
1 Lagerkappe
2 Schlagbolzen
3 Gasgenerator
4 Schutzrohr
5 Aufschlagfeder
6 Seilverpressung
7 Sperrkugel (3x)
8 Sensorkopf
9 Sensorfeder
10 Kolben
11 Rohrniet
12 Druckzylinder
13 Sensorträger
14 Transportsicherung
15 Bowdenzug

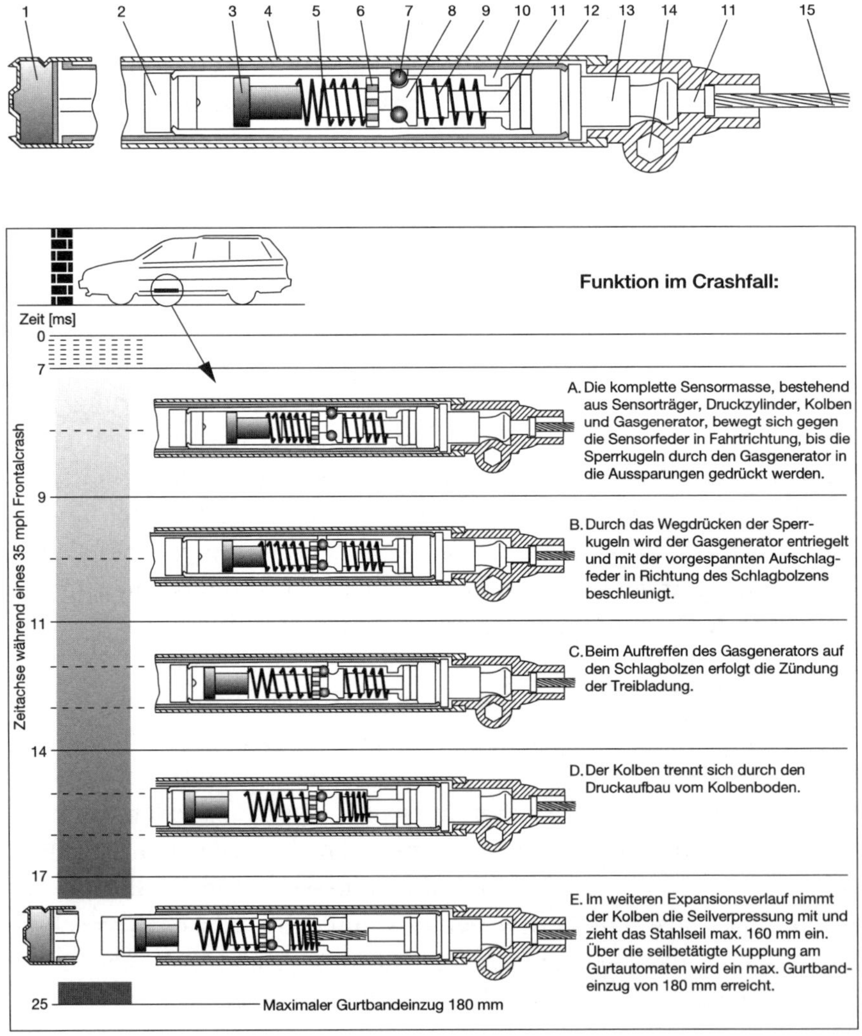
1 2 3 4 5 6 7 8 9 10 11 12 13 14 11 15
Funktion im Crashfall:
Zeit [ms]
0
7
9
11
14
17
25
Zeitachse während eines 35 mph Frontalcrash
A. Die komplette Sensormasse, bestehend aus Sensorträger, Druckzylinder, Kolben und Gasgenerator, bewegt sich gegen die Sensorfeder in Fahrtrichtung, bis die Sperrkugeln durch den Gasgenerator in die Aussparungen gedrückt werden.
B. Durch das Wegdrücken der Sperrkugeln wird der Gasgenerator entriegelt und mit der vorgespannten Aufschlagfeder in Richtung des Schlagbolzens beschleunigt.
C. Beim Auftreffen des Gasgenerators auf den Schlagbolzen erfolgt die Zündung der Treibladung.
D. Der Kolben trennt sich durch den Druckaufbau vom Kolbenboden.
E. Im weiteren Expansionsverlauf nimmt der Kolben die Seilverpressung mit und zieht das Stahlseil max. 160 mm ein. Über die seilbetätigte Kupplung am Gurtautomaten wird ein max. Gurtbandeinzug von 180 mm erreicht.
Maximaler Gurtbandeinzug 180 mm

Die Bilder 16.27 bis 16.29 zeigen drei unterschiedliche pyrotechnische Gurtstraffer, die über das Airbag-Steuergerät ausgelöst werden können.

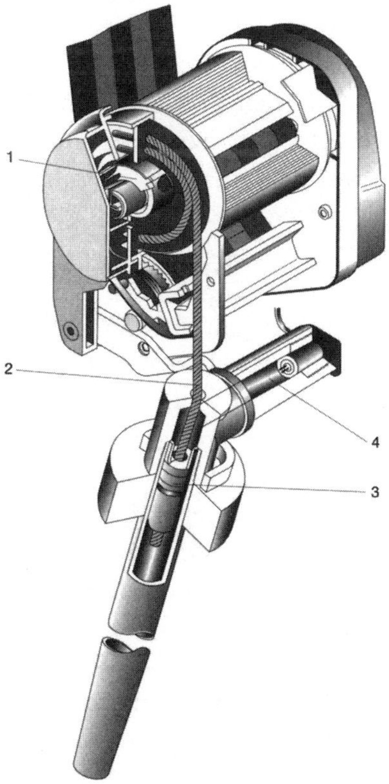

Bild 16.27
Pyrotechnischer Automatenstrammer mit Gurtbandklemmer. Der Kolben wird durch die «Explosion» in dem Zylinder bewegt, und ein am Kolben befestigtes Drahtseil versetzt den Aufrollautomaten in Rotation.
1 Sicherheitsgurt-Aufrollautomat
2 Drahtseil
3 Kolben mit Zylinder
4 Gasgenerator

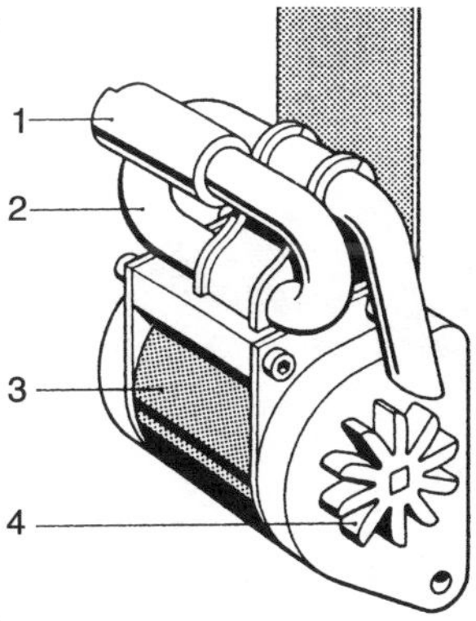

Bild 16.28
Pyrotechnischer Gurtstrammer
1 Gehäuse mit Treibkapsel, Brennkammer und Kolben
2 Rohr
3 Aufroller
4 Turbinenrad
Durch einen elektrischen Impuls wird das Treibmittel in der Treibkapsel gezündet. Der dabei entstehende hohe Druck presst den Kolben durch das flüssigkeitsgefüllte Rohr. Am anderen Ende des Rohres reißt dadurch eine Abdichtungsmembrane auf. Das Flüssigkeitsgemisch aus Wasser und Glyzerin wird durch das düsenförmige Ende des Rohres mit hoher Geschwindigkeit auf die Schaufeln der Turbine gepresst. Durch die Rotationsbewegung der Turbine dreht sich die Welle der Gurtaufrollvorrichtung rückwärts und strafft dadurch den Gurt.

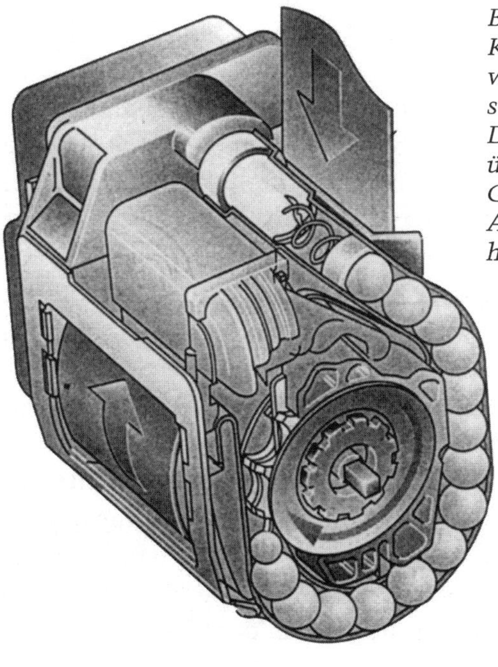

Bild 16.29
Kugelgurtstraffer. Die Kugeln werden durch eine pyrotechnische Treibladung angetrieben. Diese Bewegungsenergie wird über ein Zahnrad an die Gurthaspel übertragen. Durch Aufwickeln des Gurts wird vorhandene Gurtlose abgebaut.

Bild 16.30
Pyrotechnischer Gurtschloss-strammer mit Gurtschloss-erkennung

In Bild 16.30 ist ein pyrotechnischer Gurtschlossstrammer dargestellt, der zusätzlich im Gurtschloss einen Schalter besitzt, wodurch bei angegurtetem Insassen die Airbag-Auslöseschwellen höher gesetzt werden. Für alle Gurtstraffer und Gurtschlossstrammer gilt, dass sie nach einer Auslösung, ebenso wie die Airbageinheiten, komplett ersetzt werden müssen. Bei den rein mechanischen bzw. halbmechanischen Systemen ist die Transportsicherung zu beachten. Die pyrotechnischen Systeme unterliegen ebenfalls den gleichen Sicherheitsvorschriften wie die verschiedenen Airbagsysteme (siehe auch Abschnitt 16.3).

16.7 Kompakt-Airbag (Eurobag)

Kurzzeitig gab es Anfang der 90er-Jahre als spezielle Entwicklung für den europäischen Markt den sog. Kompakt-Airbag (daher auch z.T. die Bezeichnung «Eurobag»). Bei diesem System ging man davon aus, dass der Fahrer angegurtet ist und das Verletzungsrisiko durch den Aufprall von Kopf und Brust auf das Lenkrad mittels eines kleineren Airbags ausreichend verringert werden kann. Eine ideale Ergänzung zu diesem System stellte je ein mechanischer Gurtschlossstrammer für den Fahrer und den Beifahrer dar. Dieser Kompakt-Airbag benötigte durch sein kleineres Volumen (30 l) weniger Treibmittel. Dadurch war die Schalldruck- und Rauchbelastung bei einer Auslösung geringer. Darüber hinaus stand für das kleinere Volumen die gleiche Aufblaszeit wie beim herkömmlichen Airbag (30 ms, siehe Abschnitt 16.2) zur Verfügung. Außerdem war im Vergleich dazu das Gesamtgewicht des Systems sowie das Gewicht des Lenkrades geringer. Durch den einfacheren Systemaufbau konnten die Herstellkosten niedriger gehalten werden.
Der Auslösemechanismus und die Funktion entsprechen im Wesentlichen dem bereits eingangs beschriebenen Airbagsystem. Der Unterschied besteht darin, dass sämtliche Bauteile im Lenkrad integriert sind, d.h., auch die Steuerelektronik befindet sich dort (Bild 16.31).
Die Spannungsversorgung erfolgt über zwei Schleifkontakte im Lenkrad; über einen Schleifring liegt permanent Masse an, über den anderen wird ab Zündschlossstellung R bzw. 1 Batterie-Plus zugeschaltet. Die Betriebsbereitschaft wird durch eine Kontrolllampe angezeigt, die im Lenkrad oder im Kombiinstrument verbaut sein kann. Erlischt die Lampe nicht oder leuchtet sie nach Einschalten der Klemme R bzw. 1 nicht für ca. sechs Sekunden auf, liegt eine Störung vor, die durch die Eigendiagnose/Sensorik festgestellt wurde. In diesem Fall ist das komplette Elektronikteil mit dem darin integrierten Beschleunigungsaufnehmer zu tauschen, wenn der Gasgenerator und

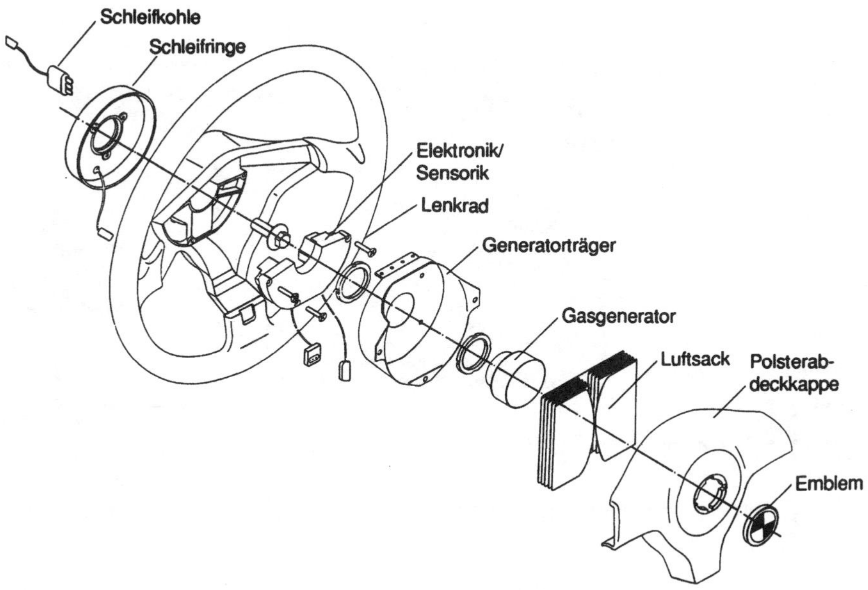

Bild 16.31
Bauteile eines Kompakt-Airbags

die Spannungsversorgung geprüft und in Ordnung sind. Vor dem Ausbau ist die Spannungsversorgung zu unterbrechen; auch hier muss gewährleistet sein, dass sich der Zündkondensator vollständig entladen hat.
Da es sich beim Kompakt-Airbag ebenfalls um ein pyrotechnisches System handelt, das dem Sprengstoffgesetz unterliegt, sind die in Abschnitt 16.3 aufgeführten Sicherheitshinweise auch hier einzuhalten.

16.8 Beispiel eines Komplettsystems

Ein vollständiges, aktuelles elektronisches Rückhaltesystem zeigt Bild 16.32. Es folgt nur eine kurze Darstellung des Gesamtsystems, ohne auf die in den vorhergehenden Abschnitten beschriebenen Details einzugehen.
Dieses System besteht aus einem Fahrer- und Beifahrer-Airbag sowie je einem Seitenairbag für Fahrer, Beifahrer und Fondpassagiere, ergänzt um Kopfairbags (Windowbags) für die linke und rechte Fahrzeugseite. Für jeden Sicherheitsgurt gibt es einen eigenen Gurtstraffer sowie einen in der Gurtschlossautomatik integrierten Schalter, der bei angelegtem Sicherheitsgurt einen Kontakt schließt. Dadurch werden die Auslöseschwellen angepasst, d.h., die Airbagauslösung kann bei höheren Verzögerungswerten erfolgen, die Gurtstraffer werden zuvor ausgelöst. Nicht ausgelöst werden die Airbags und Gurtstraffer derjenigen Sitze, bei denen die Sitzbelegungssensoren unbelegte Sitze erkennen. Die Sitzbelegungssensoren sind im Beifahrersitz sowie in den Fondsitzen (links und rechts) verbaut.

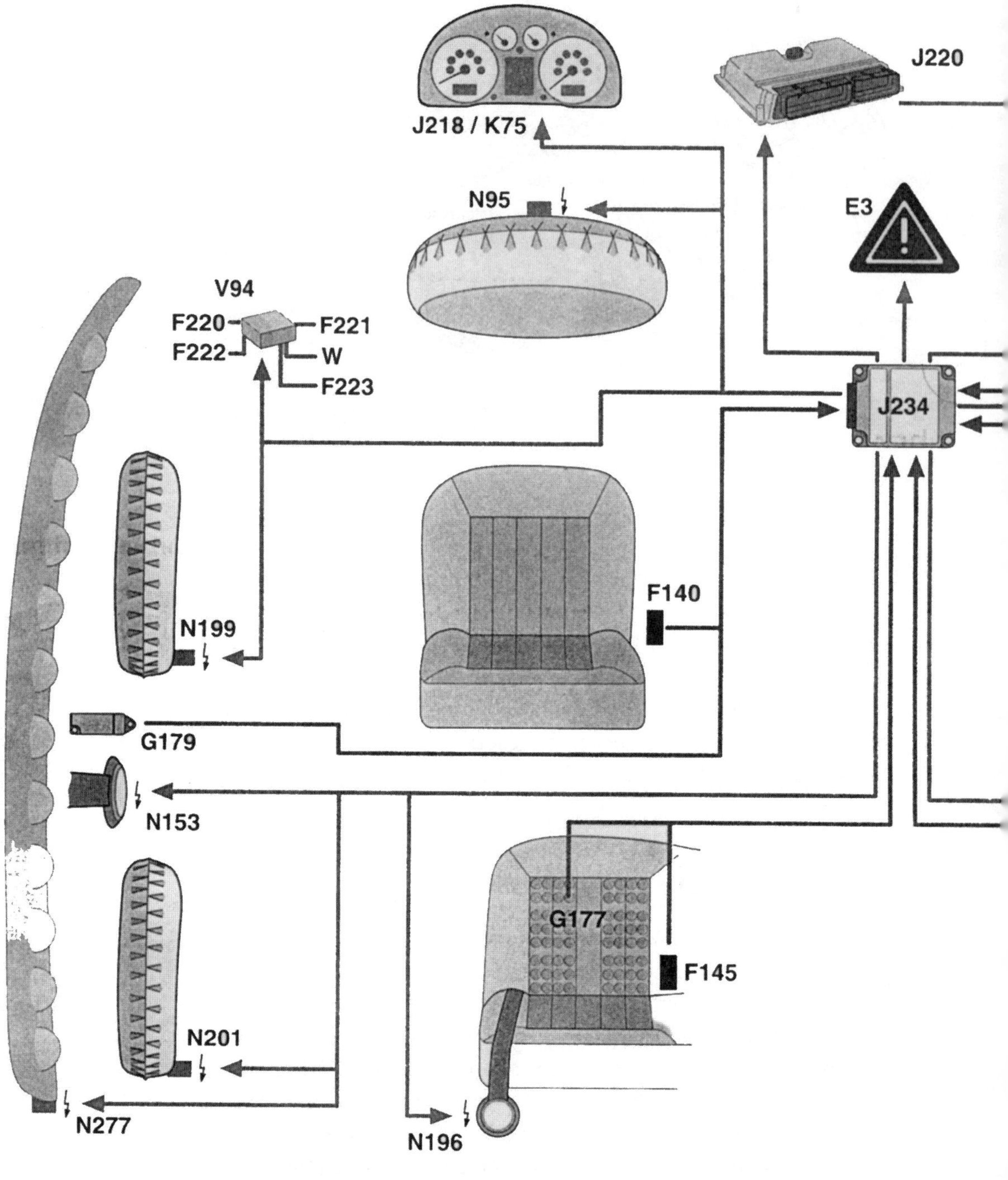

Bild 16.32
Systemübersicht

E3 Warnlichtschalter
E224 Schlüsselschalter für Abschaltung Airbag, Beifahrerseite
F140 Schalter Gurt, vorn links
F141 Schalter Gurt, vorn rechts
F145 Schalter Gurt, hinten Fahrerseite
F146 Schalter Gurt, hinten Beifahrerseite
F158 Schalter - 1 - für Gurtstraffer
G6 Kraftstoffpumpe
G128 Sitzbelegungssensor, Beifahrerseite
G177 Sitzbelegungssensor, hinten Fahrerseite
G178 Sitzbelegungssensor, hinten Beifahrerseite
G179 Crashsensor für Seitenairbag, Fahrerseite (B-Säule)
G180 Crashsensor für Seitenairbag, Beifahrerseite (B-Säule)
J17 Kraftstoffrelais
J218 Kombi-Prozessor im Schalttafeleinsatz
J220 Motronic-Steuergerät
J234 Steuergerät für Airbag
K75 Kontrolllampe für Airbag
K145 Kontrolllampe für Airbag aus, Beifahrerseite
N95 Zünder für Airbag, Fahrerseite
N131 Zünder - 1 - für Airbag, Beifahrerseite

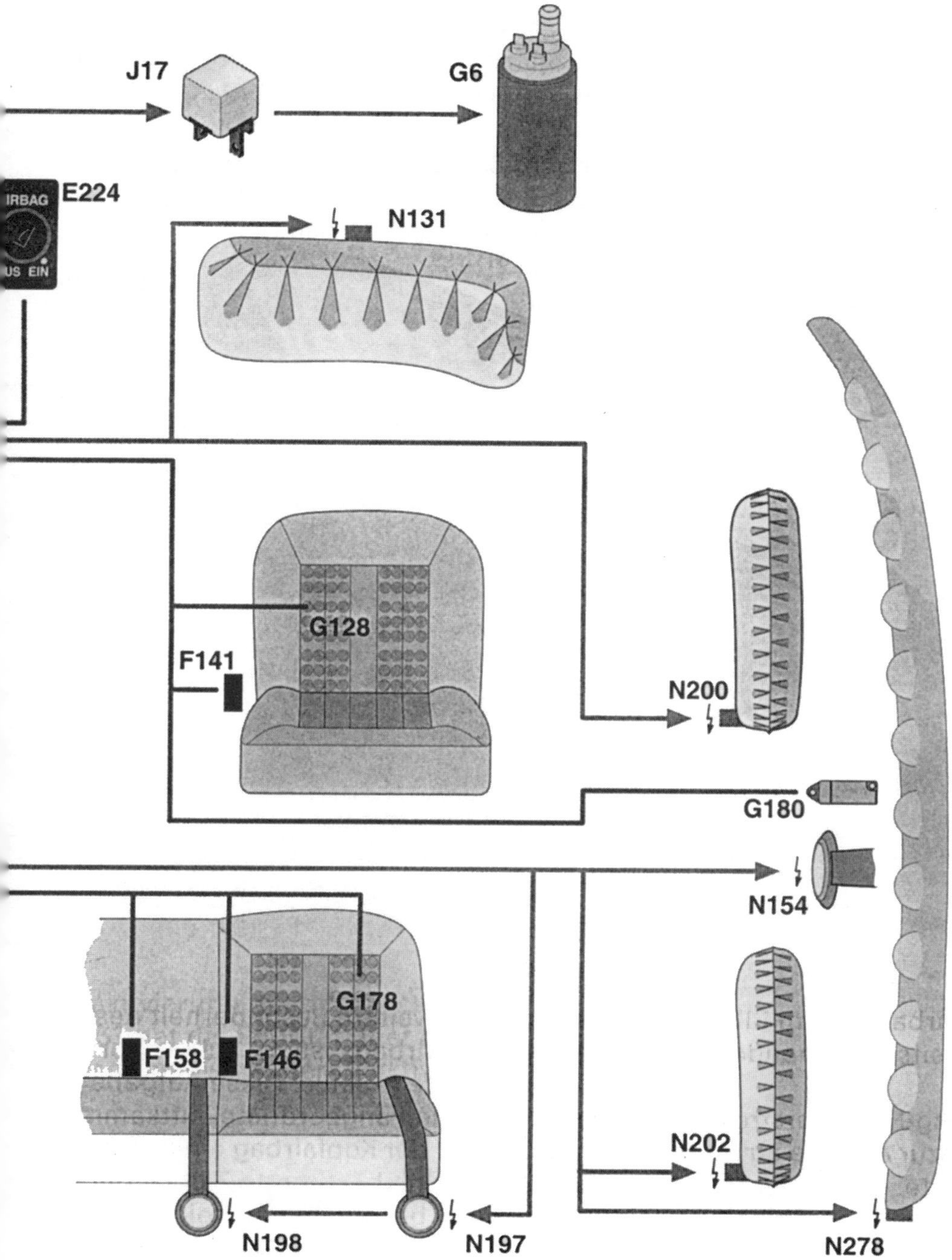

N153 Zünder - 1 - für Gurtstraffer, Fahrerseite
N154 Zünder - 2 - für Gurtstraffer, Beifahrerseite
N19 Zünder für Gurtstraffer hinten, Fahrerseite
N197 Zünder für Gurtstraffer hinten, Beifahrerseite
N198 Zünder für Gurtstraffer hinten, Mitte
N199 Zünder für Seitenairbag, Fahrerseite
N200 Zünder für Seitenairbag, Beifahrerseite
N201 Zünder für Seitenairbag hinten, Fahrerseite
N202 Zünder für Seitenairbag hinten, Beifahrerseite
N277 Zünder für Kopfairbag in D-Säule, Fahrerseite
N278 Zünder für Kopfairbag in D-Säule, Beifahrerseite
V94 Motor für Zentralverriegelung mit Steuergerät für Abschaltverzögerung Innenbeleuchtung und Diebstahl-Warnanlage, im Kofferraum links
W Innenleuchte vorn
W43 Innenleuchte hinten

Der Beifahrer-Airbag kann bei diesem System durch einen eigenen Schlüsselschalter abgeschaltet werden. Den deaktivierten Zustand des Beifahrer-Airbags zeigt eine permanent leuchtende Kontrolllampe (Airbag off) an.
Bei einem Unfall mit Airbagauslösung gibt das Airbag-Steuergerät ein zusätzliches Signal aus, wodurch (über das Motronic-Steuergerät) die Kraftstoffpumpe abgeschaltet wird, die Warnblinkanlage und die Innenbleuchtung eingeschaltet werden und die Zentralverriegelung evtl. verriegelte Türen entriegelt.

17 Diebstahlschutzsysteme

Kraftfahrzeuge, Anbauteile davon und Gegenstände, die in Kraftfahrzeugen liegen, stellten für Diebe schon immer eine interessante «Beute» dar. Täglich werden allein in Deutschland mehrere hundert Fahrzeugdiebstähle bzw. Fahrzeugeinbrüche registriert. Einen «negativen» Höhepunkt erreichten die Fahrzeugdiebstähle Anfang der 90er-Jahre, als allein in den Jahren 1992 und 1993 zusammen ca. 280 000 Fahrzeuge in Deutschland gestohlen wurden.
Aus dieser Situation heraus zwangen die Versicherungsgesellschaften die Fahrzeughersteller den Diebstahlschutz zu verbessern. Neben den bereits bekannten, aber wenig nachgefragten Diebstahl-Alarmanlagen wurden elektronische Wegfahrsicherungen gefordert.

17.1 Elektronische Wegfahrsicherungen

Die Versicherungsgesellschaften änderten ab 1993 ihre Bedingungen für die Kaskoversicherung. Bei Diebstahl (auch von fast neuen Fahrzeugen) wird seither nur noch der Zeitwert (und nicht mehr der Wiederbeschaffungswert) ersetzt. Ohne «qualifizierten Diebstahlschutz» wird zusätzlich eine Leistungskürzung von 10% vorgenommen. Die Versicherungen zwangen durch o.g. Maßnahmen sowie durch die Drohung, ab 1995 keine Fahrzeuge ohne «qualifizierten Diebstahlschutz» mehr zu versichern, die Fahrzeughersteller zur Entwicklung effizienter Systeme zur Verhinderung von Diebstählen. Unter «qualifiziertem Diebstahlschutz» ist eine «selbstschärfende, elektronisch codierte Wegfahrsicherung mit Eingriff in eine betriebsrelevante Steuereinheit» zu verstehen. Die Fahrzeughersteller und deren Zulieferer entwickelten sehr schnell die verschiedensten Systeme – sowohl für den Serieneinsatz als auch zur Nachrüstung. Bild 17.1 zeigt die heute verwendeten verschiedenen Möglichkeiten in der Serienausstattung.
Die elektronische Wegfahrsicherung sowie verschiedene mechanische Maßnahmen, die den Fahrzeugdiebstahl erschweren, wie z.B. verstärkte Schließzylinder, Freilaufschlösser, Abschirmbleche usw., haben sich mittlerweile bei allen Fahrzeugen und Herstellern durchgesetzt, wenn auch in unterschiedlicher Ausprägung und Wirkung. Die Diebstahlquote ist seither stetig gesunken. Dies hängt aber sicher auch damit zusammen, dass die Hersteller die Weitergabe von detaillierten Informationen über Sicherungsmaßnahmen sehr restriktiv handhaben und die Bestellung bzw. Lieferung von Ersatzteilen bzw.

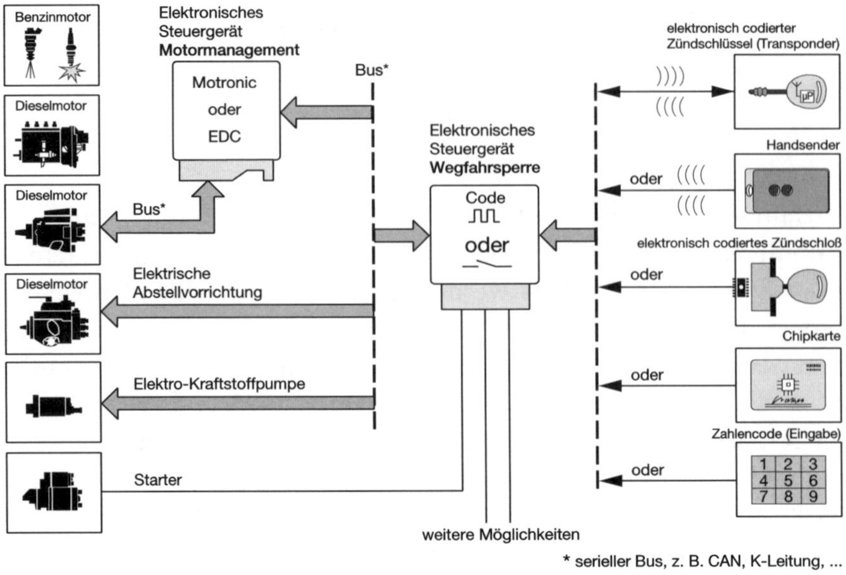

Bild 17.1
Funktionsumfang der elektronischen Wegfahrsperren

Bauteilen, die die Wegfahrsicherung betreffen, mit hohen Auflagen und einer genauen Dokumentation verbinden.

17.1.1 Wegfahrsicherung mit Transponder

Das System, das sich durchgesetzt hat bzw. am häufigsten anzutreffen ist, ist der elektronisch codierte Zündschlüssel mit Transponder (Kunstwort aus lat.: *transmittere* = senden + engl.: *responder* = Antwortgeber). Bei dieser Lösung musste sich der Kunde bei der Bedienung nicht umstellen. Das Fahrzeug kann damit geöffnet werden, der Zündschlüssel wird wie immer in das Zündschloss gesteckt und das Fahrzeug damit gestartet. Von dem Datenaustausch, der dabei abläuft, bemerkt der Kunde nichts.
In Bild 17.2 ist eine Wegfahrsicherung mit einem im Zündschlüssel integrierten Transponder dargestellt. Weitere Bestandteile des Systems sind eine Ringantenne (Lesespule) am Zündanlassschloss, über

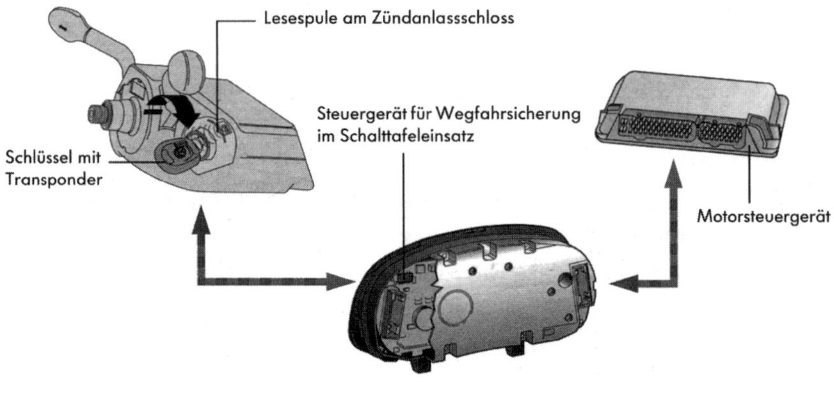

Bild 17.2
Systemzusammenhang Wegfahrsperre

die die Daten vom Transponder gelesen werden, sowie natürlich das Steuergerät der Wegfahrsicherung, das die Informationen auswertet, und das Motorsteuergerät.
Konkret läuft der Datenaustausch nach dem Einstecken des Schlüssels und Einschalten der Zündung folgendermaßen ab: Der Transponder schickt an das Steuergerät der Wegfahrsicherung einen Festcode, der dort überprüft wird. Wird dieser Festcode als richtig erkannt, bildet das Steuergerät per Zufallsgenerator einen Wechselcode, der zum Transponder gesendet wird. Der Wechselcode initiiert im Transponder einen bestimmten geheimen Rechenvorgang, der gleichermaßen im Steuergerät vollzogen wird. Sind die Ergebnisse gleich, d.h. das vom Transponder gesendete identisch mit dem im Steuergerät ermittelten Ergebnis, wird der Fahrzeugschlüssel als berechtigt bzw. richtig erkannt. Im Anschluss daran tauschen das Steuergerät der Wegfahrsicherung und das Motorsteuergerät ebenfalls einen Wechselcode aus. Wird eine Übereinstimmung erzielt, kann das Fahrzeug gestartet werden. Diese Vorgänge (Datenaustausch) dauern nur einige Millisekunden, so dass der Fahrzeugnutzer keine Startverzögerung bemerkt. Da für den Wechselcode bis zu 10^{23} verschiedene Kombinationen möglich sein können und auch der Rechenvorgang geheim ist, ist ein Kopieren des Fahrzeugschlüssels bzw. Manipulation durch Scannen nicht möglich. Bei verschiedenen Systemen werden auch einzelne Fahrzeugschlüssel erkannt, die bei Verlust oder Diebstahl durch einen Diagnosetester systemintern gesperrt werden können, d.h., mit dem «gesperrten» Fahrzeugschlüssel kann das Fahrzeug nicht mehr gestartet werden. Für diesen Vorgang (einzelne(n) Fahrzeugschlüssel sperren oder auch entsperren) sind alle Fahrzeugschlüssel, die noch zugelassen bzw. als berechtigt anerkannt sein sollen, in einem bestimmten Diagnoseablauf für einen Datenaustausch mit dem Steuergerät der Wegfahrsicherung in das Zündanlassschloss zu stecken. Dies ist auch erforderlich, wenn einzelne Komponenten, z.B. Steuergerät der Wegfahrsicherung, ersetzt werden müssen. Ein herstellerspezifischer Diagnosetester ist dafür immer erforderlich, mit dessen Hilfe bestimmte Codierdaten übertragen werden müssen. Eine andere Möglichkeit – aber auch unter Verwendung eines Diagnosetesters – ist, für die Neuprogrammierung einen zusätzlichen «Lernschlüssel» zu verwenden. Diesen benötigt man in dem in Bild 17.3 dargestellten System. Der Ablauf des Datenaustauschs, die Einbindung in das Betriebssystem und o.g. Zusammenhänge weichen im Wesentlichen aber nicht ab (siehe Bild 17.4). Der dazu gehörige Schaltplan ist in Bild 17.5 gezeigt.

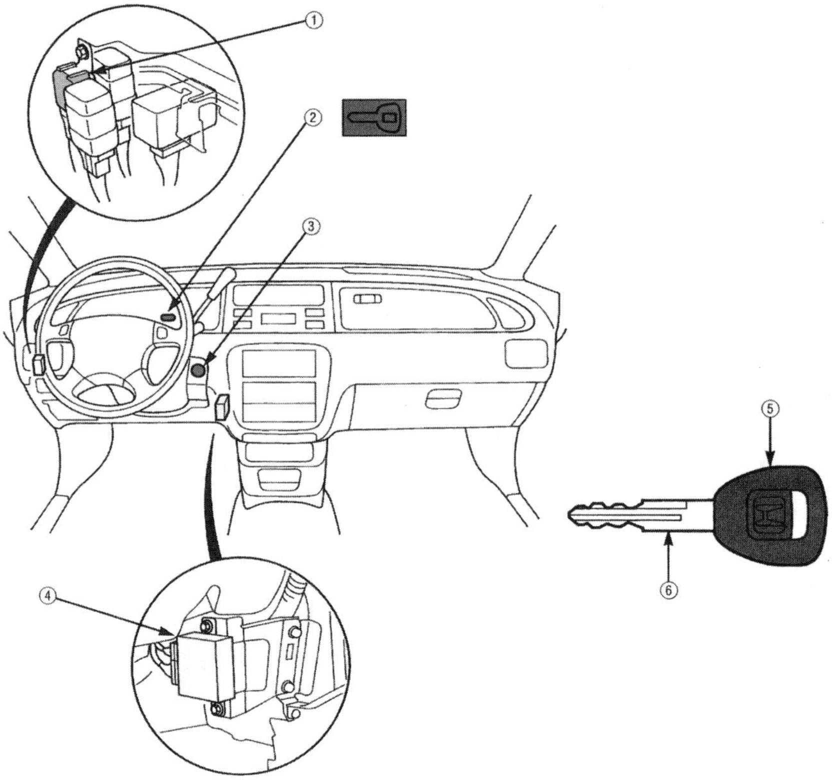

Bild 17.3
Bauteileanordnung
1 Anlasserunterbrecherrelais
2 Anzeigeleuchte für Wegfahrsperre
3 Empfänger der Wegfahrsperre (Antenne)
4 Steuereinheit der Wegfahrsperre
5 Sender im Schlüsselkopf (Transponder)
6 Zündschlüssel

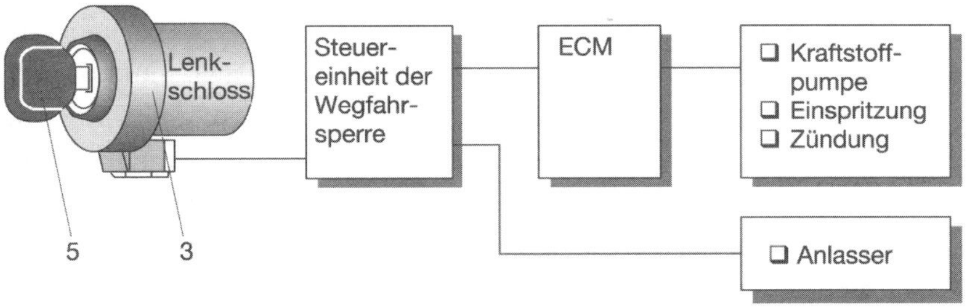

Bild 17.4
3 Empfänger der Wegfahrsperre (Antenne)
5 Sender im Schlüsselkopf (Transponder)

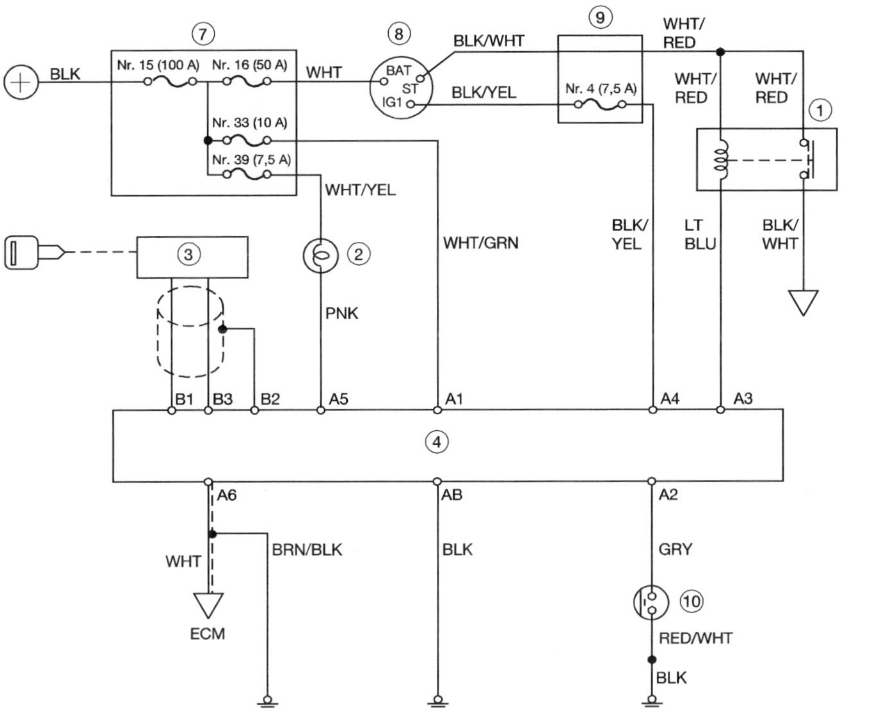

Bild 17.5
Schaltplan
Legende 1 bis 6 siehe Bild 17.3
7 Motorraumsicherungskasten
8 Fahrtschalter
9 Sicherungskasten-Fußraum
10 AT-Positionsschalter (Ein in P oder N)
11 Zum Anlasser

17.1.2 Beispiel einer nachgerüsteten Wegfahrsicherung

Wie bereits eingangs erwähnt, gab es anfangs auch viele Systeme zur Nachrüstung, die auch häufig mit Transpondern arbeiteten. Das Blockschaltbild 17.6 zeigt die grundsätzliche Darstellung eines Nachrüstsystems.

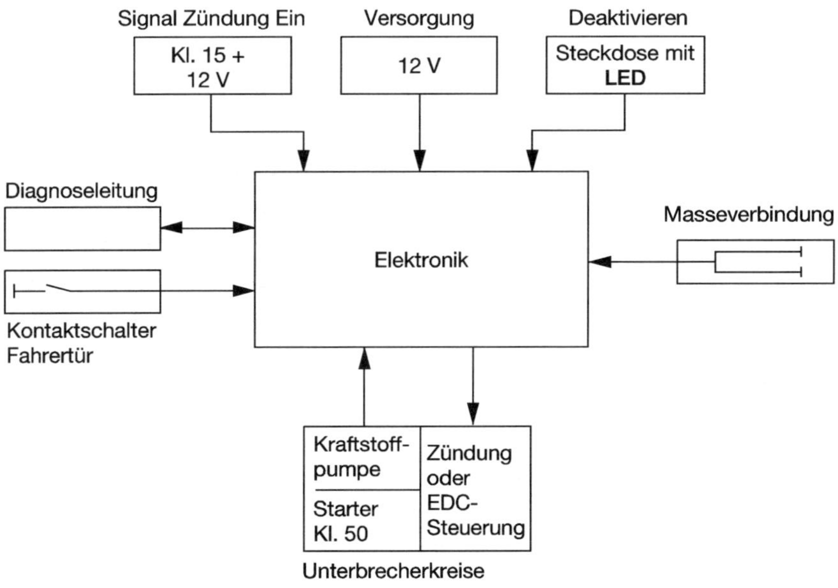

Bild 17.6
Blockschaltbild

Ein Steuergerät unterbricht die Ansteuerung der Kraftstoffpumpe, den Starter und die Zündung bzw. ein sonstiges wichtiges Ausgangssignal der Motorsteuerung. Das Steuergerät ist natürlich mit Spannung versorgt und hat zwei Masseverbindungen. Über das Signal «Zündung ein» und den Kontaktschalter der Fahrertür wird es geschärft, d.h. nach «Zündung aus» nach 10 Minuten bzw. nach Öffnen der Fahrertür nach 30 Sekunden. Entschärft wird es durch einen Schlüssel oder Sender mit Transponder, der in eine Steckdose gesteckt wird. Die LED an der Steckdose zeigt den Zustand (geschärft/entschärft) des Systems. Über eine Diagnoseleitung kann der Fehlerspeicher ausgelesen und eine Neuprogrammierung vorgenommen werden. Dies kann bei einem Defekt oder auch bei Verlust eines Schlüssels erforderlich sein. Bild 17.7 zeigt den Schaltplan/Anschlussplan des Systems.

Bild 17.7
Anschlussplan

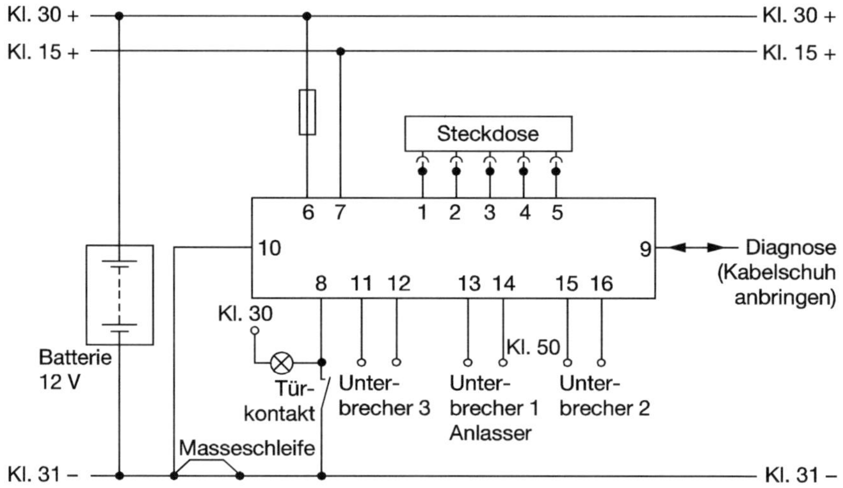

Für die Unterbrecherkreise 1, 2 und 3 wurde direkt in die entsprechenden Kabel eingegriffen und über das Steuergerät geführt. Die Steckdose mit der LED ist häufig im Armaturenbereich platziert. Das Steuergerät hingegen ist meist an einer schwer zugänglichen Stelle und versteckt untergebracht, da bei all diesen Nachrüstsystemen durch Abziehen der Stecker vom Steuergerät und entsprechenden Kurzschlussbrücken in den Unterbrecherkreisen das System außer Funktion gesetzt werden kann.

17.2 Diebstahl-Alarmanlagen

17.2.1 Allgemeine Systembeschreibung

Die elektronischen Wegfahrsicherungen sollen ein Inbetriebnehmen des Fahrzeuges durch Unbefugte verhindern und den Diebstahl des Fahrzeuges erschweren. Sie bieten jedoch wenig Schutz, wenn das Fahrzeug wegtransportiert wird oder Gegenstände aus dem Fahrzeug bzw. wertvolle Ein- oder Anbauteile gestohlen werden. Auch eine Diebstahl-Alarmanlage kann dies nicht völlig verhindern. Einen absoluten Diebstahlschutz kann und wird es nie geben. Eine Diebstahl-Alarmanlage kann jedoch Alarm auslösen, wenn am Fahrzeug Manipulationen vorgenommen werden, und durch den Alarm evtl. Diebe abschrecken. Eine Diebstahl-Alarmanlage sollte erkennen, wenn unbefugt die Türen, die Front- oder Heckklappe geöffnet werden, Scheiben eingeschlagen werden bzw. Bewegungen im Innenraum stattfinden, das Fahrzeug bewegt oder angehoben wird und wenn im geschärften Zustand an Leitungen oder der Fahrzeugbatterie manipuliert wird. Gleichzeitig darf jedoch das System keinen «Fehlalarm» auslösen, z.B. durch eine Fliege im Fahrzeuginnenraum bzw. durch Karosseriebewegungen, die durch vorbeifahrende Fahrzeuge oder durch den Wind hervorgerufen wurden.
Der Alarm wird in der Regel sowohl akustisch durch das Fahrzeug-Signalhorn oder ein eigenes Alarm-Signalhorn als auch optisch durch das Einschalten der Warnblinkanlage und evtl. durch das blinkende Fahrlicht angezeigt.
Wenn die Diebstahl-Alarmanlage nur über eine Fernbedienung ohne mechanische Kontakte oder Schalter in den Türen bzw. nur mit einem elektronisch codierten Schlüssel bedient werden kann, bedeutet dies größtmögliche Sicherheit. Damit sind keine mechanischen Manipulationen von außen möglich. Das Steuergerät der Diebstahl-Alarmanlage sollte dazu auch möglichst schwer zugänglich verbaut sein. Ein «Schärfen» der Diebstahl-Alarmanlage sollte nur möglich sein, wenn alle Türen usw. richtig verriegelt sind bzw. dem Bediener angezeigt wird, wenn dies nicht der Fall ist. Die für die Funktion benötigten Ein- und Ausgänge am Steuergerät sind in Tabelle 17.1 für ein umfassendes Komplettsystem dargestellt. Auch bei der Diebstahl-Alarmanlage gibt es herstellerspezifisch zahlreiche Varianten, die die eine oder andere Funktion vernachlässigen (vgl. auch Schaltplan Bild 17.16).

Tabelle 17.1 Systemübersicht Diebstahl-Alarmanlage

Eingang	Verarbeitung	Ausgang
Türkontaktschalter (Fahrer-/Beifahrertür, Türen hinten links/rechts) Motorhauben-, Heckklappen-kontakt (evtl. auch Handschuh-fach und Radio) Fensterscheibenkontakte bzw. Glasbruchsensoren (auch Heckscheibe) Innenraumüberwachung (Ultraschall- oder Funksensor) Wegimpulsgeber Neigungsgeber bzw. Winkel-geber Zentralverriegelung Fernbedienung Klemme 30 Klemme 31 Klemme 15 Klemme 61	STEUERGERÄT	akustischer Alarm (Alarmhorn, Fahrzeug-Signalhorn) optischer Alarm (Warnblinkanlage, Fahrlicht) Startblockierung (Motorelektronik, Dieselelektronik, Zündung Kl. 15 oder Starter (Kl. 50) Funktions-/Statusanzeige
	⇑ ⇓ Diagnose	

17.2.2 Eingangssignale mit Bauteilen im Detail

Die Kontaktschalter (Bild 17.8) an den Türen (Fahrertür, Beifahrertür, Türen hinten links/rechts), an der Motorhaube und der Heckklappe sind elektromechanische Schalter, die beim Öffnen z.B. einer Tür schließen und einen Massekontakt herstellen. Der dadurch verursachte Spannungsabfall am Steuergerät löst bei geschärfter Anlage den Alarm aus.

Für die Diebstahl-Alarmanlage verwendet man meist die vorhandenen Türkontaktschalter der Innenlichtsteuerung sowie für die Heckklappe den Kontakt für die Gepäckraumleuchte. Lediglich für den Motorhaubenkontakt muss ein eigener Mikroschalter verbaut werden. Ein Handschuhfachkontakt und ein Radiokontakt werden meistens nur verwendet, wenn ein unbefugtes Eindringen in den Fahrgastinnenraum durch fehlende Innenraumüberwachung bzw. Glasbruchsensoren nicht erkannt wird. Dies trifft auch auf offene Fahrzeuge zu, z.B. Cabriolets.

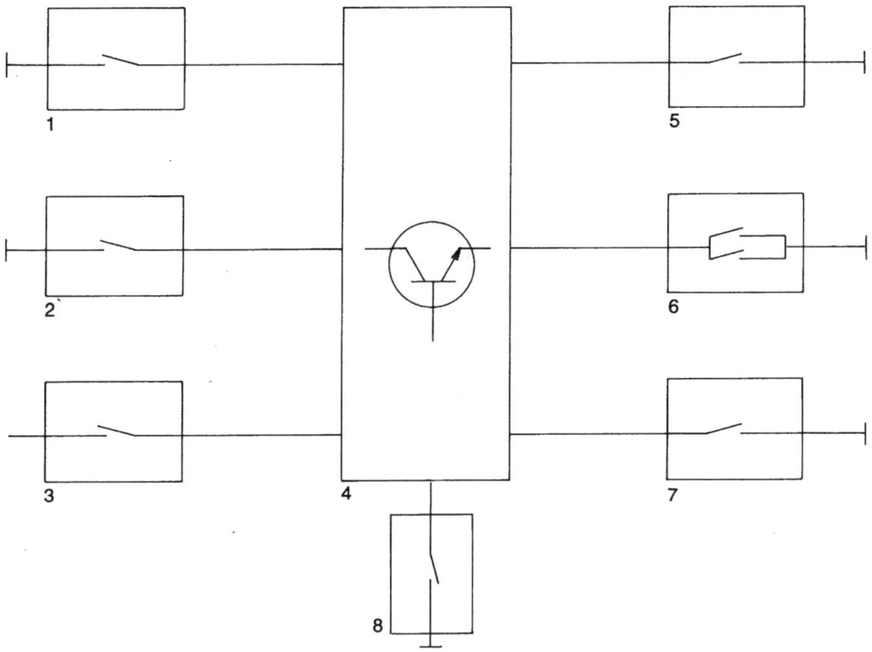

Bild 17.8
Elektromechanische Schalter zur Karosserie-Überwachung
1 Radiokontakt
2 Motorraumkontakt
3 Fahrertürkontakt
4 Diebstahl-Alarmanlage-Steuergerät
5 Handschuhfachkontakt
6 Türenkontakt hinten
7 Beifahrertürenkontakt
8 Kontakt für Gepäckraumleuchte

Eine Überprüfung der Kontaktschalter durch eine Widerstandsmessung und Öffnen und Schließen ist hinreichend genau. Mechanischer Verschleiß oder eingedrungene Feuchtigkeit können die Funktion beeinträchtigen. Das Steuergerät gibt an den entsprechenden Anschlüssen ein Spannungssignal bei aktiviertem System aus, das ebenfalls gemessen werden kann. (Dabei kann es jedoch zu einer Alarmauslösung kommen!)
Außer dem unbefugten Öffnen der Türen sowie der Front- und Heckklappen müssen auch die Scheiben des Fahrzeuges überwacht werden. Dies kann durch Kontaktschleifen, die auch in evtl. vorhandene Dreieckfenster bzw. Ausstellfenster eingezogen sind, geschehen. Die Heckscheibe wird über die Heizdrähte der Heckscheibenheizung überwacht. Eine eingeschlagene Scheibe wird durch eine Unterbrechung der Kontaktschleifen bzw. der Heizdrähte erkannt. Eine Widerstandsmessung ist auch hier zur Überprüfung ausreichend, wenn keine offensichtlichen Beschädigungen vorliegen. Bild 17.9 zeigt die Innenraumüberwachung über Kontaktschleifen und zusätzlich eine andere Möglichkeit der Überwachung der Fahrzeugscheiben sind **Reed-Kontakt-Geber.** Diese werden bei elektrisch oder manuell zu betätigenden Türscheiben verwendet. An den Scheibenunterkanten werden dazu Magnete befestigt, die den Reed-Kontakt im Türinnenblech schließen. Sobald eine Scheibe zerbricht, fallen die Magnete zusammen mit der Scheibe nach unten. Dadurch wird der Reed-Kontakt geöffnet und Alarm ausgelöst. Auch hier ist zur Überprüfung eine Widerstandsmessung mit Öffnen und Schließen der

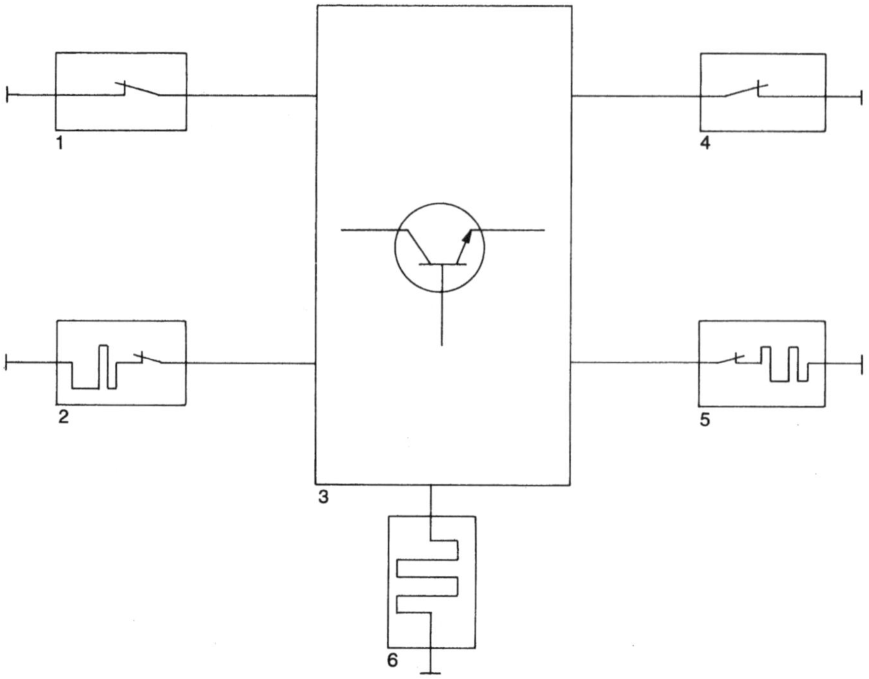

Bild 17.9
Innenraumüberwachung über Reed-Kontaktgeber und Kontaktschleifen
1 Türkontakt vorn links (Reed-Kontakt)
2 Türkontakt hinten links + Kontaktschleife
3 Steuergerät Diebstahl-Alarmanlage
4 Türkontakt vorn rechts
5 Türkontakt hinten rechts + Kontaktschleife
6 heizbare Heckscheibe

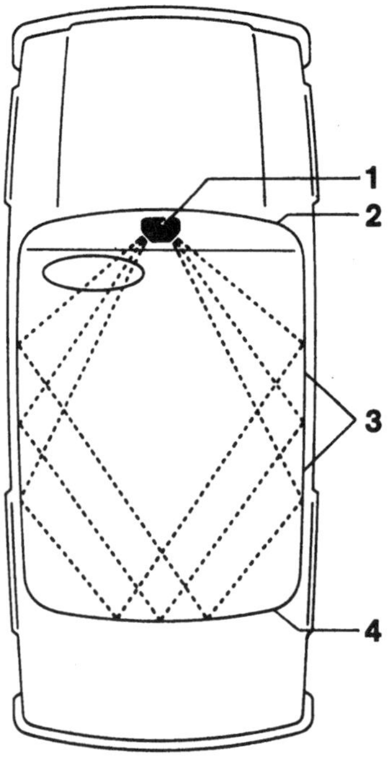

Bild 17.10
Innenraumüberwachung mittels Ultraschallsensor
1 Ultraschallsonde mit Sender und Empfänger
2 Frontscheibe
3 Seitenfenster
4 Heckscheibe

Türscheiben ausreichend. Bei geschärfter Anlage ist am Steuergerät an den entsprechenden Kontakten ein Spannungssignal messbar. Die Frontscheibe wird meist nicht überwacht, da sie durch ihre hohe Festigkeit und durch den inneren Aufbau des verklebten Verbundglases einen ausreichenden Schutz vor Glasbruch bietet.

Statt Fensterscheibenkontakten bzw. Glasbruchsensoren wird die Innenraumüberwachung sehr oft von einem Ultraschallsensor (oder auch Funksensor) übernommen, der sämtliche Bewegungen im Fahrzeuginnenraum erkennt. Nach dem Aktivieren der Diebstahl-Alarmanlage wird der Ultraschallwandler mit einer hochfrequenten Wechselspannung versorgt, durch die eine Piezokeramik in Schwingungen gerät. Die ausgesandten Ultraschallwellen mit einer Frequenz von etwa 40 kHz werden an den Innenwänden des Fahrgastraumes reflektiert und von einem zweiten Ultraschallwandler empfangen (Bild 17.10). Etwaige Störungen des so aufgebauten Ultraschallfeldes durch Bruch einer Scheibe oder Eindringen eines Gegenstandes in den Fahrgastinnenraum werden damit sicher erkannt und führen zur Alarmauslösung. Die beiden Ultraschallwandler und die Elektronik zur Erzeugung der hochfrequenten Wechselspannung sind im Ultraschall-Bewegungsdetektor zu einem Bauteil zusammengefasst (Bild 17.11). Die Spannungsversorgung des Ultraschall-Bewegungsdetektors geschieht durch das Steuergerät der aktivierten Diebstahl-Alarmanlage, ebenso wie die Auswertung des «Bewegungssignals». Eine Überprüfung der Funktion kann durch Öffnen einer Scheibe, einer

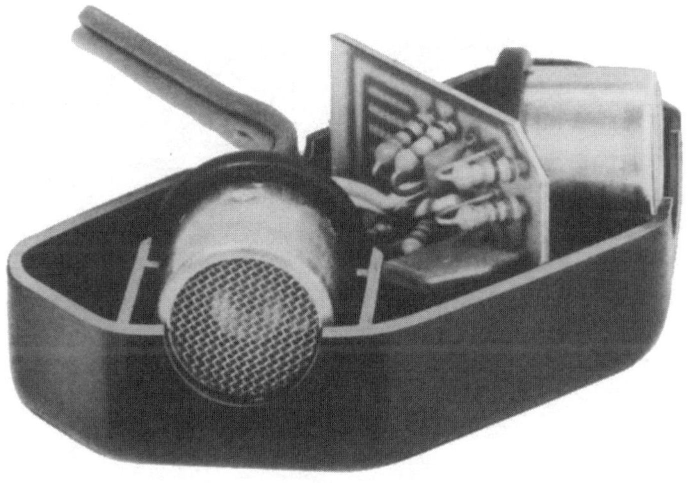

Bild 17.11
Ultraschall-Bewegungsdetektor

Tür oder durch Bewegungen von Gegenständen bei aktiver Alarmanlage geschehen. Dabei muss ein Alarm ausgelöst werden. Bei Systemen mit Ultraschallsensor kann meist die «Empfindlichkeit», bei der die Anlage auf Bewegungen reagiert, eingestellt werden. (Beachten Sie dazu die genauen Herstellerangaben!)

Neben dem unbefugten Eindringen in den Fahrgastinnenraum muss das Fahrzeug auch gegen Wegschieben oder Abtransportieren geschützt werden. Dies geschieht durch einen Wegimpulsgeber. Dabei kann es sich z.B. um einen Reed-Kontakt im Differentialgetriebe handeln. Jedes Öffnen und Schließen des Reed-Kontaktes bei einer Fahrzeugbewegung wird registriert und ab einer bestimmten Wegstrecke Alarm ausgelöst. Diese verzögerte Alarmauslösung (erst ab einer bestimmten Wegstrecke) verhindert Fehlauslösungen durch Schaukeln oder nur geringes Wegschieben (z.B. bei geringfügigen «Einparkremplern»). Der Reed-Kontakt wird durch eine Widerstandsmessung und Raddrehungen geprüft. Einen weiteren Schutz vor Abtransport oder Anheben des Fahrzeuges (z.B. bei einem Räderdiebstahl) bietet ein Neigungsgeber bzw. Winkelgeber.

Beim Neigungsgeber bzw. beim Winkelgeber handelt es sich um zwei verschiedene Bauteile mit annähernd gleicher Funktion, die je nach Hersteller verbaut werden. Beide melden dem Steuergerät eine Veränderung der Fahrzeugausgangslage, z.B. durch Anheben des Fahrzeuges. Eine Lageänderung durch kurzzeitiges Schaukeln löst keinen Alarm aus. Die Funktion des Winkelgebers beruht darauf, dass zwei flüssigkeitsgedämpfte Pendel (Bild 17.12, Bauteile 3 und 4) – jeweils eines für die Längs- und eines für die Querrichtung – ihre Lage entsprechend der Schwerkraft verändern. Bei den Pendeln handelt es sich um Spulen, die bei einer Lageänderung ihre Induktivität ändern. Beim Aktivieren der Diebstahl-Alarmanlage wird die Ausgangslage durch einen Mikroprozessor als Ruhe- bzw. Parkstellung (= Sollwert) regis-

Bild 17.12
Winkelgeberschnitt
1 Gehäuse
2 Justierelement
3 Geber für Querrichtung
4 Geber für Längsrichtung
5 Dämpfungsöl

triert. Jede Lageänderung wird als Abweichung vom Sollwert erkannt. Bei Überschreiten eines bestimmten festprogrammierten Wertes (= Schwellwert) gibt der Mikroprozessor im Winkelgeber ein kurzes Spannungssignal an das Steuergerät, das daraufhin Alarm auslöst. Der Winkelgeber wird über Klemme 30 mit Spannung versorgt. Außerdem bestehen zwei Verbindungsleitungen zum Steuergerät; über eine davon wird der Winkelgeber ein- bzw. ausgeschaltet, die zweite Leitung dient sowohl der Alarmauslösung als auch zum Selbsttest der Anlage. Die Funktionsüberprüfung des Winkelgebers geschieht am einfachsten durch ein Schärfen der Diebstahl-Alarmanlage und anschließender Lageveränderung des Fahrzeuges durch Anheben. Wird dabei kein Alarm ausgelöst, können lediglich die Spannungsversorgung des Winkelgebers sowie die beiden Leitungen zum Steuergerät auf einwandfreien Durchgang überprüft werden. Ein Messen der Signale zwischen Steuergerät und Winkelgeber ist praktisch kaum möglich, da diese jeweils nur für einen kurzen Augenblick anliegen.

Beim Neigungsgeber (Bild 17.13) wird die Ausgangslage des Fahrzeuges durch zwei Platten-Kondensatoren erkannt, deren Kapazität sich durch eine Flüssigkeit im Neigungsgeber verändert. Die Fahrzeuglage und deren Veränderung wird somit beim Neigungsgeber kapazitiv erfaßt, im Gegensatz zur induktiven Auswertung beim Winkelgeber. Die spezifische Form der Kondensatorplatten bewirkt, dass die Flüssigkeit je nach Lage einen bestimmten Teil der Plattenfläche abdeckt und somit für jede Fahrzeugneigung jeweils ein bestimmter Kapazitätswert möglich ist. Analog dem Winkelgeber gibt es auch beim Neigungsgeber jeweils einen Platten-Kondensator für die Längsrichtung und einen für die Querrichtung. Die Auswertung

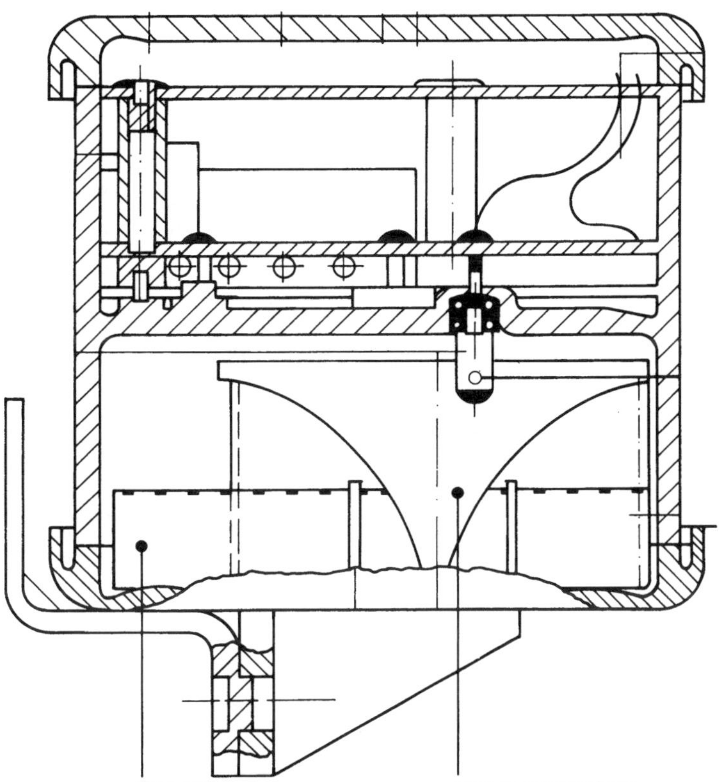

Bild 17.13
Schnitt durch einen Neigungsgeber

geschieht hier ebenfalls durch einen eigenen Mikroprozessor im Neigungsgeber. Der Neigungsgeber wird über Klemme 30 mit Spannung versorgt. Die Anbindung des Neigungsgebers an das Diebstahl-Alarmanlagen-Steuergerät erfolgt analog der Anbindung des Winkelgebers. Die Funktion und deren Überprüfung sind ebenfalls identisch.

Um Fehlauslösungen, z.B. bei einem Fahrzeugtransport, bei einer Duplex-Garage o.Ä., zu vermeiden, sollte die Funktion des Winkelgebers/Neigungsgebers ausschaltbar sein. Dies kann z.B. bei einigen Systemen durch zwei unmittelbar aufeinander folgende Schärfvorgänge geschehen.

Die Anbindung der Diebstahl-Alarmanlage an die Zentralverriegelung geschieht meist aus zwei Gründen: Zum einen sollte ein «Schärfen» der Alarmanlage nur möglich sein, wenn alle Türen (inkl. Kofferraum) nicht nur geschlossen, sondern auch abgeschlossen sind. Zum anderen wird die Diebstahl-Alarmanlage häufig über ein Schlosssignal oder die Zentralverriegelung geschärft. Wie in Bild 17.14 dargestellt, wird durch Schalter in den Zentralverriegelungs-Antrieben bzw. Mikroschalter in den Türschlössern (einschließlich Kofferraumklappe) über ein Spannungssignal sowohl dem Zentralverriegelungs-Steuergerät als auch dem Steuergerät der Diebstahl-Alarmanlage gemeldet, dass alle Türen (einschließlich Kofferraum) richtig abge-

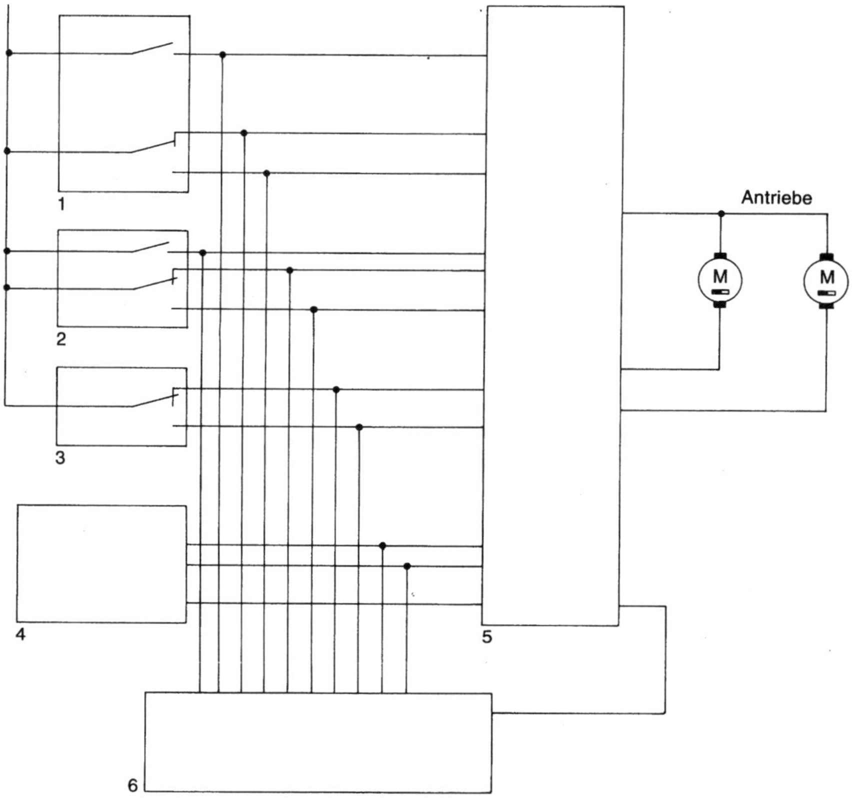

Bild 17.14
Schnittstellenübersicht «Diebstahl-Alarmanlage – Zentralverriegelung Fernbedienung»
1 Fahrertür
2 Beifahrertür
3 Heckklappe
4 Fernbedienungsmodul
5 Zentralverriegelungsmodul
6 Steuergerät Diebstahl-Alarmanlage

schlossen sind. Eine nicht korrekt geschlossene und abgeschlossene (verriegelte) Tür bzw. Kofferraumklappe wird somit vom Steuergerät erkannt. Der Fahrer wird meist durch eine blinkende Funktions-/Statusanzeige darauf hingewiesen. Eine direkte Leitung vom Zentralverriegelungs-Steuergerät zum Diebstahl-Alarmanlagen-Steuergerät sendet zusätzlich ein kurzes Spannungssignal, sobald die Verriegelung ordnungsgemäß durchgeführt ist. Damit kann auch die Diebstahl-Alarmanlage aktiviert werden.

In der Vergangenheit wurde in seltenen Fällen die Diebstahl-Alarmanlage über einen eigenen Schlüssel und ein separates Schloss (und darin verbauten Mikroschalter) geschärft.

Die sicherste Methode, die Diebstahl-Alarmanlage zu aktivieren, ist die Aktivierung über eine Fernbedienung. Die Fernbedienung kann sowohl über Infrarot- als auch Funksignale ausgeführt sein. Wichtig für einen optimalen Schutz ist, dass die zwischen Sender und Empfänger ausgetauschten Signale jedes Mal die Vercodung wechseln, sog. **Wechselcode,** wodurch ein unbefugtes «Abhören» der Signale und anschließendes Senden zu keinem Erfolg führt. Jedoch sollte dabei die eben erwähnte Aktivierung bzw. Entschärfung über ein Schlosssignal nicht möglich sein. Die Verbindung der Fernbedienung mit der Zentralverriegelung und einer Diebstahl-Alarmanlage stellt

aus Sicht des Diebstahlschutzes ein Optimum dar. Jedoch wird bei einem Systemausfall oder leerer Batterie des Fernbedienungs-Senders auch bei einem ordnungsgemäßen Aufschließen des Fahrzeuges (mit dem Fahrzeugschlüssel) Alarm ausgelöst. Deshalb ist die Fernbedienung meist nur als zusätzliche «Komfortbedienung» verbaut.
Die Signale des Fernbedienungs-Empfänger-Steuerteils werden im in Bild 17.14 gezeigten Schaltplanschema sowohl vom Zentralverriegelungs- als auch vom Diebstahl-Alarmanlagen-Steuergerät ausgewertet. Die Überprüfung der Signale ist in diesem Fall wenig sinnvoll. Lediglich die Überprüfung der Leitungen auf gute Kontaktierung und Durchgang sollte im Fehlerfall durchgeführt werden.
Die wichtigsten Eingangssignale für die Diebstahl-Alarmanlage sind wie bei jedem elektronischen Steuergerät Klemme 30 und 31 zur Spannungsversorgung. Die Eingangssignale der Klemme 15 und Klemme 61 dienen der Funktionssicherheit. Ein Aktivieren der Diebstahl-Alarmanlage ist bei anliegender Spannung auf einer der beiden Klemmen nicht möglich. Zusätzlich können bei geschärfter Anlage Spannungssignale an diesen Klemmen als Diebstahl-/Manipulationsversuch erkannt und ein Alarm ausgelöst werden.
Die Diebstahl-Alarmanlagen sind heute meist – wie beinahe alle elektronischen Systeme im Kraftfahrzeug – eigendiagnosefähig. Deshalb ist bei etwaigen Fehlfunktionen als Erstes immer der Fehlerspeicher auszulesen.

17.2.3 Ausgangssignale und Schaltplan einer Diebstahl-Alarmanlage

Die wichtigste Aufgabe der Diebstahl-Alarmanlage ist gleichzeitig auch das wichtigste Ausgangssignal: die Ansteuerung der akustischen und optischen Alarmgeber.
Der akustische Alarm wird über ein Signalhorn intermittierend ausgelöst. Bei dem Signalhorn bzw. Signalhörnern handelt es sich häufig um das Fahrzeugsignalhorn. Es kann aber auch ein eigenes Signalhorn für die Diebstahl-Alarmanlage (gut versteckt und schwer zugänglich) verbaut sein. Die Ansteuerung erfolgt in beiden Fällen über ein im Steuergerät integriertes Relais.
Der optische Alarm wird in der Bundesrepublik Deutschland durch die Ansteuerung aller Fahrtrichtungsanzeiger (Warnblinkanlage) ausgelöst. Je nach Hersteller kann die Ansteuerung direkt durch das Steuergerät oder über die Ansteuerung eines Relais durch das Steuergerät erfolgen. Da der optische Alarm in anderen Ländern aufgrund anderer Landesgesetze auch durch das Abblendlicht/Fernlicht angezeigt werden kann, besteht meist auch eine Leitung zu den (dem) Lichtrelais bzw. zur Lichtsteuerung. Durch eine entsprechende Codie-

rung des Diebstahl-Alarmanlagen-Steuergerätes wird in Deutschland auf dieser Leitung kein Signal ausgegeben. Die Codierung kann, falls vorgesehen, meist durch einen herstellerspezifischen Diagnosecomputer geändert werden.

Für die Startblockierung oder auch Wegfahrsicherung gab es je nach Hersteller in der Anfangsphase nach Einführung der Wegfahrsicherung mehrere verschiedene Varianten. Entsprechend den Anforderungen vieler deutscher Versicherungsgesellschaften sollten mehrere Wegfahrsperren gleichzeitig wirken.

Die einfachste Möglichkeit war eine Leitung vom Diebstahl-Alarmanlagen-Steuergerät zum Motormanagement-Steuergerät (z.B. Motronic, Dieselelektronik). Bei geschärfter Diebstahl-Alarmanlage gibt diese auf dieser Leitung ein Spannungssignal an das entsprechende Steuergerät, wodurch die Zündung und/oder die Einspritzung und Kraftstoffzufuhr verhindert wird.

Die zweite Variante der Startblockierung war die Leitung vom Zündschloss-Anlassschalter (Klemme 50) zum Anlassereinzugsmagneten durch das Diebstahl-Alarmanlagen-Steuergerät zu führen (Bild 17.15). Die Ansteuerung des Kraftstoffpumpenrelais kann auch auf diese Weise unterbrochen bzw. verhindert werden. Ein Starten des Motors ist dann bei geschärfter Diebstahl-Alarmanlage auch durch ein Kurzschließen bzw. Überbrücken des Zündschlosses nicht möglich.

Eine weitere Möglichkeit einer Startblockierung war die Unterbrechung der Klemme 15 an der Zündspule durch das Diebstahl-

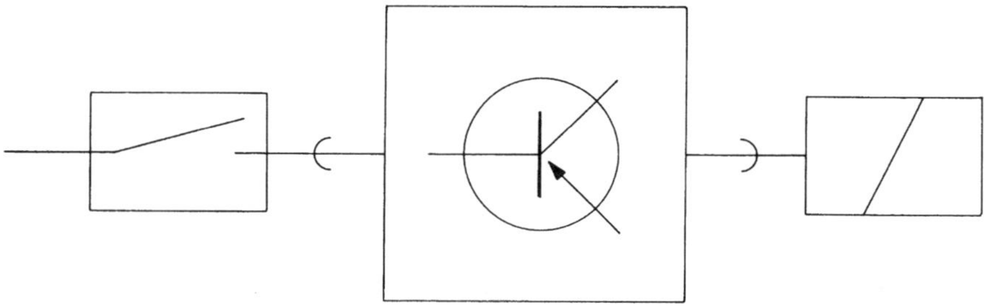

Bild 17.15
Startblockierung durch die Diebstahl-Alarmanlage

Alarmanlagen-Steuergerät, analog der zweiten Variante. Die Unterbrechung der Klemme 15 an der Zündspule war jedoch selten. Die Wegfahrsicherung ist heute überwiegend wie in Abschnitt 17.1 beschrieben gelöst.

Durch die Status-/Funktions-Anzeige wird dem Benutzer und auch evtl. den Dieben der Zustand der Diebstahl-Alarmanlage (scharf, nicht aktiv) angezeigt. Die Ansteuerung erfolgt direkt durch das Steuergerät. Auf ein nicht richtig verschlossenes Fahrzeug wird der

Benutzer beim Aktivieren der Anlage durch eine blinkende oder nicht leuchtende Anzeige aufmerksam gemacht. Die Anzeigelogik (blinken, leuchten, aus) ist hersteller- und länderspezifisch verschieden und kann häufig auch umcodiert werden.
Bild 17.16 zeigt den Schaltplan einer Diebstahl-Alarmanlage mit Innenraumschutz über Glasbruchsensoren und Neigungsalarmgeber.

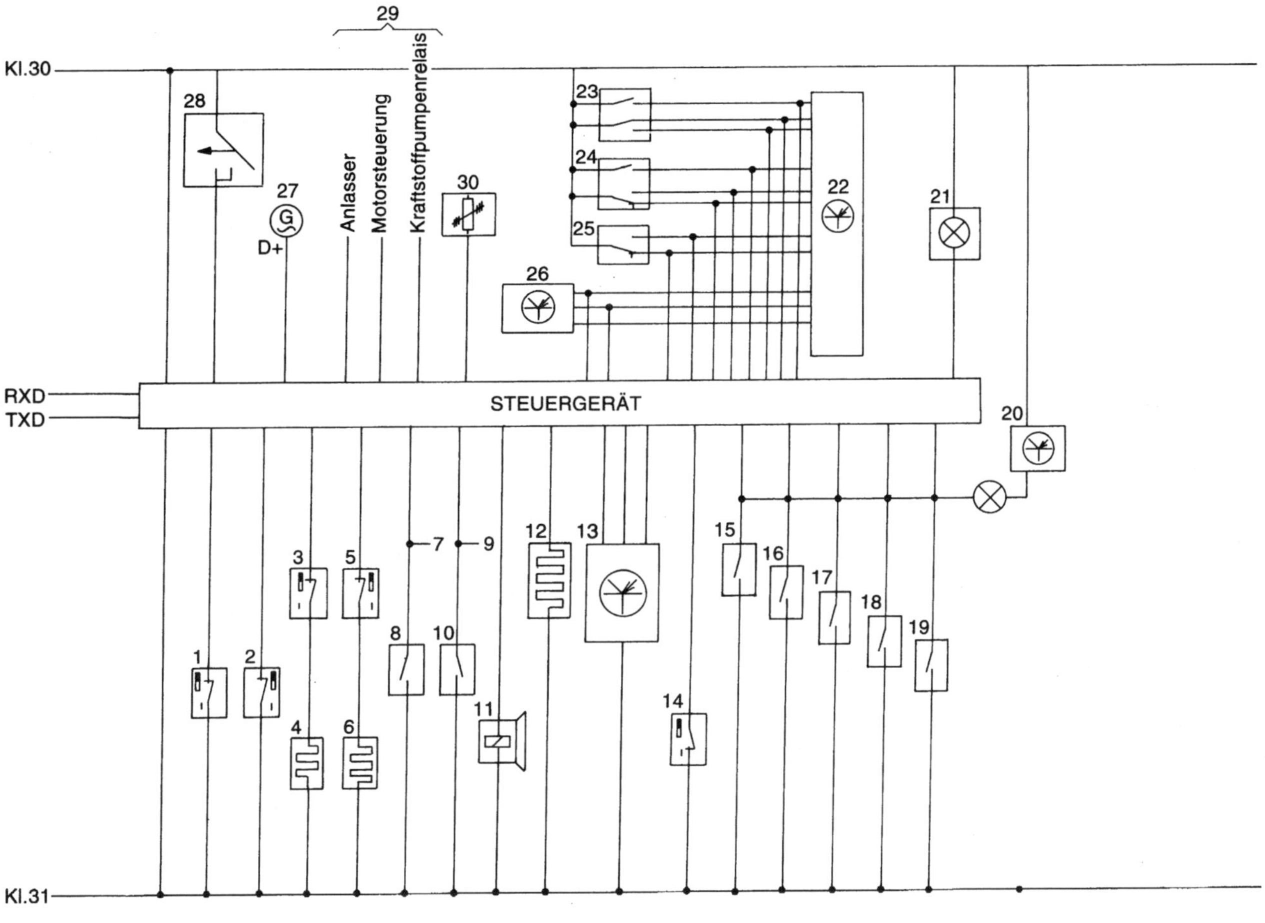

Bild 17.16
Schaltplan «Diebstahl-Alarmanlage»

1 *Scheibenüberwachungsschalter Beifahrer vorn*
2 *Scheibenüberwachungsschalter Fahrer vorn*
3 *Scheibenüberwachungsschalter Beifahrer hinten*
4 *Leiterschleife Tür hinten rechts*
5 *Scheibenüberwachungsschalter Fahrer hinten*
6 *Leiterschleife Tür hinten links*
7 *Gepäckraumleuchte*
8 *Gepäckraumschalter*
9 *Handschuhfachleuchte*
10 *Handschuhfachschalter*
11 *Alarmhorn*
12 *Heckscheibenheizung*
13 *Neigungsgeber*
14 *Reedkontakt Tacho*
15 *Mikroschalter Frontklappe*
16 *Mikroschalter Türkontakt hinten rechts*
17 *Mikroschalter Türkontakt hinten links*
18 *Mikroschalter Türkontakt vorn rechts*
19 *Mikroschalter Türkontakt vorn links*
20 *Innenlichtsteuerung*
21 *Funktionsleuchte*
22 *Zentralverriegelung*
23 *Zentralverriegelungs-Antrieb Fahrertür*
24 *Zentralverriegelungs-Antrieb Beifahrertür*
25 *Zentralverriegelungs-Antrieb Heckklappe*
26 *Fernbedienung*
27 *Generator*
28 *Zündschlossschalter*
29 *Mehrfachstartunterbrechung*
30 *Blinkrelais*

18 Systeme der Komfortelektronik

18.1 Heiz- und Klimaregelung

18.1.1 Allgemeine Funktionsweise und Systemaufbau

Mit Hilfe einer Heiz- und Klimaregelung soll im Fahrgastinnenraum eine gewählte Temperatur möglichst schnell erreicht und dann konstant gehalten werden. Diese Regelung ist auch für Fahrer und Beifahrer getrennt möglich. Das System muss dazu die angesaugte Außenluft aufheizen oder abkühlen und die Luftverteilung so beeinflussen, dass sich eine angenehme «Luftschichtung» ergibt (warme Füße, kühler Kopf). Außerdem wird durch die Heiz- und Klimaregelung die Luft gereinigt und die Luftfeuchtigkeit verändert.
Zur Erfüllung dieser Aufgaben benötigt auch das Steuergerät der Heiz- und Klimaregelung verschiedene Eingangssignale zur Erfassung der Umfeldbedingungen. Die vom Fahrer (und Beifahrer) über Wählhebel, -räder oder digital eingegebenen Temperaturwünsche sind für das Steuergerät die wichtigsten Eingangssignale, die berücksichtigt werden müssen. Die gewählte Temperatur wird jedoch vom Steuergerät in Abhängigkeit von der Außentemperatur minimal verändert (max. Abweichung etwa ±2 °C), so dass sich ein angenehmes Raumklima ergibt. Bei tiefen Außentemperaturen wird z.B. die Innentemperatur leicht erhöht und somit die Kälteabstrahlung der Front- und Seitenscheiben kompensiert (Bild 18.1).

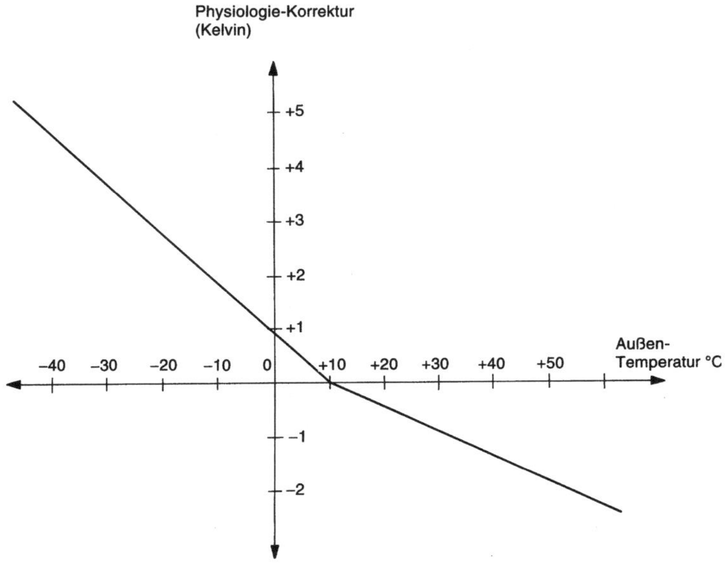

Bild 18.1
Temperaturkompensation (so genannte Physiologieanpassung)

Die Heiz- und Klimaregelung steuert dazu bis zu 20 verschiedene Stellmotoren, zwei Wasserventile für die Heizung, den Klimakompressor für die Kühlung und Feuchtigkeitsreduzierung sowie das Gebläse an. Zusätzlich kann durch das Steuergerät die Front- und Heckscheibenheizung mit betätigt werden. Es gibt Systeme, bei denen am Steuergerät bis zu 104 Pins für Ein- und Ausgangssignale vorhanden sind. Die Beschreibung der Heiz- und Klimaregelung bezieht sich im folgenden auf ein solches umfangreiches System, ebenso der Schaltplan unter Abschnitt 18.1.5. Tabelle 18.1 zeigt eine Systemübersicht von möglichen Ein- und Ausgängen am Steuergerät.

Tabelle 18.1
Systemübersicht «Heiz- und Klimaregelung»

Eingangssignale	**Verarbeitung**	**Ausgangssignale für**
Temperaturwählhebel/-wählräder	STEUERGERÄT	Gebläse
Gebläsedrehschalter		Klimakompressor
Programmschalter (Klima-, Defrost-Umluftschalter, Schalter für autom. Temperaturverteilung)		bis zu 20 Stellmotoren für Luftklappen
Heckscheibenheizungsschalter		Wasserventile
Außentemperaturfühler		Zusatzwasserpumpe
Zusatzwasser-, 2 Wärmetauschertemperaturfühler		Front- und Heckscheibenheizung
Verdampfertemperaturfühler		Motorsteuergerät zur Leerlaufdrehzahl-Anhebung (nur bei Klimaregelung)
Innenraumtemperaturfühler		
Tachosignal		
Schaltsignal d. Zeituhr für Standlüftung, -heizung		
Standlicht (Lichtschalter)		
Klemme 50		
Klemme 15		
Klemme 30		
Klemme 31		
	⇑ ⇓ Diagnose	

18.1.2 Funktionsprinzip einer Klimaanlage

Bevor man sich mit der Heiz- und Klimaregelung näher beschäftigt, ist es wichtig, sich mit dem allgemeinen Funktionsprinzip einer Klimaanlage vertraut zu machen.

Die Wirkungsweise einer Klimaanlage beruht darauf, dass ein so genanntes Kältemittel (wie jedes chemische Element) bei der Änderung seines Aggregatzustandes (fest, flüssig, gasförmig) Energie aufnimmt bzw. abgibt. Beim Übergang vom flüssigen in den gasförmigen Zustand benötigt das Kältemittel Energie, die es der Umgebung in Form von Wärme entzieht. Umgekehrt gibt das Kältemittel beim Übergang vom gasförmigen in den flüssigen Zustand Wärme ab.

Als Kältemittel muss ein Stoff verwendet werden, der einen möglichst niedrigen Siedepunkt (flüssig → gasförmig) hat. Der Siedepunkt kann durch Einwirken von Druck verschoben werden; gleichzeitig findet dadurch auch eine Erwärmung statt. Das verwendete Kältemittel R134a (Tetrafluorethan) hat seinen Siedepunkt bei ca. –26 °C bei atmosphärischem Druck. Bei 15 bar Überdruck liegt der Siedepunkt von R134a bereits bei ca. 55 °C. Oben dargestellte chemische/physikalische Regeln werden bei Klimaanlagen für Kraftfahrzeuge wie folgt genutzt (Bild 18.2):

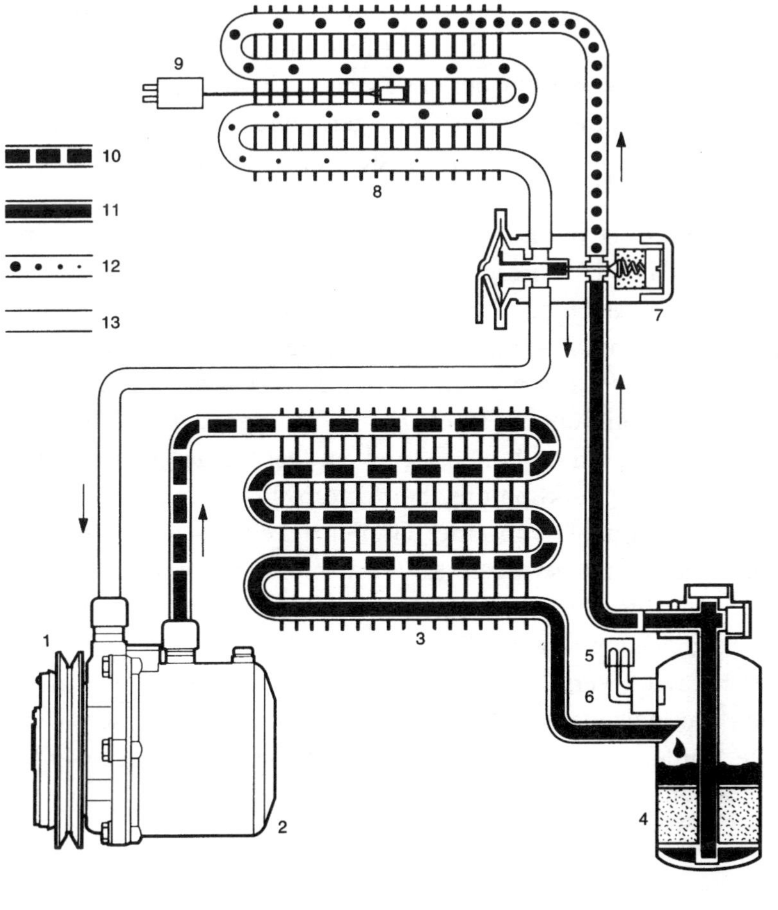

Bild 18.2
Kältemittelkreislauf in einer Klimaanlage

1 Magnetkupplung
2 Kompressor
3 Kondensator
4 Trocknerflasche
5, 6 kombinierter Sicherheitsschalter (Hoch- und Niederdruck)
7 Expansionsventil
8 Verdampfer
9 Temperaturfühler
10 Hochdruck gasförmig
11 Hochdruck flüssig
12 Niederdruck flüssig
13 Niederdruck gasförmig

Der vom Motor über eine Magnetkupplung (1) angetriebene Kompressor (2) saugt das gasförmige Kältemittel (13) an und verdichtet es (etwa 15 bar). Die Temperatur des unter Druck stehenden Kältemitteldampfes steigt dabei auf etwa 70 °C an. Durch den Kondensator (3) kann es diese erhöhte Temperatur an die Umgebungsluft abgeben. Beim Abkühlen wird das unter Druck stehende Kältemittel (11) flüssig, da der Siedepunkt bei einem Druck von 15 bar bei etwa 55 °C liegt. Das flüssige Kältemittel gelangt dann in die Trocknerflasche/den Kältemittelsammler (4), wo es durch Filter gereinigt und ihm Wasser entzogen wird.
Bei Überschreiten des Öffnungsdruckes kann das Kältemittel durch das Expansionsventil (7) aus der Hochdruckseite in den Niederdruckbereich (12) gelangen. Dabei sinkt der Siedepunkt durch den geringeren Druck ab, und das flüssige Kältemittel wird gasförmig. Im Verdampfer (8) entzieht es der Umgebungsluft dabei Wärme. Die durch das Gebläse an den Kühlrippen des Verdampfers vorbeigeleitete Außenluft wird dadurch abgekühlt.
Die Feuchtigkeit der Außenluft kondensiert durch die Abkühlung am Verdampfer und wird über Abläufe ins Freie geleitet. Ein Absinken der Temperatur am Verdampfer unter 2 °C würde zur Vereisung führen. Um dies zu verhindern, ist am Verdampfer ein Temperaturfühler (9) angebracht, durch dessen Signal das Steuergerät die Magnetkupplung am Kompressor trennt und damit der Kreislauf unterbrochen wird.
Ein angenehmer Nebeneffekt bei der Kondensation der Luftfeuchtigkeit ist zum einen eine Frischluft mit geringerer Feuchtigkeit, zum anderen die Ausscheidung von in der Feuchtigkeit gebundenen Schmutzpartikeln.
Mit dem Kältemittelkreislauf wird gleichzeitig ein so genanntes Kälteöl umgewälzt, das zur Schmierung des Kompressors und des Expansionsventils dient. Aus Sicherheitsgründen kann die Stromversorgung der Magnetkupplung zusätzlich durch einen Nieder- und einen Hochdruckschalter (5, 6) unterbrochen werden. Bei etwaigen Defekten (z.B. Expansionsventil öffnet nicht) schützt der Hochdruckschalter das System vor zu hohen Drücken. Der Niederdruckschalter unterbricht die Magnetkupplung bei Unterschreiten einer unteren Druckschwelle, da dabei von einer Undichtigkeit ausgegangen wird. Dies würde durch zu geringen Kältemittelumlauf (und das damit umlaufende Schmieröl) eine mangelhafte Schmierung bedeuten.
Statt der Magnetkupplung am Kompressor, die nach Bedarf ein- und ausgeschaltet wird, verwendet man immer häufiger einen volumengeregelten (Taumelscheiben-)Kompressor. Neuere Kompressoren, bei denen die Fördermenge zwischen 0% und 100% geregelt werden kann, benötigen keine Magnetkupplung mehr.

Das früher verwendete Kältemittel R12 enthält Fluorchlorkohlenwasserstoffe (FCKW), die in der Atmosphäre die Ozonschicht zerstören. Seit 1991 wird daher R134a (ohne Chlorverbindungen) verwendet. Seit 1995 ist die Produktion von FCKW-haltigen Stoffen in Deutschland ganz verboten.

Da bei R134a andere Materialien für Leitungen, Dichtungen usw. in der Klimaanlage verwendet werden müssen, können Klimaanlagen jeweils nur mit dem dafür vorgesehenen Kältemittel befüllt werden. Falschbefüllungen rufen Schäden wie z.B. Undichtigkeiten, mangelnde Schmierung des Kompressors u.a. hervor. Deshalb müssen bei älteren Klimaanlagen mit R12 (nicht mehr verfügbar und nicht mehr erlaubt), die neu befüllt werden, diverse Teile nach Herstellervorschrift gewechselt werden. Dies gilt auch für das Kälteöl.

Die Art des Kälteöls ist abhängig vom verwendeten Kältemittel, und nur bei richtiger Zuordnung ist eine einwandfreie Funktion gewährleistet.

18.1.3 Eingangssignale

Als Eingangssignale dienen dem Steuergerät die Erfassung der Umfeldbedingungen und die Wünsche des Fahrers oder Beifahrers. Fahrer und Beifahrer stellen über die Bedienungseinheit durch Drehpotentiometer oder Schalter ihre Wünsche ein. Die jeweils eingestellte Temperatur links/rechts, die Gebläseeinstellung und die gewählte Temperatur an einem so genannten Temperatur-Schichtungssteller in einem Belüftungsgrill erkennt das Steuergerät durch den Spannungsabfall am Potentiometer. Dazu wird in Bild 18.3 über Pin 20 eine Spannung von etwa 5 V ausgegeben. Pin 16 ist die dazu

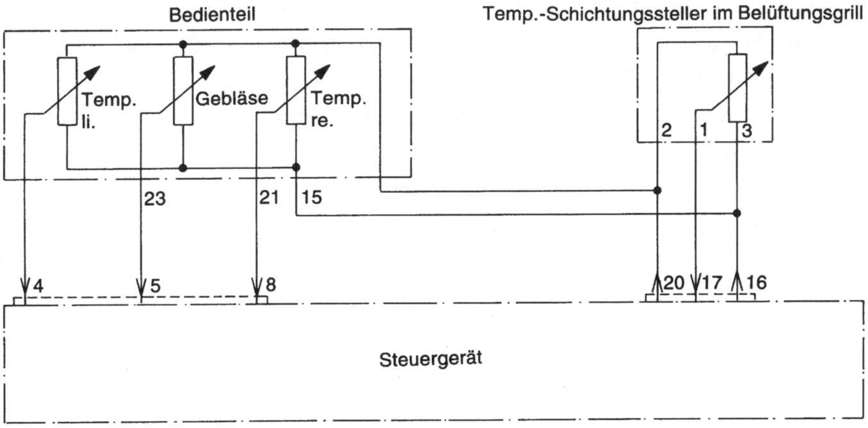

Bild 18.3
Bedienungseinheit

gehörige, gemeinsame Masseverbindung durch das Steuergerät. Die Überprüfung der Potentiometer kann über Widerstandsmessung oder Spannungsabfall-Messungen erfolgen. Ist der Gebläsedrehschalter auf Anschlag 0, ist die komplette Heiz- und Klimaregelung außer Betrieb. Weitere Einstellungsmöglichkeiten für Fahrer/Beifahrer bieten die in Bild 18.4 dargestellten Programm-Drucktasten. Durch diese werden verschiedene Luftverteilungs- und Temperaturschichtungs-Programme abgerufen. Das Steuergerät gibt an die jeweiligen Schalter Rechtecksignale in einer bestimmten Reihenfolge mit unterschiedlicher Frequenz aus. Dadurch erkennt es über den Eingang, welche Schalter betätigt wurden. Die Rechtecksignale können über Tastverhältnis bzw. Frequenz am Eingang und an den Ausgängen gemessen werden. Die Funktion der Schalter kann aber auch über eine Widerstandsmessung überprüft werden.

Die Umfeldbedingungen werden über Temperaturfühler (meist NTCs) erfasst. Die Außenlufttemperaturfühler, Innentemperaturfühler, Verdampfertemperaturfühler und die zwei Wärmetauscher-Temperaturfühler (links/rechts) werden durch eine Widerstandsmessung überprüft. Der Innentemperaturfühler wird über ein kleines Gebläse belüftet, das bei eingeschalteter Heiz- und Klimaregelung direkt mit Batteriespannung versorgt wird. Die Funktion des Gebläses ist bei einer Fehlersuche immer zu überprüfen, da die Belüftung des Innentemperaturfühlers zur Erfassung der jeweils aktuellen Innentemperatur benötigt wird. Ansonsten ergäben sich durch «Stauwärme» falsche Innenraumtemperaturwerte. Außerdem geht noch das Tachosignal als Rechtecksignal mit veränderlicher Frequenz in das Steuergerät ein. Dieses Signal bewirkt ab etwa 60 km/h ein schrittweises Schließen der Außenluftklappen als Berücksichtigung des stärkeren Staudruckes bei höheren Geschwindigkeiten.

Das Signal des Lichtschalters (Standlicht) schaltet bei aktiver Heiz- und Klimaregelung die Funktionsbeleuchtung ein.

Die Aktivierung der Standheizung/-lüftung durch das Steuergerät erfolgt durch Betätigung eines Schalters über eine Uhr. Bei geschlossenem Schalter erhält das Steuergerät über je eine Leitung ein Rechtecksignal (meßbar über Tastverhältnis).

Wie bei jedem elektronischen System muss natürlich auch die Heiz- und Klimaregelung mit Strom versorgt werden, d.h., Klemme 30, Klemme 15, Klemme 31 sind im Prinzip die wichtigsten Eingänge.

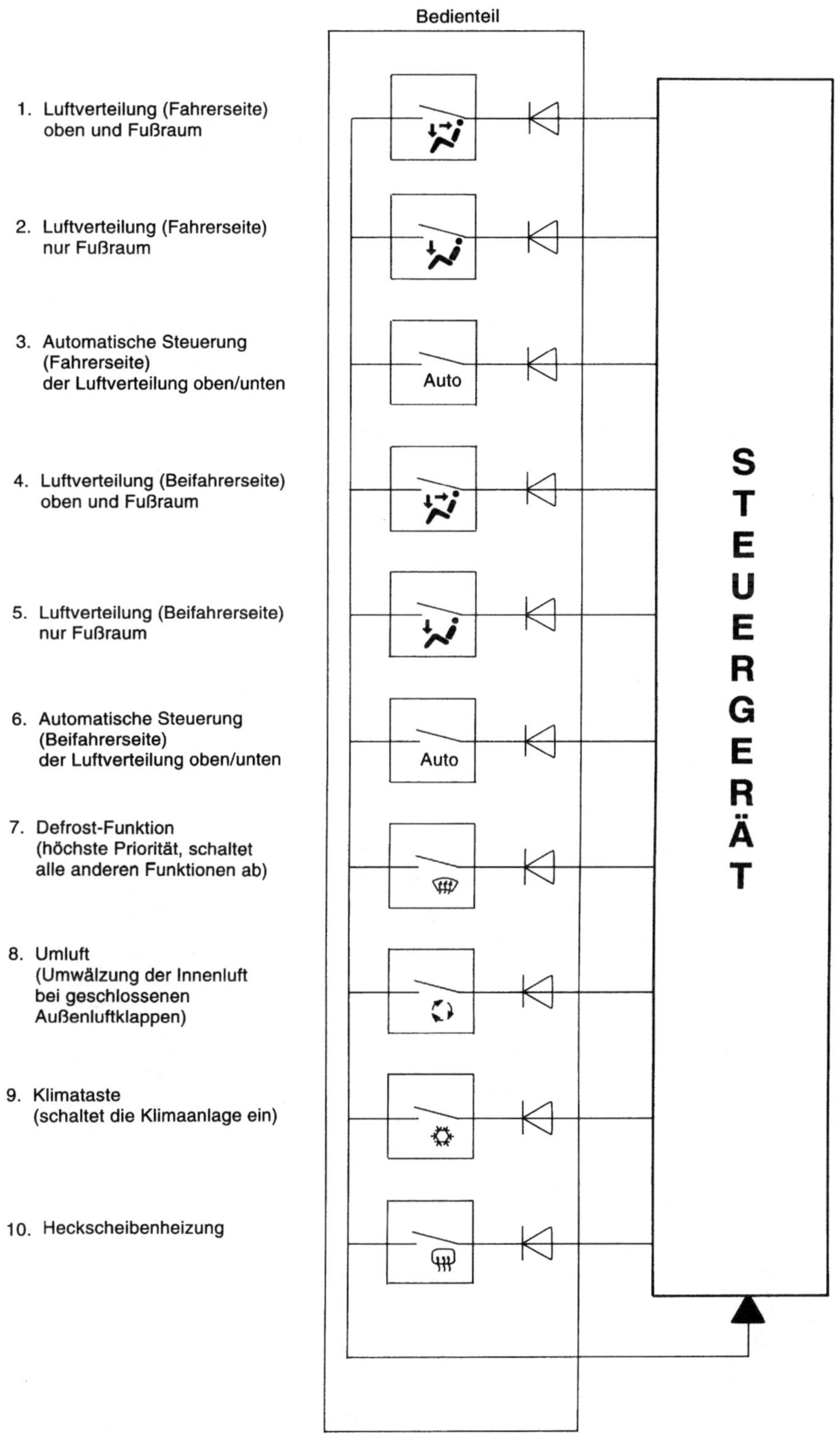
Bedienteil
1. Luftverteilung (Fahrerseite) oben und Fußraum
2. Luftverteilung (Fahrerseite) nur Fußraum
3. Automatische Steuerung (Fahrerseite) der Luftverteilung oben/unten
Auto
4. Luftverteilung (Beifahrerseite) oben und Fußraum
5. Luftverteilung (Beifahrerseite) nur Fußraum
6. Automatische Steuerung (Beifahrerseite) der Luftverteilung oben/unten
Auto
7. Defrost-Funktion (höchste Priorität, schaltet alle anderen Funktionen ab)
8. Umluft (Umwälzung der Innenluft bei geschlossenen Außenluftklappen)
9. Klimataste (schaltet die Klimaanlage ein)
10. Heckscheibenheizung
STEUERGERÄT

Bild 18.4
Ansteuerung der Programmtasten

18.1.4 Ausgangssignale und Wirkungsweise

Zur Temperaturregelung bzw. Luftverteilung entsprechend der Eingangssignale bzw. des Fahrer-/Beifahrer-Wunsches muss das Steuergerät primär die Stellmotoren der Luftklappen, das Gebläse, die zwei Wasserventile für die Beheizung des Wärmetauschers und den Klimakompressor ansteuern. Die Stellmotoren, der Wärmetauscher, der Verdampfer und das Gebläse sind im Heiz-Klima-Aggregat zusammengefasst.

Ein Beispiel für die Anordnung der einzelnen Komponenten zeigen die Darstellungen in den Bildern 18.5 und 18.6. Das Gebläse (18) wird durch das Steuergerät masseseitig stromgeregelt. Die Plus-Versorgung geschieht über ein Relais. Der Steuerstromkreis des Relais ist ab Klemme 15 geschlossen.

Die Ansteuerung des Gebläses kann über Spannungsmessungen geprüft werden. Die Gebläse-Drehzahl muss nicht immer der am Gebläse-Wählrad eingestellten Drehzahl entsprechen; z.B. bei gewähl-

Bild 18.5
«Heiz-Klima-Aggregat»
1 Temperaturfühler außen
2 Belüftung vorn
3 Entfrostung
4 elektrischer Stellantrieb
5 Belüftung Fond
6 Heizkörper
7 elektrischer Stellantrieb
8 Temperaturfühler Heizkörper
9 Fußraum Fond
10 Temperaturfühler Verdampfer
11 Steuerelektronik
12 Endstufe
13 Fußraum vorn
14 elektrischer Stellantrieb
15 Verdampfer
16 Umluft
17 Frischluft
18 Gebläse
19 Lochblechklappe
20 Klappe für temperierbare Belüftung
21 Rückschlagklappe

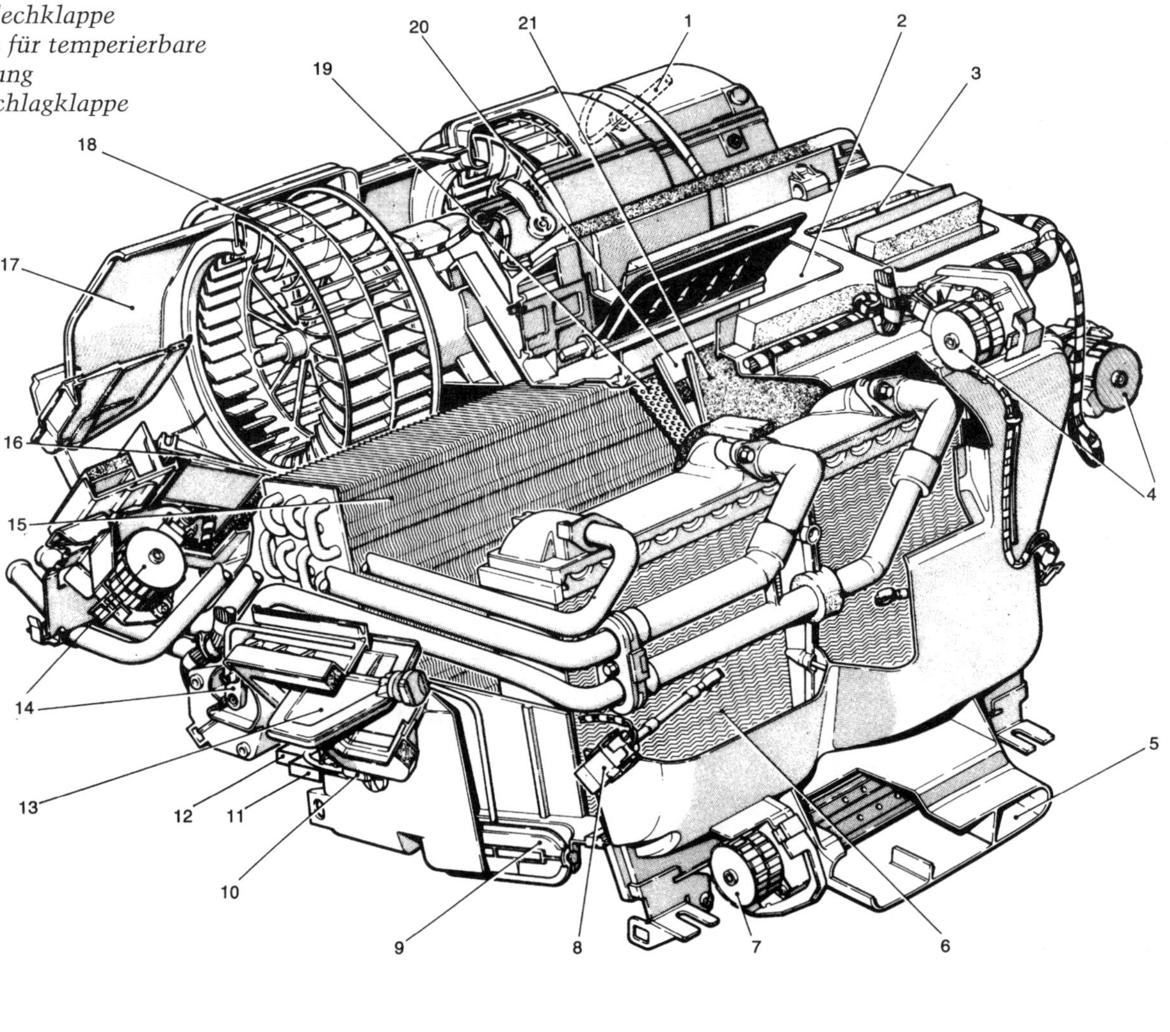

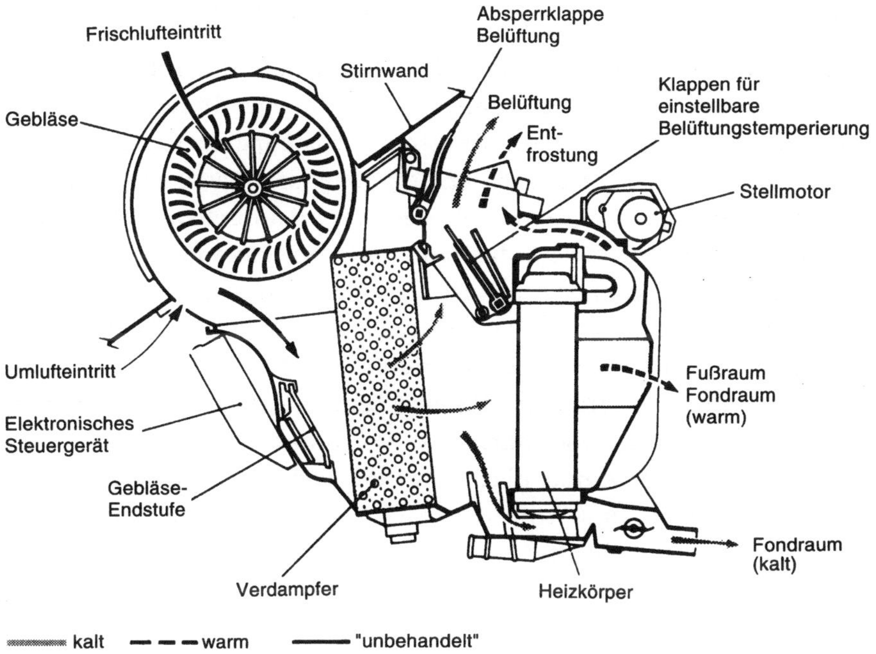

Bild 18.6
Schnittzeichnung «Heiz-Klima-Aggregat»

tem Defrost-Programm wird das Gebläse mit maximalem Strom beaufschlagt.

Die Wasserventile (Magnetventile) befinden sich meist im Motorraum vor dem Eingang zum Heiz-Klima-Aggregat. Stromlos sind sie aus Sicherheitsgründen offen. Plusseitig werden sie über Klemme 15 versorgt; das Massesignal kommt aus dem Steuergerät. Abhängig von der eingestellten Innenraumtemperatur und der Temperatur des Kühlmittels werden die Wasserventile vom Steuergerät angetaktet. Damit wird der Wärmetauscher (6) mit der jeweils benötigten Kühlmittelmenge durchflossen. Reicht der Kühlmitteldurchlauf durch den Wärmetauscher bei tiefen Außentemperaturen und völlig offenen Wasserventilen bei Leerlaufdrehzahl und maximal eingestellter Heizleistung nicht aus, kann durch das Steuergerät über ein Relais eine im Kühlmittelkreislauf integrierte, elektrische Zusatzwasserpumpe angesteuert werden.

Zur Funktionsüberprüfung der Wasserventile wird das Temperaturwählrad auf «maximal kalt» gestellt (Wasserventile stromdurchflossen geschlossen) und die Spannung an den Wasserventilen gemessen. Bei langsamer Temperaturerhöhung müssen die Wasserventile angetaktet werden; bei «maximal warm» müssen sie geöffnet sein. Die Funktion der Zusatzwasserpumpe wird bei «maximal warm» und Leerlaufdrehzahl über eine Spannungsmessung geprüft.

Die Magnetkupplung des Klimakompressors wird über ein Relais direkt mit Klemme 30 beaufschlagt. Das Relais wird steuerseitig durch das Steuergerät mit Masse versorgt. Die Plus-Versorgung der

Steuerseite erfolgt durch Klemme 15 über den Sicherheitsdruckschalter an der Trocknerflasche. Die Ansteuerung des Relais kann aber auch durch ein Motormanagement-Steuergerät realisiert sein. Das Motor-Steuergerät muss dazu durch ein entsprechendes Massesignal aus dem Heiz-Klima-Steuergerät veranlasst werden. Durch dieses Massesignal erfolgt generell eine Leerlaufdrehzahl-Anhebung durch das Motor-Steuergerät bei laufendem Klimakompressor.
Nicht nur bei gedrücktem Klimaanlagen-Schalter, sondern auch bei Umluftbetrieb und im Defrost-Programm kann der Klimakompressor eingeschaltet sein. Das Ein-/Ausschalten erfolgt aufgrund des Signals des Verdampfer-Temperaturfühlers (Temperatur des Verdampfers <2 °C → Klimakompressor aus, >3 °C → Klimakompressor ein).
Bei eingeschalteter Klimaanlage läuft ein vor dem Kühler verbauter Zusatzlüfter immer auf Stufe «eins». Auf Stufe «zwei» wird er betrieben, wenn die Kühlmitteltemperatur >99 °C ist oder der Druckschalter an der Trocknerflasche bei über etwa 17 bar ausgelöst wird.
Die Ansteuerung der Stellmotoren an den Luftklappen durch das Steuergerät bestimmt im Wesentlichen die Luftverteilung und Temperaturschichtung. Bei den Stellmotoren handelt es sich um so genannte Schrittmotoren, die durch digitale Impulse angesteuert, in exakt festgelegten Schritten bewegt werden können und in der gewünschten Stellung verbleiben. Die Bilder 18.7a bis d zeigen das Schaltzeichen, Ersatzdarstellungen und den Signal-Zeit-Plan einer Schrittmotorensteuerung.
Der Schrittmotor ist ein Gleichstrommotor und besteht aus einem Permanentmagnet-Rotor und mehreren Statorwicklungspaaren. Die Drehung des Permanent-Rotors wird durch die Magnetfelder der stromdurchflossenen Statorwicklungen bewirkt. Durch eine geeignete Signalabfolge (= Stromimpulse) der Statorwicklungen erreicht man die gewünschte Drehung (Drehrichtung). Der Schrittmotor kann in jeder beliebigen Winkelstellung angehalten und wieder bewegt werden. Die Anzahl der Statorwicklungspaare und deren mechanische Anordnung bestimmen die Anzahl der Impulse für eine Umdrehung des Motors und die Größe des Drehwinkels pro Schritt (üblich zwischen 2° bis 15°).

Da bei dem beschriebenen System mit Schrittmotoren keine Lagerückmeldung erfolgt, werden die Motoren nach einer Unterbrechung der Spannungsversorgung zuerst automatisch in definierte Stellungen (auf/zu) gefahren (Eichlauf); erst dann werden die gewünschten Stellungen angetaktet.

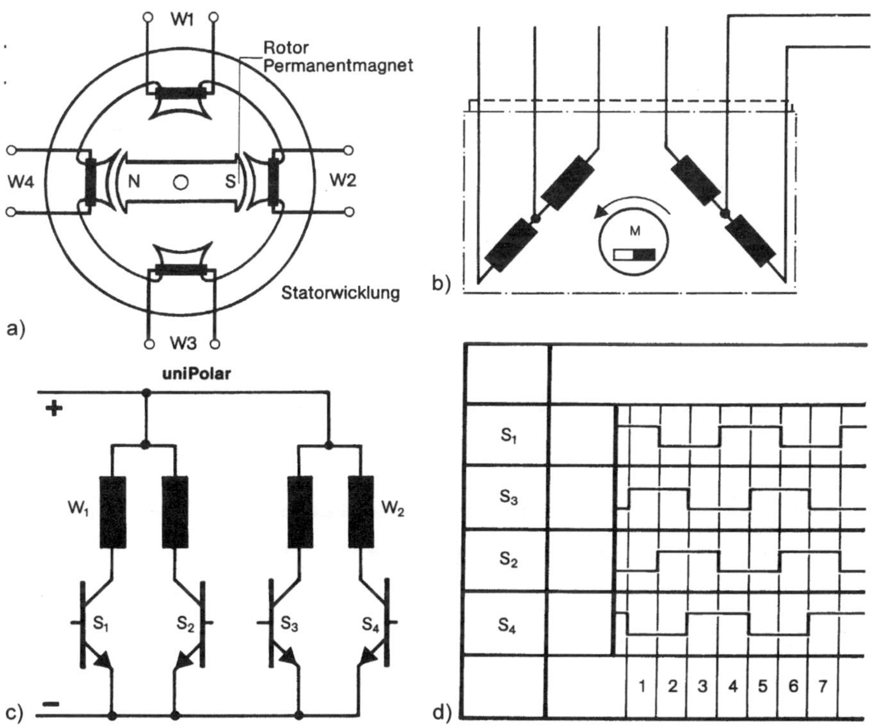

Bild 18.7
Schrittmotorensteuerung
a) Schaltzeichen eines Schrittmotors
b) Prinzipaufbau eines Schrittmotors
c) Ersatzdarstellung eines Schrittmotors
d) Signal-Zeit-Plan einer Schrittmotorensteuerung

Einstellmöglichkeiten, Umfeldbedingungen und herstellerspezifische Ausführungen ergeben eine Vielzahl von Kombinationen, welche Luftklappen wann, wie weit, wie lange ... offen sind. Der in Bild 18.8 dargestellte, vereinfachte Funktionsplan zur Luftverteilung soll die Zusammenhänge der Heiz- und Klimaregelung aufzeigen.
Durch die Vorschaltung des Verdampfers vor den Wärmetauscher ist es möglich, die Außenluft ständig durch den Verdampfer bei aktiver Klimaanlage zu reinigen und zu trocknen. Die Innenraumtemperatur wird dadurch nur durch die Taktung der Wasserventile des Wärmetauschers bestimmt. Dies ist besonders im Defrost-Programm und bei Umluft-Betrieb notwendig, da bei diesen Programmen der Luft die Feuchtigkeit entzogen werden muss. Im Umluft-Betrieb ist die Außenluft(Frischluft)-Klappe (1) geschlossen, und durch die geöffnete Umluft-Klappe (2) wird die Innenraumluft angesaugt.
Weitere Bauteile, die durch die Heiz- und Klimaregelung angesteuert werden können, sind eine Front- und Heckscheibenheizung. Die Frontscheibenheizung, sofern sie verbaut ist, wird automatisch unter einer Temperatur von 5 °C mit Strom versorgt. Dies geschieht über ein Relais, wobei durch das Steuergerät die Masseversorgung erfolgt. Die Heckscheibenheizung wird nur aktiviert, wenn der Heckscheibenheizungs-Schalter betätigt wurde. Die Stromversorgung geschieht auch hier über ein Relais, wobei das Steuergerät die Masseversorgung des Steuerstromkreises liefert.

Bild 18.8
Luftverteilung
1 Frischluftklappe
2 Umluftklappe
3 Belüftungsklappen Fahrer-/Beifahrerseite
4 Gebläse
5 Verdampfer
6 Klimakompressor
7 Wasserventil Fahrerseite
8 Wasserventil Beifahrerseite
9 Wärmetauscher Fahrerseite
10 Wärmetauscher Beifahrerseite
11 Kühler
12 Schichtungsklappen
13 Fußraumklappe
14 Entfrostungsklappe
15 Absperrklappen in den Grills
16 Innenraumluft

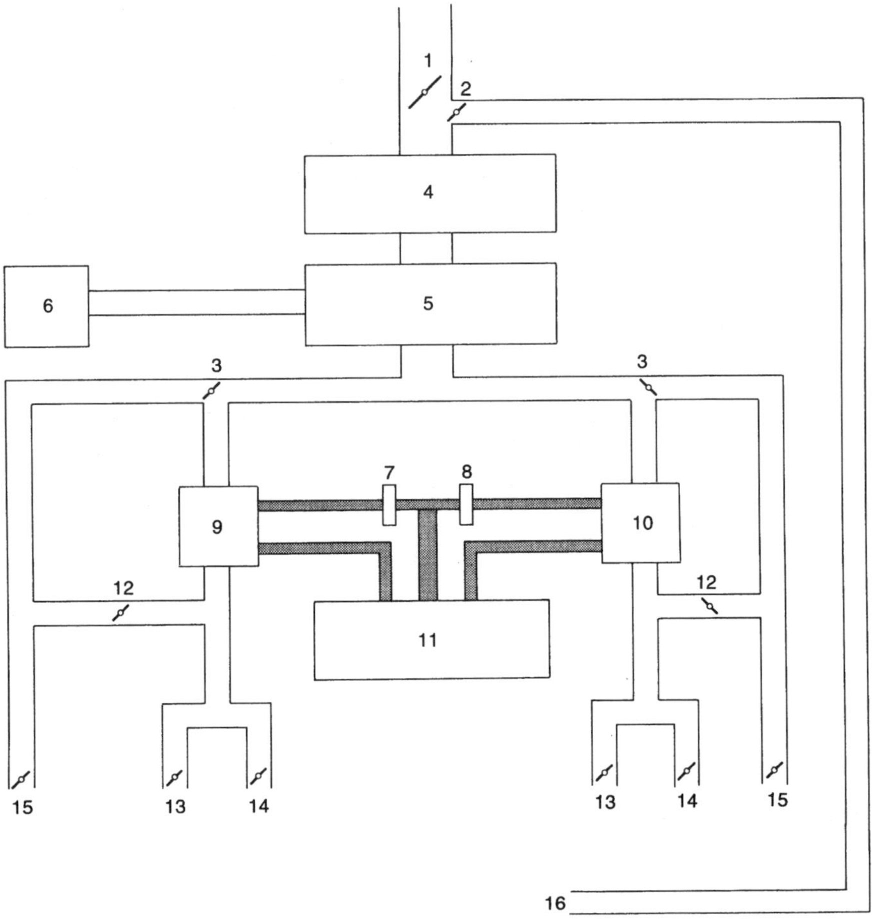

Falls eine Standheizung bzw. Standlüftung verbaut ist, wird das Steuergerät durch eine Schaltuhr eingeschaltet und betätigt damit ausgangsseitig Gebläse, Klappen usw. nach festem Programmablauf entsprechend der eingestellten Temperatur wie im Normalbetrieb.

18.1.5 Schaltplan

Pin-Belegung am Steuergerät mit Unterscheidung Eingangssignal (E) – Ausgangssignal (A) – Masse (Ms- sowie Funktionsbezeichnung und Anschluss

Bild 18.9 (rechte Seite)
Schaltplan «Heiz- und Klimaregelung»

Pin	Funktion	Anschluss
1 A	Signal Fuß-/Fondraum	Stellmotor Fuß-/Fondraum
2 A	Signal Fuß-/Fondraum	Stellmotor Fuß-/Fondraum
3 A	Signal Fuß-/Fondraum	Stellmotor Fuß-/Fondraum
4 A	Signal Fuß-/Fondraum	Stellmotor Fuß-/Fondraum
5 A	Gebläse «EIN»	Gebläseendstufe
6 A	Signal Klima «EIN»	Motorsteuergerät
7 A	Signal heizbare Heckscheibe «EIN»	Relais heizbare Heckscheibe
8 A	Signal Kompressor «EIN»	Relais Kompressor
9 E	Klemme 30	

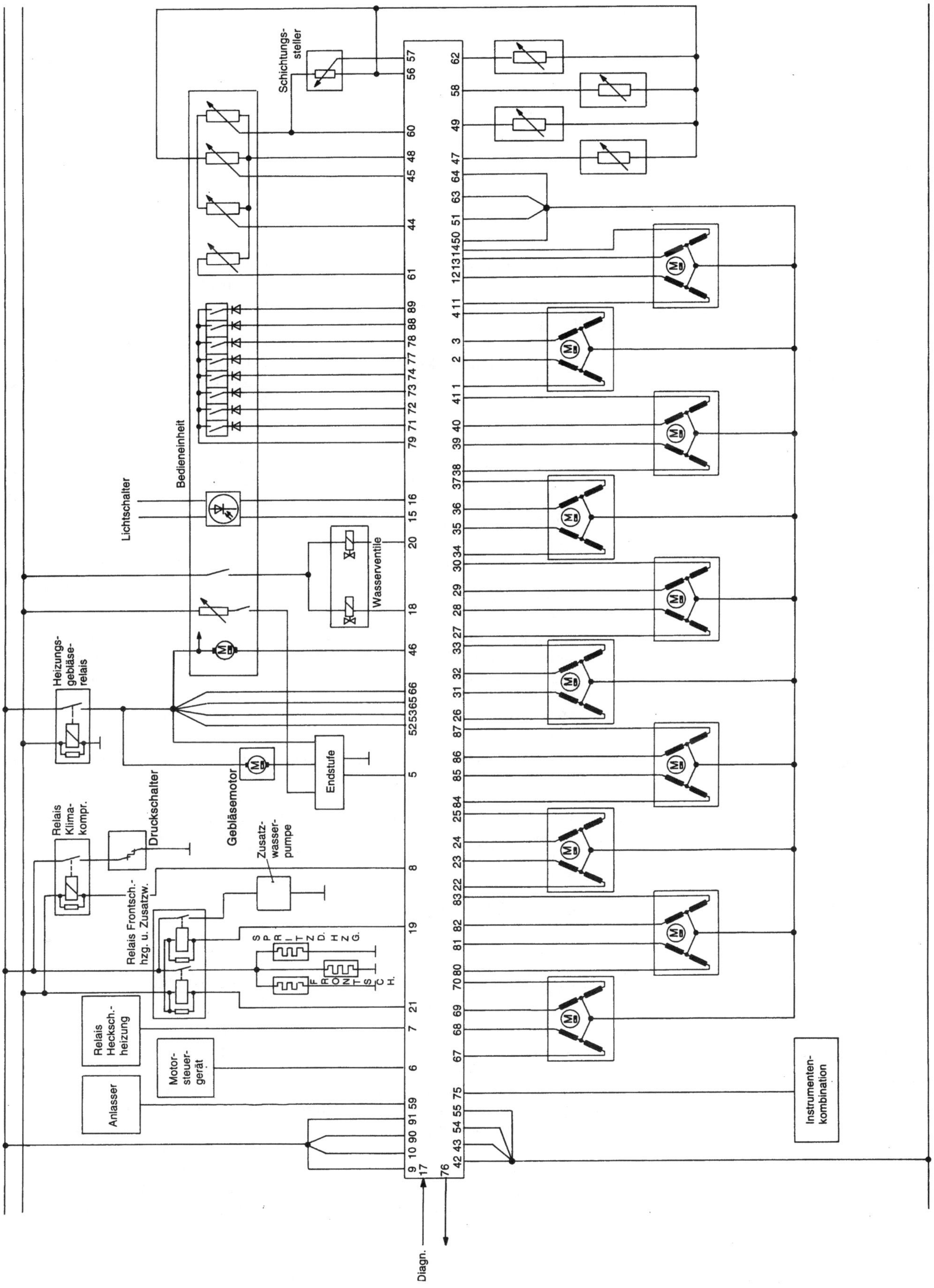
Schichtungs-
steller
Bedieneinheit
Lichtschalter
Wasserventile
Heizungs-
gebläse-
relais
Gebläsemotor
Endstufe
Relais
Klima-
kompr.
Druckschalter
Zusatz-
wasser-
pumpe
Relais Frontsch.-
hzg. u. Zusatzw.
SPRITZD. HZG.
FRONTSCH. H.
Relais
Hecksch.-
heizung
Motor-
steuer-
gerät
Anlasser
Instrumenten-
kombination
Diagn.

10 E	Klemme 30	
11 A	Signal Umluft	Umluftklappenstellmotor
12 A	Signal Umluft	Umluftklappenstellmotor
13 A	Signal Umluft	Umluftklappenstellmotor
14 A	Signal Umluft	Umluftklappenstellmotor
15 A	Ansteuerung Beleuchtung	Bedieneinheit
16 A	Ansteuerung Beleuchtung heizbare Heckscheibe	Bedieneinheit
17 E/A	Diagnose	TxD
18 A	Ansteuerung Wasserventil links	Wasserventil links
19 A	Ansteuerung Zuwasserpumpe	Relais Zusatzwasserpumpe/Front-scheibenheizung
20 A	Ansteuerung Wasserventil rechts	Wasserventil rechts
21 A	Frontscheibenheizung	Relais Zusatzwasserpumpe/Front-scheibenheizung
22 A	Signal Fußraum links	Fußraumklappenstellmotor links
23 A	Signal Fußraum links	Fußraumklappenstellmotor links
24 A	Signal Fußraum links	Fußraumklappenstellmotor links
25 A	Signal Fußraum links	Fußraumklappenstellmotor links
26 A	Signal Schichtung links	Schichtungsklappenstellmotor links
27 A	Steuerung Frischluft	Frischluftklappenstellmotor
28 A	Steuerung Frischluft	Frischluftklappenstellmotor
29 A	Steuerung Frischluft	Frischluftklappenstellmotor
30 A	Steuerung Frischluft	Frischluftklappenstellmotor
31 A	Signal Schichtung links	Schichtungsklappenstellmotor links
32 A	Signal Schichtung links	Schichtungsklappenstellmotor links
33 A	Signal Schichtung links	Schichtungsklappenstellmotor links
34 A	Signal Entfrostung	Entfrostungsklappenstellmotor
35 A	Signal Entfrostung	Entfrostungsklappenstellmotor
36 A	Signal Entfrostung	Entfrostungsklappenstellmotor
37 A	Signal Entfrostung	Entfrostungsklappenstellmotor
38 A	Signal Belüftung links	Belüftungsklappenstellmotor
39 A	Signal Belüftung links	Belüftungsklappenstellmotor
40 A	Signal Belüftung links	Belüftungsklappenstellmotor
41 A	Signal Belüftung links	Belüftungsklappenstellmotor
42 M	Masse	Masseverbindung
43 M	Masse	Masseverbindung
44 A	Sollwert Temperatur links	Bedieneinheit
45 A	Sollwert Gebläse	Bedieneinheit
46 A	Ansteuerung Innenfühlergebläse	Innenfühlergebläsemotor
47 E	Außentemperatur	Außentemperaturfühler
48 A	Sollwert Temperatur rechts	Bedieneinheit
49 E	Verdampfertemperatur	Verdampfertemperaturfühler
50 A	Spannungsversorgung der Stellmotoren	alle Stellmotoren
51 A	Spannungsversorgung der Stellmotoren	alle Stellmotoren
52 E	Klemme 15	
53 E	Klemme 15	
54 M	Masse	Masseverbindung
55 M	Masse	Masseverbindung
56 M	Masse für alle Fühler	alle Temperaturfühler
57 A	Sollwertschichtung	Schichtungssteller
58 E	Wärmetauschertemperatur rechts	Tauscherfühler
59 E	Klemme 50	Anlasser
60 M	Masse für Potentiometer	Bedieneinheit, Schichtungssteller
61 E	Innentemperatur	Innentemperaturfühler
62 E	Wärmetauschertemperatur rechts	Tauscherfühler
63 A	Spannungsversorgung der Stellmotoren	alle Stellmotoren
64 A	Spannungsversorgung der Stellmotoren	alle Stellmotoren
65 E	Klemme 15	
66 E	Klemme 15	
67 A	Signal Fußraum rechts	Stellmotor Fußraum rechts
68 A	Signal Fußraum rechts	Stellmotor Fußraum rechts

69 A	Signal Fußraum rechts	Stellmotor Fußraum rechts
70 A	Signal Fußraum rechts	Stellmotor Fußraum rechts
71 A	Signal Umluft	Bedieneinheit
72 A	Signal heizbare Heckscheibe	Bedieneinheit
73 A	Signal Defrost	Bedieneinheit
74 A	Signal Normalprogramm/Fahrer	Bedieneinheit
75 E	Tacho-Signal	Kombiinstrument
76 A	Diagnose	RxD
77 A	Signal Klima	Bedieneinheit
78 A	Signal Fußraum Fahrer	Bedieneinheit
79 E	Frequenzeingang Programmtaste	Bedieneinheit
80 A	Signal Belüftung rechts	Belüftungsklappenstellmotor rechts
81 A	Signal Belüftung rechts	Belüftungsklappenstellmotor rechts
82 A	Signal Belüftung rechts	Belüftungsklappenstellmotor rechts
83 A	Signal Belüftung rechts	Belüftungsklappenstellmotor rechts
84 A	Signal Schichtung rechts	Schichtungsklappenstellmotor
85 A	Signal Schichtung rechts	Schichtungsklappenstellmotor
86 A	Signal Schichtung rechts	Schichtungsklappenstellmotor
87 A	Signal Schichtung rechts	Schichtungsklappenstellmotor
88 A	Signal Normalprogramm/Beifahrer	Bedieneinheit
89 A	Signal Fußraum/Beifahrer	Bedieneinheit
90 E	Klemme 30	
91 E	Klemme 30	

18.2 Elektronische Getriebesteuerung

18.2.1 Systembeschreibung

Gestiegene Anforderungen an den Schalt- und Fahrkomfort sowie die Wirtschaftlichkeit machten auch beim Automatikgetriebe den Einsatz der Elektronik erforderlich. Die ursprünglich rein hydraulische Getriebesteuerung wird seit Anfang der 80er-Jahre zunehmend durch eine elektrohydraulische Steuerung ersetzt. Bei der hydraulischen Getriebesteuerung erfolgte die Zuordnung der Gänge und der notwendigen Schaltvorgänge durch ein kompliziertes System von Ölkanälen und mechanischen Ventilen im Getriebeschaltgerät abhängig von der Fahrgeschwindigkeit und der Fahrpedalstellung.

Bei der elektrohydraulischen Getriebesteuerung werden durch ein Steuergerät verschiedene Betriebsbedingungen erfasst und durch Ansteuern von mehreren Magnetventilen im vereinfachten Schaltgerät des Automatikgetriebes die Schaltungen ausgelöst sowie das Öffnen und Schließen einer Wandlerüberbrückungskupplung gesteuert. Während eines Schaltvorganges kann dabei zusätzlich durch das Motor-Steuergerät z.B. der Zündwinkel reduziert werden (= Drehmomentreduzierung), wodurch sich eine weiche und ruckfreie Schaltung ergibt.

Die Qualität der Schaltungen wird auch durch den Modulationsdruck bestimmt, der ebenfalls durch ein vom Steuergerät angetaktetes Druckregelventil verändert werden kann. Die Schaltpunkte sind im Steuergerät durch verschiedene Schaltkennlinien (Bild 18.10) so fest-

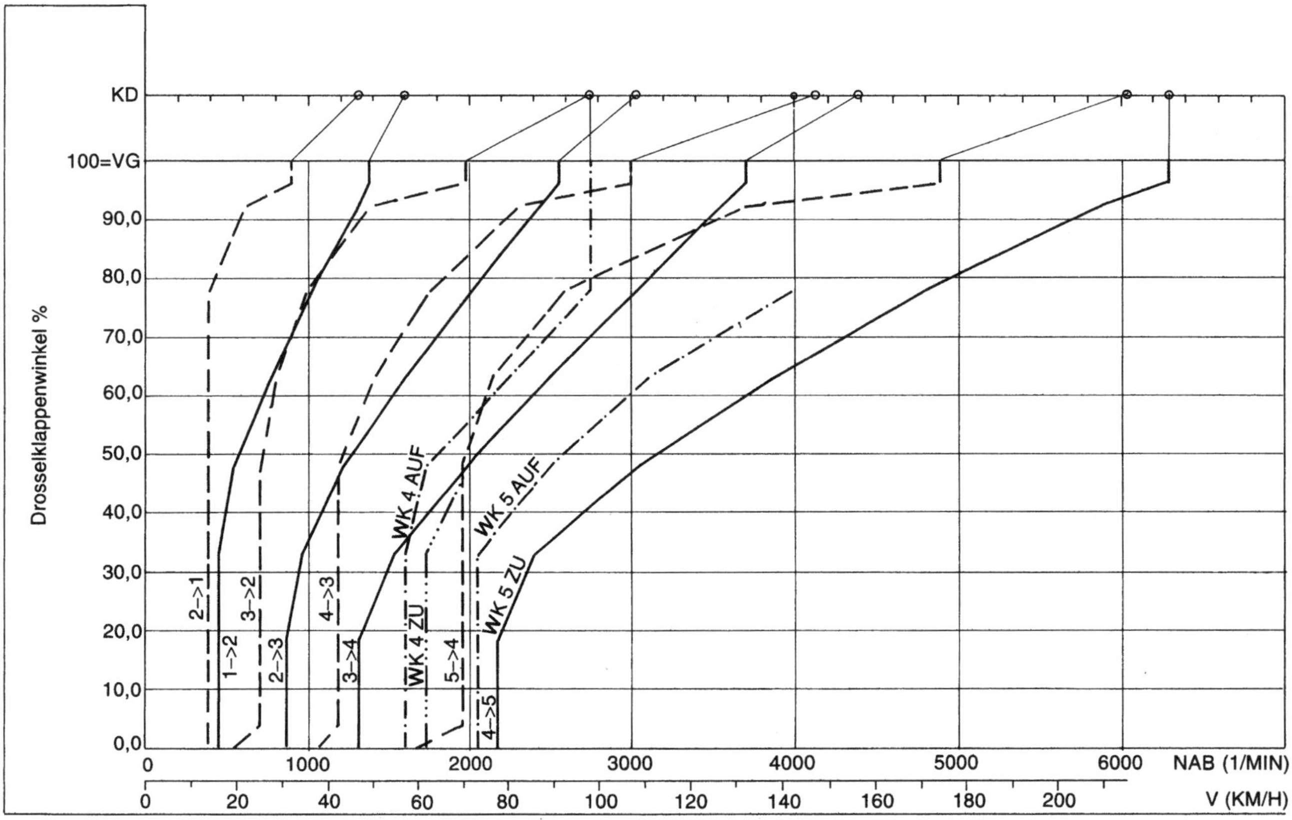

Bild 18.10
Schaltkennlinien eines 5-Gang-Automatikgetriebes mit Wandlerüberbrückungskupplung
______ *Hochschaltung*
– – – – – *Rückschaltung*
–···–···– *Wandlerkupplung ZU*
–·–·–·– *Wandlerkupplung AUF*

gelegt, dass sich abhängig von den Eingangsgrößen möglichst weiche, verschleißfreie und verbrauchssenkende Schaltungen ergeben.

Außerdem hat der Fahrer bei einigen Systemen zusätzlich die Möglichkeit, zwischen mehreren Fahrprogrammen mit unterschiedlichen Schaltkennlinien zu wählen. Dabei werden die Schaltpunkte entsprechend dieser Programme besonders verbrauchsorientiert oder leistungsorientiert gewählt bzw. die manuell vorgewählten Gänge gehalten. Aufwendiger programmierte Systeme können auch selbstständig unter verschiedenen programmierten Schaltkennlinien wählen, abhängig von den erkannten Fahrsituationen, dem erkannten Fahrertyp, den Umfeldbedingungen oder zusätzlichen manuellen Eingriffen.

Die elektronische Getriebesteuerung erleichtert es den Fahrzeugherstellern, ein Automatikgetriebe lediglich durch eine Neuprogrammierung des Steuergerätes an ein anderes Fahrzeug ohne aufwendige Änderungen im Automatikgetriebe oder in dessen Schaltgerät anzupassen. Die Systemübersicht in Bild 18.11 zeigt die möglichen Ein- und Ausgangssignale der elektronischen Getriebesteuerung.

Eingangssignale	Verarbeitung	Ausgangssignale
Wählhebelpositions-Signal (P, R, N, D ...)	STEUERGERÄT	Magnetventile für Schaltungen
Fahrprogrammschalter (E, S, M)		Magnetventil für Wandlerkupplung
Kick-down-Schalter (od. Fahrpedalpotentiometer)		Magnetventil für Modulationsdruck
Getriebeöltemperatur		Funktions-/Fehlerlampe
Getriebeeingangsdrehzahl		Anzeige (Wählhebelstellung) im Kombiinstrument
Abtriebsdrehzahl		
Raddrehzahlen oder Geschwindigkeitssignal		Fahrprogrammanzeige
Bremslichtschalter oder Bremstestschalter (nur bei Shift-Lock)		Abschaltung Klimaanlagen-Kompressor
Signale von der Motorsteuerung: – Drosselklappenstellung – Motorlast (tl-Signal) – Drehzahl (td-Signal) – Motortemperatur		Signal für Motormomentreduzierung Shift-Lock
Signal von der Antriebsschlupf-Regelung (Schaltverbot)		CAN
CAN		
Batterie-Plus (Klemme 30)		
Batterie-Plus (Klemme 15)		
Masse (Klemme 31)		
	⇑ ⇓ Diagnose	

Tabelle 18.2
Systemübersicht «Elektronische Automatikgetriebe-Steuerung»

18.2.2 Ein- und Ausgangssignale im Detail

Ein Multifunktionsschalter am Wählhebel gibt über mehrere Leitungen die Wählhebelpositions-Signale an das Steuergerät (Bild 18.11). Durch die geschlossenen Schalter und Kombinationen daraus bzw. Kontaktbrücken erkennt das Steuergerät die Wählhebelposition. Bei geschlossenem Schalter bzw. Durchgang wird Batterie-Plus von Klemme 15 an das Steuergerät über die entsprechenden Leitungen gegeben. In Abhängigkeit von der Wählhebelposition schaltet das Steuergerät die entsprechenden Fahrstufen. Die Schalter für den Rückfahrscheinwerfer und das Relais für die Anlasssperre werden masseseitig ebenfalls über den Multifunktionsschalter betätigt. Ohne Wählhebelpositionssignale finden keine Schaltungen statt. Der

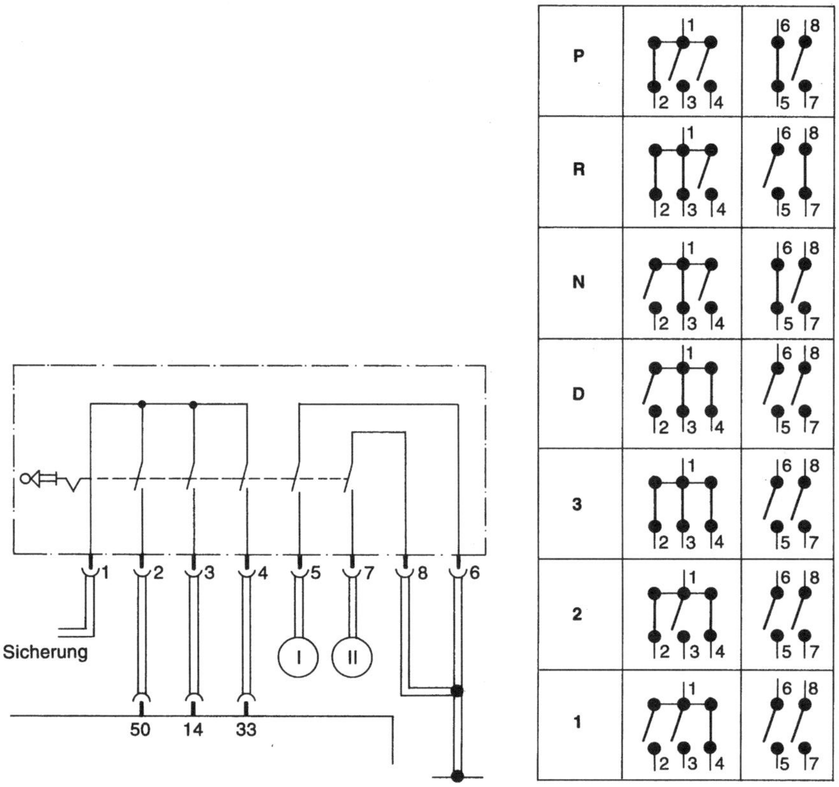

Bild 18.11
Wählhebel-Positionsschalter eines 4-Gang-Automatikgetriebes
Wählhebel-Positionsschalter-Stellungen:
P Getriebeausgang mechanisch gesperrt
R Rückwärts-Fahrbereich
N Leerlauf, keine Drehmomentübertragung
D Vorwärts-Fahrbereich, alle 4 Gänge schalten automatisch
3 Vorwärts-Fahrbereich, 3 Gänge schalten automatisch, 4. Gang wird nicht benutzt
2 Vorwärts-Fahrbereich, 1. und 2. Gang schalten automatisch, 3. und 4. Gang werden nicht benutzt
1 Vorwärts-Fahrbereich, es wird nur der 1. Gang benutzt

Schaltzeichen:
2 Wählhebelposition, Codierung (in)
3 Wählhebelposition, Codierung (in)
4 Wählhebelposition, Codierung (in)
I + II vom Relais für Anlasssperre und Rückfahrlicht J226

Multifunktionsschalter kann durch Widerstandsmessungen oder auch Spannungsmessungen an den verschiedenen Leitungen und durch Betätigen des Wählhebels überprüft werden.
Der Fahrprogramm-Schalter ist je nach Anzahl der durch den Fahrer zu wählenden Fahrprogramme mit bis zu drei Leitungen mit dem Steuergerät verbunden. Je nach gewähltem Programm wird auf einer Leitung ein Massesignal durchgeschaltet, wodurch das Steuergerät die entsprechenden Schaltkennlinien auswählt. Ohne Massesignal bleibt das Steuergerät nach dem Starten in einem «Standard»-Programm, das meist verbrauchsorientiert ausgelegt ist. Die Überprüfung des Fahrprogramm-Schalters erfolgt durch Widerstandsmessungen. Das gewählte Fahrprogramm und die Wählhebelposition werden entweder durch Beleuchtung der entsprechenden Schaltposition direkt oder durch ein Signal des Steuergerätes im Kombiinstrument dem Fahrer angezeigt.
Durch den betätigten Kick-down-Schalter am Fahrpedal erhält das Steuergerät ein Massesignal. Das Steuergerät verschiebt dadurch die Schaltzeitpunkte, schaltet evtl. sofort zurück und schaltet erst bei der Motorhöchstdrehzahl wieder hoch. Bei defektem Kick-down-Schalter erfolgt keine Kick-down-Schaltung. Bei Fahrzeugen mit elektronischer Motorleistungssteuerung oder Diesel-Fahrzeugen mit einer

elektronisch gesteuerten Einspritzung wird der Kick-down über den veränderten Widerstand eines Fahrpedalpotentiometers erkannt.
Die Getriebeöltemperatur wird über einen NTC erfasst. Entsprechend der veränderten Viskosität bei kaltem Öl werden die Magnetventile für die Hoch-/Rückschaltung, Wandlerkupplung und den Modulationsdruck nach anderen Kennfeldern angesteuert.
Durch ein vom Kombiinstrument geliefertes Geschwindigkeitssignal oder die Signale der Raddrehzahlsensoren des ABS wird dem Steuergerät die Fahrzeuggeschwindigkeit übermittelt. Die Schaltpunkte werden u.a. auch in Abhängigkeit von der Fahrgeschwindigkeit berechnet. Zusätzliche Funktionen, abhängig von der Fahrgeschwindigkeit, können eine Rückschaltsicherung, eine Rückwärtsgang-Sicherung und die Funktion des Shift-Lock sein. Der Shift-Lock (engl. = Schaltsperre) verhindert durch einen vom Steuergerät versorgten Magnetschalter das Einlegen einer Fahrstufe ohne Bremsbetätigung unter einer Fahrgeschwindigkeit von 5 km/h. Diese Sicherheitseinrichtung verhindert ein unbeabsichtigtes Schalten in eine Fahrstufe.
Die Getriebeeingangs- und die Abtriebsdrehzahl werden durch induktive Stabsensoren erfasst und dienen dem Steuergerät für die Berechnung der Schaltzeit und Veränderung des Modulationsdruckes, sofern es durch die evtl. unterschiedlichen Drehzahlen einen überhöhten Schlupf beim Schalten in den verschiedenen Kupplungen erkennt.
Das Signal des Bremslichtschalters (Plus) oder des Bremstestschalters (Masse) wird hauptsächlich nur für die Funktion des Shift-Lock verwendet.
Von der Motorsteuerung erhält das Automatikgetriebe-Steuergerät die folgenden Informationen über den Betriebszustand des Motors und verwendet sie zur Berechnung der Schaltzeitpunkte:

- ❑ Drosselklappenstellung,
- ❑ Motorlast-Signal,
- ❑ Drehzahl-Signal,
- ❑ Motortemperatur.

Das Signal der Drosselklappenstellung ist meist ein pulsweitenmoduliertes Rechtecksignal. Es kann mit einer Tastverhältnismessung überprüft werden. Bei einem Ausfall des Drosselklappensignals nimmt das Steuergerät einen festen Ersatzwert und führt keine Kick-down-Funktion aus.
Dies gilt auch für das Motorlast-Signal; es beeinflusst überwiegend den Modulationsdruck. Bei höherer Motorlast wird normalerweise der Modulationsdruck erhöht und die Schaltzeit verkürzt.

Das Drehzahl-Signal ist eine der wichtigsten Eingangsinformationen, da die Schaltpunkte immer drehzahlabhängig festgelegt werden. Das Drehzahl-Signal ist ein Rechtecksignal mit veränderlicher Frequenz und kann über eine Tastverhältnismessung, aber auch mit einer Frequenzmessung geprüft werden. Bei einem Ausfall des Drehzahl-Signals geht das Steuergerät in eine Notlauffunktion über.
Die Motortemperatur kann über ein veränderbares Spannungssignal oder ebenfalls pulsweitenmoduliert übertragen werden und beeinflusst speziell bei kaltem Motor die Schaltpunkt-Berechnung (höhere Schaltpunkte für schnellere Katalysator-Erwärmung). Bei einem Signalausfall wird auf einen Ersatzwert zurückgegriffen. Prüfbar ist das Signal je nach verwendeter Signalart mit einer Spannungsmessung oder mit einer Tastverhältnismessung. Die Motortemperatur kann zusammen mit dem Drosselklappenwinkel auch auf nur einer Leitung übertragen werden. Dabei wird nach dem Motorstart als erstes Signal die Motortemperatur übertragen, wodurch die evtl. veränderten Schaltkennlinien zeitabhängig ausgelöst werden. Anschließend wird auf dieser Leitung nur noch die Drosselklappenstellung übermittelt.
Von der Antriebsschlupf-Regelung kommt während einer Regelung ein Spannungssignal. Dadurch werden so genannte Pendelschaltungen unterbunden, die das Steuergerät durch die sich ständig ändernden Eingangssignale vornehmen würde. Die Signale von der Motorsteuerung und der Antriebsschlupf-Regelung können auch durch ein Datenbussystem (CAN) übertragen werden (vgl. Kapitel 11).
Dies gilt auch für das Signal zur Motormomentreduzierung an die Motorsteuerung während einer Schaltung. Ohne CAN-Baustein wird die Motormomentreduzierung (für ca. 200 ms) durch ein Spannungssignal ausgelöst. Bei Ottomotoren wird das Motormoment durch eine Zündwinkelrücknahme reduziert, bei Diesel-Motoren mit elektronischer Einspritzpumpe durch Reduzierung der Einspritzmenge.
Die Abschaltung des Klimaanlagen-Kompressors erfolgt durch die Unterbrechung der Masseversorgung des Relais. Dies geschieht z.B. bei einer Kick-down-Betätigung, damit die volle Motorleistung für die Beschleunigung zur Verfügung steht. Häufiger wird das Klimaanlagen-Kompressor-Relais jedoch durch das Motorsteuergerät mit Masse versorgt, die dann auch die Abschaltung übernimmt.
Die Magnetventile im Automatikgetriebe für die Schaltungen, Wandlerkupplung und Modulationsdrucksteuerung werden über ein Relais im Steuergerät direkt durch dieses mit Plus versorgt. Sie geben bei Schaltvorgängen den Hydraulikdruck auf die jeweiligen Ölkanäle im hydraulischen Schaltgerät des Automatikgetriebes frei. Die Ansteuerung erfolgt durch ein kurzes Massesignal aus dem Steuergerät. Die Wandlerkupplung wird bei etwa 80 bis 90 km/h geschlossen,

sofern die Drosselklappe nicht vollständig geöffnet ist bzw. Kickdown nicht betätigt wurde. Das Magnetventil für den Modulationsdruck ist ein Druckregelventil und steuert die Stärke des Druckes, mit dem die Schaltungen ausgeführt werden. Bei einem hohen Drehmoment wird z.B. der Druck erhöht und dadurch die Schaltkupplungen schnell geschlossen. Die Ansteuerung der Magnetventile kann adaptiv verändert werden, d.h., das Steuergerät berücksichtigt bei der Ansteuerung Veränderungen durch Verschleiß usw., indem es den Modulationsdruck anpasst und die Öffnungs- und Schließzeiten der Magnetventile für die Schaltungen verändert. Wie bereits oben erwähnt erkennt das Steuergerät die Größe und die Zeit des Schlupfes durch den Vergleich der Eingangs- bzw. Turbinendrehzahl mit der Abtriebsdrehzahl.

Bei einem defektem Magnetventil schaltet das Steuergerät auf Notlauf.

Die Adaptionen und der Fehlerspeicher bei eigendiagnosefähigen Steuergeräten werden üblicherweise nur bei einer permanent anliegenden Spannung (Klemme 30) gespeichert. Die Spannungsversorgung über Klemme 15 und Masse (Klemme 31) muss wie bei jedem Steuergerät vorhanden und in Ordnung sein.

Erkennt das Steuergerät einen die Funktion beeinflussenden Defekt im System, kann es sich ganz oder teilweise abschalten. Dies wird durch eine Fehlerlampe (Störungs-/Funktionslampe) angezeigt. Das Getriebe befindet sich dann im Notprogramm/Notlauf. Dabei können z.B. im äußersten Fall nur noch der Rückwärtsgang und ein Vorwärtsgang manuell eingelegt werden, als Vorwärtsgang wird der direkte Gang (3. oder 4. Gang) eingelegt, die Wandlerkupplung wird nicht mehr geschlossen, und eine Kick-down-Rückschaltung ist nicht mehr möglich. Es kann aber auch eine Notlauffunktion gewählt werden, bei der nur der Modulationsdruck auf maximal erhöht wird und alle anderen Funktionen weiterhin ausgeführt werden.

Die Ein- und Ausgänge am Steuergerät sind im Schaltplan Bild 18.12 nochmals dargestellt.

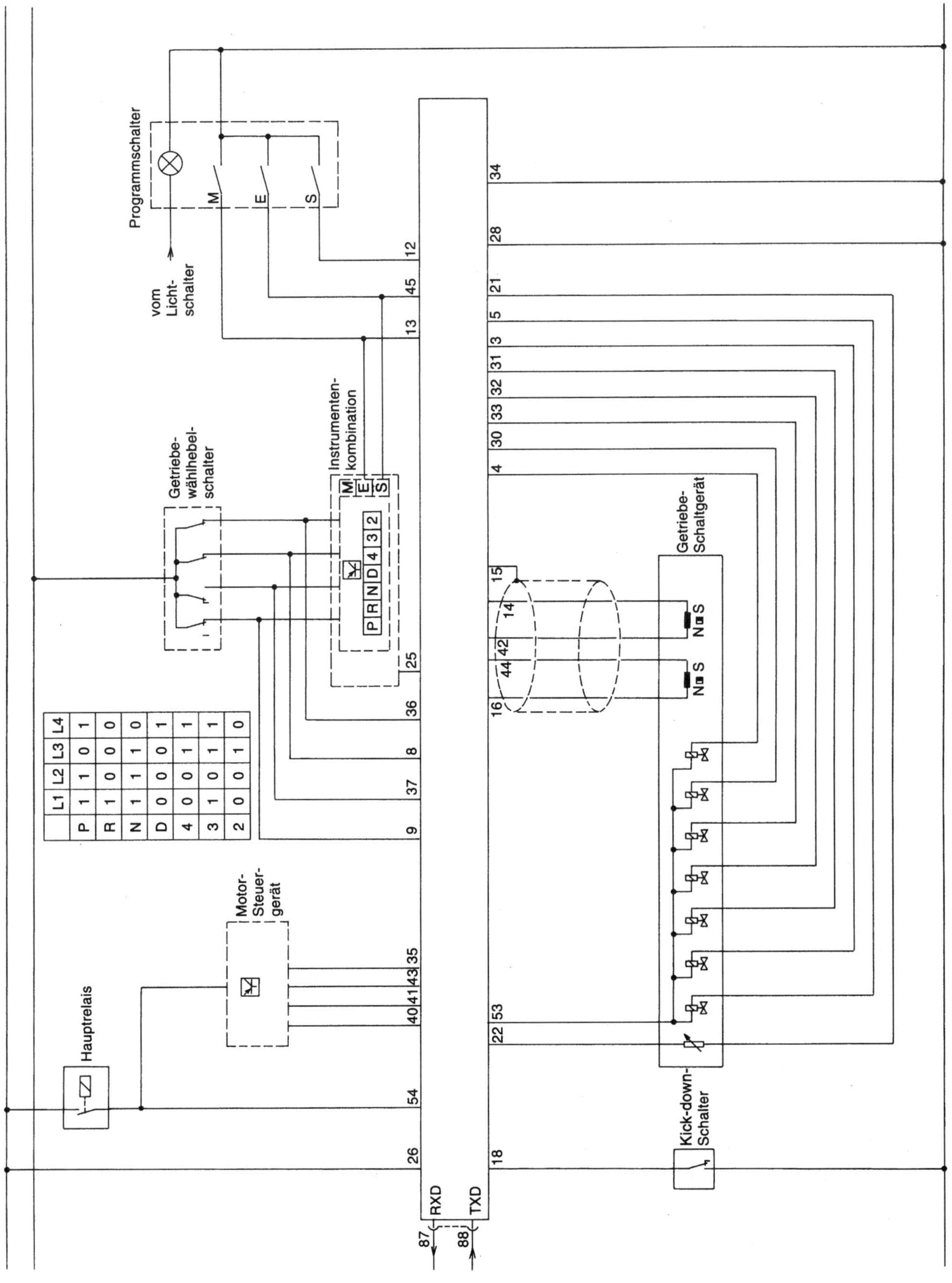

	L1	L2	L3	L4
P	1	1	0	1
R	1	0	0	0
N	1	1	1	0
D	0	0	0	1
4	0	0	1	1
3	1	0	1	1
2	0	0	1	0

Pin/Art	Funktionsbezeichnung	Anschluss
3 A	Magnetventil 5	Getriebeschaltgerät
4 A	Magnetventil Wandlerkupplung	Getriebeschaltgerät
5 A	Druckregler (+)	Getriebeschaltgerät
8 E	Positionsschalter	Wählhebelschalter
9 E	Positionsschalter	Wählhebelschalter
12 E/A	S-Programm	Programmschalter
13 E/A	M-Programm	Programmschalter
14 E	Drehzahlfühler n-ab (–)	Getriebeschaltgerät
15 A	Schirm Drehzahlfühler	Drehzahlfühler
16 E	Drehzahlfühler n-Turbine (+)	Getriebeschaltgerät
18 E	Kick-down	Kick-down-Schalter
21 M	Masse Öltemperatursensor	Getriebeschaltgerät
22 E	Öltemperatursensor NTC	Getriebeschaltgerät
25 A	Störanzeige	Instrumentenkombination
26 E	Klemme 30	
28 M	Masse Elektronik	Masseverbindung
30 A	Magnetventil 1	Getriebeschaltgerät
31 A	Magnetventil 4	Getriebeschaltgerät
32 A	Magnetventil 3	Getriebeschaltgerät
33 A	Magnetventil 2	Getriebeschaltgerät
34 M	Leistungsmasse	Masseverbindung
35 E	Drosselklappenstellung/Motortemperatur	Motor-Steuergerät
36 E	Positionsschalter	Wahlhebelschalter
37 E	Positionsschalter	Wahlhebelschalter
40 A	Motoreingriff	Motor-Steuergerät
41 A	ti-Signal (Lastsignal)	Motor-Steuergerät
42 E	Drehzahlfühler n-ab (+)	Getriebeschaltgerät
43 E	Motordrehzahl n-mot (td-Signal)	Motor-Seuergerät
44 E	Drehzahlfühler n-Turbine (–)	Getriebeschaltgerät
45 E	E-Programm	Programmschalter, Instr.
53 A	Plusversorgung Magnetventile	Getriebeschaltgerät
54 E	Spannungsversorgung	Hauptrelais
87 E	RxD-Diagnoseleitung	Diagnosestecker
88 A/E	TxD-Diagnoseleitung	Diagnosestecker

Bild 18.12 (linke Seite)
Schaltplan «Automatikgetriebe-Steuerung»
Ein-(E) und Ausgangs-(A)Signale sowie Masse-(M)Verbindungen

18.2.3 Stufenloses Automatikgetriebe

Das stufenlose Automatikgetriebe, oft auch CVT-Getriebe (continuously variable transmission) genannt, konnte ebenfalls durch den Einsatz der Elektronik und moderner Entwicklungen entscheidend verbessert werden. War es anfangs nur für kleine Fahrzeuge mit geringer Motorleistung ausgelegt, so ist es heute auch für Fahrzeuge über 100 kW einsetzbar. Der Vorteil des stufenlosen Getriebes liegt in der kontinuierlichen, stufenlosen Übersetzungsveränderung, die völlig ruckfrei und ohne Zugkraftunterbrechung erfolgen kann. Bild 18.13 zeigt ein solches stufenloses Getriebe, bei dem der Variator mit einer Kette betrieben wird, das hydraulische und elektronische Steuergerät sich am Getriebe befinden und über einen Planetenradsatz und zwei Kupplungen die Drehrichtung geschaltet wird.
Anhand des Funktionsplanes (Bild 18.14) und der Ein- und Ausgangssignale wird im Folgenden das System näher beschrieben. Das elektronische Steuergerät (J217) befindet sich, wie bereits erwähnt, am Getriebe (7), wodurch für die Erfassung der verschiede-

Bild 18.13
Schnittdarstellung eines stufenlosen Automatikgetriebes

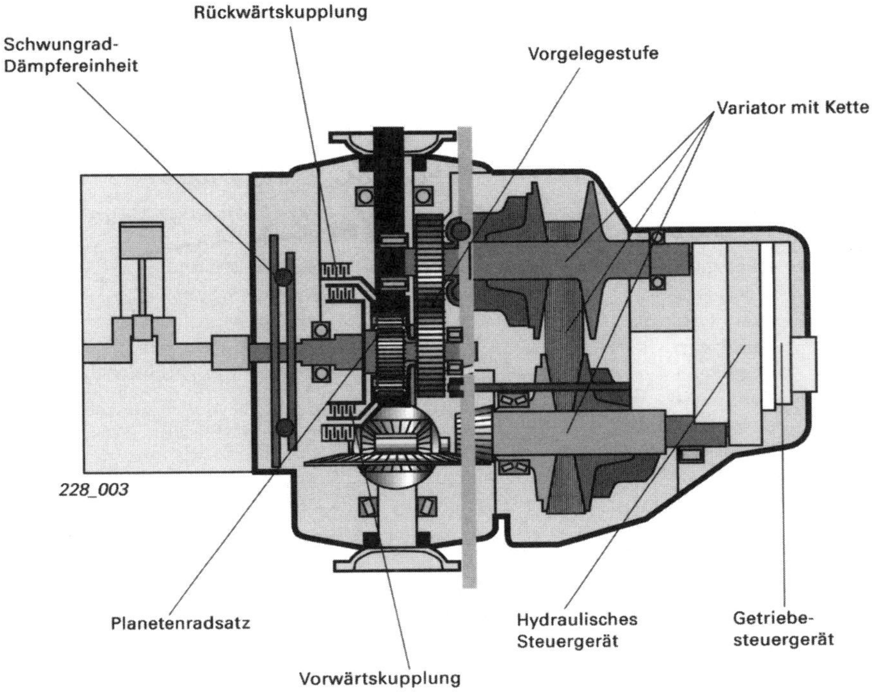

Bild 18.14
Funktionsplan stufenloses Automatikgetriebe

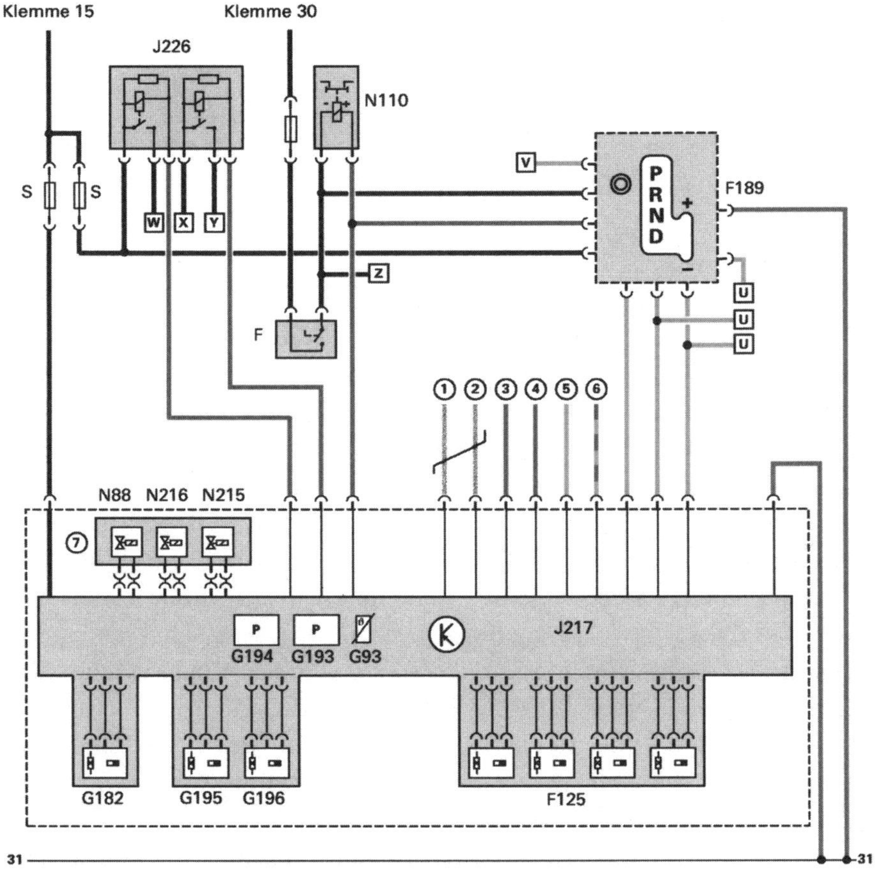

nen Betriebszustände und die Ansteuerung der Aktoren nur kurze Wege/Leitungen notwendig sind.
Dies gilt insbesondere für die

- ❑ Getriebeöltemperatur (G93),
- ❑ Getriebeeingangsdrehzahl (G182),
- ❑ Getriebeausgangsdrehzahl (G195 und G196),
- ❑ die verschiedenen Drucksensoren für die Kupplungsregelung (G193) und Variatorregelung (G194),
- ❑ die dazu gehörenden Druckregelventile (N215 und N216) und für
- ❑ ein Sicherheitsmagnetventil (N88).
- ❑ Auch die Multifunktionsschalter (F125) für die Wählhebelstellung sind im Getriebe mit verbaut.

Das Steuergerät wird mit Klemme 15 versorgt. Gleichzeitig geht die Klemme 15 zum Relais für das Rückfahrlicht (J226 links), das die Klemme 15 zu den Rückfahrleuchten (w) durchschaltet, wenn vom Getriebesteuergerät ein Massesignal ausgegeben wird. Die Klemme 15 geht auch zum Schalter der «Tiptronic» (F189). Über die Tiptronic-Funktion können 6 fest definierte Übersetzungen («Gänge») vom Fahrer manuell angewählt werden.
Die Klemme 50 vom Zündanlassschalter (x) wird am Relais für die Anlasssperre (J226 rechts) ebenfalls erst zum Anlasser (y) durchgeschaltet, wenn das Getriebesteuergerät ein Massesignal ausgibt.
Der Magnet für die Wählhebelsperre (N110) wird über Klemme 30 nur freigegeben, wenn die Bremse betätigt und damit der Bremslichtschalter (F) geschlossen wird. Dadurch wird dann auch der Schalter für die Tiptronic und die Bremsleuchten (z) mit Klemme 30 versorgt. Außerdem muss aus dem Steuergerät ein Massesignal anliegen, das auch zum Schalter der Tiptronic geführt wird.
Der Tiptronic-Schalter ist also mit Klemme 15, Klemme 31 permanent, Klemme 30 bei betätigter Bremse, einem Massesignal aus dem Steuergerät und Klemme 58d (v) verbunden und gibt über drei Leitungen die Schaltsignale für die vom Fahrer gewünschten Eingriffe, die auch über das Lenkrad (u) erfolgen können, an das Steuergerät weiter. Weitere notwendige Informationen tauscht das Steuergerät mit anderen Systemen überwiegend über den CAN-Antriebsbus (1, 2) aus. Bild 18.15 zeigt eine Übersicht über alle in diesem Zusammenhang ausgetauschten Informationen.
Dabei werden aber das Signal für die Ganganzeige (3), das Signal für die Fahrgeschwindigkeit (4) und das Motordrehzahlsignal (5) noch zusätzlich über eigene Leitungen übertragen. Auch die Diagnose (6) erfolgt zusätzlich über eine eigene Leitung.

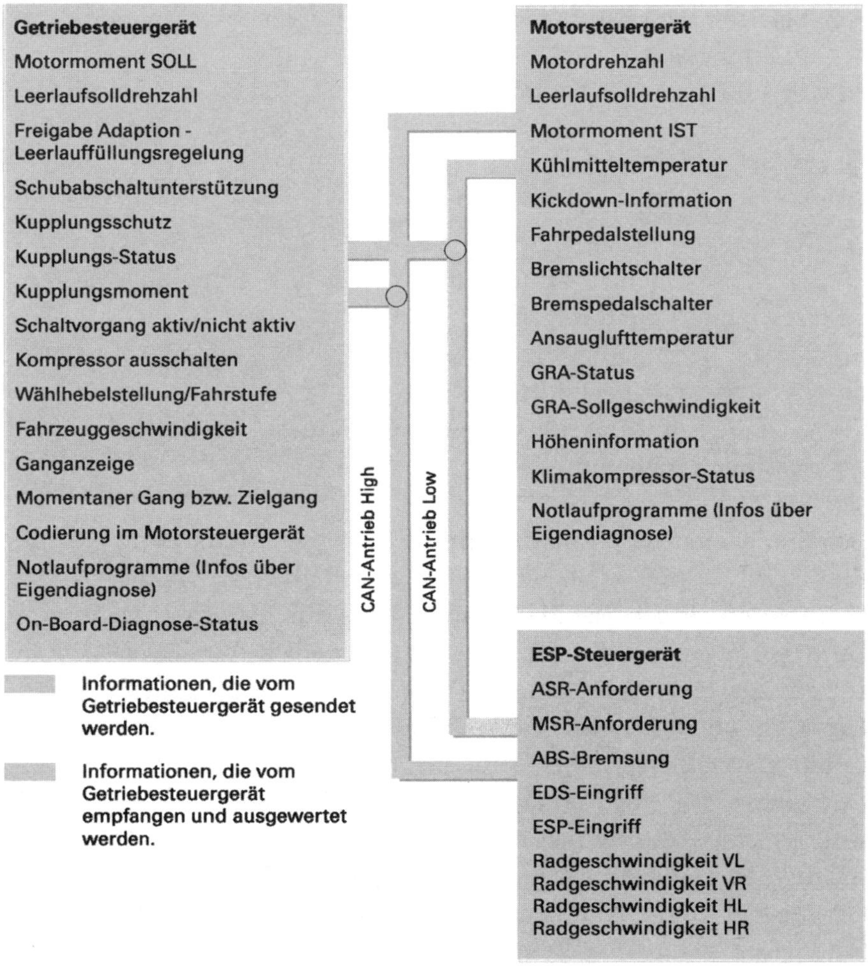

Bild 18.15
CAN-Informationsaustausch mit der Getriebesteuerung

18.3 Elektronisches Kupplungsmanagement und automatisiertes Schaltgetriebe

Das Bemühen, die Vorteile eines Automatikgetriebes (bequeme, einfache Bedienung) mit den Vorteilen eines Handschalt-Getriebes zu verbinden, führte zur Entwicklung weiterer verschiedener Varianten.

18.3.1 Elektronisches Kupplungsmanagement

Anfang der 1990er-Jahre entwickelte man ein neues System, bei dem ein mechanisches Handschaltgetriebe mit einem elektronischen Kupplungsmanagement kombiniert wurde. Dabei übernimmt ein elektronisch-hydraulisches Steuerungssystem die Kuppelvorgänge, die üblicherweise durch den Fahrer ausgeführt werden. Das Kupplungspedal entfällt dadurch.

Das System erkennt Schaltvorgänge durch zwei Mikroschalter am Schalthebel und öffnet und schließt die Kupplung automatisch. Für den Fahrer ergeben sich dadurch bei einem Gangwechsel die gleichen Funktionen wie bei einem Handschalt-Getriebe mit herkömmlichem Kupplungssystem, ohne jedoch ein Kupplungspedal betätigen zu müssen. Lediglich einige Funktionen bzw. Bedienungen unterscheiden sich:

- Zum Motorstart ist der Neutralgang einzulegen, anschließend kann ein beliebiger Gang eingelegt werden.
- Bei laufendem Motor und eingelegtem Gang kriecht das Fahrzeug wie ein Automatikgetriebe-Fahrzeug an.
- Angefahren wird durch Bedienung des Gaspedals bei eingelegtem Gang.
- Die Betätigung des Schalthebels und Gaspedals erfolgt beim Gangwechsel wie bei einem konventionellen Schaltgetriebe, d.h. unter Rücknahme des Gaspedals.
- Die Kupplung öffnet automatisch unterhalb einer gewissen Grenzgeschwindigkeit.
- Bei ausgeschalteter Zündung ist die Kupplung geschlossen.
- Systemfehler werden durch eine Warnlampe angezeigt.

Zur Erfüllung der beschriebenen Funktionen und Bedienungen ist das elektronische Kupplungsmanagement wie in Bild 18.16 dargestellt aufgebaut.
Mehrere Sensoren und Eingangssignale liefern die Informationen zu einem elektronischen Steuergerät, das ausgangsseitig über eine zusätzliche Hydraulikeinheit die Kupplungsstellungen über Kennfelder steuert.
Bei den Eingangssignalen handelt es sich zunächst um das Motordrehzahlsignal aus dem Motorsteuergerät. Da es sich bei dem der Beschreibung zugrunde liegenden System um ein Zwölf-Zylinder-Fahrzeug mit zwei Motorsteuergeräten handelt, wird aus Sicherheitsgründen auch das Drehzahlsignal des zweiten Steuergerätes verarbeitet. Die Drehzahlsignale sind TD-Signale und werden zusammen mit der Getriebedrehzahl zur Berechnung des Kupplungsschlupfes herangezogen. Die Drehzahlsignale können über Tastverhältnis gemessen werden.
Die Getriebedrehzahl wird über einen induktiven Drehzahlsensor vom Konstantrad der Vorgelegewelle abgenommen. Die Überprüfung des Getriebedrehzahlsignals erfolgt vorzugsweise mit Hilfe eines Scopes. Eine Wechselspannungsmessung zeigt vereinfacht nur das Vorhandensein eines Signals.

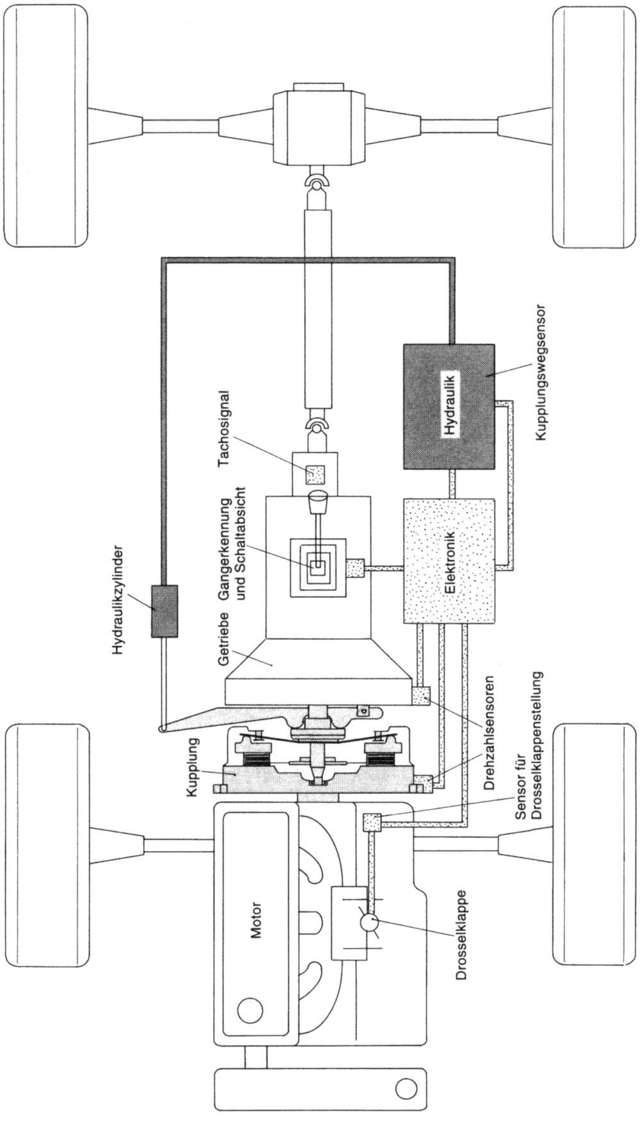

Bild 18.16
Systemaufbau «Elektronisches Kupplungsmanagement» (ALPINA SHIFT-TRONIC, System LuK GS)

Das Geschwindigkeitssignal wird über ein frequenzmoduliertes Rechtecksignal ebenfalls aus dem Motorsteuergerät übermittelt und dient zur Berechnung der Kupplungssteuerung. Bei stehendem Fahrzeug ist die Kupplung geöffnet.

Die Stellung der Kupplung, der Kupplungsweg, wird über ein Drehpotentiometer im Hydraulikblock überwacht, mit den berechneten Werten verglichen und bei Bedarf die Kupplungsstellung verändert. Das Potentiometer kann mit einer Widerstandsmessung, besser jedoch mit Hilfe eines Frequenzgenerators und einem Scope überprüft werden.

Die Schalthebelpositionen (vorne/hinten) bzw. Gangpositionen werden ebenfalls über ein Drehpotentiometer ermittelt und im Steuergerät für die Kupplungssteuerung ausgewertet, d.h., bei vollständig eingelegtem Gang ist die Kupplung geschlossen. Die Schaltabsicht wird durch zwei Mikroschalter am Schalthebel erfasst und bewirkt das Öffnen der Kupplung.

Die Drosselklappenstellung wird bei dem vorliegendem System durch ein pulsweitenmoduliertes Signal mit einer Frequenz von 100 Hertz aus dem Steuergerät der elektronischen Motorleistungssteuerung übernommen. Die Stellung der Drosselklappe, aber auch die Größe und Geschwindigkeit der Veränderung der Drosselklappenstellung bestimmen zusammen mit den anderen Signalen entsprechend dem Fahrerwunsch die Einkupplungsdrehzahl und den dabei zugelassenen Kupplungsschlupf. Der Fahrer kann somit bestimmen, ob er ganz sanft oder aber mit hoher Drehzahl und optimaler Beschleunigung anfährt. Das pulsweitenmodulierte Drosselklappensignal kann durch eine Frequenzmessung auf Vorhandensein, durch eine Tastverhältnismessung auf Veränderung geprüft oder an einem Scope sichtbar gemacht werden.

Die Signale des Bremslichtschalters, Handbremsschalters und eines Leerlaufschalters dienen der Systemsicherheit und führen zum Öffnen der Kupplung. Abhängig von den erwähnten Eingangssignalen steuert das elektronische Kupplungsmanagement primär ein 3/3-Wege-Magnetventil (Proportionalventil) an, wodurch bei Maximalstrom (etwa 2,5 A) der gespeicherte Druck einen Hubzylinder (Geberzylinder I) betätigt, der wiederum auf den Geberzylinder II wirkt (Bild 18.17). Von da an entspricht die weitere Funktion zum Ausrücken der Kupplung einem konventionellen hydraulischen Kupplungsausrücksystem.

Stromlos ermöglicht das Proportionalventil den Druckabbau aus dem Geberzylinder I und den Rückfluss des verwendeten Mineralöls in einen Vorratsbehälter, wodurch die Kupplung schließt. Bei halbem Maximalstrom sind der Rücklauf zum Vorratsbehälter, die Druckleitung vom Druckspeicher und die Leitung zum Geberzylinder I verbunden, wodurch eine weitere Drucksteuerung bzw. ein gesteuertes Öffnen und Schließen der Kupplung mit definiertem Schlupf ermöglicht wird. Die Rückmeldung über die Bewegungen der Geberzylinder erfolgt über den Positionssensor, wie bereits bei den Eingangssignalen erläutert.

Der in der Hydraulikeinheit befindliche Drucksensor steuert die elektromotorisch angetriebene Pumpe, so dass der Druckspeicher zwischen etwa 75 und 90 bar gehalten wird.

Bei Fehlern im System wird durch das Steuergerät auf eine Notsteuerung zurückgegriffen, die minimale Systemfunktionen aufrechterhält, und eine Ausfallwarnlampe ansteuert. Das System ist eigendiagnosefähig.

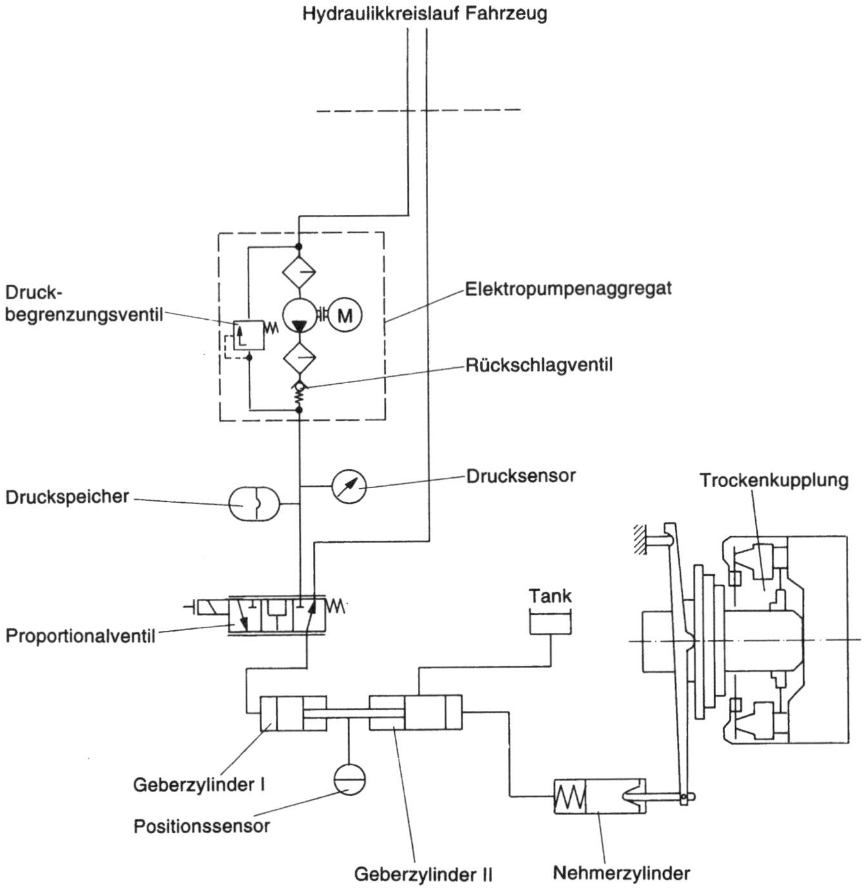

Bild 18.17
Hydraulikschaltplan (ALPINA SHIFT-TRONIC, System LuK GS)

18.3.2 Automatisiertes Schaltgetriebe

Aufbauend auf das elektronische Kupplungsmanagement war der nächste Schritt bereits erstmals 1996, dass ein elektronisch-hydraulisches Gesamtsystem auch die Schaltungen ausführte. Mittlerweile bieten bereits sehr viele Hersteller automatisierte Schaltgetriebe an, die überwiegend elektrohydraulisch, seltener elektromechanisch die Schaltungen ausführen. Alle Schaltungen und Kupplungsbetätigungen werden anhand vieler Eingangssignale durch das System berechnet und ausgeführt. Der Schalthebel hat keine mechanische Verbindung zum Getriebe, sondern liefert lediglich elektrische Signale, die den Fahrerwunsch (Automatikmodus oder manuelle Betätigungen) übermitteln. Da ein Systemausfall oder Fehlfunktionen nicht nur zum Liegenbleiben des Fahrzeugs führen könnten, sondern auch zu gefährlichen Fahrsituationen, werden viele Eingangssignale doppelt erfasst, und auch das Steuergerät selbst ist in vielen Einzelbauteilen doppelt und mit vielen Sicherheitsschaltungen versehen. Bild 18.18 gibt einen Überblick über die Ein- und Ausgangssignale. Ein Großteil

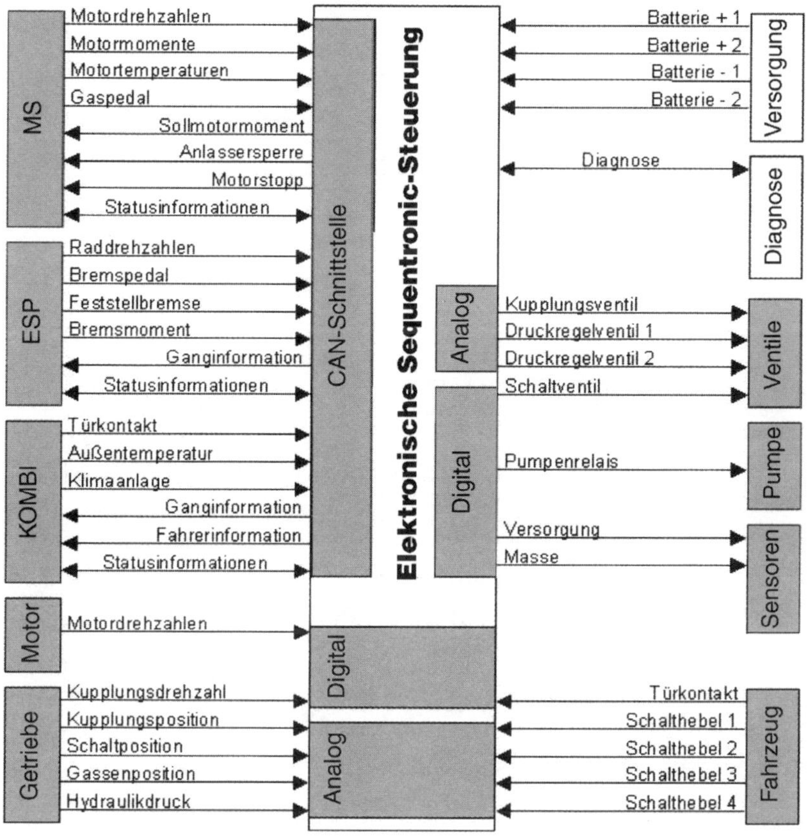

Bild 18.18
Ein- und Ausgangssignale für die elektronische Getriebesteuerung bei einem automatisierten Schaltgetriebe

des Datenaustausches erfolgt bei den meisten Systemen über den CAN-Datenbus des Antriebsstranges.
Die wichtigsten Eingangssignale für die Grundsteuerung sind die Motordrehzahl, der Lastwunsch des Fahrers (Gaspedalstellung) und die Schalthebelsignale. Daraus werden im Automatikmodus die Schaltzeitpunkte berechnet und die Schaltungen ausgeführt. Im manuellen Modus werden die Schaltungen durch die Schalthebelsignale (Antippen des Schalthebels durch den Fahrer) ausgelöst und ausgeführt. Das System ist gegen Missbrauch und Fehlbedienungen abgesichert.
Die Motortemperatur, das Motormoment, die Außentemperatur, das Klimaanlagensignal und das Bremsmoment dienen zur Feinsteuerung der Schaltprogrammberechnung und Kupplungssteuerung.
Die Raddrehzahlen, die Bremspedalbetätigung und der Status der Feststellbremse sind für die Kupplungssteuerung wichtig.
Ausgangsseitig werden für die Schaltungen die Druckregelventile, das Kupplungsventil und die verschiedenen Schaltventile sowie die Hydraulikpumpe über das Pumpenrelais abgesteuert. Den hydraulischen Aufbau zeigt Bild 18.19.

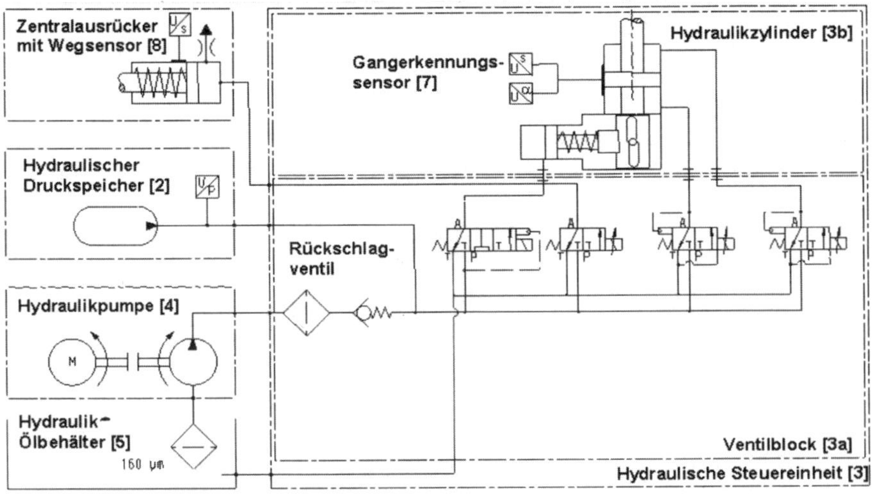

Bild 18.19
Hydraulischer Aufbau eines automatisierten Schaltgetriebes

Zur Überprüfung der Schaltungen und Kupplungsbetätigung dienen die Rückmeldungen vom Getriebe, durch die Kupplungsdrehzahl, die Kupplungsposition, die Position des Schaltaktuators (Schaltposition, Gassenposition) und die Überwachung des Hydraulikdruckes.
Außerdem übernimmt das Getriebesteuergerät während der Schaltungen und Kupplungsbetätigungen die Drehmomentführung der Motorsteuerung über die Vorgabe des Sollmotormoments, da der Fahrer die Gaspedalstellung nicht verändern muss.
Bei einigen Systemen kann der Fahrer auch die Schaltkennlinien und Geschwindigkeit der Schaltungen und Kupplungsbetätigung wählen.
Bei einem eingelegten Gang und nicht betätigter Kupplung oder Fehlern im System, wird die Anlassersperre und unter Umständen auch ein Motorstopsignal gesendet. Alle Systeme besitzen eine umfangreiche Eigendiagnose und einen Fehlerspeicher.

18.4 Fahrgeschwindigkeitsregelung

18.4.1 Funktionsbeschreibung

Durch die Fahrgeschwindigkeitsregelung (Tempomat) wird eine gewählte Geschwindigkeit ohne Eingriffe des Fahrers automatisch gehalten. Dadurch wird auf längeren Strecken mit konstanter Geschwindigkeit der Fahrer entlastet. Durch die gleichmäßige Geschwindigkeit können sich zusätzlich Verbrauchsvorteile ergeben. Die gefahrene Geschwindigkeit kann der Fahrer als gewünschte Geschwindigkeit über einen Lenkstockhebel, ein Multifunktionslenkrad oder (seltener) über Schalter im Armaturenbereich setzen. Ein Steuergerät vergleicht daraufhin die eingestellte Geschwindigkeit

(Soll-Geschwindigkeit) ständig mit der aktuellen Geschwindigkeit (Ist-Geschwindigkeit) und korrigiert bereits bei kleinsten Abweichungen über ein Stellelement die Ist-Geschwindigkeit.
Die möglichen Ein- und Ausgänge für die Fahrgeschwindigkeitsregelung sind in Tabelle 18.3 dargestellt. Die Fahrgeschwindigkeitsregelung kann – je nach Fahrzeughersteller – ab einer Fahrzeuggeschwindigkeit von etwa 40 km/h aktiviert werden. Die Bedingungen, die zu einem selbstständigen Abschalten der Anlage bzw. automatischem Löschen der Fahrgeschwindigkeitsregelung führen, sind Bestandteile der Beschreibung der einzelnen Ein- und Ausgangssignale.

Tabelle 18.3
Systemübersicht «Fahrgeschwindigkeitsregelung»

Eingangssignale	Verarbeitung	Ausgangssignale
Lenkstockhebelsignale für Setzen, Beschleunigen, Verzögern, Aus, Ein	STEUERGERÄT	Drosselklappenstellelement
Potentiometer vom Stellmotor		Sicherheitskupplung vom Drosselklappenstellelement
Bremslicht-/Bremstestschalter		
Kupplungsschalter (bei Getriebefahrzeug		Ansteuerung Kraftstoffpumpenrelais
P-N-R Schaltsignale (bei Automatikgetriebefahrzeug)		Spannungssignal für Motorsteuerungs- oder Getriebesteuergerät
Geschwindigkeitssignal		Störungs-/Funktionslampe
Batterie-plus (Klemme 30)		
Batterie-plus (Klemme15)		
Masse (Klemme 31)		
	⇑ ⇓ Diagnose	

Die Fahrgeschwindigkeitsregelung kann, wie dargestellt, ein eigenständiges System, sie kann aber auch in anderen Steuergeräten bzw. auch in ganzen Systemen integriert sein.
Die prinzipielle Funktionsweise und die benötigten Ein- und Ausgangssignale gelten – wie im Folgenden dargestellt – jedoch auch bei einer in anderen Systemen integrierten Fahrgeschwindigkeitsregelung.

18.4.2 Bauteile, Ein- und Ausgänge im Detail

Die Geschwindigkeit wird über einen Lenkstockhebel/Bedienschalter oder ein Multifunktionslenkrad gewählt und eingestellt. Die Bedienmöglichkeiten sind:

- Beschleunigen oder Verzögern und anschließende Übernahme/Setzen der Soll-Geschwindigkeit,
- Wiederaufrufen einer bereits gewählten und gespeicherten Geschwindigkeit,
- Abschalten der Fahrgeschwindigkeitsregelung, wobei die zuletzt gewünschte Geschwindigkeit gespeichert bleibt und später wieder aufgerufen werden kann.

(Bei einfachen Systemen ist manchmal ein Beschleunigen und Verzögern über den Lenkstockhebel nicht möglich.)
Um die Fahrerwünsche dem Steuergerät über die Bedienung des Lenkstockhebels mitzuteilen, gibt es zwei Möglichkeiten: über mehrere Schalter und mehrere Signaleingänge am Steuergerät oder durch verschiedene Widerstände, die das Steuergerät entsprechend erkennt (Bild 18.20).

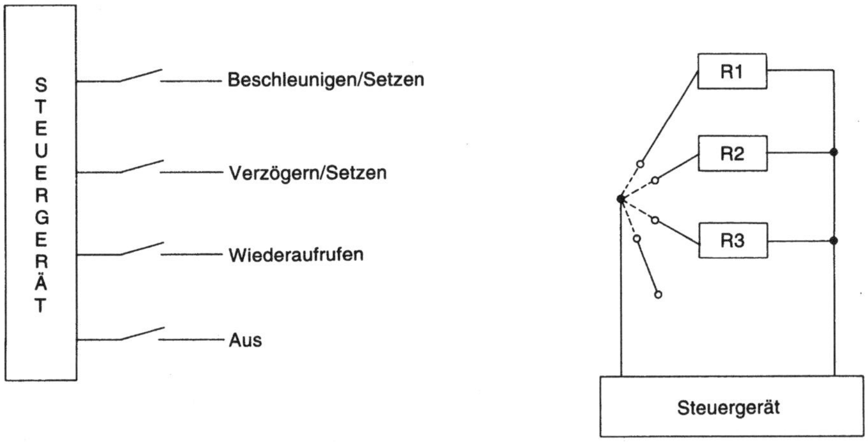

Bild 18.20
Lenkstockhebelschalter

Für die Überprüfung des Lenkstockhebels ist in beiden Fällen eine Widerstandsmessung mit Betätigen der verschiedenen Positionen sinnvoll.

Wird die Fahrgeschwindigkeitsregelung über ein Multifunktionslenkrad bedient, werden die Signale immer über ein Datenbussystem ausgetauscht.
Nach den Signalen des Lenkstockhebels/Bedienschalters bzw. des Multifunktionslenkrades ist die Geschwindigkeit eines der wichtigsten Eingangssignale. Es kann in Form einer sinusförmigen Wechsel-

spannung oder als Rechtecksignal mit veränderlicher Frequenz bzw. als Datensatz über das Bussystem vom Kombiinstrument oder vom ABS-Steuergerät kommend in das Steuergerät eingehen. Wie bereits erwähnt, ist ein Setzen der Geschwindigkeit ab etwa 30 bzw. 40 km/h Fahrgeschwindigkeit möglich. Selten gibt es auch eine obere Grenzgeschwindigkeit für die Fahrgeschwindigkeitsregelung, die dann bei etwa 200 km/h liegt.

Ein Über- bzw. Unterschreiten der Sollgeschwindigkeit um etwa 15 bis 20 km/h wie es bei Bergauf- bzw. Bergabfahrten vorkommen kann, führt zum Abschalten der Regelung. Die gewünschte Sollgeschwindigkeit bleibt gespeichert und kann bei Bedarf wieder abgerufen werden. Ein Ausfall des Geschwindigkeitssignals, auch nur kurzzeitig, führt immer zum automatischen Abschalten der Regelung.

Durch ein Signal vom Bremslichtschalter (Plus) oder vom Bremstestschalter (Minus) je nach Hersteller schaltet sich die Fahrgeschwindigkeitsregelung ebenfalls ab. Dies dient der Fahrsicherheit; ansonsten würde das Fahrzeug nach einer Bremsung wieder automatisch beschleunigen. Außerdem ist es eine Sicherheitsfunktion bei einem Defekt in der Fahrgeschwindigkeitsregelung.

Durch Betätigen des Kupplungsschalters bei Fahrzeugen mit Handschaltung wird die Regelung ebenfalls außer Betrieb gesetzt. Dadurch wird ein Überdrehen des Motors verhindert.

Die gewünschte Soll-Geschwindigkeit bleibt in beiden Fällen (Bremse/Kupplung) gespeichert und kann wieder abgerufen werden. Die Funktion des Bremsschalters und evtl. des Kupplungsschalters wird durch eine Widerstandsmessung überprüft.

Bei Fahrzeugen mit Automatikgetriebe gehen bei einigen Herstellern auch die Signale des Wählhebels mit ein. Damit ist ein Aktivieren der Fahrgeschwindigkeitsregelung bei einer Wählhebelstellung P, N oder R nicht möglich bzw. führt zum Abschalten der Regelung.

Wie jedes elektronische Steuergerät muss auch dieses mit Strom (Batterie-Plus über Klemme 15 und Masse) versorgt werden. Bei eigendiagnosefähigen Systemen und Fehlerspeicher ist eine permanent anliegende Klemme 30 notwendig. Eine Unterbrechung der Spannungsversorgung führt immer zum vollständigen Ausschalten der Fahrgeschwindigkeitsregelung. Damit die Fahrgeschwindigkeitsregelung die tatsächliche Ist-Geschwindigkeit der gewünschten Soll-Geschwindigkeit angleichen bzw. diese erreichen und halten kann, muss sie in den Gaswechsel des Motors eingreifen. Häufig geschieht dies durch Drosselklappen-Stellelemente, die die Drosselklappe betätigen und damit mehr oder weniger «Gas geben». Die Verbindung vom Stellelement zur Drosselklappe kann über einen Bowdenzug oder Gestänge erfolgen. In seltenen Fällen betätigt das Stellelement das Fahrpedal. Bild 18.21 zeigt den Aufbau eines elektrischen Stellmotors

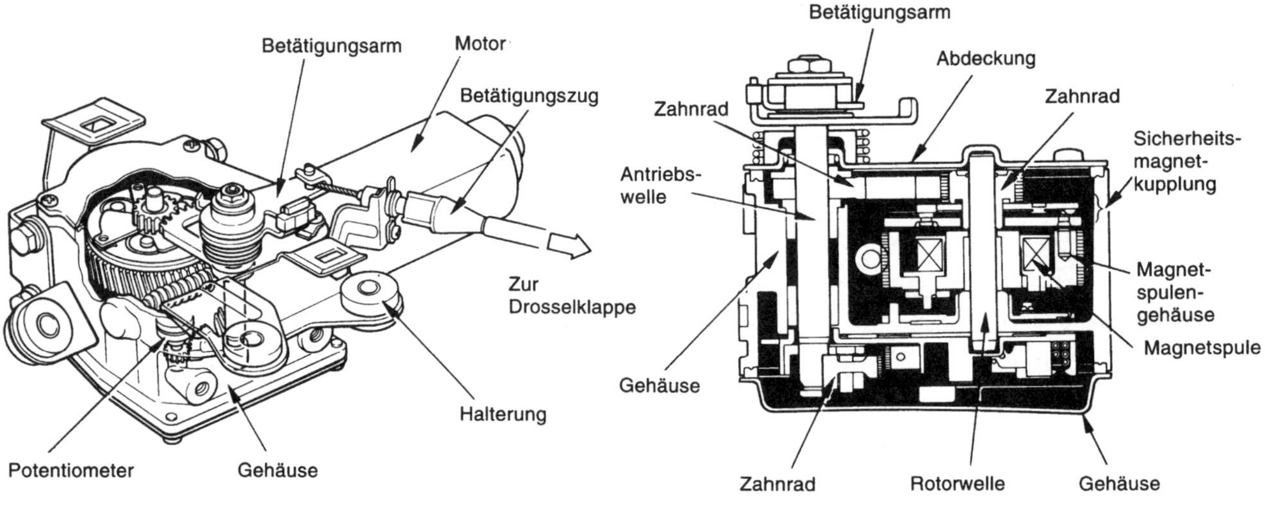

Stellglied

Querschnitt

Bild 18.21
Drosselklappenstellelement mit Gleichstrom-Elektromotor

mit Sicherheitsmagnetkupplung und Potentiometer. Der Stellmotor wird vom Steuergerät direkt mit Strom versorgt (angetaktet). Die Stromrichtung wird je nach Laufrichtung ebenfalls durch das Steuergerät vorgegeben. Die Position des Stellmotors wird dem Steuergerät durch ein Potentiometer zurückgemeldet. Im Stellmotor befindet sich zusätzlich eine elektromagnetische Sicherheitskupplung, die ebenfalls vom Steuergerät betätigt wird bzw. von diesem nur bei aktiver Fahrgeschwindigkeitsregelung mit Strom versorgt wird. Bei etwaigen Fehlfunktionen oder beim Ausschalten der Fahrgeschwindigkeitsregelung wird damit sofort die Drosselklappe vom Stellmotor entkoppelt – schneller, als der Stellmotor zurückgefahren werden könnte.

Der Stellmotor muss aus Sicherheitsgründen bei Defekten komplett gewechselt werden.

Die Drosselklappenbetätigung kann in selteneren Fällen auch über pneumatische Stellelemente erfolgen. Diese werden dann durch eine pneumatische Steuereinheit mit Vakuumpumpe und Ablassventilen gesteuert, die wiederum vom Steuergerät betätigt werden.
Bei Fahrzeugen mit elektronischer Motorleistungsregelung (EMS, EML = «elektronisches Gaspedal») erfolgt die Drosselklappenbetätigung auch bei integrierter Fahrgeschwindigkeitsregelung direkt über den/die eigene(n) Drosselklappen-Stellmotor(en).
Dieselfahrzeuge mit elektronischer Einspritzpumpe regeln durch das Einspritz-Steuergerät direkt die eingespritzte Kraftstoffmenge. Die Fahrgeschwindigkeitsregelung ist bei den eben erwähnten Systemen im jeweiligen Steuergerät integriert.

Bei vielen Systemen der Fahrgeschwindigkeitsregelung kann aus Sicherheitsgründen auch die Spannungsversorgung des Kraftstoffpumpen-Relais unterbrochen werden, z.B. bei einem mechanischen Klemmen des Seilzuges, des Stellmotors usw. Damit das Fahrzeug deshalb aber nicht liegen bleibt, wird durch einen sog. Schleppschalter am Gaspedal die Spannungsversorgung vom Kraftstoffpumpen-Relais beim «Gasgeben» wieder hergestellt. Die Funktion des Schleppschalters kann durch eine Widerstandsmessung und durch Betätigen des Gaspedals überprüft werden.

Bei einigen Fahrzeugherstellern können Signale der Fahrgeschwindigkeitsreglung zum Motorsteuerungs- oder Getriebesteuergerät während einer aktiven Regelung andere Kennlinien bewirken, z.B. späteres Hochschalten in höhere Gänge usw. Eine eingeschaltete Fahrgeschwindigkeitsregelung oder ein defektes System können über eine Störungs-/Funktionslampe angezeigt werden.

18.4.3 Adaptive Fahrgeschwindigkeitsregelung

Die adaptive Fahrgeschwindigkeitsregelung (**A**daptive **C**ruise **C**ontrol, ACC) ist die Erweiterung der gerade beschriebenen Fahrgeschwindigkeitsregelung um eine Abstandsregelung. Durch einen dreistrahligen Radarsensor werden die Sichtweite und der Abstand zum nächsten Fahrzeug erfasst und in einer umfangreichen Auswerteelektronik verarbeitet.
Befindet sich kein vorausfahrendes Fahrzeug im Detektionsbereich des Radarsensors, wird die vom Fahrer gewählte Geschwindigkeit gehalten (Bild 18.22).
Nähert man sich mit der gewählten Geschwindigkeit einem langsamer vorausfahrenden Fahrzeug auf der gleichen Fahrspur (Bild 18.23), wird zuerst das Motormoment verringert und wenn nötig erfolgt ein leichter Bremseneingriff, bis die Geschwindigkeit mit dem vorausfahrenden Fahrzeug übereinstimmt und der Abstand konstant bleibt (Bild 18.24).
Wechselt nun das vorausfahrende Fahrzeug die Fahrspur (bzw. man selbst) oder das vorausfahrende Fahrzeug beschleunigt bzw. verlässt aus irgendeinem anderen Grund den Detektionsbereich, wird das eigene Fahrzeug wieder auf die eingestellte Wunschgeschwindigkeit beschleunigt (Bild 18.25).
Durch den begrenzten Öffnungswinkel des Radarsensors, die maximale Reichweite von 150 m und die Unterdrückung aller stehenden Objekte ergeben sich jedoch einige Funktionseinschränkungen:

Bild 18.22 (links)
Gewählte Geschwindigkeit wird gehalten

Bild 18.23 (rechts)
Geschwindigkeit wird verringert

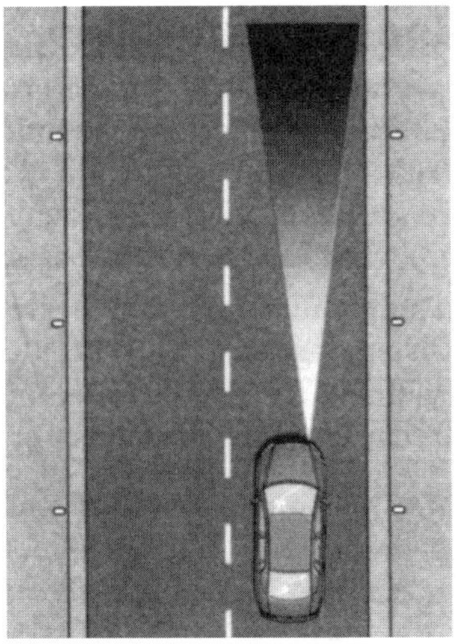

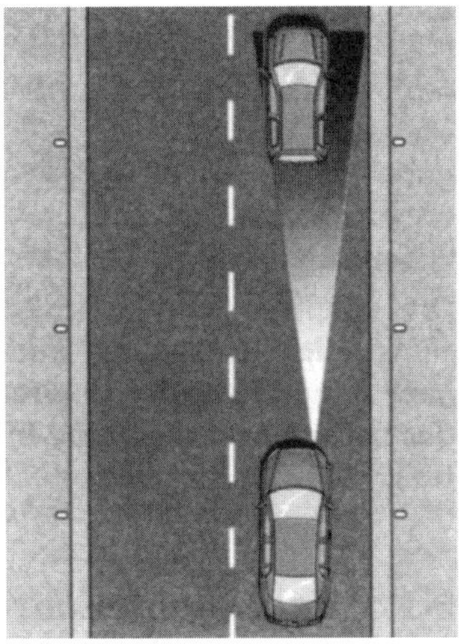

Bild 18.24 (links)
Folgen mit angepasster Geschwindigkeit

Bild 18.25 (rechts)
Beschleunigen bis zur gewählten Geschwindigkeit

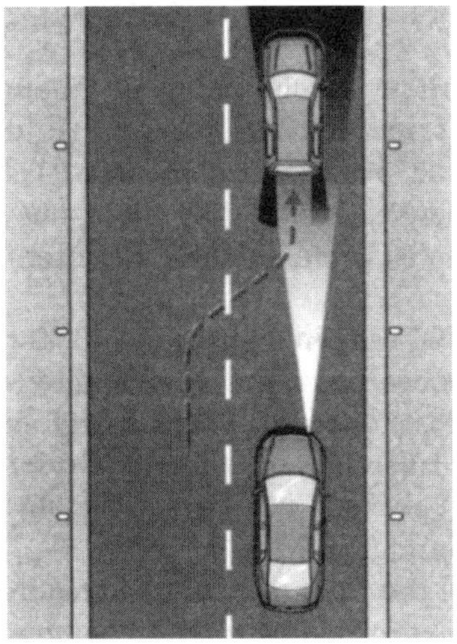

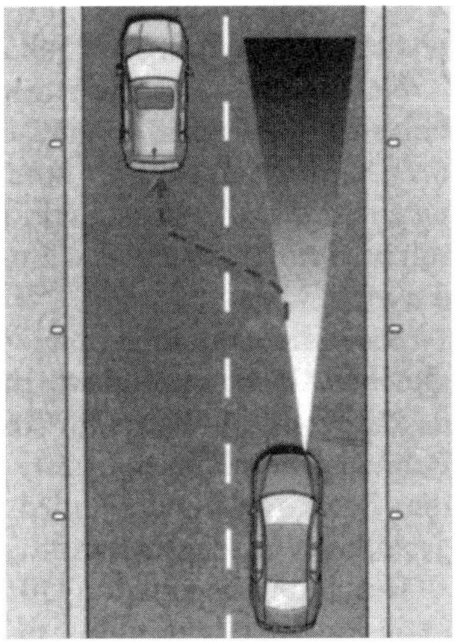

- ❑ Bei mehrspurigen Straßen mit kleinen Radien kann ein in der Nachbarspur vorausfahrendes langsameres Fahrzeug detektiert und eine vermeintlich notwendige Geschwindigkeitsanpassung hervorgerufen werden, die eigentlich nicht notwendig wäre (Bild 18.26).
- ❑ Bei sehr engen Kurvenradien wird ein vorausfahrendes Fahrzeug eventuell erst zu spät erfasst.
- ❑ Kurz einscherende oder versetzt fahrende Fahrzeuge (Bild 18.27) werden unter ungünstigen Umständen eventuell nicht erfasst.
- ❑ Stehende Fahrzeuge werden nicht erkannt.
- ❑ Funktionsgeschwindigkeit zwischen 30 und maximal 200 km/h.

Eine weitere Funktionsgrenze ergibt sich bei einer zu großen Geschwindigkeitsdifferenz. Aus Komfort- und Sicherheitsgründen wird

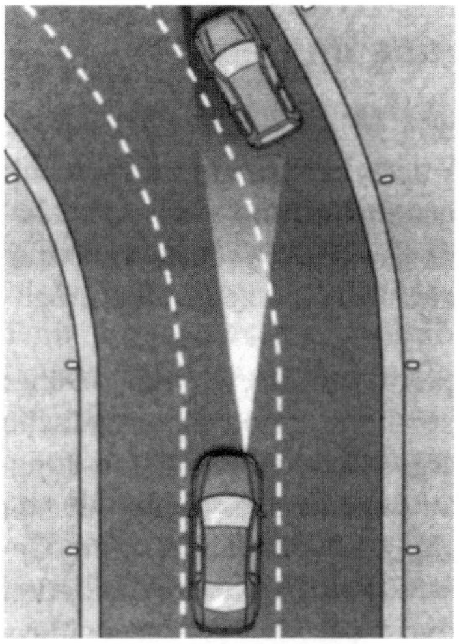

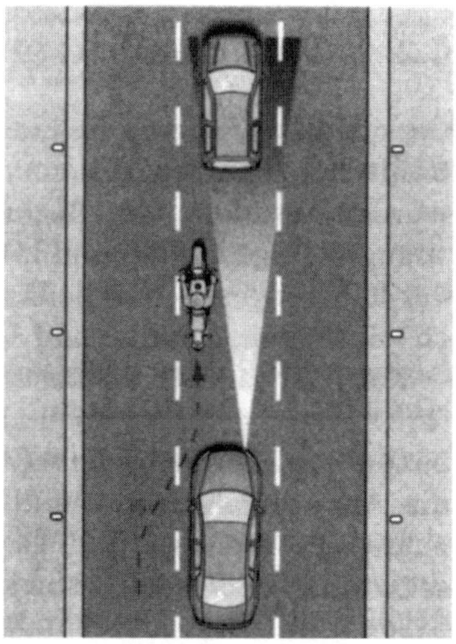

Bild 18.26 (links)
Ungenaue Fahrspurvorhersage in einer engen Linkskurve

Bild 18.27 (rechts)
Fahrzeug wird von Radarsensor nicht erfasst

der Bremseneingriff auf ca. 30% der möglichen Maximalverzögerung begrenzt. Ist eine stärkere Verzögerung erforderlich, oder auch wenn die Minimalgeschwindigkeit unterschritten wird, muss der Fahrer die Bremsung selbst übernehmen. Der Fahrer wird dazu vom System akustisch und optisch aufgefordert. Die Aktivierung der Bremse durch den Fahrer führt auch zum Abschalten der adaptiven Fahrgeschwindigkeitsregelung.
Die Systemübersicht einer adaptiven Fahrgeschwindigkeitsregelung zeigt Bild 18.28.

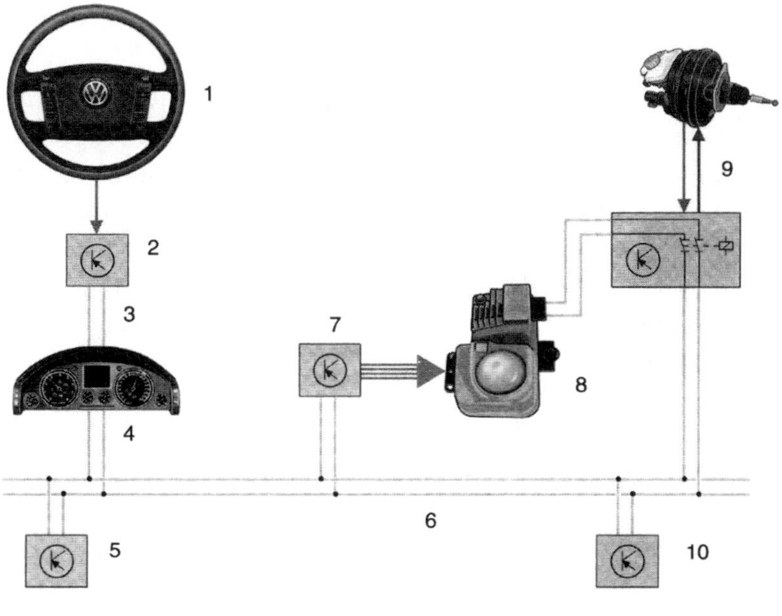

Bild 18.28
Systemübersicht adaptiver Fahrgeschwindigkeitsregelung
1 *Multifunktionslenkrad*
2 *Steuergerät Lenksäulenelektronik*
3 *CAN-Datenbus Komfort*
4 *Steuergerät mit Anzeigeeinheit*
5 *Motorsteuergerät*
6 *CAN-Datenbus Antrieb*
7 *ABS-Steuergerät*
8 *ACC-Sensor*
9 *Bremskraftunterstützung*
10 *Steuergerät Automatikgetriebe*

Der ACC-Sensor (8) ist das Kernelement der adaptiven Fahrgeschwindigkeitsregelung und enthält die Sende- und Empfangseinheit für die radargestützte Abstandsmessung, die Auswerteelektronik und einen leistungsfähigen Rechner für die Fahrspurvorhersage und Objekterkennung, die Abstands- und Geschwindigkeitsregelung sowie für die Ansteuerung der verschiedenen Systeme im Systemverbund. Die Eigendiagnose, die Funktionsüberwachung und der Fehlerspeicher sind ebenfalls im ACC-Sensor integriert. Der Datenaustausch mit den verbundenen Systemen erfolgt über den CAN-Datenbus. Die im Bild gezeigte zusätzliche direkte Übertragung der Raddrehzahlsignale vom ABS-Steuergerät (7) soll die Genauigkeit der Fahrspurvorhersage erhöhen. In der Regel werden diese aber ebenfalls über den CAN-Bus übertragen.

Die Bedienung erfolgt über ein Multifunktionslenkrad (1) oder einen Lenkstockhebel analog der konventionellen Fahrgeschwindigkeitsregelung. Zusätzlich kann jedoch noch der Abstand über ein Rändelrad oder Tasten verändert werden. Der geringste zu wählende Abstand liegt immer über dem gesetzlich vorgeschriebenen Abstand. Da sich der Abstand an der Geschwindigkeit orientiert, wird eigentlich nur eine so genannte Zeitlücke festgelegt, die das Fahrzeug benötigt, um den Abstand zum vorausfahrenden Fahrzeug zurückzulegen.

Über verschiedene Anzeigen im Kombiinstrument (4) wird der Fahrer informiert, ob die adaptive Fahrgeschwindigkeitsregelung eingeschaltet ist, ob ein vorausfahrendes Fahrzeug erkannt wurde, welche Geschwindigkeit und welcher Abstand eingestellt sind und wenn z.B. eine aktive Bremsung durch den Fahrer notwendig ist.

Das Motorsteuergerät (5) überträgt das aktuelle Motormoment und die Fahrpedalstellung und muss die Vorgaben zur Reduzierung oder Erhöhung des Motormoments umsetzen. Dazu ist eine elektronische Motorleistungsregelung (E-Gas) Voraussetzung.

Das ABS bzw. Fahrdynamiksteuergerät informiert über die Fahrgeschwindigkeit, die Fahrzeugbeschleunigung, die Raddrehzahlen der einzelnen Räder sowie über Regeleingriffe. Die geforderte Bremsung zur Geschwindigkeitsverringerung zur Einhaltung des Abstandes kann durch die Fahrdynamikregelung selbst oder über einen elektronischen Bremskraftverstärker (9) durchgeführt werden.

Die Getriebesteuerung (10) überträgt die Informationen zur aktuellen Fahrstufe und Wählhebelstellung. In den Wählhebelpositionen N, R oder P kann die Fahrgeschwindigkeitsregelung nicht aktiviert werden bzw. wird ausgeschaltet.

Die adaptive Fahrgeschwindigkeitsregelung ist auch in Kombination mit einem manuellen Getriebe möglich. Dann benötigt man einen Kupplungsschalter.

Die adaptive Fahrgeschwindigkeitsregelung besitzt wegen der sehr hohen Anforderungen an die Systemsicherheit eine ausgereifte Überwachungselektronik. Auftretende Fehler werden immer erkannt und im Fehlerspeicher abgelegt. Je nach Bedeutung für die Funktions- und Verkehrssicherheit wird die adaptive Fahrgeschwindigkeitsregelung entweder sofort abgeschaltet, nach einer Bremsung abgeschaltet oder uneingeschränkt fortgeführt.
Eine Besonderheit der adaptiven Fahrgeschwindigkeitsregelung ist jedoch, dass nach Zündung aus/ein die Funktion wieder uneingeschränkt verfügbar ist, wenn der erkannte Fehler momentan nicht vorhanden ist. Lediglich bei einem verstellten Radarsensor muss nach der Einstellung die Funktion durch einen Diagnosecomputer erst wieder freigeschaltet werden.
Die richtige Einstellung des Radarsensors ist eine fundamentale Voraussetzung für die korrekte Funktion des Systems. Die Einstellung muss vorgenommen werden nach einem Tausch des Sensors/Steuergerätes, bei Veränderungen der Einstellung oder Tausch von Komponenten am Fahrwerk und natürlich nach einem Unfall. Die Einstellung des ACC-Sensors erfolgt ähnlich der Scheinwerfereinstellung durch zwei Stellschrauben und wird horizontal parallel zur Fahrachse und vertikal mit einer Neigung von einem Grad justiert (Bild 18.29).

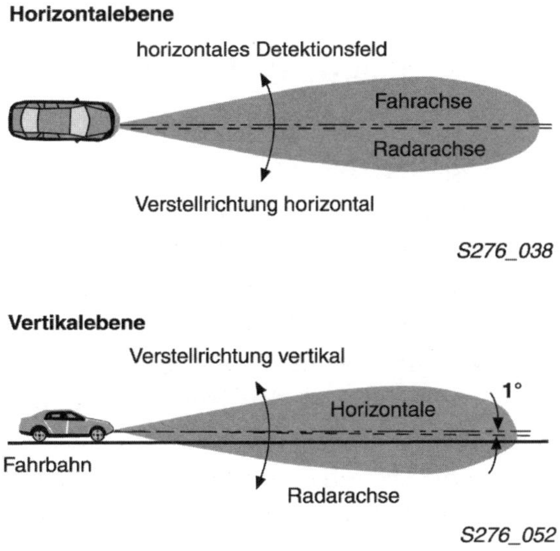

Bild 18.29
Horizontale und vertikale Verstellebene

Die Einstellung erfolgt auf einem Achsmessstand, auf dem zuerst die Einstellvorrichtung auf die Fahrachse des Fahrzeuges ausgerichtet wird. Dazu werden die Messaufnehmer der Vorderachse, wie im Beispiel Bild 18.30 dargestellt, für die Ausrichtung der ADR-Justagevorrichtung benutzt, nachdem das Fahrzeug vorher auf dem

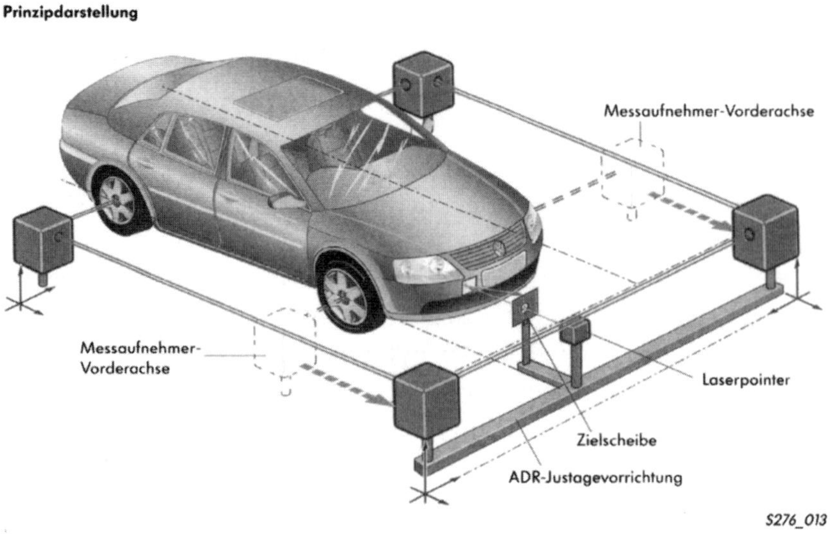

Bild 18.30
Messaufbau für die Einstellung des ACC-Sensors

Achsmessstand eingerichtet wurde. Die Einstellvorrichtung für den Radarsensor besteht aus einem Laserpointer, der durch eine Zielscheibe mit Loch auf einen Justagespiegel am ACC-Sensor zielt. Der Sensor muss nun so eingestellt werden, dass der reflektierte Laserstrahl durch das Loch der Zielscheibe trifft und idealerweise sogar in sich selbst reflektiert wird.

18.5 Elektronische Abstandsmessung als Einparkhilfe

Einen Beitrag zur Sicherheit vor Fahrzeugbeschädigungen bzw. Unfällen liefert ein System, das den Abstand zu Hindernissen, anderen Fahrzeugen usw. berührungslos messen und entsprechend auswerten kann. Es wird als Einparkhilfe bezeichnet.
Bei den Einparkhilfen befinden sich an den Stoßstangen (bei den meisten Systemen nur hinten) so genannte Ultraschallwandler, die nach dem Echolot-Prinzip den Abstand bestimmen. Bild 18.31 zeigt den schematischen Aufbau eines Ultraschallwandlers in der Schnittdarstellung.
Eine Piezokeramik (ein Piezoelement kann elektrische in mechanische Energie umsetzen und umgekehrt) wird durch ein kurzes Impulspaket auf einer Resonanzfrequenz zu Schwingungen angeregt, die über eine Membran als Ultraschallsignale ausgesendet werden. Nach dem Abklingen der (Sende-) Schwingungen ist der Ultraschallwandler wieder empfangsbereit für die zurückkehrenden (Echo-) Wellen. Diese regen nun ihrerseits über die Membrane die Piezokeramik zu Schwingungen an, wodurch Stromimpulse erzeugt werden. Ein

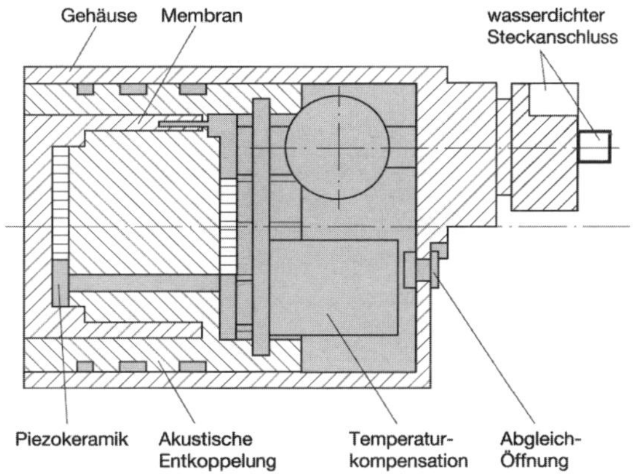

Bild 18.31
Innerer Aufbau eines Ultraschall-wandlers

Steuergerät wertet die Echolaufzeit aus und berechnet daraus die Entfernung zum Hindernis. Das Ansteuerungs- und Auswerteprinzip ist in Bild 18.32 nochmals dargestellt.

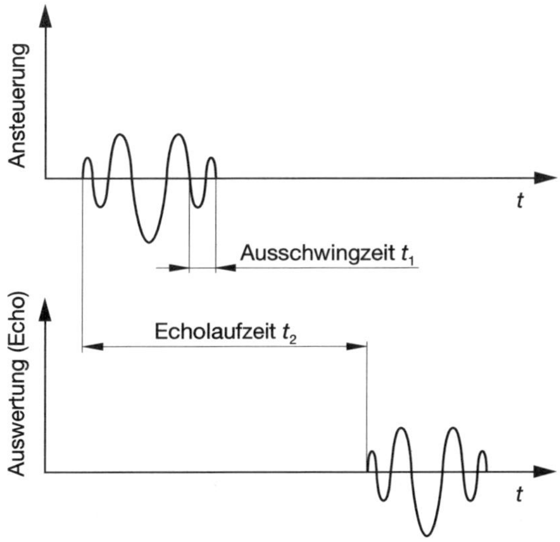

Bild 18.32
Ansteuerungs- und Auswertungs-prinzip

Die Ausschwingzeit und Ausschwingimpulse werden vom Steuergerät zusätzlich für die Funktionskontrolle der Ultraschallwandler verwendet. Eingeschaltet werden die meisten Systeme über das Einlegen des Rückwärtsganges. Die Abstandswarnung erfolgt immer akustisch. Bei neueren, höherwertigen Systemen kann die Abstandswarnung zusätzlich optisch angezeigt werden. Doch zunächst wird im Folgenden das System beschrieben, das 1992 erstmals eingesetzt wurde. Der Systemaufbau hat sich bis heute bei vielen Fahrzeugen der verschiedenen Hersteller nicht geändert. Sehr häufig wird jedoch eine vereinfachte Variante mit einer Abstandsmessung nur im Heckbereich verbaut. Bild 18.33 zeigt den Aufbau des Systems, das bei dem Hersteller als **P**ark-**D**istanz-**C**ontrol (PDC) bezeichnet wird.

Bild 18.33
Ein- und Ausgänge am Steuergerät der PDC

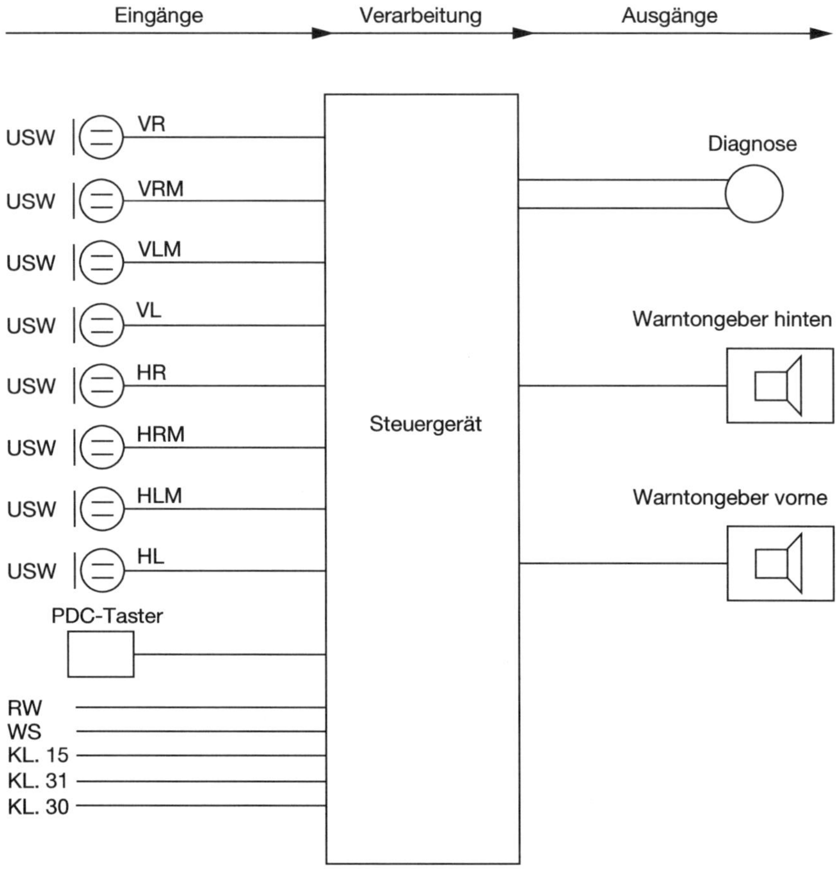

Die PDC besitzt acht Ultraschallwandler, wovon jeweils vier in der vorderen Stoßstange und vier in der hinteren Stoßstange integriert sind. Die Funktion wird im Normalfall durch Einlegen des Rückwärtsganges (RW) aktiviert, kann aber auch durch Betätigen des PDC-Tasters erfolgen, wenn man sich z.B. einem Hindernis von vorne nähert. Eine Abstandswarnung erfolgt durch zwei Warntongeber, die in ihrer Tonhöhe unterschiedlich sind. Die Warntongeber sind für hinten in der Hutablage und für vorne im Armaturenbrett untergebracht, womit auch die Zuordnung eindeutig ist. Eine akustische Warnung durch Verringerung der Tonpausen zwischen den Tönen, proportional zum Abstand vom Hindernis, wird nur ausgegeben, solange sich der Abstand nicht vergrößert. Bild 18.34 zeigt den Zusammenhang zwischen Abstand zum Hindernis, der Fahrzeugbewegung und der akustischen Warnung.
Über den PDC-Taster könnte die Abstandswarnung auch abgeschaltet werden, sollte diese einmal stören. Ansonsten schaltet sich die Abstandswarnung selbst ab, wenn sich – wie bereits erwähnt – der Abstand zum Hindernis vergrößert oder wenn die Geschwindigkeit von 30 km/h überschritten wird.

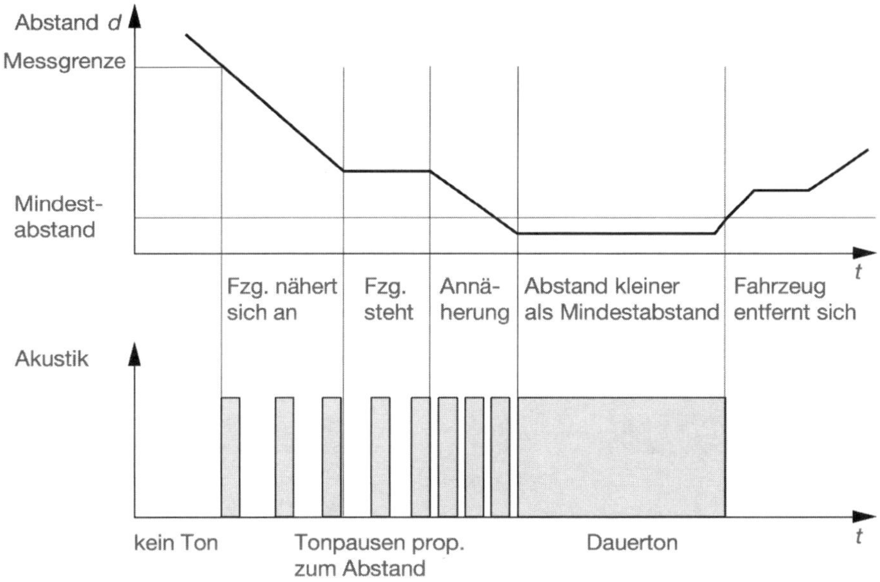

Bild 18.34
Zusammenhang zwischen Abstand–Fahrzeugbewegung–akustische Meldung

Die Messbereiche bzw. Warngrenzen der PDC sind von 60 cm bis 20 cm bzw. für die zwei mittleren Ultraschallwandler in der hinteren Stoßstange von 150 cm bis 20 cm (Bild 18.35). Unter 20 cm Abstand erfolgt ein Dauerton.

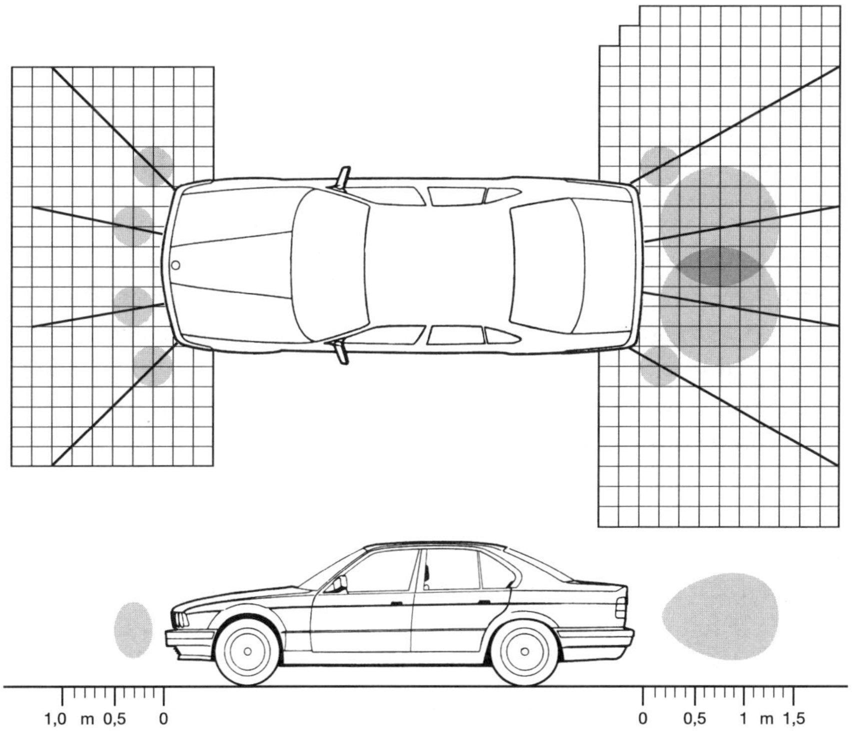

Bild 18.35
Messbereiche der PDC

Die Angaben zu den Messbereichen, Warngrenzen, Ein- und Ausschaltbedingungen sind hersteller- und fahrzeugspezifisch und können bei den verschiedenen Systemen geringfügig voneinander abweichen. Dies gilt auch für das in Bild 18.36 gezeigte System, bei dem je 6 Ultraschallwandler vorn und hinten verbaut sind.

Bild 18.36
Systemübersicht Einparkhilfe

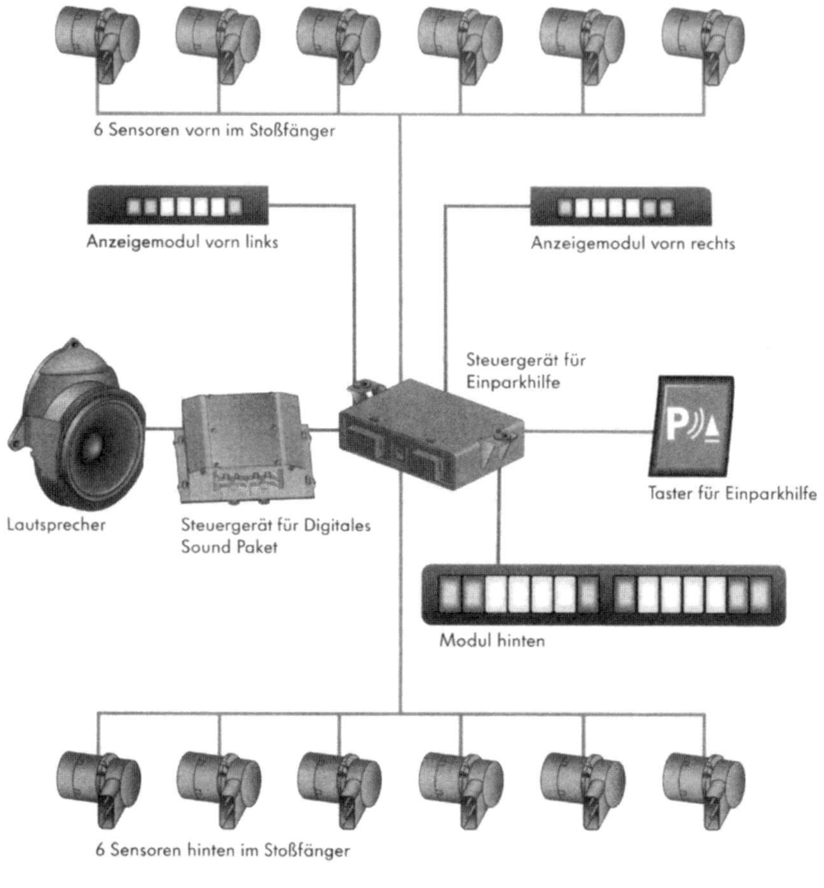

Die Erkennung und damit die Warnung vor Hindernissen erfolgt bei diesem System sowohl akustisch als auch optisch nicht nur getrennt nach hinten und vorne, sondern auch nach links und rechts. Die akustische Warnung erfolgt analog dem bereits beschriebenen Ablauf. Die optische Warnung erfolgt durch Leuchtdioden in den Anzeigemodulen. Die grünen Segmente in den Anzeigemodulen leuchten, wenn das System aktiviert und in Bereitschaft ist. Die gelben (hier: hellgrauen) Leuchtdioden werden nacheinander aktiviert, sobald sich der Abstand (zwischen 130 cm bis 40 cm) zu einem Hindernis verringert. Ab 40 cm Abstand leuchtet die erste rote, ab 25 cm die äußerste rote Leuchtdiode, begleitet durch einen Dauerton.

Eine weitere Möglichkeit der optischen Anzeige ist in Bild 18.37 dargestellt. Dabei werden die Warnzonen in drei Farben auf einem

zusätzlichen Bildschirm gezeigt, der auch für verschiedene andere Anzeigen genutzt wird (vgl. Kapitel 19). Bei der Annäherung an ein Hindernis wechseln analog der akustischen Warnung die entsprechenden Farben von Grün über Gelb auf Rot.
Funktionsstörungen werden dem Fahrer ebenfalls über den Bildschirm durch eine entsprechende Fehlermeldung angezeigt.
Bei allen Systemen der Einparkhilfen wird die Funktionssicherheit ständig durch das Steuergerät überwacht, und Störungen oder Ausfälle werden im Fehlerspeicher abgelegt. Bei Störungen schaltet sich die Einparkhilfe immer selbst ab. Dies wird dem Fahrer immer durch einen Gong oder einen Dauerton und/oder durch blinkende Dioden oder durch eine Fehlermeldung mitgeteilt, sobald das System aktiviert wird (Rückwärtsgang oder manuelle Betätigung eines Schalters).
Funktionsstörungen können neben anderen Ursachen auch durch starke Verschmutzungen, Eis oder Schnee auf der Membrane eines Ultraschallwandlers hervorgerufen werden.

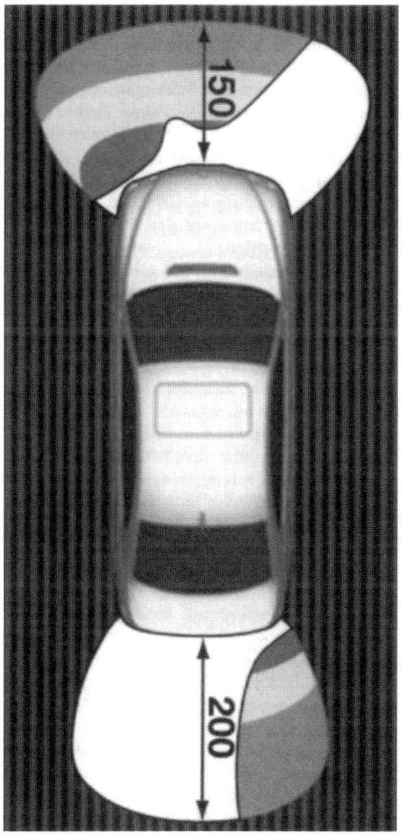

Bild 18.37
Optische PDC-Warnung

Grundsätzlich sollen die Einparkhilfen dem Fahrer helfen, Abstände zu einem Hindernis richtig abzuschätzen. Sie entbinden den Fahrer allerdings nicht von der Sorgfaltspflicht, sich selbst per Augenschein einen Überblick zu verschaffen.

18.6 Zentralverriegelung

Viele Fahrzeugbenutzer empfinden es als lästig und zeitaufwendig, jede Tür einzeln, den Kofferraum und den Tankverschluss abzusperren bzw. zu überprüfen, ob alles richtig verschlossen ist. Deshalb entstand schon vor vielen Jahren die Zentralverriegelung, die das Absperren bzw. Betätigen aller Schlösser in einem einzigen Vorgang ermöglicht. Die Zentralverriegelung wird heute nicht mehr nur in Fahrzeugen der gehobenen Kategorie, sondern in beinahe allen Fahrzeugen der Mittelklasse als Serienausstattung verbaut. Als Sonderzubehör wird sie bei allen Fahrzeugen angeboten.
Die Stellelemente der Zentralverriegelung für die Schlossfunktion (Ver- und Entriegeln) an den Türen, am Kofferraum und an der Tankklappe werden bei einigen Fahrzeugherstellern pneumatisch, bei anderen elektromotorisch betätigt. Die Ansteuerung der Stellelemente erfolgt immer durch ein Steuergerät, das Eingangssignale von ein oder mehreren Mikroschaltern erhält. Zusätzliche Funktionen, wie z.B. eine Sicherung der Stellelemente gegen unbefugtes Öffnen der Zentralverriegelung werden ebenfalls elektrisch ausgeführt.
Es folgt eine Beschreibung der zwei am häufigsten verwendeten Systeme.

18.6.1 Zentralverriegelung mit pneumatischen Stellelementen

In Bild 18.38 ist eine Gesamtübersicht einer pneumatisch betätigten Zentralverriegelung dargestellt. Durch den Ent- oder Verriegelungsvorgang am Schloß der Fahrer- oder Beifahrertür erhält die Steuereinheit einen Steuerimpuls. Ein Mikroschalter an den Schließzylindern verbindet bei Betätigung des Schlosses die anliegende Klemme 30 mit der Steuerleitung zum Verriegeln bzw. mit der Steuerleitung zum

Bild 18.38
Zentralverriegelung mit pneumatischen Stellelementen

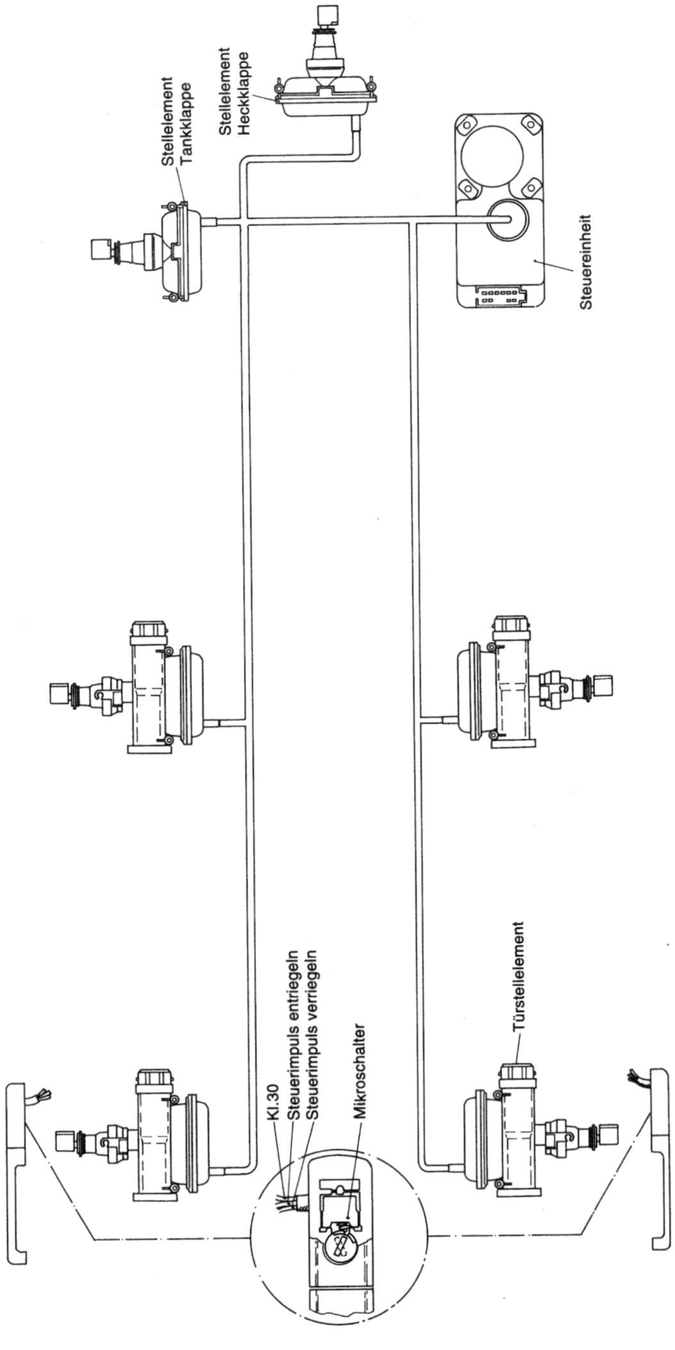

Entriegeln. Durch diesen auf die entsprechende Leitung gegebenen Steuerimpuls läuft eine sog. Bidruckpumpe in der Steuereinheit an. Die Bidruckpumpe in der Steuereinheit (Bild 18.39) erzeugt je nach Schließvorgang (Entriegeln/Verriegeln) einen Unter- bzw. einen Überdruck, der auf die Stellelemente wirkt.

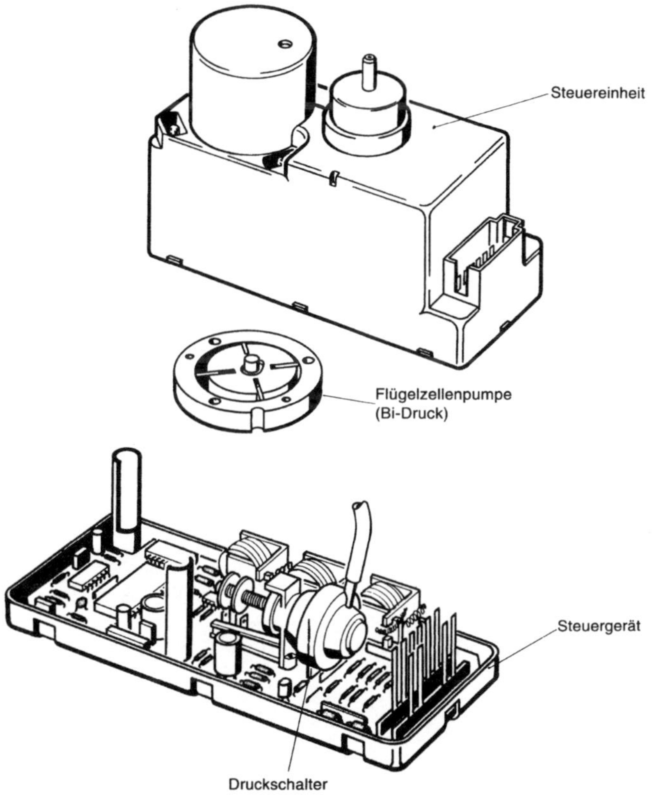

Bild 18.39
Steuereinheit mit Bidruckpumpe und Druckschalter

In Bild 18.40 ist ein Stellelement in Funktion dargestellt. Der von der Bidruckpumpe erzeugte Unter-/Überdruck wirkt auf die Membran, wodurch die Zug- und Druckstange betätigt wird, die ihrerseits über

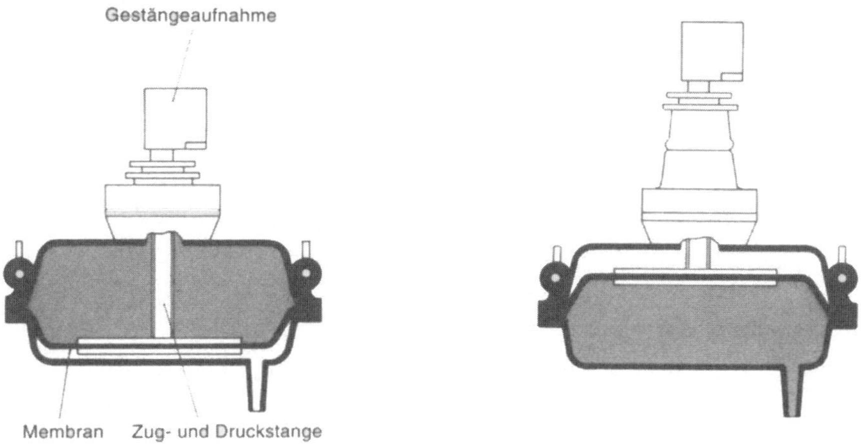

Bild 18.40
Pneumatisches Stellelement

ein Gestänge die Kraft auf das jeweilige Schloss überträgt. Ein in der Steuereinheit integrierter Druckschalter (siehe Bild 18.41) schaltet die Bidruckpumpe bei Erreichen eines Über-/Unterdruckes von etwa 0,5 bar im System ab.
Das Betätigen der Zentralverriegelung über das Schloss der Heckklappe ist nur möglich, wenn ein weiterer Mikroschalter dort verbaut ist. Die Zentralverriegelung kann je nach Hersteller auch über die Sicherungsknöpfe der Fahrer- und Beifahrertür betätigt werden. Bei diesem System der Zentralverriegelung erfolgt keine Rückmeldung, wenn an einem Schloss z.B. durch einen mechanischen Defekt eine Verriegelung nicht stattgefunden hat.
Da bei dieser Zentralverriegelung ein unbefugtes Öffnen aller Türen bei einem Diebstahlversuch über die Sicherungsknöpfe relativ leicht möglich ist, wurde dieses System häufig durch elektromechanisch wirkende Spulen mit einem Verriegelungsstift ergänzt. Dazu werden – wie in Bild 18.41 gezeigt – die Stellelemente der Türen um eine zusätzliche elektromagnetische Spule, einen Verriegelungsstift und einen Mikroschalter ergänzt. Bei einem Diebstahlversuch wird die Zug- und Druckstange durch den ausfahrenden Verriegelungsstift (Stößel) mechanisch blockiert (vgl. 18.44).

Bild 18.41
Pneumatisches Stellelement mit zusätzlichem Sicherungssystem

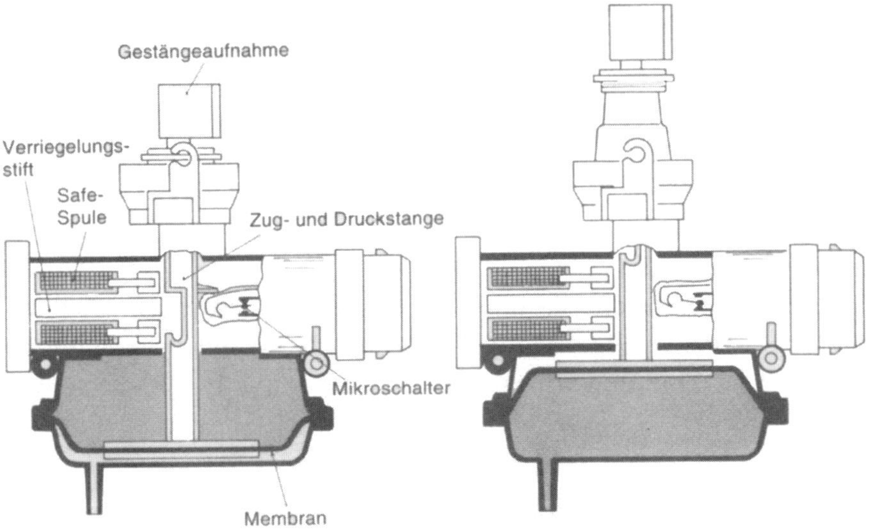

In Bild 18.42 ist das System einer pneumatisch betätigten Zentralverriegelung mit zusätzlichem Sicherungssystem in den Stellelementen der Türen, den elektrischen Anschlüssen und der Steuereinheit dargestellt. Das Leitungssystem für die pneumatische Betätigung ist wegen der besseren Übersichtlichkeit im Bild nicht eingezeichnet. Nach dem pneumatischen Verriegeln der Türen liegt an allen Stellelementen weiterhin Klemme 30 an. Zusätzlich ist jedes Stellelement

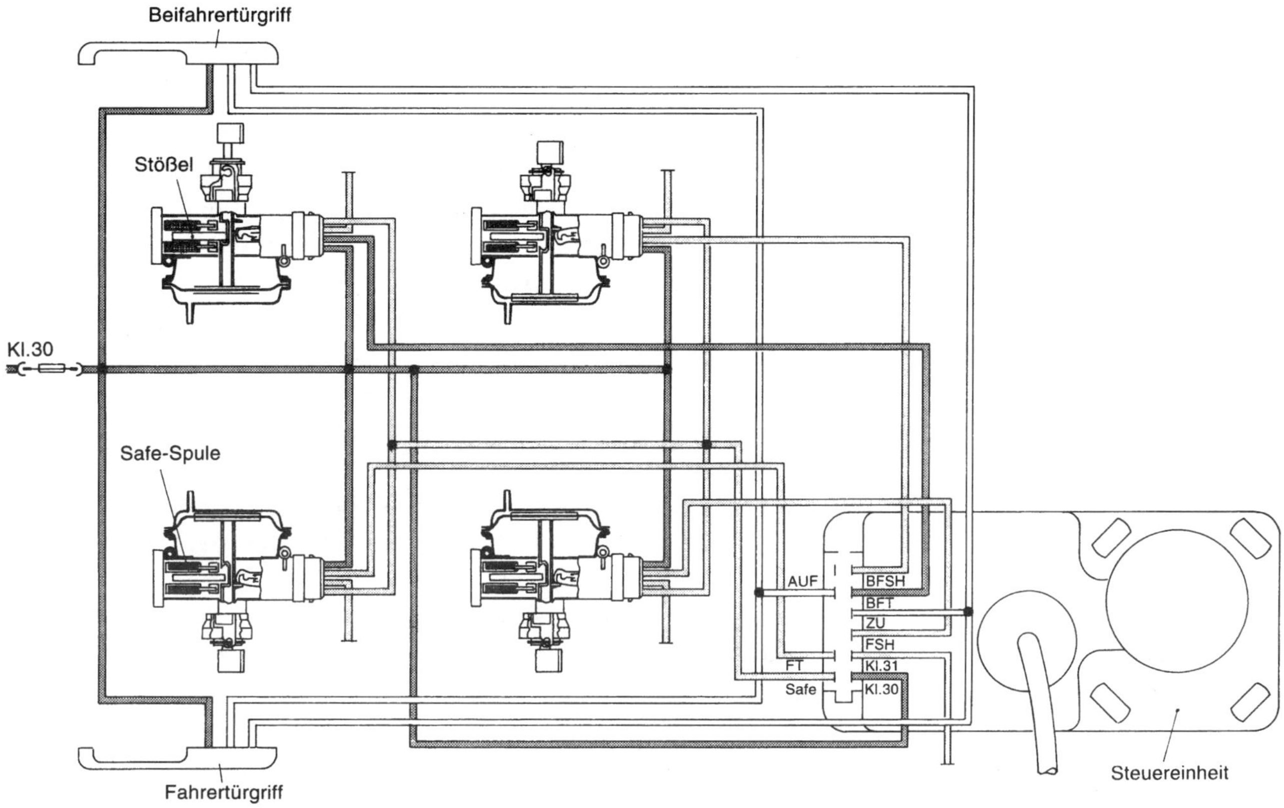

Bild 18.42
Elektrische Anschlüsse einer pneumatisch betätigten Zentralverriegelung mit Sicherungssystem (Funktionsdarstellung bei einem Einbruchversuch)
FT Fahrertür
FSH Fahrerseite hinten
BFT Beifahrertür
BFSH Beifahrerseite hinten

mit zwei Leitungen mit der Steuereinheit verbunden. Versucht jemand in diesem Zustand das Fahrzeug über die Sicherungsknöpfe zu öffnen, in Bild 18.42 z.B. an der Beifahrertür, gibt der Mikroschalter Klemme 30 über die Signalleitung als Signal von der Beifahrertür (BFT) an die Steuereinheit. Das Steuergerät schaltet am Safe-Anschluss Masse auf die anderen Leitungen zu den Stellelementen. Dadurch werden die Spulen mit Strom durchflossen, und die Sicherungsstößel fahren in die Aussparung der Zug- und Druckstangen und blockieren somit diese mechanisch. Gleichzeitig läuft auch die Bidruckpumpe an und wirkt der unbefugten Öffnung entgegen. Die beschriebenen Vorgänge laufen in wenigen Millisekunden ab, noch ehe der Sicherungsknopf weit genug geöffnet werden kann.

Bei Funktionsstörungen überprüft man zuerst die Plus-Versorgung über die Klemme 30 an den Türgriff-Mikroschaltern der vorderen Türen, an den Stellelementen und auch an der Steuereinheit. Gleichzeitig mit der Plus-Versorgung werden auch die Masseverbindungen kontrolliert.

Der nächste Schritt ist die Überprüfung der Steuersignale durch eine Spannungsmessung am Stecker der Steuereinheit an den Anschlüssen «Auf» und «Zu». Beim Betätigen des Sicherungsknopfes bzw.

Türschlosses sowohl an der Fahrer- als auch an der Beifahrertür muss jedes Mal abhängig von der Funktion «Auf»/«Zu» annähernd Batteriespannung am jeweiligen Anschluss zu messen sein.
Die Funktion der Mikroschalter in den Stellelementen kann ebenfalls durch eine Spannungsmessung überprüft werden. Dazu muss das Fahrzeug verriegelt sein und an jedem Sicherungsknopf leicht angezogen werden. Dabei muss am jeweiligen Anschluss an der Steuereinheit (BFT, BFSH, FT, FSH) Batteriespannung anliegen. Außerdem darf sich kein Sicherungsknopf nach oben ziehen lassen und die Öffnung einer Tür ermöglichen.

18.6.2 Zentralverriegelung mit elektrischen Stellmotoren

Im Gegensatz zur oben beschriebenen Zentralverriegelung verwendeten einige Hersteller von Beginn an ein rein elektrisches/elektronisches System, bei dem die Stellelemente direkt durch Gleichstrom-Elektromotoren betätigt werden. Auch bei der Zentralverriegelung mit elektrischen Stellmotoren gibt es mehrere verschiedene Systeme, die im Folgenden näher beschrieben werden.
Systeme, die überwiegend am Anfang eingesetzt wurden, arbeiten, wie in Bild 18.43 gezeigt, mit einem Gleichstrom-Elektromotor. Dessen Drehbewegung wird über eine Zahnstange in eine Schub- oder Zugbewegung umgesetzt und damit das jeweilige Schloss betätigt. Die Gleichstrom-Elektromotoren für die Betätigung der Türschlösser und der Heckklappe erhalten die zeitgeschaltete Stromversorgung direkt aus einem Steuergerät. Abhängig von der Stromflussrichtung drehen sich die Elektromotoren links- bzw. rechtsläufig und entriegeln bzw. verriegeln damit das jeweilige Schloss.

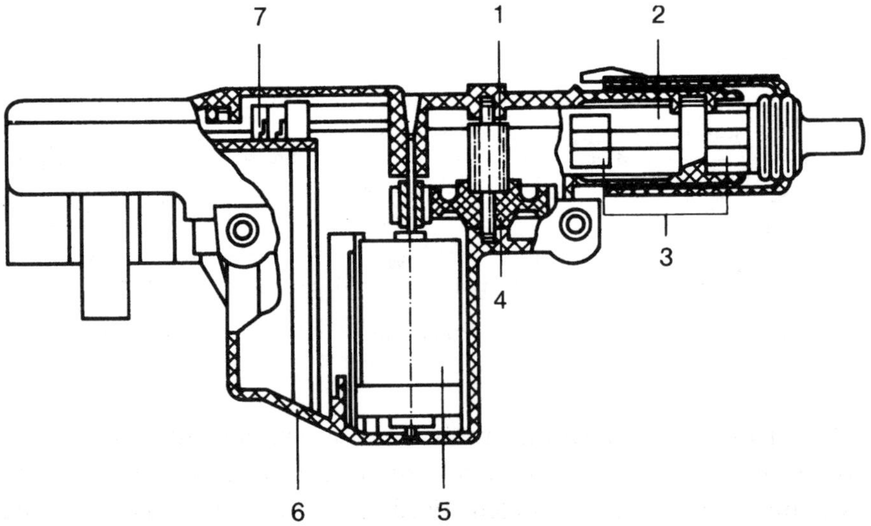

Bild 18.43
Stellelement mit Gleichstrom-Elektromotor
1 Antriebsritzel
2 Zahnstange
3 Dämpfungsgummi
4 Zahnrad
5 Motor mit Ritzel
6 Gehäuse
7 Mikroschalter

Die Zentralverriegelungsfunktion kann durch Mikroschalter in den Schlössern der Fahrer- bzw. Beifahrertür und Kofferraumklappe ausgelöst werden. Dies kann aber auch durch im Stellantrieb integrierte Mikroschalter, wie in Bild 18.45, ausgeführt werden. Sind die Mikroschalter für die Zentralverriegelungsbetätigung in den Stellantrieben integriert, so wird der Stellantrieb, von dem aus die Zentralverriegelung betätigt wird, zuerst über das Schloss mechanisch bewegt, bis der Mikroschalter ein Signal gibt. Durch die in den Stellantrieb integrierten Mikroschalter erfolgt gleichzeitig eine Rückmeldung an die Zentralverriegelungssteuerung, falls ein Stellantrieb nicht die vorgeschriebene Bewegung ausgeführt hat. Dem Benutzer wird dies durch eine sich unmittelbar wieder öffnende Zentralverriegelung angezeigt. In den Stellantrieben für die hinteren Türen und die Tankklappe befindet sich meist kein Mikroschalter.
In Bild 18.44 ist der Schaltplan für die oben beschriebene Zentralverriegelung abgebildet. Der besseren Übersichtlichkeit wegen wurden im Schaltplan nur jeweils ein Zentralverriegelungs-Aggregat z.B. für die vorderen Türen bzw. die hinteren Türen und Tankklappe eingezeichnet. Die Funktion und Anschlüsse der nicht eingezeichneten Stellantriebe sind jeweils gleich.

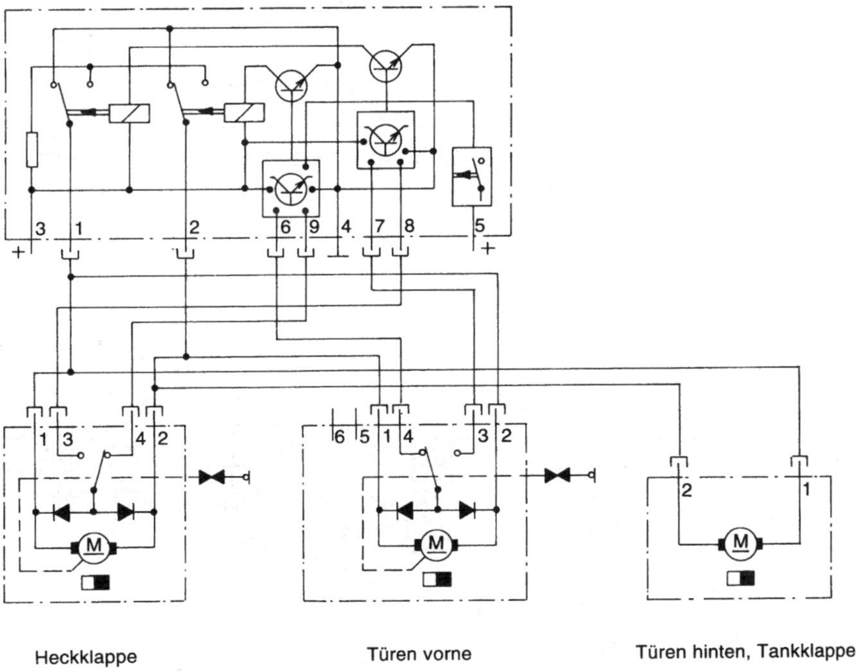

Bild 18.44
Schaltplan «Zentralverriegelung ohne Entriegelungssperre»
1 Ausgang «zu»
2 Ausgang «auf»
3 +Batterie
4 –Batterie
5 +Sensor
6 Eingang 1 «auf»
7 Eingang 1 «zu»
8 Eingang 2 «zu»
9 Eingang 2 «auf»

Die Spannungsversorgung erhält die Steuerelektronik über Pin 3 (Batterie-Plus) und Pin 4 (Masse). Pin 1 und Pin 2 sind in der Ruhestellung mit Masse verbunden. Wird ein Schloss über den Fahrzeugschlüssel bzw. den Sicherungsknopf und damit ein Zentralverriegelungs-Stellantrieb betätigt, erhält die Steuerelektronik an Pin 6 oder 9 («auf») oder an Pin 7 oder 8 («zu») ein Massesignal über den Mikroschalter und die Dioden in den Stellantrieben, die mit Pin 1 bzw. Pin 2 verbunden sind. Dadurch gibt die Steuerelektronik auf Pin 1 («zu») bzw. auf Pin 2 («auf») ein kurzes Plus-Signal. Der jeweils andere Pin bleibt auf Masse. Damit laufen alle Elektromotoren kurz an und verriegeln bzw. entriegeln die Schlösser. Durch die Bewegung aller Elektromotoren werden auch die anderen Mikroschalter betätigt. Bleibt ein Elektromotor bzw. Mikroschalter beim Verriegeln in der Stellung «auf», behandelt die Steuerelektronik dies wie ein neues Signal und öffnet alle Stellantriebe wieder (= Rückmeldung bei Fehlfunktion).

Die in Bild 18.46 dargestellte eigene Ansteuerung für den Heckklappenantrieb ist nur bei Zentralverriegelungen mit einem sog. «Crash»-Sensor notwendig. Dabei hat die Steuerelektronik am Pin 5 einen zusätzlichen Plus-Eingang. Bei einem Unfall und Aktivierung des in der Steuerelektronik integrierten «Crash»-Sensors – die Funktion entspricht der eines Frontsensors beim Airbag-System – gibt dieser ein Plus-Signal an Pin 2 (Ausgang «auf»), wodurch die Zentralverriegelung an den Türen (außer Heckklappe) geöffnet wird. Die Plus-Versorgung des «Crash»-Sensors ist über Klemme 15 geschaltet, so dass nur bei eingeschalteter Zündung und verriegeltem Fahrzeug aus Sicherheitsgründen die Zentralverriegelung bei einem Unfall geöffnet wird.

Gestiegene Anforderungen an die Diebstahlsicherheit erforderten auch bei der Zentralverriegelung mit elektrisch betätigten Stellantrieben zusätzliche Sicherungsmöglichkeiten. Dabei gibt es grundsätzlich verschiedene Möglichkeiten, die aber das gleiche Ergebnis liefern: die Entriegelung z.B. über die Sicherungsknöpfe ist im gesicherten Zustand auch mit größter Gewalt nicht mehr möglich. Dazu werden für die Türen Stellantriebe verwendet, in denen entweder ein zweiter Elektromotor verbaut ist oder auch Elektromotoren, die in drei Stellungen fahren können (entriegelt, verriegelt, gesichert) und in der gesicherten Stellung in eine mechanische Übertotpunktlage fahren, so dass nur eine elektrische Entriegelung möglich ist.
Zusätzliche Varianten sind eine mechanische Schlossentkopplung oder eine mechanische Übertotpunktlage des Schlosses im gesicherten Zustand.
Bei allen Varianten ist aber sichergestellt, dass eine mechanische Notentriegelung bei einem Batterieausfall zumindest über das Schloss der Fahrertür mit dem Fahrzeugschlüssel möglich ist.

Bild 18.45 zeigt einen Stellantrieb mit zusätzlichem Sperrmotor; die Stellantriebe für das Heckklappenschloss und die Tankklappe benötigen keinen Sperrmotor. Anhand der Schaltbilder (Bild 18.46a und b) wird im Folgenden dazu die Funktion erläutert.

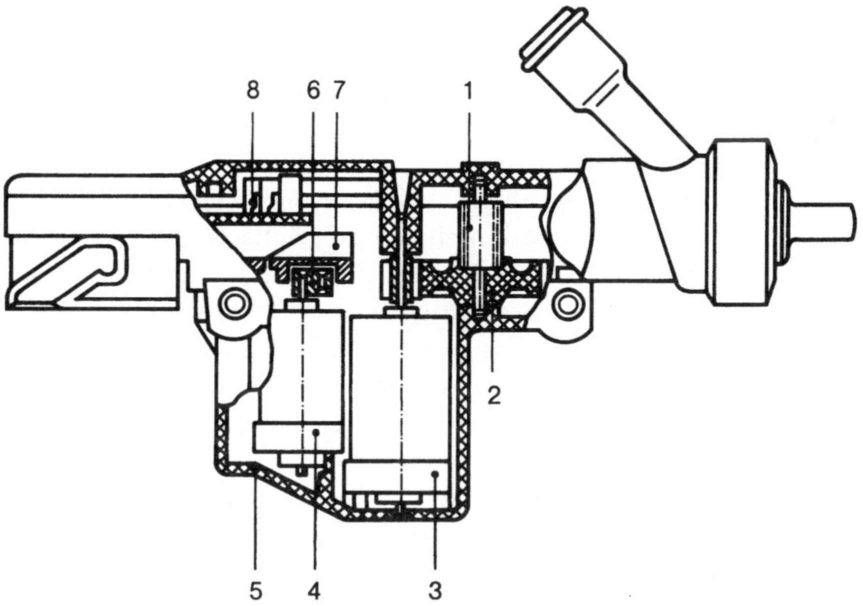

Bild 18.45
Stellantrieb mit Sperrmotor
1 Antriebsritzel
2 Zahnrad
3 Motor mit Ritzel
4 Sperrmotor
5 Gehäuse-Unterteil
6 Exzenter
7 Sperrklinke
8 Mikroschalter

Die Stromversorgung für die Verriegelung wird über Pin 1 und Pin 2 geschaltet, wodurch sich der Elektromotor kurz dreht und über das Antriebsritzel eine Zahnstange betätigt, die wiederum das Schloss verriegelt. Bei dieser Bewegung wird der im Antrieb integrierte Mikroschalter betätigt, der als Rückmeldung an das Steuergerät ein Signal sendet. Eine weitere Funktion des Mikroschalters ist das Ent-/Verriegeln über die Sicherungsknöpfe der Fahrer- und Beifahrertür. In den Stellantrieben für die hinteren Türen ist – wie in Bild 18.46b dargestellt – kein Mikroschalter integriert.

Um die Zentralverriegelung in den gesicherten Zustand zu bringen, wird nach dem Verriegeln der Türen der Sperrmotor über Pin 4 und

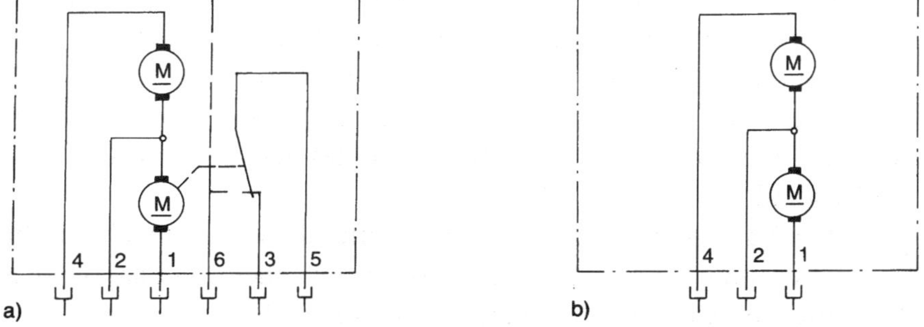

Bild 18.46
Schaltbild eines Stellantriebes mit Sperrmotor
a) mit Mikroschalter
b) ohne Mikroschalter

Pin 2 mit Strom versorgt. Über den Exzenter und die Sperrklinke wird der Stellantrieb dadurch mechanisch blockiert.
Beim Entriegeln werden beide Elektromotoren über Pin 4 und Pin 1 mit Strom in entgegengesetzter Richtung beaufschlagt – unabhängig davon, ob die Zentralverriegelung nur verriegelt oder sich im gesicherten Zustand befand. Die Betätigung der Zentralverriegelung im gesicherten Zustand über die Sicherungsknöpfe der Türen ist aufgrund der mechanischen Blockierung der Stellantriebe nicht möglich.
Ausgelöst wird das Entriegeln/Verriegeln/Sichern durch zwei Mikroschalter in der Fahrertür und einem entsprechenden Signal (Klemme 30) an das Zentralverriegelungs-Steuergerät. Eine Betätigung über die Beifahrertür durch zwei Mikroschalter ist häufig ebenfalls möglich.
Von der Heckklappe aus kann das Fahrzeug ebenso verriegelt/entriegelt werden, falls die Zentralverriegelung sich nicht im gesicherten Zustand befindet. Im gesicherten Zustand kann die Heckklappe mit dem Fahrzeugschlüssel lediglich geöffnet und geschlossen werden.
Wie bereits eingangs erwähnt, kann die Sicherungsfunktion auch durch einen einzigen Elektromotor mit Stellantrieb verwirklicht werden. Der Elektromotor muss dabei in drei Stellungen fahren können (entriegelt, verriegelt, gesichert). Bei dieser Variante gibt es – wie bereits erwähnt – drei Möglichkeiten, die Sicherungsfunktion zu verwirklichen.
Der Elektromotor fährt im gesicherten Zustand in eine Übertotpunktlage, das Schloss wird durch den Elektromotor in eine Übertotpunktlage gebracht oder die Sicherungsknöpfe und die Türgriffe (innen/außen) werden im gesicherten Zustand mechanisch vom Schloss entkoppelt. Bild 18.47 zeigt den Schaltplan einer derartigen Zentralverriegelung, deren Funktion mit den dazugehörigen Ein- und Ausgängen nachfolgend kurz erläutert wird.
Das Zentralverriegelungs-Steuergerät erhält von den Mikroschaltern der Fahrer-/Beifahrertür bzw. der Heckklappe an den entsprechenden Eingängen ein Plus-Signal (Klemme 30), wenn das Fahrzeug entriegelt, verriegelt oder gesichert werden soll. (Überprüfung der Mikroschalter durch eine Spannungsmessung der verschiedenen Pins am Steuergeräte-Eingang und durch Betätigen des entsprechenden Schlosses.) Je nach gewünschter Funktion werden die Elektromotoren durch das Steuergerät mit Strom in der entsprechenden Richtung versorgt.
Im Einzelnen bedeutet dies:

- Verriegeln: Auf Pin 17 wird Plus ausgegeben und Pin 16 liegt an Masse. Die Motoren drehen sich und verriegeln. Dabei wird der in den Stellelementen der Türen integrierte Schalter betätigt.
- Sichern: Auf Pin 18 wird nun Plus ausgegeben und Pin 16 liegt noch an Masse. Die Motoren drehen sich weiter und sichern.

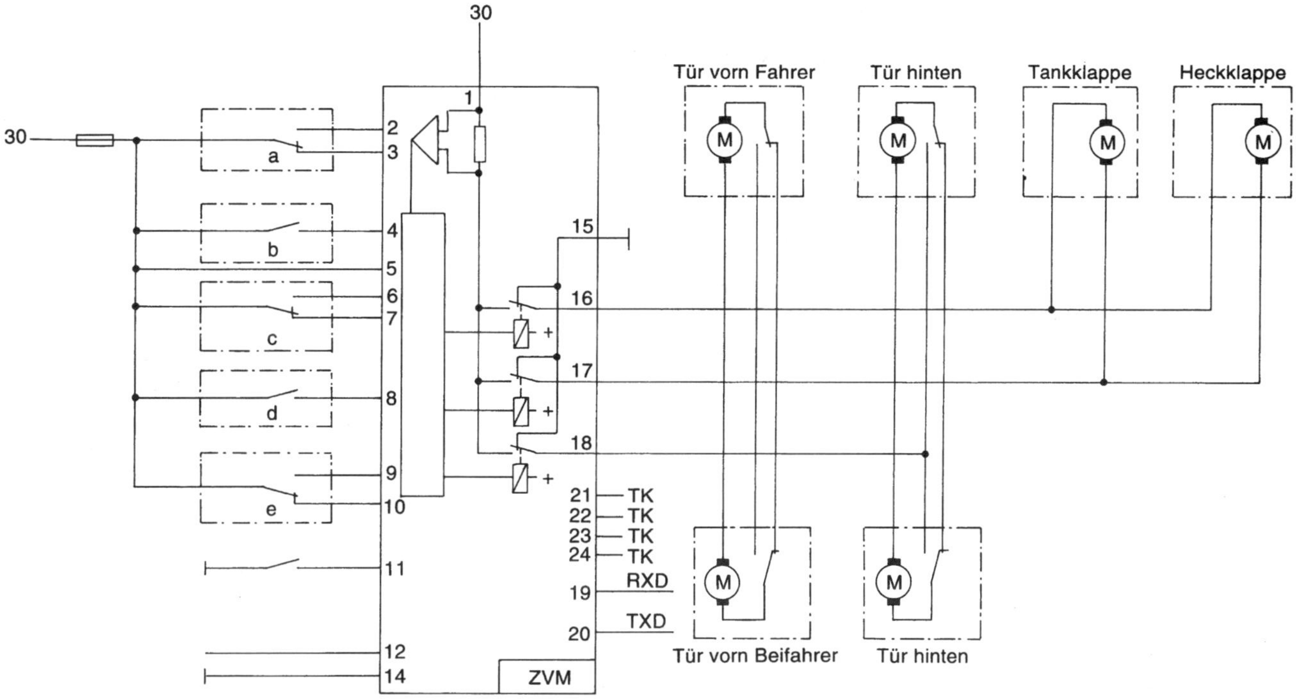

Bild 18.47
Schaltplan «Zentralverriegelung mit Sicherungsfunktion durch mechanische Schlossentkopplung»
a Mikroschalter Fahrertür Verriegeln/Entriegeln
b Mikroschalter Fahrertür Zentralsichern
c Mikroschalter Beifahrertür Verriegeln/Entriegeln
d Mikroschalter Beifahrertür Zentralsichern
e Mikroschalter Heckklappe Verriegeln/Entriegeln

- Entriegeln: Pin 17 und 18 liegen an Masse und Pin 16 gibt ein Plus-Signal aus. Die Motoren drehen sich entgegengesetzt und entriegeln – unabhängig davon, ob nur verriegelt oder aber auch gesichert war. Die Mikroschalter in den Stellelementen der Türen nehmen wieder ihre Ausgangsstellung ein.

Pin 1 liefert die Plusversorgung für den Laststrom und Pin 15 die Masseversorgung. Pin 14 ist eine zusätzliche Masseanbindung für die Steuerelektronik.

Pin 12 ist der Eingang der Klemme 15. Liegt diese an, wird bei einem Masse-Signal vom «Crash»-Sensor auf Pin 11 (bei einem Unfall) die Zentralverriegelung immer geöffnet, wenn verriegelt oder gesichert war.

Das bei dieser Zentralverriegelung und Sicherungsfunktion durch Schlossentkopplung verwendete Stellelement ist in Bild 18.48 dargestellt. Die Drehbewegung des Elektromotors wird durch das Ritzel auf eine Art Gewindestange übertragen, wodurch ein Betätigungsschlitten längs bewegt wird.
Die verschiedenen Zentralverriegelungssysteme sind mittlerweile auch sehr häufig über eine Fernbedienung zu betätigen. Dabei gehen von der Fernbedienungs-Auswerteelektronik mehrere Leitungen zur

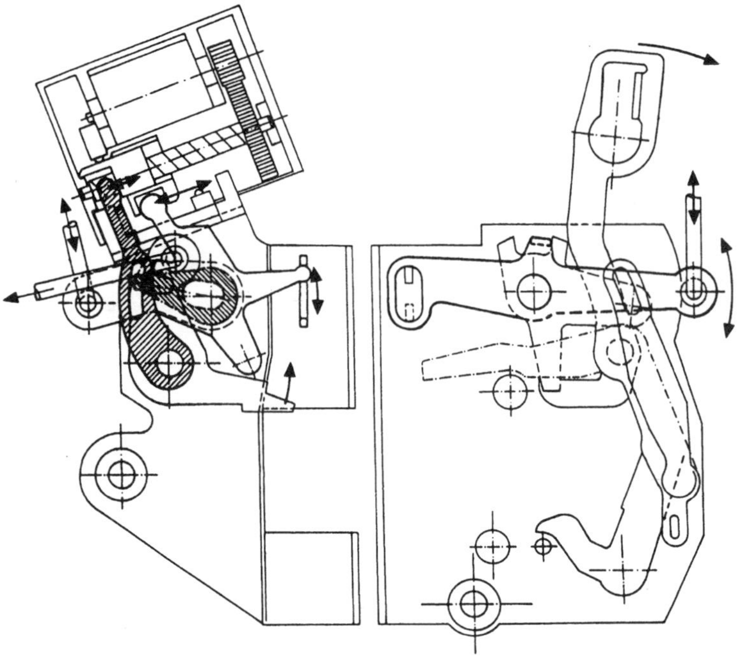

Bild 18.48
Stellelement mit Sicherheitsdrehfallenschloss

Zentralverriegelung, die die gleichen Signale liefern wie die Mikroschalter. Die Diebstahl-Alarmanlagen sind ebenfalls oft mit der Zentralverriegelung verbunden bzw. entnehmen die Signale von den Mikroschaltern der Zentralverriegelung und/oder der Fernbedienung. In Fahrzeugen der mittleren und gehobenen Kategorie sind die Zentralverriegelung, Diebstahl-Alarmanlage und Fernbedienung oftmals mit zusätzlichen Systemen der Komfortelektronik verbunden oder auch in zentralen Steuergeräte-Blöcken/-Einheiten zusammengefasst.

18.6.3 Komfortzugang

Der Komfortzugang, häufig auch als keyless go, keyless entry oder advanced key bezeichnet, ermöglicht den Fahrzeugzugang (Verriegeln/Entriegeln) und das Starten des Motors ohne die direkte Betätigung des Fahrzeugschlüssels oder einer Fernbedienung. Die Berechtigung des Nutzers wird durch induktive Codeabfragen über verschiedene Antennen erkannt. Dazu muss der Nutzer jedoch den Fahrzeugschlüssel oder eine spezielle Chipkarte bei sich tragen.
Beim Komfortzugang werden die Zentralverriegelung und Wegfahrsicherung um die in Bild 18.49 gezeigten Elemente erweitert.
Über die Antennen im Innenraum und außen in den Türgriffen und über die Heckantennen erkennt das System neben der Berechtigung des Nutzers auch dessen Position. Die Außenantennen haben einen Detektionsbereich von ca. 1,50 m um jede Antenne (in einer Höhe

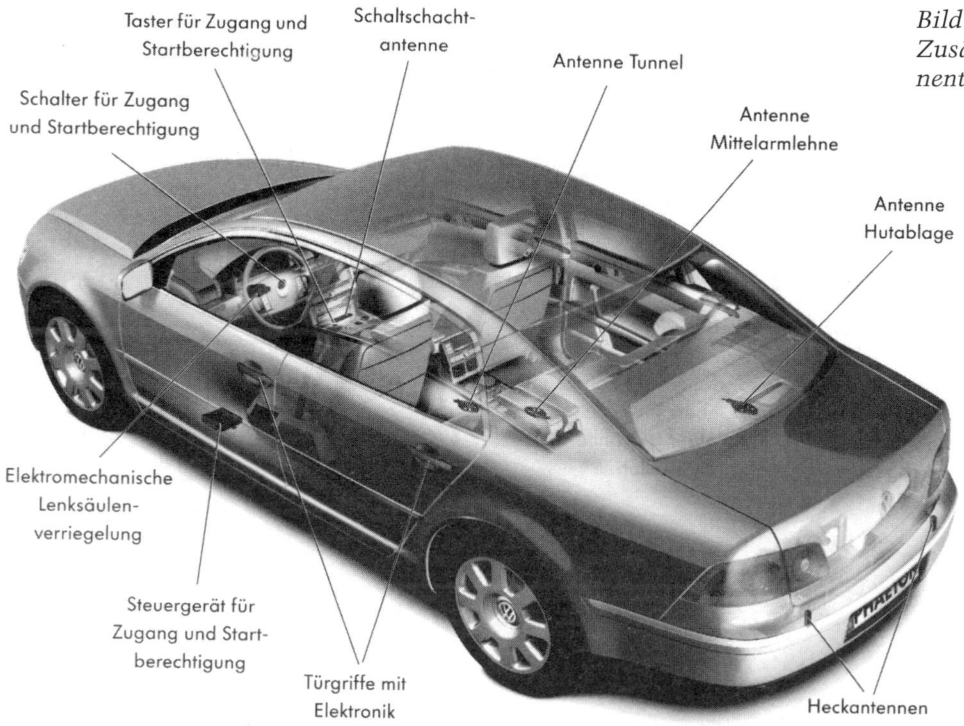

Bild 18.49
Zusätzliche Elektronikkomponenten für den Komfortzugang

zwischen 0,1 bis 1,8 m) und überschneiden sich nicht mit dem Innenbereich. Die Innenantennen erfassen den gesamten Innenraum lückenlos.

In allen Türaußengriffen (Bild 18.50) befindet sich neben der Antenne auch ein kapazitiver Sensor, der seine Kapazität ändert, sobald sich eine Hand dem Türgriff nähert bzw. berührt. Ein Verriegelungstaster ist ebenfalls Bestandteil jedes Türgriffes. Die verschiedenen Funktionen werden nachfolgend im Einzelnen beschrieben:

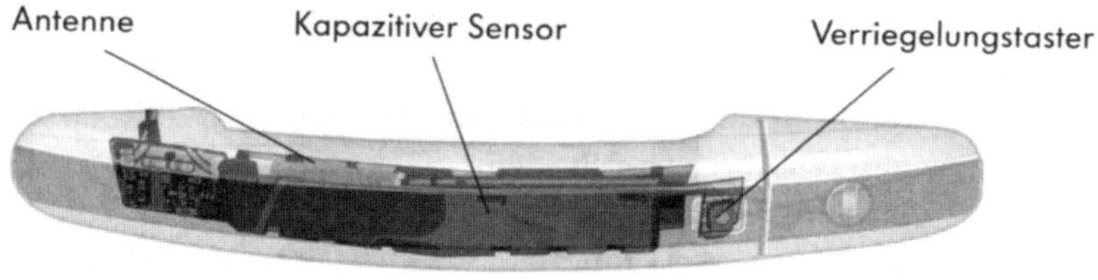

Bild 18.50
Türaußengriff

Entriegeln

Die Berührung eines Türaußengriffs löst eine induktive Codeabfrage über die Außenantenne aus. Wird der Fahrzeugschlüssel bzw. die Chipkarte des Nutzers als berechtigt anerkannt, wird das Fahrzeug entriegelt. Die Entriegelung kann je nach Programmierung/Individualisierung türselektiv, seitenselektiv oder gesamt erfolgen.

Motor starten
Zum Starten des Motors besitzen alle Systeme einen Start/Stopp-Schalter/Taster. Dieser kann sich je nach Hersteller auf der Mittelkonsole (hier: Taster für Zugang und Startberechtigung), im Armaturenbrettbereich oder auch im Wähl-/Schalthebel befinden. Bei Betätigung des Schalters/Tasters erfolgt eine induktive Codeabfrage über die Innenraumantennen. Die erste Raste bzw. einmaliges Betätigen schaltet die Zündung ein und entriegelt elektromechanisch die Lenksäule, zweimalige Betätigung bzw. zweite Raste startet den Motor, wenn die Chipkarte bzw. der Fahrzeugschlüssel als berechtigt erkannt wurde. Zum Starten des Motors gelten ansonsten die gleichen Bedingungen wie herkömmlich, d.h. Bremse getreten, Wählhebel P oder N und bei manuellem Getriebe Kupplung getreten.

Motorstopp
Der laufende Motor wird durch erneute Betätigung des Tasters/Schalters abgestellt.

Verriegeln
Nach Verlassen des Fahrzeuges muss beim Schließen der Tür der Verriegelungstaster im Türaußengriff betätigt werden. Es erfolgt eine erneute induktive Codeabfrage über die Außenantennen. Wird der Fahrzeugschlüssel bzw. die Chipkarte als berechtigt und außerhalb des Fahrzeuges erkannt, erfolgt der Befehl zum Verriegeln der Fahrzeugtüren, der Lenksäule und zur Aktivierung der Diebstahl-Warnanlage.

18.7 Elektrische Fensterheber

Der Anteil der Fahrzeuge, die mit elektrischen Fensterhebern ausgestattet sind, erhöht sich ständig; dies gilt auch für Fahrzeuge der unteren Preisklasse. So einfach jedoch die Aufgabe von elektrischen Fensterhebern ist, so vielfältig sind die verschiedenen Ausführungen der Hersteller im Detail. Allen gleich ist, dass ein entsprechend kräftig dimensionierter Gleichstrom-Elektromotor mit Rechts-/Linkslauf je nach Stromrichtung das Öffnen/Schließen der Fenster übernimmt. Gegenüber der manuellen Betätigung ist der Hebe-/Senkmechanismus bei den elektrischen Fensterhebern häufig nochmals untersetzt (größere Drehzahl = geringere Kraft erforderlich = reduzierte Stromaufnahme). Allen Herstellern gleich ist auch, dass das Öffnen/Schließen des Fensters durch das Betätigen eines Schalters ausgelöst wird. Bei Aufbau und Ansteuerung der Schalter gibt es jedoch schon einige Unterschiede.

Bei den elektrischen Fensterhebern reicht die Bandbreite von der Betätigung der Fensterheber nur bei eingeschalteter Klemme 15 bis zum «Komfortschließen» aller Fenster beim Verriegeln des Fahrzeuges mit dem Fahrzeugschlüssel oder auch über eine Fernbedienung. Schaltungstechnisch geht damit die Spanne vom einfachen Relais zur Spannungsversorgung der Elektromotoren, das über Klemme 15 angesteuert wird, bis hin zu einem alles umfassenden Komfortelektronik-System.

Die nachfolgend beschriebenen und in den Bildern 18.51 bis 18.53 gezeigten Schaltpläne von elektrischen Fensterhebern stellen einen Querschnitt der verschiedenen Systeme dar. Die Verbindung der einzelnen Komfortelektronik-Systeme zu einem umfassenden vernetzten Gesamtsystem ist in Kapitel 11 beschrieben.

Der in Bild 18.51 gezeigte Schaltplan stellt eine häufig verwendete Ansteuerung der elektrischen Fensterheber dar. Die Spannungsversorgung wird über ein Fensterheberrelais geschaltet und beim Betätigen der Fensterheberschalter über diese direkt dem entsprechenden Fensterhebermotor zugeführt. Die Ansteuerung des Fensterheberrelais kann – wie bereits erwähnt – nur über Klemme 15 erfolgen oder – wie z.B. in Bild 18.51 gezeigt – durch die geschaltete Masse aus dem Steuergerät der Zentralverriegelung. Damit können die Fensterheber bei Betätigung des Zündschlüssels ab Klemme R oder einer geöffneten Vordertür betätigt werden.

Bild 18.51
Schaltplan «Elektrische Fensterheber mit direkter Ansteuerung der Elektromotoren»

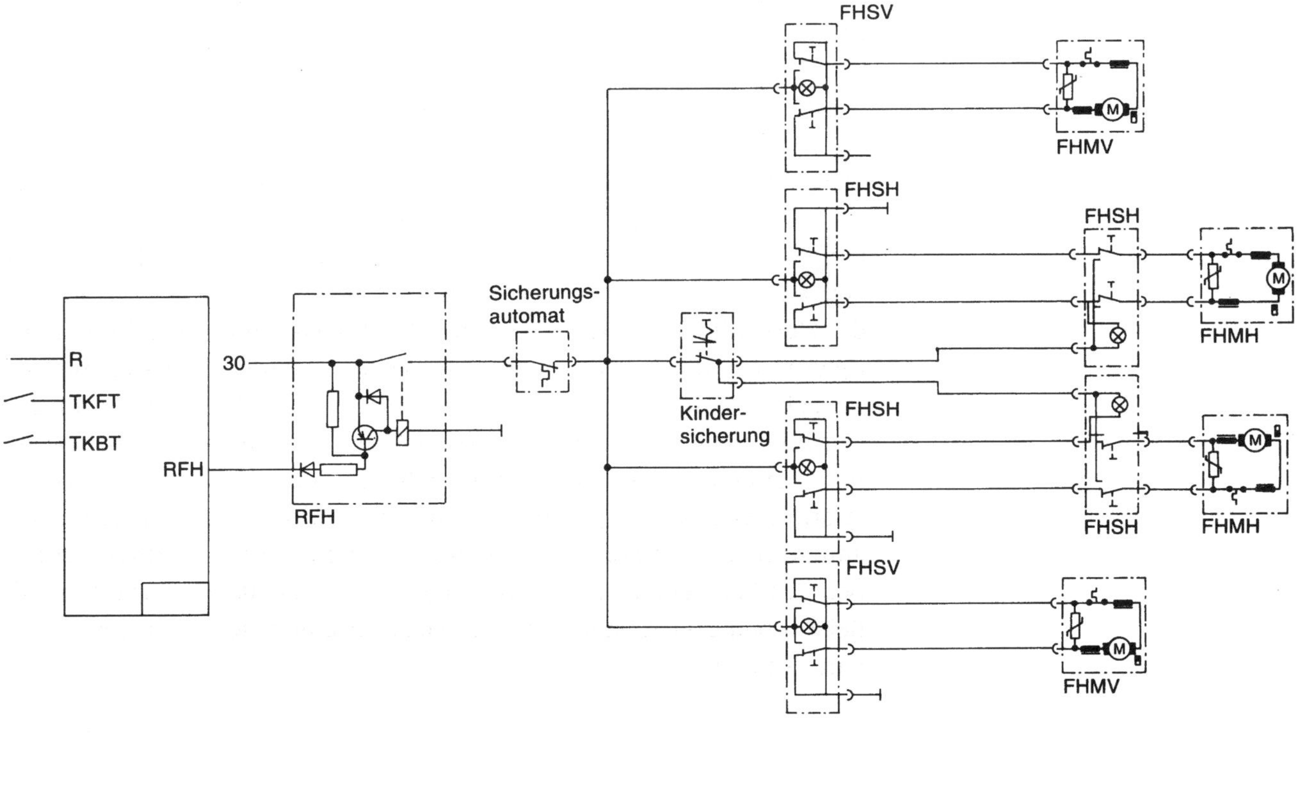

Der Sicherungsautomat nach dem Relais ist eine elektronische Stromsicherung, die bei einer Überlastung durch Kurzschluss oder zu hoher Stromaufnahme der Motoren die Spannungsversorgung unterbricht und nach einiger Zeit wieder freigibt. Nach dem Sicherungsautomaten wird die über das Relais geschaltete Plusversorgung an die einzelnen Fensterheberschalter angelegt. Diese sind permanent mit Masse verbunden. Die Zuleitungen zu den Fensterheber-Motoren liegen im Ruhezustand der Schalter ebenfalls an Masse. Wird nun ein Fensterheberschalter in einer Richtung betätigt, verbindet dieser einen Kontakt mit der anliegenden Plusversorgung, und der Motor dreht sich. Sobald der Schalter losgelassen wird, geht der Kontakt zurück an Masse, und der Motor kommt sofort zum Stillstand. Wird der Schalter in die andere Richtung betätigt, schließt der gegenüberliegende Kontakt, und der Motor dreht sich durch die geänderte Stromflussrichtung entgegengesetzt.
Die vorderen vier Fensterheberschalter befinden sich bei diesem der Beschreibung zugrunde gelegten Fahrzeug auf der Mittelkonsole für Fahrer und Beifahrer gut erreichbar, ebenso der Schalter für die Kindersicherung. Durch diesen Schalter kann die Plusversorgung für die in den hinteren Türen angeordneten, zusätzlichen Fensterheberschalter unterbrochen werden, wodurch ein Betätigen der hinteren Fensterheber von den hinteren Fensterheberschaltern nicht mehr möglich ist. Die Betätigung der hinteren Fensterheber durch die vorderen Fensterheberschalter bleibt bestehen.
Bei der manuellen Betätigung der Fenster erkennt der Benutzer die Endstellung; beim elektrischen Schließen/Öffnen der Fenster kann der Schalter trotz Endstellung ohne Rückmeldung weitergedrückt werden. Da damit die Fensterhebermotoren weiterhin angesteuert werden könnten – obwohl keine weitere Bewegung möglich ist –, sind sie stromgesichert.

Eine in jedem Fensterhebermotor befindliche elektronische Stromsicherung unterbricht die Spannungsversorgung für eine gewisse Zeit, wenn der Motor auf Block gefahren wird, und dabei die Stromaufnahme zu hoch ist. Dadurch wird eine Überhitzung und Zerstörung der Motoren, aber auch eine Überlastung des Stromnetzes vermieden.

In Bild 18.52 ist ein Schaltplan für die elektrischen Fensterheber mit Automatikfunktion dargestellt. Wegen der besseren Übersichtlichkeit ist die automatische Öffnungs-/Schließfunktion nur für das Fahrertürfenster eingezeichnet. Die Fensterheberschalter verfügen über jeweils zwei Schaltstellungen zum Öffnen und Schließen der Fenster. In der ersten Schalterstellung erfolgt eine Spannungsversorgung zum ent-

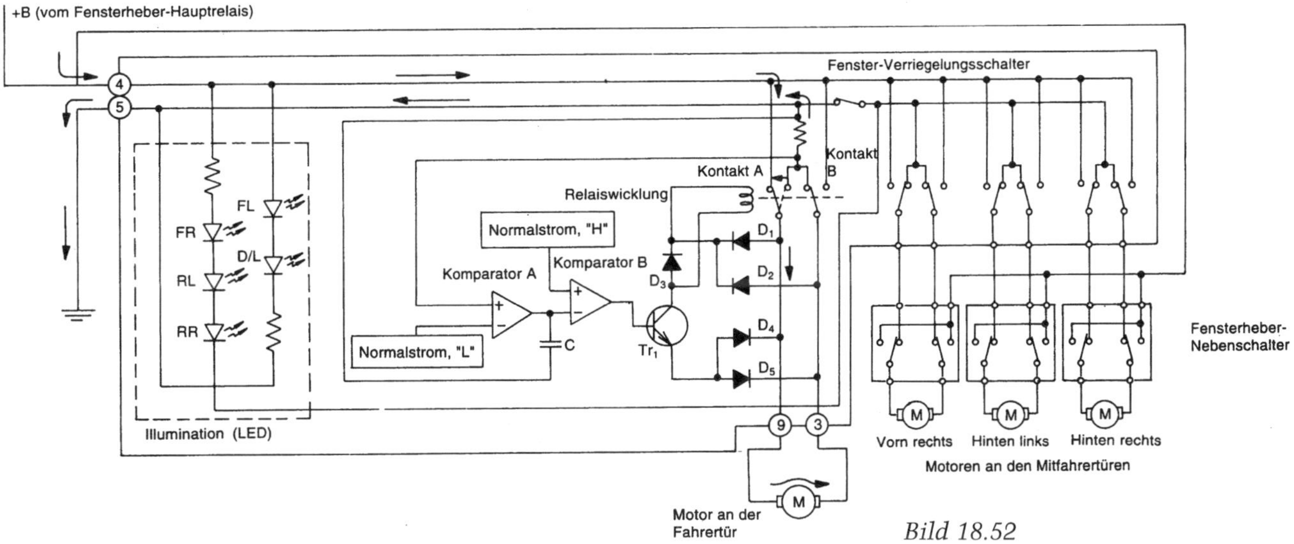

Bild 18.52
Schaltplan «Elektrische Fensterheber mit Automatikfunktion»

sprechenden Motor jeweils nur so lange, wie der Schalter gedrückt wird. In der zweiten Schalterstellung wird der Schalter über eine Relaiswicklung in der Stellung automatisch gehalten, bis das Fenster seine Endposition erreicht hat. Durch den starken Stromanstieg beim Blockbetrieb des Motors in der Endstellung gibt Komparator A, der dies erfasst, ein «High»-Signal an Komparator B. Dadurch sperrt Komparator B den Transistor, der die Stromversorgung zur Relaiswicklung unterbricht, und damit kehrt der Fensterheberschalter in seine Neutralposition zurück. Bei dem in Bild 18.52 gezeigten System befinden sich die Hauptschalter der Fensterheber in der Fahrertür. Die Nebenschalter sind in den jeweiligen Türen untergebracht. Durch den Verriegelungsschalter wird die Ansteuerung aller Fensterheberschalter mit Ausnahme der Fahrertür unterbrochen.
Bild 18.53 zeigt ebenfalls einen Schaltplan elektrischer Fensterheber mit Automatikfunktion, die aber über ein eigenes Fensterheber-Steuergerät und ein zusätzliches Massesignal ausgelöst wird. Die Steuerelektronik bildet zusammen mit dem Fensterhebermotor eine Einheit. Bei diesem System befindet sich in jeder Tür eine eigene Einheit. Es gibt aber auch zentrale Fensterheber-Steuergeräte, die dann entsprechend über mehrere Eingänge (z.B. Fensterheberschalter) und Ausgänge (z.B. Ansteuerung Fensterhebermotoren usw.) verfügen. Das in Bild 18.53 dargestellte System wird in einem Coupé mit rahmenlosen Türscheiben verwendet, die sich beim Öffnen der Tür leicht absenken und bei Schließen der Tür wieder nach oben in die Dichtung fahren, sofern die Fensterscheiben vor dem Betätigen der Tür ganz geschlossen waren. Diese Funktion wird durch zwei

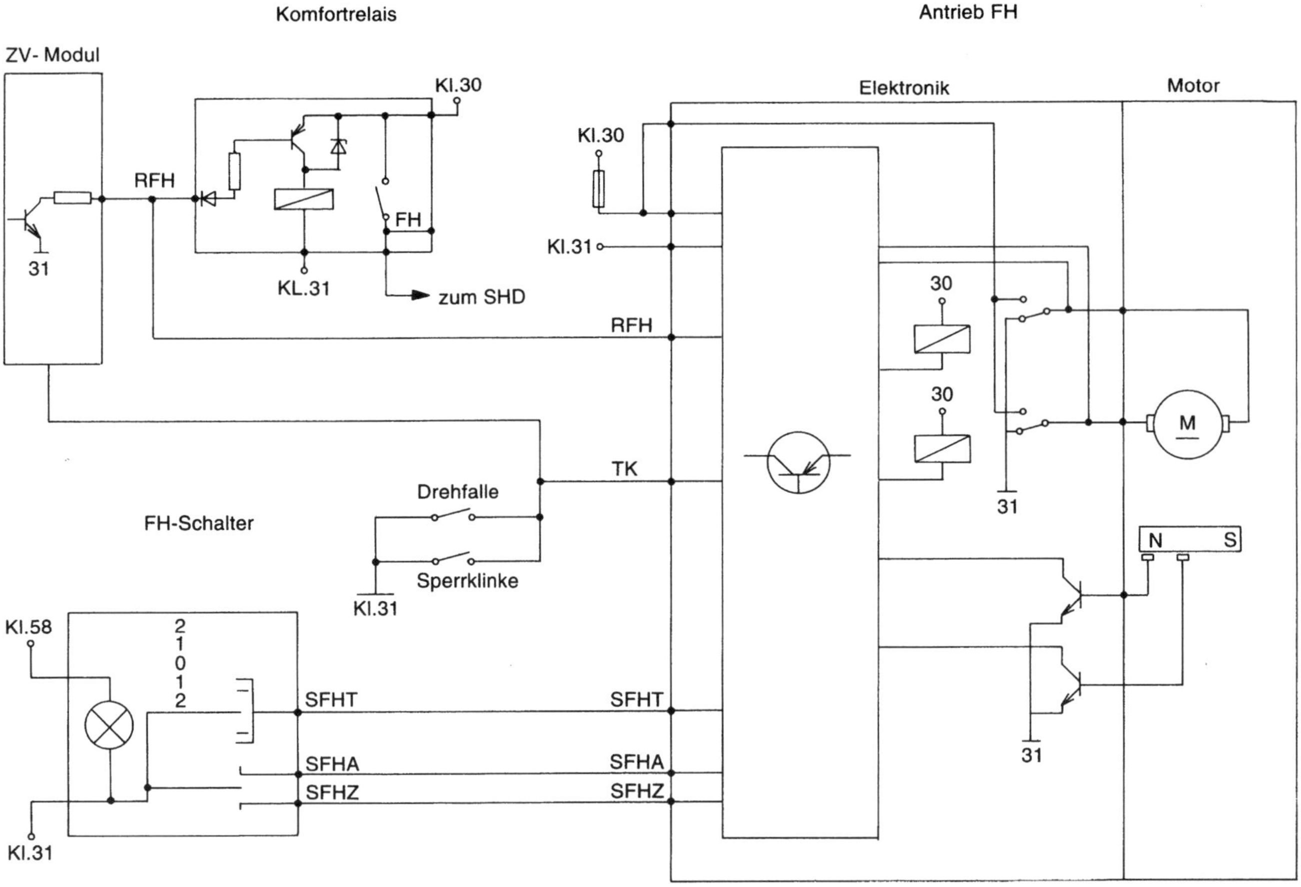

Bild 18.53
Schaltplan «Elektrische Fensterheber mit Steuergerät»

FH	*Fensterheber*
SFHT	*Signal Fensterheber Tippfunktion*
Kl.30KF	*Klemme 30 vom Komfortrelais*
SFHZ	*Signal Fensterheber ZU*
RFH	*Signal Relais Fensterheber*
TK	*Signal Türkontakt*
SFHA	*Signal Fensterheber AUF*
ZVM	*Zentralverriegelungs-Modul*

Mikroschalter im Türschloss ausgelöst. Sobald einer davon schließt und ein Massesignal an die Elektronik-Einheit gibt, wird der Fensterhebermotor kurz angesteuert, und die Scheibe senkt sich ab, bevor die Tür geöffnet wird. Umgekehrt fährt die Scheibe erst hoch, wenn kein Massesignal mehr anliegt. Dies ist dann der Fall, wenn die Tür ganz geschlossen ist. Die Signale der Mikroschalter an der Drehfalle und Sperrklinke werden bei diesem System – anstelle eines Signales des Türkontaktschalters – auch von der Zentralverriegelung, der Innenlichtsteuerung und der Diebstahl-Alarmanlage ausgewertet. Diese Funktion sowie die generelle Funktionsbereitschaft ist aber erst möglich, wenn die Zentralverriegelung ein Massesignal (Pin 1) an die Fensterheberelektronik gibt. Im verriegelten oder gesicherten Zustand wird kein Massesignal ausgegeben. Die Spannungsversorgung (Klemme 30, 31) ist jedoch über Pin 6 und 7 permanent vorhanden.

Die eigentliche Funktion der Fensterheber wird über die Fensterheberschalter ausgelöst. In der Stellung 1 wird ein Massesignal entweder auf Pin 5 (auf) oder Pin 4 (zu) an die Steuerelektronik gegeben, die dann den Motor mit Strom beaufschlagt, sofern er sich nicht in der jeweiligen Endstellung befindet. Wird der Schalter überdrückt (Stel-

lung 2), erhält die Steuerelektronik ein zusätzliches Massesignal, wodurch die Fensterheber automatisch, ohne dass der Schalter weiter gedrückt wird, auf oder zu fahren. Bei jeder Umdrehung des Fensterhebermotors liefert dieser durch einen eingebauten Hallgeber ein Signal an die Steuerelektronik, die dadurch die Stellung des Fensters erkennt und die oben beschriebenen Funktionen ermöglicht. Bei einer Unterbrechung der Spannungsversorgung muss die Stellung der Fensterscheiben im Steuergerät neu festgelegt werden. Dies geschieht durch Drücken des Fensterheberschalters im geschlossenen Zustand der Fenster für einige Sekunden. Ohne diese «Neufestlegung» (= Initialisierung) des Steuergerätes wird die Automatikfunktion der Fensterheber gesperrt.
Aus Sicherheitsgründen ist bei allen Fensterhebersystemen, die eine automatische Fensterheberfunktion haben, eine sog. Einklemmschutzfunktion zu gewährleisten. Das Absenken der Fenster durch die Automatikfunktion ist davon nicht betroffen. Die Einklemmschutzfunktion erkennt einen erhöhten Widerstand beim Schließen des Fensters durch eine stärkere Stromaufnahme des Fensterhebermotors und steuert die Fensterhebermotoren daraufhin kurz entgegengesetzt an. Die Einklemmschutzfunktion kann durch ein Halten der Stellung 2 («Überdrückt-Halten») bzw. durch mehrmaliges Betätigen, je nach Hersteller, ausgeschaltet werden, damit das Fenster z.B. bei schwergängiger Mechanik oder bei einem Überfall trotzdem geschlossen werden kann.

18.8 Elektrisch betätigte Schiebedächer

Auch der Anteil von Fahrzeugen, die mit einem Schiebedach (Schiebe-/Hebedach, Schiebe-/Ausstelldach) ausgestattet sind, nimmt ständig zu. Darunter sind immer mehr elektrisch betätigte Schiebedächer. Mittlerweise werden verschiedene Fahrzeuge nur noch mit elektrisch betätigten Schiebedächern ausgerüstet.
Die Steuerung der elektrischen Schiebedachbetätigung ist der elektrischen Fensterhebersteuerung sehr ähnlich und häufig ebenfalls über das Fensterheberrelais mit Spannung versorgt. Der verwendete Gleichstrom-Elektromotor mit Rechts-/Linkslauf entspricht im Wesentlichen den Motoren, die für die Fensterheber Verwendung finden. Lediglich eine zusätzliche Steuerung über Positionsgeber (Mikroschalter oder Hallgeber), die aber ebenfalls zum Teil bei den elektrischen Fensterhebern verwendet werden, ist hier fast immer notwendig. Ein «auf Block fahren» in den Endstellungen, z.B. heben, ist wegen der Schiebedachkonstruktion nicht wünschenswert.
Bild 18.54 zeigt die Anordnung des Antriebsmotors und den Eingriff des Antriebszahnrades in die Schiebedachzüge.

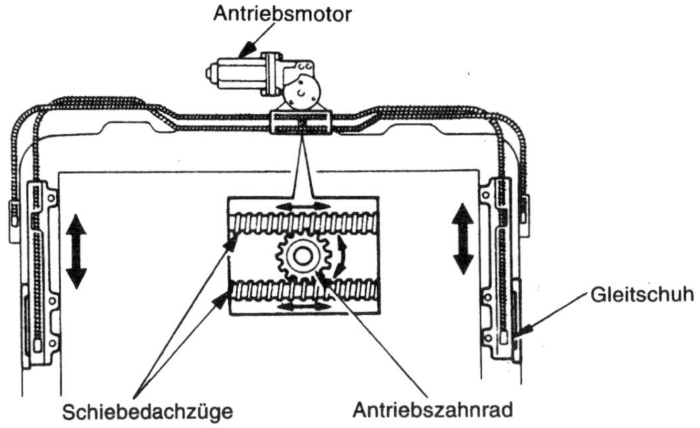

Bild 18.54
Schiebedachmechanismus mit Antriebsmotor

In Bild 18.55 ist ein Schiebedach-Antriebsmotor mit drei Mikroschaltern in der Null-Stellung, d.h. «Schiebedach geschlossen», dargestellt. Je nach Hersteller und Konstruktion gibt es Antriebsmotoren mit nur zwei, mindestens aber einem Mikroschalter. Ein Einbau eines evtl. neuen Motors muss in der Null-Stellung erfolgen. Dazu ist das Schiebedach zu schließen und der Motor vor dem Einbau in diese Stellung zu fahren (Schalter evtl. ebenfalls in Null-Stellung).

Statt der/des Mikroschalter(s) können auch Hallgeber im Elektromotor die Schiebedachstellung einem Steuergerät mitteilen, das wie in Bild 18.56 gezeigt auch mit dem Motor verbunden sein kann. Jedes Loch im magnetischen Positionsrad löst bei einer Drehung ein Hall-

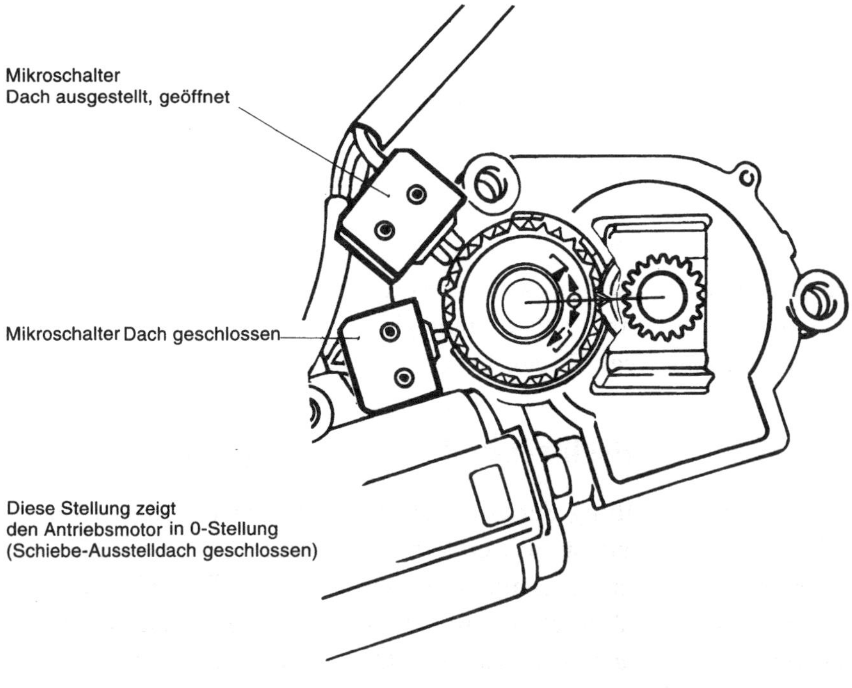

Bild 18.55
Antriebsmoment mit drei Mikroschaltern in Null-Stellung

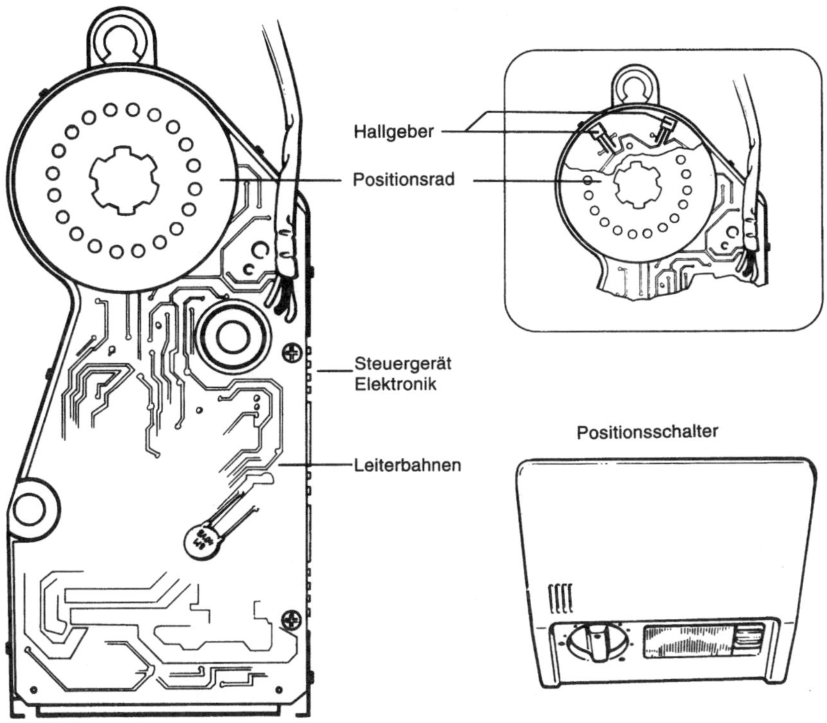

Bild 18.56
Schiebedachmotor mit integriertem Steuergerät und Hallgebern

gebersignal aus. Somit erkennt das Steuergerät durch die zwei Hallgeber und ihre Signale die genaue Position des Schiebedachs. Durch diese Art der Positionsrückmeldung und mittels Steuergerät kann auch eine durch ein Potentiometer vorgewählte Stellung des Schiebedachs angefahren werden.

Aus Sicherheitsgründen muss bei der oben genannten Vorwählautomatik, aber auch bei einem automatischen Schließvorgang generell ein so genannter Einklemmschutz aktiv sein, d.h., ein erhöhter Widerstand beim Schließen des Schiebedachs wird von der Elektronik erkannt (erhöhte Stromaufnahme bzw. durch Kontaktleisten) und der Motor kurz entgegengesetzt angesteuert. Dieser Einklemmschutz kann bei längerem Gedrückthalten des Schalters oder durch mehrmalige Betätigung außer Funktion gesetzt werden, damit das Schiebedach auch bei extremer Schwergängigkeit des Mechanismus geschlossen werden kann (vgl. Fensterheber).

18.9 Elektrisch verstellbare Außenspiegel

Die genaue Einstellung der Außenspiegel auf den jeweiligen Fahrer und dessen Sitzposition passend ist bei manuell zu verstellenden Außenspiegeln – besonders auf der Beifahrerseite – alleine kaum möglich bzw. sehr umständlich. Deshalb haben heute sehr viele Fahrzeuge elektrisch verstellbare Außenspiegel. Das Spiegelglas kann dabei von zwei kleinen Gleichstrom-Elektromotoren mit Rechts-/Linkslauf entsprechend der Stromrichtung verstellt werden. Die Drehung der Motoren wird über Schneckenräder und Stellschrauben auf die horizontale und vertikale Verstellung des Spiegelglases umgesetzt (Bild 18.57).

Bild 18.57
Aufbau elektrisch verstellbarer Außenspiegel

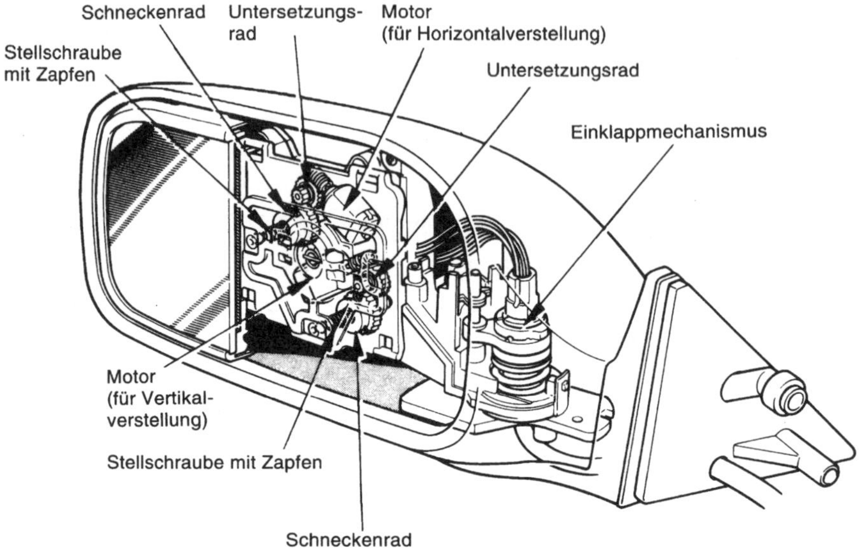

Die Stromversorgung der Elektromotoren mit der entsprechenden Drehrichtung wird über einen Außenspiegelschalter sichergestellt. Bild 18.58 zeigt die entsprechende Beschaltung der Motoren und den Aufbau des Schalters. Über den Wählschalter wird der linke bzw. rechte Außenspiegel angewählt, in der Mittelstellung ist der Außenspiegelschalter ohne Funktion. Beim Betätigen der Schalter für die

Bild 18.58
Schaltplan «Elektrisch verstellbare Außenspiegel»

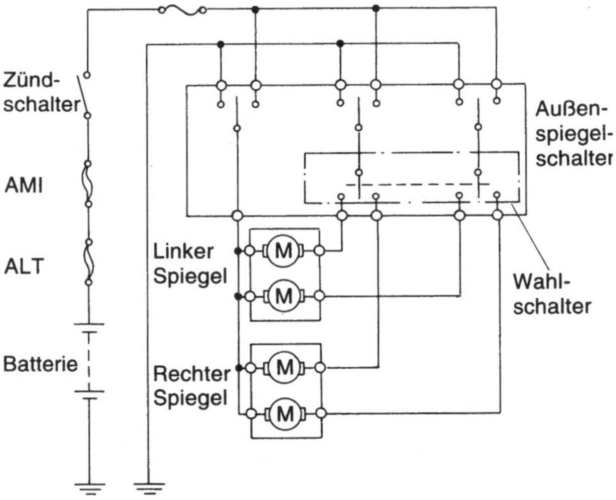

horizontale bzw. vertikale Verstellung (Schalter oben rechts und Mitte) wird gleichzeitig der Schalter oben links entgegengesetzt mitbetätigt.

Bei einem Ausfall der elektrischen Betätigung können die Außenspiegel manuell verstellt werden. Bei zu großer Krafteinwirkung kann die filigrane Mechanik jedoch leicht zerstört werden, wodurch bei den meisten Herstellern der komplette Außenspiegel zu ersetzen ist.

18.10 Elektrische Sitzverstellung

Eine äußerst komfortable Angelegenheit, aber noch größtenteils den Fahrzeugen der oberen Preisklasse vorbehalten, ist die elektrische Verstellung des Fahrer- und zum Teil auch des Beifahrersitzes. Auch die elektrische Verstellung der hinteren Sitze ist möglich. In Bild 18.59 sind die verschiedenen Verstellmöglichkeiten, die meist über die rein mechanisch verstellbaren Sitze hinausgehen, dargestellt.

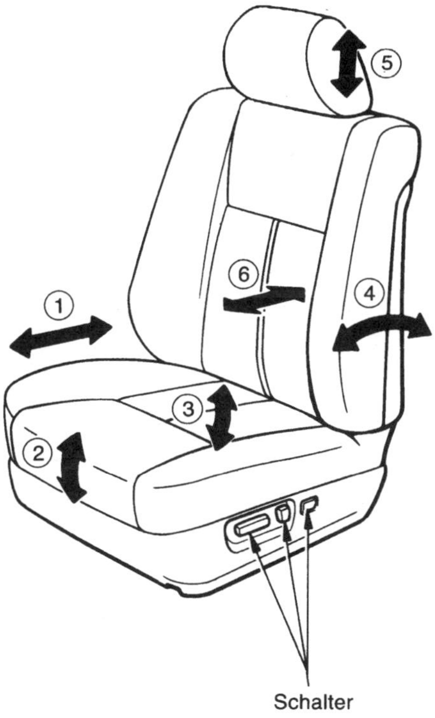

Bild 18.59
Verstellmöglichkeiten und Schalteranordnung elektrisch verstellbarer Fahrersitz
1 Verschieben nach vorn und hinten
2 Höheneinstellung vorn
3 Höheneinstellung hinten
4 Einstellung der Lehnenneigung
5 Höheneinstellung der Nackenstütze
6 Einstellung der Lendenstütze

Im Gegensatz zur Sitzkonstruktion (Bild 18.60) ist die elektrische Schaltung der Gleichstrom-Elektromotoren mit Rechts-/Linkslauf sehr einfach (Bild 18.61). Die Schalter sind in der Ruhestellung mit Masse verbunden. Durch die Betätigung eines Schalters wird dieser

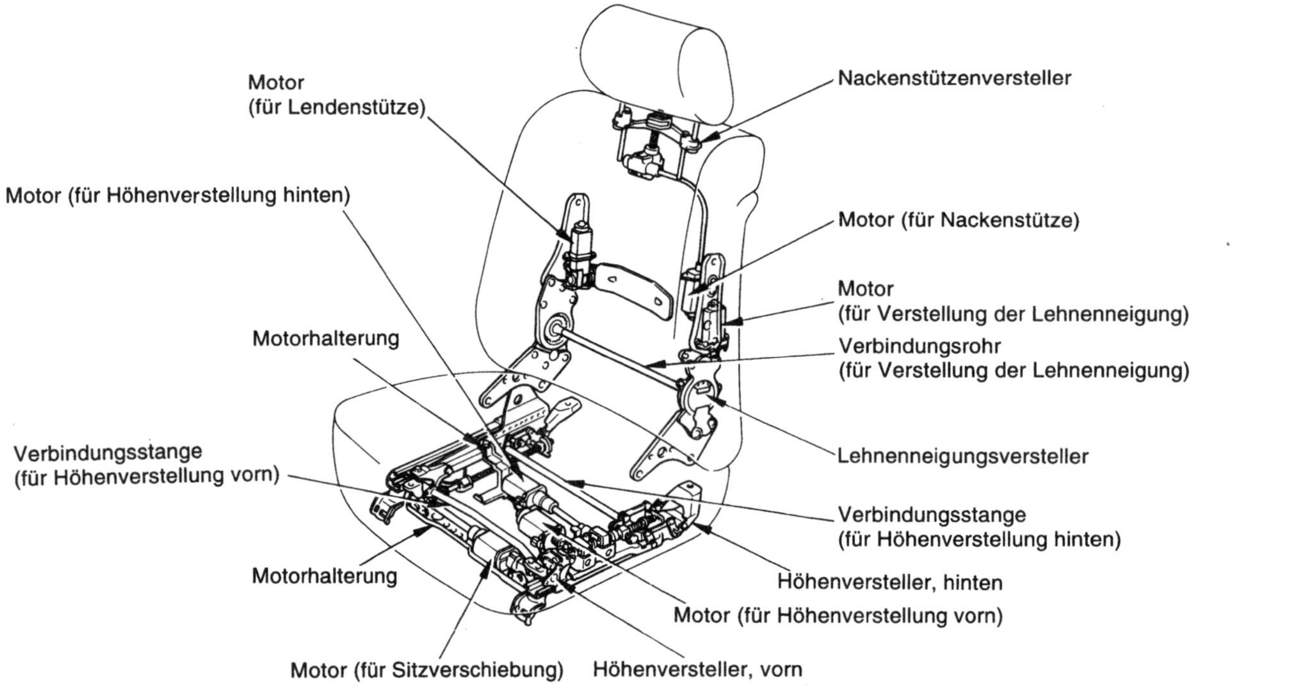

Bild 18.60
Sitzkonstruktion und Anordnung der Verstellmotoren

Bild 18.61
Schaltplan «Elektrische Sitzverstellung»

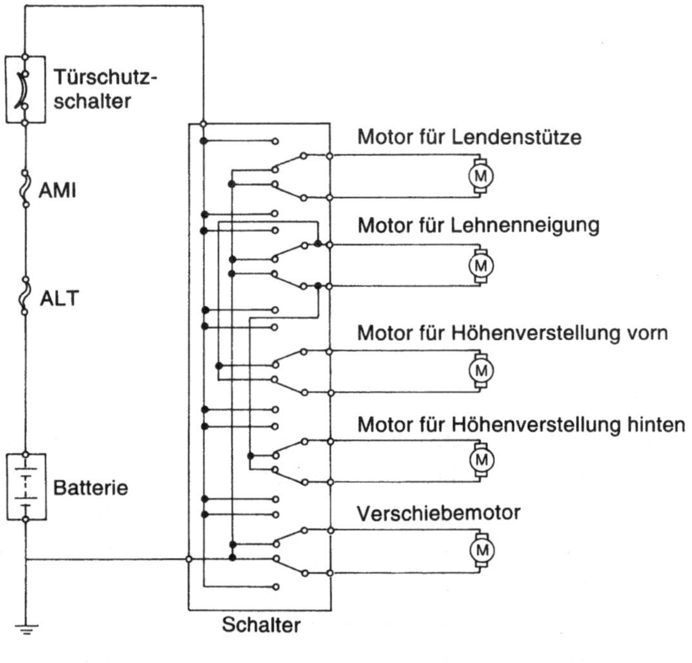

mit Batterie-Plus verbunden, wodurch der Motor mit Strom mit einer bestimmten Richtung durchflossen wird und sich entsprechend dreht. Die Spannungsversorgung der Schalter wird aus Sicherheitsgründen bei geschlossener Fahrzeugtür und ohne Zündung unterbrochen.

18.11 Elektrische Sitz-/Spiegelverstellung mit Positionsspeicherung

Wenn ein Fahrzeug häufig von verschiedenen Fahrern benutzt wird, ist es durchaus sinnvoll die jeweilige Position der Sitze und Spiegel zu speichern und bei Bedarf abzurufen. Dadurch wird ein ständiges, umständliches Neueinstellen der optimalen Sitzposition überflüssig und durch das einfache Abrufen der einmal sorgfältig gewählten Sitzposition diese auch eingenommen, was aus Gründen der Fahrsicherheit sinnvoll ist.
Damit die Position des Fahrersitzes und der Spiegel erkannt werden kann, sind dazu an sämtlichen Stellmotoren Positionssensoren (meist Potentiometer, selten Hallgeber) verbaut, die mit einem Steuergerät verbunden sind. Die Ansteuerung der Motoren geschieht dann ebenfalls durch das Steuergerät. Die Schalter für die Sitz- bzw. Spiegelverstellung gehen, ebenso wie die Speichertasten, als Eingangsinformationen in das Steuergerät ein. Je nach Hersteller sind bis zu vier verschiedene Sitz-/Spiegelpositionen speicherbar.
In Bild 18.62 sind sämtliche Ein- und Ausgänge am Steuergerät dargestellt. Die Schalter für die Sitzverstellung, ebenso wie für die Spiegelverstellung liefern bei einer Betätigung nur noch ein Massesignal an das Steuergerät. Die Eingänge Klemme 30 und 31 sichern die Spannungsversorgung. Die Eingänge Klemme 15, Klemme R und der Türkontakt sind für die Bedienung des Systems wichtig; bei eingeschalteter Zündung und geschlossener Fahrertür ist aus Sicherheitsgründen kein Speicherabruf möglich, ebenso wie bei ausgeschalteter Zündung und geschlossener Fahrertür. Bei Klemme R sind sämtliche Bedienfunktionen möglich – unabhängig davon, ob die Tür offen oder geschlossen ist.
Der Sitzlehnenschalter und Lehnenkontakt (bei einem Coupé) verhindern bei vorgeklappter Lehne eine Sitzverstellung, sowohl über die Bedienschalter, als auch über die Speicherabruftasten.
Durch das Rückwärtsgang-Signal wird der Beifahrerspiegel, abhängig von der Position des Spiegelwählschalters, beim Rückwärtseinparken automatisch auf die Bordsteinkante abgekippt.
Das dargestellte Steuergerät ist eigendiagnosefähig und besitzt deshalb einen Diagnoseein- und -ausgang (RxD, TxD). Die am unteren Ende des Steuergerätes gezeichneten Schalter dienen zur Speicherung und zum Abruf gespeicherter Sitz-/Spiegelpositionen. Zur Speiche-

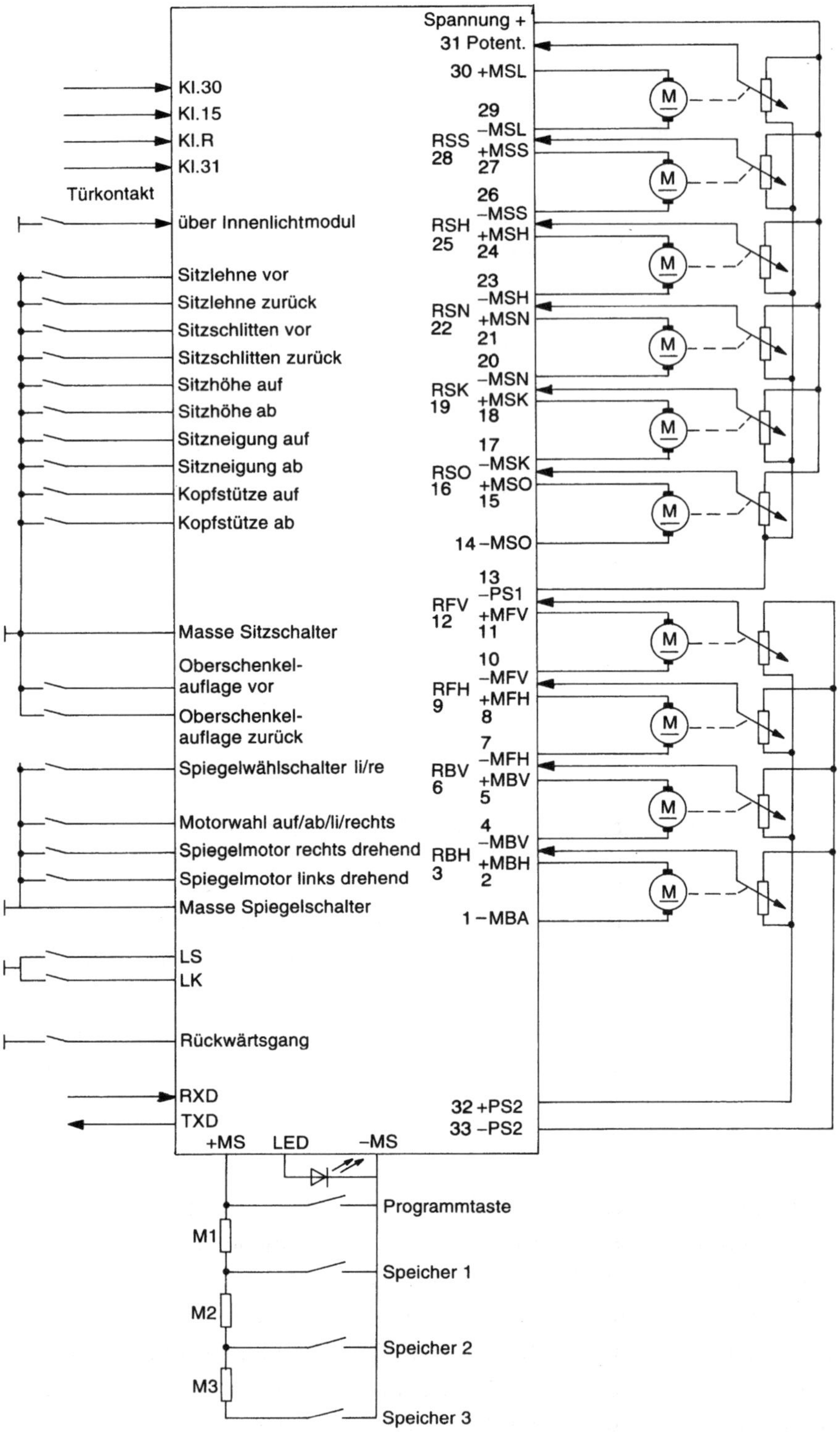

Bild 18.62
Prinzip-Schaltplan «Sitz-/ Spiegelverstellung mit Speicherung»

Rechte Seite im Bild: Spannungsversorgung Plus für Potentiometer

31 Potentiometer Sitzlehne
30 Sitzlehnenmotor +
29 Sitzlehnenmotor –
28 Potentiometer Sitzschlitten
27 Sitzschlittenmotor +
26 Sitzschlittenmotor –
25 Potentiometer Sitzhöhe
24 Sitzhöhenmotor +
23 Sitzhöhenmotor –
22 Potentiometer Sitzneigung
21 Sitzneigungsmotor +
20 Sitzneigungsmotor –
19 Potentiometer Kopfstütze
18 Kopfstützenmotor +
17 Kopfstützenmotor –
16 Potentiometer Oberschenkelauflage
15 Oberschenkelauflagenmotor +
14 Oberschenkelauflagenmotor –
13 Spannungsversorgung Minus für Sitzpotentiometer
12 Potentiometer Außenspiegel Vertikalverstellung Fahrerseite
11 Spiegelmotor Fahrerseite vertikal +
10 Spiegelmotor Fahrerseite vertikal –
9 Potentiometer Außenspiegel horizontale Verstellung Fahrerseite
8 Spiegelmotor Fahrerseite horizontal +
7 Spiegelmotor Fahrerseite horizontal –
6 Potentiometer Außenspiegel Vertikalverstellung Beifahrerseite
5 Spiegelmotor Beifahrerseite vertikal +
4 Spiegelmotor Beifahrerseite vertikal –
3 Potentiometer Außenspiegel Horizontalverstellung Beifahrerseite
2 Spiegelmotor Beifahrerseite horizontal +
1 Spiegelmotor Beifahrerseite horizontal –
32 Spannungsversorgung Plus für Spiegelpotentiometer
33 Spannungsversorgung Minus für Spiegelpotentiometer

rung der eingestellten Sitz-/Spiegelpositionen wird als erstes die Programmtaste gedrückt und anschließend eine Speichertaste. Zum Wiederaufrufen der Sitzposition wird nur eine Speichertaste gedrückt. Weicht die eingestellte Sitz-/Spiegelposition von den programmierten Positionen ab, werden die Motoren durch das Steuergerät so lange mit Strom beaufschlagt, bis programmierte und tatsächliche Positionen übereinstimmen. Welche Speichertaste gedrückt wurde, erkennt das Steuergerät durch den Spannungsabfall an den verschiedenen Widerständen.
Eine Steigerung zu diesem System stellt die Verbindung mit einer Fernbedienung dar, bei der zu den verschiedenen Schlüsseln/Sendern die entsprechenden Sitz-/Spiegelpositionen gespeichert werden können und sich automatisch jeweils beim Öffnen des Fahrzeuges durch die Fernbedienung die zugeordneten Sitz-/Spiegelpositionen einstellen.
Eine Überprüfung der Sitz-/Spiegelverstellung mit Speicherung ist bei Fehlfunktionen durch das eigendiagnosefähige Steuergerät sehr einfach, da jeder Schaltereingang, jedes Potentiometer und jeder Motor überwacht werden. In diesem Zusammenhang ist es – sollte kein Fehler gespeichert sein – auch wichtig, die Eingänge Klemme R, 15, 30, 31 durch eine Spannungsmessung zu überprüfen.

18.12 Elektrische Lenksäulenverstellung

Durch die Verstellung der Lenksäule hat der Fahrer die Möglichkeit, die Lenkradposition seiner Sitzposition entsprechend individuell und optimal einzustellen. Die Lenksäule kann je nach Hersteller sowohl in der Länge als auch in der Neigung/Höhe verstellt werden.
Die komfortabelste Lösung stellt auch hier die Verstellung der Lenksäule mit Elektromotoren dar. Dadurch ergeben sich in Verbindung mit einem Steuergerät und Speichermöglichkeiten zusammen mit der Sitz-/Spiegelverstellung mit Speicherung zusätzliche Komfortverbesserungen z.B. durch eine dann mögliche Ein-/Ausstiegshilfe, bei der das Lenkrad nach vorne und oben weggefahren wird. Für die elektrische Lenksäulenverstellung sind an der Lenksäule je ein Gleichstrom-Elektromotor (mit Rechts-/Linkslauf) für die Längsverstellung und für die Neigungs-/Höhenverstellung mit entsprechenden Übersetzungen angebracht (Bild 18.63). Die Ansteuerung der Elektromotoren durch Verstellschalter, die die entsprechende Stromrichtung schalten, entspricht im Aufbau den zuvor beschriebenen Systemen.
Hat die elektrische Lenksäulenverstellung ein Steuergerät mit Positionsspeichern, ergibt sich der in Bild 18.64 gezeigte Systemaufbau. Die elektrische Lenksäulenverstellung mit Speicherfunktion ist

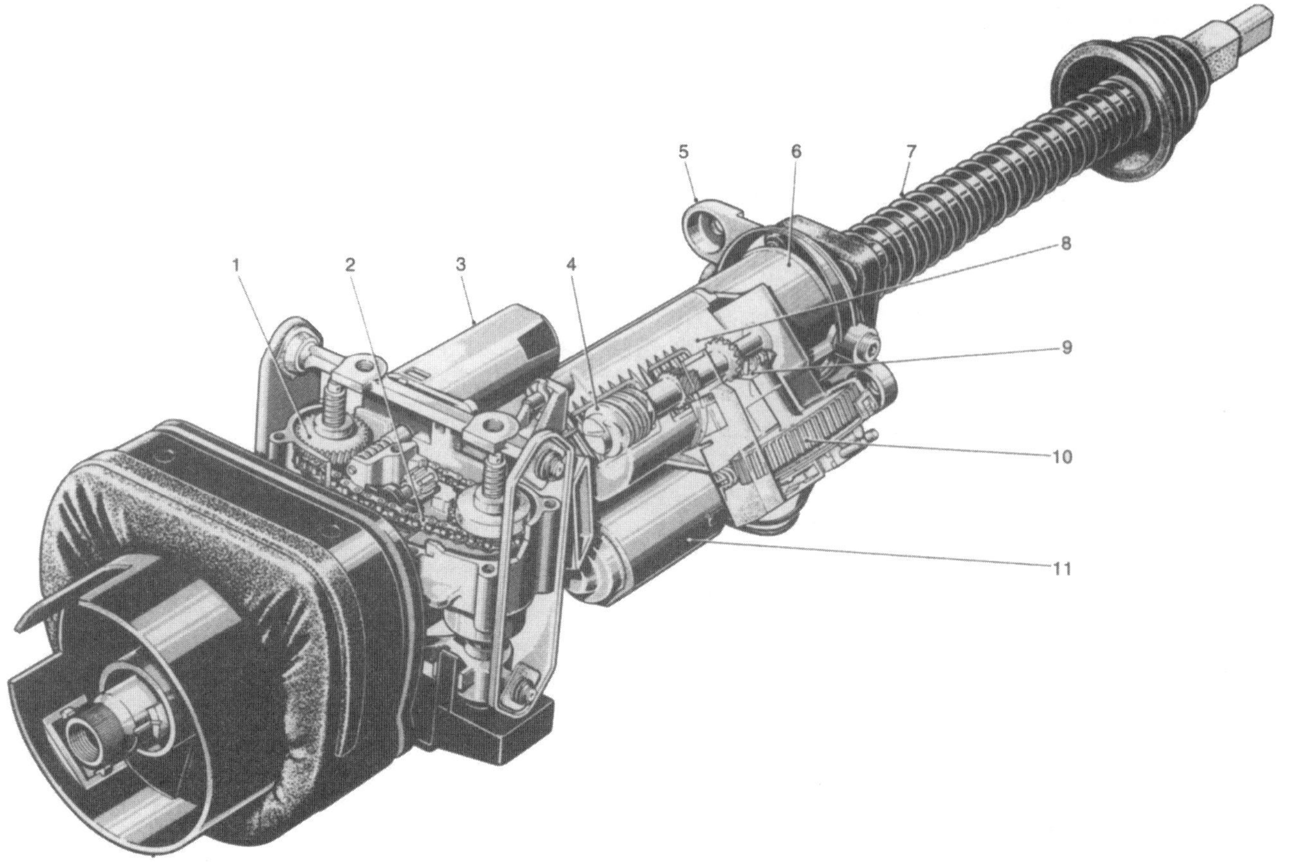

Bild 18.63
Elektrische Lenksäulenverstellung
1 Schneckenrad
2 Rollenkette
3 Höhen-Verstellmotor
4 Schnecke
5 Halter vorne
6 Mantelrohr außen
7 Wellrohr
8 Mantelrohr innen
9 Kegelrad-Getriebe
10 Schneckenrad
11 Längsverstell-Motor

bei allen Herstellern mit der Sitz-/Spiegelverstellung mit Speicherfunktion kombiniert.

Die Eingänge Klemme 30, 31, 15, R dienen der Spannungsversorgung und Funktionsbereitschaft entsprechend der Sitz-/Spiegelverstellung. Die Massesignale durch den Verstellschalter lösen die entsprechende Ansteuerung der Elektromotoren durch das Steuergerät aus. Die Verbindung mit dem Programmierschalter der Sitz-/Spiegelverstellung ist für die Speicherfunktion. Die Betätigung eines Programmierschalters wird durch die Höhe des eingehenden Spannungssignals erkannt.

Das Massesignal des Türkontaktes bzw. des Handbremsschalters bewirkt eine Automatikfunktion als Ein-/Ausstiegshilfe, indem die Verstellmotoren so angesteuert werden, dass sich das Lenkrad nach vorne und oben bewegt. Die Automatikfunktion kann bei anderen Herstellern auch nur über Zündung Klemme 15 oder einen eigenen Zündschlossschalter, der beim Abziehen/Einstecken des Zündschlüssels schaltet, verwirklicht sein.

Ist das System wie in diesem Fall eigendiagnosefähig, besitzt es natürlich einen Diagnoseein- und -ausgang.

Ausgangsseitig werden die Verstellmotoren angesteuert und die Verstellpotentiometer mit Spannung versorgt. Über Schleifkontakte und entsprechenden Spannungsabfall wird die Position der Lenksäule an das Steuergerät übermittelt.

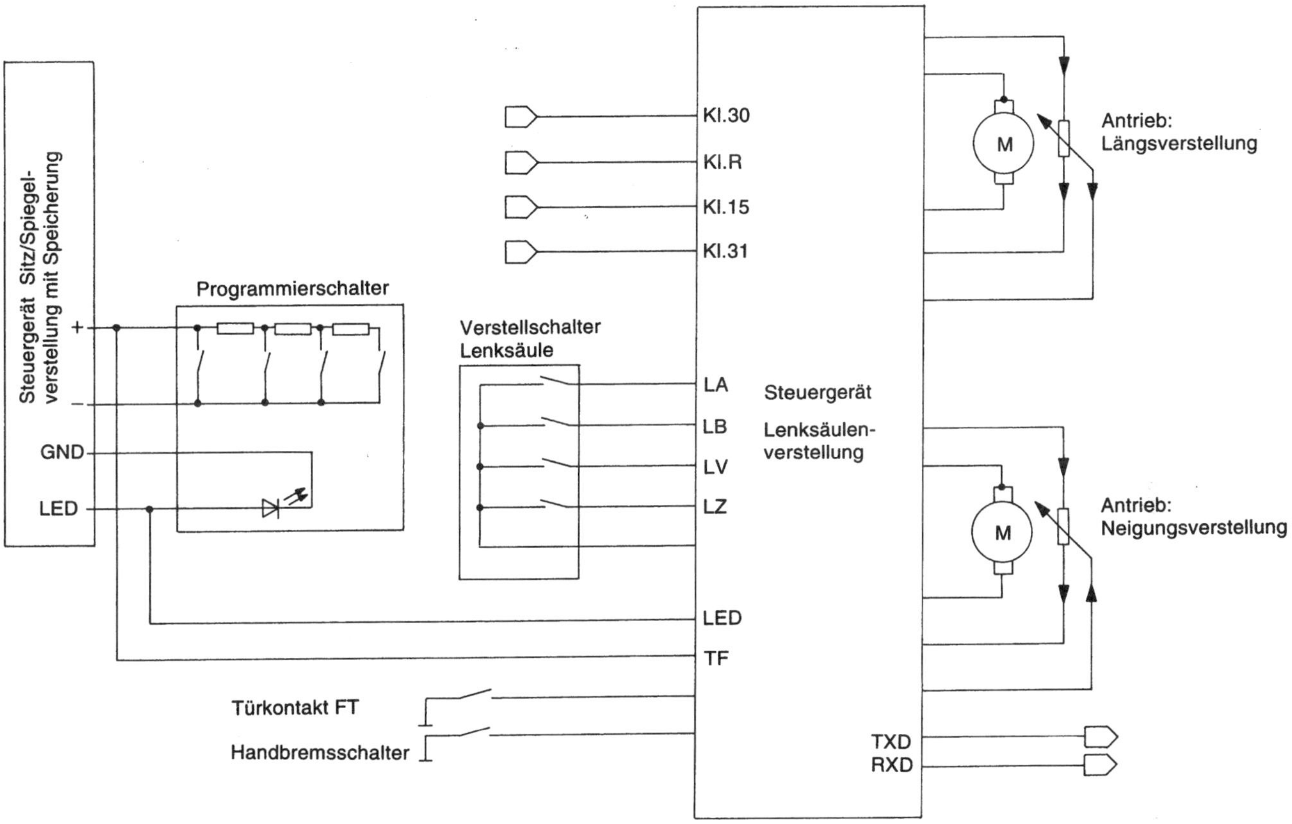

Bild 18.64
Schaltplan «Elektrische Lenksäulenverstellung mit Speicherfunktion»
LA Lenkung-Auf
LB Lenkung-Ab
LV Lenkung-Vor
LZ Lenkung-Zurück
LED Leuchtdiode
TF Tastenfeld
MS+ Memoryschalter +
MS– Memoryschalter –
GND Ground (Masse)

18.13 Zusatzheizungssysteme

Neben der klassischen Heizungs- und Klimaregelung gibt es mittlerweile bei vielen Fahrzeugen ein zusätzliches Heizungssystem. Dies kann bei hocheffizienten Direkteinspritzmotoren, deren Motorabwärme bei tiefen Außentemperaturen nicht ausreicht, um den Innenraum angenehm aufzuheizen, ein so genannter Zuheizer sein. Aber auch die Ausrüstungsquote mit Standheizungen nimmt stetig zu. Es sind auch Kombinationen aus beiden möglich.

18.13.1 Verschiedene Varianten

Grundsätzlich unterscheidet man elektrisch und kraftstoffbetriebene Zuheizer. Elektrisch betriebene Zuheizer haben entweder ein Heizelement, das ähnlich einem Tauchsieder das Kühlmittel erwärmt oder einem Heizlüfter ähnlich mit Glühdrähten bzw. -gitter, die die

über die Belüftung in den Fahrgastraum strömende Luft erwärmen. Kraftstoffbetriebene Zuheizer arbeiten wie eine Standheizung mit einem eigenen Heizgerät.
Die Steuerung der Zuheizer ist häufig in die Heizungs- und Klimaregelung integriert (vgl. Bilder 11.22 und 11.33). Lediglich bei autarken Standheizungssystemen benötigen diese ein eigenes Steuergerät.
Bei den im Pkw-Bereich genutzten Standheizungen wird das Kühlmittel erwärmt. Dabei gibt es Inline-, Bypass- und so genannte Komforteinbau-Systeme.
Bei der **Inline**-Variante einer Standheizung wird diese im Kühlmittelkreislauf in Reihe mit dem Fahrzeugmotor und dem Wärmetauscher des Fahrzeuges eingebaut (Bild 18.65).
Bei dieser Einbauvariante wird der gesamte Kühlmittelkreislauf einschließlich des Motors erwärmt. Dadurch werden beim anschließenden Starten des Motors der Kraftstoffverbrauch und damit die Schadstoffemissionen verringert und der Motor erreicht schneller seine Betriebstemperatur. Allerdings verlangt diese Anbindung eine längere Heizphase für eine angenehme Innenraumerwärmung und Scheibenentfrostung. Durch diese längere Heizphase im Vergleich mit der Bypass-Anbindung wird die Fahrzeugbatterie stärker belastet.
Bei der **Bypass**-Anbindung der Standheizung wird nur das Kühlmittel im Wärmetauscher und den dazugehörigen Leitungen erwärmt (Bild 18.66). Dadurch ist eine deutlich schnellere Erwärmung des Innenraumes mit entsprechender Scheibenentfrostung möglich. Beim anschließenden Starten des Fahrzeugmotors, der nicht erwärmt wurde, wird durch ein Umschaltventil der Bypass-Betrieb so lange aufrechterhalten, bis der Motor im Fahrbetrieb seine Betriebstemperatur erreicht hat.
Komforteinbau-System. Eine Kombination aus der Inline- und Bypass-Anbindung ist ein Komforteinbau-System. Bei diesem wird zuerst der Innenraum beheizt (Bild 18.67a). Ab ca. 75 °C öffnet ein Thermostat

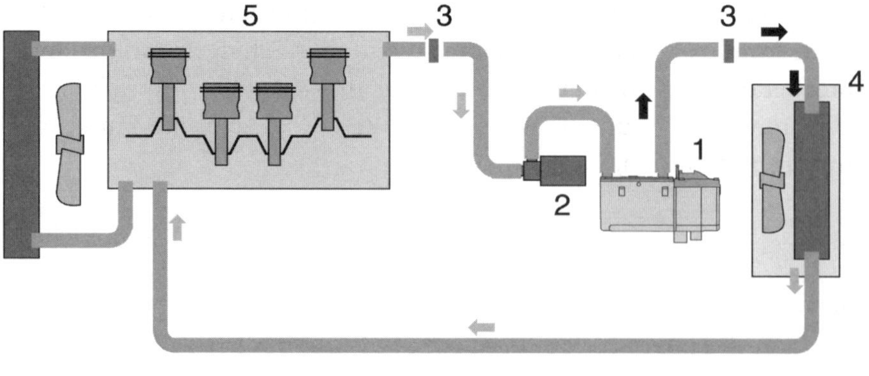

Bild 18.65
«Inline»-Standheizung
1 Heizgerät
2 Wasserpumpe
3 Verbindungsstück
4 Wärmetauscher
5 Fahrzeugmotor

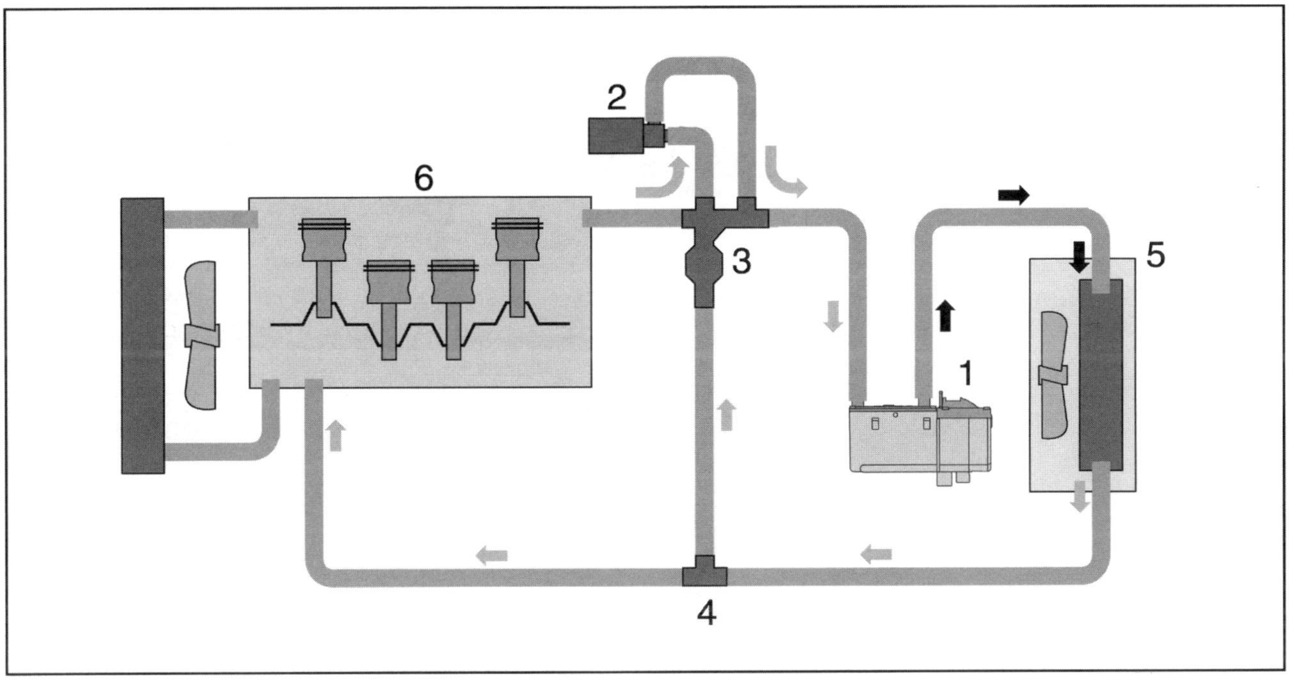

Bild 18.66
Bypass-Anbindung der Standheizung
1 Heizgerät
2 Wasserpumpe
3 Kombiventil (5 Anschlüsse)
4 T-Stück
5 Wärmetauscher
6 Fahrzeugmotor

und gibt den Wasserkreislauf zur zusätzlichen Motorerwärmung frei (Bild 18.67b). Das Komforteinbau-System ist die aufwendigste Standheizungsvariante, da es zusätzliche Leitungen, ein Rückschlagventil und ein Thermostat benötigt.

Eine Standheizung kann über eine vorgewählte Zeit, eine Fernbedienung oder ein Telefon eingeschaltet werden.

Die **Multifunktionsuhr** zum Aktivieren einer Standheizung und das Vorwählen einer Einschaltzeit ist die preisgünstigste Möglichkeit. Dies ist ausreichend, wenn der Kunde immer zur gleichen Zeit sein Fahrzeug benötigt oder Alternativen nicht möglich sind.

Die **Fernbedienung** bietet sich an, wenn der Kunde unregelmäßige Zeiten hat, aber die Aktivierung der Standheizung rechtzeitig vornehmen kann, bevor er das Fahrzeug benötigt. Das Fahrzeug muss in Reichweite der Fernbedienung stehen.

Die Standheizung kann auch über **Telefon**anrufe bedient werden. Dies ist die komfortabelste Möglichkeit. Wenn das Fahrzeug mit dem entsprechenden Telefonsteuergerät häufig in Gegenden mit schlechter Telefonnetzabdeckung bewegt wird, kann es aber zu Funktionsstörungen kommen.

Bild 18.67
Wasserkreislauf
Komforteinbausatz

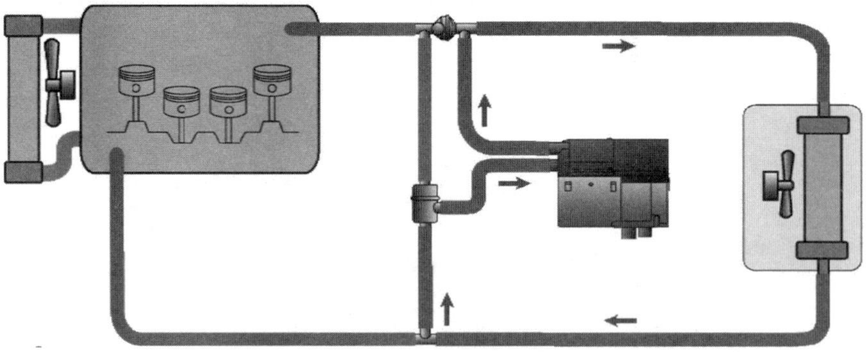

a)

zuerst der Innenraum ...

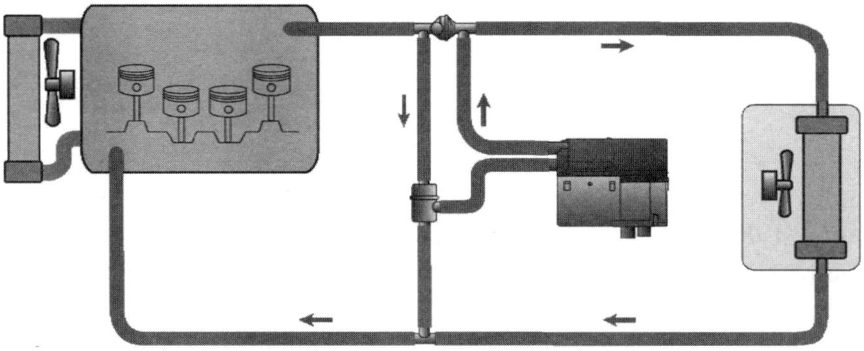

b)

... dann zusätzlich der Motor!

18.13.2 Funktion des Heizgerätes

Das in den Kühlwasserkreislauf eingebundene Heizgerät (Bild 18.68) wird über eine eigene Dosierpumpe mit Kraftstoff aus dem Kraftstofftank des Fahrzeuges versorgt. Je nach Fahrzeug (Benzin/Diesel/Gas) gibt es deshalb geringfügig unterschiedliche Heizgeräte. Die durch die Verbrennung des Kraftstoffes im Inneren des Heizgerätes erzeugte Wärme wird an das Kühlmittel abgegeben. Eine eigene Wasserpumpe im Heizgerät sorgt dafür, dass das Kühlmittel des Fahrzeuges das Heizgerät durchströmt.
Nach dem Einschalten der Standheizung wird zuerst die Wasserpumpe aktiviert. Anschließend wird der Glühstift vorgeglüht.

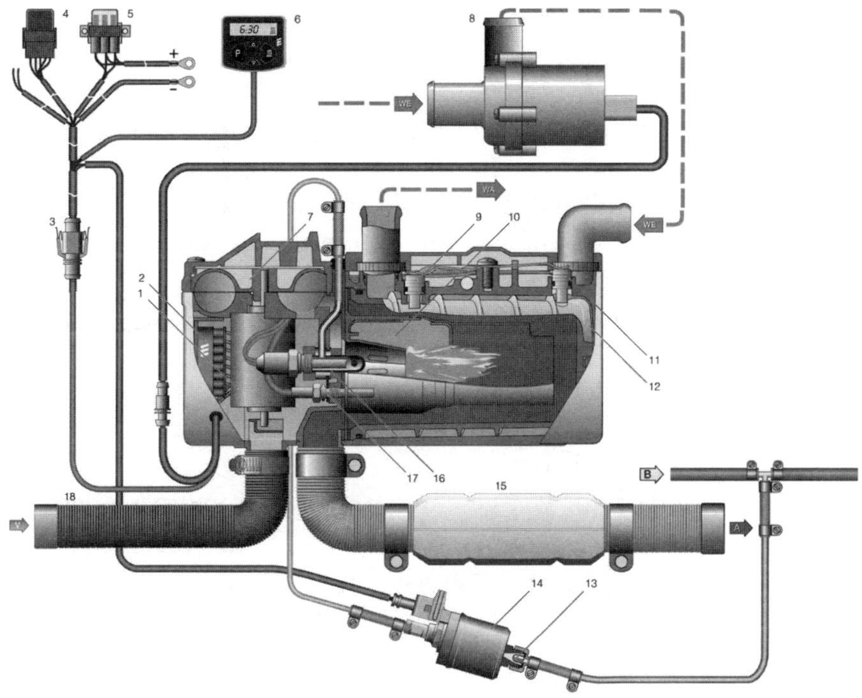

Bild 18.68
1 Elektromotor
2 Steuergerät
3 Schnittstelle / 8-poliger Stecker
4 Relais, Fahrzeuggebläse
5 Hauptsicherung / Sicherungshalter
6 Mini-Uhr
7 Verbrennungsluftgebläse
8 Wasserpumpe
9 Temperaturfühler
10 Brennkammer
11 Überhitzungsfühler
12 Wärmetauscher
13 Topfsieb, eingebaut in der Dosierpumpe
14 Dosierpumpe
15 Abgasrohr mit Abgasschalldämpfer
16 Glühstift
17 Flammfühler
18 Verbrennungsluftschlauch
A Abgas
B Brennstoff
V Verbrennungsluft
WA Wasseraustritt
WE Wassereintritt

Erst dann erfolgt die Kraftstoffförderung und Dosierung und damit der Beginn der Verbrennung. Damit setzt das Frischluftgebläse ein. Die Verbrennung wird durch einen Flammfühler ständig überwacht. Der Glühstift wird bei einer stabilen Flamme zeitgesteuert abgeschaltet.
Zündet die Flamme innerhalb 90 Sekunden nach dem Beginn der Kraftstoffförderung nicht, wird der Start einmal wiederholt. Erfolgt dann erneut keine Zündung, geht das Standheizungssystem in eine Störabschaltung. Dies gilt auch für das Erlöschen der Flamme während des Betriebes. Eine Störabschaltung des Heizgerätes erfolgt auch bei einer Überhitzung, Unter- bzw. Überspannung, defektem Glühstift, Kraftstoffmangel und Defekten bei der Drehzahl des Gebläsemotors.
Die Störabschaltung kann nach der Beseitigung der Ursachen durch kurzes Aus- und Wiedereinschalten der Standheizung aufgehoben werden. Nach zweimaligem Wiederauftreten der Störabschaltung oder sicherheitsrelevanten Mängeln erfolgt eine Störverriegelung!

18.13.3 Hinweise für die Nachrüstung und gesetzliche Vorschriften

Da eine Nachrüstung meist abhängig vom Fahrzeug mehrere Stunden bis zu zwei Tage dauert und damit mit nicht unerheblichen Kosten verbunden ist, muss man sich gerade bei der Nachrüstung einer Standheizung besonders gut vorbereiten.

Für die Nachrüstung einer Standheizung gibt es unterschiedliche Nachrüstsätze. Wegen der Komplexität ist in der Regel zu einem fahrzeugspezifischen Einbausatz mit detaillierter Einbauanleitung zu raten. Bei der Nachrüstung einer Standheizung gibt es viele Vorschriften und Hinweise, die beachtet werden müssen. Die wichtigsten sind im Folgenden ausgeführt. Grundsätzlich wird das Heizgerät mit der Wasserpumpe im Motorraum verbaut.

Gesetzliche Vorschriften

- ❑ Es dürfen nur Standheizungsgeräte mit einer «Allgemeinen Bauartgenehmigung» mit amtlichem Prüfzeichen auf dem Typenschild verbaut werden.
- ❑ Der Einbau darf nur von geschultem Personal und nach der Einbauanweisung vorgenommen werden.
- ❑ Die Nachrüstung muss durch den Hersteller bei der Typprüfung nach §20 StVZO oder der Einzelprüfung nach §21 StVZO überprüft werden.
- ❑ Falls o.g. Typprüfungen nicht vorliegen, muss der Einbau nach §19 StVZO begutachtet werden.
- ❑ Das Jahr der ersten Inbetriebnahme muss auf dem Typenschild dauerhaft eingetragen werden.
- ❑ Ein Hinweisschild («Vor dem Tanken Heizgerät abstellen») muss an geeigneter Stelle nahe dem Kraftstoff-Einfüllstutzen angebracht werden.
- ❑ Das Heizgerät, kraftstoffführende Leitungen und die Abgasleitungen dürfen nicht im Fahrzeuginneren verbaut werden.
- ❑ Die Verbrennungsluft muss aus dem Freien angesaugt werden; Abgasleitungen sind so zu verlegen, dass keine Abgase in den Fahrzeuginnenraum eindringen.

Die Montage der Kraftstoffleitungen hat mit der größten Sorgfalt zu erfolgen. Sie müssen einen ausreichenden Abstand zu heißen Fahrzeugteilen, wie z.B. der Abgasführung, haben, müssen gegen mechanische Beschädigungen geschützt sein und sicher befestigt werden. Dabei dürfen Motorbewegungen oder sonstige Fahrzeugverwindungen die Haltbarkeit nicht beeinflussen. Bei Undichtigkeiten darf sich abtropfender Kraftstoff an heißen Teilen oder elektrischen Verbindungen nicht entzünden. Grundsätzlich darf die Förderung des Kraftstoffes nicht durch Schwerkraft oder Überdruck erfolgen, d.h. keine Kraftstoffentnahme an unter Druck stehenden Kraftstoffleitungen oder nach der fahrzeugeigenen Kraftstoffpumpe. Deshalb sollten die Kraftstoffleitungen ab der Dosierpumpe bis zum Heizgerät stetig steigend verlegt werden (Bild 18.69). In den meisten Fällen wird ein separater Tankanschluss verwendet.

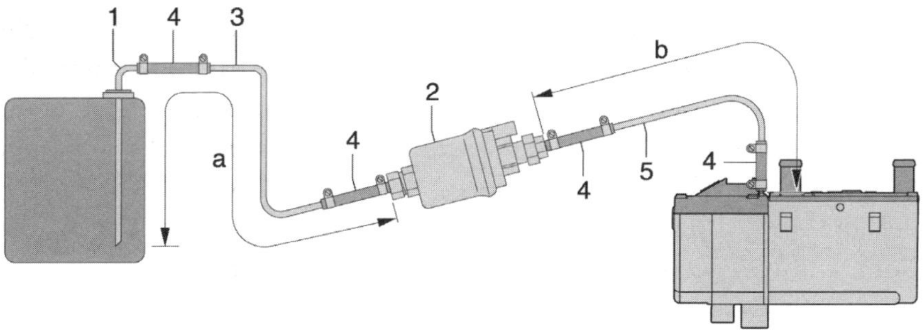

Bild 18.69
Verlegung der Brennstoffversorgung
1 Tankanschluss für Tankarmatur
2 Dosierpumpe
3 Brennstoffrohr
4 Brennstoffschlauch
5 Brennstoffrohr

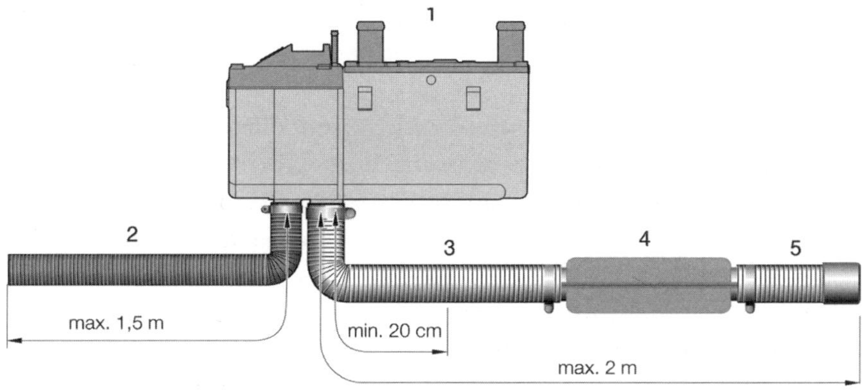

Bild 18.70
Anordnung Verbrennungsluftführung und Abgasrohr
1 Heizgerät
2 Verbrennungsluftschlauch
3 Flexibles Abgasrohr
4 Abgasschalldämpfer
5 Abgasendrohr

Die Verlegung des Verbrennungsluftschlauches und der Abgasführung (Bild 18.70) muss so erfolgen, dass die Öffnungen immer frei sind, sich nicht durch Schmutz und Schnee zusetzen können, nicht gegen den Fahrtwind gerichtet sind und leicht fallend montiert werden, damit Kondenswasser ablaufen kann.

Außerdem dürfen ausströmende Abgase nicht wieder als Verbrennungsluft angesaugt werden. Da das Abgasrohr im Betrieb sehr heiß wird, ist auf ausreichenden Abstand zu wärmeempfindlichen Teilen zu achten.

Das Heizgerät und die Wasserpumpe müssen grundsätzlich immer unter dem minimalen Kühlwasserspiegel des Fahrzeuges eingebaut werden. Dadurch können sich das Heizgerät und die Wasserpumpe selbst entlüften und die Gefahr einer Überhitzung wird verringert. Die Einbindung des Heizgerätes mit der Wasserpumpe in den Kühlkreislauf des Fahrzeuges erfolgt in der Regel in den Wasservorlaufschlauch vom Fahrzeugmotor zum Wärmetauscher. Bei der Verlegung der Wasserschläuche ist ebenfalls auf genügend großen Abstand zu heißen Fahrzeugteilen, aber auch zu temperaturempfindlichen Teilen zu achten. Außerdem sind die Wasserschläuche knickfrei zu verlegen, so dass sie nirgends scheuern können und die Schlauchverbindungen dicht sind. Vor dem endgültigen Anschluss an den Kühlkreislauf sollten sie bereits mit Kühlmittel befüllt werden.

Wenn bereits ein kraftstoffbetriebener Zuheizer verbaut ist, beschränkt sich die Nachrüstung nur auf die Bedienteile und die Steuerung sowie die Änderung der Fahrzeugprogrammierung. Daraus kann sich eine sehr kostengünstige Möglichkeit einer Standheizungsnachrüstung ergeben.
Für eine qualifizierte Kundenberatung vor einer Nachrüstung ist immer auch das Fahrprofil des Kunden zu erfragen, da die Fahrzeugbatterie durch den Standheizungsbetrieb nicht unerheblich belastet wird. Als Faustregel gilt: Zeit des Standheizungsbetriebes = notwendige anschließende Fahrzeit zum Wiederaufladen der Batterie. Deshalb empfiehlt es sich häufig, bei der Nachrüstung einer Standheizung die verbaute Fahrzeugbatterie durch eine stärkere Batterie zu ersetzen.
Außerdem ist der Kunde darauf hinzuweisen, dass eine Standheizung in geschlossenen Räumen wie Garagen und Werkstätten oder in der Nähe von Tankstellen oder Tankanlagen nicht betrieben werden darf.

18.13.4 Diagnose und Schaltplan einer Standheizung

Bei der Diagnose einer defekten Standheizung betrachtet man, wie sonst auch, zuerst die einfachen Ursachen. Eine zu geringe Batteriespannung, geknickte oder verstopfte Leitungen der Kraftstoffzufuhr, eine zu geringe Kraftstoffmenge im Fahrzeugtank und defekte Sicherungen sind die häufigsten Fehler. Erst im zweiten Schritt benötigt man einen Diagnosecomputer/-tester. Bei serien- oder sonderausstattungsgleichen Nachrüstungen kann die Diagnose über die Diagnosesysteme des Fahrzeugherstellers erfolgen. Ansonsten benötigt man einen Computer mit der Diagnosesoftware des Heizgeräteherstellers und den dazugehörenden PC-Diagnoseadapter (Bild 18.71). Damit lassen sich der Fehlerspeicher auslesen, verschiedene Funktionen ansteuern und die Störverriegelung aufheben.

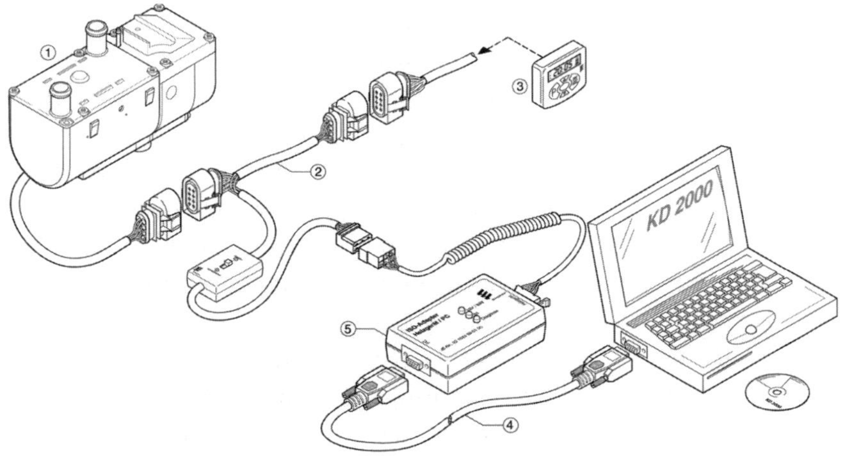

Bild 18.71
Diagnoseadapter
1 HYDRONIC
2 Adapterkabel
3 Mini-Uhr
4 SUB-D-Verbindungskabel
5 ISO-Adapter

Werkstatthinweis: *Die Störverriegelung kann nach der Beseitigung der Ursache auch manuell aufgehoben werden. Dazu muss man erst die Standheizung einschalten, innerhalb 30 s die Stromversorgung unterbrechen, anschließend die Standheizung wieder ausschalten und einige Minuten warten. Nach dem Wiederherstellen der Stromversorgung ist die Störverriegelung aufgehoben.*

Das eigentliche Standheizungsaggregat mit Brennermotor, Glühstift, Überhitzungsfühler, Flammfühler, Temperaturfühler und Steuergerät ist in der Regel über zwei Stecker mit der Fahrzeugelektrik verbunden. Dadurch wird die Spannungsversorgung mit den entsprechenden Sicherungsmaßnahmen sichergestellt und das Fahrzeuggebläse sowie die Wasserpumpe und die Brennstoffdosierpumpe angesteuert. Bild 18.72 zeigt den Schaltplan einer Standheizung.

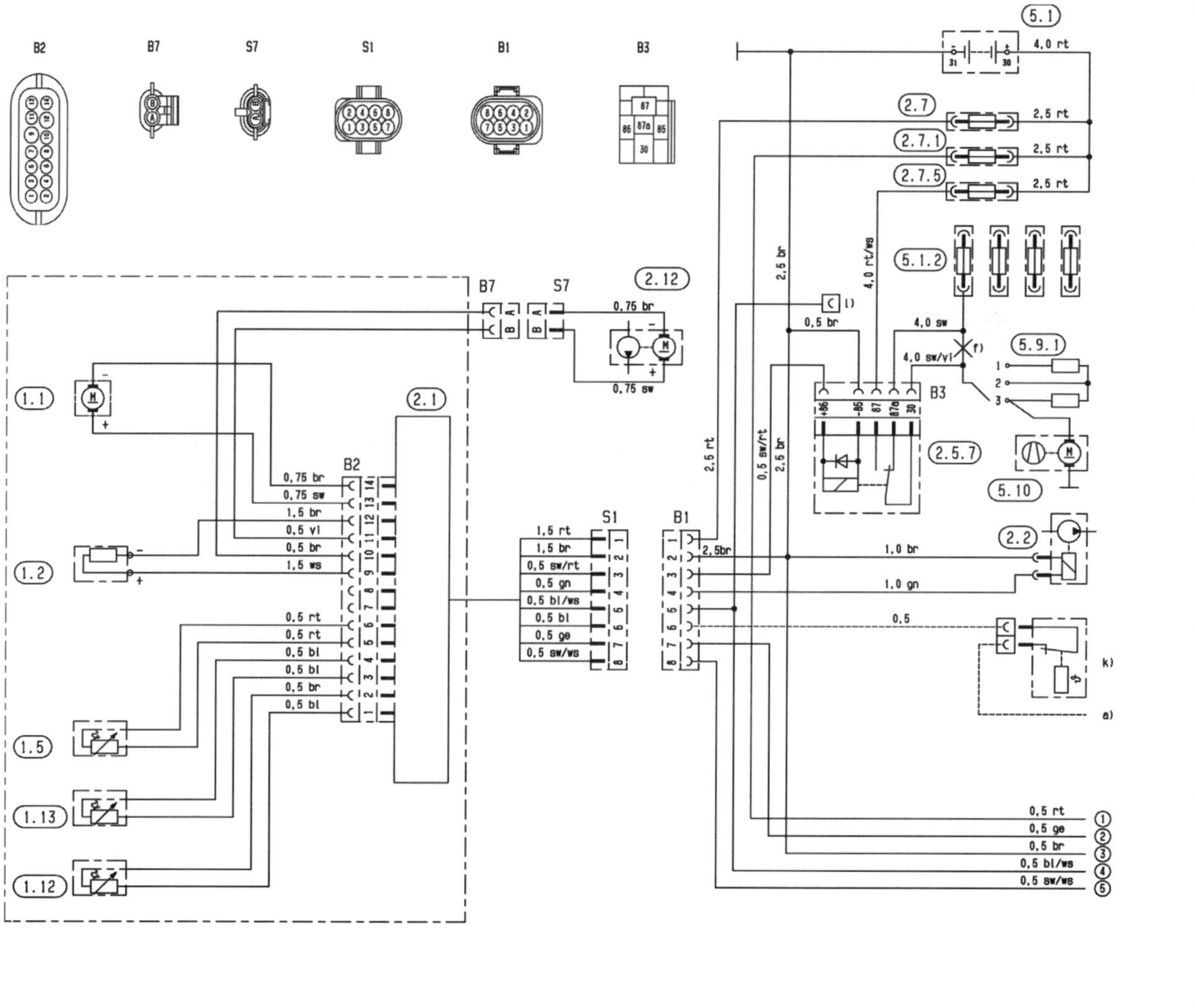

Bild 18.72
Schaltplan Standheizung
1.1 Brennermotor
1.2 Glühstift
1.5 Überhitzungsfühler
1.12 Flammfühler
1.13 Temperaturfühler
2.1 Steuergerät
2.2 Brennstoffdosierpumpe
2.5.7 Relais Fahrzeuggebläse
2.7 Hauptsicherung 20 A
2.7.1 Sicherung, Betätigung 5 A
2.7.5 Sicherung Fahrzeuggebläse 25 A
2.12 Wasserpumpe
5.1 Batterie
5.1.2 Sicherungsleiste im Fahrzeug
5.9.1 Schalter Fahrzeuggebläse
5.10 Fahrzeuggebläse
a) Für Zuheizoption an D+ anschließen
f) Leitung auftrennen
k) Schalter (Zuheizen, z.B. Außentemperatur <5 °C oder Sommer-Winter-Umschalter)

Nach dem vollständigen Einbau bei einer Nachrüstung oder nach der Wiedermontage nach einer Diagnose und Reparatur muss die Standheizung zuerst durch die Werkstatt wieder in Betrieb genommen werden. Zuvor muss der Kühlmittelkreislauf sorgfältig entlüftet werden, die Kraftstoffversorgung und die Verbindung aller elektrischen Anschlüsse überprüft werden. Nicht vergessen, den Temperaturregler vorher auf warm zu stellen!

Werkstatthinweis: *Wenn die Standheizung in die Fahrzeugsysteme eingebunden ist, muss vor einer Erstinbetriebnahme eine entsprechende Fahrzeug-Neuprogrammierung durchgeführt werden.*

Während des Erstbetriebes müssen sämtliche Leitungen, Schläuche, Anschlüsse, Verbindungen und die Richtung des ausströmenden Abgases genau überprüft werden. Sollte dabei eine Störung auftreten, ist unmittelbar eine Fehlersuche notwendig.

Werkstatthinweis: *Nach zwei Betriebsstunden des Fahrzeuges sollten alle Schlauchschellen nochmals nachgezogen werden.*

19 Integrierte Fahrerinformationssysteme

19.1 Allgemeines

Zu den Fahrerinformationssystemen gehören die meist analogen Anzeigen für Geschwindigkeit, Motordrehzahl, Kühlmitteltemperatur und Tank, sowie die diversen Kontrolllampen für Fernlicht, Bordnetzspannung, Öldruck, Bremse, Airbag usw. Neben den gerade erwähnten klassischen Anzeigen im Kombiinstrument stehen aber auch weitere überwiegend fahrzeugbezogene Kontrollfunktionsanzeigen (Überwachung von Glühlampen, Flüssigkeitsständen, Türen/Klappen offen usw.) und Bordcomputer für Außentemperatur, Verbrauch, Durchschnittsgeschwindigkeit, Reichweite usw. als Informationsquellen dem Fahrer zur Verfügung. Dazu kommen die verschiedenen Funktionen der Audio-, Informations- und Kommunikationselektronik, die man heute überwiegend meint, wenn man von Fahrerinformationssystemen spricht. Außerdem sind durch die fortschreitende Elektronik auch viele Systeme der Komfortelektronik mannigfach einstellbar.

Jedes dieser Systeme benötigt entsprechende Anzeige- und Bedienmöglichkeiten. Viele Einzellösungen aber würden viele Schalter und viele Einzelanzeigen bedeuten, die viel Platz beanspruchen würden und die der Fahrer nicht mehr sicher bedienen könnte. Deshalb fasst man mehrere unterschiedliche Systeme zu einem so genannten integrierten Fahrerinformationssystem zusammen (Bild 19.1).

Bild 19.1
Anordnung der Fahrerinformationssysteme

Damit wird eine einheitliche Benutzeroberfläche und Bedienerführung, sowie eine deutlich reduzierte Anzahl von Anzeige und Bedienmöglichkeiten (Schalter, Regler usw.) erreicht. Die Zusammenfassung und Integrationsphilosophie, als auch die Bedienung über mehrere Eingabemöglichkeiten oder nur einen zentralen Dreh-/Drücksteller ist jedoch bei den verschiedenen Kfz-Herstellern noch sehr unterschiedlich. Grundsätzlich sollen die integrierten Fahrerinformationssysteme aber einfach und logisch in der Bedienung und schnell und leicht abzulesen in der Bildschirmdarstellung sein. Zusammengefasst in dem zentralen Anzeige- und Bedienteil der Fahrerinformationssysteme werden die

- ❑ Audiosysteme, wie z.B. Radio, TV, CD-Wechsler, DVD-Wiedergabe;

- ❑ Telekommunikationssysteme, wie z.B. Telefon, Fax, Telematikfunktionen;
- ❑ Komfortsysteme, wie z.B. Navigation, Klimaanlage, Einparkhilfe und
- ❑ Fahrzeugkontrollfunktionen und Bordcomputer sowie manchmal auch
- ❑ Diagnose und Serviceanwendungen.

Das zentrale Anzeige und Bedienteil der Fahrerinformationssysteme, auch oft als Head unit bezeichnet, hat häufig, wie auch in diesem Beispiel, gleichzeitig die Masterfunktion im MOST-Verbund und ist das Gateway zu den anderen Bussystemen. Dem Head unit kommt bei den Fahrerinformationssystemen eine entscheidende Funktion zu, da die Eingabe, Verarbeitung/Funktion und Ausgabe räumlich aufgeteilt an verschiedenen Orten (Steuergeräten, Instrumenten usw.) stattfindet. Deswegen ist ein enormer Datenaustausch notwendig.

19.2 Verschiedene Eingabemöglichkeiten und Eingangssignale

Bild 19.2
Mercedes-Benz E-Klasse Command APS

Die Eingabe oder Abfrage bestimmter Funktionen kann an mehreren Bedienstellen erfolgen. Die direkteste ist über Tasten, einen Dreh-/Drücksteller oder eine Touch screen am Bildschirm bzw. der Head unit. Die Bedienung über ein Multifunktionslenkrad ist bei vielen Fahrzeugen der gehobenen Klasse ebenfalls möglich und die Bedienung durch Spracheingabe gewinnt an Bedeutung. Die Bilder 19.2 bis 19.4 zeigen die verschiedenen Bedienphilosophien/Eingabemöglichkeiten von einzelnen Tasten für die Hauptmenüs und Soft keys am Bildschirmrand, die in den Untermenüs mit verschiedenen Funktionen belegt sind, über einen zentralen Dreh-/Drücksteller mit wenigen Menütasten auf der Mittelkonsole bis zu einem einzigen Controller (Dreh-/Drück-/Schiebesteller) auf der Mittelkonsole, mit dem alle Funktionen der integrierten Fahrerinformationssysteme bedient werden.
Die Hauptmenüs sind meist:

Bild 19.3
Audi A6 MMI

- ❑ Unterhaltung bzw. Entertainment mit den verschiedenen Audio- und Videoquellen, aber auch TV als Untermenüs,
- ❑ Navigation mit der Zielführung und verschiedenen zusätzlichen Informationen,
- ❑ Telefon und Kommunikation,
- ❑ Bordcomputer bzw. Fahrdatenrechner,
- ❑ Einstellungen für verschiedene Komfortsysteme und fahrzeugspezifische Funktionen.

Die Bedienung der Systeme erfolgt in der Regel nach einfachen immer gleichen Prinzipien/Abläufen und ist überwiegend selbsterklärend. Nichtsdestotrotz kann es in Einzelfällen ratsam sein, in der Bedienungsanleitung bestimmte Funktionen nachzusehen.
Dies ist unter Umständen auch bei einer Kundenreklamation sinnvoll, sich erst genau die Eingabe und Funktionen anzusehen, bevor eine unkoordinierte Fehlersuche begonnen wird. Wichtig in diesem Zusammenhang ist auch wann, was, bei welchen Bedingungen funktioniert bzw. nicht funktioniert. Die Angaben des Kunden am besten genau aufschreiben und wenn möglich nachvollziehbar zeigen lassen. Eine detailliertere Fehlersuche in den Fahrerinformationssystemen verlangt eine genaue Fehlereingrenzung. Anhand der Fehlereingrenzung ist zu prüfen, woher die notwendigen Eingaben, Signale kommen und wie sie übertragen werden. Eine weitere Prüfung sollte sein, ob ein ähnlicher Fehler auch in benachbarten Systemen auftritt. Tritt der Fehler unter Umständen nur bei der Bedienung über eine bestimmte Eingabestelle auf? Natürlich müssen aber als erstes die Fehlerspeicher der verschiedenen Systeme ausgelesen werden.
Besonders die Bedienung über ein Multifunktionslenkrad (Bild 19.5) muss hier nachgeprüft werden, da bei diesen verschiedene Eingaben, je nach gewähltem Menü, möglich sind und die Signale von dem Druck einer Taste, über ein Steuergerät, über die Lenkung und über ein Bussystem übertragen und verarbeitet werden müssen. Bild 19.6 zeigt das Schaltbild eines Multifunktionslenkrades. Im Lenkrad befindet sich die Sende- und Empfangselektronik, die die Signale der einzelnen Tasten auswertet und entsprechende Datentelegramme auf ein Bussystem überträgt.

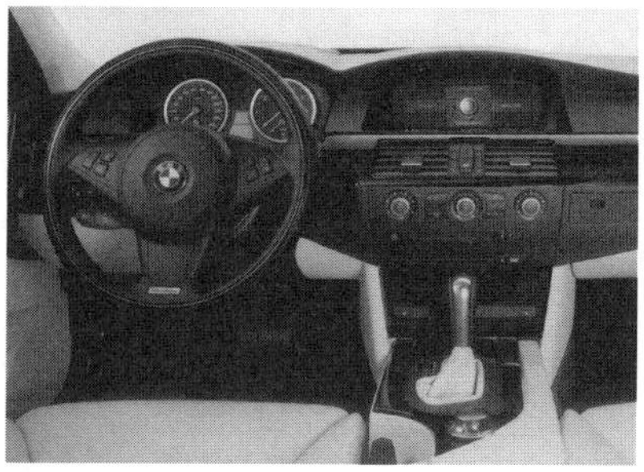

Bild 19.4
BMW iDrive

Bild 19.5
Multifunktionslenkrad

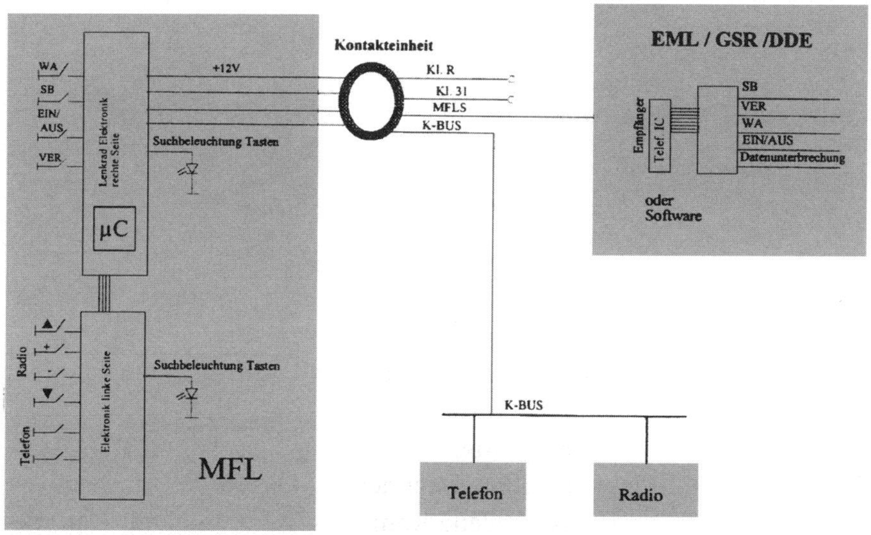

Bild 19.6
Schaltbild Multifunktionslenkrad

Die verschiedenen Multifunktionslenkräder der verschiedenen Hersteller erlauben meist eine Lautstärkeneinstellung, ein Vor- und Zurückblättern im gewählten Menü, eine Umschaltung zwischen Audio und Telefon und eventuell die Bedienung der Geschwindigkeitsregelung. Manchmal können die Funktionen von ein oder zwei Tasten auch durch eine Programmierung oder auch durch eine Einstellung über einen Menüpunkt in den Fahrerinformationssystemen durch den Fahrer selbst festgelegt werden. Außerdem kann sich, wenn vorhanden, die Taste zur Aktivierung der Spracheingabe auf dem Multifunktionslenkrad befinden. Diese Taste bezeichnet man als «Push-to-talk-Taster« («Drücken-zum-Sprechen-Taste»).
Die Spracheingabe bzw. das Sprachverarbeitungssystem (oder auch Linguatronic) ist im MOST-Bussystem der Fahrerinformationssysteme integriert (Bild 19.7) und kann heute bei modernen Systemen bis zu 400 verschiedene Kommandos verarbeiten. Das Aufnehmen der Sprache erfolgt über das oder die Mikrofon(e) der Freisprecheinrichtung. Bei der Aktivierung der Spracheingabe werden alle Audiosysteme stummgeschaltet, bzw. angehalten.

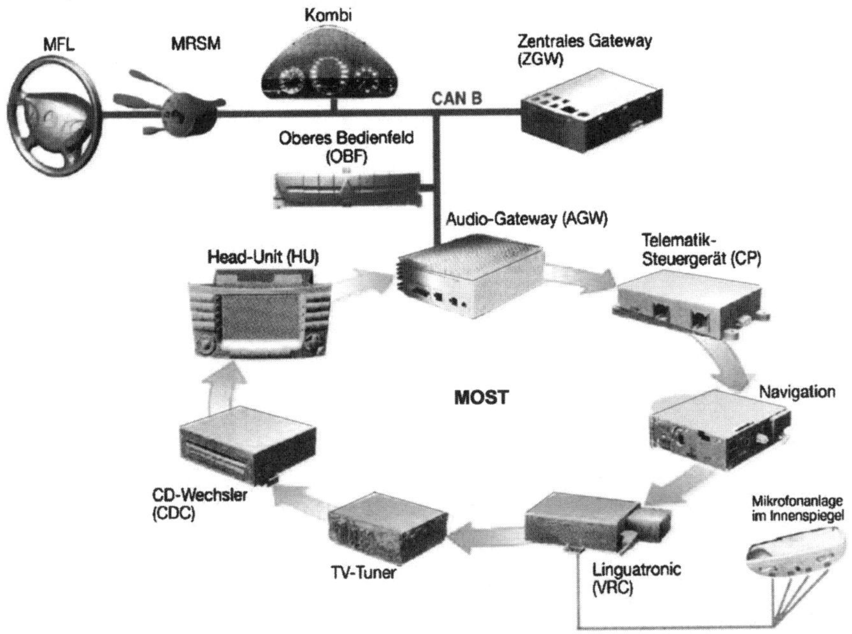

Bild 19.7
MOST-Bussystem der Fahrerinformationssysteme

Folgende Funktionen können beispielhaft mit der Spracheingabe bedient werden:

- ☐ Telefon; PIN-Eingabe, Nummer wählen, oder durch Sprechen des Namens, Wahlwiederholung und verschiedene Telefonbuchfunktionen.

- ❑ Navigation; Ziel eingeben, wählen, speichern, abrufen und Zielführung starten und beenden, sowie Routenkriterien und die Kartendarstellung verändern.
- ❑ Audioquellen; Radio ein-/ausschalten, Sender wählen, Verkehrsfunk ein/aus, CD-Wechsler oder Kassettenlaufwerk wählen, ein/aus und track anwählen, TV wählen, ein/aus, Programm und Videotext vor/zurück.
- ❑ Internet und Telematikdienste ein/aus, Seite neu laden, vor/zurück.
- ❑ Bordcomputer anzeigen.

Bei Fehlfunktionen in der Spracheingabe empfiehlt es sich nach der Fehlerspeicherabfrage auch das Mikrofon mit Leitungen und Steckern zu überprüfen. Ein Telefonat über die Freisprecheinrichtung kann die schnellste Überprüfung der Funktion des Mikrofons sein.
Ganz wichtige Eingangssignale für die verschiedenen Funktionen der integrierten Fahrerinformationssysteme sind nicht zuletzt die verschiedenen Antennensignale. Ganz klassisch für den Radioempfang (FM/AM), aber auch für das Telefon, das Navigationssystem, den TV-Empfang und, wie in Bild 19.8 gezeigt, auch für fahrzeugspezifische Funktionen, wie die Zentralverriegelung und den Telestart der Standheizung.

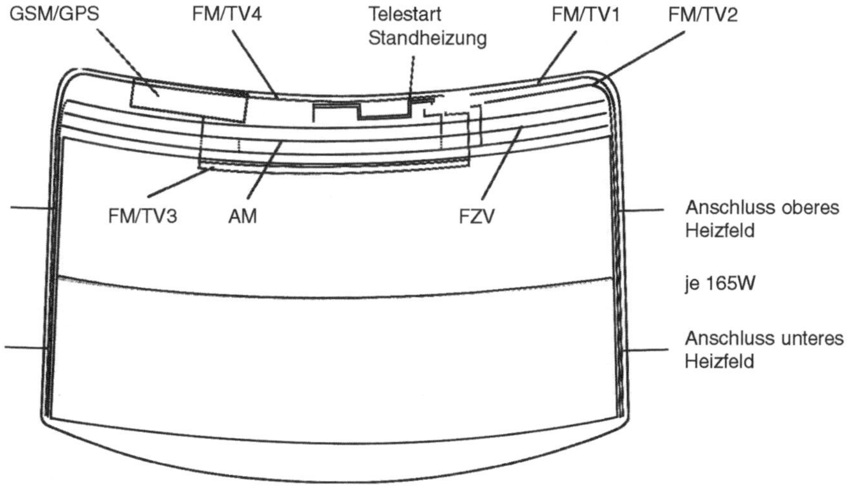

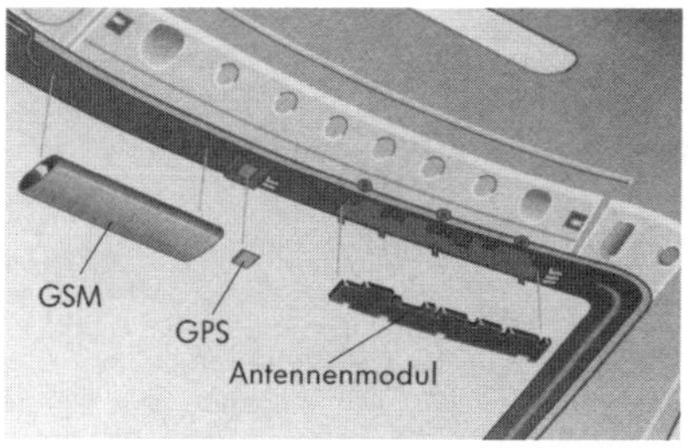

Bild 19.8
Anordnung der Antennen

Die verschiedenen Antennen sind heute meist räumlich zusammengefasst. Die Einbauorte sind bei vielen Herstellern im Bereich des Daches hinten bzw. im oberen Bereich der Heckscheibe. Die Heizleiter der Heckscheibe werden für den Radio- und TV-Empfang mit Hilfe eines Antennen-Diversity-Systems (*diversity* = engl.

Verschiedenheit, Abwechslung) genutzt, das durch ständiges Umschalten auf die Antenne mit dem stärksten Signal, immer den besten Empfang garantieren soll. Die Antenne für das Telefon (GSM) und die Antenne für das Navigationssystem (GPS) sind nicht mit den Leitern der Heckscheibe verbunden.
Bei Funktionsstörungen, die durch einen schlechten Empfang hervorgerufen sein könnten, sind die Antennen, sämtliche Kontakte, Leitungen und Stecker zu überprüfen. Gerade bei höheren Laufleistungen, bzw. Fahrzeugalter kann es in diesem Bereich nach wie vor zu Fehlern führen.

19.3 Anzeige und Wiedergabe

Die Anzeige der verschiedenen Informationen der Fahrerinformationssysteme geschieht natürlich primär auf den zentralen Bildschirmen, den Head units. Der zentrale Bildschirm (siehe auch Bilder 19.2 bis 19.4) kann ein grafikfähiger Farbbildschirm mit bis zu 8,8 Zoll in der Diagonalen sein. Es kann aber auch ein monochromer Bildschirm eingesetzt sein. Die Anzeigen auf dem Bildschirm werden in der Regel direkt von dem «verursachenden» System aufbereitet. Für die Anzeige gibt es natürlich verschiedene, programmierte Prioritäten. Ebenso für die Wiedergabe von Audio- und Kommunikationssignalen. Ein eingehendes Telefongespräch unterbricht z.B. immer die Musikwiedergabe, Richtungshinweise einer aktiven Zielführung können aber ihrerseits ein Telefongespräch überlagern usw.
Da aber die Vielzahl der Anzeigen, die in den zentralen Bildschirmen angezeigt werden sollen, schnell zu einer gewissen Unübersichtlichkeit führen kann und diese den Fahrer vom Straßenverkehr auch zu stark ablenken könnten, werden bei vielen Herstellern zusätzliche Bildschirmanzeigen im Kombiinstrument (Bild 19.9) genutzt. Dort werden nur ausgewählte Informationen im Blickfeld des Fahrers angezeigt. Die Aufbereitung erfolgt in der Regel durch das Head unit und die Übertragung meist über ein Gateway und ein Bussystem.

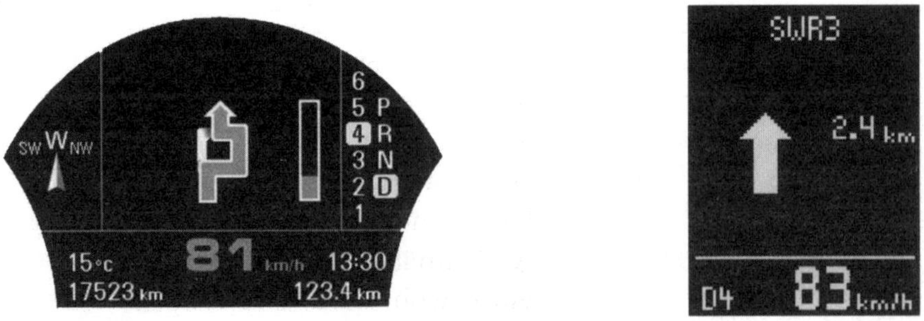

Bild 19.9
Zusätzliche Anzeigen im Kombiinstrument

Die Bildschirme und Anzeigen sind meist in der so genannten TFT- bzw. TFD-Technik ausgeführt. TFT – **t**hin **f**ilm **t**ransistor, TFD – **t**hin **f**ilm **d**iode (*thin* = engl. dünn).
Natürlich werden auch viele Informationen akustisch wiedergegeben. Dies erfolgt meist über die Lautsprecher im Fußraum vorne. Auch hier gelten natürlich die programmierten Prioritäten.

19.4 Navigationssysteme

19.4.1 Allgemeines

Ein Navigationssystem muss den richtigen Weg zu einem vom Fahrer eingegebenen Ziel berechnen und ihn dahin durch entsprechende Fahrtrichtungsempfehlungen sicher führen.
Für diese Aufgabe suchte man bereits Ende der 70er-Jahre nach Lösungen. Aber erst Mitte der 90er-Jahre kamen die ersten brauchbaren, zielführenden Navigationssysteme auf den Markt, deren Fahrempfehlungen leicht verständlich, verlässlich und mit einer guten Kartendarstellung unterstützt wurden. Der Anteil der Navigationssysteme hat seither ständig zugenommen. Die Spanne reicht dabei von einfachen Geräten, die Radiofunktionen und eine Pfeilnavigation in einem Gehäuse vereinen, bis zu Systemen, die in die Fahrzeugfunktionen vollständig integriert sind und neben Fahrtrichtungshinweisen, ausführlichen Kartendarstellungen und umfassenden Zusatzinformationen, auch verschiedene Telematikfunktionen, wie z.B. Übermittlung der Standortkoordinaten bei einem automatischen Notruf, bieten oder auch über Spracheingabebefehle bedient werden können.

19.4.2 Positionsbestimmung und Routenberechnung

Grundvoraussetzung für die Berechnung einer Fahrtroute und einer Zielführung ist zu aller erst die Bestimmung der eigenen Position. Dies geschieht durch das Global Positioning System (GPS = weltumfassendes Standortbestimmungssystem). Dabei handelt es sich um 24 Satelliten, die in ca. 20 200 km Höhe die Erde in sechs Bahnebenen umkreisen (Bild 19.10). Die sechs Bahnen haben jeweils einen Abstand von 60 Grad zueinander ($6 \times 60° = 360°$).
Jeweils 4 Satelliten befinden sich auf einer Bahnebene mit dem gleichen Abstand zueinander. Alle Satelliten kreisen in ihren Bahnen immer mit einer Neigung von 55 Grad zum Äquator und benötigen für einen kompletten Umlauf 12 Stunden. Durch die sechs verschiedenen Bahnen und die jeweils gleichmäßige Verteilung aller Satelliten ist gewährleistet, dass an jedem bewohnten Punkt der Erde mindes-

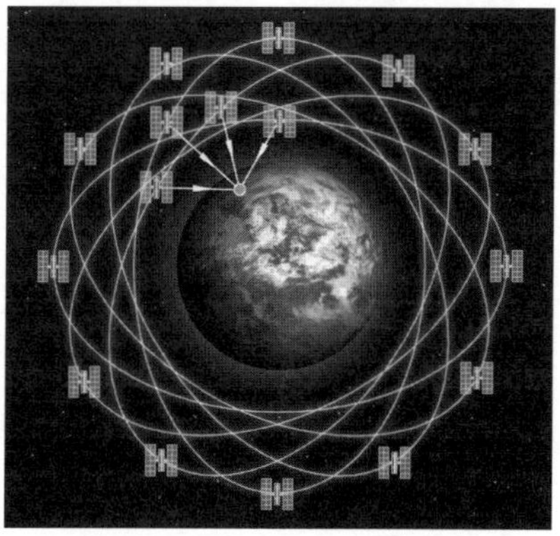

Bild 19.10
Umlaufbahnen der GPS-Satelliten

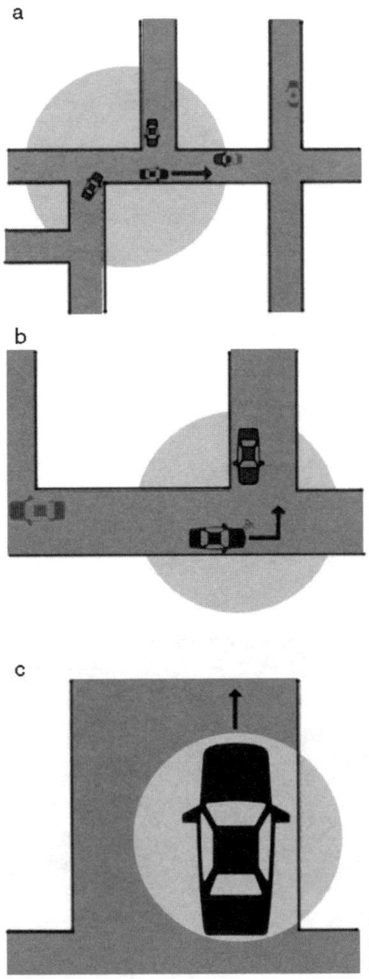

Bild 19.11
Map-Matching

tens immer 4 Satelliten «sichtbar» sind. Meistens sind aber die Signale von noch mehr (maximal acht) Satelliten zu empfangen. Alle Satelliten senden in gleichen Zeitabständen 50-mal pro Sekunde auf zwei Frequenzen Identifikations-, Positions- und Zeitsignale. Für eine exakte Positionsbestimmung müssen mindestens 3 Satelliten gleichzeitig empfangen werden. Die Positionsbestimmung beruht auf den unterschiedlichen Signallaufzeiten aufgrund der Entfernungen von den einzelnen Satelliten zum Empfänger. Daraus kann dann der Standort berechnet werden. Das ganze GPS basiert sozusagen auf exakten Zeitsignalen und damit exakten Uhren.

Für die zivile Nutzung (des ursprünglich nur für militärische Zwecke vorgesehenen GPS) war die Genauigkeit anfangs bei ca. 100 m in der waagrechten Achse, ca. 150 m in der senkrechten Achse und ca. 0,3 Millisekunden Zeitabweichung. Mittlerweile (seit 5/2000) werden auch für die zivile Nutzung die Signale freigegeben, die eine Genauigkeit von ±10 m erlauben.

Mit den Daten der eigenen Position und dem vom Fahrer eingegebenen Ziel wird vom Navigationsrechner die Fahrtroute berechnet. Dabei bedient sich der Rechner einer CD-ROM oder auch mittlerweile immer häufiger einer DVD bzw. einer Festplatte, auf der die Straßenkarten und viele zusätzliche Informationen in digitalisierter Form gespeichert sind. Die Standortkoordinaten werden also in eine Kartenposition umgewandelt und dann die verschiedenen Straßen vektorial addiert, bis das gewünschte Ziel erreicht ist. Die Berechnung muss in wenigen Sekunden im Hintergrund ablaufen. Danach kann das System dann die entsprechenden Fahrtrichtungsempfehlungen für die Zielführung geben.

Der Empfang der GPS-Satelliten Signale kann aber in Tälern, Tunnels oder durch hohe Gebäude manchmal auch gestört sein. Damit die Navigation trotzdem noch möglich ist, erhält das Navigationssystem weitere Eingangssignale. Das sind das Geschwindigkeits-/Wegstreckensignal und für die Richtungsänderung das Signal eines Drehratensensors, auch als Gyrometer, Gyroskop oder G-Sensor bezeichnet. Mit Hilfe dieser Signale und der digitalisierten Straßenkarten kann der Navigationsrechner die Positionsbestimmung und Zielführung fortsetzen. Dies wird auch als Koppelnavigation oder «dead reckoning» bezeichnet (*dead reckoning* = engl. ungefähre Berechnung, Kalkulation). Zusätzlich werden mit diesen Eingangssignalen auch immer wieder Ungenauigkeiten, bzw. kleine Abweichungen der aktuellen Position, die sich daraus ergeben, mit den Straßenkarten abgeglichen und korrigiert.

Das so genannte Map-Matching (*map* = engl. Landkarte; *matching* = engl. angleichen, anpassen) wird in den Bildern 19.11 a bis c beispielhaft gezeigt. Nach der ersten groben Ortung (19.11a) durch das GPS-

System wird nach wenigen Metern die befahrene Straße erkannt (19.11b). Beim Abbiegen (19.11c), das durch das Gyrometer erkannt wird, kann die Position exakt ermittelt werden. Durch das ständige Zusammenspiel und die permanenten Berechnungen aller Eingangssignale, ist mittlerweile eine sehr exakte Positionsbestimmung und Zielführung möglich.

19.4.3 Komponenten und Technik im Fahrzeug

Navigationssysteme benötigen einen GPS-Empfänger, eine Antenne, einen Navigationsrechner, eine Bedieneinheit und Anzeige, ein Gyroskop/Drehratensensor, eine CD/DVD und das Geschwindigkeits-/Wegstreckensignal. Häufig ist heute auch ein TMC-Empfänger (**T**raffic **M**essage **C**hannel = engl. Kanal für Verkehrsmeldungen) integriert, wohingegen die bei den ersten Navigationssystemen verwendete Erdmagnetfeldsonde heute nicht mehr benötigt wird. Die einzelnen gerade erwähnten Komponenten eines Navigationssystems gibt es in verschiedenen Varianten und Kombinationen.

Das Kernelement eines Navigationssystems bildet natürlich der Navigationsrechner, der die verschiedenen Eingangssignale verarbeitet, die entsprechende Route zum Ziel berechnet und dann die notwendigen Fahrrichtungsempfehlungen ausgibt. Integriert ist darin immer auch der GPS-Empfänger, der die Antennensignale verarbeitet. Der Navigationsrechner kann ein eigenes Bauteil sein und ist dann meist im Kofferraum oder Handschuhfachbereich untergebracht. Besonders bei Radionavigationssystemen mit Pfeildarstellung ohne Routenkarte bilden der Navigationsrechner, der GPS-Empfänger und ein Radio eine Einheit. Die Bedien- und Anzeigeeinheit ist darin dann ebenfalls integriert, und das Gerät befindet sich im Radioeinbauschacht (Bild 19.12).

Es gibt aber auch neueste Systeme, bei denen der Navigationsrechner mit GPS-Empfänger, einem Radio und das Head unit des MOST-

Bild 19.12
Radionavigationsgerät

Bussystems mit Gateway eine Einheit bilden und in der Mittelkonsole untergebracht sind. Die Anzeige- und Bedieneinheit sind dabei getrennt. Dies gilt besonders für Fahrzeuge mit Infotainmentsystemen (vgl. auch Bilder 19.2 bis 19.4), die dann auch neben den Fahrtrichtungsempfehlungen mit Pfeil- und Sprachhinweisen eine detaillierte Kartendarstellung bieten. Alle Navigationsgeräte brauchen natürlich eine Software um die Berechnungen durchzuführen und um die elektronischen Kartendarstellungen von der CD-ROM, DVD bzw. Festplatte lesen zu können. Die Software ist häufig herstellerspezifisch und unterliegt auch bei den verschiedenen Herstellern ständiger Weiterentwicklung. Dies ist besonders im Zusammenhang mit der CD-ROM/DVD wichtig zu beachten. Die CD-ROM/DVD muss zum Fahrzeug und dem entsprechenden Softwarestand passen, ansonsten ist die Funktion häufig nicht gewährleistet.

Auf der CD-ROM bzw. DVD sind alle Straßenkarten elektronisch, digitalisiert abgespeichert. Bei den ersten Navigationssystemen waren nur die Autobahnen, Bundesstraßen und die wichtigsten Verbindungsstraßen auf der CD-ROM abgebildet. Mittlerweile (Stand 2005) sind die mitteleuropäischen Länder Deutschland, Österreich, Schweiz, Belgien, Luxemburg und Niederlande zu 100% digitalisiert, d.h., alle Straßen sind abgebildet. Alle anderen europäischen Länder haben noch einen geringeren Digitalisierungsgrad, der aber jährlich zunimmt. Aufgrund der begrenzten Speicherkapazität auf einer CD-ROM gibt es für verschiedene Länder und Regionen verschiedene CDs, die gewechselt werden müssen, wenn man in einem anderen Land oder einer anderen Region das Navigationssystem nutzen will. Die vielfach höhere Speicherkapazität der DVD ermöglicht jedoch die Abbildung mehrerer Länder und Regionen auf einer DVD. Die DVD löste die CD-ROM als Speichermedium auch bei den Navigationssystemen ab. Neueste Navigationssysteme haben alle Daten auf einer Festplatte gespeichert. Neben dem Straßennetz sind auf einer CD-ROM und vermehrt noch bei der DVD auch andere so genannte POIs (**P**oints **o**f **I**nterest = engl. Punkte von Interesse) bzw. Sonderziele abgebildet. Dabei kann es sich um Tankstellen, Parkplätze, Hotels und Restaurants, Sehenswürdigkeiten und z.B. Vertragshändler/Vertragswerkstätten des Herstellers handeln. Da sich das Straßennetz und auch die POIs ständig verändern, zum Teil bis zu 10% jährlich, verliert die CD-ROM/DVD ständig an Aktualität.

Eine weitere wichtige Komponente eines Navigationssystems für die Koppelnavigation ist neben der CD-ROM/DVD ein Drehratensensor, auch als Drehwinkelsensor, Gyrometer oder Gyroskop bezeichnet. Der Drehratensensor (Bild 19.13) registriert die Fahrzeugdrehungen um die Hochachse bei Kurvenfahrten und beim Abbiegen und ist ein wichtiges Signal für das ständige Map-Matching. Der Drehratensensor ist immer im Navigationsrechner untergebracht.

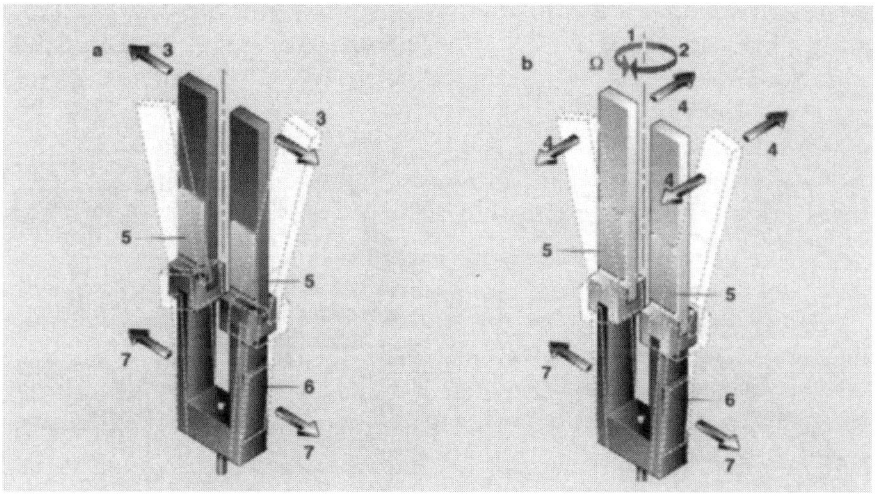

Bild 19.13
Piezo-Drehratensensor
a Auslenkung bei Geradeausfahrt
b Auslenkung bei Kurvenfahrt
1 resultierende Stimmgabel-Schwingungsrichtung bei Kurvenfahrt
2 Drehrichtung des Fahrzeuges
3 resultierende Stimmgabel-Schwingungsrichtung bei Geradeausfahrt
4 Coriolis-Kraft
5 obere Piezoelemente (Sensierung)
6 untere Piezoelemente (Antrieb)
7 anregende Schwingrichtung
Ω Drehrate

Das zweite wichtige Eingangssignal für das Map-Matching ist das Geschwindigkeits-/Wegstreckensignal. Es wird heute bei fast allen Herstellern über ein Bussystem übertragen und dem Navigationsrechner als Datentelegramm zur Verfügung gestellt (vgl. Kapitel 11). Bei nachrüstbaren Radionavigationsgeräten reicht das ohnehin für das Radio vorhandene Geschwindigkeitssignal.
Aber um zuallererst die Position zu ermitteln benötigt man die Eingangssignale der GPS-Antenne. Die GPS-Antenne (Bild 19.14) muss eine «Sichtverbindung» zu den GPS-Satelliten haben um Empfangsverluste wegen Abschattungen zu vermeiden. Sie befindet sich deshalb häufig auf dem Dach oder Kofferraumdeckel. Aber auch auf der Hutablage oder auf der Ablage des Instrumententrägers sind mögliche Einbauorte für die GPS-Antenne.
Die GPS-Antenne ist immer häufiger auch zusammen mit anderen Antennen für den Radioempfang und Telefon in Kombiantennen integriert (Bilder 19.15 und 19.16).

Bild 19.14
Navigationsantenne für GPS-Empfang

Bild 19.15 (links)
Patch-Navigationsantenne
1 hochflexibler, abrissgeschützter Stab
2 Diplexer
3 AM-/TM-Verstärker
4 GPS-Patch und Verstärker
5 Standardbefestigung

Bild 19.16 (rechts)
Kombiantenne für GPS, GSM und Radioempfang mit integrierter aktiver Antennenweiche
1 Kombiantenne
2 GPS-Satellitenempfang
3 GMS-Mobiltelefon
4 Autoradio mit 12-V-Phantomspeisung

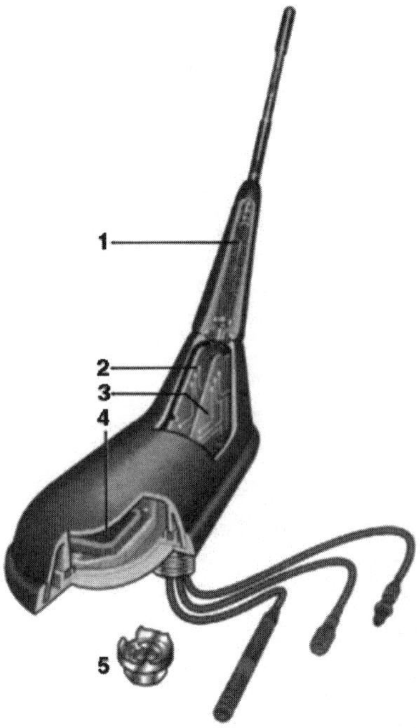

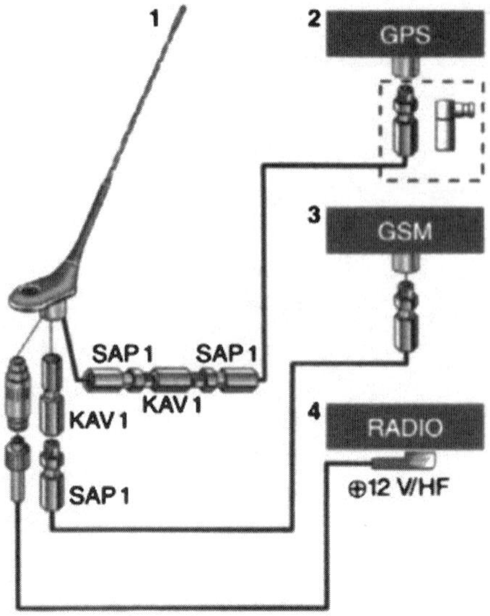

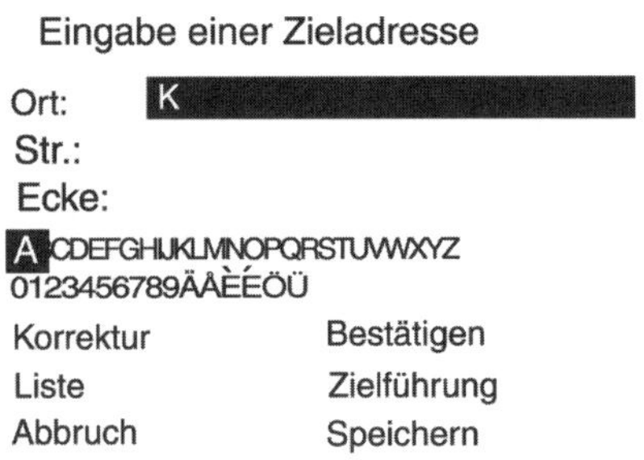

Bild 19.17
Eingabe einer Zieladresse mit der Schreibmaschinenfunktion

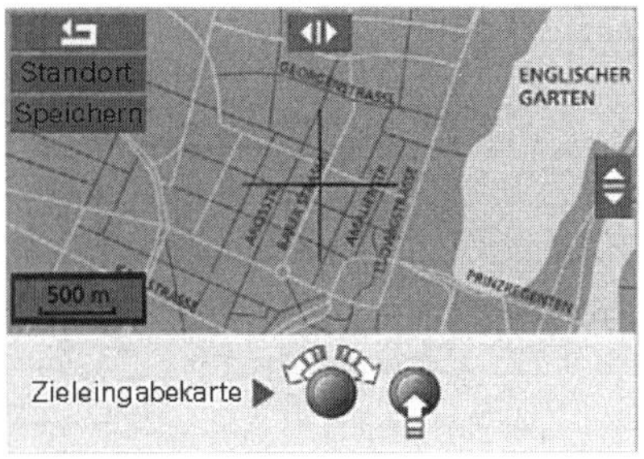

Bild 19.18
Zieleingabe mit Fadenkreuz

19.4.4 Mögliche Funktionen

Voraussetzung für eine Zielführung ist natürlich, nach der Standortbestimmung durch das Navigationssystem, die Eingabe eines Zieles durch den Fahrer. Dies geschieht in der Regel über die so genannte **Schreibmaschinenfunktion** (Bild 19.17).

Im Navigationsmenü wird dazu der Menüpunkt «Zieleingabe» gewählt und dann das Ziel meist über einen Dreh-/Drücksteller eingegeben. Die Eingabe über einen Touchscreen(Bildberührungs-) Monitor hat sich nicht durchgesetzt Bei den meisten Systemen werden mit jeder Eingabe die möglichen Ziele weiter eingegrenzt. Vorraussetzung für die Zieleingabe ist, dass das Navigationssystem auf die richtige CD/DVD zugreifen kann, auf der sich das Ziel befindet. Die Zieleingabe kann auch über ein Fadenkreuz auf einer Karte mit veränderlichem Maßstab erfolgen (Bild 19.18).

Außerdem kann die Zieleingabe auch über Informationen zum Zielort, Sonderziele (POI), gespeicherte Adressen, Rückkehr zum Ausgangsstandort usw. erfolgen.

Nach der Zieleingabe und Bestätigung erfolgt die Berechnung der Fahrtroute, die je nach Entfernung und Rechnerleistung einige Sekunden bis zu einer Minute dauern kann. Die Routenberechnung erfolgt auch aufgrund einer vom Fahrer getroffenen Routenwahl. Die Routenkriterien für die Berechnungen werden erst verändert, wenn vom Fahrer eine neue Routenwahl getroffen wird.

Nachdem die Fahrtroute zum Ziel berechnet wurde, erfolgt die Zielführung über Sprachhinweise, Pfeilsymbole und wenn vorhanden zusätzlich über eine Kartendarstellung (Bild 19.19). Bei der Kartendarstellung kann der Maßstab und die Ausrichtung der Karte (nordweisend oder Fahrtrichtung) verändert werden. Die Fahrtroute wird auf der Karte angezeigt und kann meist aber auch über eine Routenliste abgerufen werden.

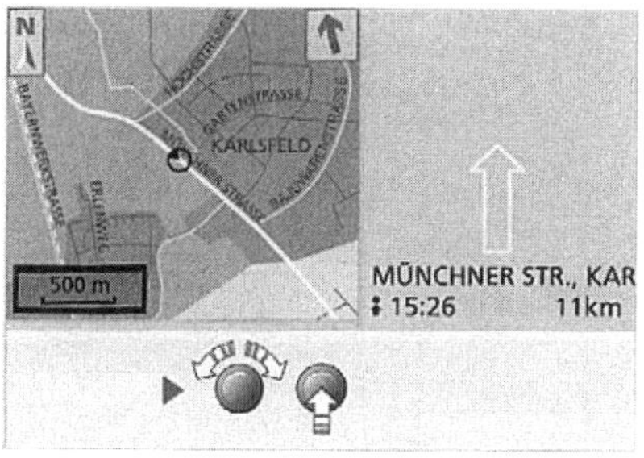

Bild 19.19
Zielführung mit Kartendarstellung

In der Regel werden bei einer aktiven Zielführung auch die Restwegstrecke zum Ziel und die voraussichtliche Ankunftszeit angezeigt. Bei Abweichungen von der berechneten Fahrtstrecke erfolgt eine Neuberechnung.

Eine Neuberechnung kann auch aufgrund von Verkehrsmeldungen notwendig werden, wenn das Navigationssystem über eine so genannte dynamische Zielführung verfügt. Voraussetzung für eine dynamische Zielführung ist der Empfang von Verkehrsmeldungen über einen FM-Empfänger mit RDS-Decoder oder einer codierten Verkehrsfunk SMS über das Telefon und natürlich die Aktivierung dieser Funktion. Beim **R**adio **D**ata **S**ystem (RDS) werden neben dem Sendernamen, Alternativfrequenzen des Senders, usw. auch so genannte TMC-Codes übertragen. Dabei handelt es sich um standardisierte Verkehrsfunkmeldungen, die auf einem digitalen Datenkanal ständig und möglichst aktuell gesendet werden. Das Navigationssystem wertet die TMC-Signale oder die codierten SMS ständig aus und überprüft deren Auswirkungen auf den berechneten Routenverlauf. Betrifft die Verkehrsbehinderung die berechnete Route, erfolgt meist eine Information des Fahrers über den Ort der Behinderung, die Länge, und deren voraussichtlicher zeitlicher Verzögerung (Bild 19.20).

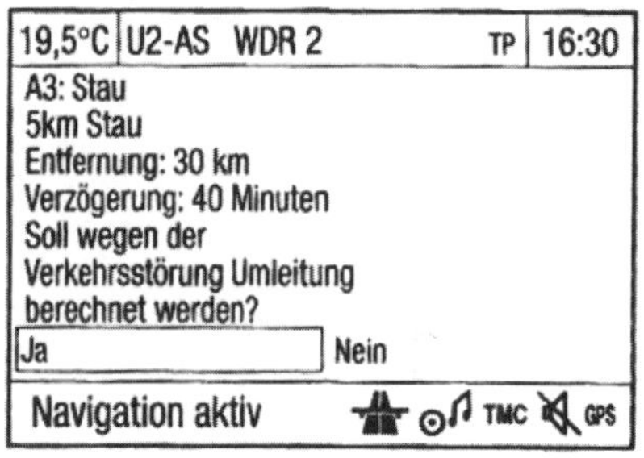

Bild 19.20
Staumeldung bei der dynamischen Routenführung

Der Fahrer kann dann entscheiden, ob eine Umleitungsroute berechnet wird und dieser dann folgen. Es gibt aber auch Navigationssysteme, die dem Fahrer keine Entscheidung überlassen und automatisch die Routenplanung verändern und entsprechende Fahrtrichtungsempfehlungen geben, wenn die dynamische Zielführung gewählt wurde. Die dynamische Zielführung gewährleistet in der Regel eine großräumige Umfahrung der Verkehrsbehinderung, da die Information über die Behinderung frühzeitig berücksichtigt wird und die Berechnung der Alternativroute entsprechend durchgeführt werden kann. Somit wird vermieden, dass man bei der Umfahrung eines Staues in den Stau der Umfahrung kommt. Die Erfassung und Aktualität der Verkehrsdaten ist dabei vereinzelt noch der Schwachpunkt der dynamischen Zielführung.

Umleitungen oder alternative Routen können bei manchen Navigationssystemen aber auch aktiv vom Fahrer eingegeben werden, wenn man weiß, dass an einer bestimmten Straße eine Baustelle ist oder es sich an einer bestimmten Stelle immer wieder staut usw.

Eine weitere Funktion von Navigationssystemen kann bei einem Notfall eine Meldung des aktuellen Standortes sein. Dazu ist jedoch auch die Vernetzung von dem Navigationssystem mit einem Telefon und anderen Fahrzeugsystemen notwendig. Siehe dazu auch Abschnitt 19.6.

19.4.5 Mögliche Fehlfunktionen und deren Ursachen

Natürlich wird auch bei Navigationssystemen bei der Fehlersuche immer zuerst der Fehlerspeicher ausgelesen und entsprechend den dort gegebenen Hinweisen verfahren. Es gibt aber auch einige vermeintliche Fehler, die das System so nicht erkennt.
Grundsätzlich muss ein Navigationssystem einen ortsunkundigen Nutzer zu einem eingegebenen Ziel führen, indem es eine, entsprechend der eingegebenen Routenkriterien, günstige Route berechnet. Wenn ein Ortskundiger einen schnelleren oder kürzeren Weg zum Ziel kennt als das Navigationssystem berechnet, so ist dies kein Fehler. Das Navigationssystem kann immer nur mit den zur Verfügung stehenden Programmen, dem digitalisierten Kartenmaterial und den anderen Eingangsdaten rechnen. Auch die Umfahrung eines nicht mehr vorhandenen Staus bei der dynamischen Zielführung ist kein Fehler des Navigationssystems.
Weitere häufige Beanstandungen beziehen sich oft auf die Funktion der CD/DVD. Wie bereits erwähnt, altert der Datenstand der CD/DVD jährlich um ca. 10%. Somit kommt es immer häufiger zu Fehlern in der Routenführung, je älter die CD/DVD ist. Eine veraltete oder beschädigte CD/DVD kann auch die Ursache für Systemabstürze sein, speziell wenn diese nach einer Zieleingabe oder Veränderung der Route auftreten. Wenn trotz eingelegter CD/DVD vom Navigationssystem die Aufforderung zum Einlegen einer CD/DVD angezeigt wird, ist die Ursache meist ebenfalls eine defekte CD/DVD. Ebenso bei den Meldungen, dass die CD/DVD verschmutzt, verkratzt oder falsch eingelegt ist, wenn sie nicht wirklich falsch eingelegt ist. Nicht kompatible CD/DVDs, auch mit nicht passenden Softwareständen, können ebenfalls zu den gerade erwähnten Fehlermeldungen und Fehlern führen. Ein veralteter Datenstand kann auch dazu führen, dass Ziele nicht eingegeben werden können, während der Zielführung vor Kreuzungen keine Abbiegehinweise erfolgen oder die Zielführung ungenau ist. Bevor eine CD/DVD mit neuerem Datenstand verwendet werden kann, muss unter Umständen eine neue Software auf den Navigationsrechner aufgespielt werden. Hier können die Details und genauen Informationen nur den Herstellerunterlagen entnommen werden.

Störungen beim GPS-Empfang oder fehlender GPS-Empfang wirken sich durch das ständige Map-Matching nicht sofort aus. Erst wenn über einen längeren Zeitraum keine GPS-Signale empfangen werden, werden die Zielführung und im Speziellen die Fahrtrichtungshinweise ungenau. Die aktuelle Position kann nicht mehr exakt abgerufen werden. Erkennbar ist das Fehlen der GPS-Signale dadurch, dass der GPS-Schriftzug oder ein GPS-Logo in der Anzeige nicht mehr sichtbar sind. Ursache für den kurzzeitig fehlenden GPS-Empfang können Abschattungen durch Gebäude, Tunnels oder atmosphärische Störungen usw. sein. Aber auch durch nachträglich angebrachtes Zubehör können, abhängig vom Verbauort der GPS-Antenne, Störungen im GPS-Empfang auftreten. Dies kann z.B. durch Dachgepäckträger bei dachmontierter GPS-Antenne oder durch Gegenstände auf der Hutablage, bei dort untergebrachter GPS-Antenne, hervorgerufen werden. Natürlich kann die Ursache auch in einer defekten GPS-Antenne, unterbrochenen Leitungen, Steckkontakten und Störeinstrahlungen bei ungünstigem Verbauort oder Leitungsverlegung liegen.

Eine ungenaue Zielführung mit nicht genau passenden Fahrtrichtungshinweisen kann ihre Ursache aber auch in einem falschen Wegstreckensignal haben. Dies kann durch die Verwendung falscher Reifengrößen oder durch Softwarefehler hervorgerufen werden.

Wenn das Navigationssystem vollständig ausgefallen ist, kann dies auch an einem Defekt im Navigationsrechner begründet sein. Vor dem Tausch des Navigationsrechners sind aber immer die klassischen Fehlerquellen, wie Leitungen, Stecker, Spannungsversorgung und Sicherungen zu überprüfen. Nach dem das Navigationssystem von der Spannungsversorgung getrennt war, z.B. auch nach einem Batteriewechsel oder abgeklemmter Fahrzeugbatterie, kann es einige Minuten dauern, bis das System wieder betriebsbereit ist.

Wurde das Fahrzeug über eine längere Strecke transportiert, kann es ebenfalls einige Minuten dauern, bis das Navigationssystem wieder einsatzbereit ist. In extremen Fällen kann eine längere Fahrtstrecke (bis max. 50 km) notwendig sein, bis die Zielführung wieder genau arbeitet.

Bei Navigationssystemen, die Bestandteil von integrierten Fahrerinformationssystemen sind, kann die Ursache von Fehlfunktionen auch in benachbarten Systemen liegen. Deshalb sind bei einer Fehlersuche und dem Auslesen des Fehlerspeichers auch die Systemzusammenhänge zu berücksichtigen.

Ältere Navigationssysteme, die noch eine Erdmagnetfeldsonde haben, sind empfindlich auf statische Aufladungen des Fahrzeugs. Diese stören dann die Funktion der Sonde. Starke Sonneneinstrahlung und ungünstige klimatische Bedingungen, aber auch Reifen mit einer heute üblichen Silica-Mischung, können die statische Aufladung begünstigen. Das Fahrzeug muss dann entmagnetisiert werden. Einfacher ist es jedoch die Erdmagnetfeldsonde abzuklemmen und das Navigationssystem mit einem neueren Softwarestand zu versehen. Die Funktion der Sonde wird durch die genaueren GPS-Signale und den besseren Programmstand der Software und der CD/DVD nicht mehr benötigt.

19.5 Telefon im Kraftfahrzeug

19.5.1 Entwicklung des Mobilfunks

In den 70er-Jahren des vergangenen Jahrhunderts wurden die ersten Autotelefone mit einem analogen Funknetz betrieben. Die Sende- und Empfangsgeräte in den Fahrzeugen waren noch ziemlich schwer und groß. Dies galt auch für den Bedienhörer und die notwendigen Antennen. Deshalb gab es damals nur Festeinbauten. In den 80er-Jahren gab es die ersten tragbaren Mobiltelefone, die aber noch eher an einen Aktenkoffer erinnerten, als an heutige Mobiltelefone.
Erst in den 90er-Jahren wurde durch die Entwicklung digitaler Mobilfunktechnologien und der Festlegung internationaler Standards der Grundstein für unsere heute verwendeten Mobilfunktelefone gelegt.
Durch das GSM (**G**lobal **S**ystem for **M**obile Communication = engl. weltumfassendes System für mobile Kommunikation) wurden drei Frequenzbereiche für den Mobilfunk festgelegt. Die Übertragung erfolgt bei den GSM-Netzen digital. Die Sprache wird vom Mobiltelefon in digitale Signale umgewandelt und in Datenform weitergeleitet. Durch die digitale Umwandlung der Sprache werden die Daten auch komprimiert, wodurch deutlich höhere Kapazitäten ermöglicht werden. Außerdem können dadurch auch andere Daten von z.B. Computern oder Kurznachrichten (SMS = **S**hort **M**essage **S**ervice) übertragen werden. Die Datenübertragungsrate beträgt 9,6 kbit/s.
Das GSM 900, in Deutschland auch als D-Netz bekannt, ist dabei der älteste Standard und sendet mit 900 Megahertz, mit einer Reichweite von 200 m bis maximal ca. 35 km. Das GSM 1800, auch als E-Netz bekannt, benutzt die 1800-Megahertz-Frequenz mit einer Reichweite von 25 m bis maximal ca. 10 km und wurde wegen der geringeren Reichweite ursprünglich für den Einsatz in Ballungsräumen entwickelt. Das GSM 1900 im Frequenzbereich von 1900 Megahertz wird hauptsächlich in Nordamerika (USA, Kanada) in Ballungsräumen benutzt und in Teilen von Südamerika. Mobilfunktelefone, die zwei Mobilfunknetze nutzen können, bezeichnet man als Dualband-

Telefone. In Europa sind dies das GSM 900 und das GSM 1800. Es gibt aber auch Dualband-Telefone, die das GSM 900 und das GSM 1900 nutzen können. So genannte Tripleband-Mobiltelefone können alle drei Frequenzbereiche nutzen.

19.5.2 Grundlagen Funktion und Technik

Grundlage des Mobilfunks ist immer eine Funkverbindung zwischen einem mobilen Sende-/Empfangsgerät (Mobiltelefon) und einer Funkfeststation oder Basisstation (Bild 19.21). Die Basisstation ist ihrerseits über eine Netzzentrale oder Vermittlungsstelle wieder mit anderen Basisstationen, oder auch mit dem Festnetz verbunden. Die verschiedenen Stationen sind meist mittels festen, terrestrischen (*terra* = lat. die Erde) Leitungen verbunden. Sie können aber auch wieder über Funksignale und evtl. sogar über Satelliten verbunden sein.

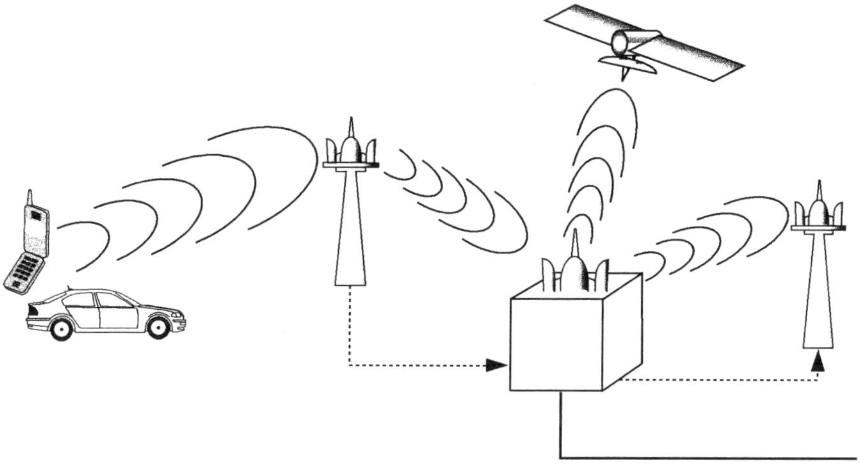

Bild 19.21
Mobilfunk-Netzwerk

In GSM-Netzen besteht eine Funkverbindung, ein so genannter Verbindungskanal, aus zwei abgestimmten HF-Frequenzen. Auf einer Frequenz werden die Signale vom Mobiltelefon zur Basisstation übertragen und auf der anderen Frequenz die Signale von der Basisstation zum Mobiltelefon. Dadurch können Signale in beide Richtungen gleichzeitig übertragen werden. Dies wird als **Duplex-Übertragung** bezeichnet.
Ein Verbindungskanal kann aufgebaut werden, wenn sich das Mobiltelefon zuvor durch eine international eindeutig identifizierbare Kennnummer, die so genannte IMSI (**I**nternational **M**obile **S**ubscriber **I**dentity), in das Netz eingebucht hat. Das Mobiltelefon bucht sich immer automatisch in das stärkste Netz mit den bestempfangbaren Signalen ein. Jedes Mobiltelefon bietet aber auch die Möglichkeit der manuellen Netzsuche. Dies ist besonders im Ausland oder in grenz-

nahen Gebieten wichtig, wenn durch grenzüberschreitende Basisstationen eine automatische Einbuchung in das Auslandsnetz vorgenommen würde, obwohl man sich noch im Inland bewegt.
Die individuelle Kennung (IMSI) ist durch die SIM-Karte festgelegt. Die SIM-Karte (**S**ubscriber **I**dentification **M**odul = engl.: Unterzeichner/Abonennten Identifizierungs Element) ist eine Chipkarte, auf der die Mobilfunknummer, die Zugangsdaten zum jeweiligen Netz und die PIN (**P**ersonal **I**dentificaton **N**umber) gespeichert sind. Die SIM-Karte wird vom Service-Provider (= engl.: Dienstanbieter) erworben und freigeschaltet (aktiviert). Die SIM-Karte kann in der Regel in jedes Mobiltelefon eingelegt werden. Lediglich ältere SIM-Karten, die früher mit fünf Volt beschrieben wurden, können heute (Standard heute = drei Volt) von aktuellen Mobiltelefonen nicht mehr gelesen werden.
Damit die Verbindungen möglichst überall zustande kommen, müssen die Basisstationen so verteilt sein, dass sich eine möglichst große Flächenabdeckung ergibt. Andererseits ist die Zahl der möglichen Frequenzen begrenzt. Es kann nicht jede Basisstation eigene Frequenzen benutzen. Das GSM-Netz ist deshalb als ein zellulares Netzwerk (Bild 19.22) aufgebaut.

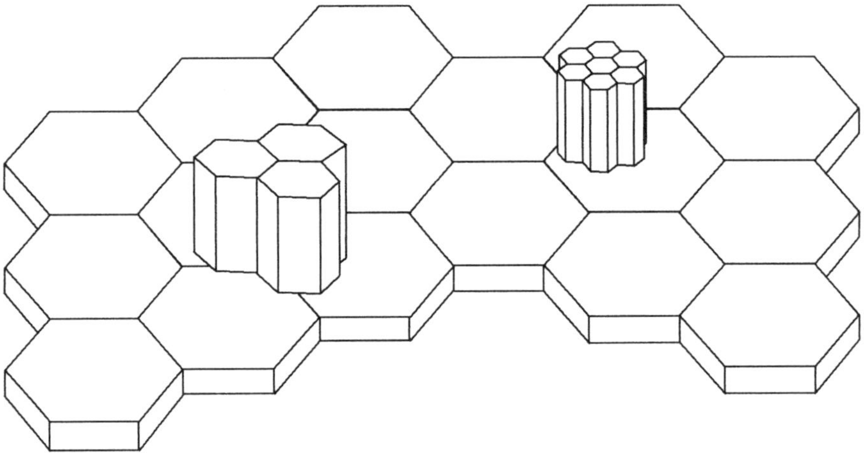

Bild 19.22
Zelleneinteilung des Netzwerkes

Mittelpunkt einer Zelle ist immer eine Basisstation. Die Größe der Zelle ist abhängig von der Anzahl der Mobilfunkteilnehmer in diesem Bereich und von der Größe des zu versorgenden Gebietes. Jede Basisstation kann immer nur eine bestimmte Anzahl von Verbindungen gleichzeitig abwickeln. Durch den zellularen Aufbau können gleiche Frequenzen in größeren Zellabständen wieder verwendet werden.
Natürlich ist die Ausbreitung der Funkwellen nicht wabenförmig begrenzt, sondern grundsätzlich kreisförmig, wodurch sich die Frequenzen der einzelnen Zellen in der Wirklichkeit meistens über-

lappen. In Ballungsgebieten können sich auch mehrere Zellen überlappen. Dadurch kann in der Regel ein Telefongespräch ohne Unterbrechung von einer Zelle zu einer benachbarten Zelle übergeben werden. Den Übergabeprozess bezeichnet man auch als **Handover** (= engl.: Übergabe). Dies geschieht automatisch durch das Mobiltelefon und den miteinander verbundenen Vermittlungsstationen.
Es gibt aber auch viele Hindernisse, die einem Zustandekommen, oder Aufrechterhalten eines Gespräches entgegenstehen und im Folgenden genannt werden. Es handelt sich dabei um Funktionseinschränkungen, die aber nicht durch Fehler oder Fehlfunktionen des einzelnen Mobiltelefons hervorgerufen werden. Bei Reklamationen muss genau hinterfragt werden, wann und wo es z.B. zu Gesprächsabbrüchen kommt.
Die Ausbreitung der Funkwellen wird in der Praxis oft durch Berge, Hügel und Gebäude behindert. Es kommt zu so genannten Abschattungen und dadurch zu Gesprächsabbrüchen. Aber auch Witterungseinflüsse in Form von Regen, Schnee und Gewitter führen zu Störungen, oder auch Abbrüchen. Ein Gesprächsabbruch kann auch durch eine fehlgeschlagene Übergabe verursacht werden, oder durch eine Netzüberlastung, d.h., die Anzahl der möglichen Verbindungen ist erreicht. Dies kann meist zu bestimmten Tageszeiten oder bei großen Veranstaltungen auftreten. Nur Notrufe können auch bei einer Netzüberlastung getätigt werden, da diese mit höchster Priorität geschaltet werden und dafür andere Verbindungen abgebrochen werden. In Tunnels bricht eine Verbindung meist ebenfalls ab, wenn nicht so genannte **Repeater** (= engl.: Wiederholer) die Funksignale einer Basisstation gebündelt im Tunnel verstärken. Gesprächsabbrüche sind auch durch eine zu geringe Sendeleistung des Mobiltelefons bei zu großer Entfernung zur Basisstation möglich. Handys haben heute meist eine Sendeleistung zwischen ein bis maximal zwei Watt, fest eingebaute Autotelefone können mit bis zu acht Watt senden.
Grundsätzlich ist natürlich aus physikalischen Gründen eine Verbindung zu einem sich bewegenden Mobiltelefon schwieriger aufzubauen bzw. zu halten. Die GSM-Netze können theoretisch eine Verbindung bis zu einer Geschwindigkeit von ca. 250 km/h aufbauen, halten und sogar eine Übergabe (handover) durchführen. In der Praxis kann man aber feststellen, dass mit zunehmend höherer Geschwindigkeit die Verbindung schlechter wird und auch öfter abbricht, gerade wenn die zusätzlichen Randbedingungen, wie Netzversorgung schlechter sind.

19.5.3 Beispiele verschiedener Varianten und Entwicklungsstufen

Die Entwicklung des Mobilfunkbereiches geht in rasenden Schritten voran. Dies gilt natürlich auch für den Teilbereich der Telefone im Kraftfahrzeug. Neue Varianten und Komponenten gibt es in immer kürzer werdenden Abständen. Die folgenden Beispiele sollen quasi als roter Faden einen Überblick über die Entwicklung und die verschiedenen Varianten geben. Eine umfassende Darstellung aller Möglichkeiten ist bei dem Thema Telefon in diesem Rahmen nicht möglich, andererseits aber auch nicht notwendig, da es sich immer wieder auf die Grundlagen und Funktionen reduziert.

19.5.3.1 Festeinbau Stand Ende der 90er-Jahre

Bei dem in Bild 19.23 gezeigten Telefonsystem handelt es sich um einen so genannten Festeinbau mit Bedienhörer und natürlich einer Freisprecheinrichtung. Die Bedienung des Telefons kann über das Multifunktionslenkrad oder über den Bedienhörer direkt erfolgen. Die Telefonnummer wird auch im Radiodisplay angezeigt.

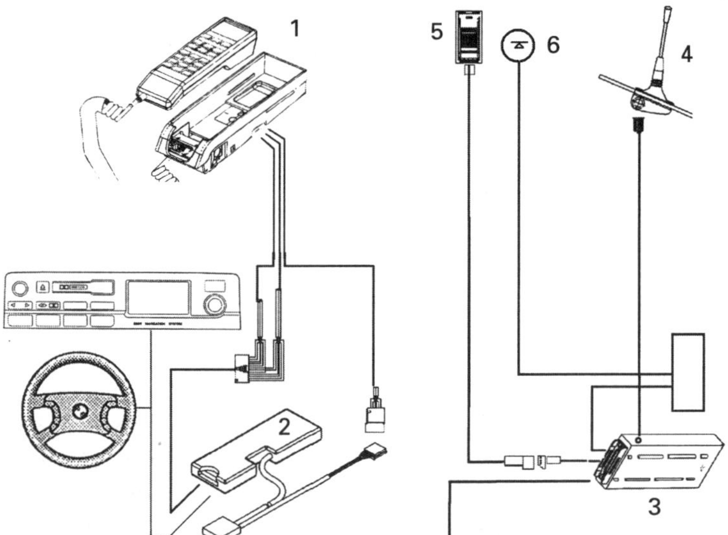

Bild 19.23
Systemvernetzung Festeinbautelefon
1 Bedienhöreraufnahme mit Kartenleser und Bedienhörer
2 Interface
3 Sende-/Empfangsgerät
4 Dachantenne
5 Mikrofon Freisprechanlage
6 Lautsprecher Freisprechanlage

Über den Bedienhörer, der die Verbindung des Nutzers zur Telefonanlage bildet, können alle bekannten Funktionen ausgeführt werden. Dies sind:

- ❑ Ein-/Ausschalten,
- ❑ den Code eingeben,

- eine Telefonnummer eingeben,
- Telefonnummern speichern und wählen,
- Gespräche beenden,
- die Wahlwiederholung nutzen,
- die Lautstärke der Freisprechanlage als auch
- die Lautstärke bei Bedienhörerbetrieb verändern.

Die zusätzliche Anzeige von Gebühren, Gesprächseinheiten, Stärke des Empfangs, das Vorliegen einer Nachricht und der verschiedenen Menüfunktionen erfolgt ebenfalls über den Bedienhörer. In der Bedienhöreraufnahme ist auch der Kartenleser für die SIM-Karte integriert.

Das Interface ist die Schnittstelle des Telefonsystems mit dem Fahrzeug. Durch die Busanbindung zur Karosserie- und Komfortelektronik werden einige zusätzliche Funktionen und Bedienmöglichkeiten auch über andere Fahrzeugkomponenten ermöglicht. Die Telefonnummernanzeige im Radiodisplay, eine geschwindigkeitsabhängige Lautstärkeregelung, Helligkeitssteuerung der Bedienhörerbeleuchtung, Diagnose des Telefons mit einem Tester und die Bedienung der wichtigsten Telefonfunktionen über ein Multifunktionslenkrad.

Über das Multifunktionslenkrad können Gespräche entgegengenommen und beendet werden, im Telefonregister geblättert und die gesuchten Telefonnummern angewählt werden. Ebenso kann die Lautstärke der Freisprechanlage verändert werden, und zwischen Telefon- und Radiobetrieb kann umgeschaltet werden.

Die wichtigste Komponente des Telefonsystems ist das Sende- und Empfangssteuergerät. Es erhält alle Daten des Telefonbedienhörers, der SIM-Karte und des Interfaces und stellt über die Antenne die Verbindung zum Mobilfunknetz her. Andererseits empfängt es die Signale des Mobilfunknetzes und leitet diese an das Interface und den Bedienhörer weiter. Die Radiostummschaltung während eines Telefongespräches wird ebenfalls vom Sende- und Empfangssteuergerät über ein MUTE-Signal (*mute* = engl.: still, stumm) an das Radio aktiviert.

Die Steuerung der Freisprechfunktion geschieht auch direkt durch das Sende- und Empfangssteuergerät. Dazu sind das Mikrofon und die Lautsprecher der Freisprechanlage direkt mit diesem verbunden.

Bei einer Fehlersuche versucht man zuerst natürlich mit einem Diagnosetester eventuelle Fehler aufzuspüren. Hilfreich kann besonders bei sporadisch auftretenden Fehlern unter Umständen ein schrittweises Probetauschen von einzelnen Komponenten sein. Am besten verwendet man dazu die Komponenten eines gleichen funktionierenden Systems. Wenn der Fehler mitwandert, liegt es an der zuletzt getauschten Komponente. Wenn alle Komponenten getauscht wurden und der Fehler immer noch im gleichen Fahrzeug vorhanden ist, liegt die Ursache sehr oft am Kabelbaum, an Steckern und sonstigen Verbindungen. Es muss dabei aber sichergestellt sein, dass alle Komponenten den gleichen Hard- und Softwarestand besitzen.

19.5.3.2 Handyvariante in Fahrzeug integriert

Das in Bild 19.24 dargestellte Telefonsystem entspricht in wesentlichen Punkten dem zuvor beschriebenen Festeinbautelefon. Die möglichen Funktionen, die verschiedenen Bedienstellen und die Fahrzeuganbindung sind vergleichbar.

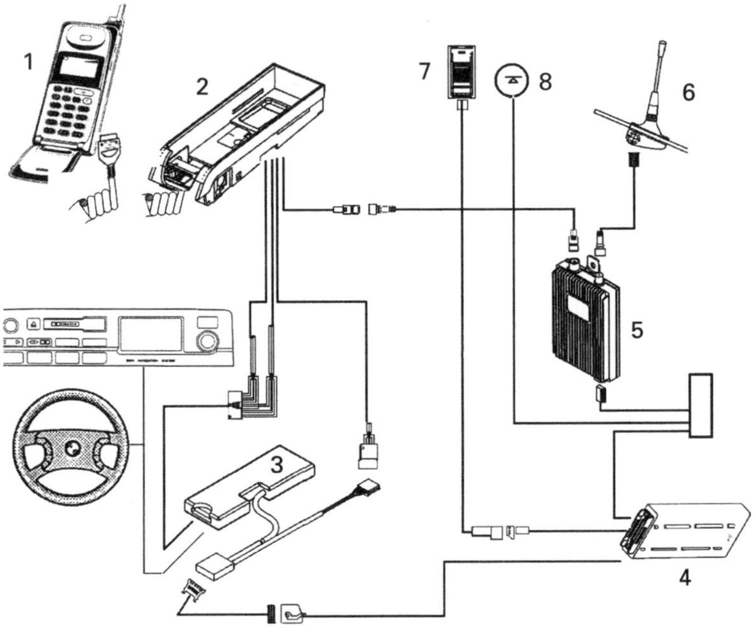

Bild 19.24
Systemvernetzung mit Handy
1 Handy
2 Handyaufnahme mit Steckverbindung
3 Interface
4 Sende-/Empfangsgerät
5 Antennenverstärker
6 Dachantenne
7 Mikrofon Freisprechanlage
8 Lautsprecher Freisprechanlage

Der grundsätzliche Unterschied liegt darin, dass das Handy selbst bereits ein eigenständiges Mobilfunktelefon ist und ohne Fahrzeuganbindung auch als solches benutzt werden kann. Da die SIM-Karte deshalb bereits im Handy ist, benötigt man im Fahrzeug keinen SIM-Kartenleser. Andererseits benötigt man natürlich trotzdem eine Handyaufnahme, damit dieses fest fixiert ist und mit dem Fahrzeugtelefonsystem kommunizieren kann. Außerdem muss das Handyakku über das Bordnetz geladen werden können, d.h., die Bordspannung wird auf die Spannung des Handyakkus (meist drei Volt) heruntergeregelt. Die Ladeelektronik ist in der Handyaufnahme integriert.

Da das Mobiltelefon nicht mehr über die im Handy integrierte Antenne sendet und empfängt und nur eine Ausgangsleistung von bis

zu zwei Watt hat, benötigt dieses System einen Antennenverstärker, der die Verluste durch die im Fahrzeug verlegten langen Leitungen ausgleicht.
Wie bereits erwähnt, handelt es sich bei diesem Handy um ein eigenständiges Telefon. Um die Bedienung des Telefons z.B. über das Multifunktionslenkrad, die Freisprechfunktionen usw. genauso wie beim Festeinbau zu nutzen, muss die Software des Handys darauf ausgerichtet sein und mit der Software des Fahrzeugteilsystems Telefon übereinstimmen. Es sind also nur bestimmte Handys möglich. Der Stecker des Wendelkabels der Handyaufnahme passt deshalb jeweils nur für ein bestimmtes Handy. Aber selbst Handys des gleichen Telefonanbieters und das gleiche Modell funktionieren eventuell nicht, wenn eine spezielle Software des Fahrzeugherstellers nicht aufgespielt ist.
Das System ist ebenfalls diagnosefähig mit einem Tester und das «Probieren« bei Fehlern mit einem anderen funktionsfähigen und passenden Handy leicht möglich. Wenn man bei Funktionsstörungen den Antennenverstärker für die Ursache hält, kann man bei gutem Empfang den Ein- und Ausgang am Antennenverstärker miteinander direkt verbinden. Sind die Störungen dann weg, kann man diesen als Ursache annehmen.

19.5.3.3 Aktuelle Handy-Nachrüstlösung ohne Fahrzeugintegration

Die zweithäufigste Variante eines Mobiltelefons im Auto ist, neben der während der Fahrt nicht erlaubten direkten Benutzung eines Handys, eine universelle Nachrüstlösung mit Freisprecheinrichtung und Handyhalterung (Bild 19.25).

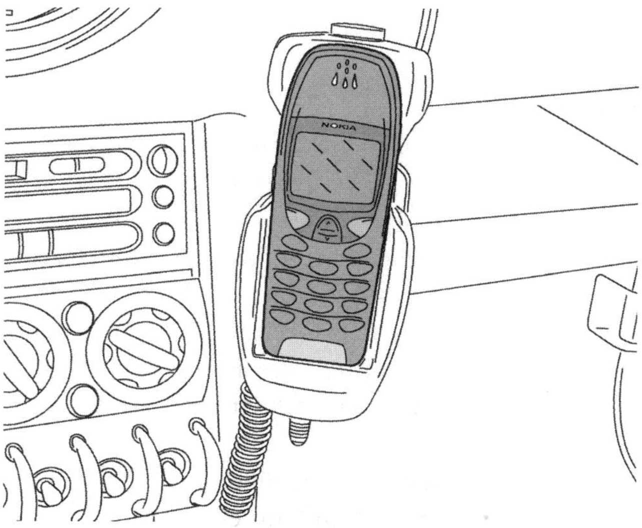

Bild 19.25
Handynachrüstung mit Halterung

Die Bedienung und die Nutzung der verschiedenen Funktionen des Telefons erfolgen ausschließlich über das Telefon selbst. Dazu befindet sich das Telefon im Griffbereich des Fahrers. Auch die Freisprecheinrichtung wird erst durch die Rufannahme mit der entsprechenden Taste am Telefon aktiviert.
Die Nachrüstlösungen (Bild 19.26) bestehen aus einer Handyhalterung (1) mit Steckverbindung und Antennenanschluss, einem Lautsprecher (2), einem Freisprechsteuergerät (3), einer Befestigung (hier Schwanenhals) für die Handyhalterung (4 und 5), Befestigungen für das Freisprechsteuergerät (hier 6 und 7) und einem Freisprechmikrofon (9), das in diesem Beispiel mit einem doppelseitigen Klebeband (10) fixiert wird. Der Kabelsatz (8) ist je nach Hersteller und Telefon unterschiedlich passend. Modellspezifische Einbausätze des Kraftfahrzeugherstellers für bestimmte von diesem empfohlene Telefone sind meist genau vorbereitet und müssen nur zusammengesteckt werden. Je allgemeiner und universeller der Kabelsatz ist, desto mehr sind spezifische Anpassungen an Stecker usw. erforderlich. Hier liegt eine sehr häufige Fehlerquelle.

Bild 19.26
Einzelteile für Nachrüstung

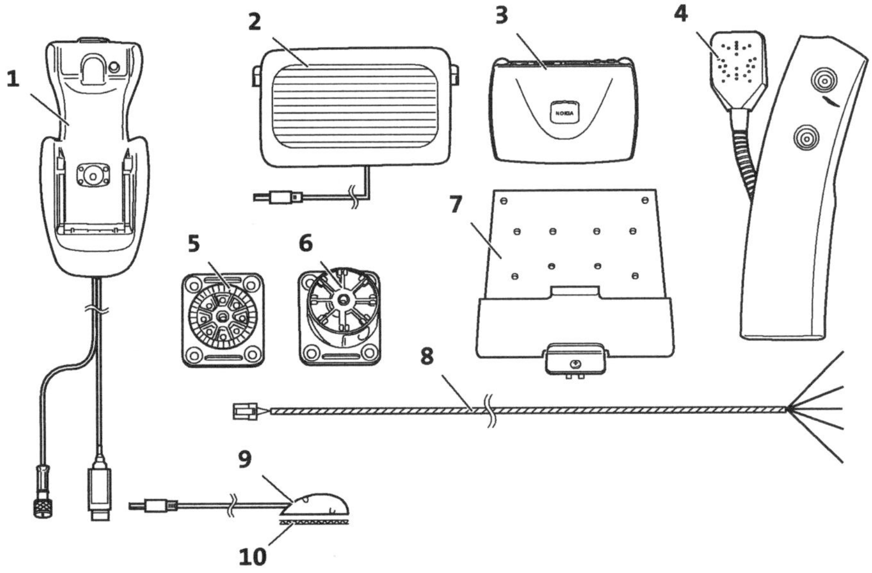

Bei einer Fehlersuche bei diesen Systemen empfiehlt es sich, ganz klassisch einen Stromlaufplan (Bild 19.27) zur Hand zu nehmen und die einzelnen Leitungen hinsichtlich ihrer Verlegung, Verbindungen und die Signale zu überprüfen.

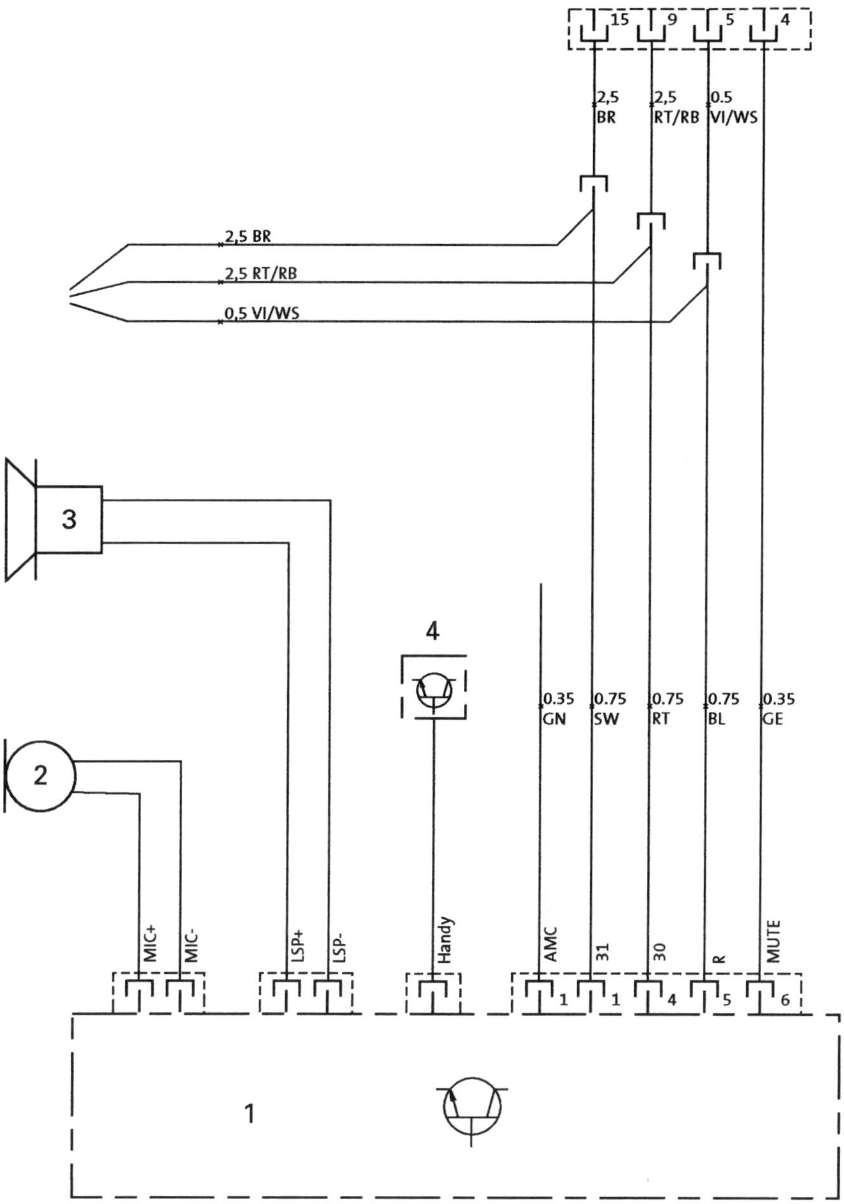

Bild 19.27
Stromlaufplan Nachrüstung Telefon mit Freisprecheinrichtung
1 Freisprechsteuergerät
2 Freisprechmikrofon
3 Lautsprecher
4 Handyhalterung

19.5.3.4 Festeinbau Stand Anfang 2000 und Integration in Fahrerinformationssysteme

Bei der in Bild 19.28 gezeigten Systemübersicht handelt es sich um ein Festeinbautelefon, das vollständig in die Fahrerinformationssysteme integriert ist und auch ein Bestandteil davon ist.
Die Bedienung des Telefons kann über den Bedienhörer, das Multifunktionslenkrad und auch über die Zentrale Anzeige- und Bedieneinheit erfolgen. Neben den bekannten Telefonfunktionen sind mit dieser Telefonanlage und der Vernetzung mit den anderen Fahrzeugsystemen auch Telematikfunktionen möglich.

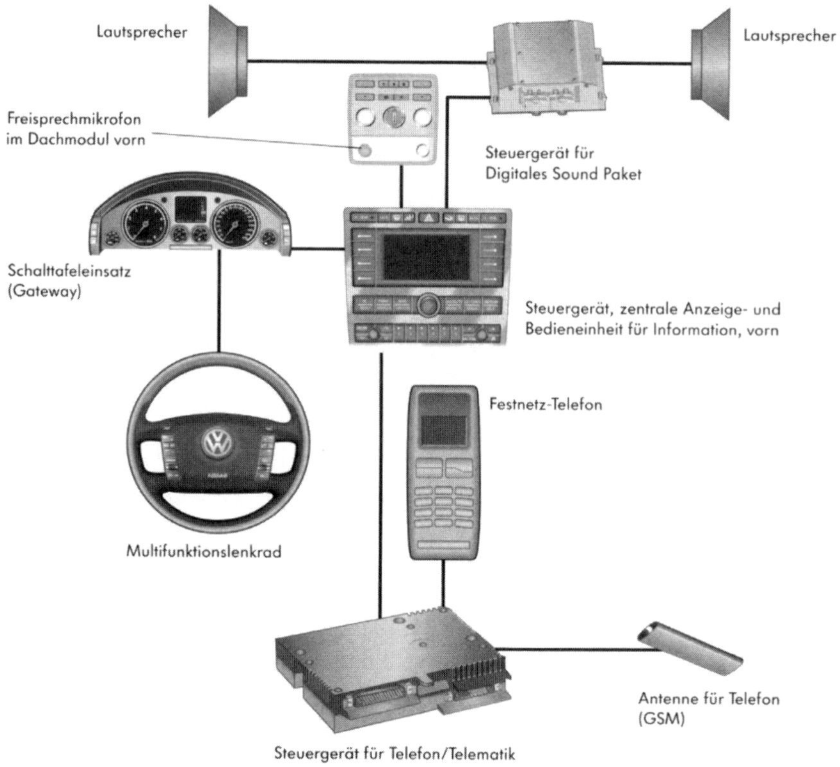

Bild 19.28
Systemübersicht Telefonfest-einbau integriert in Fahrerinformationssysteme

Der Bedienhörer ist noch mit einer konventionellen Leitung mit dem Steuergerät für Telefon/Telematik verbunden. Die Telefonantenne ist ebenfalls über die Antennenleitung direkt an dem Steuergerät angeschlossen. Das Steuergerät für Telefon/Telematik ist mit einem CAN-Datenbussystem mit den anderen Steuergeräten des Infotainmentsystems und damit auch mit dem Steuergerät Zentrale Anzeige- und Bedieneinheit verbunden. Das Gateway dieses Bussystems ist der Schalttafeleinsatz. Das Steuergerät für Digitales Sound Paket und das Dachmodul vorn mit dem Freisprechmikrofon sind ebenfalls Teilnehmer des CAN-Datenbusses Infotainmentsystem.
Diese Telefonanlage ist natürlich vollständig eigendiagnosefähig. Auftretende Fehler werden gespeichert und können über einen Diagnosecomputer ausgelesen werden.

19.5.3.5 Telefon mit Bluetooth-Technik und integriert in Fahrerinformationssysteme

Bei dem in Bild 19.29 gezeigten Systemschaltplan handelt es sich um ein aktuelles Telefonsystem, das sowohl als Festeinbau mit schnurlosem Bedienhörer, als auch als Handyvariante den gleichen Systemaufbau hat. Die Übertragung auf den Bedienhörer, aber auch zum Handy erfolgt mittels Bluetooth-Technik. Das Telefonsystem ist ein

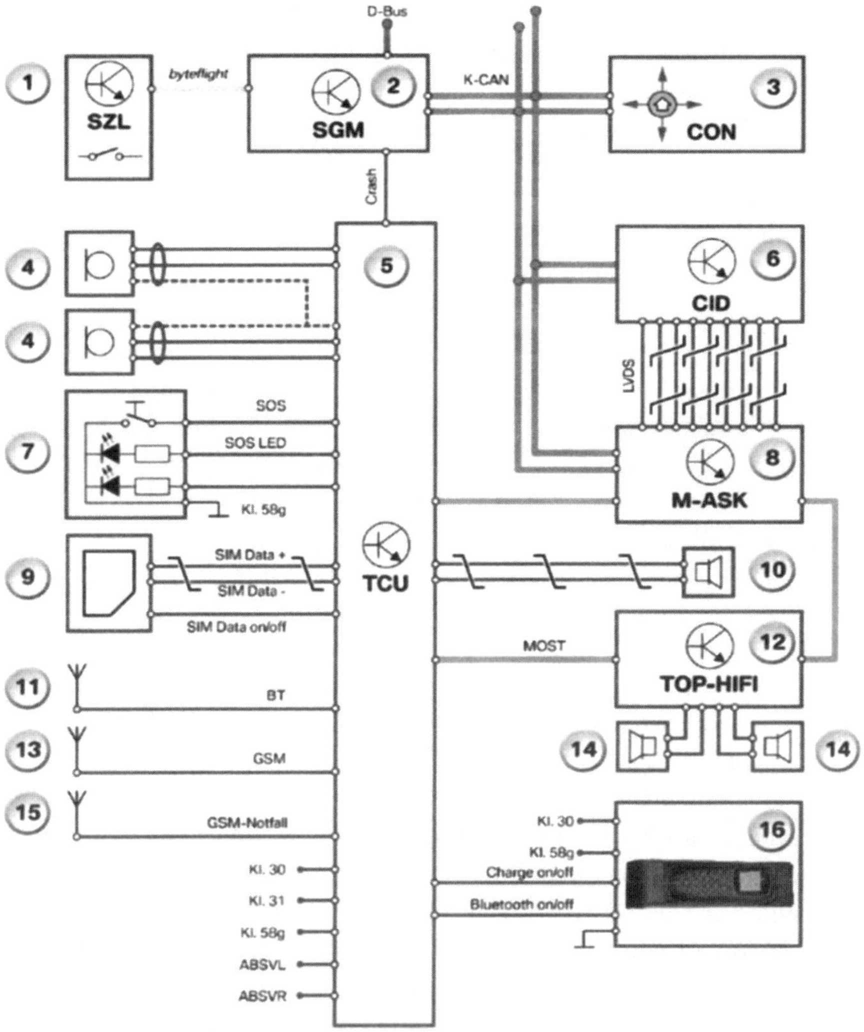

Bild 19.29
Systemschaltplan Telefon mit Bluetooth-Technik

integrierter Bestandteil der Fahrerinformationssysteme und telematikfähig.

Die Bedienung kann über den Bedienhörer/Handy, das Multifunktionslenkrad oder einen zentralen Controller erfolgen (vgl. auch Bild 19.4).

Das Multifunktionslenkrad ist über das Schaltzentrum Lenksäule (1, SZL) und dem optischen Bussystem Byteflight mit dem Sicherheits- und Gateway Modul (2, SGM) verbunden, das dann seinerseits mit dem Telefonsteuergerät (5, TCU) verbunden ist. Über diese Verbindung wird bei einem Unfall und Auslösung eines Rückhaltesystems auch ein automatischer Notruf initiiert. Der Notruf kann aber auch manuell über den Notruftaster (7) ausgelöst werden.

Für die normale Telefonbedienung geht der Weg vom Multifunktionslenkrad über das Schaltzentrum Lenksäule, über das Sicherheits-

und Gateway-Modul und über den CAN-Bus zum Multi-Audio-System-Controller (8, M-ASK) und von diesem über den MOST-Bus zum Telefonsteuergerät.
Bei der Telefonbedienung über den zentralen Controller (3, CON) gehen die Steuerbefehle ebenfalls über den CAN-Bus zum M-ASK und von diesem über den MOST-Bus zum Telefonsteuergerät. Die Steuerbefehle werden auch von der zentralen Informationsanzeige (6, CID) verarbeitet, die die Anzeige aller Funktionen und Menüs ermöglicht.
Wird das Telefonsystem über den Bedienhörer oder das Handy bedient, gehen die Signale über die Bluetoothverbindung von der Bluetooth-Antenne (11) in das Telefonsteuergerät. Dies ist auch der Fall, wenn direkt über den Bedienhörer/Handy telefoniert wird. Alle Informationen und Gespräche werden über Bluetooth zum Telefonsteuergerät übertragen.
Wird das Telefongespräch über die Freisprechfunktion geführt, gehen die Sprachsignale über die Freisprechmikrofone (4) direkt in das Telefonsteuergerät und die Wiedergabe der Sprache erfolgt über den MOST-Bus und den HiFi-Verstärker (12) über zwei Frontlautsprecher (14). Der Notfalllautsprecher (10) dient der Sprachverbindung bei einem Notruf, wenn die anderen Fahrzeugsysteme unfallbedingt ausgefallen sein sollten. Dies gilt auch für die GSM-Notfallantenne (15), wenn die normale auf dem Dach montierte GSM-Antenne (13) unfallbedingt ausgefallen sein sollte.
Den eigenen SIM-Kartenleser (9) hat nur das Festeinbautelefon.
Die Telefonaufnahme (16) ist mittels verschiedener zur Verfügung stehender Adapter spezifisch dem jeweiligen Telefon angepasst und bietet neben der Fixierung des Bedienhörers/Handys auch eine Ladeeinrichtung für die Akkus.
Die Telematikfunktionen, die mit diesem Telefonsystem geboten werden, werden im nächsten Abschnitt ausführlich beschrieben.

19.6 Telematik

Unter dem Begriff Telematik versteht man einen Informations-/Datenaustausch über das Fahrzeugtelefon (in der Regel) und die Weiterverarbeitung der Informationen/Daten.
Telematik ist ein Kunstwort aus den Wörtern Telekommunikation und Informatik.
Bei den verschiedenen Telematikanwendungen können sowohl Daten aus dem Fahrzeug versendet und bei Telematikdiensten weiterverarbeitet und eventuell auch wieder weitergeleitet werden, als auch Daten in das Auto übertragen und dort weiterverarbeitet werden. Die heute verbreiteten Telematikfunktionen sind die Verkehrstelematik,

der passive oder aktive Notruf, Onlinedienste mit Internet-Zugang und fahrzeugspezifische Anwendungen.

19.6.1 Verkehrstelematik

Die «ursprünglichste» Telematikfunktion entstand aus dem Bedürfnis heraus, über Verkehrsbehinderungen, Staus und dergleichen rechtzeitig informiert zu sein und damit diese umfahren zu können, bzw. diesen Behinderungen großräumig ausweichen zu können. Wie bereits in Abschnitt 3.4 erwähnt, gibt es dafür zwei Informationsquellen (Bild 19.30):

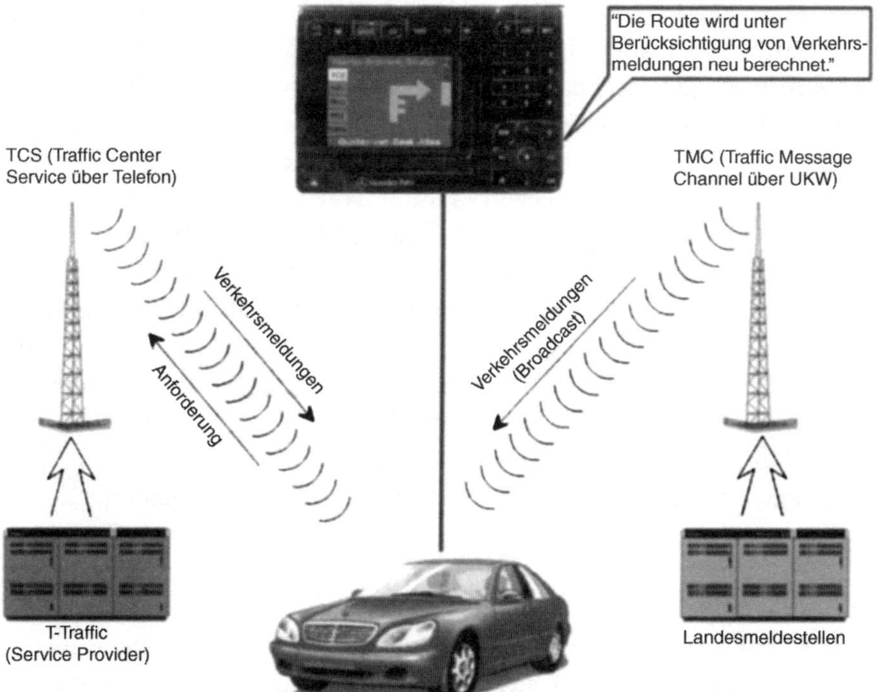

Bild 19.30
Übertragungswege der Verkehrsinformationen für eine dynamische Zielführung

Zum einen den über die Rundfunkanstalten ohne zusätzliche Gebühren ausgestrahlten **T**raffic **M**essage **C**hannel (TMC), dessen Daten über das Radio empfangen werden. Zum anderen die über einen Service Provider zur Verfügung gestellten Verkehrsinformationen, die per SMS über das Mobilfunknetz übertragen werden. In beiden Fällen werden die Informationen, wenn gewünscht, dem Fahrer angezeigt und an das Navigationssystem weitergeleitet. Somit können die Verkehrsinformationen bei der Routenberechnung einer Zielführung berücksichtigt werden. Für beide Datenquellen wurden Standards definiert, damit diese in den verschiedenen Geräten weiterverarbeitet werden können.

Der Traffic Message Channel ist ein Teil des bereits vor Jahren eingeführten Radio Data Systems (RDS; Anzeige Sendernahme, Alternativfrequenzen, Durchsagekennung, usw.). Die Verkehrsinformationen werden digital kodiert nach dem international standardisierten «Alert-C-Protokoll» übertragen. Dabei wird das Ereignis (Stau, Unfall, Sperrung, Glatteis usw.) und der Ort (Autobahnabschnitt, Straße, usw.) des Geschehens gesendet. Im Radiogerät ist sowohl eine Liste aller möglichen Ereignisse, die so genannte **Event list**, abgespeichert, als auch eine Liste aller Namen und Nummern von Autobahnen, Bundesstraßen und Landstraßen, der so genannte location table. Das Radiogerät speichert und «übersetzt» die codiert empfangenen Verkehrsinformationen und zeigt sie in für den Fahrer lesbarer Form an. Gleichzeitig werden die Daten zuerst an das Telematiksteuergerät übermittelt und dort abgelegt und bei Bedarf an das Navigationssystem weitergeleitet, das die Daten bezüglich der gewählten Route selektiert und damit eventuell eine neue Fahrtroute berechnet. Dies geschieht auch mit den über das Mobiltelefon empfangenen Verkehrsmeldungen, die gegen Gebühr von einem Service Provider abgerufen werden. Das Telefon-/Telematiksteuergerät aktualisiert dabei bei aktiver Navigation über den Service Provider regelmäßig (ca. alle 15 Minuten) die entlang der berechneten Route anfallenden Verkehrsinformationen.

Diese Verkehrsinformationen stützen sich nicht nur auf die Polizeimeldestellen, Daten von Autobahnschleifen und Staumeldern, sondern können auch auf die Daten der mehr als 4000 Verkehrssensoren zurückgreifen, die nahezu flächendeckend an den Autobahnbrücken montiert sind und die Anzahl der Fahrzeuge (Verkehrsdichte) und deren Geschwindigkeit messen. Diese Verkehrsinformationen gelten als genauer, aktueller und verlässlicher. Somit kann die Verkehrsbehinderung exakt definiert, in der Kartendarstellung genau angezeigt werden (Bild 19.31), und auch die Berechnung der Alternativroute wird besser der Verkehrsbehinderung angepasst.

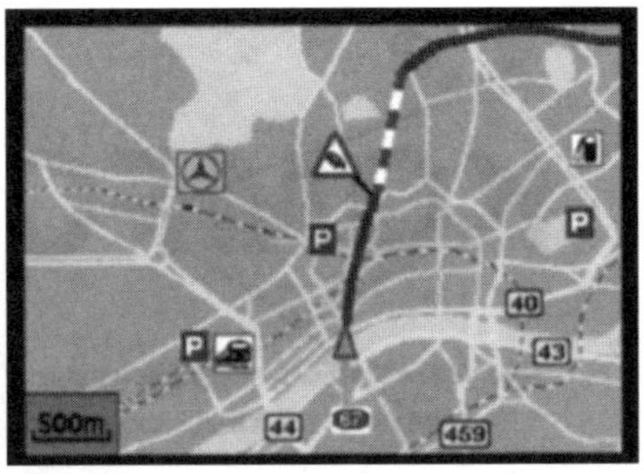

Bild 19.31
Kartendarstellung mit Stauanzeige

Jedoch kann die Anzeige und Berechnung der Alternativroute nur so genau sein, wie die eingehenden Informationen mit der Wirklichkeit übereinstimmen. An der Verbesserung der Aktualität der Verkehrsinformationen wird noch permanent gearbeitet.

Die Übertragung der Verkehrsinformation per SMS über das Mobiltelefon geschieht nach einem festgelegten Standard, dem so genannten GATS (**G**lobal **A**utomotive **T**elematics **S**tandard). Dieser Standard regelt auch die Datenübertragung für alle anderen Telematikfunktionen. Die Daten für die Übertragung in den GSM-Netzen werden verdichtet, um eine schnellere Datenübertragungsrate zu erreichen. Man nennt dies auch packen bzw. GPRS (**G**eneral **P**acked **R**adio **S**ervice).

19.6.2 Notruffunktion

Die wichtigste Telematikfunktion bei einem Unfall ist der automatische Notruf. Bei einem Unfall mit Airbagauslösung erhält das Telematiksteuergerät entsprechende Daten von dem Steuergerät, das für die Funktion und Auslösung der Rückhaltesysteme zuständig ist. Daraufhin sendet das Telematiksteuergerät eine Nachricht an einen Service Operator (= Dienstanbieter, -betreiber) mit der genauen Position, der Schwere des Unfalles und der Art des Notrufs (Bild 19.32).

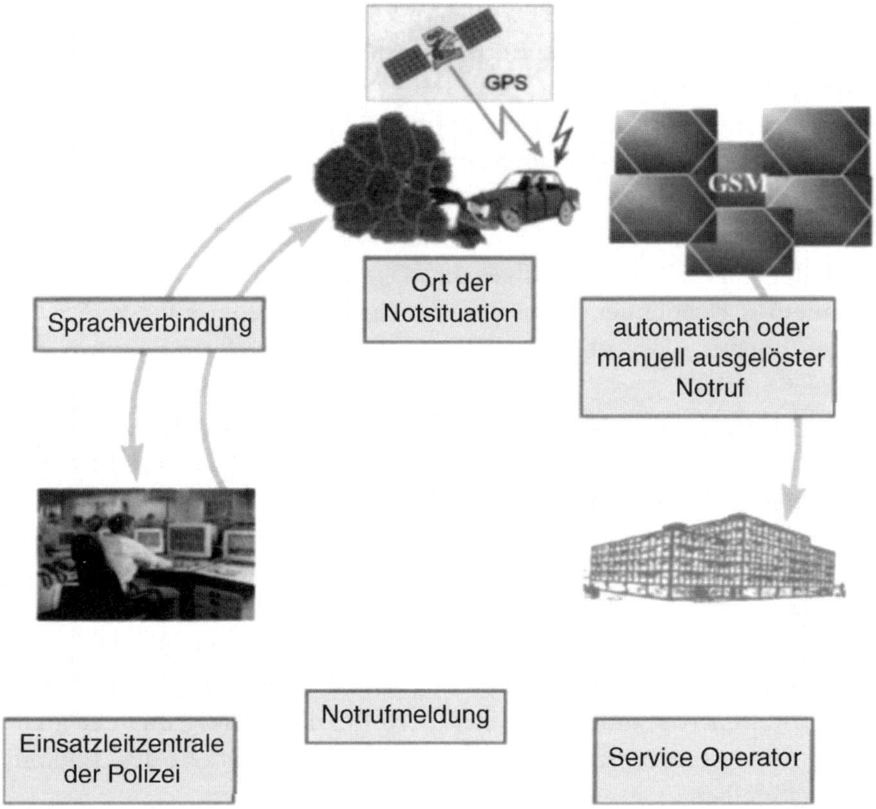

Bild 19.32
Ablauf eines Notrufs

Die Information über den Unfallort kann über das Navigationssystem gewonnen werden, wird aber meist über ein zusätzliches GPS-Modul im Telematiksteuergerät direkt bestimmt. Nach dem automatischen Notruftelegramm wird immer versucht eine Sprachverbindung mit dem Unfallfahrzeug aufzubauen. Hier unterscheiden sich die Wege der verschiedenen Fahrzeughersteller und der mit diesen zusammenarbeitenden Dienstanbietern. Die Sprachverbindung kann, wie im Beispiel in Bild 19.32, direkt durch das Fahrzeug mit einer Einsatzleitzentrale aufgebaut werden oder durch den Service Operator, und erst anschließend wird der Notruf durch den Service

Operator an die Einsatzleitzentrale weitergegeben. Der zweite Weg kostet etwas mehr Zeit, vermeidet unter Umständen aber auch einen nicht nötigen Rettungseinsatz.
Der Notruf kann auch manuell ausgelöst werden, wenn man z.B. einen Unfall beobachtet, als einer der ersten an einem Unfallort eintrifft oder selbst plötzlich massive gesundheitliche Beschwerden hat. Dafür muss ein Notrufschalter bzw. -taster betätigt werden, der sich in der Regel im vorderen Dachbereich befindet.
Dabei werden ebenfalls zuerst die Daten des Fahrzeuges und der Standort übermittelt. Außerdem muss gesendet werden, dass es sich um einen manuellen Notruf handelt. Anschließend wird eine Sprachverbindung hergestellt und es werden evtl. weitere Schritte durch den Service Operator eingeleitet.
Es gibt aber auch die Möglichkeit bei einer Panne oder technischen Störung einen Serviceruf abzusetzen. In diesem Fall werden ebenfalls wieder zuerst der Standort und fahrzeugspezifische Daten (Fahrgestellnummer, Modell, ...) übertragen und eine Sprachverbindung mit der Servicezentrale aufgebaut. Der Serviceruf, auch häufig als Pannenruf bezeichnet, kann bei manchen Herstellern auch über das Telefonmenü, oder über die Fahrerinformationssysteme aufgerufen werden.
Der automatische und manuelle Notruf, sowie auch der Serviceruf, funktionieren nur, wenn auch das Telefon eingeschaltet und im Netz eingebucht ist. Nur wenige Hersteller haben eine eigene Telefonkarte im Telematiksteuergerät fest eingebaut und für diese Dienste freigeschaltet. Ein GPS-Modul im Steuergerät, eine Notstromversorgung für das Telematiksteuergerät, sowie eine zusätzliche Notantenne, wenn die normale Antenne unfallbedingt ausgefallen ist, bieten ebenfalls nur wenige Hersteller. Aber auch wenn alle zusätzlichen Sicherheiten vorhanden sind, kann ein Restrisiko aufgrund der nicht ganz hundertprozentig flächendeckenden Verfügbarkeit des Telefonnetzes bleiben.
Sollte es im Rahmen einer Fehlersuche für die Diagnose oder eine Funktionsüberprüfung unvermeidbar sein, einen manuellen Notruf oder einen Serviceruf auszulösen, muss man am Telefon bleiben, bis eine Sprachverbindung mit dem Service Operator aufgebaut wurde und man erklären kann, dass es sich lediglich um einen Test handelt, damit kein unnötiger Einsatz ausgelöst wird.

19.6.3 Online-Dienste

Die Telematikfunktionen bieten auch die Möglichkeit auf internetbasierte Online-Dienste zuzugreifen. Aber wie der Name bereits ausdrückt, handelt es sich dabei meist um keinen direkten Internet-Zugang, sondern um Online-Dienste, die auf dem Internet basieren und über ein Herstellerportal für die fahrzeugspezifischen Bedürfnisse aufbereitet werden (Bild 19.33).

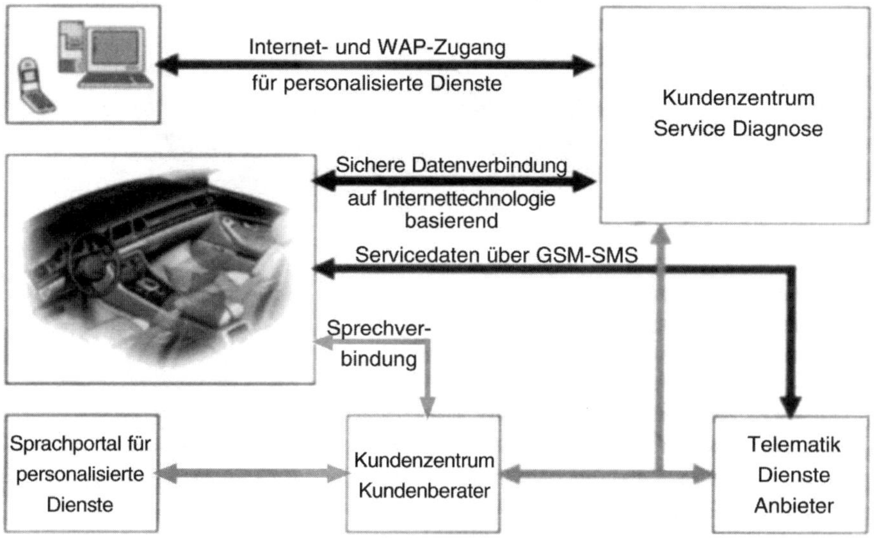

Bild 19.33
Telematik-Netzwerk

Berücksichtigt werden muss dabei zuerst die allgemein deutlich geringere Datenübertragungsrate als am Heimcomputer mit den aktuellsten Datenleitungen. Im Normalfall können über das GSM-Netz Daten mit 9,6 kbit/Sekunde übertragen werden. Aber auch in den GSM-Netzen gibt es mittlerweile verschiedene Möglichkeiten, die Datenübertragungsrate zu steigern.
Das HSCSD (**H**igh **S**peed **C**ircuit **S**witched **D**ata) in Verbindung mit PCs, Laptops usw. und das schon erwähnte GPRS, das in der Fahrzeugtelematik eingesetzt wird. Damit können bis zu 14,4 kbit/Sekunde für Datenübertragungen aus dem Fahrzeug, dem so genannten **Uplink** (= engl. Aufwärtsverbindung) und bis zu 43,2 kbit/Sekunde für Datenübertragungen in das Fahrzeug, dem so genannten **Downlink** (= engl. Abwärtsverbindung) erreicht werden. Eine deutliche Steigerung ist erst durch das auch im Fahrzeugsektor angewandte UMTS (**U**niversal **M**obile **T**elecommunications **S**ystem) eingetreten. Mit UMTS sind bei stehendem Fahrzeug Datenübertragungsraten bis zu maximal 2 Mbit/Sekunde möglich. Allerdings nimmt diese maximal mögliche Datenübertragungsrate im Fahrbetrieb auch wieder deutlich ab.

Neben der möglichen Datenübertragungsrate muss auch die Größe der Darstellungen, die Größe der Schrift, der Texte allgemein usw. auf die Bedingungen im Fahrzeug abgestimmt werden. Auch die Auswahl der zur Verfügung gestellten Seiten wird meist auf fahrzeug- und reisespezifische Notwendigkeiten beschränkt (Bild 19.34).

Bild 19.34
Menü für Online-Dienste

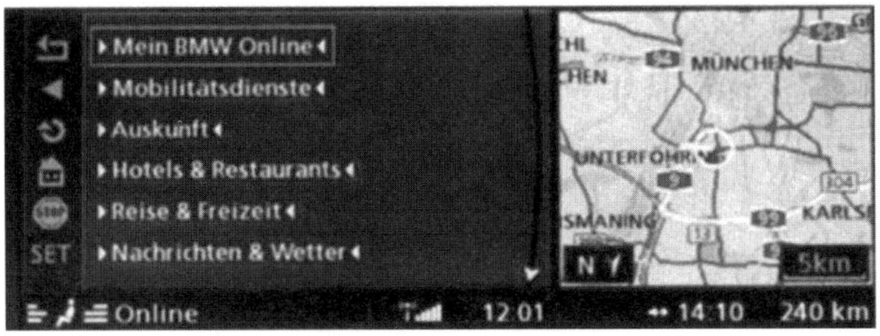

Man kann z.B. Hotels, Restaurants, Sehenswürdigkeiten, Parkhäuser, aber auch Apotheken und Tankstellen suchen und sich dazu weitergehende Informationen anzeigen lassen.
Ebenso sind verschiedene Börsenkurse und Nachrichten sowie Wetterinformationen abrufbar. Der Abruf und die Anzeige von E-Mails und persönlichen Aufzeichnungen aus dem eigenen Bereich sind über die Telematikfunktionen ebenfalls möglich.
Bei Störungen sind nicht nur Fehlfunktionen des Fahrzeugs und der Datenübertragung in Betracht zu ziehen, sondern auch eventuelle Systemausfälle des Herstellerportals oder sogar durch das Internet eingebrachte Viren.

19.6.4 Fahrzeugspezifische Telematikfunktionen

Die Vernetzung beinahe aller Systeme im Fahrzeug mit der Datenbustechnik, die integrierten Fahrerinformationssysteme und die heutigen Telefon-/Telematiksteuergeräte eröffnen, neben den oben beschriebenen und bereits verbreiteten Telematikfunktionen, eine Vielzahl weiterer möglicher Anwendungen. Einige davon sind bereits vereinzelt bei einigen Fahrzeugherstellern und Modellen eingeführt, an den anderen wird noch entwickelt und ihr Einsatz wird sich in einem absehbaren Zeitraum ergeben.
Eine bereits verwirklichte fahrzeugspezifische Telematikfunktion ist der so genannte **TeleService**. Dabei werden die ermittelten, wartungsrelevanten Fahrzeug- und Verschleißdaten vier Wochen vor einem fälligen Termin über SMS und einen Service Provider an den zuständigen Händler übertragen. Damit kann der Händler sich zuerst über den Wartungsbedarf des Fahrzeugs informieren und im weiteren mit dem

Kunden dann gleich telefonisch einen Termin vereinbaren. Diese Funktion setzt natürlich die Ausstattung des Fahrzeuges mit einem Telefon-/Telematiksystem voraus und ist zur Zeit nur in einigen ausgewählten Ländern möglich.
Eine weitere bereits in der Anwendung befindliche Telematikfunktion ist die **Telediagnose**. Es ist eine weitergehende Funktion des Service- bzw. Pannenrufs. Neben dem genauen Standort und den fahrzeugspezifischen Daten (Fahrgestellnummer, Modell, Baujahr, Kilometerstand) werden auch die Motortemperatur, Batteriespannung und gespeicherte Stör- und Warnmeldungen an den Service Operator bzw. das Kundenzentrum übertragen. Damit kann im Pannenfall eine noch gezieltere technische Hilfestellung angeboten werden.
Eine direkte Verbindung zum Kundenzentrum des Herstellers aufzubauen, ist auch über eine «Info-Taste» möglich. Damit kann sich der Kunde mit allgemeinen Fragen zum Fahrzeug an die Kundenberater des Herstellers wenden.
Eine weitere ebenfalls bereits existierende Telematikfunktion ist der so genannte **Thermocall**. Mit einem Telefonanruf kann die Standheizung, aber auch die Standlüftung aktiviert werden. Damit kann das Fahrzeug rechtzeitig temperiert werden, ohne dass man sich bereits in der Nähe des Fahrzeugs befinden muss.
Verwirklicht ist mittlerweile auch die telefonische Übertragung von neuen Programmen, Softwareständen oder Updates, um Fehlfunktionen im Fahrzeug zu beheben oder auf den neuesten Programmstand zu bringen. Somit können zumindest kleine Updates als telefonischer Software-Download bei stehendem Fahrzeug übertragen werden.

20 Hybridsysteme

20.1 Definition

Hybridfahrzeug (HV) ist ein Fahrzeug mit mindestens zwei verschiedenen Energiewandlern und zwei verschiedenen Energiespeichersystemen (im Fahrzeug) für den Antrieb des Fahrzeugs.

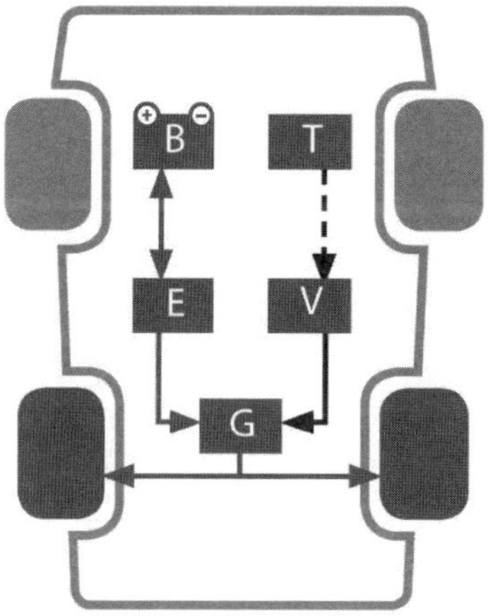

Bild 20.1
Paralleler Hybrid
Tank (T)
Batterie (B)
Elektromotor (E)
Verbrennungsmotor (V)
Getriebe (G)

20.2 Einteilung

Hybride werden einerseits nach **Bauweise** (paralleler, serieller, Misch- oder verzweigter Hybrid) und andererseits nach **Elektrifizierungsgrad** (Micro, Mild, Full Hybrid) unterschieden.
Bezieht das Fahrzeug Energie nicht nur aus Kraftstoff, sondern auch aus dem Stromnetz, dann wird es als **Plug-In-Hybrid** bezeichnet.

20.2.1 Einteilung nach der Bauweise

20.2.1.1 Paralleler Hybrid

Beim parallelen Hybriden (Bild 20.1) wirken der Verbrennungs- und der Elektromotor gemeinsam auf den Antriebsstrang ein. Beide Motoren können kleiner ausgelegt werden, als wenn sie alleine das Fahrzeug antreiben müssten. Da der Elektromotor gleichzeitig auch als Generator verwendet wird, ist es nicht möglich, während des Fahrens mit dem Elektromotor Energie zu produzieren.

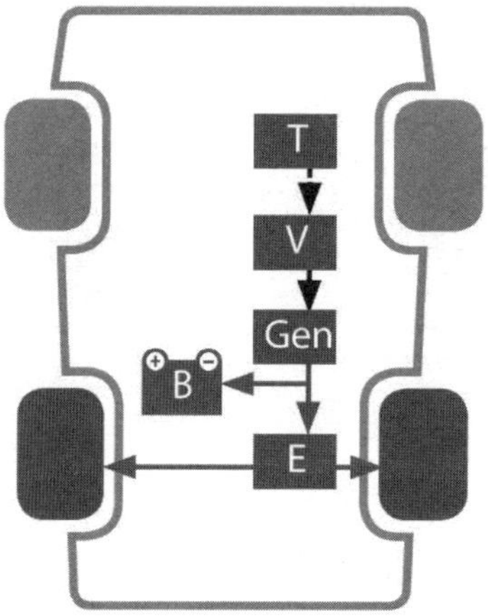

Bild 20.2
Serieller Hybrid
Tank (T)
Batterie (B)
Elektromotor (E)
Verbrennungsmotor (V)
Getriebe (G)

20.2.1.2 Serieller Hybrid

Beim seriellen Hybriden (Bild 20.2) wirkt nur der Elektromotor auf den Antriebsstrang. Der Verbrennungsmotor treibt einen elektrischen Generator an, der den Elektromotor bewegt und die Batterie lädt. Der serielle Hybrid fährt streckenweise rein elektrisch bei geladener Batterie und kommt so dem Elektroauto schon sehr nahe.
Daher wird er auch als Elektrofahrzeug mit Range-Extender bezeichnet.

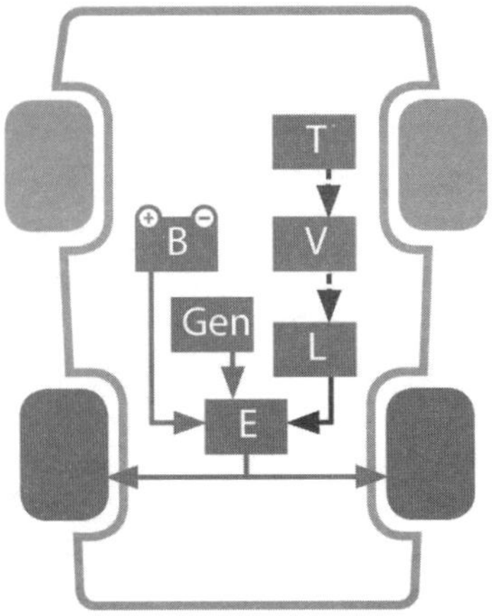

Bild 20.3
Mischhybrid oder verzweigter Hybrid
Tank (T)
Batterie (B)
Elektromotor (E)
Verbrennungsmotor (V)
Getriebe (G)

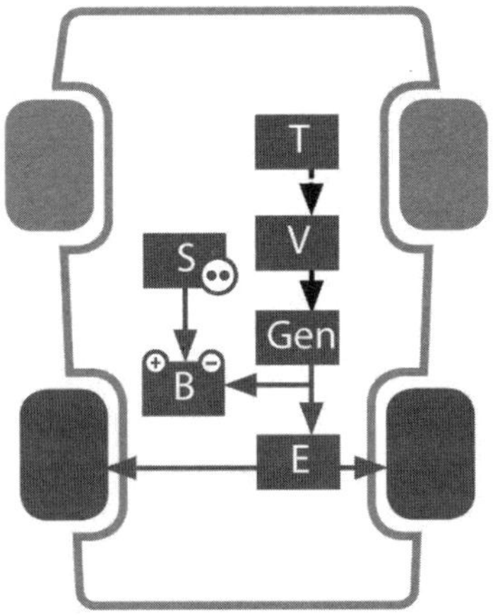

Bild 20.4
Plug-In-Hybrid
Tank (T)
Batterie (B)
Elektromotor (E)
Verbrennungsmotor (V)
Getriebe (G)
Steckdose (S)

20.2.1.3 Mischhybrid oder verzweigter Hybrid

Der Mischhybrid (Bild 20.3) vereinigt parallelen und seriellen Hybrid unter der Motorhaube. Der Verbrennungsmotor stellt mittels Generator und Batterie die Energie für den Elektromotor bereit oder ist direkt mit dem Antrieb gekoppelt. Zwischen beiden Zuständen wird automatisch gekuppelt oder umgeschaltet.

20.2.1.4 Plug-In-Hybrid

Beim Plug-In-Hybriden (Bild 20.4) wird die Batterie nicht nur durch den Verbrennungsmotor, sondern auch am Stromnetz aufgeladen. So kann der Plug-In-Hybrid längere Strecken rein elektrisch zurücklegen. Der Plug-In stellt eine weitere Entwicklungsstufe der Elektromobilität dar.

20.2.2 Einteilung nach Elektrifizierungsgrad

20.2.2.1 Micro Hybrid

Sogenannte Micro Hybrids mit Bremsenergierückgewinnung und Start-Stopp-Automatik tragen zwar schon heute ganz entscheidend zur Einsparung von Kraftstoff und Emissionen bei, Einfluss auf den Antrieb haben sie aber nicht. Daher sind sie im engen Sinn keine Hybridfahrzeuge.

Beispiel für ein Micro-Hybrid-System:
Das i-StARS von Valeo (Bild 20.5) kann den Motor schon vor dem vollständigen Stillstand des Fahrzeugs stoppen, d.h. sobald die Geschwindigkeit unter 8 km/h (im Fall eines automatisierten Schaltgetriebes) und 20 km/h (im Fall eines handgeschalteten Getriebes) abfällt. So wird die Kraftstoffeinsparung optimiert und das Autofahren leichtgängiger gemacht. Der Motor wird unverzüglich (in 400 ms), vollkommen lautlos und schwingungsfrei wieder angelassen, selbst wenn der Fahrer während des Stillstands plötzlich umdisponiert. Die regenerative Bremsfunktion tritt in Aktion, sobald der Fahrer den Fuß vom Gaspedal nimmt. Dann sendet das System ein elektronisches Signal an den Starter-Generator, wodurch die kinetische Energie des Fahrzeugs sofort in elektrische Energie, sprich Batterieladung, umgewandelt wird. Dadurch wird eine bedeutende Verringerung des Kraftstoffverbrauchs erreicht.

Bild 20.5
Riemengetriebener Starter-Generator von Valeo

Bild 20.6
Honda IMA (Integrated-Motor-Assist)

20.2.2.2 Mild Hybrid

Der Mild Hybrid fährt nicht rein elektrisch. Der Elektromotor unterstützt lediglich den Verbrennungsmotor.
Die Energie für den Elektromotor wird beispielsweise durch das Ausnutzen der Bremsenergie gewonnen.
Bei normalen Fahrzeugen wird die Bewegungsenergie - oder auch kinetische Energie – beim Verzögern in thermale Energie an den Bremsscheiben umgewandelt. Diese Energie verpufft quasi unwiederbringlich in die Umgebung. Bei Hybridfahrzeugen wird die kinetische Energie mit Hilfe eines Generators aufgefangen und in einer Hochvolt-Batterie gespeichert.

Beispiel für ein Mild Hybrid-System:
Honda IMA (**I**ntegrated-**M**otor-**A**ssist; Bild 20.6)
Der Starter-Generator ist zwischen Motor und Getriebe an der Stelle des Schwungrades angeordnet.

Einer der Vorteile eines Mild-Hybridfahrzeugs ist der, dass der Verbrennungsmotor, der hauptsächlich seine Leistung in mittleren und hohen Drehzahlen realisiert, mit den Vorteilen eines Elektromotors, der seine Kraft in niedrigen Drehzahlen entwickelt, kombiniert wird. Das Hybrid-System kann deshalb als Leistungs- und Effizienz-Booster gesehen werden.

Generell kann man sagen, dass durch «Downsizing» von Verbrennungsmotoren der Benzinverbrauch sowie die Emissionen gesenkt werden. Die Kunden sind jedoch nicht bereit, eine evtl. geringere Leistung zu akzeptieren. Ein Hybridfahrzeug kann mit Hilfe des

Bild 20.7
Leistungs- und Drehmomentenverlauf des Honda-IMA

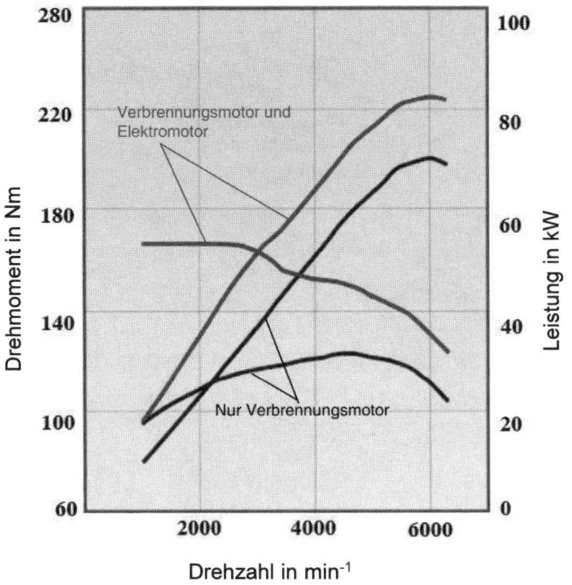

Bild 20.8
Systemübersicht Mercedes S400 HYBRID
1 12-V-Generator
2 Verbrennungsmotor
3 Elektromotor
4 7-Gang-Automatikgetriebe
5 Modul Leistungselektronik
6 Modul Hochvolt-Batterie
7 Modul DC/DC-Wandler
8 12-V-Batterie

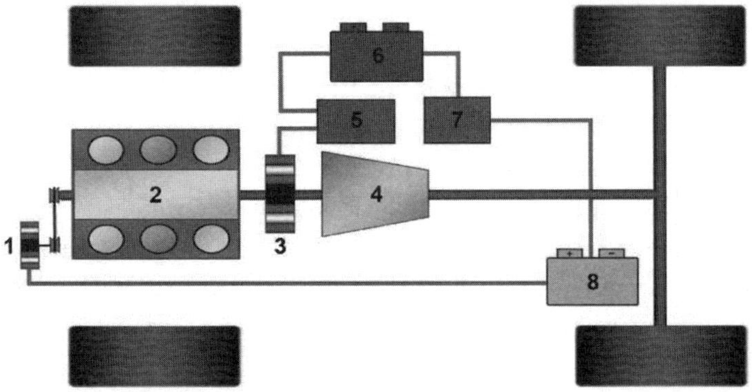

Elektromotors die fehlende Leistung beispielsweise beim Anfahren oder Beschleunigen kompensieren (Bild 20.7).

Weiteres Beispiel für einen Mild-Hybriden:
Der Mercedes S 400 HYBRID (Bild 20.8) besitzt einen parallelen Hybrid-Antrieb. Bei diesem Antriebskonzept sind sowohl Verbrennungsmotor als auch Elektromotor mechanisch mit den Antriebsrädern verbunden (Parallelschaltung der Motoren). Die Leistungen beider Motoren können addiert werden, so dass die Einzelleistungen der beiden Motoren kleiner gehalten werden können. Ein Fahren nur mit Elektroantrieb ist nicht möglich.

20.2.2.3 Full Hybrid

Der Full Hybrid wird streckenweise nur durch den Elektromotor angetrieben. Die technische Grundlage eines Full Hybrid ist ein verzweigter, Misch- oder serieller Hybrid.

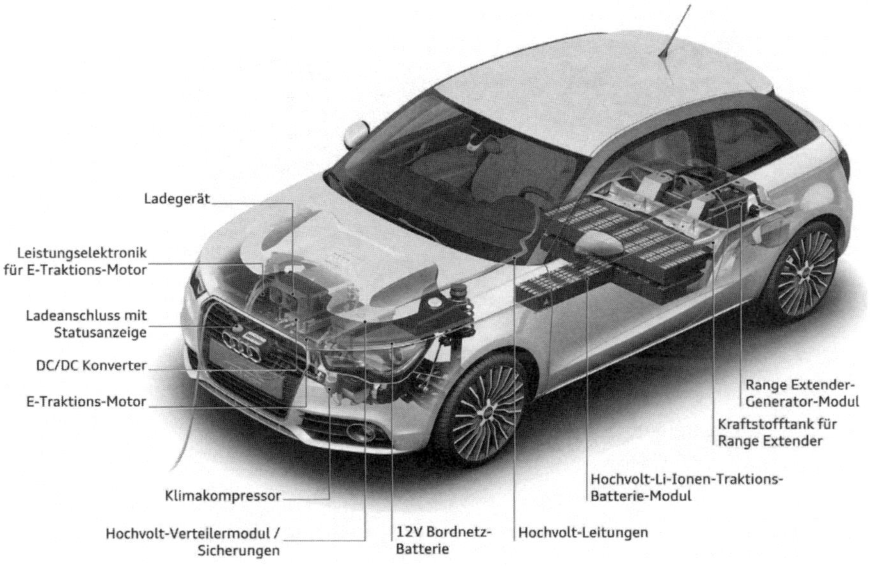

Bild 20.9
Audi A1 e-tron als serieller Full Hybrid

Beispiel für einen Full Hybriden:
Angetrieben wird der **Audi A1 e-tron** (Bild 20.9) von einem Elektromotor mit einer Maximalleistung von 75 kW/102 PS und 240 Nm maximalem Drehmoment. Die Kraftübertragung erfolgt mit einem einstufigen Getriebe. Die A1-Reichweite im reinen Elektrobetrieb: 50 Kilometer. Ist der vor der Hinterachse positionierte Lithium-Ionen-Akku leer, bewegt sich der kleinste Audi ähnlich wie Opel Ampera oder Chevrolet Volt mit einem kleinen Verbrennungsmotor.
Der Lithium-Ionen-Akku ist in der Bodengruppe vor der Hinterachse angeordnet, um die Gewichtsverteilung und den Schwerpunkt des 1,2 Tonnen schweren A1 e-tron zu verbessern. Der 150 Kilogramm schwere Lithium-Ionen-Akku hat einen Energieinhalt von zwölf Kilowattstunden.

Weiteres Beispiel:
BMW X6 ActiveHybrid
Die beiden leistungsstarken Elektromaschinen (67 kW/91 PS und 63 kW/86 PS) sind mit dem «Two-Mode-Aktivgetriebe» in einem Gehäuse von der Größe eines konventionellen Automatikgetriebes kompakt integriert (Bild 20.10).
Je nach Fahrsituation erfolgt der Antrieb entweder über die Elektromotoren oder den Verbrennungsmotor oder variabel über beide Antriebe.

- ❑ Im Mode 1 wird bei niedrigen Geschwindigkeiten durch den Einsatz der Elektromaschinen vor allem eine deutliche Verbrauchsreduzierung sowie zusätzliche Antriebskraft generiert.

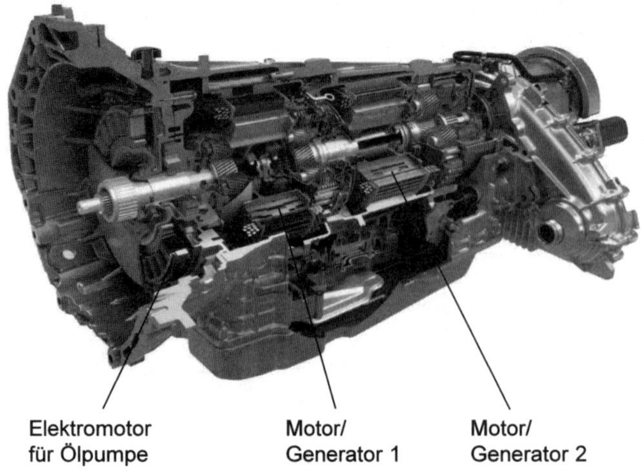

Bild 20.10
Das Getriebe mit zwei Elektromotoren für den Antrieb

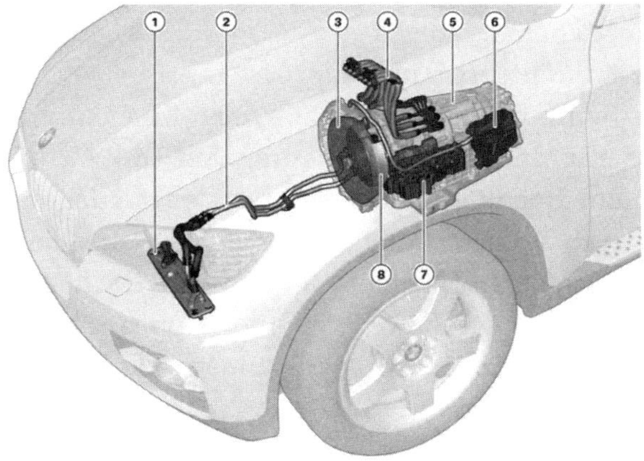

Bild 20.11
Lage der Komponenten im Fahrzeug
1 Getriebeöl-Kühlmittel Wärmetauscher
2 Getriebeöl-Leitungen
3 Zweimassenschwungrad
4 Hochvolt-Leitungen
5 Gehäuse des Aktivgetriebes
6 Hybrid-Parksperre
7 Elektrohydraulisches Steuermodul
8 Elektrisch/mechanisch angetriebene Getriebeölpumpe

- Im Mode 2 dagegen wird bei höheren Geschwindigkeiten die elektrisch übertragene Leistung reduziert bei gleichzeitiger Steigerung des Wirkungsgrads beim Verbrennungsmotor (durch Lastpunktanpassung) und damit der Kraftstoffeffizienz.

Auch in diesem Modus arbeiten die beiden Elektromaschinen unterschiedlich und sind neben elektrischer Antriebsunterstützung und Generatorfunktion insbesondere zuständig für die effizientesten Getriebeabstufungen (Bild 20.11).

20.3 Antrieb der Nebenaggregate bei Full-Hybrid-Fahrzeugen

Ein Grundproblem stellt der Antrieb der Nebenaggregate dar, die unabhängig vom Motorlauf des Verbrennungsmotors bei Stillstand des Motors im Fahrbetrieb arbeiten müssen.
Die ehemals direkt vom Verbrennungsmotor angetriebenen Komponenten müssen nun elektrisch betrieben werden.

Elektrische Unterdruckpumpe
Aufgaben der Unterdruckpumpe sind:

- Absicherung des Unterdrucks im Bremskraftverstärker
- Aufrechterhalten der Unterdruckversorgung bei Start-/Stopp-Betrieb

Elektrohydraulischen Servolenkung
Um auch während des automatischen Motorstopps ausreichend Servounterstützung für die Lenkung zur Verfügung zu stellen, ist es notwendig, die Lenkunterstützung vom Verbrennungsmotor zu entkoppeln und eine unabhängige Lenkunterstützung zu gewährleisten. Durch diese auf den Bedarf abgestimmte Lenkunterstützung wird zugleich eine Verbrauchsoptimierung erreicht.

Elektrisch angetriebener Kältemittelverdichter
Um auch während des automatischen Motorstopps ausreichend Kühlleistung für den Fahrgastraum zur Verfügung zu stellen, ist es notwendig, den Antrieb des Kältemittelverdichters vom Verbrennungsmotor zu entkoppeln und eine unabhängige Klimatisierung des Fahrzeuginnenraums sowie eine unabhängige Kühlung der Hochvolt-Batterie zu gewährleisten. Dies erfolgt durch den **elektrisch angetriebenen Kältemittelverdichter**. Durch diese auf den Bedarf abgestimmte Kühlung wird zugleich eine Verbrauchsoptimierung erreicht. Der elektrische Kältemittelverdichter ist für das Ansaugen und Verdichten des Kältemittels zuständig und pumpt das Kältemittel durch das System. Der elektrische Kältemittelverdichter wird in Abhängigkeit der Verdampfertemperatur stufenlos von 800 bis 9000 min^{-1} vom Steuergerät der Klimaanlage geregelt.

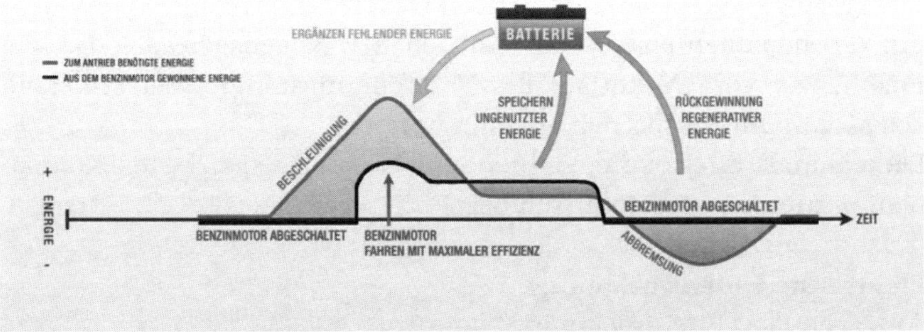

Bild 20.12
Zusammenspiel von Elektro- und Verbrennungsmotor

20.4 Vorteile und Probleme elektrischer Fahrzeugantriebe

20.4.1 Zusammenspiel von Elektro- und Verbrennungsmotor

Die Elektromotoren und der Benzinmotor werden für den Antrieb des Fahrzeugs intelligent zum Einsatz gebracht, wobei sie ihre jeweiligen Stärken zur Geltung bringen, um einen optimalen Kraftstoffverbrauch zu erzielen (Bild 20.12).

1. Beim Anfahren und bei niedrigen Geschwindigkeiten wird das Fahrzeug ausschließlich durch die Elektromotoren angetrieben, da der Benzinmotor hier nicht genauso effizient arbeitet.
2. Im normalen Fahrbereich arbeitet der Benzinmotor mit hohem Wirkungsgrad. Seine Kraft wird zum Antreiben der Räder und zur Stromerzeugung genutzt. Der Strom treibt die Elektromotoren an und/oder lädt die Batterie.
3. Während des Bremsens oder Verzögerns wird die Bewegungsenergie des Fahrzeugs genutzt, um über die Elektromotoren Strom zu erzeugen.
   Diese elektrische Energie wird in der Batterie gespeichert.

20.4.2 Vorteile elektrischer Fahrzeugantriebe

Klimawandel

Elektroautos sind klimafreundlich, sie sondern lokal keine Emissionen ab. Entscheidend ist, wie der Strom für das Elektroauto bzw. der Wasserstoff beim Batterieelektrischen Fahrzeug produziert wird.

Ressourcenknappheit

Elektroautos benötigen keinen Tropfen Öl, um zu fahren. Angesichts der Endlichkeit der Öl-Ressourcen ist der Elektroantrieb eine vielversprechende Mobilitätsform der Zukunft.

Motorengeräusche
Elektroautos fahren leise durch die Stadt. Motorengeräusche gehören der Vergangenheit an.

Wirkungsgrad
Elektromotoren haben einen höheren Wirkungsgrad als herkömmliche Verbrennungsmotoren. Elektroautos holen quasi mehr aus der ihnen bereit gestellten Energie heraus und gehen effizienter mit den Energieressourcen um.

20.4.3 Probleme elektrischer Fahrzeugantriebe

Alltagstauglichkeit
Das Laden der Batterie für ein Elektromobil nimmt einige Zeit in Anspruch. Zudem sind Batterien temperaturempfindlicher als Diesel- oder Ottomotoren und benötigen verhältnismäßig viel Platz im Fahrzeug.

Reichweite
Den innerstädtischen Verkehr bewältigt ein Elektroauto problemlos, aber für längere Strecken sind die Speicherkapazitäten der Batterien noch unzureichend.

Dauerhaftigkeit
Die Lebensdauer einer Batterie muss noch optimiert und ihre nutzbare Kapazität verbessert werden.

Umweltschutz und Sicherheit
Die Komponenten einer Batterie sind brennbar. Entsprechende Sicherheitsvorkehrungen sind also unerlässlich. Zu dem müssen industrielle Recyclingverfahren für die Batterien entwickelt werden.

Standardisierung
Normung ist nicht nur wettbewerbsentscheidend, sondern auch insgesamt die nötige Voraussetzung für den Durchbruch der Elektromobilität.

20.5 Toyota Prius als Beispiel für einen Seriell-parallel-Hybriden

20.5.1 Komponenten des Antriebs (Bild 20.13)

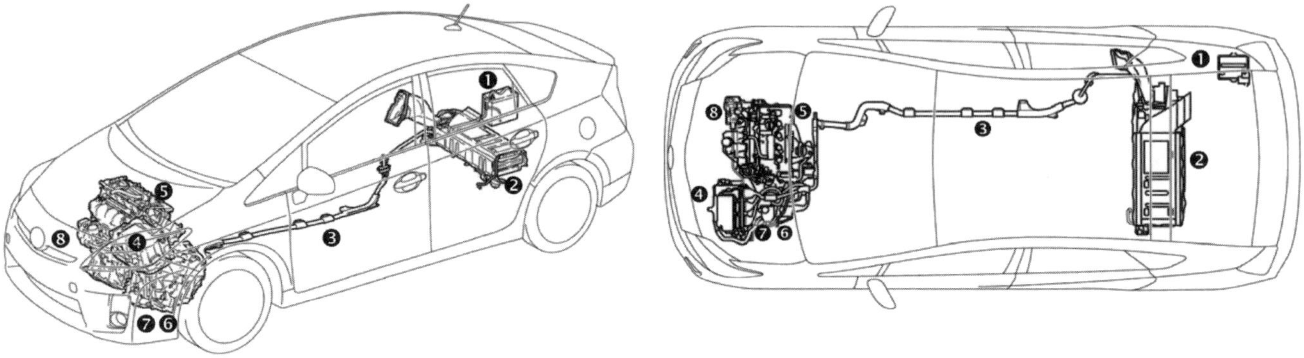

Bild 20.13a und b
Position und Beschreibung der Hybrid-Komponenten beim Prius

Komponente	Position	Beschreibung
12-Volt-Hilfsbatterie ❶	Kofferraum, rechte Seite	Eine Bleibatterie, die die Niederspannungs-Verbraucher mit Strom versorgt.
HV-Batterie ❷	Kofferraum, hinter der Rücksitzbankam Querträgerinstalliert	201,6-Volt-Nickel- Metallhydrid-Batterie (NiMH-Batterie), bestehend aus 28 in Reihe geschalteten Niederspannungsmodulen (à 7,2 Volt).
Stromkabel ❸	Unterboden und Motorraum	Orangefarbene HV-Kabel transportieren Gleichstrom (DC) zwischen HV-Batterie, Inverter/Konverter-Einheit und A/CKompressor. Sie transportieren außerdemWechselstrom (Drehstrom) zwischen Inverter/Konverter-Einheit, Elektromotor und Generator.
Inverter/ Konverter-Einheit ❹	Motorraum	Erhöht und wandelt die hohe Spannung aus der HV-Batterie in dreiphasigen Wechselstrom für den Antrieb des Elektromotors. Die Inverter/ Konverter-Einheit wandelt darüber hinaus Wechselstrom von Generator und Elektromotor in Gleichstrom für die Wiederaufladung der HV-Batterie um.
Benzinmotor ❺	Motorraum	Erfüllt zwei Funktionen: 1) Treibt das Fahrzeug an. 2) Treibt den Generator zum Wiederaufladen der HV-Batterie an.Das Starten und Stoppen des Motors erfolgt computergesteuert.
Elektromotor ❻	Motorraum	Dreiphasiger Drehstrom-Permanentmagnetmotor, integriert im Getriebe. Dient zum Antrieb der Vorderräder.
Stromgenerator ❼	Motorraum	Dreiphasiger Wechselstromgenerator, integriert im Getriebe. Dient zum Wiederaufladen der HV-Batterie.
A/C Kompressor (mit Inverter) ❽	Motorraum	Mit HV-Drehstrom betriebener Klimaanlagenkompressor.

20.5.2 HV-Akkumulatoren

20.5.2.1 Nickel-Metallhydrid-Akkumulator

Dies ist z. Zt. die übliche Energiequelle für Hybrid- u. Elektroautos.

Vorteile:

- ❑ doppelte Energiedichte gegenüber Ni-Cd-Akku,
- ❑ höhere Lebensdauer gegenüber Ni-Cd-Akkus,
- ❑ kein Memoryeffekt (die Teilentladung hat keinen Einfluss auf die Lebensdauer).

Nachteile:
- ❑ Überhitzung, Überladung und Tiefentladung verkürzen die Lebensdauer,
- ❑ hoher Leistungsabfall bei tiefen Temperaturen (ab -20 °C prinzipiell unbrauchbar),
- ❑ hohe Selbstentladung.

Um die Nachteile zu kompensieren ist für Ni-MH-Akku-Systeme eine intelligente Steuerelektronik (ECU Electronic Control Unit) von besonderer Bedeutung.
Der Prius verfügt über eine Hochspannungs-HV-Batterie mit versiegelten Nickel-Metallhydrid (NiMH)-Batteriemodulen.

HV-Batterie
Die HV-Batterie befindet sich in einem Metallgehäuse und ist am Querträger des Kofferraum-Bodenblechs hinter der Rücksitzbank fest installiert (Bild 20.14).

Bild 20.14
Lage der Batterie im Kofferraum

Bild 20.15
Ladungssteuerung

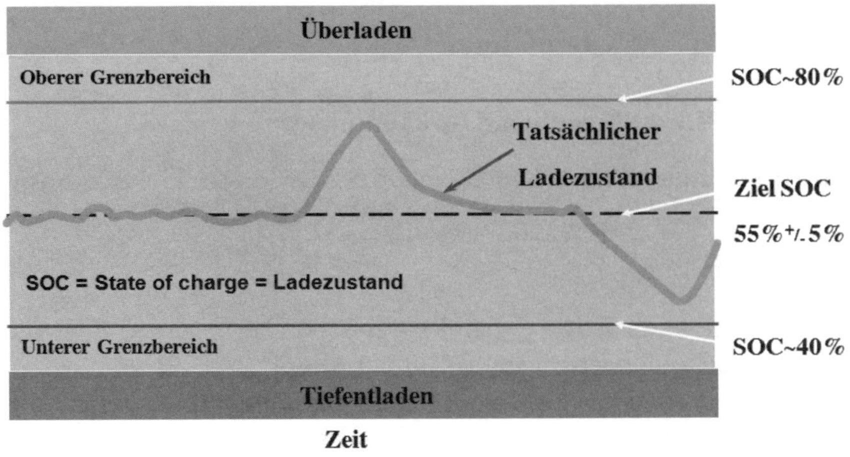

Das Metallgehäuse ist elektrisch isoliert und durch die Kofferraumauskleidung verdeckt.

Das HV-Batteriepaket besteht aus 28 in Reihe geschalteten NiMH-Batteriemodulen à 7,2 Volt, so dass sich eine Gesamtspannung von ca. 201,6 Volt ergibt. Die NiMH-Batteriemodule sind auslaufsicher und jeweils in einem separaten Gehäuse versiegelt.

Der in den NiMH-Batteriemodulen verwendete Elektrolyt ist eine Alkaliverbindung aus Kalium- und Natriumhydroxid. Der Elektrolyt wird von den Akkumulatorplatten der Batterie absorbiert, so dass er selbst bei einer Kollision normalerweise nicht ausläuft.

Gewicht der NiMH-Batterie: 41 kg

Der Vergleich eines normalen Akku mit dem NiMH-Akku im Hypridfahrzeug zeigt, dass die Lade-/Entladestrategie so ausgelegt ist, dass der NiMH-Akku immer auf einem Pegel von 55% ± 5% seiner

Bild 20.16
Lufteinlass an der C-Säule

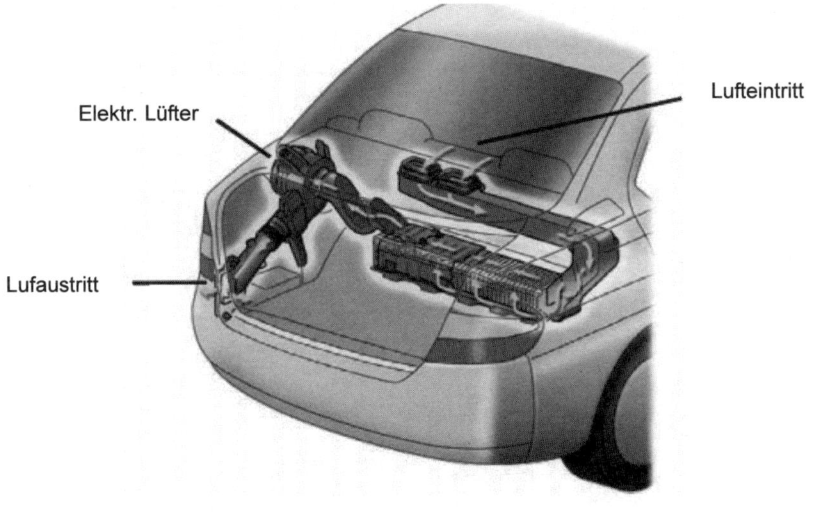

Höchstkapazität gehalten wird (Bild 20.15). Absolute Ober- und Untergrenze sind 80% bzw. 40% Höchstladung.
Daraus ergibt sich die lange Lebensdauer (8 Jahre Garantie) der Batterie. Dies ist auch notwendig, da die Batterie allein schon ca. 3700 € kostet.
Um die Temperaturschwankungen im Bereich der HV-Batterie möglichst gering zu halten, wird diese bei Bedarf über einen elektrischen Lüfter gekühlt und beheizt.
Die Zuluft wird über den Innenraum an der C-Säule angesaugt und durch den nachfolgenden elektrischen Lüfter in das Gehäuse gedrückt (Bild 20.16).

20.5.2.2 Lithium-Ionen-Akkumulator

Ein Lithium-Ionen-Akkumulator (Li-Ionen-Akku) ist ein Akkumulator auf der Basis des Alkalimetalls Lithium.
Wegen der Vielzahl an möglichen Materialien für Anode, Kathode und Separator ist es schwierig, allgemeingültige Aussagen für Lithium-Ionen-Akkus zu treffen. Hinzu kommt es z. Zt. zu fortwährenden Verbesserungen durch die Batteriehersteller, die in der letzten Zeit, insbesondere, was die Haltbarkeit und Sicherheit anbetrifft, erhebliche Fortschritte erzielen konnten, während die Energiedichte allerdings nur im vergleichsweise geringen Umfang erhöht wurde.

Eigenschaften:

- Der Li-Ionen-Akku zeichnet sich im Vergleich zu anderen Akkus (Ni-Cd;- Ni-MH-Akku) durch eine relativ hohe Energiedichte aus.

Weiterhin, verglichen mit anderen Akkus, zeigt der Li-Ionen-Akku:

- eine hohe Energie-Effizienz (ca. 90%), (Laden-Entladen),
- er ist thermisch stabil,
- er zeigt keinen Memory-Effekt,
- die Selbstentladung ist sehr gering,
- eine hohe Lebensdauer, gewährleistet durch eine ECU.

Da bei Kälte die chemischen Prozesse langsamer ablaufen und die Viskosität der in Li-Ion-Zellen verwendeten Elektrolyte stark zunimmt, erhöht sich auch beim Lithium-Ionen-Akku bei Kälte der Innenwiderstand des Akkus, welches zur Folge hat, dass die abgebbare Leistung sinkt. Zudem können die verwendeten Elektrolyte bei Temperaturen um –25 °C einfrieren.

Gefahren beim Umgang mit Li-Ionen-Akkus (Bild 20.17)

Mechanische Belastung
Mechanische Beschädigungen – z.B. bei Unfällen – können zu inneren Kurzschlüssen führen. Die dann entstehende hohe Stromstärke kann eine so große Wärme entstehen lässt, dass die Umhüllung des Akkus zerstört wird und ein Brand entsteht. Unter Umständen ist der Defekt nicht unmittelbar zu erkennen. Auch 30 Minuten nach der Beschädigung kann es noch zum Brand kommen.

Chemische Reaktionen
Lithium ist ein hochreaktives Metall. Auch wenn es wie bei Lithiumbatterien «nur» als chemische Verbindung vorliegt, sind die Komponenten eines Li-Ionen-Akkus leicht brennbar. Li-Ionen-Akkus sind hermetisch gekapselt, dennoch sollten sie nicht mit Wasser in Berührung kommen.
Defekte Lithium-Zellen reagieren grundsätzlich heftig mit Wasser, insbesondere in voll geladenem Zustand.
Brennende Akkus dürfen daher nicht mit Wasser, sondern sollten mit Sand gelöscht werden.
Die Elektrolytlösung des Akkus ist meist brennbar.
Ausgelaufene Elektrolytlösung eines Li-Ionen-Akkus kann, im weiten Abstand vom Pkw, mit Wasser abgewaschen werden.

Thermische Belastung
Kraftfahrzeuge mit Hybridantrieb werden bislang (bis auf den S 400 Hybrid von Mercedes) mit Nickel-Metallhydrid-Akkumulatoren betrieben, weil Lithium-Ionen-Akkumulatoren für Autos im Extremfall nicht sicher genug sind. Bei thermischer Belastung kann es in den Lithium-Ionen-Akkus zum Schmelzen des Separators und

Bild 20.17
Aufbau Lithium-Ionen-Akku

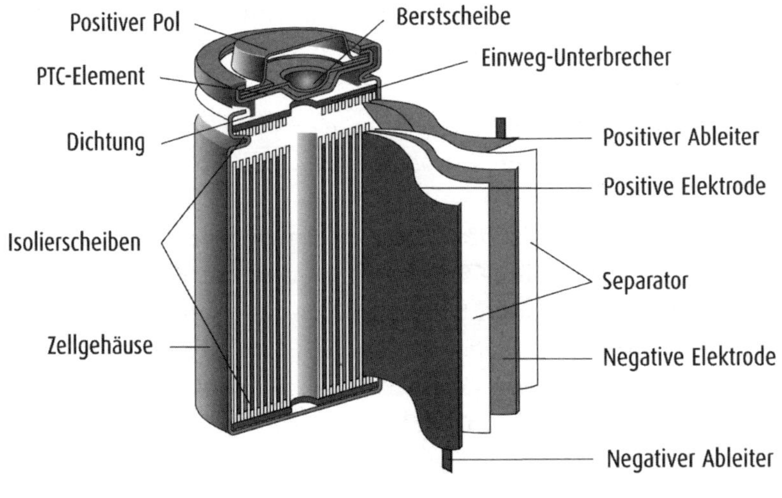

damit zu einem Kurzschluss mit verheerenden Folgen kommen. Neuartige keramische, temperaturbeständigere Separatoren gewähren allerdings eine erhöhte Sicherheit.

Brand
Interne Schutzschaltungen wie Temperatursensoren oder eine Spannungsüberwachung sollen bei Überladung oder Überlastung eine Entzündung der brennbaren Elektrolytlösung verhindern. Falls die Überwachungseinheit defekt ist, kann der Akku Feuer fangen.

Li-Ionen-Akkus dürfen, wie andere Akkumulatoren auch, nicht kurzgeschlossen werden. Durch Kurzschluss (z.B. durch Werkzeuge) können Feuer oder Verbrennungen verursacht werden.

Energieträger	**Energiedichte** [E] = (MJ/kg)
Doppelschicht-Kondensatoren	0,018
Pb-Akku	0,11
Ni-Cd-Akku	0,14
Ni-MH-Akku	0,36
Li-Ion-Akku (Polymer)	0,54
Brennstoffzelle	20
Diesel	40
Superbenzin	43
LPG (Liquid Petrol Gas)	46

Tabelle 20.1
Energiedichte verschiedener Energieträger

20.5.3 Leistungsverzweigung

Der Prius verwendet eine Kraftweiche (Bilder 20.18 und 20.19), die die vom Benzinmotor gelieferte Antriebsenergie aufteilt. Ein Teil der Energie wird auf die Antriebsräder, der andere zum Motor-Generator 1 (MG 1) geleitet. Die Kraftteilung erfolgt effektiv durch ein Plantengetriebe, das aus Hohlrad, Ritzel, Sonnenrad und Planetenradträger besteht.
Die rotierende Achse des Planetenradträgers ist direkt mit dem Benzinmotor verbunden, der über die Planetenräder das äußere Hohlrad und das innere Sonnenrad bewegt. Die rotierende Achse des Hohlrades ist mit dem Motor-Generator 2 (MG 2) gekoppelt, so dass beide immer mit gleicher Drehzahl umlaufen. Vom Hohlrad wird die Antriebskraft über eine Antriebskette (Zahnkette) und zwei Zahnradübersetzungen an das Differential und damit letztendlich an die Räder weitergeleitet. Demzufolge sind die Antriebsräder quasi drehfest mit dem MG 2 verbunden. Die Achse des Sonnenrades ist mit dem Generator MG 1 verbunden. So kann die Antriebsenergie des Benzinmotors in elektrische Energie umgewandelt werden.

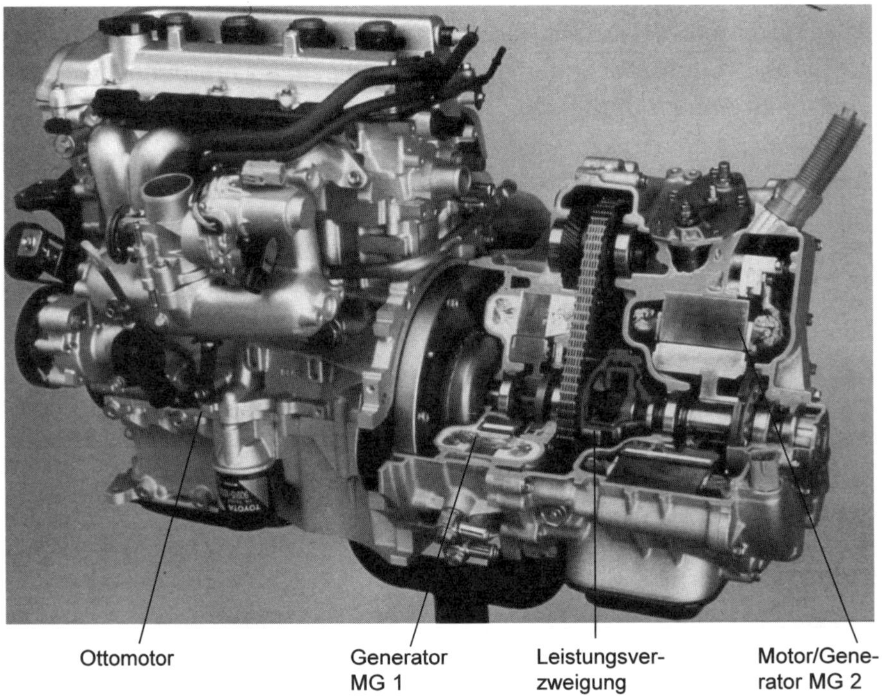

Bild 20.18
Antriebseinheit des Toyota

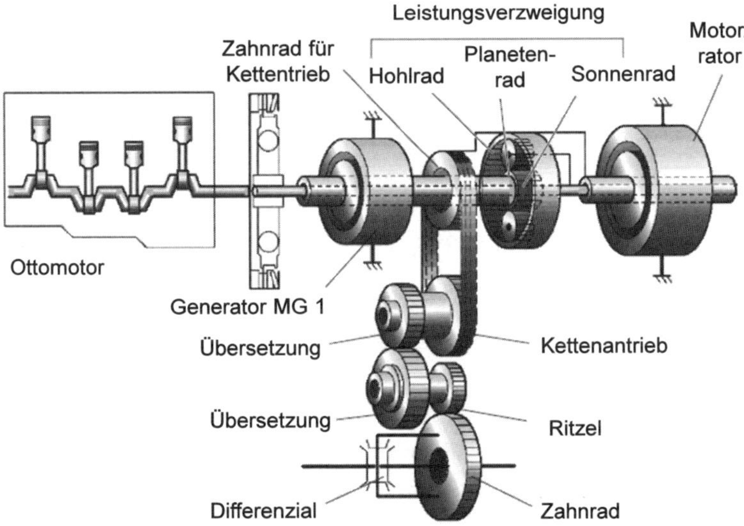

Bild 20.19
Kraftweiche des Toyota

20.5.4 Aufbau und Funktion der Drehstrom-Synchronmaschine

Die Drehstromsychronmaschinen besitzen eine Statorwicklung, die ein magnetisches Drehfeld erzeugt oder in welcher eine elektrische Spannung induziert wird. Beim permanenterregten Synchronläufer trägt der Rotor zur Felderzeugung Permanentmagnete, die zur Wirkungsgradverbesserung und Leistungssteigerung einen dachförmi-

gen Querschnitt haben. In diesem Fall werden keine Schleifkontakte notwendig, so dass das Bürstenfeuer mit all seinen Konsequenzen für die Lebensdauer entfällt.
Die Frequenz des zugeführten Drehstroms gibt die Drehzahl des Synchronmotors exakt vor. Um einen Synchronmotor stufenlos in der Drehzahl regeln zu können, muss ein Frequenzumrichter (Inverter) verwendet werden.
Die Synchronmaschine hat im Unterschied zur Asynchronmaschine keinen Schlupf. Bei ihr ist die Drehzahl des Läufers gleich der Drehzahl des elektromagnetischen Drehfeldes (Bild 20.20), d.h., der Läufer rotiert synchron zum Drehfeld. Im Rotor wird deshalb keine Spannung induziert.

Jeder Synchronmotor kann auch als Synchrongenerator betrieben werden. Beim Prius werden beide Synchronmaschinen MG1 und MG2 last- und ladeabhängig sowohl als Motor oder als Generator betrieben.

Wenn ein dreiphasiger Wechselstrom durch die dreiphasige Wicklung der Ständerwicklung geleitet wird, entstehtein sich drehendes magnetisches Feld im Elektromotor. Durch Steuerung des sich drehenden Magnetfeldes entsprechend der Drehposition und Geschwindigkeit des Läufers werden die Dauermagneten, die sich im Läufer befinden, durch das sich drehende Magnetfeld angezogen und erzeugen dadurch ein Drehmoment.

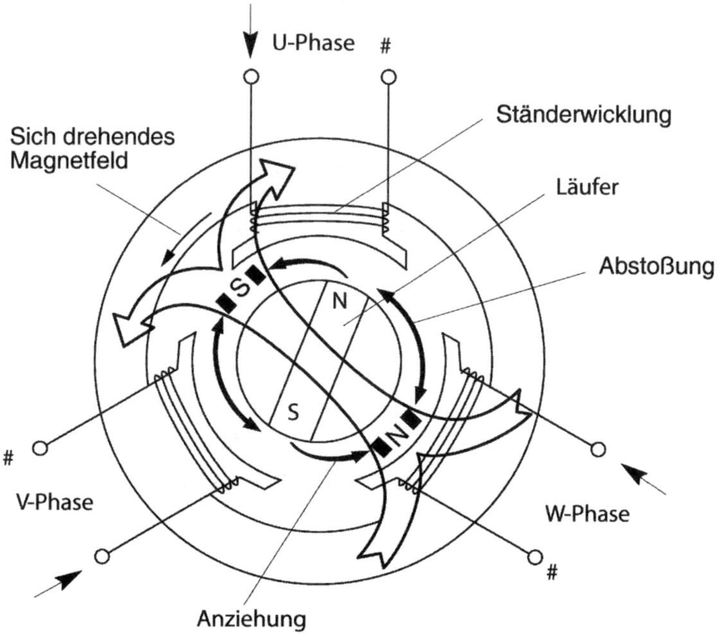

Bild 20.20
Erzeugung des Drehfeldes

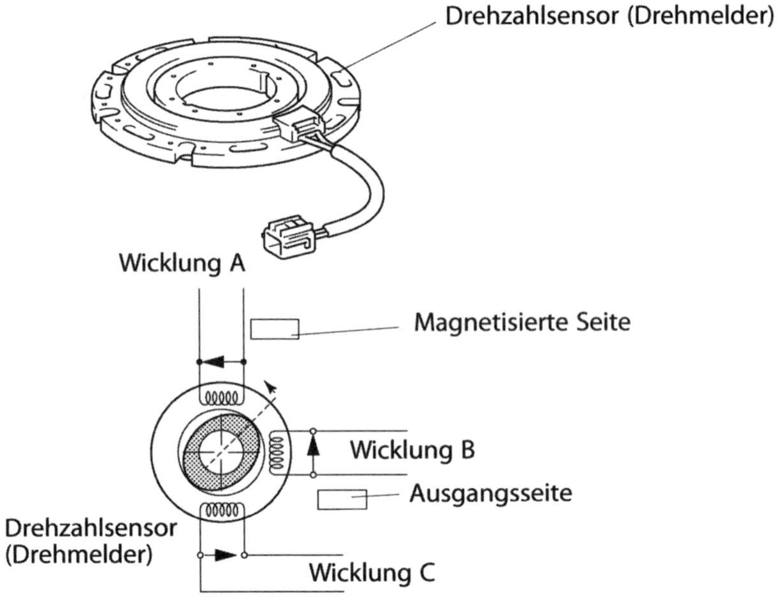

Bild 20.21
Positionserkennung des Läufers

Das erzeugte Drehmoment ist für alle praktischen Anwendungsfälle proportional zur Stromstärke und die Drehzahl wird durch die Frequenz des Drehstroms gesteuert.
Durch exakte Steuerung des sich drehenden Magnetfelds und des Winkels der Läufermagneten ist es außerdem möglich, bis in den hohen Drehzahlbereich ein hohes Drehmoment zu erzeugen (Bild 20.21).

Hierbei handelt es sich um einen außerordentlich zuverlässigen und kompakten Sensor, der präzise die Position der Magnetpole erkennt. Dies ist zur effektiven Steuerung von MG1 und MG2 eine unabdingbare Voraussetzung. Der Ständer des Sensors enthält, wie in der Abbildung gezeigt, 3 Spulen und die Ausgangsspulen B und C bilden unter elektrischen Gesichtspunkten einen Winkel von 90 Grad. Da der Läufer oval gestaltet ist, verändert sich der Abstand des Luftspalts zwischen Ständer und Rotor während der Drehung des Rotors. Wenn man daher durch die Wicklung A einen Wechselstrom schickt, wird durch die Spulen B und C eine Ausgangsspannung erzeugt, die der Position des Sensorläufers entspricht. Die absolute Position kann aufgrund der Differenz zwischen diesen beiden Ausgangsspannungen genau festgestellt werden. Außerdem wird durch die HV-ECU der Betrag der Positions-Abweichung innerhalb einer bestimmten Zeit berechnet, wodurch dieser Sensor auch als Drehzahlmesser verwendet werden kann.

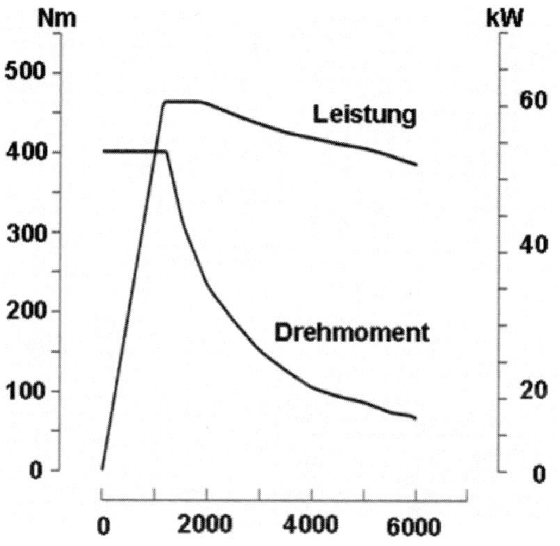

Bild 20.22
Drehmoment- und Leistungskurve des MG2

Kennwerte des MG2 beim Prius

- ❑ Bauart: permanenterregter Drehstrom-Synchronmotor
- ❑ Drehzahl +/– 6000 min^{-1}
- ❑ Betriebsspannung: 500 Volt
- ❑ Leistung: 50 kW bei 1200 ~ 1540 min^{-1}
- ❑ Drehmoment: 400 Nm bei 0 ~ 1200 min^{-1}

Beim **MG1** handelt es sich ebenfalls um einen Wechselstromsynchronläufer (Motor/Generator), der mit einer Drehzahl von 10 000 min-1betrieben werden kann. Aufgrund der hohen Drehzahl ist der Rotor verstärkt, um den Fliehkräften standzuhalten. Deshalb steigt die Spannungsversorgung im mittleren Geschwindigkeitsbereich und trägt zur Optimierung des Ansprechverhaltens und der Beschleunigung bei (Bild 20.22).

20.5.5 **Inverter/Konverter** (Bilder 20.23 bis 20.25)

Aufgaben:

- ❑ Wandelt Gleichspannung in 3-Phasen-Wechselspannung und umgekehrt (AC/DC; DC/AC)
- ❑ Laden der Batterie
- ❑ Verstärkt HV-Batterie-Spannung von 201,6 V auf 500 V und umgekehrt
- ❑ Antrieb MG1 und MG2
- ❑ Antrieb Klimakompressor
- ❑ Senkt HV-Batterie-Spannung auf 12-V-Bordnetzspannung

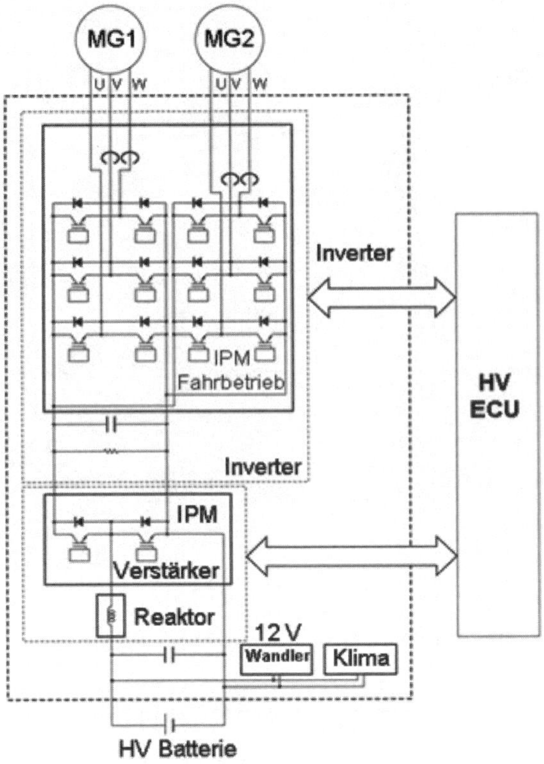

Bild 20.23
Innenschaltung
Inverter/Konverter

Bild 20.24
Lage der Einheit im Motorraum

20.5.6 Elektronische Steuereinheit

Die Elektronische Steuereinheit stellt das «Gehirn» dar für sicheres und angenehmes Fahren mit maximaler Effizienz.

Die verschiedenen Funktionen des Fahrzeugs werden durch die elektronische Steuereinheit (ECU) zentral gesteuert, die man aus diesem Grund auch als das «Gehirn» des Fahrzeugs bezeichnen kann.

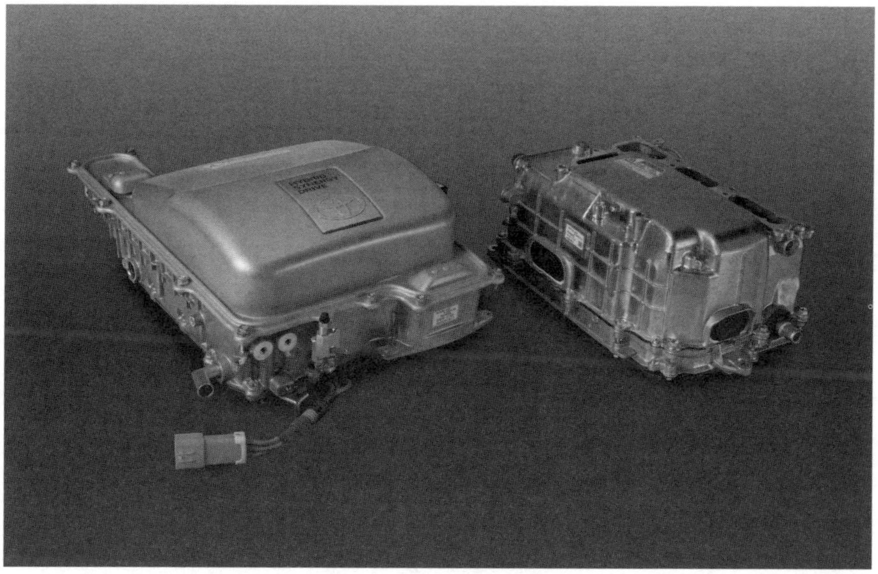

Bild 20.25
Inverter/Konverter

Der HYBRID SYNERGY DRIVE überwacht mit der elektronischen Steuereinheit ständig die verschiedenen Funktionen und den Zustand der Fahrzeugteile in Realzeit. Das gesamte Fahrzeug wird damit schnell, präzise und umfassend gesteuert, um sicher, angenehm und effizient zu fahren.

- Erfassen der Funktionszustände sämtlicher Komponenten des Hybridsystems (Benzinmotor, Generator, Elektromotoren, Batterie)
- Erfassen der Bremsdaten, die vom Netzwerk des Fahrzeugs übermittelt werden
- Erfassen der Befehle vom Fahrer (Position des Gaspedals, Gangschaltung)
- Erfassen der von Zusatzgeräten wie Klimaanlage/Heizung, Innenraumbeleuchtung, Navigationssystem usw. verbrauchten Energie
- Elektronische Funktionssteuerung der verschiedenen Bereiche auf Basis der erfassten Daten, um ein sicheres, angenehmes und effizientes Fahren zu ermöglichen.

20.5.7 **Hybrid-Sicherheitssystem des Prius** (Bild 20.26)

Die HV-Batterie versorgt das Hybridsystem mit Gleichstrom. Ein positives und ein negatives Stromkabel (beide orangefarben) führen unter dem Fahrzeugboden von der HV-Batterie zur Inverter/Konverter-Einheit. Ein Schaltkreis in der Inverter/Konverter-Einheit erhöht die Gleichspannung der HV-Batterie von 201,6 auf 650 Volt. Die Inverter/Konverter-Einheit erzeugt dreiphasigen Drehstrom für

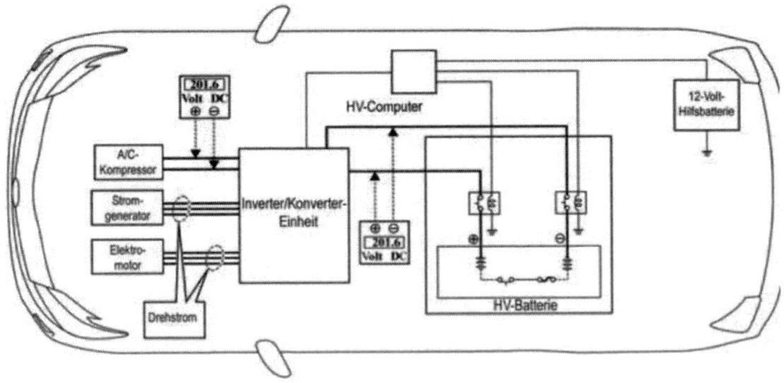

Bild 20.26 Prius-Sicherheitssystem – Fahrzeug eingeschaltet und betriebsbereit (READY-Anzeige EIN)

den Antrieb des Motors. Die Stromkabel verlaufen von der Inverter/ Konverter-Einheit zu den einzelnen Hochspannungsmotoren (Elektromotor, Stromgenerator und Klimaanlagenkompressor). Die folgenden Systeme sind so ausgelegt, dass sie Fahrzeuginsassen sowie Pannen- und Unfallhelfer vor Hochspannung schützen:

Hybrid-Sicherheitssystem:

- ❑ Eine Schmelzsicherung ❶ verhindert Kurzschlüsse in der HV-Batterie.
- ❑ Das positive und das negative HV-Kabel ❷ der HV-Batterie werden von 12-Volt-Arbeitsrelais ❸ gesteuert.
- ❑ Wird das Fahrzeug ausgeschaltet, unterbrechen die Relais den Stromfluss von der HV-Batterie.

Warnhinweis:
Das HV-System kann nach Abschalten oder Deaktivierung des Fahrzeugs noch bis zu 10 Minuten eingeschaltet sein (Bild 20.27). Um schwere oder lebensgefährliche Verletzungen durch schwere Verbrennungen oder Stromschlag zu verhindern, die orangefarbenen Hochspannungskabel bzw. Hochspannungskomponenten auf keinen Fall berühren, durchschneiden oder aufbrechen.

- ❑ Beide HV-Kabel ❷ sind von der Fahrzeugkarosserie vollständig elektrisch getrennt. Die Gefahr eines Stromschlags durch Berührung der Karosserie besteht somit nicht.
- ❑ Ein Karosserieschluss-Überwachungskreis ❹ überwacht das HV-System während des Fahrzeugbetriebs kontinuierlich auf Leckverlust in Richtung Fahrzeugkarosserie. Wird eine Störung erkannt, schaltet der Fahrzeugcomputer ❹ die Hauptwarnlampe in der zentralen Instrumenteneinheit und die Hybrid-Warnleuchte «Check Hybrid System» im Multi-Display ein.

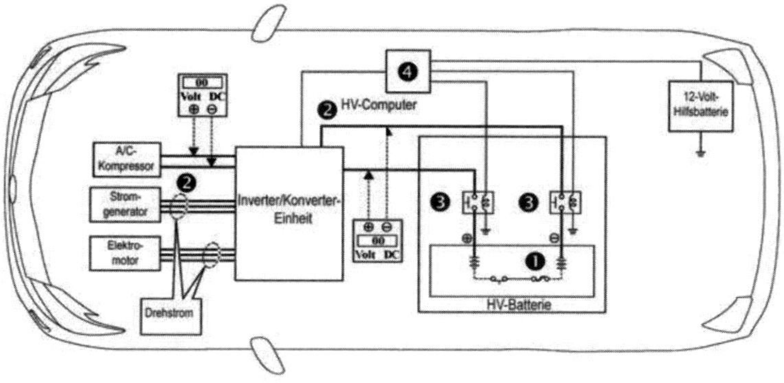

Bild 20.27
Prius-Sicherheitssystem – Fahrzeug ausgeschaltet (READY-Anzeige AUS)

20.6 HV-eigensichere Fahrzeuge

HV-eigensichere Fahrzeuge sind durch technische Maßnahmen so beschaffen, dass für Mitarbeiter ein vollständiger Berührungs- und Lichtbogenschutz gewährleistet ist.

Ein einfacher Fehler darf auf keinen Fall zur Gefährdung führen!
Damit können allgemeine Arbeiten von allen ausgelernten Kfz-Fachleuten durchgeführt werden, unter der Voraussetzung, dass sie über die spezifischen Gefahren der HV-Technik hingewiesen worden sind.

20.6.1 Eigensicherheit

Die Eigensicherheit eines Stromkreises hängt von der sicheren Begrenzung von Strom und Spannung und damit der zugeführten Leistung ab, sodass weder im normalen Betrieb noch unter Berücksichtigung bestimmter Fehlerfälle beim Öffnen oder Schließen des Stromkreises oder bei Kurzschlüssen gegen Erde (Masse) zündfähige Funken entstehen können.
Zur Vermeidung der Funkenzündung muss natürlich auch die im Stromkreis gespeicherte Energie begrenzt bleiben. Bereits geringe zusätzliche Energiemengen können ausreichen, die Eigensicherheit aufzuheben.
Neben der Funkenzündung muss auch eine Wärmezündung durch heiße Oberflächen vermieden werden. Dazu ist wiederum für normalen Betrieb und Fehlerfall sicher zustellen, dass für die im eigensicheren Stromkreis auftretenden maximalen Ströme, Spannungen und Leistungen keine unzulässig hohen Oberflächentemperaturen an Betriebsmitteln, Bauteilen und Leitungen, die sich im explosionsgefährdeten Bereich (Tanknähe) befinden, entstehen können.
Für die Einhaltung dieser Kriterien sind zwangsläufig nicht nur die einzelnen im eigensicheren Stromkreis enthaltenen Betriebsmittel,

sondern die komplette Zusammenschaltung und das Zusammenwirken aller beteiligte Betriebsmittel einschließlich der Verbindungsleitungen zu betrachten.

20.6.2 Sicherheitsprinzipien bei HV-Fahrzeugen

- Trennung des HV-Netzes vom 12-V-Bordnetz
- das HV-Netz hat keinen Massebezug zur Karosserie
- automatische Überwachung des Isolationswiderstandes der elektrischen Gesamtanlage
- alle HV-Leitungen außerhalb der HV-Komponenten sind ORANGE
- Kennzeichnung der HV-Komponenten mit Warnsymbolen

20.6.3 Technische Schutzmaßnahmen bei Wartungen an HV-Systemen

- Alle Kabelbaumstecker von Hochspannungssystemen sind orange gekennzeichnet.
- Die Hochspannungsbatterie und andere Hochspannung führenden Bauteile sind durch Warnschilder «Hochspannung» gekennzeichnet. Diese Leitungen und Bauteile dürfen nicht berührt werden, ohne die folgenden Vorsichtsmaßnahmen ergriffen zu haben:

– das Anlegen isolierter, trockener und intakter Schutzhandschuhe,
– Wartungsstecker (Service Disconnect) abziehen,
– während am HV-System gearbeitet wird, den abgezogenen Wartungsstecker sichern,
– nach dem Abziehen des Wartungssteckers ca. 5 Minuten warten, bevor Hochspannungsstecker und -klemmen berührt werden können. (Die Wartezeit von fünf Minuten ist notwendig, damit sich die Hochspannungskondensatoren im Wechselrichter (Inverter) entladen können.)
– Vor dem Berühren unisolierter Hochspannungsklemmen das System mit einem Spannungsprüfer auf Spannungsfreiheit prüfen.

Grundsätzlich gelten für HV-Systeme folgende Sicherheitsregeln:

Sicherheitsregeln für Arbeiten im spannungsfreien Zustand (nach DIN VDE 0105)

1. Freischalten

a) Zündung ausschalten,
b) ggf. Massekabel des 12-V-Akkus abklemmen,
c) Wartungsstecker (Service Disconnect) abziehen,
d) ggf. Sicherung/en für das HV-System entfernen.

2. Gegen Wiedereinschalten sichern
a) Zündschlüssel abziehen und mit dem Wartungsstecker und gegen unbefugten Zugriff aufbewahren,
b) Verbots- oder Warnschilder gut sichtbar aufstellen.
3. Spannungsfreiheit feststellen
a) Mit einem zweipoligen und zugelassenen Spannungsmesser auf Spannungsfreiheit überprüfen.

Es soll ein Hinweisschild «WARNUNG: HOCHSPANNUNG, NICHT BERÜHREN» weit sichtbar am Pkw angebracht werden (z.B. auf dem Pkw-Dach), um andere Techniker darauf hinzuweisen, dass gerade am Hochspannungssystem Wartungs- und/oder Reparaturarbeiten durchgeführt werden.

- ❑ Bei der Durchführung von Wartungsmaßnahmen dürfen keine Metallteile (z.B. Schraubenschlüssel) z.B. in den Brusttaschen der Arbeitskleidung aufbewahrt werden, da diese versehentlich in das Fahrzeug fallen und einen Kurzschluss verursachen können.
- ❑ Nach der Demontage, dem Freilegen eines Hochspannungssteckers oder einer Hochspannungsklemme, müssen diese sofort mit Isolierband umwickelt werden.
- ❑ Den Wartungsstecker auf jeden Fall vor dem Starten des Hybridsystems wieder einsetzen. (Wird das Hybridsystem mit abgezogenem Wartungsstecker gestartet, kann es zu Schäden am Fahrzeug kommen).
- ❑ Die Schrauben von Hochspannungsklemmen sind unbedingt mit dem vorgeschriebenen Anzugsdrehmoment anzuziehen. Ein nicht ausreichendes Anzugsdrehmoment kann zu Störungen führen (Übergangswiderstände der Kontakte).
- ❑ Der Akku darf beim Ausbau oder Einbau nicht auf den Kopf gestellt werden.
- ❑ Nach der Wartung des Hochspannungssystems und vor dem Wiedereinsetzen des Wartungssteckers überprüfen, dass keine Teile oder Werkzeuge im Hochspannungssystem vergessen wurden.

Weitere Informationen zu dem Thema Hybrid- und Elektroantriebe finden Sie im gleichen Verlag unter:

Vogel-Lernprogramm:
Hybrid- und Elektroantriebe im Kfz
ISBN 978-3-8343-3142-7

Vogel Fachbuch
Elektrische Maschinen
ISBN: 978-3-8023-1981-5

Literaturverzeichnis

Im Folgenden eine Auswahl der wichtigsten Unterlagen, die bei der Erstellung dieses Buches wertvolle Hinweise lieferten:

- ❑ Behr GmbH & Co.
  - Automobiltechnik

- ❑ BMW AG
  Seminar-Arbeitsmaterial:
  - Diebstahlwarnanlage DWA III
  - Airbag
  - Passive Sicherheitssysteme
  - Zentrale Karosserie-Elektronik
  - Klimaautomatik
  - Heizungsregelung
  - Sitz-/Spiegel-Memory
  - Elektronische Lenksäulenverstellung mit Memory
  - Elektronik-Karosserie-Modul
  - Oszilloskop
  - Automatik-Getriebe
  - BMW-Diagnose-System

- ❑ Robert Bosch GmbH
  - Technische Unterrichtung – Sicherheits- und Komfort-Elektronik im Kraftfahrzeug
  - Prüfung verteilerloser Zündanlagen – Anwenderhinweise
  - CAN – Controller Area Network – Funktionelle Beschreibung
  - CAN – Controller Area Network – Architektur des CAN-Bausteins
  - CAN – Controller Area Network – Das optimierte Bussystem für die serielle Datenübertragung im Kraftfahrzeug
  - Diesel-Speichereinspritzsystem

  Informationen für Lehrkräfte der Berufsschulen:
  - Controller Area Network
  - Eigendiagnose bei elektronischen Zündsystemen
  - Neue elektronische Heiz- und Klimaregelung von Bosch
  - Bosch-Auslösegeräte für Rückhaltesysteme
  - Bosch-Eigendiagnose für digitale Systeme

- ❑ Eberspächer GmbH & Co. KG
  - Schulungsunterlagen
  - Einbauanleitungen

- ❑ GKR Gesellschaft für Fahrzeugklimaregelung mbH
  - Geregeltes Klima im Fahrzeug

- ❑ Honda Deutschland GmbH
  - SRS Airbag System
  - SRS II Airbag System
  - Werkstatthandbuch CR-V

- ❑ Jaguar Cars Limited
  - Technische Hinweise – Der Neue XJ-S

- ❑ Dr. Ing. h.c. F. Porsche AG
  - Service Information Technik – Airbag System

- ❑ Adam Opel AG
  - Prüfanleitung – Prüfung mit Tech 1

- ❑ Toyota Motor Corporation
  - Lexus – Merkmale neuer Fahrzeuge
  - Toyota Service Training – Schulungshandbuch, Heizung und Klimaanlage

- ❑ VDI-Berichte
  - Mikrocomputer-Steuerungssystem für Heizungs- und Klimaanlagen im Kraftfahrzeug
  - Steuerungs- und Regelungssysteme für Heizungs- und Klimaanlagen in Kraftfahrzeugen

- ❑ VDO
  Presseinformationen:
  - Elektrische Fensterheber
  - Autoalarm mit Funkfernbedienung

- ❑ Volkswagen AG
  Selbststudienprogramme:
  - Schiebedach mit Vorwählautomatik
  - Elektrische Sitzverstellung mit Memory
  - Schiebedächer
  - Zentralverriegelung mit Infrarot-Fernbedienung
  - Diebstahlwarnanlage
  - Airbag
  - Automatikgetriebe

  Impulse, 8 bis 11 Fahrzeug-Elektrik/Elektronik
  Sicherheit und Zuverlässigkeit von Kfz-Elektroniksystemen

Quellenverzeichnis

Bilder 11.18, 11.34, 14.5, 14.6, 18.14 bis 18.16, 19.3, 19.8,19.9, 19.33:
Audi AG, Ingolstadt

Bilder 2.1, 4.4, 4.75, 4.77, 5.61, 7.18, 7.26, 7.30, 9.7, 11.22, 11.29, 11.30, 11.35, 11.36, 11.37, 11.38, 11.39, 11.40, 12.8, 12.17, 12.18, 12.19, 12.21, 13.36, 13.38, 13.40, 13.56, 13.57, 13.60, 13.64 bis 13.66, 13.77, 13.78, 14.4, 14.7, 15.6, 15.7, 15.11, 15.12, 15.13, 15.17, 15.19, 15.20, 15.21, 15.28, 15.32, 15.33, 16.1, 16.7, 16.10, 16.14, 16.15, 16.20, 16.22, 16.24, 16.25, 16.27, 16.30, 16.31, 17.13, 18.2, 18.5, 18.6, 18.7, 18.8, 18.10, 18.12, 18.31 bis 18.35, 18.37, 18.43 bis 18.45, 18.47, 18.48, 18.51, 18.53, 18.62, 18.64, 19.4, 19.6, 19.12, 19.18, 19.19, 19.21 bis 19.27, 19.29 und 19.34:
BMW – Bayerische Motorenwerke AG, Petuelring 130, 80809 München
Bilder 15.11, 15.12 und 15.13: BMW Motorrad GmbH, München

Bilder 3.18, 3.19, 4.7, 4.32, 4.51, 4.52, 4.57, 5.6 bis 5.11, 5.58, 5.67, 9.13, 9.14, 11.1, 11.4, 11.8, 11.9, 12.1 bis 12.6, 12.8, 12.9, 12.10, 12.12, 12.14, 12.16, 12.20, 13.1 bis 13.22, 13.23b, 13.24, 13.26 bis 13.31, 13.35, 13.39, 13.41 bis 13.50, 13.52 bis 13.55, 13.58 bis 13.63, 13.67 bis 13.76, 14.1 bis 14.3, 15.1 bis 15.5, 15.14 bis 15.16, 15.18, 17.10, 17.11, 17.12, 19.11, 19.13 bis 19.16:
Robert Bosch GmbH, Borsigstraße 30, 70469 Stuttgart

Bilder 7.34, 15.8 bis 15.10, 16.13, 16.16, 16.18, 16.19, 17.3 bis 17.5:
Honda Deutschland GmbH, Sprendlinger Landstraße 166, 63069 Offenbach

Bilder 4.37, 4.49, 7.9, 7.10, 8.4, 11.2, 11.19, 11.20, 15.24 bis 15.27, 15.29, 15.30, 15.31, 16.28, 18.18, 18.19, 18.45, 18.63, 19.2, 19.5, 19.7, 19.30 bis 19.32:
Mercedes-Benz AG, Postfach 60 02 02, 70322 Stuttgart

Bilder 5.50, 6.2, 8.5, 9.8, 9.29, 19.17 und 19.20:
Adam Opel AG, 65428 Rüsselsheim

Bilder 4.56, 4.65 und 4.66:
Deutsche Renault AG, Kölner Weg 6-10, 50321 Brühl

Bilder 2.5, 2.6, 3.1, 4.28, 4.29, 4.31, 4.34, 4.35, 5.19, 5.54, 9.16, 9.28, 9.30, 9.32, 9.34, 9.37, 9.38, 11.6, 11.25, 11.33, 14.8, 14.9, 14.10, 14.11, 14.12, 16.12, 16.21, 16.23, 16.26, 16.29, 16.32, 17.2, 18.22
bis 18.30, 18.36, 18.38 bis 18.42, 18.49, 18.50, 18.56, 19.28:
Volkswagen AG, Postfach, 38436 Wolfsburg

Bilder 11.5, 11.23, 11.24, 11.26 bis 11.28, 11.31:
www.Original-Marken-Partner.de

Bild 5.27:
Nissan Motor Deutschland GmbH, Nissanstr. 1, 41468 Neuss

Bilder 11.7, 11.10:
Edwin Gallus, CAN-Datenbus, kfz-betrieb 37/2004 Seiten 90 bis 101

Bilder 15.22 und 15.23:
ITT Automotive Europe GmbH, Frankfurt/Main

Bilder 15.35 bis 15.38: Boge AG, Eitorf

Bilder 16.2 bis 16.6, 16.8 und 16.17, 19.1:
Dr.-Ing. h.c. F. Porsche AG, Stuttgart

Bilder 16.9, 16.11, 16.16, 18.21, 18.52, 18.54, 18.55, 18.57 bis 18.61:
Toyota Deutschland GmbH, Köln

Bilder 14.13, 14.14:
TAK Akademie Deutsches Kraftfahrzeuggewerbe

Bilder 18.65 bis 18.72
Eberspächer GmbH & Co. KG, Eberspächerstr. 24, 73730 Esslingen

Bilder 17.6 und 17.7:
Mannesmann VDO AG, Schwalbach am Taunus

Bilder 18.16 und 18.17:
LuK Getriebe-Systeme GmbH, Bühl

Bild 19.10:
Verlag Handwerk und Technik, Hamburg

Bilder 20.1 bis 20.4, Piktogramme S. 591/592 P1 bis P8 und Bild 20.17:
Verband der Automobilindustrie e. V. (VDA)

Bild 20.5:
Valeo Aktiengesellschaft

Bilder 20.6 und 20.7:
Honda Deutschland GmbH, Offenbach

Bild 20.8:
Mercedes-Benz Deutschland, Stuttgart

Bild 20.9:
Audi AG, Ingolstadt

Bilder 20.10 und 20.11:
BMW AG, München

Bilder 20.12 bis 20.16, 20.18 bis 20.27:
Toyota Deutschland

Weiterhin wurden folgende Broschüren verwendet:

Bosch Technische Unterrichtung der Bosch GmbH
- Motor-Elektronik
- Benzineinspritzung K-Jetronic
- Benzineinspritzung KE-Jetronic
- Benzineinspritzung L-Jetronic
- Benzineinspritzsystem Mono-Jetronic
- Kombiniertes Zünd- und Benzineinspritzsystem Motronic
- Abgastechnik für Ottomotoren
- Batteriezündung
- Dieseleinspritztechnik im Überblick
- Verteilereinspritzpumpe Typ VE
- Pkw-Bremsanlagen

Prüfung verteilerloser Zündanlagen der Bosch GmbH

Seminar-Arbeitsmaterial der BMW AG
- Digitale Motor-Elektronik DME M3.3
- Siemens-Motor-Steuerung MS 40
- L-Jetronic Aufbau, Funktion und Prüfung

- L-Jetronic Einspritzanlage 3. Generation
- Dieselmotor M51
- Digitale Diesel-Elektronic DDE
- Anti-Blockier-System (ABS) E36

Seminar-Arbeitsmaterial der Dr. Ing. h.c. F. Porsche AG
- Grundfunktionen der Digitalen Motor-Elektronik (DME)
- Digitale Motor-Elektronik (DME)
- Lambda-Sonde und Katalysator
- Fahrwerk, Bremsen, PDAS, RDK, PSD

ABS K-Modelle Technik im Detail der BMW Motorrad GmbH + Co.

Technisches Handbuch Variable Dämpfung für Pkw und Nkw der Boge AG

Multec-Zentraleinspritzung der Opel AG

PGM-FI Zentraleinspritzung der Honda Deutschland GmbH

Schulungshandbuch Elektronische Kraftstoffeinspritzung der Toyota Motor Corporation

Selbststudienprogramm Mono-Motronic der Volkswagen AG

Stichwortverzeichnis

Der sichere Weg zur Meisterprüfung im Kfz-Techniker-Handwerk
Damschen
Karosserie-Instandsetzung und Reparatur-Lackierung
VOGEL

[*Fachwissen griffbereit*]

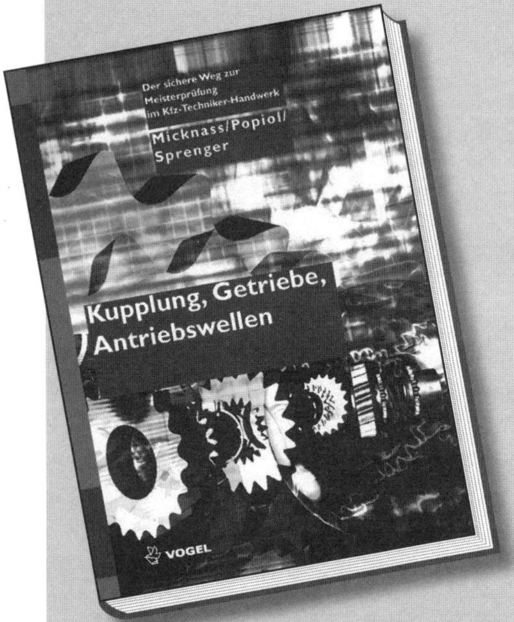

Micknass/Popiol/Sprenger

Kupplung, Getriebe, Antriebswellen

398 Seiten, zahlreiche Bilder
1. Auflage 2004
ISBN 978-3-8023-**1910**-5

Die Kombination von Schaltkupplungen, Gelenkwellen und Getriebe in einem Band ist aufgrund der gegenseitigen Wechselwirkungen, insbesondere im Hinblick auf Fehlersuche und Schadensdiagnose, naheliegend und entspricht der neuen Meisterordnung.
Die Berücksichtigung des Zusammenspiels der jeweiligen Komponenten des Antriebsstranges ermöglicht eine pragmatische Vorgehensweise im Schadens- und Reparaturfall – eine Anforderung, der sich der Meister in einer Kfz-Werkstatt heute permanent stellen muss.

- Schaltkupplungen
- Schaltgetriebe
- Halbautomatikgetriebe
- Automatikgetriebe
- Doppelkupplungsgetriebe
- Allradantriebe
- Verteilergetriebe für Nfz
- Achsgetriebe und Achsen
- Retarder-Systeme
- Längs- und Seitenwellen
- Gelenke, Faltenbälge

34_1910_bf_170x220_04637_048

VOGEL

Vogel Buchverlag, 97064 Würzburg, Tel. 0931 418-2419
Fax 0931 418-2660, www.vogel-buchverlag.de

Nr. 10-11, 11. März 2010 www.kfz-betrieb.de B04305 Offizielles Organ Deutsches Kraftfahrzeuggewerbe

kfz-betrieb

AKTUELL

Pkw nicht gefragt

Der Neuwagenmarkt ist im Februar stark abgerutscht: Ohne Umweltprämie orderten die Kunden fast ein Drittel weniger als 2009.

IM GESPRÄCH

„Sharing ist das Gebot der Stunde"

DB Fuhrpark setzt voll auf E-Autos. Einen privaten Markt für solche Fahrzeuge sieht der DB-Mobilitätsexperte Prof. Andreas Knie allerdings nicht.

FREIER MARKT

Umsatzausgleich

Mit dem Verkauf von Rädern und Zubehör konnten Freie Werkstätten Umsatzrückgänge aus dem Umweltprämienjahr kompensieren.

OLD- & YOUNGTIMER

Neues Schild für alte Autos

Mit dem Zusatzschild „Fachbetrieb für historische Fahrzeuge" können Kfz-Betriebe ihre Oldtimerkompetenz demonstrieren.

Vogel Business Media

Auto der Zukunft oder Flop des Jahrhunderts?

Elektroautos kommen der Serienreife immer näher, doch ein echtes Geschäftsmodell für den Privatmarkt gibt es noch nicht. Vorerst sind sie nur für Flottenbetreiber und gewerbliche Nutzer interessant.